养殖领域研究生教学用书

饲料加工及检测技术

冯定远　主编

中国农业出版社

丛书编委会

顾　问　向仲怀　王宗礼

主　任　李发弟　陈国宏

编　委　(按姓名笔画排序)

王　恬　文　杰　田见晖　代方银

冯定远　刘　伟　刘建新　安立龙

李祥龙　何后军　余　雄　陈玉林

陈代文　张　勤　张嘉保　杨公社

周泽扬　单安山　贺建华　敖长金

贾　青　龚炎长　康相涛　葛长荣

鲁兴萌

本书编写人员

主　编　冯定远　华南农业大学

副主编　左建军　华南农业大学

　　　　周岩民　南京农业大学

参　编　（按编写章节排序）

　　　　孙　会　吉林农业大学

　　　　杨维任　山东农业大学

　　　　张佩华　湖南农业大学

　　　　王润莲　广东海洋大学

　　　　钱利纯　浙江大学

　　　　余　冰　四川农业大学

　　　　郭艳丽　甘肃农业大学

　　　　郑　琛　甘肃农业大学

　　　　齐智利　华中农业大学

　　　　颜惜玲　华南农业大学

本书是为了满足我国农业推广硕士专业学位研究生教育的需要，作为养殖领域主干课程教材而编写的，由华南农业大学冯定远教授主编。本书受全国农业推广硕士专业学位研究生教材建设项目资助。

我国饲料工业发展迅速，已初步形成了一个较为合理的，涵盖加工、添加剂、原料、机械、质量检测、科研与人才培养等方面的行业体系。在取得成绩的同时，一些新的问题也逐渐显现。一方面，饲料工业本身所涉及加工技术、质量安全和检测技术等新成果和新技术需要及时融入研究生教材中；另一方面，畜牧从业人员为适应产业的发展和变化，需要通过再教育的方式，在有限的学时安排下，吸收各种新知识和新经验，迅速掌握饲料加工及检测的基本理论和新技术。为此，针对性和实用性强的教材对实现上述目的非常重要。

本教材编写主旨，在于使农业推广硕士专业学位研究生掌握饲料加工及检测技术的基本原理，现代饲料加工和质量检测方法，具备独立从事动物饲料加工和检测相关研究和技术推广工作的能力，为解决生产实践中的有关问题提供理论依据、思路和方法。

《饲料加工及检测技术》为农业推广硕士专业学位养殖领域研究生进行专题试验、毕业设计、农业技术推广、科学研究以及就业方向等技术培养奠定基础。由于它是实践性较强的应用学科，故采取理论与试验相结合开展教学，预期使学生掌握饲料加工的基本原理、工艺技术以及现代饲料检测技术，培养其综合运用饲料加工工艺学和饲料分析学相关知识和方法的能力。

本教材围绕饲料加工和检测的基本需要，详细介绍了营养成分，原料分类、特征及加工，配合饲料生产，加工技术及设备，饲料质量检测及监测技术等各方面的基础理论、基本方法和实践技能，以科学性、先进性、实用性为原则，力求系统全面、条理清晰、通俗易懂。为便于学生对基础理论和实践技能的掌握，本教材专门设置了常规养分测定、饲料原料和配合饲料质量检测等方面的试验教学内容。在教材编写过程中，作者还参阅和借鉴了其他相关教材。另外，本教材内容与四川农业大学陈代文教授主编的《动物营养与饲养学》相配套。

本教材共两部分，包括8章理论教学内容和2个试验教学内容，由华南农业大学、南京农业大学、吉林农业大学、山东农业大学、浙江大学、四川农业大学、华中农业大学、甘肃农业大学、湖南农业大学和广东海洋大学等10所大学的13位身居教学一线的老师编写。

由于作者水平有限，疏漏之处在所难免，恳请读者批评指正。

编　者

2012年6月29日

目　录

绪　论

　　饲料加工及检测技术是在动物营养学、饲料学研究、发展的基础上，与饲料生产加工技术、化学分析、仪器分析等紧密结合发展起来的一门科学。

第一节　基本概念

　　饲料是能够提供动物所需要的营养成分，保证动物健康，促进动物生长和生产，且在合理使用条件下不发生有害作用的可饲用物质。饲料是畜牧和水产养殖的物质基础。根据组分来源的不同，饲料分成单一饲料（即饲料原料）和复合饲料（即饲料产品）。通过饲料加工工艺生产的复合饲料即为配合饲料。

　　饲料原料是以某种动物、植物、微生物或矿物质为来源的饲料。

　　配合饲料是根据动物营养需要设计饲料配方，将两种及以上饲料原料按饲料加工工艺生产出来的饲料产品。

　　日粮是指一头动物为满足一昼夜所需各种营养物质而采食的各种饲料总量。

　　饲粮是按群体中"典型动物"的具体营养需要量配合成的，日粮中各种原料组成换算成百分含量，而后配制成满足动物一定生产水平要求的混合饲料。

　　饲料配方是根据营养需要量所确定的饲粮中各种饲料原料的百分比组成。

　　饲料加工包括饲料原料的调制、配合饲料的生产等相关技术。

　　饲料检测是采取物理的、感官的、化学的及微生物等方法对饲料原料、配合饲料质量进行评价。

第二节　饲料加工及检测技术的概况及发展趋势

　　饲料是畜牧养殖生产稳定、健康发展的物质保障。优质饲料产品的生产主要有三个重要环节，即选用质优价廉的饲料原料、配方设计及加工生产、质量监测。

　　最初的饲料生产加工只是简单地将农副产品粉碎和混合，直到 20 世纪 40 年代，随着人类对维生素、必需氨基酸等营养物质生理功能的认识和了解，才开始配制动物的全价日粮。到了 20 世纪 50 年代初期，饲料中开始使用营养性添加剂及非营养性添加剂。配合饲料生产将饲料原料的准备、贮藏、粉碎、混合、成品的品质控制和包装、运输、销售都有机纳入现代工业化生产领域。过去简单粉碎或整粒饲喂不能有效保证动物对饲料的消化，现在已发展了相当多的加工方法，包括原料的脱壳、去皮、挤压、粉碎、碾压、压片、膨化、焙烤、湿压热爆、微波处理等技术（表绪论-1），这些处理都不同程度提高了养分利用效率。并且，随着电脑智能化控制、先进的产品质量控制标准体系的应用，饲料加工已经不再是简单的工艺组合，而是向更加专业化的流水作业发展。

表绪论-1　饲料加工设备与技术发展历史

年份	设备与技术工艺
1870	使用陶瓷压辊碾压谷物
1895	锤片粉碎机工艺获得专利
1900	第一份成套饲料加工厂设计获得专利
1909	卧式批次混合机问世
1910	体积式混合机喂料器、自动称重器
1911	第一个商业化颗粒饲料厂问世
1913	糖蜜饲料混合机
1916	糖蜜分配设备
1918	第一台立式混合机问世
1927	批次混合系统问世（自动控制）
1931	颗粒机采用钢制环模
1933	高速糖蜜饲料混合机
1940	饲料加工气动设备
1941	立式颗粒饲料冷却器
1942	第一台散装饲料车
1949	生产过程自动化
1950	第一台卧式颗粒饲料冷却器
1950	液体计量泵以及动物油脂添加设备问世
1955	用于调质、喂料，应用糖蜜、脂肪和鱼可溶物*的混合单机和系统问世
	第一个采用打卡机控制称量和混合的饲料厂问世
1957	第一台活底卧式混合机问世
1961	第一台锥型立式混合机
1962	第一台颗粒饲料耐久度测定仪
1975	全部采用计算机控制的饲料厂设计建成
1979	散装微量液体添加剂接收系统
	高速粉碎机在澳大利亚开发成功
1990	高温、瞬间饲料调质装置——膨化器引入饲料生产
1993	制粒后液体添加技术引入饲料生产

* 鱼粉蒸煮加工过程中滤去的汁液或其干燥后的鱼汁粉。

　　饲料检测是饲料工业中的重要环节，是保证饲料原料和配合饲料产品质量安全的重要手段。其主要任务是研究饲料原料和产品的物理组成及含量，即采用物理、化学手段，对饲料及产品的物理性状、各种营养成分、抗营养因子、有毒有害物质、添加剂等进行定性和定量测定，对检验对象进行正确的、全面的品质评定。随着动物营养和饲料科学、分析检测技术研究的不断发展，对分析测试的项目和手段要求越来越严格。分析内容已经从过去简单的营养指标向营养指标、卫生指标、加工质量指标兼顾的方向发展。同时，分析手段也由过去定性、定量，逐步发展到现场快速定性、半定量的检验与实验室准确定量与确认相结合的阶段。其中，常用的检测方法包括饲料显微镜检测、点滴试验和快速试验、化学分析等，而近红外光谱分析技术（NIRS）则是 20 世纪 70 年代兴起的有机物质快速分析技术。该技术快速、简便，但准确性受许多因素影响。20 世纪 90 年代以来，随着光学、电子计算机科学的发展，加上硬件的改进和软件版本的更新，该技术的稳定性、实用性不断提高。

第三节　饲料加工及检测技术的内容和任务

　　饲料加工及检测技术是一门汇集了动物营养学、饲料学、饲料加工工艺技术、化学分析、仪器分析、计算机应用技术等多学科知识的交叉学科。

　　该学科主要内容包括饲料中主要的营养成分，饲料原料分类及代表性原料营养特征，饲料配方设计基本原理、原则、技巧及相关软件使用技术，饲料原料基本的去杂和去皮工艺以及动、植物蛋白质和添加剂饲料加工工艺，粗饲料、青贮饲料、谷物子实饲料和饼粕类饲料加工调制技术及添加剂原料预处理技术，配合饲料的加工工业流程与相关设备，饲料中常规成分、能量、氨基酸、矿物元素、维生素、有毒有害物质及违禁添加剂检测技术，配合饲料粉碎粒度、混合均匀度及颗粒料品质质量检测方法等。

　　该学科主要任务是阐明饲料营养成分、饲料原料分类、特征及加工、配合饲料生产、加工技术及设备、饲料质量检测及监测技术，为研究饲料营养组成和价值评定提供依据和研究方法，为饲料生产和加工提供参考技术，也为保证饲料工业生产中饲料原料和各种产品质量提供检测方法。

第一章

饲料营养成分

第一节 水 分

水是动物机体的重要组成成分，幼龄动物体内中含有高达 80％的水分，而成年动物机体内也有 50％～70％的水分。从一定程度上来说，动物营养需要是根据其机体组成来设计的，动物对水的需要量远比对碳水化合物、脂肪、蛋白质和其他养分的需要量大得多。因此，在实际生产中，需要保证优质水的供给。

一、水的营养

（一）溶剂作用

很多化合物容易在水中电解，并以离子形式存在。几乎所有生物活性物质都以不同方式溶于水中，并参与新陈代谢等一系列生命活动。如水在胃肠道中可作为转运半固状食糜的中间媒介，也可作为血液和组织液中各种物质的溶剂。

（二）调节体温作用

水具有较大的比热容，是机体储备热能的优质材料。此外，水具有导热性好和蒸发热高的特点，能迅速传递热能和蒸发散热，故能调节动物体温。当温度处于动物最适温度之上时，动物血液循环加快，喘气和出汗加剧，体表水分蒸发加快进而降低体温。相反，冷应激则限制血液流经体表，减少水分蒸发带走的热能，从而维持体温的正常。

（三）润滑剂

机体器官、关节等之所以润滑而不粗糙，都是水的功用。比如，唾液能使食团易于吞咽，关节囊中的关节囊液可润滑关节，使活动部位摩擦减少。

（四）保持体形作用

动物体内含有大量的水，随着日龄的增加水分含量有所减少，但都在 50％以上。大量的水分分布于机体各组织器官中，保持其正常状态、硬度和弹性。

（五）其他作用

水在调节体内渗透压、保护神经系统、维持空气相对湿度等方面均有重要作用。

二、水的来源和流向

动物获取水主要有三种来源，即饮水、饲料中的水和代谢过程所产生的水。通过计算脂肪、蛋白质和碳水化合物三大物质的代谢所产生水的量，加上饮水量和饲料中水分含量，即可大概得出动物水供给量。如减除水的损失量，亦可得出水的沉积量和动物对水的需要量。动物对水的需要量受环境因素、动物种类、生产目的等因素的影响，并通过神经内分泌通路调节摄水量。目前，关于动物对水的需要量的研究甚少。

饮水是动物获取水的重要来源。动物种类、生理状态、环境温度等因素都会影响动物饮水量。牛的饮水量要大于羊和猪，羊和猪的饮水量大于鸡，但狗和生活在沙漠里的动物（如骆驼等）却很少饮水。在热应激条件下，动物生理状态发生变化，需要大量的水来调节体温，摄水量较多；在冷应激的条件下，动物摄水量下降，但对温水有偏好心理。因此，应综合考虑各种因素来供给动物不同的饮水。

不同的饲料种类，其水分含量不同。成熟的牧草或干草，水分含量较低，而幼嫩青绿多汁饲料，其水分含量可高达 90％以上。正常的配合饲料需要控制水分含量，水分太高不利于饲料保存。饲喂动物前，应根据一定的目的而增加配合饲料水分，如用粥样饲粮饲喂仔猪可增加消化率，拌湿育肥猪粉状饲粮可减少粉尘对呼吸道的损害作用。

代谢水是动物机体内有机物质氧化分解或合成过程中产生的水，又称氧化水，一般占动物摄水量的 5％～10％。不同营养物质代谢途径不同，产生的水量也不同（表 1-1）。

表 1-1　三大营养物质产生代谢水水量

物　质	氧化后代谢水（g）	热量（kJ）	氧化后代谢水/热量（g/kJ）
100 g 淀粉	60	1 673.6	0.036
100 g 蛋白质	42	1 673.6	0.025
100 g 脂肪	100	3 765.6	0.027

注：引自许振英主编《动物营养学（第 2 版）》，1987。

从表 1-1 可以看出，淀粉产生的代谢水量最多，蛋白质产生的代谢水量最少。因此，饲粮蛋白质含量越高，动物需要的水量就越高。牛、猪、羊需要的蛋白质较多，其需水量也较大，否则蛋白质代谢终产物尿素蓄积对机体有毒害作用。鸟类动物尤其是飞禽，为了减轻体重和减少从空中飞到地面上摄水的次数，在进化过程中形成了节水机制，其中之一是蛋白质代谢终产物为尿酸而不是尿素，尿酸不溶于水，在排泄时不需要过多的水来溶解，因而减少了用于辅助尿酸排出的水的需要量和机体水的损失量，可减轻体重利于飞行。家禽也有这种节水机制，故家禽需水量较少。许多种动物依靠代谢水生存，如袋鼠利用代谢水就能生存繁殖，动物冬眠期间完全依靠代谢水来维持生命活动，水生动物通过鳃排泄蛋白质代谢产物，需要水亦很少。

动物体内的水经复杂的代谢过程后，通过粪、尿的排泄，肺和皮肤的蒸发以及离体产物等途径排出体外，维持机体内水平衡。

三、饮水品质

水的品质直接影响着动物的饮水量和营养物质代谢水平，进而影响动物健康状态和生产水平。目前，评价饲料水品质的指标有微生物指标、水中可溶性固形物指标（TDS）和硝酸根、亚硝酸根离子指标。微生物指标包括水中含有的细菌（沙门氏菌、钩端螺旋体属、埃希氏大肠杆菌等）、病毒等。可溶性固形物一般指各种溶解盐类含量。硝酸根、亚硝酸根离子指标纳入水品质评价指标中主要是考虑到这些物质对动物机体有一定的毒害作用。关于饮水品质质量标准参数可参照 NRC（1998）和其他相关教材资料。

第二节 碳水化合物

碳水化合物（carbohydrate）是多羟基的醛、酮或其简单衍生物以及能水解产生上述产物的化合物的总称。碳水化合物一般由碳、氢、氧元素组成，通式为 $(CH_2O)_n$（$n \geq 3$），此外，还含有硫、氮、磷等元素。有些碳水化合物在结构方面比较特殊，如脱氧核糖（$C_5H_{10}O_4$）中氢与氧比例和水不同。碳水化合物是一种重要的营养物质，在配合饲料中常常占 50% 以上，除供能作用外，近年来也发现它在免疫、抑菌、改善肠道环境、信号传递等方面有重要作用。

一、碳水化合物的分类

日常中，我们常用"糖"来泛指碳水化合物，而寡糖（"寡"英文为 oligos，出自希腊语，意为少）也常用来指代除单糖外的所有的糖类。从严格意义上来说，"糖"只指那些含 10 个以下单糖残基的水溶性单糖和低聚糖，但不包括多糖。

多糖也称为多聚糖，是单糖的聚合体，分为同聚糖和杂多糖。同聚糖是指由一种单糖组成的碳水化合物，而杂多糖是指可以被水解为单糖和其他物质混合物的碳水化合物。多糖的相对分子质量很大，不同多糖相对分子质量相差也很大。如植物中的果聚糖相对分子质量仅为 8 000 左右，而一些支链淀粉的相对分子质量可达 10^8。一些酶类、酸、碱能有效地催化这些多糖发生水解而生成化学结构较为简单、相对分子质量相对小的糖类。

复合多糖是一类含有碳水化合物和非碳水化合物的复合分子，但目前尚未有准确的定义，主要包括糖脂和糖蛋白两类化合物（表 1-2）。

表1-2　碳水化合物的分类

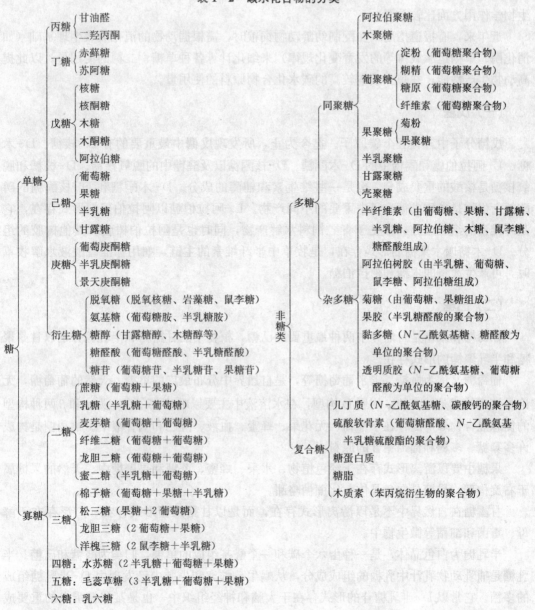

二、单　　糖

在生理条件下，单糖主要以环状的同分异构体形式存在，直链形式只占很小一部分，如葡萄糖为吡喃环，果糖为呋喃环。每一种环状结构也存在两种同分异构形式，即 α 型和 β 型，糖原和淀粉属于 α 型聚合物，而纤维素属于 β 型聚合物。

单糖也有多种同分异构体。例如，葡萄糖和果糖是两种形式的己糖，也是同分异构体，葡萄糖有一个醛基，果糖有一个酮基。从镜像的立体结构上来说，根据第5个碳原子上羟基的方向，又可具体分为右旋体（D型）和左旋体（L型）。一般来说，D型单糖在生物学作用方面比较重要。

近年来，有报道指出，在配制幼龄动物饲粮时，需根据动物的消化吸收生理基础（如消化酶、单糖运载载体等的发育变化规律）来细化计算各种单糖、二糖的使用量，以此提高动物生产性能，并减少成本较高的碳水化合物原料的使用量。

（一）戊糖

戊糖分子中含有五个碳原子。迄今为止，所发现戊糖中最重要的有D-核糖、D-木糖、L-阿拉伯糖和酮糖中的D-木酮糖、D-核酮糖以及醛糖中的脱氧核糖。D-核糖和脱氧核糖是核酸的重要成分，也是一些维生素和辅酶的成分。D-木酮糖和D-核酮糖的磷酸盐衍生物是磷酸戊糖途径中重要的中间产物。L-阿拉伯糖以阿拉伯聚糖形式存在，它是纤维素的组成成分，常见于青贮饲料水解产物，同时也是阿拉伯树胶和其他树胶的组分。D-木糖以木聚糖的形式存在，是牧草中半纤维素的主链，如用标准硫酸液水解牧草时，可产生大量的木糖和阿拉伯糖。

（二）己糖

葡萄糖和果糖是自然界中两种最重要的己糖，植物中的甘露糖和半乳糖分别以甘露聚糖和半乳聚糖的形式存在。

葡萄糖又称为血糖、玉米葡萄糖等，是自然界中分布最广的单糖。天然的葡萄糖，无论是游离的或是结合的，均属D构型，在水溶液中主要以吡喃式存在，为α和β两种构型的衡态混合物，广泛存在于葡萄、无花果、蜂蜜、血液、淋巴和脑脊液中。葡萄糖是构成许多寡糖、多糖和葡萄糖苷的原料。

果糖主要以游离形式存在于绿色植物、水果、蜂蜜、蔗糖和果聚糖中。天然的果糖属于右旋构型。果糖是白色晶体，比蔗糖略甜。

甘露糖在自然界中不是以游离形式存在，而是以甘露聚糖形式存在，广泛存在于酵母、霉菌和细菌等微生物中。

半乳糖为白色晶体，是一种由六个碳和一个醛基组成的单糖，归类为醛糖和己糖。半乳糖是哺乳动物乳汁中乳糖的组成成分，从蜗牛、蛙卵和牛肺中已发现由D-半乳糖组成的多糖。它常以D-半乳糖苷的形式存在于大脑和神经组织中，也是某些糖蛋白的重要成分。半乳糖在植物界常以多糖形式存在于多种植物胶中。例如，红藻中的κ-卡拉胶就是D-半乳糖和3,6-内醚-D-半乳糖组成的多糖。游离的半乳糖存在于常青藤的浆果中。D-半乳糖和L-半乳糖均天然存在。D-半乳糖一般作为乳糖的结构组分存在于牛奶中，牛奶中的乳糖可被机体分解为葡萄糖和半乳糖而吸收利用。

（三）庚糖

D-景天庚酮糖是含有七个碳原子的单糖，是庚糖中一种有代表性的物质，在磷酸戊糖途径中以磷酸盐形式作为中间产物出现。

三、单糖衍生物

(一) 糖苷

糖苷是由单糖半缩醛羟基与另一个分子（醇、糖、嘌呤或嘧啶）的羟基、氨基或巯基缩合形成的含糖衍生物。如葡萄糖第 1 位上碳原子的羟基中的氢被酯化，与醇（包括糖分子）或者与酚发生缩合，就可以生成葡萄糖苷。类似地，半乳糖产生半乳糖苷，果糖产生果糖苷。寡糖和多糖都属于糖苷，这些化合物在水解过程中产生糖或糖的衍生物。

糖苷本身一般无毒，但生氰糖苷在水解过程中能释放氢氰酸。由于这种化合物毒性很大，所以，含有这种糖苷的植物对动物有严重的危害作用。植物中存在一种酶可将糖苷分解。亚麻子、木薯中的亚麻苦苷就是生氰糖苷。如果要给动物饲喂这些饲料，喂前加热以激活这些分解酶对于降低毒性是有帮助的。

(二) 糖醇

生物体中糖醇的生成实际上是单糖发生还原作用。单糖可以被还原为多羟基醇，如葡萄糖还原为山梨醇，半乳糖被还原为卫矛醇，甘露糖和果糖被还原为甘露醇。青贮的牧草，由于厌氧微生物的酶使牧草中的单糖发生还原作用而产生糖醇，最后富集于青贮牧草中。

(三) 糖酸

糖酸实质上是单糖被氧化的产物，如糖醛可被氧化为多种酸。葡萄糖衍生物有葡萄糖酸、葡萄二酸和葡萄糖醛酸，其中葡萄糖醛酸是由葡萄糖和半乳糖衍生得到的产物，也是杂多糖的重要组分。

(四) 糖磷酸酯

糖磷酸酯是由葡萄糖衍生而成，酯化反应发生在第 1 位和 6 位任意一个碳原子上或二者同时被酯化。单糖磷酸酯在机体内的各种代谢中扮演重要角色。

(五) 氨基糖

己醛糖第 2 位碳原子上的一个羟基被一个氨基取代，所得的衍生物就是氨基糖，代表性物质有 D-葡萄糖胺和 D-半乳糖胺。D-葡萄糖胺是壳聚糖的主要成分，而 D-半乳糖胺是软骨多糖的主要成分。

(六) 脱氧糖

单糖上羟基被氢原子取代后得到的衍生物就是脱氧糖，如核糖的衍生物脱氧核糖，是 DNA 的重要组成成分。类似地，半乳糖和甘露糖的脱氧衍生物海藻糖和鼠李糖，是杂多糖的成分。

四、寡　糖

（一）二糖

每分子经水解后能生成两分子单糖的糖类叫二糖，又称双糖。二糖可看作是一个单糖分子中的苷羟基跟另一个单糖分子中的苷羟基或醇羟基之间脱水缩合而成的产物，即构成二糖的两个单糖是通过苷键结合的。经酸或酶的作用，二糖会水解成两分子单糖，如蔗糖水解时生成葡萄糖和果糖，麦芽糖水解时生成两分子葡萄糖。

大多数二糖的特性取决于单糖的种类和它们的联结方式。重要的二糖有蔗糖、麦芽糖、纤维二糖和乳糖。

蔗糖广泛分布在各种植物中，在甘蔗（200 g/kg）和甜菜（150～200 g/kg）中含量较高。蔗糖水解后，生成 1 分子 D-葡萄糖和 1 分子 D-果糖。蔗糖可以看作是由 1 分子 α-D-吡喃葡萄糖第 1 位碳原子上的苷羟基与另 1 分子 β-D-呋喃果糖第 2 位碳原子上的苷羟基脱水形成的糖苷，分子中含有 α-1,2-苷键或 β-1,2-苷键。蔗糖分子中已无苷羟基，在水溶液中不能转变成含醛基或酮基的开链结构，因而无变旋光现象，也无还原性，是非还原性二糖。蔗糖很容易被蔗糖酶或稀酸水解，当加热到 160 ℃时，它变成麦芽糖，在 200 ℃时则变成焦糖。

大麦发芽时产生淀粉，淀粉经淀粉酶作用水解成麦芽糖，然后再经过麦芽糖酶的作用水解生成 D-葡萄糖，故麦芽糖是淀粉水解过程中的中间产物。麦芽糖分子中仍保留有苷羟基，有 α-型和 β-型两种异构体。在水溶液中其环状结构可以转变成含醛基的开链结构，并存在 α-型和 β-型两种环状结构和开链结构的互变平衡。因此，麦芽糖的水溶液有变旋光现象，也具有还原性，是还原性二糖。

纤维二糖在自然界中无游离形式，是纤维素的基本单位。它是由两个 β-D-葡萄糖以 α，β-1,4 糖苷键联结聚合而成。这种糖不能被动物所分泌的消化酶所降解，却能被微生物所产生的酶降解。与麦芽糖一样，纤维二糖也有一个可还原的基团。

乳糖存在于哺乳动物的乳汁中，人奶中含 6%～8%，牛奶中含 4%～6%。它是幼龄哺乳动物发育必需的营养物质。乳糖水解后，生成 1 分子 D-半乳糖和 1 分子 D-葡萄糖。乳糖是由 1 分子 β-D-半乳糖第 1 位碳原子上的苷羟基与另 1 分子 D-葡萄糖第 4 位碳原子上的醇羟基脱水所形成的二糖，这种苷键叫做 β-1,4 苷键。乳糖很容易被细菌发酵，如链球菌将乳糖转变为乳酸，从而使牛奶变酸。乳糖在 150 ℃时，变为黄色物质，加热到 175 ℃时则变为褐色物质。

（二）三糖

由三分子单糖以糖苷键联结组成的化合物称为三糖。天然存在的三糖，有龙胆属植物（龙胆）根中的龙胆三糖、广泛分布于甘蔗等的棉子糖、松柏类分泌的松三糖和车前属植物（plantago）种子中分离出的车前三糖（planteose）等。其中，棉子糖和松三糖是较为重要的三糖，两者都不能被还原。

棉子糖是最常见的三糖，在植物中的分布几乎和蔗糖一样广泛。甜菜中含量很少，而糖蜜中含量很高。棉花中大约含有 80 g/kg。棉子糖水解之后产生葡萄糖、果糖和半乳糖。

松三糖及其异构体存在于植物和牧草的种子中，且都是由 1 分子蔗糖残基和 1 分子果糖残基组成。

(三) 四糖

四糖由四分子单糖组成。水苏糖普遍存在于高等植物中，而且已被分为 165 个种类，它不能被还原，水解产物为 2 分子半乳糖、1 分子葡萄糖和 1 分子果糖。

五、多　糖

(一) 同聚糖

1. 阿拉伯聚糖和木聚糖　阿拉伯聚糖和木聚糖分别是阿拉伯糖和木糖的聚合物。阿拉伯聚糖和木聚糖通常以化合物的形式和其他糖一起存在，成为杂多糖的一部分。以黑麦中阿拉伯木聚糖来做说明，黑麦粉中存在水溶性阿拉伯木聚糖和非水溶性阿拉伯木聚糖。水溶性阿拉伯木聚糖的结构主要包含一条通过 β-1,4 键联结的 D-吡喃木糖组成的主链，L-呋喃阿拉伯糖联结在大约一半的木糖残基的 O-3 位上。阿拉伯糖侧链随机联结于主要的木聚糖主链上，木糖分支点含有单独的木糖残基，两个连续的木糖残基或三个相邻的木糖残基的比例为 7.5：4.4：3。非水溶性阿拉伯木聚糖在组成上较为复杂，在黑麦中至少有三种存在类型，且各种类型的结构差别较大。

2. 葡聚糖　淀粉是植物储备能量的主要营养物质，储存于植物种子、块根里。植物中的叶绿素利用太阳能把二氧化碳和水合成葡萄糖，葡萄糖在磷酸化酶的作用下，把两个 α-D-葡萄糖分子缩合成麦芽糖，进一步缩合即形成淀粉。淀粉不是一种简单的分子，它是一种混合物，分为直链淀粉和支链淀粉两类。直链淀粉呈线形，由 250～300 个葡萄糖单位以 α-1,4-糖苷键联结而成，相对分子质量在 3 万～16 万范围内。直链淀粉通过分子内氢键的相互作用，使分子卷曲成螺旋的构象，每一圈螺旋有 6 个葡萄糖单元。在螺旋构象的基础上，直链淀粉分子链上由于各极性基团的相互作用再度形成弯曲和折叠结构。支链淀粉则每隔 24～30 个葡萄糖单位出现一个分支，分支点以 α-1,6-糖苷键相连，分支则以 α-1,4-糖苷键相连，形状如树枝。分子量为 10 万～100 万，由 600～6 000 个葡萄糖残基组成。分子中小分支数目一般在 50 个以上，每个小分支平均有 20～30 个葡萄糖残基，小分支也通过分子内氢键的相互作用形成卷曲螺旋的构象。

淀粉在天然状态下为不溶解的晶粒，对消化有一定的影响，但在 55～80 ℃ 的湿热条件下容易破裂和溶解，有利于消化。动物胰腺分泌的 α-淀粉酶可将淀粉 α-1,4-糖苷键水解，生成麦芽糖和支链低聚糖。支链低聚糖在低聚 α-1,6-糖苷键酶的催化下产生麦芽糖和葡萄糖。支链淀粉黏度比直链淀粉大，不利于动物消化吸收，因而淀粉中支链淀粉与直链淀粉比值高的植物性原料其营养价值较低。如糯米中淀粉大部分是支链淀粉，其营养价值就不如稻米。

糖原也称动物淀粉,与支链淀粉结构相似,结构上存在支链结构,每隔 $10\sim12$ 个葡萄糖单位出现一个分支,小支链数量比支链淀粉要多,但很容易被降解为葡萄糖,为各种生理活动提供能量,在机体需要葡萄糖时它可以迅速被动用以供急需。目前发现动物机体中存在两大糖原库,即糖原前体库和大分子糖原库,但两者之间的具体转化途径及其需要的转化关键酶尚未完全弄清楚。了解清楚糖原的转化代谢对于我们认识能量代谢的全貌和利用这种转化代谢有重要意义。

纤维素是植物中含量最为丰富的单一多聚物,它是构成植物细胞壁的基本结构。它和淀粉都是葡萄糖的聚合物,两者之间的区别在于淀粉中的葡萄糖分子是以 $\alpha-1,4-$ 糖苷键和 $\alpha-1,6-$ 糖苷键联结而成,而纤维素则是以 $\beta-1,4-$ 糖苷键联结聚合。动物所分泌的淀粉酶不能水解 $\beta-1,4-$ 糖苷键,这是动物本身不能消化纤维素的根本原因。外源添加纤维素酶可弥补动物本身这一缺陷,提高饲料原料营养价值和增加饲料报酬。

糊精是淀粉和糖原水解过程中的一种中间产物,可溶于水而形成胶状溶液。这种过渡产物中一些高分子物质与碘可生成一种红色物质,低分子物质则不产生颜色。糊精的存在可使面包、吐司和部分烧焦的谷类食物具有香味。

3. 果聚糖　在植物中,果聚糖主要作为不同种类植物根、茎、叶和种子的储备物质,以菊科植物和禾本科植物较为特殊。目前所知的果聚糖是由 $\beta-D-$ 果糖残基通过 2,6 或 2,1 两种糖苷键联结而成,可分为呋喃果聚糖(以 2,6 -糖苷键为特征)、菊粉(2,1 -糖苷键)和多支链果聚糖三种,其中最后一种存在于小麦胚乳和冰草中。大多数果聚糖水解之后,产生 $D-$ 果糖和一小部分 $D-$ 葡萄糖,后一种产物是来自果聚糖分子末端的蔗糖单元。

4. 半乳聚糖和甘露聚糖　这两种物质分别是半乳糖和甘露糖的聚合物,存在于植物的细胞壁中。甘露聚糖是棕榈种子细胞壁的主要成分,作为营养储存,在整个萌芽期都可发现。甘露聚糖含量丰富的植物是南美象牙椰子树坚果的胚乳,这种坚果胚乳被称为"植物象牙"。半乳聚糖常见于许多豆科植物的种子,包括三叶草和紫花苜蓿等。

5. 壳聚糖(chitosan,CTS)　甲壳素(chitin)经脱乙酰化处理后的产物,即脱乙酰基甲壳素,学名聚氨基葡萄糖,又名可溶性甲壳质、甲壳胺,化学名称为(1,4)聚-2-氨基-2-脱氧- $\beta-D-$ 葡聚糖,是由 $N-$ 乙酰- $D-$ 氨基葡萄糖单体通过 $\beta-1,4-$ 糖苷键联结起来的直链高分子化合物。壳聚糖是唯一已知的含有葡萄糖胺的同聚物,广泛存在于低等生物中,如甲壳纲动物、真菌和某些绿藻,是自然界中仅次于纤维素的分布最广的多糖。近年来的研究发现,壳聚糖有提高动物免疫力、杀菌和促生长的生物学作用。

(二)杂多糖

1. 半纤维素　半纤维素是由木糖、半乳糖、阿拉伯糖和其他碳水化合物通过多种糖苷键聚合而成的杂多糖,其中含有大量的 $\beta-1,4-$ 糖苷键。与木质素以共价键结合后很难溶于水，同时也不易被动物利用。单宁对草食动物利用半纤维素起抑制作用，但单宁与脯氨酸结合后便失去这种抑制作用。牧草中的半纤维素含有一条由 β-1,4-糖苷键相联结的 D-木糖组成的木聚糖主链和含有甲基葡萄糖醛酸、葡萄糖、半乳糖和阿拉伯糖的支链。

2. 果胶　果胶能溶于水，是细胞壁的重要组成成分和高等植物的细胞间物质。它们在软组织中分布很广。例如，在柑橘类水果的皮和甜菜渣中大量存在的胶质，是由 D-半乳糖醛酸单元，即不同比例的、以甲酯形式存在的醛基组成的聚合物。聚合物上每隔一段距离有 L-鼠李糖插入，而其他糖组分，如 D-半乳糖、L-阿拉伯糖、D-木糖都在支链上。果胶酸结构上类似于果胶，但完全没有酯基。果胶物质含有相当多的凝胶，可作果酱用。

3. 透明质酸　以氨基糖和 D-葡萄糖醛酸为重复单位。透明质酸含有乙酰-D-葡萄糖胺，存在于皮肤、滑液和脐带中。这种酸的溶液带有黏性，在关节的润滑中起重要作用。

4. 阿拉伯树胶　阿拉伯树胶是植物树皮和叶子的渗出物在伤口处形成的物质，由半乳糖、葡萄糖、鼠李糖、阿拉伯糖聚合而成。自然界中常以钙盐和镁盐的形式存在，在特殊情况下其羟基被酯化而生成醋酸酯。

5. 菊糖　菊糖是一种天然碳水化合物，它由果糖分子通过 β-1,2-糖苷键连接而成。菊糖具有较易溶于水、保湿性强、溶液黏度大（可作为凝胶使用）、稳定性好等特点，广泛用于肠道双歧杆菌的营养底物和食品配料中。

六、复合多糖

（一）硫酸软骨素

软骨素在化学特性上类似于透明质酸，只是以半乳糖胺取代了葡萄糖胺。软骨素的硫酸酯是软骨、腱和骨的主要成分。

（二）木质素

木质素是一类化学物质的集合名词，包括一系列相互联系的化合物。有些报道认为木质素并不是碳水化合物，将其归纳进来只是由于它与碳水化合物有较为密切的关系。木质素能增强细胞壁的化学和生物抵抗力，增加植物的机械强度。

木质素在动物营养方面的重要特点是其具有很强的化学降解抵抗性。原因之一是木质素与植物纤维素紧密嵌合，阻止降解酶的接触，之二是木质素和多糖、细胞壁蛋白形成强大的化学键也使降解酶降解速度减慢。因此，木材制品、成熟干草和稻草中木质素很难被消化利用。

（三）几丁质

几丁质又名甲壳胺，是甲壳类动物（如虾、蟹）、昆虫和其他无脊椎动物外壳中的甲壳质，经脱乙酰化（提取）制得的一种天然高分子多糖体，是动物性的食物纤维。几丁质在动物免疫、改善肠道菌群等方面有正面的功效，且其脱乙酰化的程度越高，发挥的效应也越强。由虾蟹壳提炼的几丁质，约含有 15％的氨基（—NH_2）与 85％的乙酰基（—$COCH_3$）。几丁质不溶于一般的弱无机酸、有机溶剂或碱液中，只溶于强无机酸。几丁质具有强吸湿性，并且具有吸附金属离子的功能，是用来螯合矿物元素的优质材料。

第三节 蛋白质、核酸和其他含氮化合物

一、蛋 白 质

（一）蛋白质结构

蛋白质一级结构是指多肽链中氨基酸的排列顺序。氨基酸排列顺序是由遗传信息决定的，氨基酸的排列顺序是决定蛋白质空间结构的基础，而蛋白质的空间结构则是实现其生物学功能的基础。蛋白质二级结构是多肽链主链中各原子在各局部的空间排布，即多肽链主链构象。多肽链中，各个二级结构的空间排布方式及有关侧链基团之间的相互作用关系，称为蛋白质的三级结构。换言之，蛋白质的三级结构系指每一条多肽链内所有原子的空间排布，即多肽链的三级结构＝主链构象＋侧链构象，三级结构是在二级结构的基础上由侧链相互作用形成的。有的蛋白质分子由两条及以上具有独立三级结构的肽链通过非共价键相联聚合而成，其中每一条肽链称为一个亚基或亚单位。各亚基在蛋白质分子内的空间排布及相互接触称为蛋白质的四级结构。

（二）蛋白质性质

蛋白质是生物大分子，蛋白质溶液是稳定的胶体溶液，具有胶体溶液的特征，其中电泳现象和不能透过半透膜对蛋白质的分离纯化都是非常有利的。蛋白质之所以能以稳定的胶体存在是由于：第一，蛋白质分子大小为 1～100 nm 之间，具有较大表面积；第二，分子表面有许多极性基团，这些基团与水有高度亲和性，很容易束缚水分子；第三，蛋白质分子在非等电状态时带有同性电荷，即在酸性溶液中带有正电荷，在碱性溶液中带有负电荷。由于同性电荷互相排斥，所以使蛋白质颗粒互相排斥，不会聚集沉淀。

在动物机体内，许多生命代谢发生在蛋白质胶体性质所构建起来的复杂胶体系统中，因此，蛋白质胶体性质对动物存活有重要意义。但若破坏了蛋白质的水化膜或中和了其分子表面的电荷，蛋白质胶体溶液稳定性就会下降而产生沉淀。使蛋白质沉淀的方法有如下几种：

在蛋白质溶液中加入一定量的中性盐（如硫酸铵、硫酸钠、氯化钠等），可使蛋白质溶解度降低并沉淀析出的现象称为盐析。这是由于这些盐类离子与水的亲和性大，又是强电解质，可与蛋白质争夺水分子，破坏蛋白质颗粒表面的水膜，加上这些盐类离子大量中和蛋白质颗粒上的电荷，使蛋白质成为既不含水膜又不带电荷的颗粒而聚集沉淀。

当蛋白质溶液处于等电点 pH 时，蛋白质分子主要以两性离子形式存在，净电荷为零。此时蛋白质分子失去同种电荷的排斥作用，极易聚集而发生沉淀。

有些与水互溶的有机溶剂如甲醇、乙醇、丙酮等可使蛋白质产生沉淀，这是由于这些有机溶剂和水的亲和力大，能夺取蛋白质表面的水化膜，从而使蛋白质的溶解度降低并产生沉淀。

当蛋白质溶液的 pH 大于其等电点时，蛋白质带负电荷，可与重金属离子（如 Cu^{2+}、Hg^{2+}、Pb^{2+}、Ag^+ 等）结合形成不溶性的蛋白盐而沉淀。

生物碱是植物组织中具有显著生理作用的一类含氮的碱性物质。能够沉淀生物碱的试剂称为生物碱试剂。生物碱试剂都能沉淀蛋白质，如单宁酸、苦味酸、三氯醋酸等都能沉淀生物碱。因为一般生物碱试剂都为酸性物质，而蛋白质在酸性溶液中带正电荷，所以能和生物碱试剂的酸根离子结合形成溶解度较小的盐类而沉淀。

（三）蛋白质分类

蛋白质可分为两种，即简单蛋白和结合蛋白。

简单蛋白是水解时只产生一种氨基酸的蛋白质，根据形状、溶解性和化学组成进一步可分为纤维蛋白和球蛋白。纤维蛋白在动物细胞中多数作为结构蛋白，由交联在一起的细长、丝状长链组成，溶解度差，对动物消化酶有很强抗性，包括胶原蛋白、弹性蛋白和角蛋白三种。胶原蛋白是动物结缔组织的主要蛋白质，羟脯氨酸是胶原蛋白的重要成分，而维生素 C 参与脯氨酸的羟化过程，因而，维生素 C 可影响结缔组织的形成。弹性蛋白特性柔韧，存在于弹性组织如腱和动脉管中，其多肽链富含丙氨酸和甘氨酸。弹性蛋白中的赖氨酸侧链交联结构可阻止蛋白质在压力下过度伸展而使本身碎裂。角蛋白含有丰富的含硫氨基酸——半胱氨酸，因此硫含量较高。可将角蛋白进一步划分为 α-角蛋白和 β-角蛋白。α-角蛋白存在于羊毛和毛发中，而 β-角蛋白存在于羽毛、皮肤、鸟类的喙和爬行动物的鳞中。

结合蛋白除含氨基酸外，还包括一部分非蛋白质的成分，如脂类物质和碳水化合物等。常见的结合蛋白有脂蛋白、糖蛋白、磷蛋白和色蛋白。脂蛋白是蛋白质与脂类结合而形成的物质，是构成细胞膜主要组成成分，也是脂类由血液转运到组织储存、氧化分解时的主要形式，如乳糜微粒、极低密度脂蛋白、低密度脂蛋白、中密度脂蛋白和高密度脂蛋白。糖蛋白是与一种或几种杂多糖结合的蛋白质，这些杂多糖有氨基己糖葡萄糖胺、半乳糖胺、半乳糖、甘露糖，且以氨基己糖葡萄糖胺和半乳糖胺较为常见，存在于关节囊中，起润滑作用。磷蛋白是与磷酸结合的蛋白质，包括乳中的酪蛋白和卵黄中的高磷蛋白。色蛋白是与色素结合的蛋白质。

二、氨　基　酸

蛋白质被酶、酸、碱水解后产生氨基酸。目前，从生物体中分离出的氨基酸大约有 200 种，但是天然的基本氨基酸只有 20 种。

氨基酸具有特征性结构，以一个含氮基团为特征，一般含有一个氨基（—NH_2）和一个羧基（—COOH）。大多数存在于自然界的氨基酸是 α 型的，氨基连接于和羧基相邻的 α 碳原子上。但脯氨酸是一个例外，它所含的是亚氨基（—NH）。R 基团是侧链，随氨基酸的种类不同而不同，在甘氨酸中，R 基团是一个简单的氢原子。

除组成天然蛋白质基本结构的 20 种氨基酸外，还发现几种特殊的氨基酸是某些特种蛋白质的成分。每种特殊氨基酸都是 20 种基本氨基酸中某种氨基酸的衍生物，都是其母体氨基酸经酶促修饰产生的，例如羟脯氨酸和羟基赖氨酸是由羟基化的脯氨酸和赖氨酸产生的；酪氨酸的两种含碘氨基酸衍生物，三碘甲腺原氨酸和四碘甲腺原氨酸（甲状腺素）是体内重要的激素，也是甲状腺球蛋白的氨基酸组成成分；γ-羧基谷氨酸是谷氨酸的一种衍生物，为一种凝血酶中的氨基酸，参与钙离子的结合；γ-氨基丁酸是谷氨酸的另一种衍生物，为抑制性的神经递质。

三、肽

肽是通过一个氨基酸的α-羧基和另一个氨基酸α-氨基形成的键结合而成，这种化学键称为肽键。二肽就是由两个氨基酸通过一个肽键形成的。大量的氨基酸可通过形成肽键缩合在一起，生成多肽，每形成一个肽键脱掉1分子水。

除作为蛋白质的结构外，一些肽也具有自身的生物学活性，如在乳汁中就含有许多具有活性的肽。酪蛋白在蛋白酶的催化作用下，可产生阿片样肽，这种物质具有药理学活性，如止痛和催眠。其他来自于酪蛋白的肽与免疫调节和钙流等有关；还有一些可促进肠道生长发育和刺激有益微生物的生长，同时抑制有害微生物的生长。此外，有些肽还可以调控采食量，包括蛙皮素、肠抑素、胰高血糖素和瘦素（leptin）。

四、核 酸

核酸广泛存在于所有动物、植物和微生物细胞内。生物体内核酸常与蛋白质结合形成核蛋白。核酸是高分子化合物，水解后产生含氮化合物（嘌呤和嘧啶）、戊糖（核糖和脱氧核糖）和磷酸的混合物。不同的核酸，其化学组成、核苷酸排列顺序等不同。根据化学组成不同，核酸可分为核糖核酸（RNA）和脱氧核糖核酸（DNA）。DNA是储存、复制和传递遗传信息的主要物质基础。RNA在蛋白质合成过程中起着重要作用，其中转运核糖核酸（tRNA），起着携带和转移活化氨基酸的作用；信使核糖核酸（mRNA），是合成蛋白质的模板；核糖核酸（rRNA）参与组成的核糖体，是细胞合成蛋白质的主要场所。核酸不仅是基本的遗传物质，而且在蛋白质的生物合成上也占重要位置，在生长、遗传、变异等一系列重要生命现象中起决定性的作用。

五、其他含氮化合物

除蛋白质、氨基酸和核酸外，动植物中还含有其他含氮化合物，如含氮脂肪、胺、酰胺、嘌呤、嘧啶等。此处仅介绍胺、酰胺这两种较为重要的含氮化合物。

（一）胺

动物机体内胺主要由氨基酸脱羧基形成，我们熟知的有色氨酸生成色胺，组氨酸生成组胺，酪氨酸形成酪胺等。这些胺类物质常为机体内的活性物质，如组胺在动物发生过敏性休克时的血液含量较高。胺也存在于植物、微生物中，腐烂的植物中的胺大部分是由微生物产生，梭菌发酵占优势的青贮饲料通常也含有大量的胺，发酵产品如泡菜、酒、干酪等也含有胺。配合饲料中，有些胺与动物产品的风味有关。甜菜碱在机体内可代谢转化为三甲胺，这种三甲胺与动物产品的腥味有关，过量使用甜菜碱或甜菜副产品可增加肉品腥味。

（二）酰胺

天冬酰胺和谷氨酰胺是重要的酰胺，分别由天冬氨酸和谷氨酸转化而来。这两种酰胺也属于氨基酸，有时还是蛋白质的组成成分。它们以游离形式存在，并在转氨基过程中起重要作用。谷氨酰胺在幼龄动物肠道发育、母畜繁殖性能、抗氧化等方面具有重要作用。

尿素这种酰胺是哺乳动物主要的氮代谢终产物，也存在于某些植物中，可在小麦、大豆、土豆和卷心菜中发现。

鸟类的氮代谢终产物是尿酸，功能上相当于哺乳动物的尿素。人类和其他灵长类动物中，尿酸是嘌呤的终产物，一般存在于尿液中。

（三）硝酸盐和亚硝酸盐

硝酸盐和亚硝酸盐广泛存在于水体、土壤和植物中。硝酸盐可转变为亚硝酸盐，后者可与血液中血红蛋白结合，使高铁血红蛋白含量升高，因高铁血红蛋白不能与氧结合，从而使动物发生缺氧现象，严重时，可致动物死亡。此外，也有研究表明硝酸盐和亚硝酸有致畸形和致癌作用。平时所说的"燕麦秆中毒"就是因为燕麦青草中含有较多的硝酸盐。在收割前大量施加氮肥可增加牧草硝酸盐浓度。

（四）生物碱

生物碱（alkaloid）是存在于自然界（主要为植物，真菌和动物少见）中的一类含氮的碱性有机化合物，有类似碱的性质，所以过去又称为赝碱。其在植物中的分布规律有：绝大多数生物碱分布在高等植物，尤其是双子叶植物中，如毛茛科、罂粟科、茄科、夹竹桃科、芸香科、豆科、小檗科等；极少数生物碱分布在低等植物中；同科同属植物可能含相同结构类型的生物碱；一种植物体内多有数种或数十种生物碱共存，且它们的化学结构有相似之处。

大多数生物碱有复杂的环状结构，氮元素多包含在环内，有显著的生物活性，是中草药中重要的有效成分之一。生物碱具有光学活性，但也有少数生物碱例外，如麻黄碱的氮原子不在环内，咖啡碱不显碱性等。并非所有的生物碱对动物健康都有利，如美狗舌草中的生物碱，可以在没有症状之前就刺激肝脏和损害其他器官。

第四节　脂　类

脂类是生物体维持正常生命活动不可缺少的一大类有机化合物，与糖类、蛋白质、核酸并列为四大类重要基本物质之一。脂类的共性就是难溶于水，易溶于有机溶剂。脂类也称为脂质，是脂肪和类脂及其衍生物的总称。

一、脂类的分类

脂类可按不同的方法分类，比较理想的分类方法是根据脂类的化学结构和组成成分进行分类。根据这一原则，可将脂类分为四类：

（一）单纯脂

单纯脂包括甘油三酯和蜡质。蜡由脂肪酸和一个长链的一元醇组成。

（二）复合脂

复合脂其分子中除了脂肪酸和甘油外，尚含有其他化学基团。如磷脂、糖脂和脂蛋白。

（三）萜类、类固醇及其衍生物

萜类及类固醇一般不含脂肪酸。

（四）衍生脂

衍生脂系上述脂类的水解产物，如甘油、脂肪酸及其氧化产物、前列腺素等。

二、脂　肪

（一）脂肪的结构

脂肪是脂肪酸和三元醇甘油反应合成的酯，叫甘油酯。当所有的三个醇基都被脂肪酸酯化时，形成的化合物就称为三酰甘油。

$$
\begin{array}{c}
CH_2OH \\
| \\
CHOH \\
| \\
CH_2OH
\end{array}
+3RCOOH \longrightarrow
\begin{array}{c}
CH_2OCOOR \\
| \\
CHOCOR \\
| \\
CH_2OCOR
\end{array}
+3H_2O
$$

三酰甘油根据被脂肪酸残基取代的位置而分为不同的类型，上式中的三酰甘油是被同一种脂肪酸所取代的，是一种最简单的酯。当由不同的脂肪酸取代时，就产生不同的酯。

$$
\begin{array}{c}
CH_2OCOR_1 \\
| \\
CHOCOR_2 \\
| \\
CH_2OCOR_3
\end{array}
$$

混合三酰甘油

R_1、R_2、R_3 代表不同的脂肪酸链。自然界发现的脂肪和油都是一些混合三酰甘油的混合物。豆油中包含 79％的混合三酰甘油和 21％的简单三酰甘油。亚麻油中的为 75％和 25％。由一种脂肪酸残基形成的三酰甘油只存在于自然界中，如月桂油仅含有 31％的月桂酸三酰甘油。

脂肪酸双键的存在意味着脂肪酸有随着与双键的碳原子相连的氢原子的空间排列而定的两种形式。根据与碳原子相连的氢原子在空间中的分布，可划分为"顺式"型和"反式"型。"顺式"型氢原子在双键同侧，"反式"型氢原子在双键异侧。多数自然界存在的脂肪酸为"顺式"型。

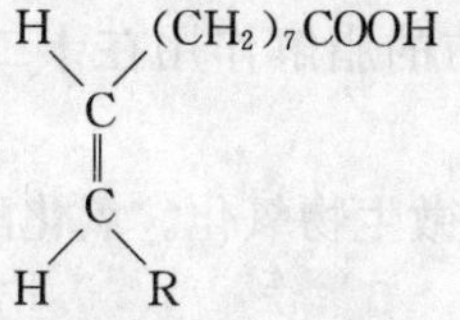

顺式 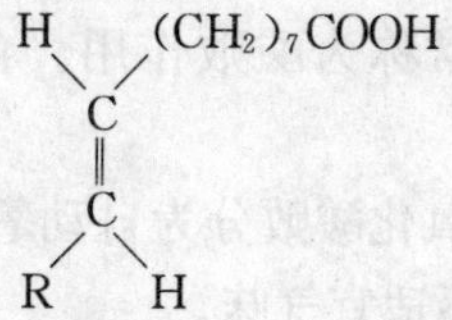　　　　　　　　反式

（二）脂肪的组成

脂肪是由碳、氢、氧三元素组成，在脂肪中这三种元素组成两种化合物，即脂肪酸和甘油。通常我们所说的脂肪是由 1 分子的甘油和 3 分子的脂肪酸所组成的酯，叫做甘油三酯。脂肪作为能量的来源，在动物体内的重要功能就是提供脂肪酸，而脂肪酸在动物营养中是很重要的营养物质。因此，我们应首先讨论脂肪酸的有关问题。

据研究，当前从油脂分离出的近百种脂肪酸中，除微生物界可见碳原子为奇数呈分支结构的脂肪酸外，其他多呈偶数碳原子结构的直链脂肪酸。直链脂肪酸又可根据其是否溶解、挥发和饱和程度分成 3 种类型：

1. 水溶性挥发性脂肪酸　即分子中碳原子数≤10 的脂肪酸，常温下呈液态。如丁酸、己酸、辛酸和癸酸等常见于奶油、椰子油中。

2. 非水溶性挥发性脂肪酸　如十二碳的月桂酸。

3. 非水溶性不挥发性脂肪酸　该类型脂肪酸又可根据其饱和程度分为饱和脂肪酸和不饱和脂肪酸。

（1）饱和脂肪酸　脂肪酸分子的碳链上的每个碳原子有 4 个化学键，除 2 个键用来互相联外，另外 2 个键如果全部与氢结合，则脂肪酸分子中不含双键，这样的脂肪酸就是饱和脂肪酸。饱和脂肪酸在常温下多呈固态，主要有十四碳的豆蔻酸、十六碳的棕榈酸（软脂酸）和二十碳的花生酸。

（2）不饱和脂肪酸　脂肪酸分子中含有双键（即不饱和键），这样的脂肪酸称为不饱和脂肪酸。不饱和脂肪酸分子中一般含有 1～6 个双键。通常将分子中只含单个双键的脂肪酸称单不饱和脂肪酸，含有 2 个或 2 个以上双键的十八或十八碳以上的脂肪酸成为高度不饱和脂肪酸或多不饱和脂肪酸。

此外，在不饱和脂肪酸中，尚有几种脂肪酸在动物体无法合成或合成量较小，满足不了动物需要，必须由饲料供给，这些不饱和脂肪酸称为必需脂肪酸。

（三）脂肪的性质

1. 水解作用　脂肪可在酸或碱作用下发生水解，水解产物为甘油和高级脂肪酸。

$$C_3H_5(OOCR)_3 + 3NaOH = C_3H_5(OH)_3 + 3RCOONa$$

动植物体内脂肪的水解是在脂肪酶催化下进行的。脂肪酶的催化作用具有某种专一性。脂肪酸残基从 β 位碳原子裂解要比从 α 和 α' 位困难，因此在自然条件下，脂肪的水解产物通常为一甘油酯和二甘油酯及游离脂肪酸。水解所产生的游离脂肪酸大多无臭无味，但低级脂肪酸尤其是丁酸和己酸却具有强烈的异味。当可食用的脂肪发生此反应时，常常导致消费者完全无法食用。脂肪酶通常由细菌和霉菌所产生，这种脂解反应导致的腐败，通常称为酸败作用。食物中脂肪的脂解作用在十二指肠和小肠的吸收过程中广泛存在。

2. 氧化酸败　氧化酸败分为自动氧化和生化微生物氧化。氧化酸败降低了脂肪的营养价值，也产生了不适宜气味。

自动氧化是一种由自由基激发的氧化。先形成过氧化物，再与氢结合形成氢过氧化物，然后继续分解，产生不适宜的酸败味。这种氧化是一个自身催化加速进行的过程。

生化微生物氧化是一个酶催化的氧化，存在于植物饲料中的脂肪氧化酶或微生物产生的脂肪氧化酶最容易使不饱和脂肪酸氧化。催化的反应和自动氧化一样，但反应形成的过氧化物，在同样的温湿条件下比自动氧化多。

3. 脂肪酸氢化　在催化剂或酶作用下，不饱和脂肪酸的双键可以得到氢而变成饱和脂肪酸，使脂肪硬度增加，不易氧化酸败，有利于贮存，但也损失必需脂肪酸。如油酸转化为硬脂酸：

$$C_{17}H_{33}COOH + H_2 = C_{17}H_{35}COOH$$

在黄油制造业中，这个反应是很重要的转化，可以将植物和鱼类的油脂转化为硬度较高的脂肪。这种硬化源于饱和脂肪酸的高熔点。为了促进反应的发生，一般都使用催化剂，常用的是镍，硬化过程也改善了脂肪的保存性能，因为被转换的双键是脂肪中主要的反应活性中心。

反刍动物饲料中的脂肪首先在瘤胃中被水解，然后再逐步将游离的不饱和脂肪酸转化成为硬脂酸。这有助于解释反刍动物饲料中含有大量的不饱和脂肪酸，但是其体内脂肪却是高度饱和的。

三、糖　脂

糖脂是指含有糖基的脂质化合物。糖脂广泛存在于动植物和微生物界，组成生物细胞膜的脂类中以磷脂为主，但糖脂含量也较高，糖脂占总脂含量的 2%。

根据结构的不同把糖脂分为神经酰胺糖脂和甘油醇糖脂两大类。神经酰胺糖脂又称鞘糖脂，甘油醇糖脂又称甘油糖脂。哺乳动物中所含的糖脂有鞘糖脂，也有甘油糖脂，但主要是鞘糖脂。植物和微生物中的糖脂主要是甘油糖脂类，它也是细胞膜的常见组分，但植物和微生物的糖脂中有小部分属于鞘糖脂类。

糖脂类化合物分子与卵磷脂相似，其特点是不与含氮碱基的磷酸化合物结合，而是代之以与 1~2 个半乳糖分子结合，且结合位是在第 1 个碳原子上，所含脂肪酸多为不饱和脂肪酸。糖脂是禾本科、豆科青草中粗脂肪的主要成分，动物的外周、中枢神经等组织中也有分布。糖脂可通过消化酶和肠道微生物分解，被动物吸收利用。

四、磷　脂

磷脂是动植物细胞的重要组成成分，在动植物体中广泛存在。就动物体而言，磷脂在脂肪转运中起重要作用。因此，若肝脏中磷脂不足，就会使肝中脂肪转运发生障碍，使动物产生脂肪肝症。正常动植物组织可自行合成磷脂，不必由饲料供给，但若所供饲料中缺乏合成磷脂的原料如胆碱、甲硫氨酸，则易导致脂肪肝症发生，并引发其他缺乏磷脂的代谢病变。

磷脂类化合物的组成特点是，均含有一个甘油醇残基，其中第1、2碳位与长链脂肪酸酯化，第3碳位与磷酸酯化，磷酸又与1个含氮碱基结合。若含氮碱基是胆碱，此磷脂为卵磷脂；若为胆胺，则为脑磷脂。此外，磷脂类还包括肌醇磷脂、神经磷脂等。

磷脂分子结构中磷酸部分具有酸性，而胆碱（或胆胺）部分具有碱性，可以形成内盐，磷脂分子中的内盐结构具有亲水性，而脂肪酸长链部分是非极性的疏水基，因此，磷脂能降低水的表面张力，具有表面活性，是一种良好的乳化剂。磷脂在生物体内能使油脂乳化，有助于油脂的运输、消化和吸收。

磷脂也是细胞膜的主要成分，细胞膜使细胞具有选择性的渗透屏障作用，它不仅可以使细胞在膜内执行生理功能，而且细胞膜的表面活性很强，能有选择地从周围环境中吸收养分，防止外界有害物质的侵入，排出代谢产物等。细胞膜的这些重要功能是与磷脂有密切关系的。

五、蜡

蜡一般是由长链高级脂肪酸和长链高级一元脂肪醇（也可能有少量的二元醇）构成的酯所组成的物质，并可能含有少量游离高级脂肪酸、游离高级脂肪醇和高级烃等。蜡与脂肪的主要区别是脂肪为高级脂肪酸的甘油酯；蜡较难皂化，在空气中比较稳定，不容易氧化变质。

蜡广泛分布于植物和动物中，主要起保护作用。蜡的疏水性降低了植物在运输水的过程中水的损失，也可以使动物的羽毛和羊毛不透水。植物中，蜡通常分布在角质层中，形成一种基质，角质和软木脂被包在其内部。蜡主要部分是由多种物质组成的一种复杂混合物，烃类组成了这种长链化合物的主要骨架链，分支链为烃、醛、游离脂肪酸和各种酮，且所占的比例很小。

角质是由 C16 和 C18 单体物质组成的一种聚合物，一般是 16-羟基棕榈酸和 10，16-二羟棕榈酸。软木脂存在于植物地下部的表面和愈合伤口的表层。主要的脂肪族成分是 ω-羟基酸及相应的二羟基酸和长链脂肪酸及醇，也包含大量的酚化合物，主要为香豆酸，可以加固酸与酚基中心的连接。角质和软木脂均很难降解，无营养价值。蜡也很难分解，动物利用率很低。

六、固 醇

固醇是一类以环戊烷多氢菲核为骨架的物质，广泛存在于生物体组织内，可游离存在，也可与脂肪酸结合以酯的形式存在，虽然含量少，但有重要生理功能。固醇按来源可分为 3 种：

（一）动物固醇

动物固醇在动物体内多以酯形式存在，胆固醇为其代表，是固醇类激素的合成原料。如皮肤中的 7 - 脱氢胆固醇在紫外光照射下，可转变成维生素 D_3，供动物利用。

（二）植物固醇

植物固醇为植物细胞壁的主要组分，无法被动物有效利用，以存在于豆类中的豆固醇，存在于谷物胚、油中的谷固醇为代表。

（三）酵母固醇

以麦角固醇为代表，存在于酵母、霉菌及某些植物中，经紫外光照射可转化成维生素 D_2 供动物利用。

七、萜 类

萜类是所有异戊二烯聚合物及其衍生物的总称。萜类是普遍存在于植物界的一类化合物，它们除以萜烃的形式存在外，多数是以形成各种含氧衍生物，包括醇、醛、酮、羧酸、酯类等形式存在。

萜类化合物一般难溶于水，易溶于亲脂性有机溶剂。低相对分子质量和含功能基少的萜类，常温下多呈液态或低熔点的固态，具有挥发性，能随水蒸气蒸发。部分含较多功能基的倍半萜、二萜和三萜等，多为具有高沸点的液体或结晶固体。萜类分子中的不饱和键可以同卤素、卤化氢以及亚硝酸氯发生加成反应，也可发生氧化反应和脱氢反应等。

很多发现于植物中的萜，有很强的特征性气味，是一些必需脂类的组成成分，如柠檬酸或樟脑油。在重要的植物萜中，有叶绿素中的叶绿醇、胡萝卜素、植物激素、维生素 A、维生素 E、维生素 K 等。动物中的一些辅酶，包括辅酶 Q 类，也是一种萜。

将饲料中的萜类统归为粗脂肪，故含叶绿素多的青绿饲料其粗脂肪的营养价值就相对较低。

第五节 能 量

动物所有的生命活动，如呼吸、心跳、血液循环、肌肉活动、神经活动、生长、生产产品和使役等都需要能量。动物所需的能量主要来自饲料中碳水化合物、脂肪和蛋白质中的化学能。能量是饲料的重要组成部分，饲料能量浓度起着决定动物采食量的重要作用，动物的营养需要或营养供给浓度均可以能量为基础表示。

一、能量单位

饲料能量是基于养分在氧化过程中释放的能量来测定，并以热量单位来表示。传统的热量单位为卡（cal），国际营养科学协会及国际生理科学协会确认以焦耳作为统一使用的能量单位。动物营养中常采用千焦耳（kJ）和兆焦耳（MJ）。卡和焦耳可以相互换算，换算关系如下：

$$1\ cal = 4.184\ J；1\ kcal = 4.184\ kJ；1\ Mcal = 4.184\ MJ$$

二、饲料的能量来源

饲料的能量主要来源于碳水化合物、脂肪和蛋白质。在三大养分的化学键中贮存着动物所需要的化学能。动物采食饲料后，三大养分经消化吸收进入体内，在糖酵解、三羧酸循环或氧化磷酸化等过程中释放能量，最终以 ATP 的形式满足机体需要。

哺乳动物和禽饲料能量的最主要来源是碳水化合物。因为碳水化合物在常用植物性饲料中含量最高，来源丰富。虽然脂肪的有效能值约为碳水化合物的 2.25 倍，但在饲料中含量较少，不是主要的能量来源。蛋白质用作能源的利用效率比较低，且蛋白质在体内不能完全氧化，氨基酸脱氨产生的氨过多，对动物机体有害，因而，蛋白质不宜做能源物质使用。

三、饲料能量分类

根据能量守恒和转换定律及动物对饲料中能量的利用程度，将饲料能量分为总能、消化能和代谢能。

（一）总能（GE）

饲料样品完全氧化所释放的热能，即燃烧热。总能仅反应饲料中所含能量，不表示被动物利用的程度。如每克淀粉与每克纤维素的总能均为 17.489 kJ，但淀粉的能量几乎可以全部被动物利用，而纤维素的能量几乎不能被动物利用。

（二）消化能（DE）

消化能是饲料可消化养分所含的能量，即饲料所含总能减去粪便中损失的能量（FE）后剩余的能值。

$$DE = GE - FE$$

粪能即粪中所含的能量，主要包括未被动物消化吸收的饲料部分、消化道微生物及其产物、消化道黏膜上脱落的细胞碎片以及消化道内的分泌物所含的能量。消化能的多少既受饲料原料本身的影响，也受动物种类的影响。

消化能又可分为表观消化能（ADE）和真消化能（TDE）。表观消化能的计算公式与一般意义上的消化能相同；真消化能的计算公式为：

$$TDE = GE - (FE - FEe)$$

式中 FEe 表示粪中内源能，包括残余消化液、消化道代谢产物（细胞、脱落黏膜）等的能量。

（三）代谢能（ME）

代谢能指饲料消化能减去尿能（UE）及消化道可燃气体的能量（Eg）后剩余的能量。

$$ME = DE - UE - Eg = GE - FE - UE - Eg$$

尿能是尿中有机物所含的能量，主要来自于蛋白质的代谢产物。消化道气体能来自动物消化道微生物发酵产生的气体，主要是甲烷。非反刍动物的大肠中虽有发酵，但产生的气体较少，常常忽略不计。反刍动物消化道微生物发酵产生的气体量大，含能量可达总能的 3%～10%。

代谢能还进一步可分为表观代谢能（AME）和真代谢能（TME）。表观代谢能计算公式同一般代谢能公式，真代谢能计算公式为：TME = ME + UeE + FmE，其中 FmE 和 UeE 分别代表粪、尿中的内源能。

（四）净能（NE）

净能是饲料中用于动物维持生命和生产产品的能量，即饲料的代谢能减去饲料在体内的热增耗（HI）后剩余的那部分能量。

$$NE = ME - HI = GE - FE - UE - Eg - HI$$

热增耗是指绝食动物在采食饲料后短时间内，体内产热量高于绝食代谢产热的那部分热能。热增耗的来源有：消化过程产热、营养物质代谢做功产热、与营养物质代谢相关的器官肌肉活动所产生的热量、肾脏排泄做功产热、饲料在胃肠道发酵产热。

净能中有一部分是动物用来维持生命的能量称为维持净能（NEm），还有一部分是动物用来生产的称为生产净能（NEp），生产净能包括增重净能（NEg）、产蛋净能（NEe）和产奶净能（NEl）等。

第六节 矿 物 质

动物体内矿物元素的分类标准大致有三种。一是根据在组织或者器官的优先分布，可将矿物质分为骨组织矿物质（如钙、磷、铍、氟、钒、镁、锶、钡、铁、镭、铅等）、网状内皮系统矿物质（铜、铁、锰、银、铬、镍、钴和某些镧系元素）、无组织器官特异性矿物质即均匀地分布于各组织器官中的矿物质（如钠、钾、氯、锂、铷、铯等）。二是根据生理作用来划分矿物元素，可将矿物质分为必需矿物元素（生命活动所必需的元素或生物元素）、可能必需元素（条件性必需元素）、作用尚未充分阐明或尚未认识的元素等三种。三是根据在体内分布含量，可将矿物质分为常量矿物元素和微量矿物元素。常量矿物元素是指在动物体内含量高于 0.01% 的元素，微量矿物元素是指含量低于 0.01% 的元素（表 1-3）。

评判是否为必需矿物元素的重要条件是：①在每个动物体中均以相近的量存在；②在机体不同组织中的含量高低具有规律性的次序；③若用缺乏这种元素的合成饲粮饲喂动物，则动物会发生明显的缺乏症，其组织发生显著的生化变化；④如果将这些元素加入食用饲粮，可缓解上述缺乏症状或痊愈。

在此，仅介绍常量矿物元素和微量矿物元素中的必需矿物质元素。

表 1-3　家畜平均矿物质含量

含量（按数量级）	含量（按百分数）	元素	等级
$n \cdot 100$	$1 \sim 9$	Ca	常量元素
$n \cdot 10^{-1}$	$0.1 \sim 0.9$	P、K、Na、S、Cl	
$n \cdot 10^{-2}$	$0.01 \sim 0.09$	Mg	
$n \cdot 10^{-3}$	$0.001 \sim 0.009$	Fe、Zn、F、Sr、Mo、Cu	微量元素
$n \cdot 10^{-4}$	$0.0001 \sim 0.0009$	Br、Si、Cs、I、Mn、Al、Pb	
$n \cdot 10^{-5}$	$0.00001 \sim 0.00009$	Cd、B、Rb	痕量元素
$n \cdot 10^{-6}$	$0.000001 \sim 0.000009$	Se、Co、Zr、As、Ni、Sr、Ba、Ti、Ag、Sn、Be、Ga、Ge、Hg、Sc、Cr、Bi、Sb、V、Th、Rh	

注：引自许梓荣主编《畜禽矿物质营养》，1991。

一、常量矿物元素

（一）钙

钙是自然界中含量最为丰富的元素之一，其存在的形式有碳酸钙（如白垩、石灰石、大理石）、硫酸钙（如石膏）、氟化钙（如氟石）、白云石（$CaCO_3 \cdot MgCO_3$）和氟磷灰石 $[Ca_5(PO_4)_3 \cdot F]$。

钙在植物饲料中以水溶性、酸溶性和可吸收性等形式存在，其中以水溶性钙的流动性最大，而酸溶性钙流动性最差。水溶性钙是与有机酸结合，主要是与柠檬酸结合的钙，有部分钙与蛋白质形成盐类。酸溶性钙主要有苹果酸钙和草酸钙两种，而可溶性钙主要是指蛋白质的钙盐和其他聚合物，有少部分钙也与脂肪结合。

含钙丰富的植物性饲料有豆科牧草和向日葵，玉米含钙量较少，植物的营养部分含钙量比其繁殖部分多。动物性钙源饲料有肉粉和肉骨粉、贝壳粉和蛋壳粉等，含钙量在 22% ~ 35%。除上述钙源外，其他常见钙源包括磷酸氢钙、磷酸二氢钙、磷酸钙、乳酸钙、氨基酸螯合钙等。

在体内，钙除了作为骨骼和牙齿的组成成分外，对维持神经和肌肉的正常功能也有重要的作用。血浆中钙离子浓度维持在一个变化幅度很小的范围内，故钙水平是机体一个非常敏感的指标。当钙水平高于正常水平时，抑制神经和肌肉的兴奋性；反之，神经和肌肉的兴奋性增强。凝血酶原激活物催化凝血酶原转变为凝血酶也需要钙离子的参与才能进行。

(二) 磷

磷和钙一样在自然界中含量很丰富，它在地壳中的含量为 $0.08\%\sim0.12\%$。它是 $3Ca_3(PO_4)_2 \cdot CaF_2$ 和 $3Ca_3(PO_4)_2 \cdot Ca(OH)_2$ 的组分，存在于磷灰分和磷灰石中。

植物中的磷主要存在于有机化合物中，如植酸盐类、磷脂、核酸和其他化合物中。在谷物种子中含量为稻秆中的 $3\sim4$ 倍，其分配情况为可溶性与不溶性植酸盐占 $50\%\sim70\%$（绿色植物中含有少量的植酸磷），磷脂、磷蛋白、核酸磷占 $20\%\sim30\%$，矿物磷酸盐占 $8\%\sim12\%$。谷粒中磷含量的平均值为每千克干物质 $3.5\sim4.5$ g，在放牧地植物中含量为每千克干物质 $2.5\sim3.0$ g。增加土壤中磷则植物中磷含量会增加，植物中磷含量随年龄的增加而减少。

牧草青贮和阴雨天制作的干草磷损失较大，损失的部分是可溶性磷。油饼、制粉用谷物、麦麸和动物性饲料如肉粉和肉骨粉等含磷量较高。

磷在动物机体内的生物学功能较多。磷与钙共同构成牙齿和骨骼，并以磷酸根形式参与许多物质代谢过程，如参与核糖核酸、脱氧核糖核酸和许多辅酶的合成；参与氧化磷酸化过程，形成高能含磷化合物，在高能磷酸键中贮存能量，以供动物利用；参与糖代谢，并作为血液中重要缓冲物质磷酸氢钙和磷酸二氢钙的成分等。

(三) 钾

钾是自然界最活泼的元素之一。由于硅钾铝酸盐的化学侵蚀作用，土壤中的大部分钾离子保持在待溶解状态，作为植物营养的来源。钾以游离离子和结合离子形式存在于植物各部分，主要集中于营养器官中。

植物体内钾的含量取决于其发育阶段（其含量随年龄的增加而降低），土壤类型以及钾肥和有机肥的数量。割草地和放牧场的青草、三叶草、苜蓿、饲用甜菜梢叶、马铃薯、豆饼和饲用酵母都含有丰富的钾。

钾参与维持酸碱平衡、渗透压以及细胞的代谢过程，尤其是通过激活三磷酸腺苷酶参与糖代谢。此外，钾还与钠、氯共同为酶提供有利于发挥作用的环境或作为酶的活化因子。

(四) 钠、氯

钠和氯的代谢是相互联系的，它们是以氯化钠的形式进入机体，以相同形式排出体外。钠在地壳元素含量中居第六位，在自然界它存在于多种矿物之中，如矿盐、硝石、硼砂、云母等。可溶性钠盐很容易从土壤中流失，因此在土壤中含量很少。氯在地壳中的含量为 0.02%。氯非常活泼，可与元素周期表中的所有元素结合，正由于此，自然界中氯多数是以化合物形式存在，数量最多的是 NaCl、KCl·NaCl、

$KCl \cdot MgCl_2 \cdot 6H_2O$。

钠和氯不同，它不是植物所必需的，因此植物饲料所含的氯化钠要多得多，然而在动物饲料中这种差异要小得多。假若绿色饲料中 K：Na 为 3～5：1，那么反刍动物就可以从含钠量为每千克干物质 2～2.5 g 的绿色植物中得到满足。然而，实际上该比例为 20～30：1，或甚至更高，而其中钠含量往往少于每千克干物质 1 g。这种状况不能利用钾钠肥料来加以改进，唯一办法是在动物饲粮中补充食盐，以弥补植物性饲料钠的不足。植物性饲料中的氯含量能够满足动物的需要。如果日粮中添加有食盐，即使饲料是纯植物性的（如大豆和玉米），也能满足家畜和家禽对氯的需要。

钠的独特生理作用有：影响蛋白质胶体的膨胀容积；在与钾离子平衡的条件下维持心脏的正常活动；参与神经和肌肉兴奋过程（形成细胞膜的静息电位和可以引发的动作电位）。

氯是体液中最重要的阴离子，参与维持渗透压和酸碱平衡。氯离子通过红细胞的膜，能促进血浆和红细胞之间的物质流动，这一机制和碳酸酐酶的作用一起使二氧化碳转化为碳酸氢盐，而后在肺部毛细血管释放出二氧化碳。此外，胃酸的形成伴有使氯离子通过膜的主动运输过程。

（五）镁

镁是一种碱土元素，在地壳中占 2.35%。自然界中，镁主要以碳酸盐、硅酸盐、硫酸盐和氯化物形式存在，目前已发现 200 多种含镁的矿石。植物中，镁以植酸镁钙盐形式存在于植物叶绿素中，也以镁结合蛋白质盐类、碳酸盐类和磷酸盐等存在于其他部位。镁存在形式有水溶性、酸溶性和吸附性等，这些形式各自含有类似的钙化合物。

植物饲料中含镁量较高的有麦麸、油饼、碎麦片、向日葵、甜菜茎叶和糖用甜菜（每千克干物质 4～8 mg）。干草每千克干物质含镁 2～3 mg，青草每千克干物质含镁 2 mg。施用镁肥可增加牧草镁的含量，施用钾肥则降低牧草中镁的含量。

镁的生物学功能有：参与骨骼和牙齿的组成；调节神经肌肉兴奋性，维持神经肌肉的正常功能；参与蛋白质、DNA、RNA 的合成；作为磷酸酶、氧化酶、精氨酸酶和肽酶等辅酶或酶活化因子等。

（六）硫

自然界中，硫既以元素状态也以硫化物与硫酸盐的形式存在，如 FeS_2、$CuFeS_2$、PbS、$CaSO_4 \cdot 2H_2O$、$CaSO_4$ 和 $Na_2SO_4 \cdot 10H_2O$ 等。

在植物性和动物饲料中，硫主要是非氧化状态的，即所谓的中性硫，如蛋氨酸、胱氨酸和半胱氨酸。一般来说，植物中硫酸盐的含量很少，不过油料的种子和某些豆科植物（豌豆和大豆）、油饼、青干草、脱脂奶粉、肉粉、血粉和鱼粉例外，即高蛋白植物饲料中含硫较高。蛋白质中含硫量随氨基酸的组成不同而有所变化，平均含量为 1%。单胃动物对含硫氨基酸的需要量约为蛋白质的 3%～4%，对硫的需要量为蛋白质的 0.6%～0.8%。

饲粮中补充无机硫亦有一定的意义，其理由有：第一，通常用来贮存绿色饲料的含硫制剂（邻苯亚硫酸钠、亚硫酸铵、二氧化硫）在机体中可以转化；第二，为弥补硫不足而添加到日粮中的元素硫或硫酸盐的硫，可能被消化道中的微生物所利用；第三，硫是机体中合成某些化合物所必不可少的，如经硫酸化的黏多糖。

由于硫元素的电子结构，硫元素能赋予它组成的化合物以某些特性，这些特性包括多价性，容易氧化和还原，能与某些微量元素形成复合物，能形成在生理上很重要的酶类与呼吸性色素。因此，含硫化合物在机体中发挥许多功能。胱氨酸、半胱氨酸和蛋氨酸等重要氨基酸中的硫，作为各种生理活性物质（激素、维生素等）的组分而发挥功能。

半胱氨酸中的硫是以硫氢基（—SH）的形式存在，而胱氨酸分子中则是以二硫键（—S—S—）的形式存在。半胱氨酸是辅酶 A 的前体，也是谷胱甘肽的组成成分之一。蛋氨酸是用来合成胆碱、乙酰胆碱、肾上腺素和肌酸的甲基的特殊来源，在抗脂肪肝症、蛋白质和血红蛋白合成等方面有重要作用。

二、微量矿物质元素

（一）铁

铁广泛存在于各种饲料中，青绿多汁植物是铁的良好来源，尤其是叶部更丰富，豆科青饲料中铁含量要比禾本科高 50％左右。动物性饲料如血粉和鱼粉也是铁的良好来源，但是乳中含铁量较少。如饲粮中铁不足时，可用含铁饲料添加剂来补充，铁添加剂有无机形式铁（如硫酸亚铁）、有机酸铁（如富马酸亚铁、柠檬酸亚铁、乳酸亚铁等）和氨基酸螯合铁（如蛋氨酸螯合铁、赖氨酸螯合铁等）等三类。

铁的生物学作用有：形成血红素及肌红蛋白必不可少的组成成分；作为氧的载体保证组织内氧的正常运输；作为多种细胞色素酶及氧化酶的组成成分，在细胞内生物氧化过程中起重要作用；此外，铁可与棉子饼中所含有的游离棉酚结合而具有脱毒作用。

（二）锌

植物性饲料中普遍含有锌，其中以幼嫩青饲料的含锌量较高，但块根块茎类饲料含锌量较低。饲用酵母、糠麸、油饼（粕）、禾谷类的胚、动物性饲料都是锌的主要来源。此外，常用的锌源饲料种类有无机形式锌（如硫酸锌、氧化锌）、有机酸锌（葡萄糖酸锌、柠檬酸锌等）和氨基酸螯合锌（如蛋氨酸锌、甘氨酸锌等）。

锌是动物体内时多种酶的组成成分，如碳酸酐酶、碱性磷酸酶、多种脱氢酶和核糖核酸酶等。锌还是胰岛素的组成成分，参与碳水化合物、脂类和蛋白质的代谢。锌与毛发的发生、皮肤的健康和创伤的愈合有关。此外，锌对动物繁殖性能和正常代谢有重要作用。

（三）锰

青粗饲料中含有丰富的锰，糠麸类饲料含锰丰富，禾本科植物子实及块根块茎饲料中含锰量较少，玉米中含锰量更低，动物性饲料中锰含量极低。锰源添加剂有硫酸锰、碳酸锰和氨基酸螯合锰。

锰的生物学作用有：参与骨骼基质中硫酸软骨素的形成，也是骨骼有机基质黏多糖的组成成分，因此锰对骨骼正常功能有重要作用，特别是对于家禽；作为某些酶的组成成分，参与碳水化合物、蛋白质和脂肪的代谢过程；与胆固醇的合成有关，影响动物的繁殖。

（四）铜

植物性蛋白饲料如大豆豆粕中含铜量较高。豆科牧草中的铜含量要高于禾本科牧草。禾谷类子实（除玉米外）及其副产品含有丰富的铜。幼嫩植物性饲料及稿秆类饲料含铜量较低。当动物缺乏铜时，可直接补饲含铜饲料添加剂，铜添加剂主要有无机形式铜（如硫酸铜）和氨基酸螯合铜（如蛋氨酸铜、赖氨酸铜、甘氨酸铜等）等两类。

铜是多种酶的成分和激活剂，它是细胞色素氧化酶、酪氨酸酶、过氧化歧化酶和抗坏血酸酶的组成成分。铜有催化血红素和红细胞形成的作用，缺铜时将影响铁从网状内皮系统和肝细胞中释放入血液，不利于铁的利用。铜还参与维持神经及血管的正常功能和促进血清中钙、磷在软骨基质上的沉积，维持骨骼正常。

（五）硒

饲料中的硒含量受土壤 pH 影响很大。碱性土壤中的硒呈水溶性化合物，易被植物吸收，摄取该地区植物性饲料的动物容易发生硒中毒，而酸性土壤中的硒含量虽高，但由于硒和铁等元素形成不易被植物吸收的化合物，这些地区的幼年动物因缺硒而易患白肌病。气温和降水量对植物饲料的含硒量也有影响，寒冷多雨的环境条件下生长的植物含硒量低，干燥环境条件下生长的植物含硒量较高。禾谷类子实饲料中的含硒量变动范围较大；在相同条件下，豆科饲草的含硒量高于禾本科饲草。我国黑龙江、吉林、内蒙古、青海、四川和西藏等七个地区为缺硒地区，其中以黑龙江为最严重，四川次之，富硒地区如湖北省恩施县和陕西省紫阳县附近，含硒量可高达 10 mg/kg，对人畜有毒害危险。

在缺硒地区要注意补充饲粮硒不足，硒添加剂种类有无机硒（如亚硒酸钠、硒酸钠等）和有机硒（如硒代蛋氨酸和氨基酸螯合硒）。

硒是谷胱甘肽过氧化酶的主要成分，能防止过氧化物氧化细胞内膜、线粒体上的脂类物，维护细胞膜的完整性。硒具有保护胰腺组织正常功能的作用，有助于维生素 E 的吸收和贮存，在抗氧化作用方面与维生素 E 有协同作用，但不能替代维生素 E。

（六）碘

植物性饲料是动物碘的主要来源。植物根部中碘含量高于茎秆，而茎秆中含碘量为叶中的 15%～20%。从地区上来说，沿海地区植物含碘量要比内陆的高，而海洋中海带和海藻中的碘含量一般要比陆地植物碘含量高。贮存时间越长的植物饲料，其碘损失量越大。十字花科植物、豌豆、三叶草等植物饲料中含有较多的碘吸收抑制剂——氰酸盐，同样可引起动物缺碘。动物缺碘时，常用碘化钾、碘酸钙和氨基酸螯合碘补充，此外也可以补充碘化食盐。不过需要注意的是碘添加量过高时有杀菌作用。

碘主要是甲状腺素和甲状腺活性化合物的组成成分，参与机体内几乎所有的物质代谢。

（七）钴

大多数饲料含钴量较少，一般豆科植物含钴量要高于禾本科植物。动物性饲料含钴丰富，为每千克干物质 $0.8 \sim 1.6$ mg。反刍动物每千克饲料干物质中含钴量为 0.08 mg 就能满足需要。钴源饲料添加剂有硫酸钴、氯化钴、碳酸钴以及氨基酸螯合钴等。

钴的主要作用是作为维生素 B_{12} 的组成成分，维生素 B_{12} 分子中钴含量为 4.5%。钴可活化磷酸葡萄糖变位酶和精氨酸酶，这些酶与蛋白质及碳水化合物的代谢有关。此外，钴对血细胞的发育和成熟有促进作用。反刍动物的维生素 B_{12} 是通过瘤胃微生物合成的，因此，钴对反刍动物的生长发育和健康有重要作用。

（八）钼

饲料中常用的钼源添加剂有钼酸铵、钼酸钠和氨基酸螯合钼等。钼的主要营养生化作用是作为黄嘌呤氧化酶或脱氢酶、醛氧化酶和亚硫酸盐氧化酶等的组成成分，参与体内氧化还原反应。禽类氮代谢形成尿酸需要大量的黄嘌呤氧化酶，而反刍动物微生物活动和消化粗纤维需要钼的参与。

（九）氟

大多数植物从土壤中吸收氟的能力是有限的，牧草的氟含量一般在每千克干物质 $2 \sim 20$ mg，谷物和其他植物子实的含量在每千克干物质 $1 \sim 3$ mg。

通常情况下，家畜未出现氟缺乏导致的症状，因此长期以来没有将氟列入必需微量元素行列。自从有人用试验证实在低氟日粮条件下添加氟具有提高大鼠生长性能的作用，氟才被认为是必需微量元素。目前普遍认为，氟在保护牙齿健康方面有重要作用。

三、其他矿物质元素

除上述已基本确定为必需矿物元素的种类之外，按人们目前的认识水平，还基本确定了条件性必需微量元素的种类有铷、砷、硅、硼、铬、镍、钒、锡、锶、铝、钡、钛、铌、锆等；有害元素有铋、锑、铍、镉、汞、铅等。

第七节　维　生　素

维生素是维持人和动物正常生理机能所必需，且需要量又极微小的一类低分子有机物质。它们既不属于构造机体的成分，也不提供能量。它们主要是以活化剂的形式，参与体内物质代谢和能量代谢的生化反应。它们在动物体内的数量极少，作用却很大，而且每一种维生素都具有其特殊作用，相互间不可替代。

根据维生素的溶解性可分为脂溶性维生素和水溶性维生素两大类（表1-4）。脂溶性维生素有维生素A、维生素D、维生素E和维生素K四种，其特点是溶于脂肪而不溶于水，易被机体吸收，并能在体内贮存。水溶性维生素包括B族维生素和维生素C，B族维生素包括维生素B_1、维生素B_2、维生素B_6、维生素B_{12}、泛酸、烟酸、生物素、叶酸、胆碱等。其主要特点是溶于水而不溶于脂肪，与水一起易被机体吸收，但在体内不易贮存，过量的维生素则从尿道排出。

表1-4 维生素分类

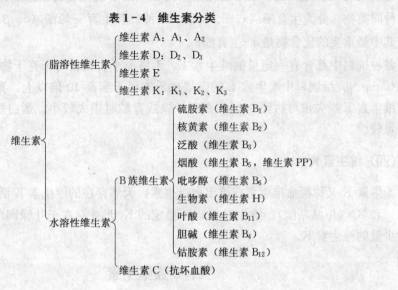

一、脂溶性维生素

（一）维生素A

维生素A又名视黄醇或抗干眼病醇，是高度不饱和脂肪醇。维生素A是维生素A_1（视黄醇）和维生素A_2（脱氢视黄醇）的统称。维生素A_2的生理活性仅为维生素A_1的40%。维生素A_1的分子式为$C_{20}H_{30}O$，维生素A_2的分子式为$C_{20}H_{28}O$。维生素A只存在于动物组织中，植物中不含有维生素A，但含有维生素A原——胡萝卜素。胡萝卜素也有多种类似物，其中以β-胡萝卜素活性最强。胡萝卜素在体内经过酶的作用转化为维生素A供机体利用。维生素A仅存在于动物体内，在肝脏脂肪中含有丰富的维生素A。动物性饲料中，鱼粉是维生素A的良好来源，而脱脂乳、瘦肉、肉粉、肉骨粉等维生素A的含量很少。

（二）维生素D

维生素D又名抗佝偻病维生素，是指一组具有维生素D活性的甾醇类化合物，属类固醇衍生物。维生素D有维生素D_2（麦角钙化醇）和维生素D_3（胆钙化醇）两种活性形式。麦角钙化醇的前体是来自植物的麦角固醇，胆钙化醇来自动物的7-脱氢胆固醇。前体经紫外线照射而转变成维生素 D_2 和维生素 D_3。

在自然界中维生素 D 的分布很有限，但维生素 D 原分布很普遍。植物中不含维生素 D，但刈割后经日光中紫外线照射，可使大量的麦角固醇转变成维生素 D_2。维生素 D 的另一个来源就是动物体的皮下、胆汁和血液中所含的 7-脱氢胆固醇，经日光照射后可转变为维生素 D_3。动物性饲料中以鱼肝油和肝粉中的含量最丰富。

(三) 维生素 E

维生素 E 又称生育酚，是一组化学结构相似的酚类化合物。天然存在的维生素 E 约有 8 种同类物，分为生育酚 (α、β、γ 和 δ 四种) 和生育三烯酚 (α、β、γ 和 δ 四种) 两类，其中最重要的化合物是 α-生育酚。

各种饲料中都含有一定量的维生素 E，禾谷类子实饲料每千克干物质中含 α-生育酚 10~40 mg。青绿饲料中维生素 E 的含量比禾本科子实高 10 倍以上。青绿饲料自然干燥时，维生素 E 损失量可达到 90%，人工干燥或青贮时损失较小。蛋白质饲料中维生素 E 的含量较少。

(四) 维生素 K

维生素 K 又称凝血维生素或抗出血维生素，天然存在的维生素 K 活性物质有 K_1 (叶绿醌) 和 K_2 (甲基萘醌)。维生素 K 以不稳定的 K_1 形式存在于叶绿饲草中，谷物和油饼仅含少量的维生素 K。

二、B 族维生素

(一) 维生素 B_1

维生素 B_1 又称硫胺素，硫胺素由 1 分子嘧啶和 1 分子噻唑通过一个甲基桥结合而成，含有一个硫和氨基，能溶于 70% 乙醇和水，受热遇碱迅速被破坏。

所有饲料都含有一定量的维生素 B_1。糠麸类、豆粉、内脏、乳、蛋及酵母中维生素 B_1 含量较多，木薯淀粉、干油饼、肉骨粉和椰子粕中的维生素 B_1 含量很低。

(二) 维生素 B_2

维生素 B_2 又称核黄素，核黄素是由一个二甲基异咯嗪和一个核醇结合而成。分子式为 $C_{17}H_{20}N_4O_6$，相对分子质量为 376.37。稍溶于水，不溶于乙醇、氯仿或乙醚，溶于稀碱溶液。维生素 B_2 广泛存在于青绿饲料 (绿色多叶植物、苜蓿等牧草的叶片) 和动物性饲料 (脱脂乳、乳清、乳制品、蛋、酵母等) 中。油饼粕饲料中含量中等，植物性饲料木薯粉、玉米及其他谷物及其加工副产物中含量不多。

(三) 泛酸

维生素 B_3 又称泛酸或鸡抗皮炎因子。泛酸是由 β-丙氨酸借肽键与 α，γ-二羟-β，

β-二甲基丁酸缩合而成的一种酸性物质。游离的泛酸是一种黏性的油状物，不稳定，易吸湿，也易被酸碱和热破坏。泛酸是一种旋光活性物质，只有右旋形式（D-泛酸）才具有维生素活性。泛酸钙是该维生素的纯品形式，为白色针状物，有右旋（D-）和消旋（DL）两种形式，消旋形式泛酸的生物学活性为右旋的1/2。

饲料中的泛酸大多是以辅酶A的形式存在，少部分是游离的。只有游离形式的泛酸以及它的盐和酸能被小肠吸收，不同动物对泛酸的吸收率差异较大（40%～94%）。泛酸主要以游离形式经尿排出。

泛酸广泛地存在于动植物饲料中。乳制品、干酵母、米糠、麦麸、青绿饲料、苜蓿干草、花生饼、蔗糖蜜等均富含泛酸。天然存在的泛酸生物利用率高。

（四）胆碱

胆碱又称维生素 B_4，是 β-羟乙基三甲基胺的羟化物。一切天然脂肪饲料中均含有胆碱，因此含脂肪的饲料可提供一定数量的胆碱。动物性蛋白质饲料、干酵母和油类饼粕含有较丰富的胆碱，玉米和木薯淀粉含胆碱很少。大豆粕中天然存在的胆碱，其利用率为60%～70%，而谷物中可利用的胆碱比大豆粕少。

（五）烟酸

烟酸又称尼克酸或维生素PP，是吡啶-3-羧酸及其衍生物的统称，是维生素中结构最简单、理化特性最稳定的一种维生素，它不易被酸、碱、金属离子、光、热、氧化剂等所破坏。烟酰胺是烟酸在动物体内的主要存在形式。

谷物子实及其副产品、蛋白类饲料中都含有不同量的烟酸，而烟酰胺主要存在于动物的细胞中。干酵母、麸皮、青绿饲料和动物性蛋白质饲料中都含有比较丰富的烟酸或烟酰胺；谷物和磨粉副产品中有很大一部分烟酸以结合形式存在，不能直接被动物利用。

（六）维生素 B_6

维生素 B_6 又称盐酸吡哆醇或抗皮炎因子，维生素 B_6 包括吡哆醇，吡哆醛和吡哆胺三种吡啶衍生物。维生素 B_6 的各种形式对热、酸和碱稳定，遇光和在中性和碱性溶液中易被破坏。强氧化剂很容易使吡哆醛变成无生物学活性的4-吡哆酸。合成的吡哆醇是白色结晶，易溶于水。

维生素 B_6 大量含于酵母、子实及其加工副产物、青绿饲料、动物性饲料（肝、肾、肌肉等）中，植物性饲料中主要是磷酸吡哆醇和磷酸吡哆胺，动物性饲料中主要是磷酸吡哆醛。

（七）维生素 B_{12}

维生素 B_{12} 又称钴胺素，它是所有维生素中结构最复杂的一种维生素，是一类含有钴元素的类钴啉。分子式为 $C_{63}H_{88}CoN_{14}O_{14}P$，相对分子质量为 1 355.38，易溶于水和乙醇，不溶于乙醚、氯仿和丙酮，在弱酸和水溶液中相当稳定。遇光、重金属、氧化剂和还原剂时易破坏。

在自然界，维生素 B_{12} 只在动物产品和微生物中发现，植物性饲料基本不含此维生素。

(八) 生物素

生物素又称维生素 H，具有尿素和噻吩相结合的骈环，噻吩环 α 位带有戊酸侧链。它有多种异构体，但只有 D-生物素才有活性。生物素分子式为 $C_{10}H_{16}O_3N_2S$，相对分子质量为 244.31，熔点为 $228\sim232\ ℃$，易溶于稀碱性溶液，略溶于水和乙醇，不溶于多数有机溶剂。在弱酸或碱性溶液中较稳定，在强酸或强碱性溶液中加热其生理活性易被破坏。

自然界存在的生物素，有游离的和结合的两种形式。结合形式的生物素常与赖氨酸或蛋白质结合，此种生物素不能被一些动物所利用。生物素广泛存在于动物性饲料和植物性饲料中。蛋白质类饲料、青绿饲料中含量丰富，而多数谷物和木薯粉等一类淀粉饲料中含量较少。油粕、苜蓿粉和干酵母中生物素的利用率最好，鱼粉、肉粉次之，谷物一般都较差，其中以小麦和大麦最差。

(九) 叶酸

叶酸又称维生素 B_{11}，由一个蝶啶环、对氨基苯甲酸和谷氨酸缩合而成，也叫蝶酰谷氨酸。叶酸的分子式为 $C_{19}H_{19}N_7O_6$，相对分子质量为 441.4，在水、乙醇、丙酮、氯仿或乙醚中不溶，易溶于稀碱、稀酸中。对空气和热稳定，遇光分解，能被强酸强碱、氧化剂和还原剂破坏。

除木薯淀粉外，所有的子实、块茎块根类植物、动物和微生物中均含有叶酸。绿色植物、干酵母、脱水苜蓿粉、大豆粕和鱼粉含有大量的叶酸，而谷物中含量较少。

三、维生素 C

维生素 C 是一种含有 6 个碳原子的酸性多羟基化合物，因能防治坏血病而又称为抗坏血酸。分子式为 $C_6H_8O_6$，相对分子质量为 176.13，熔点为 $190\sim192\ ℃$，并在熔融时同时分解。维生素 C 易溶于水，水溶液呈酸性反应，略溶于乙醇，不溶于乙醚和氯仿。

青绿多汁饲料及水果中维生素 C 含量丰富。马铃薯、甜菜、奶粉中也含有一定量的维生素 C。天然存在的维生素 C 能被动物充分利用，但贮存时间、日粮生产和贮存方法都会影响维生素 C 的效价。

四、类维生素

在维生素中还包括一些其他物质，从目前的研究资料来看还不能完全证明它们是维生素，但在不同程度上都具有维生素的属性。一些物质已被证明具有生物学作用，少数动物必须由日粮供给，但没有证明大多数动物必须由日粮供给，属于这一类物质的有肌醇、肉毒碱、硫辛酸、维生素 F（必需脂肪酸）、对氨基苯甲酸、维生素 P、辅酶以及多酚等。

（一）肌醇

肌醇属于糖醇类物质，即环己六醇，是一种无色、味甜的结晶物质，可溶于水且耐酸、碱、热。它是动植物组织中的正常成分，脑中含量很高，其他组织器官如肝、脾、肾、胃和肌肉中也较多。肌醇与胆碱一样对脂肪有亲和性，可以促进肝脏和其他组织中脂肪的新陈代谢，降低血中胆固醇，如肌醇和胆碱结合形成卵磷脂，促进脂肪和胆固醇的代谢。此外，肌醇也是供给脑细胞营养的重要物质。

（二）肉毒碱

肉毒碱分子式为 $C_7H_{15}NO_3$，相对分子质量为 161.20，化学名称为 L-β-羟-三甲基氨基丁酸，为白色晶体或透明细粉，略有特殊腥味，易溶于水、乙醇和碱，几乎不溶于丙酮和醋酸，熔点 200 ℃，D 型和 DL 型无营养价值，常以其盐酸盐、酒石酸盐和柠檬酸镁盐等形式存在。

（三）硫辛酸

硫辛酸是一种含硫的脂肪酸。作为一种辅酶，它的作用和许多 B 族维生素相似。在糖代谢过程中，硫辛酸与维生素 B_1、维生素 B_2、泛酸、烟酸共同参与氧化脱羧过程，使糖类代谢与蛋白质、脂肪代谢联系起来。

（四）维生素 P

维生素 P 亦称柠檬素，具有水溶性。最初由柠檬中分离出来，以后又发现多种具有类似结构和活性的物质，所以维生素 P 不是单一的化合物，主要的维生素 P 类化合物有橘皮苷、芸香苷等。

在复合维生素 C 中都含有维生素 P，它能防止维生素 C 氧化而受到破坏，增强维生素 C 的生物学效应。维生素 P 主要生理作用在于维持毛细血管壁的正常通透性。

（五）对氨基苯甲酸

对氨基苯甲酸又叫 PABA，是维生素叶酸的组成成分，为黄色结晶性物质，微溶于水。对氨基苯甲酸作为一种辅酶，对蛋白质的分解和利用以及血细胞特别是红细胞的形成有促进作用。此外，它还可作为磺胺类药物的颉颃剂，扭转磺胺类药物的抗菌作用。

第八节　饲料中抗营养因子和有毒有害物质

饲料可提供动物赖以生存及生产所必需的各种营养成分，但是有些饲料存在某些能破坏营养成分或以不同机制阻碍动物对营养成分的消化、吸收和利用并对动物的健康状况产生副作用的物质，这些物质被称为饲料抗营养因子。有些饲料还可能存在对动物产生毒性作用的物质，即毒物（或毒素）。但在实践中，抗营养因子和毒物之间并无特别明显的界限，毒物也通常表现出一定的抗营养作用，有些抗营养因子也表现出一定的毒性作用，从而给动物造成一定的损害。

一、蛋白酶抑制因子

蛋白酶抑制因子包括胰蛋白酶抑制因子和胰凝乳蛋白酶抑制因子。蛋白酶抑制因子能够影响十几种酶的活性，常受影响的蛋白酶包括胰蛋白酶、胰凝乳蛋白酶、胃蛋白酶、枯草杆菌蛋白酶和凝血酶等。

生大豆中的蛋白酶抑制因子含量大约为 30 mg/g，它对植物本身具有保护作用，可防止大豆子粒自身发生分解代谢，使种子处于休眠状态，并具有抗虫害的功能。但是它对人和动物来说，是一种抗营养因子，影响人和动物对营养物质的消化吸收。动物营养中重要的蛋白酶抑制因子有 KTI 和 BBI 两类。KTI 的作用特点是主要抑制胰蛋白酶，而 BBI 能与胰蛋白酶和胰凝乳蛋白酶在不同位点上结合而抑制它们的活性。大豆中含有 1.4％的 KTI 和 0.6％的 BBI。

蛋白酶抑制因子抑制动物肠道中蛋白质水解酶对饲料的水解作用，从而阻碍动物对饲料蛋白质的消化利用，导致动物生长减慢或停滞，引起胰腺肥大，动物胰腺机能亢进，导致胰腺分泌过盛，造成必需氨基酸特别是含硫氨基酸的内源性损失。

二、植物凝集素

植物凝集素是一种蛋白质，多以糖蛋白形式存在于豆类植物及其饼粕饲料中。由于它能凝集红细胞，又称血细胞凝集素或植物血凝素。这类物质一般为二聚体或四聚体结构，其分子由一个或多个亚基组成，每个亚基有一个与糖分子特异结合的专一位点，该位点可与红细胞、淋巴细胞或小肠上皮细胞的特定糖基结合。它虽然不像免疫球蛋白那样具有特异的识别功能，但能和糖类可逆性结合。另外，植物凝集素能与淋巴细胞结合，并对肠道产生的免疫球蛋白 A（IgA）有颉颃作用，对免疫系统有破坏作用。

迄今已在 600 多种豆科植物中发现凝集素，而且含量高达豆类种子总蛋白的 2％～10％，有些豆科植物还含有多种凝集素。

三、单　宁

单宁又称鞣酸，是广泛存在于植物体内的次生代谢产物，能与蛋白质结合成不溶于水的植物聚酚类物质。根据其结构可分为水解单宁和缩合单宁两大类。水解单宁有一个碳水化合物的核，它的羟基能和没食子酸、双没食子酸、联苯二酚酸发生酯化反应。单宁很容易发生化学水解或遇酶水解作用，分解产生的没食子酸有强烈的刺激性和苦涩味。缩合单宁是一种典型的植物单宁，是由黄烷-3醇（儿茶酸）和黄烷醇残基组成的寡聚物，其结构特点是没有碳水化合物的内核，但可形成一系列的聚合体，一般不能水解。

单宁只是一大类植物酚类物质中的一小部分，分子量一般在500～3 000，其化学性质活泼，尤其是饲料中的单宁易与蛋白质结合，从而使蛋白质沉淀，这也是通常所说的收敛作用。此外，单宁还可以与金属离子结合，抑制酶的活性，因此，单宁可作为酶活性的抑制剂。

天然单宁多数属于缩合单宁，在植物界的分布比水解单宁广泛，如高粱的子粒、豆类子实、油菜子、马铃薯、茶叶等所含的单宁均为缩合单宁。高粱是含单宁丰富的作物，单宁含量为1％以上者称高单宁高粱，含量0.4％以下者为低单宁高粱。高粱的单宁含量与颗粒颜色有关，单宁含量越高，颜色越深。从部位分布来说，高粱壳中单宁含量较其他部位丰富。

四、植　酸

植酸化学名称为肌醇六磷酸酯（环己六醇六磷酸酯），是肌醇磷酸酯的混合物，包括肌醇二磷酯、肌醇三磷酯、肌醇四磷酯、肌醇五磷酯、肌醇六磷酯等。植酸分子中具有能同金属配合的24个氧原子、12个羟基和6个磷酸基，是一种少见的金属多齿螯合剂。当它与金属络合时，易形成多个螯合环，所形成的络合物稳定性极强，即使在强酸性环境中，也能形成稳定的络合物。

植酸主要以钙镁复盐的形式广泛存在于植物及其种子（尤其是胚芽）中。在谷实类、豆类的总磷中，植酸磷约占30％～70％，糠麸类中的比例更高，有的可达80％。青绿饲料、干草、秸秆中含有植酸磷，精饲料中的大部分磷也是以植酸磷形式存在。除反刍动物有条件利用外，单胃动物对植酸磷的利用率很低。

植酸的抗营养作用主要表现为：①降低矿物元素的吸收利用率；②植酸能络合蛋白质分子，在低于蛋白质等电点的pH条件下，则以金属阳离子为介质生成植酸-金属阳离子-蛋白质三元复合物，使蛋白质的可溶性明显降低，从而大大降低了蛋白质的生物学效价；③可溶性蛋白质与植酸的相互作用能引起蛋白质沉淀，消化酶本身就是可溶性蛋白质，为此，植酸可使消化酶失活，进一步降低蛋白质、淀粉和脂肪的消化率。

五、硫代葡萄糖苷

硫代葡萄糖苷是芥子苷和葡萄糖苷的总称，由葡萄糖和带有一个硫酸根的异硫氰酸酯缩合而成，主要以钾盐形式存在，存在于11个不同种属的双子叶被子植物中，最重要的是十字花科，所有的十字花科植物都能够合成硫代葡萄糖苷。硫代葡萄糖苷存在于这些植物的根、茎、叶和种子中，但主要存在于种子中。硫代葡萄苷在一些十字花科植物中的含量大约占干重的1％，而在一些植物种子中的含量达到10％。一般油菜子的硫代葡萄糖苷含量为 3%~8%，甘蓝型油菜平均含量为 6.13%（1.10%~8.62%），白菜型油菜的平均含量为 4.04%（0.97%~6.25%），芥菜型油菜平均含量为 4.85%（2.73%~6.03%）。

硫代葡萄糖苷本身并无抗营养作用，但在加工的过程中，在自身芥子酶即硫代葡萄糖苷酶的作用下会生成致甲状腺肿素，即噁唑烷硫酮、异硫氰酸酯和丙腈等多种有毒有害物质。当硫代葡萄糖苷在日粮中含量大于 5 mg/g 时，动物易发生食欲下降，代谢障碍，生产性能受到较大的影响。一般情况下鸭比鸡敏感，鸡比猪敏感。用高硫代葡萄糖苷的油菜子喂鸡会出现肝脏出血，喂猪会出现猪肝脏肿大。鉴于腈的毒性，再利用菜子粕时应尽最大努力防止腈的生成。

六、芥子碱和芥酸

芥子碱为 4-羟基-3,5-二甲氧基苯丙烯胆碱酯，分子式为 $C_{16}H_{25}O_6N$，相对分子质量为 327。它能溶于水，性质不稳定，容易发生非酶化的水解反应，生成芥子酸和胆碱。芥子碱有苦味，这是引起菜子粕适口性差的重要原因。芥子碱也与褐壳蛋的腥味有关。

芥酸是油菜等十字花科作物种子中另一种广泛存在的抗营养因子，是一种不饱和脂肪酸。它不是芥子酸，一般能溶于油脂中，所以菜子粕不含有太多的芥酸，但动物大量食入会引起心肌脂肪沉积和心肌坏死。一般情况下，在畜禽饲养中，因芥酸造成的影响不大。

七、棉酚及其衍生物

棉酚是一种高活性的锦葵科棉属植物色素腺产生的多酚二萘衍生物，是棉子色素腺体中最主要的色素。含活性醛基和活性羟基的游离棉酚毒性最大，变性棉酚毒性较小，结合棉酚几乎无毒害作用。棉子的胚叶上有许多黑褐色圆形或椭圆形的色素腺体，每个色素腺体由 5~8 层内壁包被，遇水或极性溶剂就破裂，释放出色素微粒，其中主要物质就是棉酚。棉酚是黄色晶体，分子式为 $C_{30}H_{30}O_8$，相对分子质量 518.5。游离棉酚具有三种异构体，即酚醛型异构体（或醇醛型）、半缩醛型异构体（或内酯型）和环状羰基型异构体（或羰型、烯醇型），三者之间可发生互变。游离棉酚中的活性基团（醛基与羟基）未被其他物质"封闭"时，对动物有毒性。结合棉酚是游离棉酚与蛋白质、氨基酸、磷脂等物质形成的结合物，它丧失了活性，也难被动物消化。游离棉酚易溶于油和一般的有机溶剂，而结合棉酚一般不溶于油和乙醚、丙酮等有机溶剂。

在陆地棉子中，一般游离棉酚占棉子仁干重的 0.85%，而结合棉酚占 0.15%左右。棉酚的衍生物有棉紫酚、棉绿酚、棉蓝酚、二氨基棉酚和棉黄素等。棉紫酚的分子式为 $C_{32}H_{32}NO_7$，棉紫酚除在棉子中天然存在外，还可在棉子加工过程中，经热处理由棉酚转化而成。棉紫酚在酸性环境中也能被分解而转化为游离棉酚。除棉酚外，棉紫酚、棉绿酚、二氨基棉酚等均属具有毒性的抗营养因子。

　　游离棉酚毒害作用有以下几点：第一，游离棉酚是细胞、血管和神经的毒物。游离棉酚进入消化道后，可刺激胃肠黏膜，引起胃肠炎。吸收入血后，增强血管壁的通透性，促使血浆和血细胞向周围组织渗透，使受害组织发生浆液性浸润、出血性炎症和体腔积液。游离棉酚易溶于脂质，能在神经细胞中积累而使神经系统的机能发生紊乱。第二，降低棉子饼中赖氨酸的可利用率。在棉子榨油过程中，由于湿热的作用，游离棉酚的活性醛基可与棉子饼粕中赖氨酸的 ξ-氨基结合，降低棉子饼粕中赖氨酸的利用率。第三，影响雄性动物的生殖机能。游离棉酚能破坏睾丸的生精上皮，导致精子畸形、死亡、甚至无精子，降低繁殖力，甚至造成公畜不育。第四，干扰动物正常的生理机能。游离棉酚在体内和许多功能蛋白质以及一些重要的酶结合，使它们丧失正常的生理功能。第五，影响鸡蛋品质。产蛋鸡饲喂棉子饼粕时，产出的蛋经过一定时间的贮藏后，蛋黄中的铁离子与游离棉酚结合，形成黄绿色或黄褐色的复合物。

八、环丙烯类脂肪酸

　　环丙烯类脂肪酸是棉子产品中的一类抗营养因子，包括苹婆酸和锦葵酸。在粗制棉油中两者的含量为 $1\%\sim2\%$，在精制炼油中可降到 0.5% 或更低。这类脂肪酸主要对蛋品质有影响，可形成"桃红蛋"，还可使蛋黄变硬，加热后形成所谓的"海绵蛋"。

九、抗维生素因子

　　抗维生素因子是在化学结构上与某种维生素类似的化合物，是在动物代谢过程中可与该种维生素竞争并取而代之，或能破坏某种维生素而使其丧失生理作用的物质，干扰动物对该种维生素的利用，引起维生素的缺乏症。抗维生素的化学结构是多样的，如抗维生素 A 为脂氧合酶，可催化某些不饱和脂肪酸氧化为过氧化物，进而氧化破坏还原性强的维生素 A 和胡萝卜素；抗维生素 B_1 为 1-氨基-D-脯氨酸，可分解维生素 B_1；抗维生素 B_6 可与维生素 B_6 磷酸化生成的磷酸吡哆醛而使维生素 B_6 失活；抗维生素 K 为双香豆素，与维生素 K 的结构相似，在动物体内与维生素 K 发生竞争性颉颃作用，干扰维生素 K 的正常利用，使动物凝血功能发生障碍。

十、抗原蛋白

　　抗原蛋白是饲料中的大分子蛋白质或糖蛋白。大多数豆类及其饼粕饲料中都含有抗原蛋白，动物采食后会改变体液免疫功能，因而把这类蛋白质称为致敏因子。

　　大豆蛋白质中主要的抗原蛋白包括大豆球蛋白、α、β 和 γ-伴大豆球蛋白。四种抗原蛋白占大豆总抗原蛋白比例分别为 40%、15%、30%、3%。豌豆含有豆球蛋白、豌豆球蛋白和伴豌豆球蛋白，但以豆球蛋白和豌豆球蛋白为主，蚕豆也含有这两种球蛋白，而菜豆只含有菜豆球蛋白。羽扇豆含有 α、β 和 γ 羽扇豆球蛋白。花生蛋白质中含有 α-花生球

蛋白和 α-伴花生球蛋白。

十一、水溶性非淀粉多糖

非淀粉多糖是植物组织中除淀粉以外所有碳水化合物的总称，由纤维素、半纤维素、果胶和抗性淀粉四部分组成。其中，前三者主要存在于植物细胞壁中，是构成植物细胞壁的主要成分，而抗性淀粉则是食物或饲料在加工过程中，还原糖与氨基酸、肽、蛋白质等发生美拉德反应的产物。

根据非淀粉多糖的水溶性可将其分为可溶性非淀粉多糖和不可溶性非淀粉多糖。可溶性非淀粉多糖是指饲料中除去淀粉和蛋白质后在水中可溶而不溶于80％乙醇的多糖成分，其化学成分主要有阿拉伯木聚糖、β-葡聚糖、甘露寡糖、葡萄甘露寡糖、果胶等物质。

水溶性非淀粉多糖的抗营养机理有：①可使小肠内容物的黏度增加，从而使消化酶及其底物的扩散速率下降，酶与底物接触概率减小，酶解作用效率降低；②使养分吸收减少而在肠道蓄积增加，这为肠道大量有害微生物的繁殖提供了良好的环境，从而改变肠道pH，影响消化酶发挥最佳效应。同时，有害微生物可竞争性地消耗大量营养物质，降低养分的利用率，还会刺激肠壁，并使之增厚，损伤绒毛，引起黏膜形态和功能的变化，进一步致使营养物质吸收下降；③非淀粉多糖能与胆汁酸结合，后者的作用受到限制，显著增加粪中胆汁酸的排出量；而与胆固醇、脂肪结合则导致脂肪消化吸收显著降低，特别是饱和脂肪酸。

十二、硝酸盐及亚硝酸盐

植物性饲料中亚硝酸盐的含量很少，而硝酸盐含量较多，且硝酸盐在还原酶的作用下可转化为亚硝酸盐。饲料中的硝酸盐的含量在植物中的分布不均，一般来说禾本科植物比豆科植物含硝酸盐多。在同一植物内硝酸盐的分布也不均。动物性饲料鱼粉中的亚硝酸盐的含量比较高，可达到1.34 mg/kg。植物中硝酸盐转化成亚硝酸盐多是饲料原料的储存和加工处理不当造成的。

含硝酸盐、亚硝酸盐的饲料可能导致动物急、慢性中毒。亚硝酸盐进入血液后，亚硝酸根离子与血红蛋白作用，使正常的血红蛋白氧化成高铁血红蛋白。当该化合物大量增加时，使血红蛋白失去携氧功能，引起机体组织缺氧，发生中毒。

十三、其　　他

（一）胀气因子

主要是棉子糖和水苏糖这两种低聚糖，存在于豆科植物中。棉子糖和水苏糖不能被水解吸收进入大肠，由于微生物发酵而产气，主要引起动物消化不良和腹胀。

(二) 甲状腺肿素

是一种由 2～3 个氨基酸组成的低聚肽或是 1～2 个氨基酸与 1 个糖形成的糖肽,具有使甲状腺肿大的活性,并可使甲状腺素活性降低。

(三) 产雌激素因子

是与糖基结合而成的异黄酮类糖苷,主要有 4,5,7-三羟基黄酮、4,7-二羟基异黄酮和 2,5,7-三羟基异黄酮等 3 种,大豆中含量分别为 1 644 mg/kg、581 mg/kg、338 mg/kg。

(四) 香豆素

香豆素广泛存在于植物界,分子式为 $C_9H_6O_2$,属于吡喃香豆素类。其本身并不是有毒物质,但在霉菌作用下可转变为具有毒性的双香豆素。抗营养因子活性主要表现为在体内与维生素 K 有颉颃作用,原因是由于双香豆素与维生素 K 的化学结构相似,可发生竞争性抑制,从而妨碍维生素 K 的利用,产生抗凝血的效果。

第二章

饲 料 原 料

第一节　饲料分类

目前饲料分类（Classification of feed）方法有许多种，而美国学者哈理斯（L. E. Harris，1956）提出的饲料分类原则和编码体系的方法，已被许多国家的学者所接受，随后发展成为国际饲料分类法的基本模式。我国学者张子仪等（1987）根据国际饲料分类原则与我国传统饲料分类体系相结合，提出了中国饲料分类法和编码系统。

一、国际饲料分类法

哈理斯根据饲料的营养特性将饲料分成 8 大类，对每类饲料冠以相应的国际饲料编码（international feed number，IFN）。国际饲料分类编码共 6 位数，首位数代表饲料类别，后 5 位数则按饲料的重要属性给定编码。编码分 3 节，表示为△—△△—△△△。

（一）粗饲料

粗饲料是指饲料干物质中粗纤维含量大于或等于 18％，以风干物为饲喂形式的饲料，如干草类、农作物秸秆等。IFN 形式为 1—00—000。

（二）青绿饲料

青绿饲料是指天然水分含量在 60％以上的青绿牧草、饲用作物、树叶类及非淀粉质的根茎、瓜果类。IFN 形式为 2—00—000。

（三）青贮饲料

青贮饲料是指以新鲜的天然青绿植物性饲料为原料，在厌氧条件下，经过以乳酸菌为主的微生物发酵后调制成的饲料，具有青绿多汁的特点，如玉米青贮。IFN 形式为 3—00—000。

（四）能量饲料

能量饲料是指饲料干物质中粗纤维含量小于 18％、同时粗蛋白质含量小于 20％的饲料，如谷实类、麸皮、淀粉质的根茎、瓜果类。IFN 形式为 4—00—000。

（五）蛋白质饲料

蛋白质饲料是指饲料干物质中粗纤维含量小于 18%、而粗蛋白质含量大于或等于 20% 的饲料，如鱼粉、豆饼（粕）等。IFN 形式为 5—00—000。

（六）矿物质饲料

矿物质饲料是指以可供饲用的天然矿物质、化工合成无机盐类和有机配位体与金属离子的螯合物，如石粉、磷酸氢钙、沸石粉、膨润土、饲用微量元素无机化合物、有机螯合物和络合物等。IFN 形式为 6—00—000。

（七）维生素饲料

维生素饲料是指由工业合成或提取的单一或复合维生素，但不包括富含维生素的天然青绿饲料在内。IFN 形式为 7—00—000。

（八）饲料添加剂

饲料添加剂是指为了利于营养物质的消化吸收，改善饲料品质，促进动物生长和繁殖，保障动物健康而掺入饲料中的少量或微量物质，但不包括矿物质元素、维生素、氨基酸等营养物质添加剂，本类主要指非营养性添加物质。IFN 形式为 8—00—000。

二、中国饲料分类法

张子仪等（1987）提出了中国饲料分类方法。首先根据国际饲料分类原则将饲料分成 8 大类，然后结合中国传统饲料分类习惯划分为 17 亚类，对每类饲料冠以相应的中国饲料编码（Chinese feed number，CFN）。中国饲料编码共 7 位数，首位为 IFN，第 2、3 位为 CFN 亚类编号，第 4~7 位为顺序号。编码分 3 节，表示为△—△△—△△△△。

（一）青绿多汁类饲料

凡天然水分含量大于或等于 45% 的栽培牧草、草场牧草、野菜、鲜嫩的藤蔓和部分未完全成熟的谷物植株等皆属此类。CFN 形式为 2—01—0000。

（二）树叶类饲料

树叶类饲料有两种类型：一是采摘的新鲜树叶，饲用时的天然水分含量在 45% 以上，属于青绿饲料，CFN 形式为 2—02—0000。二是采摘风干后的树叶，干物质中粗纤维含量大于或等于 18%，属于粗饲料，如风干的槐叶、松针叶等，CFN 形式为 1—02—0000。

（三）青贮饲料

青贮饲料有 3 种类型：一是常规青贮饲料，由新鲜的植物性饲料调制而成，一般含水量在 65%~75%。二是低水分青贮饲料，亦称半干青贮饲料，由天然水分含量为 45%~

55％的半干青绿植物调制而成。第一、二类 CFN 形式均为 3—03—0000。三是谷物湿贮饲料，以新鲜玉米、麦类子实为主要原料，不经干燥即贮于密闭的青贮设备内，经乳酸发酵调制而成，其水分约在 28％～35％。CFN 形式为 4—03—0000。

（四）块根、块茎、瓜果类饲料

块根、块茎、瓜果类饲料有两种类型：天然水分含量大于或等于 45％的块根、块茎、瓜果类，如胡萝卜、芜菁、饲用甜菜等，CFN 形式为 2—04—0000。这类饲料脱水后的干物质中粗纤维和粗蛋白质含量都较低，干燥后属能量饲料，如甘薯干、木薯干等，CFN 形式为 4—04—0000。

（五）干草类饲料

干草类饲料包括人工栽培或野生牧草的脱水或风干物，其水分含量在 15％以下。水分含量在 15％～25％的干草压块亦属此类。有 3 种类型：一是指干物质中的粗纤维含量大于或等于 18％，属于粗饲料，CFN 形式为 1—05—0000；二是指干物质中粗纤维含量小于 18％，粗蛋白质含量小于 20％，属于能量饲料，如优质草粉，CFN 形式为 4—05—0000；三是指一些优质豆科干草，干物质中粗蛋白质含量大于或等于 20％，粗纤维含量低于 18％，属于蛋白质饲料，如苜蓿或紫云英的干草粉，CFN 形式为 5—05—0000。

（六）农副产品类饲料

农副产品类饲料有 3 种类型：一是干物质中粗纤维含量大于或等于 18％，属于粗饲料，如秸、荚、壳等，CFN 形式为 1—06—0000；二是干物质中粗纤维含量小于 18％，粗蛋白质含量小于 20％，属于能量饲料，CFN 形式为 4—06—0000（罕见）；三是干物质中粗纤维含量小于 18％，粗蛋白质含量大于等于 20％，属于蛋白质饲料，CFN 形式为 5—06—0000（罕见）。

（七）谷实类饲料

谷实类饲料的干物质中，一般粗纤维含量小于 18％，粗蛋白质含量小于 20％，属于能量饲料，如玉米、稻谷等，CFN 形式为 4—07—0000。

（八）糠麸类饲料

糠麸类饲料有两种类型：一是饲料干物质中粗纤维含量小于 18％，粗蛋白质含量小于 20％的各种粮食的碾米、制粉副产品，属于能量饲料，如小麦麸、米糠等，CFN 形式为 4—08—0000；二是粮食加工后的低档副产品，属于粗饲料，如统糠等，CFN 形式为 1—08—0000。

（九）豆类饲料

豆类饲料有两种类型：一是豆类子实干物质中粗蛋白质含量大于或等于 20％，粗纤维含量低于 18%，属于蛋白质饲料，如大豆等，CFN 形式为 5—09—0000；二是豆类子实的干物质中粗蛋白质含量在 20% 以下，属于能量饲料，如江苏的爬豆，CFN 形式为 4—09—0000。

（十）饼粕类饲料

饼粕类饲料有 3 种类型：一是干物质中粗蛋白质大于或等于 20%，粗纤维含量小于 18%，属于蛋白质饲料，如豆粕、棉子粕等，CFN 形式为 5—10—0000；二是干物质中粗纤维含量大于或等于 18%，属于粗饲料，如有些多壳的葵花子饼及棉子饼，CFN 形式为 1—10—0000；三是干物质中粗纤维含量小于 18%，粗蛋白质含量小于 20%，属于能量饲料，如米糠饼、玉米胚芽饼等，CFN 形式为 4—10—0000。

（十一）糟渣类饲料

糟渣类饲料有 3 种类型：一是干物质中粗纤维含量大于或等于 18%，属于粗饲料，CFN 形式为 1—11—0000；二是干物质中粗纤维含量低于 18%，粗蛋白质含量低于 20%，属于能量饲料，如优质粉渣、醋糟、甜菜渣等，CFN 形式为 4—11—0000；三是干物质中粗纤维含量小于 18%，粗蛋白质含量大于或等于 20%，属于蛋白质饲料，如啤酒糟、豆腐渣等，CFN 形式为 5—11—0000。

（十二）草子树实类饲料

草籽树实类饲料有 3 种类型：一是干物质中粗纤维含量大于或等于 18%，属于粗饲料，如灰菜子等，CFN 形式为 1—12—0000；二是干物质中粗纤维含量在 18% 以下，粗蛋白质含量小于 20%，属于能量饲料，如干沙枣等，CFN 形式为 4—12—0000；三是干物质中粗纤维含量在 18% 以下，粗蛋白质含量大于等于 20%，属于蛋白质饲料，CFN 形式为 5—12—0000（罕见）。

（十三）动物性饲料

动物性饲料有 3 种类型：一是来源于渔业、畜牧业的动物性产品及其加工副产品，其干物质中粗蛋白质含量大于或等于 20%，属于蛋白质饲料，如鱼粉、动物血、蚕蛹等，CFN 形式为 5—13—0000；二是干物质中粗蛋白质含量小于 20%，粗灰分含量也较低的动物油脂，属于能量饲料，如牛脂等，CFN 形式为 4—13—0000；三是干物质中粗蛋白质含量小于 20%，粗脂肪含量也较低，以补充钙、磷为目的，属于矿物质饲料，如骨粉、贝壳粉等，CFN 形式为 6—13—0000。

（十四）矿物质饲料

矿物质饲料有两种类型：一是可供饲用的天然矿物质，如石灰石粉等；化工合成无机盐类，如硫酸铜等；有机配位体与金属离子的螯合物，如蛋氨酸性锌等，CFN 形式为 6—14—0000。二是来源于动物性饲料的矿物质，如骨粉、贝壳粉等，CFN 形式为 6—13—0000。

（十五）维生素饲料

维生素饲料是指由工业合成或提取的单一或复合维生素制剂，如硫胺素、核黄素、胆碱、维生素 A、维生素 D、维生素 E 等，但不包括富含维生素的天然青绿多汁饲料，CFN 形式为 7—15—0000。

（十六）饲料添加剂

饲料添加剂有两种类型：一是为了补充营养物质，保证或改善饲料品质，提高饲料利用率，促进动物生长和繁殖，保障动物健康而掺入饲料中的少量或微量营养性及非营养性物质，如饲料防腐剂、饲料黏合剂、驱虫保健剂等非营养性物质，CFN 形式为 8—16—0000；二是用于补充氨基酸为目的的工业合成赖氨酸、蛋氨酸等，CFN 形式为 5—16—0000。

（十七）油脂类饲料及其他

油脂类饲料主要是以补充能量为目的，属于能量饲料，CFN 形式为 4—17—0000。

随着饲料科学研究水平的不断提高及饲料新产品的涌现，还会不断增加新的 CFN 形式。

第二节　能量饲料

能量饲料是指饲料干物质中粗纤维含量低于 18％，同时干物质中粗蛋白质含量又低于 20％的饲料，包括谷物类、糠麸类、块根块茎类、动植物油脂和糖蜜等。

一、谷实类饲料

谷实类饲料是指禾本科作物的子实，如玉米、小麦、稻谷、高粱、大麦、燕麦、粟、黑麦等。该类饲料富含无氮浸出物，一般都在 70％以上；粗纤维含量较少，多在 5％以内；粗蛋白含量一般在 10％以内，且品质差，缺乏赖氨酸、蛋氨酸、色氨酸等；钙少磷多，而磷多以植酸磷形式存在，单胃动物不能消化吸收；维生素 E、维生素 B_1 较丰富；麦类子实含有较多的非淀粉多糖，影响单胃动物对饲料养分的消化吸收以及能量的利用。谷实类饲料适口性好，消化率高，有效能值高，因此，谷实类饲料是动物的主要能量饲料。

（一）玉米

玉米是动物的最主要饲料，素有"饲料之王"之称，全世界约有 70％的玉米作为饲料。玉米按子粒性状可分为马齿玉米、硬质玉米、甜玉米、爆玉米、蜡质玉米、粉质玉米等；按颜色可分为黄玉米、白玉米、红玉米和混色玉米。饲用玉米以黄玉米为主，按性状则以马齿玉米和硬质玉米为主。近年来，国内外培育出许多玉米新品种，如高蛋白玉米、高赖氨酸玉米、高油玉米等。我国是第二大玉米生产国，产量约占全世界的 1/6，主产区在东北和华北等地。

1. 营养成分 饲用玉米含干物质 86.0%，粗蛋白质 7.8%～9.4%，粗脂肪 3.1%～5.3%，无氮浸出物 67.3%～71.8%，粗纤维 1.2%～2.6%，中性洗涤纤维 9.3%左右，酸性洗涤纤维 2.7%左右，粗灰分 1.2%～1.4%，钙 0.02%～0.16%，总磷 0.25%～0.27%，非植酸磷 0.09%～0.12%；猪消化能 14.18～14.43 MJ/kg，猪代谢能 13.39～13.60 MJ/kg，鸡代谢能 13.31～13.60 MJ/kg，肉牛消化能 14.60～14.94 MJ/kg，奶牛产奶净能 7.66～7.70 MJ/kg，羊消化能 14.14～14.27 MJ/kg。

2. 营养特点

(1) 富含无氮浸出物，为 70%～72%，主要是易消化的淀粉；粗纤维含量低；脂肪含量高，是小麦和大麦的 2 倍。所以，玉米的可利用能值高，在谷实类中排列首位。

(2) 蛋白质含量低，平均含量为 8.6%，而且品质差，缺乏赖氨酸、蛋氨酸和色氨酸等必需氨基酸，这是由于玉米蛋白质中球蛋白和清蛋白含量少（只占蛋白质总量的 10%），而醇溶蛋白和交链醇溶蛋白含量高（分别占总蛋白质的 50% 和 17% 左右），这两种蛋白质富含脯氨酸、谷氨酸等非必需氨基酸，必需氨基酸含量少。改良后的高蛋白玉米和高赖氨酸玉米显著提高了玉米蛋白质的含量以及赖氨酸和色氨酸等必需氨基酸的含量，赖氨酸和色氨酸比普通玉米高 40%～50%，很好地改善了玉米的营养价值。玉米的氨基酸组成和含量见表 2-1。

表 2-1 玉米的氨基酸组成及含量（%）

成 分	含 量	成 分	含 量
干物质	86.0	蛋氨酸	0.15～0.19
粗蛋白质	7.8～9.4	胱氨酸	0.15～0.22
精氨酸	0.37～0.50	苯丙氨酸	0.37～0.43
组氨酸	0.21～0.29	酪氨酸	0.28～0.34
异亮氨酸	0.24～0.27	苏氨酸	0.29～0.31
亮氨酸	0.74～1.03	色氨酸	0.06～0.08
赖氨酸	0.23～0.36	缬氨酸	0.35～0.46

(3) 脂肪含量较高，主要存在于胚（占总脂肪量的 85%）中，且主要由不饱和脂肪酸构成。脂肪酸组成中亚油酸 59%、油酸 27%、花生四烯酸 0.2%、亚麻酸 0.8%、硬脂酸 2% 和饱和脂肪酸 11%。必需脂肪酸含量高达 2%，是谷实类中含量最高者。在日粮中玉米如果占 50% 以上，可完全满足畜禽对亚油酸的需要。而高油玉米脂肪含量为 6%～10%，甚至高达 17%，亚油酸含量也高达 40%～60%。

(4) 矿物质元素含量低，钙少磷多，且 50%～60% 的磷为植酸磷，单胃动物对其不能很好地消化吸收。微量元素铁、铜、锰、锌、硒等含量也很低。

(5) 黄玉米富含维生素 A 原，即 β-胡萝卜素（约 2.0 mg/kg），维生素 E 也很多（约 20 mg/kg），几乎不含维生素 D 和维生素 K，维生素 B_1（约 3.1 mg/kg）较多，其他 B 族维生素含量则很少。

（6）黄玉米含色素较多，主要是叶黄素、β-胡萝卜素和玉米黄质。其中，叶黄素平均含量达 20 mg/kg，有利于家禽的蛋黄、脚、皮肤和喙的着色。

3. 饲用价值

（1）家禽最重要的能量饲料　玉米的适口性好，易消化，容重大，所含的有效能值高，最适宜用于肉用仔鸡的育肥，而且黄玉米对蛋黄、脚、皮肤等有良好的着色效果。高油玉米的着色作用更好。玉米的粉碎粒度会影响鸡的采食量，以稍粗较合适。在鸡配合饲料中，玉米用量多达 50%～70%，如果少用玉米时，必须寻求其他亚油酸来源，以免影响蛋重。玉米粗蛋白质含量少，而且缺乏赖氨酸和色氨酸等必需氨基酸，钙少磷多，植酸磷形式不能被家禽利用，因此，必须与其他优质的蛋白质饲料和矿物质饲料配合使用，并且添加植酸酶，以有效利用植酸磷中的磷。

（2）猪饲料中的主要能量饲料　玉米容重大，要避免过量使用，以防能值太高而使背脂厚度增加及黄膘肉的产生。高油玉米应避免在猪日粮中使用。当玉米过硬或过于干燥时，仔猪须以粉碎饲喂为宜，但粉碎不宜过细，否则有诱发胃溃疡的可能。由于玉米缺乏赖氨酸等必需氨基酸，所以任何阶段的猪日粮中的玉米都应配合优质蛋白质饲料使用，或添加单一的氨基酸以弥补不足。同时，还需要补充矿物质饲料。

（3）在反刍动物的精料补充料中可大量使用　但最好与其他体积大的饲料（如糠麸类、草粉等）配合使用，以防积食及引起臌胀。对于青年牛或育肥的肉牛，饲喂压扁的整粒玉米比粉碎玉米效果更好。而对犊牛或奶牛以饲喂粉碎玉米效果较好。黄玉米对奶牛及奶山羊的奶油着色具有一定的作用，高油玉米的着色作用更好。

（4）在肉食性鱼类饲料中使用生玉米效果不佳　即使用于杂食性及草食性鱼类，利用率也比麦类子实效果差。因此，除非熟化，应避免使用生玉米于水产饲料中。黄玉米对观赏鱼的鱼体着色有一定的作用，高油玉米的着色作用更好。

（5）高蛋白玉米、高赖氨酸玉米及高油玉米饲喂价值高，可提高鸡、猪、反刍动物等的生产性能和饲料转化效率，改善动物的被毛和羽毛生长，改善饲料制粒质量，降低饲料厂粉尘。

4. 质量标准　我国饲用玉米的质量标准见表 2-2。

表 2-2　饲用玉米的质量标准（%）

成　分	一级	二级	三级
粗蛋白质	≥9.0	≥8.0	≥7.0
粗纤维	<1.5	<2.0	<2.5
粗灰分	<2.3	<2.6	<3.0

（二）小麦

小麦是全世界主要粮食作物之一，但只有少量小麦用作饲料，通常用作饲料的主要是其加工副产品。小麦按谷粒质地可分为硬质小麦和软质小麦；按种皮颜色可分为红小麦和白小麦；按种植季节分为春小麦和冬小麦。美国、中国、俄罗斯是小麦的主产地，我国小麦产量居全世界的第二位，主产区在华北、华中、淮河流域及东北。

1. 营养成分　饲用小麦含干物质 87.0%，粗蛋白质 13.9%，粗脂肪 1.7%，无氮浸出物 67.6%，粗纤维 1.9%，中性洗涤纤维 13.3%，酸性洗涤纤维 3.9%，粗灰分 1.9%，钙 0.17%，总磷 0.41%，非植酸磷 0.13%；猪消化能 14.18 MJ/kg，猪代谢能 13.22 MJ/kg，鸡代谢能 12.72 MJ/kg，肉牛消化能 14.06 MJ/kg，奶牛产奶净能 7.32 MJ/kg，羊消化能 14.23 MJ/kg。

2. 营养特点

（1）可利用能值较高，比大麦和燕麦高，但为玉米能值的 95%～97%，原因主要是小麦粗脂肪含量低，不到玉米的 50%。

（2）粗蛋白质含量较高，约 13% 左右，主要是醇溶谷蛋白（麦醇溶蛋白）和谷蛋白（麦谷蛋白），这两种蛋白存在于胚乳中，常被称为"面筋"，但其品质较差，虽然各种氨基酸的含量优于玉米，但赖氨酸、蛋氨酸含量很少，分别为 0.30%、0.25%，苏氨酸含量也明显不足。

（3）脂肪含量低，而且必需脂肪酸的含量也低，如亚油酸含量仅为 0.8%。

（4）矿物质含量不平衡，尤其是钙少磷多，磷有 70% 属植酸磷，不能被单胃动物有效利用。微量元素中铜、锰、锌等含量比玉米高。

（5）B 族维生素和维生素 E 含量较多，小麦胚乳中含胡萝卜素较高，但维生素 A、维生素 D、维生素 C、维生素 K 含量较少，生物素的利用率比玉米和高粱低。

（6）含有抗营养因子阿拉伯木聚糖和 β-葡聚糖，特别是含有很多的阿拉伯木聚糖，在单胃动物，特别是家禽日粮中使用量高时会影响其能量价值。通过添加相应的外源酶制剂可消除其抗营养作用。

3. 饲用价值

（1）小麦是小麦主产区家禽日粮的主要能量饲料之一。等量取代鸡日粮中的玉米时，其饲用效果仅为玉米的 90%，故替代量以 33%～50% 为宜，并添加以木聚糖酶为主和 β-葡聚糖酶为辅的复合酶制剂，以提高家禽日粮的饲料转化率及能量价值。过量使用可引起肉用仔鸡垫料过湿，氨气过多，生长受抑制、跗关节损伤和胸部水疱发病率增加，宰后等级下降等。此外，小麦粉碎太细会引起黏嘴现象，适口性降低。

（2）对猪的适口性优于玉米，在等量取代玉米饲喂育肥猪时，可能因能值稍低于玉米而降低饲料利用率，但可节约蛋白质饲料，并改善胴体品质，防止背膘变厚。用于乳猪饲料以粉末状为好，杂质少，具有较好的商品价值。饲喂仔猪前需粉碎，但不宜太细。育肥猪饲喂前则应磨碎。

（3）作为反刍动物的优质精料，但用量不宜超过 50%，用量过多会引起消化障碍，产生过酸症。饲喂前以整粒压扁或粗碎为宜，太细则影响适口性。压片、糊化处理可改善利用率。

（4）所有谷物中小麦最适于作为杂食性鱼类和草食性鱼类的淀粉质原料，因为其能改善颗粒硬度。小麦胚芽蛋白质含量虽不及鱼粉的 50%，但部分替代鱼粉具有一定的促进增重和提高饲料利用率的作用。

4. 质量标准　我国饲用小麦的质量标准见表 2-3。

表 2 - 3　饲用小麦的质量标准（％）

成分	一级	二级	三级
粗蛋白质	≥14.0	≥12.0	≥10.0
粗纤维	<2.0	<3.0	<3.5
粗灰分	<2.0	<2.0	<3.0

（三）稻谷和糙米

稻谷为世界上最重要的谷物之一。按粒型和质地分为籼稻、粳稻、糯稻；按种植季节，稻谷分为早稻和晚稻、早粳稻和晚粳稻、糯稻和粳糯稻等。稻谷脱去壳后，大部分种皮仍残留在米粒上，称为糙米。糙米再经精加工成为精米，是人们的主食。一般在产稻区因玉米供应不足通常采用陈稻谷、糙米作为饲料。此外，还有未成熟米和米厂加工过程中产生的碎米供饲料用。稻谷是我国第一大粮食作物，主产区在长江、淮河流域以及华南地区等。

1. 营养成分　饲用稻谷含干物质 86.0％，粗蛋白质 7.8％，粗脂肪 1.6％，无氮浸出物 63.8％，粗纤维 8.2％，中性洗涤纤维 27.4％，酸性洗涤纤维 28.7％，粗灰分 4.6％，钙 0.03％，总磷 0.36％，非植酸磷 0.20％；猪消化能 11.25 MJ/kg，猪代谢能 10.63 MJ/kg，鸡代谢能 11.00 MJ/kg，肉牛消化能 12.34 MJ/kg，奶牛产奶净能 6.40 MJ/kg，羊消化能 12.64 MJ/kg。

饲用糙米含干物质 87.0％，粗蛋白质 8.8％，粗脂肪 2.0％，无氮浸出物 74.2％，粗纤维 0.7％，粗灰分 1.3％，钙 0.03％，总磷 0.35％，非植酸磷 0.15％；猪消化能 14.39 MJ/kg，猪代谢能 13.57 MJ/kg，鸡代谢能 14.06 MJ/kg，肉牛消化能 14.73 MJ/kg，奶牛产奶净能 7.70 MJ/kg，羊消化能 14.27 MJ/kg。

2. 营养特点

（1）稻谷有坚硬的外壳包被，稻壳约占稻谷重 20％～25％，粗纤维含量较高，可达 9％以上，故有效能值低，其营养价值仅相当玉米或糙米的 80％，与燕麦相似。若加工除去外壳，分出糙米与砻糠两部分，则糙米的粗纤维含量可降到 2％左右，有效能值高，与玉米能值相当。

（2）稻谷的蛋白质由谷蛋白、球蛋白、白蛋白和醇溶蛋白等组成。稻谷和糙米的粗蛋白质含量均较低，与玉米相当，且蛋白质的氨基酸组成也与玉米相似，即赖氨酸和含硫氨基酸等必需氨基酸含量低，品质差。

（3）糙米含粗脂肪 2％左右，大部分含于米糠及胚芽中，其脂肪酸组成以油酸及亚油酸为主，两者分别占脂肪的 45％和 33％，因此，米糠油易酸败变质。

（4）糙米含淀粉达 75％，因淀粉微粒是多角形，故易糊化（60 ℃即可糊化）。

（5）矿物质含量不多，糙米含粗灰分 1.3％左右，主要存在种皮和胚中。矿物质以磷酸盐为主，钙少磷多，其中 69％的磷为植酸磷，磷的利用率只有 16％。糙米富含 B 族维生素，但随精制程度提高而减少，而其他维生素含量则很低。

3. 饲用价值

（1）稻谷粗纤维含量高，对鸡应限制使用。不论肉鸡还是蛋鸡饲喂糙米的效果均与玉米相当，只是不利于鸡的皮肤和蛋黄着色，应注意补充含色素高的原料。糙米在肉鸡日粮中用量以 20%～40% 为宜。

（2）因稻谷粗纤维含量高，有效能低，其饲喂猪的效果只有玉米的 85%，在日粮中的用量一般不应超过以下比例：生长猪 30%，育肥猪 50%，妊娠猪 70%，泌乳猪 40%。用糙米喂猪可完全取代玉米，且饲料效率高，但变质糙米对肉质及增重均不利。糙米宜细粉碎。

（3）用稻谷饲喂反刍家畜应粉碎后才能使用，其价值相当于玉米的 80%，糙米或碎米用于反刍家畜可完全取代玉米。

4. 质量标准　我国饲用稻谷的质量标准见表 2-4。

表 2-4　饲用稻谷的质量标准（%）

成　分	一级	二级	三级
粗蛋白质	≥8.0	≥6.0	≥5.0
粗纤维	<9.0	<10.0	<12.0
粗灰分	<5.0	<6.0	<8.0

（四）高粱

高粱是重要的粗粮作物。高粱按用途可分为食用高粱、饲用高粱、香味高粱、酒用高粱等；按子粒颜色可分为褐高粱、黄高粱（红高粱）、白高粱、混色高粱等。我国高粱总产量位于美国、印度和墨西哥之后，居世界第四位，约占世界总产量的 10%。主产区在东北等地。

1. 营养成分　饲用高粱含干物质 86.0%，粗蛋白质 9.0%，粗脂肪 3.4%，无氮浸出物 70.4%，粗纤维 1.4%，中性洗涤纤维 17.4%，酸性洗涤纤维 8.0%，粗灰分 1.8%，钙 0.13%，总磷 0.36%，非植酸磷 0.17%；猪消化能 13.18 MJ/kg，猪代谢能 12.43 MJ/kg，鸡代谢能 12.30 MJ/kg，肉牛消化能 12.84 MJ/kg，奶牛产奶净能 6.65 MJ/kg，羊消化能 13.05 MJ/kg。

2. 营养特点

（1）淀粉含量与玉米相近，一般约占子实重量的 70% 左右，淀粉粒的形状及大小也与玉米相似，但高粱淀粉受蛋白质覆盖度高，故消化率较低，使高粱的有效能值低于玉米。高粱的能值也与单宁的含量有关。其表观代谢能和真代谢能含量可分别通过高粱单宁含量估测：

$$表观代谢能（MJ/kg）=（3\ 886-483×单宁含量%）×4.186\ 8$$
$$真代谢能（MJ/kg）=（3\ 152-358×单宁含量%）×4.186\ 8$$

（2）粗蛋白质含量略高于玉米，但品质也差，主要以交链醇溶蛋白为主，占总蛋白的 31%，而且蛋白质与淀粉之间存在很强的结合力，不易被酶分解，导致高粱蛋白质难消化。其氨基酸组成与玉米相近，缺乏赖氨酸、含硫氨基酸和色氨酸等必需氨基酸，其含量分别为 0.18%、0.29%、0.08%。

（3）脂肪含量低于玉米，其中饱和脂肪酸比玉米稍多，而必需脂肪酸如亚油酸含量较玉米低。此外，高粱脂类中5%为磷脂（磷脂的95%为卵磷脂），25%为蜡质，蜡质含量是玉米的50倍。

（4）矿物质中含磷、镁、钾较多，而钙少磷多，40%～70%的磷为植酸磷，利用率低。

（5）维生素 B_1 和维生素 B_6 的含量与玉米相当；泛酸、烟酸和生物素含量高于玉米，烟酸以结合型存在，利用率低，生物素的利用率也低，肉用仔鸡对其利用率只有20%。其余维生素（如维生素 A）含量少。

（6）含有抗营养因子——单宁。单宁又称鞣酸，是水溶性的多酚化合物。单宁分为水解单宁和缩合单宁，高粱子实中的单宁为缩合单宁，具有抗营养作用，它与蛋白质及消化酶类结合，降低饲料的转化率和代谢能值。一般将单宁含量低于0.4%的高粱称为低单宁高粱，达到0.66%称为中单宁高粱，1.5%以上的称为高单宁高粱。黄高粱和白高粱一般含单宁较低，为0.2%～0.4%，而褐高粱含单宁则较高，为0.6%～3.6%。高粱中单宁的去除，可采用水浸、煮沸处理、氢氧化钠处理或氨化处理等，也可通过在饲料中添加蛋氨酸或胆碱等含甲基的化合物来缓解单宁的不良影响。

3. 饲用价值　低单宁高粱在畜禽日粮中用量可达70%，而高单宁高粱只能用到10%。

（1）低单宁高粱的营养价值是玉米的95%左右。鸡日粮要求单宁含量不得超过0.2%，所以，高单宁褐色高粱用量为10%～20%，低单宁的浅色高粱用量为40%～50%。高粱中含叶黄素等色素比玉米低，对鸡的蛋黄、皮肤、脚等着色较差，故应与优质苜蓿草粉等搭配使用。鸡饲料中高粱用量高时，应补充维生素 A 以及注意必需脂肪酸、氨基酸及能量是否满足需要。

（2）与优质蛋白质饲料（如豆粕和鱼粉）一起饲喂猪，同时补充维生素 A，高粱的饲用价值可达到玉米的90%～95%，还可提高猪胴体瘦肉率；高粱可取代生长猪日粮中25%（深色高粱）至50%（浅色高粱）的玉米，其饲喂效果优于全玉米，但完全取代玉米则饲料利用率及生长速度降低。高粱子粒小且硬，整粒喂猪效果不好，但粉碎太细，影响适口性，且易引起胃溃疡，所以以压扁或粗粉碎效果好。单宁苦涩味重，影响适口性，猪日粮中要控制用量，以防影响采食量。

（3）用于反刍动物与玉米的营养价值相当。高粱整粒饲喂时，约有50%左右不消化而排出体外，通过压扁、压片、水浸、蒸煮、膨化或粉碎可改善反刍动物对高粱的利用，可提高利用率10%～15%。

（4）水产动物一般不适宜使用高粱作为饲料原料。

4. 质量标准　我国饲用高粱质量标准见表2-5。

表2-5　饲用高粱的质量标准（%）

成　分	一级	二级	三级
粗蛋白质	≥9.0	≥7.0	≥6.0
粗纤维	<2.0	<2.0	<3.0
粗灰分	<2.0	<2.0	<3.0

（五）大麦

大麦是重要的谷物之一，大麦的 50％～60％供作饲料，约 30％供酿造啤酒用。大麦按品种可分为皮大麦和裸大麦，按麦粒在穗上的位置分为六棱大麦和二棱大麦，按播种季节分为春大麦和冬大麦。大麦的种植面积占全世界谷类作物的第六位，广泛种植于欧洲北部、北美和亚洲西部地区，我国的冬大麦主产区在长江流域各省和河南等地，春大麦则分布在东北、内蒙古、青藏高原及山西等地。

1. 营养成分　饲用大麦含干物质 87.0％，粗蛋白质 11.0％～13.0％，粗脂肪 1.7％～2.1％，无氮浸出物 67.1％～67.7％，粗纤维 2.0％～4.8％，中性洗涤纤维 10.0％～18.4％，酸性洗涤纤维 2.2％～6.8％，粗灰分 2.2％～2.4％，钙 0.04％～0.09％，总磷 0.33％～0.39％，非植酸磷 0.17％～0.21％；猪消化能 12.64～13.56 MJ/kg，猪代谢能 11.84～12.68 MJ/kg，鸡代谢能 11.21～11.30 MJ/kg，肉牛消化能 13.01～13.51 MJ/kg，奶牛产奶净能 6.78～7.03 MJ/kg，羊消化能 13.22～13.43 MJ/kg。

2. 营养特点

（1）有效能较值低，代谢能约为玉米的 89％，净能约为玉米的 82％。大麦子实包有一层质地坚硬的颖壳，故粗纤维含量高，为玉米的 2 倍左右，达 5％～6％。而淀粉和糖类含量则比玉米低，大麦的无氮浸出物为玉米的 92％左右。在淀粉中，支链淀粉约占 74％～78％，直链淀粉约占 22％～26％，另外还含有 4.4％的 β-1,3 葡聚糖。

（2）粗蛋白质含量较高，且品质也较优，醇溶蛋白占 35％～40％，谷蛋白占 30％～35％；除亮氨酸、蛋氨酸、色氨酸外，其他氨基酸含量均比玉米多，如赖氨酸含 0.43％，约为玉米的 2 倍，虽对猪的消化率为 73％，但从可利用氨基酸总量看仍优于玉米。

（3）脂肪含量仅为玉米的 50％，亚油酸含量也仅有 0.78％，但饱和脂肪酸含量高于玉米，因此，用粉碎大麦饲喂育肥猪可获得硬脂胴体。

（4）矿物质含量较高，主要是钾和磷，其中 63％的磷为植酸磷，磷的利用率为 31％，稍高于玉米中磷的利用率。铁的含量也较高，可达 100 mg/kg，但钙和铜含量低。

（5）富含 B 族维生素，如维生素 B_1 约 4.1 mg/kg、维生素 B_2 约 1.4 mg/kg、维生素 B_6 约 19.3 mg/kg、泛酸约 11.9 mg/kg。烟酸含量较高，约 87.0 mg/kg，但多与低分子蛋白质结合，单胃动物利用率只有 10％。生物素、叶酸、维生素 A、维生素 D、维生素 K 含量低，只有少量的维生素 E 存在于大麦的胚芽中。

（6）含有抗胰蛋白酶和抗胰凝乳酶因子，前者含量低，后者可被胃蛋白酶分解，故对动物影响不大。另外，还含有 β-葡聚糖，单胃动物对该糖不易利用，用量高时，降低饲料养分利用率，但可以通过添加外源 β-葡聚糖酶对其进行降解，消除其抗营养作用。

3. 饲用价值

（1）对鸡的饲养效果明显比玉米差，能值低。饲喂蛋鸡，虽不明显影响产蛋率，但对蛋黄、皮肤无着色效果，大麦不是鸡的理想饲料原料。把大麦用水浸泡后，加入纤维素酶或 β-葡聚糖酶会提高能值及消化率，从而改善鸡的生产。一般用量不超过 10％，种鸡可以适当提高用量。

（2）含粗纤维高，能量低，不宜用作仔猪料原料，但经脱壳及蒸汽处理过的大麦片可取代部分玉米。大麦饲喂生长育肥猪可提高瘦肉率，产生白色硬脂优质猪肉，风味也随之改善。但大量使用会使增重和饲料报酬降低，所以大麦取代玉米的量不得超过 50％，或在配合饲料中比例不宜超过 25％。大麦宜粉碎后饲喂，否则不易消化，但不能粉碎太细，以免影响适口性。

（3）肉牛、奶牛和羊以及马属动物的优良精饲料，反刍动物对大麦中所含的 $\beta-1,3$ 葡聚糖有较高的利用率。大麦用于肉牛育肥与玉米价值相近，饲喂奶牛可提高乳和黄油的品质。大麦不宜粉碎过细，否则易引起胃膨胀，但用水浸泡数小时或压片后饲喂可起到预防作用。此外，大麦经压片、蒸汽处理可改善适口性及育肥效果，微波以及碱处理可提高消化率。

（4）大麦经蒸汽压制成片，再粉碎后是杂食性鱼类和草食性鱼类很好的饵料，有逐渐取代小麦粉及次粉的趋势。用大麦片饲喂鱼类或作颗粒饲料的黏合剂，可降低成本，鱼的肉质变得硬实。

（5）皮大麦的能值和饲用价值均低于玉米，一般占能量饲料的 20％～40％为宜。裸大麦与小麦相似，但适口性低于小麦，裸大麦在鸡、猪、牛日粮中的用量分别以 10％、30％和 40％以下为宜，但裸大麦喂羊适口性好，且无需粉碎。

4. 质量标准　我国饲用皮大麦的质量标准见表 2-6。

表 2-6　饲用皮大麦的质量标准（％）

成　分	一级	二级	三级
粗蛋白质	≥11.0	≥10.0	≥9.0
粗纤维	<5.0	<5.5	<6.0
粗灰分	<3.0	<3.0	<3.0

（六）燕麦

燕麦可分为皮燕麦和裸燕麦，按颜色不同又可分为白、灰、红、黑及混色燕麦，按播种季节又分为春燕麦和冬燕麦。通常所说的是皮燕麦，其子实可作能量饲料，茎、叶可作青粗饲料。燕麦主产国为俄罗斯，其次为美国和加拿大。我国燕麦生产区分布于青海、甘肃、内蒙古及山西等地。

1. 营养成分　饲用燕麦含干物质 86.0％～91.0％，粗蛋白质 9.0％～13.5％，粗脂肪 3.75％～5.5％，无氮浸出物 50.0％～65.75％，粗纤维 9.5％～13.0％，粗灰分 3.0％～4.0％，钙 0.07％～0.13％，总磷 0.30％～0.50％。

2. 营养特点

（1）淀粉含量仅为玉米含量的 33％～50％，无氮浸出物在谷实类中最低，粗纤维含量高，因此有效能值低，约为玉米能量价值的 56％～75％。

（2）粗蛋白质及赖氨酸含量均比玉米高，赖氨酸含量达 0.4％左右，故蛋白质品质优于玉米，但面筋蛋白含量极低。

（3）脂肪含量比其他谷物高，达 4.5％，多为不饱和脂肪酸，其中亚油酸占总脂肪的

40%～47%，油酸占 34%～39%，故不宜久贮。

（4）矿物质含量低，且钙少磷多。

（5）富含 B 族维生素，但烟酸比小麦少，缺乏脂溶性维生素。

3. 饲用价值

（1）由于粗纤维含量高，能值低，雏鸡、肉用仔鸡及高产蛋鸡饲粮应尽量少用或不用。燕麦可防止以玉米为主要饲料原料时，发生鸡只排软便等现象，对于种鸡为保持体况可以适量使用。

（2）含粗纤维高，一般不宜作育肥猪饲料，如用量较多时会使背膘变软，影响胴体品质。在种猪料中以 10%～20% 为宜。使用前宜粉碎，但不宜太细，制粒、压片以及添加纤维素酶可提高燕麦的饲用价值。对猪具有预防胃溃疡的效果，尤其是母猪可适量使用。

（3）是反刍动物很好的饲料，适口性好，粉碎即可使用。适宜喂奶牛，喂肉牛因稃壳含量高，育肥效果比玉米差，精料中可使用 50%，其效果约为玉米的 85%。绵羊也喜欢采食燕麦，可整粒饲喂。燕麦是马属动物最适宜的饲料。

（七）荞麦

荞麦是蓼科的一年生草本植物，与其他谷物类植物不同科，形状差异也大，但用途相似。荞麦主要产于俄罗斯、波兰、法国和中国，我国华北、东北和西北等地都有种植。

1. 营养成分 饲用荞麦含干物质 87.1%，粗蛋白质 9.9%，粗脂肪 2.3%，无氮浸出物 60.7%，粗纤维 11.5%，粗灰分 2.7%，钙 0.09%，总磷 0.30%。

2. 营养特点

（1）以淀粉为主，占全粒的 60%，且为杂粮中最易糖化的淀粉。荞麦子实外壳粗糙坚硬，约占子粒重量的 30%，粗纤维含量高，有效能值低，其有效能值仅相当于玉米的 75%。

（2）粗脂肪含量低，呈黄绿色，属不皂化物含量高的半干性油脂。

（3）粗蛋白质含量高，脱壳后粗蛋白质含量可达 14%，赖氨酸含量也高，是玉米的 2～3 倍。因此，蛋白质品质是谷实类中较好的。

3. 饲用价值 荞麦对鸡的饲用价值差，故很少用。荞麦对猪的饲用价值为玉米的 70%。荞麦子粒中含有一种感光卟啉物质，大部分集中于外壳中，动物采食后，白色皮肤受光照射会发生过敏反应，出现红色斑点，严重时影响生长，尤其对白皮肤的猪影响较大。一般应与其他谷实类饲料配合使用，用量以 30% 以下为宜。荞麦对反刍动物的饲用价值比燕麦低 5%～10%，饲喂时应粉碎。

二、糠麸类饲料

糠麸类饲料是指谷类子实加工后的副产品，制米的副产品通常称为糠，制粉的副产品一般称为麸。作为畜禽饲料主要以米糠和小麦麸为主。糠麸类饲料主要由种皮、糊粉层、胚及颖壳中的纤维残渣部分组成，视加工的程度有时还包括少量的胚乳。其营养价值的高低与各部分的比例有关，但都有质地疏松、容积大、吸水性强、具有一定的轻泻性等特点。同原来的谷类子实相比，除无氮浸出物含量低外，其他各种养分含量都很高，并含有丰富的 B 族维生素。因纤维较高，其消化率和有效能值低于原来的谷物。

（一）小麦麸

小麦麸俗称麸皮，是小麦加工面粉时的副产品，小麦麸主要由种皮、糊粉层、少量胚芽及胚乳组成。根据加工精制程度的不同，混入的胚芽和胚乳的比例不同，使小麦麸的营养成分含量有一些差异。小麦麸来源广，数量大，是我国畜禽常用的饲料原料。

1. 营养成分 饲用小麦麸含干物质 87.0%，粗蛋白质 14.3%～15.7%，粗脂肪 3.9%～4.0%，无氮浸出物 56.0%～57.1%，粗纤维 6.5%～8.5%，中性洗涤纤维 42.1%左右，酸性洗涤纤维 13.0%左右，粗灰分 4.8%～4.9%，钙 0.10%～0.11%，总磷 0.92%～0.93%，非植酸磷 0.24%左右；猪消化能 9.33～9.37 MJ/kg，猪代谢能 8.66～8.70 MJ/kg，鸡代谢能 6.78～6.82 MJ/kg，肉牛消化能 11.71～11.80 MJ/kg，奶牛产奶净能 6.08～6.11 MJ/kg，羊消化能 12.10～12.18 MJ/kg。

2. 营养特点

（1）粗脂肪约 4%左右，以不饱和脂肪酸居多。粗纤维含量高，属于能量价值较低的能量饲料，质地疏松，有轻泻作用，可防止便秘。

（2）粗蛋白质含量较高，明显高于整粒小麦，但含量受小麦品种的影响，硬质冬小麦麸高于软质冬小麦麸，红皮小麦麸高于白皮小麦麸。小麦麸的蛋白质质量也较好，氨基酸较平衡，赖氨酸和蛋氨酸含量分别为 0.6%和 0.13%。

（3）矿物质含量较丰富，钙少磷多，约 75%的磷为植酸磷，但小麦麸富含植酸酶，有利于磷的利用。

（4）富含 B 族维生素和维生素 E，其中维生素 B_1 约 8.0 mg/kg，维生素 B_2 约 4.6 mg/kg，泛酸约 31.0 mg/kg，烟酸约 186.0 mg/kg，生物素约 0.36 mg/kg，叶酸约 0.63 mg/kg，但缺乏维生素 A 和维生素 D。

3. 饲用价值

（1）因能量价值偏低，在肉鸡饲料中用量有限，一般很少使用。雏鸡阶段可以使用少量小麦麸。后备母鸡和产蛋鸡可使用较多的小麦麸，但用量以不超过 15%为宜，蛋鸡使用小麦麸主要是调节日粮的营养浓度。

（2）猪的优质饲料原料，适口性好，有利于提高日粮采食量，并可提高猪肉品质，减少屠体软脂，但有机物消化率只有 67%左右，育肥效果不佳，用量以 15%以下为宜。小麦麸含有轻泻性的盐类，有助于肠胃蠕动和通便润肠，所以是妊娠后期和哺乳母猪的良好饲料。仔猪阶段不宜过多使用，以免引起消化不良。

（3）体积大，纤维含量高，适口性好，同时又具有轻泻作用，是奶牛、肉牛、羊和马等家畜的优良饲料原料。奶牛用量可达 25%～30%。考虑到能量浓度，肉牛不宜用量过高。其他反刍动物如果使用小麦麸为单一饲料要注意补充钙，马属动物尤其如此。

4. 质量标准 我国饲用小麦麸的质量标准见表 2-7。

表 2-7 饲用小麦麸的质量标准（%）

成 分	一级	二级	三级
粗蛋白质	≥15.0	≥13.0	≥11.0
粗纤维	<9.0	<10.0	<11.0
粗灰分	<6.0	<6.0	<6.0

（二）次粉

次粉同样是小麦加工副产品，是介于麦麸与面粉之间的产品。主要由小麦的糊粉层、胚乳及少量细麸组成。小麦精制过程中可得到 23%～25% 的小麦麸，3%～5% 的次粉和0.7%～1% 胚芽。次粉分为普通次粉和高筋次粉。同小麦麸一样，受加工工艺的影响，次粉中小麦各部分比例和营养成分差异较大。

1. 营养成分 饲用次粉含干物质 87.0%～88.0%，粗蛋白质 13.6%～15.4%，粗脂肪 2.1%～2.2%，无氮浸出物 66.7%～67.1%，粗纤维 1.5%～2.8%，中性洗涤纤维18.7% 左右，酸性洗涤纤维 4.3% 左右，粗灰分 1.5%～1.8%，钙 0.08% 左右，总磷0.48% 左右，非植酸磷 0.14% 左右；猪消化能 13.43～13.68 MJ/kg，猪代谢能 12.51～12.72 MJ/kg，鸡代谢能 12.51～12.76 MJ/kg，肉牛消化能 15.56～15.85 MJ/kg，奶牛产奶净能 8.16～8.32 MJ/kg，羊消化能 13.60～13.89 MJ/kg。

2. 营养特点

（1）与小麦麸的营养成分比较接近，具有与小麦麸相似的营养特点。

（2）脂肪含量稍低于小麦麸，次粉与小麦麸的最大差异是粗纤维含量低，这是由于小麦麸以种皮为主，次粉以糊粉层为主，同时次粉的粗灰分含量也低于小麦麸。由于次粉含有较多的糊粉层，以无氮浸出物为主，故次粉的能量价值高于小麦麸。

（3）蛋白质含量稍低于小麦麸。高筋次粉含蛋白质较高，主要由醇溶蛋白及面筋蛋白等组成，吸水膨胀后即形成面筋，具有黏性、弹性及延展性等物理特性。

（4）次粉的矿物质和维生素含量均低于小麦麸。

3. 饲用价值

（1）与小麦麸的饲用价值相似，但由于能量较高，可取代较多的谷实类原料。

（2）鸡饲料中用量可达 10%～12%，一般需要制粒，因为粉状饲料太细，易造成黏嘴现象，降低适口性。

（3）适用于仔猪和生长育肥猪。

（4）由于容重比小麦麸大，能量价值较高，用于反刍动物宜搭配部分体积大的饲料。

（5）高筋次粉主要应用于水产颗粒饲料，有很好的黏结作用。对于虾饲料、鳗鱼饲料有特殊的黏性和弹性，既能提高成品饲料物理质量和饲用价值，又能减少黏合剂的使用，降低成本。对虾料使用量可达 15%～20%。鳗鱼料可用 5%～10%，罗非鱼料可使用30%，鲤鱼料可使用 25%～30%。

4. 质量标准 我国饲用次粉的质量标准见表 2-8。

表 2-8 饲用次粉的质量标准（%）

成 分	一级	二级	三级
粗蛋白质	≥14.0	≥12.0	≥10.0
粗纤维	<3.5	<5.5	<7.5
粗灰分	<2.0	<3.0	<4.0

（三）全脂米糠

全脂米糠俗称青糠、米糠，是糙米精加工过程中脱除的果皮层、种皮层及胚芽等混合物，有时混有少量稻壳和碎米等。米糠约占稻谷总重的 10%，一般 100 kg 稻谷可得稻壳 20~25 kg，糙米 75~80 kg；或 100 kg 稻谷可得精米 65~70 kg，统糠 30~35 kg。

谷壳粉碎后称为砻糠，其营养价值极低，不能用作饲料。生产上常使用将砻糠和米糠按一定比例混合而成的糠，如二八糠、三七糠等，其营养价值取决于砻糠的比例。

1. 营养成分 饲用全脂米糠含干物质 87.0%，粗蛋白质 12.8%，粗脂肪 16.5%，无氮浸出物 44.5%，粗纤维 5.7%，中性洗涤纤维 22.9%，酸性洗涤纤维 13.4%，粗灰分 7.5%，钙 0.07%，总磷 1.43%，非植酸磷 0.10%；猪消化能 12.64 MJ/kg，猪代谢能 11.80 MJ/kg，鸡代谢能 11.21 MJ/kg，肉牛消化能 14.23 MJ/kg，奶牛产奶净能 7.45 MJ/kg，羊消化能 13.77 MJ/kg。

2. 营养特点

（1）脂肪含量高，最高可达 22.4%，为同类饲料最高者，约为麦麸、玉米糠的 3 倍多，因此能值位于糠麸类饲料之首，与玉米相当。脂肪以不饱和脂肪酸为主，油酸及亚油酸占 79.2%。

（2）蛋白质和赖氨酸均高于玉米，赖氨酸含量达 0.74%，品质比玉米好，但蛋白质含量比小麦麸低。米糠的蛋白质主要有白蛋白、球蛋白、谷蛋白及精蛋白四种。

（3）含钙偏低，钙、磷比例不平衡，磷含量高，且主要是植酸磷，利用率不高，微量元素铁和锰含量丰富。

（4）脂肪中富含维生素 E，约 60.0 mg/kg。B 族维生素含量也很高，维生素 B_1 约 22.5 mg/kg，维生素 B_2 约 2.5 mg/kg，泛酸约 23.0 mg/kg，烟酸约 293.0 mg/kg，生物素约 0.42 mg/kg，叶酸约 2.20 mg/kg，维生素 B_6 约 14.0 mg/kg。但缺乏维生素 A 和维生素 D。

（5）含有胰蛋白酶抑制因子、植酸以及非淀粉多糖等多种抗营养因子，可引起蛋白质消化障碍和雏鸡胰腺肥大，加热处理可使胰蛋白酶抑制因子失活。

（6）含有脂肪水解酶和较高的不饱和脂肪酸，容易发生氧化酸败和水解酸败，发热和霉变，严重影响米糠的质量和适口性。

3. 饲用价值

（1）饲喂家禽的效果不如猪，不宜作为鸡的能量饲料，但可少量使用以补充鸡所需的 B 族维生素、矿物质和必需脂肪酸。一般以 5% 以下为宜，颗粒饲料可酌情增加至 10% 左右。添加比例高会影响适口性和降低饲料利用率。

（2）新鲜米糠适口性好，是猪很好的能量饲料。新鲜米糠在生长猪阶段可用到10%～12%，育肥猪阶段可达30%。但用量过多可能使猪背膘变软，胴体品质变差，所以用量宜在15%以下。仔猪不宜使用，以免引起腹泻。

（3）用作牛饲料无不良反应，适口性好，能值高，奶牛和肉牛的精料可用到20%。但要注意全脂米糠是否酸败变质，若变质则会造成腹泻，降低适口性，同时也影响肉牛体脂组成，产生软体脂；奶牛则影响牛奶质量。

（4）是草食性及杂食性鱼类的重要饲料原料，脂肪利用率高，可提供鱼类必需脂肪酸，对鱼的生长效果好。米糠富含肌醇，是鱼类所缺乏的主要维生素。在鱼类日粮中用量控制在15%以内。

4. 质量标准 我国饲用全脂米糠的质量标准见表2-9。

表 2-9 饲用全脂米糠的质量标准（%）

成　分	一级	二级	三级
粗蛋白质	≥13.0	≥12.0	≥11.0
粗纤维	<6.0	<7.0	<8.0
粗灰分	<8.0	<9.0	<10.0

（四）脱脂米糠

全脂米糠经过脱脂后成为脱脂米糠，其营养成分受原料、制法影响很大。

1. 营养成分 饲用米糠饼（粕）的一般营养成分及含量分别为干物质88.0%、87.0%，粗蛋白质14.7%、15.1%，粗脂肪9.0%、2.0%，无氮浸出物48.2%、53.6%，粗纤维7.4%、7.5%，中性洗涤纤维0、27.7%，酸性洗涤纤维0、11.6%，粗灰分8.7%、8.8%，钙0.14%、0.15%，总磷1.69%、1.82%，非植酸磷0.22%、0.24%；猪消化能12.51 MJ/kg、11.55 MJ/kg，猪代谢能11.63 MJ/kg、10.75 MJ/kg，鸡代谢能10.17 MJ/kg、8.28 MJ/kg，肉牛消化能12.13 MJ/kg、10.33 MJ/kg，奶牛产奶净能6.28 MJ/kg、5.27 MJ/kg，羊消化能11.92 MJ/kg、10.00 MJ/kg。

2. 营养特点和饲用价值

（1）属低能量纤维性饲料，除脂肪及脂溶性物质被除去外，其他营养成分与全脂米糠相似。

（2）质量较稳定，耐贮性提高，使用范围可以扩大，使用也比较安全。

（3）由于能量水平下降，不适宜用于肉鸡，但可用于种鸡和蛋鸡，用量宜在12%以下。

（4）对猪的适口性较好，对胴体品质无不良影响，是很好的纤维性饲料。考虑到能量不足，用量应在20%以下，仔猪也可少量使用。

（5）对奶牛、肉牛用量多时，不必担心腹泻和体脂变软问题，在牛的精料中可用至30%。

3. 质量标准 我国饲用脱脂米糠饼（粕）的质量标准见表2-10。

表 2－10 脱脂米糠饼（粕）的质量标准（％）

成　分	一级		二级		三级	
	脱脂米糠饼	脱脂米糠粕	脱脂米糠饼	脱脂米糠粕	脱脂米糠饼	脱脂米糠粕
粗蛋白质	≥14.0	≥15.0	≥13.0	≥14.0	≥12.0	≥13.0
粗纤维	<8.0	<8.0	<10.0	<10.0	<12.0	<12.0
粗灰分	<9.0	<9.0	<10.0	<10.0	<12.0	<12.0

（五）砻糠和统糠

1. 砻糠　砻糠即稻谷的外壳粉，砻糠是所有谷物外壳中营养价值最低的产品，不能用作饲料，但可以当填充物、抗结块剂及赋形剂使用。

按干物质计算，砻糠含粗蛋白质 3.09％、粗脂肪 1.15％、粗纤维 46.23％、无氮浸出物 28.5％和粗灰分 21.03％。砻糠的主要成分是粗纤维，蛋白质和脂肪含量很少。

2. 统糠　统糠是米糠与砻糠的混合物，由于砻糠和米糠的比例不同，有四六糠、三七糠、二八糠和一九糠之分。随着米糠比例的下降，统糠的蛋白质、脂肪、无氮浸出物含量下降，而粗纤维和粗灰分的含量增加，营养价值下降。

根据米糠和砻糠的比例，可以计算各种统糠的营养成分。统糠的饲用价值可参考米糠的饲用价值。随着砻糠比例的增加，统糠的饲用价值下降，一九糠更接近砻糠，在畜禽饲料中的用量应相应减少。

三、块根块茎类饲料

（一）甘薯

甘薯又称为番薯、红苕、地瓜等。按薯块的品质可分为高淀粉品种、副食品品种和利用茎叶品种。高淀粉品种是很好的饲料，茎叶用品种可鲜用作天然的维生素来源或生产甘薯叶粉蛋白。甘薯作为饲料除了鲜喂或熟喂外，还可切成片或制成丝晒干粉碎后使用。甘薯是我国主要的薯类作物之一，产量居世界首位，全国各地均有栽种，种植面积和总产量仅次于小麦、玉米和水稻。

1. 营养成分　饲用甘薯干含干物质 87.0％，粗蛋白质 4.0％，粗脂肪 0.8％，无氮浸出物 76.4％，粗纤维 2.8％，粗灰分 3.0％，钙 0.19％，总磷 0.02％；猪消化能 11.80 MJ/kg，猪代谢能 11.21 MJ/kg，鸡代谢能 9.79 MJ/kg，肉牛消化能 12.64 MJ/kg，奶牛产奶净能 6.57 MJ/kg，羊消化能 13.68 MJ/kg。

2. 营养特点

（1）无氮浸出物含量高，主要是淀粉，约为 43％～53％，粗纤维含量低，能值较高。

（2）粗蛋白质含量低，其中有相当一部分为非蛋白氮化合物。蛋白质品质差，缺乏赖氨酸、蛋氨酸和色氨酸等必需氨基酸，其含量分别仅为 0.16％、0.06％、0.05％。

（3）矿物质元素含量低，钙、磷含量均少，磷略高于钙，钾含量较高。

（4）红心甘薯富含胡萝卜素及叶黄素，B族维生素含量较少。自然晒干的甘薯，胡萝卜素及叶黄素含量大大减少。

（5）含有胰蛋白酶抑制因子，但加热可使其失活，可提高蛋白质消化率。

3. 饲用价值

（1）鸡可使用甘薯粉，但由于甘薯粉容重小，易造成饱腹感，故雏鸡、肉鸡较少使用。在蛋鸡饲料中可用到10％，但应注意补充蛋白质和氨基酸等。

（2）味甜，适口性好，生喂或熟喂猪均喜食，熟薯喂猪可提高其饲料利用率。鲜薯含有胰蛋白酶抑制因子，影响蛋白质的消化利用。甘薯粉用于肉猪，可占日粮的15％左右，或可取代玉米用量的25％。如果用经热喷处理的薯片饲喂生长猪，可代50％以上的玉米。对于仔猪因饲料利用率较差，应少用。

（3）作为反刍动物良好的能量来源，对奶牛有促进消化和增加泌乳量的效果，也可取代能量饲料来源的50％，但同时必须补充蛋白质、氨基酸。有黑斑病的甘薯不宜饲喂家畜，否则易引起中毒，甚至死亡。

4. 质量标准 我国饲用甘薯干的质量标准：粗纤维<4.0％，粗灰分<5.0％。

（二）木薯

木薯又称树薯、树番薯，其茎秆的基部形成块茎，为多年生热带灌木。木薯可分为苦木薯和甜木薯两大类，其主要区别在于氢氰酸的含量不同，甜木薯含氢氰酸50 mg/kg以下，而苦木薯可高达250 mg/kg以上。我国木薯含氢氰酸102.9～319.9 mg/kg，平均为176.5 mg/kg，皮层部比肉层部高4～5倍。木薯主产于巴西、泰国、印度尼西亚及非洲，我国南方特别是广东、广西地区种植较多。

1. 营养成分 饲用木薯干含干物质87.0％，粗蛋白质2.5％，粗脂肪0.7％，无氮浸出物79.4％，粗纤维2.5％，中性洗涤纤维8.4％，酸性洗涤纤维6.4％，粗灰分1.9％，钙0.27％，总磷0.09％；猪消化能13.10 MJ/kg，猪代谢能12.43 MJ/kg，鸡代谢能12.38 MJ/kg，肉牛消化能11.63 MJ/kg，奶牛产奶净能5.98 MJ/kg，羊消化能12.51 MJ/kg。

2. 营养特点

（1）无氮浸出物含量高，且绝大部分是淀粉，粗纤维含量低，因而能值高。

（2）蛋白质含量低，且品质差，其中50％为非蛋白氮化合物，以亚硝酸和硝酸态氮居多，对单胃动物无利用价值，必需氨基酸含量低，特别是赖氨酸、蛋氨酸、胱氨酸、色氨酸等严重缺乏，其含量分别仅为0.13％、0.05％、0.04％、0.03％。

（3）矿物质中钙、钾含量较高，而磷较低，微量元素含量很少，而且植酸含量较高，从而降低钙、锌等的吸收利用。木薯几乎不含维生素。

（4）含有生长抑制因子——生氰糖苷，包括亚麻苦苷和百脉根苷，这类糖苷在酶的作用下会释放出有毒物质氢氰酸。去毒方法有加热、去皮或切片水浸、切片晒干制粉。

3. 饲用价值

（1）作为配合饲料的原料，因其含有生氰糖苷，用量超过50％时，会出现适口性差，生长减缓，死亡率增加等现象。

（2）对于家禽，用10％以下为宜，蛋鸡可使用20％左右，但会使蛋黄颜色变浅。肉用仔鸡可用到10％～16％。

（3）氢氰酸含量对猪的生长影响较大，尤其以小猪最为敏感。品质良好且经制粒的木薯在育肥猪日粮中用量可达30％～50％，但适口性不好时对增重影响较大。如使用未经加热或制粒处理的高氢氰酸木薯，使用7.5％即可造成生长抑制或麻痹现象。通过有效控制日粮营养平衡或添加含硫化合物有助于提高木薯用量。木薯对仔猪适口性不佳，断奶仔猪应尽量少用。品质不良的木薯对母猪繁殖影响很大，品质好的其用量与肉猪相同。

（4）奶牛使用量过多时，其泌乳量随用量的增加而减少，且会出现腹泻，用30％以下为宜。肉牛饲料用量也不宜超过30％。

4. 质量标准　我国饲用木薯干的质量标准：粗纤维＜4.0％，粗灰分＜5.0％。

（三）马铃薯

马铃薯又称土豆、洋芋、地蛋、山药蛋等，我国马铃薯除主要供人们食用和加工淀粉外，也是一种重要的饲料作物，主产区是东北、内蒙古及西北黄土高原。

1. 营养成分　饲用马铃薯含干物质88.0％，粗蛋白质7.2％，粗脂肪0.3％，无氮浸出物74.1％，粗纤维2.9％，粗灰分3.5％，钙0.07％，总磷0.20％。

2. 营养特点

（1）马铃薯块茎中80％左右是淀粉，其中直链淀粉占20％～25％，支链淀粉占75％～80％，糊化温度为55～65 ℃。粗纤维含量低，因而能量价值高，能值高于甘薯，低于玉米。马铃薯的消化率相当高。

（2）粗蛋白质含量较高，高于木薯和甘薯，赖氨酸含量高于玉米，粗蛋白质有一部分为非蛋白氮化合物。

（3）矿物质和维生素含量较低。钙少磷多。胡萝卜素含量极低，甚至没有，其他维生素与玉米相近。

（4）含有毒物质——龙葵素，是一种配糖体，如果马铃薯保存不当而发芽，则发芽点周围有龙葵素大量生成，采食过多会使家畜中毒。此外，还含有胰蛋白酶抑制因子，影响蛋白质的消化。

3. 饲用价值

（1）蛋鸡饲料可用10％左右，肉鸡饲料用20％～30％无不良影响。

（2）肉猪饲料中可取代50％的玉米，熟食可提高适口性和消化率，生喂不仅消化率降低，有时有轻泻作用，而且还会使动物生长受阻。

（3）对牛、羊及马生喂或熟喂饲养效果相似，可作为反刍家畜的补充精料，如与尿素等非蛋白氮化合物配合使用效果更佳。

四、油脂类饲料

天然存在的油脂种类较多。良好的油脂有牛脂、猪脂、羊脂、鸡脂、玉米油、大豆油、花生油、芝麻油等，而棉子油、蓖麻油、桐子油含有某些毒素。

油脂能够提供比任何其他饲料都多的能量，成为配制高能饲料不可缺少的原料。同时，也是必需脂肪酸重要来源，能促进色素和脂溶性维生素的吸收，降低畜禽的热增耗，提高代谢能的利用率，减轻畜禽热应激等。除上述营养特性外，还可改善饲料适口性，防止产生尘埃，减少机械磨损，改善饲料外观，提高颗粒饲料的生产效率。

添加油脂后，日粮能量浓度提高，动物采食量降低，因此应相应提高日粮中其他养分的含量。其添加效果取决于脂肪酸的组成，尤其是饱和与不饱和脂肪酸的比例以及中、短链脂肪酸含量。脂肪容易氧化酸败，添加脂肪的饲料需添加抗氧化剂妥善保管，同时避免使用劣质油脂。此外，油脂添加量不宜过高，否则会增加育肥猪背膘厚度，降低胴体品质，添加量超过 6% 会影响饲料加工。

建议日粮中脂肪添加量为：妊娠后期或泌乳母猪 10%～15%，仔猪 5%～10%，生长育肥猪 3%～5%，肉鸡 5%～8%，产蛋鸡 3%～5%。

(一) 常用的植物油脂

植物油脂是从植物种子或果实中提炼的油脂，成分以甘油三酯为主，总脂肪酸含量在 90% 以上，不皂化物 2% 以下，不溶物 1% 以下。植物油主要供食用，饲用者较少。

1. 大豆油 大豆油来自大豆的种子，总脂肪酸含量为 94%～96%。大豆油的碘值为 120～137，皂化值为 188～195。大豆油的消化率达 98%；猪消化能 36.61 MJ/kg，猪代谢能 35.15 MJ/kg，鸡代谢能 35.02 MJ/kg，肉牛消化能 40.00 MJ/kg，奶牛产奶净能 21.59 MJ/kg。大豆油中还含有丰富的维生素 A 和维生素 D。

大豆油的脂肪酸组成：亚油酸 52%，油酸 24.6%，软脂酸 11.5%，亚麻酸 8%，硬脂酸 3.9%。

2. 菜子油 菜子油来自油菜、甘蓝、萝卜及芥菜的种子。总脂肪酸含量为 94%～96%。菜子油的碘值为 97～108，皂化值为 167～180。猪消化能 36.65 MJ/kg，猪代谢能 35.19 MJ/kg，鸡代谢能 38.53 MJ/kg，肉牛消化能 40.00 MJ/kg，奶牛产奶净能 21.59 MJ/kg。

菜子油的脂肪酸组成：芥酸 43%～54%，亚麻酸 15%～19.2%，亚油酸为 11.4%～19.5%，油酸 12.2%～21%，软脂酸 2.4%～4.0%，硬脂酸 0.5%～1.3%，其他脂肪酸 1.2%～2.0%。

3. 花生油 花生油来自花生仁，总脂肪酸含量为 94%～96%。花生油的碘值为 188～197，皂化值为 70～73。猪消化能 36.53 MJ/kg，猪代谢能 35.06 MJ/kg，鸡代谢能 39.16 MJ/kg，肉牛消化能 40.00 MJ/kg，奶牛产奶净能 21.59 MJ/kg。

花生油的主要脂肪酸组成：棕榈酸 11.7%，油酸 43.2%，亚油酸 36.5%，硬脂酸 3.5%，花生四烯酸 1.5%。

4. 玉米油 玉米油来自玉米加工的副产品——玉米胚芽。玉米油容易消化吸收，稳定性较好，因为它含有较多的天然抗氧化剂——维生素 E。玉米油的碘值为 111～131，皂化值为 188～193，不皂化物小于 2%。猪消化能 36.61 MJ/kg，猪代谢能 35.15 MJ/kg，鸡代谢能 40.42 MJ/kg，肉牛消化能 40.00 MJ/kg，奶牛产奶净能 21.59 MJ/kg。

玉米油的主要脂肪酸组成：亚油酸 34%～56%，油酸 34%～48%，饱和脂肪酸

$10\%\sim17\%$。

5. 葵花油　葵花油来自葵花子，营养价值高，主要用作食用油。葵花油含天然抗氧化剂很少，因此稳定性较差。总脂肪酸含量为 95%，碘值为 $122\sim136$，皂化值为 $186\sim194$，不皂化物小于 1%。猪消化能 36.65 MJ/kg，猪代谢能 35.19 MJ/kg，鸡代谢能 40.42 MJ/kg，肉牛消化能 40.00 MJ/kg，奶牛产奶净能 21.59 MJ/kg。

葵花油的主要脂肪酸组成为：亚油酸 $57.5\%\sim66.2\%$，油酸 $21\%\sim34\%$，饱和脂肪酸 $7.5\%\sim12.5\%$。

6. 棕榈油　从棕榈果肉中提取的油为棕榈油，而从核仁中提取的油为棕榈仁油，二者化学成分不同。一般鲜果肉内含油 $46\%\sim65\%$，核仁含油 $50\%\sim55\%$。棕榈仁油较少。棕榈油的总脂肪酸含量为 $94.2\%\sim98.7\%$，熔点为 $31\sim41\ ℃$，碘值为 $51\sim58$，皂化值为 $176\sim210$。猪消化能 33.51 MJ/kg，猪代谢能 32.17 MJ/kg，鸡代谢能 24.27 MJ/kg，肉牛消化能 40.00 MJ/kg，奶牛产奶净能 21.59 MJ/kg。

棕榈油的脂肪酸组成为：棕榈酸 $39.3\%\sim47.5\%$，硬脂酸 $3.5\%\sim6.0\%$，油酸 $36.0\%\sim44.0\%$，亚油酸 $9.0\%\sim12.0\%$。

棕榈油的最大特点是：在所有植物油中，棕榈油含饱和脂肪酸最高。棕榈油在常温下呈半固体，其稠度和熔点在很大程度取决于游离脂肪酸的含量。市场上把低酸度的油脂称为软油，把高酸度的油脂称为硬油。

棕榈油还具有如下几个方面的特点：①稳定性好，含有饱和脂肪酸多，不易氧化，熔点高，耐贮性强。②适用性广，经过分提的固体脂做人造奶油，液体油作烹调油，未经分提的棕榈油在工业上生产肥皂用。③营养价值较高。富含维生素 A 和维生素 E，此外还含有胡萝卜素，故油色呈深黄或深红色，略带甜味。

7. 椰子油　椰子油提取于椰子干。其最大特点是在所有天然油脂中含中链脂肪最多（其他动、植物脂肪一般以长链脂肪为主），因此椰子油的平均相对分子质量较小。另外，椰子油的脂肪以饱和脂肪为主，这一特点与棕榈油相似，在室温条件下为固态。天然椰子油不像多数固体脂肪（如牛油）随温度上升而逐渐软化，它仅在几度范围内由固体迅速变为液体。椰子油的总脂肪酸含量为 $86\%\sim92\%$，碘值很小，仅为 $8\sim9.6$，而皂化值较大，为 $254\sim262$。代谢能为 36.87 MJ/kg。

椰子油的脂肪酸组成：月桂酸 $45\%\sim51\%$，豆蔻酸 $13\%\sim18\%$，棕榈酸 $7\%\sim10\%$，癸酸 $4.5\%\sim10\%$，辛酸 $4.5\%\sim9.7\%$，油酸 $5\%\sim8.3\%$，亚油酸 $1\%\sim2.6\%$，硬脂酸 $1\%\sim3\%$，己酸 $0.2\%\sim2\%$。

近年来，对中链脂肪的独特生理特性的营养意义日益重视，尤其是在初生仔猪日粮中的应用。因而含中链脂肪丰富的天然油脂——椰子油的应用受到关注。椰子油可以作为仔猪优质的能量来源，容易消化吸收和利用。

（二）常用的动物油脂

动物油脂是以畜禽肉类加工厂的副产品如脂肪、皮肤、骨头、内脏等组织为原料，经加热加压分离处理或浸提而得到。成分以甘油三酯为主，且总脂肪酸含量在 90% 以上，不皂化物在 2.5% 以下，不溶物在 1% 以下。一般将熔点在 $40\ ℃$ 以上者称为动物脂，$40\ ℃$

以下者称为动物油。

1. 猪油 由屠宰猪的脂肪组织加工而成。猪油为白色膏状物，碘值 44～66，皂化值 193～200，酸价 1.1～2.2。猪消化能 33.51 MJ/kg，猪代谢能 33.30 MJ/kg，鸡代谢能 38.11 MJ/kg，肉牛消化能 40.29 MJ/kg，奶牛产奶净能 21.76 MJ/kg。

猪油的脂肪酸组成：豆蔻酸 2%，油酸 42%～46%，棕榈酸 20%～30%，硬脂酸 12%～20%，亚油酸 8%～11%，棕榈油酸 2%～4%，亚麻油酸 2%。

2. 牛脂 牛脂是由屠宰牛的脂肪组织提炼而成。牛脂为浅黄色固体，碘值 32～47，皂化值 192～200，酸价 1.1～2.2。猪消化能 33.47 MJ/kg，猪代谢能 32.13 MJ/kg，鸡代谢能 32.55 MJ/kg，肉牛消化能 40.29 MJ/kg，奶牛产奶净能 21.76 MJ/kg。牛脂的能量价值在油脂中较低，但质量较稳定，不容易氧化酸败，耐贮存。此外，由于常温时为固体，在饲料中使用必须预加热处理。

牛脂含有高度饱和的脂肪，饱和脂肪占总脂肪的 70%～75%，以油酸、硬脂酸和软脂酸为主。牛脂的脂肪酸组成：油酸 42%，软脂酸 25%，硬脂酸 21.5%，棕榈油酸 2.5%，亚油酸 2.5%。

3. 家禽脂肪 主要是鸡油，由屠宰加工肉鸡的脂肪组织提炼而成。在常温条件下为浅黄色膏状物，碘价 55～77，皂化价 194～205。猪消化能 35.65 MJ/kg，猪代谢能 34.23 MJ/kg，鸡代谢能 39.16 MJ/kg，肉牛消化能 40.29 MJ/kg，奶牛产奶净能 21.76 MJ/kg。

鸡油的脂肪酸组成：油酸 39.5%，亚油酸 23.6%，棕榈酸 21.4%，棕榈油酸 7%，硬脂酸 5.9%，亚麻酸 1%，豆蔻酸 1.4%，月桂酸 0.2%。

(三) 海产动物油脂

海产动物油脂包括鱼油、鱼肝油及海洋哺乳动物的油脂，用于饲料工业中的主要是鱼油。鱼油是鱼粉生产的副产品，主要有鲱鱼油、金枪鱼油、沙丁鱼油、鲸鱼油等。鲱鱼油的碘值 135，皂化值 180～192。鱼油的能量价值差异较大，猪消化能 35.31 MJ/kg，猪代谢能 33.89 MJ/kg，鸡代谢能 35.35 MJ/kg。鱼油含有高度不饱和脂肪酸，不饱和度比植物油更高，故极易氧化酸败，再加上有难闻的鱼腥味，除了鱼饲料，一般很少使用于畜禽饲料中。

鲱鱼油中不饱和脂肪酸达 80.5%，其脂肪酸组成为二十碳烯酸 25.5%，二十二碳烯酸 24%，亚油酸 13%，棕榈酸 12%，棕榈油酸 10%，油酸 8%，豆蔻酸 6.9%，花生酸 0.1%，硬脂酸 0.5%。

第三节　蛋白质饲料

蛋白质饲料是指饲料干物质中粗纤维含量低于 18%，同时粗蛋白质含量大于或等于 20% 的一类饲料。与能量饲料相比，蛋白质含量高且品质优良，在能量价值方面差别不大。一般分为三大类，一是植物性蛋白质饲料，包括豆科子实、油料饼（粕）类以及其他制造业的副产品；二是动物性蛋白质饲料，包括水生动物及其副产品、畜禽加工副产品等；三是其他类蛋白质饲料，包括微生物蛋白饲料、非蛋白氮类饲料。

一、植物性蛋白质饲料

植物性蛋白质饲料原料有如下几方面的营养特性：

1. 粗蛋白质含量为 20%～50%，种类不同，其变异幅度较大，主要由球蛋白和清蛋白组成，品质明显优于能量饲料，但消化率仅 80% 左右。其原因在于：①大量蛋白质与细胞壁多糖结合（如球蛋白），有明显抗蛋白酶水解的作用；②存在蛋白酶抑制因子，阻止蛋白酶消化蛋白质；③含胱氨酸丰富的清蛋白可能产生一种核心残基，对抗蛋白酶的消化。但可通过适当的加工调制，提高蛋白质消化率。

2. 粗脂肪含量变化大，油料子实含量在 30% 以上，非油料子实仅 1% 左右。饼（粕）类脂肪含量因加工工艺不同差异较大，高的可达 10%，低的仅 1% 左右。因此，该类饲料的能量价值各不相同。

3. 粗纤维含量不高，与谷实类相似。

4. 矿物质含量上，钙少磷多，磷主要为植酸磷。含有较丰富的 B 族维生素，但缺乏维生素 A 和维生素 D。

5. 大多数植物性蛋白质饲料均含有抗营养因子，影响其饲喂价值。

（一）大豆饼和大豆粕

大豆饼（粕）是大豆提取油后的副产品。豆饼是压榨法提油后的副产物，豆粕是浸提法提油后的副产物。大豆饼（粕）是目前我国使用量最多、范围最广的植物性蛋白质饲料。其粗蛋白质含量比大豆高，一般为 40% 以上，必需氨基酸含量也相应提高，脂肪含量大大减少，有效能值降低，其他成分含量略有增加。此外，含有多种抗营养因子。主产区为北方地区，以黑龙江、吉林产量最高。

1. 营养成分 饲用大豆饼和大豆粕含干物质分别为 89.0%、89.0%，粗蛋白质 41.8%、44.0%～47.9%，粗脂肪 5.8%、1.0%～1.9%，无氮浸出物 30.7%、31.2%～31.8%，粗纤维 4.8%、4.0%～5.2%，中性洗涤纤维 18.1%、8.8%～13.6%，酸性洗涤纤维 15.5%、5.3%～9.6%，粗灰分 5.9%、4.9%～6.1%，钙 0.31%、0.33%～0.34%，总磷 0.50%、0.62%～0.65%，非植酸磷 0.25%、0.18%～0.19%；猪消化能 14.39 MJ/kg、14.26～15.06 MJ/kg，猪代谢能 12.59 MJ/kg、12.43～13.01 MJ/kg，鸡代谢能 10.54 MJ/kg、9.83～10.04 MJ/kg，肉牛消化能 14.06 MJ/kg、14.23～14.27 MJ/kg，奶牛产奶净能 7.32 MJ/kg、7.45 MJ/kg 左右，羊消化能 14.10 MJ/kg、14.27～14.31 MJ/kg。

2. 营养特点

（1）粗纤维含量不高，主要来自大豆皮。无氮浸出物主要是蔗糖、棉子糖、水苏糖及多糖类，淀粉含量低，故所含可利用能量较低，这也是其他饼（粕）类饲料的共同点。依加工方式不同，脂肪含量也不同。一般来说，压榨饼残留脂肪较多，故能值较高，浸提粕残留脂肪少，比饼类能值低。

（2）粗蛋白质含量高，消化率也高。必需氨基酸的含量高，组成合理（表 2 - 11）。赖氨酸和异亮氨酸含量是所有饼（粕）类饲料中含量最高者，赖氨酸含量是棉子饼、菜子饼、花生饼的 2 倍左右。赖氨酸与精氨酸以及异亮氨酸与亮氨酸的比值恰当。此外，色氨酸和苏氨酸含量也很高，与玉米等谷实类饲料配伍可起到互补作用。大豆饼（粕）的缺点是蛋氨酸含量不足，略低于菜子饼（粕）和葵花仁饼（粕），略高于棉仁饼（粕）和花生饼（粕）。

表 2-11 大豆饼（粕）的氨基酸组成及含量（%）

成　分	豆饼	豆粕
干物质	89.0	89.0
粗蛋白质	41.8	44.0~47.9
精氨酸	2.53	3.19~3.67
组氨酸	1.10	1.09~1.36
异亮氨酸	1.57	1.80~2.05
亮氨酸	2.75	3.26~3.74
赖氨酸	2.43	2.66~2.87
蛋氨酸	0.60	0.62~0.67
胱氨酸	0.62	0.68~0.73
苯丙氨酸	1.79	2.23~2.52
酪氨酸	1.53	1.57~1.69
苏氨酸	1.44	1.92~1.93
色氨酸	0.64	0.64~0.69
缬氨酸	1.70	1.99~2.15

（3）矿物质中钙少磷多，61%的磷为植酸磷。维生素 A、硫胺素、核黄素和胡萝卜素含量少，烟酸和泛酸含量稍多，富含胆碱，达 2 200~2 800 mg/kg。

（4）含有胰蛋白酶抑制因子、大豆凝集素、大豆抗原等抗营养因子，对动物健康和生产性能产生不利影响，适当加热、热乙醇浸泡或膨化处理可破坏这些抗营养因子，但加热不足和过度加热均会降低蛋白质的生物学效用。

3. 饲用价值

（1）适量添加蛋氨酸后，即是鸡饲料的最好蛋白质来源，任何生产阶段的家禽都可使用，尤其对雏鸡的效果更为明显，是其他饼（粕）难于取代的。与大量玉米和少量鱼粉配伍，特别适于家禽的氨基酸营养需要。但加热不足的大豆饼（粕）可导致家禽腹泻、胰脏肿大，发育受阻，对雏鸡影响尤甚，蛋鸡产蛋大幅度下降。

（2）作为猪优质的蛋白质饲料，各阶段中都可使用。对肉猪、种猪的适口性好但饲喂时要防止过食。在人工代乳料和仔猪补料中用量应加以限制，以 10%以内为宜，或饲喂熟化的脱皮大豆粕效果较好。

（3）作为反刍动物优质的蛋白质饲料，各阶段中都可使用，适口性好，长期使用不必担心厌食问题，采食太多会有软便现象，但不致引起腹泻。牛可有效地利用未经加热处理的大豆粕，含油脂较多的豆饼对奶牛有催乳效果。在人工代乳料和开食料中用量应加以限制。对成年反刍动物来说要控制其在饲粮中的用量，以免造成蛋白质利用率降低。

（4）一般草食性及杂食性鱼类对大豆饼（粕）蛋白质的利用率高达 90％左右，可取代大部分鱼粉作为鱼类的主要蛋白质来源。肉食性鱼类用量相对较少，如鳗鱼适宜用量为 5％，最高不超过 15％。虾饲料用量可达 15％。此外，大豆饼（粕）还可以作为虱目鱼和非洲鲫鱼饲料中的主要蛋白质来源。大豆饼（粕）在鱼类饲料中的用量受其加工处理效果的影响很大。

4. 质量标准 我国大豆饼（粕）的质量标准见表 2-12。

表 2-12 大豆饼（粕）的质量标准（％）

成分	一级		二级		三级	
	大豆饼	大豆粕	大豆饼	大豆粕	大豆饼	大豆粕
粗蛋白质	≥41.0	≥44.0	≥39.0	≥42.0	≥37.0	≥40.0
粗脂肪	<8.0		<8.0		<8.0	
粗纤维	<5.0	<5.0	<6.0	<6.0	<7.0	<7.0
粗灰分	<6.0	<6.0	<7.0	<7.0	<8.0	<8.0

（二）菜子饼（粕）

菜子饼（粕）的原料是油菜子，是我国主要的油料作物。菜子饼（粕）是油菜子经机械压榨后粉碎或溶剂浸提油后的残留物。菜子饼（粕）的形状有粉状、片状和粒状三种。菜子饼（粕）是一种良好的蛋白质饲料，但由于含有硫葡萄糖苷等有毒物质，使得其应用受到很大限制。油菜子主产区为四川、湖北、湖南和江苏等地。

1. 营养成分 饲用菜子饼和菜子粕含干物质分别为 88.0％、88.0％，粗蛋白质 35.7％、38.6％，粗脂肪 7.4％、1.4％，无氮浸出物 26.3％、28.9％，粗纤维 11.4％、11.8％，中性洗涤纤维 33.3％、20.7％，酸性洗涤纤维 26.0％、16.8％，粗灰分 7.2％、7.3％，钙 0.59％、0.65％，总磷 0.96％、1.02％，非植酸磷 0.33％、0.35％；猪消化能 12.05 MJ/kg、10.59 MJ/kg，猪代谢能 10.71 MJ/kg、9.33 MJ/kg，鸡代谢能 8.16 MJ/kg、7.41 MJ/kg，肉牛消化能 11.51 MJ/kg、11.25 MJ/kg，奶牛产奶净能 5.94 MJ/kg、5.82 MJ/kg，羊消化能 13.14 MJ/kg、12.05 MJ/kg。

2. 营养特点

（1）能量价值取决于其外壳及粗纤维的含量。此外，榨油加工工艺对它的能量价值也有较大影响，残油高的能量价值高。菜子饼（粕）对猪的能值高，牛次之，鸡的能值最低。

（2）蛋白质的消化率比豆粕差。总体上，各种氨基酸含量丰富，且较平衡，其品质接近大豆粕（表 2-13）。氨基酸组成中，赖氨酸含量较高，蛋氨酸含量在饼粕类饲料中仅次于芝麻饼（粕），色氨酸也较高，精氨酸含量很低，赖氨酸：精氨酸大约为 100：100，低于 100：120 的理想值。菜子饼（粕）可供平衡氨基酸用。

表2-13 菜子饼（粕）的氨基酸组成及含量（%）

成 分	菜子饼	菜子粕
干物质	88.0	88.0
粗蛋白质	35.7	38.6
精氨酸	1.82	1.83
组氨酸	0.83	0.86
异亮氨酸	1.24	1.29
亮氨酸	2.26	2.34
赖氨酸	1.33	1.30
蛋氨酸	0.60	0.63
胱氨酸	0.82	0.87
苯丙氨酸	1.35	1.45
酪氨酸	0.92	0.97
苏氨酸	1.40	1.49
色氨酸	0.42	0.43
缬氨酸	1.62	1.74

（3）矿物质中钙、磷均高，但65%的磷属植酸磷，利用率低。含硒量较高，为0.16～0.29 mg/kg，是大豆饼（粕）的10倍。铁、锰含量也较高，约为653～687 mg/kg和78.1～82.2 mg/kg。

（4）胡萝卜素和维生素D含量很少，硫胺素和核黄素相对其他饼（粕）偏低，但烟酸和胆碱含量高，烟酸为160 mg/kg，胆碱可达6400～6700 mg/kg。

（5）含有硫葡萄糖苷、芥子碱和单宁等多种抗营养因子，其中硫葡萄糖苷水解生成噁唑烷硫酮、硫氰酸盐等致甲状腺肿大物质，影响动物的生产性能，使用上应注意其含量并加以限制。

（6）与其他植物性蛋白质饲料原料最大不同在其热能评价变化相当大，随品种、测定方法及对象动物而有很大差异。

3. 饲用价值

（1）不良成分含量高的菜子饼（粕），鸡过量采食可造成甲状腺肿大及肝出血等现象。不同鸡种影响程度也不一样，以白色来航鸡影响最大。通常幼雏应避免使用菜子粕，品种优良的菜子粕，肉鸡后期可使用至10%～15%，但为避免鸡肉风味变劣，用量控制在10%以下为宜。蛋鸡、种鸡可用至8%，使用12%即可见蛋重变小、孵化率降低。洛岛红系的产褐色蛋鸡采食太多，鸡蛋会产生鱼臭味，这是因为菜子饼（粕）中的芥子碱受鸡肠内微生物作用而转变为三甲胺，而该系鸡种不存在单胺氧化酶，对其不能分解，故有鱼臭味产生。蛋鸡如果饲喂含硫葡萄糖苷较高的菜子饼（粕），所孵出的幼雏至9日龄可能发生碘缺乏症。

（2）旧品种菜子所制成的产品，对猪适口性很差，严重者甚至具有明显的苦味，用于猪饲料会引起甲状腺、肾及肝肿大，生长率降低 30％以上，并明显降低母猪繁殖性能。肉猪应限制在 5％以下，母猪应限制在 3％以下。而双低油菜饼（粕），肉猪可用至 15％，种猪可用至 12％，但若要避免因采食太多而引起脂肪软化现象，使用量应限制在 10％以下。

（3）对牛适口性不好，也会引起甲状腺肿大，但比起单胃动物，其影响程度相当轻微。肉牛饲料使用 5％～20％对生长、屠体品质均无不良影响，奶牛饲料使用 10％以下，产奶量、乳脂率均正常。新品种菜子饼（粕）对牛的饲养效果显著优于旧品种，使用限量亦可提高很多。

4. 质量标准 我国饲料用菜子饼（粕）质量标准见表 2-14。

表 2-14 饲料用菜子饼（粕）质量标准（％）

成 分	一 级		二 级		三 级	
	菜子饼	菜子粕	菜子饼	菜子粕	菜子饼	菜子粕
粗蛋白质	≥37.0	≥40.0	≥34.0	≥37.0	≥30.0	≥33.0
粗纤维	<14.0	<14.0	<14.0	<14.0	<14.0	<14.0
粗脂肪	<10.0	<5.0	<10.0	—	<10.0	—
粗灰分	<12.0	<6.0	<12.0	<8.0	<12.0	<8.0

（三）棉子饼（粕）

棉子饼（粕）是棉子经去毛、去壳再以机械压榨或溶剂提油后的产品，包含有核仁、纤维及残留的油脂。依制造方法可分压榨法、预压浸提法及浸提法三种产品，前者粗脂肪应在 2.0％以下，浸提产品粗脂肪应在 0.5％以下。依脱壳程度的提高蛋白质含量增加、粗纤维减少，依蛋白质含量分成 36％，41％及 43％三种规格，其粗纤维含量分别为 17％以下，14％以下及 13％以下。按品种不同可分为普通棉子饼（粕）和无腺体棉子饼（粕），后者不含棉酚。棉子主要产区为河北、河南、山东、安徽、江苏和湖北等省。

1. 营养成分 饲用棉子饼和棉子粕含干物质分别为 88.0％、88.0％～90.0％，粗蛋白质 36.3％、43.5％～47.0％，粗脂肪 7.4％、0.5％左右，无氮浸出物 26.1％、26.3％～28.9％，粗纤维 12.5％、10.2％～10.5％，中性洗涤纤维 32.1％、28.4％左右，酸性洗涤纤维 22.9％、19.4％左右，粗灰分 5.7％、6.0％～6.6％，钙 0.21％、0.25％～0.28％，总磷 0.83％、1.04％～1.10％，非植酸磷 0.28％、0.36％～0.38％；猪消化能 9.92 MJ/kg、9.41～9.68 MJ/kg，猪代谢能 8.79 MJ/kg、8.28～8.43 MJ/kg，鸡代谢能 9.04 MJ/kg、7.78～8.49 MJ/kg，肉牛消化能 12.76 MJ/kg、12.43～12.59 MJ/kg，奶牛产奶净能 6.61 MJ/kg、6.44～6.53 MJ/kg，羊消化能 13.22 MJ/kg、12.47～13.05 MJ/kg。

2. 营养特点

（1）营养价值受棉酚及环丙烯脂肪酸含量所影响。所含碳水化合物以糖类及戊聚糖为主，纤维含量随去壳程度而不同，代谢能水平较高，约 10 MJ/kg，不脱壳者纤维含量可达 18%，其代谢能水平只有 6 MJ/kg 左右，不能作为肉鸡饲料原料。

（2）蛋白质含量高，氨基酸中赖氨酸少，为第一限制氨基酸，利用率也差，精氨酸含量高，赖氨酸和精氨酸比例不适当。但游离棉酚含量少者，其粗蛋白质及赖氨酸利用率较佳。棉子饼（粕）是色氨酸、精氨酸及蛋氨酸的优良来源，利用率比菜子粕好。棉子饼（粕）必需氨基酸含量见表 2 - 15。

表 2 - 15　棉子饼（粕）的氨基酸组成及含量（%）

成　　分	棉子饼	棉子粕
干物质	88.0	88.0～90.0
粗蛋白质	36.3	43.5～47.0
精氨酸	3.94	4.65～4.98
组氨酸	0.90	1.19～1.26
异亮氨酸	1.16	1.29～1.40
亮氨酸	2.07	2.47～2.67
赖氨酸	1.40	1.97～2.13
蛋氨酸	0.41	0.56～0.58
胱氨酸	0.70	0.66～0.68
苯丙氨酸	1.88	2.28～2.43
酪氨酸	0.95	1.05～1.11
苏氨酸	1.14	1.25～1.35
色氨酸	0.39	0.51～0.54
缬氨酸	1.51	1.91～2.05

（3）矿物质中钙少磷多，71% 的磷为植酸磷，单胃动物对其利用率几乎为零。

（4）维生素含量受加热影响损失大，维生素 B_1 含量较高，约 7.0 mg/kg，维生素 A、维生素 D 含量少。

（5）含有游离棉酚和环丙烯脂肪酸等抗营养因子。游离棉酚具有很强的毒性，其中毒表现为生长受阻、贫血、呼吸困难、繁殖能力下降等，严重时引起死亡。棉酚可与蛋黄中 Fe^{2+} 结合形成复合物，影响蛋黄色泽。环丙烯脂肪酸能改变组织和乳脂中的不饱和脂肪酸含量，导致形成"海绵蛋"，影响鸡蛋的商品价值及种蛋的受精率和孵化率。

3. 饲用价值　棉子饼（粕）中游离棉酚和粗纤维含量是衡量棉子饼（粕）质量的重要因素。

（1）含壳太多的棉子饼（粕）因热能不高，肉鸡饲料应避免使用，其他家禽饲料使用 5% 以下为宜。在不影响生产的低剂量下即有引起蛋的脱色问题。饲料中棉酚含量若在 200 mg/kg 以下，不致影响产蛋率。若要避免蛋黄在储存期间脱色，则应限制在 50 mg/kg 以下，否则鸡蛋在储存期间蛋清可能呈现粉红色，蛋黄呈绿黄或暗红色及出现斑点。蛋黄的pH高时，更加速变色反应。饲料中添加亚铁盐可增加鸡只对棉酚的耐受性，这是因为铁与棉酚在肠内形成复杂化合物，阻止了小肠对棉酚的吸收。一般所用亚铁盐为硫酸亚铁，用量为棉酚含量的 4 倍，添加后耐受量可提高至 150 mg/kg。肉用仔鸡对棉酚的耐受量为 150 mg/kg，添加铁盐后可增加至 400 mg/kg。

棉子压榨生产的棉子饼脂肪含量高。脂肪中含有 1%～2% 的环丙烯脂肪酸，其中锦葵酸及苹婆酸含量达 30 mg/kg 以上时，在冬天会使蛋黄硬化，加热即成海绵状，称为"海绵蛋"，而且蛋黄变得脆弱，渗透性增加，更加快棉酚的变色反应。环丙烯脂肪酸也可引起产蛋率及孵化率的降低，因此，棉子饼（粕）的脂肪含量愈低愈安全。

（2）猪的良好蛋白质来源。品质优良的棉子粕（溶剂提油且棉酚含量低者）可取代一半的豆粕而无不良影响，但要注意补充赖氨酸、钙及胡萝卜素等。品质不好或取代量太高则影响适口性，并有中毒可能。

游离棉酚含量在 0.04% 以下的棉子饼（粕），在肉猪饲料中可用至 10%～20%，母猪饲料可用到 5%～10%。游离棉酚含量超过 0.04% 的棉子饼（粕），在使用上必须很谨慎。猪对游离棉酚的耐受量为 100 mg/kg，超过此量即抑制生长，并可能中毒死亡。与鸡饲料一样，棉酚毒性可因添加亚铁盐而避免，最具功效的亚铁盐是硫酸亚铁。

棉子饼（粕）是猪优良色氨酸来源，但它的赖氨酸含量很低，这也是导致棉子粕使用效果变化很大的主要原因之一。鉴于产品的不稳定及棉酚毒性问题，一般乳猪、仔猪饲料不推荐使用。

（3）反刍动物良好蛋白质来源，少量使用可提高奶牛乳脂率，但采食太多（精料中50%以上）会影响适口性，且使乳脂熔点过高而变硬。适口性比不上亚麻仁粕。棉子饼（粕）属便秘性饲料原料，应配合糖蜜等软便性原料使用，用量可达奶牛精料的 20%～35%，种公牛用量宜在 33% 以下，幼牛用量以占精料的 20% 以下为宜。

棉子饼（粕）用于羊饲料中，须配合优质粗料使用。也可当作马饲料的蛋白质来源使用，但用量太多易导致消化障碍，宜与燕麦、麸皮等原料配合使用。

（4）鱼饲料中应限制用量。不同种类的鱼对游离棉酚的耐受量不同，过高会抑制生长并引起各种组织的损害。鲑科鱼类饲料中游离棉酚的含量应限制在 100 mg/kg 或更低。此外，由于棉酚可使动物特别是雄性动物的生殖细胞发生功能障碍，因此种用畜禽应避免使用棉子饼（粕）。

4. 质量标准 我国饲料用棉子饼（粕）的质量标准见表 2-16。

表 2-16 饲料用棉子饼（粕）的质量标准（%）

成 分	一 级		二 级		三 级	
	棉子饼	棉子粕	棉子饼	棉子粕	棉子饼	棉子粕
粗蛋白质	≥39.0	≥41.0	≥36.0	≥38.0	≥32.0	≥36.0
粗纤维	<12.0	<10.0	<14.0	<12.0	<16.0	<14.0
粗灰分	<7.0	<7.0	<8.0	<7.0	<8.0	<8.0

（四）亚麻仁饼（粕）

亚麻子经机械压榨或溶剂提油后残余物粉碎或压片即为亚麻仁饼或粕，一般所见多属前者，通常需指明产品提油方式。亚麻是我国高寒地区主要的油料作物之一，主产区在黑龙江、吉林两省。

1. 营养成分　饲用亚麻仁饼和亚麻仁粕含干物质分别为 88.0%、88.0%，粗蛋白质 32.2%、34.8%，粗脂肪 7.8%、1.8%，无氮浸出物 34.0%、36.6%，粗纤维 7.8%、8.2%，中性洗涤纤维 29.7%、21.6%，酸性洗涤纤维 27.1%、14.4%，粗灰分 6.2%、6.6%，钙 0.39%、0.42%，总磷 0.88%、0.95%，非植酸磷 0.38%、0.42%；猪消化能 12.13 MJ/kg、9.92 MJ/kg，猪代谢能 10.88 MJ/kg、8.83 MJ/kg，鸡代谢能 9.79 MJ/kg、7.95 MJ/kg，肉牛消化能 13.35 MJ/kg、12.47 MJ/kg，奶牛产奶净能 6.95 MJ/kg、6.44 MJ/kg，羊消化能 13.39 MJ/kg、12.51 MJ/kg。

2. 营养特点

（1）残留脂肪是一种熔点很低的干性油，其中亚麻酸含量可达 30%～58%。饼（粕）中含有一种可溶于水的亚麻子胶，单胃动物难以消化利用。此外，粗纤维含量也较高，热能值较低。

（2）蛋白质含量与棉子饼、菜子饼相似，其氨基酸组成不佳，赖氨酸和蛋氨酸较缺乏，分别为 0.73%～1.16%、0.46%～0.55%，富含精氨酸、色氨酸，分别可达 3.59%、0.70%。

（3）矿物质中钙、磷均高。亚麻仁饼（粕）是优良的天然硒源之一，含量约 0.18 mg/kg。

（4）维生素中维生素 A、维生素 D 和维生素 E 含量少，但富含 B 族维生素，其中维生素 B_{12} 较高，约 200 μg/kg，维生素 B_1 约 7.5 mg/kg。

（5）含有生氰糖苷、抗维生素 B_6 因子、亚麻子胶等抗营养因子，生氰糖苷可在酶的作用下分解为氢氰酸，有毒性作用。

3. 饲用价值

（1）因含有黏性胶质，使雏鸡采食困难，况且雏鸡对氢氰酸敏感，故不宜作为雏鸡饲料。在蛋鸡日粮中也不宜超过 5%，加大用量会造成食欲减退，生长受阻，产蛋量下降，并排出黏性粪便，影响鸡舍环境。火鸡更敏感，使用 10% 即有死亡现象，因此勉强使用也只能限制在 3% 以下。对家禽的致害因子可能为黏性物质乙醛糖酸，该物质可用水洗（2 倍水量）除去。未成熟亚麻子中含有抗维生素 B_6 因子，用在鸡料中会增加维生素 B_6 的需要量。亚麻仁饼（粕）经浸水、高压蒸汽处理或配方中添加维生素 B_6 均可减轻致害程度。

（2）因氨基酸不平衡，须配合其他优质蛋白质饲料，并补充必需氨基酸方能获得良好的饲养效果。肉猪饲料中可用至 8% 而不影响增重及饲料效率，使用太多会造成背脂熔点变低，引起软脂现象，并导致维生素 B_6 缺乏症。本品具轻泻性，用于母猪饲料可预防便秘。

（3）反刍动物良好的蛋白质来源，牛、马、羊饲料均可使用，适口性好。用于肉牛育肥效果好，奶牛则可提高产奶量。由于含黏性物质，具有润肠通便的效果，可当作抗便秘剂，在多汁性原料或粗饲料供应不足时使用，可不必担心肠胃功能失调问题。亚麻仁饼（粕）能改善被毛光泽，犊牛、成年牛、种牛均可使用。羔羊、成年羊、种羊也均可使用。对马具有通便的效果，但每日采食量在 500 g 以上时，会有稀便的倾向，应加以避免。

（4）因其具有黏性，对改善制粒效果有好处，鱼饲料经常使用，但因氨基酸不平衡，用量应限制在 5% 以下。

4. 质量标准　我国饲料用亚麻仁饼（粕）的质量标准见表 2-17。

表 2-17　饲料用亚麻仁饼（粕）的质量标准（%）

成　分	一　级		二　级		三　级	
	亚麻仁饼	亚麻仁粕	亚麻仁饼	亚麻仁粕	亚麻仁饼	亚麻仁粕
粗蛋白质	≥32.0	≥35.0	≥30.0	≥32.0	≥28.0	≥29.0
粗纤维	<8.0	<9.0	<9.0	<10.0	<10.0	<11.0
粗灰分	<6.0	<8.0	<7.0	<8.0	<8.0	<8.0

（五）椰子饼（粕）

椰子取出其内果肉（椰子胚乳部分），将其干燥至含 3%～4% 水分即为椰子干，椰子干经压榨或浸提取油后的残渣即为椰子饼或椰子粕。椰子是棕榈属椰子树的果实，生产于热带地区，我国主产区在海南省。

1. 营养成分　椰子饼和粕含水分分别为 9.0%、8.0%，粗蛋白质 20.0%、21.0%，粗脂肪 6.0%、1.5%，无氮浸出物 46.0%、50.0%，粗纤维 12.0%、14.0%，粗灰分 7.0%、5.5%。

2. 营养特点

（1）纤维含量多，故热能值不高。脂肪中含饱和脂肪酸高达 90% 以上，故不能提供必需脂肪酸，但中链脂肪酸含量高。

（2）蛋白质含量相对较低，氨基酸组成不佳，缺乏赖氨酸、蛋氨酸及组氨酸，但精氨酸含量很高。

（3）矿物质中含磷量较高；维生素中 B 族维生素含量较高，其他维生素缺乏。

3. 饲用价值

（1）能值低，肉鸡饲料不宜使用；对幼雏适口性不好，不可多用；其他鸡饲料中用量应在 10% 左右，并注意补充热能及平衡氨基酸。

（2）仔猪避免使用，对肉猪的蛋白质消化率低，约 57%，随用量的增加而增重及饲料报酬降低，故肉猪用量以 10% 以下为宜，且需补充赖氨酸。

（3）用于反刍动物饲料中，适口性好。椰子饼（粕）用于奶牛饲料中可提高乳脂率，硬化乳脂肪，并增加乳酪香味，但每头每日采食 2 kg 以上时，乳脂则太硬。椰子饼（粕）可降低瘤胃内氨的浓度，并抑制瘤胃内微生物的脱氨作用。牛、羊、马等均可以椰子饼（粕）当作蛋白质来源使用，但采食太多有便秘倾向，精料中以使用 20% 以下为宜。

（4）吸水性强，膨胀性大，大量饲喂前需浸湿。适口性不佳，需要一个逐渐适应的过程。

4. 质量标准 我国台湾省和日本饲料用椰子饼（粕）的质量标准见表 2 - 18。

表 2 - 18 饲料用椰子饼（粕）的质量标准（%）

成 分	我国台湾省	日本
水分	<12.0	<13.0
粗蛋白质	>18.0	>20.0
粗脂肪	<7.0	—
粗纤维	<14.0	<12.0
粗灰分	<7.0	<8.0
盐酸不溶物	<1.0	—

（六）花生饼（粕）

花生饼（粕）是花生经脱壳（或不脱壳）后，经机械压榨或溶剂提制油后的副产品，是重要的植物性蛋白质饲料原料。我国是花生的生产大国，主产区为山东、河南、河北、江苏等地。

1. 营养成分 饲用花生仁饼和花生仁粕含干物质分别为 88.0%、88.0%，粗蛋白质 44.7%、47.8%，粗脂肪 7.2%、1.4%，无氮浸出物 25.1%、27.2%，粗纤维 5.9%、6.2%，中性洗涤纤维 14.0%、15.5%，酸性洗涤纤维 8.7%、11.7%，粗灰分 5.1%、5.4%，钙 0.25%、0.27%，总磷 0.53%、0.56%，非植酸磷 0.31%、0.33%；猪消化能 12.89 MJ/kg、12.43 MJ/kg，猪代谢能 11.21 MJ/kg、10.71 MJ/kg，鸡代谢能 11.63 MJ/kg、10.88 MJ/kg，肉牛消化能 16.07 MJ/kg、14.43 MJ/kg，奶牛产奶净能 8.45 MJ/kg、7.53 MJ/kg，羊消化能 14.39 MJ/kg、13.56 MJ/kg。

2. 营养特点

（1）花生品种较多，随脱油方法不同、脱壳程度不同，饼（粕）中营养成分含量及营养价值也不一样。脱壳花生饼（粕）的代谢能水平很高，可达 12.26 MJ/kg，是饼（粕）类饲料中可利用能量水平最高者。无氮浸出物中大多为淀粉和戊聚糖等。残留脂肪熔点低，所含脂肪酸以油酸为主，不饱和脂肪酸占 53%～78%。

（2）粗蛋白质含量很高，所含蛋白质以不溶于水的球蛋白为主，占 65%，可溶于水的白蛋白仅占 7%，故蛋白质性状与大豆蛋白差异较大。氨基酸组成不佳，赖氨酸及蛋氨酸偏低，而精氨酸与组氨酸含量相当高，分别可达 4.88% 和 0.88%。

（3）矿物质中，钙少磷多，但磷多属植酸态磷，其他矿物元素含量与大豆饼（粕）相近。

（4）维生素除维生素 A、维生素 D、维生素 C 和核黄素外，其他含量丰富，尤其是烟酸含量高，达 173 mg/kg。

（5）生花生含有胰蛋白酶抑制因子，其含量约为生大豆的 20%，加热即可除去。此外，黄曲霉毒素是在霉变花生中发现的最重要的毒素，采食感染黄曲霉毒素的饲料，会使家畜生长不良、中毒、致癌甚至死亡。

3. 饲用价值

（1）对雏鸡及成年鸡的热能值差别很大，加热不足的花生饼（粕）更会引起雏鸡胰脏肥大，此种影响随鸡龄的增加而降低，故花生饼（粕）以使用于成年鸡为宜，育成期可用至6％，产蛋鸡可用至9％。为降低黄曲霉毒素对鸡的毒性作用，可在鸡饲料中添加蛋氨酸、硒、胡萝卜素、维生素E以及提高蛋白质水平，或限制用量在4％以下。注意补充赖氨酸和蛋氨酸，或与鱼粉、豆饼、血粉配合使用，效果较好。

（2）对猪的适口性相当好，但因赖氨酸及蛋氨酸含量低，故其饲用价值低于大豆饼（粕）。补足所缺的赖氨酸和蛋氨酸后，育肥猪可以花生饼（粕）取代全部的大豆饼（粕），仔猪可取代1/3的大豆饼（粕）。肉猪采食过多花生饼（粕）时，肉质有变差的可能，脂肪软化，因此，饲料中用量以不超过10％为宜。

（3）在奶牛、肉牛饲料中均可使用，饲养效果不比大豆饼（粕）差，但不宜作为蛋白质唯一来源，需配合其他优质蛋白质来源使用。采食太多有软便倾向。也可用作马、羊的蛋白质来源。高温处理后的花生饼（粕）饲喂反刍动物，蛋白质溶解度降低，瘤胃内氨产生较少，故氮的沉积量较高。污染黄曲霉毒素的花生饼（粕）可用氨处理去毒后饲喂奶牛，不会影响奶牛及其产奶。

（4）水产动物饲料中较少使用花生饼（粕）。主要考虑的是花生饼（粕）容易污染黄曲霉毒素等因素。

（5）连壳花生饼（粕）因含壳多，纤维含量高，其他成分则相对降低，热能需求高的畜禽及不耐粗纤维的畜禽饲料中应避免使用。

（6）污染黄曲霉毒素的饼（粕）应限量使用，用作饲料的花生饼（粕），其黄曲霉毒素含量不得超过1 mg/kg。

4. 质量标准 我国饲用花生饼（粕）的质量标准见表2-19。

表2-19 饲用花生饼（粕）质量标准（％）

成分	一 级		二 级		三 级	
	花生饼	花生粕	花生饼	花生粕	花生饼	花生粕
粗蛋白质	≥48.0	≥51.0	≥40.0	≥42.0	≥36.0	≥37.0
粗纤维	<7.0	<7.0	<9.0	<9.0	<11.0	<11.0
粗灰分	<6.0	<6.0	<7.0	<7.0	<8.0	<8.0

（七）芝麻饼（粕）

芝麻饼（粕）是芝麻子实提油后副产物。多以压榨法生产，可得47％芝麻油及52％芝麻饼。现代化提油厂则采用预压浸提法，先将芝麻预压成含油8％～12％的残粕，残粕为粒状或片状，再经溶剂浸提制油，可得含脂1％以下的芝麻粕。另外，我国还有一种常用取油方法即水代法（又称水煮法），所剩芝麻饼又称麻渣。我国是世界上芝麻第一大生产国，主产区在我国中部。

1. 营养成分 饲用芝麻饼含干物质92.0％，粗蛋白质39.2％，粗脂肪10.3％，无氮浸出物24.9％，粗纤维7.2％，中性洗涤纤维18.0％，酸性洗涤纤维13.2％，粗灰分10.4％，钙2.24％，总磷1.19％，非植酸磷0.22％；猪消化能13.39 MJ/kg，猪代谢能11.80 MJ/kg，鸡代谢能8.95 MJ/kg，肉牛消化能13.56 MJ/kg，奶牛产奶净能7.07 MJ/kg，羊消化能 14.69 MJ/kg。

2. 营养特点

（1）粗纤维含量低，传统的水代法取油时，往往粗脂肪含量高，因而能量含量较高。

（2）蛋白质含量高，氨基酸组成中最大特点是蛋氨酸含量高，达 0.8% 以上，居饼（粕）类饲料之首。此外，色氨酸含量也很丰富，约 0.49%，但赖氨酸相当缺乏，含量仅为 0.8% 左右。

（3）矿物质中钙含量很高，远高于其他饼（粕）类饲料；磷含量也高，但多为植酸磷形式，故钙、磷、锌吸收均受到严重抑制。

（4）维生素 A、维生素 D、维生素 E 含量少，而维生素 B_2（约 3.6 mg/kg）、烟酸（约 30.0 mg/kg）含量较高，维生素 B_1 随加热状况而变化。

（5）含有抗营养因子，主要是植酸，含量达 3.6%，此外在芝麻子实外壳中还含有大量草酸，它们会影响某些营养成分，其中主要是矿物质的消化吸收。

3. 饲用价值

（1）含有大量的植酸，可抑制很多营养成分的吸收。即使补足赖氨酸，芝麻饼（粕）用于鸡饲料的效果仍明显差于大豆饼（粕）。用量过高时有引起软脚及生长抑制的可能，故鸡饲料中用量宜低，以不超过 10% 为宜，雏鸡一般不用。提高饲粮中钙、锌水平可减轻其不良影响。

（2）仔猪尽可能避免使用，对育肥猪的效果也明显差于大豆饼（粕），使用量以 10% 以下为宜，但须补充不足的赖氨酸。采食太多，有使脂肪组织软化的倾向。

（3）可作为牛饲料的蛋白质来源使用，但奶牛采食太多则稍降低牛奶的乳脂率，且体脂及乳脂软化，最好与其他蛋白质饲料原料并用，或限制奶牛每天的饲喂量不超过 2 kg。此外，还可用于肉牛和绵羊的饲料中。

4. 质量标准　我国台湾省和日本饲用芝麻饼（粕）的质量标准见表 2-20。

表 2-20　饲料用芝麻饼（粕）的质量标准（%）

成　分	我国台湾省	日　本
水分	<12.0	<13.0
粗蛋白质	>35.0	>40.0 或 45.0
粗纤维	<10.0	<13.0
粗灰分	<12.0	<15.0
盐酸不溶物	<1.5	—

注：日本标准中，蛋白质有 40.0% 和 45.0% 两种规格。

（八）向日葵仁饼（粕）

向日葵仁饼（粕）又称葵花饼（粕），是向日葵子经机械压榨或溶剂浸提制油后的副产物。脱壳向日葵子经机械压榨或溶剂浸提制油后的残渣，加以粉碎即为脱壳向日葵饼（粕），或称为向日葵仁饼（粕）。向日葵是我国重要的油料作物之一，主产区在东北、西北和华北地区，以内蒙古和吉林产量最多。

1. 营养成分 饲用向日葵仁饼和向日葵仁粕含干物质分别为 88.0%、88.0%，粗蛋白质 29.0%、33.6%～36.5%，粗脂肪 2.9%、1.0%左右，无氮浸出物 31.0%、34.4%～38.8%，粗纤维 20.4%、10.5%～14.8%，中性洗涤纤维 41.4%、14.9%～32.8%，酸性洗涤纤维 29.6%、13.6%～23.5%，粗灰分 4.7%、5.3%～5.6%，钙 0.24%、0.26%～0.27%，总磷 0.87%、1.03%～1.13%，非植酸磷 0.13%、0.16%～0.17%；猪消化能 7.91 MJ/kg、10.42～11.63 MJ/kg，猪代谢能 7.11 MJ/kg、9.29～10.29 MJ/kg，鸡代谢能 6.65 MJ/kg、8.49～9.71 MJ/kg，肉牛消化能 10.46 MJ/kg、11.42～12.34 MJ/kg，奶牛产奶净能 5.36 MJ/kg、5.90～6.40 MJ/kg，羊消化能 8.79 MJ/kg、8.54～10.63 MJ/kg。

2. 营养特点

（1）我国生产的向日葵仁饼（粕），由于脱壳不净，其粗纤维的含量有的高达 20%，因此代谢能水平低。但也有优质的向日葵仁饼（粕），带壳少，粗纤维含量在 12%左右，代谢能水平相对较高。此外，脂肪含量随提油方式不同而变化较大，对能值的影响较大。

（2）我国生产的向日葵仁饼（粕）蛋白质含量较低。氨基酸组成不佳，赖氨酸含量不足，为 0.96%～1.22%，是第一限制氨基酸，但蛋氨酸含量较高，约 0.59%～0.72%，高于大豆饼（粕）、棉子饼（粕）和花生饼（粕）。赖氨酸和蛋氨酸的真消化率都在 90%左右，与大豆饼（粕）相当。

（3）矿物质中钙、磷含量比一般油粕类饲料原料高，微量元素中锌、铁、铜含量较高，分别为 62.1～82.7 mg/kg、226～424 mg/kg、32.8～41.5 mg/kg。

（4）富含 B 族维生素，高于大豆饼（粕），烟酸和硫胺素含量尤其突出，均是饼（粕）类饲料中较高者，分别达 86.0 mg/kg 和 18.0 mg/kg，溶剂浸提制油后泛酸含量也较高。但胡萝卜素含量低。

（5）含有较多的难消化物质，一般认为来自向日葵子壳中的木质素，但也有人认为主要来自高温加工条件下形成的难消化的糖类。此外，还含有少量酚类化合物，主要是绿原酸，含量高于 0.3%时，对胰蛋白酶、淀粉酶和脂肪酶活性均有明显的抑制作用，而蛋氨酸和氯化胆碱能部分抵消这些影响。

3. 饲用价值

（1）带壳饼（粕）因有效能值低，育肥效果差，肉鸡不宜使用。脱壳饼（粕）可少量用于肉鸡，但因赖氨酸、亮氨酸和苏氨酸含量低，饲用价值并不高。蛋鸡用量宜在 10%以下，脱壳饼（粕）可增加用量至 20%，但使用太高会造成蛋壳出现斑点现象。如果原料加工太细，用于幼雏粉料会因黏嘴而影响采食量，使用粒状饲料则无此问题。

（2）对猪的适口性不如大豆饼（粕）和花生饼（粕）。仔猪饲料避免使用，以免影响氨基酸平衡。生长育肥猪可适量使用，但带壳者因纤维含量高，用量受限，脱壳者可取代大豆粕的 50%，但要注意补充维生素及赖氨酸，不可当作蛋白质唯一来源。压榨饼脂肪含量高，采食太多易造成软脂，影响屠体品质。过度加热的饼（粕）因赖氨酸破坏严重，饲用效果很差。

（3）对反刍动物适口性好，饲用价值大。脱壳饼（粕）效果与大豆粕不相上下。牛采食向日葵饼（粕）后，瘤胃内容物的 pH 变低，可提高瘤胃内容物的溶解度，添加甲醛可抑制瘤胃内脱氨反应，提高氮蓄积量。脂肪含量高的压榨饼采食太多易造成乳脂及体脂软化。

4. 质量标准 我国饲用向日葵仁饼（粕）质量标准见表 2-21。

表 2-21 饲用向日葵仁饼（粕）的质量标准（%）

成 分	一 级		二 级		三 级	
	向日葵仁（饼）	向日葵仁（粕）	向日葵仁（饼）	向日葵仁（粕）	向日葵仁（饼）	向日葵仁（粕）
粗蛋白质	≥36.0	≥38.0	≥30.0	≥32.0	≥23.0	≥24.0
粗纤维	<15.0	<16.0	<21.0	<22.0	<27.0	<28.0
粗灰分	<9.0	<10.0	<9.0	<10.0	<9.0	<10.0

（九）大豆

大豆是典型的豆类作物，也是世界上主要的油料作物之一。大豆由种皮、胚乳和胚芽组成，按大豆种皮的颜色可分为黄大豆、青大豆、黑大豆和其他大豆；按其外形可分为圆形、椭圆形、扁椭圆形等品种。大豆主要供人食用和制油，很少直接作为饲料使用。由于生大豆有较高活性的抗营养因子，容易造成营养利用的障碍，故一般经加热处理后再使用。我国主要产区在东北三省，华北、西北、黄、淮河流域也有大面积种植。

1. 营养成分 饲用大豆含干物质 87.0%，粗蛋白质 35.5%，粗脂肪 17.3%，无氮浸出物 25.7%，粗纤维 4.3%，中性洗涤纤维 7.9%，酸性洗涤纤维 7.3%，粗灰分 4.2%，钙 0.27%，总磷 0.48%，非植酸磷 0.30%；猪消化能 16.61 MJ/kg，猪代谢能 14.77 MJ/kg，鸡代谢能 13.56 MJ/kg，肉牛消化能 15.15 MJ/kg，奶牛产奶净能 7.95 MJ/kg，羊消化能 16.36 MJ/kg。

2. 营养特点

（1）大豆中无氮浸出物含量不高，但脂肪含量高达 17%，而粗纤维含量仅为 4% 左右，与谷实类饲料相当，能量价值高。

（2）大豆粗蛋白质含量高，主要由水溶性的球蛋白和清蛋白组成。赖氨酸和组氨酸等必需氨基酸含量高，尤其是赖氨酸含量高达 2% 以上，但蛋氨酸含量相对不足。其必需氨基酸组成和含量见表 2-22。

表 2-22 大豆的氨基酸组成及含量（%）

成 分	含量	成 分	含量
干物质	87.0	蛋氨酸	0.56
粗蛋白质	35.5	胱氨酸	0.70
精氨酸	2.57	苯丙氨酸	1.42
组氨酸	0.59	酪氨酸	0.64
异亮氨酸	1.28	苏氨酸	1.41
亮氨酸	2.72	色氨酸	0.45
赖氨酸	2.20	缬氨酸	1.50

（3）脂肪酸中约 85% 是不饱和脂肪酸，亚油酸、亚麻酸含量较高，且含 1.8%～3.2% 的磷脂（卵磷脂、脑磷脂），具有乳化作用和特殊的生理作用。

（4）矿物质中钙少磷多，磷多为植酸态，钙的含量高于玉米。此外，含有较高的铁，约 111 mg/kg。

（5）维生素组成优于谷实类饲料，富含维生素 E 及 B 族维生素，而维生素 A、维生素 D 含量较少。

（6）含有多种抗营养因子，如胰蛋白酶抑制因子、大豆凝集素、植酸、脲酶、甲状腺肿素、抗维生素因子等，这些因子经加热即可破坏。另外，还含有大豆抗原蛋白、胃肠胀气因子、皂素等抗营养因子，经加热不能将其破坏。

3. 饲用价值

（1）生大豆一般不用于鸡饲料中，尤其是幼雏饲料忌用，因少量使用即可造成生长抑制。饲用价值远低于大豆饼（粕）。

（2）生大豆很少用于猪饲料中，尤其是仔猪饲料忌用，因少量使用即可造成腹泻及生长抑制。用于生长猪日粮中，会使增重下降 15%，饲料效率下降 18%。随猪年龄和体重增加，影响程度减弱。大豆用于母猪饲料中，代替等量大豆粕无不良影响。经膨化处理的全脂大豆可以用于仔猪饲料中。

（3）幼年反刍动物因消化机能不健全，应避免使用生大豆。在奶牛或肉牛精料中大豆可作为蛋白质和能量来源，但用量不宜过高，否则会引起乳脂变软，增重下降。生大豆含有尿素酶，不可与尿素混合饲喂反刍动物。生大豆可代替大豆粕饲喂羊和马，但用量以占精料 1/3 以下为宜。

（4）生大豆经加热处理成全脂大豆后，原有的抗营养因子大大降低，用于畜禽饲料中可改善饲料的能值和颗粒质量。

4. 质量标准　我国饲用大豆的质量标准见表 2-23。

表 2-23　饲用大豆的质量标准（%）

成　分	一级	二级	三级
粗蛋白质	≥36.0	≥35.0	≥34.0
粗纤维	<5.0	<5.5	<6.5
粗灰分	<5.0	<5.0	<5.0

（十）豌豆

豌豆别名谷实豌豆、紫花豌豆。根据成熟时颜色可分为茶褐色豌豆和绿色青豌豆。豌豆以供食用为主，一般多以次级品供饲料用，包括有破损粒、变色粒、小粒、未熟粒及掺杂物多的豌豆以及未成熟的带荚豌豆。随成熟度的增加，所含蔗糖逐渐转变成淀粉，一般未熟者蛋白质及糖分较多，成熟者淀粉及纤维等多糖类较多，青豌豆则维生素含量较高。我国主产区在西南和华中地区。

1. 营养成分　饲用豌豆含干物质约为 88.6%，粗蛋白质 22.4%，粗脂肪 1.0%，无氮浸出物 55.6%，粗纤维 5.5%，粗灰分 4.1%。

2. 营养特性

（1）淀粉含量高，能值较高，代谢能为 13.44 MJ/kg，接近玉米。干豌豆是制作淀粉的主要原料。

（2）蛋白质含量较低，品质较差，其赖氨酸和蛋氨酸含量均低。

（3）矿物质中钾含量最高，占灰分的 43％，磷居次，占 36％，钙含量很低。青豌豆维生素含量较高。

（4）含有许多抗营养因子，主要是胰蛋白酶抑制因子，经加热处理，其活性可完全丧失。

3. 饲用价值

（1）鸡料中可使用 10％～20％，但用于肉鸡饲料须制粒，蛋鸡则没必要制粒。加热或加压处理均可提高饲用价值。某些品种豌豆含单宁太高，会降低产蛋率，应限量使用。

（2）适口性好，常作为仔猪的诱食料。粉碎后，生长育肥猪可用至 12％，但需补足赖氨酸和蛋氨酸，对生长及屠体品质均无不良影响，种猪亦可使用，煮熟后可增加用量至 20％～30％。

（3）反刍动物可少量使用，但需先粉碎。奶牛精料中可使用 20％以下，肉牛 12％以下，肉羊 25％以下。煮熟后可提高其适口性。

4. 质量标准　我国饲用豌豆的质量标准见表 2-24。

表 2-24　饲料用豌豆的质量标准（％）

成　分	一级	二级	三级
粗蛋白质	≥24.0	≥22.0	≥20.0
粗纤维	<7.0	<7.5	<8.5
粗灰分	<3.5	<3.5	<4.0

（十一）蚕豆

蚕豆别名胡豆、罗汉豆。蚕豆过去供食用为主，近年来由于配合饲料工业的迅速发展，对蛋白质饲料需求剧增，蚕豆用作饲料的实际数量逐年增加，成为我国部分地区仅次于饼（粕）类的植物性蛋白质饲料。主产区在长江以南各地，西北寒带也较普遍。

1. 营养成分　饲用蚕豆含干物质 88.7％，粗蛋白质 25.6％，粗脂肪 1.5％，无氮浸出物 50.5％，粗纤维 7.9％，粗灰分 3.2％，钙 0.11％，总磷 0.62％。

2. 营养特点

（1）脂肪含量低，其能值远低于大豆和豌豆。

（2）氨基酸组成中，赖氨酸和精氨酸含量较高，含硫氨基酸含量较低。

（3）微量元素含量较高，尤其是磷、镁、硒，且富含 B 族维生素。

（4）生蚕豆含有胰蛋白酶抑制因子，加热可完全破坏。种皮占全豆的 13.1％，种皮中含有较多的单宁类化合物，对畜禽的适口性和消化产生不良影响。

3. 饲用价值

（1）肉鸡饲料中补充蛋氨酸后可用至 20％而无不良影响。对幼雏的代谢能随品种、细度而不同，粉碎愈细热能值也相对愈高。蚕豆可在蛋鸡日粮中替代部分豆粕与玉米，而且不需加热处理，即可直接饲喂。

（2）加热处理以及脱壳后，蚕豆适口性好，常作为仔猪的诱食料，用量可达 20%。生长育肥猪日粮中蚕豆用量可达 30%，以代替鱼粉和部分大豆粕。也可用作繁殖母猪的蛋白质补充料。

（3）广泛用于反刍动物饲料中，加热处理后，奶牛日粮中用量可达 20%。

4. 质量标准　我国饲用蚕豆质量标准见表 2-25。

表 2-25　饲用蚕豆质量标准（%）

成　分	一级	二级	三级
粗蛋白质	≥25.0	≥23.0	≥21.0
粗纤维	<9.0	<10.0	<11.0
粗灰分	<3.5	<3.5	<4.5

二、动物性蛋白质饲料

动物性蛋白质饲料包括水生动物及其副产品、畜禽加工副产品以及乳产品加工副产物等。一般来说，动物性蛋白质饲料质量变异程度远大于植物性蛋白质饲料，变异的原因主要是加工原料不同。粗蛋白质及脂肪含量高，易变质，而且加工过程中易污染，掺假可能性也大。在发现维生素 B_{12} 以前，猪禽饲料被认为必须包含一定量的动物性饲料原料。随着维生素工业的发展及动物营养学研究的深入，动物性饲料已不再是动物日粮必需的组分，但动物性蛋白质饲料仍具有很大的优势：①粗蛋白质含量高，为 40%～90%，多数在 50% 以上，一般植物性饲料中缺乏的必需氨基酸在动物性饲料中含量较高，蛋白质生物学价值较高；②碳水化合物含量特别少，不含粗纤维，消化利用率高；③富含维生素，特别是维生素 B_2、维生素 B_{12} 含量多；④富含矿物质，比例平衡，利用率高，尤其是钙和磷；⑤一些动物性饲料中含有未知生长因子，有利于动物生长。

（一）鱼粉

鱼粉是以全鱼或鱼下脚料（鱼头、尾、鳍、内脏等）为原料，经蒸煮、压榨、干燥、粉碎后的粉状物。根据鱼肉颜色，分为白鱼粉和红鱼粉。鱼粉分为全鱼粉、普通鱼粉和粗鱼粉。如将加工鱼粉时产生的煮汁浓缩加工，做成鱼汁，添加到普通鱼粉中，经干燥粉碎，所得鱼粉称为全鱼粉。以全鱼或鱼加工下脚料为原料加工而成的即为普通鱼粉。以鱼加工下脚料为原料制得的鱼粉为粗鱼粉。世界上产量最多的国家依次是日本、智利、秘鲁和美国等，出口最多的是智利和秘鲁。国内鱼粉主产区集中在浙江、上海、福建、山东等地。国产鱼粉品质差异较大，而进口鱼粉品质相对较稳定。

1. 营养成分　饲用鱼粉含干物质 90.0%，粗蛋白质 53.5%～64.5%，粗脂肪 4.0%～10.0%，无氮浸出物 4.9%～11.6%，粗纤维 0.5%～0.8%，粗灰分 11.4%～20.8%，钙 3.81%～5.88%，总磷 2.83%～3.20%，非植酸磷 2.83%～3.20%；猪消化能 12.55～13.18 MJ/kg，猪代谢能 10.54～11.00 MJ/kg，鸡代谢能 11.80～12.38 MJ/kg，肉牛消化能 12.97～13.56 MJ/kg，奶牛产奶净能 6.74～7.07 MJ/kg。

2. 营养特性

（1）能量水平主要受脂肪和粗灰分含量的影响，一般在粗脂肪含量合格的情况下，全鱼粉能量水平高，因而很容易搭配成高能量饲料。

（2）粗蛋白质含量高，而且品质好，消化率高。必需氨基酸含量高，比例平衡，尤其是植物性蛋白质饲料缺乏的赖氨酸、蛋氨酸和色氨酸含量很高，赖氨酸含量高达5%以上，但精氨酸相对较少。鱼粉的氨基酸组成及含量见表2-26。

表2-26　鱼粉的氨基酸组成及含量（%）

成　分	含量	成　分	含量
干物质	90.0	蛋氨酸	1.39～1.71
粗蛋白质	53.5～64.5	胱氨酸	0.49～0.58
精氨酸	3.24～3.91	苯丙氨酸	2.22～2.71
组氨酸	1.29～1.83	酪氨酸	1.70～2.13
异亮氨酸	2.30～2.79	苏氨酸	2.51～2.87
亮氨酸	4.30～5.06	色氨酸	0.60～0.78
赖氨酸	3.87～5.22	缬氨酸	2.77～3.25

（3）粗脂肪含量高，尤其是海鱼粉中的脂肪含有大量高度不饱和脂肪酸，具有特殊营养生理作用。但脂肪含量高于9%会给贮存带来不便。

（4）灰分含量高，但粗灰分含量越高，表示鱼粉中鱼骨越多，鱼肉越少。灰分超过20%时，可能为非全鱼鱼粉。鱼粉食盐含量高，钙、磷含量丰富，比例适宜，且磷主要以磷酸钙形式存在，利用率高。微量元素中，铁的含量最高，约181～292 mg/kg；其次是锌、硒，锌含量可达100 mg/kg以上，硒为1.5～2.7 mg/kg。海鱼粉中碘含量高。

（5）富含B族维生素，尤其以维生素B_{12}、维生素B_2含量高，分别约143.0 μg/kg、8.8 mg/kg，还含有较丰富的维生素A和维生素D。

（6）含有促生长的未知因子，可刺激动物生长发育。

（7）鱼粉质量变异很大，常常存在以下一些问题：掺假、盐分含量过高、变质、含组胺等毒素以及维生素B_1分解酶。

3. 饲用价值

（1）对鸡的饲养效果很好，不但适口性好，而且可以补充必需氨基酸、B族维生素及其他矿物质元素。可促进肉鸡的快速生长，鸡脚的着色良好。对于蛋鸡和种鸡可提高产蛋率和孵化率。雏鸡和肉用仔鸡的一般用量为3%～5%，蛋鸡3%。用量过多，不但成本增加，而且会引起鸡蛋、鸡肉的异味。

（2）猪良好的蛋白质来源，具有改善饲料效率和提高生长速度的效果，而且猪年龄越小，效果越明显。这主要是使仔猪所需的氨基酸中赖氨酸和胱氨酸得到了充分补充的缘故。因此，断奶前后仔猪饲料中一般要使用3%～5%的优质鱼粉。生长育肥猪饲料中一般在3%以下，再高增加成本，还会使体脂变软，肉带鱼腥味。

（3）反刍动物饲料中使用鱼粉的效果与植物性蛋白质饲料相近，但因价格高及适口性差而很少使用。在犊牛代乳料中适量添加可减少奶粉用量,用量宜在 5％ 以下,过多会引起腹泻。高产奶牛精料中少量添加可提高乳蛋白含量,用于种公牛精料可促进精子生成。

(4) 很好的鱼饲料原料。由于很多水产动物无法利用碳水化合物,故蛋白质需要量很大。而鱼粉的氨基酸组成近于水产动物体组成,消化利用率高,无不良作用,故为水产动物饲料的主要原料。鱼粉含有高度不饱和脂肪酸,易被氧化而降低其效果。鳗鱼饲料所用鱼粉使用前,需要与 α-马铃薯淀粉先行混合,加水练饵后检查黏弹性。

4. 质量标准 我国饲用鱼粉的质量标准见表 2-27。

表 2-27 饲料用鱼粉的质量标准（％）

成　分	进口鱼粉	国　产　鱼　粉			
		特级	一级	二级	三级
粗蛋白质	≥63.0	≥60.0	≥55.0	≥50.0	≥45.0
粗脂肪	<10.0	≤10.0	≤10.0	≤12.0	≤12.0
水分	<10.0	≤10.0	≤10.0	≤10.0	≤12.0
粗灰分	<16.0	≤15.0	≤20.0	≤25.0	≤25.0
粗纤维	<1.5	—	—	—	—
盐分	<3.0	≤2.0	≤3.0	≤3.0	≤4.0

（二）肉粉、肉骨粉

肉粉或肉骨粉是以屠宰场中动物除去可食部分后的残骨、脂肪、内脏、碎肉等副产物为主要原料,经脱油后再干燥、粉碎而得的混合物。产品中不应含有毛发、蹄、角、皮革、排泄物及胃内容物,胃蛋白酶不可消化物含量应在 14％ 以下,胃蛋白酶不可消化的粗蛋白质应在 11％ 以下。磷含量在 4.4％ 以上的为肉骨粉,以下的为肉粉。主产地在澳大利亚、美国及新西兰等国。

1. 营养成分 饲用肉粉和肉骨粉含干物质分别为 94.0％、93.0％,粗蛋白质 54.0％、50.0％,粗脂肪 12.0％、8.5％,粗纤维 1.4％、2.8％,中性洗涤纤维 31.6％、32.5％,酸性洗涤纤维 8.3％、5.6％,粗灰分 22.3％、31.7％,钙 7.69％、9.20％,总磷 3.88％、4.70％,非植酸磷未测定、4.70％；猪消化能 11.30 MJ/kg、11.84 MJ/kg,猪代谢能 9.62 MJ/kg、10.17 MJ/kg,鸡代谢能 9.20 MJ/kg、9.96 MJ/kg,肉牛消化能未测定、11.59 MJ/kg,奶牛产奶净能未测定、5.98 MJ/kg,羊消化能未测定、11.59 MJ/kg。

2. 营养特点

(1) 能量主要来源于蛋白质和脂肪,而这两种成分的含量与品质变化都大,因此,代谢能水平变化也大,一般为 7.98～11.72 MJ/kg。

(2) 蛋白质含量随原料的不同差异较大,粗蛋白质来自磷脂、无机氮、角质蛋白、结缔组织蛋白、水解蛋白及肌肉组织蛋白,其中只有肌肉组织蛋白利用价值高。氨基酸的组成不佳,主要为脯氨酸、羟脯氨酸和甘氨酸,赖氨酸尚可,蛋氨酸和色氨酸均不足,利用率变化大,有的产品因加热过度而无法吸收。

(3) 富含钙、磷,而且比例适宜,磷都是可利用磷。此外,锰、铁、锌含量也较高,分别可达 12.0 mg/kg、500 mg/kg、94.0 mg/kg。

（4）富含 B 族维生素，尤其是维生素 B_{12} 含量高达 100 $\mu g/kg$，其他如烟酸、胆碱含量也较高，分别可达 60 mg/kg、2 000 mg/kg，但维生素 A、维生素 D 含量较少。

3. 饲用价值

（1）家禽饲料的蛋白质及钙、磷来源，也是维生素 B_{12} 的良好来源。但饲养价值比不上鱼粉与大豆粕，且因品质稳定性差，用量应加以限制，以 6% 以下为宜，并补充所缺乏的氨基酸及注意钙、磷平衡，品质明显低劣者勿用为宜。含肌肉部分多的产品蛋白质品质良好，可使雏鸡生长良好。

（2）生长育肥猪饲料中随用量的增加，适口性与生长呈下降趋势，尤其以品质不良的肉粉或肉骨粉更为明显，故用量不可太高，以 5% 以下为宜。一般多用于生长育肥猪与种猪饲料，仔猪避免使用。

（3）因安全因素，不宜作为反刍动物的蛋白质来源。

4. 质量标准　我国饲用肉粉、肉骨粉的质量标准见表 2-28 和表 2-29。

表 2-28　饲用肉粉的质量标准（%）

成　分	一级	二级
水分	<10	<12
粗蛋白质	>64	>54
粗脂肪	<18	<18
粗灰分	<12	<14

表 2-29　饲用肉骨粉的质量标准（%）

成　分	一级	二级	三级
水分	<9	<10	<10
粗蛋白质	>50	>42	>30
粗脂肪	<9	<16	<18
粗灰分	<23	<30	<40

（三）虾粉、虾壳粉、蟹粉、蟹壳粉

可食部分除去后的新鲜虾杂，含有少量的全虾，干燥粉碎后即得虾粉，含盐量超过 3% 时应标示于名称上，但以 7% 为限。虾壳粉则为纯粹虾壳干燥粉碎后的产品，虾壳粉与虾粉之间并无明确定义区分，含虾肉多者为虾粉，几乎不含虾肉者为虾壳粉。

可食部分除去后的蟹杂碎，包括未变质的壳、内脏及部分蟹肉，干燥粉碎后即得蟹粉，蛋白质含量应在 25% 以上，含盐量超过 3% 时应标示于名称上，但以 7% 为限。蟹壳粉则为纯粹蟹壳干燥粉碎后的产品。

1. 营养成分　饲用虾粉、虾壳粉、蟹粉、蟹壳粉水分分别为 19.5%、12.0%、5.7%、15.0%，粗蛋白质 37.2%、24.9%、40.1%、30.0%，粗脂肪 10.3%、2.6%、1.4%、0，粗纤维 5.2%、13.6%、15.9%、0，粗灰分 25.9%、39.4%、34.8%、

45.0%，钙 2.4%、12.9%、12.4%、0，总磷 0.7%、1.4%、1.8%、0。

2. 营养特点

（1）虾粉、虾壳粉、蟹粉、蟹壳粉的粗灰分、几丁质含量高，脂肪含量少，能值低。

（2）虾粉、蟹粉粗蛋白质含量在 40% 左右，可作为动物的蛋白质饲料，但其中部分粗蛋白质来自几丁质中的氮，无利用价值，氨基酸组成不平衡。虾壳粉和蟹壳粉的蛋白质则大部分来自几丁质，利用率很差。

（3）虾粉、虾壳粉、蟹粉、蟹壳粉是矿物质的很好来源，特别是钙含量很高，磷相对较少，并且含有大量多不饱和脂肪酸以及丰富的类胡萝卜素、胆碱、磷脂、胆固醇、壳多糖等成分。

3. 饲用价值

（1）鸡饲料中可取代少量鱼粉，并可提高饲料风味，但用量不宜太高，以免影响氨基酸及矿物质平衡。虾红素含量丰富，用于肉鸡和蛋鸡具有较好的着色效果。

（2）生长育肥猪饲料中使用 5% 虾粉或蟹粉可得到良好效果，比肉骨粉、肉粉、肉杂等效果好很多，故可取代之，但此类产品因灰分及几丁质高，脂肪低，故热能不佳，应注意热能补充及钙、磷平衡问题。

（3）一般多用于鱼饲料，作为诱食剂，用量宜在 5% 以下，但品质及鲜度不良者则有反效果。此外，用于鱼饲料具较好的着色效果。

（四）家禽副产物粉

家禽屠体废弃部分，如头、颈、脚、无精蛋及肠等，经干法或湿法熬油后的残渣，再加以粉碎即为家禽副产物粉，亦称为鸡肉粉。除正常生产不可避免的少量混合外，不可含有羽毛，灰分含量应在 16% 以下，盐酸不溶物应在 4% 以下。相关产品有鸡杂、水解家禽杂碎、家禽孵化副产物、蛋壳粉等，是大型家禽屠宰场的副产品。

1. 营养成分 饲用家禽副产物粉含干物质 93.5%，粗蛋白质 58.0%，粗脂肪 12.5%，粗纤维 2.5%，粗灰分 17.5%，钙 3.2%，总磷 1.7%。

2. 营养特点

粗蛋白质含量高，其氨基酸组成良好，赖氨酸、蛋氨酸、亮氨酸含量均高。脂肪含量较高，能值高，但粗灰分及钙、磷含量较低，品质上较稳定。

3. 饲用价值

（1）饲用价值高于羽毛粉，但低于鱼粉，与鱼粉配合使用具有良好的饲养效果。原料新鲜、处理良好的产品，其饲用价值优于肉粉和肉骨粉。

（2）营养成分特点与肉粉类似，但价值更高，对猪、鸡的使用方法参照肉粉。

（3）可作为各种毛皮动物、宠物等饲料的蛋白质来源。

（五）血粉

血粉是动物屠宰后废弃的清洁、新鲜血液经加热凝固，再经压榨除去水分、干燥等工序加工而成的一种动物性蛋白质饲料。除正常生产不可避免的少量污染外，不可含有毛发、胃内容物、尿素等外来物。含水量应在 8% 以下，粗蛋白质应在 85% 以上，并应标明其水中溶解度。血粉通常为暗黑色，水溶性很差。血粉吸湿性和黏性强，用量过高会造成饲料加工设备发生堵塞或黏附。干燥方法及温度是影响血粉营养价值的主要因素，因此，可将血粉分成喷雾干燥血粉、一般蒸煮干燥血粉及瞬间干燥血粉三种。瞬间干燥血粉的赖氨酸生物活性应在80%以上，此外尚有冷冻干燥所得的血蛋白产品。

1. 营养成分　饲用喷雾干燥血粉含干物质88.0%，粗蛋白质82.8%，粗脂肪0.4%，无氮浸出物1.6%，粗纤维0，粗灰分3.2%，钙0.29%，总磷0.31%，非植酸磷0.31%；猪消化能11.42 MJ/kg，猪代谢能9.04 MJ/kg，鸡代谢能10.29 MJ/kg，肉牛消化能10.88 MJ/kg，奶牛产奶净能5.61 MJ/kg，羊消化能10.04 MJ/kg。

2. 营养特点

（1）代谢能水平随加工工艺的不同有一定的差异，普通干燥血粉溶解性差，消化率低，代谢能为8.6 MJ/kg左右，低温、真空干燥者消化率高，代谢能大大提高，可达11.70 MJ/kg左右。

（2）蛋白质含量高，高于鱼粉和肉粉。血中蛋白质不易消化，其氨基酸组成极不平衡，赖氨酸含量高，可达7%～8%，但消化率低；亮氨酸和色氨酸含量也高，分别可达为8.38%和1.11%；相对而言，精氨酸和蛋氨酸含量很低，为2.99%和0.74%，异亮氨酸几乎为零。

（3）矿物质中钙、磷含量很低，但含多种微量元素，如铁、铜、锌等，含铁量是所有饲料中最丰富的，可达2 100 mg/kg。维生素含量低，如核黄素含量仅1.5 mg/kg左右。

（4）喷雾干燥血粉含有生物活性成分——免疫球蛋白，对仔猪有特殊作用。

3. 饲用价值

（1）蛋白质和赖氨酸含量高，可用于鸡饲料。但黏性太大，会黏着鸡喙，妨碍采食，加之适口性差，氨基酸不平衡，用量不宜太高，一般以2%以下为宜。

（2）对于普通血粉，仔猪应避免使用，生长育肥猪饲料可少量使用。因血粉可补充猪饲料易缺乏的赖氨酸，故血粉用于猪饲料具有较好的经济价值，生长育肥猪饲料中，品质优良的血粉可用至4%。品质不良者应避免使用，易造成拒食及生长不良。喷雾干燥血粉可用于仔猪，提供免疫球蛋白等生物活性成分。

（3）对反刍动物适口性差，加之成本较高，仅在育成期及成年期少量使用。

4. 质量标准　我国饲用普通血粉的质量标准见表2-30。

表2-30　饲用普通血粉的质量标准（%）

成　分	一级	二级
水分	≤10	≤10
粗蛋白质	≥80	≥70
粗纤维	≤1	≤1
粗灰分	≤4	≤6

（六）水解羽毛粉

家禽屠体脱毛处理所得的羽毛，经清洗、高压水解处理后粉碎的产品即为水解羽毛粉，而且不可含有添加物或催化剂，胃蛋白酶消化率应在75％以上。其主要成分为双硫键结合的角蛋白，加压加热处理后可将其分解，提高羽毛蛋白质的利用价值，否则生羽毛粉对禽畜而言，完全无利用价值。加工方法有高压加热水解法、酸碱处理法、微生物发酵、酶处理法和膨化法。羽毛原料多来自家禽屠宰场，主要分为杂色及白色两种。我国羽毛资源丰富，但饲用羽毛粉产量很低。

1. 营养成分 饲用水解羽毛粉含干物质88.0％，粗蛋白质77.9％，粗脂肪2.2％，无氮浸出物1.4％，粗纤维0.7％，粗灰分5.8％，钙0.20％，总磷0.68％，非植酸磷0.68％；猪消化能11.59 MJ/kg，猪代谢能9.29 MJ/kg，鸡代谢能11.42 MJ/kg，肉牛消化能10.88 MJ/kg，奶牛产奶净能5.61 MJ/kg，羊消化能10.63 MJ/kg。

2. 营养特点

（1）加工方法适当的羽毛粉脂肪含量在4％以上，代谢能较高。代谢能水平越高，标志着羽毛粉质量越好。

（2）蛋白质含量高，氨基酸中以含硫氨基酸含量最高，其中以胱氨酸为主，尽管水解过度时胱氨酸遭到破坏，但含量仍有3.0％左右，是所有饲料中最高者。甘氨酸、丝氨酸、异亮氨酸含量也较高，其中异亮氨酸含量可达4.21％，但赖氨酸和蛋氨酸含量不足，色氨酸、组氨酸等含量均很低。

（3）矿物质中含硫很高，可达1.5％，是所有饲料中最高的；含锌和硒较高，分别约为53.8 mg/kg和0.8 mg/kg，硒含量仅次于鱼粉和菜子饼（粕）；钙、磷含量及其他微量元素含量较少。维生素B_{12}含量较高，其他维生素含量很低。

3. 饲用价值

（1）可补充鸡饲料中的含硫氨基酸需要，肉鸡饲料中可部分取代豆粕或鱼粉，平衡氨基酸后可使用至5％，取代量太高或品质不良者会影响生长。蛋鸡饲料中用量也不可超过5％，否则产蛋率下降，蛋重变小。在雏鸡饲料中使用1％～2％的羽毛粉，对防止啄羽等异食癖有效。此外，在鸡的强制换羽时日粮中使用2％～3％羽毛粉，有促进羽毛生长、缩短换羽期的效果。

（2）仔猪饲料不宜使用，即使生长育肥猪饲料也以5％为限，而且需补充大量的赖氨酸。其所含胱氨酸对猪无多少意义，故用作猪饲料的经济效益可能比不上家禽饲料。

（3）对牛适口性不好，一般少用，即便使用，也应在5％以下。

（七）蚕蛹、蚕蛹粕、蚕沙

蚕蛹、蚕蛹粕、蚕粪、蚕沙是制丝工业的副产物，也是一种高蛋白动物性饲料。蚕蛹是蚕茧制丝后的残留物，蚕蛹粕是蚕蛹脱脂后的残粕，依提油方式可分压榨饼与浸提粕两种。蚕沙为蚕粪混合桑叶、稻谷、禾秆等养蚕残渣。

1. 营养成分 饲用蚕蛹、蚕蛹粕、蚕沙水分分别为7.3％、10.2％、19.5％，粗蛋白质56.9％、68.9％、11.8％，粗脂肪24.9％、3.1％、3.2％，粗纤维3.3％、4.8％、11.7％，粗灰分3.6％、8.0％、19.1％。

2. 营养特点

（1）蚕蛹粉粗脂肪含量高，可达22％以上，故代谢能水平高，为11.71 MJ/kg；蚕蛹粕含粗脂肪一般为 10%左右（溶剂脱油为 3%左右），代谢能水平为 10.04～10.46 MJ/kg。

（2）蚕蛹粉和蚕蛹粕的粗蛋白质含量相当高，其中几丁质态大约为 4%左右，其他则为优质的蛋白质来源。蚕蛹粉和蚕蛹粕蛋氨酸含量很高，分别为 2.2%和 2.9%，是所有饲料中最高者。赖氨酸含量也很高，与进口鱼粉大体相等。色氨酸含量也高，为 1.25%～1.5%，比进口鱼粉高 70%～100%。因此，蚕蛹粉和蚕蛹粕是平衡日粮氨基酸的很好组分，但精氨酸含量低，尤其是同赖氨酸含量的比值很低。

（3）蚕蛹粉和蚕蛹粕的钙、磷含量较低，干燥后蚕粪灰分含量高，主要为钙（4.5%）和磷（3.0%）。

（4）蚕蛹粉和蚕蛹粕富含 B 族维生素，尤其是核黄素含量较高。干燥后蚕粪富含叶绿素、胡萝卜素和维生素 E。

3. 饲用价值

（1）品质好的蚕蛹粉和蚕蛹粕对鸡的适口性较好，可作为鸡的蛋白质良好来源，可占日粮的 2%～5%。

（2）品质好的蚕蛹粉和蚕蛹粕对猪的适口性也较好，同样可作为猪的蛋白质良好来源，在日粮中的用量为 2%～5%。酸败的蚕蛹饲养生长育肥猪后易造成脂肪变黄，俗称黄猪，影响屠体品质。

（3）蚕蛹粉和蚕蛹粕也常常用作水产动物的饲料，特别是以鲤鱼和鳟鱼使用最多，其效果不亚于鱼粉。

（4）蚕沙水分含量高，无法直接当饲料原料用，须青贮后方可饲用。一般用于反刍动物饲粮中。

4. 质量标准　我国饲用柞蚕蛹粉和桑蚕蛹的质量标准见表 2-31。

表 2-31　饲用柞蚕蛹粉和桑蚕蛹的质量标准（%）

成　分	一　级		二　级		三　级	
	柞蚕蛹粉	桑蚕蛹	柞蚕蛹粉	桑蚕蛹	柞蚕蛹粉	桑蚕蛹
粗蛋白质	≥55.0	≥50.0	≥50.0	≥45.0	≥45.0	≥40.0
粗纤维	<6.0	<4.0	<6.0	<5.0	<6.0	<6.0
粗灰分	<4.0	<4.0	<5.0	<5.0	<5.0	<5.0

（八）猪油粕

猪油粕是猪在屠宰场切割后的皮下脂肪经榨油后的残渣，含 60%～65%蛋白质，15%～20%脂肪，若再经压榨处理，脂肪含量可降至 10%左右，蛋白质达含量达 70%以上。

1. 营养成分　饲用猪油粕含干物质 92.8%，粗蛋白质 72.12%，粗脂肪 9.51%，粗纤维 2.1%，粗灰分 3.53%。

2. 营养特点

（1）脂肪含量高，故能值也高，代谢能达 14.44 MJ/kg 左右。

（2）蛋白质含量很高，但在制造过程中温度控制不当而过热时，对蛋白质品质影响很大，氨基酸利用率随之降低。蛋白质多属结缔组织，不易消化，且氨基酸组成差，赖氨酸含量很低，蛋氨酸、胱氨酸含量不足。

3. 饲用价值

（1）新鲜的猪油粕，风味良好，肉香四溢，但成品已经连续熬油，所含脂肪易变质，故不宜存贮，否则氧化酸败，风味较差，影响饲养价值。

（2）肉鸡日粮中少量使用（5％以下）可节省成本而饲养效果差异不大，但用量10％以上时对增重、饲料转化率、蛋白质利用效率影响很大，且适口性也随之变差。

（九）水解皮革粉

水解皮革粉来自皮革工业的下脚料。下脚料经碱性或高压蒸汽水解、过滤、浓缩、干燥后即得水解皮革粉。含水量不高于10％，粗蛋白质不低于60％，粗纤维不超过6％，铬不超过2.75％，且以胃蛋白酶消化率测定法所测的粗蛋白质消化率不低于80％。经高压加热处理后的皮革粉可改善其利用价值而少量用于饲料中，但用量高时饲养效果很差，甚至有致死的可能。

1. 营养成分 饲用水解牛皮革粉含干物质88.0％，粗蛋白质74.7％，粗脂肪0.8％，粗纤维1.6％，粗灰分10.9％，钙4.40％，总磷0.15％，非植酸磷0.15％；猪消化能11.51 MJ/kg，猪代谢能9.33 MJ/kg，肉牛消化能0，奶牛产奶净能0，羊消化能11.05 MJ/kg。

2. 营养特点

（1）蛋白质含量很高，在75％以上，消化率也在80％以上。由于其蛋白质主要是胶原蛋白，谷氨酸和甘氨酸含量较高，缺乏蛋氨酸、色氨酸和苏氨酸，而且赖氨酸含量也不高，使用时应注意合理搭配其他优质蛋白质饲料或添加合成氨基酸，以使氨基酸平衡。

（2）矿物质中，钙含量相对较高，而磷含量很少，微量元素中锌含量高，可达90 mg/kg左右。

3. 饲用价值

（1）部分代替蛋鸡日粮中鱼粉，饲养效果与鱼粉相近，用量在3％左右。

（2）可作为猪饲料的蛋白质原料，生长育肥猪日粮中可用至4％～5％。

（3）对鱼虾有其独特的用途，因其有天然黏性，可代替进口鱼粉，既可提高蛋白质含量，又可做饲料黏合剂，延长鱼虾颗粒饲料在水中散开的时间，提高饵料的利用率。鱼虾饵料中可使用4％～5％。

第四节　粗　饲　料

一、草粉饲料

草粉是将适时刈割的牧草经人工或自然快速干燥后，粉碎而成的青绿色草粉。干制青饲料的目的与青贮相同，主要是为了保存青饲料的营养成分，便于随时取用。草粉按植物种类分有豆科青草粉、禾本科青草粉、混合青草粉等；按干燥方法分为自然干燥草粉和人工干燥草粉。草粉是重要的蛋白质和维生素饲料资源。

（一）紫花苜蓿草粉

紫花苜蓿是豆科一年生或多年生草本植物。经日晒或人工干燥后粉碎即成为苜蓿粉。根据含粗蛋白质和粗纤维量的不同，可分为两类：一类是粗饲料干草亚类，即粗纤维含量大于18%；另一类是粗蛋白质饲料干草亚类，即粗纤维含量小于18%，粗蛋白质含量为20%或20%以上的苜蓿草粉。按调制加工方法分为脱水苜蓿和日晒苜蓿两大类。苜蓿草粉是畜禽配合饲料的常用原料之一，我国苜蓿有一半用于生产草粉。

1. 营养成分　饲用苜蓿草粉含干物质87.0%，粗蛋白质14.3%～19.1%，粗脂肪2.1%～2.6%，无氮浸出物33.3%～35.3%，粗纤维22.7%～29.8%，中性洗涤纤维36.7%～39.0%，酸性洗涤纤维2.9%～28.6%，粗灰分7.6%～10.1%，钙1.34%～1.52%，总磷0.19%～0.51%，非植酸磷0.19%～0.51%；猪消化能6.11～6.95 MJ/kg，猪代谢能5.65～6.40 MJ/kg，鸡代谢能3.51～4.06 MJ/kg，肉牛消化能8.33～9.46 MJ/kg，奶牛产奶净能4.18～4.81 MJ/kg。

2. 营养特点

（1）粗纤维含量较高，约为麦麸的3～4倍，但粗纤维中木质素含量较低，粗纤维的消化率高，能值处中等水平。

（2）脱水苜蓿含粗蛋白质较高，氨基酸组成比较平衡，赖氨酸含量为0.8%左右，蛋氨酸为0.2%左右。

（3）矿物质中，钙多磷少，磷与一般植物性原料不同，不含植酸磷；其他微量元素，如铁、铜、锰、锌和硒等含量均高。

（4）富含维生素，尤其是维生素A、维生素E和B族维生素。其中，胡萝卜素可达161.7 mg/kg，维生素E可达144.0 mg/kg，维生素B_2可达15.5 mg/kg，泛酸可达34.0 mg/kg，生物素可达0.35 mg/kg，叶酸可达4.36 mg/kg，维生素B_6可达8.0 mg/kg。

（5）脱水苜蓿富含β-胡萝卜素和叶黄素，是很好的天然着色原料。

（6）含有皂苷、酚类化合物等抗营养因子。

3. 饲用价值

（1）鸡饲料中用量一般为2%～5%，不宜过多，否则会造成生长抑制。少量苜蓿草粉可提供优质的维生素A及B族维生素。另外，苜蓿草粉富含的叶黄素对肉鸡皮肤和蛋鸡蛋黄着色效果好，但日晒苜蓿草粉着色效果差。

（2）作为猪的配合饲料原料时，不宜用量过多，肉猪用量应在5%以下，仔猪不宜使用，因为含有皂苷等抗营养因子，且粗纤维含量较高。少量使用可用于补充维生素。

（3）反刍动物的优良饲料原料来源，使用苜蓿饲喂奶牛，可代替部分精料，一般1 kg优质的苜蓿粉相当于0.5 kg精料的营养价值。尽管如此，也不能单一使用苜蓿，这是由于苜蓿的皂苷在瘤胃中形成大量、持久的泡沫，致使瘤胃臌气。

4. 质量标准　我国饲用苜蓿草粉的质量标准见表2-32。

表 2 - 32　饲用苜蓿草粉的质量标准（%）

成　分	一级	二级	三级
粗蛋白质	≥18.0	≥16.0	≥14.0
粗纤维	<25.0	<27.5	<30.0
粗灰分	<12.5	<12.5	<12.5

（二）白三叶草粉

白三叶是世界上重要的牧草之一。制成草粉的加工方法与苜蓿草粉相同，可分为人工干燥和日晒干燥白三叶草粉。

1. 营养成分　新鲜白三叶含水量达 84%，草粉干物质中含粗蛋白质 20.8%～29.2%，粗脂肪 2.2%～4.4%，无氮浸出物 24.7%～31.6%，粗纤维 15.9%～22.5%，粗灰分 8.1%～12.3%，钙 1.16%～1.68%，总磷 0.30%～0.46%。

2. 营养特点

（1）粗纤维含量较低，能量价值属于中等偏下，消化能为每千克干物质 10 MJ 左右，代谢能为每千克干物质 6.45 MJ 左右，与小麦麸接近。

（2）蛋白质含量高，属蛋白质饲料，赖氨酸含量高于猪、鸡的需要量，但蛋氨酸和色氨酸缺乏。

（3）矿物质和维生素含量与苜蓿草粉相似，胡萝卜素量高。

3. 饲用价值

（1）鸡饲料中一般用量为 5% 以下，但蛋鸡饲料可用到 10%，效果良好。

（2）猪饲料中白三叶草粉可用到 7%～8%。

（3）反刍动物的优良饲料来源，可代替精料的 40%。

4. 质量标准　我国饲用白三叶草粉的质量标准见表 2 - 33。

表 2 - 33　饲用白三叶草粉的质量标准（%）

成　分	一级	二级	三级
粗蛋白质	≥22.0	≥17.0	≥14.0
粗纤维	<17.0	<20.0	<23.0
粗灰分	<11.0	<11.0	<11.0

二、叶粉饲料

（一）甘薯茎叶粉

甘薯的地上部分可分成叶片、叶柄与茎 3 部分，三者的风干重比例大体是 32∶14∶54。甘薯茎叶粉是将甘薯地上部分茎叶晒干或晾干后，经粉碎而得的粗饲料。不同收贮条件下，甘薯的茎叶比有着鲜明差异，因收割、晾晒方法不同，叶片损失比例也不同。霜后收获，特别是收贮方法不当时，叶柄及叶片部分极易丢失，此时甘薯茎叶粉的营养价值明显下降。

1. 营养成分 甘薯茎、甘薯叶粉含干物质 88.0%、88.0%，粗蛋白质 4.7%～8.1%、14.5%～19.3%，粗脂肪 1.9%～2.9%、2.4%～3.4%，无氮浸出物 36.8%～43.2%、39.7%～47.9%，粗纤维 29.6%～34.2%、11.4%～14.0%，粗灰分 6.1%～8.7%、9.6%～13.6%，钙 1.5%左右，磷 0.32%左右。

2. 营养特点与饲用价值 鲜甘薯叶片中的含水量平均为 83.0%，叶片干物质中粗蛋白质含量可高达 25%，叶柄中也含有约 14%的粗蛋白质，用天然比例的叶和叶柄制成的叶粉，粗蛋白质含量可达 20%，粗纤维含量也多在 15%以下，属于蛋白质饲料。但甘薯茎的营养成分与一般农作物秸秆相似。甘薯叶粉粗纤维含量较低，蛋白质含量较高，必需氨基酸含量较高，基本上可满足猪、鸡的需要量。叶子形状大而薄，易干燥，茎与叶柄表面积小，水分不易散失，调制不当叶片先干，茎与叶柄后干，两者分离，收割后只剩茎及少量叶柄，变成粗饲料。

甘薯茎叶中含有丰富的矿物元素，其中尤以叶中锰、硒的含量最突出。各种微量元素的含量因种植地区不同差异较大。

甘薯叶中胡萝卜素含量可达每千克干物质 199.8 mg，但甘薯茎中的含量较低，只有叶含量的 20%。调制方法对胡萝卜素含量影响很大，在阳光下曝晒后，叶中胡萝卜素的 60%被破坏，茎中胡萝卜素含量仅剩 10%，人工干燥是保存胡萝卜素的有效措施。如经 65 ℃烘干一昼夜，叶中的胡萝卜素仍能保存 74%，茎中仍能保存 30%。

甘薯叶粉在猪鸡饲料中的用量可达 5%～8%，在反刍动物精料中的用量可达 35%～40%。由于粗纤维含量较高，不宜用量过高，否则营养浓度无法满足动物需要，尤其是对单胃动物。

3. 质量标准 我国饲用甘薯茎叶粉的质量标准见表 2-34。

表 2-34 饲用甘薯茎叶粉的质量标准（%）

成 分	一级	二级	三级
粗蛋白质	≥15.0	≥13.0	≥11.0
粗纤维	<13.0	<18.0	<23.0
粗灰分	<13.0	<13.0	<13.0

（二）木薯叶粉

木薯叶粉是以新鲜木薯叶（含部分叶柄）为原料，经干燥加工成的饲料原料。木薯叶片薄而阔，水分极易蒸发，干燥后变脆容易损失，叶柄粗硬，干燥需时间较长。木薯叶粉富含各种营养物质，是蛋白质、矿物质和维生素的良好来源和畜禽的优良饲料原料。

1. 营养成分 木薯叶粉含干物质 88.0%，粗蛋白质 16.4%，粗脂肪 6.2%，无氮浸出物 41.5%，粗纤维 17.3%，粗灰分 6.6%，钙 2.15%，总磷 0.22%。

2. 营养特点与饲用价值 有效能值较低，代谢能为 4.77 MJ/kg 左右。粗蛋白质含量约为 20%，有些优质品种的粗纤维含量在 18%以下，且品质较好，含有较高的赖氨酸（1.2%），在蛋白质饲料资源缺乏的木薯产区，可作为叶粉资源缓解部分蛋白质饲料不足的矛盾。矿物质及微量元素中，钙和锰含量高，锰的含量是一般畜禽需要量的 6～10 倍，约 361.9 mg/kg，铁、锌含量也相当高，但缺少磷、铜，应加以补充。

木薯叶粉一般在猪饲料中用量为5%以内，补充部分蛋白质和维生素。在反刍动物精料补充料中用量在35%以内为宜。由于粗纤维含量高，用量过高影响营养浓度。

3. 质量标准 我国饲用木薯叶粉的质量标准见表2-35。

表2-35 饲用木薯叶粉的质量标准（%）

成　分	一级	二级	三级
粗蛋白质	≥17.0	≥14.0	≥11.0
粗纤维	<17.0	<20.0	<23.0
粗灰分	<9.0	<9.0	<9.0

（三）松针叶粉

松针叶粉是松树针叶经干燥、粉碎后的产品。按其不同来源分马尾松叶粉、赤松叶粉、黑松叶粉和油松叶粉等。松针叶粉外观为草绿色，具有松针叶固有的气味。

1. 营养成分 饲用马尾松叶粉、黑松叶粉含干物质分别为92.32%、92.2%，粗蛋白质7.8%、9.0%，粗脂肪7.12%、11.1%，无氮浸出物47.6%、41.6%，粗纤维26.8%、27.1%，粗灰分3.0%、3.4%，钙0.4%、0.5%，总磷0.05%、0.08%，硒2.8 mg/kg、3.6 mg/kg。

2. 营养特点和饲用价值

（1）松针叶粉含有大量的生物活性成分，如维生素C、B族维生素、胡萝卜素、叶绿素、植物激素及杀菌素等。马尾松叶粉、赤松和黑松混合叶粉中分别含胡萝卜素291.8 mg/kg、121.8 mg/kg，维生素C 735 mg/kg、522 mg/kg。由于含维生素量高，具有促进生长、增强抗病能力的效果。

（2）富含天然色素，可作为肉鸡皮肤着色剂来源。

（3）含有松脂气味和挥发性物质，在畜禽饲料中的添加量不宜过高，一般在猪饲料中的添加量为5%～8%，肉鸡为3%～4%，蛋鸡和种鸡为5%，牛、羊可用至10%～15%。

（四）银合欢叶粉

银合欢是豆科银合欢属多年生灌木，栽种于热带地区。

1. 营养成分 银合欢叶粉含粗蛋白质25.9%，粗纤维20.4%，粗灰分11.0%，钙2.4%，磷0.23%。

2. 营养特点和饲用价值

（1）富含蛋白质和胡萝卜素，其中胡萝卜素含量高达536 mg/kg，是苜蓿草粉的3倍。维生素和矿物质含量也较高。

（2）含有抗营养因子——含羞草素，其含量为干物质的1.87%～3.75%。采食过量会产生脱毛症、食欲减退、唾液分泌过多、甲状腺肿大等。

（3）富含天然色素，可作为肉鸡和蛋鸡的着色剂。

（4）猪日粮用量10%～15%，鸡5%～10%，牛15%。

（5）由于硫酸亚铁对含羞草素有去毒效果，在使用银合欢叶粉同时加入硫酸亚铁可提高用量。

第五节　工业生产副产品饲料及其他非常规饲料

一、淀粉、制糖工业副产品饲料

（一）玉米蛋白粉

玉米蛋白粉又称玉米朊、玉米筋蛋白和玉米面筋粉，是以玉米为原料湿法加工生产淀粉时，去胚芽后采用离心分离使淀粉与玉米中蛋白质分离所得的玉米蛋白部分。因离心程度和离心方法不同，可获得 60％、50％和 40％三种蛋白含量的玉米蛋白粉。

1. 营养成分　饲用玉米蛋白粉含干物质 89.9％～91.2％，粗蛋白质 44.3％～63.5％，粗脂肪 5.4％～7.8％，无氮浸出物 19.2％～37.1％，粗纤维 1.0％～2.1％，中性洗涤纤维 8.7％左右，酸性洗涤纤维 4.6％左右，粗灰分 0.9％～1.0％，钙 0.06％～0.07％，总磷 0.42％～0.44％，非植酸磷 0.16％～0.17％；猪消化能 15.02～15.61 MJ/kg，猪代谢能 12.55～13.35 MJ/kg，鸡代谢能 13.31～16.23 MJ/kg，肉牛消化能 13.97～16.11 MJ/kg，奶牛产奶净能 7.28～8.45 MJ/kg、羊消化能 18.37 MJ/kg 左右。

2. 营养特点

（1）粗脂肪含量为玉米的 1.5 倍左右，粗纤维含量低，消化率高，能量价值高于玉米，属于高能量饲料。

（2）蛋白质含量很高，氨基酸组成中蛋氨酸含量高，但组成不平衡，尤其是赖氨酸、蛋氨酸和色氨酸等重要氨基酸的含量低、比例不合理，影响玉米蛋白粉的蛋白质质量。其氨基酸组成及含量见表 2-36。

表 2-36　玉米蛋白粉的氨基酸组成及含量（％）

成　分	含量	成　分	含量
干物质	89.9～91.2	蛋氨酸	1.04～1.42
粗蛋白质	44.3～63.5	胱氨酸	0.65～0.96
精氨酸	1.31～1.90	苯丙氨酸	2.61～4.10
组氨酸	0.78～1.18	酪氨酸	2.03～3.19
异亮氨酸	1.63～2.85	苏氨酸	1.38～2.08
亮氨酸	7.08～11.59	色氨酸	0.31～0.36
赖氨酸	0.71～0.97	缬氨酸	1.84～2.98

（3）矿物质和维生素含量都很低。

（4）富含色素，其中叶黄素占 53.4％，玉米黄质占 29.2％，其中叶黄素含量可达 150～350 mg/kg。在家禽饲料中使用，是肉鸡皮肤着色和蛋鸡蛋黄着色的良好色素来源。

3. 饲用价值

（1）高能高蛋白饲料，多用于肉鸡饲料中，可节省所需添加的蛋氨酸。富含的叶黄素可提供肉鸡产品着色需要的天然色素。但使用时注意蛋白质质量较差、脂肪稳定性差等因素，用量不宜过多，一般以不超过 8％为宜。

（2）对猪适口性好，易消化吸收，但因其氨基酸不平衡，特别是缺乏赖氨酸，用于猪饲料效果不如鸡饲料，一般用量不超过 4％，过量使用时易产生黄膘肉，降低肉品质。

（3）作为奶牛、肉牛的部分蛋白质来源，但因其容重较大，最好搭配一些松散性原料（如麦麸等）使用，一般在精料中可占 30％。

（4）鱼类的优良饲料，容易被利用，所含的叶黄素也是某些鱼类（如鲤鱼、胡子鲶等）的着色剂。

（二）α-淀粉

α-淀粉即糊化淀粉，是改性淀粉的一种，是将生淀粉经加热与水作用后，失去结晶构造，立即脱水干燥，便无法回复原状，形成易于消化吸收的淀粉。α-淀粉多以马铃薯生产，其他谷物及块根类等原料也可生产α-淀粉，但不同原料的淀粉糊化温度不同，马铃薯淀粉为 58～66 ℃，甘薯淀粉为 82～83 ℃，玉米淀粉为 62～70 ℃，小麦淀粉为 59.5～64 ℃。

1. 营养成分　α-淀粉以淀粉为主，含少量其他成分。如玉米淀粉的组成：淀粉 88％、水分 11％、粗蛋白质 0.28％、粗脂肪 0.04％、粗纤维 0.1％、粗灰分 0.1％。

2. 饲用价值

（1）同普通淀粉一样，可以作为能量饲料原料，尤其是在幼年动物饲料中，如在仔猪和犊牛饲料中使用，容易消化吸收。

（2）由于α-淀粉，尤其是α-马铃薯淀粉的黏弹性和膨胀性很大，常常在水产饲料中使用。在鳗鱼饲料常使用α-马铃薯淀粉，用量为 15％～25％，使饵料保持黏弹性而易于采食，并防止水溶性添加物溶解损失。α-木薯淀粉使用效果比不上α-马铃薯淀粉，但因价格便宜，可以少量替代。

（3）颗粒水产饲料常把α-淀粉当黏合剂使用，尤其是虾饲料。考虑到价格因素主要使用α-玉米淀粉和α-木薯淀粉。

（4）α-玉米淀粉无法完全α化，用于水产饲料效果不如α-马铃薯淀粉和α-木薯淀粉，多用于仔猪教槽料或犊牛人工乳中，容易消化吸收利用。

（三）糖蜜

糖蜜又称糖浆，是在制糖工业中将压榨的甘蔗（或甜菜）汁液经加热、中和、沉淀、过滤、浓缩、结晶等工序后，所剩下的浓稠液体。此外，加工柑橘、淀粉也可获得糖蜜。糖蜜在我国南北方均有生产，集中在各制糖厂，南方以甘蔗糖蜜为主，北方以甜菜糖蜜为主。

1. 营养成分　饲用甘蔗糖蜜和甜菜糖蜜水分分别为 20.0％～30.0％、18.0％～28.0％，粗蛋白质 2.5％～4.0％、6.0％～8.0％，无氮浸出物 60.0％～65.0％、58.0％～63.0％，粗灰分 8.0％～12.5％、8.0％～12.0％，钙 0.40％～0.75％、0.05％～0.15％，总磷 0.05％～0.15％、0.01％～0.06％。

2. 营养特点

(1) 无氮浸出物含量高，主要是单糖或双糖，属于能量饲料，但含水量高而能值低。甘蔗糖蜜的猪消化能为 10.5 MJ/kg，鸡代谢能为 8.07 MJ/kg。甜菜糖蜜的能量价值与甘蔗糖蜜相似。

(2) 含少量粗蛋白质，但多属于非蛋白氮类，如氨、酰胺、硝酸盐等，其中氨态氮占38%～50%，氨基酸组成中非必需氨基酸如天门冬氨酸、谷氨酸含量较高，因此，蛋白质生物学价值极低。

(3) 矿物质含量较高，但钙、磷含量低，甘蔗糖蜜优于甜菜糖蜜。含量高的矿物元素为钾、氯、钠、镁等，因此具有轻泻性。

(4) 维生素含量较低，但甘蔗糖蜜的泛酸含量较丰富，达 37 mg/kg。

3. 饲用价值

(1) 对鸡的适口性好，但其有效能值低，而且采食太多易造成软便现象，故一般在日粮中用量不宜超过 5%。蛋鸡饲料中随用量的增加会增加饮水量，致使粪便中水分增加而污染鸡蛋。

(2) 猪饲料中使用糖蜜可改善饲料适口性，从而增加采食量。一般仔猪避免使用以防造成腹泻。肉猪用量一般可占日粮的 5%～10%，用量随日龄增加而递增，但使用太多会引起软便。生长育肥猪后期使用到 15% 时，除饲料转化率稍降低外，对生长几乎没影响。母猪日粮中适量添加有利于预防便秘。

(3) 最适于饲喂反刍动物，不仅适口性好，而且可提高瘤胃微生物的活性。但因其具有轻泻性，用量要加以限制，可少量取代玉米，其饲用价值约为玉米的 70% 左右。奶牛可占日粮精料的 5%～10%，用量过多，产奶量和乳脂率均下降。用于肉牛可促进食欲，用量宜在 10%～20%。此外，糖蜜可作为羊育肥用饲料，用量宜在 10% 以下。

(4) 可作为诱食剂，提高饲料的适口性。糖蜜有一定的黏性，常作为颗粒饲料的黏合剂，有利于改善颗粒的质量。可以作为载体，加入适量的尿素、维生素及其他添加剂，用于制取颗粒饲料。

二、制酒酿造工业副产品饲料

(一) 啤酒糟

啤酒糟又称为啤酒粕，是大麦麦芽或混合其他谷物制造啤酒过程中所滤出的残渣。制造啤酒的原料有大麦麦芽、大米、玉米、淀粉等，制造过程可产生啤酒糟、麦芽根、啤酒酵母等副产品。

1. 营养成分 饲用啤酒糟含干物质 88.0%，粗蛋白质 24.3%，粗脂肪 5.3%，无氮浸出物 40.8%，粗纤维 13.4%，中性洗涤纤维 39.4%，酸性洗涤纤维 24.6%，粗灰分4.2%，钙 0.32%，总磷 0.42%，非植酸磷 0.14%；猪消化能 9.41 MJ/kg，猪代谢能8.58 MJ/kg，鸡代谢能 9.92 MJ/kg，肉牛消化能 11.30 MJ/kg，奶牛产奶净能 5.82 MJ/kg。

2. 营养特点

(1) 粗纤维含量较高，能量价值中等偏低，主要是啤酒糟里含有很多大麦麸皮，而且大麦皮里含有抗营养因子——β-葡聚糖和木聚糖，单胃动物不能利用。

（2）含有较多的蛋白质，氨基酸组成与大麦相似。赖氨酸、蛋氨酸、苏氨酸含量分别为 0.72%、0.52%、0.81%。

（3）富含矿物质和维生素，尤其是微量元素锌和 B 族维生素，其中锌含量可达 104.0 mg/kg。此外，还含有未知生长因子。

3. 饲用价值

（1）由于啤酒糟体积大，粗纤维含量高，所以在肉鸡饲料中用量有限，一般在 3%以下为宜。但在种鸡和蛋鸡日粮中，可提高用量至 10%。添加 β-葡聚糖酶和木聚糖酶，有利于提高啤酒糟的饲用价值。

（2）同鸡的情况类似，由于啤酒糟的能量价值不高，一般不作为肉猪饲料原料，但可用于种猪饲料。如果要使用，要注意限制用量，一般在 7%以下为宜。适当添加 β-葡聚糖酶和木聚糖酶有助于提高啤酒糟的利用率。

（3）可作为反刍动物的饲料原料。牛饲料可以使用大量的啤酒糟，但由于适口性较差，要搭配其他适口性好的饲料原料。肉牛饲料中，啤酒糟可部分或全部代替大豆粕，作为蛋白质来源，改善尿素的利用，防止瘤胃的疾病和消化障碍。奶牛饲料中使用 50%的啤酒糟，不影响产奶量和乳脂率。

（二）啤酒酵母

啤酒酵母是生产啤酒过程中将滤出的麦汁加入酒花煮沸，再过滤，再以酵母发酵该滤液，发酵终了产生的沉淀物即是啤酒酵母。

1. 营养成分　饲用啤酒酵母含干物质 91.7%，粗蛋白质 52.4%，粗脂肪 0.4%，无氮浸出物 33.6%，粗纤维 0.6%，粗灰分 4.7%，钙 0.16%，总磷 1.02%；猪消化能 14.81 MJ/kg，猪代谢能 12.64 MJ/kg，鸡代谢能 10.54 MJ/kg，肉牛消化能 13.39 MJ/kg，奶牛产奶净能 6.99 MJ/kg，羊消化能 13.43 MJ/kg。

2. 营养特点

（1）干啤酒酵母含蛋白质高达 45%，其生物学价值较高。啤酒酵母的蛋白质质量介于动物蛋白质和一般的植物蛋白质之间，氨基酸组成较合理，所含的必需氨基酸，如赖氨酸、苏氨酸较高，但蛋氨酸含量较低。啤酒酵母的氨基酸组成及含量见表 2-37。

表 2-37　啤酒酵母的氨基酸组成及含量（%）

成　分	含量	成　分	含量
干物质	91.7	蛋氨酸	0.83
粗蛋白质	52.4	胱氨酸	0.50
精氨酸	2.67	苯丙氨酸	4.07
组氨酸	1.11	酪氨酸	0.12
异亮氨酸	2.85	苏氨酸	2.33
亮氨酸	4.76	色氨酸	2.08
赖氨酸	3.38	缬氨酸	3.40

（2）矿物质含量中钙少磷多。富含 B 族维生素，其中硫胺素含量可达 91.8 mg/kg，核

黄素达 37.0 mg/kg，泛酸达 109.0 mg/kg，烟酸达 448.0 mg/kg，生物素达 0.63 mg/kg，叶酸达 9.90 mg/kg，胆碱达 3984 mg/kg，维生素 B_6 达 42.80 mg/kg，维生素 B_{12} 达 999.9 μg/kg。此外，还含有未知生长因子。

（3）实际使用的干啤酒酵母不同程度混有啤酒糟，降低了其营养价值。

3. 饲用价值

（1）在鸡饲料中用量一般为 2%～3%。由于所含的蛋氨酸低，注意与鱼粉搭配或添加蛋氨酸以平衡该氨基酸的需要。

（2）在猪日粮中的一般用量在 5% 左右，同豆粕搭配使用效果更好。

（3）可作为反刍动物良好的蛋白质来源，用量可达 10%。影响啤酒酵母使用量的主要因素是价格。

（三）麦芽根

麦芽根是发芽大麦去根、芽后的副产品，可能含有芽壳和麦芽屑等。产量为原料大麦的 3%～6%。

1. 营养成分　麦芽根含干物质 93%～96%，粗蛋白质 24%～28%，粗脂肪 0.5%～1.5%，粗纤维 14%～18%，粗灰分 6%～7%。

2. 营养特点

（1）含有较高的粗纤维，而粗脂肪含量少，能量价值偏低。

（2）中等蛋白质含量的饲料原料，氨基酸组成和蛋白质质量也属于中等或偏下，赖氨酸和蛋氨酸含量分别为 1.30% 和 0.37%。此外，粗蛋白质中约 30% 为酰胺类，对单胃动物的营养价值不高。

（3）矿物质含量同啤酒糟一样，钙少磷多。富含 B 族维生素。

（4）含有发酵产生的未知生长因子。此外，还含有许多糖化酶、麦芽糖酶、半乳糖酶、蛋白酶等消化酶，有助于动物消化。

（5）含有一种生物碱，即大麦芽碱，有苦味，因此适口性较差。

3. 饲用价值

（1）由于蛋白质品质较低，部分粗蛋白质为酰胺类，而且能量价值偏低，同时含有大麦芽碱，在鸡饲料中不宜用量过多，一般以不超过 3% 为宜。

（2）在猪饲料中使用麦芽根 8%～10%，可促进猪的生长，高用量则影响生长性能。

（3）反刍动物良好饲料原料，奶牛、肉牛均可使用，用量为 15%～20%，也不宜用量过高，以免影响适口性。奶牛精料中用量不宜超过 20%，否则可能使牛奶带苦味。

（四）酒糟（白酒糟）

酒糟是谷物经酵母发酵，再以蒸馏法萃取酒后的产品，经分离处理所得到的粗谷部分加以干燥而成。不同的谷物发酵，有不同的酒糟，如玉米酒糟、高粱酒糟等。酒的种类很多，一般分为三类：酿造酒、蒸馏酒和再制酒。酒糟一般指蒸馏酒的副产品。主产区是山东、四川、浙江、江苏、安徽等省。

1. 营养成分　鲜酒糟含水 70%～80%，经干燥后含水低于 10%，粗蛋白质 10%～

25％，粗脂肪 3％～13％，无氮浸出物 30％～55％，粗纤维 17％～27％，粗灰分 6％～22％，钙 0.2％～0.5％，磷 0.2％～0.5％。

2. 营养特点

（1）使用谷物酿酒，由于可溶性碳水化合物（主要是淀粉）发酵为醇被提取，即无氮浸出物含量比原谷物下降，而其他营养成分，如粗蛋白质、粗脂肪、粗纤维和粗灰分的比例增加。

（2）由于粗纤维含量高，无氮浸出物低，能量价值下降。

（3）蛋白质含量中等，蛋氨酸稍高，赖氨酸明显不足，脂肪含量较高，富含 B 族维生素。此外，还含有未知生长因子。

（4）不同酒糟质量差异较大，与原来谷物之间比较相似，玉米、高粱酒糟营养成分较佳。

3. 饲用价值

（1）由于容重小，体积大，能量不高，在鸡日粮中使用的潜力不大，一般不超过5％，少量使用可提供部分蛋白质、维生素和未知生长因子。种鸡和蛋鸡使用较合适，肉鸡用量有限，小鸡阶段不宜使用。

（2）在猪饲料中可使用酒糟代替部分糠麸类饲料，可增加适口性，并提高部分蛋白质。由于能量价值较低，一般用量不超过 10％为宜。仔猪不适宜使用酒糟，空怀母猪可使用较多的酒糟。

（3）反刍动物优良的饲料原料，特别是干燥的玉米酒糟脂肪含量高，与其他含脂肪少的原料配合饲喂奶牛，有促进泌乳的功效。奶牛和肉牛日粮中可用至 30％，代替一部分谷物和糠麸类饲料。犊牛也可以使用部分酒糟，但必须限制用量，一般在 5％以下为宜。干乳期母牛用量可以大一些。马属动物可以代替精饲料使用。

（五）酒精糟

酒精糟是用固体或液体发酵法生产乙醇后的副产品。固体发酵法的副产物中粗纤维含量较高，对动物的营养价值较低。液体发酵法的副产物中粗纤维含量相对较低，对动物的营养价值较高。其有三种副产品：一是不含可溶性固形物的干燥酒精糟（DDG），二是可溶性固形物的干燥物（DDS），三是含可溶性固形物的干燥酒精糟（DDGS）。因发酵原料不同，其副产品的营养价值差异较大。

1. 营养成分 玉米 DDG、DDS 和 DDGS 干物质分别为 94％、93％、90％，粗蛋白质 30.6％、28.5％、28.3％，粗脂肪 14.6％、9.0％、13.7％，无氮浸出物 33.7％、43.5％、36.8％，粗纤维 11.5％、4.0％、7.1％，粗灰分 3.6％、8.0％、4.1％，钙0.09％、0.35％、0.2％，磷 0.4％、1.27％、0.74％，有效磷未测定、1.17％、0.32％。

2. 营养特点及饲用价值 一般以 DDS 的营养价值较高，DDG 则较差，DDGS 取决于DDS 和 DDG 的比例。DDGS 和 DDG 除碳水化合物减少外，其余成分均比原料高出很多，并含有更多的维生素、发酵产物及未知生长因子。粗蛋白质含量较高，但质量与饼粕类蛋白质饲料相比还较差。

DDS 粗纤维含量低，能值、维生素及未知生长因子含量高，适宜饲喂仔猪、生长育肥猪、产蛋鸡及种鸡等，用量 2.5%～5%。DDS 还具有黏性，可作为黏结剂使用。DDG 的粗纤维含量较高，维生素及未知生长因子则较低，适于饲喂生长育肥猪、育成鸡、产蛋鸡、种鸡、种猪，用量 5%～10%，反刍动物用量可达 20%以上。DDGS 适宜饲喂生长育肥猪、育成鸡、产蛋鸡、种鸡、种猪，用量 10%～15%，反刍动物用量可达 20%～30%。DDGS 和 DDG 对反刍动物的饲喂效果优于单胃动物，可替代饲粮中豆粕的 40%～50%。

三、乳制品饲料

（一）乳清粉

乳清脱水干燥后的产品即为乳清粉。乳清粉是制造干酪时的副产品。按干酪制法不同，乳清粉可分为酸乳清和甜乳清两种。

1. 营养成分　饲用乳清粉含干物质 94.0%，粗蛋白质 12.0%，粗脂肪 0.7%，无氮浸出物 71.6%，粗灰分 9.7%，钙 0.87%，总磷 0.79%；猪消化能 14.39 MJ/kg，猪代谢能 13.47 MJ/kg，鸡代谢能 11.42 MJ/kg，肉牛消化能 13.77 MJ/kg，奶牛产奶净能 7.20 MJ/kg，羊消化能 14.35 MJ/kg。

2. 营养特点

（1）乳糖含量很高，对畜禽消化率高。乳清粉含有牛奶中大部分水溶性成分，如乳糖、乳白蛋白、乳球蛋白等，乳糖为其主要部分，是幼畜绝佳的能量来源。

（2）蛋白质含量虽低，比不上脱脂奶粉，但也有 13.5%之多。而且与酪蛋白同为优质的蛋白质来源。其中赖氨酸、蛋氨酸和色氨酸含量分别为 1.10%、0.20%和 0.20%。

（3）富含钙、磷及 B 族维生素，其中维生素 B_2 含量为 29.9 mg/kg，泛酸为 47.0 mg/kg，叶酸为 0.66 mg/kg，维生素 B_{12} 为 20.0 μg/kg。乳清粉可增加钙、磷、锌等矿物元素的吸收率；有促进乳酸杆菌繁殖的作用，从而可抑制大肠杆菌的生长。此外，还含有未知生长因子。

（4）具有黏性，可作为黏结剂使用，但制粒温度过高会破坏其成分，降低利用率。

3. 饲用价值

（1）因乳糖不容易被鸡消化，会出现生长不良和腹泻现象，对雏鸡影响比成鸡严重。一般在鸡饲料中不使用乳清粉。

（2）仔猪对乳糖之外的碳水化合物没有消化能力，所以乳清粉所含的乳糖是其良好的能量来源。随年龄增长，乳糖利用率降低。乳清粉对生长猪可用至 20%，育肥猪以 10%以下为宜，否则易导致消化不良而出现腹泻。但仔猪 9 周龄以内配合 50%以下，16 周龄配合 25%以下，均无不良反应。

（3）犊牛良好的能量来源。用于初生犊牛须限制用量，3 周龄以内的犊牛对乳糖消化率低，代乳料中的用量宜在 20%以下，否则乳清中的高乳糖、高矿物质等成分会造成犊牛腹泻，从而抑制生长。奶牛长期使用乳清粉无不良影响，但尿量增加。

（二）脱脂奶粉

全乳加热，以离心将轻的乳脂分离后即得脱脂乳，脱脂乳以真空浓缩成半固态后，再喷雾干燥或薄膜干燥成粉状即为脱脂奶粉。主要成分为蛋白质和乳糖，并富含维生素和矿物质，除乳脂含量低外，可称得上是一种全价营养源。

1. 营养成分 饲用脱脂奶粉含干物质 92.2%～95.7%，粗蛋白质 33.7%～38.5%，粗脂肪 0.1%～0.6%，无氮浸出物 40.5%～54.9%，粗灰分 7.1%～9.1%，钙 1.56% 左右，总磷 1.01% 左右。

2. 营养特点及饲用价值

（1）蛋白质含量高，所含蛋白质属于乳蛋白，碳水化合物全为乳糖，对消化机能尚未健全的幼畜而言，消化率相当好。赖氨酸和蛋氨酸含量较高，分别为 2.98% 和 0.86%。此外，富矿含物质和维生素，但脂肪很低。

（2）鸡、猪、牛、鸭、水产动物、宠物等饲料都可使用脱脂奶粉，其养分充足，适口性好，消化率高，又可促进生长，改善饲料效率。但因价格昂贵，除幼畜及高价值饲料外，一般不加以使用。

（3）对哺乳仔猪饲用价值较高，适口性好。一般在哺乳仔猪的人工乳中可使用10%～20%；对于仔猪饲料，因考虑到成本，使用量一般在 3%～5%。

（4）由于其生物学效价高，易消化吸收，犊牛代乳料的原料中配合脱脂奶粉的效果最好，尤其是 3 周龄前的犊牛，在代乳料中用量可达 60% 以上。

（5）幼鳗鱼饲料中使用3%～5%的脱脂奶粉可增加适口性。虾的开口料也可使用脱脂奶粉。

四、微生物饲料

微生物饲料是指各种基质大规模培养细菌、酵母菌、霉菌、藻类、担子菌等获得的微生物蛋白（或菌体），是饲料工业的重要蛋白质来源。培养方式包括固体培养和液体培养。产物利用方式有两种：一是将微生物与培养基分离，利用微生物作饲料，称为单细胞蛋白质饲料（SCP）；二是将微生物与培养基一起干燥，以混合物的形式利用。用来生产微生物饲料的微生物主要有 4 类：①酵母类，如酿酒酵母、产朊假丝酵母等；②细菌类，如假单胞菌、芽孢杆菌等；③霉菌类，如青霉、根霉、曲霉等；④微型藻类，如螺旋蓝藻、小球藻等。生产微生物饲料的原料主要有 3 类：①工业废液，如酒精废液、淀粉废液、造纸废液和制糖废液等；②工农业糟渣类，如白酒糟、醋糟、豆渣、药渣等；③化工产品类，如石油、石蜡、乙醇等。农作物秸秆、饼粕、畜禽粪便等也可作为生产原料。

微生物饲料生产具有原料来源丰富，适宜工业化生产，生产周期快、效率高，单细胞蛋白营养丰富等特点。

（一）干酵母

干酵母也称酵母粉，是以碳源（如糖蜜、纸浆废液、石油等）及氮源（硫酸铵、尿素等）作为营养源，利用酵母菌培养的酵母，经干燥制得的产品。酵母分为如下几种产品：基本干酵母、活性干酵母、蒸煮干酵母、纸浆废液酵母、酵母饲料和啤酒酵母等。

1. 营养成分 饲用干酵母含干物质 90.7%～95.5%，粗蛋白质 45%～60%，粗脂肪 0.6%～9.0%，粗纤维 2.0%～4.8%，粗灰分 5.7%～8.4%。

2. 营养特点

（1）粗蛋白质含量高，生物学价值介于动物蛋白质和植物蛋白质之间。粗蛋白质中含有部分核酸，核酸可提取出用作化学调味剂，因此有些酵母属于脱核酸酵母。同样，其氨基酸组成决定于酵母种类、培养基和酵母细胞的增殖方式，其变化幅度不超过20％。氨基酸组成中，赖氨酸、色氨酸、苏氨酸、异亮氨酸等几种重要的氨基酸含量都较高，精氨酸含量相对较低，适宜与饼粕类饲料配伍，蛋氨酸和胱氨酸含量也较低，而且蛋白质消化率不高。饲用干酵母的氨基酸组成及含量见表2-38。

表 2-38　各种饲用干酵母的必需氨基酸组成及含量（％）

组成	根据来源分类			根据属分类		
	啤酒酵母	饲料酵母	面包酵母	酵母属菌	串菌酵母	假丝酵母
粗蛋白质	44.6	48.3	47.6	55	45	42
赖氨酸	7.2	6.8	6.9	5.50	6.84	7.90
蛋氨酸	1.6	1.7	1.3	1.20	1.62	1.80
苏氨酸	4.9	4.2	5.1	4.30	5.07	4.90
胱氨酸	1.4	1.0	1.2	—	—	—
缬氨酸	5.6	6.1	5.9	5.00	6.40	5.80
异亮氨酸	5.2	5.5	5.9	4.50	5.50	4.70
亮氨酸	7.1	7.6	7.0	6.80	8.30	7.50
苯丙氨酸	4.2	1.2	3.9	3.80	3.59	4.30
组氨酸	2.1	2.7	2.0	4.80	2.80	1.90
精氨酸	4.7	5.6	4.0	4.30	3.60	4.40
色氨酸	1.3	1.3	1.5	1.10	1.63	1.10

（2）矿物质中，钙少、磷多、钾含量高。富含B族维生素，烟酸、胆碱、维生素 B_2、泛酸、叶酸等含量均高，啤酒酵母和酒精酵母的维生素 B_1 含量也多，但一些干酵母的维生素 B_{12} 含量并不高。

（3）含有未知生长因子。部分干酵母将所含的核酸提取后，其饲用价值降低，未知生长因子效果也随之减少，但成分相似，仍为蛋白质和维生素的优良来源。

3. 饲用价值

（1）可取代部分蛋白质来源用于鸡饲料中，但当作蛋白质唯一来源时，因缺乏蛋氨酸，应给予补充或与鱼粉配合使用，雏鸡饲料用量为2％～3％，当未知生长因子来源用。蛋鸡、肉鸡饲料可使用2％～5％。

（2）因含有未知生长因子，用于仔猪饲料中有明显的促生长效果，但需要补充蛋氨酸。一般仔猪饲料中可使用3％～5％，生长育肥猪饲料中使用3％。

（3）作为奶牛和肉牛饲料中蛋白质唯一来源，无明显的不良影响，但因价格昂贵，一般只有幼畜使用，用量约为2％～3％。

（4）一般高价值的水产饲料，如虾、鳗、鲈鱼、鳟鱼等饲料中均添加有2％～5％优质的干酵母。

（二）单细胞藻类

藻类是泛指主要生长在水中（但也有一些种类生活在陆地上），没有根、茎、叶的一种低等生物，经人工干燥，即可制成饲料产品。单细胞藻类以天然无机物作为培养基，阳光、二氧化碳、氨等为其营养来源。可作为藻体饲料的藻类主要是蓝藻门，其次是绿藻门的一些藻种，目前已经培养供作饲用的有小球藻和螺旋蓝藻。

1. 营养成分　饲用小球藻、螺旋蓝藻干物质分别为 $94\%\sim96\%$、$94\%\sim96\%$，粗蛋白质 $55\%\sim65\%$、$60\%\sim70\%$，粗脂肪 $12\%\sim18\%$、$2\%\sim4\%$，无氮浸出物 $4\%\sim12\%$、$16\%\sim22\%$，粗纤维 $3\%\sim7\%$、$1\%\sim3\%$，粗灰分 $6\%\sim8\%$、$5\%\sim7\%$。

2. 营养特点

（1）小球藻呈深绿色，略带苦味。脂肪和粗蛋白质含量高，但蛋白质消化率低，如对雏鸡的消化率为 $65\%\sim76\%$ 左右，原因是其细胞壁较厚，阻碍消化酶的作用，而且粗蛋白质中的叶绿体也难于消化。氨基酸不平衡，精氨酸和赖氨酸含量高，而蛋氨酸缺乏。

（2）螺旋蓝藻与小球藻相比，脂肪及粗纤维含量较低，而无氮浸出物含量高，主要是一种分支状的多糖类。粗蛋白质含量很高，且消化率也高，达 85% 左右。但氨基酸不平衡，精氨酸、色氨酸含量高，而含硫氨基酸较低。脂肪酸中 $70\%\sim80\%$ 为不饱和脂肪酸，以亚油酸和亚麻酸居多。矿物质中以钾含量高。维生素中除含维生素 C 少外，其他与小球藻类似。色素中富含 β-胡萝卜素和玉米黄质，但不含叶黄素。

3. 饲用价值

（1）小球藻在鸡饲料中少量使用具有未知生长因子效果，但不宜用量过高，用量 10% 可致轻度腹泻，20% 则导致发育不良，且严重腹泻，消化率及能量利用率比大豆粕低很多。蛋鸡饲料中，若以小球藻替代 20% 大豆粕，则采食量及产蛋率均明显降低，但蛋品质较佳，蛋黄色泽也得到改善。因此，鸡饲料使用量以不超过 10% 为宜。猪采食小球藻易引起腹泻，尤其以仔猪最显著，随着猪的生长，其利用率也提高，生长育肥猪用量可达 15%。小球藻可当作锦鲤的着色剂，用量以 20% 最合适，但效果比不上蓝藻，用于金鱼饲料则无此缺点。

（2）螺旋蓝藻对鸡使用效果很差，只能少量添加，但适量使用可使鸡皮肤变黄，蛋黄颜色加深。生长育肥猪饲料中用量可达 15%，种猪适量使用可提高繁殖力。鲜螺旋蓝藻添加食盐后，可直接饲喂牛、羊，适口性好，牛饲料中可添加 10% 的干粉，育肥效果良好。螺旋蓝藻是水产饲料的优质原料，尤其对虹鳟、鲤鱼等淡水鱼，可改善生长，促进性成熟，提高繁殖率。对其他水生动物如甲壳类（虾、蟹）、贝类或软体动物（乌贼、章鱼等）也具有同样效果。

（三）细菌和霉菌

目前以细菌和霉菌来生产微生物蛋白质饲料尚未实用化，但潜力很大，很多非病原菌可利用碳、氮等廉价物质，甚至废物、污水生产高品质的蛋白质饲料。

1. 营养成分　细菌干物质中含蛋白质 $40\%\sim80\%$，碳水化合物 $10\%\sim30\%$，脂肪 $1\%\sim30\%$，粗灰分 $1\%\sim14\%$。霉菌的菌体含有的碳水化合物除糖类、淀粉、糖原等外，还含有难消化的纤维素、木质素等，蛋白质含量大约在 $18\%\sim39\%$。

2. 营养特点 细菌含粗蛋白质比酵母和霉菌都多，其中一部分是游离氨基酸。革兰氏阳性细菌一般能在培养基和一定条件下生产谷氨酸和赖氨酸，而且确认只要变换培养基的种类，即可生产其他氨基酸。不同细菌种类，其蛋白质和碳水化合物成分差异很大。

霉菌所含蛋白质大部分是蛋白态，也含有肽和氨基酸等成分，还有含氮的几丁质和脂类等，一般霉菌含有一切必需氨基酸。

3. 饲用价值 培养细菌所得的产品用于饲喂动物，可以部分或全部取代鱼粉或豆粕，饲喂效果好。以制成颗粒饲料较好，用于粉状饲料效果不良。

霉菌用作畜禽饲料时，由于菌种和培养基的差异，在饲用量上有所不同。在使用效果上，白地菌可增加鸡的体重和产蛋率，提高猪的生长性能。

五、非蛋白氮饲料

非蛋白氮（NPN）是指不具有氨基酸肽键结构的其他含氮化合物的总称，用作饲料的主要有尿素、缩二脲、氨、铵盐及其他合成的简单含氮化合物。它们都是简单的纯化学物质，对于动物并无能量的营养效应，其作用只是供给瘤胃微生物合成蛋白质所需的氮源，从而起到补充蛋白质的作用。使用非蛋白氮作为反刍动物蛋白质营养的补充来源，已经得到普遍应用，并取得了显著效果。对于反刍动物，非蛋白氮是一类廉价、高效和无人、畜相争的蛋白质来源。

（一）尿素

尿素是指所含以尿素为主的产品，也可含少量产自尿素副产物的无毒含氮化合物。主要使用在反刍动物饲料中。由于尿素在瘤胃降解速度很快，从而降低了利用率，又增加了中毒的危险性，为此，目前通过研究降低尿素在瘤胃中水解速度的各种方法，生产如下几种产品：尿素分子间缩合物、尿素和其他分子形成分子间化合物、脲酶抑制剂、包被尿素、糊化淀粉尿素和糖蜜尿素复合舔砖等。

1. 理化性质 尿素为白色晶体，无臭，味微咸苦，吸湿性强，熔点 132.7 ℃，易溶于水、乙醇和苯，几乎不溶于乙醚和氯仿。水溶液呈中性，在高温下可进行缩合反应。

2. 营养特点和饲用价值 纯尿素含氮量为 46.6%，商品尿素一般含氮为 45%，换算为粗蛋白质约为 281%，即每千克尿素相当于 2.8 kg 的粗蛋白质。

尿素可以代替反刍动物饲粮中的部分饼粕类蛋白质饲料，可提高奶牛的产奶量和肉牛的日增重。一般尿素可以代替反刍动物饲粮中约 30% 的粗蛋白质，但当饲粮中含有足量的粗蛋白质时，再添加尿素无效，还可能引起氨中毒。一般尿素在饲粮中的安全添加量为：妊娠及产奶量低于 25 kg/d 的奶牛，尿素可占可消化粗蛋白质的 15%~20%，但每头日喂量不能超过 100 g；产奶量高于 25 kg/d 的奶牛，不宜饲喂尿素，因为高产奶牛瘤胃微生物来不及合成足量的菌体蛋白；6 月龄以上犊牛 40~60 g/d，育肥牛 50~100 g/d；3 月龄以下犊牛，其瘤胃尚未发育完善，尿素对其不具蛋白质效果，故不可使用。妊娠和哺乳绵羊可使用占可消化蛋白的 30%~35% 的尿素，或每只羊每日 13~18 g 尿素；6 月龄以上青年绵羊每只每日 8~12 g 尿素。

3. 使用尿素应注意的问题　尿素在反刍动物瘤胃中短时间内就能100%降解，产生大量极易扩散的氨，而瘤胃微生物对氨不能迅速利用，加之瘤胃液 pH 升高，使大量的氨通过瘤胃壁进入血液，如所吸收的氨的数量超过肝脏转化尿素的能力，就可引起血氨中毒。所以在饲粮中安全使用尿素时要注意以下问题：

（1）严格掌握饲喂量及饲喂方法　尿素在饲粮中代替粗蛋白质的量一般不得超过饲粮总氮量的30%，或不得超过饲粮干物质的1%，或不得超过浓缩饲料的3%。在饲喂时，尿素不能单独饲喂或溶于水中作为饮水使用。一般可将尿素先溶于水中，同5倍的糖浆混合均匀，再同干草料拌匀后进行饲喂。使用尿素应有一个适应期，一般为2～3周。尿素一天的饲喂量要按日常饲喂次数均匀分配进行饲喂，严禁把一天的饲喂量一次喂完。也可以把尿素加入到块状饲料中，供反刍动物舔食用，或在液态饲料中加入，供反刍动物采食。

（2）注意供给适合瘤胃微生物生长繁殖的其他营养物质　饲喂尿素时，要同时供给足量的易溶性碳水化合物，供瘤胃微生物合成菌体蛋白时所需的能源和碳架。如碳水化合物质量较差，粗纤维含量较高，则微生物对尿素的利用率较低。此外，要供给饲粮中的其他成分，如钙、磷、铁、铜、钴、锰、碘、锌、硫和镁，尤其是硫、钴和锌，其中氮：硫应为8～14：1。

（3）严格控制饲喂对象　一般尿素可以用来饲喂正常健康的成年反刍动物，而哺乳期的犊牛、羔羊、患病的牛、羊以及妊娠后期的母畜均不宜饲喂尿素。

（4）尿素味苦，应配合其他适口性好的饲料原料使用，并注意尿素与饲料混合均匀。

（5）生豆类、生豆饼等含有尿素酶，切勿与尿素一起饲喂，否则因尿素分解为氨而逸失，使含氮量降低，并且影响适口性。

（6）血氨中毒的防治　尿素饲喂不当能引起血氨中毒。其症状为：呼吸急促、肌肉震颤、出汗不止、动作失调。严重中毒时口吐白沫。以上症状在饲喂后的15～40 min 内出现，如不及时治疗，0.5～2.5 h 即可死亡。出现血氨中毒时，最常用的治疗方法是灌服20～30 L 凉水（如深井水），使瘤胃液温度下降，从而抑制脲酶的活性，使尿素的降解速度下降。也可以灌服4 L 稀释的冰醋酸或醋酸溶液，以中和瘤胃液。此外，也可以灌服4～5 L 酸奶或酸乳清，或0.5～2 L 0.5%的食醋或同一浓度的乳酸。如饲喂1～1.4 L 含20%的糖浆或糖溶液，效果更好，或使用10%醋酸钠和葡萄糖混合液，效果更理想。

4. 质量标准　饲用尿素的质量标准可参考表2-39。

表2-39　饲用尿素的质量标准（%）

指　标	优等品	一等品	二等品
含氮量（干基）	≥46.3	≥46.3	≥46.3
缩二脲	≤0.5	≤0.9	≤1.0
水分	≤0.3	≤0.5	≤0.7
铁（以 Fe 计）	≤0.000 5	≤0.000 5	≤0.001
硫酸盐（SO_4^{2-}）	≤0.005	≤0.010	≤0.020
碱度（以 NH_3 计）	≤0.01	≤0.02	≤0.03
水不溶物	≤0.000 5	≤0.010	≤0.404

（二）缩二脲

缩二脲即氨基甲酰脲，是尿素经加热反应而成，另含有其他产自尿素热分解的无毒含氮化合物。

1. 理化性质　缩二脲为白色晶体粉末，溶解度（37 ℃）为每 100 mL 22 g，贮存性能好，不结块，不潮解。

2. 营养特点和饲用价值　缩二脲含氮量为 40.77%，转换成粗蛋白质约为 255%。缩二脲是非蛋白氮重要来源，供反刍动物使用。适口性优于尿素，其水溶性较低，释放较慢，因此安全性较高，使用效果同尿素。使用方法与注意事项同尿素。

3. 质量标准　缩二脲的质量指标可参考表 2-40。

表 2-40　缩二脲参考质量指标（%）

项　目	指　标
纯度	≥99.5
硫酸盐（SO_4^{2-}）	≤0.005
氯化物（Cl^-）	≤0.001
氨（NH_3）	≤0.015
铁（Fe）	≤0.005
重金属（以 Pb 计）	≤0.000 5

第六节　矿物质饲料

一、含钙原料

常用补钙原料有石灰石粉、贝壳粉等，是专门补钙用原料，还有既富含钙又含磷的原料，如骨粉、磷酸氢钙等，见表 2-41。

表 2-41　几种常见的补钙原料（%）

原料	含钙量	相对生物学利用率
石灰石粉	38.4	95
牡蛎壳粉	37.9	98
石膏粉	22.2	99
大理石粉	38.9	95~100
白云石粉	38.4	51
$CaCO_3$	40	100

（一）石灰石粉

石灰石是由方解石组成的一种矿物，天然矿石经筛选后粉碎、筛分而成为石灰石粉。

外观灰白色，重要质量标准为：碳酸钙（$CaCO_3$）$\geqslant 94.0\%$，钙$\geqslant 37.6\%$，镁$\leqslant 1.5\%$，铅$\leqslant 0.002\%$，砷$\leqslant 0.001\%$，汞$\leqslant 0.000\ 2\%$，水分$\leqslant 0.5\%$，盐酸不溶物$\leqslant 0.5\%$。石灰石粉是最常见的补钙饲料原料。

（二）贝壳粉

包括牡蛎壳粉、河蚌壳粉等，主要成分为碳酸钙。贝类去肉后的外壳经干燥、粉碎、筛分而制得贝壳粉。除了钙以外，还含有一些微量元素，见表 2 - 42。

表 2 - 42　贝壳粉的成分及含量（%）

成分	含量	成分	含量
水分	0.4	钠	0.21
钙	36.0	氯	0.01
磷	0.07	铁	0.29
镁	0.3	锰	0.01
钾	0.1		

原料标准要求：钙含量$\geqslant 33\%$，杂质$\leqslant 1\%$，不得检出沙门氏菌，贝壳粉不得有腥臭味。

（三）蛋壳粉

来自禽蛋加工厂、孵化厂废弃的蛋壳，经 105 ℃干燥粉碎而成。优质的蛋壳粉是理想的钙源，主要成分是 $CaCO_3$。由于含有一定量的蛋膜、蛋液等，蛋壳粉有少量的蛋白质。蛋壳粉的质量标准要求：钙$\geqslant 33\%$，杂质$\leqslant 1\%$，水分$\leqslant 1\%$，粗蛋白质$\leqslant 7\%$，蛋壳粉不能有臭味，不得检出沙门氏菌。

（四）轻质碳酸钙

轻质碳酸钙是一种化工原料，呈白色粉末状。纯品碳酸钙含钙为 40%，饲料级纯度为 98%，即饲料级碳酸钙含钙 39.2%，要求含水量小于 1%，盐酸不溶物小于 0.2%。碳酸钙生物学利用率为 100%，是最佳的补钙原料。

二、含磷原料

部分含磷原料同时含有钙，如磷酸氢钙、骨粉等。部分磷原料仅含磷，如磷酸氢铵。无机磷利用率高，常作为补磷原料。

（一）磷酸氢钙

饲料级磷酸氢钙的化学式为 $CaHPO_4 \cdot 2H_2O$。纯品磷酸氢钙含钙 23.2%，磷 18.0%，水分 20.9%，工业品按纯度 88.9%计算，即含钙 21%，磷 16%，水分 18.6%。磷酸氢钙是最常用的补磷原料。我国饲料级磷酸氢钙的质量标准见表 2 - 43。

表 2-43 饲料级磷酸氢钙质量标准（%）

项目	含量	项目	含量
钙	≥21.0	重金属（以 Pb 计）	≤0.003
磷	≥16.0	砷	≤0.004
氟	≤0.18	细度（透过 500 μm 筛）	≥95

（二）磷酸钙

磷酸钙别名为磷酸三钙，化学式为 $Ca_3(PO_4)_2$，纯品含钙 38.7%，磷 19.97%，工业品按纯度 85%计算，即含钙 32.9%，磷 16.97%。原料质量标准要求：$[Ca_3(PO_4)_2]$≥85%，磷≥17%，钙≥33%，水分≤1%，氟≤0.18%，铅≤0.002%，砷≤0.004%。

（三）磷酸二氢钙

磷酸二氢钙别名磷酸一钙，化学式为 $Ca(H_2PO_4)_2 \cdot H_2O$。纯品含钙 15.9%，磷 24.57%，水分 7.14%，工业品按纯度 92%计算，即含钙 14.63%，磷 22.60%，水分 6.57%。

饲料级磷酸二氢钙的质量标准为：钙≥14.6%，磷≥22.6%，氟≤0.15%，游离磷酸（H_3PO_4）≤10%，砷≤0.005%，铅≤0.003%。

（四）磷酸二氢铵

磷酸二氢铵别名磷酸一铵，化学式为 $NH_4H_2PO_4$。纯品含磷 26.92%，氮 12.17%（折合粗蛋白质 76.07%）。工业品按纯度 95%计，含磷 25.58%，氮 11.56%（折合粗蛋白质 72.26%）。质量标准要求：氟≤0.01%，铅≤0.001%，铅≤0.000 5%。

（五）磷酸二氢钠和磷酸氢二钠

磷酸二氢钠别名为磷酸一钠，化学式为 $NaH_2PO_4 \cdot 2H_2O$，纯品含磷 19.85%，钠 14.74%。工业品按纯度 98%计算，即含磷 19.45%，钠 14.45%。

磷酸氢二钠别名磷酸二钠，化学式为 $Na_2HPO_4 \cdot 12H_2O$，纯品含磷 8.65%，钠 12.84%。工业品按纯度 98%计算，即含磷 8.47%，钠 12.58%。

（六）骨粉

骨粉是以家畜骨骼为原料，经蒸汽高压灭菌后干燥粉碎而成的产品。主要成分为 $3Ca_3(PO_4)_2 \cdot Ca(OH)_2$，按加工方法不同，可分为蒸制骨粉、脱胶骨粉和焙烧骨粉（骨灰）。生骨粉常常含病原微生物，不能用于饲料。

蒸制骨粉：原料骨在高压（200~300 kPa）蒸汽条件下加热，除去脂肪和肉屑，干燥粉碎而成，含磷 10%左右。

脱胶骨粉：也称特级骨粉。用 40 kPa 蒸汽加热，脱去骨胶、骨髓、脂肪等后干燥粉碎而成，呈白色粉末，含磷 12%左右。

焙烧骨粉：将骨骼堆放在金属容器内煅烧而成，含磷可达 15％以上。

几种骨粉的成分及含量见表 2－44。

表 2－44　几种骨粉的主要成分及含量

原　料	含磷量（％）	含钙量（％）
煮骨粉	10.95	24.53
煮骨粉（脱胶）	11.65	25.40
蒸制骨粉	12.68	30.71
蒸制骨粉（脱胶）	14.88	33.59
骨制沉淀磷酸钙	11.35	28.77

饲用骨粉的质量标准要求为：磷≥10％，钙 20％～35％，氟≤1 800 mg/kg，粗灰分≤70％，水分≤9％，细菌含量符合饲料卫生标准。

骨粉中磷的生物学效价略低于磷酸氢钙（低 8％左右），也是一种优良的磷源。但是骨粉质量不稳定，有时也容易掺假。

三、含钠、氯原料

（一）氯化钠（食盐）

氯化钠化学式为 NaCl。氯化钠含钠 39.7％，氯 60.3％，饲用氯化钠纯度为 98％，即含钠 38.91％，氯 59.1％。质量标准要求：水分≤0.5％，水不溶物≤1.6％。

（二）碳酸氢钠

碳酸氢钠别名小苏打，化学式为 $NaHCO_3$。纯品含钠 27.38％，工业品纯度为 99％，即含钠 27.10％。

（三）一水碳酸钠

一水碳酸钠别名苏打、纯碱，化学式为 $Na_2CO_3 \cdot H_2O$。纯品含钠 18.55％，水分 14.52％，工业品纯度为 98.5％，即含钠 18.27％，水分 14.3％。

（四）无水硫酸钠

无水硫酸钠别名元明粉、无水芒硝，化学式为 Na_2SO_4。纯品含钠 16.19％，硫 22.57％，工业品纯度为 99％，即含钠 16.03％，硫 22.35％。

硫酸钠既可以补钠，又可以补硫，特别是补钠时不会增加氯的含量。硫酸钠同时又是一种泻药，用量不宜过大，一般不超过 0.5％。

（五）醋酸钠

醋酸钠别名乙酸钠，化学式为 $CH_3COONa \cdot 3H_2O$。纯品含钠 16.91％，工业品纯度为 98%，即含钠 16.57%。醋酸是反刍动物瘤胃代谢产物，是重要能量来源，也可以合成乳脂。醋酸钠不仅补钠，而且对反刍动物有提高生产性能等多种功能。

(六) 甲酸钠

甲酸钠化学式为 HCOONa，纯品含钠 33.82%，工业品纯度为 98%，即含钠 33.15%，甲酸钠不仅补钠，同时也是一种酸化剂，对仔猪有提高增重、防止下痢等功效。

四、含镁原料

(一) 硫酸镁

硫酸镁别名泻盐，化学式为 $MgSO_4 \cdot 7H_2O$。纯品含镁 9.86%，硫 13.01%，水分 51.12%；工业品纯度为 99%，即含镁 9.76%，硫 12.88%，水分 50.6%。硫酸镁既补镁，又同时补硫。一般用于反刍动物和鱼类饲料中，有轻泻作用，母猪便秘时，也作为添加剂使用。一般用于奶牛饲料中。

(二) 氧化镁

氧化镁的化学式为 MgO，纯品含镁 60.32%，工业品纯度为 96.5%，即含镁 58.21%。

五、含硫原料

(一) 硫黄

硫黄为单质硫，化学式为硫，即含硫 100%，工业品含硫 99.9%，可用于反刍动物补硫。瘤胃微生物可用硫合成含硫氨基酸。

(二) 二水硫酸钙

二水硫酸钙别名石膏，化学式为 $CaSO_4 \cdot 2H_2O$。纯品含硫 18.62%，钙 23.28%，水分 20.91%；工业品纯度为 95%，即含硫 17.61%，钙 22.12%，水分 19.86%。用于补硫和补钙。

(三) 硫代硫酸钠

硫代硫酸钠的化学式为 $Na_2S_2O_3 \cdot 5H_2O$。纯品含硫 25.84%，钠 18.53%，水分 36.27%；工业品纯度为 99%，即含硫 25.58%，钠 18.34%，水分 35.9%，可以同时补硫和补钠。

六、含钾原料

(一) 碳酸钾

碳酸钾别名钾碱，化学式为 K_2CO_3。纯品含钾 28.29%，工业品纯度为 99%，即含钾 28.01%。

（二）氯化钾

氯化钾的化学式为 KCl，纯品含钾 52.45%，氯 47.55%；工业品纯度为 99.5%，即含钾 52.19%，氯 47.31%。氯化钾既可补钾，又同时补氯，常常被作为电解质使用。

第七节　饲料添加剂

一、饲料添加剂的定义与分类

（一）饲料添加剂定义

饲料添加剂是指为了某种目的而添加到饲料中的微量或痕量物质，具有补充和强化饲料的营养物质、提高饲料适口性及利用率、促进动物生长和发育、改善饲料加工性能及畜产品的质量、有效利用饲料资源的作用。它的使用剂量很小，通常以 mg/kg 或 g/t 计，少部分的添加量以百分含量计。

为保证饲料添加剂产品在饲料中的使用过程符合安全、有效和稳定的要求，它必须满足以下基本要求：

（1）安全性　长期使用或使用期内不会对动物产生急、慢性毒害作用及其他不良影响；不会导致种用畜禽生殖机能的改变或对其胎儿造成不良影响；不会影响正常的发育；在畜产品中无蓄积，或残留量在卫生标准之内，其残留及代谢产物不影响畜产品的质量及其消费者的健康。不得违反国家有关饲料、食品法规定的限用、禁用、用量、用法、配伍禁忌等规定。

（2）有效性　在畜禽生产中使用，有确实的饲养效果和经济效益。

（3）稳定性　符合饲料加工生产的要求，在饲料的加工与贮藏中有良好的稳定性，与常规饲料组分无配伍禁忌，生物学效价好。

（4）适口性　在饲料中添加使用，不影响畜禽对饲料的采食和食欲。

（5）生态性　对生态环境无不良影响。经畜禽消化代谢、排出机体后，对植物、微生物和土壤等生态环境无有害作用。

（二）饲料添加剂分类

目前，在饲料中应用的添加剂很多，大约有 300 多种。饲料添加剂的分类方法较多，但都大同小异。通常的分类方法是根据动物营养的目的，将饲料添加剂分为营养性添加剂和非营养性添加剂两大类。营养性添加剂包括氨基酸添加剂和小肽类、微量元素添加剂、维生素添加剂。非营养性添加剂包括生长促进剂、驱虫保健剂、饲料加工与贮藏剂、饲料与畜产品改良剂、中草药添加剂。

二、营养性添加剂

（一）氨基酸添加剂

氨基酸添加剂具有平衡动物饲料氨基酸、提高蛋白质的利用率、改善动物消化道的消化功能、提高动物的抗应激及抗病能力、促进动物的生长和改善畜产品质量等作用。在动物体内有 20 种基本氨基酸，目前作为饲料添加剂的产品只有赖氨酸、蛋氨酸、色氨酸、苏氨酸、甘氨酸、精氨酸和谷氨酸 7 种。

1. 赖氨酸添加剂 一般以 L-赖氨酸盐酸盐形式添加到饲料中。产品呈白色或浅褐色结晶粉末，无臭或稍有异味，易溶于水，难溶于乙醇和乙醚。产品规格为含 L-赖氨酸盐酸盐（干燥品）≥98.5%。L-赖氨酸盐酸盐含 L-赖氨酸 79.24%，盐酸 19.76%，而产品含 L-赖氨酸 78.8%。赖氨酸添加剂主要用于猪、禽和犊牛饲料。

2. 蛋氨酸添加剂 天然存在的 L-蛋氨酸与人工合成的 DL-蛋氨酸的生物利用率完全相同，营养价值相等，在饲料中以 DL-蛋氨酸形式添加。DL-蛋氨酸呈白色或浅黄色结晶，可溶于稀酸、稀碱，微溶于 95% 乙醇，不溶于乙醚。产品规格为含 DL-蛋氨酸（干燥品）≥98.5%。DL-蛋氨酸主要用于家禽饲料。

DL-蛋氨酸羟基类似物（MHA）是 L-蛋氨酸的前体，呈深褐色黏稠状液体，有含硫基团的特殊气味，可溶于水。虽然分子结构中不含氨基，但其所特有的碳链可在动物体内酶的作用下合成蛋氨酸，因此具有蛋氨酸的生物活性。产品规格为含 DL-蛋氨酸羟基类似物≥88%。MHA 作为蛋氨酸的替代品在反刍动物饲料中使用，其效果相当于蛋氨酸的 65%～88%。使用专用喷雾器将其直接喷入饲料后混合均匀，操作时应避免该产品直接接触皮肤。

DL-蛋氨酸羟基类似物钙盐是 MHA 的钙盐形式（MHA-Ca）。MHA-Ca 为浅褐色粉末或颗粒，有硫化物的特殊气味，溶于水。MHA-Ca 作为蛋氨酸的替代品在反刍动物饲料中使用，其效果相当于蛋氨酸的 65%～86%。

N-羟甲基蛋氨酸钙又称保护性蛋氨酸，为自由流动性粉末，有硫化物的特殊气味。其含量（以蛋氨酸计）>67.6%。

3. 色氨酸添加剂 在饲料中常以 L-色氨酸和 DL-色氨酸形式添加。L-色氨酸呈白色或淡黄色粉末，无臭或略有气味，难溶于水，可溶于热乙醇中。猪对 DL-色氨酸的相对活性是 L-色氨酸的 80%，鸡为 50%～60%。色氨酸主要应用于仔猪人工乳中。

4. 苏氨酸添加剂 在饲料中常以 L-苏氨酸形式添加。L-苏氨酸呈无色至微黄色晶体，易溶于水，不溶于无水乙醇、乙醚和氯仿。产品纯度应在 95% 以上。在小麦、大麦等为主的饲料中常需要补充 L-苏氨酸。

5. 甘氨酸添加剂 甘氨酸为白色结晶或结晶性粉末，口味略甜，可溶于水，难溶于乙醇，几乎不溶于乙醚。产品纯度应在 97% 以上。禽类合成甘氨酸的能力很差，合成量常不能满足需要，为家禽的必需氨基酸。尤其在低蛋白质饲粮中添加甘氨酸，可促进雏鸡的生长，并有提高食欲的作用。

6. 精氨酸添加剂 在饲料中常以 L-苏氨酸或 DL-苏氨酸形式添加。L-苏氨酸具晶体结构，可溶于水，微溶于乙醇，不溶于乙醚。产品纯度均为 98%。一般常用其配制纯合饲料。

7. 谷氨酸添加剂　谷氨酸为无色或白色结晶粉末，在饲料中具有调味作用。在雏鸡、高产蛋鸡及仔猪饲料中需求量较大。

（二）微量元素添加剂

微量元素添加剂具有补充和平衡饲料微量元素、促进动物生长和发育、提高动物机体的免疫功能和改善畜产品品质等作用。在饲料中添加的微量元素添加剂是含有某种微量元素（如 Fe、Cu、Zn、Co、Mn、I 及 Se 等）的化合物。几种畜禽对微量元素需要量及饲料中最高限量（以每千克风干饲粮为基础）见表 2-45。

表 2-45　几种畜禽对微量元素需要量和饲料中最高限量

单位：mg/kg

元素	剂量	仔猪	生长育肥猪	蛋鸡	肉用仔鸡
Mg	需要量	300	400	500	500
	最高限量	3 000	3 000	3 000	3 000
Fe	需要量	78～165	37～55	50～80	80
	最高限量	3 000	3 000	1 000	1 000
Cu	需要量	6～6.5	10	4～8	8
	最高限量	250	200～250	300	300
Zn	需要量	110～78	55～37	35～65	40
	最高限量	3 000	3 000	1 000	1 000
Mn	需要量	3.0～4.5	20～40	30～60	60
	最高限量	400	400	1 000	1 000
Co	需要量	0.1	—	—	—
	最高限量	50	50	20	20
Se	需要量	0.14～0.15	0.10～0.15	0.10～0.15	0.15
	最高限量	4	4	4	4
I	需要量	0.03～0.14	0.13	0.3～0.35	0.35
	最高限量	400	400	300	300
Mo	需要量	<1	<1	<1	<1
	最高限量	5～10	5～10	—	—

注：引自王成章等，饲料学，2003。

我国使用的微量元素添加剂品种大多为硫酸盐，而碳酸盐、氯化物及氧化物的生物利用率较低，因此较少使用。硫酸盐的生物利用率较高，但因其含有结晶水，易使饲料吸湿结块，并易受到霉菌的侵袭，使饲料发霉变质，同时还影响维生素添加剂的稳定性，并对饲料加工设备有腐蚀作用。因此，常选择含结晶水少的硫酸盐或经过处理降低结晶水含量的硫酸盐作为添加剂使用。由于化学形式、产品类型、规格以及原料细度不同，饲料中补充微量元素无机化合物的生物利用率差异很大。各种微量元素添加剂的元素含量及其特性见表 2-46。

表 2 - 46 微量元素添加剂的元素含量及其特性

微量元素	化合物	分子式	微量元素含量（%）	相对生物学效价（%）			特性及使用分析
				禽	猪	反刍动物	
Zn	碳酸锌[a]	$ZnCO_3$	52.1		100		含 7 结晶水的硫酸锌和氧化锌常用。硫酸锌、碳酸锌、氧化锌生物学效价相同，但氧化锌不潮解，稳定性好
	氧化锌	ZnO	80.3		100		
	七水硫酸锌	$ZnSO_4 \cdot 7H_2O$	22.7		100		
	一水硫酸锌	$ZnSO_4 \cdot H_2O$	36.4		100		
Fe	七水硫酸亚铁[a]	$FeSO_4 \cdot 7H_2O$	20.1	100	100	100	硫酸亚铁最常用，生物学效价也最高，三价铁效价要比二价铁低，亚铁氧化后效价随之降低。硫酸亚铁对各类动物效果都很好
	一水硫酸亚铁	$FeSO_4 \cdot H_2O$	32.9	100	92	—	
	氯化铁	$FeCl_3 \cdot 6H_2O$	20.7	44	100	80	
	碳酸亚铁	$FeCO_3 \cdot H_2O$	41.7	2	0～74	60	
	氧化铁	Fe_2O_3	57	2	0	10	
	柠檬酸铁	$FeC_6H_5O_7$	22.8	73	100	—	
	氯化亚铁	$FeCl_2$	44.1	98	—	—	
	硫酸铁	$Fe_2(SO_4)_3$	27.9	83	—	—	
Cu	五水硫酸铜[a]	$CuSO_4 \cdot 5H_2O$	25.4	100	100	100	含 5 结晶水的硫酸铜最常用。硫酸铜的相对生物学效价要高于氧化铜、氯化铜与碳酸铜，但易潮解结块。对单胃动物而言，硫酸铜效果最好，碳酸铜、氧化铜次之；反刍动物则以氧化铜最好，硫酸铜、碳酸铜、氧化铜次之
	碳酸铜	$CuCO_3$	51.4	100	<100	100	
	二水氯化铜	$CuCl_2 \cdot 2H_2O$	37.3	—	—	—	
	氯化铜	$CuCl_2$	64.2	100	100	<100	
	氧化铜	CuO	79.9	<100	<100	<100	
Mn	一水硫酸锰[a]	$MnSO_4 \cdot H_2O$	32.5	100	100	100	硫酸锰常用，且不潮解，稳定性好，生物学效价高，碳酸锰的生物学效价与之接近，氧化锰较差。硫酸锰和氯化锰的效价相同，而碳酸锰对家禽的利用率只有硫酸锰的 90%
	四水硫酸锰	$MnSO_4 \cdot 4H_2O$	24.6	100	—	—	
	二水氯化锰	$MnCl_2 \cdot 2H_2O$	33.9	100	—	100	
	四水氯化锰	$MnCl_2 \cdot 4H_2O$	27.8	100	—	—	
	碳酸锰	$MnCO_3$	47.8	90	100	—	
	氧化锰	MnO	77.4	90	—	—	
	二氧化锰	MnO_2	63.2	80	—	—	
Co	七水硫酸钴	$CoSO_4 \cdot 7H_2O$	21.3	—	—	～100	硫酸钴、碳酸钴、氯化钴均常用，且三者的生物学效价相似，但硫酸钴、氯化钴贮藏太久易结块。碳酸钴可长期贮存，不易结块
	一水硫酸钴	$CoSO_4 \cdot H_2O$	33.0	—	—	～100	
	氯化钴	$CoCl_2 \cdot 6H_2O$	24.8	—	—	～100	
	碳酸钴[a]	$CoCO_3$	49.5	100	100	100	
	氧化钴	CoO	78.6	—	—	～100	

（续）

微量元素	化合物	分子式	微量元素含量（%）	相对生物学效价（%） 禽	相对生物学效价（%） 猪	相对生物学效价（%） 反刍动物	特性及使用分析
I	碘化钠[a]	NaI	84.7	100	100	100	碘化钾、碘酸钾、碘酸钙最常用。碘化钾易潮解，稳定性差，长期暴露在空气中易释放出碘而呈黄色，部分碘会形成碘酸盐。碘酸钾、碘酸钙等利用率高且稳定性好
	碘化钾	KI	76.4	100	100	100	
	碘酸钙	$Ca(IO_3)_2 \cdot 2H_2O$	62.2	100	100	100	
	碘化亚铜	CuI	66.6	100	100	—	
	碘酸钾	KIO_3	59.3	100	100	100	
Se	亚硒酸钠[a]	Na_2SeO_3	45.6	100	100	100	亚硒酸钠是饲料中的常用形式
	硒酸钠	Na_2SeO_4	41.8	58～90	≤100	≤100	
	硒化钠	Na_2Se	63.2	40	—	—	
	硒元素	Se	100	8	—	—	

注：a 为标准物 100。引自王成章等，饲料学，2003。

微量元素添加剂已有三代产品：第一代产品是无机微量元素化合物；第二代产品是有机酸-微量元素配位化合物，常用的有醋酸锰、醋酸锌、葡萄糖酸锰、葡萄糖酸铁、柠檬酸铁、柠檬酸锰等；第三代产品是氨基酸-金属元素配位化合物或以金属元素与部分水解蛋白质（包括二肽、三肽和多肽）螯合的复合物以及酵母富集形式的微量元素。第二代和第三代产品属于微量元素有机化合物（表 2-47）；第三代产品的生物利用率比第一代产品高 100% 以上。目前作为饲料添加剂的氨基酸螯合物主要有蛋氨酸锌、蛋氨酸锰、蛋氨酸铁、蛋氨酸铜、蛋氨酸硒、赖氨酸铜、赖氨酸锌、甘氨酸铜、甘氨酸铁、胱氨酸硒等。蛋白质-金属螯合物（包括二肽、三肽和多肽与金属的螯合物）有钴-蛋白化合物、铜-蛋白化合物、碘-蛋白化合物、锌-蛋白化合物和铬-蛋白化合物等。酵母富集形式的微量元素主要有酵母铁、酵母铜、酵母锌、酵母硒、酵母铬等，它们与氨基酸-金属螯合物的利用率基本相同。

表 2-47 常用有机微量元素添加剂的种类及性质

微量元素	化合物	分子式	相对分子质量	元素含量（%）
Fe	富马酸亚铁	$FeC_4H_2O_4$	169.91	32.9
	柠檬酸亚铁	$Fe_3(C_6H_5O_7)_2 \cdot 6H_2O$	653.89	25.6
	乳酸亚铁	$Fe(C_3H_5O_3)_2 \cdot 3H_2O$	288.04	19.4
	葡萄糖酸亚铁	$FeC_{12}H_{22}O_{14} \cdot 2H_2O$	482.1	11.6
Cu	醋酸铜	$Cu(C_2H_3O_2)_2 \cdot H_2O$	199.65	31.8
	蛋氨酸铜	$Cu(C_5H_{10}NO_2S)_2$	359.99	17.7
	葡萄糖酸铜	$Cu(C_6H_{11}O_7)_2$	453.85	14.0
Zn	醋酸锌	$Zn(C_2H_3O_2)_2 \cdot 2H_2O$	219.49	29.8
	乳酸锌	$Zn(C_3H_5O_3)_2 \cdot 3H_2O$	297.56	22.0
	蛋氨酸锌	$Zn(C_5H_{10}NO_2S)_2$	361.85	18.1

（续）

微量元素	化合物	分子式	相对分子质量	元素含量（%）
Mn	醋酸锰	$Mn(C_2H_3O_2)_2 \cdot 4H_2O$	245.08	22.4
	柠檬酸锰	$Mn(C_6H_3O_7)_2$	543.02	10.1
	葡萄糖酸锰	$Mn(C_6H_{11}O_7)_2$	445.07	12.3
Cr	吡啶羧酸铬	$Cr(C_5H_4NCO_2)_2$	430.0	12.1
I	乙二胺双氢碘化物	$C_2H_8N_2 \cdot 2HI$	311.94	81.4

（三）维生素添加剂

维生素是维持动物正常生理机能和生命活动必不可少的一类低分子有机化合物。该类添加剂具有补充饲料维生素、促进动物生长、提高饲料利用率、改善动物的繁殖性能、增强动物的抗应激能力以及改善畜产品质量等作用。按溶解性的不同，维生素分为脂溶性维生素和水溶性维生素两大类，用作饲料添加剂的维生素有 16 种以上。

维生素的需要量因动物品种、生长阶段、饲养方式、环境因素的不同而不同。饲养标准所规定的需要量为维生素的最低需要量，而在实际生产应用中受许多因素的影响，饲料中维生素的添加量都要比饲养标准所规定的需要量高，高出的量因维生素种类以及实际情况的不同而不同，并将高出的量作为"安全系数"。由于某些维生素的稳定性较差，在饲料中是以其化合物的形式添加，以增强其稳定性。常用的维生素添加剂的化合物及其规格见表 2-48。

表 2-48　维生素添加剂的种类及其规格

种类	外观	粒度（个/g）	含量	容重（g/mL）	水溶性	重金属（mg/kg）	砷盐（mg/kg）	水分（%）
维生素 A，醋酸酯	淡黄到红褐色球状颗粒	10 万～100 万	50 万 IU/g	0.6～0.8	在温水中弥散	<50	<4	<5.0
维生素 D_3	奶油色细粉	10 万～100 万	10 万～50 万 IU/g	0.4～0.7	在温水中弥散	<50	<4	<7.0
维生素 E，醋酸酯	白色或淡黄色细粉或球状颗粒	100 万	50%	0.4～0.5	吸附制剂，不能在水中弥散	<50	<4	<7.0
维生素 K_3（MSB）	淡黄色粉末	100 万	50% 甲萘醌	0.55	溶于水	<20	<4	—
维生素 K_3（MSBC）	白色粉末	100 万	25% 甲萘醌	0.65	在温水中弥散	<20	<4	—
维生素 K_3（MPB）	灰色到浅褐色粉末	100 万	22.5% 甲萘醌	0.45	溶于水的性能差	<20	<4	—
盐酸维生素 B_1	白色粉末	100 万	98%	0.35～0.4	易溶于水，有亲水性	<20	—	<1.0

（续）

种类	外观	粒度（个/g）	含量	容重（g/mL）	水溶性	重金属（mg/kg）	砷盐（mg/kg）	水分（%）
硝酸维生素 B$_1$	白色粉末	100 万	98%	0.35～0.4	易溶于水，有亲水性	＜20	—	—
维生素 B$_2$	橘黄色到褐色，细粉	100 万	96%	0.2	很少溶于水	—	—	＜1.5
维生素 B$_6$	白色粉末	100 万	98%	0.6	溶于水	＜30	—	＜0.3
维生素 B$_{12}$	浅红色到浅黄色粉末	100 万	0.1%～1%	因载体不同而异	溶于水	—	—	—
泛酸钙	白色到浅黄色粉末	100 万	98%	0.6	易溶于水	—	—	＜20（mg/kg）
叶酸	黄色到浅黄色粉末	100 万	97%	0.2	水溶性差	—	—	＜8.5
烟酸	白色到浅黄色粉末	100 万	99%	0.5～0.7	水溶性差	＜20	—	＜0.5
生物素	白色到浅褐色粉末	100 万	2%	因载体不同而异	溶于水或在水中弥散	—	—	—
氯化胆碱（液态制剂）	无色液体	—	70%、75%、78%	含 70% 者为 1.1	易溶于水	＜20	—	—
氯化胆碱（固态制剂）	白色到褐色粉末	因载体不同而异	50%	因载体不同而异	氯化胆碱部分易溶于水	＜20	—	＜30
维生素 C	无色结晶，白色到淡黄色粉末	因粒度不同而异	99%	0.5～0.9	溶于水	—	—	—

注：引自王成章等，饲料学，2003。

对猪、禽而言，常用谷物及其副产品中的烟酸几乎不能被利用，其需要主要依靠添加外源维生素供给。

三、非营养性添加剂

非营养性添加剂主要包括生长促进剂、驱虫保健剂、饲料加工与保存剂、饲料与畜产品质量改良剂等。它具有提高饲料利用率、促进动物生长、预防动物疾病以及改善饲料和畜产品质量等作用。

（一）生长促进剂

生长促进剂主要包括抗生素、合成抗菌药物、益生素、酶制剂、酸化剂、中草药添加剂等。

1. 抗生素 抗生素是微生物（细菌、放射菌、真菌等）的发酵产物，对有害微生物具有抑制和杀灭作用。它可由微生物、人工合成或半合成方法生产。抗生素主要功能是抑制动物肠道中有害微生物的生长与繁殖，从而控制疾病发生和保持动物体健康；促进有益微生物的生长并合成对动物体有益的营养物质；防止动物肠道壁增厚，增进动物对营养物质的消化与吸收，促进动物的生长与生产。

（1）抗生素的分类 目前，作为饲用抗生素添加剂的有 60 多种，根据其化学结构，抗生素主要分为以下几类：

① 四环素类 属于人兽共用抗生素，主要有四环素、土霉素、金霉素等。该类抗生素抗菌谱广，但易产生抗药性。

② 大环内酯类 部分产品属于人兽共用抗生素，主要有泰乐菌素、北里霉素、红霉素、螺旋霉素等。该类抗生素对革兰氏阳性菌、部分革兰氏阴性菌、耐青霉素的葡萄球菌、支原体有抑制作用，但能产生交叉耐药性。

③ 多肽类 属于动物专用抗生素，主要有杆菌肽锌、黏杆菌素、维吉尼霉素、硫肽霉素、持久霉素、阿伏霉素等。该类抗生素毒性小，排泄快，无残留，不易产生抗药性，不易与人用抗生素发生交叉耐药性。

④ 含磷多糖类 属于动物专用抗生素，主要有黄霉素。该类抗生素对革兰氏阳性菌的耐药菌株特别有效，排泄快。

⑤ 聚醚类 属于动物专用抗生素，主要有莫能菌素、盐霉素、拉沙里霉素和马杜霉素。该类抗生素抗菌谱广，并具有很好的抗球虫效果，不溶于水，溶于有机溶剂，无残留。

⑥ 氨基糖苷类 用于饲料中有两种作用：一是抗菌性抗生素，如新霉素、壮观霉素和安普霉素；二是驱虫性抗生素，如越霉素 A 和潮霉素 B。两类抗生素的共同点是不易被吸收。氨基糖苷类对革兰氏阴性杆菌作用强，对绿脓杆菌作用也较强。

（2）常用抗生素 常用抗生素的性质、使用及注意事项等见表 2-49。

表 2-49 常用抗生素的性质、使用及注意事项

抗生素	性质	抑菌范围	适用对象及用量	注意事项
杆菌肽锌	白色粉末，有特殊臭味，味苦，吸湿性强，溶于水和乙醇，不溶于醚、苯及三氯甲烷	对革兰氏阳性菌十分有效，对部分革兰氏阴性菌、螺旋体和放线菌、耐青霉素的葡萄球菌也有效	猪 4～40 mg/kg，鸡 4～20 mg/kg，牛（3 月龄以上）10～100 mg/kg，牛（3 月龄以上）4～10 mg/kg	不能与莫能菌素、盐霉素等聚醚类抗生素混用
黏杆菌素	白色粉末，具有吸湿性，易溶于水，难溶于甲醇、乙醇、丁醇，不溶于丙酮和醚	对革兰氏阴性菌有强的抑制作用，对绿脓杆菌有显著杀灭作用。对金黄色葡萄球菌和溶血性链球菌起作用	猪（2 月龄内）4～40 mg/kg，肉鸡（10 周龄内）2～20 mg/kg，哺乳犊牛 5～40 mg/kg	与杆菌肽锌有较好的协同作用，不易产生耐药性，与其他抗生素无交叉耐药现象，但同类之间有交叉耐药性。产蛋鸡禁用，停药期 7 天

（续）

抗生素	性质	抑菌范围	适用对象及用量	注意事项
恩拉霉素	白色或微黄白色粉末，易溶于稀酸盐，微溶于水、甲醇、乙醇，不溶于丙酮	对革兰氏阳性菌，尤其是有害梭状芽孢杆菌有很强抑制作用	鸡（10周龄内）1～10 mg/kg，猪（4月龄内）2.5～20 mg/kg	不易产生抗药性。产蛋鸡禁用，休药期7 d
维吉尼霉素	淡黄褐色粉末，具有特异性臭味。易溶于水、氯仿、甲醇、乙醇，微溶于苯、乙醚和醋酸铵溶液。稳定性好，耐热	抗菌谱较窄，主要对革兰氏阳性菌（如金黄色葡萄球菌、八叠球菌、枯草杆菌等）有效	猪10～20 mg/kg，鸡10～20 mg/kg，预防猪痢疾为10～25 mg/kg，治疗猪痢疾50～100 mg/kg	不能与其他抗生素配伍使用，休药期为1 d
黄霉素	无色、无臭的非结晶粉末，溶于水、甲醇、二甲基甲酰胺，不溶于苯、氯仿。一般条件下较稳定，强酸、强碱条件下易失效	主要对革兰氏阳性菌有效，对其他有耐药性的菌株也有效，抗菌谱较窄，对革兰氏阴性菌作用极微	肉鸡、蛋鸡1～5 mg/kg，哺乳仔猪5～20 mg/kg，其他猪2～10 mg/kg，小牛6～16 mg/kg，毛皮动物1～4 mg/kg，肉鸭5～6 mg/kg	与其他常用抗生素之间无交叉抗原性，无休药期
泰乐菌素	白色板状结晶，有异味，易溶于水、乙醇、丙酮和乙醚，而含铁、铜、铅、锡等的溶液易使其失效	主要作用于革兰氏阳性菌和支原体，对部分革兰氏阴性菌、支原体、螺旋体也有效	猪（4月龄内）10～40 mg/kg，猪（4～6月龄内）5～20 mg/kg，鸡（8周龄内）4～50 mg/kg	安全性优于杆菌肽锌，与其他抗生素（如潮霉素B）合用有协同作用。易产生抗药性，注意用药方式及用量，休药期5 d
北里霉素	白色或浅黄色结晶粉末，无臭、味苦、稳定性好，难溶于水，易溶于乙醚、甲醇、乙醇、苯和三氯甲烷	主要对革兰氏阳性菌（如金黄色葡萄球菌、肺炎球菌、炭疽杆菌、破伤风杆菌等）有效，对某些革兰氏阴性菌（如流感杆菌、支原体）也有较大的作用	鸡5～11 mg/kg，哺乳猪、仔猪56～100 mg/kg	休药期5 d
卑霉素	无色针状结晶，溶于乙酸乙酯、苯和乙醚	对革兰氏阳性菌有效，对革兰氏阴性菌效果较弱。卑霉素A对梭菌、链球菌有特效，卑霉素B对葡萄球菌的活性最高	仔猪10～40 mg/kg，肉鸡5～10 mg/kg	不宜与其他抗生素合用
土霉素	灰白黄色至黄色结晶粉末，无臭、味苦。其盐酸盐易溶于水，溶于甲醇，微溶于无水乙醇，不溶于三氯甲烷和乙醚，酸性条件稳定，碱性条件不稳定	对大多数革兰氏阳性菌和部分革兰氏阴性菌、螺旋体、立克次氏体与大型病毒均有较强的作用，对真菌不起作用	猪50～100 mg/kg，预防疾病；100～200 mg/kg，可治疗四环素引起的敏感菌的疾病。鸡50～100 mg/kg，预防疾病；100～200 mg/kg，治疗疾病	蛋鸡产蛋期禁用，添加于低钙（钙0.18%～0.55%）饲料时，连续用药不超过5 d

（续）

抗生素	性质	抑菌范围	适用对象及用量	注意事项
金霉素	金黄色结晶，味苦，其盐酸盐在空气中稳定，遇光慢慢分解，酸性溶液对热稳定，碱性溶液在室温下不稳定	对革兰氏阳性菌、革兰氏阴性菌、螺旋体、立克次氏体与大型病毒都有作用	哺乳犊牛 50～200 mg/kg，预防疾病	饲料中长期低剂量使用，易使厌氧微生物（如双歧杆菌）产生抗药性，且与用量呈正相关。蛋鸡产蛋期禁用，休药期 7 d

2. 合成抗菌药物　合成抗菌药物是由化学合成的方法生产，其种类很多，如磺胺类、硝基呋喃类、卡巴氧和硝呋烯腙等，但毒副作用很高，大多数种类已被禁止作为饲料添加剂使用，而仅用于治疗动物疾病。目前我国仅批准使用喹乙醇。

喹乙醇为淡黄色结晶粉末，易溶于热水。其抗菌谱广，对革兰氏阴性菌（如大肠杆菌、沙门氏菌、志贺氏菌及变形杆菌）特别敏感，对革兰氏阳性菌（如葡萄球菌、链球菌）的最小抑菌浓度为 $50\sim100~\mu g/mL$，对致病性溶血性大肠杆菌有选择性抑制作用，对密螺旋体也有抑制作用。喹乙醇排泄快，无积蓄。在饲料中用量：猪（2 月龄内）50～100 mg/kg，猪（2～4 月龄）15～50 mg/kg，肉鸡 10～20 mg/kg。产蛋鸡禁用。应用于家禽应慎重，因其安全范围较窄。

3. 酶制剂　酶是一种天然的生物催化剂，能加快化学反应速度。饲用酶制剂具有促进饲料养分消化吸收、提高饲料利用率、促进动物生长以及降低饲料养分的排泄、保护环境等作用。饲用酶制剂的分类方法较多，但没有统一的标准。依据其组成，分为单一酶制剂和复合酶制剂两大类；依据其特性及作用分为消化类酶制剂和非消化类酶制剂两大类。

单一酶制剂是由一种酶组成，性质单一，专一性强，如植酸酶专一降解植物性饲料中存在的植酸磷。复合酶制剂是由两种或两种以上的酶组成，性质多样，有多种作用底物，包括蛋白酶、脂肪酶、淀粉酶和纤维素酶等。

消化类酶制剂的主要作用是辅助内源消化酶消化饲料中的养分，提高饲料利用率。它包括淀粉酶类（α-淀粉酶、β-淀粉酶、糖化酶、异淀粉酶）、蛋白酶类（动物蛋白酶、植物蛋白酶、微生物蛋白酶）、脂肪酶类。非消化类酶制剂不属于内源酶，其主要作用是降解动物难以消化或完全不能消化的物质或抗营养因子，提高饲料养分的利用率。它包括纤维素酶类（C_4 酶、C_x 酶、β-1,4 糖苷键酶）、半纤维素酶类（木聚糖酶、甘露聚糖酶、阿拉伯聚糖酶、聚半乳糖酶等）、β-葡聚糖酶和植酸酶等。

由于酶对底物选择的专一性，其应用效果与饲料组分、动物消化生理特点等有密切关系，故使用酶制剂应根据特定的饲料和特定的畜种及其年龄阶段而定，并在加工、使用及贮藏过程中尽可能避免高温环境及高温处理。

4. 益生素　益生素又称为微生态制剂、饲料微生物添加剂，它是指可直接饲喂动物的活性微生物，其具有抑制肠道病原微生物的增殖、促进有益菌的增殖、修复肠道微生态系统、提高动物的免疫功能、促进动物的生长等作用。用于生产益生素的种类较多，主要菌种有乳酸菌、双歧杆菌、粪链球菌、芽孢杆菌、酵母菌、放线菌、光合细菌等，我国允许使用的饲料级微生物添加剂有 12 种，即干酪乳酸菌、植物乳酸菌、粪链球菌、尿链球菌、乳酸片球菌、枯草芽孢杆菌、纳豆芽孢杆菌、嗜酸乳杆菌、乳链球菌、啤酒酵母菌、产朊假丝酵母及沼泽红假单胞菌。它们隶属乳酸菌类、芽孢杆菌类和酵母菌类。

乳酸菌是可以分解糖类产生乳酸的革兰氏阳性菌。其厌氧或兼性厌氧，不耐高温，耐酸。活菌体内及其代谢产物中含有较多的过氧化物歧化酶，能增强免疫功能。主要用于哺乳和断奶期的动物。

芽孢杆菌为好氧菌，在一定条件下产生芽孢，耐酸碱、耐高温和挤压，在酸性环境中具有较高的稳定性，可降低肠道 pH 及氨浓度，能产生较强活性的蛋白酶和淀粉酶。

酵母菌为好氧或兼性厌氧菌，其细胞富含蛋白质、核酸、维生素及多种消化酶类，具有增强动物免疫力、提高适口性、促进饲料养分消化吸收、提高动物对磷的利用率等作用。但没有抑制病原菌和分泌乳酸的功能，其稳定性和繁殖速率较低。

益生素的质量及其稳定性受很多因素的影响，如受生产、运输及贮藏中的环境因素（温度、湿度、酸碱性等）的影响，其活性还受进入动物消化道后的内环境的影响，因此，益生素应用效果的稳定性不如抗生素。

5. 酵母培养物　酵母培养物是指活体酵母及其生产基质，主要是兼性厌氧酿酒酵母。其富含维生素、酶、类胡萝卜素、其他营养物质及一些重要的辅助因子，具有促进动物生长、提高饲料利用率、促进消化道内厌氧菌（如乳酸菌）的增殖、维持肠道内环境的稳定、提高植物性饲料中磷的利用率、抑制霉菌毒素对动物的危害以及较好的着色作用。它的应用前景非常广阔。

6. 低聚糖　低聚糖又称寡糖，是由 2～10 单糖单位通过糖苷键连接形成的具有直链或支链的低度聚合糖类的总称。依据其生物学功能，分为普通低聚糖和功能性低聚糖两大类。普通低聚糖主要包括蔗糖、麦芽糖、海藻糖、环糊精及麦芽三糖，它们在内源消化酶作用下可被降解吸收，对肠道内的益生菌无益生作用。功能性低聚糖主要包括低聚果糖、低聚甘露糖、低聚半乳糖、低聚木糖、水苏塘、棉子糖、低聚异麦芽糖、帕拉金糖等，它们不能被动物肠道消化吸收，但具有特殊生理功能，能促进双歧杆菌增殖，调节肠道内微生物系统，有利于动物健康。我国批准使用的低聚糖类添加剂有低聚甘露糖和低聚果糖。

7. 酸制剂　酸制剂是指能酸化动物饲料或饮水的一类酸的总称，它具有降低饲料及胃肠道 pH 和酸结合力、抑制有害微生物的增殖、减少饲料氧化酸败、提高消化酶活性、减缓饲料通过胃的速度、提高蛋白质在胃中的消化、改善饲料适口性、促进动物生长以及促进中间代谢等作用。

一般将其分为单一酸制剂和复合酸制剂两大类。单一酸制剂包括有机酸和无机酸，有机酸主要包括柠檬酸、富马酸、乳酸、丙酸、苹果酸、戊酮酸、山梨酸、甲酸、醋酸，其中使用最广泛的是柠檬酸和富马酸。柠檬酸的适宜添加量为 1%～2%，富马酸为 1.5%～2%。无机酸主要包括盐酸、硫酸和磷酸，其中使用较多的是磷酸。无机酸与有机酸相比，具有酸性强、添加量少、价格低的优势。复合酸制剂是由几种有机酸和无机酸混合制成，具有较快的降低饲料和胃肠道 pH、保持良好的缓冲值和生物性能的优点，克服了单一无机酸腐蚀性强、单一有机酸酸性弱及价格高的缺点，是酸制剂发展的趋势。

8. 中草药制剂及植物提取成分　中草药一般泛指草本植物的根、茎、皮、叶和子实，也包括一些乔木和灌木的花及果实。植物提取成分是指从药草整体或部分提取的具有某种生物学功能的成分（如萜类和类萜类化合物、生物碱和植物酚）。它们具有抗菌活性、抗氧化及免疫特性，并且还具有改善饲料适口性、增进食欲、促进消化酶及消化液的分泌、提高饲料养分的利用率以及防治消化道疾病的作用。该类添加剂具有天然性、多种功能性、无毒副作用、无抗药性、无休药期等特点。常用的中草药有穿心莲、黄芪、苦参、大蒜，植物提取成分有牛蒡油、糖萜素、黄芪多糖、常山酮及类黄酮等。作为饲料添加剂的中草药，首先要符合饲料添加剂的要求，即微量、有独特作用、价廉、资源丰富。作为替代抗生素的饲料添加剂之一，中草药制剂及植物提取成分的发展潜力是巨大的。

（二）驱虫保健剂

驱虫保健剂包括驱蠕虫剂及抗球虫剂两大类。其种类较多，但毒性较大，有些只能短期在加药饲料中使用。

1. 驱蠕虫剂　依据药物的驱虫谱可分为驱线虫药、抗吸虫药和抗绦虫药。而批准使用的只有两种：越霉素 A 和潮霉素 B。

2. 抗球虫剂　抗球虫剂有两类：一是聚醚类抗生素，二是合成抗球虫药。

聚醚类抗生素主要有莫能菌素、盐霉素、拉沙里菌素及马杜霉素。它们既有抗菌的作用，又具有抗球虫的功效。常用的合成抗球虫药有磺胺喹噁啉、磺胺二甲氧嘧啶、氨丙啉、氯羟吡啶、尼卡巴嗪、氯苯胍、常山酮等。

莫能菌素具有抗球虫作用，抗虫谱较广，对鸡毒害艾氏球虫、巨型艾氏球虫、柔嫩艾氏球虫、变位艾氏球虫、波氏艾氏球虫和堆型艾氏球虫等有抑制作用。此外，对革兰氏阳性菌（如金黄色葡萄球菌、链球菌、枯草杆菌等）也有较好作用。用量：鸡（16 周龄内）90～110 mg/kg，雏鸡 60～100 mg/kg，肉牛 200～360 mg/(d·头)。它不易产生耐药性。蛋鸡产蛋期禁用，泌乳期奶牛及马属动物禁用，禁止与泰妙菌素、竹桃霉素合用，休药期 5 d。

盐霉素具有抗球虫作用，对鸡柔嫩艾氏球虫、毒害艾氏球虫、巨型艾氏球虫、堆型艾氏球虫及哈氏球虫等均有抑制作用。此外，对革兰氏阳性菌特别是梭状芽孢杆菌、真菌、病毒具有较强的抑制作用。用量：鸡 50～70 mg/kg，仔猪（4 月龄内）30～60 mg/kg，猪（4～6 月龄）15～30 mg/kg，犊牛 20～50 mg/kg，羔羊 10～25 mg/kg。盐霉素几乎不出现耐药性。蛋鸡产蛋期禁用，马属动物禁用，禁止与泰妙菌素、竹桃霉素并用，休药期 5 d。

拉沙里菌素为广谱高效抗球虫药，对二价金属离子有亲和力。用量：肉鸡 50～125 mg/kg，犊牛 30～40 mg/kg，羔羊 20～60 mg/kg。它可与林肯霉素、黄霉素、土霉素、维吉尼霉素、杆菌肽锌合用。马属动物禁用，休药期 3 d。

马杜霉素抗球虫作用最强，对鸡堆型艾氏球虫、布氏艾氏球虫、巨型艾氏球虫、和缓艾氏球虫、变位艾氏球虫、柔嫩艾氏球虫和毒害艾氏球虫等有杀死作用。用量：肉鸡 5 mg/kg。蛋鸡产蛋期禁用，不得用于其他动物，休药期 5 d。

球虫较易产生耐药性，各种抗球虫剂使球虫产生耐药性的速度不同，最慢的有尼卡巴嗪和聚醚类抗生素，较慢的有氨丙啉和二硝托胺，中等速度的有氯苯胍，稍快的有氯羟吡啶，较快的有喹诺酮类。因此，在使用时注意耐药性的产生，要轮换式用药或程序性用药。

（三）饲料加工与保存剂

在饲料加工、贮存、销售和使用过程中，饲料中的各种营养物质因内部及外部因素的影响而受到破坏，并可能产生有毒有害物质，对动物健康及生长带来不利的影响，并产生重大的损失，严重者还危及人的生命安全。为此，在饲料生产过程中常加入各类的饲料添加剂。常用的有饲料防霉剂、抗氧化剂、抗结块剂、黏结剂、粗饲料及青贮饲料调制剂。

1. 防霉剂　防霉剂是指能抑制霉菌类微生物的增殖，防止饲料霉变及延长饲料贮存时间的饲料添加剂。常用种类主要包括丙酸及其盐类（丙酸、丙酸钠、丙酸钙、丙酸铵）、山梨酸及山梨酸钾、富马酸及富马酸二甲酯、甲酸及其盐类（甲酸、甲酸钠、甲酸钙）、苯甲酸及苯甲酸钠、柠檬酸及柠檬酸钠、乳酸及其盐类（乳酸、乳酸钙、乳酸亚铁）、脱氧醋酸及脱氧醋酸钠、对羟基苯甲酸酯类（对羟基苯甲酸乙酯、对羟基苯甲酸丙酯、对羟基苯甲酸丁酯）以及复合防霉剂等。目前主要使用的是丙酸与丙酸钙、苯甲酸及其盐类、山梨酸。防霉剂发展的趋势是由单一型转向复合型，如丙酸、醋酸、山梨酸、苯甲酸及载体硅酸钙组成复合防霉剂（Mold），效果优于单一防霉剂。

2. 抗氧化剂　抗氧化剂是指能够阻止或延迟饲料氧化，并能提高饲料稳定性和延长贮存期的微量物质。抗氧化剂需要符合的标准：一是与自由基反应的速度比其他易氧化的物质如油脂、脂溶性维生素等要快，二是正常贮存条件下经反应或自身代谢产生的物质性质应稳定，并且不应具有毒害作用。此外还应具有毒性低、使用剂量低、成本低、动物摄入后易快速排出体外、不在体内蓄积、不影响饲料适口性、使用方便、在饲料中的存在量易于检测以及与饲料组分易于混合均匀等特点。

饲料抗氧化剂种类很多，依据作用性质可分为还原剂、阻滞剂、协同剂和螯合剂；依据来源可分为天然抗氧化剂和人工合成抗氧化剂。

常用饲料抗氧化剂有：乙氧基喹啉（EMQ）、二丁基羟基甲苯（BHT）、丁基羟基茴香醚（BHA）、二氢吡啶、维生素 E、维生素 C、没食子酸丙酯（PG）、叔丁基对二酚（TBHQ）等。

3. 抗结块剂　是指为防止饲料结块而加入的物质。它具有使饲料及饲料添加剂保持良好的流散性的作用。要求抗结块剂吸水性差、流动性好、对动物无毒害作用。常用的有亚铁氰化钾、二氧化硅、硅酸盐（如硅酸钙、硅酸钠、硅酸镁、硅酸铝钠等）、天然矿物（如沸石、膨润土及其钠盐、硅藻土等）、硬脂酸盐（如硬脂酸钙、硬脂酸钾、硬脂酸钠等）及柠檬酸铁铵等。

4. 黏结剂　黏结剂又称制粒剂，是颗粒饲料生产过程中加入的，能使粉状饲料黏结在一起成型的一类物质。它具有提高饲料适口性、避免饲料养分的损失、减少饲料生产中产生的粉尘、延长机械加工设备的使用寿命等作用。依据其来源可分为天然黏结剂和人工合成黏结剂两大类。天然黏结剂包括α-淀粉、海藻酸钠（褐藻胶）、琼脂（洋菜胶）、阿拉伯胶、瓜尔胶、蚕豆胶、西黄蓍胶、膨润土及膨润土钠等。人工合成黏结剂包括羧甲基纤维素钠（Na-CMC）、羧甲基纤维素（CMC）、聚丙烯酸钠等。

5. 青贮饲料调制剂　青贮饲料调制剂是一类加入到青饲料中防止其霉变、酸败、腐烂，保持青饲料的适口性和营养价值的物质。它具有抑制好氧菌及厌氧性酪酸菌的增殖、防止青贮料霉烂腐败、促进乳酸发酵、降低青贮料酸度、保障青贮料的质量、提高适口性及青贮料消化率的作用。主要有三类：一是提高青贮饲料营养价值的调制剂，包括非蛋白氮（如尿素）、矿物质和微量元素（如碳酸钙、磷酸钙、硫酸铜、硫酸锰、硫酸锌、氯化钴、碘化钾等）。二是促进乳酸发酵的调制剂，包括乳酸菌、糖蜜、酶制剂等。三是抑制不良发酵的调制剂，包括甲酸、苯甲酸、甲醛、丙酸等。

6. 粗饲料调制剂　粗饲料调制剂是指对秸秆类饲料进行化学处理时加入的一类化学制剂。它具有破坏秸秆中木质素与碳水化合物之间的酯键、破坏木质素-半纤维素-纤维素的复合结构、提高粗饲料的利用率的作用。常用的有氢氧化钠、氧化钙、液氨及尿素。

(四) 饲料与畜产品质量改良剂

1. 着色剂　着色剂又称增色剂、调色剂，是指加入到饲料中能改善畜产品的颜色的物质。它分为两类：天然着色剂和化学合成着色剂。天然着色剂是含有类胡萝卜素成分的红、紫色色素成分的植物及其提纯品。化学合成着色剂主要是类胡萝卜素、番茄红素、叶黄素、辣椒红、柠檬黄质、斑蝥黄质、虾青素和辣椒玉红素等。

常用的着色剂有：β-胡萝卜素、斑蝥黄质（茜草色素、褐藻酮）、加丽素红、加丽素黄、叶黄素、露康定（人工合成色素，主要成分是橘黄素）。

2. 诱食剂　诱食剂又称食欲增进剂、引诱剂，是一类为了改善饲料适口性、增强动物食欲、提高动物采食量及饲料利用率而在饲料中添加的物质。

诱食剂主要包括香味剂（风味剂、增香剂）、调味剂（呈味剂）和水产诱食剂。

常用的香味剂有柠檬醛、香兰素（香草粉）、醋酸异戊酯（香蕉水）、L-薄荷醇、甜橙油、桉叶油等。

调味剂包括甜味剂、辣味剂和鲜味剂。甜味剂主要有乙酰磺胺酸钾（安赛蜜）、环己氨基磺酸钠（甜蜜素）、糖精钠、三氯蔗糖、二氢查耳酮类、甘草末、甜味菊苷、托马丁多肽等。辣味剂主要有大蒜粉和红辣椒粉。鲜味剂主要是谷氨酸钠。

水产诱食剂也称诱引剂，主要有氨基酸及其混合物、含硫有机物、脂肪、生物碱、动植物及其提取物、中草药、磷脂以及核苷酸、尿苷-5-单磷酸盐、羊油、甲酸、香味素、陈皮、鱼肝油、丙酸、酰胺、盐酸三甲胺、柠檬酸、三甲胺内酯等含氮化合物及其某些盐类。也可以两种诱食剂合用，其协同诱食的作用更强。

第三章

饲料配方技术

第一节　配合饲料原则

各种饲料的营养价值虽然有高有低，但没有一种饲料的养分含量能完全符合动物的需要。对动物来说，单一饲料中各种养分的含量，总是有的过高，有的过低。只有把几种饲料合理搭配，才能获得与动物需要基本相近的（配合）饲料，这就需要有一个好的饲料配方。有了优良的动物品种和优质的饲料原料，如果没有好的饲料配方，还是饲养不出体况健康和生产性能较高的动物；或者虽然动物的体况正常，生产能力也较高，但饲料成本也高，因此无法获得较高的经济效益。可见饲料配方设计，对饲料产品质量和饲料企业的经济效益有很大的影响，是养殖业中不可忽视的重要环节。饲料配方设计，应符合以下几点基本要求：

一、选用"标准"的适合性

"标准"都是有条件的"标准"，是具体的"标准"。所选用的"标准"是否适合被应用的对象，必须认真分析"标准"对应用对象的适合程度，重点把握"标准"所要求的条件与应用对象实际条件的差异，尽可能选择最适合应用对象的"标准"。

选用任何一个"标准"，首先应考虑"标准"所要求的动物与应用对象是否一致或比较接近，若品种之间差异太大则"标准"难以适合应用对象。例如，NRC 鸡的营养需要不适用于我国地方土杂鸡种。除了动物遗传特性以外，绝大多数情况下均可以通过合理设定保险系数使"标准"规定的营养定额适合应用对象的实际情况。

二、营养全面、充足、平衡，能充分发挥动物的生产潜力

目前已知动物需要的营养物质有 50 多种，其中绝大部分需由饲料供给，少部分可在动物体内合成，但合成这类物质的原料还需由饲料供给。饲料配方中应含有动物所需的全部营养物质或其合成原料和前体，就是营养要全面。饲料配方中每一种养分的（可利用）量，应能满足动物高效生产的需要。饲料配方的养分不但要全面，而且要充足。养分不足固然不好，但养分量也并不是越多越好，有些养分过多时会引起中毒，有时会妨碍其他养分的吸收利用，所以饲料配方中各种养分之间还应保持一定的比例。例如，能量和蛋白质，钙和磷，各种氨基酸、维生素、微量元素之间，都应有适当的比例。以氨基酸为例，

由于动物体的蛋白质是由 20 种的氨基酸按一定比例组合而成，配合饲料中的各种氨基酸也应接近于这种比例，才能被有效地利用。

三、适口性好，无毒害，符合动物的生理特点

动物实际摄入的养分量，不仅取决于配合饲料的养分浓度，而且取决于采食量。其中饲料的适口性会影响动物的采食量，从而影响动物实际摄入的养分量，养分全面、充足、平衡的配合饲料，如果适口性很差，动物的采食量会下降。在养分浓度不变的情况下，则实际摄入的养分量减少，以至未能满足动物生长和生产的需要，造成营养不良。所以，适口性较差的饲料，如菜子饼、棉子饼、血粉等不宜多用，或者要加一些增味剂改善配合饲料的适口性。

在确定饲料原料的用量时，还应注意避免添加过量对动物产生毒害作用。不少饲料原料中含有一定量的抗营养因子。例如，菜子饼（粕）中含可以造成甲状腺肿大和其他代谢障碍的物质；棉子饼（粕）中含有能引起代谢障碍的棉酚和使鸡蛋变质的环丙烯类似物；大豆饼（粕）中含有能引发仔猪腹泻的过敏原；鱼粉中常含有使肉仔鸡肌胃糜烂的肌肉糜烂素；高粱中含有较多能影响养分消化的单宁；大麦、小麦等含有妨碍养分消化吸收的非淀粉多糖等。这些抗营养因子在配合饲料中含量过多时就会造成不良后果，设计配方时必须注意。至于霉变饲料危害更大，但这已不属于配方设计的范畴，而是厂（场）方保证原料质量的问题。

由于生理特点不同，动物对饲料会有一些特殊的要求。以饲料中粗纤维的含量为例，鸡由于消化道短，对粗纤维消化能力差，饲料中粗纤维含量一般不宜超过 5%，否则会使养分利用率降低。

四、"标准"与经济效益的统一性

饲料成本约占养殖业总成本的 70% 以上。饲料成本的高低对养殖业的效益影响很大。饲料厂能否生产出优质低价的饲料，是产品有无竞争力的主要因素。设计饲料配方时不但要考虑饲料产品的质量，还必须考虑经济效益。要设计出成本相对较低的饲料配方，应注意：

（1）根据市场和饲养管理水平确定适当的营养水平，即选择合适的"标准"。

（2）多种饲料原料搭配使用并选择价格相对较低的饲料原料。

（3）按最低成本和最高效益综合设计饲料配方。

第二节　饲料配方设计及其计算方法

饲料是决定动物生产性能和饲养管理成本的主要因素之一，饲料成本占养殖成本的 70% 左右。饲料配方是饲料生产的核心技术，它是指参照一定的饲养标准，充分利用各种饲料原料，制作出满足畜禽营养需要的产品的过程。设计配方时，须了解不同生理状态的

动物对营养物质的需要量，了解所用原料的特性，之后进行科学合理的搭配。

一、配方设计的基本步骤

饲料配方设计有多种方法，但其设计步骤基本类似，一般按以下几个步骤进行：

（一）确定目标，做好产品定位

根据目标设定配方。市场定位要准确，过高或过低都不能适应市场，导致产品缺乏竞争力，所以要从实际出发，做出科学的市场定位。首先，要做好市场调查，了解、分析当地畜牧生产的特征，根据投放地区的饲养品种、饲养条件和规模确定配方基本目标。另外，也要考虑产品能否使动物达到最大生产性能，产品效果是否是为了达到使畜禽产生某种特定品质的畜产品，是否对环境有影响等因素。随设定目标的不同，配方设计也必须作相应的调整。

（二）确定动物的营养需要量

饲料配方的设计，首先要根据不同畜禽对各种营养素的需要来制订饲养标准。国内外的一些饲养标准可以作为营养需要量的基本参考。饲养标准是畜牧生产中实践经验与科学成果的总结，规定了不同种类健康畜禽在正常的饲养条件下，每日每头应给予的各种营养物质的需要量。由于多数畜禽都是群饲，通常一般以每千克饲粮中各种营养物质的含量来表示（养分浓度）。饲养标准是一定时期理论和实践的总结，具有科学性；同时由于其概括性、平均性及变化性，不能简单普遍地应用于每个品种，又有局限性，而养殖场的情况千差万别，动物的生产性能各异，加上环境条件的不同，因此在选择饲养标准时不应完全照搬，而是在参考标准的同时灵活应用，根据当地养殖的实际情况，进行必要的调整。

动物采食量是决定养分浓度的重要因素，虽然对采食量的预测及控制难度较大，但季节的变化及饲料中能量水平、粗纤维含量、饲料适口性等均是影响采食量的主要因素，养分浓度的确定一般不能忽略这些方面的影响。不同季节应考虑配制养分浓度不同的日粮。由于蛋白质、碳水化合物、脂肪的热增耗不同，以蛋白质为最高，而脂肪较低，因而在夏季时，应适当调整饲料配方，提高能量水平和蛋白水平。同时，要提高氨基酸、维生素等微量成分含量，增大单位体积饲料营养浓度，从而减轻由于天气炎热采食量减少而造成摄入养分不足对动物生产性能带来的不利影响。

（三）合理选用饲料原料

原料选择是配方设计中的关键环节。一个配方如果没有稳定可靠的原料做保障，一定会影响产品质量，最终影响市场占有率。如何做到科学合理地利用原料，主要应该考虑以下几个方面：

1. 原料的实际营养水平 原料的产地和来源不同，其成分会有很大差异；不同厂家、不同批次、不同季节原料成分都有变化；原料的加工处理方式、运输贮存条件也会对原料的营养特性造成影响。为保证原料质量，最好能够选择性地批量采购，做到定期检测，尽量每批抽检，尤其对一些常规成分，再根据原料的实际含量及时对配方做出调整，同时要与生产车间做好协调，修改前后的配方在原料以及小料使用上要衔接好，从而以不断变化的配方保证稳定不变的质量。

2. 原料的适口性　适口性是影响采食量的重要因素，即使营养价值再高若适口性差也起不到应有的作用，反而由于减少了畜禽进食量而对其生产性能造成影响。所以，在配方设计中一定不能忽视对原料适口性的选择。

3. 原料中所含抗营养因子及其使用限量　很多饲料原料中含有抗营养因子及有毒、有害物质，如菜子饼（粕）中的硫葡萄糖苷、棉子饼（粕）中的棉酚、花生饼（粕）被污染后产生的黄曲霉菌毒素等，这些物质不仅影响饲料适口性也影响饲料的消化率，严重时会引起中毒反应。所以，在制作配方时要严格限制含这些物质的原料的用量。

4. 非常规原料的使用　在激烈的市场竞争中，使用非常规饲料原料不失为降低成本的一个办法。但应用时要考虑到其副作用及使用量，同时，可以添加非营养性添加剂如酶制剂等以消除其不利的影响。

5. 原料的来源及价格因素　设计配方时不仅要考虑原料的价格使成本降低，同时也要考虑原料的供应是否及时，原料的采购是否容易，如果配方中使用的某种原料经常出现断货情况，那产品的质量就很难有保障。

（四）形成配方

将以上三步所获取的信息综合处理，形成配方配制饲粮，可以用手工计算，也可以采用专门的计算机优化配方软件。

（五）配方质量评定

饲料配制出来以后，想弄清配制的饲粮质量情况必须取样进行化学分析，并将分析结果和预期值进行对比。如果所得结果在允许误差的范围内，说明达到饲料配制的目的。反之，如果结果在这个范围以外，说明存在问题，问题可能是出在取样、加工过程，也可能是配方本身的问题，还可能是出在实验室。为此，送往实验室的样品应保存好，供以后参考用。

配方产品的实际饲养效果是评价配方质量的最好尺度，条件较好的企业均以实际饲养效果和生产的畜产品品质作为配方质量的最终评价手段。随着社会的进步，配方产品安全性、对环境和生态效应的影响也将作为衡量配方质量的尺度之一。

二、传统计算方法

（一）试差法

试差法也叫凑数法，是专业知识、算数运算及计算经验相结合的一种配方计算方法。可以同时计算多个营养指标，不受饲料原料种数限制。但要配出一个营养指标满足已确定的营养需要的配方，一般要反复试算多次才可能达到目的。在对配方设计要求不太严格的条件下，此法仍是一种简便可行的计算方法。其计算方法是，首先根据经验拟出各种饲料原料的大致比例，然后用各自的比例去乘该种原料所含的各种营养成分的百分比，即得该原料中各种养分在配方中的比例，再将各种原料的同种营养成分在配方中的百分比相加，即得该配方的该种营养成分的总含量，以此算出各种营养成分的含量。将所得结果与饲养标准比较，如有任一营养成分不足或超过，可通过增减相应的原料进行调整和重新计算，直到相当接近饲养标准为止。其优点是此法简单易学，不需要特殊的计算工具，用笔、计算器都可进行，因而使用较为广泛。缺点是计算量大，盲目性大，不能筛选出最佳的配方，成本可能较高。

主要计算步骤如下：

第一步，查出饲喂对象的饲养标准。

第二步，选出可能使用的饲料原料，并确定已选饲料的各种试算指标含量，明确重点计算指标。

第三步，根据能量和蛋白质的需求量草拟配方，确定所选原料在配方中的配合比例。

第四步，配方草拟好之后进行计算，计算结果和饲养标准比较，如果差距较大，应对原料比例进行反复调整，直到计算结果和饲养标准接近。调整顺序先能量，后蛋白，先磷后钙。

第五步，按照营养需要，补充矿物质饲料、氨基酸添加剂、微量元素和维生素等添加剂。

第六步，判断营养指标总和是否满足要求，若满足要求，则计算结束。否则，对配比进行调整，并重复第四到第五步的计算，直到满足要求为止，从而列出配方和主要营养指标。

（二）联立方程法

此法是利用数学上联立方程求解法来计算饲料配方。优点是条理清晰，方法简单。缺点是饲料种类多时，计算较复杂。

例如，某猪场要配制含 18％粗蛋白质的混合饲料，现有含粗蛋白质 8％的能量饲料玉米和含粗蛋白质 40％的蛋白质补充料，其方法如下：

1. 混合饲料中能量饲料占 X％，蛋白质补充料占 Y％。得：

$$X+Y=100$$

2. 能量混合料的粗蛋白质含量为 8％，补充饲料含粗蛋白质为 40％。要求配合饲料含粗蛋白质为 18％。列联立方程：

$$\begin{cases} X+Y=100 \\ 0.08X+0.40Y=18 \end{cases}$$

3. 解联立方程，得出：

$$\begin{cases} X=68.75 \\ Y=31.25 \end{cases}$$

因此，配合饲料中玉米和蛋白质补充料各占 68.75％、31.25％。

（三）交叉法

交叉法又称四角法、方形法、对角线法或图解法。在饲料种类不多及营养指标少的情况下，采用此法较为简便。在采用多种饲料及复合营养指标的情况下，亦可采用本法。但由于计算要反复进行两两结合，比较麻烦，而且不能使配合日粮同时满足多项营养指标。

1. 两种饲料配合 例如，用玉米、豆粕为主给 4～5 周龄肉仔鸡配制饲料。步骤如下：

第一步，查饲养标准或根据实际经验及质量要求制订营养需要量，4～5 周龄肉仔鸡要求饲料的粗蛋白质一般水平为 19%。经取样分析或查饲料营养成分表，设玉米含粗蛋白质为 8%、豆粕含粗蛋白质为 43%。

第二步，做十字交叉图，把所需要混合饲料达到的粗蛋白质含量 19% 放在交叉处，玉米和豆粕的粗蛋白质含量分别放在左上角和左下角；然后以左方上、下角为出发点，各向对角通过中心做交叉，大数减小数，所得的数分别记在右下角和右上角。

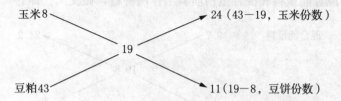

第三步，上面所计算的各差数，分别除以这两差数的和，就得两种饲料混合的百分比。

$$玉米应占比例 = \frac{24}{24+11} \times 100\% = 68.57\%$$

检验：$8\% \times 68.57\% = 5.5\%$

$$豆粕应占比例 = \frac{11}{24+11} \times 100\% = 31.43\%$$

检验：$43\% \times 31.43\% = 13.5\%$

$5.5\% + 13.5\% = 19\%$

因此，4～5 周龄肉仔鸡的混合饲料，由 68.57% 玉米与 31.43% 豆粕组成。

用此法时，应注意两种饲料养分含量必须分别高于和低于所求的数值。

2. 两种以上饲料组分的配合 例如，要用玉米、小麦、次粉、豆粕、棉子粕、菜子粕、玉米蛋白粉和矿物质饲料（磷酸氢钙、石粉以及食盐）和 1% 预混料，为 4～5 周龄肉仔鸡配成含粗蛋白质为 19% 的混合饲料。需先根据经验和养分含量把以上饲料分成比例已定好的三组饲料，即混合能量饲料、混合蛋白质饲料和矿物质饲料。把能量饲料和蛋白质饲料当作两种饲料做交叉配合。方法如下：

第一步，先明确用玉米、小麦、次粉、豆粕、棉子粕、菜子粕、玉米蛋白粉和矿物质饲料粗蛋白质含量。一般玉米为 8.0%、小麦 13.9%、次粉 13.60%、豆粕 43.0%、棉子粕 38.6%、菜子粕 36.5%、玉米蛋白粉 63.5% 和矿物质饲料 0。

第二步，将能量饲料类和蛋白质类饲料分别组合，按类分别算出能量和蛋白质饲料组粗蛋白质的平均含量。设能量饲料组由 70% 玉米、20% 小麦、10% 次粉组成，蛋白质饲料由 70% 豆粕、10% 棉子粕、10% 菜子粕和 10% 玉米蛋白粉构成。则：

能量饲料组的蛋白质含量为：70％×8.0％＋20％×13.9％＋10％×13.6％＝9.7％。

蛋白质饲料组蛋白质含量为：70％×43.0％＋10％×38.6％＋10％×36.5％＋10％×63.5％＝44.0％。

矿物质饲料，一般占混合料的 3％，其成分为磷酸氢钙、石粉和食盐。按饲养标准食盐宜占混合料的 0.3％，则食盐在矿物质饲料中应占 10％［即（0.3÷3）×100％］，磷酸氢钙和石粉则占 90％。

第三步，算出未加矿物质料和预混料前，混合料中粗蛋白质的应有含量。

因为配好的混合料再掺入矿物质和预混料，等于变稀，其中粗蛋白质含量就不足19％了。所以，要先将矿物质和预混饲料用量从总量中扣除，以便按 4％（矿物质饲料和预混料共占的比例）添加后混合料的粗蛋白质含量仍为 19％。即未加矿物质饲料前混合料的粗蛋白质含量应为：19÷96×100％＝19.8％。

第四步，将混合能量料和混合蛋白质料当作两种料，做交叉。即：

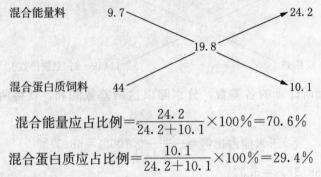

$$混合能量应占比例＝\frac{24.2}{24.2＋10.1}×100％＝70.6％$$

$$混合蛋白质应占比例＝\frac{10.1}{24.2＋10.1}×100％＝29.4％$$

第五步，计算出混合料中各成分应占的比例。即：

玉米应占 70％×70.6％×96％＝47.44％。以此类推，小麦 13.56％，次粉 6.78％，豆粕 19.76％，棉子粕、菜子粕和玉米蛋白粉占 2.82％，磷酸氢钙 2.7％，食盐 0.3％，预混料 1％，合计 100％。

3. 蛋白质混合料配方连续计算 要求配一粗蛋白质含量为 40％的蛋白质混合料，其原料有亚麻仁粕（含粗蛋白质 33.8％）、豆粕（含粗蛋白质 43.0％）和菜子粕（含粗蛋白质 36.5％）。各种饲料配比如下：

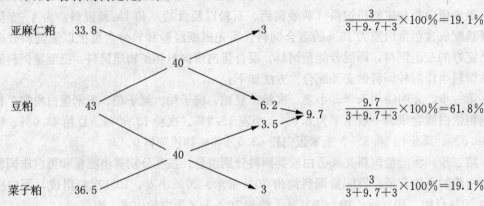

用此法计算时，同一四角两种饲料的养分含量必须分别高于和低于所求数值，即左列饲料的养分含量按间隔大于和小于所求数值排列。

三、线性规划法

饲料配方的研究，一方面要考虑动物对各种营养物质的需要和所选用原料对动物的营养价值。另一方面，又要考虑到原料的市场供应价格及原料的毒性、适口性等条件。如果脱离实际研究配方，盲目性大，很难真正实现优化。如何根据现有原料及限制条件为特定动物拟定科学的饲料配方，实质上是一个资源分配问题。我国早期的饲料配方多采用手算法。进入 20 世纪 80 年代后，随着计算机的普及以及饲料工业的发展，以多种数学模型结合计算机技术设计饲料配方的研究逐渐兴起。

线性规划法是目前应用最广泛的一种优化饲料配方技术。线性规划是运筹学的一个重要分支，它研究的对象实际上就是优化问题，也就是某一线性目标函数，在一定线性约束条件下求最值的问题。线性规划可解决具有下列特征的优化问题：

① 每一个问题都用一组未知数（X_1，X_2，…，X_m）表示某一方案，这组未知数的一组定值就代表一个具体方案。通常要求这些未知数的值是非负的。

② 存在一定的限制条件（约束条件），这些限制条件都可以用一组线性等式或线性不等式来表示。

③ 都有一个目标要求，并且这个目标可表示为一组未知数的线性函数（目标函数）。按研究的问题不同，要求目标函数实现最大化或者最小化。

因此，简而言之，线性规划是要求在一组非负的变量满足一组线性等式或不等式的约束条件下，使一个线性的目标函数达到最大或最小值。设一组非负的变量为 X_1，X_2，…，X_m，使它满足约束条件

$$A_{11}X_1 + A_{12}X_2 + \cdots + A_{1m}X_m \geq B_1 \text{ （或} = B_1，\leq B_1\text{）}$$
$$A_{21}X_1 + A_{22}X_2 + \cdots + A_{2m}X_m \leq B_1 \text{ （或} = B_2，\geq B_2\text{）}$$
$$\cdots\cdots\cdots\cdots$$
$$A_{n1}X_1 + A_{n2}X_2 + \cdots + A_{nm}X_m \leq B_n \text{ （或} = B_n，\geq B_n\text{）}$$
$$X_1，X_2，\cdots，X_m \geq 0$$

使目标函数

$$F(X) = C_1X_1 + C_2X_2 + \cdots + C_mX_m = Z_{min} \text{ （或 } Z_{max}\text{）}$$

模型中的每个方程中，$\geq$、$=$、$\leq$ 只能取一个，但在不同的约束条件下可以不同；A_{ij} 为消耗系数，B_j 是限定系数或约束值，C_i 是成本系数。

如果引入松弛变量即附加变量 X_{m+1}，X_{m+2}，…，X_{m+n}，可将约束条件中的不等式化为等式。即约束条件变为

$$A_{11}X_1 + A_{12}X_2 + \cdots + A_{1m}X_m + X_{m+1} = B_1$$
$$A_{21}X_1 + A_{22}X_2 + \cdots + A_{2m}X_m + X_{m+2} = B_2$$
$$\cdots\cdots\cdots\cdots$$

$$A_{n1}X_1 + A_{n2}X_2 + \cdots + A_{nm}X_m + X_{m+n} = B_n$$

将此形式称为线性规划的标准型，将 X_1，X_2，$\cdots$，X_m，X_{m+1}，$\cdots$，X_{m+n} 统称为结构变量。令 $i=1,2,\cdots,m$；$j=1,2,\cdots,n$，上述标准型可简记为

约束条件：$A_{ij}X_i = B_j - X_{i+j} = Y_i$，$X_i \geqslant 0$

目标函数：C_iX_i 达到最大或最小值。

线性规划数学模型转化为标准型后，可通过图解法、单纯形法、改进单纯形法来求解。两个变量的线性规划问题可用图解法求解。用图解法求解的特点是直观，便于理解，其缺点是在实际生产当中不实用；而单纯形法是一个迭代过程，适用于任意多个变量和约束条件的线性规划求解问题。改进单纯形法是单纯形法的改进算法，其优点是中间变量少，运算量小，适宜解决大型（变量多，约束多）的线性规划问题，尤其适宜计算机解题。

根据上述优化问题的基本特征，显而易见，饲料配方设计问题可表示为线性规划的优化问题，并可应用线性规划计算满足特定畜禽营养需要下的最低成本配方。饲料配方设计过程，就是求解相应线性规划问题最优解的过程，即利用高级计算机算法编制程序，将饲料配方问题抽象成线性规划模型后，充分地输入数据，利用各种程序求解。优选最低成本或最优效益的饲料配方，是要求一组饲料原料按不同比例配合后，其各种营养成分含量达到规定的指标值，而成本最低或效益最优。线性规划最低成本配方优化问题有下列几个基本假定：

① 只有一个目标函数，一般情况下是求配方价格的最小值。该目标函数是决策变量的线性函数。

② 决策变量是配方中的相应原料的用量。

③ 营养需要量可转化为决策变量的线性函数，每个线性函数为一个约束条件。所有线性函数构成线性规划系统的约束条件集。

④ 最优的配方是在不破坏约束条件下的最低成本配方。

线性规划最低成本配方优化问题的数学模型可表示为：

$$\sum_{j=1}^{n} A_{ij}X_{ij} \leqslant B_i \ (i=1,\cdots,m,\ j=m+1,\ m+2,\cdots,n)$$

$$X_i \geqslant 1$$

目标函数 $\sum C_iX_i$ 达到最小值。

式中　X_i——决策变量，即各种原料在配方中的配比；

　　$A_{ij} \geqslant 0$——约束条件，即各种原料相应的营养成分（其中包括某种饲料用量的限制系数，通常为1）；

　　B_j——配方中应满足的各项营养指标或重量指标的常数项值；

　　m——配方原料个数；

　　n——约束方程数；

　　C_i——各种饲料原料的单价；

　　C_iX_i——配方中各项饲料原料的成本。

四、目标规划法

目标规划法是在线性规划法的基础上发展起来的。目标规划也称多目标规划，可把所有约束条件均作为处理目标，目标之间可以依据权重的变化而相互破坏，给配方设计带来更大的灵活性。

1. 建立目标规划数学模型的附加条件

（1）引入正、负偏差变量 d^+、d^-　　正偏差变量 d^+ 表示决策值超过目标值的部分，负偏差变量 d^- 表示决策值未达到目标值的部分。因决策值不可能既超过目标值同时又未达到目标值，恒有 $d^+ \times d^- = 0$，即 d^+ 与 d^- 之间至少有一个为零，并规定 $d^+ \geqslant 0$，$d^- \geqslant 0$。

（2）绝对约束与目标约束的转化　　绝对约束指必须严格满足的等式约束和不等式约束，如线性规划问题的所有约束条件，不能满足这些条件的解称为非可行解。所以，它们是硬约束。目标约束为目标规划所特有，可把约束右端项看作要追求的目标值，在达到此目标值时允许发生正或负偏差。因此，在这些约束条件中加入正、负偏差变量，它们是软约束。线性规划问题的目标函数在给定值加入正、负偏差变量后可转换为目标约束，也可根据问题的需要将绝对约束变换为目标约束。

（3）优先因子（优先等级）与权重系数的引入　　设有 L 个决策目标，根据 L 个目标的优先程度，把它们分成 K 个优先等级 P_k，凡要求第一位达到的目标赋予优先因子 P_1，次位的目标赋予优先因子 P_2，…；并规定 $P_k \geqslant P_{k+1}$，$k=1,2,\cdots,K$，表示 P_k 比 P_{k+1} 有更大的优先权。即首先保证 P_1 级目标的实现，这时可不考虑次级目标，而 P_2 级目标是在实现 P_1 级目标的基础上考虑的，以此类推。而在同一个优先级别中的不同目标，它们的正、负偏差变量的重要程度还可以有差别。这时，还可以给同一优先级别的正、负偏差变量赋予不同的权重系数 ω_{kl}^+ 和 ω_{kl}^-。

2. 多目标规划饲料配方数学模型　　饲料配方多目标规划的数学表达式可为：

目标函数

$$Z_{\min} = \sum_{k=1}^{K} P_k \left(\sum_{l=0}^{m} (\omega_{kl}^- d_l^- + \omega_{kl}^+ d_l^+) \right)$$

约束条件

$$\begin{cases} \sum_{j=1}^{n} c_{lj} x_j + d_0^- - d_0^+ = b_0 \\ \sum_{j=1}^{n} a_{ij} x_j + d_i^- - d_i^+ = b_i \quad (i=1,2,\cdots,m) \\ x_1 + x_2 + \cdots + x_n = w_0 \\ x_j \geqslant 0 \quad (j=1,2,\cdots,n) \\ d_l^+ \times d_l^- = 0 \quad (l=0,1,2,\cdots,m) \\ d_l^+, \ d_l^- \geqslant 0 \end{cases}$$

多目标规划法求解过程可采用改进单纯形法。

3. 多目标规划模型的优点

（1）将饲料配方计算问题归结为一个具有多种优化目标的问题，将各目标分级综合在目标函数中，在优化求解过程中能够有效地兼顾各目标的相互关系，能够适应多种情况下提出的饲料配方计算问题。

（2）饲料配方计算的约束边界具有一定的弹性。因为该模型将约束真实地描述为目标约束，并且合理地引入了离差变量，这确切地反应了标准中各指标的真实含义（即指标多为目标值），并且目标值允许有一定的正、负偏差，利用这个具有弹性边界的模型，可以求得一组而非一个在一定偏差范围内的满意解。

（3）减少了无可行解的情况，由于采用分级优化的办法，当提出的约束条件不尽相容时，即以约束条件为刚性边界构成的可行解为空集时，求解数学模型总可以使具有较高优先级别的若干目标得以实现，从而得到一组权宜解。

建立模型时，需要确定目标值、优化等级、权重系数等，它们具有一定的主观性和模糊性，可以用专家评定法给予量化。

总之，饲料配方计算的多目标规划模型有着坚实的数学理论基础与行之有效的计算方法，用于各种动物饲料配方计算是可行的。它不再把价格作为唯一的目标绝对优先地考虑，可以在规定配方价格的基础上求最优解。

4. 多目标规划饲料配方设计的一般步骤 ①根据产品设计方案，确定其营养水平；②选定饲料原料的种类、价格和营养成分值；③确定各种优化指标（价格、营养水平）及其优化形态；④确定应限量的原料种类及其限量值与优化形态；⑤根据各目标的重要性程度，设置目标的优先级或权重；⑥生成配方计算的系数矩阵和目标值；⑦配方的多目标规划优化计算；⑧对优化结果进行分析，确定是否需要重新优化；⑨修改系数矩阵和目标值、目标的优先级或权重，进行重新优化。

第三节　饲料配方软件应用技术

目前，常用的外国著名饲料软件有：Format 软件（英）、Brill 软件（美）、Mixit 软件（美）等；国产配方软件：资源配方师软件- Refs 系列配方软件、高农饲料配方软件、农博士饲料配方软件、饲料通 MAFIC - soft 等等。

下面介绍几种常用配方软件的使用方法。

一、资源饲料配方软件简介

资源饲料配方软件是由北京资源饲料（集团）有限公司、北京亚太资源饲料研究所研制的饲料配方系统，有"资源配方师 E＋E（DOS 版）"和"资源配方师 Refs. X FOR Win95/98/2000/XP"等不同版本。该系统采用简洁的操作界面设计、鼠标操作模式以及丰富的图表和多媒体效果显示，具备线性规划、目标规划及手工优化等配方设计、优化的功能。主要特征如下：

（1）明确提出"配方方案"概念，将配方设计过程划分为数据（原料与标准等）准备→方案设计→优化处理→实际配方→配方分析→生产配方等过程，并以此记录配方制作与生产全过程。

（2）设计"原料采购分析决策技术"，其中应用了原料影子价格分析，为配方调整、原料采购规模与用量、营养标准的选择等提供科学依据；采用"配料仓竞争技术"和"原料库存管理"功能处理原料贮存及配料仓使用规划，优化调整配方；通过"配方生产计划"将生产与计划、原料采购结合起来。

（3）采用开放性的数据库结构和最新的原料及营养标准数据；建立了畜禽理想蛋白质预测模型、禽代谢能估测模型、有效氨基酸含量平衡模式等营养专家体系和"资源词霸"，将动物营养知识和软件功能体系紧密结合在一起，可随时查阅相关原料、营养知识并应用于配方设计中；灵活有效的能蛋比、钙磷比等参数配方设计方式，结合营养指标的动态选择功能，最大限度地保证饲料配方品质可靠和具有丰厚的利润空间。

（4）启用"期望价格""参数配方技术""概率配方""多配方制作技术"等配方思想，有效平衡价格与质量要求，将配方参数的渐变分析与最佳效益配方结合起来，实现多配方产品质量的稳定，充分强调整个企业生产中多配方产品总体成本的最低。

（5）嵌入"最佳营养物质能量浓度配方技术"，即可依据畜禽采食量（能量）梯度的变化，合理选取动物营养需要量和配方成本的最佳配置点，寻求配方设计的营养标准最优方案，达到饲料厂和养殖企业利益最佳结合点。

（6）开设产品价格定位模式，估算某一产品配方成本上限及指导产品售价的定制；创立配方评估思想和配方档案体系，解剖配方、跟踪配方设计过程、把握配方变化调整点，从原料用量、营养素含量及比例的合理性来评估配方质量，并根据具体情况进行配方调整。

二、百瑞尔饲料配方软件简介

该系统是由美国 Brill 公司研制的饲料配方系统，至今已有 36 个版本，主要的功能模块有①基本饲料配方设计，②专业配方师，③饲料工厂管理，④定价报告处理，⑤多混合配方设计，⑥原料分配，⑦参数渐变分析，⑧全局多工厂、多配方设计，⑨仓储分配处理等。Brill for Win95/Win NT 版的配方系统则具有多种版本，包括 1.0、2.0 和 2.5 等。Windows 版本的 Brill 配方系统主要由两大可独立在 Windows 桌面上运行的模块组成，即"维护（Maintenance）"和"优化（Optimization）"。

系统"维护"部分主要是为了进行其后的配方优化而进行的一系列数据处理工作。这些工作包括饲料厂的数量及其具体内容的确定，原料总库种类及分配到各配方生产工厂的种类确定，特别是为进行多工厂、多配方设计而预先进行的数据准备工作等。其主要特点包括：①搜寻功能，可按编码进行原料索引，按配方种类在多配方库中搜寻指定的一类配方；可以对不同工厂间多达 10 种以上的配方进行比较，比较内容涉及原料种类、养分和价格等，也可将这些配方中的一个或多个合并产生一个新的可供保存的配方。②价格切入维护功能，即内部的价格维护是按周公布变化后的新配方，外部的价格维护尽管不按周进行，但可对公布的配方方案在执行价格期间提出警告。③预混料自动更新功能，即允许建立多个工厂的预混料表单，以便利用这些表单更新多达 50 个工厂的原料成分和（或）价格。

系统配方"优化"模块特点主要反映在以下两个方面：①多混合（Multiblend）配方设计，即能给出一系列参考配方，供配方设计者从中选择满意的配方；或者让某些影响配方结果的参数按照一定的比例逐渐变化，从而得到一组配方供设计者观察配方结果的变化。②批量优化方案（Batch optimization solution）设计，即以欲设计的所有配方成本总和最小化为目标函数，同时满足既要满足各种配方达到的营养规格及原料的配比用量限制，又要使得不同配方使用某些原料的总和受到数量的制约，由此形成全局的线性规划模型进行求解。这种整体的配方优化特征是局部优化不一定服从最低成本的最优配方，但服从整体配方设计的最优化。此外，除了一个工厂的批量配方优化外，这一模块还能针对多个工厂、多组配方进行批量优化。

第四章

精饲料的加工与调制

　　饲料是指能提供动物所需的某种或多种营养物质的天然或人工合成的可食物质。中华人民共和国国家标准《饲料工业通用术语》对饲料的定义为：能提供饲养动物所需养分、保证健康、促进生长和生产且在合理使用时不发生有害作用的可食物质。而饲料原料是指以一种动物、植物、微生物或矿物为来源的原料物质。有的饲料原料可以直接饲喂动物，而绝大多数饲料原料需要经过加工处理之后才可以进行饲喂。常用的加工方法分为：传统方法如去皮去杂、粉碎、混合和破碎等；普及性加工方法如制粒和挤压等；新方法如蒸汽压片、干热爆裂和膨化等，此外还有微粉碎、塑压成型和包被加工等。

第一节　饲料原料的去杂

一、原料去杂目的

　　一般在饲料厂中，需清理的饲料原料主要是粉状原料（如麸皮、鱼粉等），需要粉碎的原料主要是粒状或块状原料（如玉米、豆粕）等。饲料原料在收割、晾晒、贮存和运输过程中，难免会混入各种各样的杂质，如石块、泥块、麻袋片、绳头、金属等。如果不能有效地去掉这些杂物，不仅会影响饲料产品的质量，降低动物的生产性能，而且会造成饲料厂管道堵塞，甚至损坏设备，影响生产。如果是金属杂质，还会加速设备工作部件的磨损，损坏机器，甚至可能造成人身事故。早期的饲料生产线和现在的许多小型饲料加工机组很少注意这个问题。

　　没有清理工序或清理不彻底的饲料厂，常常在配合料混合机和制粒机调质器的主轴上发现大量麻绳、编织带缠绕。如果畜禽吃进这种杂质会影响健康与生产性能。

二、原料去杂工艺

（一）初清筛选

　　利用饲料物料与杂质尺寸或粒度大小不同的特性，用筛选法分离进行初清。基本原理是，利用一定规格的筛网与物料发生相对运动，小于筛孔直径的物料通过筛孔流走，而大于筛孔的杂质被清理出来。常用的筛选设备有圆筒初清筛（清理粒状或块状原料）、鼠笼式初清筛、网带式初清筛和圆锥初清筛（清理粉状原料），有条件的地方可以用平面回转筛清理粉状或粒状原料。对筛选设备的要求是：结构简单，操作方便，耗电量低，粉尘不外扬，噪声小，密闭性好。

（二）磁选

利用物料与杂质不同的磁性，用磁选法分离。磁选清理饲料原料中经常有些铁杂，小的铁杂会影响成品饲料的质量，大的铁块同时会损坏设备，特别是粉碎机、制粒机和膨化机等；铁杂与设备之间的摩擦火花还可能引发粉尘爆炸，因此，磁选设备必不可少。基本原理是，利用磁性金属极易被磁化的性质，在原料中的磁性金属杂质被磁化后与磁场的异性磁极相互吸引而与物料分离。考虑到设备价格和安装问题，一般在原料清理部分使用永磁筒或永磁盒，在制粒机、粉碎机上使用永磁盒。常用的磁选设备还有永磁筒磁选器、永磁滚筒磁选器、溜管磁选器等，其中以不用动力的永磁筒为最好。

另外，为确保产品质量，成品粉料进入成品仓前也要加一道磁选。使用永磁筒时，最好在其入口设一段长度 500 mm 左右的直溜管，使料流均匀，速度适中，从而保证磁选效果。根据生产情况，一般 4 h 或 8 h 清理一次磁选设备。有时饲料厂由于清理不及时会造成永磁筒堵塞，进而影响整个生产线的正常运行。

（三）除尘

利用物料与杂质悬浮速度不同的特性，用通风除尘法除尘。对于原料的清理，饲料厂可根据各自具体情况，采用单项措施或综合措施。

（四）筛面

筛面是筛选机械的主要工作部件。栅筛筛面、冲孔筛面和编织筛面是常用的三种筛面。

1. 栅筛筛面　栅筛是由角钢、圆钢、方钢或扁钢制成的栅条平行地、以一定的间距排列而成。栅筛的过筛能力强，处理量大。但是筛分很不精细，只能用于初步清理。在饲料厂中常置于进料坑上，以分除绳头、芦苇及大块泥、石等杂质。饲料厂进料坑上的栅筛栅条常用圆钢或扁钢制成，扁钢的宽度方向应垂直于筛面，栅条之间的距离为 30～40 mm。

2. 冲孔筛面　冲孔筛又称板筛，通常是在薄钢板（黑铁皮）或镀锌铁板（白铁皮）上用冲模冲出筛孔。筛孔的形状有圆形、圆头长形、三角形等数种，见图 4 - 1。筛孔的厚度一般取决于筛孔的大小，筛孔小的筛面其厚度较小；筛孔大的或受磨损剧烈的筛面，应适当加厚，以使筛面有足够的强度。过厚的筛面，筛理时筛孔易堵塞，过薄则强度不够。冲孔筛面具有坚固、耐磨、不易变形的优点，常用于粒料清理、分级、锤碎机筛板等场合，缺点是筛孔易堵塞，筛面质量大、造价高，工作时噪声大，筛孔开孔率较低。

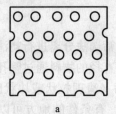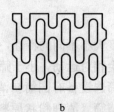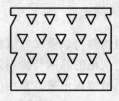

图 4 - 1　冲孔筛面
a. 圆形孔　b. 圆头长形孔　c. 三角形孔

3. 编织筛面　编织筛面可由金属丝（如钢丝、镀锌铁丝等）、蚕丝或化学合成丝编织而成。编织筛的筛孔形状有长方形、方形两种，见图 4-2。编织筛面所用金属丝的粗细，根据筛孔大小而定，一般直径在 0.5～1.5 mm 左右，粉料、粒料均可使用。编织筛有单绞、双绞及平织等三种。编织筛面强度较低而编织较精细，多用于粉料筛理；编织筛面易因湿、热而使筛孔延伸、筛

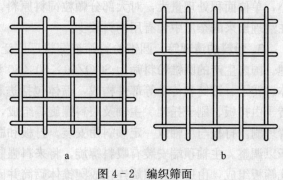

图 4-2　编织筛面
a. 方形筛孔　b. 长方形筛孔

面下垂。编织筛面的主要优点是：制造方便，造价低，开孔率大，筛下物易于穿过筛孔，易于使物料层自动分级。缺点是不耐磨，易变形或损坏。

（五）饲料厂常用的除杂筛

1. 栅筛　筛面固定不动，不需动力，简单便宜，但筛分效率较低，仅能进行极粗糙的筛分作用。

2. 圆筒清理筛　圆筒清理筛广泛用于饲料厂的粒料除杂，目前使用最广泛的是 SCY 型圆筒清理筛。SCY-63 型的结构示意见图 4-3。物料由进料口经进料管进入圆筒中部，圆筒的一端为罩壳封闭。整个圆筒由罩壳左侧的主轴呈悬臂状支撑。筛筒表面用冲孔筛，整个筛筒分前、后两个半段，它们的筛孔大小不同，近罩壳的半段用 20 mm×20 mm 的方形筛孔，可使料粒较快地过筛，而近出杂口的半段用 15 mm×15 mm 的方形筛孔，以保证存在筛筒内的大杂质不易因该段筛面上物料较少而穿孔过筛。在该段筛筒上，装有反向螺丝条，使杂质及时从出杂口排出。为了避免绳头挂在筛网上，该筛设置了筛面清理刷，在进料口旁边设有吸风口，以减少灰尘飞扬。圆筒清理筛结构简单，造价低，体积

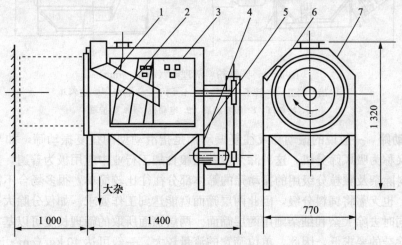

图 4-3　圆筒清理筛（单位：mm）
1. 进料管　2. 螺旋片　3. 筛筒　4. 电动机　5. 传动装置　6. 清理筛　7. 机架

小，单位面积处理量大，对大部分颗粒饲料原料，圆筒清理筛可以达到要求的清理效果。在清理出来的杂质中含有用物料较少。

3. 粉料的清理筛 圆锥粉料筛被饲料厂广泛用于米糠、麸皮、鱼粉等粉状原料的清理。国内生产的圆锥粉料筛为 SCQZ60×50×80 型，其结构见图 4-4。圆锥粉料筛由筛体、转子、筛筒和传动等部件构成，筛体包括进料斗、筛箱、操作门、出料口和端盖等。转子由打板、刷子托架、主轴及喂料螺旋等组成，主轴上装有托架，托架的端部有打板和清理刷。打板与主轴以一定倾斜角安装。打板和刷子与筛筒内表面的间隙可通过调节螺栓予以调整。主轴顶端安装有喂料螺旋，将来料强制推入筛筒内。筛筒由两片曲成半圆的冲孔筛板组成，由压条和螺旋连接成圆锥体筛筒并固定在箱体内的固定圈上。当喂料螺旋将需清理的粉料强制推入筛筒内后，粉料受到旋转打板的冲击作用使粉料中的结团物料打碎，同时，粉料在打板的推动下与打板一起绕筛筒内表面做圆周运动。在打板的压力和物料离心力作用下，小于筛孔尺寸的粉料迅速穿过筛孔，从出料口排出。杂质则成为筛上物，在倾斜打板的作用下向大杂出料口方向移动，最后由排杂口排出。国内生产的圆锥形粉料筛，其打板倾角一般为 5°～8°。机型大的取大值，小的取小值。转子以转速 300～400 r/min 运转，机型大时转速小。圆锥形粉料筛运转平稳，占空间小，能有效地将粉料中含有的石块、纸片、秸秆等清理出去。但原料中含有的绳头、叶片等长形柔性杂质易缠绕于进料螺旋中心轴上，工作时应定时去除。

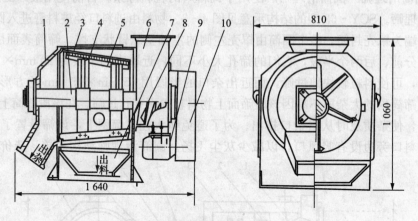

图 4-4　圆锥粉料清理筛（单位：mm）
1. 出料端盖　2. 转子　3. 筛筒　4. 刷子　5. 打板　6. 进料斗
7. 出料口　8. 喂料螺旋　9. 电动机　10. 防护罩

4. 振动筛 一般说的振动筛或往复振动筛是指滑动型的往复振动筛，如与吸风除尘器组合则又称为吸风筛分机，这种除杂设备在粮食加工行业中应用极为普遍，其结构见图 4-5。饲料除杂及颗粒分级用的振动筛的筛体部分往往比较简单，很多场合不需要分除中杂和细杂，也无需将饲料分级，因此两层筛面就能达到工作要求。如仅分除大杂，只用一层筛面，同时去除大杂和细杂则用两层筛面。两层筛面所取的筛理长度可以基本相同。由于饲料厂除杂的要求低，因此，单位筛宽的流量较大，一般可达 40 kg/(cm·h)。

5. 回转、振动分级筛 这是目前被用于饲料清理或饲料分级筛面中的一种新筛面运动形式。这种筛面被称为回转、振动分级筛。它同样是由机架，驱动装置，筛箱，尾部支

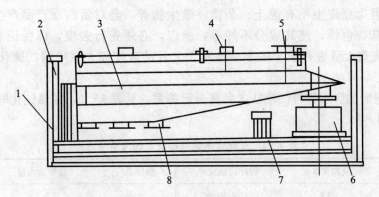

图4-5 往复振动筛

1. 机座 2. 尾部支撑机构 3. 筛体 4. 观察口
5. 进料口 6. 传动箱 7. 电动机 8. 出料口

撑机构等部件构成，其结构见图4-6。其特点是，筛体的进料端作圆周回转运动，而在出料端则是作往复运动。物料从进料口集中进入筛体，在筛体圆周运动的作用下，在整个筛宽上均匀分布，并自动分级，使料层下面粒度较小的物料迅速过筛。

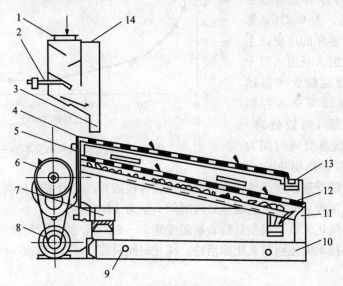

图4-6 回转、振动分级筛

1. 进料斗 2. 进料压力门 3. 吸风道 4. 第一层筛面
5. 第二层筛面 6. 自动振动器 7. 弹簧减振器 8. 电动机 9. 吊装孔
10. 机架 11. 小杂溜管 12. 橡皮球清理装置 13. 大杂溜管 14. 吸风口

第二节 大豆的去皮

一、大豆去皮概述

在制油过程中已实施过大豆去皮工艺。如果进行大豆蛋白质的制取，就更加需要去皮工艺了，因为豆皮上粘有泥土、杂质、微生物等，会对蛋白质产品产生不良影响，如影响其气味、色泽，使其成分不纯等，所以，必须先行去皮，以保证制品的质量。去皮前，要先对大豆进行烘干脱水，这对于大豆的去皮和大豆中酶的钝化，有明显的促进作用。

豆粒干燥后的含水量与仁粒粘皮率有一定关系，见表 4-1。加热钝化时间与粘皮率的关系见图 4-7。

表 4-1　豆粒含水量与粘皮率的关系（％）

操作条件	豆粒含水量	破碎后粘皮率	操作条件	豆粒含水量	破碎后粘皮率
未干燥	12	4.2	干燥	9.5	0.6
干燥	10.5	2.9	干燥	8.5	1.6

由表 4-1 及图 4-7 可知，大豆干燥后其含水量在 9.5％时，破碎豆粘皮率最低，为 0.6％；钝化时间为 40 min 以上时，粘皮率最低，为 0.2％。常规去皮工艺已有多年的历史，主要是先将清理过的大豆送入烘干塔加热脱水，使豆粒含水量达 11％。控制豆温 55 ℃送入存料仓进行缓苏处理（时效处理）（美国一些工厂缓苏处理时间为 45 min），使豆粒表面温度向豆内提升，豆粒内部受热膨胀。然后再将豆粒送破碎机破碎，经分离机分离。

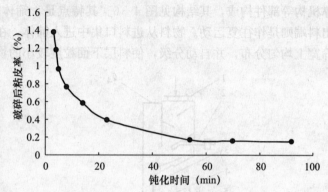

图 4-7　钝化时间与粘皮率的关系

欧洲一些地区大豆去皮工艺缓苏处理时间一般为 1 h 左右。

近年，采用流化床烘干机使豆粒表面温度达 75～92 ℃，加热时间缩短到 10～20 min。有的工厂用红外技术钝化脂肪氧化酶活性，钝化时间只需 5 min，温度 104 ℃。

二、常规去皮工艺

常规去皮工艺流程见图 4-8。操作时，先将清理后的大豆用运输机流入计量秤 1，再入存料仓储存，再经运输机送入立式烘干机 3 进行烘干脱水，将大豆含水量由 13％降到 9％。烘干时最高温度为 60 ℃。将烘干物料送入缓苏混合器 4 中混合，再次入缓苏仓 5 中储存，使皮的水分含量增加到 11％。储存停留时间为 20 min。由缓苏仓出来的豆粒被输入破碎机 6 中，在此挤压使豆粒破碎，流入锤式脱皮机 7，使皮壳和仁粒分开。一部分皮壳被吸除，仁粒再入调理机 8 中，用蒸汽加热到 55 ℃，保持皮含水量在 11％，再一次经吸风系统除去仁粒中残留的皮壳。最后去皮仁粒入轧坯机 9。

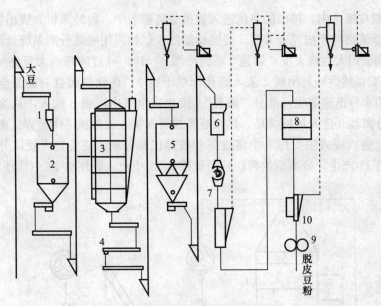

图 4-8　常规大豆脱皮工艺流程

1. 计量秤　2. 存料仓　3. 烘干机　4. 缓苏混合器　5. 缓苏仓

6. 破碎机　7. 锤式脱皮机　8. 调理机　9. 轧坯机　10. 吸风除尘系统

三、国外先进去皮工艺

皇冠公司去皮工艺流程见图 4-9。清理后的大豆经计量后流入立式烘干机 1 中，在此被加热到 60 ℃，停留时间 20～30 min。然后，大豆通过刮板运输机 2 被输入到锤式脱皮机 3 中，在很短时间（＜3 min）内将大豆温度升到 87.7 ℃，进行热爆裂，再经打板撞击使豆皮和子仁分离，落入到头道（双对辊）破碎机 4 中，经挤压破碎。破碎机辊面上有特殊装置。物料流经吸风分离器 5 吸除皮壳，皮壳被旋风分离器 13 搜集。旋风分离机出口接风机 14，废气被排出室外，也可以再进入吸风分离器循环使用。分离后的物料继续流入二道破碎机 6 中作进一步的挤压，再经吸风分离器 7 吸除皮壳，气流从分离器入旋风分离器 15 中除去残留皮壳。

空气由加热器 10 加热后，经风机

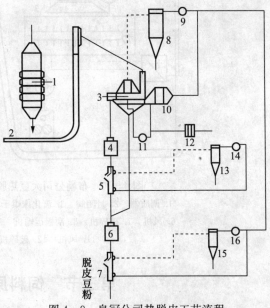

图 4-9　皇冠公司热脱皮工艺流程

1. 烘干机　2. 刮板运输机　3. 锤式脱皮机　4. 头道破碎机
5. 吸风分离器　6. 二道破碎机　7. 吸风分离器　8. 旋风分离器
9. 风机　10. 加热器　11. 风机　12. 加热器　13. 旋风分离器
14. 风机　15. 旋风分离器　16. 风机

11 送入锤式脱皮机 3 内，排出的热风进入旋风分离器 8 中，再经风机 9 吸出排走。由 13、15 旋风分离器流出的壳皮经合并后，经振动筛回收仁粒再用吸风分离系统处理一次。

瑞士布勒公司大豆热去皮"爆裂"系统见图 4-10。经过清理的大豆在一台调质器 1 中加热到 60℃，然后经封闭阀 2 流入流化床烘干机 3，在此热大豆与高温空气接触，使皮壳与仁粒的水分迅速蒸脱且部分"爆裂"。流化床空气由风机 6 吹入，从流化床顶部排出，经旋风分离器 5 进入风机循环。热大豆经封闭阀 4 入破碎机 7 中破碎。破碎热物料经刮板运输机 8 送入锤式脱皮机 9 中将皮壳和破碎仁粒分离，皮壳进入旋风分离器 10 中，循环风由风机 11 产生。分离后的碎仁粒经破碎机 12 中流入轧坯机 13 中压坯成型。

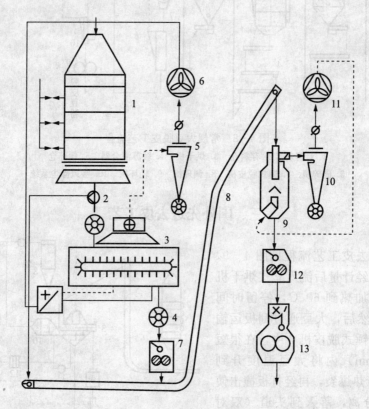

图 4-10 布勒公司大豆热脱皮"爆裂"工艺流程

1. 调质器 2. 封闭阀 3. 流化床烘干机 4. 封闭阀 5. 旋风分离器
6. 风机 7. 破碎机 8. 刮板运输机 9. 锤式脱皮机 10. 旋风分离器
11. 风机 12. 破碎机 13. 轧坯机

第三节 饲料原料的脱毒

一、棉子饼（粕）的脱毒

棉子饼主要有毒成分是棉酚，它是一种复杂的多元酚类化合物，为黄色晶体。棉酚有两种，榨油时大部分由于加工中的蒸炒和压榨机的热作用与棉子中的蛋白质结合成为一种无毒的化合物，称为结合棉酚；另一种为游离棉酚，虽然在棉子饼中含量较低，但其毒性却很大。除棉酚外，棉子饼中还含有棉紫红素、棉绿素和环丙烯脂肪酸等有毒、有害物质。棉紫红素和棉绿素的毒性比棉酚大，但因含量极低，不会对畜禽产生明显的毒害作用。

棉酚被吸收后，干扰血红蛋白的合成，致使血液中血红蛋白浓度下降，而且棉酚还可直接降低血红蛋白的带氧能力。因此，长期或大量饲喂高棉酚棉子饼的家畜易出现贫血，呼吸、循环器官负担过重，并产生被动性肺充血、水肿和胸积水；棉酚可破坏生殖器官，使妊娠母畜流产，公畜性不育；棉酚和环丙烯脂肪酸能增强鸡蛋磷蛋白膜的通透性，使鸡蛋在贮存过程中，蛋黄内的铁渗透到蛋清中而导致蛋清变为粉红色，并增加蛋黄水分和使组织松散，还会降低鸡蛋的孵化率和延迟鸡的性成熟；游离棉酚具有活性羟基和醛基，反应力很强，它能与畜禽体内的酶发生作用，使酶的活性降低，干扰畜禽正常生理生化过程。

棉子饼中毒主要发生于猪、鸡、犊牛和羔羊中，成年牛、羊很少发病，这是由于成年反刍家畜瘤胃液内可溶性蛋白质中赖氨酸的氨基与游离棉酚结合，使游离棉酚失活的缘故。

（一）改进传统制油工艺

现行传统的榨油工艺，由于压榨和预压浸出时的高温、高湿处理，易使棉子色素腺体被破坏，游离棉酚大量释放，与蛋白质结合成结合棉酚，同时与赖氨酸发生美拉德反应，从而降低了棉子饼（粕）的蛋白质品质和赖氨酸的有效性。因此，国内外正在不断改进制油工艺，避免制油过程中的高温、高湿处理，以获得棉酚含量低、蛋白质品质较高的棉子饼（粕）。

1. 溶剂浸出法 该法是根据棉酚易溶于有机溶剂的性质，在低温条件下，利用溶剂浸出的方法提取油脂，同时也将棉酚萃取、除去，达到脱毒的目的。该工艺可利用混合溶剂同时萃取油脂和棉酚，得到含棉酚浓度高的粗制混合油，再经精炼分离去除棉酚，剩余的棉子粕可直接用作饲料。最常用的溶剂有丙酮、乙醇、异丙醇等。

（1）乙醇-工业己烷混合溶剂浸出法 该法是利用工业己烷浸出棉油，利用乙醇浸出棉酚的一种脱毒工艺。实践证明，在混合溶剂中乙醇（90%）与工业己烷的比例为30：70时，浸出棉油和去除棉酚的效果较好。

（2）丙酮浸出法 该方法是根据棉酚溶于丙酮的性质，在利用丙酮作溶剂浸出棉子油的同时，棉酚也被浸出，再通过混合油精炼的方法去除棉酚，达到脱毒目的。在制油工艺中，棉仁轧坯后直接用丙酮浸出，油脂和棉酚同时从原料中浸提出来。一般所得棉子粕中棉酚总量在 0.05% 以下，粕中残油 0.4%～0.7%，可直接用作饲料。或者用丙酮水溶液浸提，先采用一般浸出制油，萃取出物料中的油脂，所得粕再用 70% 丙酮水溶液浸出棉酚。

（3）液-液-固三相萃取法 这是一种新型的棉子饼（粕）脱毒工艺技术。首先把棉子清理去杂，仁、壳分离后，棉仁经低温软化、轧坯、成型、烘干后，进入浸出提油系统，经溶剂提取油脂后，湿粕进入脱酚浸出器，再经溶剂 2 次萃取使棉酚含量达到工艺要求。脱去溶剂后，进行低温烘干，最后得到棉酚含量低于 0.04%、蛋白质含量高于 50% 的棉子蛋白产品。

除以上三种浸出法外，还有许多溶剂浸出法，各种方法均是采用某些溶剂溶解棉酚，再经各种工艺将棉酚去除。这类方法的优点是加工过程没有高温处理，避免了蛋白质的热变性和赖氨酸有效性的降低，得到的饼（粕）质量较高。缺点是溶剂的分离和回收困难，溶剂消耗大，工艺比较复杂且需要特殊的设备，投资较大。

2. 棉子色素腺体分离法　由于棉酚主要集中在棉子的色素腺体中，如果将色素腺体除去，即可制得低毒的优质棉子饼（粕）。该工艺一般采用旋液分离法，借助高速旋转产生的离心力使色素腺体完整地分离出来。具体方法是，将棉子磨碎到 $50\sim400~\mu m$，将其分散在己烷中，在液体旋风分离器中，借助高速旋转使蛋白质与棉子腺体分离。得到的棉子饼（粕）游离棉酚含量为 0.02％，总棉酚 0.06％，蛋白质 66.31％，粗纤维 2.3％。但这种方法对技术设备要求较高。

3. 低水分蒸炒法　高水分蒸炒法在传统制油工艺中可提高出油率和油脂质量，但由于湿热的作用，促使游离棉酚与蛋白质结合，特别是与赖氨酸发生美拉德反应，使蛋白质消化率和赖氨酸的有效性下降，从而降低了棉子饼（粕）的营养价值。因此，将高水分蒸炒改为低水分蒸炒（或干炒），可减少色素腺体的破坏，减少游离棉酚与蛋白质的结合，保存饼（粕）的营养价值。

（二）棉子饼（粕）的脱毒措施

对于游离棉酚含量在 0.1％以上的棉子饼（粕），尤其是土榨饼，为了保证饲用安全，必须进行脱毒处理。

1. **物理处理**　对棉子饼（粕）的物理脱毒法主要是加热法。棉子饼（粕）在高温、高压下，棉子腺体破裂释放出棉酚，棉酚与蛋白质或氨基酸反应，由游离态转变为结合态，同时自身发生降解反应，从而降低棉酚的毒性。具体方法包括蒸、煮、炒等加热处理方法，一般可使游离棉酚的去除率达 70％以上。但其最大的缺点是由于高温处理，造成蛋白质的热损害，降低了饼（粕）中蛋白质的消化率和赖氨酸的有效性。

膨化脱毒法（热喷技术）是目前国内研发的新型脱毒方法。其基本原理是利用饼（粕）在膨化机挤压腔内受到温度、压力和剪切作用，使棉酚破坏而失去毒性。膨化前棉子饼（粕）需加入适量水分进行调质处理，使饼（粕）含水量在 15％～18％，然后喂入膨化机进行膨化。棉子饼（粕）经膨化后，可显著降低游离棉酚的含量（≤0.0125％），远低于世界卫生组织和联合国粮农组织对棉子饼（粕）用作饲料的建议标准规定（游离棉酚≤0.04％）。膨化前加入硫酸亚铁和生石灰，能明显增强脱毒效果（表 4-2），并可有效保护蛋白质及氨基酸，各种营养成分均可保留 98％以上（表 4-3）。

表 4-2　棉子饼（粕）膨化脱毒效果

试验方案	不加脱毒剂	加尿素	加硫酸亚铁和生石灰
物料含水量（％）	19.66	20.86～26.58	12.48～26.22
膨化腔体温度（℃）	115	115～118	117～126
通过腔体时间（s）	50	50	50
原料棉酚含量（％）	0.081	0.081	0.081
脱毒后棉酚含量（％）	0.035	0.026～0.033	0.001 3～0.013
脱毒率（％）	56.5	59～68	84～98

表 4 - 3　棉子饼（粕）热喷前后营养成分及游离棉酚含量（％）

成分	棉子饼		棉子粕	
	热喷前	热喷后	热喷前	热喷后
粗蛋白质	38.1	38.0	42.1	42.0
粗脂肪	6.1	6.1	2.1	2.0
粗纤维	11.1	11.0	9.5	9.3
粗灰分	6.0	6.0	6.0	6.0
游离棉酚	0.12～0.28	<0.0125	0.12～0.28	<0.012 5

2. 化学处理　化学处理是根据棉酚的化学性质，利用化学物质与其反应，使棉酚破坏或成为结合态，从而达到脱毒目的。常用的化学物质如硫酸亚铁、硫酸锌、硫酸铜、碱、过氧化氢、芳香胺、尿素等。这种方法工艺简单，便于操作，脱毒效果较好。但一般仅除去游离棉酚，总棉酚含量几乎不降低，尽管结合棉酚毒性较小，但在微生物的作用下，仍会分解出游离棉酚。

（1）硫酸亚铁处理法　硫酸亚铁是目前公认的游离棉酚解毒剂，该方法是目前较常用的处理方法。其机理是硫酸亚铁中的亚铁离子与棉酚螯合，使游离棉酚中的活性醛基和活性羟基失去活性，形成的"棉酚铁"螯合物不易被动物吸收而迅速排出体外。硫酸亚铁不仅可作为棉酚的解毒剂，而且还能降低棉酚在肝中的蓄积量，从而起到预防中毒的目的。

硫酸亚铁的用量可根据棉子饼（粕）中的游离棉酚含量确定。一般亚铁离子与游离棉酚的螯合是等摩尔的，但在实际应用时，由于这种螯合受粉碎粒度、混合均匀度、游离棉酚释放程度等因素的影响，添加的铁与游离棉酚的比例要高于 1：1，以保证二者的充分螯合。生产实践中，一般按铁盐中铁元素的含量与游离棉酚的含量之比为 1：1 左右加入硫酸亚铁，折合成 $FeSO_4 \cdot 7H_2O$，由于其中铁元素只占硫酸亚铁相对分子质量的 1/5，其用量应按游离棉酚含量的 5 倍计算，如果棉子饼（粕）中游离棉酚的含量为 0.07％，应按饼（粕）重量的 0.35％加入硫酸亚铁。一般机榨饼硫酸亚铁的用量占饼重的 0.2％～0.4％，浸出粕硫酸亚铁的用量为粕重的 0.15％～0.35％。但是，硫酸亚铁用量也不宜过高，用铁量过高可增加动物肝脏中铁的含量，反而有害。一般饲粮中允许的亚铁离子含量不超过 500 mg/kg。

硫酸亚铁的添加方式主要有三种。一种是干粉直接混合法，即将硫酸亚铁干粉直接混入含有棉子饼（粕）的饲粮中；另一种是溶液浸泡法，将硫酸亚铁配制成一定浓度的溶液，然后将棉子饼（粕）浸泡一定时间后，再与其他饲料混合后饲喂动物。干粉直接添加法的硫酸亚铁用量一般高于浸泡法，浸泡法浸泡时间的长短也影响脱毒效果。第三种是硫酸亚铁溶液雾化脱毒法，此方法是在棉子制油工艺过程中，喷入雾化硫酸亚铁溶液，在蒸料工序与棉子原料混合，使游离棉酚失活。脱毒效果见表 4 - 4。

（2）碱处理法　棉酚具有一定酸性，能够与碱反应生成盐，可以在棉子饼（粕）中加入某些碱类，如烧碱或纯碱的水溶液、石灰乳等，并加热蒸炒，使饼（粕）中游离棉酚破坏或呈结合态。使用 NaOH 处理时，可配制成 2.5％NaOH 水溶液，在加热条件下（70～75 ℃）与等量的棉子饼（粕）混合，维持 10～30 min，然后加入 3％盐酸中和，使饼（粕）的 pH

表 4-4　硫酸亚铁法脱毒效果比较

工艺	脱毒前游离棉酚含量（干物质,%）	脱毒方法	脱毒后游离棉酚含量（干物质,%）	脱毒效果（%）
土榨饼	0.291	2%硫酸亚铁	0.013 3	95.4
土榨饼	0.234	1%硫酸亚铁	0.029 4	87.5
土榨饼	0.268	0.5%硫酸亚铁	0.065 4	75.6
机榨饼	0.071 5	0.5%硫酸亚铁	0.031 6	55.8
浸出粕	0.067 3	0.5%硫酸亚铁	0.036 5	45.7
浸出粕	0.067 3	2%硫酸亚铁	0.006 76	90.0

达到 6.5～7.0，烘干后饲喂。此外，还可用 0.5% 或 1% Na_2CO_3 处理，或用 1% $Ca(OH)_2$ 处理也可达到较好的脱毒效果。碱处理方法脱毒效果比较理想，但由于碱处理后还要进行酸中和，并需要加热烘干，操作比较复杂，成本也较高。同时，这种方法还可造成棉子饼（粕）中的部分蛋白质和无氮浸出物的溶解与流失，降低饼（粕）的营养价值。

（3）氧化法　棉酚容易氧化，可使用氧化性较强的氧化剂进行脱毒。常用的氧化剂是过氧化氢。据报道，用 33% 过氧化氢处理棉子饼（粕），添加量为 4～7 kg/t，在 105～110 ℃ 下反应 30～60 min，可将游离棉酚量从 0.18%～0.23% 降到 0.009%～0.013%。但该方法由于反应时间长，蛋白质变性剧烈，影响饼（粕）的营养价值。

（4）尿素处理法　该法利用游离棉酚与尿素在一定温、湿度条件下生成西佛碱类加成物，经干燥脱水使游离棉酚转化为结合棉酚而达到脱毒目的。尿素加入量为饼（粕）的 0.25%～2.5%，加水量为 10%～50%，脱毒时保温 85～110 ℃，经过 20～40 min 可使棉子饼（粕）毒性降至微毒。

（5）氨处理法　将棉子饼（粕）与 2%～3% 的氨水溶液按 1∶1 比例搅拌均匀后，浸泡 25 min，再将含水原料烘干至含水量 10% 即可。

3. 生物学处理　该方法主要是利用微生物发酵过程中对游离棉酚的转化作用而达到脱毒的目的，同时还可改善棉子饼（粕）的营养特性。

（1）坑埋法　将棉子饼（粕）与水按 1∶1 比例调制均匀，然后坑埋 60 d 左右，利用棉子饼（粕）自身或泥土中存在的微生物进行自然发酵，达到脱毒目的。这种方法生产周期较长，干物质损失较多，不宜于工业化生产。

（2）瘤胃微生物发酵法　20 世纪 50 年代，人们发现成年反刍动物具有避免棉酚中毒的生理现象，即开始了对瘤胃微生物发酵脱毒的研究。该方法将棉子饼（粕）粉碎，加水调成糊状，然后接种从反刍动物瘤胃获得并加以复壮的微生物培养液，再加微量的胱氨酸盐酸盐、硫甘醇钠盐作为还原剂，制造厌氧条件，在温度 40～43 ℃ 条件下孵育数小时。将以上物料压去水分，然后在 43 ℃ 下烘干成饼状物待用。这种方法可以克服理化方法脱毒造成营养物质损失的缺点，但需要较多的瘤胃液，多受客观条件的限制，加之需加入还原剂制造厌氧环境，工艺要求较高，因此该方法一直未能推广应用。

（3）微生物固体发酵法　微生物固体发酵法是 20 世纪 80 年代后期在我国首先发明的

一种新的棉子饼（粕）脱毒方法。人们根据反刍动物的瘤胃微生物和酶能破坏棉酚的事实，推论在动物体外利用微生物发酵同样可以使饼（粕）中的棉酚破坏。目前，国内外已开展了许多类似研究，取得了很多成果并已应用于生产实践。该方法不仅能除去棉子饼（粕）中的棉酚，而且还可以提高棉子饼（粕）的蛋白质含量，发酵底物中存留有多种酶类、维生素、氨基酸以及一些促生长因子，因而受到了广泛重视。

该方法的关键技术环节包括优良的菌种、合理的工艺设计和配套的工程设备。其中，最关键的是筛选高效脱毒菌株。目前，国内在脱毒菌种培养与筛选方面取得了较显著成果。一般采用酵母、霉菌和食用菌等单一菌株或混合菌株进行固体发酵，均能达到良好的脱毒效果。据报道，经微生物固体发酵得到的棉子饼（粕）的质量指标为：粗蛋白质≥42%，游离棉酚≤0.02%，总棉酚≤0.03%，水分≤12%，粗纤维≤8%，粗灰分≤7%。

微生物脱毒处理过程比较温和，发酵过程中增加了微生物的许多代谢产物，饼（粕）中的纤维素也水解成为葡萄糖，真菌发酵还能产生香气，使饼（粕）的营养价值得到较大提高。加之其工艺比较简单，生产成本较低，且没有废液污染，是一种比较有发展前景的处理方法。

4. 复合脱毒法　复合脱毒法是在上述各种脱毒方法的基础上，扬长避短，将各种脱毒方法进行有机结合而发展起来的一种方法。据报道，比较有效的复合脱毒法主要包括以下几种。

（1）物理、化学复合脱毒法　将物理处理和化学处理进行结合脱毒。例如，棉子饼（粕）分别用1% $FeSO_4 \cdot 7H_2O$、1% Na_2CO_3、0.5%尿素、1%复合化学脱毒剂预处理后，再置蒸锅中常压蒸煮6 h，可取得较好的脱毒效果。

（2）物理、生物复合脱毒法　将棉子饼（粕）加少许辅料和适量的水蒸煮后，再分别接种不同的发酵菌株，30 ℃恒温培养24 h，脱毒效果明显优于单一处理方法。

（3）化学、生物复合脱毒法　用1%复合化学脱毒剂预处理棉子饼（粕），然后加入少许辅料，立即加入脱毒菌株于30 ℃混合发酵24 h。

（4）物理、化学、生物复合脱毒法　将棉子饼（粕）经化学脱毒剂预处理后，加入少许辅料和适量水蒸煮，再接种脱毒菌株，30 ℃发酵24 h。

总之，尽管我国棉子饼（粕）资源丰富，但棉酚脱毒研究滞后，大部分棉子饼（粕）用作肥料，用作饲料的比例不足30%，造成蛋白质资源的浪费。20世纪70年代初，我国引进低毒棉种后，经棉花科技工作者30余年的努力，已使我国低酚棉的育种水平处于世界先进行列，但限于无腺体棉的各种局限性，我国目前种植的主要还是传统的有腺体棉花品种。目前，棉子饼（粕）的处理方法尽管很多，但多数并不完善，如有的方法工艺复杂，可操作性差；有的方法成本高难以普及推广；有的方法脱毒效果不理想，或对饼（粕）蛋白质营养价值影响大等，从而限制了其发展和工业化生产。因此，为合理利用棉子饼（粕）这一重要的蛋白质资源，其脱毒处理仍是今后一段时间内研究的重点。

二、菜子饼（粕）的脱毒

油菜子中含有芥子苷，也叫硫葡萄糖苷，它本身无毒。榨油后，芥子苷被芥子酶水解为硫氰酸酯、异硫氰酸酯、噁唑烷硫铜、硫酸盐和葡萄糖，其中硫氰酸酯、异硫氰酸酯（ITC）和噁唑烷硫铜有毒害作用。菜子饼的毒素含量因油菜子的类型不同而异：一般芥菜型的异硫氰酸酯含量较高，甘蓝型的噁唑烷硫铜含量较高，白菜型2种毒素含量都低。另外，加工工艺不同，菜子饼含毒量也有一定差异。噁唑烷硫铜和异硫氰酸酯具有刺激性气味，影响了饲料的适口性，使家畜采食量减少。噁唑烷硫铜和硫氰酸酯可引起家畜甲状腺肿大，并且干扰甲状腺素的生成。由于甲状腺是对家畜代谢有重要作用的内分泌腺，甲状腺素的减少就使得饲料中营养物质的利用率下降。由于血液中甲状腺素含量减少，还会出现较多的 PSE 猪肉（颜色苍白、松软和有渗出液的猪肉）。

此外，菜子饼中含有芥子碱、植酸和单宁等有毒、有害物质。芥子碱在鸡体内经细菌的作用衍化成三甲胺，被产棕色蛋壳蛋的鸡吸收后，使鸡蛋产生鱼腥味；而产白色蛋壳蛋鸡的胃内有三甲胺酶，能将三甲胺转化为氧化三甲胺，从而消除了鱼腥味。植酸是一种螯合剂，它能够与锌、铁、磷结合而使之不能被畜禽利用，特别是锌，其有效利用率平均只有 44.1%。单宁能影响菜子饼中蛋白质的利用率，并使代谢能降低。菜子饼中毒多见于猪、鸡，反刍家畜不太敏感。

国内外对菜子饼（粕）的脱毒处理方法进行了大量研究，其目的不仅在于脱毒，而且也是为了保持或提高其营养价值。但目前大多处于试验阶段，实现工业化生产的很少。根据处理的性质，可分为以下几类。

（一）低毒油菜品种的培育

培育低毒油菜品种是菜子饼（粕）脱毒和提高营养价值的根本途径。20 世纪 70 年代初期以来，加拿大和欧洲各国大力培育和推广"双低"（低硫葡萄糖苷、低芥酸）油菜品种，获得了良好的效果。这些"双低"油菜现在被称为"卡诺拉"油菜（商品名 Cano-la），它的特点是菜油中芥酸含量在 5% 以下，饼（粕）中硫葡萄糖苷含量极少，仅为一般品种菜子饼（粕）中含量的 1/10 左右，每克饼（粕）中含量低于 2 mg。这种饼（粕）中硫葡萄糖苷含量达到了国际规定的容许含量 3 mg/g 饼（粕）（或用 3‰ 表示）的要求，故可广泛而大量地用作畜禽饲料，其用量可占饲粮的 20% 左右。我国在培育低毒油菜品种方面也做了大量工作，近年来培育了一些较有希望的油菜品种。但由于存在产量较低、抗病能力较差和易出现品种退化等问题，预计近几年尚难全面推广。

（二）油菜子脱壳和改进制油工艺

在菜子制油过程中，传统的加工工艺都是以制油率为主要目标，很少考虑饼（粕）的品质，影响饼（粕）的营养价值，特别是降低了其中氨基酸的利用率。菜子饼（粕）的毒物大部分集中于菜子壳中。因此，脱去菜子壳可以消除毒物，改善菜子饼（粕）的外观色泽，提高蛋白质含量，显著改善其营养价值。菜子脱壳是制油前的一道重要工序，是保证制油效果和饼（粕）饲用价值的必要手段，但由于菜子脱壳比较困难，国内外传统的制油工艺中通常不对油菜子进行脱壳处理。为解决脱壳的技术难题，国内外进行了大量的试验研究。法国与瑞士在技术设备上处于领先水平，研制出了适合于工业化生产的菜子脱壳机。国内有关菜子脱壳技术的研究较少，今后尚需进行深层的研究和开发。

脱壳工艺一般采用对辊破碎和筛选加风选的方法进行仁皮分离。目前，脱壳方法主要有以下三种：①先脱皮后榨油。这种方法可以改进饼（粕）色泽，提高蛋白质含量，减少饼（粕）纤维素含量，提高其利用率，缺点是脱去的壳皮中含有10%左右的油脂，造成一定的浪费。②用脱脂后的饼（粕）风选脱皮，但效果不理想。③使用旋液器进行饼（粕）脱皮，但效果也不理想。因此，该方法存在很多问题，但随着脱壳工艺和制油工艺的进一步完善，此方法有一定发展前景。

此外，国内现行的螺旋榨油机压榨法出厂的菜子饼，由于高温处理而使其中蛋白质变性程度较高，从而降低了菜子饼（粕）的饲用价值。因此，当前应推广预榨浸出，并进而采取冷预榨浸出。国外正在积极研究菜子制油前的处理工艺与技术，但多数尚处于试验阶段，适于工业化生产的、成熟的工艺尚少。

（三）菜子饼（粕）的脱毒处理

1. 物理处理

（1）坑埋法　将菜子饼（粕）用水拌湿后埋入坑中 30～60 d，可除去大部分有毒物质。该方法的脱毒效果与土壤含水量有关，土壤含水量低时效果较好，土壤含水量越高，脱毒效果越差。此法简单易行，成本较低，但应用受地区限制，仅适合于地下水位低、气候干燥的地区。

（2）水浸法　根据硫葡萄糖苷水溶性的特点，将菜子饼（粕）用水浸泡可除去部分硫葡萄糖苷，用温水或热水效果更好。方法是将菜子饼（粕）用水浸泡数小时，再换水 1～2 次，或者用温水浸泡数小时，或者用 80 ℃左右的热水浸泡 40 min，然后过滤弃水。该法简单易行，但缺点是用水量较大，菜子饼（粕）中的水溶性养分损失较多。

（3）热处理法（钝化芥子酶法）　一般认为完整的硫葡萄糖苷本身无毒，在一定条件下被芥子酶降解后的产物才有毒性。因此，如果将芥子酶钝化，即可阻止硫葡萄糖苷的降解，使其处于"非毒"状态。目前，常用的热处理方法主要有干热处理（如烘烤法）、湿热处理（如蒸汽加热法）、微波处理以及膨化脱毒法等，在高温下使芥子酶（硫葡萄糖苷酶）失去活性，从而阻断了硫葡萄糖苷的降解，达到脱毒目的。

干热处理法是将菜子饼（粕）碾碎，在 80～90 ℃温度下烘烤 30 min，使其中的硫葡萄糖苷酶钝化。湿热处理是先将菜子饼（粕）碾碎，在开水中浸泡数分钟，然后再按干热处理法处理，这样硫葡萄糖苷能在热水中溶解一部分。

但该法处理有一定缺陷，尽管芥子酶被钝化，但硫葡萄糖苷仍存在于菜子饼（粕）中，当进入动物体内后，由于动物体内某些细菌酶的分解作用，还可能引起硫葡萄糖苷的降解而产生毒性。同时，高温处理时导致的蛋白质变性也降低了饼（粕）的饲用价值。

2. 化学处理

（1）酸碱处理法　对菜子饼（粕）进行酸碱处理，可破坏硫葡萄糖苷和大部分芥子碱。这类方法国外研究较多，主要利用 H_2SO_4、$NaOH$、NH_3、$Ca(OH)_2$ 和 Na_2CO_3 等对菜子饼（粕）进行脱毒，通常采用 $NaOH$、$Ca(OH)_2$ 和 Na_2CO_3 三种，其中以 Na_2CO_3 的脱毒效果最好。此类方法虽然简单，对菜子饼（粕）脱毒有一定效果，但其中很多方法需要加热，成本较高，且有三废问题，所得饼（粕）适口性较差，营养价值较低。

氨处理法的原理是氨与硫葡萄糖苷发生反应，生成无毒的硫脲，从而降低菜子饼（粕）的毒性。具体方法是，在常压下将无水氨或氨水与菜子饼（粕）混合，加热到85℃左右，保持1h，再用水蒸气处理30min。处理后的菜子饼（粕）毒性较低。

碱处理法国内外报道较多。国内外最常采用的试剂有NaOH、Ca(OH)$_2$和Na$_2$CO$_3$三种，其中以Na$_2$CO$_3$的脱毒效果最好，能100%破坏硫葡萄糖苷，芥子碱的破坏达90%以上。加碱可在水洗、轧坯、蒸炒、浸出等工序进行，也可在饼（粕）中加碱处理。

（2）金属盐处理 某些盐类，主要是元素周期表第四周期的一些金属元素的盐类，能催化硫葡萄糖苷分解，对菜子饼（粕）脱毒有一定效果，其中脱毒效果最好的是铁盐和铜盐，对硫葡萄糖苷的分解率高达90%～95%。一般来说，铁盐对硫葡萄糖苷的脱毒效果优于其他金属盐，一方面它可与硫葡萄糖苷直接作用生成无毒的螯合物，另一方面还可与硫葡萄糖苷的降解产物异硫氰酸酯和噁唑烷硫酮分别螯合成无毒产物。但此螯合反应需在碱性条件下进行，在酸性条件下不仅不能螯合，反而易产生毒性更大的氰化物。

铁盐一般使用硫酸亚铁。通常采用20%硫酸亚铁溶液，喷洒于菜子饼（粕）中，用量一般为菜子饼（粕）重量的0.5%左右。

上述化学物质可加在饼（粕）中进行处理，也可在制油工艺各阶段中加入进行处理。

（3）醇类溶剂浸提法 其原理是菜子饼（粕）中的硫葡萄糖苷和多酚类化合物能溶于醇类溶剂，小分子的硫葡萄糖苷易于穿过菜子壁膜，而大分子的蛋白质及油脂不易穿过，因而可将它们进行分离以达到脱毒的目的。这类方法所用的溶剂主要有甲醇、乙醇、丙醇和异丙醇，其中乙醇和异丙醇采用较多。这些溶剂既可提取菜子饼（粕）中的硫葡萄糖苷和多酚化合物，还能抑制饼（粕）中酶的活性。此法的缺点是耗用溶剂较多，饼（粕）中醇溶性物质（如醇溶性蛋白质）损失较多。

乙醇水溶液处理的主要技术参数为：乙醇与水的比例为60～70∶100（体积比），处理液与饼（粕）的混合比例为4～10∶1（mL/g）。异丙醇处理液为：异丙醇与水比例70∶100（体积比），处理液与饼（粕）比例为5.73∶1（mL/g）。

总的来说，化学处理方法简单易行，具有一定脱毒效果，但其中很多方法仍处于研究阶段，技术相对不成熟，而且脱毒后可能影响饼（粕）的适口性及外观色泽等。

3. 生物学处理 近年来国内外研究发现，某些细菌和真菌可以用来去除硫葡萄糖苷及其降解产物，尤其是随着生物技术的发展，采用各种生物技术去除菜子饼（粕）中的有毒物质将备受重视。生物学方法目前主要包括微生物发酵法和酶水解法。

（1）微生物发酵法 利用微生物发酵技术对菜子饼（粕）进行脱毒处理已有很多研究报道。该方法是在菜子饼（粕）中接种可降解硫葡萄糖苷的微生物，经过发酵培养，利用微生物分泌的多种酶类将硫葡萄糖苷及其降解产物破坏。所用菌种一般为酵母和真菌。经发酵处理后的菜子饼（粕）不仅有毒物质如异硫氰酸酯和噁唑烷硫酮的含量显著减少，而且菌体蛋白和B族维生素的含量增加，还可改善适口性，提高了饲用价值。

微生物发酵法的特点是条件温和，干物质损失少，硫葡萄糖苷降解彻底，脱毒效果好，且能提高菜子饼（粕）中蛋白质的含量和质量，从而改善其饲用价值。同时便于工业化生产。但微生物发酵一般周期较长，需要30～60d。

（2）酶水解法 酶水解法的具体方法主要有两种。一种是利用外加黑芥子酶及酶的激活剂，使硫葡萄糖苷加速分解，然后通过溶剂将其分解产物浸出以达到脱毒目的。另一种方法称为自动酶解法，其基本原理是利用菜子中的硫葡萄糖苷酶分解硫葡萄糖苷，由于其降解产物异硫氰酸酯、噁唑烷硫酮及腈等都是脂溶性的，可在油脂浸出过程中提取出来，并在后续加工过程中除去。目前，酶水解法由于酶的来源困难，加工成本较高，工艺比较复杂，还没有大规模地推广应用。

上述各种脱毒方法均有一定的脱毒效果，但多存在影响饼（粕）的营养价值或成本较高、设备难普及等弊端。应根据具体情况和条件合理地加以选择。

三、蓖麻饼（粕）的脱毒

早在 20 世纪初，国外就开始了蓖麻饼脱毒利用的研究，我国此项研究起步较晚，始于 20 世纪 60 年代初期。蓖麻饼（粕）在制油过程中经热处理，蓖麻毒素、红细胞凝集素等热敏性成分已变性脱毒。因此，蓖麻饼（粕）的脱毒主要针对蓖麻碱和变应原，前者对热稳定而后者为糖蛋白，需经高温、高压才能变性失活。

1. 物理处理　物理法脱毒是通过加热、加压、水洗等过程，将蓖麻饼（粕）中的毒素从饼（粕）中转移出，然后通过分离、洗涤等过程将饼（粕）洗净。

（1）沸水洗涤法　将蓖麻饼（粕）用 100 ℃沸水洗涤 2 次，可使蓖麻碱和变应原的去除率分别达 79％和 69％。

（2）蒸汽处理法　用 120～125 ℃蒸汽处理蓖麻饼（粕）45 min，可将大部分毒素除掉。

（3）蒸煮法　包括常压蒸煮和高压蒸煮两种方法。常压蒸煮法是将饼（粕）加水拌湿，常压蒸 1 h，再用沸水洗涤 2 次，可达到较理想的脱毒效果。高压蒸煮法是将饼（粕）加水拌湿，通入 120～125 ℃蒸汽处理 45 min，80 ℃水洗两次。通过蒸汽的高温、高压作用可使变应原有效地去除，但对蓖麻碱作用效果欠佳。由于蓖麻碱易溶于水，通过水洗可以有效除去，但水洗后易造成营养成分的流失。

（4）热喷膨爆脱毒法　该方法的简单流程是，先将蓖麻饼（粕）进行去壳处理，然后通过高温、高压喷放，使蓖麻粕组织变得膨松胀大，毒素得以与水充分接触而溶解于水中，膨爆液经离心去水，得到的湿粕再用热水洗涤。这样绝大部分蓖麻碱、变应原留在洗涤水中。经该法脱毒后，有毒蛋白、凝集素由于高温变性失去毒性，而蓖麻碱、变应原因溶于水中，其含量可小于 0.04％，完全达到饲喂安全水平。脱毒后的饼（粕）中粗蛋白含量高达 50％以上。还有报道显示，将蓖麻饼（粕）置于热喷机的蒸汽罐内，在 125 ℃条件下用 200 kPa 的蒸汽处理 60 min，然后将蓖麻饼（粕）喷放出来。毒蛋白、血球凝集素、变应原和蓖麻碱的去除率分别为 100％、100％、70.91％和 88.78％。氨基酸损失率为 5％～20％。

2. 化学处理　化学处理方法很多，一般是将水、饼（粕）、化学试剂按照一定比例混合，经过一定温度、压力处理后，维持一定时间，即可达到脱毒目的。

（1）盐水浸泡　盐水浓度为 10％，蓖麻饼（粕）与盐水的比例为 1∶6，室温下浸泡 8 h，过滤后清水冲洗，可使毒素去掉 80％左右。

（2）盐酸溶液浸泡　用3％的盐酸溶液浸泡蓖麻饼（粕），饼（粕）与水溶液的比例为1：3，室温下浸泡3 h，过滤后用清水冲洗干净至中性。

（3）酸醛法　用3％的盐酸溶液和8％的甲醛溶液浸泡饼（粕），饼（粕）与溶液的比例为1：3，室温下浸泡3 h，过滤后用水冲洗3次，蓖麻碱和变应原的去除率分别达到86％和99％。

（4）碳酸钠溶液浸泡　碳酸钠溶液的浓度为10％，饼（粕）与溶液的比例为1：3，室温下浸泡3 h后过滤，用水冲洗2次。

（5）石灰法　通过石灰水溶液热处理，既可使变应原变性，又可破坏蓖麻碱。如用4％石灰水处理饼（粕），饼（粕）与水溶液比例为1：3，100 ℃处理15 min，然后烘干。变应原被完全去除，而蓖麻碱的含量减少到0.083％，但饼（粕）中赖氨酸损失率达25％～30％。

（6）氨处理法　是在饼（粕）中加入一定量的氨水进行脱毒的方法。该方法既能有效去除蓖麻碱，又能最大限度地降低营养成分的损失。该方法处理后，蓖麻碱的去除率可达92％，而营养成分的损失很少。

3. 微生物发酵法　利用微生物发酵既可除去蓖麻毒素又可增加菌体蛋白，是一种比较有发展前途的处理方法。该方法的工艺流程是，先将蓖麻饼（粕）粉碎过筛去壳，然后采用液固结合发酵，在液体发酵时先用一定量灭菌的蓖麻饼（粕）去壳粉做培养基，加入脱毒剂（能使毒素转化或降解的微生物）和酵母菌，使发酵与脱毒同步进行，当液体中微生物繁殖达到一定量时，将液体同灭菌的蓖麻粕去壳粉混合，进行固体发酵，发酵完成后，将发酵物烘干粉碎制成高活性酵母蛋白饲料，蛋白质含量达45％以上。

4. 联合脱毒法　即挤压膨化脱毒法。该方法是物理处理和化学处理的联合应用。其工艺流程是，脱脂去壳的蓖麻饼（粕）经粉碎、筛分后先与定量的碱性化学物质（如石灰）进行混合，然后将混合物送入挤压膨化机进行高温、高压的瞬间反应，可得脱毒粗品。经干燥、冷却、粉碎、过筛即得脱毒蓖麻粕成品。经该法脱毒，蓖麻毒蛋白的去除率为100％，变应原的去除率在98％以上。脱毒后的饼（粕）中粗蛋白含量可达41.5％。

以上这些处理方法各有利弊。有的脱毒效果欠佳；有的脱毒效果虽好，但营养物质损失相当严重；有的成本太高，不宜工厂化生产。如酸水解可破坏蓖麻饼中的色氨酸，碱水解则破坏赖氨酸，甲醛处理影响适口性，生物发酵法干物质损失较多。因此，在选择脱毒方法时应根据实际情况，灵活掌握。

四、亚麻饼（粕）的脱毒

亚麻子饼中含有生氰糖苷，主要是亚麻苦苷，这类糖苷在与其共存的水解酶的催化下（适宜温度40～50 ℃，pH 5左右），可水解产生氢氰酸，引起中毒。此外，亚麻子饼还含有亚麻子胶和抗维生素B_6。

亚麻子中亚麻苦苷的含量因亚麻的品种、种子成熟程度以及种子含油量等因素的不同而有差异。纤维用亚麻品种由于其收获较早，相对油用成熟亚麻（种子含油量为40％～48％），种子中含亚麻苦苷较多；从种子含油量来看，含油量越高，则亚麻苦苷含量越低；

溶剂提取法或在低温条件下进行机械冷榨的亚麻子中的亚麻苦苷和亚麻苦苷酶可原封不动地残留在饼（粕）中，相反，采用机械热榨油法时［亚麻子在榨油前经过蒸炒，温度一般在 100 ℃以上（往往高达 125～130 ℃）］，其亚麻苦苷和亚麻苦苷酶绝大部分遭到破坏。我国甘肃、宁夏等北方 5 省（自治区）44 个机榨亚麻饼样品的分析结果表明，样品中氢氰酸的含量差异甚大，低者<5 mg/kg，高者达 146 mg/kg，但氢氰酸含量<16 mg/kg 者占总样品数的 73%。亚麻子饼表现出的毒性不大。事实上，我国不少地区家畜饲粮中使用 20%的亚麻子饼，有的用量高达 30%，也未发生畜禽氢氰酸中毒现象。不过，有些土法榨油的作坊，由于亚麻子的炒焙温度不够高或炒焙不匀，所得的亚麻子饼的氢氰酸含量较高，可能引起畜禽中毒。

亚麻子胶含量一般占干燥子实重量的 2%～7%。在亚麻子饼中占 3%～10%。这种胶质是一种易溶于水的糖类，主要成分是醛糖二糖酸（由非还原糖和乙醛酸所组成）。亚麻子胶虽溶于水，但却完全不能被单胃动物和禽类消化利用。在饲粮中添加量太多时首先会影响动物的食欲。用其粉料湿喂幼禽时，可胶黏禽喙，长期下去可使幼禽的喙发生畸形并影响采食。即使作为颗粒料干喂时，由于不能被消化利用，也使动物排出胶黏粪便，这种粪便常黏附在家禽肛门周围的羽毛上，严重者引起大肠或肛门梗阻。一般认为，亚麻子饼在幼禽日粮中不应超过 3%。反刍动物的瘤胃微生物可以分解亚麻子胶，并加以利用。同时，亚麻子胶可以吸收大量水分而膨胀，从而使饲料在瘤胃中停留时间延长而便于微生物有更多时间对饲料进行消化，且可防止便秘（有通便效果）和使被毛富有光泽。

抗维生素 B_6 是 D-脯氨酸的衍生物，经鉴定为 1-氨基-D-脯氨酸。1-氨基-D-脯氨酸以肽键和谷氨酸结合成二肽的形式自然存在，此结合物称为亚麻素或亚麻亭（linatine）。亚麻亭可经过水解形成 1-氨基-D-脯氨酸。据估计，1-氨基-D-脯氨酸对抗维生素 B_6 的作用为亚麻亭的 4 倍。抗维生素 B_6 可与磷酸吡哆醛结合，使后者失去生理作用，从而影响体内氨基酸代谢，引起中枢神经系统机能的紊乱。

（一）改进制油工艺降低生氰糖苷含量

亚麻子饼（粕）中生氰糖苷的含量因榨油方法不同而差别很大。用溶剂提取法或低温条件下进行机械冷榨时，亚麻子中的生氰糖苷和生氰糖苷酶较多地残留在饼（粕）中，一旦条件适合就分解产生氢氰酸。采用热榨油法先经过蒸炒，温度一般在 100 ℃以上，其中的生氰糖苷和生氰糖苷酶绝大部分就能被破坏。所以，制油工艺应尽可能采用热榨油技术。

（二）亚麻饼（粕）的脱毒处理

生氰糖苷可溶于水，经水解酶或稀酸的作用可水解为氢氰酸。氢氰酸的沸点低（26 ℃），加热易挥发。一般采用水浸泡、加热蒸煮等方法即可脱毒。常用的亚麻饼（粕）脱毒方法按处理后粕的质量、干物质损失等方面进行比较，优先顺序排列为水煮法、湿热处理法、酸处理—湿热处理法、干热处理法。另外，近年来研究较多的混合溶剂浸泡法脱毒效果非常好。

1. 水煮法　主要利用沸水浸泡以达到脱毒目的。该方法将亚麻饼（粕）用水浸泡后煮沸 10 min 左右，煮时将锅盖打开，可使氢氰酸挥发而脱毒。此外，由于亚麻子胶可溶于水，故用水洗处理（亚麻子饼：水＝1∶2）可将其除去。

2. 制粒处理 将亚麻饼（粕）通过制粒机进行压粒处理，压粒时不加蒸汽。制粒加工完全破坏整体亚麻子，在一定的温度条件下促使生氰糖苷水解，释放出的氢氰酸挥发，达到脱毒目的。

3. 微波处理 对亚麻子和亚麻饼（粕）进行微波处理，可显著降低生氰糖苷的含量，使生氰糖苷的去除率在 80％以上。该法的原理是微波射线被物料吸收后，容易引起分子间的共振，结果导致细胞内部迅速摩擦、产热，细胞内部结构膨胀、破裂，使生氰糖苷和水解酶接触发生水解作用，产生的氢氰酸随着水蒸气的逸失而挥发，从而达到脱毒的目的。

4. 高温、高压处理 高温、高压处理可破坏亚麻饼（粕）中的生氰糖苷，达到脱毒目的。所用温度一般为 100～120 ℃，压力 1 621 kPa，处理时间 15 min 左右。但需注意过度加热易降低氨基酸的有效性。此外，加热作为一种导致胶体高分子降解的因素早已被人们所发现。一方面，在加热作用下，胶体中高分子化合物的糖苷键、肽键会因水解而断裂，导致胶体平均分子量降低，胶体黏度发生不可逆的下降；另一方面，加热作用还会加剧高分子的氧化降解。因此，高温处理还可去除亚麻饼（粕）中的亚麻子胶。

5. 混合溶剂浸泡脱毒法 混合溶剂浸泡脱毒法主要利用极性溶剂——正己烷对生氰糖苷的浸提作用去除饼（粕）中的生氰糖苷。工艺流程为亚麻子→极性溶剂提取→粉碎→极性溶剂浸提→混合浸提→油→粕。混合溶剂一般以乙醇、氨、水和正己烷组成的溶剂系统对亚麻子［饼（粕）］进行脱毒，可使生氰糖苷的去除率达到 90％左右。其原理是生氰糖苷易溶于醇类和水，加水后溶剂的极性增加，浸出的生氰糖苷量也增加，然后经氨水解释放出氢氰酸，从而达到脱毒的目的。

以上这些处理方法各有利弊。有的脱毒效果欠佳；有的脱毒效果虽好，但营养物质损失相当严重，如水煮法、蒸煮法及其他的物理加工方法，一方面可造成亚麻饼（粕）中的蛋白质、氨基酸和其他营养成分的损失，另一方面由于方法本身的局限性难以工业化生产。几种主要脱毒方法的脱毒效果见表 4-5。

表 4-5 几种脱毒方法脱毒效果的比较

脱毒方法	氢氰酸含量（mg/kg）	氢氰酸去除率（％）
未脱毒亚麻子	157.68	—
蒸煮法	8.58	94.56
烘烤法	15.17	90.38
混合溶剂浸泡法	17.34	89.00
水煮法	18.73	88.12

注：蒸煮法温度为 123 ℃，时间为 25 min；烘烤法温度为 80 ℃，烘烤时间为 30 min；混合溶剂法的溶剂系统为 85％乙醇＋5％氨＋10％水；水煮法温度 80 ℃，溶剂倍量为 10。

可以看出，蒸煮法的脱毒效果最好，在试验条件下去除了亚麻子中 94.56％的生氰糖

苷；其次是烘烤法，生氰糖苷的去除率为 90.38%。脱毒效果最差的是水煮法，去除率为
88.12%。因此，仅从脱毒效果来看，4 种方法的排列顺序为：蒸煮法＞烘烤法＞溶剂
法＞水煮法。但蒸煮法和烘烤法需要专用设备，很难实现工业化生产，并且因为几种脱毒
方法的脱毒效果相差不大，在选择脱毒方法时应根据实际情况，灵活掌握。

五、酒糟的脱毒

（一）酒糟应新鲜饲喂

酒糟含水量高，变质快，应注意新鲜饲喂。鲜酒糟应添加 0.5%～1% 的生石灰，以
降低酸味，改善适口性，最好经过加工或贮藏一个月以上再利用，以免乙醇未挥发完全而
造成乙醇中毒。

（二）采用适当的加工贮藏技术

如果酒糟产量大，暂时使用不完，可采用适当方法加工贮藏。酒糟的加工方法主要有
两种，即干法和湿法加工贮藏。干法加工贮藏占地面积小，易保管，便于运输，但加工费
用较高，营养成分损失较大。干法加工可采用自然晾干和机械干燥方法，自然晾干受自然
条件的限制，干燥速度慢；机械干燥方法采用人工能源进行干燥，干燥速度快，但投资较
大，适合于酒糟大规模干燥使用。湿法加工，方法简便易行，投资少，缺点是占地面积
大，不便于运输。湿法加工是将鲜酒糟用窖、缸、膜、堆等方法贮藏，使酒糟在适宜的温
度（10 ℃）、适宜的含水量（60%～70%）条件下，经踏实、密闭，隔绝空气，实现鲜酒
糟长期贮藏，营养价值得以保存。此外，也可将鲜酒糟制作青贮饲料或微贮。

六、粉渣的脱毒

粉渣是以玉米、豌豆、蚕豆、马铃薯、甘薯、木薯等为原料生产淀粉、粉丝、粉条等
产品的副产品。粉渣中毒主要是亚硫酸中毒。为防止粉渣中毒，最好将粉渣脱毒后饲喂。
粉渣脱毒的方法目前资料报道较少，主要包括以下几方面。

（一）物理方法

常采用水浸法和晒（烘）干法。水浸法是用 2 倍于粉渣的水浸泡 1 h，沉淀后，弃去
上清液，亚硫酸的去除率可达 50% 左右，经反复冲洗，效果更好。缺点是用水量大，粉
渣的营养成分溶失较多。由于亚硫酸具有挥发性，在淀粉渣干燥过程中，亚硫酸可随水分
一同挥发，因而通过晒干（或烘干），可去除其中的部分亚硫酸。实践证明，淀粉渣晒干
后，其中的亚硫酸的含量可降低 60% 以上，是一种简单、实用的脱毒方法，尤其是在夏、
秋季节采用，更为方便。

（二）化学方法

根据亚硫酸的化学性质，选用 0.1% 高锰酸钾溶液、过氧化氢或氢氧化钙溶液处理，

也可达到较好的脱毒效果，其中以高锰酸钾溶液脱毒效果较好。

七、饲料防霉与脱毒

（一）饲料防霉加工

1. 添加防霉剂 在高温、高湿季节加工的饲料原料与配合饲料极易发霉，在饲料中添加化学防霉剂是一种必要的措施，可延长保质期，但这类防霉剂需在 pH＜5 时才有抑菌效果。饲料防霉剂主要有有机酸、有机酸盐和有机酸酯，如丙酸和丙酸盐、乙酸和乙酸盐、山梨酸及其钾盐、苯甲酸及其钠盐、富马酸和富马酸二甲酯、脱氢乙酸和脱氢乙酸钠、抗氧喹和双醋酸钠等。复合防霉剂是指两种以上不同的防霉剂配伍组合，对饲料和粮食的防霉效果好，是一个重要的研究发展方向，不过复合防霉剂必须经过科学的验证和严格的筛选。日本发明的饲料防霉包装袋是由聚烯烃树脂构成，其中含有 0.01％～0.50％ 的香草醛或乙基香草醛，聚烯烃树脂膜可以使香草醛或乙基香草醛慢慢挥发，渗透到饲料中去，使得饲料长期不发生霉变。

2. 利用射线照射 霉菌对射线反应敏感，利用射线照射可控制粮食和饲料中霉菌的发生，同时可提高它们的新鲜度。美国研究人员把雏鸡饲料采用 γ 射线进行辐射处理后，将其置于温度 30 ℃、相对湿度 80％ 条件下贮存一个月，结果霉菌没有繁殖，未发生霉变。而未经辐射处理的雏鸡饲料，在同样条件下存放一个月，霉菌大量繁殖。

（二）霉变饲料的脱毒

黄曲霉毒素（AFT）污染严重的饲料应该弃用。但对于轻度污染的饲料仍可通过有效措施进行脱毒处理。脱毒方法主要包括物理脱毒法、化学脱毒法、生物脱毒法和添加营养素法。

1. 物理脱毒法 主要通过挑选、加热、曝晒、辐射、水洗、吸附等方法减毒或脱毒。

（1）挑选法 即将霉变、破损、虫蛀的饲料挑出，减少饲料的毒素含量。适合于被黄曲霉素污染的颗粒状饲料的处理。

（2）加热法 黄曲霉素虽然对热稳定，但在高温下也能部分分解。如将含有 7000 μg/kg 黄曲霉素的潮湿花生粉在 120 ℃、0.103 MPa 高温、高压处理 4 h，其含量可下降到 340 μg/kg。

（3）曝晒法 此法适用于秸秆饲料的脱毒。先将发霉饲料置于阳光下晒干一段时间，然后进行通风抖松，再放到干燥处保存。这主要利用太阳光中的紫外线所具有的特性以除去霉菌芽孢，达到脱毒的目的。

（4）辐射法 微波、红外线、紫外线以及 γ 射线可有效地破坏黄曲霉素的化学结构，使强毒性黄曲霉毒素变性，失脱毒害作用。如用高压汞灯紫外线大剂量照射发霉的饲料能去除 97％～99％ 的霉菌毒素，但强射线（紫外线和 γ 射线）也会破坏营养物质的结构。

（5）脱胚水洗法 适用于玉米。黄曲霉素在玉米粒上的分布很不均匀，由于胚芽部脂肪和水分高，适于霉菌生长繁殖，因此表皮、胚部所含黄曲霉素可达总量的 80％ 以上，水洗法就是利用玉米胚部和胚乳部在水中比重差异，将玉米碾碎后，加入清水搅拌、轻搓，将浮在水上的胚芽部或表皮除去，可大大降低含毒量。实验室和现场的应用效果表明，该法平均脱毒率可达 81.3%，对含毒量较高的玉米则应碾碎后反复沉淀、冲洗。

（6）加工法 针对玉米和稻谷中的黄曲霉素大部分都集中在其胚部、皮层以及糊粉层的特点，还可采用机械脱皮、脱胚等方法将其去除。通常在稻谷加工后，原糙米中 60%～80% 的黄曲霉素将留存在米糠中。

（7）吸附法 水合铝硅酸钠钙盐（HSCAS）、沸石、膨润土、蒙脱石、活性炭等对霉菌毒素具有强吸附作用，阻碍动物对毒素的吸收。这些物质性质稳定，且不溶于水。HSCAS 作为动物饲料中的抗结块添加剂，在水相悬浮液中能够强力地结合黄曲霉毒素，可显著减轻黄曲霉毒素的有害影响。在畜禽饲粮中添加 0.5%～1% HSCAS 即可减轻或消除黄曲霉素对畜禽的不利影响。齐德生等（2004）报道，蒙脱石能对抗黄曲霉毒素 B_1（$AFTB_1$）对动物急、慢性毒性作用，恢复动物生产性能。在肉鸡日粮中添加 0.5% 的蒙脱石对动物骨骼强度无不良影响，但使骨骼锰含量降低，生产应用时应注意锰的补充。

2. 化学脱毒法 化学脱毒法是在粮食及饲料中添加一些能与黄曲霉素发生反应的化学药剂，破坏黄曲霉素的化学结构，达到降解毒素的效果。一般来说化学脱毒法效果较好，但有一定的腐蚀性。

（1）碱炼法 适用于植物油。由于强碱会使黄曲霉素形成香豆素钠盐，可在碱炼后的水洗过程中去除。1% NaOH 水溶液处理含有黄曲霉素的花生饼 1 d，可使毒素由 84.9 $\mu g/kg$ 降至 27.6 $\mu g/kg$。柳州市卫生防疫站和粮食局的试验结果表明，碱炼法的脱毒效果可达 75%～98%。用 1 份被污染饲料，2 份 1% NaOH 溶液浸泡，煮沸 1～2 h 后即可用于饲喂。还可以用石灰乳水、纯碱水或草木灰水浸泡整粒污染黄曲霉素的玉米 2～3 h，然后用清水冲洗至中性，2 h 后烘干，脱毒效果可达 60%～90%。

（2）氨熏蒸法 此法原理是利用氨与黄曲霉素 B_1 结合后发生脱羟作用，致使黄曲霉素 B_1 的内酯环结构发生裂解，达到脱毒效果。首先利用塑料薄膜密封被霉菌污染的饲料，然后施充液氨封闭一定时间。一般来说，脱毒效果可随密闭时间的增加而增强。对于含毒量在 0.2 mg/kg 以下的饲料采用 0.2%～0.4% 的氨剂量，含毒量在 0.2～0.5 mg/kg 含毒量的饲料采用 0.5%～0.7% 的氨剂量，含毒量 0.6 mg/kg 以上的饲料常用 0.7%～1.0% 的氨剂量。如果密闭时间延长，剂量可相应降低。在欧美国家，氨熏蒸法是最常用的。

（3）氧化法 利用氧化剂（如过氧化氢、氯气、漂白粉等）的氧化特性对黄曲霉毒素迅速分解的原理进行脱毒，是化验室常用的较好方法之一。过氧化氢在碱性条件下脱毒效果可达 98%～100%；5% 的次氯酸钠在几秒钟内便可破坏黄曲霉素，用此法处理时会产生大量的热，会破坏饲料的某些营养成分如维生素和赖氨酸，但对于反刍动物的影响较小。

（4）二氧化氯法 二氧化氯的安全性较好，1948 年被世界卫生组织定为 A1 级高效安全消毒剂，以后又被联合国粮农组织定为食品添加剂。张勇等（2001）的试验结果表明，二氧化氯对黄曲霉素 B_1 的脱毒作用具有高效快速的特点，0.5 mg 黄曲霉素 B_1 纯品在 0.1 mg 二氧化氯作用下，瞬间被破坏解毒。霉变产毒玉米用 5 倍体积、浓度为 250 $\mu g/mL$ 的二氧化氯浸泡 30～60 min 可去除黄曲霉素 B_1 的毒性。用于玉米脱毒的二氧化氯浓度为黄曲霉素 B_1 纯品用量的 2.5 倍，说明玉米中存在的有机物对脱毒效果有一定影响。

3. 生物脱毒方法 生物脱毒主要是指利用微生物及酶降解黄曲霉素的作用,达到脱毒的目的。与物理和化学方法比较,生物学方法对饲料成分的损失和影响较小。

(1) 添加微生物菌体制剂 在自然界中,许多微生物如细菌、酵母菌、霉菌、放线菌和藻类等能去除或降解饲料中的黄曲霉毒素。作用机理是这些微生物通过吸附、降解或去除黄曲霉毒素,降低动物体对毒素的吸收,从而降低毒素的危害。微生物主要通过非共价方式与黄曲霉毒素结合形成菌体-毒素复合体,当微生物形成复合体后,自身的吸附能力下降,使吸附着黄曲霉毒素的微生物易于排出体外,达到脱毒效果。微生物还可通过代谢作用,使黄曲霉毒素发生降解,失去生物毒性。研究表明,枯草杆菌、乳酸菌和醋酸菌均能降解掉大部分的黄曲霉素 B_1。

(2) 添加酶制剂 此法就是利用酶的专一亲和性,高效地催化、降解黄曲霉素为无毒化合物或者小分子无毒物质。黄曲霉素可经肝脏的微粒体氧化酶作用进行生物学转化,因此饲料中应添加促进酶活性的物质,酶把毒素降解为无毒或低毒的代谢产物,且易从机体中快速排出,从而减少了毒素的毒性影响。Liu 等研究分离出一种可以脱除黄曲霉素 B_1 毒性的酶,命名为黄曲霉素脱毒酶,通过该酶的处理,样品中黄曲霉毒素的含量大大减少。真菌酶-2 的提取液可使黄曲霉素 B_1 转化或使其发光基团发生改变,而使其毒性降低。吴肖等(2003)利用一种酶将花生粕深度水解后,使微溶于水的黄曲霉素从结合的疏水性氨基酸残基上充分游离,采用过滤法,截留住大部分黄曲霉素;如果达到一定过滤精度,将黄曲霉素除去是完全可行的。

(3) 添加酶的诱导剂或激活剂 诱导剂或激活剂的添加主要是为了增强酶的作用效果,有效抑制黄曲霉毒素的作用。Stresser 和 Bailey 报道,吲哚-3-甲酸和 β-萘黄酮对大鼠肝脏谷胱甘肽转硫酶活性、黄曲霉素 B_1-DNA 化合物和细胞色素 P-450 的水平有一定影响,可抑制黄曲霉素 B_1 的致癌作用。硒是谷胱甘肽过氧化酶的组成成分,硒的添加可提高酶的活性,更有效促使致癌性的环氧化物转化为无毒的产物。

(4) 添加微生物提取物 试验表明,通过酶解的方法从酵母培养物细胞壁中提取的酯化葡甘露聚糖(EGM)是一类新型抗原活性物质,在调整动物肠道微生态区系,在对抗有害微生物的过程中发挥重要作用。由于 EGM 表面有许多大小不一的小孔,能吸附多种霉菌毒素,吸收速度也较快,而且在不同的 pH 范围内稳定性高,是一种在实践中广泛应用的霉菌毒素解毒剂。将 0.1% 的 EGM 添加到黄曲霉素污染的猪饲料中,结果黄曲霉素的毒性受到抑制,采食量和体增重都显著提高。Ragu 等认为可能是 EGM 捕获黄曲霉素从而阻止了胃肠道对毒素的吸收,达到解毒的效果。另外,甾体羟化真菌对黄曲霉素 B_1 有明显的脱毒作用,体外试验表明,酵母细胞壁上的多糖、蛋白质和脂类产生的特殊结构能有力结合黄曲霉素,向含有黄曲霉素的饲料中添加啤酒酵母培养物可明显改善肉鸡增重。经筛选现认为除酵母菌外,其他如乳酸菌、黑曲霉、犁头菌等对去除粮食和饲料中黄曲霉素也可收到较好效果。

4. 添加营养素法 在饲料中添加蛋白质或氨基酸,原理是霉菌毒素通过消化道被吸收后,通过肝脏门静脉循环进入肝脏,脱毒的过程需要依赖于谷胱甘肽的参与,谷胱甘肽的氧化还原反应可除毒。谷胱甘肽由蛋氨酸和胱氨酸等组成,霉菌毒素的脱毒过程也是一个消耗蛋氨酸的过程,从而导致蛋氨酸的缺乏,进而引起生长和生产性能的下降。所以,当饲料中含有受黄曲霉素污染的成分时，应额外添加蛋氨酸。若维生素缺乏，亦会加剧黄曲霉毒素中毒，反之便会减毒。在配合饲料中需加倍添加维生素，尤其是维生素 A、维生素 D、维生素 E、维生素 K 含量更需提高，以缓解黄曲霉毒素的中毒反应。补加烟酸和烟酰胺，可以加强谷胱甘肽转移酶的活性，增加解毒过程中与黄曲霉毒素的 B_1 的结合。补充维生素（如叶酸）具有破坏黄曲霉素的作用，可以减少黄曲霉素的毒性。

八、饲料抗营养因子活性的钝化或消除

以钝化或消除饲料抗营养因子和提高饲料营养价值为目的的加工方法可以概括为三大类：物理方法、化学方法和生物学方法。

物理方法是通过水浸泡、加热、加压、红外线加热以及同位素辐射等物理作用使饲料抗营养因子失活的方法，包括水浸泡、蒸汽加热、蒸汽处理、微波处理、烘烤、挤压膨化和辐射处理等。化学方法是采用酸碱或其他化学物质使饲料抗营养因子钝化或失活的方法。生物学方法主要使用来源于细菌或真菌的酶处理饲料，以达到钝化或消除抗营养因子的目的。

在所有钝化技术中，物理方法尤其是热处理技术对蛋白酶抑制因子、凝集素、脲酶等热敏性抗营养因子有很好的钝化效果，是应用最为广泛的钝化技术。热处理方法除造成不同程度氨基酸损失外，对抗营养因子，尤其对热稳定性抗营养因子的破坏不彻底是其主要缺点。而化学钝化技术在工艺上易于控制，但残留化学物质的处理和化学试剂的成本等因素限制了该类技术的实际应用。理论上讲，生物学方法是降解饲料抗营养因子最为彻底的手段，其应用潜力很大，但该类方法仍处于研究开发阶段。

（一）物理钝化技术

1. 热处理钝化技术

（1）概述　在一定范围内，随着饲料抗营养因子的受热钝化，饲料的营养价值得到改善。在饲料抗营养因子中，胰蛋白酶抑制因子、脲酶和凝集素对热比较敏感。

大豆胰蛋白酶抑制因子的失活根据其耐热性可以分为 2 个阶段，第一阶段是 Kunitz 型胰蛋白酶抑制因子的失活，而第二个阶段则是 Bowman - Birk 型蛋白酶抑制因子的失活。纯化的 Kunitz 型胰蛋白酶抑制因子对热不稳定，而纯化的 Bowman - Birk 型蛋白酶抑制因子对热相对稳定，但生大豆粉中 Bowman - Birk 型蛋白酶抑制因子的钝化速度比 Kunitz 型胰蛋白酶抑制因子快，可能是由于大豆粉中以胶状硫化物形成存在的蛋白质与富含二硫化物的 Bowman - Birk 型蛋白酶抑制因子相互交织在一起，使 Bowman - Birk 型蛋白酶抑制因子的热失活更加容易。在干燥状态下，大豆中纯的 Kunitz 型胰蛋白酶抑制因子或其他豆科子实中的胰蛋白酶抑制因子似乎对热钝化具有较高稳定性。因此，热加工中保持一定水分对大豆胰蛋白酶抑制因子的破坏至关重要。

大豆凝集素对高温更为敏感，主要因其是一种糖蛋白，具有不可逆热变性的特点，较容易失活。脲酶对热的敏感性与胰蛋白酶抑制因子相同。饲料中抗维生素因子对热敏感，一般的热处理即可以使其失活。

（2）湿热钝化技术　湿热钝化技术包括蒸汽加热处理和蒸煮处理。蒸汽加热处理是主要的湿热加工形式，蒸汽可以是常压或高压。常压蒸汽处理一般温度不超过 100 ℃，蒸汽加热 30 min。高压蒸汽处理的容器中温度可达到 133～136 ℃，持续时间取决于容器中压力和温度的变化。用蒸汽处理大豆粉使胰蛋白酶抑制因子失活的条件：100 ℃常压蒸汽 60 min，高压蒸汽处理 0.035 MPa 加热 45 min、0.070 MPa 加热 30 min、0.100 MPa 加热 20 min 或 0.140 MPa 加热 10 min。在不同温度条件下，随着蒸汽加热时间的延长，胰蛋白酶抑制因子、脲酶、凝集素活性和蛋白质分散指数都呈对数下降，即加热 25 min，所有指标下降速度较快，25 min 后，随加热时间的延长，其下降速度变慢。此外，高温、高压还可破坏分离大豆蛋白中大部分植酸。

蒸煮是将大豆先在水中（加盐或碱）浸泡，然后煮沸的处理工艺。蒸煮后的大豆经过干燥后整粒或粉碎使用。它属于最初的处理方法，不适合大规模生产。

（3）干热钝化技术　包括烘烤和热风喷射钝化技术。

①烘烤　热风烘烤的过程是将大豆置于可旋转的带有搅拌装置的圆筒中，圆筒通过火焰，达到快速加热的目的（温度可达 120～250 ℃）。其优点是加工速度较快，烘烤机械为可移动式，可在现场进行加工。其主要缺点是需依据烘烤后大豆颜色进行主观判断来调整机械的设置条件，因每批处理的工艺参数难以保持稳定，可能导致烘烤全脂大豆质量出现较大变异。该法温度在 204 ℃以上时，钝化效果较好。

②热风喷射钝化技术　热风喷射是用温度为 232～310 ℃的热风喷射处理大豆的工艺，其主要流程包括热风喷射、保温、辊压压片和鼓风冷却等。热风喷射加工后若不进行保温处理，脲酶活性（ΔpH）仍然比较高，说明受热不足。因此，保温是热风喷射处理大豆的重要环节。掌握适宜的热风温度和保温时间，对钝化抗营养因子、改善蛋白质的利用率和提高产品质量稳定性至关重要。非反刍动物用热风喷射全脂大豆的适宜加工参数为：热风温度 232 ℃或大豆初始温度 103 ℃，保温 30 min；如将大豆用作过瘤胃蛋白质，热风温度应提高至 288～310 ℃，或大豆初始温度 116～122 ℃，保温 14 h。

（4）膨化钝化技术　挤压膨化是一种集混合、糅合、剪切、加热、冷却和成型等多种作业方式为一体的加工工艺，具有高温、高压和高剪切力的特点。它可以划分为三个区段，即喂料区、糅合区和最终熟化区。膨化加工过程中，其热的来源有三条途径，即通入蒸汽直接加热、电加热机镗间接加热及挤压机螺杆转动产生的摩擦热。物料在挤压膨化机中最高温度可达到 200 ℃，而滞留时间仅为 10～60 s。因此，挤压膨化属于高温瞬间加工工艺范畴，是效率最高而又具有通用性的食品和饲料加工方法。挤压膨化可分为干法挤压膨化和湿法挤压膨化。干法挤压膨化主要靠挤压机螺杆运动的摩擦产热作为熟化和脱水的唯一热源。湿法挤压膨化需要对原料通入蒸汽进行调质处理，挤压产品水分含量较高时需要烘干。挤压膨化钝化抗营养因子的效果受大豆品种、膨化机类型等因素的影响。与一般热处理相比，膨化处理对抗营养因子有更好的钝化效果。膨化对 Kunitz 型胰蛋白酶抑制因子和大豆抗原（大豆球蛋白和 β-伴大豆球蛋白）都有一定的破坏作用。膨化加工的大豆饼（粕）能降低血清中抗大豆球蛋白和 β-伴大豆球蛋白 IgG 的效价，并能减轻仔猪对大豆蛋白引起的迟发型过敏反应的程度及造成的肠道损伤程度。膨化和乙醇溶液提取过程的组合工艺是有效降低大豆抗原蛋白的加工方式。虽然膨化处理全脂大豆有可借鉴的加工参数和产品标准，但在实践中难以掌握，产品质量（尤其是抗营养因子含量）变异较大。

（5）热处理钝化技术效果评价　对热处理钝化大豆抗营养因子效果的评价有利于改进加工工艺、节约能源和降低加工成本。由于大豆热处理条件和工艺参数变异较大，产品中抗营养因子的含量通常被作为衡量钝化效果的依据，其中胰蛋白酶抑制因子是衡量热加工程度最准确的指标。用于食品和饲料的大豆及其产品，胰蛋白酶抑制因子的钝化程度应大于80%，适宜范围为85%～90%。

胰蛋白酶抑制因子测定过程复杂烦琐，而脲酶活性的测定简单易行，在实际生产中多以测定脲酶活性判断胰蛋白酶抑制因子的钝化程度。因为脲酶与胰蛋白酶抑制因子在热处理过程中受破坏的速率相同，即脲酶活性与胰蛋白酶抑制因子活性间存在高度的相关性。当脲酶活性为0.05～0.20时，氨基酸和能量消化率较高，而当脲酶活性低于0.04时，氨基酸和能量消化率下降。但脲酶活性只能反映加热不足，不能恰当地反映加热过度。应综合蛋白质溶解度作为判断大豆或豆粕加热过度的指标。加热适度的豆粕脲酶活性应为0.05～0.20，蛋白质溶解度应为70%～85%。还可采用PDI来评价大豆及其产品的加热程度。PDI是指大豆蛋白质在水中的分散量与其总蛋白量的百分比。由于PDI与大豆受热程度和大豆蛋白变性程度密切相关，与测定脲酶相比，PDI可以更好地反映大豆加热不足。一般大豆PDI为90%，适宜热处理大豆的PDI为15%～30%。

测定热加工后产品的脲酶活性、蛋白质溶解度等物理化学指标，并不能达到优化大豆加工工艺的目的，因此，必须同时测定抗营养因子、有效氨基酸的含量以及蛋白质和其他养分的消化率，如通过动物试验（家禽短期饲喂试验）和评价热处理后蛋白质变性程度的免疫学技术（如ELISA）。

为达到既能有效破坏大豆中抗营养因子，又尽可能减少氨基酸损失的目的，所选择的工艺条件最好能使抗营养因子失活的速度大于有效氨基酸含量下降的速度。

（6）影响热处理钝化效果的因素　温度、水分、时间、压力、大豆来源与颗粒大小等因素影响热处理钝化大豆抗营养因子的效果，其中温度是主要因素。

温度和压力越大，钝化效果越好；反之则较差。时间越长，钝化效果越好，但在高温长时间处理条件下，会导致大豆蛋白质完全变性，有效氨基酸损失极大，不能作为饲料使用。因此，处理时间与温度呈负相关。

大豆水分含量对抗营养因子的钝化效果影响较大。当大豆含水量适宜时，热的渗透充分，在相同的温度下增加水分含量对抗营养因子的钝化效果更为有利。大豆胰蛋白酶抑制因子对干热作用的反应较弱，而对水分、压力及温度的共同作用反应较强。在热处理前，增加全脂大豆水分含量可以降低失活大豆胰蛋白酶抑制因子和脲酶所需要的温度，从而降低热处理的能耗。大豆品种不同，其中的抗营养因子钝化效果也有差异。膨化加工对其他抗营养因子钝化的有效性要大于大豆凝集素和Kunitz型胰蛋白酶抑制因子。

2. 其他物理钝化技术

（1）水浸泡处理　用水浸泡可除去黑麦中的水溶性非淀粉多糖，并活化能降解这些多糖的内源酶。用热水浸泡也可降低大部分植酸的含量。

（2）高频微波电磁场处理　微波是一种频率很高（30～300 MHz）而波长却很短（0.001～1.000 m）的电磁波。当电磁波在介质内部起作用时，蛋白质、脂肪、碳水化合物等极性分子受到交变电场的作用而剧烈振荡，引起强烈的摩擦而产生热，这一现象称为微波的介电感应加热效应。这种热效应使得蛋白质等分子结构发生改变，从而破坏大豆中的抗营养因子。微波加热，处理时间短，易于连续生产，对营养成分破坏小，且物料受热均匀，热穿透力强，工艺参数容易控制，对大豆中的抗营养因子的钝化效果比传统的加热处理更好。微波处理可降低大豆脲酶、胰蛋白酶抑制因子和脂肪氧化酶的活性。此外，还可降低大豆子实中植酸含量。

微波处理时，大豆抗营养因子活性与高频电场的作用时间呈负相关，作用时间延长，活性降低。微波加热处理生大豆的适宜加工参数为：传输带速度为 $1.10\sim2.42$ m/min、加热时间 $2.50\sim5.50$ min。真空微波处理适宜的加工参数为真空度 $918\sim940$ kPa、含水量 $24.30\%\sim29.50\%$、时间 $6.5\sim7.7$ min。

（3）低频超声波处理 超声波是频率大于 20 kHz 的声波，具有波动与能量的双重属性，主要用于液体物料的处理。在超声场中，液体物料产生的微小气核（空化气泡）随声压变化而发生强烈膨胀、振荡及崩溃等一系列动力学过程，该过程所产生的极短暂的强压力脉冲及温度升高，使溶液中悬浮的微粒子（如蛋白质）的结构和极性发生变化。超声波对大豆抗营养因子的钝化主要用于豆奶加工。温度、处理时间、振幅和 pH 是影响低频超声波对大豆胰蛋白酶抑制因子处理的主要因素。超声波对生大豆奶中 Kunitz 型胰蛋白酶抑制因子的钝化效果要好于经过纯化的 Kunitz 型胰蛋白酶抑制因子。频率大于 20 kHz 的超声波对纯化的 Bowman - Birk 型蛋白酶抑制因子几乎不起作用。

（4）辐射处理技术 γ 射线辐照是利用如钴 60（^{60}Co）和铯 137（^{137}Cs）等放射性同位素发射出的高能 γ 射线来对产品进行灭菌、防虫、延长产品的保质期和抑制马铃薯等在储存中的发芽等处理的方法。使用最多的是 ^{60}Co。辐照加工是一种"冷处理"，它不能显著提高被处理物料的温度。辐射处理破坏大豆胰蛋白酶抑制因子和凝集素的速度几乎相同。采用 ^{60}Co 以 60 kGy 的辐射强度是处理生大豆较适宜的辐射剂量。γ 射线辐照也可以使黑麦、大麦和小麦中非淀粉多糖降解，提高这些饲料原料的饲用价值。

（二）化学钝化技术

1. 原理 化学物质与抗营养因子分子中的二硫键结合，使其分子结构改变而失去活性。使用的化学物质包括硫酸钠、硫酸铜、硫酸亚铁和其他一些硫酸盐和碱溶液、高锰酸钾、重铬酸钾或过氧化氢等。

用偏重亚硫酸钠和亚硫酸钠钝化大豆蛋白酶抑制因子的机理为，偏重亚硫酸钠和亚硫酸钠与水分子作用生成亚硫酸根离子，可使二硫键结构断裂产生游离的硫阴离子（R—S—）和磺酸基衍生物，进而生成新的二硫键复合物，此复合物为稳定的无活性基团。无机化学试剂可破坏 Kunitz 型胰蛋白酶抑制因子和 Bowman - Birk 型蛋白酶抑制因子分子结构中的二硫键，而不改变氨基酸的组成。戊二醛作为"交联剂"与胰蛋白酶抑制因子分子中亲核基团的 α-氨基或 ε-氨基发生反应。维生素 C 能使 Kunitz 型胰蛋白酶抑制因子中的二硫键断裂生成两个巯基，后者很容易被空气或其他氧化物氧化，当有 Cu^{2+}、Fe^{2+} 等金属离子存在时，巯基的氧化作用明显加强。

2. 钝化效果 化学处理对大豆抗营养因子的钝化效果取决于化学物质使二硫键分子

结构发生变化或断裂的能力以及处理的温度和时间。

不同化学物质对大豆抗营养因子的破坏程度不同，偏重亚硫酸钠效果最理想。用尿素处理生大豆比较方便，且价格低廉。其处理的适宜条件为：加水 20％、尿素浓度 5％、时间 20 d，适合于没有大豆工业化加工条件的地区，尤其是农村条件下小批量处理生豆饼。1％氢氧化钠溶液对胰蛋白酶抑制因子、脲酶及脂肪氧化酶的破坏程度最大。同时使用两种化学物质可以明显提高大豆抗营养因子的钝化效果。如偏重亚硫酸钠和戊二醛、维生素 C 和硫酸铜、过氧化氢和硫酸铜混合使用，效果很好。

化学处理也需要热的配合。温度高于 65 ℃，作用时间约 30 min，可有效失活胰蛋白酶抑制因子。硫酸亚铁溶液与热处理配合可以使大豆及菜豆中的抗营养因子更容易失活。其他还原剂，如硫醇类物质（胱氨酸、N-乙酰半胱氨酸、含硫基的醇类、还原型谷氨酰胺）与加热处理配合可以加速大豆中胰蛋白酶抑制因子的钝化速度。

用稀酸（如盐酸）溶液浸泡大豆效果较好，如提高浸泡温度或浸泡后再焙炒，可提高去除植酸效果。

高粱等子实经氢氧化钠、碳酸钾、氢氧化钙和碳酸钠等碱性溶液浸泡处理，可去除大部分单宁。用 30％氨水处理高粱，低压密封保存 1 周，可脱去大部分单宁。用高锰酸钾、重铬酸钾或过氧化氢处理，可使单宁含量降低 90％。在青贮料中添加 4％的尿素，青贮 2 d 可降低 50％的单宁含量。

3. 有机化合物对大豆抗营养因子的钝化　有机化合物主要使用的是甲醇、乙醇和异丙醇及甲醛等。利用乙醇溶液浸渍大豆，在破坏胰蛋白酶抑制因子的同时也能钝化或破坏脂肪氧化酶的活性，但乙醇溶液浸渍只能破坏胰蛋白酶抑制因子的 50％。在大豆深加工中，有机溶剂如乙醇等主要用来去除大豆中的寡糖等。其方法是：用 80％乙醇溶液，按 10∶1 在 75 ℃条件下循环浸提大豆或豆粕 2 h，然后用水冲洗 30 min，可将普通大豆或豆粕中 97.5％的可溶性碳水化合物去除。此外，用热乙醇提取的大豆蛋白中仍残留少量有抗原活性的大豆球蛋白和 β-伴大豆球蛋白，但不足以引起犊牛消化障碍。其机理是热乙醇处理能增加大豆抗原对胃蛋白酶和胰蛋白酶的敏感性。

高粱子实经甲醛溶液处理，可降低单宁含量，如与盐酸混合处理，效果会更佳。在饲料中加入适量蛋氨酸或胆碱作为甲基供体，可促进单宁甲基化作用使其代谢排出体外，或加入聚乙烯吡哆酮、吐温 80、聚乙二醇等非离子型化合物，再与单宁形成络合物，排出体外。

EDTA 可使菜豆粕中植酸含量降低 70％，这主要是 EDTA 与蛋白质络合的金属离子发生络合，破坏了蛋白质-金属离子-植酸的三元结构，最后 EDTA-金属离子能透析出来。

4. 生物还原剂和羰氨反应钝化技术　采用生化还原法也可以使大豆胰蛋白酶抑制因子失活。在 NADP-氢化硫氧还蛋白体系中，还原型的 NADPH 和硫氧还蛋白还原酶能够还原 Kunitz 型胰蛋白酶抑制因子和 Bowman-Birk 型蛋白酶抑制因子而使其失活。Kunitz 型胰蛋白酶抑制因子还能被二硫基苏糖醇以及硫辛酸-氢化硫氧还蛋白还原而失活。生物还原剂的作用机理在于使 Kunitz 型胰蛋白酶抑制因子和 Bowman-Birk 型蛋白酶抑制因子中的二硫键还原成硫基，使其活性中心受到破坏而失活。

糖类物质能与蛋白质中的氨基酸发生羰氨反应。利用该原理使糖类与蛋白酶活性基团发生反应，使其钝化。可使用的糖类主要是葡萄糖、乳糖、麦芽糖等。

（三）生物钝化技术

1. 酶解反应钝化饲料抗营养因子　应用生物活性酶可以钝化或消除饲料中的抗营养因子。胰蛋白酶抑制因子本身是一种蛋白质，可以被蛋白酶水解。胃蛋白酶、胰蛋白酶和枯草杆菌蛋白酶可以将 Kunitz 型胰蛋白酶抑制因子水解成多肽，降低其活性。

中性、碱性或酸性蛋白酶和木瓜蛋白酶均可不同程度地降解低温脱脂豆粕中的大豆胰蛋白酶抑制因子，但降解程度差异较大，其中碱性蛋白酶降解作用显著优于其他酶。水解胰蛋白酶抑制因子的酶相对活力大小依次为碱性蛋白酶、酸性蛋白酶、中性蛋白酶、木瓜蛋白酶。碱性内切蛋白酶主要催化部位为丝氨酸残基，其催化的酶解反应的温度不超过 70 ℃。该酶解反应的最适条件为 pH 8.0、温度 60 ℃、加酶量 10 μL/g 蛋白、添加 0.3% 硫酸钠溶液和水解时间 4 h。

添加 α-半乳糖苷酶及转换酶可有效降解大豆寡糖。α-半乳糖苷酶作用于棉子糖和水苏糖的最适酶解条件为 pH 5.5～6.0、温度 55 ℃、降解时间 3 h。在温度 55 ℃、pH 5.5、如果仅添加 100 U/g 豆粕转换酶时，45 min 后豆粕中蔗糖完全降解；如果同时添加 100 U/g 豆粕转换酶和 10 U/g 豆粕 α-半乳糖苷酶可使豆粕中的所有寡糖完全降解。

在以小麦等麦类饲料原料为基础的日粮中添加 β-葡聚糖酶及阿拉伯木聚糖酶等非淀粉多糖酶，可以提高相应饲料原料的饲用价值。

日粮中添加植酸酶可有效地消除植酸的不良影响。植酸酶来源有两个途径。一是有些植物及其加工副产品本身含有活性较高的植酸酶，如小麦、小麦麸。二是可直接在饲料中添加微生物来源的植酸酶。植酸酶的活性受很多因素的影响，如 pH、水分、温度、抑制剂、激活剂、底物浓度、产物浓度以及植酸和植酸酶来源等。

添加单宁酶可以降低单宁的含量。单宁酶能水解单宁中的酯键，生成没食子酸和其他化合物。

玉米淀粉中大多数为支链淀粉，在制粒过程中的高温易使其糊化，但部分糊化淀粉在冷却和储存过程中发生聚合，形成和蛋白质、纤维交联在一起的退化淀粉，即抗性淀粉。退化淀粉抵抗消化酶的消化，未经消化就直接进入肠道后段，使玉米淀粉回肠消化率降低。添加支链淀粉酶可以降解退化淀粉，提高淀粉回肠末端消化率，从而提高肉鸡的生产性能。

2. 发芽对饲料抗营养因子的钝化　采用发芽处理大豆和其他豆科子实可以降低抗营养因子的含量，其原理是利用豆科子实发芽过程中一些被激活产生的内源蛋白酶来降解豆科子实中的储备蛋白类抗营养因子。发芽处理钝化大豆抗营养因子的效果受多种因素影响，主要包括品种、抗营养因子的种类和酶的种类及活性。

发芽或发酵可以提高某些饲料如小麦和小麦麸本身含有的植酸酶的活性，有助于消除其本身含有的植酸。发芽还可以使豆科子实中单宁的含量降低 30%～50%。

（四）育种技术

通过育种技术可以降低或消除饲料中抗营养因子的含量。主要采用的常规育种技术包括筛选含量低或缺失抗营养因子的植物品种；或采用诱变育种技术产生所需要的变异类型，再采用回交或改良回交方法进行常规育种。

现已培育出研究用无蛋白酶抑制因子的大豆品系、低寡糖大豆品系、无凝集素的大豆品种、无抗维生素 A 因子的大豆品系以及低单宁高粱、低皂苷苜蓿、低香豆素草木樨等品种。但抗营养因子是植物自身用于防御的物质，降低其含量可能引起植物病虫害或鸟害。

（五）基因工程技术

应用基因工程技术，可以解决在常规育种中无法解决的一些问题。目前常采用导入外源基因和基因表达抑制的方法。现已经通过基因工程技术培育出了低胰蛋白酶抑制因子、低寡糖、低植酸、低脂氧合酶的大豆新品种。

第四节　饲料原料的粉碎

一、粉碎的目的

粉碎是用机械力克服固体物料的内聚力将其分裂的过程，是饲料加工中重要的工序之一。大多数饲料原料都需要经过粉碎，粉碎的意义在于：增大饲料原料的表面积，有利于与消化酶充分地接触而被消化；保证饲料后续加工工序（配料、混合、制粒）的顺利进行；提高饲料的可消化性和饲料转化效率。现代动物营养学研究表明，谷物粉碎粒度的大小直接影响动物的生产性能。因此，在进行粉碎加工时，应不断改进粉碎工艺和粉碎设备，使粉碎的粒度适宜，满足不同品种及生长阶段动物对饲料粉碎粒度的要求。

二、粉碎的工艺

饲料粉碎工艺有先粉碎后配料工艺、先配料后粉碎工艺和循环粉碎工艺三种。一般畜禽饲料多采用先粉碎后配料工艺（图 4 - 11），水产饲料、预混料多采用循环粉碎工艺（图 4 - 12），部分水产饲料和畜禽饲料也采用先配料后粉碎工艺（图 4 - 13）。一般，先粉碎后配料工艺控制系统简单、能耗低、操作方便，但需设置大量的配料仓，粉料流动性差，易造成结拱现象。而先配料后粉碎工艺则可利用原料仓作为配料仓，大大减少了配料仓的个数，且物料粒度较一致，有利于制粒，但粉碎能耗高，建筑费用高。循环粉碎工艺中，原料粉碎后经分级筛分级处理，若饲料产品要求粒度较细时，粗粒度物料再回粉碎机粉碎；粉碎物料不需分级时，则直接经三通进入下道工序。循环粉碎工艺可节省电耗，提高产量，大、中型饲料厂宜采用此种工艺；普通粉碎工艺（指未设计循环的粉碎工艺模式）较简单，物料从粉碎仓进入粉碎机粉碎即可。

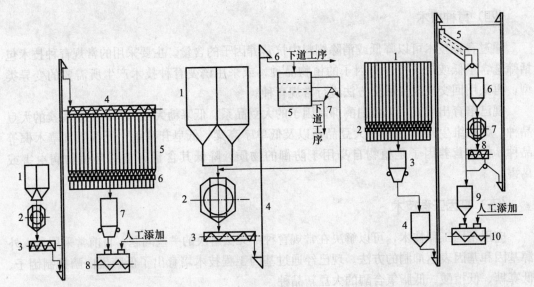

图 4-11　先粉碎后配料工艺
1. 待粉碎仓　2. 粉碎机
3、4. 输送机　5. 料仓　6. 给料器
7. 配料秤　8. 混合机

图 4-12　循环粉碎工艺
1. 待粉碎仓　2. 粉碎机
3. 输送机　4. 提升机
5. 分级筛　6、7. 三通

图 4-13　先配料后粉碎工艺
1. 料仓　2. 给料器　3. 配料秤
4、9. 缓冲仓　5. 分级筛　6. 待粉碎仓
7. 粉碎机　8. 输送机　10. 混合机

三、粉碎设备

粉碎设备按机械机构特征的不同，可分为锤片式粉碎机、爪式粉碎机、盘式粉碎机、辊式粉碎机、压扁式粉碎机和破饼机等。选择粉碎设备时，主要依据物料的硬度和韧性等物理性质和饲喂动物对象而定：对于坚而不韧的物料以冲击和挤压为主，韧性物料以剪切为主，脆性物料以冲击为宜。

（一）锤片式粉碎机

锤片式粉碎机具有机构简单，通用性好、适应性强、生产效率高和使用安全等优点。在饲料行业中得到普遍使用。它对含油脂较高的饼（粕）、含纤维多的果谷壳、含蛋白质高的塑性物料等都能粉碎，可一机多用。

1. 种类和规格　按粉碎机的进料方向，锤片式粉碎机有径向（顶部）进料式、切向进料式和轴向进料式三种。按筛板的不同分类，有筛片式、无筛式与水滴形粉碎室式粉碎机。

在饲料厂中应用最广的是顶部进料式锤片粉碎机，在农村则以可兼用于粉碎谷物与秸秆、牧草的小型锤片式粉碎机较为普遍。锤片式粉碎机已形成系列产品，以转子直径 D 和粉碎室宽度 B 为主参数。锤片式粉碎机的转子直径 D 应由转子直径优先数基本系列或型号系列中选取，必要时也可按粉碎室宽度选取。表 4-6 中锤片式粉碎机由粉碎室宽度和两个直径系列组成，由转子直径优先数基本系列中选取。粉碎室宽度由宽度基本系列中选取，配用动力（为计算结果的化整值）则由电机动力优先数系列中选取。从实际设计的目的看，选取这两个直径却是为了满足正极与负极异步电动机直联的需要，在此情况下粉碎机锤片末端的线速度为 84 m/s；此速度为合理速度的较低值，在我国材料、基础件、制造与使用条件的现状下，较好地兼顾了安全耐用与效率两个方面。

表 4-6　SFSP 系列锤片式粉碎机主要技术参数

型号	SFSP112×60	SFSP112×40	SFSP112×30	SFSP56×40	SFSP56×36
转子直径（mm）	1 080	1 080	1 080	560	560
粉碎室宽度（mm）	600	400	300	400	360
主轴速度（r/min）	1 480	1 480	1 480	2 950	2 940；2 930
锤片线速（m/s）	84	84	84	86	86
锤片数量（片）	64	40	32	24	20
配用动力（kW）	160；132	110；90	75；55	37；30	30；22
电机型号	Y315L1-4 Y315M-4	Y315S-4 Y280M-4	Y280S-4 Y250M-4	Y200L2-2 Y200 L1-2	Y200L1-2 Y180M-2
减震器型号	JG3-7(8只)	JG3-7(6只)	JG3-6(6只)	JG3-4(6只)	JG3-4(4只)
重量（kg）	2 340；1 932	1 950；1 610	1 510；1 340	790；711	600；540
正常风量（m³/min）	70；55	50；45	38；33	25；22	22；18
产量（t/h）	25；20	18；15	12；9	6；5	5；3.5
外形尺寸（mm）　长	2 450；2 360	2 160；1 891	1 741	1 628	1 496
宽	1 360	1 360	1 360	800	800
高	1 550	1 550	1 550	1 000	1 000

注：产量指标是指在粉碎含水量不大于 14%、容重不低于 0.72 t/m³ 的玉米，用开孔率不低于 33% 筛孔直径 3 mm 的筛板时的产量。原商业部标准《粮油机械产品型号管理办法》LS91-85（代替 AB1-76）规定了粮油机械产品型号由专业代号、品种代号、型式代号和产品的主要规格四部分组成，如 SFSP56×40 型锤片式饲料粉碎机，S 为专业代号表示饲料加工机械设备，FS 为品种代号表示粉碎机，P 为型式代号表示锤片粉碎机，56×40 规格数字的意义是转子直径、粉碎室宽度的数值（单位为厘米）。SFSP 系列锤片式粉碎机是为饲料工厂而专门设计制造的主要专业设备，比较适合于在配合饲料厂使用。

我国还有原机械部设计生产的 9F 系列型号锤片式饲料粉碎机（表 4-7），如 9FQ-50 型锤片式粉碎机，9 表示分类代号为畜牧机械，F 表示粉碎机，Q 表示型式代号为切向喂入型，50 规格数字的意义是粉碎机转子直径的数值（单位为厘米）。切向喂入型锤片式粉碎机是一种通用型粉碎机，除可粉碎谷物等精饲料之外，还可以用来粉碎麦秸、豆秸、玉米秸、稻秸和红薯藤等秸秆饲料，在农村、畜牧场的饲料调制间应用较广。

表 4-7　通用型锤片式粉碎机主要技术参数

型号	9FQ-40	9FQ-50	SFP-50	SFP-60	9FQ-60
转子直径（mm）	400	500	500	600	600
粉碎室宽度（mm）	202	273	373	400	450

（续）

型号	9FQ-40	9FQ-50	SFP-50	SFP-60	9FQ-60
锤筛间隙（mm）	12±2	12±2	12±2	12±2	上20，下16
主轴速度（r/min）	4 000	3 450	3 440	2 800	2 570
锤片线速（m/s）	84	90	90	85	80.6
筛片宽度（mm）	200	270	270	396	450
筛片包角（°）	180	180	180	180	300
筛片直径（mm）	1.2~2	1.2~2	1.2~2	1~3	2~3
锤片数量（片）	12	12	12	24	32
配用动力（kW）	7.5~10	13~17	18.5	30	30~40
机重（kg）	164	230	193	472	560
外形尺寸 （mm） 长	945	1 280	1 170	1 424	878
宽	830	1 140	1 020	1 326	859
高	2 365	950	1 125	1 512	1 302
生产率* （kg/h） 玉米	500	950	1 800	3 500	4 040
谷壳	190	300	400	650	—
稻草	120	180	150	270	—

*：测定玉米时，所使用的筛片孔径依次为 1.2 mm、1.2 mm、3.0 mm、3.0 mm 和 2.0 mm。

2. 主要结构和工作过程 锤片式粉碎机由机座、上机壳、转子、操作门、进料导向机构、磁选器、料斗及减震器等组成（图4-14）。顶部喂入的 SFSP56 粉碎机底座由4只或8只减震器支承，与上机座起连接与支承粉碎机各部件的作用，形成一个整体。粉碎成品由底座下面排出。上机壳和底座两侧分别装有两块筛板，与转子一起组成粉碎室。转子包括主轴、锤架板、销轴、锤片和轴承等，是粉碎机的主要运动部件。转子转速较高，要求进行静、动平衡校验。在更换筛板或锤片时须开启操作门，筛板靠操作门夹紧。进料导向机构可使物料从左边或右边进入粉碎室，它通过行程开关自动控制电动机的旋转方向，使与进料方向相符合。闭式磁选器可清除物料中的铁磁杂质以保护粉碎机。料斗是为了能使物料均匀地进入粉碎室，使粉碎机负荷平稳。当粉碎机作业时，原料由进料管进入料斗，经磁选器、进料导向机构送入粉碎室，受高速旋转锤片的打击和筛板的摩擦作用而被粉碎，并在离心力和气流作用下穿过筛孔经底座出料口

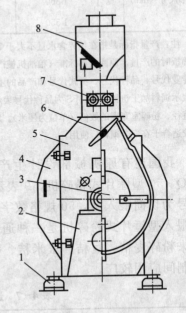

图4-14 锤片粉碎机结构
1.减震器 2.机座 3.转子 4.操作门
5.上机壳 6.进料导向机构
7.闭式磁选器 8.料斗

排出，再经出料、输送装置送至中间仓；气流则经除尘器滤尘消风。

3. 主要工作部件　锤片粉碎机的主要工作部件包括锤片、齿板、筛片等。

（1）锤片　锤片是锤片式粉碎机最主要的易损件，其形状尺寸、工作密度、排列方法、材料材质与制造工艺对粉碎效率和工作质量均有较大的影响。

锤片的形状很多，其中矩形锤片因其通用性好、形状简单、易制造和节约原材料而应用最广。试验表明，锤片长度在不超过 200 mm 时，越长则度 * 电产量越高；锤片越薄则粉碎效率也越高，但使用寿命较短。中国农业机械化科学研究院用 1.6 mm、3 mm、5 mm 和 6.25 mm 四种厚度锤片进行玉米粉碎试验得知，1.6 mm 比 6.25 mm 厚锤片的粉碎效率提高 45%，比 5 mm 的提高 25.4%。

我国锤片式饲料粉碎机的锤片已标准化。原机械部颁标准中的三种锤片，都是矩形双孔锤片，其规格尺寸见图 4-15 和表 4-8，如 SFSP112 粉碎机采用Ⅲ型标准锤片（厚度 6 mm），SFSP56 粉碎机采用Ⅱ型标准锤片（厚度 5 mm）。

在某些专用锤片式粉碎机上，为了增加击碎力，使用长 250 mm 的单孔锤片，h 为 208±0.3 mm，b 为 65 mm，d 为 32.5 mm，δ 为 6 mm。

我国每年耗用在锤片上的优质钢材达数万吨，因此锤片材料与热处理的选择很重要。目前我国常见的有低碳钢固体渗碳淬火、中碳钢热处理、特种铸铁和在锤片

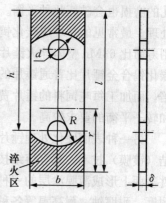

图 4-15　标准锤片

工作棱角堆焊耐磨合金等多种方法，不论何种方法都应在保证耐磨耐用的同时，保证锤片耐受冲击、生产安全。

表 4-8　标准锤片规格

单位：mm

形式	l	h	b	d	δ
Ⅰ	120	90±0.30	40	16.50	2 或 5
Ⅱ	180	140±0.30	50	20.5	5 或 8
Ⅲ	140	100±0.30	60	30.5	5 或 8

当采用 45 号、65 号、65Mn、65SiMn 等优质钢做锤片的材料时，热处理后淬火区硬度为 HRC50～57，非淬火区硬度不超过 HRC28。一般使用 60～100 h 后锤片应换角使用。若整体淬火则易生裂纹。双孔矩形锤片可换角、掉头使用，即每片锤片可以使用 4 次。因为锤片磨损通常在迎风的前角变圆、变钝，且迎风的厚度方向亦会造成圆角，这两个方向的圆角将使锤片撞击物料的能力大为降低，且会使粉碎室内的料层变厚，引起摩擦和对筛片的压力变大，造成筛片破裂（图 4-16）。如果双孔矩形锤片不能适时掉头，还会使销孔变成长椭圆形，造成转子的不平衡；过度的磨损在冲击载荷不大时也会发生锤片的

---

* 度为非法定计量单位，1 度＝1 kW·h。

破裂，造成机器或人身伤害事故。

转子和锤片应达到静平衡或动平衡以避免机器的有害震动。如果转子一侧的质量比另一侧的质量轻，便存在转子的静不平衡；转子一端的质量比另一端的轻，便存在转子的动不平衡。此时，震动便会发生，迅速导致金属的疲劳与轴承的损坏。

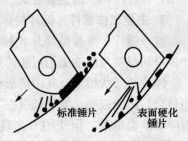

图 4-16　未经表面硬化与经表面硬化锤化的比较

为避免此种情况发生，除制造与安装时应严格按照技术要求操作，进行静、动平衡试验外，使用中的调整维护也是非常重要的。因为随作业的进行，锤片与销轴孔的磨损也会破坏此种平衡。延长锤片寿命的方法之一是，对锤片工作棱角进行表面硬化处理。最常见的是堆焊碳化钨合金，焊层厚 1～3 mm。据资料，堆焊碳化钨合金锤片的使用寿命比 63Mn 整体淬火锤片的提高 7～8 倍，但成本高 2 倍多。粉碎玉米试验时，堆焊碳化钨合金锤片比普通锤片的使用寿命高 6.9 倍，钢材耗用量仅为 1/7，但成本高出 1.75 倍，而加工每吨饲料的锤片费用为普通锤片的 1/3。堆焊碳化钨锤片的特点是对焊接工艺和转子平衡的要求较高。

另一种表面硬化处理锤片的方法是，北京市紫金耐磨技术研究所吴仲行发明的真空熔结（镀膜）技术。真容熔结技术是在真空条件下靠蒸发或溅射产生气相物质，并沉积在工件表面上形成薄膜涂层的一种现代冶金新技术。熔结涂层实际上是一种复合材料，可满足耐磨、耐腐蚀、耐高温等各种使用要求。涂层与基体之间是牢固的冶金结合，不受基体材料与形状的限制。涂层厚度 0.02～7 mm，涂层硬度范围 HRC20～70，涂层工作温度为室温至 1 200 ℃。紫金复合锤片（四角厚的涂层）现已成功地应用于饲料机械中，如颗粒压制机的涂层平模、压辊、修复环模和锤片式饲料粉碎机。

锤片安装在转子四根销轴上的位置，称作排列方式。它关系到转子平衡、物料在粉碎室内的分布、锤片磨损的均匀程度。对锤片排列的要求：锤片运动轨迹不重复，沿粉碎室宽度锤片运动轨迹分布均匀，物料不被排向一侧和有利于转子的平衡。常用的锤片排列方式有四种。图 4-17 是锤片排列方式的粉碎机转子平面展开，Ⅰ、Ⅱ、Ⅲ、Ⅳ表示锤片销轴的位置。

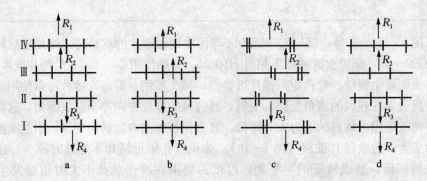

图 4-17　锤片排列方式

a. 螺旋线排列　　b. 对称排列　　c. 交错平衡排列　　d. 对称交错排列

① 螺旋线排列　有单螺旋线与双螺旋线两种。排列方式简单、轨迹均匀而不重复。缺点是作业时物料将顺螺旋线的一侧推移，使此侧锤片磨损加剧，粉碎室沿宽度（轴向）方向负荷不均匀。销轴Ⅰ和Ⅲ（或Ⅱ和Ⅵ）上离心力的合力 R_1 和 R_3（或 R_2 和 R_4）的作用线相距 $e>0$，两力不能平衡，当转子旋转时，出现不平衡力矩，使机器产生震动。故应用渐少。

② 对称排列　即对称轴Ⅰ和Ⅲ、Ⅱ和Ⅵ上的锤片对称安装。对称排列的锤片运动轨迹重复，在相同轨迹密度下，需用较多锤片。优点是其对称销轴的离心力合力作用线重合 $e=0$，且大小相等，因此可以相互平衡，故转子运行平稳，物料也无侧移现象，锤片磨损比较均匀，故应用最广。

③ 交错平衡排列　有单片与双片两种，图 4-17c 为双片交错排列。锤片轨迹均匀而不重复，对称轴上离心力、合力可相互平衡，转子运转平衡。缺点是作业时物料略有推移，销轴间隔套的规格较多，更换锤片较繁杂。

④ 对称交错排列　轨迹均匀而不重复，锤片排列左右对称，四根销轴的离心力合力作用在不同一平面上，对称轴相互平衡，故平衡性好，也是应用较广的一种锤片排列方式。对锤片粉碎机更换锤片，必须按说明书或完全恢复锤片排列方式进行重新安装，以免破坏转子平衡。

（2）齿板　齿板的作用是加强对物料的碰撞、搓擦作用，同时可以阻滞粉碎室内饲料环流层的运动并降低其速度。它对粉碎效率是有影响的。一般在筛板包角较大、粉碎物料含水量小、易于破碎、筛板筛孔较小、成品物料排出性能较好时，齿板作用不显著。而对纤维多、韧性大、含水量大的物料，齿板作用比较明显。齿板一般用铸铁制造，其表面激冷成白口，以增强其耐磨性。齿板的齿形有直齿形、人字形和高齿形三种。

（3）筛片　筛片是锤片式粉碎机最主要的工作部件和易损件之一，对粉碎效率和质量有重大的影响。锤片式粉碎机上所用的筛片有圆柱形孔筛、圆锥形孔筛和鱼鳞筛三种。由于圆柱形孔筛结构简单、制造方便，应用最广。圆柱形孔筛又有冲孔筛与钻孔筛两种。据（Stevens 和 Westhusin 1983）对冲孔筛板与钻孔筛板进行的对比试验研究，认为钻孔筛片的粉碎效率优于冲孔筛片，原因是前者的筛片开孔率高于后者（增加了 48%～54%）。他们用孔径 3.2 mm、开孔率为 18%、27%、41% 和 61% 的四块钻孔筛片进行了试验，证明开孔率与粉碎粒度和粉碎效率都存在一种线性关系。在用开孔率相同的冲孔筛板和钻孔筛板所做的对比试验中，钻孔筛板的粉碎成品粒度减小，以产生颗粒表面积计的"真实效率"提高，而其粉碎效率（生产率）是相同的。因此，筛片的通过（筛落）能力，对改善粉碎机的工作性能，有重要意义。

图 4-18 是圆柱形冲孔筛片的展开形状和筛孔排列。筛片用冷轧钢板制造，规格已标准化。筛片的规格按筛孔直径划分，孔径的数值（以毫米为单位）乘以 10 作为筛号（表 4-9）。筛片的标记示例：孔径 3 mm，筛片长 680 mm，宽 396 mm，记为筛

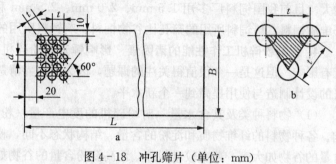

图 4-18　冲孔筛片（单位：mm）
a. 展开图　b. 筛孔排列

片30－680×396。SB/T10119 筛片应优先采用 0.5 mm、0.8 mm、1.0 mm、1.2 mm、2.0 mm、2.5 mm和3.0 mm厚度的冷轧钢板制造。一般采用符合 GB710 规定的15 号、20 号钢板制造。筛片需经碳氮共渗处理，渗层深度为 0.07～0.17 mm；筛片表面热处理硬度应不低于 HRC30～70。允许采用其他材料制造及其他表面硬化处理方法，但不得低于上述综合性能。筛片在粉碎经除杂的玉米时，使用寿命应不低于 120 h。

表 4－9　SB/T10119 筛片尺寸

单位：mm

筛号	筛孔直径（d）		孔距（t）		开孔率（%）
	尺寸	允差	尺寸	允差	
8	0.8	±0.07	1.8、1.9、2.0	±0.30	18、16、15
10	1.0	±0.07	2.0、2.1、2.2	±0.30	23、21、19
12	1.2	±0.07	2.2、2.3、2.5	±0.30	27、25、21
15	1.5	±0.07	2.5、2.7、3.0	±0.30	33、28、23
20	2.0	±0.07	3.0、3.2、3.5	±0.375	40、35、30
25	2.5	±0.07	3.5、3.7、4.0	±0.375	46、41、35
30	3.0	±0.07	4.0、4.5、5.0	±0.375	51、42、33
40	4.0	±0.09	5.0、5.5、6.0	±0.375	58、48、40
50	5.0	±0.09	6.0、6.5、7.0	±0.45	63、54、46
60	6.0	±0.09	8.0、8.5、9.0	±0.45	51、45、35
80	8.0	±0.11	11.0、11.5、12.0	±0.55	48、44、40

筛孔排列呈品字形，即三个相邻筛孔的中心连线成等边三角形，以便具有尽可能大的开孔率。开孔率 K 就是筛片上筛孔总面积占整个筛面面积的百分率，可按下式计得

$$K=\frac{\pi d^2}{2\sqrt{3}t^2}=0.906\times\frac{d^2}{t^2}\times100\%$$

式中　d——筛孔直径，mm；

t——筛孔距离，mm。

国外锤片式饲料粉碎机，一般采用 2.5～6 mm 筛孔的筛片，用于大家畜饲料的粉碎也有用6～10 mm 筛孔的。据 G Kettee 的研究，筛孔直径增大时，粉碎机的生产率成正比增大。目前我国饲料厂多用 1.5 mm、2.0 mm、2.5 mm 和 3.0 mm 筛孔的筛片。一般，纤维质饲料、猪饲料所用的筛孔比谷物饲料、鸡饲料所用的要小些。

4. 影响粉碎机工作性能的诸因素　影响锤片式粉碎机工作性能的因素很多，它们又互有影响。但这是一个很值得关注的课题，因为只有弄清楚这个问题，才能使锤片式粉碎机的设计制造与使用提高到一个新水平。

（1）物料种类及其含水量　对粉碎机的度电产量（粉碎能耗）和粉碎效率有很大影响。各种物料的纤维物质和淀粉的含量、结构状态不同，粉碎功耗也就不同。一般高纤维含量的谷物如大麦、燕麦较难粉碎，而高淀粉含量的谷物如玉米、高粱则较易粉碎。

中国农业机械化科学研究院对玉米与大麦在不同筛孔直径时的度电产量（W）及粉碎

效率（M）试验结果见表 4-10。

表 4-10 物料品种的粉碎能耗与效率

筛孔直径（mm）		1.2	2	3	4	5
度电产量 [kg/kW·h]	玉米	96.5	120	148.5	174.5	215
	大麦	40	53	76	106	147
大麦/玉米		0.41	0.44	0.51	0.61	0.68
粉碎效率 [m²/kW·h]	玉米	1 390	1 410	1 530	1 815	1 849
	大麦	496	509	539	604	654
大麦/玉米		0.36	0.36	0.35	0.33	0.35

可见玉米的度电产量远高于大麦，尤以小筛孔时为甚。玉米的实际粉碎效率也比大麦高得多，但当筛孔变化时这种差异变化并不大。粉碎含水量 17% 的玉米比粉碎含水量 10% 的玉米，度电产量将降低 33%～38%。因此，用锤片式饲料粉碎机粉碎含水量高于安全贮藏含水量（约 12%～13%）的玉米，被认为是不经济的，应先进行预干燥再粉碎。

（2）锤片的厚度与数目 我国标准锤片厚度的规格为 2 mm、5 mm 和 8 mm，其中以 5 mm 应用较多。国内外的研究都证明，薄锤片比厚锤片的粉碎效率高。Rechard 用 6.35 mm、3.175 mm 和 1.588 mm 厚的锤片做了粉碎玉米的试验，结果 1.588 mm 厚的锤片比 3.175 mm 的锤片的产量提高 23%，比 6.35 mm 的锤片提高 48%。中国农业机械化科学研究院刘蔓茹等研究，用 1.6 mm、3 mm、5 mm 和 6.25 mm 厚的锤片做玉米粉碎试验，结果 1.6 mm 厚的锤片比 6.25 mm 厚的锤片的粉碎效率 [kg(kW·h)] 提高 45%，比 5 mm 厚的锤片提高 25.4%。但我国在采用 3 mm 厚以下的薄锤片时，因制造与热处理、硬化技术上没有过关，或因制造成本过高，限制了它的使用，薄锤片的使用寿命短，也很难在其使用期内发挥其效率高的优势。所以，一般在粉碎牧草等纤维饲料时可采用薄锤片；粉碎油饼（粕）和矿物时采用厚 8 mm 的锤片；在粉碎谷物为主时用 5 mm 或 6 mm 厚的中厚锤片为宜。转子上锤片数目的多少对粉碎效率及粉碎成品的粒度有明显的影响。每个锤片所担负的工作区间，因物料不同而异。Friedich 认为每 100 nm 的转子宽度应有厚 3 mm 的 15 个锤片。

（3）锤筛间隙 指处在径向位置时锤片顶端到筛片内表面的距离。锤筛间隙是影响粉碎效率的参数之一。每种被粉碎物料最佳的锤筛间隙，可通过试验来确定。据我国机械部门系列设计锤片式粉碎机的正交试验结果，锤筛间隙的推荐值为谷物 4～8 mm，秸秆 10～14 mm，通用型 12 mm。还应该指出，锤筛间隙的确定还与转子直径大小有关，直径大的粉碎机选取的锤筛间隙也应该大些。一般采用 12～20 mm。有的粉碎机采用上部和下部锤筛间隙不同的偏心筛结构。

（4）筛孔直径 在满足饲料质量标准对成品粒度要求的前提下，采用较大直径筛孔的筛片，可提高粉碎机的产量和效率，成品粒度均匀性变好，加工时物料温升较低。

据东北农业大学农业工程系采用轴向强制进风的锤片式粉碎机，换用 1.5 mm、2 mm、3 mm 和 4 mm 孔径筛片时，粉碎玉米的试验结果，得到生产率 G（kg/h）和度电产量 W[kg(kW·h)] 的回归式为：

$$G = 370.33 + 230.01 \times (d - 2.5) \times 3$$

$$G=153.73+86.70\times(d-2.5)\times3$$

式中　d——筛孔直径。

如用 4 mm 筛孔的筛片与 1.5 mm 筛孔的筛片比较，生产率约提高 4 倍，度电产量约提高 3 倍。当采用较大筛孔的筛片时，粉碎成品的平均粒径 dp（mm）将变大，其回归式

$$dp=0.562+0.079\,8d$$

（5）筛片面积及开孔面积　锤片式粉碎机的生产率受筛片通过能力的制约如下式

$$G=vF\rho$$

式中　G——粉碎机的生产率，kg/h；

v——气流产品通过筛孔时的平均速度，m/s；

F——筛片的活筛理（开孔）面积，m^2；

ρ——气流产品通过筛孔时的容重，kg/m^3。

故可以用提高 F、v 的办法来提高粉碎机的生产率。据报道，当 F 增大，G 可提高 35%，电耗降低 13%。另据资料，筛板上耗用的功率占粉碎机总功率的 85%，当采用开孔率高的筛片时比用标准筛时的负载电流值下降 22%～30%。

（6）通风量　指单位时间内通过粉碎室的空气量。过去研究不多，生产上也常被忽视。大型粉碎机常利用吸风出料或机械吸风出料，造成粉碎室内、外压力差，提高气流产品通过筛孔时的平均速度，通风量的大小，可能还影响到粉碎室内物料流的运动，以及物料颗粒碰撞撞击面的方式，从而影响粉碎效率。Friedrich 指出，对每平方米筛片筛面 40 m^3/min 的通风量是足够的。实际上，我国新设计的锤片式粉碎机，如 SFSP 系列粉碎机的额定吸风量为 31～43 $m^3/(m^2 \cdot min)$，是比较合理的。

（二）水滴形锤片式粉碎机

水滴形锤片式粉碎机因其粉碎室呈水滴状而得名。图 4-19 是江苏正昌公司生产的 SFSP112×50C 水滴形锤片式粉碎机，它由转子、进料机构、上机壳、底座、操作门等组成。上部采用叶轮式喂料器喂料，通过主机电流的反馈控制可实现喂料量的自动控制。转子的锤片 4 组共 90 片真空熔焊硬质合金锤片，采用对称平衡排列。每副寿命可达 900～1 000 t 以上。粉碎室下部中央设有底槽，可经受锤片打击曳引的料层重新翻动分层、打击粉碎，可提高粉碎机的过筛能力和产量。电机和粉碎机安装于同一底座上。底座上安装有万能减震垫。电动机用蛇形弹簧联轴器直接传

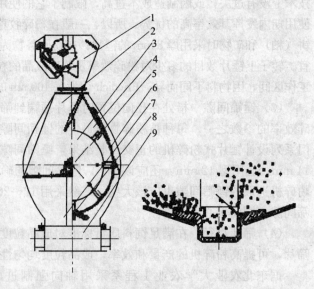

图 4-19　水滴形锤片式粉碎机

1. 叶轮式喂料器　2. 上机壳　3. 转子　4. 粉碎室　5. 锤片
6. 筛片　7. 底座　8. 底槽　9. 气力输送底座

动。底座下部的气力输送底座是选配件，用于气力输送出料场合。

该机的特点是水滴形粉碎室可破坏物料的环流层，提高粉碎效率。底部的底槽有再粉碎作用。采用双孔筛配置，在同一筛片上的不同部位有不同的筛孔直径，有利及时出料。改善锤片在转子上的位置，可形成两种锤筛间隙，分别适用于普通粉碎和细粉碎。门盖上有调风板，便于清理筛片；叶轮式喂料器上的调风板可调节喂料进风量。蛇形弹簧联轴器传递动力，运行平衡。快启式检修门，维修方便，销紧快速可靠。快启式压筛机构，更换筛片快速，压紧可靠。底座用厚钢板焊接整体刚性好，震动小，噪声低。采用自控叶轮式喂料器可实现喂料的自动控制，使粉碎机在额定负荷下作业。

上海申德机械有限公司生产的 SDHM 水滴形锤片式粉碎机有 10 种机型，摘要见表 4 - 11。

表 4 - 11　SDHM 水滴形锤片式粉碎机规格

机　型	SDHM6	SDHM10	SDHM14	SDHM20	SDHM30
转子直径（mm）	708	708	1 370	1 370	1 370
粉碎室宽度（mm）	305	355	355	484	742
主轴转速（r/min）	2 950	2 970	1 480	1 485	1 485
锤片数（片）	54	72	54	74	112
动力（kW）	37	75	90	160	200
筛网面积（dm²）	65	75	142.1	190.5	287.3
吸风量（m³/min）	35	40	70	95	145

（三）立轴锤片式粉碎机

立轴锤片式粉碎机是新近开发、研制成功的新一代粉碎设备，与卧轴锤片式粉碎机相比，特点是立轴转子周圈有环筛、下部有平圆形底筛，筛理面积大；转子下部装有风机叶片在粉碎室内产生气流、不依赖机外辅助吸风系统而避免吸风系统故障，并可降低能耗与料温，因而可大大提高其粉碎效率。据资料，产量可提高30%～50%。立式粉碎机结构示意见图 4 - 20。它由自动喂料器、进料分流机构、电机、转子、筛框及其压紧机构、机体与出料斗组成。自动喂料器为选购件，它包括带有风机、气动薄膜阀、平板磁铁和排杂装置的进料斗气动系统和 SFFZ 型粉碎机负荷控制仪三部分。采用闭合环路气流装置，具有除铁除重杂功能并能对粉碎机实现负荷自动控制。进料分流机构的作用是将进料分成三股流入粉碎室，以利负荷均匀。电机为立式输出轴朝下安装，轴上安装的转子由锤架板、销轴、锤片、叶片及锁紧机构等组成。转子的额定转速为 2 970 r/min，装配后在不装销轴和锤片的情况下，必须进行动平衡校验。

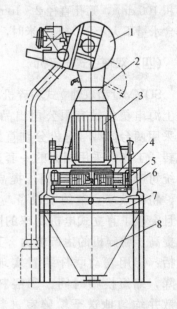

图 4 - 20　立式粉碎机
1. 自动喂料器　2. 进料分流机构
3. 电机　4. 转子　5. 筛框
6. 筛框压紧机构　7. 机体　8. 出料斗

筛框为筒状结构，周围及下部装有筛板，安装时筛框上部压靠在机体上，将转子包围而构成粉碎室。筛框压紧机构包括气缸、曲柄、连杆、连杆轴、拉杆及筛框托架等。安装时，该机构将筛框压紧在机体上，并由安全装置保证筛框不落下；在更换锤片或筛板时，打开操作门，该机械可将筛框落下。机体的作用是连接包括操作门、支撑腿等在内的粉碎机各部件。过筛后的粉碎物料由锥形出料斗排出。立式粉碎机作业时，待粉碎物料通过自动喂入器进入分流机构，后者将物料均匀地分成三股，从三个进料口进入粉碎室。在高速旋转锤片的打击和筛片的摩擦作用下，物料被粉碎，在气流与离心力的作用下穿过筛孔，落入出料斗排出。

牧羊先锋 168 系列立式粉碎机的转子直径 850 mm，粉碎室宽度 160 mm，主轴转速 2 970 r/min，锤片上部短锤片 4 组共 8 片、下部 4 组共 8 片，总共 16 片。它可以配用 55 kW、75 kW 和 90 kW 电机，在粉碎含水量不大于 14%、容重不低于 0.72 t/m³ 的玉米，筛板孔直径为 3 mm、开孔率不低于 46%时，其台时产量依次为 9～12 t/h、12～15 t/h 和 15～18 t/h。

此外，江苏正昌集团也生产有 SFSL850×158 型立式粉碎机，和无锡布勒机械制造有限公司生产的 DFZH-1 型立式粉碎机的结构性能大体相同。

牧羊先锋 168 系列立式粉碎机使用的压缩空气气源压力为 0.6～1.0 MPa。压缩空气系统应配备水处理器，潮湿地区应配有冷冻干燥机。所使用的筛板孔径不得小于 2 mm。它无需配套辅助吸风系统。如配有 6～10 m³/min 的吸气量为宜，与出料输送系统连接时应注意不得形成过大或过小（负压）粉碎室内压力。转子（不包括销轴及锤片）的拆卸，应由经培训的专业人员进行。转子重新装配后必须进行动平衡校验，动平衡质量按国际标准化协会的刚性转子平衡精度等级要求 G6.3 进行校验，其余调整、使用注意事项与卧轴锤片式粉碎机相同。

无锡布勒 DFZH-1 型立式粉碎机的技术参数：电机 22～75 kW，3 000 r/min，筛理面积 100 dm²，筛孔直径 2～10 mm，转子惯性矩为 5.4 kg/m²。当用筛网孔径 3 mm、粉碎含水量不大于 15%的玉米时，产量为 12%～16%（电机 75 kW）。

（四）双轴立式粉碎机

SDVMD 型双轴立式粉碎机（图 4-21）是上海申德机械有限公司出品的新产品。它采用两台同型号电机分别直接驱动粉碎机转子工作，采用相同的一套进料、出料系统可节约设备与空间，提高了单机产量、粉碎效率，节约了设备与产品成本，并且突破了直立式电机功率的限制，成倍地提高了粉碎机的生产能力。其技术特点包括：①用气动联杆装置实现筛网自动升降，缩短换筛时间。②喂料轮将物料分散并均匀地送至粉碎室进料口，使粉碎过程连续均衡。③多口进料，增大物料进入粉碎室的第一次打击面。④锤片采用表面渗碳淬硬处理，使用寿命长。

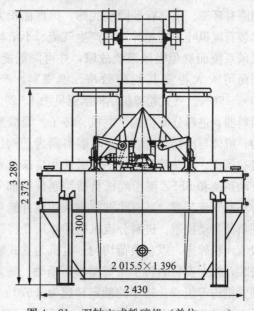

图 4-21　双轴立式粉碎机（单位：mm）

⑤转子最下层装有刮片，可刮起沉积在底筛上的物料，刮片还起到离心风机叶片的某些作用。⑥与单轴立式粉碎机的工作原理相同，筛理面积大，重力作用明显，故粉碎效率高。

SDVMD 型双轴立式粉碎机配用动力：$2 \times (75 + 0.75)$ kW，产量 25 t/h，主轴转速 3 000 r/min，锤片数 32 片，筛孔直径 3 mm，筛网高度 155 mm，外形尺寸 3 289 mm× 2 430 mm×1 330 mm。

第五节　饲料原料的挤压与膨化

国际上采用挤压膨化设备进行较大规模的饲料生产始于 20 世纪 70 年代末至 80 年代初。在过去的 30 年中，挤压膨化技术的进步尤为显著，目前已达到很高的水平。该技术的发展为玩赏动物饲料、水产饲料及其他动物饲料的生产带来革命性的变革，同时在资源的开发上也越来越显示出重要作用。对我国饲料工业而言，挤压膨化技术是今后应重点发展的一项技术，因为膨化设备及操作控制技术是现有饲料机械及操作技术中最为复杂的和最具有发展前景的技术。

一、膨化的原理与优点

（一）膨化方法与原理

膨化是将物料加湿、加压、加温调质处理，并挤出模孔或突然喷出压力容器，使之因骤然降压而实现体积膨大的工艺操作。按其工作原理的不同，膨化分为挤压膨化和气体热压膨化两种（图 4 - 22）。

挤压膨化是对物料进行调质、连续增压挤出、骤然降压，使之体积膨大的工艺操作。常采用螺杆式挤压膨化机连续作业。

气体热压膨化是将物料置于压力容器中加湿、加温、加压处理，然后突然喷出，使之因骤然降压而体积膨大的工艺操作。气体热压膨化通常是采用回转式压力罐、固定式压力蒸煮罐或连续式热压筒进行间歇式或连续

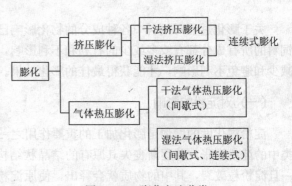

图 4 - 22　膨化方法分类

式膨化作业，其中，回转式压力罐类似爆米花机，固定式压力蒸煮罐指热喷设备，连续式热压筒指连续式气流膨化设备。

干法膨化是对物料进行加温、加压处理，但不加蒸汽和水的膨化操作。而湿法膨化是对物料进行加温、加压处理并加水或蒸汽的膨化操作。

连续膨化是膨化过程为连续作业的膨化操作，而间歇式膨化是膨化过程为分批作业的膨化操作。

（二）膨化的优点

膨化饲料除了具有颗粒饲料的一般优点——适口性好、避免饲料分级、减少运输、方便饲喂和减少采食过程中的饲料浪费，此外，尚有以下优点。

1. 膨化过程中的热、湿、压力和各种机械作用，能够提高饲料中淀粉的糊化度，破坏和软化纤维结构的细胞壁部分，使蛋白质变性、脂肪稳定，利于消化吸收，提高了饲料的消化率和利用率。同时，脂肪从颗粒内部渗透至表面，使饲料具有特殊的香味，有利于增加动物的食欲。

2. 原料经膨化腔的高温、高压处理可杀死多种有害病菌，使饲料满足有关卫生要求，从而有效预防动物消化道疾病。

3. 可以制成各种沉降速度的膨化饲料，如浮性、慢沉性和沉性等，以满足水产动物不同生活习性的要求，减少饲料损失，避免水质污染。

4. 可生产出各种形状的产品，如猫饲料可制成鱼形，狗饲料可制成排骨形等，从而大大改善饲料的外观和诱食价值。

5. 某些幼畜，如乳猪、仔猪或犊牛等，因消化器官尚不发达，难以消化复杂的植物性饲料，通过膨化可改善饲料的品质，增加饲料的香味和消化率，并对饲料进行消毒。

6. 在饲料资源的开发利用上具有特殊重要作用，如用膨化机生产全脂黄豆粉、膨化羽毛粉、血粉、热喷秸秆类，对菜子粕、棉子粕进行去毒等。

7. 膨化颗粒饲料含水量低，可以较长时间贮藏而不会霉烂变质，便于运输。

二、膨化参数对营养成分的影响

关于膨化过程对饲料中各种成分的物化影响已进行了许多研究。事实上，膨化过程对饲料的所有成分都有或多或少的有利和不利影响，只有充分利用其有利的一面，并尽可能减少和避免不利影响，才能获得最佳的膨化效果。

（一）对淀粉的影响

淀粉糊化度的增加是膨化加工的重要作用之一，在高温、高压、水分作用下，谷物豆类中的淀粉膨胀，并逐渐丧失其原有的结晶状结构。随温度的升高，吸水膨胀迅速进行，一旦淀粉粒破裂，其中的物质就会释出，使原淀粉粒变成空囊，进而形成一种可塑性的、熔化的物质，即发生糊化。糊化后的淀粉具有黏性，并随淀粉中支链淀粉含量的增加而增加。淀粉的熔点与原料的水分含量有关，在一定范围内增加物料水分含量可提高淀粉的糊化度。

机械作用对淀粉的糊化作用也有较大影响。通过调节挤压膨化机的转速、螺杆参数、模孔的面积来调节对物料的作用功或输入能量，进而实现调整淀粉的变性和糊化程度。淀粉的含量对膨化产品的密度有很大的影响。膨化对原料和饲料淀粉糊化程度的影响见表4-12。

表 4-12　膨化对原料和饲料淀粉糊化程度的影响

类别	名称	原始淀粉糊化程度	膨化后糊化度
饲料原料	大麦	15	51
	玉米	5	41
	豆类	10	50
	木薯淀粉	62	73
	小麦	8	45
配合饲料	肉鸡料	18	57
	蛋鸡料	22	35
	猪料	25	47
	鲑鱼料	46	86

研究表明：能量的输入与淀粉糊化度并不成线性关系。对于正在膨化的小麦，淀粉的糊化随着膨化机输入能量的不断增加而加速，因而能量输入适当时，可以提高膨化的效率。除了糊化外，在膨化的原料和饲料中，淀粉会部分水解成糊精，因而改善了动物体内酶的消化条件，特别是水解后的淀粉会刺激仔猪、生长猪胃中乳酸的产生，维持动物体内正常的微生物平衡，抑制动物肠道中有害微生物的增殖。膨化饲料中能检出的细菌数甚低，基本上可以清除致病微生物。

采用双螺杆挤压膨化机，热喷或作用力强的单螺杆膨化机可使淀粉的糊化度达到80％以上。

（二）对蛋白质的影响

饲料原料中的蛋白质经适度热处理可以钝化某些蛋白酶抑制剂，如抗胰蛋白酶、脲酶等，从而提高蛋白质的消化利用率。经过膨化的蛋白质，蛋白质的分散性指数（PDI 值）会有所降低，但对蛋白质的含量没有影响。当无大量淀粉存在时，膨化会降低蛋白质在水中的溶解性，但当有大量淀粉存在时，糊化的淀粉会与蛋白质发生物理结合，此时简单的水抽滤法不能将这些蛋白质去除，故较难检出，从而影响着蛋白质分散性指数的测定值。但在动物消化道中，消化酶很容易消化糊化淀粉，释放出被结合的蛋白质，使之被消化利用。

膨化会使物料中氨基酸发生损失，其中最易受影响的是赖氨酸。但研究表明：采用高温短时膨化，饲料中蛋白质和氨基酸利用率降低不明显。就热处理强度与蛋白质分散指数的关系而言，在相同的淀粉糊化度下，谷实类的蛋白分散指数随热处理强度的增加而降低较少，但豆类的降低很多。这是因为谷实中的大量糊化淀粉对蛋白质起了保护作用。当豆类原料中蛋白质分散性指数降低 15％～20％时，就会使动物的生产性能明显降低。试验表明，合成氨基酸较天然氨基酸有更好的稳定性。各种氨基酸在热、湿、压力作用下效价降低的顺序为赖氨酸＞精氨酸＞组氨酸＞天冬氨酸＞蛋氨酸＞丝氨酸＞胱氨酸＞酪氨酸。

（三）对脂肪的影响

饲料原料中含有多种由微生物分泌的脂肪酶，导致饲料中的脂肪在贮存中酸败。这些脂肪酶在50~75℃下会失活。故经过膨化处理后脂肪酶会完全失活，饲料中的绝大部分微生物也会被杀死，进而有利于提高饲料的贮藏性能。膨化对脂肪作用的另外一个优点是，由于脂肪细胞的破裂，油脂浸到细胞表面，改善了饲料的适口性和外观，并使制粒更加容易，但膨化后饲料的游离脂肪酸含量有所增高，另外，低密度的膨松结构使脂肪易被氧化。故在饲料中或在油脂中添加抗氧化剂亦有必要。饲料膨化后，由于膨化过程中脂肪与淀粉基质结合而难以浸出，故总的测定量会有所降低，但这一作用对制造高质量的颗粒有利。

（四）对粗纤维的影响

粗纤维中含有纤维素、木质素和半纤维素等构成植物细胞壁和细胞间质的成分，其中也包含有部分可被利用的脂肪层、蛋白质、半纤维素类和糖类。饲料特别是纤维饲料经过膨化机膨化时，由于湿、热、压力和膨胀作用，使细胞间及细胞壁内各层木质素熔化，使部分氢键断裂，结晶度降低，高分子物质发生分解反应，原有的紧密结构变得膨松，释放出部分被包围、结合的可消化物质，扩大了饲料的消化面积，从而提高了这部分饲料的消化率、利用率。故纤维含量多的饲料经过膨化后，消化率都有提高。但膨化加工改善纤维性饲料养分消化率的效率依赖于纤维的类型和加工的条件，膨化温度低于120℃时，对日粮纤维营养价值的影响很小。

（五）对维生素的影响

大部分维生素对热、湿敏感，故经膨化（120~160℃）后，会有不同程度的损失（表4-13）。

表4-13　不同维生素膨化损失率

脂溶性维生素	损失率（%）	水溶性维生素	损失率（%）
A	12~88	C	0~87
E	7~86	B_1	6~62
		B_2	0~40
		B_6	4~40
		B_{12}	1~40
		B_5	0~40
		B_{11}	8~65
		泛酸钙	0~10
		H	3~26

维生素的损失与加工条件密切相关。当饲料在调质过程中加入的蒸汽量多时，湿度、温度都升高，维生素A、维生素B_1等损失大；当挤压螺杆速度增大时，损失也增大；当压模模孔直径减小时，造成腔内压力增高，温度增高，维生素损失加大；当挤压膨化机产量降低时，维生素的损失增大；当输入功率增高时，维生素的损失增大。

鉴于维生素在挤压膨化中的损失，必须在加工过程中采取正确的保护措施和加工方法。首先，应选择经稳定化处理的维生素添加剂。据 Roche Nutley 研究，普通的维生素 A 在狗饲料的挤压膨化中损失达 40％，而采用高稳定性维生素 A，损失只有 12.5％。第二，应选择正确的添加方式。对于稳定性好的维生素可在混合时或配料时加入，而稳定性差的维生素可在膨化后进行颗粒表面喷涂，这样可大大减少损失。第三，要严格控制挤压膨化、调质的工作条件，在满足膨化的前提下，尽量减少对维生素的破坏。

（六）对有害物质和有害微生物的影响

生大豆中含有抗胰蛋白酶等影响动物对蛋白消化利用的不良因子。许多研究表明：采用挤压膨化、气体热压膨化都可有效地降低抗胰蛋白酶等有害物质的活性，提高大豆粉的饲用价值。棉子饼含有游离棉酚，菜子饼含有芥子苷，后者会在动物体内分解成两种毒素即异硫氰酸盐和噁唑烷硫酮，均对动物有害，膨化过程也能降低这些毒素的含量。

饲料原料中常含有有害微生物，如大肠杆菌、沙门氏菌等，动物性饲料原料中的含量尤其多。在高温、高湿、高压和膨化作用下，可将绝大部分有害微生物杀死（表 4-14）。研究表明：沙门氏菌在 75 ℃以上高温膨化后，基本能被杀死。

表 4-14　不同饲料加工前后微生物含量

单位：cfu/g

项　目	火鸡饲料		猪饲料		蛋鸡饲料	
	原料（粉状）(20 ℃)	膨化后(100 ℃)	原料（粉状）(24 ℃)	膨化后(120 ℃)	原料（粉状）(27 ℃)	膨化后(125 ℃)
好氧微生物	580 000	10.5	67 000 000	330 000	830 000	39.0
嗜中性微生物	10 000	<10	100 000	<10	1 000	<10
大肠菌数	10 000	<10	10 000	<10	未检测	
大肠杆菌	<10	<10	1 000	<10	未检测	<10
霉菌	120	<10	300	<10	1 400	<10
沙门氏菌	有	无	无	无	有	无

注：cuf 代表菌落形成单位（colony-forming unit）。

三、饲料膨化的加工设备与机械

挤压膨化机是生产膨化饲料的关键设备。挤压膨化机分干法膨化机和湿法膨化机。干法膨化机工作过程是完全依靠机械摩擦、挤压对物料进行加压、加温处理。湿法膨化机是在干法膨化机基础上增设了蒸汽调质器的更先进的膨化设备，它使物料在膨化前先进行蒸汽预处理，把干式挤压变成了湿挤压。湿法膨化机与干法膨化机相比具有以下优点：

（1）增设蒸汽预处理　有助于饲料异味的挥发和去除。

（2）提高膨化生产率　在相同配套功率下，湿法膨化机比干法膨化机生产率高 70％～80％。

（3）降低原料损失　干法膨化机膨化原料后，原料损失率高达 5％～6％，相比之下，使用湿法膨化机仅损失 2％左右。

（4）湿法挤压膨化　延长易损件使用寿命 22％～50％。

（一）挤压膨化机的构造及工作原理

目前用于膨化饲料的挤压膨化机的主要机型是螺杆式挤压膨化机，通常有两种结构形式，单螺杆式和双螺杆式挤压膨化机。生产中以单螺杆式挤压膨化机为主。

1. 单螺杆挤压膨化机

（1）工作原理　单螺杆挤压膨化机的一般构造见图 4-23。它主要由进料装置、调质器、螺杆挤压腔体、成型模板与切刀、参数检测与控制系统以及驱动装置等部分组成。单螺杆挤压膨化机的工作原理：含一定量比例淀粉（20％以上）的粉状原料被螺旋喂料器均匀地送入调质室，在调质室内加蒸汽或水进行调质，经搅拌捏和，料水分升高到 18％～27％，温度升高到 70～98 ℃。调质好的物料送入由螺旋挤压器和机筒组成的挤压腔，由于螺杆通常被制成变螺径和变螺距的几何形状，使挤压腔沿物料前进方向逐渐变小，在稳定的螺杆转速下，物料所受的挤压力逐步增加，在一定压缩比（一般为 4～10）的螺旋的强大挤压下，物料与机筒壁、螺杆与筒壁以及物料与物料之间的摩擦力越来越大，有时根据需要还可通过机筒夹套内水蒸气对物料进行间壁加热，这样共同作用的结果使物料温度急剧升高（120～170 ℃），压力加大 2.94～9.8 MPa，物料中淀粉产生糊化，整个物料变成熔化的塑性胶状体。

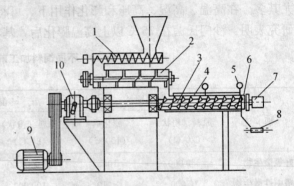

图 4-23　单螺杆挤压膨化机构
1. 进料装置　2. 调质器　3. 挤压螺杆　4. 加热夹套
5. 检测仪表　6. 成型模板　7. 切刀装置　8. 输送带
9. 电动机　10. 变速器

在挤出模板之前，物料中所含水分的温度虽然很高，但在相应圈套的压力下，水分一般并未转变成水蒸气，直到物料从挤出模孔排出的瞬间，压强骤然降至 1.01×10^5 Pa（1个标准大气压），水分迅速变成过热蒸气而增大体积，使物料体积亦迅速膨胀，水蒸气的进一步蒸发使物料水分含量降低，同时，温度也很快下降，糊化淀粉随即凝结，水蒸气的蒸发使凝结的胶体状物料中留有许多微孔。连续挤出的粒状或片状膨化产品经旋转切刀切断后送入冷却、干燥和喷涂等后处理工段。

（2）单螺杆式挤压膨化机的主体机构

① 进料装置和调质器　与前叙制粒机所用的螺旋式进料器和桨叶式调质器的结构类似，调质器位于进料机构与螺杆挤压腔体之间。在调质器内，根据原料的性质和产品的要求，通过加注水分或蒸汽进行调质和升温，同时，通过搅拌作用使物料的温、湿度一致，然后依次将调质后的物料送入螺杆挤压腔内。

② 螺旋挤压腔体　螺旋挤压腔体由挤压螺杆和挤压腔筒体两部分构成，是螺杆式挤压膨化机的关键部件。挤压腔筒体（带夹套或不带夹套）是静止的部件，紧固于机座上。

螺杆位于筒体中心，由驱动电机经减速机构减速后驱动螺杆以一定的转速旋转。进入挤压腔内的物料落入螺杆齿槽中，伴随着螺杆的旋转，在螺旋升角的作用下向挤出口推移。但如果物料填满齿槽并紧紧地黏结在螺杆上与螺杆一起旋转，物料与筒体内壁的摩擦力小于它与螺杆齿槽的摩擦力时，会出现物料仅随螺杆做旋转运动，产生滑壁空转而失去物料的输送作用。此时，物料无法进入挤压腔，同时也无膨化产品输出。为克服这种不利影响，挤压腔筒体的内表面通常开设径向和轴向的沟槽，以增加物料在挤压腔内沿周向和轴向的运动阻力，避免滑壁空转现象。通常，挤压式膨化机的挤压腔筒体沿轴向上可分为几段，这种结构优点为拆装比较方便，使用后亦便于清除内壁的残留物料。

螺杆是挤压膨化机的主要工作部件，几何结构比较复杂。螺杆的结构参数及工作参数直接影响膨化机的工作性能。螺杆的主要结构参数是：长径比（L/D）、螺纹高度或称齿槽深度（h）、螺距（s）、螺旋升角（Φ）、齿宽（e）和螺纹头数等。

螺杆长度与其直径比值（L/D）越大，物料在挤压腔内停留时间就越长，挤压、捏合及淀粉糊化也越充分，常见的单螺杆挤压膨化机螺杆的长径比为10～20。

螺杆齿槽较深、螺距较大和齿宽较小，因空间容积相应较大，在一定转速下可获得较大的产量。

多头螺杆由于齿面与物料的接触面积增大，故压力和热量的传递效果较好，但空间容积相应减少。

在挤压过程的不同阶段，螺杆的工作参数亦不尽相同，当螺杆长度和直径一旦确定，则只有通过改变螺杆的其他参数去适应不同区段的要求。一般将螺杆与筒体一起沿长度方向上分为四个不同的工作区段，即进料输送区段、挤压升温区段、糊化区段和挤出区段和挤出区段，见图4-24。各段螺杆的结构参数不同，通常，筒体内壁与螺杆之间的容积从进料口到出料口是逐渐减少的，其比值称为压缩比，它反映物料在

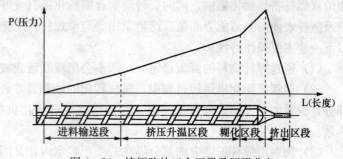

图4-24　挤压腔的三个区段及压强分布

挤压全过程中体积被压缩的程度。可以通过增加螺杆牙底直径（即逐渐减小齿高）或减小螺距的方式来实现一定的压缩比，以满足沿长度方向压力不断升高的要求。

③ 成型模板　挤出成型模板用螺栓固接于筒体末端，由于模板孔口过流面积与腔内过流面积相比要小得多，因此模板首先对要被挤出的原料起节流增压的作用，造成孔口前后产生很大的压力差，然后物料通过模板成型。可根据产品形状的不同要求选用成型模板。

④ 切割机构　被连续挤出的膨化产品由切割机构切割成均匀一致的粒段，通常专设一台割刀电机驱动割刀架旋转，割刀的旋转速度可由变速装置调节（50～600 r/min）。

（3）单螺杆式挤压膨化机的操作特性　原料及膨化产品的品种、湿度、粒度面团流变学特性等参数是选择和确定膨化机类型、操作参数的重要因素。对于多数干膨化饲料产品

（湿度小于 10％），宜选用具有高剪切糅合作用的机型和高温（150～200 ℃）的操作参数，以使原料中淀粉充分糊化。反之，对于半干饲料产品（湿度在 25％左右）的生产，或是挤压的目的只是制造成型颗粒产品而不需要膨化的情况，则易选用低剪切作用的机型和采用较低的操作温度（≤90 ℃）。

要生产合格的膨化颗粒饲料产品，首先必须提供使物料充分膨化的条件。适合的物料本身的特性参数，再加上挤压膨化机的操作特性参数是获得良好产品的重要条件。不同的原料、产品、机型及其操作参数不会相同，应根据具体情况试验、寻找和优化操作参数。下面就一般的操作参数、物料特性参数范围简介如下：①原料湿度一般为 12％～20％。②原料粒度控制在 0.5～1.4 mm（即 1.41 mm 筛下物至 0.56 mm 筛上物）为好。③挤压腔内工作压力在 2.45～9.8 MPa。④挤压腔内工作温度为 120～200 ℃。⑤物料在挤压过程中在挤压腔内的滞留时间一般为 10～40 s。⑥单位产品消耗的能量（包括机械能和热能）为 0.25～0.4 MJ/kg。

2. 双螺杆式挤压膨化机 近年来在膨化颗粒饲料生产中，双螺杆挤压膨化机的使用亦日益增多。见图 4-25，双螺杆挤压膨化的挤压腔内安装着一对联动的螺杆，又可分为几种类型。按两螺杆的相对旋转方向可分为同向旋转和逆向旋转型。按运转过程中两螺杆的啮合程度可分为全啮合、部分啮合和无啮合型。在各种类

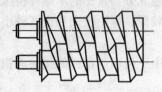

图 4-25 一对啮合的螺杆

型的双螺杆挤压膨化机中，同向旋转全啮合型膨化机有良好的混合效果、较高的单机产量以及螺杆表面的自清能力而被广泛地采用。与单螺杆挤压膨化机相比，双螺杆膨化机具有以下一些主要操作特性。

（1）通过螺杆物料的流量稳定，一般不会出现断液或波涌现象，生产过程稳定可靠。

（2）双螺杆膨化机运转过程中，机械转化的热量通常可以提供挤压膨化所需热量的大部分，少量的补充热量来自于加热夹套。而单螺杆膨化机往往需要在调质阶段预加部分热量。

（3）物料沿螺杆长度方向被分隔在若干小腔室内，又因螺杆转速较低，物料在机内滞留的时间分布范围比较窄，使物料的温度比较容易控制，能量利用充分，产量和质量均很稳定。

（4）一对螺杆的啮合柱均匀地挤压推送物料，有利于螺杆表面物料的自行清除。工作完毕后，机内物料量极少，即维持了物料输送的稳定性，同时若要改变配方而生产另一种膨化饲料时，通常不必卸机清理。

（5）与相同驱动功率的单螺杆膨化机相比，双螺杆膨化机生产率较大，适合加工物料湿度的范围较宽。与单螺杆挤压膨化机相比，双螺杆膨化机的构造较复杂，机械加工精度要求高，生产设备的投资较大，但综合考虑饲料加工成本和产品效益，则在很多情况下是合理的。挤压膨化机的操作受到多种因素的制约与影响，如物料种类、配方的变化、水分、挤压膨化机的转速、调质时间、模孔数、生产率、产品质量的特定指标等。用人工操作使设备达到正常工作条件往往比较费时，特别是在较频繁地更换产品配方时更是如此，

这也是加工成本较高的重要原因之一。目前美国 Wenger 公司等著名挤压膨化机生产企业已研制出能对设备工艺条件用可编程逻辑控制器（PLC）进行自动控制的设备，使挤压膨化机的技术水平迈入一个新的时代。这种技术可使操作者在十几分钟内将设备调至正常生产状态，极大地提高了生产率，降低了操作成本。

（二）挤压膨化机的主要生产厂家及设备功能

目前世界上饲料挤压膨化机的主要生产厂家有 30 多家。这些厂家生产的挤压膨化机分为单螺杆和双螺杆型，螺杆直径为 25~400 mm，产量为 6~16 000 kg/h，功率配备 3~450 kW。双螺杆挤压膨化机的双螺杆主要是同向转动式，具有自清功能，螺旋壳基本上是分段可调换式。挤压机夹套筒多为可调温式，加热形式为油、水、电等，可以向物料中添加液体和某些固体，并设有排气孔。多数挤压膨化机都有压力和温度监控仪表。挤压腔筒为分段式，部分设备为机筒对开式，并具有加液体和蒸汽预调质设备和变速喂料器。主轴传动有单速和双速两种，具有过载保护功能等。

采用挤压膨化技术生产动物和水产饲料在我国只有近 10 年的历史。目前生产的饲料挤压膨化机主要是单螺杆干法挤压膨化机，无预调质设备。如国内贸易部武汉商业机械厂，在消化吸收国外先进技术的基础上研制成功的 PHG135 和 PHG90 型饲料干法膨化机，其主要性能参数见表 4-15。

表 4-15　几种干法挤压膨化机主要技术指标

技术指标	PHG90	PHG135	CDE100	CDE150
产量（kg/h）	350~400	450~800	550~900	1 000~1 500
膨化系数	1.1~1.2	1.1~1.2		
主轴转速（r/min）	550	550	550~620	550~620
切割器转速（r/min）	200~1 200（可调）	200~1 200（可调）		
喂料器转速（r/min）	7.5~75（可调）	7.5~75（可调）		
主轴配用动力（r/min）	37	55	55~75	93~112
外形尺寸（mm）	2 050×1 550×1 520	3 050×1 770×1 900	1 850×1 580×1 780	2 120×1 780×1 990
重量（kg）	800	1 200		
生产厂家	武汉商业机械厂	武汉商业机械厂	台湾甲统企业股份有限公司	台湾甲统企业股份有限公司

P1000 湿法螺杆挤压膨化机（图 4-26）主要由调质器、进料装置、膨化室组合件、动力及传动系统、机架、电控系统等组成。其中，调质器由进料口、蒸汽腔、输送螺旋、调质桨叶、清扫轮、出料口及保温壳体组成。蒸汽腔与调质器内腔有若干蒸汽喷孔联通，当物料进入腔体时，受到蒸汽的喷射渗透并在桨叶不断搅拌推动下向前移动，在出料口处自由下落，进入喂料器。调整调质桨叶的角度可以改变物料腔体内停留的时间，但它受到调质腔容积等因素的制约。为方便起见，在膨化常用物料无特殊调质要求的情况下，设备出厂前均已调整好桨叶的角度，使用中不应随便调整。该膨化机蒸汽使用量≥0.5 t/h；

工作压力（3.9～5.9）×10^5 Pa（锅炉应选择额定压力≥6.86×10^5 Pa，蒸发量≥0.5 t/h）。为方便操作，P1000 湿法膨化机所属的电控系统分为两部分：①主电机启动箱、②控制箱。主电机启动箱比较笨重，设备安装时宜放置在车间的控制室内或远离机器的墙边；控制箱必须固定在操作工位附近，操作人员能够在工位上直接操作。

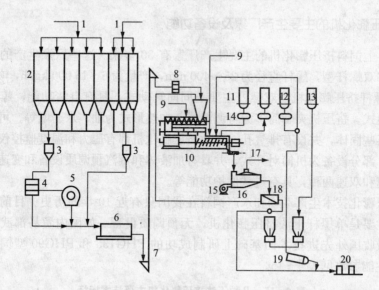

图 4-26　P1000 湿法螺杆挤压膨化机生产鱼、虾膨化颗粒饵料的工艺流程

1. 经粉碎的原料　2. 原料仓　3. 配料秤　4. 筛子　5. 锤片粉碎机　6. 混合机
7. 斗提机　8. 永磁筒　9. 蒸汽　10. 螺杆膨化机　11. 添加液料罐　12. 油脂罐
13. 维生素添加罐　14. 定量泵　15. 风机　16. 干燥冷却器　17. 废气
18. 筛子　19. 喷涂机　20. 成品包装

P1000 湿法膨化机的安装可视膨化车间的工艺流程而定。安装时应当注意以下几个方面：①如果膨化全脂大豆并需要立即冷却，膨化机安装高度应使出口略高于冷却器入口底边 200～300 mm，并留出一定的水平距离，以便于膨化机出料部分的调整、易损件的更换，同时膨化机"预热料"也便于清除。但应注意：正常工作时物料应能够直接喷入冷却器入口。对于膨化含淀粉较高的物料（如玉米粉），则应考虑切割装置的安装位置。②膨化机建议安装在钢筋混凝土平台上。如果采用钢架式安装，应充分考虑角度以保证运转时的平稳。③膨化机安装处应通风良好，周围应留有检修空间。④当料仓上装有振荡器时，膨化机进料口与料仓应考虑采用软连接。

四、饲料膨胀设备及加工工艺

为了强化调质过程，提高颗粒饲料的质量，同时增加产量，近年来在高档饲料的生产流程中引入了膨胀器（也有人称之为熟化器），一般将膨胀器置于调质器之前。不过，膨胀器作为一种单独加工设备的应用也在迅速增加。尽管市场上有几种不同类型的膨胀器，但其结构和原理基本相同。膨胀加工是将经蒸汽和其他液体调质后的物料喂入混合输送螺杆。同时，还可以通过膨胀腔或中空的混合螺栓向膨胀螺杆进一步加注蒸汽。在有固定几何形状的膨胀腔内，旋转的螺杆对物料不断增加压力和剪切作用。混合和搓揉元件安装在螺杆上，锥形阀安装在厚壁膨胀腔的末端。在加工过程中，液压或电动的控制系统，不断地监控产品加工所消耗的能量，同时依此调整环形出口间隙，使消耗的能量与设定值基本一致。这样整个加工过程就能满足成品饲料在营养、卫生和品质方面的要求。

在膨胀加工过程中，调质器转速要高、料层要薄，这样才能保证物料能加热到70～80℃，物料依靠重力从调质器落入膨胀器。进口螺杆叶片按模数设计，其节距大于压缩段的螺杆节距，这样物料就能快速离开进料口，并在通过膨胀器的过程中形成"料塞"。在膨胀器中，物料受混合螺栓的作用，被加热、搓揉和不断剪切，温度和压力迅速上升，压力可上升到1.5～5.0 MPa。物料离开膨胀器时，压力突然下降，加工过程中添加的水分产生自然蒸发，这种现象称为"闪蒸"。闪蒸的结果是物料的温度迅速下降。同时，由于物料离开膨胀器的巨大压力的瞬间解除，物料的体积膨胀。

第六节　谷实类饲料的加工

谷实类饲料是指禾本科作物的子实（玉米、稻谷、大麦、小麦、燕麦、高粱），这些子实中淀粉含量最高的是小麦（约77%），其次为玉米（约72%）、高粱（约70%）、大麦及燕麦（57%～58%）（Huntington，1997）。为提高动物对谷实类饲料的消化利用率，通常要进行加工（高精料日粮中可以饲喂整粒玉米除外），而加工改善谷物利用率的重点是改进谷物中淀粉的利用率。常用饲料谷物的加工方法见表4-16。

表4-16　常用饲料谷物的加工方法

机械处理	热处理	水分之改变	其他
去壳	微波处理	麸糠浸水	制块
压挤	爆裂	干燥、脱水	液状掺用料
磨碎	烘烤	高水分谷物	发酵
干式滚压	蒸煮	重构谷物	无土栽培
蒸汽滚压	水热炸制	加水饲料	发芽
	加压制片		未处理全玉米
	蒸汽压片		
	碎粒处理		

一、粉碎与压扁

1. 粉碎（grinding）**和破碎**（cracking）　饲料粉碎是最简单，也是最常用的一种加工调制方法，具有简便、经济的特点。整粒子实在饲用前均应经过粉碎。

市场上有多种粉碎设备供应，所有这些设备都可以对成品颗粒大小进行一定的控制。

锤片式粉碎机可能是最常见的饲料加工设备，它是借助旋转的金属锤片击打待粉碎的物料并使其通过金属网筛来完成的，产品颗粒度大小可通过改变筛孔的大小来控制。这些粉碎机能粉碎从粗饲料到各类谷物的任何饲料，其产品的颗粒度大小介于碎谷粒到细粉末之间。在这一过程中，可能有很多粉尘的损失，其成品的粉尘比用对辊式粉碎机或其他类型设备粉碎的谷物产品要多。

磨碎的程度应根据饲料的性质、动物种类、年龄、饲喂方式、加工费用等来确定。适宜的粉碎加工处理使得饲料表面积加大，有利于与消化液的接触，使饲料充分浸润，从而提高动物对饲料的消化率。但将谷粒磨得过细，一方面降低其适口性，咀嚼不良，甚至不经咀嚼即行吞咽，造成唾液混合不良；另一方面在消化道内易形成黏稠的团状物，因而也不易被消化。相反，磨得太粗，混有的细小杂草种子极易逃脱磨碎作用，则达不到饲料粉碎的目的。粉碎粒度因畜种不同而异。反刍动物更喜欢粗粉碎的谷物，因为它们不喜欢粉碎得很细的粉末，特别是当粉末中有很多粉尘时。而对于家禽和猪，粉碎成较细的饲料更为常见。猪和老弱病畜为 1 mm 以下、牛羊为 2 mm 左右、马为 2～4 mm，对禽类粉碎即可，粒度可大一些，鹿的饲料粒径 1～2 mm 为宜，玉米、高粱等谷实类饲料粉碎的粒度在 700 μm 左右时，猪对其消化率最高（李德发，1994）；对鱼类来说，谷粒粉碎的适宜程度为：粉料 98% 通过 0.425 mm（40 目）筛孔，80% 通过 0.250 mm（60 目）筛孔（李爱杰，1996）。谷粒粉碎后，与空气接触面增大，易吸潮、氧化和霉变等，不易保存。因此，应在配料前才将谷粒粉碎或破碎，一次粉碎数量不宜太多。另外，粉碎的饲料由于粉尘较多，不仅适口性不如颗粒状饲料，而且动物采食时的浪费也大。

2. 挤压（extruding）　挤压谷物或其他类型挤压饲料的制作是将饲料通过一个带有旋转螺杆的机器来完成的，旋转螺杆推动饲料强行通过一个锥形头。在这一程中，饲料被粉碎、加热和挤压，生成一种带状产品。这一工艺通常用来制作各种大小和形状的宠物饲料。对于饲喂高谷物饲粮的肉牛，饲喂挤压谷物的效果同其他加工方法处理的谷物相类似。一些挤压机也用来加工饲喂家畜的整粒大豆或其他油子，也可以广泛应用于加工人和宠物的食品以及加工提取脂肪后的油子产品。

二、简单热处理

1. 烘烤、焙炒（roasting）　烘烤是将谷物进行火烤，使谷物直接受热产生一定程度的膨胀，从而使物料具有良好的适口性。子实饲料，特别是禾谷类子实饲料，经过 130～150 ℃短时间焙炒后，部分淀粉转化成糊精而产生香味，提高适口性及淀粉的利用率。焙炒还可消灭有害细菌和虫卵，使饲料香甜可口，增强了饲料的卫生性、诱引性和适口性。大麦焙炒后可用作乳猪的诱食饲料。

2. 微波热处理（microwave heating）　近年来，欧美国家发明了饲料微波热处理技术。微波加热实际上同膨化类似，只是热量是由介质材料自身损耗电场能量而获得。谷物经过微波处理后饲喂动物，其消化能值、动物生长速度和饲料转化率都有显著提高。这种方法是将谷类经过波长 4～6 μm 红外线照射，使其中淀粉粒膨胀，易被酶消化，因而其消化率提高。经此法处理后，玉米消化能值提高 4.5%，大麦消化能值提高 6.5%。90 s 的微波热处理，可使大豆中抑制蛋氨酸、半胱氨酸的酶失去活性，从而提高其蛋白质的利用率。

3. 蒸煮（pressure cooking）　谷物加水加热，使谷物膨胀、增大、软化，成为适口性很好的产品。蒸煮或高压蒸煮可以进一步提高饲料的适口性。大豆经过蒸煮可破坏其中的抗胰蛋白酶，从而提高大豆的消化率和营养价值。马铃薯蒸煮后可以提高养分的消化率和利用率。用煮过的豌豆喂猪增重可提高 20%，但对含蛋白质高的饲料加热处理时间不宜过长。禾本科子实蒸煮后反而会降低其消化率。

三、制粒与膨化

1. 制粒（pelleting）　制粒是先将饲料粉碎，然后进入制粒机，通过压辊的作用，让物料强行通过一个厚厚的、高速旋转的带孔环模的过程。有些饲料制粒之前要经过一定程度的蒸汽调质，不同颗粒饲料的直径、长度和硬度不同。与粉料相比，通常所有家畜都喜欢颗粒饲料的物理特性。由于家畜可能拒绝采食粉末饲料，将饲料制粒常常能获得良好的效果。大部分家禽饲料和猪饲料都经过制粒过程，然而对于采食高谷物饲粮的反刍动物来说，尽管制粒可以改善饲料转化效率，但由于饲料采食量有所降低，其结果并不特别有利。制粒的方法也常用于储存低质的饲料，颗粒料能与压扁的谷物很好地混合，形成全价料或同一质地的饲料。通常将补充饲料如蛋白质浓缩料同时制粒饲喂动物，或者在多风地区使用以减少其他形态饲料的饲喂损失。

2. 膨化（popping）　膨化是指在各种控制的条件下强制使饲料原料流动，然后以预定的速度通过一特定的洞孔或缝隙，迫使在高温和高压条件下，使饲料进行高速的物理和化学变化来提高其营养价值。它将搅拌、切剪、调质等加工环节结合成完整工序。膨化玉米是通过干燥加热使玉米瞬间膨胀（使水从液态变为气态所引起的破坏谷物的胚乳而制成的产品）。膨化工艺能提高肠道和瘤胃对淀粉的利用程度，但是降低了饲料的密度。因此，膨化饲料在饲喂前通常要进行压扁以减少其体积。膨化机由一圆柱形的机腔以及密闭于其中的螺旋桨所组成，螺旋桨绕在金属轴上。膨化机的温度范围可在 80~170 ℃，温度持续时间可在 10~270 s 内调整。

四、蒸汽压片

（一）蒸汽压片（steam flaking）的原理

蒸汽压片处理谷物，是通过蒸汽热加工使谷物膨胀、软化，然后再用一对反向旋转滚筒产生的机械压力剥离、压裂已膨胀的玉米，将玉米加工成规定密度的薄片。这实际是一个淀粉凝胶化的过程，通过凝胶化来破坏细胞内淀粉结合的氢键，从而提高动物机体对玉米淀粉的消化率。此外，蒸汽压片过程中玉米蛋白质的化学结构发生改变，有利于瘤胃对蛋白质的吸收。蒸汽压片处理玉米过程的主要作用因素是水分、热量、处理时间及机械作用：水分使玉米膨胀软化；加热可使电子发生移动、破坏氢键，促进凝胶化反应；足够的蒸汽条件处理时间是获得充分凝胶化过程的保证；滚筒的机械作用是一个压碎成型达到规定压片密度的过程。

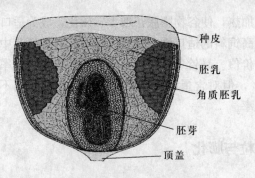

图 4-27 玉米构造图   图 4-28 蒸汽压片玉米

(二) 蒸汽压片工艺

蒸汽压片工艺机组流程和蒸汽压片及结构见图 4-29 和图 4-30。

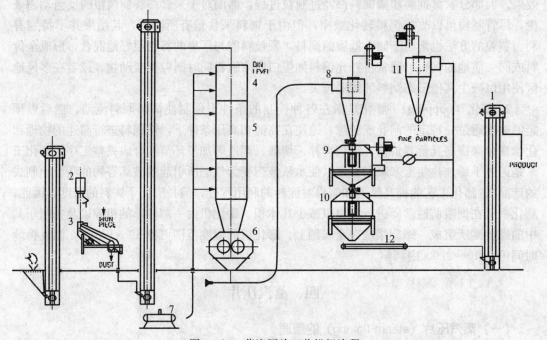

图 4-29 蒸汽压片工艺机组流程

1. 提升机 2. 磁选设备 3. 震动筛 4. 缓冲仓 5. 蒸汽调制器 6. 压片机

7. 蒸汽机 8. 气力输送机 9. 干燥器 10. 冷却器 11. 冷气发生器 12. 输送机

(引自韩国 Garlim 工程机械有限公司网站，http：//www.garlim.com/)

1. 一般工艺流程 蒸汽压片的一般工艺流程为原料（如玉米）→除杂→调质→蒸汽加热→压片→干燥冷却。具体方法是在原料除去混杂的石块、金属等杂质后加水和表面活化剂（调质剂）调质，一般加 8%～10% 的水保持 12～18 h，使水分渗入玉米中，然后将玉米输入一个立式的不锈钢蒸汽箱内，经 100～110 ℃ 蒸汽处理 40～60 min；最后用两个预热的大轧辊把经调质和蒸汽处理过的玉米轧成期望的特定容重（通常 309～386 g/L）的玉米片，玉米片容重随着加工程度（挤压压力）的增加而降低（Preston，1999）。玉米片可以直接饲喂或待其"冷却干燥"（散失一些水分）后饲喂。Zinn（1997）比较了新鲜和干燥后的压片玉米的消化特性和饲喂价值，发现并不影响玉米饲喂效果。

2. 工艺参数 蒸汽压片品质好坏取决于整个加工过程中热与力的综合效果，也就是说，工艺参数的不同对营养价值有很大的影响，主要的因素有蒸汽处理时间、挤压压力等。

（1）蒸汽处理时间 蒸汽压片处理过程中对玉米进行调质和蒸汽处理使玉米达到一定的水分含量，并在一定温度下对玉米淀粉进行湿热处理使其糊化。有关蒸汽时间的研究报道很少，理论上延长蒸汽时间可使玉米淀粉颗粒充分吸收水分，当其达到饱和状态时，就会到达一个平台期。Zinn（1990）选用 3 个时间段（34 min、47 min、67 min）对其进行研究，得出的结论是 34 min 是消化道淀粉消化率达到最佳（99.5%）的时间段，延长蒸汽时间并不能改善压片玉米的营养价值。国外实际生产中通常采用 40～60 min 的蒸汽处理时间。

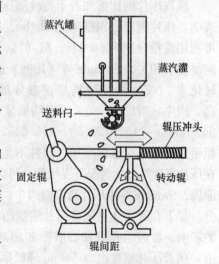

图 4-30 蒸汽压片机结构

（2）挤压压力 经过调质和蒸汽处理后的玉米要通过两个预热的轧辊压制成一定密度的玉米片，两个轧辊一个是固定辊，一个是活动辊。生产中通常有两种方法来调整挤压压力：一种是定压法，将两个轧辊紧贴一起，即二者之间的距离为零，然后减小挤压压力（约 3.5 MPa）以保证玉米通过轧辊时会形成一定的间隙；二是定距法，即先将两轧辊调到所需间距（一般为 0.8～1.0 mm）然后增大挤压压力（约 6 MPa）使二者固定，保证轧辊间的距离不会随着下落玉米的增加和不断的挤压而发生改变。这两种方法各有利弊，前者的优点在于它所施压力较小，原料中的一些杂物均能通过滚筒，减少了对机器的磨损，不足之处是在最开始两个轧辊之间无距离时，有可能造成玉米下落停滞而阻碍整个设备的正常运转，不易控制；而后者的优势在于它能提供一个稳定的加工环境，使加工后的压片玉米具有一致性，但是它需要有很大的压力来维持一个恒定的间距，耗能大，而且也需要特定的除杂设备。国内外往往采用第二种方法（Zinn，2002）。

（3）最佳压片密度 压片密度是一种评价蒸汽压片加工质量的度量指标，压片密度在加工过程中容易控制，所以在评价压片质量时常用。压片密度和淀粉的可利用率及消化酶的活性都呈强相关，相关系数分别是 $R^2=0.87$ 和 $R^2=0.79$。制作压片时由于所受压力和作用时间的不同，压片的密度也就不同。压片密度的计量有两种不同的方法，一种是用 kg/L 或者 g/L 来表示，一种是用 lb/bu* 计量。

---

* lb 是英制质量单位磅的符号，属于非法定计量单位，1 lb≈0.45 kg。bu 是单位蒲式耳（bushel）的符号，在英美等国家常用，作为谷物的容量单位，在美国，1 bu=35.238 L；而在英国，1 bu=36.368 L。

蒸汽压片的比重和若干特性随压片密度的不同而差异很大，Preston 等（1995）测试表明，压片密度分别是 43.5 lb/bu、34.8 lb/bu、31.3 lb/bu 和 27.4 lb/bu 时，其所含的可利用淀粉分别为 66.8%、69.6%、77.5%和 79.6%，证明了压片密度与可利用淀粉之间呈显著相关。Swingle 等（1999）进一步试验的结果显示，随着压片密度的降低，饲料转化率、NEm 和 NEg 均呈正态分布，并且在压片密度为 360 g/L(28 lb/bu) 时达到最高。肉牛（275 kg）交叉饲喂结果显示出，在瘤胃和总肠道内淀粉的消化率增加显著，分别是 82%～91%和 98.2%～99.2%，但是在小肠和大肠中淀粉的消化率并没有改变，总粗蛋白消化率也显著增加，但并不是始终能改变纤维素的消化率和 DE 的含量。这些都是在压片密度降低的情况下发生的，可以解释饲料利用率不随压片密度的进一步降低而增加的原因。Swingle 等用压片高粱做肉牛的交叉饲养试验，具体的试验数据和结果（表 4-17）分析如下：除屠体重随着压片密度的下降而显著降低外，屠体的其他特征并不受压片密度的影响。盆腔、肾脏和心脏脂肪相对胴体指数下降是极显著的。Theurer 等（1999）报道，随着压片密度由 30 lb/bu 降低到 20 lb/bu，活体重和屠体脂肪厚度均下降。对于何种压片密度能使牛发挥最大生产性能，尽管许多报道莫衷一是，但总的趋势认为压片密度在 28 lb/bu 左右为最佳。

表 4-17　不同密度压片高粱交叉饲喂肉牛的屠体指标

项　目	高粱蒸汽压片容重（g/L）				SEM
	412	360	309	257	
头数	5	5	5	5	—
屠体重（kg）	314.4	315.6	308.8	299.8	3.8
屠宰重（%）	64.7	64.9	64.5	64.7	0.2
脂肪厚度（cm）	1.27	1.34	1.31	1.35	0.07
大理石花纹级别	5.14	4.94	5.07	4.87	0.16
USDA 质量级别	9.24	8.76	9.28	8.60	0.29
USDA 生产级别	3.08	3.12	2.88	3.06	0.08

　　（4）质量标准　评价蒸汽压片玉米的质量主要指标有压片密度、压片厚度、玉米淀粉糊化度和淀粉酶降解程度。压片厚度作为质量标准的优势是其不随时间、条件、地点的改变而改变，而压片密度却受很多因素影响，如含水量、测定容器的形状以及压片玉米的破损程度等。Zinn(1990) 报道压片厚度与压片密度之间呈中度相关，即 FD（密度，kg/L）＝0.042＋0.14FT（厚度，mm)(R^2＝0.74)，而且压片密度与压片可溶性淀粉含量（R^2＝0.87）和酶降解度（R^2＝0.79）线性相关。同时，压片密度测定时操作简单易行，加工过程中易于控制使其成为度量压片质量的主要指标，大量的试验结果表明：压片密度在 360 g/L 左右可以使牛发挥最大的生产性能。

　　3. 加工机制　玉米子粒中 70%以上的都是淀粉，其中约有 27%直链淀粉和 73%的支链淀粉，淀粉以颗粒的形态紧密排列在胚乳中，淀粉颗粒外面包被蛋白质膜。淀粉链有的以氢键相互连接，有序排列形成结晶区，这些都不利于微生物和酶对淀粉进行消化利用。蒸汽压片之所以可以有效地提高玉米的消化率主要是将淀粉从蛋白膜包被中释放出来，同时破坏淀粉的有序排列，使之容易接受微生物和酶的作用。Mcdonough(1997) 研究了蒸汽压片玉米的结构特征，发现了淀粉结晶度减少，原来淀粉颗粒的紧密排列变成凝胶样状态。Preston(1998) 通过六个试验来研究蒸汽压片加工过程中玉米的变化，得出结论：可溶性蛋白在蒸汽处理后降低和可利用淀粉在压片后增加，显示蒸汽压片过程中淀粉颗粒的变化是分两部进行的，另外，压片前后灰分、磷和钾含量分别降低 4%、23% 和 17%，但原因尚不清楚。

蒸汽压片技术是一种有效的谷物饲料加工方法，其主要是通过改变玉米的物理化学状态，从而提高瘤胃、小肠以及全消化道中的淀粉消化率，增加能值和机体内尿素再循环的次数，优化氮素在机体内的分配，提高牛的生产性能。玉米品种、产地、收获时间和降水量等都可以影响到玉米成分，这都可能影响到蒸汽压片谷物的加工；同时蒸汽压片谷物的饲用方式以及饲粮青粗料比例不同对生产性能也会产生一定的影响。我国近几年刚刚引进该工艺，现在尚需对蒸汽压片加工工艺、谷物蒸汽压片饲喂方式及其对其他物质代谢的影响进行进一步的研究，以促进蒸汽压片玉米在国内的推广和应用。

原料（玉米）三级去杂→水分调质处理→蒸汽加热蒸煮→压薄片→干燥、冷却→包装→成品入库。蒸汽压片玉米的质量标准：国际上采用蒸汽压片玉米的密度来评价蒸汽压片玉米的质量。试验结果表明，玉米压片的密度在 360 kg/m³ 时，可以获得理想的饲喂效果。玉米压片的密度也常常用来界定蒸汽处理的强度。当玉米压片的密度大于 480 kg/m³ 时，称为蒸汽碾压玉米；小于 450 kg/m³ 时，称为蒸汽压片玉米。主要技术指标见表 4-18。

表 4-18 蒸汽压片玉米的主要技术指标要求

项目	营养成分	标准差（±）
干物质（%）	86.5	0.50
粗蛋白（%）	8.7	0.22
葡萄糖利用率（%）	58.0	1.74
调质处理程度（%）	68.0	1.87
糊化淀粉（kg/t）	308.3	16.93

五、发芽与糖化

1. 发芽 子实的发芽是一种复杂的质变过程。子实萌发过程中，部分糖类物质被消耗而表现出无氮浸出物减少，其中一部分蛋白质分解为氨化物，许多代谢酶、维生素 A 原和 B 族维生素及各种酶等的含量均有明显提高。大麦是最好的发芽原料。例如，1 kg 大麦在发芽前几乎不含胡萝卜素，发芽后（芽长 8.5 cm 左右）可产生 73~93 mg 胡萝卜素，核黄素含量由 1.1 mg 增加到 8.7 mg，蛋氨酸含量增加 2 倍，赖氨酸含量增加 3 倍，但无氮浸出物减少。此法主要用在冬、春季节缺乏青饲料的情况下，作为家禽、种用家畜及高产乳牛的维生素补充饲料。用发芽谷料喂空怀母猪可促进母猪发情；喂妊娠母猪可减少死胎与流产，提高乳猪初生重；喂公猪可改善精液品质；喂仔猪可促进仔猪生长发育。在鸡日粮中喂 20% 大麦芽代替维生素添加剂，对提高产蛋率、降低饲料消耗，均有良好效果。

谷实发芽的方法如下：将谷粒清洗去杂后放入缸内，用 30~40 ℃温水浸泡一昼夜，必要时可换水 1~2 次。等谷粒充分膨胀后即捞出，摊在能滤水的容器内，厚度不超过 5 cm，温度一般保持在 15~25 ℃，过高易烧坏，过低则发芽缓慢。在催芽过程中，每天早、晚用 15 ℃清水冲洗一次，这样经过 3~5 d 即可发芽。在开始发芽但尚未盘根期间，最好将其翻转 1~2 次。一般经过 6~7 d，芽长 3~6 cm 时即可饲用。

2. 糖化　糖化是利用谷实和麦芽中淀粉酶作用，将饲料中淀粉转化为麦芽糖的过程。例如，玉米、大麦、高粱等都含 70% 左右的淀粉，而低分子的糖分仅为 0.5%~2%；经糖化后，其中低分子糖含量可提高 8~12 倍，并能产生少量的乳酸，具有酸、香、甜的特性，从而改善了饲料的适口性，提高了消化率。不仅是仔猪喜食的好饲料，也是育肥猪催肥期的好饲料，有提高食欲、促进体脂积聚的作用。

糖化饲料的方法是：将粉碎的谷料装入木桶内，按 1∶2~2.5 的比例加入 80~85 ℃水，充分搅拌成糊状，使木桶内的温度保持在 60 ℃左右。在谷料表层撒上一层厚约 5 cm 的干料面，盖上木板即可。糖化时间需 3~4 h。为加快糖化，可加入适量（约占干料重的 2%）麦芽曲（大麦或燕麦经过 3~4d 发芽后干制、磨粉而成，其中富含糖化酶）。糖化饲料储存时间最好不要超过 10~14 h，存放过久或用具不洁，易引起饲料酸败变质。

六、浸泡与湿润

1. 谷物浸泡（soaked grain）　将谷物在水中浸泡 12~24 h 的做法一直为家畜饲养者所采用，浸泡多用于坚硬的子实或油饼的软化，或用于溶去饲料原料中的有毒物质。豆类、油饼类、谷类子实等经水浸泡后，因吸收水分而膨胀柔软，所含有毒物质和异味均可减轻，适口性提高，也容易咀嚼，从而利于动物胃肠的消化。

用水量随浸泡饲料的目的不同而有差异，以泡软饲料为目的时，一般料水比为 1∶1~1.5，即手握饲料指缝浸出水滴为准，饲喂前不需脱水可直接饲喂。而以溶去有毒物质为目的时，料水比应达到 1∶2 左右。饲喂前应滤去未被饲料吸收的水分。浸泡时间长短应随环境温度及饲料种类不同而异，以不引起饲料变质为原则。由于浸泡法要求有一定空间，在处理过程可能会出现问题，还可能使饲料变酸（气温较高情况下），这些缺点限制了这一方法的大规模使用。

2. 加水还原法（reconstitution）　加水还原法同浸泡法相类似，它是在饲喂之前，在已成熟和干燥的谷物中加水，使谷物的水分含量上升到 25%~30%，然后将其在缺氧的料仓中储存 14~21 d。加水湿润一般用于粉尘多的饲料。用湿拌料喂鸡尤为适宜。另外，用料水比为 1∶2.5 的稀粥料喂肥猪，在集约化生产方式中有利于机械自流化，便于猪的随意采食。对整粒的高粱和玉米的效果很好，它能提高采食高精料饲粮的肉牛增重速度和饲料转化效率。但是，如果在还原前将谷物粉碎，则效果不好，因为粉碎的谷物在储存期间容易发酵。这种方法的主要缺点是，储存需要大量的空间，并且，如果使用了高粱，在饲喂前需要压扁。

七、谷物湿贮

1. 高水分谷物青贮　指谷物在水分含量较高（20%～35%）时收获，然后在青贮设备（或是在塑料袋）中储存。谷物如果不用此种方式储存或进行化学处理，就会在天气不很冷的时候发热和霉变。高水分谷物在青贮或饲喂前可以进行粉碎或压扁。在天气条件不允许进行正常田间干燥时，采用这种方法处理谷物不但非常有用，而且能避免使用昂贵的燃料进行人工干燥。虽然这种方法的储存成本可能相对较高，但高水分谷物能产生良好的育肥牛育肥效果。与干谷物相比，这一方法提高了饲料转化效率。当然，在市场上湿谷物比干谷物更难进行交易。

2. 高水分谷物酸储　利用丙酸，或乙酸、丙酸混合物，或甲酸和丙酸混合物与高水分整粒玉米或其他谷物彻底混合（有机酸添加量均为1%～1.5%），可以防止谷物发霉和腐烂。与使用干燥谷物相比，酸储谷物并不影响家畜的生产性能。随着燃料价格上升，人工干燥成本增加，酸储高水分谷物很有发展前景。

八、发　酵

通过微生物的繁殖改变精饲料的性质，以获得新的营养特性，用在实践中的某些特殊生产时期。如在乳牛、哺乳母猪与肥猪后期大量上市时期及对病畜或消化不良的仔畜，使用发酵饲料可以促进食欲，供给B族维生素，各种酶、酸、醇等物质，从而提高饲料的营养价值。因发酵过程并不能提高饲料总的营养价值，有机物质反而要损失10%左右，所以在一般生产状况下，应用精饲料没有必要发酵。精饲料发酵用微生物多为酵母，故用富含碳水化合物的饲料最好，蛋白质饲料不宜发酵。

发酵方法：每100 kg粉碎的子实用酵母0.5～1 kg，首先用温水将酵母稀释化开，然后将30～40 ℃的温水150～200 L倒入发酵箱中，慢慢加入稀释过的酵母，再一边搅拌，一边倒入100 kg饲料中，搅拌均匀，敞开箱口保持温度在20～27 ℃之间，经6～9 h即可完成发酵。

酵母发酵过程中应注意通气。发酵箱的口径以其中饲料堆积的厚度不超过30 cm为宜；发酵过程中每隔3～4 min应将饲料搅拌、翻动一次。

九、饲料灭菌

利用辐射技术处理饲料，可消除饲料中的有害微生物。改善饲料品质，扩大饲料来源。据报道，英国用放射线杀菌制作饲料已有20年的历史。日本应用20～25 kGy剂量辐射杀菌，供应无菌的动物饲料也已达12年之久。日本原子能研究所曾应用射线杀灭配合饲料中病原菌和霉菌，在照射之前，每克饲料中的总菌数为10万～200万个，大肠杆菌为 0.5 万～70 万个，每克饲料中的霉菌为 0.2 万～45 万个。通过 5～7 kGy 剂量的照射，几乎杀灭了全部大肠杆菌。一般在照射饲料时，采用能杀灭沙门氏菌和大肠杆菌等病原菌的剂量即可。进行辐射处理的配合饲料最好为粉状，直径小于 4 mm。辐射源一般安装在输送饲料进仓的管道处，如果附设有中转仓库，并有传送装置将辐射的饲料送入储存库，则可根据需要安装任一辐射源。辐射源主要是 ^{60}Co 或 ^{137}Cs、射线源以及电子加速器。辐射灭菌技术主要用在试验动物饲料中。

经热调质颗粒化饲料可以杀灭沙门氏菌。含水 15％的饲料在颗粒化过程中加热至 88 ℃经 10 min 即可达到目的。肉鸡前期和产蛋鸡用饲料沙门氏菌污染点加工前分别为 41％和 58％，经颗粒化成型后均降至 4％以下。颗粒化过程条件（压力和温度）分别为 444.5 N、157 ℃；889.1 N、162～169 ℃；1 333.6 N、181～187 ℃。

第七节 蛋白质饲料的加工

蛋白质饲料原料分为植物性蛋白质饲料和动物性蛋白质饲料，本节主要介绍大豆、大豆饼（粕）、棉子饼（粕）、菜子饼（粕）、向日葵饼（粕）、花生饼（粕）、亚麻仁饼（粕）等植物性蛋白质饲料和鱼粉、肉骨粉、肉粉、血浆蛋白粉、蚕蛹粉等动物性蛋白质饲料原料的加工。

一、植物性蛋白质饲料的加工

(一) 大豆

生大豆中存在多种抗营养因子，其中加热可被破坏者包括胰蛋白酶抑制因子、红细胞凝集素、抗维生素因子、植酸十二钠、脲酶等。加热无法被破坏者包括皂苷、雌激素、胃肠胀气因子等。此外大豆还含有大豆抗原蛋白，该物质能够引起仔猪肠道过敏、损伤，进而腹泻。

由于生大豆含有很多抗营养因子，直接饲喂会造成动物下痢和生长抑制，饲喂价值较低，因此，生产中一般不直接使用生大豆。大豆加工的最常用办法为加热，生大豆经加热处理后的产品称为全脂大豆。通过加热，可使生大豆中不耐热的抗营养因子如胰蛋白酶抑制因子、红细胞凝集素等变性失活，从而提高蛋白质的利用率，提高大豆的饲喂价值（图 4-31）。

1. 大豆的加工方法 主要包括：

（1）焙炒 系早期使用的方法，是将精选的生大豆用锅炒、磨粉（或去皮）的制品。

（2）干式挤压法 大豆粗碎，在不加水及蒸汽情况下，直接进入挤压机螺旋轴内，经内摩擦生热产生高温、高压，然后由小孔喷出，冷却后即得产品。由于未加入湿润，故所需动力比湿式挤压法高，但因减少调制及干燥过程，故操作容易，投资成本低。

（3）湿式挤压法 先将大豆粉碎，调质机内注入蒸汽以提高水分及温度，大豆经过挤

图 4-31　大　豆

压机螺旋轴摩擦产生高温、高压，然后由小孔喷出，冷却后即得产品。

（4）其他方法　包括爆裂法、微波处理等方法（图 4-32、图 4-33 和图 4-34）。

图 4-32　膨化大豆　　　　　图 4-33　膨化大豆粉　　　　图 4-34　碾压焙烤大豆

2. 加工大豆的品质判定　大豆加工的方法不同，饲用价值也不同。干热法产品具有烤豆香味，风味较好，但易出现加热不匀，过熟影响饲用价值；挤压法产品脂肪消化率高，代谢能较高。大豆湿法膨化处理能破坏全脂大豆的抗原活性。

大豆在加热过程中，蛋白质中一些不耐热的氨基酸会分解，更主要的是还原糖与氨基酸之间发生的美拉德反应（maillard reaction），该反应导致大多数氨基酸，尤其是赖氨酸利用率下降，降低大豆的营养价值。因此，大豆的适宜加工非常重要。

经过加工生产的全脂大豆与生大豆相比，具有水分较低、营养含量较高、抗营养因子较低、使用安全等优点。因此，在畜禽饲粮中得到较多的使用。与大豆粕、豆油相比，全脂大豆的使用价值可用下式计算

$$A=(P_1/P_2 \times Y)+(W \times M_1/M_2) \times Z$$

式中　A——全脂大豆的使用价值；

　　　　P_1——全脂大豆的粗蛋白质含量；

　　　　P_2——一般大豆粕的粗蛋白质含量；

Y——一般大豆粕每千克的价格；

W——全脂大豆中大豆油的含量；

M_1——大豆油的代谢能；

M_2——饲料中添加油的代谢能；

Z——饲料中添加油每千克价格。

全脂大豆的价格低于 A 时即有使用价值，等于或略高于 A 时，在无添加油脂设备的厂家也可酌情使用。

3. 加工大豆的饲喂效果 饲喂全脂大豆的肉鸡胴体和脂肪组织中亚油酸和 $\omega-3$ 脂肪酸含量较高。加工全脂大豆在蛋鸡饲粮中能完全取代豆粕，可提高蛋重，并明显改变蛋黄中脂肪酸组成，显著提高亚麻酸和亚油酸含量，降低饱和脂肪酸含量，从而提高鸡蛋的营养价值。

在猪饲粮中应用生大豆作为唯一蛋白质来源，对猪生产性能有很大影响，与大豆粕相比，会增加仔猪腹泻率、降低生长育肥猪的增重和饲料转化率、降低母猪生产性能，而经过加热处理的全脂大豆因其良好的效果在养猪生产中得到越来越多的应用。全脂大豆因其蛋白质和能量水平都较高，是配制仔猪全价料的理想原料，一些研究表明，经过充分处理的全脂大豆可以代替仔猪饲粮中的乳清粉、鱼粉或豆粕，而对仔猪无不良影响。用全脂大豆饲喂生长育肥猪，比用大豆粕能获得更高的增重速度和饲料转化率，增加胴体中的 $\omega-3$ 脂肪酸含量，在一定程度上还可提高屠宰率，其添加比例一般为 $10\%\sim15\%$，添加比例过大，则会影响胴体品质，尤其是影响脂肪的硬度。用全脂大豆饲喂母猪，可以产生高脂初乳和乳汁，提高母猪产奶量，增加仔猪糖原储备，可获得更多的断奶仔猪，提高仔猪断奶体重。不同猪品种对大豆抗营养因子的反应不同，在饲料转化率、日增重、采食量等方面中国地方品种表现出比西方猪种耐受能力强。

牛饲料中可使用生大豆，但不宜超过精料的 50%，且需配合胡萝卜素含量高的粗料使用，否则会降低维生素 A 的利用率，造成牛乳中维生素 A 含量剧减；生大豆也不宜与尿素同用。肉牛饲料中使用生大豆过高会影响采食量，且有软脂倾向；全脂大豆适口性高于生大豆，并具有较高的瘤胃蛋白质非降解率。

全脂大豆无论从化学组成上还是从养分的利用效率上，都是饲用价值较高的反刍动物和水产动物饲料原料，在鱼饲料中应用可以部分代替鱼粉，达到比豆粕更高的营养价值。全脂大豆中的高油脂含量减少了鱼类自身能量的分解，这对冷水鱼很有意义。全脂大豆中含有的亚油酸和亚麻酸，为鱼类如鲑鱼、鲤鱼、罗非鱼等提供了所必需的多量不饱和脂肪酸。

（二）大豆饼（粕）

大豆饼（粕）是以大豆为原料取油后的副产物。由于制油工艺不同，通常将压榨法取油后的产品称为大豆饼（soybean cake），而将浸出法取油后的产品称为大豆粕（soybean meal）。在我国，过去大豆饼（粕）作为大豆加工的副产品，随着饲料工业的发展，大多数情况下是为了得到大豆饼（粕）而制油，目前大豆饼（粕）实际上是主要产品。我国大豆总产量中约有 40% 用于取油，年产大豆饼（粕）约 500 万 t，主要用作饲料原料。

1. 普通大豆饼（粕）的加工方法 大豆饼（粕）的加工方法有四种：液压压榨、旋压压榨、溶剂浸出法和预压后浸出法。压榨法的取油工艺主要分为两个过程：第一过程为油料的清选、破碎、软化、轧胚，油料温度保持在 60～80 ℃；第二过程为料胚蒸炒（100～125 ℃）后再加机械压力，使油与饼分离。用浸提法取油其工艺为：利用有机溶剂在 55～65 ℃下浸泡料胚，提取油脂后将湿粕烘干（105～120 ℃），最后制成油脂和粕。用浸提法比压榨法可多取油 4%～5%，且残脂少易保存，效果优于压榨法，因此，目前大豆饼（粕）产品主要为大豆粕。大豆饼（粕）的生产工艺流程见图 4-35。

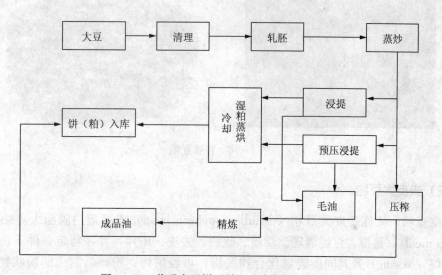

图 4-35 普通大豆饼（粕）生产加工工艺流程

根据大豆饼（粕）是目前使用最广泛、用量最多的植物性蛋白质原料，世界各国普遍使用，一般其他饼（粕）类的使用与否以及使用量都以与大豆饼（粕）的比价来决定。大豆粕和大豆饼相比，具有较低的脂肪含量，而蛋白质含量较高，且质量较稳定。

2. 加工质量评价方法 大豆饼（粕）是大豆加工后的产品，不可避免地存在着大豆中含有的多种抗营养因子。大豆饼粕的质量及饲用价值主要受加热处理程度的影响，大豆饼（粕）生产过程中的适度加热可使大豆饼（粕）中抗营养因子破坏，还可使蛋白质展开，氨基酸残基暴露，易于被动物体内的蛋白酶水解吸收。但是温度过高、时间过长会使赖氨酸等碱性氨基酸的 ε-氨基与还原糖发生美拉德反应，减少游离氨基酸的含量，从而降低蛋白质的营养价值；反之如果加热不足，由于大豆饼（粕）中的胰蛋白酶抑制因子等抗营养因子的活性破坏不够充分，同样地影响豆粕蛋白质的利用效率。大量研究认为，大豆胰蛋白酶抑制因子失活 75%～85% 时，大豆饼（粕）蛋白质的营养效价最高。目前认为在生产大豆饼（粕）过程中，较好的方法为：①100 ℃的流动蒸汽处理 60 min；②高压蒸气 0.035 MPa 处理 45 min 或 0.07 MPa 处理 30 min 或 0.1 MPa 处理 20 min 或 0.14 MPa 处理 10 min。

目前评定大豆饼（粕）质量的指标主要为抗胰蛋白酶活性、脲酶活性、水溶性氮指数、维生素 B_1 含量、蛋白质溶解度等。许多研究结果表明，当大豆饼（粕）中的脲酶活性在 0.03～0.4 范围内时，饲喂效果最佳；而对家禽来说，在 0.02～0.2 时最佳。大豆饼（粕）最适宜的水溶性氮指数值标准不一，一般在 15%～30%。日本大豆标准的水溶性氮指数小于 25%。

对大豆饼（粕）加热程度适宜的评定，也可用饼（粕）的颜色来判定，正常加热时为黄褐色，加热不足或未加热，颜色较浅或灰白色，加热过度呈暗褐色（图 4-36）。

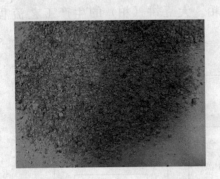

图 4-36　普通豆粕

（三）去皮大豆粕

去皮豆粕，又称脱皮大豆粕（dehulled soybean meal）或高蛋白脱脂大豆粕（hipro soybean meal），是指大豆经清理、调质、破裂、去皮、压片，并在特定条件下由有机溶剂正己烷（hesane）及其同类碳氢化合物脱脂，再经烘烤、粉碎后制成的粉状物。并规定，去皮豆粕蛋白质含量的最小范围为 47.9%～49%，脂肪最小为 0.5%，粗纤维最大范围为 3.3%～3.5%，水分含量最大值为 12.0%。为了防止豆粕结块及改善加工过程中的流动性，有时加入不超过 0.5% 的碳酸钙。去皮豆粕的国际饲料编号及全称：IFN 5-04-612 Soybean seeds without hulls meal solvent extracted。

去皮豆粕作为大豆去皮浸出新工艺的产物，其商业化生产始于 20 世纪 90 年代初期。目前，美国加工的大豆，几乎 100% 采用的是先去皮、后浸出的工艺。2000 年，美国去皮豆粕产量达到 3400 万 t 左右，巴西和阿根廷也有相当大的生产量。我国于 20 世纪 90 年代后期开始引入去皮浸出工艺，张家港东海粮油工业有限公司、吉林德大有限公司成为国内较大的去皮豆粕生产企业，辽宁省锦州六陆油脂厂也有生产。越来越多的大型制油企业已经建立或准备采用国际先进的去皮浸提工艺，将有越来越多的去皮豆粕进入市场。

1. 去皮豆粕的新技术工艺　现代去皮直接浸提制油工艺显现出了工艺过程控制，与自动化、新工艺技术的组合使用以及在线品质控制三方面的特点。其一般工艺流程及品控点见图 4-37。

目前，去皮豆粕的生产采用了原料自动提升和传送、电脑计量称重、成套密闭设备、工艺过程连续、工序检测及关键点品质控制的自动化生产技术。它具有及时报告、动态加

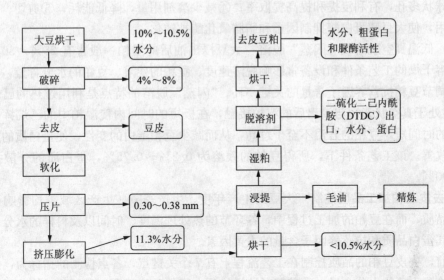

图 4-37 去皮豆粕生产工艺流程

工参数记录、资料累计分析和较高准确性的特点，尤其改善了日产出 500～1 000 t 生产产量的产品品质和稳定性。

大豆脱皮的效果主要与含水量有关。当大豆水分含量由 12.0％降低到 9.5％时，破碎后皮与仁结合率由 4.2％降低到 0.6％。脱皮时大豆的水分含量控制在 9.5％～10％最理想。目前，美国、中国和巴西一些生产厂家，是先将所选的大豆原料在 60 ℃加热 20～30 min，使大豆的水分转移到豆粕的表面上，然后再快速升温，使大豆表面的温度上升到 85 ℃，水分降低 3％左右，大豆皮变得松脆。然后将大豆破碎为两半，经搓擦或冲击设备加工，即可将皮脱下。此称为"热脱皮"。热脱皮工艺采用了流化床烘干软化器，取消了脱皮前的大料仓，大大缩短了生产周期，由原来的 24～72 h 缩短至 10～20 min。但流化床操作要求高，风运系统动力消耗和噪声较大。

脱皮前对大豆的烘干处理，对大豆脱皮和大豆中酶的钝化有明显的促进作用。去皮的比率因生产设备类型和商业要求而不同。国外对豆皮的控制严格，脱皮率要求在 95％以上，甚至达到 99％，而中国企业一般脱皮率仅有 80％，个别企业仅有 60％～70％。

(1) 破碎、软化和轧坯 脱皮得到的豆瓣需要进一步破碎，调整粒度。一般大豆破碎到 4～6 瓣，粉末度小于 10％为宜。常采用槽辊式破碎机。软化调质为通过调温、调湿，使经过破碎的大豆仁变软的工序。软化赋予大豆仁一定的可塑性，便于轧出薄的坯片，且不粘辊，粉末度小。其方法是把经过破碎的大豆子仁加热到 71 ℃左右，同时喷入水和蒸汽，使物料的水分调整到 11％左右。轧坯是利用滚筒式压坯机将大豆颗粒压成薄片状坯料的工序。压坯增大了表面积，破碎了细胞，提高浸出效率。轧出的坯料，要求厚薄适当、均匀。坯料过薄易叠片，增加粉末度；过厚不利于浸出。一般坯料厚度 0.25～0.40 mm。

(2) 挤压及膨化 ①原料细胞组织破坏，提高油的浸出度；②豆片成为粒状，密度提高；③球状多孔，有利浸提和提高提取率；④减少溶剂用量，降低能耗；⑤剪切、挤压和膨化作用，使大豆胰蛋白酶抑制因子和脂肪氧化酶被钝化。

（3）低温真空脱溶或"闪蒸"脱溶 大豆浸出油后的湿粕一般含有 25%～30% 的溶剂。脱溶干燥的工艺条件和设备常影响脱溶速度、豆粕的残溶、豆粕的水分含量，尤其是影响和调节豆粕抗营养因子含量的关键一环。"闪蒸"脱溶的特点是利用过热的己烷蒸汽（使豆粕处于真空状态）与浸出后的湿粕接触，在极短的时间内使湿粕中的己烷挥发。由于接触的时间短，豆粕的升温不至于过高，从而减少豆粕蛋白的变性，使蛋白质的加工品质得到改善。该工艺条件下，所得豆粕的残溶为 0.2%～0.75%，蛋白质的分散指数为70%～90%。

2. 去皮豆粕加工品质控制 大豆的生产年度、生产季节、生产区域等均影响豆粕的营养和品质，而在豆粕的加工过程中，各环节的热处理温度、时间以及料样的水分含量都是影响其蛋白品质和抗营养因子含量的主要因素。

目前，去皮豆粕的品质控制在工艺流程上有 7 个关键点，各点检测的指标为：①破碎前烘干检测大豆的水分含量；②破碎时抽样检测大豆的破碎程度；③压片时检验压片的厚度；④膨化时检测豆粒的水分；⑤浸提前检验豆仁的水分；⑥蒸脱溶剂出口检验豆粕的水分、蛋白质含量、脲酶活性和残油率；⑦成品打包后应按照《油料饼粕扦样》抽样检测豆粕的水分、蛋白质含量、脲酶活性和残油率。

3. 去皮大豆粕的饲喂效果 表 4-19 所列为美国"全国油料子加工者协会"（National Oilseed Processors Association，NOPA）制定的带皮豆粕与去皮豆粕的质量标准。去皮豆粕的平均蛋白含量为 48%。但由于大豆本身的蛋白含量受品种和环境、特别是气候的影响（例如，美国中西部和西北部所产大豆的蛋白含量一般比南部所产大豆低），去皮豆粕的蛋白含量也相应有所变化。NOPA 规定去皮豆粕的蛋白含量标准由买卖双方商定这一原则，也适用于粗纤维的含量。标准大豆本身的蛋白含量的差异所导致的豆粕蛋白含量的差异，有时会使人难以用蛋白含量来绝对地区分去皮豆粕和带皮豆粕。例如，印度带皮豆粕蛋白含量可高达 46% 以上，而产于北方地区的去皮豆粕的蛋白含量有可能超不过 47%。二者尽管蛋白含量接近，代谢能含量却相差很大，而且由于加工工艺和质量控制水平不同，氨基酸特别是赖氨酸的有效性也会有很大不同。用粗纤维含量的差异来区分两种豆粕，似更为妥当。

表 4-19 NOPA 去皮豆粕与普通豆粕的质量标准（%）

项　目	去皮豆粕	普通豆粕
蛋白（≥）	47.5～49.0	44.0
脂肪（≥）	0.5	0.5
粗纤维（≤）	3.3～3.5	7.0
水分（≤）	12.0	12.0

从动物营养角度来看，除蛋白质以外，代谢能、必需氨基酸特别是赖氨酸和蛋氨酸（第一与第二限制氨基酸）的含量是重要的指标。表 4-20 是美国国家研究委员会（NRC）

发表的去皮豆粕与带皮豆粕的主要营养指标以及据此计算出的去皮豆粕与带皮豆粕的各项营养成分的比值。值得注意的是，对于家禽来说，去皮豆粕的代谢能比带皮豆粕高出9.4%，而对于猪来说，则只高出5.1%。

表4-20　去皮豆粕和带皮豆粕的主要营养指标对比

项　目	去皮豆粕	带皮豆粕	去皮/带皮
粗蛋白（%）	48.0	44.0	1.090 9
赖氨酸（%）	2.96	2.69	1.100 4
蛋氨酸（%）	0.67	0.62	1.080 6
家禽代谢能（MJ/kg）	10.20	9.32	1.094 4
猪代谢能（MJ/kg）	14.15	13.46	1.051 3

美国大豆协会的大量试验表明，使用去皮豆粕饲喂肉仔鸡和蛋鸡可以降低单位产品（千克增重和千克鸡蛋）的饲料成本，可取得明显的经济效益。有研究表明，粗纤维的含量与能量的消化率呈负相关，一般情况下，日粮中每增加1%纤维素，会使每千克饲料禽的代谢能下降250.8 kJ，去皮豆粕与普通豆粕相比，其粗纤维的含量较低，因此其代谢能也较高。刘爱巧等（2003）选择1 536只28周龄父母代海兰褐蛋种鸡随机分成2组，每组设8个重复，结果表明：饲料中含有去皮豆粕的试验组中鸡的产蛋率比普通豆粕对照组鸡高4.06%，平均蛋重多0.4 g，这主要是由于试验组比对照组日进食能量高46.54 kJ；去皮豆粕的试验组鸡比普通豆粕对照组鸡饲料消耗低8.57%。Enmmert和Baker(1995)报道，以去皮豆粕、大豆浓缩蛋白、功能性大豆分离蛋白和食用性大豆分离蛋白（蛋白含量分别为49.0%、63.9%、82.4%和85.0%）饲喂雏鸡，结果表明去皮豆粕组的雏鸡增重和蛋白效率比最高。臧兆运（2001）分别添加了32%、29.2%和23.4%的去皮豆粕于肉鸡前、中、后期日粮中，结果表明：去皮豆粕组能够改善肉鸡日粮的饲料转化率，降低饲料成本，提高经济效益。据美国大豆协会报道（2001），肉鸡日粮中使用去皮豆粕和使用普通豆粕相比，肉鸡49 d体重、日增重、料肉比、成活率和饲料成本之间差异显著，去皮豆粕组要明显优于普通豆粕组。

大量研究表明，猪对去皮豆粕营养物质的利用率要高于普通豆粕。康玉凡等（2003）用三元杂交去势公猪研究去皮豆粕和普通豆粕的养分消化率、氮平衡和能量平衡，结果表明：去皮豆粕的营养物质利用率高于普通豆粕，两者日粮的干物质消化率分别为94.25%和92.93%，氮消化率分别为93.01%和91.62%，氮沉积率分别为62.20%和59.06%，能量消化率分别为95.49%和94.44%，能量沉积率分别为93.69%和93.03%。余斌等（2000）为研究不同能量浓度及去皮豆粕与普通豆粕对哺乳期母猪生产性能的影响，选用了96头哺乳母猪及所产873头仔猪，试验结果表明：去皮豆粕组和普通豆粕组哺乳期仔猪日增重分别为210 g和199 g，前者显著高于后者；母猪失重分别为7.94 kg、11.26 kg，去皮豆粕组均显著低于普通豆粕组。Jhung等（1989）采用75头45日龄仔猪作为试验动物饲喂105 d，试验日粮以去皮豆粕替代对照日粮中的普通豆粕和部分或全部的鱼粉，结果表明去皮豆粕组猪的生产性能得到改善。王建新等（1999）选用迪卡CD系28日龄断奶仔猪576头，随机分为4个处理，分别为中国普通豆粕组、印度普通豆粕组、南美普通豆粕组和美国去皮豆粕试验组，其他所有日粮营养水平一致，试验结果表明：美国去皮豆粕组与其他组相比，全期日增重提高 24～34 g，全期饲料转化率改善 2.1%～4.7%，每头猪全期增重成本（按增重55 kg 计算）可降低 11～17 元。

陈昌明等（2004）选用 113 头二元长大断奶（28 日龄）仔猪研究在日粮中采用去皮豆粕取代一半或全部鱼粉对其生产性能的影响，试验分为 5%进口鱼粉组、2.5%进口鱼粉组和无鱼粉组，通过 21 天的试验，结果表明：2.5%进口鱼粉组和无鱼粉组平均日增重比 5%进口鱼粉组分别提高 20%和 23%，日采食量增加 9.3 和 9.5%，料重比降低 1.9%和 11.8%。余林等（2005）试验表明，去皮膨胀豆粕取代 50%或 100%断奶仔猪日粮中的鱼粉对仔猪平均日增重、平均日采食量、料重比、腹泻率和死亡率等无不良影响。由于鱼粉资源短缺且价格昂贵，如用去皮膨胀豆粕完全取代仔猪日粮中的鱼粉不会降低仔猪的生产性能，则势必能大大降低养猪生产成本。至于去皮膨胀豆粕是否能完全取代仔猪日粮中的鱼粉仍需更多更大规模的试验进一步验证。

（四）棉子饼（粕）的加工

棉子饼（粕）是棉子经脱壳取油后的副产品，因脱壳程度不同，通常又将去壳的叫做棉仁饼（粕）(图 4-38)。年产约 300 多万 t，主产区在新疆、河南、山东等省自治区。棉子经螺旋压榨法和预压浸提法，得到棉子饼（cotton seed cake）和棉子粕（cotton seed meal），其工艺流程见图 4-39 和图 4-40。

图 4-38　棉子和棉粕

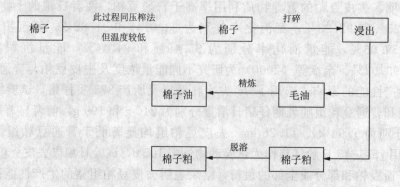

图 4-39　预压浸提法工艺流程

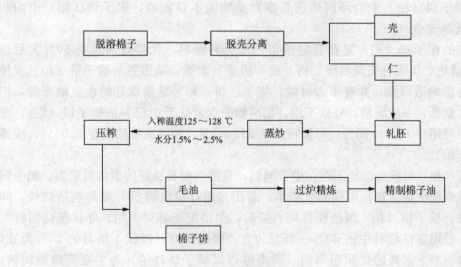

图 4-40 螺旋压榨法工艺流程

1. 棉子饼（粕）加工工艺 粗纤维含量主要取决于制油过程中棉子脱壳程度。国产棉子饼（粕）粗纤维含量较高，达 13％以上，有效能值低于大豆饼（粕）。脱壳较完全的棉仁饼（粕）粗纤维含量约 12％，代谢能水平较高。

棉子饼（粕）粗蛋白含量较高，达 34％以上，棉仁饼（粕）粗蛋白可达 41％～44％。氨基酸中赖氨酸较低，仅相当于大豆饼（粕）的 50％～60％，蛋氨酸亦低，精氨酸含量较高，赖氨酸与精氨酸之比在 100∶270 以上。矿物质中钙少磷多，其中 71％左右为植酸磷，含硒少。维生素 B_1 含量较多，维生素 A、维生素 D 少。

棉子饼（粕）中的抗营养因子主要为棉酚、环丙烯脂肪酸、单宁和植酸。

2. 农业部标准规定，棉子饼的感官性状为小片状或饼状，色泽呈新鲜一致的黄褐色；无发酵、霉变、虫蛀及异味、异臭；水分含量不得超过 12.0％；不得掺入饲料用棉子饼以外的杂质。具体质量标准见表 4-21。

表 4-21　饲料用棉子饼质量标准（NY/T129—1989）(％)

质量指标 \ 等级	一级	二级	三级
粗蛋白质	≥40.0	≥36.0	≥32.0
粗纤维	<10.0	<12.0	<14.0
粗灰分	<6.0	<7.0	<8.0

3. 饲用效果 棉子饼（粕）对鸡的饲用价值主要取决于游离棉酚和粗纤维的含量。含壳多的棉子饼（粕），粗纤维含量高，热能低，应避免在肉鸡中使用。用量以游离棉酚含量而定，通常游离棉酚含量在 0.05％以下的棉子饼（粕），在肉鸡中可占到饲粮的 10％～20％，产蛋鸡可用到饲粮的 5％～15％，未经脱毒处理的饼（粕），饲粮中用量不得超过 5％。蛋鸡饲粮中棉酚含量在 200 mg/kg 以下，不影响产蛋率，若要防止"桃红蛋"，应限制在 50 mg/kg 以下。亚铁盐的添加可增强鸡对棉酚的耐受

力。鉴于棉子饼（粕）中的环丙烯脂肪酸对动物的不良影响，棉子饼（粕）中的脂肪含量越低越安全。

品质好的棉子饼（粕）是猪良好的蛋白质饲料原料，代替猪饲料中50％大豆饼（粕）无负效应，但需补充赖氨酸、钙、磷和胡萝卜素等。品质差的棉子饼（粕）或使用量过大会影响适口性，并有中毒可能。棉子仁饼（粕）是猪良好的色氨酸来源，但其蛋氨酸含量低，一般乳猪、仔猪不用。游离棉酚含量低于0.05％的棉子饼（粕），在肉猪饲粮中可用至10％～20％，母猪可用至3％～5％，若游离棉酚高于0.05％，应谨慎使用饼（粕）。

棉子饼（粕）对反刍动物不存在中毒问题，是反刍家畜良好的蛋白质来源。奶牛饲料中添加适当棉子饼（粕）可提高乳脂率，若用量超过精料的50％则影响适口性，同时乳脂变硬。棉子饼（粕）属便秘性饲料原料，须搭配芝麻饼（粕）等软便性饲料原料使用，一般用量以精料中占20％～35％为宜。喂幼牛时，以低于精料的20％为宜，且需搭配含胡萝卜素高的优质粗饲料。肉牛可以以棉子饼（粕）为主要蛋白质饲料，但应供应优质粗饲料，再补充胡萝卜素和钙，方能获得良好的增重效果，一般在精料中可占30％～40％。棉子仁饼（粕）也可作为羊的优质蛋白质饲料来源，同样需配合优质粗饲料。

此外，由于游离棉酚可引起种用动物尤其是雄性动物生殖细胞生发障碍，因此种用雄性动物应禁止用棉粕，雌性种畜也应尽量少用。

（五）菜子饼（粕）的加工

油菜（rape, *Brassica napus* winter）是我国的主要油料作物之一，我国油菜子总产量为1 000万t左右，主产区在四川、湖北、湖南、江苏、浙江、安徽等省，四川菜子产量最高。除作种用外，95％用作生产食用油，菜子饼（rape seed cake）和菜子粕（rape seed meal）是油菜子榨油后的副产品，估计菜子饼的总产量为600多万t（图4-41）。

图4-41　油菜与菜子粕

1. 菜子饼（粕）的加工工艺　油菜品种可分为4大类：甘蓝型、白菜型、芥菜型和其他型油菜，不同品种含油量和有毒物质含量不同。油菜子的榨油工艺主要为动力螺旋压榨法和预压浸提法，目前生产上以后者占主导地位。其工艺流程分别见图4-42和图4-43。

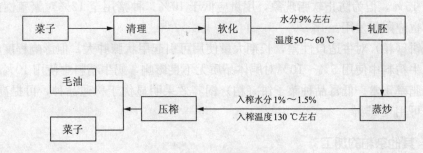

图 4－42　动力螺旋压榨法工艺流程

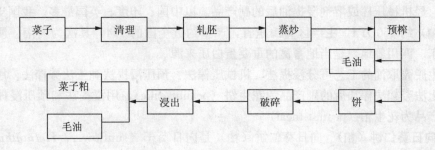

图 4－43　预压浸提法工艺流程

2. 加工质量评价　菜子饼（粕）均含有较高的粗蛋白质（34%～38%）。氨基酸组成平衡，含硫氨酸较多，精氨酸含量低，精氨酸与赖氨酸的比例适宜，是一种良好的氨基酸平衡饲料。粗纤维含量较高，为 12%～13%，有效能值较低。碳水化合物为不易消化的淀粉，且含有 8% 的戊聚糖，雏鸡不能利用。菜子外壳几乎无利用价值，是影响菜子粕代谢能的根本原因。矿物质中钙、磷含量均高，但大部分为植酸磷，富含铁、锰、锌、硒，尤其是硒含量远高于豆饼。维生素中胆碱、叶酸、烟酸、核黄素、硫胺素均比豆饼高，但胆碱与芥子碱呈结合状态，不易被肠吸收。

菜子饼（粕）含有硫葡萄糖苷、芥子碱、植酸、单宁等抗营养因子，影响其适口性。

菜子饼（粕）因含有多种抗营养因子，饲喂价值明显低于大豆粕。并可引起甲状腺肿大，采食量下降，生产性能下降。近年来，国内外培育的"双低"（低芥酸和低硫葡萄糖苷）品种已在我国部分地区推广，并获得较好效果。"双低"菜子饼（粕）与普通菜子饼（粕）相比，粗蛋白质、粗纤维、粗灰分、钙、磷等常规成分含量差异不大，"双低"菜子饼（粕）有效能略高。赖氨酸含量和消化率显著高于普通菜子饼（粕），蛋氨酸、精氨酸略高。

在鸡配合饲料中，菜子饼（粕）应限量使用。一般幼雏应避免使用。品质优良的菜子饼（粕），肉鸡后期可用至 10%～15%，但为防止鸡肉风味变劣，用量宜低于 10%。蛋鸡、种鸡可用至 8%，超过 12% 即引起蛋重和孵化率下降。褐壳蛋鸡采食多时，鸡蛋有鱼腥味，应谨慎使用。

毒物含量高的饼（粕）对猪适口性差，在饲料中过量使用会引起不良反应，如甲状腺肿大、肝肾肿大等，生长率下降 30% 以上，显著影响母猪繁殖性能。肉猪用量应限制在5% 以下，母猪则低于 3%，经处理后的菜子饼（粕）或"双低"品种的菜子饼（粕），肉猪可用至15%，但为防止软脂现象，用量应低于10%。种猪用至12%对繁殖性能并无不良影响，也应限量使用。

菜子饼（粕）对牛适口性差，长期大量使用可引起甲状腺肿大，但影响程度小于单胃动物。肉牛精料中使用5%～10%对胴体品质无不良影响，奶牛精料中使用10%以下，产奶量及乳脂率正常。低毒品种菜子饼（粕）饲养效果明显优于普通品种，可提高使用量，奶牛最高可用至25%。

（六）其他杂粕的加工

1. 花生（仁）饼（粕） 花生（仁）饼（粕）是花生（peanut, *Arachis hypogaea*）脱壳后，经机械压榨或溶剂浸提油后的副产品。以中国、印度、英国最多。我国年加工花生饼（粕）约150万t，主产区为山东省，产量约近全国的1/4，其次为河南、河北、江苏、广东、四川等地，是当地畜禽的重要蛋白质来源。

花生脱壳取油的工艺可分浸提法、机械压榨法、预压浸提法和土法夯榨法。用机械压榨法和土法夯榨法榨油后的副产品为花生饼（peanut cake），用浸提法和预压浸提法榨油后的副产品为花生粕（peanut meal）

2. 向日葵仁饼（粕） 向日葵仁饼（粕）是向日葵子（sunflower, *Helianthus annus* L.）生产食用油后的副产品，可制成脱壳或不脱壳两种，是一种较好的蛋白质饲料。我国的主产区在东北、西北和华北，年产量25万t左右，以内蒙古和吉林产量最多。

向日葵仁饼（粕）榨油工艺有压榨法、预压浸提法和浸提法，其加工工艺流程见图4-44。

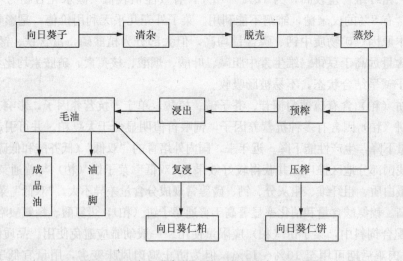

图4-44 向日葵仁饼（粕）主要生产工艺流程

向日葵仁饼（粕）的营养价值取决于脱壳程度，完全脱壳的饼（粕）营养价值很高，其饼（粕）的粗蛋白质含量可分别达到41%、46%，与大豆饼（粕）相当。但未脱壳或脱壳程度差的产品，其营养价值较低。氨基酸组成中，赖氨酸低，含硫氨基酸丰富。粗纤维含量较高，有效能值低，残留脂肪约6%～7%，其中50%～75%为亚油酸。矿物质中钙、磷含量高，但以植酸磷为主，微量元素中锌、铁、铜含量丰富。B族维生素中的烟酸、硫胺素、胆碱、尼克酸、泛酸含量均较高。

向日葵仁饼（粕）中的难消化物质，有外壳中的木质素和高温加工条件下形成的难消化糖类。此外还有少量的酚类化合物，主要是绿原酸，含量约 0.7%～0.82%，氧化后变黑，是饼（粕）色泽变暗的内因。绿原酸对胰蛋白酶、淀粉酶和脂肪酶有抑制作用，加蛋氨酸和氯化胆碱可抵消这种不利影响。

3. 亚麻仁饼（粕）　亚麻仁饼（粕）是亚麻子（flax，*Linum usitatissimum* L.）经脱油后的副产品。亚麻子在我国西北、华北地区种植较多，主要产区有内蒙古、吉林、河北北部、宁夏、甘肃等沿长城一带，是当地食用油的主要来源。我国年产亚麻仁饼（粕）约30 多万 t，以甘肃最多。因亚麻子中常混有芸芥子及菜子等，部分地区又将亚麻称为胡麻。现行亚麻子榨油工艺流程见图 4 - 45。

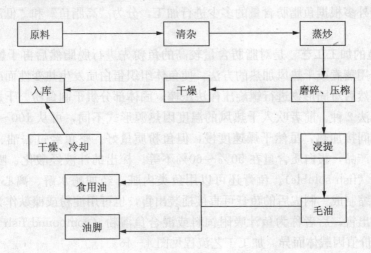

图 4 - 45　亚麻仁饼（粕）制作工艺流程

亚麻仁饼（粕）粗蛋白质含量一般为 32%～36%，氨基酸组成不平衡，赖氨酸、蛋氨酸含量低；富含色氨酸，精氨酸含量高，赖氨酸与精氨酸之比为 100∶250。饲料中使用亚麻籽饼粕时，要添加赖氨酸或搭配赖氨酸含量较高的饲料。粗纤维含量高，约 8%～10%，热能值较低，代谢能仅 7.1 MJ/kg。残余脂肪中亚麻酸含量可达 30%～58%。钙、磷含量较高，硒含量丰富，是优良的天然硒源之一。维生素中胡萝卜素、维生素 D 含量少，但 B 族维生素含量丰富。

亚麻仁饼（粕）中的抗营养因子包括生氰糖苷、亚麻子胶、抗维生素 B_6。生氰糖苷在自身所含亚麻酶作用下，生成氢氰酸而有毒。亚麻子胶含量约为 3%～10%，它是一种可溶性糖，主要成分为乙醛糖酸，它完全不能被单胃动物消化利用，饲粮中用量过多，影响畜禽食欲。

二、动物性蛋白质饲料的加工

（一）鱼粉的加工

鱼粉（fish meal）用一种或多种鱼类为原料，经去油、脱水、粉碎加工后的高蛋白质饲料。鱼粉的分类方法主要有三种。

（1）根据来源将鱼粉分为两种：一般将国内生产的鱼粉称国产鱼粉，进口的鱼粉统称进口鱼粉。显然，这种方类方法比较粗略，反映不出鱼粉的品质。

（2）按原料性质、色泽分类，将鱼粉分为六种：普通鱼粉（橙白或褐色）、白鱼粉（灰白或黄灰白色，以鳕鱼为主）、褐鱼粉（橙褐或褐色）、混合鱼粉（浅黑褐或浓黑色）、鲸鱼粉（浅黑色）和鱼粕（鱼类加工残渣）等。

（3）按原料部位与组成把鱼粉分为六种，即全鱼粉（以全鱼为原料制得的鱼粉）。强化鱼粉（全鱼粉＋鱼溶浆）。粗鱼粉（鱼粕，以鱼类加工残渣为原料）。调整鱼粉（全鱼粉＋粗鱼粉）。混合鱼粉（调整鱼粉＋肉骨粉或羽毛粉）和鱼精粉（鱼溶浆＋吸附剂）。

上述分类方法因国家不同而异，我国饲料行业目前还没有标准，几种方法都采用。

目前国内外多根据鱼脂肪含量的多少进行加工，分为"高脂鱼"和"低脂鱼"两种加工工艺。

1. 高脂鱼的加工工艺　是对脂肪含量较高的鱼粉先进行脱脂然后再干燥制粉的加工过程。首先，用蒸煮或干热风加热的方法，使鱼体组织蛋白质发生热变性而凝固，促使体脂分离溶出。然后对固形物进行螺旋压榨法压榨，固体部分烘干制鱼粉。干燥的方法分为干热风和蒸汽法 2 种。前者吹入干热风的温度因热源形式不同，可从 100～400 ℃不等；后者使用蒸汽间接加热，虽然干燥速度慢，但鱼粉质量好。整鱼经过去油、去浸汁、干燥、粉碎后的产品，蛋白质含量在 50%～60%不等。榨出的汁液经酸化、喷雾干燥或加热浓缩成鱼膏（fish soluble）。鱼膏还可以用鱼类内脏，经加酶水解、离心分离、去油，再将水解液浓缩制成。制成后的鱼膏可直接桶装出售，也可用淀粉或糠麸作为吸附剂再经干燥、粉碎后出售，后者称为鱼汁吸附饲料或混合鱼溶粉（compound fish soluble powder），其营养价值因载体而异。加工工艺流程见图 4-46。

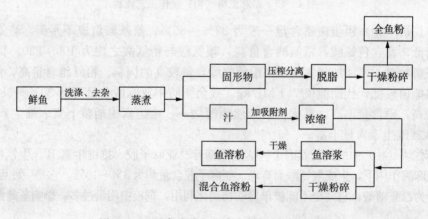

图 4-46　用高脂肪鱼生产鱼粉加工工艺流程

2. 低脂鱼的加工工艺　是对体脂肪含量相对低的鱼及其他海产品的加工过程。根据原料的种类一般分为全鱼粉和杂鱼粉两类。全鱼粉是对脂肪含量少的鱼进行整体直接加热干燥，失去部分水分后再进行脱脂，固形物经第二次干燥至水分含量达 18%，粉碎制成鱼粉。通常每 100 kg 全鱼约可出全鱼粉 22 kg。蛋白质含量在 60% 左右。杂鱼粉是将小杂鱼、虾、蟹以及鱼头、尾、鳍、内脏等直接干燥粉碎后的产品，又称鱼干粉，含粗蛋白质 45%～55% 不等。或在渔产旺季，先采用盐腌原料，再经脱盐，然后干燥粉碎制得，这种鱼粉往往因脱盐不彻底（含盐 10% 以上），使用不当易造成畜禽食盐中毒。加工工艺流程见图 4-47 和图 4-48。

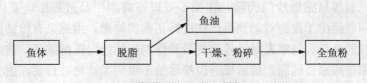

图 4-47　用低脂肪鱼生产鱼粉加工工艺流程

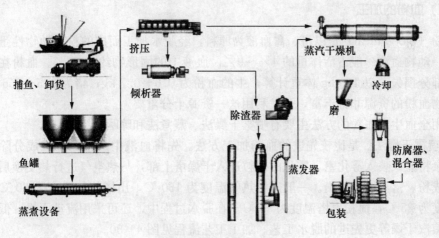

图 4-48　鱼粉生产流程

（二）肉骨粉与肉粉的加工

肉骨粉（meat and bone meal）是以动物屠宰后不宜食用的下脚料以及肉类罐头厂、肉品加工厂等的残余碎肉、内脏杂骨等为原料，经高温消毒、干燥粉碎制成的粉状饲料。肉粉（meat meal）是以纯肉屑或碎肉制成的饲料。骨粉（bone meal）是动物的骨经脱脂脱胶后制成的饲料。

根据加工过程，肉骨粉和肉粉的加工方法主要有湿法生产、干法生产两种。

1. 湿法生产　是直接将蒸汽通入装有原料的加压蒸煮罐内，通过加热使油脂液化，经过滤与固体分离，再通过压榨法进一步分离出固体部分，经烘干、粉碎后即得成品。液体部分供提取油脂用。

2. 干法生产　是将原料初步捣碎，装入具有双层壁的蒸煮罐中，用蒸汽间接加热分离出油脂，然后将固体部分适当粉碎，用压榨法分离残留油脂，再将固体部分干燥后粉碎即得成品。

典型的加工工艺流程见图 4-49。

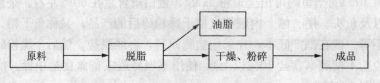

图 4-49　肉骨粉典型的加工工艺流程

　　肉骨粉的原料很易感染沙门氏菌，在加工处理畜禽副产品过程中，要进行严格的消毒。例如，英国曾经由于没能对动物副产物进行正确的处理，用感染有传染性沙门氏菌的禽的副产物制成的肉粉去饲喂家禽，导致禽蛋和仔鸡肉的沙门氏菌感染，造成了很严重的后果。另外，用患病家畜的副产物制成的肉粉尽量不喂同类动物。目前，由于疯牛病的原因许多国家已禁止用反刍动物副产物制成的肉粉饲喂反刍动物。

（三）血粉的加工

　　血粉（blood meal）是以畜、禽血液为原料，经脱水加工而成的粉状动物性蛋白质补充饲料。动物血液一般占活体重的 4%～9%，血液中的固形物约达 20%。血粉在加工过程中有部分损失，以 100 kg 体重计算，牛的血粉为 0.6～0.7 kg，猪为 0.5～0.6 kg。所以，动物血粉的资源非常丰富，开发利用这一资源十分重要。

　　利用全血生产血粉的方法主要有喷雾干燥法、蒸煮法和晾晒法。

　　1. 喷雾干燥法　是比较先进的血粉加工方法。先将血液中的蛋白纤维成分除掉，再经高压泵将血浆喷入雾化室，雾化的微粒进入干燥塔上部，与热空气进行热交换后使之脱水干燥成粉，落至塔底排出。一般进塔热气温度为 150 ℃，出塔热气温度为 60 ℃，血浆进塔温度为 25 ℃，血粉出塔温度为 50 ℃。在脱水过程中，还可采用流动干燥、低温负压干燥、蒸汽干燥等更先进的脱水工艺。加工工艺流程见图 4-50。

图 4-50　喷雾法加工血粉工艺流程

　　2. 蒸煮法　向动物鲜血中加入 0.5%～1.5% 的生石灰，然后通入蒸汽，边加热边搅拌，结块后用压榨法脱水，使水分含量降到 50% 以下，晒干或 60 ℃ 热风烘干，粉碎。不加生石灰的血粉极易发霉或虫蛀，不宜久贮，但加生石灰过多，蛋白质利用率下降。加工工艺流程见图 4-51。

图 4-51　蒸煮法加工血粉工艺流程

　　3. 晾晒法　这一方法多用手工进行，或用循环热在盘上干燥，加热可消毒，但蛋白质消化率会降低。

　　4. 发酵法　有两种，一种是血粉直接接种曲霉发酵，25～30 ℃ 条件下，发酵约 36 h。

然后干燥、制粉。另一种是用糠麸类饲料为吸附物与血粉混合发酵，这与发酵血粉本身的质量不同，蛋白质含量仅为发酵血粉含量一半。血粉自身经发酵后营养价值的变化依发酵工艺而异，但一般的发酵工艺不能改善血粉品质。

另一利用动物血液加工的产品是喷雾干燥血浆蛋白粉和血细胞蛋白粉。喷雾干燥血浆蛋白粉（spray - dried plasma protein）是一种充分利用动物废弃物——血液加工而回收的蛋白质产品。主体生产工艺可分为三部分：血浆分离、超滤浓缩和离心喷雾干燥。流程见图 4 - 52 和图 4 - 53。

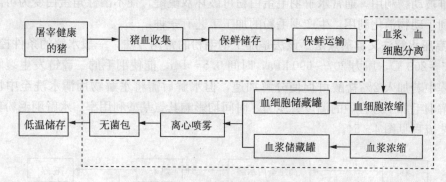

图 4 - 52　血浆蛋白粉生产流程

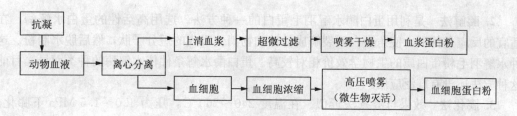

图 4 - 53　血细胞蛋白粉加工工艺流程

相比于先进的喷雾干燥方法，国内对猪血的处理属全血干燥，存在三大营养缺陷：①适口性差，这是它本身的血腥味所造成的。②可消化性差，这一方面是由它本身的血细胞膜结构造成，而更重要的一方面是蒸煮、干燥过程中高温对氨基酸的破坏所致。另外，动物血液具缓冲性，用动物血液制备的血粉也具有缓冲作用。而用具有缓冲作用的血粉作添加剂的饲料饲喂动物必然会带来消化性差的后果。③氨基酸组成平衡性差，血粉粗蛋白含量和氨基酸总量都极高，尤以高赖氨酸为主要特点，但血本身亮氨酸与异亮氨酸比例失调，这就导致了传统法生产的蒸煮血粉的实际营养价值很低。喷雾干燥血粉的可消化性和营养价值优于全血血粉。

血细胞蛋白粉在加工过程中需要经过一系列制冷处理，这样就保证了收集的动物血液不会腐败变质，特别是夏天，显得尤为重要。血细胞蛋白粉的喷雾干燥主要有离心和压力喷雾干燥两种。提取后的纯血细胞通过高温瞬间喷雾干燥后，既保留了高品质的营养成分，又杀灭了病毒和细菌。这样生产出的成品在无菌状态下包装较为安全。

（五）水解羽毛粉

饲用羽毛粉（feather meal）是将家禽羽毛经过蒸煮、酶水解、粉碎或膨化成粉状，作为一种动物性蛋白质补充饲料。一般每羽成年鸡可得风干羽毛 80～150 g，是其全重的 4%～5%。所以羽毛粉是一种潜力很大的蛋白质饲料资源。

禽类的羽毛是皮肤的衍生物。羽毛蛋白质中 85%～90% 为角蛋白，属于硬蛋白质类，结构中肽与肽之间由双硫键（—S—S—）和硫氢键相连，具有很大的稳定性，不经加工处理很难被动物利用。通常水解羽毛蛋白粉可破坏双硫键，使不溶性角蛋白变为可溶性蛋白，有利于动物消化利用。生产羽毛粉的加工工艺有三种：

1. 高压水解法又称蒸煮法 该法是加工羽毛粉的常用方法，一般水解的条件控制在：温度 115～200 ℃，压力 207～690 kPa，时间 0.5～1 h。能使羽毛的二硫链发生裂解，在加工过程中若加入 2% 盐酸可促使分解加速，但水解后需将水解物用清水洗至中性。另外，水解羽毛加工过程中的温度、压力、时间均影响其氨基酸利用率。水解羽毛粉典型的加工工艺流程见图 4 - 54。

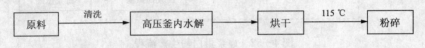

图 4 - 54 水解羽毛粉加工工艺流程

2. 酶解法 是利用蛋白酶水解羽毛蛋白的一种方法。选用高活性的蛋白水解酶，在适宜的反应条件下，使角蛋白质裂解成易被动物消化吸收的短分子肽，然后脱水制粉。这种水解羽毛粉蛋白质的生物学效价相对较高。蛋白酶水解条件依水解酶的种类而异，目前这种方法还没有广泛应用。

3. 膨化法 效果与蒸煮法近似。在温度 240～260 ℃，压力 1.0～1.5 MPa 下膨化。成品呈棒状外形，质地疏松、易碎，但氨基酸利用率没有明显提高。

（六）皮革粉

皮革粉（leather meal）是制革工业的副产物，是用各种动物的皮革鞣制前或鞣制后的副产品制成的一种高蛋白质粉状饲料，主要成分是骨胶元蛋白。迄今有两类产品：一类是水解鞣皮屑粉，主要原料是皮革鞣制后的下脚料。另一类是以未鞣制皮革下脚料为原料制得的皮革蛋白粉。动物原皮在鞣制前需将皮下的组织、少量肌肉、毛、脂肪及边脚等铲去，这类下脚料连同制革废水，过去多用于肥料，或倾入江河，污染环境。近年来，国内已有少量利用其加工成蛋白粉饲料商品。

皮革粉的加工工艺有两种：

1. 水解鞣皮屑粉的加工工艺 这一工艺又称为"灰碱法"。在制革工业中需要使用铬酸盐、食盐和硫化钠等无机盐，因此，在加工饲料用皮革蛋白粉时，首先需将皮革下脚料用水浸泡、清洗约 10 h，除去无机盐，再加入氢氧化钙，在一定温度、压力和时间下，进行碱水解，使铬与胶原蛋白结合的交联键断开，蛋白质被水解，溶于水中，铬离子生成氢氧化铬沉淀与蛋白分离。然后经过过滤、去沉淀、浓缩、干燥等加工过程，即得饲料用皮革蛋白粉。成品外观为淡黄色或棕黄色粉末，在空气中易吸潮结块，呈碱性，为多肽钙盐，钙、磷不平衡。在干燥前如用磷酸调至 pH 6～7，有利于动物吸收利用。加工工艺流程见图 4-55。

图 4-55 水解鞣皮屑粉的加工工艺流程

2. 未鞣制皮革下脚料蛋白粉的加工工艺 这类原料通常采用高温、高压水解法制取，其加工工艺过程与高压水解羽毛粉相似。

水解皮革粉因原料的来源和加工方法不同，粗蛋白质含量差异很大，变动范围 50％～80％，其中除赖氨酸较高外，其他氨基酸的比例不平衡，利用率较差，属中低档动物性蛋白质饲料。加之金属铬的含量较高，只能与其他优质的蛋白质饲料科学地搭配使用。

（七）其他动物蛋白质饲料的加工

1. 蚕蛹（silkworm chrysalis） 蚕蛹是蚕丝工业副产物，分为桑蚕蛹和柞蚕蛹。我国江苏、浙江、广东、湖南、湖北、四川、广东、广西和陕西等地是桑蚕产区，辽宁、山东、河南是柞蚕的主要产区，每年都有大量蚕蛹产出。由于鲜蚕蛹含脂高，不易保存，一般多经压榨或浸提去油，再经干燥、粉碎制得饲用蚕粉蛹（粕）。

蚕蛹的主要缺点是具有异味，加工前用 1％过氧化氢或 0.5％的高锰酸钾在 55 ℃下浸泡 24 h 再烘干，可除去异味，但对各种养分破坏很大，应慎用。

2. 脱脂奶粉（dried skim milk） 牛奶是供作幼畜最佳的蛋白质来源的饲料。但因牛奶价格高，主要用于人类食品。生产中多以脱脂乳或其加工副产品供作幼畜饲料。国外这类商品原料还有乳的浓缩物或烘干物。

脱脂奶粉是牛乳经脱脂加工干燥后提炼而成。脱脂奶粉一般水分含量小于 8％，粗蛋白 33％～35％。无氮浸出物约为 50％，大部分由乳糖组成。还有丰富的 B 族维生素和矿物质。可供作断奶幼猪的优质蛋白料和乳猪、犊牛的人工乳料。人工乳一般含 10％～20％，仔猪料 3％～5％。

3. 酪蛋白粉 酪蛋白粉（casein meal）是指在脱脂乳中加入酸或凝乳酶（rennet），使酪蛋白凝固，然后再经分离、干燥、粉碎所得的一种乳副产品。酪蛋白多供人类食用，价格低廉时也可用作高蛋白饲料。酪蛋白粉的粗蛋白含量一般大于 70％，各种氨基酸组成平衡。

生产中酪蛋白广泛用于鱼类饲料中，特别是在鲤鱼和虹鳟鱼饲料中应用取得较好效果。

4. 昆虫粉 昆虫粉（insect meal）是以可作为饲料的昆虫类（及其他低等动物）为原料，经人工养殖、杀灭、干燥、粉碎等加工过程生产的一种蛋白质饲料。

昆虫是世界上种类最多的动物,占世界动物已知种类的 2/3。有些昆虫在某些国家已被作为人类的食物来源。我国的一些地区已将一些昆虫作为一种动物性蛋白质饲料资源。这类饲料虽然目前产业规模还不大,但发展前景可观。

我国目前已形成产业,具有一定应用规模的有蚯蚓、蝇蛆、黄粉虫等。干粉产品的粗蛋白质含量都在 60％左右,氨基酸组成与鱼粉相似且富含微量元素,所以是优质的蛋白质饲料。这类饲料的唯一缺点是缺乏钙、磷两种常量元素。

第八节　饲料添加剂原料的前处理

矿物质微量元素是以其各种盐类的形式存在,有些微量元素添加剂量极微,而且为剧毒品,某些微量元素易氧化,极大部分微量元素的盐类含有游离水与结晶水,容易吸湿返潮、结块,给加工预混合饲料带来一定的困难。因此,要进行一些预处理。

一、痕量成分硒、钴、碘预混合工艺技术

微量元素硒、钴、碘在配合饲料中添加量极微,一般为 0.1～10 mg/kg,统称为痕量。比《中华人民共和国国家标准混合均匀度测试法》(GB5918—86)规定的示踪剂添加量还低 90％以上。以硒元素添加的亚硒酸钠($Na_2SeO_3 \cdot 5H_2O$)是剧毒物品,加工时尤需严格。三种痕量成分的添加有三种工艺。第一种是利用分批粉碎技术即固体粉碎;第二种是液体吸附工艺;第三种是液体喷洒工艺。

1. 固体粉碎工艺　痕量元素添加物＋稳定剂(稀释剂)→球磨机粉碎→高浓度预混料→稀释、混合→普通预混料。

以亚硒酸钠为例:1 份亚硒酸钠与 9 份滑石粉混合后,倒入球磨机粉碎 3～4 h,由于在球磨机内一边粉碎一边混合,经球磨后的 10％的亚硒酸钠高浓度预混料平均颗粒粒度可达 14 μm 左右,混合均匀度 CV<5％。再取高浓度的预混料 1 份与 9 份滑石粉在卧式叶带螺旋混合机中充分混合后(混合时间 15 min),即可制得 1％的亚硒酸钠预混合饲料。

2. 液体吸附工艺　微量元素添加物→溶于水中→吸附→烘干→粉碎→稀释、混合→制成高浓度预混料→稀释、混合→制成普通预混料。

在该生产工艺中,吸附剂可采用滑石粉。混合采用卧式叶带螺旋混合机,最后可制得 1％含量的预混料。

3. 液体喷洒工艺　极微量元素添加物溶于水中→直接喷洒在载体上→混合制成高浓度预混料→稀释、混合→制成普通预混料。

在该工艺中,载体可选择双飞粉,使用电喷枪进行喷雾,混合采用卧式叶带螺旋混合机,同样可制得 1％含量的预混料。

二、矿物盐的前处理

矿物盐的前处理包括干燥、微粉碎、添加抗结块剂与稳定剂等工序(图 4-56)。

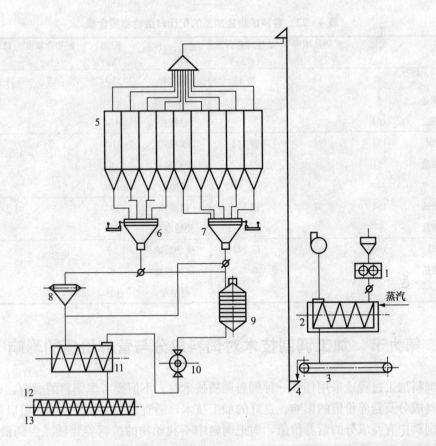

图 4-56　微量矿物盐前处理工艺流程

1. 对辊破碎机　2. 干燥器　3. 带式输送机　4. 提升机　5. 料仓
6. 小计量秤　7. 大计量秤　8. 球磨机　9. 预混合机　10. 高速粉碎机
11. 混合机　12. 绞龙　13. 成品出料

当矿物盐水分含量大于 2%（不包括结晶水），就必须进行干燥处理。微粉碎是为了获得更细的粒度。抗结块剂与稳定剂包括硅酸盐（二氧化硅、滑石粉、硅酸钙、膨润土等）和硬脂酸盐（硬脂酸钙、硬脂酸钠、硬脂酸镁等），经粉碎成微粒后，再添加到粉状矿物盐中，以增强矿物盐的流动性，防止结块。

矿物盐经预处理后，成为稳定的、不易吸湿返潮的、流动性良好的微粒粉料，粒度为0.05～0.1 mm。

颗粒或块状矿物盐经对辊机破碎后，当水分含量大于 2% 时（不包括结晶水），送入干燥机，脱水后输入料仓。八个料仓分别贮存氯化钴、硫酸铜、碘酸钙、硫酸亚铁、碘化钾、硫酸锌、硫酸锰、亚硒酸钠等矿物盐，另两个料仓贮存抗结块剂和稳定剂（硅酸盐和硬脂酸盐）。

铁、铜、锌、锰等矿物盐通过大计量秤称重后进入预混合机稀释，再进入高速粉碎机进行粉碎；而碘、钴、硒等矿物盐通过小计量秤称量后直接进入球磨机进行微粉碎。然后，两种微粉碎物在预盛有硅酸盐的混合机中混合，使之达到一定的浓度和均匀度（表 4-22）。

表 4 - 22　各种矿物盐加工的配比与活性物质含量

组分	配比 (kg)	矿物盐浓度 (%)	活性元素含量 (g/kg)	组分	配比 (kg)	矿物盐浓度 (%)	活性元素含量 (g/kg)
氯化钴	30	15	钴 33	碘化钾	10	5	碘 38
硬脂酸盐	6			硬脂酸盐	6		
硅酸盐	164			硅酸盐	184		
硫酸铜	194	97	铜 243	碘酸钙	10	5	碘 31
硬脂酸盐	6			硬脂酸盐	6		
				硅酸盐	184		
硫酸亚铁	194	97	铁 194	硫酸锌	194	97	锌 223
硬脂酸盐	6			硬脂酸盐	6		
硫酸锰	196	97	锰 243	亚硒酸钠	10	5	硒 22
硬脂酸盐	6			硬脂酸盐	6		
				硅酸盐	184		

第九节　加工调制技术对饲料成分与营养价值的影响

在饲料加工过程或采用任何一种饲料调质技术时，不但要考虑饲料的成型，更要考虑到对饲料成分及营养价值的影响。良好的加工技术，适宜工艺参数的控制，可以最大限度地提高饲料中有益成分的营养价值，而把饲料中不利动物的抗营养物质减少到最低限度。例如，饲料生产中热调质对饲料出现以下增效作用：①饲料特性的改变，如褐变反应、组织变化、改善风味等。②灭菌。③灭酶，如过氧化物酶、抗坏血酸氧化酶、硫胺素酶。④改善营养素的可利用率。如淀粉的糊化，提高蛋白质的可消化性。⑤破坏不合需要的饲料成分，如抗生物素蛋白、胰蛋白酶抑制素。同时，在加热过程对饲料营养价值也会产生反面效果，例如蛋白质、氨基酸的变性，维生素的破坏等。下面具体说明几种加工调质技术对饲料成分与营养价值的影响。

（一）粉碎对饲料营养价值的影响

这是最简单而又常用的一种加工方法。谷类及饼类等饲料，首先必须经过粉碎。粉碎后的饲料增加了饲料与消化液的接触面，便于消化液充分浸润饲料，从而促使消化作用进行得比较完全，大大提高饲料的消化率。由表 4 - 23 可以看出，大麦细磨比粗磨利用率可提高 11%，比整粒提高 24%。

表 4 - 23　不同加工处理方法对大麦消化率的影响（猪）（%）

饲料处理法	有机物	粗蛋白质	粗脂肪	粗纤维	无氮浸出物
整粒大麦	67.1	60.3	36.7	11.8	75.1
粗磨大麦	80.6	80.6	54.6	13.3	87.7
细磨大麦	84.6	84.4	75.5	30.0	89.6

(二) 压扁对饲料营养价值的影响

目前，国外生产配合饲料添加了压扁工艺。其方法是，先把玉米、高粱等精料经120 ℃左右蒸汽软化，然后通过成对相适应的磨辊的间隙，被压成片状物。这样处理可以使精料中的营养物质结构发生变化，即淀粉糊化、纤维质松软化，消化率提高。表 4-24是压扁和整粒燕麦的消化率变化。

表 4-24　马对压扁和整粒燕麦的有机物消化率

加工方法	有机物消化率（%）
整粒	64
压扁	68

(三) 热调质对饲料营养价值的影响

日粮中谷物原料使用蒸汽处理、膨化或压片工艺等加热处理，可以取得提高消化率的效果。

粮谷原料在高温、高压同时作用下，淀粉被"剥开"即糊化，变成动物体内多种消化酶与之更易作用的成分，使饲料碳水化合物的消化率提高 30% 左右。从表 4-25 可以看出，随着糊化度的降低，蛋白质和碳水化合物的消化系数也有不同程度的降低。

在膨化过程中原料随着螺旋桨移动，在热压和剪切的条件下从颗粒状态变为不定型的黏稠物质，其结果，原料的物理和化学性质发生变化，提高了消化率。其改善营养价值的途径在于：①使淀粉颗粒膨胀并糊化，打开分子链，提高动物的消化率。②热处理使蛋白酶抑制物以及其他抗营养因子失活，并使蛋白质变性而提高蛋白质的营养价值。③在膨化过程摩擦作用将细胞壁打碎并释放出脂肪，增加食糜颗粒的表面积，提高消化率。

表 4-25　淀粉糊化度与消化系数

糊化度（%）		85	62.4	51.3	26.3
消化系数	饲料消化系数	0.781	0.689	0.633	0.604
	粗蛋白质消化系数	0.833	0.772	0.741	0.728
	粗脂肪消化系数	0.946	0.919	0.927	0.907
	碳水化合物消化系数	0.806	0.636	0.435	0.34
每千克干物质代谢能（kcal/kg）	按 NRC 公式计算	4 308	4 295	4 317	4 293
	按实测消化系数计算	4 434	4 088	3 906	3 737
	比率（%）	+3.0	-4.8	-9.5	-13.0

(四) 饲料褐变对饲料营养价值的影响

褐变是饲料加工贮藏中的一种变色现象，尤其是天然饲料作为原料进行加工、贮藏或受到机械损伤后，易使原料的色泽变暗，或变成褐色，这种现象称为褐变。饲料的褐变往往会使它们的风味和营养价值受到很大影响。

饲料的褐变大体上可以分为酶促褐变和非酶促褐变。

1. 酶促褐变　这类褐变是由于氧化酶的催化引起的，当饲料的组织被碰伤、损坏、遭受病害或处于不正常环境下时，很容易发生褐变。这是因为这些饲料中存在多酚类物质，它们在多酚氧化酶的作用下与空气中的氧接触氧化为邻醌，再进一步氧化聚合形成褐色色素，或称为类黑精。类黑精是一种复杂的混合物，其分子组成和分子结构至今尚不清楚。

饲料中发生酶的褐变，必须具备三个条件：即多酚类物质、多酚氧化酶和氧，这三个条件缺一不可。酶促褐变的程度主要取决于多酚类的含量，而多酚氧化酶的活性强弱没有明显的影响。

为了防止饲料的酶褐变，需消除多酚类、多酚氧化酶和氧三者中至少任何一种因素。但是要除去饲料中的多酚类不仅困难，而且也不现实。比较有效的方法是抑制多酚氧化酶的活性，其次是防止与氧接触。在高温下加热适当的时间，可使饲料中的多酚氧化酶及其他所有的酶类都失去活性。来源不同的多酚氧化酶对热的敏感度是不同的，然而，在70～95 ℃加热约 7 秒钟可使大部分多酚氧化酶失活。

加热处理会影响饲料原来的风味。所以必须严格控制加热时间，以达到既能抑制酶的活性，又不影响产品原有风味的目的。

另外，也可加化学药品抑制酶的活性，如二氧化硫、亚硫酸钠、亚硫酸氢钠和偏亚硫酸钠等都是多酚氧化酶的强抑制剂。采用亚硫酸法不仅能防止酶促褐变，而且还有一定的防腐作用，并可避免维生素 C 的氧化，但使用亚硫酸及其盐类也有一定的缺点，如它对饲料的色素有漂白作用。另外，对维生素 B_1 也有破坏作用。

2. 非酶促褐变　这类褐变不需要酶的催化，所以称为非酶褐变。主要有美拉德反应、焦糖化反应、抗坏血酸氧化。

（1）美拉德反应　1912 年，法国化学家美拉德（Mailard）在一份报告中提到，葡萄糖与甘氨酸溶液共热时，能形成褐色色素，称为类黑精。以后就把这种反应称为美拉德反应。其他一些类似的反应，如胺、氨基酸、蛋白质与糖、醛、酮之间的反应，也都称为美拉德反应。饲料加工、贮藏、运输过程中广泛存在美拉德反应。

凡是氨基与羰基共存时，都会引起这类反应。带有氨基的物质，包括游离氨基酸、肽、蛋白质、胺类等；带有羰基的物质包括醛、酮、单糖以及因多糖分解或脂质氧化生成的羰基化合物。几乎所有饲料中都含有以上成分，所以都有可能发生美拉德反应。

在美拉德反应过程中，能产生各种小分子风味物质，使得饲料在烘烤、制粒、热调质期间在味道、颜色和风味方面发生某些令人满意的变化。但是，美拉德反应会降低饲料中蛋白质的营养价值，特别是它能使某些限制性氨基酸（如赖氨酸）的含量进一步降低，从而降低动物对饲料中蛋白质的利用率。

氨基酸加热时会产生下列变化：①脱氨酸是受热破坏最严重的氨基酸，分解成甲硫醇、二甲基二硫醚和硫化氢。②发现有氨释出，有时还释放出二氧化碳，相当于已发生脱氨基作用和脱羧基作用。③在强烈加热的情况下会有天门冬氨酸、苏氨酸、丝氨酸和碱性氨基酸的损失。④赖氨酸的损失同氨的散发速度和蛋白质的酰胺基形式氮的量成比例。

根据这些推测谷氨酸和天门冬氨酸的酰胺基都可能发生反应。影响美拉德反应的因素：

① 反应物的结构　糖类与氨基化合物发生褐变反应的速度，与参与反应的糖和氨基化合物的结构有关。还原糖是参与这类反应的主要成分，它提供羰基。其中以五碳糖的反应能力最强，约为六碳糖的 10 倍。各种糖褐变反应速度的顺序如下：

五碳糖：核糖＞阿拉伯糖＞木糖；六碳糖：半乳糖＞甘露糖＞葡萄糖。

抗坏血酸属于还原酮类，其结构中有烯二醇，还原力较强，在空气中易被氧化褐变。

氨基化合物的反应速度，一般氨类比氨基酸易于褐变，在氨基酸中则以碱性氨基酸易褐变，氨基酸的氨基在 ε-位或在末端者，比在 α-位易反应。

② 温度　褐变反应受温度影响较大，温度相差 10 ℃，褐变速度可相差 3～5 倍。

一般在 30 ℃以上褐变较快，而在 20 ℃以下则较慢，所以容易褐变的饲料，置于 10 ℃以下贮藏较好。

③ 水分褐变反应须在有水存在的条件下进行，水分在 10％～15％时最容易发生，氨基酸损失最大。

（2）焦糖化反应　在没有氨基酸或胺类化合物存在的情况下，糖类本身受高温（150～200 ℃）作用，能发生降解反应，降解后的产物经聚合、缩合，能形成黏稠状、黑褐色的焦糖。焦糖是无定形的胶状物质，溶于水时呈棕红色，是我国很古老的一种着色剂（糖色）。轻微的焦糖化，能产生愉快的焦糖气味。但不受控制的焦糖化，就会产生令人生厌的焦煳味和苦味，控制焦糖化程度是非常重要的。

（3）抗坏血酸氧化作用　抗坏血酸被氧化，会生成黑色素的前物质——糠醛，糠醛再经过一系列的反应，生成褐变物质。抗坏血酸在加热情况下与氧接触会发生褐变。在氧化酶的存在下与氧接触同样会褐变，因此抗坏血酸即能发生酶促褐变，也会发生非酶褐变。

非酶褐变引起的饲料品质改变，有可利用的一面，也有有害的一面，主要归纳以下几点：①饲料酸度增加，羰—氨反应可生成种种还原性醛酮，它们都易氧化成酸性物质，会逐渐引起溶液 pH 的降低。②蛋白质溶解度降低。脱脂大豆粉中加糖贮存，会因褐变而使蛋白质溶解度降低。③营养价值降低。饲料褐变后，一方面由于饲料中有些营养成分的损失；另一方面，有些营养成分不能被消化。饲料中的氨基酸、蛋白质与糖结合发生褐变后，一些必需氨基酸被破坏；结合后的产物不能被酶水解，动物对氮源和碳源的利用率随之降低。饲料加工品发生褐变以后，维生素 C 被破坏，不再具有生理效果。④抗氧化能力增加。饲料褐变反应过程中生成一些还原性物质，它们对饲料氧化有着一定的抗氧化能力，尤其对防止食品中油脂的氧化较为显著。

（五）淀粉的糊化及老化

1. 淀粉的糊化　淀粉粒在适当温度下（各种来源的淀粉所需温度不同，一般在 60～80 ℃）水中溶胀、分裂、形成均匀糊状溶液的作用称为糊化作用（Gelatinization）。

糊化作用的过程可分为三个阶段：①可逆吸水阶段，水分进入淀粉粒的非晶质部分。体积略有膨胀，此时冷却干燥，颗粒可以复原，双折射现象不变；②不可逆地大量吸水，双折射现象逐渐模糊以至消失，亦即结晶"溶解"，淀粉粒膨胀达原始体积的 50～100 倍；③淀粉粒最后解体，淀粉分子全部进入溶液。表 4-26 所示为几种食物淀粉的糊化温度。

表4-26　几种饲料淀粉的糊化温度

淀粉来源	糊化温度（℃）
小麦	59.5～64
玉米	62～70
马铃薯	58～66
甘薯	82～83

2. 淀粉的老化　淀粉溶液经缓慢冷却，或淀粉凝胶经长期放置，会变成不透明甚至产生沉淀的现象，称为淀粉的"老化"或"退减"现象（retrogradation）。其本质是糊化的淀粉分子又自动排列成序，形成致密、高度晶化的不溶解性的淀粉分子微束。因此，老化可视为糊化作用的逆转，但是老化不可能使淀粉彻底复原成生淀粉（β-淀粉）的结构状态，老化淀粉不易为淀粉酶作用。淀粉老化作用的控制在饲料工业中有重要的意义。老化作用的最适温度在2～4℃左右，高于60℃或低于-20℃都不发生老化。

水分含量在30％～60％的淀粉易老化，含水量低于10％的干燥态及在大量水中则不易发生老化。

不同来源的淀粉，老化难易程度不同。一般规律是：直链淀粉易老化；聚合度高的淀粉与聚合度低的淀粉相比，聚合度高的易老化。支链淀粉几乎不会老化的原因是，其结构的三维网状空间分布妨碍微晶束氢键的形成。

（六）加工对饲料中微量元素的影响

和维生素不同，微量元素不会因酸碱处理、接触空气、氧气或光线等情况而损失，一般在饲料中是稳定的。但也有报道，硒、铬、碘在高温条件下会挥发。

加工对微量元素的影响在粉碎过程中最大，这种影响是通过粉碎使微量元素发生重组分配及浓缩而致。

粉碎时小麦微量元素含量的影响是由于除去了胚芽和外面的麦麸层而引起的。但是，粉碎并不是以同样的程度影响所有的矿物质，也不是失掉所有的矿物质。几种矿物质的数据见表4-27。

表4-27　粉碎对小麦微量元素含量的影响

元素	小麦（mg/kg）	白面粉（mg/kg）	胚芽（mg/kg）	麦麸（mg/kg）	面粉中的损失率（％）
锰	46	6.5	137.4	64～119	85.8
铁	43	10.5	66.6	47～78	75.6
钴	0.026	0.003	0.017	0.07～0.18	88.5
铜	5.3	1.7	7.4	7.7～17.0	67.9
锌	35	7.8	100.8	54～130	77.7
钼	0.48	0.25	0.67	0.7～0.83	48.0
铬	0.05	0.03	0.07	0.07	40.0
硒	0.63	0.53	1.1	0.46～0.84	15.9

谷类除去胚芽和麸皮后，铁含量会大大降低，因为铁集中在胚芽和麸皮中。小麦磨成面粉后会大大损失铁、铜、锰、锌和钴。这些矿物质的损失百分率铁为 75.6%，铜为 67.9%，锰为 85.8%，锌为 77.7%，钴为 88.5%。硒的含量受磨粉的影响不大。

加工对玉米制品中微量元素的影响是变化不定的。玉米粉中含有整粒玉米中大约一半的铬和锌，而玉米粉中钴和铜的含量则高于整粒玉米。玉米淀粉中铬、锰和锌的含量比整粒玉米少得多。但是，玉米淀粉中钴的含量稍高于整粒玉米。玉米淀粉中铜的含量比整粒玉米稍低。

大豆蛋白质经过深度加工提高了蛋白质的含量。而铁元素似乎结合在蛋白质的组分上，在整个加工过程中始终跟蛋白质在一起。其他矿物质如锰、硼、铜、钼、碘和钡都变化不定。看不出明确的趋势，但这些矿物质似乎损失不大。硅的损失很大，这可能反映出附着在大豆上的泥土被除去了（表 4-28）。

表 4-28 大豆及大豆制品中的矿物质含量

单位：mg/kg

矿物质	大豆	脱脂大豆蛋白粉	大豆浓缩蛋白	大豆分离蛋白
铁	80	65	100	167
锰	28	25	30	25
硼	19	40	25	22
锌	18	73	46	110
铜	12	14	16	14
钡	8	6.5	3.5	5.7
硅	—	140	150	7
钼	—	3.9	4.5	3.8
碘	—	0.09	0.17	0.10
铝	—	7.7	7.7	18
锶	—	0.85	0.85	2.3
铬	—	<1.5	<1.5	<1.5
硒	—	0.065	0.091	0.137

注：除硒含量外，其他数据均来自大豆中心技术公报（Centre Soya Technical Bulletin）。

（七）加工对饲料中维生素的影响

很多加工方法会造成维生素含量的损失，损失的多少取决于维生素对所受作用的易感性，表 4-29 概括了饲料贮存温度造成的维生素损失。对热不稳定的维生素（维生素 K、维生素 B_1、维生素 B_2、叶酸、泛酸、维生素 C）会在较高温度下被破坏（表 4-30）。

表 4 - 29 不同贮存温度对维生素 B_1 和维生素 C 的影响

维生素	损失量（%）		
	+4 ℃	+13 ℃	+20 ℃
B_1	0	0	5
C	8	38	70

表 4 - 30 浓缩料中单种维生素储存 24 个月后的存留率

温　度	5 ℃	室温	35 ℃
维生素 A	100	94	58
维生素 D	99	100	66
维生素 E	98	93	87
硝酸硫胺素 B_1	98	97	80
核黄素	100	100	100
吡多醇盐酸盐 B_6	92	92	82
烟酸	99	99	99
泛酸	98	93	32
叶酸	95	93	90
维生素 B_{12}	100	93	43

注：资料来自 Roche 分析服务，1984。

第五章

青粗饲料的加工与调制

青粗饲料是动物饲（日）粮的主体，由于我国人口众多，粮食资源比较缺乏，为了发展我国的畜牧业，进行青粗饲料的加工调制技术的研究，对提高现有饲料资源的利用，开发利用新的饲料资源具有很大意义。通过对饲料的加工调制，可以改变原先饲料的体积和理化性质，便于动物采食，减少浪费。有的还可改变饲料的化学组成，消除饲料原料中的有毒、有害因素，提高其营养价值和利用率，使许多原来不能利用的农副产品和野生植物作为新的饲料原料，为畜牧业的发展提供更丰富的物质基础。

第一节　青绿饲料的加工

一、物理和机械加工

（一）切碎

切碎是青饲料最简单的方法。青饲料切碎后便于家畜咀嚼、吞咽，减少损失。切碎的程度根据家畜种类不同，饲料的种类及老嫩、长短不一，通常以 1～2 cm 为宜。喂禽类应切得更碎，喂牛可不切。块根、茎切成薄片或小块。如用整个或切得不够细的块根、茎喂牛，往往会发生食道梗塞。

（二）打浆

打浆适用于各种青饲料、多汁饲料。其方法是在打浆机内放一些清水后，开动机器，再将切碎的青饲料慢慢放入机槽内（料、水比为 1：1）打成浆。然后打开出口，使浆流入贮料池内。为增加草浆的稠度，可从草浆中滤出一部分液体重复使用。打成的草浆生喂、熟喂、发酵、青贮均可。

青饲料打浆后便于猪的吞咽和消化，也改善了适口性，增加了采食量，有利于猪的生长和提高对饲料的利用效率。尤其是一些茎叶粗硬的（如青饲玉米秸，多穗高粱等）及茎叶表面有钩刺或刚毛的青饲料，打浆后，猪更喜食。

（三）闷泡和浸泡

凡是有苦、涩、辣或其他怪味的青饲料，如番茄叶、青杠叶、槐树叶等，通常多用冷水浸泡或热水闷泡 4～6 h 后，再混合其他饲料喂猪（浸泡的水不能用）。这样可改善饲料的适口性，软化纤维素，提高饲料的转化率，避免家畜中毒。带刺和有寄生虫的水生植物，经浸泡或闷泡，还可减少对家畜的危害。但浸泡时间不宜太长，否则易导致饲料腐败或变酸。

二、提取叶蛋白

（一）生产叶蛋白饲料的意义

叶蛋白质，又称维生素—蛋白质胶剂或叶青草胶，又称绿色蛋白浓缩物（LPC），是以新鲜牧草或青绿植物的茎叶为原料，经压榨后，从其汁液中提取出高质量的浓缩蛋白质饲料。它属于"功能蛋白质"，其必需氨基酸组成比较完善，营养价值高于种子中的"贮藏蛋白质"。每千克干物质中含有胡萝卜素 500～1 000 mg，比普通干草高 50～100 倍；含蛋白质 450～600 g，其营养价值约等于 6～8 kg 青草，而且不含纤维素，是猪、禽的优质蛋白质补充料，其饲养效果高于饼（粕）类。叶蛋白中有叶黄素，能改进家禽皮肤和蛋黄的色素沉着。目前蛋白质饲料资源的严重缺乏是世界普遍存在的突出问题。因此，开发蛋白质饲料资源，已成为亟待解决的一个重要课题。

当前世界各国普遍重视青绿饲料的利用。因青绿饲料来源广，富含蛋白质且质量高。种植优质牧草或青绿饲料，能获得相当于种植大豆两倍以上的蛋白质产量和三倍以上的可消化能。但青绿饲料纤维素含量高，适宜饲喂草食家畜，而猪、禽等单胃动物对青绿饲料蛋白质的利用率较低，加之青绿饲料容积大，冲淡了日粮的能量浓度，降低高产猪、禽的生产性能。如将青绿饲料的精华叶蛋白提取出来，作为猪、禽的高蛋白饲料，而把剩余的草渣作为反刍动物的饲料，可谓两全其美。可见以青绿饲料为原料生产叶蛋白饲料，有着广阔的发展前景。

国外叶蛋白饲料的生产已有数十年历史，近年来发展较快。越来越多的国家把发展叶蛋白饲料工业作为解决蛋白质饲料供不应求的主要措施之一。如苏联、法国、匈牙利、英国、巴西、印度、美国等均兴办了大规模的叶蛋白加工厂。据苏联报道，生产叶蛋白饲料比生产饲用酵母成本低 1/4 左右。

我国青绿饲料资源丰富，而且豆科牧草栽培面积逐年扩大。利用牧草生产叶蛋白饲料，以其副产品草渣作为反刍动物的粗饲料，以其废液生产单细胞蛋白，是牧草深加工和综合利用的有效途径之一。除专门生产叶蛋白饲料的工厂外，也可利用各地的制糖工业设备或将其稍加改进后，在夏秋季节生产叶蛋白饲料。因此，在我国发展叶蛋白饲料工业是一项有潜力、有广阔前景的事业。

（二）叶蛋白质的加工调制

1. 生产叶蛋白饲料的原料　绿色植物的茎叶均可作为加工叶蛋白饲料的原料，但由于蛋白质含量多少、提取的难易及原料来源等方面存在着很大的差异，故叶蛋白的产量和质量也不同。

（1）原料应具备的条件

① 蛋白质含量高　绿色幼嫩植物如各种牧草、青绿饲用植物及水生植物等。

② 叶量丰富　植物叶片是生产叶蛋白的主要原料。因此，在确定植物的刈割期，刈割次数以及种植密度等方面，都应以获得最多的叶量为中心。

③ 不含有毒成分及胶质、黏性物质。

④单位面积叶蛋白饲料产量高　要求原料生长速度快，再生性强，能多次刈割。为提高原料的粗蛋白质含量，栽培牧草生育前期可适当增施氮肥，以提高单位面积的叶蛋白产量。

（2）原料选择　根据上述条件，适宜生产叶蛋白饲料的原料很多，主要有豆科牧草、禾本科牧草、混播牧草、苋菜、苦荬菜、甜菜、萝卜、胡萝卜、向日葵、蔬菜等的茎叶以及新鲜树叶、水生植物如浮萍等。为提高叶蛋白饲料的产量与品质，必须选择高产优质、资源丰富、成本低廉的原料。国外许多学者对叶蛋白原料进行了深入的研究和对比，发现单位面积的叶蛋白日产量和总产量都以苜蓿为最高，而叶蛋白中的含氮量以豇豆为高，苜蓿次之；水生植物中荇菜（*Limnanthemum cristatum*）、假泽兰（*Mikania cordata*）和浮萍（*Pistia stratiotes*）的叶蛋白，具有含氮高、低灰分、高消化率等特征。

（3）原料的刈割期与含水量　植物的生育期及含水量，直接影响压榨草汁的数量，进而影响叶蛋白的产量。因此，原料应在含水量最高时（豆科牧草现蕾期，禾本科牧草孕穗期）及时刈割，其含水量一般为80%～82%，可榨取出较多的草汁，约占鲜重的50%～60%。如推迟刈割，含水量降至75%左右时，汁液量减少，仅占鲜重的40%左右。草汁中蛋白质及干物质含量与牧草生长期有密切关系。例如，春夏季刈割的黑麦草，汁液中蛋白质与干物质含量比秋季刈割的高1～2倍。所以，生产叶蛋白的原料宜早期刈割为宜。原料收获后应尽快加工，以免由于植物本身酶的作用和微生物污染繁殖，而影响叶蛋白的产量与品质。

2. 叶蛋白的加工生产工艺流程　叶蛋白生产工艺流程见图5-1。

3. 叶蛋白的加工方法

（1）粉碎　叶蛋白浓缩物主要由细胞质蛋白和叶绿体蛋白组成，其中35%～45%为结构蛋白，55%～65%为可溶性的基质蛋白。因此，必须破坏细胞结构，才能使叶蛋白充分提取出来。试验证明，粉碎越细，叶蛋白的提取率越高。一般用锤式打浆机或粉碎机打浆。

（2）榨取汁液　通过压榨机挤压出绿色汁液，生产中有时将粉碎与压榨在一机内完成。为把汁液从草渣中充分榨取出来，压榨前可加入5%～10%的水分进行稀释后挤压，或先直接压榨，然后加入适当水分搅拌后，再进行第二次压榨。

（3）凝固　从绿色汁液中将叶蛋白凝固分离出来，通常采用以下几种方法：

① 加热法　一般采用蒸汽加热，当温度达70℃左右时，叶蛋白开始凝固和沉淀。生产实践证明，使汁液快速升温至70～80℃时（苜蓿汁液最好加热到85℃以上），几分钟内叶蛋白即可凝固，而且可形成较大的乳状团聚物。为使叶蛋白从汁液中尽量凝固分离出来，可分次加热，第一次加热到60～70℃时，快速冷却至40℃，滤出沉淀，主要是绿色叶蛋白，之后再加热至80～90℃，并持续2～4 min，第二次凝固出的主要是白色的细胞质蛋白。

加热处理可使叶蛋白的酶解作用停止，减少营养物质的损失。叶绿素酶在酸性条件下，可使叶绿素形成易降解的脱镁叶绿素盐，而苜蓿中叶绿素酶的活性比一般植物强，因此生产苜蓿叶蛋白时，应特别注意迅速降低酶的活性。

加热凝固的缺点是引起蛋白质的热变性，致使叶蛋白的吸水性、溶解性及乳化性较差。

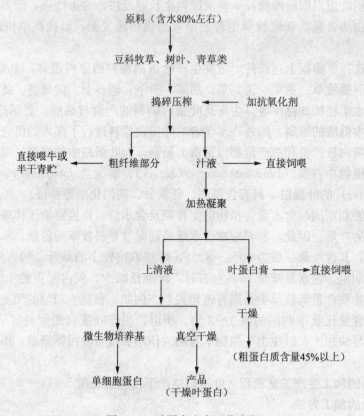

图 5-1 叶蛋白生产工艺流程

② 加碱加酸法　加碱凝固是用氢氧化钠或氢氧化铵将汁液 pH 调整 8.0～8.5，然后立即加热凝固。其作用是尽快地降低植物蛋白酶的活性，提高胡萝卜素、叶黄素等的稳定性；加酸凝固是用盐酸调整汁液的 pH 为 4.0～6.4，利用等电点原理，分离出叶蛋白。

③ 发酵法　将汁液在缺氧条件下发酵 48 h 左右，利用乳酸杆菌产生乳酸使叶蛋白凝固沉淀。经发酵凝固的叶蛋白具有质地较柔软，溶解性好，而且有破坏植物中对家禽的有害物质（如皂角苷等）、节约能源、降低成本等优点。但由于发酵时间较长，叶蛋白的酶解作用延长，可造成一定的营养损失。因此，应及时进行乳酸菌接种，以缩短发酵时间。

（4）叶蛋白的析出与干燥　凝固的叶蛋白多呈凝乳状，一般利用沉淀、倾析、过滤和离心等方法，把叶蛋白分离出来。刚提取的叶蛋白浓缩物呈软泥状，必须及时进行干燥。可采用多功能蒸发器，喷雾干燥机或其他形式的空气干燥机进行干燥。自然干燥时，为防止腐败，可加入 7％～8％ 的食盐或 1％ 的氧化钙等。

叶蛋白浓缩物在干燥过程中常变黑变硬，是由于叶蛋白中含有易氧化变色的酚。因此，有人在生产食用叶蛋白时，通过有机溶剂（如异丙醇及丁醇）的离解作用除去叶蛋白中的酚，如用有机溶剂反复洗涤后，可获得白色的浓缩叶蛋白，但成本高。近年来，人们又采用分馏方法生产白色叶蛋白。

生产实践证明，从原料收割到制成叶蛋白成品的加工过程所用时间越短，叶蛋白饲料产品率越高，其蛋白质、维生素等营养成分的含量也越高。叶蛋白饲料的提取率，受原料种类、粉碎、压榨、凝固温度等因素的影响，差异较大，一般提取率约占鲜重的 2.5%～3%。

（5）盐类对提取叶蛋白的作用 在提取叶蛋白的过程中，加入少量盐类，对叶蛋白的提取率和品质有一定的影响。所选择的盐类必须对畜禽无副作用，最好兼为营养添加剂，而且价格低廉，效果明显。

4. 叶蛋白的营养价值

（1）粗蛋白质与氨基酸 叶蛋白属于"功能蛋白质"，一般粗蛋白质含量为 40%～60%，高者达 70% 左右，高于大豆。所含的必需氨基酸比较完善，如精氨酸，谷氨酸、异亮氨酸、亮氨酸、赖氨酸、苯丙氨酸、色氨酸含量，均大于或接近大豆饼（粕）。但由于加工过程中部分氨基酸，如蛋氨酸，变成动物不易吸收的复合物，故蛋氨酸为叶蛋白饲料的第一限制氨基酸。总的来说，叶蛋白的品质接近大豆饼和鱼粉而优于花生饼，也有不少试验表明，叶蛋白饲料的生物学价值优于大豆蛋白。

（2）叶黄素、胡萝卜素和叶绿素 叶蛋白饲料含有丰富的叶黄素、胡萝卜素、叶绿素以及其他维生素等。如苜蓿叶蛋白饲料中含叶黄素 1 100 mg/kg 左右，胡萝卜素 300 mg/kg 以上，高达 500～800 mg/kg，维生素 E 含量为 600～700 mg/kg。

叶黄素是禽类蛋黄、脂肪及皮肤色素的极好来源，可增加蛋黄及脂肪的颜色，提高其商品价值。目前人们比较重视利用叶蛋白饲料中的天然色素代替合成色素，应用于养殖业。对虾可利用 β-胡萝卜素，并将其转变为虾红素，以改善对虾的色泽。苜蓿叶蛋白饲料中的叶绿素，可以大大提高鱼肉的鲜美程度，此外，叶蛋白饲料还含有促进畜禽生长发育的未知因子。

（3）能量 叶蛋白饲料的总能、代谢能、可消化能均接近于鱼粉和大豆饼。

（4）皂素（皂角苷） 苜蓿中的不良成分皂素，往往伴随蛋白质而残留在叶蛋白中，影响叶蛋白饲料的品质。苜蓿中皂素的含量与品种有关。因此，生产苜蓿叶蛋白时，除应选择低皂素的苜蓿品种外，在凝聚分离叶蛋白时，调整 pH（8.0～8.5 为宜）可降低皂素含量。如采用乳酸发酵凝聚叶蛋白，亦可分解皂角苷。

5. 叶蛋白饲料的饲用价值 叶蛋白主要用作鸡、猪等的蛋白质和维生素补充饲料，国内外许多试验证明，用叶蛋白取代猪、家禽日粮中的部分乃至全部蛋白质饲料，或取代哺乳犊牛的部分全乳代用品时，都能取得良好的饲养效果。

（1）家禽 据报道用苜蓿或三叶草叶蛋白饲喂母鸡，对其体重和健康都有良好的效果，而且有一定的助长作用。如用苜蓿叶蛋白代替母鸡日粮中的鱼粉和大豆蛋白的综合试验表明，出肉率、鸡肉质量及肉中干物质、蛋白质、脂肪和氨基酸的含量与对照组没有明显差异。而且试验鸡的肝脏中维生素 A 的含量高于对照组。在雏鸡日粮中添加 2.5%、5.0%、10% 和 15% 的苜蓿叶蛋白试验表明，添加 2.5%～5.0% 时，对增重有良好效果，而过量则效果不明显。

（2）猪 据苏联报道，用苜蓿叶蛋白饲喂 61～105 日龄的仔猪（占配合日粮中蛋白饲料的 80% 以上），效果较好。此外，叶蛋白还可作为鱼类、对虾等的配合饲料成分。

6. 叶蛋白的保存 新鲜的叶蛋白为胶状物，含水量约 50%～60%，常温下很容易变质，如短期贮存，可加 7%～8% 的食盐或 2% 的丙酸抗菌剂。如用于配制畜禽日粮，则应制成干粉，并在低温或惰性气体中保存。

第二节　青干草加工技术

一、概　述

干草调制是把天然草地或人工种植的牧草和饲料作物进行适时收割、晾晒和贮藏的过程。刚刚收割的青绿牧草称为鲜草，鲜草的含水量大多在 50％以上，鲜草经过一定时间的晾晒或人工干燥，水分达到 15％以下时，即成为干草。这些干草在干燥后仍保持一定的青绿颜色，因此也称青干草。

(一) 青干草生产的意义

干草是将牧草及禾谷类作物在质量和产量最好的时期刈割，经自然或人工干燥调制成能长期保存的饲草。它是草食家畜冬春季节必不可少的饲草，也是饲草加工业的主要原料。其生产意义可归纳如下。

1. 干草能够常年为家畜提供均衡饲料　中国的草场牧草生产，存在着季节间的不平衡性，表现为暖季（夏、秋）饲草的产量和品质上明显地超过冷季（冬、春），给畜牧业生产带来严重的不稳定性。由于冷季牧草停止生长，放牧家畜只能采食到残留于草地上的枯草，而枯草的营养价值较夏秋牧草的营养价值下降约 60％～70％，特别是优良的豆科牧草和杂类草植株上营养价值高的部分，几乎损失殆尽，如果单靠放牧采食这些质差量少的枯草，就不能满足家畜的冬季营养需要，因而发生家畜"冬瘦"现象。遇到大雪覆盖草地的"白灾"，牲畜就连枯草也得不到，造成牲畜大批死亡。靠天养畜，形成"秋肥、冬瘦、春死"的落后局面。为此，草原地区建立割草地并充分准备越冬干草，对于减少冬、春家畜掉膘、死亡，发展草原区畜牧业，解决季节性饲料不平衡问题有积极的作用。在植物生长季节，青草是放牧期最好的饲料。但在植物的枯草季节，由于枯草营养价值低。通常在牧草生长期调制的营养价值较高的干草或青贮饲料，在枯草季利用。调制和贮备干草为家畜提供均衡饲草，对于减少冬春家畜死亡，发展草地畜牧业具有重要意义。

2. 调制的优质干草饲用价值高，含有家畜所必需的营养物质　优质干草含有家畜所必需的营养物质，是钙、磷和维生素的重要来源，干草中含蛋白质 10％～20％，可消化碳水化合物 40％～60％，能基本上满足日产奶 5 kg 以下的奶牛营养需要。优质干草所含的蛋白质高于禾谷类子实饲料。此外，还含有畜禽生产和繁殖所必需的各种氨基酸，在玉米等子实饲料中加入富含各种氨基酸的干草或干草粉，可以提高子实饲料中蛋白质的利用率。如干物质中可消化碳水化合物约占 40％～60％，粗蛋白质占 10％～17％，另外，还富含脂肪、矿物质和维生素等。

3. 优质干草和草制品是中国草业出口创汇的重要物质之一　优质干草产品还是国际贸易中的热门产品，全世界每年的贸易额高达 50 亿美元。在美国干草产业是十大支柱产业之一，年产值 10 亿美元左右。随着中国经济和对外贸易的发展，干草和草制品已逐渐商品化。全国各地尤其在东北、华北和西北地区陆续成立了草业开发机构，并建立一些草制品加工工业机构，向日本等国家输出干草和草制品，促进了中国草业的发展。目前，国际市场对草产品尤其对苜蓿草产品的需求急剧增加。例如，日本、韩国及东南亚一些国家每年均需要大量的苜蓿干草产品，仅日本市场每年需要进口的苜蓿草产品多达 220 多万吨，年进口总额 4.8 亿美元。其主要的供应国是美国、加拿大和澳大利亚，中国是日本等地的近邻，干草运输比起从美国、加拿大运输要节省运输成本的 60%。因此说，中国大力发展牧草产业具有得天独厚的优越条件，而生产营养价值高、颜色绿、叶量丰富和气味芳香的优质干草，则成为目前干草调制的主要任务。

4. 草产品的生产，开辟了配合饲料的原料资源　中国有近三亿头的草食家畜，有数十亿头（只）猪和禽，非常需要苜蓿等优良产品，仅饲料工业每年就有 $2 \times 10^6 \sim 3 \times 10^6$ t 苜蓿及其他豆科草粉的需求。北方一些省份，人工种植高产豆科牧草，加工成含蛋白质 17%～24% 的优质草粉，作为猪、鸡等畜禽配合饲料原料。另外，优质草块作为反刍家畜的日粮，也降低了成本，提高了经济效益。

5. 调制干草方法简便，原料丰富，成本低，便于长期贮藏　调制牧草的原料有禾本科、豆科牧草，及其他一些质量好的饲草。随着农业现代化的发展，牧草的收割、搂草、打捆机械化，干草的质量正在提高。随着中国畜牧业的发展，人们对牛肉、羊肉、兔肉和鹅肉等草食动物畜产品的需求量不断增加，从而大大刺激了中国草食畜禽养殖业的发展。

6. 可防止各种疾病　干草的最大特点是长纤维状饲料。若对牛常饲喂精饲料等粉状饲料，在瘤胃内常常成为饼状块，这样就会阻碍瘤胃发酵的正常进行，而且引起肝脏功能减退等各种疾病。所以，在肉牛育肥和奶牛泌乳时除了多供给一些精饲料外，作为搭配饲料必须供给干草。

（二）青干草的种类

青干草按原料来源及制作方法的不同可划分为不同的类型。

1. 按原料来源分类

（1）豆科青干草　如苜蓿、沙打旺、草木樨、三叶草等。豆科青干草营养价值较高，富含可消化粗蛋白质、钙和胡萝卜素等。在草食家畜日粮中，配合一定数量的豆科青干草，可以弥补饲料中蛋白质数量和质量方面的不足。如用豆科青干草和玉米青贮饲料搭配饲喂草食家畜，可以减少精料用量或完全省掉精料。

（2）禾谷类青干草　包括天然草地的禾本科牧草和栽培的饲用谷类植物制成的青干草。如羊草、披碱草、冰草、黑麦草、无芒雀麦、鸡脚草、苏丹草、燕麦、黑麦、大麦等。禾谷类干草来源广，数量大，适口性好，是牧区、半农半牧区和农区的主要饲草。这类青干草一般含粗蛋白质和钙较少，其营养价值因种类和刈割时期不同而差异较大。

（3）混合青干草　如天然割草场及人工混播草地刈割调制的青干草。

（4）其他　部分农副产品可以调制成优质青干草来利用，如胡萝卜的苗。

2. 按干燥方法分类

（1）自然干燥青干草　采取自然晾晒或阴干的方法调制而成，是最普遍最简便且成本最低的方法，但营养物质损失较多。

（2）人工干燥青干草　利用各种能源，如常温鼓风或热空气等干燥设备，进行人工脱水干燥而成。由于干燥速度快，可减少营养成分的损失。但成本较高，且未经晒制，缺乏维生素 D。

（三）影响青干草品质的因素

1. 牧草种类　由于牧草种类的不同及同一种类的不同品种在营养价值上有较大的差异，制成的干草营养成分含量不同。一般来说，豆科植物青干草的品质好于禾本科植物青干草。

2. 主要牧草种类在青干草中所占的比例　单播人工草地应严格控制杂草含量。混播草地和天然草地，除要降低劣质杂草的含量外，更要控制有毒有害植物的混入。

3. 牧草收割时期　牧草的最佳刈割期，一般在初花期。不同的牧草或同一牧草不同品种各有其适宜的刈割期。传统的干草生产，片面追求产量而忽略质量。刈割过早，植株含水量高，晾晒时间长，增加营养损失比例；刈割过晚，原料草质量下降，青干草产品品质变差。

4. 干燥方法与干燥时期　不同的干燥方法对青干草品质有很大的影响。自然干燥的方法牧草失水慢，植物细胞存活时间长，呼吸作用消耗的能量较多，加之较长的干燥时间内阳光的漂白作用，使牧草品质下降。人工干燥的方法脱水速度快，干燥时间短，营养损失少，牧草品质好。

5. 自然条件　高温高湿可使微生物和酶的活性增强，加快营养成分的消耗，降低牧草品质。

6. 贮藏条件　由于贮藏条件的不同，牧草营养损失的程度存在很大差异。遮阴、避雨、地面干燥的贮藏条件所保存牧草的品质明显好于地面潮湿条件下贮藏的牧草。

二、青干草加工机理

（一）牧草干燥过程中水分变化

通常鲜草含水量为 $50\%\sim85\%$，干草达到能贮藏条件其含水量要降至 $15\%\sim18\%$，最高不能超过 20%，而干草粉水分含量则为 $13\%\sim15\%$。为了获得这样含水量的干草或干草粉，必须使植物从体内散发出大量水分。为减少干燥过程中干草的营养物质损失，在牧草刈割后，必须将植物体内的水分快速散失，促进植物细胞快速死亡。

1. 牧草干燥水分散失的规律　在自然条件下，刈后的牧草散出水分的过程可分两个阶段。

（1）第一阶段　植物刈割以后，起初植物体内的水分散发很快，在天气晴好的情况下，经 $5\sim8$ h，禾本科牧草含水量降到 $40\%\sim45\%$，豆科牧草减少到 $50\%\sim55\%$。这一阶段从牧草植物体内散发的是游离于细胞间隙的自由水，水分散失主要是通过维管系统和细胞间隙的气孔，水分散失速度快而均匀。散失水的速度主要取决于大气含水量和空气流动，所以干燥、晴朗、有微风的条件，能促使水分快速散失。

（2）第二阶段　禾本科牧草含水量降到 $40\%\sim45\%$，豆科牧草降到 $50\%\sim55\%$ 时，从植物体内散水的速度越来越慢。这一阶段的特点是从植物体内散发掉结合水。散水速度变慢的原因是由于水分的散失，由蒸腾作用为主转为以角质层蒸发为主，而角质层有蜡质，阻挡了水分的散失。使牧草含水量由 40%～55% 降到 18%～20%，需 1～2 昼夜或更长。

2. 影响牧草干燥速度的因素

（1）气候条件　牧草的干燥是在外界气温、空气相对湿度和风速等因素作用下进行的。牧草干燥过程中，水分的散失主要取决于牧草与大气间水势差的大小。如果空气相对湿度低，二者之间的水势差大，牧草的干燥速度就快。但是阴雨潮湿的天气，水分散发很慢，甚至大气中的水分还会进入干草中。若空气相对湿度保持不变，既使空气温度升高，也很难明显加快干燥速度。只有相对湿度降低，才能扩大牧草与空气的水势差，从而加速干燥速度。如果设法让这些因素不断发生作用，比如刈割选择在良好的天气条件下进行，或采取勤翻晒、堆成小堆的办法，均能加速牧草的干燥进程。

（2）植物体内、外部散水情况　牧草的干燥速度，取决于植物体表面水分散发的速度和水分从细胞内部向体表移动的速度。所以在干燥时，尤其第二阶段，促进外部散水和内部散水协调一致，不让两者脱节是非常重要的。在生产上采用压裂茎秆和喷撒化学干燥剂等方法，在一定程度上破坏或改变抗蒸发的性能，以减轻水分移动的阻力，加速牧草的干燥速度。

（3）植物体中水分移动阻力　在外界气候条件相同的情况下，植物保蓄水分能力越大，干燥速度越慢。一般豆科牧草比禾本科保蓄水分能力强，所以它的干燥速度比禾本科慢，这是由于豆科牧草含碳水化合物少，蛋白质多，增强了它的保蓄水分能力的缘故。另外，幼嫩的植物，纤维素含量低，而蛋白质含量多，保蓄水分能力强，不易干燥，相对枯黄的植物则相反，易干燥。

（4）牧草各器官的散水强度　同一植物不同器官，水分散失也不相同，叶片的表面积大，气孔多，水分散失快，而茎秆则水分散失慢。因此，在干燥过程中要采取合理的干燥方法，尽量使植物各个部位均匀干燥。

（二）牧草刈割后生理生化变化

牧草刈割之后，伴随着植物体内水分的散失，先后要经过两个复杂的过程，即牧草凋萎期（或饥饿代谢阶段）和牧草干燥后期（自体溶解阶段）。

1. 牧草凋萎期营养物质的变化　牧草刈割后，植物细胞在一定时间内，其生理活动（如呼吸、蒸腾等）仍继续进行，但由于水分和其他营养物质的供应中断，细胞的生命活动只能依靠分解植物体内贮存的营养物质来进行。如一部分淀粉转化为二糖或单糖，因呼吸作用而消耗，少量蛋白质被分解成以氨基酸为主的氮化物，这时牧草植物体内是以异化作用为主的代谢阶段，也称饥饿代谢。这一阶段养分损失在 5%～10% 之间，胡萝卜素的损失较少，为了减少营养损失，必须尽快加速细胞死亡。

2. 牧草干燥后期营养物质的变化　牧草凋萎以后（细胞死亡），植物体内发生的生理过程逐渐被有酶参与作用的生化过程代替，一般常把这种在死亡细胞内进行的物质转化过程称为自体溶解。还原酶的活动情况和由它引起的植物体内营养物质的变化，主要受植物体的含水量和空气湿度的影响。在阳光及露水的作用下，维生素及可溶性营养物质损失较多。水溶性糖类在酶的作用下变化较大，而碳水化合物（如淀粉）变化较小。含氮化合物在正常的干燥条件下，变化不明显，如果干燥速度很慢，酶的活性加强，则会造成部分蛋白质分解。所以，延长干燥时间，蛋白质损失较多。此外，细胞死亡以后，牧草在强烈的阳光直射（紫外线的漂白作用）和体内氧化酶的作用下，植物体内所含的胡萝卜素、叶绿素和维生素 C 等因光化学作用，大部分被分解破坏。日晒时间越长，其损失程度就越大。这个阶段，既要加速降低水分含量，使酶类的活动尽快停止，又要设法尽量减少日光曝晒、露水浸湿和防止叶片、嫩枝等脱落而造成的损失。为了便于比较，将两个阶段的特点汇总成表 5-1。

表 5-1　牧草干燥过程中养分变化

阶段		第一阶段	第二阶段
特点		在细胞中进行；以异化作用为主导的生理过程	在死细胞中进行；在酶参与下以分解为主导的生化过程
养分变化	糖	呼吸作用消耗单糖，使糖含量降低；将淀粉转化为双糖、单糖	单、双糖在酶的作用下变化很大，其损失随水分减少、酶活动减弱而减少；大分子的碳水化合物（淀粉、纤维素）几乎不变
	蛋白质	部分蛋白质转化为水溶性氮化物；在降低少量酪氨酸、精氨酸的情况下，增加赖氨酸和色氨酸的含量	短期干燥时不发生显著变化；长期干燥时，酶活性加剧使氨基酸分解为有机酸进而形成氨，尤其当水分高时（50%~55%），拖延干燥时间，蛋白质损失大
	胡萝卜素	初期损失极少；在细胞死亡时大量破坏，总损失量为 50%	牧草干燥后损失逐渐减少，干草被雨淋氧化加强，损失增大；干草发热时含量下降

（三）牧草加工过程中养分的损失

1. 机械作用引起的损失　调制干草过程中（主要指晒制干草），由于植物各部分干燥速度（尤其是豆科牧草）不一致，因此在搂草、翻草、搬运、堆垛等一系列作业中，叶片、嫩茎、花序等细嫩部分易折断、脱落而损失。一般禾本科牧草损失约 2%~5%，豆科牧草损失较大，约 15%~35%。如苜蓿损失叶片占全重的 12%，其蛋白质的损失约占总蛋白质含量的 40%，因叶片中所含的蛋白远远超过茎的含量。

机械作用造成损失的多少与植物种类、刈割时期及干燥技术有关。为减少机械损失，应适时刈割，在牧草细嫩部不易脱落时及时集成各种草垄、小草堆进行干燥。干燥的干草进行压捆，应在早晨或傍晚进行。国外有些牧草加工企业则在牧草水分降到 45% 左右时就打捆或直接放进干燥棚内，进行人工通风干燥，这样可大大减少营养物质的损失。

2. 光化学作用造成的损失　晒制干草时，阳光直射的结果是植物体所含的胡萝卜素、叶绿素及维生素 C 等均因光化学作用的破坏而损失很多，其损失程度与日晒时间长短和调制方法有关。据试验，不同的调制方法，干草中保留的胡萝卜素含量不同：刚割下的鲜草为 163 mg/kg，人工干燥的为 135 mg/kg，暗中干燥的为 91 mg/kg，在散射光（阴干）下干燥的为 64 mg/kg，在干草架上干的为 54 mg/kg，草堆中干燥的为 50 mg/kg，草垄中干燥的为 38 mg/kg，平摊地面上干燥的仅为 22 mg/kg。

3. 雨淋损失　晒制干草时，最忌淋雨。雨淋会增大牧草的湿度，延长干燥时间，从而由于呼吸作用的消耗而造成营养物质的损失（表 5 - 2）。淋雨对干草造成的破坏作用，主要发生在干草水分下降到 50% 以下，细胞死亡以后，这时原生质的渗透性提高，植物体内酶的活动将各种复杂的养分水解成较简单的可溶性养分，它们能自由地通过死亡的原生质薄膜而流失，而且这些营养物质的损失主要发生在叶片上，因叶片上的易溶性营养物质接近叶表面。

表 5 - 2　野豌豆晒干过程遇雨后养分变化（%）

处 理	色泽	水分	粗蛋白质	粗脂肪	粗纤维	无氮浸出物	粗灰分
淋过一次雨	黄褐	13.40	15.99	1.19	35.11	29.54	5.03
未淋过雨	青绿	13.52	22.52	1.91	27.93	27.34	6.85

4. 微生物作用引起的损失　微生物从空气中与灰尘一起落在植物体表面，但只有在细胞死亡之后才能繁殖起来。死亡的植物体是微生物发育的良好培养基。

微生物在干草上繁殖需要一定的条件，如干草的含水量、气温与大气湿度。细菌活动的最低需水量约为植物体含水量的 25%～40%，气温要求在 25～30 ℃（最低 0～4 ℃，最高 40～50 ℃）；而当空气相对湿度在 85% 以上时，可能导致干草发霉。这种情况多在连阴雨时发生。

发霉的干草品质降低，水溶性糖和淀粉含量显著下降。发霉严重时，脂肪含量下降，含氮物质总量也显著下降，蛋白质被分解成一些非蛋白质化合物，如氨、硫化氢、吲哚（有剧毒）等和一些有机酸，因此，发霉的干草不能饲喂家畜，因其易使家畜患肠胃病或流产等，尤其对马危害更大。

5. 牧草干燥时营养物质消化率及可消化营养物质含量的变化　饲料品质的高低不单是营养物质的多少，更主要的是饲料可消化率的高低。晒制成的干草的营养物质消化率低于原来的青绿牧草。

首先，牧草干燥时，纤维素的消化率下降。这可能是因为果胶类物质中的部分胶体转变为不溶解状态，并沉积到纤维质细胞壁上，使细胞壁加厚。其次，牧草干燥时易溶性碳水化合物与含氮物质的损失，在总损失量中占较大比重，影响干草中营养物质的消化率。草堆、草垛中干草发热时，有机物质消化率下降较多。如红三叶草，温度为 35 ℃时，一天内营养物质的消化率变化不大；当温度升至 45～50 ℃时，蛋白质消化率降低 14%；在压制成的干草捆中，如温度升到 53 ℃，蛋白质的消化率降低约 18%。

人工干燥时，几秒钟或几分钟内就可迅速干燥完毕。在干燥过程中，开始阶段使用 800～1 000 ℃的温度，第二阶段使用 80～100 ℃的温度，则牧草的消化率变化不大。

可见，牧草在干燥过程中，营养成分会有不同程度的损失。一般情况下牧草在干燥过程中，总营养价值损失 20%～30%，净能损失 30%～40%，可消化蛋白质损失 30% 左右。

在牧草干燥过程中的总损失量中，以机械作用造成的损失为最大，可达 15%～20%，尤其是豆科干草叶片脱落造成的损失；其次是呼吸作用消耗造成的损失，约 10%～15%；由于酶的作用造成的损失约 5%～10%；由于雨露等淋洗溶解作用造成的损失则为 5%

左右。

总之，优质的干草应该是适时刈割、含叶量丰富、色绿而具有干草特性，有芳香味，不混杂有毒有害物质，含水分在 17％以下，这样才能抑制植物体内酶和微生物的活动，使干草能够长期贮存而不变质。

三、青干草加工工艺

（一）青干草加工时应掌握的原则

根据牧草干燥时水分散失和营养物质变化的情况，牧草干燥时必须掌握下列基本原则：

1. 干燥时间短 缩短牧草干燥的时间，可以减少生理和生化作用造成的损失。

2. 牧草各部位含水量均匀 干燥末期牧草各部分的含水量应当力求均匀，以有利于牧草贮藏。

3. 防止被雨和露水淋湿 牧草在凋萎期应当防止被雨、露水淋湿，并避免在阳光下长期曝晒。应当先在草场上使牧草凋萎，然后及时搂成草垄或小草堆进行干燥。干旱地区，干草产量较低，刈割后直接将草搂成草垄进行干燥。新割的牧草受雨淋或露水浸湿时，干草的品质下降较少，如果晒干的草受雨淋、露水浸湿时，干草品质下降较大，受湿的干草应尽快重新干燥。如果受潮时间拖长，长时间处于潮湿状态，氧化和微生物作用时间越长，营养物质的损失就越多。

4. 集草、聚堆、压捆等作业，应在植物细嫩部分尚不易折断时进行。

（二）青干草加工工艺

牧草干燥方法的种类很多，但大体上可分为两类，即自然干燥法和人工干燥法。

1. 自然干燥法 自然干燥法包括地面干燥法，草架干燥法，发酵干燥法，加速田间干燥速度法等。其中以地面干燥法为主。

（1）地面干燥法 此法是当前生产中采用最广泛、最简单的方法。干草的营养物质变化及其损失在这种方法中最易发生。干草调制过程中的主要任务就是在最短的时间内达到干燥状态，采用地面干燥法干燥牧草的具体过程和时间随地区气候条件的不同也不完全一致。地面干燥法加工青干草工艺流程见图 5-2。

图 5-2 地面干燥法加工青干草工艺流程

牧草在刈割以后，先在草场就地干燥 6～7 h，应尽量摊晒均匀，并及时进行翻晒通风 1～2 次或多次，使牧草充分暴露在干燥的空气中，一般早晨割倒的牧草在 11 时左右翻晒最佳，若再次翻晒，在 13～14 时效果好。含水 40％～50％（茎开始凋萎，叶子还柔软，不易脱落时）用搂草机搂成松散的草垄，使牧草在草垄上继续干燥 4～5 h，含水量 35％～40％（叶子开始脱落以前）时用集草器集成草堆，再经 1～2 d 干燥就可调制成干草。

晒制初期，植物细胞并未死亡，仍在呼吸代谢，也能进行一定的光合作用。但由于异化作用占优势，所以消耗较多的可溶性碳水化合物，氧化成二氧化碳和水而损失掉。蛋白质虽有微量降解，但损失甚少。当含水量降到40％以下，植物的气孔关闭，细胞呼吸逐渐停止，继续干燥则细胞死亡。晒制过程中，由于植物细胞呼吸作用造成干物质的损失，24 h可达2％以上。晒制后期，水分继续缓慢蒸发。为加快失水，减少曝晒时间，可趁晨露将草行上下翻转，降低掉叶损失，也加快了晒制进程。随着草中水分下降，可将草行集中成松散或中空的小堆。当含水量降到17％左右时即可堆成大垛或打捆运出。

这种开始采用平铺晒草，以后集成草垄或小堆干燥的方法，有如下优点：①干燥速度快，可减少因植物细胞呼吸造成的养分损失。②后期接触阳光曝晒面积小，能更好地保存青草中的胡萝卜素，同时在堆内干燥，可适当发酵，形成一些酸类物质，使干草具有特殊的香气。

（2）草架干燥法　在多雨地区牧草收割时，用地面干燥法调制干草不易成功，可以在专门制造的干草架上进行干草调制，适用于高产天然草场或人工草地。虽然需要一部分设备费用或较多的人工，但架上调制的干草，质量较高。草架主要有独木架、三脚架、铁丝长架和棚架等。

用干草架进行牧草干燥时，首先把割下的牧草在地面干燥半天或一天，使其含水量降至45％～50％，然后再用草叉将草上架，但遇雨时不用干燥可立即上架。堆放牧草时应自下而上逐层堆放，草的顶端朝里，同时应注意最底一层的牧草应高出地面，不与地表接触，这样既有利于通风，也避免与地表接触吸潮。在堆放完毕后应将草架两侧牧草整理平顺，这样遇雨时雨水可沿其侧面流至地表，减少雨水浸入草内。

（3）发酵干燥法　调制干草，即使在良好条件下，也不只是简单的干燥作用，往往同时伴随或多或少的发酵作用。但采用田间干燥法调制干草时，应尽量不发酵而只借助太阳的曝晒来完成。新割的草，在阴雨天气即可堆成草堆，每层都应踩紧压实，使鲜草在草堆中发酵而干燥。在发酵过程中温度升高，同时干物质分解产生水蒸气、二氧化碳等气体，氧化继续进行。草堆经48～60 h需要挑开使水分散发。

在山区和林区由于割草季节天气多雨，不能按地面干燥法调制优良干草，可采用发酵干燥法调制成棕色干草。其调制方法是，在晴天刈割牧草，用1～1.5 d的时间使牧草在原地草场上曝晒和经过翻转在草垄上干燥，使新鲜的牧草凋萎，当水分减少到50％时，再堆成3～6 m高的草堆，堆时应尽力踩踏，力求紧实，使凋萎牧草在草堆上发酵6～8周，同时产生高热，以不超过70 ℃为适当。堆中牧草水分由于受热蒸发，逐渐干燥成棕色干草。

（4）加速田间干燥速度法　干草的调制过程，也是牧草营养物质损失的过程。加速干草调制过程，减少牧草干燥所用的时间，是降低营养物质损失，生产优质干草的重要方法之一。为了使牧草加快干燥和干燥均匀，在干草调制过程中常创造一些条件使温度、空气相对湿度以及空气的流动能更好地作用于牧草的干燥过程。

① 翻晒草垄的牧草　在刈割高产草地上的牧草时，割下的草常常摊晒极不均匀，造

成牧草干燥速度快慢不一，干湿不匀。所以在高产草场进行割草的同时翻动牧草，使摊晒均匀，或者也可在割草以后进行翻草。在调制干草过程中，翻动是最简单且应用得最广泛的技术。翻动的目的是把草条翻过来，把干草转移到比较干燥的地面使之增加空气流通。翻动的原因在于草条中具有一个干燥梯度，把草条翻过来可使较湿的部分暴露于空气中。移动草条可增强草条通风，因为接触地面的草条，必然要受到地面潮湿条件的影响。牧草刈割后，翻草对牧草干燥速度的影响见表5-3。

表5-3 苜蓿刈割后翻草对牧草干燥速度的影响

刈割时间	割后时间（h）	牧草水分（%）	
		割后翻草	不翻草
10时	0	73.0	73.0
13时	3	48.7	63.5
16时	6	37.0	55.0
19时	9	34.0	54.0

当牧草开始有些干燥后进行第二次翻草，此时牧草的干燥速度大大加快。翻草次数越多，牧草的干燥速度越快，但是翻晒次数越多叶的损失就越高，对豆科牧草应控制次数，最好只翻2～3次。最后一次翻草在牧草的含水量不少于45%，叶还不易脱落和折断时进行。

② 压裂牧草茎秆 牧草干燥时间的长短，实际上取决于茎秆干燥所需时间。茎的干燥速度比叶要慢得多。当豆科牧草的叶和有些杂类草的叶干燥到含水5%～20%时，茎的水分为35%～40%，所以加快茎的干燥速度，就能加快牧草的整个干燥过程。使用牧草压扁机压裂植物茎，破坏茎的角质层膜和表皮，破坏茎的维管束并使它暴露于空气中，这样水分蒸发速度大为加快，茎的干燥速度大致能跟上叶的干燥速度。这不仅能缩短牧草的干燥时间，而且能使植物各部分干燥均匀。

目前生产实践中开始推广使用割草和压裂同时进行的压扁割草机，此机的使用大大加快了牧草的干燥过程，有利于提高干草的质量。

③ 化学干燥剂的应用 近年来，豆科牧草刈割后喷洒化学药剂加速干燥的研究已有很多。一般认为干燥剂改变了牧草角质层的结构或溶解了角质层，促进水分的散失，缩短了田间干燥的时间，降低营养物质的损失。

一些研究者研究了碱金属的碳酸盐对苜蓿干燥的作用后，认为随着碳酸盐中碱金属离子半径的增加，其加速苜蓿干燥的效果明显，因此K^+等离子对水分的渗透有特殊的作用。K_2CO_3对苜蓿有良好的干燥效果，主要是K^+和CO_3^{2-}提供了适宜的碱性环境，促进了水分的渗透。

近年来，国内外广泛研究用化学制剂加速豆科牧草的干燥速度。目前，国外应用较多的有碳酸钾、碳酸钾＋长链脂肪酸的混合液、长链脂肪酸甲基酯的乳化液＋碳酸钾等制剂。其原理是上述物质能破坏植物体表面的蜡质层结构，促使植物体内的水分蒸发，加快了干燥速度。

2. 人工干燥法 牧草调制过程中，如果干燥进行得缓慢，受微生物、雨淋等的作用，营养物质和干物质损失较大，干草品质降低，所以要进行人工干燥。人工干燥法基本上可分为两种方式：一种是常温鼓风干燥法，另一种为高温快速干燥法。

（1）牧草常温鼓风干燥法 常温鼓风干燥法的工艺流程见图 5-3。

图 5-3 牧草常温鼓风干燥法工艺流程

为了保存牧草的叶片、嫩枝并减少干燥后期阳光曝晒对胡萝卜素的破坏，搂草、集草和打捆作业时，禾本科牧草含水量宜在 35%～40%，豆科牧草在 40%～50%。

牧草的干燥可以在室外露天堆贮场（图 5-4）进行，也可以在干草棚中。棚内设有电风扇、吹风机、送风器和各种通风道，也有在草垛上的一角安装吹风机、送风器，在垛内设通风道的。借助送风的办法对刈割后在地面预干到含水 50% 的牧草进行不加温干燥。这种方法在干草收获时期，早晨、白天和晚间的相对湿度低于 75%，温度高于 15 ℃时使用。

图 5-4 牧草室外干草棚

在干草棚中干草是分层进行的，第 1 层草先堆 1.5～2 m 高，经过 3～4 d 干燥后，再堆上高 1.5～2 m 的第 2 层草，然后如果条件允许，可继续堆第 3 层草，但总高度不超过 5 m。如果相对湿度为 85%～90%，空气温度只有 15 ℃，第 1 天当牧草水分超过 40% 时，就应该昼夜鼓风干燥。

当无雨时，人工干燥工作即应停止，但在持续不良的天气条件下，牧草可能要发热，此时鼓风降温应继续进行，不论天气如何，每隔 6～8 h 鼓风降温 1 h，草堆的温度不可超过 42 ℃。

（2）牧草高温干燥法 将切碎的牧草，置于牧草烘干机中，通过高温空气，使牧草迅速干燥。干燥时间的长短，取决于烘干机的种类、型号及工作状态，从几小时到几十分钟甚至几分钟，就使牧草的含水量由 80% 左右迅速下降到 15% 以下。牧草高温干燥法流程见图 5-5。

牧草烘干机的类型，按其工作性能可分为分批作业式和连续作业式两类。分批式干燥机是周期性完成一批原料的干燥，原料的装载和卸出均在干燥机停止工作的情况下进行；

图 5-5　牧草高温干燥法流程

连续式干燥机是在不间断供料和卸料的条件下连续作业。按其干燥介质的温度，又分为低温干燥机和高温干燥机两种。低温干燥机的入口温度为 75～260 ℃，出口温度为 25～100 ℃；高温干燥机又称快速干燥机，入口温度为 400～600 ℃，出口温度为 60～140 ℃，有气流管道式和气滚筒式两种类型。目前多采用连续作业的气滚筒式高温干燥机。

虽然烘干机中的温度很高，但牧草本身的温度一般不超过 35 ℃。所以牧草营养成分损失较少。目前中国除引进国外的设备与技术外，也相继研制出一些简易、低能耗的人工干燥机械和设备，多采用多环滚筒式结构，干燥能力强，节省能源，安全可靠，大都以煤和石油为燃料。干燥过程一般可分为四段。

① 预热段　苜蓿草经热风炉进入干燥机，由于高温热风的作用迫使苜蓿从常温升至湿球温度，物料水分几乎没有变化，空气温度稍有降低，其放出的热量主要用于物料的预热。

② 等速干燥段　干燥速率为恒值，在此阶段由于物料内部水分扩散速率大于表面水分汽化速率，物料表面始终存在一层自由水，热空气传给物料的热量等于汽化所需的热量。物料表面的温度始终保持为空气的湿球温度，空气温度不断降低。

③ 降速干燥段　物料内部水分扩散速率小于表面水分汽化速率，物料表面没有足够的水分，故干燥速率降低。空气传给物料的热量大于水分汽化消耗热量，物料表面温度不断升高，空气温度进一步降低。如果物料温度达到绝干程度，物料温度将与热风温度一致。

④冷却段　物料水分较上段稍有降低，物料温度降至高于常温 5～8 ℃。冷却风温从常温逐渐上升到物料出口处接近与物料等温。

高温干燥过程中，重要的是调控烘干机使其进入最佳工作状态。烘干机的工作状态取决于原料种类、水分含量、进料速度、滚筒转速和空气的消耗量等。机组进料应连续进行，不得频繁更换原料种类或不同生长发育时期收获的牧草，以免对整个工艺流程和成品质量产生不良影响。为获取优质产品，干燥机出口温度不宜超过 65 ℃，干草含水量不低于 9%，否则会导致牧草营养物质损失，并使消化率降低，品质变劣，提高能耗，降低机组的工作效率。

(三) 青干草加工机械

苜蓿干草机械化收获过程包括割草、搂草、晾晒、捡拾、压捆等。由于苜蓿收割的时间短、季节性强、面积广、生产量大，一般又多在雨季，所以必须实行机械化作业，才能保质、保量地完成收草任务。割草机械有收割机、压扁机、翻晒机、捆草机以及草捆运输车等。

1. 收割机　苜蓿干草生产过程中，首先需要将田间的苜蓿刈割，牧草收割机按照工作装置和割草方式分为旋刀式收割机和甩刀式（往复式）收割机。按照刀头与车体的相对位置又可分为前置式、中置式、后置式和侧置式割草机。按照操作时的动力供给还可分为牵引式收割机和自走式收割机。

在干草生产中可以根据田间条件、收割饲草的种类和经济条件来选择适宜的牧草收割机。往复式收割机在过去的 100 多年中，一直是饲草收获中的主要机械，近年来，旋刀式收割机由于其优越性能（速度快、适应性强）逐渐被人们认识，因而取代了往复式收割机。

2. 刈割压扁机　由于苜蓿的茎、叶的干燥速度不一致，在生产中采用田间压裂茎秆的方式提高茎秆的干燥速度。刈割压扁机就是用来压裂苜蓿茎秆的。刈割压扁机有牵引式刈割压扁机，自走式刈割压扁机和收割、压扁联合机三种。牵引式刈割压扁机经常与收割机联合使用，侧挂式收割机与悬挂于拖拉机后的茎秆压扁机联合作业完成牧草收割与茎秆的压扁任务。随着自走式收割、刈割压扁机和收割、压扁联合机的出现，单纯的牵引式压扁机的使用逐渐减少。目前田间生产中使用的收割机常常是集牧草收割、茎秆压扁和搂成草垄等功能为一体的牧草割晒机。该机械操作简便、田间作业灵活、功能强大。牵引式收割、压扁机如 New Holland 公司生产的 1475 型，广泛用于中小农场；自走式收割、压扁机如 New Holland 公司生产的 HW300、HW320 和 HW340 等机型都是大规模苜蓿干草生产中的首选。

3. 草垄翻晒机　草垄翻晒机在苜蓿干燥过程中用于翻转草垄、加速苜蓿干燥以及为便于牧草打捆操作而改变草垄宽度等方面。草垄翻晒机有侧放式、堆卸式和滚轮式 3 种。其中侧放式草垄翻晒机是应用最广泛的机型，占总量的 85% 以上。在松散干草的晾晒中常使用堆卸式草垄翻晒机。滚轮式草垄翻晒机常用于地势崎岖不平坦的山地。目前，两轮地面从动草垄翻晒机是最受欢迎的侧放式草垄翻晒机。

4. 打捆机械　目前国内外打捆机的种类、型号较多，主要有捡拾打捆机和固定式高密度二次打捆机。捡拾打捆机在田间捡拾干草条，边捡拾边压制成草捆。按照其动力系统的装置分为牵引式和自走式。按照草捆形状又可分为方草捆机和圆草捆机。较普遍的方草捆大小为 356 mm×458 mm×(813～915) mm，草捆的密度约为 160～300 kg/m³。这些小草捆使用方便，易于搬运，机械或人工饲喂均可。

圆草捆大小长为 100～170 cm，直径为 100～180 cm，草捆的密度约为 110～250 kg/m³。大圆草捆的质量最大可达 850 kg，常见的质量为 600 kg。大圆草捆能够抵御不良气候的侵害，但不宜远距离运输。

二次高密度打捆机固定作业是将中等密度的方捆或出自捡拾压捆机的成捆苜蓿进行二次压捆。二次压捆机的草捆密度由原来的 150～180 kg/m³ 提高到 320～380 kg/m³ 或更高。从而缩小了方捆的体积，减少了贮存空间，便于商品草捆的流通和运输成本的降低。

5. 草捆捡拾装卸车　干草打捆后的运输需要草捆捡拾装卸车，以增加工作效率，减少繁重的体力劳动。田间大圆草捆的运输依靠 3 触点悬挂式拖车或前端有尖头叉的装卸车。方草捆的装运是直接将打好的草捆扔到四轮拖车上，或者将一定数量的草捆用推动杆推到光滑的拖车上或两轮集草车上，也可以直接卸到地上。卸到地上的草捆可以用自动草捆捡拾车装运，也可以用手工装到拖车上。

四、青干草的贮藏

干草贮藏是牧草生产中的重要环节，可保证一年四季或丰年歉年干草的均衡供应，保持干草较高的营养价值，减少微生物对干草的分解作用。干草水分含量的多少对干草贮藏成功与否有直接影响，因此在牧草贮藏前应对牧草的含水量进行判断。生产上大多采用感官判断法来确定干草的含水量。

(一) 干草水分含量的判断

当调制的干草水分达到15％～18％时，即可进行贮藏。为了长期安全地贮存干草，在堆垛前，应使用最简便的方法判断干草所含的水分，以确定是否适于堆藏。

(1) 含水分15％～16％的干草，紧握发出沙沙声和破裂声（但叶片丰富的低矮牧草不能发出沙沙声），将草束搓拧或折曲时草茎易折断，拧成的草辫松手后几乎全部迅速散开，叶片干而卷。禾本科草茎节干燥，呈深棕色或褐色。

(2) 含水分17％～18％的干草，握紧或搓揉时无干裂声，只有沙沙声。松手后干草束散开缓慢且不完全。叶卷曲；当弯折茎的上部时，放手后仍保持不断。这样的干草可以堆藏。

(3) 含水分19％～20％的干草，紧握草束时，不发出清楚的声音，容易拧成紧实而柔韧的草辫，搓拧或弯曲时保持不断。不适于堆垛贮藏。

(4) 含水分23％～25％的干草搓揉没有沙沙声，搓揉成草束时不易散开。手插入干草有凉的感觉。这样的干草不能堆垛贮藏，有条件时，可堆放在干草棚或草库中通风干燥。

(二) 青干草贮藏过程中的变化

当干草含水量达到要求时，即可进行贮藏。在干草贮藏10 h后，草堆发酵开始，温度逐渐上升。草堆内温度升高主要是微生物活动造成的。干草贮藏后温度升高是普遍现象，即使调制良好的干草，贮藏后温度也会上升，常常可达44～50 ℃。适当的发酵，能使草堆自行紧实，增加干草香气，提高干草的饲用价值。

不够贮藏条件的干草，贮藏后温度逐渐上升，如果温度超过适当界限，干草中的营养物质就会大量消耗，可消化率降低。干草中最有益的干草发酵菌在40 ℃时最活跃，温度上升到75 ℃时被杀死。干草贮藏后的发酵作用，将有机物分解为CO_2和H_2O。草垛中这样积存的水分会由细菌再次引起发酵作用，水分越多，发酵作用越盛。初次发酵作用使温度上升到56 ℃，再次发酵作用使温度上升到90 ℃，这时一切细菌都会停止活动或被消灭。细菌停止活动后，氧化作用继续进行，温度增高更快，温度上升到130 ℃时干草焦化，颜色发褐；上升到150 ℃时，如有空气接触，会引起自燃而起火。如草堆中空气耗尽，则干草炭化，丧失饲用价值。

草垛中温度过高的现象往往出现在干草贮藏初期，在贮藏一周后，如果发现草垛温度过高，应拆开草垛散温，使干草重新干燥。

草垛中温度增高引起的营养物质损失，主要是糖类分解为 CO_2 和 H_2O，其次是蛋白质分解为氨化物。温度越高，蛋白质的损失越大，可消化蛋白质也越少。随着草垛温度的升高，干草颜色变深，可消化率越低。研究表明，干草贮藏时含水量为15％时，其堆藏后干物质的损失为3％；贮藏时含水量为25％时，堆贮后干物质损失为5％。

（三）散青干草贮藏

当调制的干草水分含量为15％～18％时即可进行堆藏，堆藏有长方形垛和圆形垛两种，长方形草垛一般宽 4.5～5 m，高 6.0～6.5 m，长不少于 8 m；圆形草垛一般直径在4～5 m，高 6～6.5 m。为了防止干草与地面接触而变质，必须选择高燥的地方堆垛，草垛的下层用树干、稿秆或砖块等作底，厚度不少于 25 cm。垛底周围挖排水沟，沟深 20～30 cm，沟底宽 20 cm，沟上宽 40 cm。垛草时要一层一层地堆草，长方形垛先从两端开始，垛草时要始终保持中部隆起高于周边，以便于排水。堆垛过程中要压紧各层干草，特别是草垛的中部和顶部。从草垛全高的 1/2 或 2/3 处开始逐渐放宽，使各边宽于垛底0.5 m，以利于排水和减轻雨水对草垛的漏湿。为了减少风雨损害，长方形垛的窄端必须对准主风方向，水分较高的干草堆在草垛四周靠边处，便于干燥和散热。气候潮湿的地区，垛顶应较尖，干旱地区，垛顶坡度可稍缓。垛顶可用劣质草铺盖压紧，最后用树干或绳索等重物压住，预防风害。

散干草的堆藏虽经济节约，但易受雨淋、日晒、风吹等不良条件的影响，使干草退色，不仅损失营养成分，还会造成干草霉烂变质。试验表明，干草露天堆藏，营养物质的损失最多在20％～30％之间，胡萝卜素损失50％以上。长方形垛贮藏一年后，周围变质损失的干草，在草垛侧面厚度为 10 cm，垛顶为 25 cm，基部为 50 cm，其中以侧面损失为最小，因此应适当增加草垛高度减少干草堆藏中的损失。干草的堆藏可由人工操作完成，也可由悬挂式干草堆垛机或干草液压堆垛机完成。

（四）打捆青干草贮藏

干草捆体积小，密度大，便于贮藏，一般露天堆垛，顶部加防护层或贮藏于干草棚中。草垛的大小一般为宽5～5.5 m，长 20 m，高 18～20 层干草捆。底层草捆应使其宽面相互挤紧，窄面向上，整齐铺平，不留通风道或任何空隙。其余各层堆平（窄面在侧，宽面在上下）。为了使草捆位置稳固，上层草捆之间的接缝应和下层草捆之间的接缝错开。从第 2 层草捆开始，可在每层中设置 25～30 cm 宽的通风道，在双数层开纵向通风道，在单数层开横向通风道，通风道的数目可根据草捆的水分含量确定。干草一直堆到 8 层草捆高，第 9 层为"遮檐层"，此层的边缘突出于 8 层之外，作为遮檐，第 10、11、12 层以后呈阶梯状堆置，每一层的干草纵面比下一层缩进 2/3 或 1/3 捆长，这样可堆成带檐的双斜面垛顶，垛顶共需堆置 9～10 层草捆。垛顶用草帘或其他遮雨物覆盖（图 5-6）。干草捆除露天堆垛贮藏外，还可以贮藏在专用的仓库（图 5-7）或干草棚内，简单的干草棚只设支柱和顶棚，四周无墙，成本低。干草棚贮藏可减少营养物质的损失，干草棚内贮藏的干草，营养物质损失 1％～2％，胡萝卜素损失 18％～19％。

图 5-6 设通风道的干草捆草垛

图 5-7 专用干草仓库

（五）青干草添加剂贮藏

在湿润地区、雨季或调制叶片易脱落的豆科牧草时，为了适时刈割牧草，加工优质干草，可在半干时进行贮藏。这样可缩短牧草的干燥期，避免低水分牧草在打捆时叶片脱落。在半干牧草贮藏时要加入防腐剂，以抑制微生物的繁殖，预防牧草发霉变质。贮藏半干草选用的防腐剂应对家畜无毒，具有轻微的挥发性，且在干草中分布均匀。

1. 氨水处理 氨和铵类化合物能减少高水分干草贮藏过程中的微生物活动。氨已被成功地用于高水分干草的贮藏过程。牧草适时刈割后，在田间短期晾晒，当含水量为35％～40％时即可打捆，并加入25％的氨水，然后堆垛用塑料膜覆盖密封。氨水用量是干草重的1％～3％，处理时间根据温度不同而异，一般在25℃时，至少处理21天，氨具有较强的杀菌作用和挥发性，对半干草的防腐效果较好。用氨水处理半干豆科牧草后，可减少营养物质损失，与通风干燥相比，粗蛋白质含量提高8％～10％，胡萝卜素提高30％，干草的消化率提高10％。用3％的无水氨处理含水量40％的多年生黑麦草，贮藏20周后其体外消化率为65.1％，而未处理者为56.1％。

2. 尿素处理 尿素通过脲酶作用在半干草贮藏过程中提供氨，其操作要比氨容易得多。高水分干草上存在足够的脲酶，使尿素迅速分解为氨。添加尿素与对照相比，草捆中减少了一半真菌，降低了草捆的温度，提高了牧草的适口性和消化率。禾本科牧草中添加尿素，贮藏8周后，与对照相比，消化率从49.5％上升到58.3％，贮藏16周后干物质损失率减少6.6％，用尿素处理高含水量紫花苜蓿（25％～30％）干草，四个月后无霉菌发生，草捆温度降低，消化率均较对照高，木质素、纤维素含量均较对照低。用尿素处理紫花苜蓿时，尿素使用量是40 kg/t 紫花苜蓿干草。

3. 有机酸处理 有机酸能有效防止高水分（25％～30％）干草的发霉和变质，并减少贮藏过程中营养物质的损失。丙酸、醋酸等有机酸具有阻止高水分干草表面霉菌的活动和降低草捆温度的效应。对于含水量为20％～25％的小方捆来说，有机酸的用量应为0.5％～1.0％；含水量为25％～30％的小方捆，使用量不低于1.5％。研究表明，打捆前含水量为30％的紫花苜蓿半干草，每100 kg 喷0.5 kg 丙酸处理，与含水量为25％的未进行任何处理的半干草相比，粗蛋白质含量高出 20％～25％，并且获得了较好的色泽、气味和适口性。

4. 微生物防腐剂处理　从国外引进的先锋 1155 号微生物防腐剂是专门用于紫花苜蓿半干草的微生物防腐剂。这种防腐剂使用的微生物是从天然抵抗发热和霉菌的高水分苜蓿干草上分离出来的短小芽孢杆菌菌株。它应用于苜蓿干草，在空气存在的条件下，能够有效地与干草捆中的腐败微生物进行竞争，从而抑制后者的活动。先锋 1155 号微生物防腐剂在含水量 25％的小方捆和含水量 20％的大圆草捆中使用，效果明显，其消化率、家畜采食后的增重都优于对照。

（六）青干草贮藏过程中的管理

为了保证垛藏干草的品质和避免损失，对贮藏的干草要指定专人负责经常检查和管理。

1. 防止垛顶塌陷漏雨　干草堆垛后 2～3 周后，常常发生塌陷现象，尤其是一次松散捆。因此，应经常检查，及时修整，避免雨、雪带来的损失。

2. 防止垛基受潮　草垛应选择地势高且干燥的场所，垛底应昼夜避免与泥土接触，要用木头、树枝和石砾等垫起铺平，高出地面 40～50 cm。垛底四周要挖一排水沟，深 20～30 cm，底宽 20 cm，沟口宽 40 cm。

3. 防止干草过度发酵与自燃　干草堆垛后，养分继续发生变化，影响养分变化的主要因素是含水量。凡含水量在 17％以上的干草，由于植物体内酶及外部微生物活动而引起发酵，会使温度上升到 40～50 ℃之间。适度的发酵可使草垛紧实，并使干草产生特有的芳香味；但若发酵过度，则可导致青干草品质下降。实践证明，当青干草水分含量下降到 20％以下时，一般不至于发生发酵过度的危险。如果堆垛时干草水分在 20％以上，则应设通风道。

含水量较高的青干草堆垛后，前期发酵过热，到 60 ℃以上时微生物停止活动，但氧化作用继续进行，当温度上升至 150 ℃左右时，青干草一旦接触氧气即可引起自燃。一般发生在贮藏后 30～40 d。因此，如果堆贮的青干草含水量超过 25％时，则有自燃的危险。当发现垛温上升到 65 ℃时，应立即穿垛降温（可用一根适当粗细和长短的直木棍，前端削尖，在草垛的适当部位打几个眼通风降温）或倒垛。

五、青干草的品质检测与利用

（一）青干草的品质检测

干草的品质极大地影响家畜的采食量及其生产性能。通常认为干草品质的好坏，应根据干草的营养成分含量和其消化率来综合评定。但生产实践中，常以干草的植物学组成、牧草收割时的生育期、干草中叶量和不同草类比较、干草的颜色和气味以及干草的水分含量等特征来评定干草的饲用价值。当然这些物理性质与适口性及营养物质含量有密切联系。

优良青干草应含有家畜所必需的各种营养物质和较高的可消化率与适口性，也就是说，单位质量干草应含有较多的净能、可消化蛋白质、丰富的矿物质以及适量的维生素。因此，优质青干草应通过干草品质鉴定来判定。

干草品质鉴定分为感官判断与化学分析两种。化学分析也就是实验室鉴定，包括水分、干物质、粗蛋白质、粗脂肪、粗纤维、无氮浸出物、粗灰分及维生素、矿物质含量的测定，各种营养物质消化率的测定以及有毒有害物质的测定。

1. 感官方面 生产中常用感官判断，它主要依据下列几个方面粗略地对干草品质作出鉴定。

（1）颜色气味 干草的颜色是反映品质优劣最明显的标志。优质干草呈绿色，绿色越深，其营养物质损失就越小，所含可溶性营养物质、胡萝卜素及其他维生素越多，品质越好。适时刈割的干草都具有浓厚的芳香气味，这种香味能刺激家畜的食欲，增加适口性，如果干草有霉味或焦灼的气味，说明其品质不佳（表5-4）。

表5-4 干草颜色感官判断标准

品种等级	颜色	养分保存	饲用价值	分析与说明
优良	鲜绿	完好	优	刈割适时，调制顺利，保存完好
良好	淡绿	损失小	中	调制贮存基本合理，无雨淋、霉变
次等	黄褐	严重损失	差	刈割晚、受雨淋、高温发酵
劣等	暗褐	霉变	不宜饲用	调制、贮存均不合理

（2）叶片含量 干草叶片的营养价值较高，所含的矿物质、蛋白质比茎秆中多1～1.5倍，胡萝卜素多10～15倍，纤维素少1～2倍，消化率高40%。因此，干草中的叶量多，品质就好。鉴定时取一束干草，看叶量的多少，禾本科牧草的叶片不易脱落，优质豆科牧草干草中叶量应占干草总质量的50%以上。

（3）牧草形态 适时刈割调制是影响干草品质的重要因素，初花期或之前刈割时，干草中含有花蕾，未结实花序的枝条也较多，叶量丰富，茎秆质地柔软，适口性好，品质佳。若刈割过迟，干草中叶量少，带有成熟或未成熟种子的枝条的数目多，茎秆坚硬，适口性、可消化率都下降，品质变劣。

（4）牧草组分干草中各种牧草的比例也是影响干草品质的重要因素，优质豆科或禾本科牧草占有的比例大时，品质较好；而杂草数目多时品质较差。对天然草地干草的营养价值来说，植物学组成具有决定性意义。而对人工栽培的饲草营养价值来说，主要是看杂草在整个草群中所占的比重，杂草数量越多，其营养价值就越低。

鉴定干草的植物组成时，先在干草中选20处取样，每处取草样200～300 g，将其充分混合后从中取出1/4，然后分成五类：禾本科、豆科、可食性杂草、饲用价值低的杂草和有毒有害植物，并分别计算各类杂草所占的比例，如果禾本科干草所占比例高于60%时，则表示植物组成优良。如果杂草中有少量的地榆、防风、茴香等，使干草具有芳香的气味，可增强家畜的食欲。但有害植物，如白头翁和翠雀花等不应超过干草总质量的1%。

（5）含水量 干草的含水量应为15%～17%，含水量20%以上时，不利于贮藏。

（6）病虫害情况 由病虫侵害过的牧草调制成的干草，其营养价值较低，且不利于家畜健康。鉴定时抓一把干草，检查叶片、穗上是否有病斑出现，是否带有黑色粉末等，如果发现带有病症，则不能饲喂家畜。

以感官来鉴定干草的品质，各国都有各自的标准，并根据标准分为若干等级，作为干草调制、销售中评定和检验的参考。中国目前尚无统一标准，现将内蒙古自治区的干草等级介绍如下。

① 一级　枝叶鲜绿或深绿色，叶及花序损失不到 5%，含水量 15%～17%，有浓郁的干草芳香气味。但再生草调制的干草香味较淡。

② 二级　绿色，叶及花序损失不到 10%，有香味，含水量 15%～17%。

③ 三级　叶色发暗，叶及花序损失不到 15%，有干草香味，含水量 15%～17%。

④ 四级　茎叶发黄或发白，部分有褐色斑点，叶及花序损失大于 15%，含水量 15%～17%，香味较淡。

⑤ 五级　发霉，有臭味，不能饲喂家畜。

近年来美国修定了干草等级划分的标准，以粗蛋白质（CP）、酸性洗涤纤维（ADF）、中性洗涤纤维（NDF）、可消化干物质（DDM）、干物质采食量（DMI）等指标为依据划分干草的等级（表 5-5）。

2. 营养物质成分　一般认为青干草的品质应根据消化率及营养成分含量来评定，其中粗蛋白质、胡萝卜素、中性洗涤纤维、酸性洗涤纤维是青干草品质的重要指标。

评定干草的品质，许多国家都制定有各自的标准，并根据标准划分干草等级作为征购、调拨时评定和检验的依据。

表 5-5　美国干草等级划分标准

等级	干草类型	蛋白质（%）	酸性洗涤纤维（%）	中性洗涤纤维（%）	可消化干物质（%）	每千克代谢体重干物质摄入量（g/kg）
特等	豆科牧草开花前	>19	30	<39	>65	>143
一等	豆科牧草初花期，20%禾本科牧草营养期	17～19	31～35	40～46	62～65	134～143
二等	豆科牧草中花期，30%禾本科牧草抽穗初期	14～16	36～40	47～53	58～61	128～133
三等	豆科牧草盛花期，40%禾本科牧草抽穗期	11～13	40～42	53～60	56～57	116～117
四等	豆科牧草盛花期，50%禾本科牧草抽穗期	8～10	43～45	61～65	53～55	106～112
五等	禾本科牧草抽穗期或受雨淋	<8	>46	>65	<53	<105

注：标准指标数值精确到个位数，需四舍五入取整后进行比对。

（二）青干草的利用

干草是反刍家畜的主要饲草之一。在美国畜牧业生产中，它是喂养家畜最重要的收获饲草，在家畜饲料中排第三位。干草制作不仅本身容易掌握，同时既可长期贮存和运输，也可以切短、制料、制块或打成各种形式或大小的草捆，大规模的干草生产可以采用现代化机械设备进行自动化的流程生产，便于操纵。

1. 干草作为能量来源 给家畜饲喂干草主要是为维持产肉、产奶、使役和其他功能提供能量。不同的畜种，利用干草作为营养来源的能力不同。反刍家畜和类反刍家畜能够最高效地利用干草。表5-6中表明用干草与其他饲料提供各种家畜摄入总能量的百分数。与其他家畜相比，干草提供的能量对乳牛的作用更大。在北美，干草总数的1/2喂给乳牛，肉牛采食约为1/3。

2. 干草对家畜的作用 反刍家畜需要一定的粗料，犊牛早期饲喂干草能促使其瘤胃发育并预防贫血。高产乳牛群的许多严重问题，都可以追溯到日粮中缺少干草上，如乳牛酮病与真胃变位的发生。如果乳牛的日粮以全青贮饲料与精料组成，乳脂率要减少10%以上。育肥牛也需少量的粗料，因为要用以维持瘤胃的正常机能。研究表明，喂全精料日粮的围栏育肥牛，对少量的粗料有良好的反应。

表5-6 干草与其他种类饲料提供家畜摄入总能量的百分数（%）

动物种类	精料	干草	其他收获的饲草	放牧地	饲草总计	总计
泌乳母牛	37.9	23.1	19.4	19.6	62.1	100
其他乳牛	19.4	29.0	5.9	45.7	80.6	100
育肥肉牛	69.8	16.3	8.7	5.2	30.2	100
其他肉牛	8.7	15.5	4.1	71.7	91.3	100
绵羊与山羊	10.4	4.7	3.1	81.8	89.6	100
马与骡	20.6	18.3	10.2	50.9	79.4	100

3. 干草利用方式及特点 干草的利用方式有两种，一是自由采食；二是限量饲喂。大多数干草是由家畜自由采食。用一个饲槽装满干草放在家畜面前，让家畜随意采食。干草采食量只受家畜的食量所限制。

干草限量饲喂可用两种方式，一是采用人工直接饲喂干草和精料；二是加工成草粉用于全价混合日粮。前者是确定干草在日粮中所占的比例，人工每日分别定量饲喂；后者是将干草混合于全价日粮中，每天饲喂家畜。

第三节 草粉加工技术

一、概 述

（一）草粉加工的意义

将适时刈割的牧草经快速干燥后，粉碎而成的青绿粉即为草粉。草粉作为维生素、蛋白质饲料，在畜禽营养中具有不可替代的作用。许多国家已把牧草草粉作为重要的蛋白质、维生素饲料资源，草粉加工已逐渐形成一种产业。优质牧草经人工快速干燥、自然干燥和人工快速的混合脱水干燥，然后粉碎成草粉或再加工成草颗粒，或者切成碎段后压制成草块、草饼等。这种产品是比较经济的蛋白质、维生素补充饲料。在美国，每年生产苜蓿草粉 1.9×10^6 t，绝大部分用于配合饲料，配比一般为 12%～13%。为适应养殖业向专业化、集约化、工厂化发展，欧美许多国家如美国、法国、丹麦、荷兰等，都建立了大型专业化的草粉生产厂。在苜蓿的最适收获季节，既进行人工高温干燥，同时还组织田间条件下的快速干燥，大量生产优质草粉，配合饲料工厂提供半成品蛋白质补充饲料和维生素饲料，促进浓缩饲料和全价性配合饲料的迅速发展。

目前，中国草粉生产尚处于起步阶段，混合饲料中草粉所占的比例较小。但中国饲草资源丰富，其中很多是蛋白质含量丰富的优质牧草，很适宜加工优质草粉，尤其是近年来优良豆科牧草——苜蓿种植面积逐年扩大，它将为草粉生产开辟更广阔的原料来源。虽然中国南方和北方条件差异很大，但在发展青草粉生产上都各有其优越性，充分利用中国的有利条件，加快发展苜蓿草粉生产，是解决当前蛋白质饲料严重不足问题的一条最有效的途径，前景十分广阔。

随着饲料工业的日益发展，苜蓿草粉等牧草产业的生产亟待兴办，并有很大的市场潜力。调制加工优质草粉，最重要的是要尽量保持牧草原有的营养成分和较高的可消化率及适口性，尤其要注意尽量减少青绿牧草中粗蛋白质、胡萝卜素以及必需氨基酸等营养成分的损失。

(二) 草粉的饲用价值

从保存养分角度来说，以调制青草粉效果较好。例如，在自然干燥下，牧草的养分损失常达 30%～50%，胡萝卜素损失高达 90%，若采用人工强制通风干燥或高温烘干，则牧草的养分损失可大大减少，一般损失仅为 5%～10%，胡萝卜素损失低于 10%。干草当以原形贮存时，其养分损失仍然较大；若及时加工成青草粉贮存，与其他贮藏方法相比较，其养分的损失最少。青草粉具有蛋白质含量高、维生素含量丰富等特点，其含可消化蛋白质为 16%～20%，各种氨基酸总量约为 6%，还含有叶黄素、维生素 C、维生素 K、维生素 E，B 族维生素、微量元素及其他生物活性物质，所以将青草粉作为蛋白质和维生素补充饲料，其作用优于精料。配合饲料中加入一定比例的青草粉具有养分齐全、生物学价值高等特点，对畜禽健康和生产性能都具有较好的效果，可获得显著的经济效益。蛋鸡饲料中添加 3%～5% 的优质草粉，可以提高产蛋率，改善蛋黄颜色，增加蛋壳牢固度和色泽，提高孵化率。肉鸡饲料中添加少量草粉，可增强肉鸡体质，并使皮肤、腿和喙呈现消费者所喜欢的黄色。种母猪的日粮中添加 5%～10% 或更多量的草粉，可替代部分精料，降低饲料成本。

二、草粉加工的原料

(一) 草粉原料的要求

草粉原料应满足的基本要求是保持绿色，茎叶完整，含水量 8%～10%，无霉变及病虫害，无有毒、有害植物。牧草的收割期适宜，应是单位面积土地上营养物质产量最高的时期。

（二）草粉原料种类

加工优质青干草粉的原料，主要是高产优质的豆科牧草以及豆科和禾本科牧草的混播牧草。豆科牧草不仅维生素、微量元素较丰富，而且粗蛋白质含量也较高，作为配合饲料的组分时，可以代替部分精料。不适宜加工青干草粉的有杂类草、木质化程度较高（10％以上）和粗纤维含量高于33％的高大粗硬牧草，如芨芨草、赖草和铁杆蒿等；以及水分含量在85％以上的多汁、青嫩饲草，如聚合草和油菜等。下列牧草种类都是加工草粉的好原料。

1. 紫花苜蓿　紫花苜蓿生长在中国北方地区，年降水量350～750 mm，气候比较干燥，不仅适于苜蓿生长，而且也便于调制干草。苜蓿草粉是世界上产量最大、应用最广泛的草粉之一。

2. 沙打旺　我国北方许多省区的高产豆科多年生牧草，开花较晚，仅收割一次，调制干草比较容易。又因茎秆较粗硬，直接饲喂牲畜利用率较低，必须粉碎后配合其他饲料利用。沙打旺是风沙土地区的高产牧草之一，适于飞机在沙地上播种，所以用其调制干草发展很快。

3. 红豆草　适合在半干旱地区栽培，甘肃、宁夏、山西等地种植较多，这些地区气候较干燥，调制干草比较容易。红豆草特点是富含蛋白质及微量元素，产量较高，但茎基部较粗硬，宜加工草粉利用。

4. 红三叶　广泛分布于温带、亚热带地区，中国的云南、贵州有野生种，贵州、湖北广为栽培利用。属多年生豆科牧草，茎柔软，叶量大，营养丰富，也是调制干草和加工草粉的好原料。

5. 格拉姆柱花草　是热带多年生豆科牧草，在海南、广东和广西种植较多，格拉姆柱花草茎纤细柔软，毛少，叶量丰富，适口性强。当茎叶开始变黄、荚果有1/2由绿变黄褐色时，即可收割调制干草，加工草粉。

6. 野生牧草　天然草地上生长的野生牧草，只要草质优良，营养价值高，无毒害草混入，也可调制成干草后加工草粉。如东北、内蒙古的羊草，甘肃、新疆的老芒麦、披碱草等，也是调制草粉的好原料。

三、草粉加工工艺

（一）草粉加工工艺

加工生产草粉的生产流程一般为：刈割切短→干燥→粉碎→包装→贮运。具体流程见图 5-8。

1. 刈割　影响草粉优良品质的因素很多，除不同品种和生长环境的差异外，最重要的是牧草的刈割时期、干燥方法、干燥时间、工艺流程和加工机械等。其中牧草的刈割时期，对草粉的品质影响最大，也最容易被忽视。

青干草粉的质量与原料刈割期有很大关系，务必在营养价值最高的时期进行刈割。一般豆科牧草第一次刈割在孕蕾初期，以后各次刈割应在孕蕾末期；禾本科牧草不迟于抽穗期。

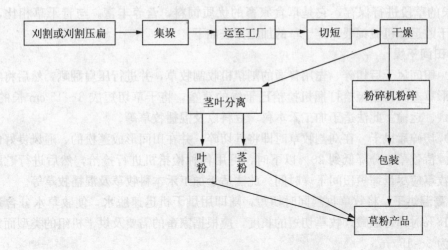

图 5-8 牧草草粉加工工艺流程

2. 切短 在牧草草粉的生产过程中将收获的牧草进行的简单加工，是进行其他加工的前处理，为下一步工作作准备，有利于再加工的充分粉碎。有的生产过程中不进行切短，而是将刈割后的牧草自然干燥后，直接进行粉碎。

3. 干燥 脱水干燥是牧草产品生产中的最重要环节，根据牧草干燥过程中干燥能源的来源，基本上可以划分为三个类型，即以日光能为能源的自然干燥法；以日光能和化学能（或电能）为能源的混合脱水干燥法、以化学能为主导的完全控制干燥过程的人工干燥法。草粉生产中，最好用人工干燥法或混合脱水干燥法。混合干燥法的特点是将刈割后的新鲜牧草在田间晾晒一段时间（依天气情况而定），待牧草的含水量降至一定水平，将其直接送往牧草加工厂进行后续干燥。人工干燥是将切短的牧草放入烘干机中，通过高温空气使牧草迅速脱水。目前，中国除了引进一些大型烘干机组外，也研制了一批简易、耗能低的烘干机，也能加工出优质青干草。

4. 粉碎 粉碎是草粉加工中的最后也是最重要的一道工序，对草粉的质量有重要影响。因此，技术要求也很高。牧草经粉碎后，增大了饲料暴露的表面积，有利于动物消化和吸收。动物营养学试验证明，减小碎粒尺寸，可改善干物质、氮和能量的消化和吸收，减少了料肉比。见表 5-7。

表 5-7 颗粒大小对消化率和饲养效果的影响

颗粒大小（μm）	消化率/%			料肉比
	干物质	氮	能量	
<700	86.1	82.9	85.8	1.74
700~1 000	84.9	80.5	84.4	1.82
>1 000	83.7	79.16	82.6	1.93

（二）草段加工工艺

碎干草又称干草段，是将适时刈割的牧草快速干燥后，切短（或干燥前切短）成 8～

15 cm 长的草段进行保存，它是草食家畜的优质饲料，营养丰富。与青干草相比，体积小，便于贮运和机械饲喂。碎干草的加工方法如下。

1. 田间干燥

（1）田间风干后切碎　先用普通的割草机收割牧草，并进行压扁翻晒，然后将牧草集成长条形草垄，再用捡拾打捆机捡拾已干燥的草垄，将干草切短成 8～15 cm 长的草段，最后贮藏、运输。此法适于加工禾本科、豆科以及混播牧草等。

（2）切碎后风干　在刈割牧草时即将其切碎，并在田间形成蓬松的、通风良好的长方形草垄。待牧草水分降低到 20％以下时，可用各种捡拾机进行捡拾，然后进行贮藏。经切碎的牧草应尽量缩短田间干燥时间。此法适于加工禾本科牧草及混播牧草等。

2. 高温烘干　将牧草收割同时切短，随即用烘干机迅速脱水，使牧草水分含量降至 15％～18％时即可贮藏。牧草切短的长度，应根据家畜的需要及烘干机组的类型而定，长度范围为 3～15 cm。

3. 制块和制饼　为了把碎干草加工成优质日粮，或作为商品便于长途运输，有时在碎干草中添加其他饲料成分，加工成草块、草饼。

（三）草粉粉碎设备

1. 粉碎方式　粉碎是利用机械的方法克服固体物料内部的凝聚力而将其分裂的一种工艺，即靠机械力将物料由大块碎成小块。

（1）击碎　击碎是利用安装在粉碎室内的许多高速回转锤片对饲料撞击而使其破碎。它是一种无支承粉碎方式，其优点是适用性好，生产率较高，可以达到较细的产品粒度，且产品粒度相对比较均匀；缺点是工作部件的速度要求较高，能量浪费较大。利用这种方法的有锤式粉碎机和爪式粉碎机，而且利用最广。

（2）磨碎　磨碎是利用两个磨盘上的带齿槽的坚硬表面，对饲料进行切削和摩擦而破裂饲料。利用压力压榨饲料粒，并且两磨盘有相对运动，因而对饲料粒有摩擦作用。工作面可做成圆形和圆锥形。该法仅用于加工干燥而不含油的饲料。它可以磨碎成各种粒度的成品，但含有大量的粉末，饲料温度也很高。钢磨的制造成本较低，所需动力较小，但加工的成品中含铁量偏高，目前应用较少。

（3）压碎　压碎是利用两个表面光滑的压辊，以相同的速度相对转动，被加工的饲料在压力和工作表面发生摩擦力的作用下而破碎。

（4）锯切碎　锯切碎是利用两个表面有齿而转速不同的对辊，将饲料锯切碎。工作面上有锐利的切削角的对辊，特别适宜于颗粒破碎，并可获得各种不同粒度的成品，产生的粉末也较少，但不适宜于用来粉碎含油和湿度大于 18％的饲料，这时会使沟齿堵塞，饲料发热。这种粉碎机称为对辊粉碎机和辊式磨。

2. 粉碎机种类　粉碎机型号、功率的种类繁多。饲料粉碎主要有击碎、磨碎、压碎、锯切碎四种。目前各地生产的粉碎机，往往是几种方法同时使用。常见的有锤片式、劲锤式、爪式和对辊式四种。粉碎饲草适用锤片式粉碎机。在这里对前三种进行具体介绍。

（1）锤片式粉碎机　利用高速旋转的锤片击碎饲料。按其结构，可分为切向进料式和轴向进料式。前者是由喂料部分、粉碎室和集料三部分构成。喂料部分包括喂料斗和挡板；粉碎室包括转盘、锤片、齿板和筛片等部件；集料部分包括风机、输料管和集粉筒等。锤片式粉碎机的特点是生产率高、适应性广、粉碎粒度好，既能粉碎谷物精饲料，又能粉碎青饲料、粗饲料和秸秆饲料，但动力消耗较大。

（2）劲锤式粉碎机　其结构与锤片式类似，不同之处在于它的锤片不是连接在转盘上，而是固定安装在转盘上。因此，它的粉碎能力较强。

（3）爪式粉碎机　是利用固定在转子上的齿爪将饲料击碎。这种粉碎机具有结构紧凑、体积小、重量轻等特点，适用于含纤维较少的精饲料。该机是由进料、粉碎及出料三部分构成。进料部分包括喂料斗、进料控制插门和喂入管；粉碎部分包括动齿盘、定齿盘和环筛等，动齿盘和定齿盘安有相间排列的齿爪；出料部分为机体下部的出料管。作业时，饲料由喂入斗经插门流入粉碎室，受到齿爪的打击、碰撞、剪切、搓擦等作用，将饲料逐渐粉碎成细粉。同时由于高速旋转的动齿盘形成气流，使细粉通过筛圈吹出。

3. 影响粉碎机作业效率的因素

（1）被粉碎饲料的种类　粉碎饲料的种类不同，作业效率也不同，一般谷物饲料偏高，而粗饲料较低。

（2）饲料含水率　饲料含水率越高，粉碎的生产率和度电产量越低。一般要求粉碎时饲料含水率为15%。

（3）主轴的转速　每一型号的粉碎机，粉碎某一类饲料时都有一个适宜的转速。在此转速作业耗电少，生产率高。如锤片粉碎机的线速度为 70～90 m/s。

（4）喂入量要适当　喂量过大易造成堵塞；喂量过小，动力不能充分发挥，效率低。所以，喂量一定要均匀、适当、不间断。

4. 饲料粉碎机的要求　①根据需要能方便地调节粉碎成品的粒度。②粒度均匀，粉末少，粉碎后不产生高热。③可方便地连续进料及出料。④单位成品能耗低。⑤工作部件耐磨，更换迅速，维修方便，标准化程度高。⑥周详的安全措施。⑦作业时粉尘少，噪声不超过环卫标准。

四、草粉的贮藏

牧草草粉属粉碎性饲料，颗粒较小，比表面积（表面积与体积之比）大，与外界接触面积大。在贮运过程中，一方面营养物质易于氧化分解而造成损失，另一方面牧草草粉吸湿性比其他饲料大得多，因而在贮运过程中容易吸湿结块，微生物及害虫又易乘机侵染和繁殖，严重者导致发热、变质甚至变味、变色，丧失饲用价值。

因此，贮藏优质牧草草粉必须采取适当的技术措施，尽量减少蛋白质及维生素等营养物质的损失。

（一）草粉的贮藏方法

1. 低温密闭贮藏　牧草草粉营养价值的重要指标是维生素和蛋白质的含量。因此贮藏牧草草粉期间的主要任务是如何创造出条件，保持这些生物活性物质的稳定性，减少分解破坏。许多试验和生产实践证明，只有低温密闭的条件下，才能大大减少牧草草粉中维生素、蛋白质等营养物质的损失。中国北方寒冷地区，可利用自然条件进行低温密闭贮藏。

2. 干燥低温贮藏　牧草草粉安全贮藏的含水量在13％～14％时，要求温度在15℃以下；含水量在15％左右时的温度应为10℃以下。

3. 其他贮存法

（1）利用密闭容器换气贮藏　在密闭的容器内，调节气体环境，创造良好的贮存环境。将青干草粉置于密闭容器内，借助气体发生器和供气管道系统，把容器内的空气改变为下列成分：氮气85％～89％，二氧化碳10％～12％，氧气1％～3％。在这种环境条件下贮藏青草粉，可大大减少营养物质的损失。

（2）添加抗氧化剂和防腐剂贮藏　草粉中所含的脂肪、维生素等物质均会在贮藏过程中因氧化而变质，不仅影响草粉的适口性，降低质量，而且可能引起家畜拒食，食入后因影响消化而降低饲用价值。牧草草粉中添加抗氧化剂和防腐剂可防止草粉的变质。常用的抗氧化剂有乙氧喹、丁羟甲苯、防腐剂有丙酸钙、丙酸铜、丙酸等。

（二）草粉贮藏的注意事项

1. 草粉库的要求　贮藏青草粉、碎干草的库房，可因地制宜，就地取材。但应保持干燥、凉爽、避光、通风，注意防火、防潮、灭鼠及避免其他酸、碱、农药造成污染。

2. 草粉包装和堆放的要求　贮藏草粉的草粉袋以坚固的麻袋或编织袋为好。要特别注意贮存环境的通风，以防吸潮。单件包装质量以50 kg为宜，以便于人力搬运及喂饲。一般库房内堆放草粉袋时，按两袋一行的排放形式，堆码成高2 m的长方形垛。

五、草粉的质量检测

鉴定草粉质量时，首先应观察草粉感官性状，然后进行营养成分的分析，在此基础上最后评定草粉的质量状况。

（一）感官鉴定

1. 形状　有粉状、颗粒状等。

2. 色泽　暗绿色、绿色或淡绿色。

3. 气味　具有草香味，无变质、结块、发霉及异味。

4. 杂物　青草粉中不允许含有有毒有害物质，不得混入其他物质，如沙石、铁屑、塑料废品、毛团等杂物。若加入氧化剂、防霉剂等添加剂时，应说明所添加的成分与剂量。

（二）营养成分

青草粉的质量与营养成分，依调制方法不同而显示出较大差异。如苜蓿草粉按调制方法，可分为日晒苜蓿草粉和烘干苜蓿草粉等，其一般营养成分、能量和可消化蛋白质含量见表5-8和表5-9。

表5-8 苜蓿草粉的一般营养成分

指 标	种 类	
	日晒草粉	烘干草粉
粗蛋白质（%）	16～20	12.5～17
粗脂肪（%）	1.8～3.5	1.5～3.5
粗纤维（%）	20～31	27～34
粗灰分（%）	7.0～10	7～11
钙（%）	1.2～1.9	1～1.5
磷（%）	0.18～0.30	0.20～0.40
β-胡萝卜素（mg/kg）	53～238	14～40
维生素（IU/g）	73～409	22～67
叶黄素（mg/kg）	106～456	—

表5-9 苜蓿草粉能量和可消化蛋白质含量

绝干物质中含量	日晒草粉	烘干草粉
粗蛋白质（%）	15.7	16.9～21.8
粗纤维（%）	27.7	26.2～31.9
消化能（MJ/kg）	10.63	11.21～11.30
代谢能（MJ/kg）	2.05	3.01～7.20
可消化蛋白（%）	10.6	13～17

（三）质量等级评定

草粉以含水量、粗蛋白质、粗纤维、粗脂肪、粗灰分及胡萝卜素的含量，作为控制质量的主要指标，按含量划分等级。

含水量一般不得超过10%，但在中国北方的雨季和南方地区，含水量往往超过10%，但不得超过13%。其他质量指标测定值均以绝干物质为基础进行计算。青草粉的种类较多，世界各国都根据不同的原料种类，制定各自的国家质量等级标准。

1. 美国苜蓿草粉标准 美国官方饲料管制协会（AAFCO）规定的苜蓿草粉质量标准见表5-10和表5-11。

表5-10 日晒苜蓿草粉质量标准

质量标准	一级	二级	三级	四级	五级	六级
粗蛋白质（%）	≥20	≥16	≥15	≥14	≥13	≥12

表5-11　烘干苜蓿草粉质量标准

质量标准	一级	二级	三级	四级	五级	六级
粗蛋白质（%）	≥22	≥20	≥18	≥17	≥15	≥13
粗纤维（%）	≤20	≤22	≤25	≤27	≤30	≤33

2. 中国苜蓿草粉标准　中华人民共和国《苜蓿干草粉质量分级》国家标准见表5-12。

表5-12　苜蓿干草粉质量分级

质量指标		等级标准			
		特级	一级	二级	三级
粗蛋白质（%）	≥	19.0	18.0	16.0	14.0
粗纤维（%）	<	22.0	23.0	28.0	32.0
粗灰分（%）	<	10.0	10.0	10.0	11.0
胡萝卜素（mg/kg）	≥	130.0	130.0	100.0	60.0

注：引自《苜蓿干草粉质量分级》（NY/T 140—2002）。

第四节　秸秆类饲料的加工处理

一、秸秆饲料资源及其营养价值

（一）秸秆饲料资源

　　农作物及牧草收获子实后的茎叶、皮壳统称为秸秆。秸秆可分为禾本科作物秸秆，如玉米秸、稻草秸、小麦秸、大麦秸、燕麦秸、高粱秸、粟秸等；豆科作物秸秆，如大豆秸、豌豆秸、蚕豆秸、花生蔓等；其他作物秸秆，如马铃薯蔓、甘薯蔓等；牧草秸秆，如苜蓿秸、沙打旺秸、草木樨秸、箭舌豌豆秸、老芒麦秸等。据统计资料（1984），全世界每年生产秸秆20亿～30亿t，我国每年生产秸秆6亿t左右。大量的农作物秸秆未被充分利用，从而加强了畜牧业对粮食的依赖性。如果将全部秸秆的60%～65%用作饲料，即可满足我国农区、半农半牧区马、牛、羊等家畜粗饲料需要量的88%，既促进农牧结合，又减少了专用饲料地或草场面积，提高了单位面积土地上的食物生产量，解决了人畜争粮的矛盾。

　　目前，秸秆用作饲料的数量较小，即使用作饲料也因加工利用不当，使得秸秆的利用率及饲料报酬较低。从生态效益、社会效益和经济效益来讲，秸秆的利用应走以饲料为基础，进行综合加工利用的途径。

　　农作物秸秆及牧草秸秆营养价值较低，适口性差，消化率低，如果对其进行合理的加工调制，可用于饲喂家畜。因为牛、羊等反刍家畜具有瘤胃，马、骡具盲肠，可将秸秆中难以消化的粗纤维分解成简单的物质而吸收利用。猪是杂食动物，可消化部分经加工调制的粗纤维。另外，草食家畜消化道容积大，必须以秸秆等粗饲料来填充，才能保证消化器官的正常蠕动，使家畜在生理上有饱腹的感觉。由此看来，秸秆是家畜很重要的基础饲料。

（二）秸秆用作饲料的限制因素

1. 营养价值低

（1）秸秆的粗蛋白含量低　豆科秸秆的粗蛋白质含量为 5%～9%，其中可消化粗蛋白质 26.5～46.8 g/kg；禾本科秸秆为 3%～5%，其中可消化粗蛋白质 16.5～27.5 g/kg。一般要求反刍家畜饲料蛋白质含量不应低于 8%，而绝大多数秸秆、荚壳的粗蛋白质含量都低于 8%，且秸秆中蛋白质生物学价值又低，不能为瘤胃微生物的迅速生长繁殖提供充足的氮源，结果导致瘤胃微生物的活力降低，难以充分消化利用进食的秸秆饲料。因而，需要经过加工调制，克服蛋白质含量不足的问题。

（2）秸秆的消化能较低　一般秸秆对牛、羊的消化能为每千克干物质 7.8～10.5 MJ，远远低于牛、羊饲料中所需要的消化能值。如体重 40 kg 左右的育肥羔羊要求饲料中含消化能每千克干物质 17.0～18.8 MJ，秸秆中所含消化能与羔羊需要相差较多。由此看来，以秸秆为主要饲料的牛、羊等家畜，难以从中获取所需要的消化能。因此，秸秆用作饲料要经过加工调制，使更多的总能转化为消化能，或与其他含消化能较高的饲料搭配饲喂。

（3）秸秆缺乏维生素　秸秆是草食家畜冬春的主要饲料，而秸秆中胡萝卜素含量仅为 2～5 mg/kg，这就成为秸秆用作饲料的一个限制因素。因此，应将秸秆与胡萝卜、青贮料等维生素含量较高的饲料搭配。

（4）秸秆中钙、磷含量低，硅酸盐含量高　硅酸盐的存在不利于其他营养成分的消化利用；钙、磷含量低及钙、磷比例不适宜，不能满足家畜的需要。一般奶牛饲料中钙、磷比例应为 2～1.3∶1，肉牛为 1∶1～0.7，绵羊 2～1.2∶1。因此，在饲喂秸秆时应注意调整钙、磷的含量及比例。

2. 消化率低　秸秆的总能含量一般为 15.5～25.0 MJ/kg，与干草相近，但其消化能只有 7.8～10.5 MJ/kg，比干草的消化能 12.5 MJ/kg 低得多，其营养价值只相当于干草的一半。这是因为秸秆的消化率较低的缘故。秸秆的消化率一般低于 50%，牛、羊为 40%～50%，马 20%～30%，猪 3%～25%，鸡难以消化利用，因而使得秸秆中的潜能及其他营养物质不能被家畜消化利用。秸秆消化率低是各种限制消化因素共同作用的结果。

（1）木质素是影响秸秆消化的主要因素　秸秆是一种纤维性饲料，主要成分粗纤维的含量很高。粗纤维包括纤维素、半纤维素、木质素和果胶。

纤维素是高分子葡聚糖，半纤维素主要是木聚糖，它们可以在瘤胃微生物分泌的纤维素酶的作用下，部分降解成单糖，并进一步被酵解成挥发性脂肪酸（醋酸、丙酸、丁酸），然后被家畜用作能量来源；木质素是结构牢固的酚类聚合物，瘤胃微生物不能分解利用。木质素含量与秸秆的消化率密切相关。根据大量的试验数据，莫里生（Morrison）提出了粗饲料中木质素含量（L）与有机物体外消化率关系的回归公式：

$$粗饲料有机物体外消化率 = 96.61\% - 4.49\,L$$

木质素含量每增加 1 个百分点，粗饲料的消化率就降低 4.49 个百分点。木质素影响秸秆消化利用的机理，是木质素与纤维素结合形成一种镶嵌结构，在纤维素、半纤维素等营养物质表面形成保护层，限制了内部营养底物的消化利用。

（2）秸秆的表面膜（禾本科）和蜡质层（豆科）妨碍秸秆的消化利用　茎的表面为表皮组织所覆盖。禾本科秸秆表皮组织外覆盖一层表面膜，它是硅化程度较高的透明体；豆科秸秆表皮组织外有一层蜡质，从而限制了瘤胃微生物进一步作用于秸秆内部的营养物质，降低了秸秆的消化率。

（3）茎表皮角质层和硅细胞对秸秆的消化有一定的限制作用　茎的表面为表皮组织所覆盖，表皮细胞角质化或硅化（如稻草表皮有许多充满二氧化硅的硅细胞），且表皮细胞密集排列无间隙，家畜瘤胃微生物不能与表皮组织内营养物质相接触，从而限制了秸秆的消化利用。

（4）纤维素分子间形成的结晶结构具有高抗蚀性，给秸秆的利用设置了障碍　秸秆中纤维素分子间呈结晶态排列，结晶区纤维素分子间可以形成三种力，这三种力增强了纤维素分子的稳定性，不利于纤维素的消化利用。

秸秆的成分决定其营养价值和消化率。不同秸秆的成分和消化率是不同的，同一秸秆的不同部位也有所不同，甚至差别很大。见表5-13、表5-14和表5-15。

表5-13　几种作物秸秆的基本化学成分（干物质，%）

名　称	细胞内容物	细胞壁	纤维素	半纤维素	木质素	硅酸盐
小麦秸	20.0	80.0	36.0	39.0	10.0	6.0
大麦秸	19.5	80.5	26.4	43.2	7.0	
燕麦秸	26.6	73.4	16.9	46.0	10.5	3.7
玉米秸	26.0	74.0	30.0	33.0	6.8	3.8
高粱秸	26.0	74.0	30.0	31.0	11.0	3.0
玉米穗轴	17.0	83.0	41.0	35.0	8.2	1.6
玉米苞叶	19.0	81.0	43.0	31.0	5.8	1.6
稻草	27.0	73.0	21.0	32.0	5.8	14.0
稻壳	14.0	86.0	14.0	39.0	11.0	22.0
棉子壳	9.0	91.0	15.0	59.0	13.1	
甘蔗渣	18.0	82.0	29.0	40.0	13.0	2.0

表5-14　不同作物秸秆的化学成分和营养价值

秸秆名称	秸秆的营养成分（%）								消化率（%）			
	水分	粗蛋白	粗脂肪	粗纤维	无氮浸出物	灰分	钙	磷	粗蛋白	粗脂肪	粗纤维	无氮浸出物
黍秆	15	6.8	2.0	27.8	40.6	6.8	0.50	0.10	35	30	50	59
大麦秸	15	4.6	1.8	33.6	39.2	5.8	0.18	0.12	27	39	54	53
燕麦秸	15	4.0	1.9	34.3	39.0	5.8	0.21	0.11	34	31	54	46
稻草	15	4.8	1.4	25.6	39.8	2.4	0.69	0.60	46	46	57	32
黑麦秸	15	3.6	1.5	37.3	39.6	3.0	0.42	0.15	19	31	50	40

（续）

秸秆名称	秸秆的营养成分（%）								消化率（%）			
	水分	粗蛋白	粗脂肪	粗纤维	无氮浸出物	灰分	钙	磷	粗蛋白	粗脂肪	粗纤维	无氮浸出物
春小麦秸	15	4.4	1.5	34.2	38.9	6.0	0.32	0.08	23	31	50	37
冬小麦秸	15	4.5	1.6	36.7	36.8	5.4	0.27	0.08	17	33	50	37
大豆秸	15	5.7	2.0	38.7	39.4	4.2	1.04	0.14	50	60	38	66
豌豆秸		6.5	2.3	38.5	31.4	6.2	1.49	0.17	48	44	38	55
苜蓿秸		7.4	1.5	37.3	33.7	5.3	0.56	0.19	44	33	37	49
三叶草秸		5.9	2.2	41.9	22.9	4.1	0.83	0.14	44	33	37	49

表 5-15　玉米、小麦不同部位的消化率

玉米秸的部位	消化率（%）	小麦秸的部位	消化率（%）
茎	53.8	茎	40
叶	56.7	叶	70
芯	55.8	芯	53
苞叶	66.5	麦壳	42
全株	56.6	全株	41.5～51.2

秸秆用作饲料有如此多的限制因素，但我国大多数地区仍采用较为原始的方法饲喂未经处理的秸秆，这些未经加工调制的秸秆利用率很低，即使家畜采食后，也只能起到饱腹充饥作用，不能供给家畜所需的营养。所以，各种秸秆需加工调制，其方法有三种：物理法、化学法、生物法。这几种方法处理秸秆时，并不是彼此独立进行，往往是两种或三种方法结合进行。

（三）影响作物秸秆利用的因素

1. 影响作物秸秆中粗纤维消化率的因素 通常所说的秸秆粗纤维实际上包括纤维素、半纤维素和木质素。秸秆的营养价值取决于细胞壁中上述成分的消化程度，影响因素有：

（1）作物发育阶段 植物在生长过程中，粗纤维含量不断增加，消化率随之而逐渐降低。青嫩植物粗纤维在牛羊体的消化率在80%以上，枯黄植物只有30%～35%。例如，黑麦和青嫩玉米秸秆粗纤维的消化率为72%～82%，临近花期和受精期就降为50%。作物秸秆的粗纤维消化率一般不超过40%。

（2）木质素的含量 随着植物老化，细胞壁逐渐产生木质化过程，各种成分被木质素浸透和包围，从而妨碍了消化液和微生物与纤维素等各种营养成分的接触。木质素含量越高，粗纤维消化率越低。在作物秸秆中粗纤维一半以上是木质素，除本身几乎不能消化之外，还影响消化道中酶对饲料中其他有机物的作用，因此消化率很低。

（3）作物秸秆的毛管结构 秸秆的细胞间隙及维管束之间的孔隙直径在 20 nm 至

10 μm 者，称粗毛管结构；在 0.5～7.5 nm 者，称细胞壁的毛管结构。植物纤维的分解在动物消化道主要依靠纤维分解酶，而大多数纤维分解酶的直径在 1.3～7.9 nm，可以顺利进入粗毛管结构而难于进入毛管结构。秸秆细胞壁毛管结构的表面积远远超过粗毛管结构的表面积。因此，毛管结构严重地影响着秸秆的消化率。任何能够扩大细胞壁毛管直径的方法，都可以有效地提高作物秸秆的消化率。

（4）消化条件　同一种秸秆，因其所搭配饲料的不同，纤维素的消化率也不同。干草或秸秆与含有丰富蛋白质的饲料相配合时，消化率要明显地高于搭配含淀粉和含糖较多的饲料。据奶牛饲喂试验表明，喂单一干草时，纤维素消化率 54%，而将同一种干草与糖用甜菜搭配饲喂时，纤维素消化率下降到 39%。劣质干草纤维素消化率为 43%，加入 10 g 缩二脲时消化率提高 12.8%。在营养贫乏的干草日粮中增加 50～100 g 淀粉（或蔗糖），可使纤维素的消化率由 43% 提高到 54%，但在添加 200 g 时消化率反而降到 34%。在饲喂秸秆的牛的瘤胃中缓缓加入尿素，可以使秸秆消化率提高 10%。掺有秸秆的混合青贮的纤维素消化率比单一秸秆青贮提高 8%～10%。

（5）瘤胃微生物的活动　动物消化道所分泌的淀粉酶可以消化淀粉，胃蛋白酶、胰蛋白酶可以消化蛋白质，脂肪酶可以消化脂肪，但是动物消化道不分泌纤维素酶，只有反刍动物的瘤胃和单胃动物的盲肠、结肠细菌可产生纤维素分解酶。瘤胃微生物的重要贡献之一就是将纤维素分解并转换成动物易于消化吸收的物质。

瘤胃中的某些微生物含有纤维素酶，某些微生物可以直接分解纤维素。为了保证粗纤维的分解，必须保证瘤胃微生物的活动。纤维分解细菌主要是厌氧菌，最适宜的生长繁殖环境是 pH 6.8～7.2，稍有酸性变化就严重限制或停止纤维素分解菌的生命活动。在正常条件下它们分解纤维素为葡萄糖，并迅速形成有机酸，其中主要是醋酸（50%～70%），还有丙酸（15%～30%）和丁酸（10%～20%）。很明显，这些酸性物质被吸收得越快，瘤胃的 pH 就越不容易下降，因而越有利于纤维素分解菌的生长和繁殖。大量唾液的碱性也会中和瘤胃中的酸。牛采食饲草料的 2/3 以上首先为瘤胃微生物所利用，然后才为动物本身利用，所以，日粮中足够的蛋白质和其他营养物质是瘤胃微生物繁殖的营养基础，全价日粮不仅是牛本身的需要，而且是瘤胃微生物的需要。

2. 影响秸秆喂饲价值的因素　秸秆的饲用价值不仅与作物的种类、秸秆的部位及收获时间有关，而且也受气候、产地、品种和耕作方法的影响。

（1）气候　在寒冷气候下生长的植物比热带气候下生长的植物粗纤维含量多而蛋白质含量少。

（2）水地与旱地　在旱地与灌溉地生长的玉米秸其各部位的营养价值是大不相同的。干旱地生长的玉米秸粗蛋白含量高而粗纤维含量低。

（3）品种　近年来世界各国的研究表明，作物品种不同，其秸秆的品质有很大差异。据英国报道，7 个小麦品种间木质素含量变动于 5.3%～7.4%，细胞壁含量变动于 73.2%～79.4%。而据加拿大报道，22 个玉米品种的秸秆含水量在 30% 时，秸秆的体外干物质消化率变动在 42%～63%。另外还有报道，在美国冬小麦、春小麦、大麦的各品种间体外干物质消化率可相差 10% 或更大。

二、秸秆的加工处理方法

秸秆饲料含氮量、可溶性糖类、矿物质以及胡萝卜素含量较低，而纤维物质含量很高，动物采食量少、消化性差。纤维物质可用细胞壁成分来表示，主要包括纤维素、半纤维素和木质素等；饲料干物质除去细胞壁部分则为细胞内容物，包括蛋白质、淀粉、可溶性糖、脂质、有机酸及可溶性灰分等。

纤维素和半纤维素可在瘤胃微生物作用下分解，最终成为反刍家畜的能量来源。但是，自然状态下，细胞壁的各个成分互相交错地结合在一起，作物成熟程度越高，这种结合就越紧密，纤维素、半纤维素就越难以消化。某些粗饲料细胞壁中含有大量硅酸盐和角质等，这些物质也影响饲料的消化性。例如，妨碍稻草消化的主要因素常常是硅酸盐而不是木质素。基于上述原因，改善植物细胞壁成分消化性的方法，主要着眼于破坏其组织构造、降低纤维成分结晶性、改变分子结构以及除去妨碍消化的木质素、硅酸盐等物质。迄今为止，有关改善低质秸秆饲料营养价值的研究报道很多，有试验性的研究，也有从生产实践获得的结果。

归纳起来，秸秆加工处理的目的是改善对家畜的适口性，提高秸秆的消化利用率。秸秆的加工处理方法可分为物理性、化学性和生物学三大类。

（一）物理处理法

1. 切短　切短的目的是便于咀嚼、便于拌料与减少浪费。对切短的秸秆，家畜无法挑选，而且拌入糠麸适当时，改善适口性，也进一步提高动物采食量，从而提高生产性能。

秸秆切短的适宜程度视各种家畜与年龄而异。切得过长作用不大；过细不利咀嚼与反刍，加工花费的劳力也多。一般喂牛可以略长一些，为 3~4 cm；绵羊 1.5~2.5 cm。

2. 粉碎　秸秆进行粉碎对反刍家畜的意义在于增大了秸秆的表面积，提供了与大量细菌和酶接触的机会，易于和其他饲料较好地拌和，减少了被牛只从食槽中拱出，同时由于加快了秸秆在消化道的流通速度而提高了进食量。但粉碎地过细和过粗均不利于家畜的消化利用。粉碎过细虽然有利于瘤胃微生物和酶与秸秆的接触，但因流通速度加快，降低了在瘤胃中的发酵；粉碎过粗，则在瘤胃中的停留时间长，降低了采食量，起不到粉碎的作用。

适宜细度秸秆在牛的日粮中占有一定的比例，可以提高牛的采食量，提高的部分补偿了秸秆所含能量的不足，从而满足了家畜的需要，消化率也稍有所提高，以 0.7 cm 为宜。

各种秸秆和其他粗饲料，经过切短或粉碎处理后，便于家畜咀嚼，减少能耗，同时也可提高采食量，并减少饲喂过程中的饲料浪费。此外，切短和粉碎后的秸秆也易于和其他饲料进行配合，因此，是生产实践上常用的方法。

一般认为，切短和粉碎虽然可以增加粗饲料的采食量，但也容易引起纤维物质消化率的下降和瘤胃内挥发性脂肪酸生成比率发生变化。用体外法测定，切短或粉碎对粗饲料消化率有促进作用。这主要是由于破坏了纤维物质的晶体结构，部分地分离了纤维素、半纤维素与木质素的结合，从而使饲料更易受消化酶作用所致。动物试验结果表明，粉碎能增加粗饲料的采食量，但是由于缩短了饲料在瘤胃内的停留时间，常常会引起纤维物质消化率降低。据报道，秸秆粉碎后，挥发性脂肪酸（VFA）的生成速度和丙酸比率将有所增加，同时由于随之而引起的反刍减少，导致瘤胃 pH 下降。

可见秸秆饲料的切短和粉碎不但影响其本身的结构，而且对动物的生理机能也有重要影响。因此，在什么情况下进行切短或粉碎处理，应根据使用目的和家畜种类的不同而定。例如，秸秆粉碎后喂育肥牛，由于醋酸/丙酸生成比的变化也许能得到较好的育肥效果，但饲喂奶牛则将导致乳脂率的下降。从饲料有效利用的角度考虑，粉碎将加快饲料通过消化道速度，降低消化率，因而不提倡秸秆饲料粉碎后直接饲喂动物，它常作为颗粒成型处理或化学处理的前处理。

3. 浸泡　秸秆饲料浸泡后质地柔软，能提高其适口性。将粗饲料切碎后加水浸泡拌精料，可以改善饲料利用率。有人曾进行了在含有低质粗饲料 25% 或 45% 的配合饲料中加水至 75% 后喂牛的试验。结果表明，浸泡处理可改善饲料的采食量和消化率，提高代谢能利用效率，增加体脂中不饱和脂肪酸比例。这些现象与瘤胃发酵的变化有关，因为浸泡处理将减弱瘤胃内的氢化作用，增加 VFA 生成速度，并减低醋酸/丙酸生成比。

除用水浸泡外，也可用盐水浸泡秸秆 24 h 后喂牛。加入的少许食盐还可以改善适口性。

4. 蒸煮和膨化　蒸煮处理的效果根据处理条件不同而异。研究报道，在压力 2.1 MPa 的条件下，处理稻草 15 min，可获得最佳的体外消化率，而更高强度的处理将引起饲料干物质损失过大和消化率下降。动物试验也表明，过强的处理条件反而会引起饲料消化率下降，这些现象的机理迄今仍不清楚。降低压力而同时增加处理时间，也可以获得较佳的处理效果。

膨化处理，是高压水蒸气处理后突然降压以破坏纤维结构的方法，对秸秆甚至木材都有效果，近年来有不少报道。日本研究者在进行大量试验研究后，已制定了处理木材饲喂肉牛的手册，如处理白桦木的最佳条件是温度 183 ℃、压力 1.0 MPa、时间 15～20 min。膨化处理的原理是使木质素低分子化和分解结构性碳水化合物，从而增加可溶性成分。

国内研究报道，麦秸经热喷处理（压力 0.8 MPa 下处理 10 min，喷放压力 1.4～1.5 MPa）之后，用瘤胃尼龙袋法测定的干物质消化率显著提高，同时动物增重速度也有明显改善。

5. 秸秆碾青　将麦秸铺在打谷场上，厚约 30～40 cm，上边再铺一层 30～40 cm 左右的青苜蓿，苜蓿之上再盖一层同样厚度的麦秸，然后用滚碾压。苜蓿被压扁流出的汁液由麦秸吸收，麦秸的适口性得到改善，压扁的苜蓿曝晒较短时间就可干透。这种方法的好处：①可以较快制成干草；②茎叶干燥速度均匀，减少叶片脱落损失；③提高麦秸的适口性与营养价值。

6. 颗粒饲料　颗粒饲料通常用动物的平衡饲粮制成，目的是便于机械化饲养和减少饲料的浪费。制成颗粒饲料后，由于粉尘减少，质地硬脆，颗粒大小适合，利于咀嚼、改善适口性从而诱使动物提高采食量和生产性能。

7. 射线照射　γ 射线等照射低质粗饲料以提高其饲用价值的研究由来已久。被处理材料不同，处理效果也不尽相同，但一般可以增加体外消化率和瘤胃挥发性脂肪酸（VFA）产量，主要是由于照射处理增加了饲料的水溶性成分，后者被瘤胃微生物有效利用。

8. 青贮　就是将秸秆切碎，加 3%～5% 的糠麸，与青草一起加水青贮。

（二）化学处理法

1. 碱化处理　碱类物质能使饲料纤维内部的氢键结合变弱，使纤维素分子膨胀，而且能皂化糖醛酸和醋酸的酯键，中和游离的糖醛酸，使细胞壁中的纤维素与木质素间的联系削弱，溶解半纤维素，这样就利于反刍动物瘤胃中的微生物起作用。电镜观察也证实了碱处理使粗饲料的组织结构发生变化，更易为瘤胃微生物附着和消化。因此，碱处理的主要作用是提高消化率，从处理效果及实用性看，主要有氢氧化钠处理和石灰处理两种。

（1）氢氧化钠处理　氢氧化钠处理秸秆的方法最初由贝克曼提出，采用的是"湿法"处理，即配制相当于秸秆 10 倍量的氢氧化钠溶液，将秸秆放入浸泡一定时间后，用水洗净余碱，然后饲喂家畜。这种处理方法可大大提高秸秆消化率，但水洗过程养分损失大，而且大量水洗易形成环境污染，所以没有广泛应用。后来有人提出了所谓的"干法"，即将高浓度的氢氧化钠溶液喷洒于秸秆，通过充分混合使碱溶液渗透于秸秆，处理后不需水洗而将处理秸秆直接饲喂动物。干法处理的最大担心是残留于秸秆的余碱对动物的影响。

另外有人提出一种"浸渍法"，该法是将未切碎的秸秆（最好压成捆）浸泡在 1.5% 的氢氧化钠溶液中 30～60 min 捞出，然后放置 3～4 d 进行"熟化"即可直接饲喂动物。据报道，浸渍法处理可使秸秆的有机物消化率提高 20%～25%。如果在浸泡液中加入 3%～5% 尿素，则处理效果会更佳。

碱化处理不能改善秸秆的适口性，但能改善秸秆消化率，促进消化道内容物排空，所以也能提高秸秆采食量。若在此基础上再添加氮源，由于养分平衡性得到改善，稻草养分消化率和采食量的改善更大，可消化物质的采食量超过未处理稻草的 1 倍以上。

对氢氧化钠处理秸秆的效果，体外法与体内法评定有时不很一致。前者评定，处理效果随碱用量增加而增加，但体内法结果表明，较佳的碱用量在 4%～6%。引起这种差异的主因是碱对动物生理的影响。据报道，采食碱化秸秆的动物，饮水量和瘤胃 pH 都将增加，特别是采食过量的 Na^+ 将影响瘤胃渗透压、降低粗饲料在瘤胃的停留时间和纤维质消化率等。但是，氢氧化钠处理秸秆中的残余碱几乎全呈碳酸氢钠状态存在。因此，残余碱本身不会对动物体产生大的影响，关键是其中的钠离子浓度。

（2）石灰处理　石灰与水相互作用后生成氢氧化钙，这是一种弱碱，能起到上述碱化作用。但正因为是弱碱，石灰处理秸秆所需的时间比氢氧化钠要长，才能达到理想效果。必须注意，氢氧化钙非常容易与空气中的二氧化碳化合，生成碳酸钙。对于处理秸秆来说，碳酸钙是一种无用物质。因此，不能利用在空气中熟化的或者熟化后长期放于空气中的石灰。需要使用迅速熟化好的石灰，未熟化的块状石灰要予以正确熟化，已正确熟化的石灰乳应放入严密遮盖的窑内保存。

石灰在水中的溶解度很低，所以处理秸秆最好是用石灰乳，而不用石灰水。所谓石灰乳，就是氢氧化钙微粒在水中形成的悬浮液。

石灰处理秸秆的方法可以是浸泡，也可以用喷淋法。若用浸泡法，一般是将 100 kg 秸秆用 3 kg 生石灰，加水 200~250 L，或者是石灰乳 9 kg 兑 250 L 水。为了增进适口性，可在石灰水加入 0.5% 的食盐。处理后的潮湿秸秆，在水泥地上摊放 1 d 以上，不需冲洗即可饲喂家畜。为了简化手续和设备，可以采用喷淋法，即在铺有席子的水泥地上铺上切碎秸秆，再以石灰水喷洒数次，然后堆放、软化，1~2 d 后就可饲喂。

2. 氨化处理 氨化处理的研究始于 20 世纪 30~40 年代，但是最初仅着眼于非蛋白氮的利用。到了 60~70 年代才转向处理各种粗饲料，以提高其饲用价值。秸秆含氮量低，与氨相遇时，其有机物就与氨发生氨解反应，破坏木质素与多糖（纤维素、半纤维素）链间的酯键结合，并形成铵盐，铵盐则成为牛羊瘤胃内微生物的氮源。获得了氮源后，瘤胃微生物活力将大大提高，对饲料的消化作用也将增强。另一方面，氨溶于水形成氢氧化铵，对粗饲料有碱化作用。因此，氨化处理通过碱化与氨化的双重作用提高秸秆的营养价值。

秸秆经氨化处理后，含氮量能增加 1 倍以上，纤维含量降低 10% 以上，饲喂牛羊等动物时，秸秆采食量和养分消化率能提高 20% 左右，从而能改善动物的生产性能。氨化处理的效果，受处理原料、氨源、含水量、处理温度和时间等多种因素影响。理论上，液氨、尿素、氨水、碳铵甚至尿都可作为氨源，但液氨处理需一定设备，宜在集约化饲养或为多家养殖户服务的条件下推广。国内目前多用尿素处理，获得了十分理想的效果。考虑到价格、来源等因素，有些地方目前用碳酸氢铵处理，在降低氨源用量的情况下，也获得理想效果。

3. 氨—碱复合处理 氨化处理的主要不足之处是秸秆消化率的提高幅度不如碱化处理大，一般在 8~10 个百分点，即稻草的消化率达到 55%，麦秸的消化率达到 50% 左右，尚未能达到中等干草的水平。有人提出了尿素氨化加氢氧化钙复合处理的技术方案，试验结果表明，瘤胃尼龙袋法评定的瘤胃消化率，稻草为 51.0%，单是用尿素或氢氧化钙时为 60.6% 或 61.0%，复合处理的稻草消化率则达到 71.2%；麦秸的相应值分别为 38.86%，47.0%，63.1% 和 66.3%。可见，复合处理技术不仅成本较低，而且能显著提高秸秆消化率。

4. 酸处理 酸处理常用的酸类有硫酸、盐酸、磷酸和甲酸等，前两者多用于秸秆和木材加工副产品，后两者则多用于保存青贮饲料。酸处理秸秆饲料的原理，基本上与碱处理相同。酸能破坏饲料纤维物质的结构，提高动物的消化利用性。由于成本问题，这一方法不很实用。

5. 碱—酸处理 为了解决碱处理后在秸秆中的残留问题，有人进行了碱—酸复合处理秸秆的尝试。方法是先将切碎秸秆放进碱溶液中浸泡，将浸泡好的秸秆转入水泥窖内压实，存放 1~2 d，然后再将这些秸秆放入 3% 的盐酸溶液中浸泡，以中和余碱，除去用过的溶液，即可饲喂动物。也有报道认为，用酸碱处理没有任何效果。碱—酸复合处理的主要缺点是处理成本过高，难以推广。

6. 化学处理脱木质素 普通的碱处理基本上没有脱木质素作用，提高碱用量或增加处理温度和压力时，可除去秸秆的部分木质素，从而使秸秆消化率提高幅度更大。已研究过的用于脱木质素的化学物质有亚氯酸钠、二氧化氯、高锰酸盐、过氧化氢、臭氧、亚硫酸盐、二氧化硫等。有机溶剂如乙醇、丁醇、丙酮配之以适当的催化剂也可脱木质素，且溶剂可以回收；乙二胺也有很好的脱木质素效果。但这些方法离实用还有一定距离。

（三）生物学处理法

生物处理法的实质是利用微生物的处理方法。国内外科技工作者已在这一领域进行了不少试验和研究，如青贮、发酵、酶解等。青贮的原理是通过乳酸菌发酵，产生酸性条件，抑制和杀死各种腐败微生物的繁殖，从而达到保存饲料的目的。为了满足乳酸菌发酵，除了保证密闭、水分等条件外，还需要一定的可溶性糖分（相当于饲料干物质的8%～10%）存在。因此，含糖分高的原料如玉米秆、青草等容易青贮成功；反之就难以青贮成功，如稻草、麦秸等。秸秆青贮时，可在添加可溶性糖分或氢氧化钠处理后进行。发酵处理是通过有益微生物的作用，软化秸秆，改善适口性，并提高饲料利用率。霉菌类，如木霉，对纤维素有很强的分解能力，可将纤维素分解为纤维二糖和葡萄糖等。我国已获得木霉 9 023 等优良菌种。酶解处理则是将纤维素酶溶于水后喷洒秸秆，以提高其消化率。由于微生物及酶的发酵效率和成本问题，目前还难以实用。

生物学处理在未来也许是一种有前途的方法，但就实用角度而言，迄今只有青贮的方法得到推广。

生产实践上，各种方法常常结合使用，如碱处理后制成颗粒或草块、切碎后碱化或氨化等方法是化学和物理处理的结合，青贮过程中添加精料是物理处理与生物学处理法的结合。究竟采用何种方法为好，应根据具体条件因地制宜地选择。目前，切短（碎）等方法已为人们广泛采用；粉碎一般作为颗粒化的前处理，粉碎后直接饲喂的方法往往得不偿失；成本问题如果能得以解决，膨化处理是一种有前途的方法；化学处理中，从成本、处理效果等判断，以氨化处理为最佳；生物学处理中，目前唯有青贮可行。

三、秸秆氨化技术

（一）概述

早在 1933 年德国科学家已开始研究氨化麦秸。此后，很多国家的科学家继续对秸秆氨化技术进行研究和试验。20 世纪 50 年代丹麦人研究氨化技术成果获得专利；70 年代以来，挪威、英国、丹麦、日本、美国、加拿大、突尼斯、尼日尔、埃及、印度、孟加拉等国相继对氨化秸秆进行了系统的研究和试验，有些国家已在全国范围内推广。近年来，许多国家和地区为合理利用秸秆资源，保护生态环境，禁止在田间焚烧秸秆。由于氨化秸秆技术的迅速推广，秸秆养畜已经引起越来越多国家的重视，尤其在那些饲料和牧草资源不足的发展中国家。

（二）秸秆氨化的原理及效果

秸秆的主要成分是粗纤维。粗纤维中的纤维素、半纤维素可以被草食家畜消化利用，木质素则基本不能。秸秆中的纤维素和半纤维素有一部分同不能消化的木质素紧紧地结合在一起，阻碍其被家畜消化吸收。氨化的作用就在于切断这种联系，把秸秆中的这部分营养解放出来，使其能被牲畜消化吸收。通常，氨化后秸秆的消化率可提高 20% 左右，采食量也相应提高 20% 左右。氨化可以使秸秆的粗蛋白含量提高 1～2 倍。氨化还能提高秸秆的适口性以及采食速度。氨化后秸秆总的营养价值可提高 1 倍以上，1 kg 氨化秸秆相当于 0.4～0.5 kg 燕麦的营养价值。此外，含水量高的秸秆经氨化后可防止霉变。氨化还能杀灭杂草种子（如野燕麦、假高粱等）、寄生虫卵及病菌。

（三）氨化秸秆的主要氨源

氨化秸秆的主要氨源有液氨、尿素、碳铵和氨水。

1. 液氨 液氨又叫无水氨，分子式为 NH_3，含氮量 82.3%，常用量为秸秆干物质重量的 3%，它是最为经济的一种氨源，氨化效果也最好。

2. 尿素 尿素的含氮量 46.67%。分子式为 $CO(NH_2)_2$，在适宜温度和脲酶的作用下，可以分解成二氧化碳和氨。化学反应方程式为：

$$CO(NH_2)_2 + H_2O = 2NH_3 + CO_2$$

生成的氨可以氨化秸秆。尿素的用量可以在很大范围内变动，氨化均能成功。如果兼顾到氨化效果和经济性，则推荐其用量为秸秆干物质重量的 4%～5%。

尿素可以方便地在常温常压下运输，氨化时不需要复杂的设备，且对健康无害。此外，用尿素溶液氨化秸秆，对密封条件的要求也不像液氨那样严格。

3. 碳铵 碳铵的含氮量 15%～17%，化学式为 NH_4HCO_3，在适宜的温度条件下，可以分解成氨、二氧化碳和水。化学反应方程式为：

$$NH_4HCO_3 = NH_3 + CO_2 + H_2O$$

按照液氨的含氮量和用量推算，碳铵的用量应为秸秆干物质重量的 14%～19%，但试验表明，8%～12% 的用量就基本达到高用量时的效果，在生产实践中也证明了这一点。

碳铵是我国化肥工业的主要产品，供应充足，价格便宜，使用方便。由于碳铵是尿素分解成氨的中间产物，从理论上分析，只要用量适宜，碳铵处理应该能达到尿素处理的类似效果。由于碳铵分解受温度影响，低温下分解不完全，在寒冷季节氨化效果不甚理想；用氨化炉氨化，温度可达 90 ℃，碳铵能完全分解，一天就可氨化成功。

4. 氨水 它是氨的水溶液，氨浓度不等，一般为 20%。常用量（氨浓度 20%）为秸秆干物质重量的 12%。

除以上四种主要氨源之外，人和动物的尿也可做氨源氨化秸秆。但是，尿的收集困难限制了在生产中的应用。

（四）秸秆氨化的主要方法

目前，我国广泛采用的氨化方法有：堆垛法、窖（池）法和氨化炉法。每种方法又可以用不同的氨源进行氨化，现就不同的方法与氨源举例介绍如下。

1. 堆垛法 首先，选择地势高、干燥平整的地块，先铺一块无毒的聚乙烯薄膜，然后将秸秆堆成垛。秸秆打捆或不打捆、切碎或不切碎都行，预先打好捆或切碎更好一些。尤其是氨化粗硬的玉米秸，切碎更好。一是方便饲喂；二是减少氨化用膜；三是减少秸秆刺破薄膜的危险。堆垛的过程中，将秸秆水分含量调整到 20% 或以上（与尿素和碳氨氨化秸秆相比，液氨氨化要求秸秆水分含量低些），水分含量高一些，氨化效果好；但氨化后晾晒困难，也有霉变的危险。为了方便注氨，堆垛时可先放一个木杠，通氨时取出木杠，插入注氨钢管就容易了。垛好后用无毒聚乙烯塑料薄膜盖严，注入相当于秸秆干物质重量 3‰的液氨进行氨化。最后，要注意密封好注氨孔。使用液氨氨化的人员必须经过培训，严格按照操作规程办事，做好防护，保证安全。氨化所需时间的长短取决于环境温度。温度越高，氨化所需时间越短、温度越低所需时间越长。例如，5～15 ℃需 4 周以上；气温在 30 ℃以上，大约 1 周就可以了。

液氨氨化的方法不太复杂，而且效率比较高，适合大规模氨化，在发达国家应用得比较普遍。但是，液氨氨化需要有一定的设备，一次性投资大。

2. 窖（池）法 它是我国最为普及的一种方法。其优点是：一池多用，既可氨化，又可青贮，可以常年使用；好管护，解除了老鼠咬坏薄膜的后顾之忧。水泥窖、池最好，不但能节省薄膜的用量（仅需一块较薄的盖膜），还可减少修复土窖的麻烦；一次建窖多年使用，也容易测定秸秆的重量。

窖的大小根据饲养家畜的种类和数量而定。首先应该知道每立方米的窖能装多少秸秆，每头牲畜一年需要多少氨化秸秆，是否用本窖制作青贮饲料以及氨化几次等。经过各地测算，每立方米的窖装切碎的风干秸秆（麦秸、稻秸、玉米秸）150 kg 左右。关于牲畜采食秸秆的数量，其差别较大，它与饲喂精料的水平、牲畜大小和种类等有关。

第五节 青贮饲料

青绿多汁饲料有很多优点，但它水分含量高，不易保存。为了长期保存青绿饲料的营养特性，调节饲料淡旺季供应，通常采用两种方法进行保存。一种方法是使青绿饲料脱水制成青干草，另一种是利用微生物的发酵作用调制成青贮饲料。实践证明，优质青贮饲料适口性好，利用率高，是奶牛或肉牛饲养中常用的饲料。将青绿饲料青贮，不仅能较好地保持青绿饲料的营养特性，减少营养物质的损失，而且由于青贮过程产生大量芳香族化合物，使饲料具有酸香味，柔软多汁。改善了适口性，是实现长期保存青饲料的一种良好方法。此外，青贮原料中含有硝酸盐、氢氰酸等有毒物质，经发酵后会大大地降低有毒物质的含量。

一、青贮饲料的特点

1. 青贮饲料可以保持青绿饲料的营养特性 青贮是将新鲜的青饲料切碎装入青贮窖或青贮塔内，通过封埋措施造成缺氧条件，利用厌氧微生物的发酵作用，达到保存青饲料的目的。因此，在贮藏保存过程中氧化分解作用弱，机械损失小，较好地保持了青绿饲料原有的营养特性。

2. 青贮饲料适口性好，利用率高 青绿多汁饲料经过微生物的发酵作用，产生大量芳香族化合物，具有酸香味，柔软多汁，适口性好。有些植物制成干草时，具有特殊气味或质地粗糙，适口性差，但青贮发酵后，成为良好的饲料。

3. 青贮饲料能长期保存 良好的青贮饲料，如果管理得当，青贮窖不漏气，则可多年保存，久者可达二三十年。这样可以在青绿多汁饲料缺乏的冬春季节，均衡地饲喂家畜。

4. 调制青贮饲料受气候影响小，原料广泛 调制青贮饲料的原料广泛，只要方法得当，几乎各种青绿饲料，包括豆科牧草、禾本科牧草、野草野菜、青绿的农作物秸秆和茎蔓，均能青贮。青贮过程受气候影响小，在阴雨季节或天气不好时，晒制干草困难，但对青贮的影响较小，只要按青贮条件要求严格掌握，仍可制成优良青贮料。

5. 调制方法多种多样 除普通青贮法外，还可采用一些特种青贮方法，如加酸、加防腐剂、接种乳酸菌或加氮化物等外加剂青贮及低水分青贮等方法，扩大了可青贮饲料的范围，使普通方法难青贮的植物得以很好地青贮。

二、青贮的原理和条件

(一) 青贮的原理

青贮能实现长期保存青饲料的原理，是将新鲜植物切短压紧在不透空气的窖、塔或其他容器中，形成厌氧条件，通过乳酸菌的发酵，原料中的可溶性糖转变为以乳酸为主的有机酸，当 pH 降到 3.8～4.2 时，所有微生物的活动受到抑制，从而达到保存青饲料营养特性的目的。

青饲料在青贮发酵中要经过复杂的微生物发酵和演替过程。从原料收割、切碎、封埋到起窖前，大体经过以下三个阶段变化。

1. 植物细胞呼吸和好氧菌活动阶段 当新鲜的青饲料切碎装窖后，植物体内细胞尚未死亡，仍在进行着呼吸作用，使植物中的糖分分解，并释放出二氧化碳和水，产生大量的热。如果装填在窖内的青饲料压得紧，排除空气良好，一般料温可达 30 ℃左右；同时，黏附在青贮原料上的各种微生物也以可溶性糖等为养料迅速活动。青贮的最初几天，好氧微生物如腐败菌活动强烈，使青贮物中蛋白质遭受损失。随着残存在窖内的氧气逐渐减少，直至全部耗尽，植物的呼吸作用及好气菌活动变弱或终止。在植物窒息的后期，植物细胞酶继续分解碳水化合物为二氧化碳、醇类及有机酸，少量的蛋白质分解为非蛋白氮。

2. 乳酸菌作用阶段 在青贮的原料上附着的各种微生物，主要有腐败菌、乳酸菌、酵母菌和丁酸菌（酪酸菌），各种微生物都有自己特有的生长繁殖条件。乳酸菌的生长和繁殖要求厌氧，有一定水分和糖分的环境条件要求。刚青贮的头几天，乳酸菌的数量很少，随着窖内的氧气耗尽，乳酸菌利用原料中糖分进行发酵，同时产生乳酸和少量的醋酸以及产生少量甲酸、丙酸和丁酸。但在良好的发酵条件下，丁酸含量一般极少。由于乳酸菌发酵，乳酸浓度不断累积增加，乳酸浓度约为干物质的 7%～8%时，青贮料中 pH 下降到 4 左右。无氧和 pH 4 的条件下，就可抑制各种杂菌的生长。

3. 当青贮料 pH 下降到 3.8 时，乳酸菌自身的活动也完全受到抑制 此时青贮料中各种生物和化学过程都完全停止，达到了保存青饲料的目的。

影响青贮饲料质量的细菌主要为以下几类（表 5-16）：

表 5 - 16　三叶草青贮过程中各种菌组的数量

单位：万

青贮时间	每克青贮料中各种细菌的数量			乳酸含量（%）
	乳酸菌	腐败菌	丁酸菌	
鲜草	42.5	750	0.110	0
3 昼夜的青贮	22 300.0	66 400.0	0.060	0
7 昼夜的青贮	37 200.0	21 000	0.060	0.25
30 昼夜的青贮	8 500.0	5 950	0.040	0.54
90 昼夜的青贮	2 500.0	2	0.025	0.65
10 年的青贮	0.006 5	0	0	1.30

（1）丁酸菌　与乳酸菌一样是厌氧菌，但在酸性环境中不能繁殖。当料温正常时，乳酸菌发酵，随着乳酸不断积累，pH 下降到 4 时，就可抑制丁酸菌的生长。但如果青饲料中糖分不足，不能产生足够的乳酸，或料温达到 35 ℃时，就有利于丁酸菌发酵，它能够使乳酸、葡萄糖发酵产生丁酸，同时使蛋白质分解为氨基酸、胺和氨，形成恶臭，使青贮料发黏。

（2）腐败菌　种类很多，有好氧菌，也有厌氧菌，但它们都不耐酸。所以，只要提高酸度，即降低 pH，都可抑制腐败菌生长。如果酸度不够，腐败菌迅速生长。这类细菌可使蛋白质分解为氨、硫化氢、氢气和甲烷等，青贮饲料的质量明显下降。

（3）霉菌　不怕酸的菌，pH 1.2～10 时均能生存，但它是好氧菌，青贮时只要原料压紧踏实，青贮窖不透气，形成厌氧条件，霉菌就不能繁殖。

（4）醋酸菌　是好氧菌，在有空气的条件下，能把青贮料中乳酸变成乙酸，降低青贮料的品质。在厌氧条件下不能繁殖。

（二）青贮的条件

由青贮发酵原理可知，青贮成败的关键，是能否满足乳酸菌的生长和繁殖的条件，使青饲料从收割到贮存，自身的细胞呼吸作用所消耗的营养物质降低到最低限度。有利于乳酸菌发酵的条件是无氧环境、原料中含有足够的糖和适宜的含水量，三者缺一不可。

1. 控制植物的呼吸作用，创造厌氧环境　青料收割后，应尽可能在短时期内切短、装窖、压实、封闭，是创造厌氧环境的先决条件。切短、压紧以减少原料间的空隙，是排除空气、迅速造成厌氧环境的最好方法。封严是防止空气渗入，压得不紧，青贮窖内空气多，植物细胞呼吸作用时间长，产生热量多，窖内温度高，会给丁酸菌的活动创造条件。封得不严，有空气渗入，有利霉菌的生长。

2. 青贮原料有适当的含糖量，含糖量高和低的原料搭配青贮　为了保证乳酸菌的大量繁殖，形成足量的乳酸，青贮原料中必须含有最低需要的含糖量。一般来说，当青贮原料干物质约为 35%时，可溶性碳水化合物为 6%～8%，也有以糖分含量大于 2%为标准的。糖有利于乳酸菌发酵，含糖低、水分多的原料有利于酪酸菌的发酵。青玉米里含糖量适合乳酸菌发酵，但豆科植物中含糖较少，所以豆科植物和禾本科植物应混合青贮；也可加一些谷物和糖蜜，提高原料中糖含量，创造有利于乳酸菌发酵的条件。

青贮的原料应为"正青贮糖差"，即饲料中实际含糖量大于饲料青贮时的最低需要含糖量。最低需要含糖量根据饲料缓冲度计算，即：

$$饲料最低需要含糖量（\%）=饲料缓冲度（\%）×1.7$$

饲料缓冲度是指中和 100 g 全干饲料中的碱性元素，并使 pH 降低到 4.2 时所需的乳酸质量（以克为单位）。因发酵消耗的葡萄糖只有 60% 转变为乳酸，故系数为 100/60＝1.7，即形成 1 g 乳酸需糖 1.7 g。测定方法是：将青贮原料取样、干燥、粉碎，在 6 个三角瓶内各装入 1 g 干样，然后分别加入去 CO_2 水 40、36、34、32、30 和 28 mL，再依次加入 0、4、6、8、10 和 12 mL 0.1 mol/L 的乳酸，混匀，不时搅动，2 h 后，依次测定其pH。以乳酸的加入量为横坐标，测得的 pH 为纵坐标绘制曲线，估计出 pH 4.2 时所用乳酸的质量（以克为单位）。最后以每 100 g 饲料干物质所用乳酸质量（以克为单位）表示。

例如，玉米株每 100 g 干物质需乳酸 2.91 g，可使其 pH 降低到 4.2。因此，2.91 是玉米株的缓冲度，最低需要含糖量是：2.91%×1.7＝4.95%。玉米株的实际含糖量是26.8%，青贮糖差为：26.8%－4.95%＝21.85%。

常用青贮原料的含糖量见表 5－17。

表 5－17　青贮原料含糖量

类别	饲料	含糖量（%）	类别	饲料	含糖量（%）
				草木樨	4.5
	玉米植株	26.8		山黧豆	4.0
	高粱植株	20.6		箭舌豌豆	3.62
	菊芋植株	19.1		紫苜蓿	3.72
易青贮	向日葵植株	10.9	不易青贮	马铃薯茎叶	8.53
	胡萝卜茎叶	16.8		黄瓜蔓	6.76
	芜菁	15.3		西瓜蔓	7.38
	饲用甘蓝	24.9		南瓜蔓	7.03

根据饲料的青贮糖差，可将青贮原料分为以下三类：

（1）易于青贮的原料　如玉米、高粱、禾本科牧草、甘薯藤、南瓜、菊芋、向日葵、芜菁、甘蓝等。这类饲料中含有适量或较多易溶性糖，具有较大的正青贮糖差。

（2）不易青贮的原料　如苜蓿、三叶草、草木樨、大豆、豌豆、紫云英、马铃薯茎叶等，含糖较少，均为负青贮糖差，宜与第一类混贮。

（3）不能单独青贮的原料　如南瓜蔓、西瓜蔓等，这类植物含糖量极低，单独青贮不易成功，只有与其他易于青贮的原料混贮或添加富含糖的原料，或加酸青贮，才能成功。

3. 水分含量适当　青贮原料中含有适量水分，是保证乳酸菌正常活动的重要条件。水分含量过高或过低，均会影响青贮发酵过程和青贮饲料的品质。如水分过低，青贮时难以踩实压紧，窖内留有较多空气，好氧性细菌大量繁殖，使饲料发霉腐烂。水分过多时，植物细胞液汁被挤压流失，使养分损失，同时，由于植物细胞液汁中糖过于稀释，不能满足乳酸菌发酵所需条件，利于丁酸菌的繁殖活动，使青贮料以丁酸发酵为主。禾本科牧草最适宜的含水量为 65%～75%，豆科牧草含水量则以 60%～70%为好。但青贮原料适宜含水量因质地不同而有差别。质地粗硬的原料，含水量高达 78%～82%。收割早，幼嫩、多汁柔软的原料，含水量应低些，以 60%为宜。

青贮原料的水分要求为 65%～75%，平均为 70%。含水过高或过低的原料，青贮时均应进行处理或调节。如果青贮原料水分过高，可将割下原料在田里摊晒一下后再青贮，如凋萎后还不能达到适宜含水量，可以与粉碎的干草或秸秆混合青贮。一些含水量高的豆科植物、块茎块根类原料可加入一些麸皮等物料，以降低水分并增加一些可溶性的糖。如果水分过低，可适当洒水或掺入含水分多的青绿多汁饲料。

测定青贮料水分的最好方法是实验室分析法，如没有分析条件可用手挤法。合适的含水量应是用力握紧原料，手指缝露出水珠而不往下滴。

（三）青贮设备

青贮设备应根据各地条件，因地制宜，就地取材。常用设备有青贮窖、青贮壕、青贮塔及青贮塑料袋等。青贮设备有地下式、半地下式和地上式 3 种类型。

1. 青贮窖　以地下式窖应用较广，但地下水位高的地方挖窖困难，最好采用半地下式。青贮窖以圆形或长方形为好。窖四周用砖与水泥或石块砌成。这种窖坚固耐用，内壁光滑、不透气、不漏水，青贮容易成功，养分损失较少。

2. 青贮壕　在地势干燥的坚硬土层上沿山坡的一边挖成，底部和四壁可由混凝土作成光滑平面，避免泥土污染，底部应向一端倾斜以便排水。青贮数量多时可采用青贮壕，一般深 3.5～7 m，宽 4.5～6 m，长度可达 30 m 以上，在较平坦的地方，亦可用浅沟式青贮壕。

3. 青贮塔　是用砖石和水泥等制成的永久性塔形建筑。在塔身一侧每隔 2 m 高，开一个约 0.6 m×0.6 m 的窗口，装时关闭，取空时敞开。青贮塔高 12～14 m，直径 3.5～6 m。原料由顶部装入。近年来，国外采用密封式青贮塔，塔身由金属和树胶液黏缝制成，完全密封，塔的大小与上述相同，顶部装有一个呼吸袋，便于内部气体的扩张和收缩，用机械从底部取料。这样做青贮料品质好，养分损失最少，但成本高，只能依赖机械装填。

4. 青贮塑料袋　选用无毒、厚实的聚乙烯塑料薄膜，黏成与化肥袋直径大小相近的塑料袋，每袋可贮 60～80 kg；贮后把口扎紧，可以搬动，分层堆在棚舍内，或畜舍棚架上。此法便于移动，可就地青贮，取用方便，损失少，但容量小，花工时较多。

青贮地址应选择在土质坚硬、地势高燥、地下水位低、靠近畜舍、远离水源和粪坑的地方。青贮设备要坚固牢实，不透气，不漏水。青贮设备内部要光滑平坦，如为方形或长方形窖，四角要挖成半圆形，使青贮料能均匀下沉，不留空隙。而且要有一定深度，或深度应大于宽度，宽度与深度之比一般以 1∶1.5 或 1∶2 为宜，以利于借助青贮料本身的重力来压实、排气。半地下窖，先把地下部分挖好，再用湿黏土、土坯、砖、石等向上垒起 1 m 高，地上部分窖壁厚度不应小于 0.7 m，以防透气。地上式青贮设备还应注意防冻。青贮窖壁应有一定的倾斜度，上大下小，便于压紧，防止倒塌。

（四）青贮饲料的制作方法

青贮前的准备：选择或建造青贮容器，青贮容器应于青贮前 1～2 d 准备好。若用旧窖（壕），则应事先进行清扫、补平，准备好铡草机，接通电源，预备好塑料布及收割和装运工具等。青贮的步骤和方法如下：

1. 青贮饲料作物和牧草的适时收割 青贮原料要适时收割，保证适宜的含糖量和含水量。豆科植物在孕蕾期和初花期，禾本科植物在孕穗期和抽穗期，玉米在乳熟期，应及时收割。在利用农作物秸秆、藤、蔓、秧青贮时，应在不影响作物产量的情况下，尽量争取提前收割，要在保留 1/2 绿色叶片时进行收割，薯藤、菜秧要避免霜打、长时间晾晒及堆放过久，以防影响青贮质量。铡切要快。

2. 切短 青贮原料收割后，应立即运往青贮地点进行铡切，秸秆一般切短至 3 cm，青草和藤蔓可以短到 10～20 cm。

3. 装填 装填前，窖底可填一层 10～15 cm 厚切短的秸秆或软草，以便吸收青贮汁液。在窖四周可铺填塑料薄膜，加强密封，防止漏气渗水。装填饲料时应逐层装入，每次（层）装 15～20 cm 厚，装一层踩实一层，边装边踏实，直至装满并超出窖口 60～100 cm 为止。长形窖、青贮壕或地面青贮时，可用马车或拖拉机进行碾压，小型窖可用人力或畜力踏实。青贮料紧实程度是青贮成败的关键之一。青贮紧实度适当时，发酵完成后青贮料下沉深度不超过 10%。

4. 密封 密封要严实，青贮饲料装满窖之后，上面用厚塑料布封顶，四周用泥土将塑料布压实封严，防止漏气和雨水流入。冬季为了保温，顶部可以适当压些湿土或铺放一些玉米秸。

5. 管理 对青贮窖要经常检查，发现下沉、裂缝应及时覆土填实，严防漏气、漏水。在距窖四周 1 m 处挖沟排水。

（五）青贮饲料品质鉴定

原料越软，发酵时间越短；原料越坚硬，发酵时间就越长。一般情况下，青贮 30～45 d 可完成发酵全过程，即可开封使用；若原料坚硬，需 45～50 d。豆科植物发酵更长，需 3 个月左右。青贮饲料开封、饲喂前应进行质量检查。

1. 感官鉴定法 根据青贮料的颜色、气味、口味、质地、结构等指标，通过感官评定其品质好坏的方法称为感官鉴定法。这种方法简便，迅速，不需要仪器设备，生产实践上能普遍应用（表 5 - 18）。

表 5 - 18 感官鉴定标准

品质等级	颜色	气味	酸味	结构
优	青绿或黄绿色，有光泽，近于原色	芳香酒酸味	浓	湿润、紧密，茎叶花保持原状，容易分离
中	黄褐或暗褐色	具有刺鼻酸味，香味淡	中等	茎叶花部分保持原状，柔软，水分稍多
劣	黑色、褐色或暗绿色	具特殊刺鼻腐臭味或霉味	淡	腐烂、污泥状、黏滑或干燥黏结成块

2. 实验室鉴定法 实验室鉴定内容，包括青贮料的酸碱度（pH）、各种有机酸含量、

微生物种类和数量、营养物质含量变化以及青贮料可消化性及营养价值等，其中测定 pH 及各种有机酸含量较普遍采用。

pH 是衡量青贮料品质好坏的重要指标之一。优质青贮料，pH 要求在 4.2 以下，超过 4.2（半干青贮除外）说明其中腐败细菌、丁酸菌等活动较为强烈。劣质青贮料 pH 高达 5～6。实验室测定 pH，可用精密酸度计测定。生产现场可用精密石蕊试纸测定，简便迅速。

有机酸含量是评定品质优劣的可靠指标。优质的青贮料含有较多的乳酸，丁酸和醋酸含量少。品质差的青贮料含丁酸多而乳酸少。

三、特种青贮

（一）低水分青贮（半干青贮）

低水分青贮料制作的基本原理是原料含水少，造成对微生物的生理干燥。青饲料刈割后，经风干水分含量达到 45%～50% 时，植物细胞的渗透压达 5.57～6.08 MPa。这样的风干植物对腐败细菌、丁酸菌以至乳酸菌均造成生理干燥状态，使其生长繁殖受到限制。因此，在青贮过程中，微生物发酵微弱，蛋白质不被分解，有机酸形成数量少，虽然霉菌等在风干植物体上仍可大量繁殖，但在切短紧实的青贮厌氧条件下，其活动亦很快停止。

低水分青贮料含水量低，干物质含量比一般青贮料多 1 倍，具有较多的营养物质，味不酸或微酸、有果香味、不含丁酸、适口性好、有机酸含量低、pH 4.8～5.2。由于含糖量的高低或形成乳酸的多少在这种方法中无关紧要，对青贮原料要求可以放宽，扩大了青贮原料的范围。

根据低水分青贮的基本原理和特点制作时，要求青贮原料应迅速风干，豆科牧草含水量应达到 50%，禾本科达 45%。原料必须切短，装填必须紧实，封密要严实，以防止原料植株的呼吸作用及好氧性微生物对原料中养分的分解破坏。

（二）外加剂青贮

在制作青贮饲料中，可添加防腐剂（如甲醛等）、有机酸（甲酸）或无机酸（硫酸等）。加酸目的是使青贮原料的 pH 一开始就下降到需要的要求，从而排除或减少青贮过程中一些好氧和厌氧发酵的养分损失。由于外加化学制剂较贵以及使用上的一些缺点，目前生产中应用较少。另外，在制作青贮饲料中添加尿素或氨水，提高饲料中粗蛋白的含量，饲喂反刍动物有良好的效果。

1. 添加甲醛青贮　甲醛能抑制青贮过程中各种微生物的活动，防止青绿饲料在青贮过程中的霉变。一般按青饲料重的 0.1%～0.66% 添加 5% 甲醛液青贮，能保证青贮过程中没有腐败细菌的活动；而一般青贮时，每克青贮料中腐败细菌含量达 30 多亿，第 5 天仍达 0.15 亿。加甲醛青贮的干物质损失 5.3%～7%，而一般青贮损失 10%～11.4%，消化率亦比一般青贮提高 20%。

2. 加酸青贮　加入适量酸，可补充自然发酵产生的酸度，进一步抑制腐败菌和霉菌的生长。外加的酸制剂包括有机酸（如甲酸、醋酸等）和无机酸（如硫酸、盐酸等）。目前国内外应用较多的是甲酸，在每 100 kg 禾本科牧草添加 0.3 kg，每 100 kg 豆科牧草添加 0.5 kg。因为甲酸在青贮过程和瘤胃消化过程中，能分解成对家畜无毒的 CO_2 和 CH_3，甲酸本身也可被吸收利用。用添加甲酸制成的苜蓿青贮料饲喂奶用犊牛，平均日增重达 0.757～0.817 kg，而喂普通青贮料日增重只有 0.429～0.541 kg。

加酸制成的青贮料，颜色鲜绿，具香味，品质高，蛋白质分解损失仅 0.3%～0.50%，而在一般青贮中蛋白质损失则达 1%～2%。苜蓿、红三叶加酸青贮，粗纤维减少 5.2%～6.4%，且减少的这部分粗纤维水解变成低级糖，可为动物吸收利用。一般青贮的粗纤维仅减少 1.1%～1.3%。胡萝卜素、维生素 C 及 Ca、P 无机盐等，加酸青贮也比一般青贮损失少。

3. 添加乳酸菌青贮 接种乳酸菌能促进乳酸发酵，增加乳酸含量，以保证青贮质量。加乳酸菌纯培养物制成的发酵剂或由乳酸菌和酵母培养制成的混合发酵剂青贮，可以促进青贮料中乳酸菌的繁殖，抑制其他有害微生物的作用，提高青贮品质。一般每 1 000 kg 青饲料中加乳酸菌培养物 0.5 L 或乳酸菌剂 450 g；每克青贮原料中加乳酸杆菌 10 万个左右。

4. 添加氮化物青贮 在制作青贮饲料时，添加尿素或无水氨等氮化物，通过微生物的利用形成菌体蛋白，提高青贮料中的粗蛋白质含量，饲喂反刍动物有良好的效果。

可以在每 100 kg 青贮原料中添加 0.5 kg 尿素，添加方法是：原料装填时，将尿素制成水溶液，均匀喷洒在原料上。除尿素外，还可以在每 100 kg 青贮原料中加 0.35～0.4 kg 磷酸脲，不仅能增加青贮饲料的氮、磷含量，还能使青贮料的酸度较快地达到标准，有效地保存青贮饲料中的营养。青贮原料中可添加尿素或硫酸混合物 0.3%～0.5%，青贮后每千克青贮料中增加可消化蛋白质 8～11 g。玉米青贮料加 0.2%～0.3%的硫酸钠，可使含硫氨基酸增加 2 倍。青贮玉米秸营养成分见表 5-19。

表 5-19　3 种青贮玉米秸营养成分的测定结果（%）

项目	pH	干物质	粗蛋白	真蛋白	灰分	粗脂肪	粗纤维	钙	磷
不加添加剂	3.76±0.11	93.53±0.37	6.52±0.12	4.44±0.10	9.32±0.14	4.35±0.09	27.83±0.24	0.63±0.02	0.21±0.01
添加乳酸菌	3.66±0.44	95.06±0.23	5.86±0.12	4.40±0.07	7.61±0.01	3.53±0.01	28.56±0.50	0.80±0.03	0.37±0.01
添加尿素+碳酸氢铵	3.99±0.05	92.58±0.23	7.39±0.07	4.01±0.11	4.34±0.01	4.34±0.01	28.76±0.40	0.56±0.02	0.23±0.02

5. 添加酶制剂青贮 酶制剂是由多种水解酶组成的复杂酶系，主要由黄曲霉、黑曲霉、米曲霉、木霉等真菌和细菌浅层培养物浓缩而成。应用比较广泛的有非淀粉多糖酶（包括纤维素酶、葡聚糖酶、木聚糖酶、甘露聚糖酶、α-半乳糖苷酶和果胶酶）、植酸酶、淀粉酶、蛋白酶和脂肪酶 5 类。当前，国内外利用酶制剂常采用以下两种方法：①体内酶解法，把纤维素酶以添加剂形式加到精料内拌匀后饲喂动物，借助于动物消化道的内环境而发挥作用；②体外酶解法，把酶制剂与秸秆或青饲料拌匀后，在一定的温度、湿度和 pH 下堆积或密封发酵一定时间后饲喂动物。

青贮的实质就是在厌氧条件下，利用乳酸菌发酵产生乳酸。当使青贮物中的 pH 下降到 3.8～4.2 时，青贮物中所有微生物都处于抑制状态，而达到保存青饲料营养价值的目的。在青贮过程中添加酶制剂的主要目的是分解不溶性纤维物质，破坏植物细胞壁。细胞壁是以纤维为骨架，与其间夹杂的半纤维素、木质素、果胶等不溶性大分子共同构成的复杂体系。因此，必须利用复合酶中纤维素酶、半纤维素酶、果胶酶和淀粉酶等多种酶的协同作用，才能破坏植物细胞壁，而使细胞内容物如糖等物质溶出，使组成细胞壁的部分纤维素等物质分解成单糖和葡萄糖。乳酸菌只能利用葡萄糖、果糖等单糖，这样在复合酶的作用下，乳酸发酵底物的量增加，促进乳酸发酵，加快发酵进程。同时，随着发酵的进行，青贮物料温度升高，pH下降，又有利于加快酶的反应。这样，发酵与酶反应的相互促进大大地加快发酵进程，既减少了杂菌的繁殖时间和数量，又降低了由于青贮物料细胞代谢所造成的营养物质的损失。

按青贮原料重量的0.01%～0.25%添加酶制剂青贮，不仅能保持青饲料的特性，而且可以减少养分的损失，提高青贮料的营养价值。豆科牧草苜蓿、红三叶添加0.25%黑曲霉酶制剂青贮，与普通青贮相比，纤维素减少10.0%～14.4%，半纤维素减少22.8%～44.0%，果胶减少29.1%～36.4%，青贮料中含糖量保持在0.47%；如酶制剂添加量增加到0.5%，则含糖可高达2.48%，粗蛋白质提高26.68%～29.20%。在90%水生饲料和10%稻草粉混合的青贮原料中按原料重的2%～5%添加木霉固体曲青贮，可使粗纤维减少8.4%，粗蛋白质提高28.6%。

王安等（1997）采用绿色木霉菌株，以稻草为主要原料，经固体发酵及提取等方法制得以纤维素酶为主，包括纤维素酶、半纤维素酶、果胶酶、淀粉酶、蛋白酶等复合酶，并将之作为添加剂青贮饲料。结果表明，添加复合酶不仅可以提高青贮质量，还可以延缓二次发酵（表5-20）。添加纤维素复合酶使小黑麦青贮中的中性洗涤纤维和半纤维素含量显著降低（$P < 0.05$），玉米青贮中的酸性洗涤纤维和纤维素的含量显著降低（$P < 0.05$）（表5-21）。

表5-20　酶对玉米青贮影响的感官评定

处　理	色泽	味	嗅	质地	秸秆完好情况
对照组（酶0.00）	叶浓绿，茎淡绿	微酸	淡果香味	稍软	青贮室壁有发霉气味
试验组（酶0.10）	叶浓绿，茎淡绿	微酸	淡果香味	柔软	无发霉现象
开封2周后					
对照组（酶0.00）	叶黄褐，茎黄褐	霉酸	轻度霉味	茎、叶黏	青贮室壁有轻度发霉现象
试验组（酶0.10）	叶、茎淡绿	微酸	淡果香味	柔软	无发霉现象

表5-21　酶对小黑麦和玉米青贮的影响

含　量	酶水平			
	0.00%	0.05%	0.10%	0.50%
小黑麦青贮				
中性洗涤纤维（%）	51.69±0.51[a]	47.67±0.16[b]	47.05±0.37[b]	39.94±0.32[c]
酸性洗涤纤维（%）	30.20±0.21[a]	30.17±0.22[a]	30.51±0.58[a]	24.91±0.71[b]
木质素（%）	4.28±0.08[a]	4.24±0.09[a]	3.98±0.06[a]	3.26±0.35[b]

（续）

含 量	酶水平			
	0.00%	0.05%	0.10%	0.50%
纤维素（%）	25.92±0.21[a]	25.95±0.22[a]	25.53±0.56[a]	21.64±0.520[b]
半纤维素（%）	21.49±0.72[a]	17.50±0.34[b]	16.54±0.52[b]	15.11±0.82[b]
玉米青贮				
中性洗涤纤维（%）	60.46±0.23[a]	58.84±0.22[a]	58.77±0.07[a]	42.78±7.40[b]
酸性洗涤纤维（%）	39.32±0.45[a]	36.51±0.26[b]	36.75±0.36[b]	33.51±0.36[c]
木质素（%）	4.18±0.21	4.12±0.14	4.15±0.16	4.13±0.04
纤维素（%）	35.15±0.59[a]	32.19±0.35[b]	32.25±0.41[b]	29.38±0.32[c]
半纤维素（%）	22.13±0.67[a]	22.33±0.32[a]	22.01±0.39[a]	16.77±0.60[b]

注：同行内差异显著用不同上角字母标记（$P<0.05$）。

添加酶制剂可提高青贮质量，但不同植物细胞壁的组成及结构有差别，因此酶制剂对青贮料的作用效果也有所不同。由表 5-21 可以看出，添加 0.05% 纤维素复合酶时，小黑麦青贮中的中性洗涤纤维显著降低，而玉米青贮则不然；当纤维素复合酶的水平为 0.50% 时，木质素在小黑麦青贮中的含量显著降低，而在玉米青贮中含量则无显著变化。可见酶制剂的作用具有很强的特异性。因此，为了使酶制剂能够最大限度地发挥作用，必须有针对性地筛选和使用适合不同品种饲料的多酶系统。

四、影响青贮饲料营养价值的因素

青贮饲料和青贮原料相比较，营养物质不会增加，而有损失，其损失的情况依据青贮发酵情况而定。由表 5-22 可见，就常规分析成分看，黑麦草青草与其青贮料没有明显差别，但从化学成分看，青贮料与其原料相比，有些成分已发生了转化。青贮料的粗蛋白质主要是由非蛋白质氮所组成；而无氮浸出物中，糖分极少，乳酸与醋酸则相当多。这些非蛋白氮（主要是氨基酸）与有机酸对于反刍动物仍有营养价值。

表 5-22 黑麦草与其青贮料的化学成分比较（%）

名 称	黑麦草青草		黑麦草青贮	
	含量	消化率	含量	消化率
有机物质	89.8	77	88.3	75
粗蛋白质	18.7	78	18.7	76
醚浸出物	3.5	64	4.8	72
粗纤维	23.6	78	25.7	78
无氮浸出物	44.1	78	39.1	72
蛋白质氮	2.66		0.91	
非蛋白质氮	0.34		2.08	

（续）

名　称	黑麦草青草		黑麦草青贮	
	含量	消化率	含量	消化率
挥发氮	0		0.21	
糖类	9.5		2.0	
聚果糖类	5.6		0.1	
半纤维素	15.9		13.7	
纤维素	24.9		26.8	
木质素	8.3		6.2	
乳酸	0		8.7	
醋酸	0		1.8	
pH	6.3		3.9	

青贮的损失，主要是在发酵过程中由植物细胞的呼吸作用和发酵产热引起的，约占原料干物质的 5%～30%。另外，青贮过程中青贮原料渗出液流失也带走部分可溶性物质。所以，青贮技术和青贮方法是影响青贮料营养价值的主要方面。据美国资料报道，高水分青贮使干物质平均损失 20%，低水分青贮使干物质损失 15%，而田间晒制干草使干物质损失 25%。

韩永芬等（2000）比较了不同处理串叶松香草营养成分的变化。由表 5-23 可看出，营养成分高低的顺序是：青草＞青贮（加微）＞青贮＞EM 处理＞微贮＞干草。将干草作微贮、EM(effective microorganisms) 处理，其粗蛋白质、粗脂肪、无氮浸出物含量均有所增加，而粗纤维含量则有所降低，且 EM 处理效果优于微贮，其营养成分相当于青贮串叶松香草。加微青贮能提高青贮质量，粗蛋白质、粗脂肪、无氮浸出物比青贮分别提高 2.99%，2.95%，2.00%，粗纤维降低 0.63%。因此，如果要保存串叶松香草作青料利用时，在有条件的情况下可采用加微青贮法；若作干草用，在饲喂时最好作 EM 或微贮处理，以提高其饲用价值。

表 5-23　不同处理对串叶松香草营养成分的影响（%）

处　理	粗蛋白质		粗脂肪		粗纤维		无氮浸出物	
	含量	增减	含量	增减	含量	增减	含量	增减
干草	10.81		2.01		41.26		27.71	
青草	11.79		2.87		37.68		29.06	
青贮	11.38		2.71		38.02		28.99	
青贮加微贮制剂	11.72	2.99	2.79	2.95	37.78	-0.63	29.57	2.00
干草微贮	11.32	4.72	2.11	4.98	39.79	-3.56	28.88	4.22
干草 EM 处理	11.38	5.27	2.19	8.95	38.58	-6.50	28.98	4.58

将青绿饲料与农作物秸秆混合青贮，鲜草流出的汁液被秸秆吸收，既可以减少富含营

养汁液的流失，又可使高水分的鲜草顺利青贮。汤丽琳（2002）在实验室中将初花期的白三叶草和风干稻草切碎，按 1∶1 进行青贮。经测定，白三叶草含水量由青贮前的 87.1%下降至青贮后的 55.2%，由于含水量下降使白三叶草青贮易于成功，同时避免了汁液流失。白三叶草在青贮过程中，由于部分汁液渗出，使其易溶性养分略有下降，粗纤维含量相对提高；稻草由于吸收白三叶草富含营养的汁液而使粗蛋白、脂肪、可溶性碳水化合物和矿物质均有不同程度的提高，粗纤维含量则相对下降（表 5-24）。

表 5-24　白三叶草青贮前后营养成分的变化（占绝干基础的百分比，%）

名称	处理	粗蛋白	粗脂肪	粗纤维	无氮浸出物	粗灰分
白三叶草	青贮前	25.3	6.0	17.0	42.0	9.7
	青贮后	21.7	5.3	21.1	39.9	8.6
稻草	青贮前	3.4	2.6	25.2	55.1	13.7
	青贮后	7.0	3.3	17.3	57.2	15.2

反刍动物对青贮饲料的采食量和有机物质的消化率见表 5-25。如果以青饲料采食干物质量为 100%，青贮饲料的采食量为青饲料的 60%～70%，低水分青贮饲料采食量高于高水分青贮，而比干草的采食量低。青贮饲料有机物质的消化率和干草差不多，但比青饲料略低。青贮饲料中无氮浸出物含量比青饲料中的含量低，糖类显著下降。例如，黑麦草青草中含糖 9.5%，而黑麦草青贮中仅为 2%，粗纤维含量相对提高。青贮饲料中非蛋白氮比例显著提高，例如，苜蓿青贮干物质中非蛋白质氮含量为 62%，青割饲料为 22.6%，干草为 26%，低水分青贮为 44.6%。三种主要处理法可消化氮回收率：田间晒制干草为 67%，直接切制青贮为 60%，低水分青贮为 73%。

表 5-25　绵羊对不同调制饲草的采食量和有机物的采食量

项　目	干物质相对采食量	有机物消化率相对值
新鲜干草	100	100
脱水干草	93	99
棚式风干干草	86	93
田间晒制干草	79	91
青贮	61	91
高水分青贮	64	94
低水分青贮	70	94
加酸青贮	65	94

与干草比较，高水分青贮或低水分青贮对饲料消化率和能量的影响并没有规律，受许多因素的影响。总体而言，与青饲料干物质中的能量和蛋白质含量相比，任何方式的调制，养分均有损失。但是，青贮饲料保存胡萝卜素量要比干草多得多。

青贮饲料饲喂反刍动物时，在日粮中应当适量搭配，不宜过多。各种家畜青贮的用量依青贮原料不同和家畜生产水平不一而差别很大。在奶牛日粮中，用量可占日粮干物质的

40%～70%（表5-26）。

表5-26 不同动物青贮饲料的饲喂量

动 物	每100 kg体重日喂量（kg）
泌乳牛	5～7
小母牛	2.5～3
育肥牛	4～5
役牛	4～4.5
种公牛	1.5～2
泌乳母羊	1.5～3
青年母羊	1～1.5
公羊	1～1.5

第六节 利用现代生物技术生产饲料

现代生物技术是由基因工程、细胞工程、微生物工程（发酵工程）、酶工程及蛋白质工程五大工程技术所构成的。这五大工程之间存在着密切的联系，其中，基因工程技术是现代生物技术的核心，它与细胞工程技术并称为生物技术的上游工程；发酵工程和酶工程被称为生物工程的下游工程。以下主要介绍利用发酵工程和酶工程技术生产发酵饲料和饲料蛋白酶的技术。

一、发酵饲料及发酵工程技术

发酵饲料就是利用微生物在饲料原料中生长繁殖和新陈代谢，积累有用的菌体、酶和中间代谢产物来生产加工和调制的饲料，也称为微生物饲料。发酵饲料技术实质上就是发酵工程技术在饲料开发中的有效应用。

（一）发酵工程技术简介

1. 发酵（fermentation） 这一术语起源于拉丁语，意指"发泡"。目前，人们把借助微生物在有氧或无氧条件下的生命活动来制备微生物菌体本身，或其直接代谢产物或其次级产物的过程统称为发酵。简单地说，发酵就是利用微生物体的代谢作用并通过代谢过程的控制来获得所需产品的过程。

2. 发酵工程 发酵工程既是生物工程的一个分支，也是食品工程的组成部分。发酵工程就是直接利用微生物的机能将物料进行加工以提供产品的技术。发酵工程又称微生物工程，主要研究微生物在发酵过程中具有普遍意义的工程技术问题，如大规模微生物细胞培养过程、大规模培养基灭菌和空气灭菌过程、发酵过程的优化、发酵过程的参数监控、发酵产物的分离和提纯等工程技术问题。

发酵工程的历史已经很长，如我国古代就已经利用微生物进行酿酒。但是发酵工业却是近百年才发展起来的产业，它的发展大致经历了天然发酵阶段、纯培养技术的建立、通气搅拌发酵技术的建立、代谢控制发酵技术的建立、开拓发酵原料时期和基因工程阶段。

3. 发酵工艺及方法　包括了微生物菌种的纯种分离、选育、活化和扩大培养，培养基的配制，培养基和空气的灭菌或除菌，发酵工艺的控制，细胞的大规模培养，产物的分离纯化和生产工艺的设计等内容。微生物的发酵方法可以分为固体发酵法和液体发酵法两大类。

（1）固体发酵法　从古代开始人们就利用固体发酵法制造食品，如干酪和酿酒。该法是利用固体基质（如高粱、大麦、小麦、麸皮、米糠和秸秆等）为主要原料，再根据需要添加谷糠、豆饼、无机盐等，加水搅拌成含水量适度的半固态物料作为培养基，供微生物生长繁殖和产生代谢产物。

随着世界能源危机的出现和人类环保意识的加强，古老的固态发酵法又重新引起人们的兴趣。目前，利用固体发酵法生产的产品有酒曲、白酒、酱油、食醋、腐乳、酶制剂、食用菌、发酵饲料和生物农药等。

尽管固体发酵是一项具有悠久历史的发酵技术，但因其具有简单易行、投资少、经济合理、污染小等优点，受到人们的重视，在制造酶制剂、发酵饲料、饲料添加剂和食品添加剂中被广泛应用。

（2）液体发酵法　其工艺特点是利用液态培养基进行微生物的生长繁殖并形成人们所需要的代谢产物。

根据通气（供氧）或不通气及通气方法的不同，液体发酵法又分为：液体表面发酵法、液体深层通气发酵法和液体厌氧发酵法。其中，液体深层通气发酵法是现代发酵工业普遍采用的方法，我国在抗生素发酵、有机酸发酵、氨基酸和核酸类化合物发酵、维生素发酵、酶制剂发酵和许多功能性食品发酵中均采用此法。

4. 培养基　发酵技术所使用的培养基是一种人工配制的、供微生物生长繁殖和形成代谢产物用的营养物质，可按对培养基成分的了解、其外观的物理状态和用途进行分类。培养基按组成物质的成分可分为：

（1）合成培养基　合成培养基所用原料的化学成分明确、稳定，适用于研究菌种基本代谢过程的物质变化，但是在生产某些疫苗等生物制品的过程中为了防止异性蛋白等杂质混入，也常用合成培养基。合成培养基的营养单一且价格昂贵，故不适用于大规模生产。

（2）天然培养基　发酵工业普遍使用天然培养基，它的原料是一些天然的动植物产品。

5. 发酵饲料　利用发酵工程技术生产的发酵饲料主要有以下四类：

（1）利用微生物在液态培养基中大量生长繁殖以生产单细胞蛋白，如饲料酵母等。

（2）利用固态发酵饲料，就是利用微生物的发酵作用来改变饲料原料的理化性状，提高蛋白质饲料的利用率，如饼粕类发酵脱毒饲料。

（3）利用微生物工程技术，发酵积累微生物有益的中间代谢产物，如生产饲用氨基酸、酶制剂、寡肽以及某些抗生素等。

（4）可以直接饲用的有益微生物，制备活菌制剂（也叫微生态制剂）。该类属于饲料添加剂。

（二）单细胞蛋白饲料、饲料酵母、发酵饲料、酵母饲料

1. 单细胞蛋白质饲料（single cell protein，SCP） 单细胞或具有简单构造的多细胞生物的菌体蛋白质的统称。开发单细胞蛋白质饲料可以充分利用酿造业的废水废液、造纸业的水解废液、亚硫酸废液、玉米淀粉水、糖蜜以及石油天然气中的副产品等作为原料，这样既可以减少环境污染，又能生产出品质较好的蛋白质饲料。用作饲料的 SCP 微生物有酵母、真菌、藻类和非病原性微生物四大类。目前，在我国开发较好的主要是酵母类，主要包括产朊假丝酵母（*Candida utilis*）、热带假丝酵母（*Candida tropicalis*）、圆拟酵母菌（*Torula utilis*）、球拟酵母菌（*Torulopsis utilis*）和酿酒酵母菌（*Saccharomyces cerevisiae*）等。

单细胞蛋白质是通过培养单细胞生物而获得的菌体蛋白质。菌体中蛋白质的含量随所采用菌种的类别及基质而异，一般单细胞蛋白质的含量达 40%～80%，蛋白质含量均高于禾本科饲料。单细胞蛋白质中的赖氨酸含量高，但含硫氨基酸的含量较低。同动植物蛋白质相比，单细胞蛋白质有以下优点：微生物蛋白质生产不受气候的影响；微生物的繁殖速度比动植物快得多；微生物的培养是在立体培养罐中进行的，节约占地面积；营养价值高；可利用多种原料进行生产等。

2. 饲料酵母 饲料酵母干物质中蛋白质含量可高达 50%，在畜牧业中一直作为单细胞蛋白质而被广泛使用。酵母游离氨基酸的含量也较高，可作为优质蛋白源而部分或全部代替饲料中的鱼粉和肉骨粉。我国目前主要采用以农副产品下脚料为主要原料的固体发酵工艺生产饲料酵母，年产量超过 5 万 t。

饲料酵母是单细胞蛋白质的一种，专指以淀粉、糖蜜以及味精、酒精等生产中的高浓度有机废液和石油化工副产品等为主要原料，经液体通风培养酵母菌，并从其发酵液中分离酵母菌体（不添加其他物质）经干燥后制得的产品。根据原料的种类及生产工艺，饲料酵母可分为石油酵母、啤酒酵母、纸浆废液酵母，它们的营养价值差异较大。石油酵母粗蛋白质含量高达 60%，啤酒酵母约为 47%～52%，纸浆废液酵母约为 45%。饲料酵母代谢能较高，约为 10.5 MJ/kg，蛋白质品质较好，必需氨基酸含量和利用率均与优质豆粕相似，色氨酸甚至远高于豆粕，富含铁、锌、硒等微量元素和 B 族维生素。饲料酵母还含有未知生长因子，具有类似维生素 E 的活性，能够抗氧化自由基，加快畜禽从疾病和应激状态恢复的速度。在家禽日粮中添加 1% 饲料酵母可以有效地防止啄癖。近年来，还开发了许多特用饲料酵母，例如含锌酵母、含铬酵母等，用来安全和有效地补充必需微量营养素。饲料酵母是家禽良好的蛋白质饲料，用量主要由相对成本决定。

3. 发酵饲料 一般是通过在那些畜禽难于利用的饲料原料（如各种杂粮、血粉、羽毛粉等）中加入酵母菌或其他有益菌，采用固体发酵或半固体发酵工艺得到的饲料。这种饲料通过微生物及其分泌的酶来消除饲料原料中的抗营养因子，以提高营养物质利用率和营养价值。与饲料酵母不同，发酵饲料的营养物质不单是微生物菌体，而是微生物菌体及其培养基的混合物。发酵饲料营养价值主要取决于其生产工艺、饲料原料和发酵菌种，不同产品之间差异极大。

4. 酵母饲料 当发酵饲料利用的发酵微生物是酵母菌或以酵母菌为主时，经常被称

为酵母饲料。

（三）利用废水液生产单细胞蛋白质饲料

随着畜牧业生产的发展，蛋白质饲料越来越缺乏，世界上许多国家都已建立起生产单细胞蛋白质的新产业。我国能够用于生产单细胞蛋白质的原料十分丰富，仅酒精、味精及造纸工业废液、皮革脱毛废水等估计每年总产量达 2 245 万 t 以上，如加以利用则能年产饲料酵母 10 万 t 以上，是解决我国饲用蛋白质严重不足的现状，积极利用再生资源（如利用各种农副产品加工业的废液生产饲用单细胞蛋白质）的一条重要途径。

1. 用于单细胞蛋白质生产的微生物

（1）微生物种类 用于单细胞蛋白质生产的微生物种类很多，有单细胞藻类（如小球藻）、真菌以及细菌等，现在用于生产单细胞蛋白质的主要是酵母及部分担子菌，对细菌和藻类等近年来也正在研究。作为单细胞蛋白质生产菌种的一般要求有下述几点：①菌体细胞产率与生长速度要快。②菌体以大为宜，一般酵母比细菌为佳，此外菌体含蛋白质越多越好。③培养最适温度以较高为佳，生长的最适 pH 以偏酸性为好。④为保证制品的安全，使用的菌种应无毒性，在培养期间菌种不发生变异。

（2）菌种的扩大培养 是指在单细胞蛋白质的工业化生产中，为满足生产所需的接种量，通常采用从原始斜面试管培养开始，逐级扩大培养达到生产用量为止的纯培养过程（即扩大培养）。扩大培养不仅仅是菌种数量上的增加，而且还是菌种逐渐适应环境的过程，使菌种的优良性能始终保持在一定的水平上。菌种的扩大培养可分为菌种室培养、种母二段培养和车间扩大培养，其扩大培养过程如下：原始斜面菌种→试管培养→三角瓶培养→小种母罐培养→大种母罐培养→繁殖罐培养→车间扩大培养。

① 菌种室培养 试管培养和三角瓶培养均以麦芽汁培养基作为培养基质，于 28～30 ℃下培养 24 h。

② 种母二段培养 三角瓶的菌种远不能满足大量生产的发酵罐菌种需要量，一般工厂在发酵罐之前专门设有一个种母培养室，负责将三角瓶菌种经小种母罐进一步扩大培养，使菌种在数量上和环境上能满足大量生产的需要。以工业有机废水生产时，废液中含有对酵母生长有害的物质较多，菌种要有逐渐适应环境、定向培养的过程，所以从小种母罐开始就要按一定比例加入生产上所使用的工业有机废液。小种母罐培养时，以 15～25 L 麦芽汁作为罐内的底液，从三角瓶接入 1.5～2.5 L 菌种，搅拌培养 8 h 后，每隔 4 h 加入预制好的工业废液等 20 L，于 30 ℃通风搅拌培养 24 h 后即可接入大种母罐。大种母罐的底液完全为生产上所用的工业废液，接入小种母罐菌种连续通风搅拌培养，当糖度开始下降时则可连续流加工业废液和培养盐液，培养成熟后即可接入发酵罐进行发酵培养。如果大型发酵罐（大于 100 m³）种量不足，可再增加一个中间繁殖扩大罐。

③ 车间扩大培养 饲料酵母生产车间的扩大培养一般是采取逐级流加扩大培养法，以降低成本，提高设备利用率和经济效益。同时，由于饲料酵母在酸性及低养分下生产，不易感染杂菌，菌种也不易老化。所以，纯种培养只是在开机生产或中途因故需要换种时才进行，平时不用换种，只需每月补加一次新种。可以回收部分培养液生产成熟的酵母，作菌种重复使用。

2. 生产单细胞蛋白质的工业废液原料

（1）可用于单细胞蛋白质的工业废料

① 淀粉厂废水　一般生产淀粉的废水中含固形物 1.7%，主要是蛋白质和糖类，如以鲜薯生产淀粉的废水中含糖高达 1% 以上。

② 豆制品厂废水　豆制品厂废水中含可溶性蛋白 1.04%、糖 2.4%、还原糖 0.5%，其中以蔗糖、棉子糖为主，其次为半乳糖和果糖，单细胞蛋白质回收率为 1.2%，用酸水解可提高菌体回收量 50%。

③ 酒精蒸馏废液　每生产 5 t 酒精所产生的废水可生产 1 t 酵母。

④味精废液　生产 1 t 味精可排出 25 t 废液，废液中总糖为 1%~2%、还原糖为 0.5%~0.7%、总氮为 0.2%、总磷为 0.5%，若培养假丝酵母则每百吨废液可生产 1 t 酵母。

（2）工业废液的准备　工业废料或水解液，因来源不同，其化学组成、pH 也会有所不同，有的工业废料中含有对酵母有害的物质（如亚硫酸纸浆液中含有的亚硫酸盐等），因此，在工业废液或水解液进入发酵罐之前要进行中和、净化等预处理。

① 工业废液的中和　酵母生长繁殖有其适应的 pH 范围。工业废液的 pH 因来源不同而异，当工业废料的 pH 为 3.0 时，应用石灰乳中和，使其 pH 调整至 5.0~6.0。亚硫酸纸浆废液中含有较多的有害发酵的挥发性物质，如游离 SO_2、糠醛、甲酸等，在中和之前要通入蒸汽逐出游离的 SO_2 等，然后再加入石灰乳进行中和处理。

② 净化工业废液或酸性水解液　中和后形成的 $CaSO_4$ 或 $CaSO_3$ 及吸附在其表面的有机胶体从液相中沉淀下来。实际生产中，净化处理是采用沉淀或过滤法将沉淀物或悬浮物从中和液中分离出去。净化后的废液或水解液温度如果还在 32 ℃ 以上，则需要用冷却器将其冷却到 32 ℃ 左右，供酵母发酵之用。

3. 营养液的制备

（1）碳源或糖分　以酵母菌为例，培养基中糖浓度对酵母菌的生长有较大影响。糖度高，则设备的生产能力大，但酵母繁殖旺盛，一般通风设备很难满足酵母新陈代谢的需氧量；糖度低，酵母的产率较高，但因产量低而增加成本。因此，为了维持酵母的正常生命力及设备的利用率，基质中糖的浓度不宜过低。一般用亚硫酸纸浆废液生产酵母时，糖浓度应控制在 0.5%~1.0%；用酒精糖液时，糖浓度控制在 0.6%~0.7%；而用农副产品废渣水解液生产酵母时，糖浓度控制在 1.5%~2.0% 为宜。

（2）氮源　酵母的生长繁殖需要多种营养成分，除碳源外，在发酵基质中还要氮、矿物质元素以及生长因子等多种营养物质。工业废料来源不同，其营养成分含量不同，因此，在制备营养盐液时要根据工业废料的营养成分以及酵母菌的营养要求，合理地添加各种营养物质。

常用的氮源有硫酸铵、尿素和硝酸铵等，它们都易溶于水，使用比较方便，使用量应根据废液中糖浓度而定，使碳源比达到合理水平（25：1）。

（3）无机盐中许多离子是酵母生长繁殖所必需的，如 K^+、Ca^{2+}、Mg^{2+}，特别是 PO_4^{3-}。许多研究认为，培养基中磷的含量是酵母繁殖的一个重要限制因素，可在培养液中添加 KH_2PO_4、$CaCl_2$ 和 $MgSO_4$ 等补充离子的不足。

（4）生长素是微生物生长繁殖不可缺少的微量有机物质，包括某些氨基酸、嘌呤、嘧啶和维生素等。在工业化生产中，可以通过添加玉米浆或糖蜜等满足酵母生长繁殖对生长素的需要。

4. 生产工艺　原料不同，生产单细胞蛋白饲料的工艺流程有所差异，但基本工艺相似。以酵母为菌种生产单细胞蛋白质的工艺大致可分为三个步骤。

（1）原料的处理及培养基的制备　不同的有机废水或同一种有机废水采用不同的生产菌，其原料的处理方法也不同，一般富含还原糖的有机废水不需处理，可直接加入一定比例的营养盐经灭菌后即可用于发酵；而以酵母为菌种的单细胞蛋白质生产则需要先进行淀粉的水解。因此，在进行原料的处理时需根据具体情况采用合适的处理方法。

（2）酵母的培养

① 种子培养　从斜面经过三角瓶、卡氏罐最后扩大到酵母罐，一般种子培养基多数采用麦芽汁，pH 调至 $4.2\sim4.5$，培养温度 25 ℃，通风培养 $20\sim24$ h。

② 发酵　一般酵母罐容积 $20\sim100$ m³ 不等。与一般发酵相同，首先空罐灭菌，培养基灭菌，冷却接入种子即进入发酵阶段。在发酵过程中，温度控制在 $26\sim30$ ℃，pH 控制在 $4.2\sim4.5$，通气培养 14 h 即可完成发酵。培养酵母的目的是获得大量菌体，而要想获得大量的菌体，碳源和氮源必须充足，但糖的含量过多反而会抑制菌体的生长。为了解决这个问题，现在常采用流加糖发酵法，分次加糖，使发酵液始终保持一定的糖浓度，这样可避免过多的糖分影响菌体生长，又可使菌体有足够的糖分利用。

饲料酵母的生长繁殖是一个好气性发酵过程，在深层液体培养中需要大量的溶解状态的氧。因此在生产中需要将空气不断地通入发酵液中，以供应酵母生长繁殖所消耗的氧，这一过程称为液体深层通风发酵。

③ 酵母的分离、浓缩与干燥　酵母培养结束后，一般培养液中约含 5%～10% 的酵母，要在尽可能短的时间内（最好 1 h 内）将酵母从培养基内分离出来。因为培养基所含有的酵母代谢物会影响酵母的品质，所以发酵结束后经一定冷却后要马上进行酵母分离。分离得到的酵母再用 $4\sim6$ 倍冷水洗涤、分离、迅速冷却（这样可以限制细胞生物量的损失），得到的酵母浓缩液分送至板框式压滤机或圆筒式过滤器中过滤，一般得到 65% 浓缩酵母，最后以 30 ℃ 的热风干燥至水分约 6%～8%，并制成颗粒状或块状，经真空或充氮气，低温贮藏。

二、饲料酶及酶解技术

所谓酶工程技术是指利用酶、细胞器或细胞所具有的催化功能，或对酶进行修饰改造，并借助生物反应器和工艺过程来生产人类所需要的产品的一种技术。酶工程包括固定化技术、修饰改造技术及酶的反应技术等。酶工程技术与其他生物技术的有机结合在开发生产新型蛋白质饲料方面已初见成效，并正在产生巨大的经济效益和社会效益。

在新型蛋白质饲料开发中，酶制剂是不可或缺的一部分，因为酶本身就是一种具有催化作用的蛋白质，同时酶制剂的使用也将提高饲料中蛋白质的利用率。酶的催化特点表现为：具有很高的催化效率，而且其催化作用具有很强的专一性；酶对环境条件很敏感，各种不良环境均会破坏其活性；酶具有蛋白质属性，它可以被蛋白质水解酶分解而失活。因此，酶的反应必须在严格的条件控制下才能进行。

早在数千年前人类就开始利用酶来生产各种食品，但是将酶从生物中提取出来生产酶制剂并用于商品生产的历史并不长。美国、苏联、加拿大、日本等国 1957 年才开始把由微生物生产的粗酶制剂用于动物饲料，而我国从 1968 年才开始对饲用酶制剂进行研究。几十年来，随着畜牧业的不断发展以及国外酶制剂不断进入国内市场，使我国饲用酶制剂生产水平、生产规模、产品品种不断扩大，目前我国可以使用的饲用酶制剂包括蛋白酶、淀粉酶、支链淀粉酶、果胶酶、纤维素酶、脂肪酶、麦芽糖酶、木聚糖酶、β-葡聚糖酶、甘露糖酶、植酸酶和葡萄糖氧化酶等。

（一）饲料酶制剂的分类及作用机理

1. 饲用酶制剂的分类　　按照国际酶学委员会的规定，酶可以分为氧化还原酶类、转移酶类、水解酶类、裂解酶类、异构酶类和连接酶类 6 大类。目前已经发现的酶将近 3 000 种，其中可以工业化生产的酶约有 600 多种，在这些工业化生产的酶中可以用于饲料的酶制剂大约有 20 种，而且多数为水解酶类。常见的饲用酶制剂的分类方法有以下 3 种。

（1）根据底物特异性对饲用酶分类（表 5 - 27）。

表 5 - 27　根据底物特异性对饲料酶分类

底　物	酶　类
蛋白质（植物或动物）	蛋白酶、肽酶、角蛋白酶
淀粉	淀粉酶
脂肪	脂肪酶
植酸盐	植酸酶
纤维素（植物细胞壁）	纤维素酶、纤维二糖酶
半纤维素类（谷物）	半纤维素酶
戊聚糖：木糖、阿拉伯糖（小麦、黑麦）	戊聚糖酶、木聚糖酶、阿拉伯木聚糖酶
β-葡聚糖（黑麦、燕麦）	β-葡聚糖酶
果胶（植物蛋白质）	果胶酶
寡糖、多糖：半乳糖、甘露聚糖、木糖、半乳聚糖、阿拉伯木聚糖、葡聚糖	α-半乳糖苷酶

注：引自张艳云和陆克文《饲料添加剂》（1998）。

（2）根据动物消化系统能否合成或分泌分类：

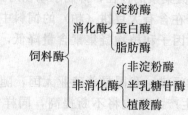

（3）根据加工程度分类：

$$
\text{饲料酶}
\begin{cases}
\text{粗制酶}
\begin{cases}
\text{单酶制剂} \\
\text{复合酶制剂}
\end{cases} \\
\text{精制酶}
\begin{cases}
\text{单酶制剂} \\
\text{复合酶制剂}
\end{cases}
\end{cases}
$$

2. 饲用酶制剂的作用机理　根据饲用酶制剂应用研究结果，现将饲用酶制剂的作用机理归纳如下。

（1）补充动物体内消化酶分解的不足　消化道机能正常的成年动物，其消化道能够分泌足量的蛋白酶、淀粉酶、脂肪酶等消化酶，因此，为正常、健康的成年动物补充外源性的消化酶是没有意义的。但是，对于幼龄动物而言，由于其消化系统尚未发育成熟，消化机能尚未发育完善，因此消化酶分泌不足。例如，仔猪在出生后消化酶的活性大多随着日龄的增长而逐渐增强，哺乳仔猪消化道内存在活性较高的消化乳的酶系，如乳糖酶、乳脂酶、凝乳酶和胰蛋白酶，而唾液淀粉酶活性较低，胃内分泌的胃蛋白酶原由于缺乏盐酸而不能将其激活。仔猪到 40 日龄左右时才具有消化植物蛋白质的能力。同样，仔猪胰淀粉酶、胰脂肪酶在 3 周龄后才具有真正的消化能力，所以，一般 4～5 周龄的仔猪才表现出对天然动植物蛋白质、淀粉的分解能力，直到 8～10 周龄才能接近成年动物的活性。可见，在幼龄动物（尤其是断奶后的幼畜）的日粮中添加外源性消化酶类，不但可以弥补动物自身分泌不足的消化酶，起到辅助消化和促生长的作用，而且还可以激活内源酶的分泌，以利于幼畜对饲料中蛋白质、淀粉及脂肪的消化、吸收。

（2）分解植物细胞壁成分　植物细胞是由细胞壁和细胞内容物构成的，通常植物所需营养物质贮存于细胞内容物中，作为细胞壁成分的各种聚合物是植物细胞营养成分的保护层，这种聚合物主要是纤维素、半纤维素及果胶类物质，它们以支链结构与蛋白质、无机离子等结合构成细胞壁，不能被动物自身分泌的消化酶水解，因此，动物（尤其是单胃动物）在采食植物性饲料时细胞壁成分就会严重阻碍动物的消化，因而阻止了动物对植物细胞内容物中各种可溶性营养物质的利用。

近年来，非淀粉多糖酶制剂在养殖业中的应用取得了显著效果，它可以提高饲料的转化率和饲料中各种营养物质的利用率，同时，畜禽的腹泻发病率下降，粪便中的有机物和水分含量降低。

（3）消除饲料中抗营养因子，降低食物黏稠度　饲料中所含的抗营养因子主要有植酸、胰蛋白酶抑制因子、植物凝集素、非淀粉多糖和 α-半乳糖苷等，见表 5-28。大豆饼（粕）所含的抗营养因子主要是胰蛋白酶抑制因子，它可以导致动物体内分泌的胰蛋白酶失活，引起动物体内氨基酸失衡，使含硫氨基酸严重缺乏，加之大豆饼（粕）中另一种抗营养因子——植物凝集素的存在，抑制了动物对饲料中各种营养物质的利用能力以及机体的免疫能力。若在含有大豆饼（粕）的饲料中添加含有微生物来源的蛋白酶，就可以使胰蛋白酶抑制因子和植物凝集素含量降低，从而提高饲料蛋白质的利用率。

（4）降低养殖业对环境的污染　我国是养殖业大国，随着人们生活水平的不断提高，畜牧业生产规模及畜禽生产水平也将不断提高，同样，畜牧业带来的环境污染问题也日趋严重。通过在饲料中添加饲用酶制剂，可以提高动物对饲料中各种营养物质的利用率，减少动物从粪便中排出氮、磷等的数量，降低动物饲养对环境造成的污染。

表 5 - 28　几种饲料原料中的抗营养因子及难于消化的成分

饲料原料	抗营养因子及难于消化的成分
小麦	β-葡聚糖、阿拉伯木聚糖、植酸盐
大麦	β-葡聚糖、阿拉伯木聚糖、植酸盐
黑麦	β-葡聚糖、阿拉伯木聚糖、植酸盐
麸皮	阿拉伯木聚糖、植酸盐
高粱	单宁
米糠	木聚糖、纤维素、植酸盐
豆粕	胰蛋白酶抑制因子、果胶、果胶类似物、α-半乳糖苷低聚糖、杂多糖
菜子粕	单宁、芥子酸、硫代葡萄糖苷
羽毛	角蛋白
燕麦	β-葡聚糖、木聚糖、植酸盐
早稻	木聚糖、纤维素
青贮饲料、秸秆	木聚糖、纤维素、果胶

注：引自李孝辉《饲用微生物酶制剂及其研究应用概况》（2001）。

（二）饲用酶制剂生产工艺简介

生物界中的动物、植物、微生物均可产生一定量的某种酶类。一般由动植物体中获得酶制剂通常采用提取的方法，该方法成本极高，动植物本身来源有限并且受生产季节的限制，因此，目前常用的饲用酶制剂基本上是由微生物发酵生产的。微生物发酵生产酶制剂表现出明显的优越性，它不仅不受季节、气候的影响，而且微生物种类繁多，生长速度快，加工提纯容易、成本低。

1. 微生物发酵生产饲用酶制剂的生产方法　大规模生产酶制剂的微生物发酵方法分为两大类。

（1）固体发酵法

① 概念　固体发酵培养是以麸皮、米糠等为培养基的主要原料，同时也可以加入部分淀粉或其他农副产品以及必要的无机盐类，然后加水混合而成，一般加水量为原料质量的 50%～100%（视原料干湿状况和季节而定），以搅拌后用手捏成团但又挤不出水滴为宜。麸皮经过蒸汽灭菌后，待冷却至 30 ℃左右方可接种，即把培养基在三角瓶中的种子培养物拌入麸皮中，然后放入木盘或竹帘子上铺成薄层，置室内木架上进行浅盘培养。铺盘时，曲层厚以不超过 3.3 cm 为宜，太厚或太薄都不合适。培养室的温度控制在 10～28 ℃，相对湿度 90%以上，培养时间 2～3 天。培养期间，还需要进行 1～2 次"翻曲"，

即将固体培养基上下翻动一下。

② 基质 该方法利用固体基质（提供碳、氮源的主要原料及无机盐类），再加一定比例的水，搅拌成含水适当的半固体物质作为培养基，供微生物生长、繁殖，并产生代谢物。

③ 发酵设备 浅盘式固体发酵的反应器构造简单，由一个密室和许多可移动的托盘组成，托盘可以是木料、金属（铝或铁）、塑料等材料制成，底部打孔，以保证生产时底部通风良好。培养基经过灭菌、冷却、接种后装入托盘，料层厚度为 $3\sim6\ cm$，托盘放在密室的架子上。一般将托盘在架子上层放置，两托盘间有适当空间，保证通风。发酵过程在可控制湿度的密室中进行，培养温度由循环的冷（热）空气来调节。

通风室式、池式、箱式固态发酵设备是由厚层通风培养发酵工艺而发展起来的几种固态发酵反应器，它与浅盘式固态发酵不同的是固态培养基厚度为 $30\ cm$ 左右，培养过程利用通风机供给空气及调节温度，促使微生物迅速生长繁殖。通风培养室为一个宽 $8\ m$、长 $10\sim12\ m$、高 $3\ m$ 的房间，其墙壁可为砖木结构、砖结构和钢筋水泥结构。门窗是换气或调节温湿度的重要设施。该类发酵设备利用安装在室内的蒸汽管或蒸汽散热片进行保温，利用自然通风和排风扇进行降温，利用水泥砖或钢板制成的空调箱进行保湿，同时有保湿和降温功能。通风培养池或培养箱最为普遍且应用广泛，可用木材、钢板、水泥板、钢筋混凝土或砖石类材料制成。该类反应设备的特点是进出料主要靠手工操作，工作效率低，劳动条件差；湿热空气使生产车间长期处于暖湿环境，对生产卫生及发酵工艺的控制有不利影响。

圆盘式及转鼓式通风培养设备是将箱式或池式结构改为不锈钢型的、能够转动的圆盘或鼓室，熟料输入后，装料、翻曲、出曲均可实现机械化操作，由于圆盘机和鼓式培养器上加盖，湿热空气不易外溢，使曲室卫生条件良好，工作环境得到很大改善。在这类固态反应器中培养的微生物繁殖快，而且比浅盘式固态发酵分布均匀。圆盘式或转鼓式生物反应器通常是通过转盘或转鼓的旋转来混合固态培养基，其混合程度一般取决于发酵的要求。通常是用较低的旋转速度（$1\sim15\ r/min$），但也有高速旋转混合应用的例子，但是高的旋转速度会损伤菌丝体，而且能过多地产生热量而影响微生物产酶和其他次级代谢产物的产生。转鼓式反应器的转鼓的长度不宜过长，体积不宜过大，否则会带来操作上的困难，而且在旋转过程中会导致培养基形成球状，从而影响微生物对营养物质的利用。

④ 固态发酵法的优缺点 培养基水活度较低，较少影响霉菌产生的酶蛋白数量，因此单位体积的酶产量高于液体发酵法的几倍；其次，固体发酵法操作简单，不需特殊设备，适应性强，原料来源广泛，价格低廉，终产物通常为含有多种酶活性的复合酶，适用于饲料添加剂；另外，固体发酵耗能低，发酵过程中只需自然通风或小流量通风；发酵产物提取省事，费用相对较低；发酵全过程不产生或很少产生废水，可减少污染环境。但固态发酵法的缺点是劳动强度较大、原料利用率较差、生产占地面积较大和生产周期较长。

饲用酶制剂的生产过程中，固体发酵法使用较多，尤其在我国，生产饲用酶制剂基本上采用固体发酵法。

（2）**液体发酵法**　液体发酵是利用液体培养基使微生物生长、繁殖，并产生人们所需的代谢产物。液体发酵是目前微生物酶制剂发酵生产的主要方法，也是其他发酵产品（如抗生素、氨基酸、有机酸等）最常用的生产方法。液体发酵法中常用液体深层通气培养法。

液体深层通气培养的要点是，将原料加水调成液体状培养基，置发酵罐中用蒸汽灭菌，待冷却到一定温度（30～37 ℃）后接入预先培养的种子，在边搅拌边通入无菌空气的条件下保温培养。深层通气培养时，由于是在无杂菌污染下进行的，故发酵条件容易控制，因此，不仅酶的产率高，质量也较好。但由于液体深层通气培养的机械化程度较高，故只有机械设备和技术管理要求严格才能确保培养物不致遭受杂菌的污染。

总之，在生产实际中应根据所选的菌种、所生产的最终产品以及生产中设备的供应状况综合确定饲用酶制剂的发酵方法。

2. 饲用酶制剂所用微生物种类及基本工艺流程

（1）**常用的产酶菌类**　α-淀粉酶菌种，包括解淀粉芽孢杆菌 BF-7658、地衣芽孢杆菌 A.4041、米曲霉、黑曲霉、拟内孢霉等；糖化酶菌种，包括黑曲霉、根霉、臭曲霉、泡盛曲霉、红曲酶等；蛋白酶菌种，包括枯草杆菌 1398、栖土曲霉 3.942、米曲霉 3342、黑曲霉 3350、宇佐美曲霉 537 等；脂肪酶菌种，包括解脂假丝酵母 415 等；纤维素酶菌种，包括里斯木霉、康氏木霉、绿色木霉等；果胶酶菌种，包括黑曲霉 CP85211、黑曲霉 3.396 等；木聚糖酶菌种，包括黑曲霉、木霉、枯草杆菌；植酸酶菌种，包括黑曲霉、无花果曲霉、工程菌（工程细菌、工程酵母菌）等。生产酶制剂的微生物种类及产酶特性见表 5-29。

表 5-29　生产酶制剂的微生物种类及产酶特性

酶的种类	产酶菌株	pH 稳定性	酶的最适 pH	酶的最适温度（℃）
α-淀粉酶	BF-7658 枯草芽孢杆菌	4.8～10.6	5.4～6.0	50～60
	嗜热糖化芽孢杆菌	4.8～7.6	4.8～5.2	70～80
	米曲霉	4.7～9.5	4.9～5.2	35～45
	黑曲霉	4.7～9.5	4.9～5.2	55～70
β-淀粉酶	黑曲霉	4.5～10.0	4.8～5.2	55～70
	蜡状芽孢杆菌	6.5～7.5	7.0	55～70
β-葡聚糖酶	枯草芽孢杆菌		4.9～5.2	55～70
糖化酶	黑曲霉		4.5～5.0	50～60
	根霉	3.4～7.6	4.8～5.0	55～65
	泡盛曲霉		4.5～5.0	55～70
酸性蛋白酶	黑曲霉	2.5～6.0	2.5～3.0	40～50
	宇佐美曲霉	2.5～6.0	2.5～3.5	40～50
中性蛋白酶	AS1398 枯草芽孢杆菌	6.0～9.0	6.0～9.0	35～40
	AS3942 栖土曲霉	6.0～9.0	7.5～9.0	40～50

（续）

酶的种类	产酶菌株	pH 稳定性	酶的最适 pH	酶的最适温度（℃）
碱性蛋白酶	地衣芽孢杆菌		10.5	30～50
	短小芽孢杆菌	3.0～12.0	7.0～10.0	55～65
	枯草杆菌		10.0～11.0	45～50
纤维素酶	绿色木霉、木霉	2.5～8.0	4.0～5.0	45～50
	康宁木霉	2.0～8.0	4.0～5.0	45～50
	黑曲霉	2.0～6.0	3.5～5.5	45～55
	镰刀霉	3.0～8.0	4.0～6.0	40～50
	青霉	3.0～7.2	4.5～5.5	40～50
α-半乳糖苷酶	青霉		4.5～5.0	35～40
果胶酶	根霉	3.0～5.0	3.5～4.5	40～50
	黑曲霉	3.0～5.0	3.5～4.5	40～50
	宇佐美曲霉	3.0～5.0	3.5～4.5	40～50
脂肪酶	解脂假丝酵母	7.0～8.0		34～45
	根霉	3.5～7.5		45～50
单宁酶	无花果曲霉		4.5～5.0	40～50
	黑曲霉		4.0～5.0	40～50
植酸酶	黑曲霉、米曲霉	4.0～6.0	4.5～5.5	45～60

注：引自李德发《猪的营养》(2003)。

（2）饲用酶制剂生产的基本工艺流程　饲用酶制剂生产所采用的发酵方法不同，生产工艺流程也有所不同，但酶制剂生产的基本工艺流程见图 5-9。

通过图 5-9 可以看出，饲用酶制剂的生产包括适合于酶制剂生产用高产菌株的分离、筛选、育种，发酵种子的扩大培养，发酵原料的配制、灭菌、接种，发酵罐的发酵，后处理，精制酶原，复配工艺以及最终得到饲用酶制剂产品等诸多环节。

（1）产菌酶种的分离、筛选、育种　任何生物均能在一定条件下合成某些酶类，但并不是所有的细胞均能用于酶制剂的发酵生产。一般来说，能用于酶制剂发酵生产的细胞必须具备以下条件：具有高产的特性，才能有较好的开发利用价值，而高产细胞可通过筛选、诱变、基因工程、细胞工程等技术获得；同时，该细胞应容易培养和管理，容易生长繁殖，并具有适应性强、易控制的优点；产酶性能好是对产酶菌种的另一个要求，在通常的生产条件下能稳定用于生产，不易退化，一旦退化可经复壮处理恢复产酶性能；发酵结束后，产酶细胞与其他杂质和酶易于分离；所选菌种细胞应安全可靠，其本身及代谢产物无毒，对人、畜和环境无不良影响。

根据产酶菌种的要求，饲用酶制剂生产过程中选用的微生物可为真菌（曲霉、木霉、酵母菌）和细菌（乳酸杆菌、芽孢杆菌）。

产酶菌种选育的方法可采用自然筛选法、诱变法或基因重组技术。

自然筛选产酶菌种的步骤为：采样→分离培养→增殖培养→产酶性能测定→筛选菌

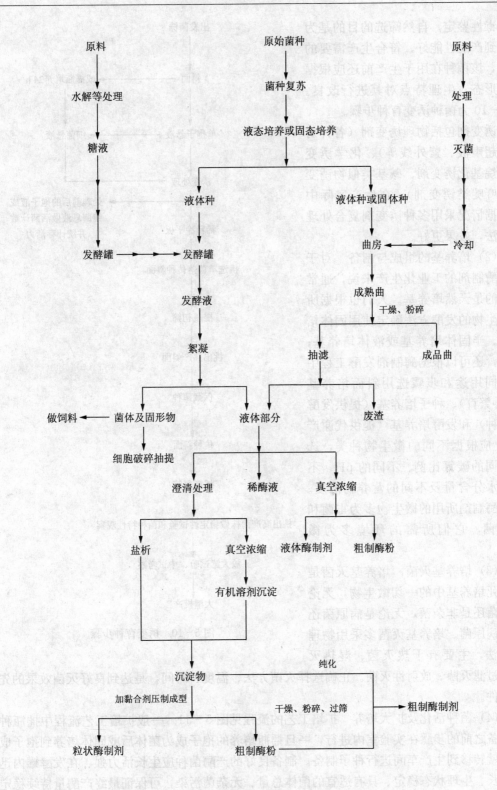

图 5 - 9 酶制剂生产工艺流程

种→毒性鉴定。自然筛选的目的是为了得到产酶性能好、符合生产需要的纯种，该菌种在用于生产前还应根据它的形态、生理特点对其进行改良。图5-10为菌种诱变育种步骤。

诱变剂包括物理诱变剂（各种射线、超声波、紫外线等）、化学诱变剂（烷基化诱变剂、碱基类似物诱变剂、吖啶类诱变剂），在生产实际中可根据情况采用多种诱变剂复合处理的方法，效果更好。

（2）培养基的组成与制备　对于饲用酶制剂的工业化生产来说，通常使用的是天然培养基。人们也根据所选微生物的发酵方法确定使用固体培养基、半固体培养基或液体培养基；另外，还可以根据酶制剂发酵工程中的不同用途和步骤选用斜面培养基（纯种繁育）、种子培养基（提供发酵用菌种）和发酵培养基（提供代谢产物）。应根据不同的微生物种类，选择不同的碳氮比例、不同的pH、不同的水分含量及不同的营养物浓度。饲用酶制剂所用的微生物多为霉菌和酵母菌，它们所需的环境多为微酸性。

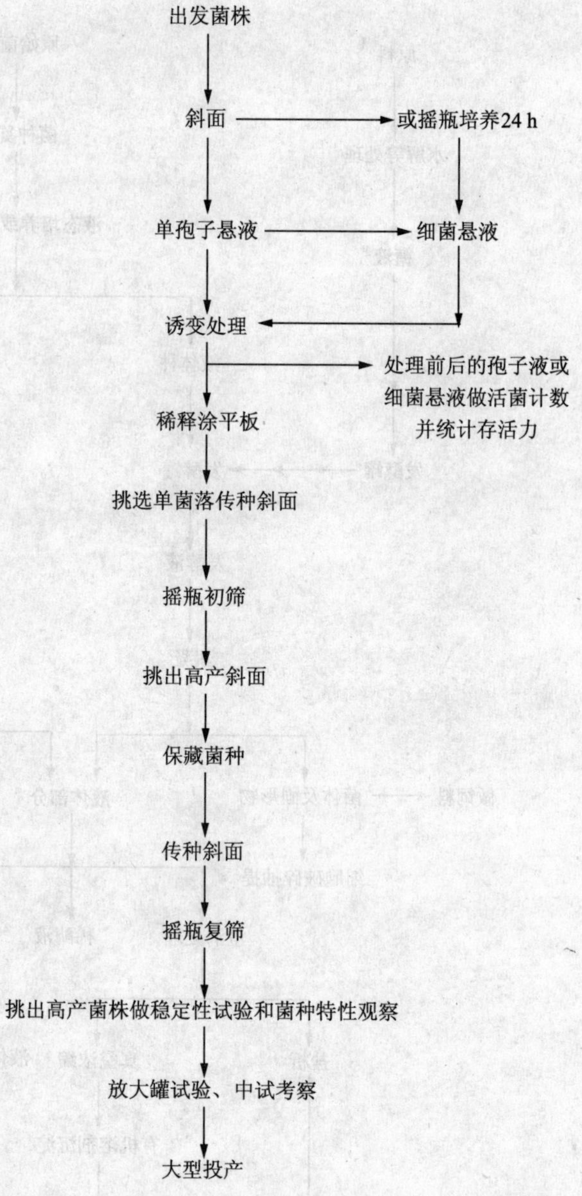

（3）培养基灭菌　培养基灭菌是指杀死培养基中的一切微生物，无论是杂菌还是非杂菌，无论是病原菌还是非病原菌。培养基灭菌多采用物理灭菌法，主要有干热灭菌、湿热灭菌、过滤灭菌、放射性灭菌。正确选择灭菌方法、温度、时间，是达到良好灭菌效果的先决条件。

（4）菌种活化及扩大培养　扩培工艺的流程见图5-11。一般扩培工艺流程中摇瓶种子制备之前的步骤在实验室内进行，一旦摇瓶培养的孢子成为菌体后或固体培养到孢子成熟后就转移到生产车间进行种子制备。制备良好的产酶菌种应生长活力强、在发酵罐内迅速生长、生理状态稳定、具有适宜的菌体总量、无杂菌污染，可保证最终产酶量持续稳定高产。

图5-10　诱变育种步骤

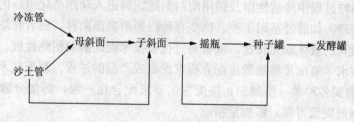

图 5-11 菌种扩培工艺

(陆兆新，2002)

(5) 发酵工艺控制 由于发酵温度在很大程度上可影响微生物的生长繁殖及酶的产量和活性，因此，为了达到产酶量高、活性强的目的，应在微生物的不同繁殖阶段根据其特性选择和控制最适温度。一般接种时的温度稍高些。待发酵液温度升高时，温度应保持在微生物生长繁殖的最适水平，当菌体生长到一定量时温度可低于最适温度，从而达到适合微生物产酶的温度需要。

生产饲用酶制剂的微生物均为好氧菌，因此其正常的生长繁殖需要一定量的氧，在液态发酵条件下，通过向发酵罐内注入空气和发酵过程中的搅拌来实现氧气量的调节。

固体发酵可调控的参数包括培养基含水量、空气湿度、二氧化碳和氧含量、酸碱度、温度、菌体生长量。液体发酵可调控的参数为培养基配比、接种量、培养温度、酸碱度、体积传氧系数、通风量。一般液体发酵饲用酶制剂对生产设备要求高，对工艺参数要求极严格。

(6) 酶活性的测定 饲料酶活性的测定方法包括体内评定法和体外评定法。为了保证工业生产的酶制剂有稳定的质量，通常生产厂家制定了各种测定酶活性的方法。目前，测定饲料中酶活性的方法主要有以下几种：

① 还原糖法 采用化学合成或从自然界提取的酶的底物来进行的。

② 比色法Ⅰ 通过对底物进行化学修饰，使其带有特定的可溶性生色基团物质，该生色基团能产生特定的颜色，用分光光度计判断颜色的深浅，并计算出酶的活性。

③ 比色法Ⅱ 通过生色基团结合酶作用底物分子的中间产物来确定酶的活性。

④ 黏度法 根据酶能降低一定浓度的标准底物的黏度的能力来判断酶的活性。

⑤ 免疫学法 在酶与抗体之间发生反应的基础上，通过免疫学的方法来确定酶的活性。

⑥ 凝胶扩散法 将酶作用的底物与某些凝胶混合后，放入标准酶液和测试酶液，经培养后观察凝胶被水解的区域大小以判断酶的活性。

(7) 分离提纯 通常根据对酶制剂纯度的要求来选择确定采用何种分离、提取及提纯的方法。一般提取是以水溶液为主，稀盐溶液和缓冲液对酶的稳定性好、溶解度大，可作为酶提取的常用溶剂。

提取可采用吸附法、沉淀法、超滤法、凝胶过滤法、离子交换法等，工业上主要采用盐析法和有机溶剂沉淀法，而进一步的精制处理主要采用凝胶过滤和离子交换等方法。

(8) 后处理 它是指以提高酶的稳定性和使酶具有定点释放能力为目的的处理技术。

由于酶的蛋白质特性，使其极易受不良环境条件的破坏而失活，为了保证酶制剂作为饲料添加剂在制粒过程中的活性以及饲用酶制剂随饲料进入动物消化道后的活性，必须对酶制剂进行后处理。如通过基因工程、诱变育种得到耐高温菌种，或者在浓缩酶液的后处理环节中添加适宜的载体或无机盐，或者通过包被技术提高酶的耐热性能。

（9）复配技术　复配是将酶源按配方要求配制成产品的过程。复配技术有四种：

① 生产或购买各种单一酶制剂，按配方的要求配合在一起，再加分散剂、稀释剂即可，该产品酶制剂质量可靠，添加量精确。

② 通过遗传育种途径获得主要方面已符合配方要求的优良高产菌株，发酵后按配方要求补加或调整各种酶的比例。

③ 单独发酵各种酶系微生物，获得具有特性的各种酶源，然后将各种酶源按配方比例复配在一起。

④ 将各种菌株混合接种，一次发酵得到符合配方要求的产品，该方法在实际操作中难以实现。

第二、第三种方法可操作性强，规模化生产成本低。

3. 饲用蛋白酶制剂的生产技术要点　蛋白酶是水解蛋白质肽链的一类酶的总称。由于每一种蛋白酶均有一定的最适 pH，因此目前蛋白酶的分类多以产生菌的适宜 pH 为标准，分为中性蛋白酶、碱性蛋白酶和酸性蛋白酶。在饲料工业和养殖业中，酸性蛋白酶相对用途更广，更适合为动物补充消化道内分泌不足的蛋白酶。可以生产酸性蛋白酶的菌种很多，目前主要以黑曲霉为主，因为这些曲霉产生的蛋白酶具有一定的耐酸性和耐热性。酸性蛋白酶一般有如下发酵工艺。

（1）发酵培养基　产酸性蛋白酶的微生物的发酵培养基基本选择麸皮、米糠、玉米粉、淀粉、饲料鱼粉、豆饼粉和玉米浆等各种碳源、氮源，按各种不同比例混合，添加无机盐配成各种培养基。例如，黑曲霉 3.350 发酵培养基的配方为：豆饼粉（3.75%）、玉米粉（0.625%）、鱼粉（0.625%）、氯化铵（1.00%）、氯化钙（0.50%）、磷酸二氢钙（0.20%）、豆饼石灰水解液（10.00%）和水（83.3%），pH 5.50。

（2）接种量　适当控制接种量与菌株产酸性蛋白质的活力关系很大。通过对于宇佐美曲霉 537 的研究表明，5% 的接种量比 10% 的接种量要好。

（3）pH　对于生产酸性蛋白酶的菌株来说，培养基的起始 pH 对其产量有较大的影响。不同菌株对起始 pH 的要求也各有不同：斋藤曲霉为 5.5，微紫青霉为 3.0，根霉为 4.0，黑曲霉 3.350 为 5.5，肉桂色曲霉 NO.81 为 4.5～6.0。

（4）温度　酸性蛋白酶的生产对温度的变化很敏感。黑曲霉正常发酵采用 30 ℃，斋藤曲霉采用 35 ℃，根霉和微紫青霉采用 25 ℃。

（5）通风量　通风量较大对产酸性蛋白酶有利，但通风量对产酶的影响还因培养基和菌种的不同而异。宇佐美曲霉变异株 537 对通风量要求较高；而黑曲霉的生长受通风量的影响较小，但其产酶量受通风量影响极大。

（6）提取　通常用沉淀洁净法和离子交换法。

第六章

配合饲料的加工工艺与设备

　　配合饲料质量除与配方及所选原料质量有关外，还与所采用的加工工艺和设备密切相关。先进、可靠、适用的饲料加工工艺及设备是生产安全、优质、高效配合饲料产品的基础和保障。随着机械工业、电子工业及自动控制技术的发展，动物营养、饲料科学等研究的深入以及对环境保护和食品安全的重视，配合饲料加工工艺和设备取得了显著的成果，现代配合饲料加工工艺更为重视饲料生产过程中的质量在线控制和安全监控体系。本章主要介绍配合饲料的加工工艺流程、加工设备的工作原理和结构、加工工艺参数、影响加工操作与饲料质量的因素和饲料加工过程中的质量控制等内容。

第一节　饲料加工工艺设计

　　配合饲料的加工工艺设计包括工艺流程、工艺规范、工艺设备和工艺参数等的选择、计算和确定，技术性和经济性极强，并要求具有较强的艺术性，是一项综合性工作，需要具有很强的综合能力。工艺设计决定了饲料加工的生产能力、原料粉碎粒度、配料精度、混合均匀度、颗粒压制方式和性状、包装方式、工业噪声、粉尘浓度、能耗物耗、生产成本、劳动强度、操作维修方便性、占地面积和占用空间、设备可靠性和使用寿命等性能指标。

　　工艺流程是由单个设备和装置按一定生产程序和技术要求组合而成。由于动物的采食特点不同，需要生产不同类型的饲料产品，要求采用不同的饲料加工工艺；又因饲料原料品种和设备种类规格繁多，可以对设备进行不同的组合，形成不同的饲料加工工艺。

一、配合饲料加工工艺设计

　　饲料加工工艺设计包括生产车间、原料库、成品库等的工艺设计，要求生产工艺流程完备而又简单，不得出现工序重复，各种设备生产能力匹配，保证在最佳负荷下运行，充分发挥技术性能，提高经济性。不论饲料加工厂的规模大小，工艺设计的基本原则、内容、依据和方法是相同的。

（一）工艺设计基本原则

1. 工艺流程和设备必须成熟、可靠、实用，并尽可能采用先进的工艺流程和设备，以提高生产效率和饲料产品质量。

2. 具有较好的适应性和灵活性，满足不同配方、不同原料和不同成品的要求。

3. 尽量选用系列化、标准化和零部件通用的设备，设备配套平衡，后道输送设备的生产能力必须比前道输送设备生产能力大 5%～10%，设计的生产能力应比实际生产能力大 15%～20%。

4. 设备耗能低，节约成本，劳动生产率高。

5. 合理布置设备和装置，有利于操作、维修保养和管理，减少占地面积，并考虑设备布置整齐、美观。

6. 充分考虑员工的工作条件和环境，有效降低噪声和粉尘，符合安全、卫生、环保及消防要求，确保文明生产。

7. 既要满足当前生产的需要，又应兼顾中长期发展的要求。

（二）工艺设计依据

1. 产品类型　饲料产品类型取决于饲喂动物要求及使用方式，包括品种和规格。快速生长动物和水产动物要求饲喂颗粒饲料，工艺设计时必须考虑设置制粒系统。有些水产饲料要求是浮性的或慢沉性的，则要采用挤压膨化制粒设备。预混合饲料要求配料精确、混合质量高，必须选用精度高的配料秤和性能好的混合机。生产工艺既要适应当前的产品类型，同时又必须考虑发展的需要。

2. 生产能力　生产能力小且产品单一，可采用简单的工艺流程；生产规模大且产品品种较多时，宜采用完备的工艺流程。

3. 饲料配方和常用原料品种及特性　配方不同，则采用的原料及其比例不同，相应配备的设备类型也不同；原料品种及特性不同，采用的加工处理方法也不相同。

4. 原料来源和成品出厂　原料有包装、桶装和散装等形式，成品也有包装和散装两种方式，需采用不同的原料接收工艺和成品处理工艺。

5. 投资能力和员工素质　投资能力小宜采用加工机组或简单的生产工艺；投资能力强，则可采用完整的工艺流程和自动化程度高的设备，同时要求操作人员具有较高的文化水平和技术知识。

（三）工艺设计方法和步骤

1. 确定工艺流程　根据生产规模和产品类型组织工艺流程，确定生产工艺。

2. 计算确定工艺参数　包括各工序的生产能力、原料及成品仓库容量和劳动力等。

3. 选择主要设备　饲料生产设备选择必须满足工艺要求，重视设备质量，要求设备技术先进、经济合理。

4. 设计绘制工艺流程图　根据选定的工艺流程和设备绘制工艺流程图。工艺流程图可人工绘制，也可采用计算机绘制。

5. 绘制车间设备布置图　按照选定设备的大小尺寸，在车间进行排布，确定车间等的长、宽、高和设备的平面布置方式，可采用计算机辅助设计方法绘制布置图。

6. 编制工艺设计说明　对工艺流程和设备的有关内容用文字进行说明。

（四）工艺设备选择

1. 满足工艺要求，运行安全、可靠，具有技术先进性。
2. 便于操作维修。
3. 高效、节能、环保。

（五）工艺设备布置

1. 保证生产工艺流程畅通，尽量利用建筑高度使物料自流，减少提升次数。
2. 便于安装、操作和维修，保留足够的安全走道和操作维修空间。
3. 确保安全，楼梯、走道和操作平台必须设置安全栏杆，转动的设备部件要设防护罩，设备荷重必须计算正确。

二、典型配合饲料加工工艺

配合饲料加工工艺取决于生产规模，生产能力大则工艺完整，自动化程度高；产量小则工艺相对简单，劳动强度大。根据粉碎和配料的顺序可分为先粉碎后配料加工工艺和先配料后粉碎加工工艺，两种工艺各有优缺点；为充分发挥两种工艺的优点，正在研发集两者为一体的综合工艺。

（一）先粉碎后配料加工工艺

1. 工艺过程　该工艺是将粒状原料先进行粉碎，然后输入配料仓进行配料混合的工艺（图6-1），也称为美国式加工工艺，适用于谷物含量高的饲料生产，国内外饲料厂多采用这种工艺流程，国内畜禽饲料生产应用尤为普遍。

2. 工艺特点

（1）粉碎后的物料装入配料仓，可使粉碎机以最大产量长时间工作，同时又起缓冲作用，粉碎系统停机保养或更换零件不影响正常生产，能充分发挥所有设备的潜力。

（2）因粉碎单一品种物料，粉碎机满负荷稳定工作，处于良好的工作状态，可获得最佳的粉碎效率。

（3）对一些大型配合饲料厂、预混合饲料和浓缩饲料厂，粉碎工段可配置不同类型粉碎机，以便适应不同原料的粉碎要求或实现二次粉碎工艺，并降低能耗，提高产品质量和生产效率。

（4）粉碎机操作和管理方便。

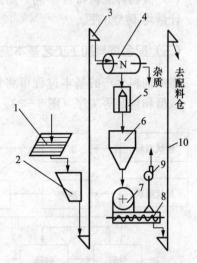

图6-1　先粉碎后配料工艺

1. 栅筛　2. 进料斗　3、10. 斗式提升机
4. 圆筒初清筛　5. 永磁筒　6. 待粉碎仓
7. 粉碎机　8. 螺旋输送机　9. 除尘系统

（徐斌等，1998）

（5）粉碎的单一原料均需要单独的配料仓，配料仓增多，增加建厂投资和维修费用。

（6）在更换配方时，特别是在原料品种增多时，受配料仓数量限制。

（7）粉碎后的粉料存放于配料仓，增加了物料在仓内结拱的可能性，导致管理繁琐。

（二）先配料后粉碎工艺

1. 工艺过程　该工艺是将所有参与配料的各种原料，按一定比例并通过配料秤称重后混合在一起，再进入粉碎机粉碎（图6-2）。欧洲饲料厂采用此工艺较多，国内水产饲料生产亦多采用先配料后粉碎加工工艺。

2. 工艺特点

（1）对原料品种变化的适应性强，生产过程中更换饲料配方方便。

（2）不需要大量的配料仓，减少了车间占地面积，节省建厂投资。

（3）对于配料中谷物原料含量少时采用本工艺优点更为明显。

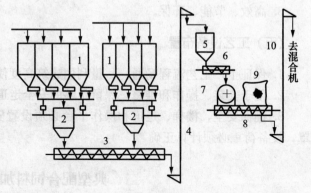

图6-2　先配料后粉碎工艺

1. 配料仓　2. 配料秤　3、8. 螺旋输送机　4、10. 斗式提升机
5. 待粉碎仓　6. 螺旋喂料器　7. 粉碎机　9. 空气过滤器

（徐斌等，1998）

（4）装机容量要比先粉碎后配料增加20%以上，其能耗高5%左右。

（5）由于粉碎机设置于配料之后，故一旦粉碎机发生故障，则整个生产要停止。

（6）被粉碎原料特性不同，易造成电机负荷不稳定，且对原料清理设备要求高，输送、计量均不太方便。

（三）配合饲料加工工艺基本流程

根据饲料生产的基本过程可将饲料加工工艺分为原料接收及清理、粉碎、配料、混合、成型和包装等工序（图6-3）。

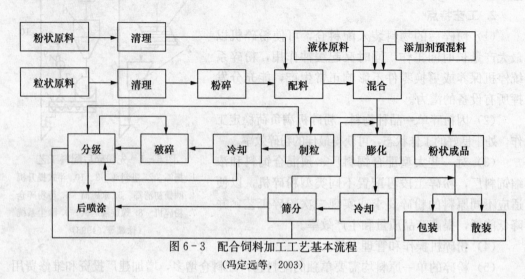

图6-3　配合饲料加工工艺基本流程

（冯定远等，2003）

（四）不同规模饲料厂的加工工艺流程

目前，国内饲料厂规模差别较大，饲料加工工艺流程也有较大差异，图6-4、图6-5、图6-6、图6-7、图6-8为不同规模饲料厂的饲料加工工艺流程。

小型饲料厂生产工艺仅配备了粉碎机和混合机，采用人工配料，只能生产粉状饲料，如需生产颗粒饲料可在混合机后设置制粒机，适用于规模化养殖场和投资能力小的饲料企业。

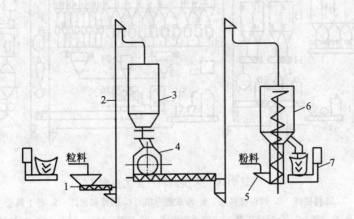

图6-4　小型饲料厂工艺流程

1. 粒料斗　2. 提升机　3. 粒料仓　4. 粉碎机

5. 粉料斗　6. 立式混合机　7. 台秤

（刘德芳，1998）

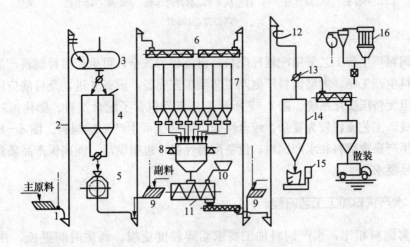

图6-5　中型饲料厂工艺流程

1. 料坑　2. 提升机　3. 初清筛　4. 粒料仓　5. 粉碎机　6. 螺旋输送机

7. 配料仓　8. 配料秤　9. 副料坑　10. 添加剂进料斗　11. 混合机

12. 磁铁　13. 拨斗　14. 成品仓　15. 台秤　16. 除尘系统

（刘德芳，1998）

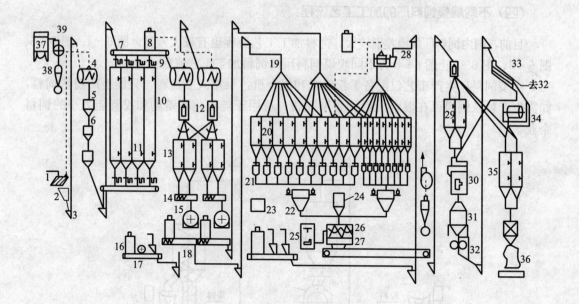

图 6-6　大型饲料厂工艺流程

1. 卸料提筛　2. 粒料卸料口　3. 斗式提升机　4. 圆筒初清筛　5. 秤上料仓

6. 自动秤　7. 分配输送器　8. 带式除尘器　9. 料阀　10. 立筒仓　11. 料位器

12. 永磁筒　13. 粉碎仓　14. 给料器　15. 锤片粉碎机　16. 袋式除尘器

17. 破饼机　18. 粉料进料口　19. 分配器　20. 配料仓　21. 给料器　22. 配料秤

23. 预混合机　24. 人工投料口　25. 预混料进料口　26. 混合机　27. 刮板输送机

28. 粉料筛　29. 制粒仓　30. 制粒机　31. 冷却机　32. 破碎机　33. 分级筛

34. 外涂机　35. 成品仓　36. 打包机　37. 脉冲除尘器　38. 离心除尘器　39. 风机

(刘德芳，1998)

中型饲料厂生产工艺采用配料秤配料，设备较为齐全，可生产多种饲料产品，但缺少预混合饲料生产工序。大型饲料厂生产工艺则工艺完备，设备先进，是目前应用较多的工艺流程，但无挤压膨化系统。图 6-7 所示工艺流程包含了配合饲料、膨化饲料和预混合饲料生产线，工艺流程较为复杂，综合性强，同时也可生产浓缩饲料。图 6-8 的工艺流程可用来生产畜禽饲料和水产饲料，设备配套性强，也很灵活，能确保产品质量，并可适应不同产品要求。

（五）水产饲料加工工艺流程

与畜禽饲料相比，水产饲料加工要求粉碎粒度更细、调质时间更长，并需进行后熟化处理，因此，其工艺流程也有所不同。典型的特种水产饲料加工工艺为采用微粉碎机进行粉碎，气力输送排料，并进行两次混合（图 6-9），以确保粉碎和混合质量；图 6-10 为常用的鱼饲料加工工艺流程，可生产颗粒和膨化饲料，并配有油脂包衣设备。

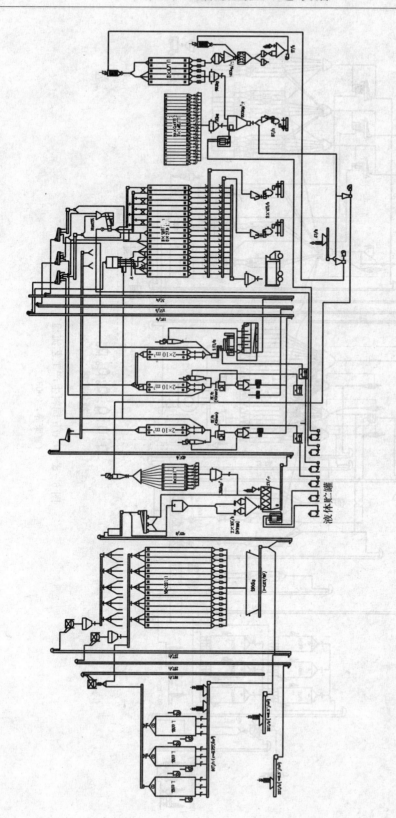

图 6 - 7　20 t/h 配合饲料、1.5 t/h 膨化饲料、3 t/h 预混合饲料生产工艺流程

（曹康等，2003）

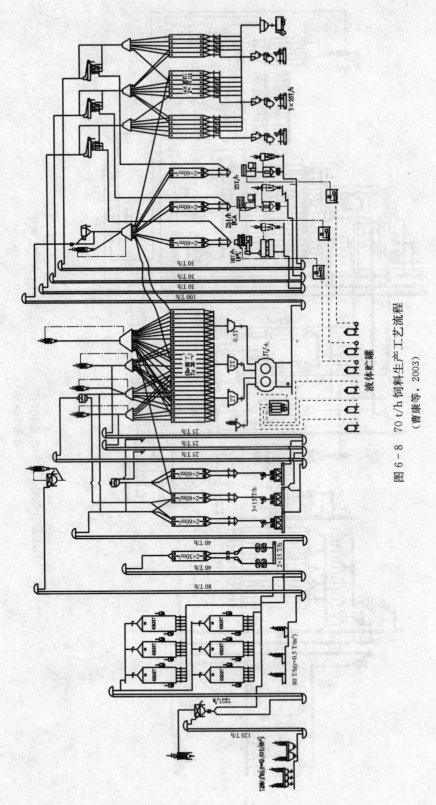

图 6 - 8　70 t/h 饲料生产工艺流程

（曹康等，2003）

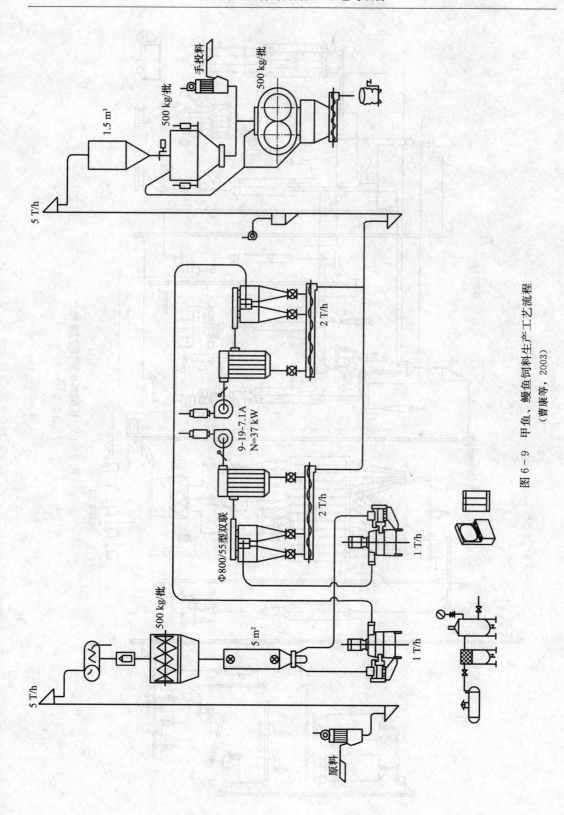

图 6-9 甲鱼、鳗鱼饲料生产工艺流程
（曹康等，2003）

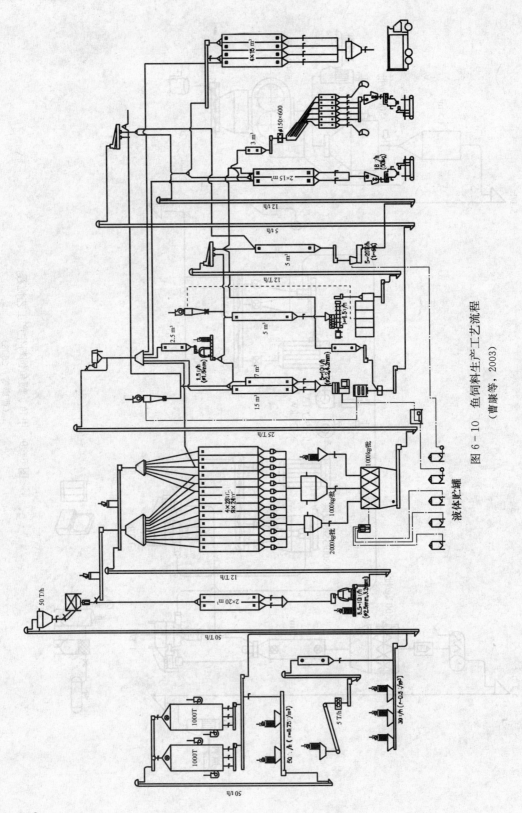

图 6-10 鱼饲料生产工艺流程

（曹康等，2003）

第二节　原料接收和清理

配合饲料生产所用的原料种类繁多，物理化学性质和加工特性各异，因此必须采用与原料特点相适应的接收和清理工艺和设备。

一、原料的分类和特性

（一）原料分类

按加工特性可将饲料原料分为以下几大类：

1. 颗粒状原料　简称粒料，需要进行粉碎处理，如玉米、小麦等谷物。

2. 粉状原料　简称粉料，如油料饼（粕）、米糠、麸皮、次粉、鱼粉、石粉、磷酸氢钙等。

3. 液体原料　如油脂、糖蜜、氨基酸、酶制剂、维生素等。

4. 饲料添加剂　这类原料品种繁多，价格昂贵，有的对人体有害，贮存及加工过程应严格按规章制度进行操作，避免混杂。

（二）原料特性

饲料生产设备选择及产品的加工、贮藏等与原料的流动性、密度和粒度等性质密切相关。

1. 流动性　粒状和粉状物料统称粉粒体，其流动性常用静止角表示，即粉粒体自然堆积的自由表面与水平面所形成的最大倾斜角。理想粉粒体的静止角等于内摩擦角，流动性不良的粉粒体其静止角大于内摩擦角。

2. 摩擦因数　粉粒体颗粒之间的摩擦为内摩擦，内摩擦力的大小常用内摩擦角表示；粉粒体与各种固体材料表面之间的摩擦为外摩擦，外摩擦力的大小用外摩擦角表示，也叫自流角，即粉粒体沿倾斜固体材料表面能匀速滑动时，该表面与水平面所形成的最小角度；内、外摩擦因数分别为相应摩擦角的正切函数值。

3. 体积质量　粉粒体自然堆积时单位体积的质量称为体积质量，与物料颗粒尺寸大小、表面光滑程度和水分等因素有关，对设计计算饲料加工、贮存所需的设备容积、仓容有重要影响。

4. 孔隙度　物料堆中孔隙总体积占总体积的百分数称为孔隙度，物料堆孔隙度大，空气流通性好，孔隙度小，空气流动性差，物料堆内部湿热不易散发而易发生霉变；粉粒体颗粒的粒度愈不均匀，则料堆的孔隙度愈小。

5. 粒度　粉粒体的平均粒径和粒度分布称为粒度，常用筛分法进行测定。

6. 自动分级　由于物料颗粒的相对密度、粒径及表面形状不同，在受震动或移动时，会按各自特性重新积聚到某一区域，这种现象叫自动分级。一般来说，大而轻的颗粒位于料堆上部或边缘，小而重的则在下部；当移动距离长、速度快时，自动分级严重。原料清理时，常希望产生自动分级，而对混合后的粉状饲料及预混合饲料则应尽量避免自动分级。

二、原料接收

原料接收是饲料生产工艺的第一道工序，也是连续生产和产品质量的重要保证。原料供给不及时，则无法进行连续生产；原料不合格，将不能生产出优质产品。原料接收的任务是将饲料厂所需的各种原料用一定运输设备运送到厂内，并经质量检验、计数称重、初清（或不清理）、输送和入库存放或直接投入使用。饲料厂原料接收量极不平衡，瞬时接收量大，所以饲料厂接收设备能力要大，一般为生产能力的 3～5 倍。此外，原料形态繁多（粒状、粉状、块状和液态等），包装形式各异（散装、袋装、瓶装、罐装等），使原料接收工作更具复杂性。因此，必须根据原料的品种、数量、性状、包装方式、供应情况、运输工具和调度均衡性等不同情况采取适当的接收、储存方式。

（一）原料接收注意事项

为了做好原料接收，应注意以下几点：

1. 原料接收入厂前检验 检验内容包括含水量、容重、含杂率、营养成分含量、有毒有害成分（如玉米黄曲霉毒素、重金属）含量等，以保证原料质量符合生产要求。

2. 计数称重 常用地中衡进行称重，以便掌握库存量和准确进行成本核算。

3. 大杂清理和粉尘控制 原料接收地坑（或下料斗）内应装设钢制栅网，以清除石块、袋片、长绳、玉米芯等大杂物，这样有利于防止设备堵塞、缠绕等事故发生。投料处粉尘较大，应设置风力较强的吸风装置，以改善工人的劳动条件。

4. 降低工人劳动强度 原料入仓应尽量采用机械化作业，大型饲料厂的大宗散装粉粒状原料入仓则最好采用自动控制系统。

5. 加强管理 各立筒仓应设料位器，液料罐应设液位指示器，筒仓应配备倒仓设备（防止物料过热变质）、料温显示器和报警装置。大型立筒仓须配备熏蒸设备和吸风设备，以防止结露。

总之，原料接收能力必须满足饲料厂的生产需要，并采用适用、先进的工艺和设备，以便及时接收原料，减轻工人的劳动强度，节约能耗、降低成本、保护环境。

（二）原料接收工艺

饲料原料有包装和散装两种形式。散装原料具有节省包装材料及费用、易于机械化作业等优点，因此，能散装运输的原料应尽量采用散装。原料运输方式和设备主要决定于饲料厂所处位置的交通条件和生产规模，饲料厂规模较小时，常用汽车运输原料和产品，汽车运输机动方便，但相对于水运和铁路运输成本要高。具有水运和铁路运输条件的饲料厂，应充分利用船舶和火车运输物料，以便降低运输费用。

1. 卡车散装原料接收 卡车散装原料可直接卸入卸料坑，由斗提机提升进入初清筛和永磁筒进行清理，经自动秤计量后再由斗提机提升，经仓顶水平输送机可进入任一筒仓（图 6 - 11）。

2. 船舶散装来料接收 该系统的卸料设备多采用吸料机（图 6 - 12）和悬吊式斗提

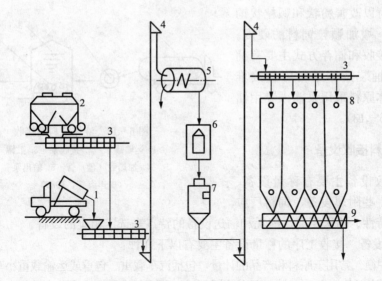

图 6 - 11　散装原料陆路接收线

1. 自动卸车　2. 铁路罐车　3. 刮板输送机　4. 斗式提升机

5. 初清筛　6. 永磁筒　7. 自动秤　8. 立筒仓　9. 螺旋输送机

（庞声海等，1989）

机，吸料机生产能力有 30 t/h、50 t/h、100 t/h 等规格。

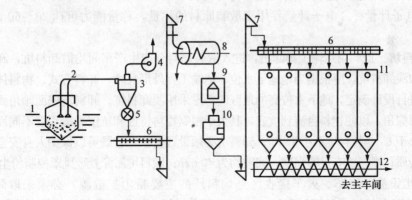

图 6 - 12　散装原料水路接收线（气力运输）

1. 货船　2. 吸料管　3. 卸料器　4. 风机　5. 关风器　6. 刮板输送机　7. 提升机

8. 初清筛　9. 永磁筒　10. 自动秤　11. 立筒仓　12. 螺旋输送机

（庞声海等，1989）

3. 专用火车散装来料接收系统　散装料车常用 K20 粮食漏斗车，铁轨下即为卸料斗，斗下设水平输送机，车厢内的原料卸下后由水平输送机输送进入斗式提升机进行接收。

4. 液体　液体原料有油脂、糖蜜及含水氯化胆碱，主要是油脂。配合饲料添加油脂，除能增加饲料能量外，还可以在加工过程中防止粉尘产生和物料分级，提高颗粒饲料生产产量和质量，降低电耗，延长制粒机模辊的使用寿命等。添加糖蜜除有与添加油脂同样的效果外，还可以改善粉状和颗粒状饲料的适口性，增加颗粒饲料的硬度。液体原料的接收和储存方式主要有桶装和罐装，桶装液体原料可直接堆放，罐装液体原料采用泵输入专用储罐备用（图 6-13）。

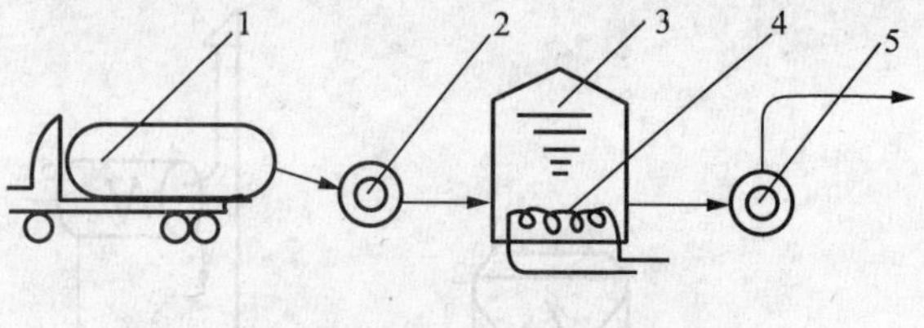

图 6-13　液体原料的接收
1. 运输罐车　2. 接收泵　3. 贮罐
4. 加热蛇（盘）管　5. 输出泵
（庞声海等，1989）

（三）原料接收设备

原料接收设备主要有称量设备、输送设备及一些附属设备，饲料厂应根据原料的特性、输送距离、能耗和输送设备的特点来选定相应的设备。

1. 称量设备　接收工序的称量设备主要有以下几种：

（1）地中衡　常用于原料和产品的计量，包括汽车载重、包重或运输载重小车；电子式地中衡的称量允许误差值为 1/2 000，目前多采用浅坑秤或无坑秤，由安装在地板上的电子负荷传感器进行称重，具有节省施工费用、容易改装、称量快、计量准确、可远距离操作管理等许多优点。地中衡的布置很重要，合理的布置可减少称量时间，增加车辆的通过能力。

（2）自动秤　由存料箱、给料装置、给料控制机构、称量计数器和秤体等组成，用于散装物料称重，物料进入料斗之后静止称重，能精确地称出物料的重量。该系统一般需要两个料斗，以保证整个进料周期流量始终均匀。

（3）电子计量秤　电子计量秤用于散装原料的称量，称量能力可达 20～60 t/h，精度为 0.2%。

2. 卸料坑　原料由运输工具卸出，进入散装原料仓或生产车间均需卸料坑，卸料坑分为深卸料坑和浅卸料坑，应根据当地地下水位、运输工具外形尺寸、卸料方式、物料体积质量和卸料量等进行设计确定，地下水位高的地区应考虑采用浅卸料坑。卸料坑壁面倾角要大于物料与坑壁的摩擦角，以便物料自流到坑底，其大小根据物料特性和坑壁光滑程度不同而异，粉料坑要求不小于 65°，粒料坑不小于 45°；卸料坑必须设置栅栏，它既可以保护人身安全，又可除去较大的杂质；栅栏要有足够强度，间隙约为 40 mm；卸料坑需配置吸风罩控制粉尘。

3. 防尘设施　汽车、火车接收区是饲料厂的主要粉尘扩散源，必须采取防尘设施。可采取接料区全封闭或局部封闭的方法，采用全封闭，能保证在任何条件下均可有效控制粉尘；在风速有限或风小的地区，局部封闭也是可行的。

（四）输送设备

饲料生产过程中，从原料进厂到成品出厂以及各工序间的物料输送，都需要各种输送设备来完成，常用的有刮板输送机、螺旋输送机和斗式提升机等。合理、安全地选择、使用这些输送设备，对保证生产连续性、提高生产率和减轻劳动强度等都有着重要意义。

1. 带式输送机　带式输送机是一种成熟、用途广泛的输送设备，以输送胶带为承载输送物料的主要工作部件。其主要优点是结构简单、适应性广、输送量大、输送距离长、速度快、工作平稳、能耗低、管理方便，缺点是不能密封，输送粉料时粉尘大。带式输送机有固定式和移动式两大类，用于输送散装和包装物料，其结构见图 6-14。

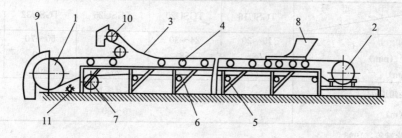

图 6-14 带式输送机构

1. 驱动滚动筒 2. 张紧滚筒 3. 输送带 4. 上托辊 5. 下托辊 6. 机架
7. 导向滚筒 8. 进料斗 9. 卸料装置 10. 卸料小车 11. 清扫装置

(谷文英等，1999)

2. 刮板输送机 刮板输送机是一种借助牵引件上刮板的推动力，使散粒物料沿着料槽移动的连续输送机（图 6-15），主要由刮板链条、刮板、链轮、机槽和传动装置组成，适用于水平长距离输送物料，也可进行倾斜输送。工作时，链轮带动链条及固定在链条上的刮板，物料受到刮板在运动方向的推力，克服物料与槽壁的外摩擦阻力，使物料以连续流动的整体得到输送，从入料口刮送到出料口卸出。输送物料时牵引件和刮

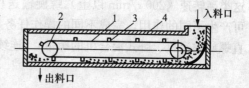

图 6-15 刮板输送机结构

1. 链条 2. 链轮 3. 刮板 4. 机槽

(谷文英等，1999)

板埋没在物料中的刮板输送机称为埋刮板输送机，有平槽和 U 型两种，前者主要用于输送粒料，后者是一种自清式水平连续输送设备，主要用于配合饲料厂和预混合饲料厂输送粉料。

刮板输送机具有结构简单，重量轻，体积小，占地少，制造，安装、使用和维护方便，机槽密闭，粉尘少，工人劳动条件好，能耗低等优点，U 型刮板输送机因其刮板由工程塑料制成，还具有噪声小、不残留物料、使用寿命长等优点；但物料在运送过程中易被挤碎或压实成块，机槽和刮板磨损较快。常用刮板输送机的性能参数见表 6-1、表 6-2。

表 6-1 平槽刮板输送机的性能参数

项 目 \ 型 号	TGSS16	TGSS20	TGSS25	TGSS32	TGSS40
输送量（按水平输送小麦计，t/h）	20～25	30～40	40～45	60～70	90～100
机壳有效工作面积（宽×高，mm×mm）	160×160	200×200	250×250	320×320	420×420
刮板链条速度（m/s）	0.4	0.4	0.4	0.4	0.4
刮板链条节距（mm）	100	100	125	125	160
刮板间距（mm）	160	200	250	320	350
允许倾斜安装角度 α(°)	0～15				
输送机长度（m）	6～80				

注：引自徐斌等，1998。

表 6-2　U 型刮板输送机的性能参数

项　目 ＼ 型　号	TGSU16	TGSU20	TGSU25	TGSU32	TGSU40
输送量（t/h）	10～20	24～30	35～45	50～70	75～100
刮板链条节距（mm）	68	68	68	100	100
刮板间距（mm）	272	272	272	300	300
允许倾斜安装角度 α(°)	0≤α≤15				
输送机长度（m）	6～80				

注：引自徐斌等，1998。

3. 螺旋输送机　螺旋输送机俗称"绞龙"，是利用螺旋叶片的旋转推动物料沿料槽向前移动，完成水平、倾斜和垂直的输送任务（图 6-16 和图 6-17）。水平螺旋输送机螺旋体的转速较低（一般在 200 r/min 以下），称为慢速螺旋输送机。高倾角和垂直螺旋输送物料是依靠螺旋体高速旋转的离心力和对槽壁所产生的摩擦力向上运移而完成输送任务，这类高转速（200 r/min 以上）螺旋输送机称为快速螺旋输送机。将螺旋体作某些变形，可产生不同的作用，完成不同的操作任务，如用作供料装置、搅拌设备（立式混合机的垂直螺旋输运机、卧式混合机的螺带）、连续烘干设备及连续加压设备等。

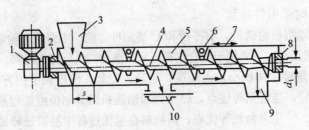

图 6-16　水平螺旋输送机
1. 驱动装置　2. 首端轴承　3. 装料斗　4. 轴
5. 料槽　6. 中间轴承　7. 中间加料　8. 末端轴承
9. 末端卸料　10. 中间卸料
（饶应昌等，1996）

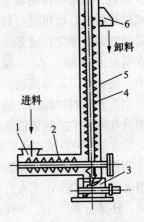

图 6-17　垂直螺旋输送机
1. 加料　2. 水平喂料螺旋
3. 驱动装置　4. 垂直螺旋
5. 机壳　6. 卸料口
（徐斌等，1998）

螺旋输送机的优点有：结构简单、紧凑，料槽封闭、能实现密闭输送，物料输送方向可逆，能多点装料和多点卸料，1 台输送机可以同时向两个方向输送物料，在输送过程中可完成混合、加热、干燥及冷却等操作，工作可靠，维护操作方便，占用位置小，可吊挂在天花板上或置于地面上，成本低，适用于不易碎的颗粒状物料和其他各种粉料的输送。其缺点是：叶片和料槽磨损较快，单位功耗较大，同时易引起物料的破碎，一般不能用于输送易碎颗粒饲料，对超载较为敏感，进料不均匀，易造成堵塞现象，不宜输送含纤维多的物料，不宜长距离输送。常用螺旋输送机性能参数见表 6-3 和表 6-4。

表 6 – 3　水平螺旋输送机技术参数

项目 ＼ 型号	TLSS12	TLSS16	TLSS20	TLSS25	TLSS32	TLSS40	TLSS50
输送长度（m）	≤15	≤20	≤25	≤30	≤30	≤35	≤35
转速范围（r/min）	60～190	60～160	60～140	60～120	60～120	60～100	60～100
螺旋直径（mm）	120	160	200	250	320	400	500
螺距（mm）	100	130	160	200	250	320	400
机槽宽（mm）	130	170	210	260	330	410	510
输送能力（t/h）	1.34～4.3	3.2～8.6	6.2～14.4	12～25	25～50	50～83	78～100

注：引自徐斌等，1998。

表 6 – 4　垂直螺旋输送机技术参数

项目 ＼ 型号	LSL16	LSL20	LSL25	LSL32
螺旋直径（mm）	160	200	250	320
螺距（mm）	120	160	200	250
输送量（t/h）	3～6	6～10	10～16	16～20
输送高度（m）	≤8	≤8	≤15	≤15

注：引自徐斌等，1998。

4. 斗式提升机　斗式提升机是依靠环绕在驱动轮（头轮）和张紧轮上的环形牵引构件（畚斗带或钢链条）上每隔一定距离安装一畚斗，通过机头（鼓轮、链轮）带动牵引构件在提升管中运行，完成物料提升操作的垂直专用输送设备（图 6 – 18）。机座安有张紧机构（可调），保持牵引构件张紧状态。工作时，物料从进料口均匀地进入机座的畚斗中，然后被提升到机头，当畚斗绕过驱动轮时，物料被倾倒出来，从出料口流入相应的容器或下一工序的设备中。按畚斗深浅可分为深型、浅型，也可分为有底畚斗和无底畚斗，近年又出现了圆形畚斗。

斗式提升机结构较简单，占地面积小，提升物料稳定，提升高度高，输送量大，能在全封闭罩壳内进行工作，适应性强，耗用动力小。但其输送物料的种类受到限制，只适用于散粒物料和碎块物料，其过载敏感性大，容易堵塞，必须均匀给料。目前，斗式提升机的最大提升高度已达 350 m。部分斗式提升机的性能参数见表 6 – 5。

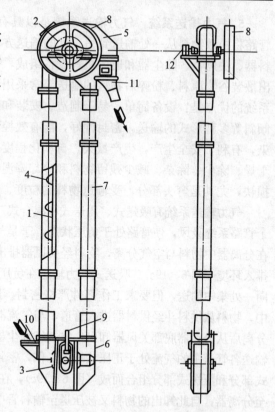

图 6 – 18　斗式提机的结构
1. 畚斗带　2. 头轮　3. 底轮　4. 畚斗　5. 机头
6. 机座　7. 机筒　8. 传动轮　9. 张紧装置
10. 进料口　11. 卸料口　12. 止退轴承
（谷文英等，1999）

表6-5　TDTG型斗式提升机性能参数

型号 项目		TDTG 15/9—18	TDTG 20/9—18	TDTG 26/11—23	TDTG 36/13—28	TDTG 48/13—28	TDTG 63/18—32
提升量 (m³/h)	颗粒	2.8～6.3	3.5～12.5	5.1～18.7	9.6～29.9	10.5～33.1	18.7～50.0
	粉料	1.1～2.7	1.1～4.1	2.3～7.3	3.2～9.6	3.9～11.3	6.8～16.0
头轮直径（mm）		150	200	260	360	480	630
头轮转速 (r/min)	颗粒	120	115	90	80	65	50
	粉料	76	57	59	42	40	30
畚斗带线速 度（m/s）	颗粒	0.94	1.2	1.2	1.5	1.63	1.65
	粉料	0.6	0.6	0.8	0.8	1.0	1.0
畚斗宽度（mm）		90～180	90～180	110～230	130～280	130～280	180～320
畚斗间距（mm）		200	200	250	300	400	400
配用电机功率（kW）		0.37～1.1	0.55～1.5	0.75～2.2	1.1～4.0	1.5～5.5	2.2～7.5

注：引自徐斌等，1998。

5. 气力输送系统　气力输送系统是以具有一定流动速度的空气作为推动力，沿一定管路将松散物料从一处输送到另一处的输送方法，也称气流输送。由接料器、输料管、卸料器、关风器、除尘器和通风机等设备组成，在饲料加工中应用较广泛，如从船舶仓内卸出散装谷物原料、粉碎后物料的输送等常采用气力输送。与其他输送设备相比，气力输送系统的优点是：设备简单，易于制造、安装和维护，工艺布置灵活，可以作水平、垂直和倾斜等多种形式的输送，密封性好，能有效控制粉尘外扬，改善生产环境，物料不易受污染，有利于安全生产，生产量大，自动化程度高，适用范围广；除能输送物料外，还具有干燥、除尘、除杂、减少残留物料和冷却降温等作用；但其动力消耗大，噪声大，管道磨损快，尤其是弯头部分，受输送物料的粒度、黏度和温度的限制。

气力输送系统有吸送式、压送式和混合式三种类型。吸送式气力输送设备采用风机从整个管路系统吸风，使管路处于负压状态，于是气流和物料形成混合物从吸嘴被吸入输料管，在分离器中物料与空气分离，物料经关风器排出，空气进入除尘器，将空气中的粉尘除掉后排入环境（图6-19a）。吸送式气力输送在负压状态下工作，故无粉尘飞扬，物料可从几处向一处集中输送，但要求工作部件严格密封。压送式气力输送采用风机将空气压入输料管中，物料从供料斗经供料器进入管道，与气流混合，在输料管内被压送至分离器内，物料经分离后从分离器底部关风器卸出，空气经除尘器净化后排入环境（图6-19b）。压送式气力输送各管道中的气流处于正压状态下工作，密封要求更加严格。混合式气力输送设备由吸送式部分和压送式部分组合而成（图6-19c），在吸送部分，通过吸嘴将物料吸入吸料管并送至分离器，自此卸出的物料又被压送至输料管中继续被输送，混合式气力输送设备兼有吸送式和压送式的优点，可以几处吸入物料，并能压送到较远的地方。但其结构较为复杂，分离器排出的空气含尘较多，使得风机的工作条件差。

气力输送系统的接料器主要是吸嘴，是吸送式气力输送系统的供料器，适合输送流动性较好的粒状物料，在进风量一定的条件下，要求吸嘴吸料量多且均匀。吸嘴有单筒型和

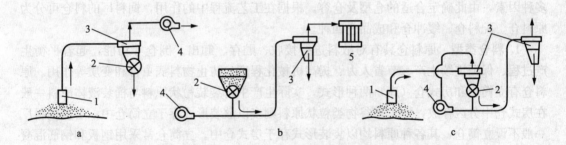

图 6-19　气力输送装置类型

a. 吸送式　b. 压送式　c. 混合式

1. 吸嘴　2. 关风器　3. 旋风分离器　4. 风机　5. 袋式除尘器

（饶应昌等，1996）

套筒型，单筒型吸嘴结构简单，可以做成直口、喇叭口、斜口和扁口多种形式；套筒型吸嘴（图 6-20a）结构较复杂，可根据输送物料的性质和输送条件，改变内外筒的相对高度。也可使用效果较好的诱导式吸料器（图 6-20b），物料从侧面入口进入，由下面补充空气，形成料气混合流向上被吸入输料管道。吸嘴在使用过程中，应注意吸嘴插入料堆后要及时补充适量空气，以免因输送浓度过大而造成堵塞现象，确保物料和空气在吸嘴中充分混合。关风器也称旋转式卸料器或供料器（图 6-21），其结构为在壳体内水平安装 1 个圆柱形叶轮，壳体两端用端盖密封，壳体上部为进料口，用法兰与分离器的出料口连接，下部为排料口。工作时物料由进料口落入格室内，当格室转到下面时物料卸出。关风器用途广泛，可用于多种设备和装置的卸料。

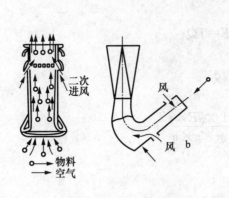

图 6-20　吸　嘴

a. 套筒式吸嘴　b. 诱导式吸嘴

（饶应昌等，1996）

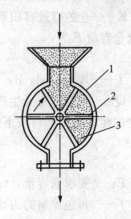

图 6-21　关风器

1. 外壳　2. 叶轮　3. 格室

（徐斌等，1998）

（五）料仓

原料及成品的贮存、加工过程中物料的暂存关系到生产的正常进行和经济效益。合理设计选择料仓必须综合考虑物料的特性、地区特点、产量、原料及成品品种、管理要求等多种因素，由此确定合适的仓型及仓容。根据在工艺流程中的作用，饲料厂的料仓可分为原料仓、配料仓、缓冲仓和成品仓四种。

1. 料仓类型 原料仓具有对散料进行接收、贮存、卸出、倒仓等功能，起着平衡生产过程、保证连续生产、节省人力、提高机械化程度、防止物料病虫害和变质等作用。原料仓有立筒仓和房式仓（库）两种形式，实际生产中，袋装粉状原料与桶装液体原料一般在房式仓中分区存放，而大宗谷物类粒状原料则多以散装形式存于立筒仓中，小型饲料厂一般不设立筒仓，其各种原料均以袋装形式存于房式仓中。立筒仓常采用钢板和钢筋混凝土制作，钢板仓占地面积小、储存量大、自重轻、施工工期短、造价低，应用越来越广泛。仓筒截面形状有圆形、四方形、多边形（六边、八边）、圆弧与直线组合型等，大型钢板仓多采用圆型，发展最快的是镀锌波纹钢板仓。配料仓和缓冲仓等一般采用热轧钢板制成，成品仓主要采用房式仓。

2. 料仓容量计算确定 料仓容量的大小主要根据生产规模和工艺要求确定，合理确定仓容对确保饲料生产、节省投资意义极大。

原料仓容量取决于饲料生产规模、原料来源和运输条件等。一般主原料仓要考虑15～30 d 的生产用量，辅料仓可考虑 30 d 左右的生产用量。由车间生产能力 Q(t/h)、某种原料的配方比例 P_1(%) 和储存时间 T（一般为 15～30 d），可求得某种原料所需总仓容量 $V_{总仓}$ 为：

$$V_{总仓} = \frac{Q \times P_1 \times n \times T}{K \times \gamma}$$

式中　n——每天作业时间，h/d；

　　　γ——物料容重，t/m³；

　　　K——仓的有效容积系数，一般取 0.85～0.95。

房式仓仓容量 E 为：

$$E = TQ$$

式中　T——库存时间，d；

　　　Q——饲料厂每天生产能力，t/d。

房式仓的建筑面积 F 可按下式计算：

$$F = \frac{1\,000E \times f}{n \times g \times \eta}$$

式中　E——要求仓容量，t；

　　　f——每包原料的占地面积，m²；

　　　n——料包堆高包数，包；

　　　g——料包的重量，kg/包；

　　　η——库房面积利用系数，取 $\eta = 0.65$，其余为通道面积。

配料仓的仓容量可按 4～8 h 生产用量考虑，数量由配料品种多少决定，并考虑一定数量的备用仓，为确保布置整齐、美观，施工方便，配料仓的规格尺寸应保持一致，外形以方形为主。

缓冲仓分别有待粉碎仓、待制粒仓和混合机下方的缓冲仓等。一般待粉碎仓和待制粒仓容量按 1~2 h 的生产用量计算，混合机缓冲仓容量通常为混合机的一批混合量。

3. 料仓内物料的流动状态　根据粉粒体的流动特性，物料在仓内卸料时有几种不同的状态：物料流动性好、料仓结构合理则可能形成整体料流或称"先进先出"式，但在实际生产中常是漏斗状卸料，是"先进后出"式，粉状物料常会在卸料口发生结拱现象。

4. 料仓结构　料仓由仓体、料斗及卸料口组成，料斗与卸料口形状及位置的合理确定对防止结拱、促使物料形成整体流动起主要作用。料斗有多种形式（图 6 - 22），考虑到制造的方便性及应用效果，国内应用较多的为对称料斗、非对称料斗和二次料斗。

5. 料仓防拱与破拱措施　料仓的排料主要受物料特性、料仓结构及操作条件等因素影响，物料颗粒小、水分含量高、黏性大、料斗结构不合理等均会造成物料堵塞出料口，造成结拱，影响生产的正常进行。防止结拱和消除结拱的措施有：

（1）采用合适的料斗形式，适当增大出料口的几何尺寸，增大料斗棱角，采用偏心出料口或二次料斗。

（2）料仓内设置改流体（图 6 - 23）。

（3）采用助流装置卸料，如气动助流、振动器助流等，此外，还可在仓壁靠近出口处开一孔，结拱时用木棒等器具人工助流。

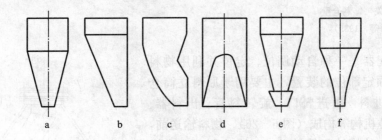

图 6 - 22　料斗的形式

a. 对称料斗　b. 非对称料斗　c. 鼻形料斗　d. 凿形料斗　e. 二次料斗　f. 曲线料斗

（庞声海等，1989）

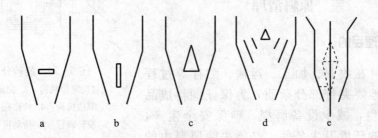

图 6 - 23　改流体的形式

a. 水平挡板　b. 垂直挡板　c. 椎体改流体　d. 倾斜挡板　e. 双椎体改流体

（庞声海等，1989）

6. 料仓辅助设备　检测粉仓内物料容量的装置称为料位指示器，简称料位器，其作用是显示料仓的充满程度，包括满仓、空仓和某一高度的料位。料位器有阻旋式、薄膜式、叶轮式、电容式及电阻式等，薄膜式初期使用时性能可靠（图6-24），但由于使用一段时间后薄膜材料老化，容易造成错误信号；使用较广泛的是阻旋式料位器（图6-25）。

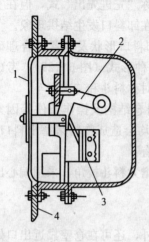

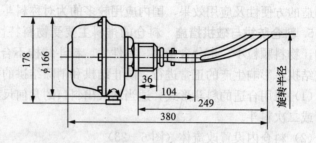

图6-24　薄膜式料位器
　1.薄膜　2.杠杆
　3.微动开关　4.料仓壁
　　（庞声海等，1989）

图6-25　阻旋式料位器（单位：mm）
　　（庞声海等，1989）

　　旋转分配器是一种自动调位、定位并利用物料自流输入到预定部位的装置，主要用于原料立筒仓和配料仓的进料，由进料口、旋转料管、出料器、定位器、限位机构等构成（图6-26）。物料输送前，旋转分配器上的旋转料管转动，对准出料口，由进料口进入的物料自流至预定的料仓中，由此，可将物料按需要送入不同的料仓。

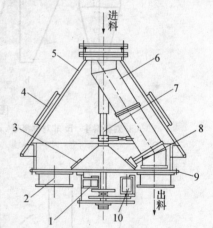

图6-26　旋转分配器
　1.自动定位机构　2.固定溜管接头
　3.限位机构　4.检修孔　5.外壳
　6.旋转料管　7.传动机　8.磁铁
　9.筒体　10.电机
　　（饶应昌等，1996）

三、原料清理

（一）清理目的

　　饲料原料在收获、加工、运输、贮存等过程中不可避免地要夹带部分杂质，为保证饲料成品中含杂不过量，减少设备磨损，确保安全生产，改善加工时的环境卫生条件，必须去除原料中的杂质。

　　饲料厂常用的清理方法有以下几种：①筛选法，根据物料尺寸的大小筛除大于及小于饲料的泥沙、秸秆等大小杂质；②磁选法，根据物料磁性的不同除去各种磁性杂质。此外，还有根据物料空气动力学特性设计的风选法。

（二）筛选除杂

1. 栅筛和筛面　设于下（投）料口处的栅筛是清理原料的第一道防线，可以初步清理原料中的大杂质，保护后续设备和工人的安全。栅筛间隙根据物料几何尺寸而定，玉米等谷物原料为 30 mm 左右，油料饼（粕）为 40 mm 左右，同时应保证有一定强度，通常用厚 2～3 mm、宽 6～20 mm 的扁钢或直径 10 mm 的圆钢焊制而成，将其固定在下（投）料斗口上，并保证有 8°～10° 的倾角，以便于物料倾出。在工作过程中，应及时清理栅筛清出的杂质。

冲孔筛通常是在薄钢板或镀锌板上冲出筛孔，筛孔有圆形、圆长形和三角形等形状，具有坚固耐磨、不易变形等优点。

编制筛面由金属丝或化学合成丝等编织而成，筛孔形状有长方形、方形两种。其造价较低、制造方便、开孔率大，但易损坏。

筛面的筛理能力由其有效筛理面积及开孔率决定，开孔率越大，筛理效率越高。筛孔合理的排列形式有利于提高开孔率，增大筛孔总面积。

2. 圆筒初清筛　圆筒初清筛主要用于粒状原料的除杂，由冲孔圆形（或方形）筛筒、清理刷、进料口及吸风部分组成（图 6 - 27）。工作时，物料从进料口经进料斗落入旋转筛筒时，穿过筛孔的筛下物从出口流出，通不过筛孔的大杂，借助筒内壁的导向螺旋被引至进口通道下方，从大杂出口排出机外；清理刷可以清理筛筒，防止筛孔堵塞；吸风口可与吸风系统连接，防止粉尘外扬。圆筒初清筛具有结构简单、造价低、单位面积处理量大、占地面积小、易于维修、调换筛筒方便等特点，根据物料的性质选配适宜筛孔的筛筒，即可达到产量要求和分离效果。SCY 系列圆筒初清筛有 50、63、80、100 和 125 等几种型号，相应的产量分别为 10～20、20～40、40～60、60～80 和 100～120 t/h。

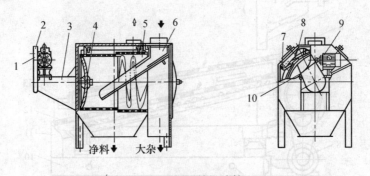

图 6 - 27　圆筒初清筛

1. 涡轮减速器　2. 链壳　3. 支撑板　4. 轴　5. 筛筒　6. 进料斗
7. 操作门　8. 清理刷　9. 电动机　10. 联轴器

（徐斌等，1998）

3. 圆锥清理筛　圆锥清理筛广泛应用于粉状原料的清理，如米糠、麸皮等，主要由筛体、转子、筛筒和传动部件等组成（图 6 - 28）。筛体包括进料斗、筛箱、操作门、出料口和端盖等。原料从进料口进入圆锥筛小头内，通过筛孔由底部出料口排出，大杂由筛筒大头排出。

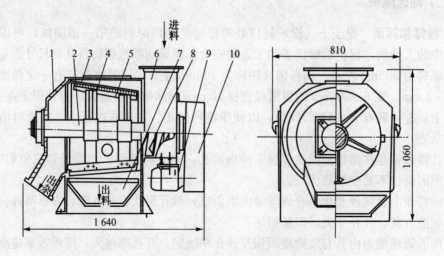

图 6 - 28　SCQZ 型圆锥粉料清理筛（单位：mm）

1. 出料端盖　2. 转子　3. 筛筒　4. 刷子　5. 打板　6. 进料口

7. 出料口　8. 喂料螺旋　9. 电动机　10. 防护罩

（谷文英等，1999）

4. 振动筛　振动筛主要用于颗粒饲料分级，也可用来除杂（图 6 - 29）。

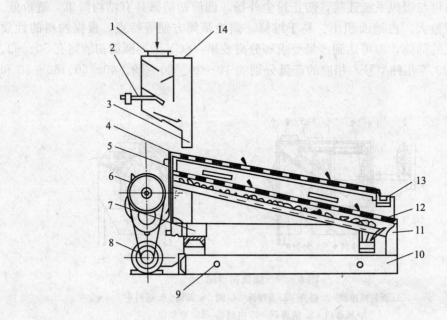

图 6 - 29　往复振动筛

1. 进料口　2. 进料压力门　3. 吸风道　4. 第一层筛面　5. 第二层筛面

6. 自动振动器　7. 弹簧减震器　8. 电动机　9. 吊装孔　10. 机架

11. 小杂溜管　12. 橡皮球清理装置　13. 大杂溜管　14. 吸风口

（谷文英等，1999）

5. 回转振动分级筛　回转振动分级筛用于饲料原料的清理，亦可用于粉状物料或颗粒饲料的筛选和分级，具有振动小、噪声小、筛分效率高、产量大等优点（图 6 - 30）。

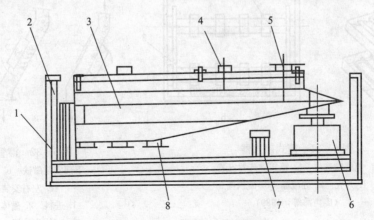

图 6 - 30　回转振动分级筛

1. 机座　2. 尾部支撑机构　3. 筛体　4. 观察口
5. 进料口　6. 传动筛　7. 电动机　8. 出料口

（谷文英等，1999）

（三）磁选设备

在原料收获、贮运和加工过程中，易混入铁钉、螺丝、垫圈、钢珠和铁块等金属杂质，这些金属杂质如随原料进入高速运转设备（粉碎机、制粒机），将造成设备损坏，危害极大，必须予以清除。磁选器的主要工作元件是磁体，每个磁体有两个磁极，在磁极周围存在着磁场。任何导磁物质在磁场内都会受到磁场的作用磁化并被磁选器吸住，而非导磁的饲料则自由通过磁选器而使两者分离。磁选器有电磁选器和永久磁选器两种，饲料行业主要使用永久磁选设备。根据磁选设备结构的不同，饲料厂常用的磁选设备有简易磁选器、永磁筒和永磁滚筒。

1. 简易磁选器　有篦式磁选器和永磁溜管。篦式磁选器（图 6 - 31）常安装在粉碎机、制粒机喂料器和料斗的进料口处，磁铁呈栅状排列，磁场相互叠加，强度高。磁铁栅上面设置导流栅，起保护磁铁作用。当物料通过磁铁栅时，物料中的磁性金属杂质被吸住，从而可保护设备。该设备结构简单，但需要人工及时清理。

2. 溜管磁选器　它是将磁体或永磁盒安装在一段溜管上，物料通过溜管时铁杂质被磁体吸住（图 6 - 32）。为了便于人工清理吸住的铁杂质，要安装便于开启的窗口并防止漏风。磁体安装时要求溜管有一定倾斜角和物料层厚度，最小倾斜角对谷物为 $25°\sim30°$，粉料为 $55°\sim60°$；物料层厚度对谷物为 $10\sim12$ mm，粉料 $5\sim7$ mm；物料通过速度为 $0.10\sim0.12$ m/s。

3. 永磁筒磁选器　永磁筒主要由内筒和外筒两部分组成，外筒通过上下法兰连接在输料管上，内筒即磁体，用钢带固定在外筒门上（图 6 - 33）。物料经入口在永磁体四周形成较均匀的环形料层，其中的磁性金属杂质因被磁场磁化而吸附在永磁体周围表面上，物料则从磁场区通过由下端出口流出机外，从而达到清除磁性杂质的目的。清杂时，拉开

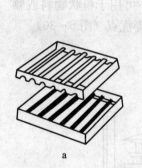
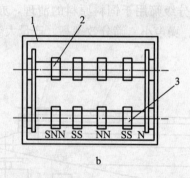

图 6-31 笼式磁选器

a. 笼式磁选器　b. 笼式磁选器安装

1. 外壳　2. 导流栅　3. 磁铁栅

（庞声海等，1989）

图 6-32 溜管磁选器

a. 下部安装磁铁　b. 上部安装磁铁

c. 左右安装磁铁

1. 进料　2. 磁体　3. 出料

（饶应昌等，1996）

筒门，将永磁体转至筒外，人工清理磁体表面吸附物。永磁筒磁选器具有结构简单、操作方便、安装灵活、除铁效率高（99％以上）、无需动力等优点，在饲料厂应用最为广泛。国产 TCXT 系列永磁筒有 15、20、25、30 和 40 等几种型号，产量分别为 10～15、20～30、35～50、55～75 和 80～100 t/h。

4. 永磁滚筒磁选器　永磁滚筒的结构见图 6-34，由进料口、压力门、滚筒、磁铁、机壳、出料口、铁杂出口和传动部分组成。工作时，物料从进料口进入，经压力门均匀地流经滚筒，铁杂被磁芯所对滚筒外表面吸住，并随外筒转动而被带到无磁区，由于该区磁力消失，铁杂自动落下，从铁杂出口排出，清理的物料则从出料口排出。永磁滚筒具有结构合理、体积小、除铁效率高、不需人工清除铁杂等优点，但价格较贵，与永磁筒相比，应用较少。

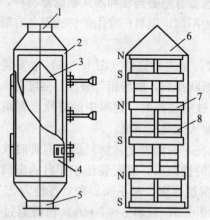
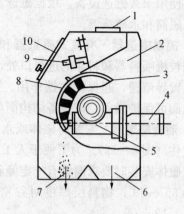

图 6-33 永磁筒磁选器

1. 物料入口　2. 磁铁　3. 清理后的物料　4. 外筒门

5. 出料口　6. 不锈钢外罩　7. 磁极板　8. 磁铁块

（饶应昌等，1996）

图 6-34 永磁滚筒磁选器

1. 进料口　2. 机壳　3. 磁铁　4. 电动机

5. 减速器　6. 铁杂出口　7. 清洁物料出口

8. 滚筒　9. 压力门　10. 观察窗

（饶应昌等，1996）

(四) 清理工艺

按清理工艺布置的场合,饲料厂的清理工艺可分为接收清理工艺和车间清理工艺。

1. 接收清理工艺 接收清理工艺是指在原料接收的同时对原料进行清理的工艺,一般用于立筒库原料进仓前的清理,以清理玉米为主。原料卸入卸料坑由栅筛对原料进行初步筛理,经斗式提升机提升后,由圆筒初清筛进行清理,清除大杂质,然后,由自动秤对原料进行计量并由输送设备送至立筒库贮存或直接进入主车间,立筒库中的原料在需要时可由立筒库下方的刮板输送机送入主车间参与生产。在接收清理工艺中,可不设磁选设备,因为原料中的细小磁性杂质进入立筒库没有多大危害,进入主车间后还会经过一道磁选。接收清理工艺生产能力大,要在短时间内处理大批量进厂的原料,各种设备均要满足这一要求,其生产能力不能局限于饲料厂的生产规模,而应比车间各生产设备的能力大得多,具体生产能力视饲料厂原料供应状况及一次进料数量而定。

2. 车间清理工艺 车间清理工艺布置在加工车间内,其作用是对投入生产流程的原料进行清理,有粒料清理线和粉料清理线。需要粉碎的粒状原料由人工(或机械)投入粒料斗,栅筛对原料进行初步清理,清除大杂。斗式提升机将粒料提升并卸入圆筒初清筛,清理杂质后的原料流经永磁筒清除磁性杂质,原料进入待粉碎仓。不需要粉碎的粉状原料由人工投入粉料斗(或从原料库由输送设备送来),同样,栅筛也对原料进行初步清理,斗式提升机将粉料提升后卸入圆锥粉料筛,大杂清除后的原料在去配料仓途中由磁盒进行磁选,清除磁性杂质。

第三节 粉 碎

粉碎是固体物料在外力作用下,克服内聚力,从而使颗粒的尺寸减小、颗粒数增多、比表面积增大的过程。粉碎是饲料厂最重要的工序之一,它直接影响饲料厂的生产规模、能耗、饲料加工成本以及产品质量。粉碎可增大饲料的比表面积,增加消化酶对饲料的作用面积,提高动物对饲料的消化速度和利用率,减少动物采食过程的咀嚼能耗;粉碎可改善配料、混合、制粒等后续工序的质量,提高这些工序的工作效率。从应用效果来看,动物对饲料的消化率并非随粒度变细而相应提高,若粉碎过细则会引起畜禽呼吸系统、消化系统障碍;此外,粉碎过细,能耗大,成本高。因此,应根据不同的饲养对象和产品种类来确定合理的粉碎粒度,以使粉碎粒度达到合理的营养效果。

一、粉碎的方法和原理

(一) 粉碎方法和原理

饲料粉碎是利用粉碎工具使物料破碎的过程,这种过程一般只是几何形状的变化。根据对物料施力情况不同,粉碎可分为击碎、磨碎、压碎和锯切碎等四种方法(图6-35)。

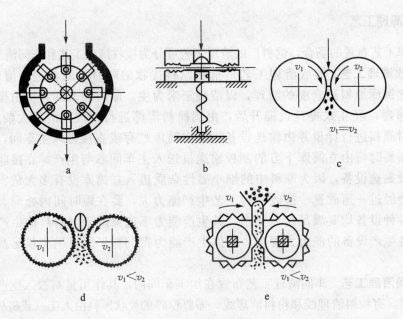

图 6－35　物料的粉碎方法

a. 击碎　b. 磨碎　c. 压碎　d、e. 锯切碎

（饶应昌等，1996）

1. 击碎　击碎是利用安装在粉碎室内的工作部件（如锤片、冲击锤、齿爪等）高速运转，对物料进行打击碰撞，依靠工作部件对物料的冲击力使物料颗粒碎裂的方法。其适用性好、生产效率高、可以达到较细、均匀的产品粒度，但工作部件速度较快，能量浪费较大。锤片粉碎机、爪式粉碎机均利用这种方法工作。

2. 磨碎　利用两个带齿槽的坚硬表面对物料进行切削和摩擦而使物料破碎，即靠磨盘的正压力和两个磨盘相对运动的摩擦力使物料颗粒破碎。适用于加工干燥且不含油的物料，可根据需要将物料颗粒磨成各种粒度的产品，但含粉末较多，升温较高。这种方法目前在配合饲料加工中应用很少。

3. 压碎　压碎是利用两个表面光滑的压辊以相同的转速相对转动，依靠两压辊对物料颗粒的正压力和摩擦力，对夹在两压辊之间的物料颗粒进行挤压而使其破碎的方法。粉碎物料不够充分，在配合饲料加工中应用较少，主要用于饲料压片，如压扁燕麦作马的饲料。

4. 锯切碎　锯切碎是利用两个表面有锐利齿的压辊以不同的转速相对转动，对物料颗粒进行锯切而使其破裂的方法，特别适用于粉碎谷物饲料，可以获得各种不同粒度的成品，而且粉末量也较少，但不适于加工含油饲料或含水量大于 18％的饲料。主要有对辊式粉碎机和辊式碎饼机。

实际粉碎过程中很少是一种方法单独存在，一台粉碎机粉碎物料往往是几种粉碎方法联合作用的结果，只不过某种方法起主要作用。选择粉碎方法时，首先要考虑被粉碎物料的物理特性，对于特别坚硬的物料，击碎和压碎方法很有效；对韧性物料用研磨为佳；对胶性物料以锯切和劈裂为宜。谷物饲料粉碎以击碎及锯切碎为佳，对含纤维的物料（如苜糠）以盘式磨为好。总之，根据物料的物理特性正确选择粉碎方法对提高粉碎效率、节省能耗、改善产品质量等具有实际意义。

（二）粒度测定及其表示方法

饲料粒度以平均粒径和粒度分布表征，是评价饲料粉碎质量的基本指标之一，主要采用筛分法进行测定，微量组分要求的粒度很小，需要用显微镜法测定。

筛分法是将按一定要求选择的一组筛子，从上到下按筛孔由大到小排列成筛组，将称好的一定量物料（如100 g）置于最上层筛上，摇动筛组进行筛分，当各层筛的筛上物不再变化时，称取每层筛的筛上物重量，在此基础上计算所测物料的粒度。用筛分法测定物料粒度，筛孔的大小是关键，通常用"目"表示筛孔大小，"目"是指每英寸*长度组成筛孔的编织丝的根数，"目"数越高的筛子其筛孔越小。为了使用方便，将"目"圆整成相近的整数为筛号（表6-6）。

表6-6　筛孔尺寸对照

筛号（目数）	筛孔基本尺寸（mm）	筛号（目数）	筛孔基本尺寸（mm）	筛号（目数）	筛孔基本尺寸（mm）
4(4)	4.75	20(18.8)	0.850	100(101.6)	0.150
6(5.5)	3.35	30(25.4)	0.600	140(149.4)	0.106
8(7.6)	2.36	40(36)	0.425	200(203)	0.075
12(10.2)	1.70	50(50.8)	0.300	270(300)	0.053
14(14.0)	1.18	70(72.2)	0.212		

注：引自徐斌等，1998。

目前，我国饲料产品粒度测定应用最多的是三层筛法，科研中有时用十五层筛法。

1. 三层筛法　三层筛法是中华人民共和国国家标准《配合饲料粉碎粒度测定法》（GB5917—86）中规定的一种粒度测定方法。三层筛法使用的仪器有：按相应标准选定的三层编织筛（含底筛）、统一型号的电动摇筛机和感量为0.01 g的天平。三层筛法测定物料粉碎粒度，使用含底筛在内的三层筛，饲料的饲养对象不同，选用的筛号亦有所不同。表6-7综合了GB5915—93和GB5916—93两个标准对配合饲料粉碎粒度的要求。

表6-7　配合饲料粉碎粒度要求

饲料类型	筛下物		筛上物	
	筛孔直径（mm）	不得小于（%）	筛孔直径（mm）	不得大于（%）
仔猪、育肥猪饲料	2.80	99	1.40	15
肉用仔鸡前期、产蛋鸡前期饲料	2.80	99	1.40	15
肉用仔鸡中后期、产蛋鸡中后期饲料	3.35	99	1.70	15
产蛋鸡饲料	4.00	100	2.00	15

注：引自徐斌等，1998。

---

* 英寸为非法定计量单位，1英寸=2.54 cm。

2. 十五层筛法 我国的国家标准《饲料粉碎机试验方法》（GB6971—86）规定粉碎产品粒度测定采用此法。用 RO - Tap 振筛机筛分，套筛是直径 204 mm 的钢丝标准筛。十五层筛的筛号依次为 4、6、8、12、16、20、30、40、50、70、100、140、200、270 和底盘。筛分时，取试样 100 g，放在最上层筛子筛面上，然后开动振筛机，先筛分 10 min，以后每隔 5 min 检查称重一次，直到最小筛孔的筛上物重量稳定（前后称重的变化为试样重的 0.2% 以下），即认为筛分完毕。十五层筛法的概率统计理论基础，是假定被测粉料的质量分布是对数正态分布。粒度大小以质量几何平均直径 D_{gw} 表示，粒度分布状况以质量几何标准差 S_{gw} 表示。

二、粉碎工艺

粉碎工艺与配料工艺有着密切的关系，按其组合形式可分为先粉碎后配料和先配料后粉碎两种工艺；按原料粉碎次数又可分为一次粉碎工艺和二次粉碎工艺。采用哪种工艺流程取决于主要原料供应和生产规模。我国除小型机组外，多采用先粉碎后配料工艺流程。先粉碎后配料和先配料后粉碎均为一次粉碎工艺，所谓一次粉碎工艺就是采用一台粉碎机（用较小筛孔）将粒料一次性粉碎成配合用的粉料，该工艺简单、设备少，但成品粒度不够均匀、电耗高，前已介绍。为了弥补一次粉碎工艺之不足，可采用二次粉碎工艺，即在第一次粉碎后（采用较大筛孔的筛片）将粉碎物料进行筛分，对筛出的粗粒再进行一次粉碎，这种工艺的成品粒度均匀、产量高、能耗低，但要增加分级筛、提升机和粉碎机等设备，设备投资增加。二次粉碎工艺又可分为单一循环粉碎工艺、阶段粉碎工艺和组合粉碎工艺，在此重点介绍。

（一）循环粉碎工艺

循环粉碎工艺采用大筛孔筛片的粉碎机将原料粉碎后进行筛分，达到粒度要求的粉料直接进入下道工序，而留在筛上的粗粒再送回粉碎机进行二次粉碎，物料在粉碎系统内形成循环体系（图 6 - 36a）。与一次粉碎工艺比较，粉碎电耗较节省，因粉碎机采用大筛孔的筛片，重复过度粉碎减少，产量高、能耗少，设备投资也不高，仅需增加分级筛。

（二）阶段二次粉碎工艺

物料经分级筛筛理，满足粒度要求的筛下物直接进入混合机，筛上物进入第一台粉碎机，这样可减轻第一台粉碎机的负荷（图 6 - 36b）。经配有大筛孔的第一台粉碎机粉碎的物料进入多层分级筛筛理，筛出符合粒度要求的物料入混合机，其余的筛上物全进入第二台粉碎机进行第二次粉碎，粉碎后全部进入混合机。既减轻了第一台粉碎机的负荷，又兼有循环粉碎工艺的优点，大大提高了粉碎工序的工作效率。但增加设备较多，适合大型饲料厂。

（三）组合二次粉碎工艺

先用对辊粉碎机进行第一次粉碎，经分级筛筛分后，筛上物进入锤片粉碎机进行第二次粉碎（图6-36c）。第一次粉碎用对辊粉碎机可利用其具有粉碎时间短、温升低、产量高、能耗省的优点；第二次采用锤片粉碎可利用它对纤维粉碎效果好的优点，克服对辊粉碎机粉碎纤维物料效果不佳的弱点，两者配合使用各发挥其长处，所以能获得良好的效果。

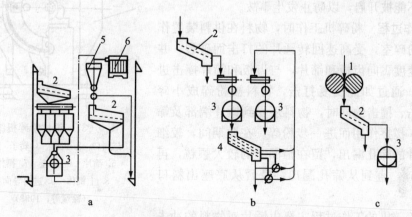

图6-36　二次粉碎工艺

a. 循环粉碎　b. 阶段粉碎　c. 组合粉碎

1. 对辊粉碎机　2. 分级筛　3. 锤片粉碎机

4. 多层分级筛　5. 旋风分离器　6. 袋式除尘器

（饶应昌等，1996）

三、粉碎设备

粉碎设备按机械结构特征的不同，可分为锤片粉碎机、爪式粉碎机、盘式粉碎机、辊式粉碎机、压扁式粉碎机和破饼机等几类。

（一）对粉碎机的要求

① 粉碎成品的粒度可根据需要方便调节，适应性好。②粉碎成品的粒度均匀，粉末少，粉碎后的饲料不产生高热。③可方便地连续进料及出料。④单位成品能耗低。⑤工作部件耐磨，更换迅速，维修方便，标准化程度高。⑥配有吸铁装置等安全措施，避免发生事故。⑦作业时粉尘少，噪声小，不超过环境卫生标准。

（二）锤片粉碎机

锤片粉碎机结构简单、通用性好、适应性强、效率高、使用安全，在饲料行业中得到普遍应用，对含油脂较高的饼（粕）、含纤维多的果谷壳、含蛋白质高的塑性物料等都能粉碎，可以一机多用。

1. 结构　锤片式粉碎机由供料口、机体、转子、齿板、筛片和操作门等组成（图6-37）。锤架板和锤片等构成的转子由轴承支承在机体内，机体安装有齿板和筛片，齿板和筛片呈圆形包围转子，与粉碎机侧壁一起构成粉碎室。锤片用销轴连在锤架板的四周，锤片之间安有隔套（或垫片），使锤片之间彼此错开，按一定规律均匀沿轴向分布。更换筛片或锤片时须开启操作门，筛片靠操作门压紧，或采用独立压紧机构。粉碎机工作时操作门通过某种装置被锁住，保证转子工作时操作门不能被开启，以防止发生事故。

2. 工作过程 粉碎机工作时，物料在供料装置作用下进入粉碎室，受高速回转锤片的打击而破裂，并以较高的速度飞向齿板和筛片，与齿板和筛片撞击进一步破碎，通过如此反复打击，物料被粉碎成小碎粒。在打击、撞击的同时，物料还受到锤片端部及筛面的摩擦、搓擦作用而进一步粉碎。在此期间，较细颗粒由筛片的筛孔漏出，留在筛面上的较大颗粒，再次受到粉碎，直到从筛孔漏出，最后从底座出料口排出。

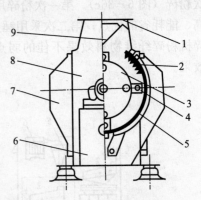

图 6-37 锤片粉碎机结构
1. 进料口 2. 齿板 3. 转子 4. 锤片
5. 筛片 6. 底座 7. 操作门
8. 上机体 9. 进料导向板
（徐斌等，1998）

锤片粉碎机的工作过程主要由锤片对物料的冲击作用和锤片与物料、筛片（或齿板）与物料以及物料相互之间的摩擦、搓擦作用构成。谷物、矿物等脆性物料，主要依靠冲击作用而粉碎。牧草、秸秆和藤蔓类等韧性物料则主要依靠摩擦作用及剪切作用等而粉碎。但不管哪种物料的粉碎，都是多种粉碎方式联合作用的结果，不存在只有单一粉碎方式的粉碎过程。

3. 锤片粉碎机分类 按粉碎机转子轴的布置位置可分为卧式和立式，通常锤片粉碎机为卧式，新研制出的立轴式锤片粉碎机具有很大的优越性，将可能取代现有卧式锤片粉碎机。

按物料进入粉碎室的方向，锤片粉碎机可分为切向式、轴向式和径向式三种；按某些部位的变异，又有各种特殊形式，如水滴式粉碎机和无筛粉碎机等。

（1）切向式粉碎机（图 6-38a） 沿粉碎室的切线方向喂入物料，上机体安有齿板，筛片包角一般为 180°，可粉碎谷物、饼（粕）、秸秆等各种饲料，是一种通用型粉碎机，广泛应用于农村及小型饲料加工企业中。

（2）轴向式粉碎机（图 6-38b） 依靠安装在转子上的叶片起风机作用将物料吸入粉碎室，转子周围一般为包角 360°的筛片（环筛或水滴形筛）。

（3）径向式粉碎机（图 6-38c） 整个机体左右对称，物料沿粉碎室径向从顶部进入粉碎室，转子可正反转工作，这样，当锤片的一侧磨损后，通过改变位于粉碎室正上方的导料机构方向可改变物料进入粉碎室的方向，且转子的运转方向也发生改变，不必拆卸锤片即可实现锤片工作角转换，大大简化了操作过程，筛片包角大多为 300°左右，有利于排料。

（4）水滴式粉碎机 由于粉碎室形似水滴而得名（图 6-39），是轴向式粉碎机的一种变形，其筛片做成水滴形状，目的是破坏物料环流层，可以提高粉碎效率、降低能耗。

（5）无筛式粉碎机 粉碎机内没有筛片，粉碎产品的粒度控制通过其他途径完成。

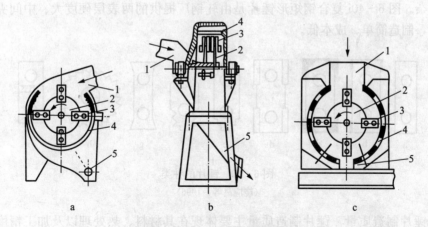

图 6-38　锤片粉碎机类型

a. 切向喂入　b. 轴向喂入　c. 径向喂入

1. 进料口　2. 转子　3. 锤片　4. 筛片　5. 出料口

（饶应昌等，1996）

4. 锤片粉碎机的型号标准　锤片粉碎机的规格主要以转子直径 D 和粉碎室宽度 B 来表示。目前，国产锤片粉碎机型号的标注方法有两类：一是原农机部的规定，如 9FQ-60 型，9 表示畜牧机械类的代号，F 表示粉碎机，Q 指粉碎机切向进料，60 表示转子直径（以厘米为单位）；另一类是原商业部标准《粮油饲料机械产品型号编制方法》SB/T10253—95，如 SFSP112×30 型饲料粉碎机，第一个字母 S 表示专业名称为饲料加工机械设备，FS 为品种代号，规定

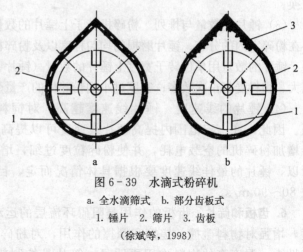

图 6-39　水滴式粉碎机

a. 全水滴筛式　b. 部分齿板式

1. 锤片　2. 筛片　3. 齿板

（徐斌等，1998）

用两个字母组成，选用品种名称中能反映特征的顺序二字的第一个字母，FS 表示"粉碎"，P 为型号代号，此处表示锤片，112×30 表示转子直径×粉碎室宽度（单位为厘米）。

5. 锤片　锤片是粉碎机最重要也是最易磨损的工作部件，其形状、尺寸、排列方法、制造质量等对粉碎效率和产品质量有很大影响。

（1）锤片的形状和尺寸　目前应用的锤片形状很多（图 6-40），使用最广泛的是板状矩形锤片（图 6-40a），它形状简单、易制造、通用性好，有两个销轴孔，其中一孔串在销轴上，可轮换使用四个角来工作。图 6-40 中 b、c、d 为工作边涂焊、堆焊碳化钨或焊上一块特殊的耐磨合金，以延长使用寿命，但制造成本较高。图 6-40 中 e、f、g 将四角制成梯形、棱角和尖角，提高其对牧草纤维饲料原料的粉碎效果，但耐磨性差。图 6-40h 环形锤片只有一个销孔，工作中自动变换工作角，因此磨损均匀，使用寿命较长，但结构复杂。图 6-40i 复合钢矩形锤片是由轧钢厂提供的两表层硬度大、中间夹层韧性好的钢板，制造简单、成本低。

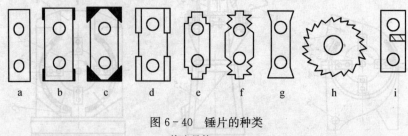

图 6-40　锤片的种类

（饶应昌等，1996）

（2）锤片制造质量　锤片制造质量主要体现在其材料、热处理以及加工精度上。目前国内使用的锤片材料主要有低碳钢、中碳钢、特种铸铁等，热处理和表面硬化能很好地改善锤片耐磨性能、延长使用寿命。锤片是高速运转部件，制造精度对粉碎机转子的平衡性影响很大，要求转子上任意两组锤片之间的质量差不能超过 5 g。锤片出厂应以一套为单位，每次安装或更换锤片时应采用成套的锤片，不允许套与套之间随意交换。

（3）锤片的数量与排列　粉碎机转子上锤片的数量与排列方式，影响转子的平衡、物料在粉碎室内的分布、锤片磨损的均匀程度以及粉碎机的工作效率。

锤片的数量用单位转子宽度上锤片的数量（锤片密度）衡量，密度过大则转子启动转矩大、物料受打击次数多；密度过小则粉碎机的产量受影响。

（4）锤片的线速度　锤片线速度越高，对饲料颗粒的冲击力越大，粉碎能力越强。因此，在一定范围内提高锤片线速度可以提高粉碎机的粉碎能力。但速度过高，会增加粉碎机的空载电耗，并使粉碎粒度过细，增加电耗；且影响转子的平衡性能。所以，锤片的最佳线速度要根据具体情况而定，目前国内粉碎机锤片的线速度一般取 80～90 m/s。

6. 齿板和筛片　齿板的作用是阻碍环流层的运动，降低物料在粉碎室内的运动速度，增强对物料碰撞、搓擦和摩擦的作用，对粉碎效率有一定影响，尤其对纤维多、韧性大、湿度高的物料作用更明显。筛片是控制粉碎产品粒度的主要部件，也是锤片粉碎机的易损件之一，其种类、形状、包角以及开孔率对粉碎和筛分效能都有重要影响，圆柱形冲孔筛结构简单、制造方便，应用最广；筛片的开孔率越高，粉碎机的生产能力越大；筛片面积大，粉碎后的物料能及时排出筛外，从而能提高粉碎效率；包角愈大，粉碎效率愈高，目前粉碎机筛片包角有 180°、270°、300°、360°等多种，粉碎机在使用孔径较小的筛片时，应尽量采用较大的筛片包角，从而提高度电产量和产品粒度均匀性。

7. 粉碎室　粉碎室结构形式和状态对粉碎效率影响较大。

（1）锤筛间隙　指转子运转时锤片顶端到筛片内表面的距离，是影响粉碎效率的重要因素之一。锤筛间隙过大，外层粗粒受锤片打击机会减少，内层小粒受到重复打击，增加电耗；锤筛间隙过小，将使环流层速度增大，降低锤片对物料的打击力，且使物料粉碎后不易通过筛孔，微粉增加，电耗增加，效率降低，锤片磨损加快。我国推荐的最佳锤筛间隙（以△R表示）为：谷物△R＝4～8 mm，秸秆△R＝10～14 mm，通用型△R＝12 mm。

（2）粉碎室内的气流状态　粉碎室内的气流状态对筛子的筛分能力有较大影响，可通过改变粉碎室结构、破坏环流层和选配适合的吸风系统来改善粉碎室内的气流状态。

8. 排料装置　排料装置必须及时把粉碎后符合粒度要求的物料排出并输送走，粉碎室产生一定负压，有利于排料和改善粉碎机的工作性能。排料方式主要有自重落料、气力输送出料、机械（加吸风）出料三种，饲料厂多采用机械出料，并增设单独风网，效果较好。

9. 常用的锤片粉碎机　饲料行业使用最多的是9FQ和FSP（现改进为SFSP）两大系列，特别是后者。现将几种主要的锤片粉碎机介绍如下。

（1）9FQ-60型粉碎机　该机是9FQ系列五种粉碎机的最大机型（图6-41），用于年生产5 000 t、10 000 t的饲料厂。外壳为箱式结构，转子的锤片有4组共32片，对称平衡排列，顶部进料，进料口安有磁铁，机体内有安全装置，转子可正反转，减少了更换锤片次数，使用维护方便。工作时，物料经顶部料斗喂入粉碎室后，受到高速旋转的锤片、侧向齿板和筛片的打击、碰撞、摩擦等而粉碎。粉碎后的物料在离心力和负压的作用下穿过筛孔，从出料口排出。该机曾是国内使用较多的机型，但有占地面积大、噪声高、过载能力不强等缺点，应用逐渐减少。

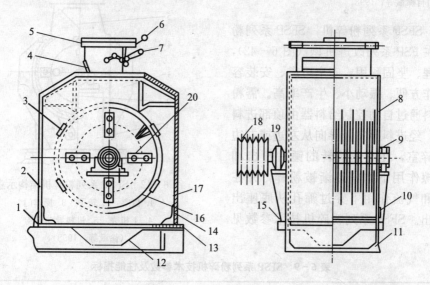

图6-41　9FQ-60型粉碎机

1. 座板　2. 左门　3. 筛架卡　4. 磁铁　5. 料斗　6. 插板　7. 手柄　8. 齿板

9. 转子　10. 安全孔罩盖　11. 机架　12. 出料口　13. 减振垫　14. 封闭板

15. 侧壁　16. 筛架　17. 右门　18. 三角皮带　19. 轴承座　20. 销轴孔罩盖

（饶应昌等，1996）

（2）FSP56×36（40）型粉碎机　可粉碎各种谷物饲料原料，为中型粉碎设备，适合于年产万吨级饲料厂使用。转子直径560 mm，FSP56×36型共有4组20块锤片，FSP56×40型共有4组24块锤片，均采用对称排列方式，换向方便，减少了锤片换向的次数，转子平衡性能好，运转平稳，噪声相对较低。FSP系列粉碎机技术参数见表6-8。

表6-8　FSP系列粉碎机技术参数

型号 项目	FSP56×36	FSP56×40	FSP112×30
进料方向	顶部	顶部	顶部
粉碎室宽度（mm）	360	400	300
转子直径（mm）	560	560	1 120
主轴转速（r/min）	2 940	2 940	1 470
锤片线速度（m/s）	86	86	86
筛片宽度（mm）	358	398	298
筛片包角（°）	300	300	300
锤筛间隙（mm）	下12	下12	上18下12
配套动力（kW）	22～30	30～37	55～75
生产能力（kg/h）	3 000	5 000	9 600～9 800
整机质量（kg）	615	—	2 200
外形尺寸（mm×mm×mm）	1 453×740×1 070	1 586×770×1 420	1 780×1 380×1 600

注：引自徐斌等，1998。

（3）SFSP系列粉碎机　SFSP系列粉碎机是在FSP系列改进机型（图6-42），结构合理、坚固耐用、安全可靠、安装容易、操作方便、振动小、生产率高。需粉碎的物料通过自动控制给料器由顶部进料口喂入，经进料导向板导向从左边或右边进入粉碎室，在高速旋转的锤片打击和筛片摩擦作用下物料逐渐被粉碎，并在离心力和气流作用下穿过筛孔从底座出料口排出。SFSP系列粉碎机技术参数见表6-9。

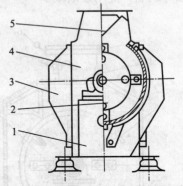

图6-42　SFSP系列粉碎机结构示意

1. 机座　2. 转子　3. 操作门
4. 上机壳　5. 进料导向机构

（徐斌等，1998）

表6-9　SFSP系列粉碎机技术参数及性能指标

型号 项目	SFSP112×60	SFSP112×40	SFSP112×30	SFSP56×40	SFSP56×36	
转子直径（mm）	1 080	1 080	1 080	560	560	
粉碎室宽度（mm）	600	400	300	400	360	
主轴转速（r/min）	1 480	1 480	1 480	2 950	2 940	2 930

（续）

项目 \ 型号	SFSP112×60		SFSP112×40		SFSP112×30		SFSP56×40		SFSP56×36	
锤片线速度（m/s）	84		84		84		86		86	
锤片数量（片）	4×16(=64)		4×10(=40)		4×8(=32)		4×6(=24)		4×5(=20)	
配用动力（kW）	160	132	110	90	75	55	37	30	30	22
外形尺寸 长（mm）	2 450	2 360	2 061	1 891	1 741		1 628.5		1 496	
外形尺寸 宽（mm）	1 360		1 360		1 360		800		800	
外形尺寸 高（mm）	1550		1 550		1 550		1 000		1 000	
正常吸风量（m³/min）	70	55	50	45	38	33	25	22	22	18
质量（kg）	2 340	1 932	1 950	1 610	1 510	1 340	790	711	600	540
产量（t/h）	25	20	18	15	12	9	6	5	5	3.5

注：引自徐斌等，1998。

（4）立式锤片粉碎机　立式锤片粉碎机（图6-43）是新一代粉碎设备，与目前普遍使用的锤片粉碎机（卧式）相比，极大地提高了粉碎机效率，产量可提高30%～50%，同时无需配套辅助吸风系统。立式锤片粉碎机主要由自动控制给料器、进料分流机构、电机、转子、筛框、筛框压紧机构、机体和出料斗等组成。需粉碎的物料通过自动控制给料器进入进料分流机构，将料流分成三股，从机体上部的三个进料口均匀进入粉碎室。在高速旋转的锤片打击和筛框摩擦作用下，物料迅速被粉碎，并在离心力和气流作用下穿过筛孔落入出料斗。

（三）其他粉碎机

1. 爪式粉碎机　爪式粉碎机又称齿爪式粉碎机，利用击碎原理进行工作，由于转速高，故又称为高速粉碎机。其功耗和噪声较大，产品粒度细，适应性广，最适合粉碎脆性物料，机型较小，多为专业户或小型机组采用，也可用作二次粉碎工艺的第二级粉碎机，或配置气流分级装置用作矿物的微粉碎机。爪式粉碎机正向多功能发展，亦用来粉碎秸秆、谷壳、中药材、焦炭、陶土、矿物、化工原料等。在预混合饲料前处理工段中，可用无筛网爪式粉碎机来粉碎矿物盐类的原料。

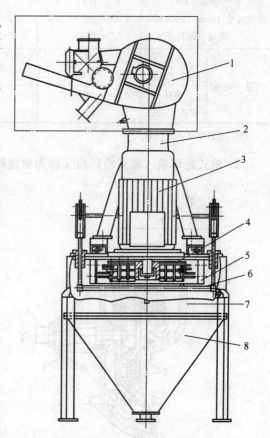

图6-43　立轴锤片粉碎机结构
1. 自动控制给料器（选购件）　2. 进料分流机构
3. 电机　4. 转子　5. 筛框
6. 筛框压紧机构　7. 机体　8. 出料斗
（徐斌等，1998）

该机主要由机体、喂料斗、动齿盘、定齿盘、环筛、传动部分等组成（图6-44）。动齿盘上固定有3～4圈齿爪，定齿盘有2～3圈齿爪，各齿爪错开排列。工作时，物料借自重和负压进入粉碎室中央，受离心力和气流的作用，自内圈向外圈运动，同时受到动、定齿爪和筛片的冲击、剪切和搓擦、摩擦作用而粉碎，合格的粉粒通过筛孔排出机外；粗粒继续受到打击等作用，直到通过筛孔为止。我国爪式粉碎机已实行标准化，现有转子外径270、310、330、370及450 mm五种型号，其部分型号技术参数见表6-10。

表6-10 爪式粉碎机技术参数

项目	型号	6FC-308	红旗-330	FFC-45	FFC-45A
转子外径（mm）		308	330	450	450
主轴转速（r/min）		4 600	5 000	3 000～3 500	3 000～3 200
配套动力（kW）		5.5	7	10	10
外形尺寸（mm×mm×mm）		1 050×865×1 204	420×570×1 100	740×740×950	740×740×950
质量（kg）		185	130	175	170
产量（kg/h）	玉米	150	525	300	550
	筛孔（mm）	0.8	1.2	1.2	1.2
	藤秆	80	200～250	300	290
	筛孔（mm）	2.0	3.0	3.5	3.5

注：引自徐斌等，1998。

2. 辊式粉碎机 辊式粉碎机又称为对辊粉碎机（图6-45）。在饲料生产中用于谷物

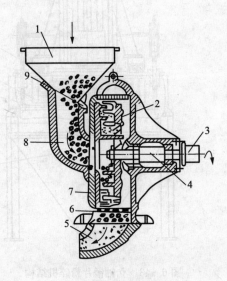

图6-44 爪式粉碎机

1. 料斗 2. 动齿盘 3. 皮带轮
4. 主轴 5. 出料口 6. 筛片
7. 定齿盘 8. 入料口 9. 插板

（饶应昌等，1996）

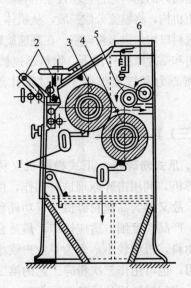

图6-45 辊式粉碎机结构

1. 清洁刷 2. 刷的调节机构 3. 上辊
4. 下辊 5. 喂入辊 6. 喂入斗

（饶应昌等，1996）

（多用于二次粉碎工艺的第一道粉碎工序）和饼（粕）粉碎、燕麦的压扁或压片以及颗粒饲料破碎等。辊式粉碎机由机架、喂入辊、两个磨辊、清洁刷及其调节机构、传动机构等组成，上辊为快辊，下辊为慢辊，同清洁刷调节机构相连，其轴承可移动以调节两辊间隙（轧距）；并装有减震器，以保证轧距的稳定。辊可根据用途制成各种齿辊（含光辊），辊径、辊长、齿形及其尺寸对粉碎机工作性能有很大影响，由粉碎工艺要求而定。原料经喂入辊形成薄层导入磨辊工作间隙，经碾压、剪切等而粉碎，粉碎后的物料落入下方排出。辊式粉碎机具有生产率高、能耗低、粉尘少、粒度较均匀、温升低、水分损失少、噪声小、调节和管理方便等优点，与锤片粉碎机配合作为二次粉碎工艺的第一道粉碎工序使用日趋广泛。

3. 碎饼机 碎饼机用于破（粉）碎油饼，常用的有锤片式和辊式饼类粉碎机两类，目前多采用辊式粉碎机将饼料破碎成小块，再用锤片粉碎机粉碎成所要求的粒度。但随着制油工艺技术的发展，生产的油料饼越来越少了，碎饼机在饲料工业中的应用已不多见。辊式碎饼机有单辊和双辊两种类型。

（1）单辊碎饼机 由喂入板、轧碎辊、齿板、击碎辊、圆孔筛片等组成（图6-46），饼块从喂入板进入轧碎室，受到轧辊上单螺旋排列的刀齿切割、挤压而破成小块，随后在击碎室内由击碎辊以更高的速度进一步击碎，通过筛孔排出。

（2）双辊碎饼机 工作部件是一对异步反向的齿辊（图6-47），由许多星形刀盘和间隔套交替地套在方轴上，使一辊的刀盘恰好对着另一辊的间隔套。工作时，饼块从顶部喂入，受到有转速差的对辊盘的剪切、打击、挤压而碎成小于60 mm的碎块。

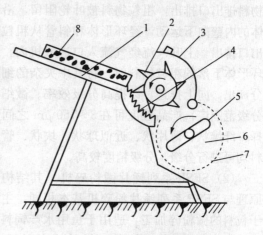

图6-46 单辊碎饼机
1.喂入板 2.轧碎辊 3.轧碎室 4.齿板
5.击碎辊 6.击碎室 7.圆孔筛片 8.饼块
（饶应昌等，1996）

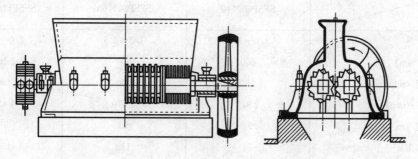

图6-47 双辊碎饼机
（饶应昌等，1996）

4. 微粉碎和超微粉碎机 预混合饲料生产对物料粒度要求更细，载体粒度需在30~80目之间，稀释剂为30~200目，矿物微量元素则要求在125~325目，水产饲料也要求有较细的粉碎粒度。因此，需要采用微粉碎机和超微粉碎机来达到目的。

微粉碎和超微粉碎实质包括粉碎和分级两道工序，粉碎前已叙述，分级和分离是将符合粒度要求的粉碎物料及时分离出来。微粉碎机和超微粉碎机常采用分级机来分级，有多种组合方式，可以是粉碎（磨碎）机与分级器设计成一整体，也可由两种设备组合成一个系统。

（1）分级机　主要由给料管、调节管、中部机体、斜管、环形体以及叶轮等构成（图6-48）。工作时，物料由微粉碎机进入机内，经过锥形体进入分级物料出口区。调节叶轮转速可调节分级粒度。细粒物料随气流经过叶片之间的间隙向上，经细粒物料排出口排出，粗粒物料被叶轮阻留，沿中部机体的内壁向下运动，经环形体和斜管从粗粒物料排出口排出。上升气流经气流入口进入机内，遇到从环形体下落的粗粒物料时，将其中夹杂的细粒物料分离出，向上排送，以提高分级效率。微细分级机分级范围广，产品粒度可在3～150 μm之间任意选择，纤维状、薄片状、近似球状、块状、管状等物料均可进行分级，分级精度较高。

（2）SFSP系列锤片微粉碎机　其结构和工作原理与SFSP系列锤片粉碎机基本相同，主要应用于粒料的微粉碎加工，适用于鱼用水产饲料厂和预混合饲料厂的载体微粉碎，其压筛机构独特、简单，可快速更换筛片，供料量、风量和成品粒度可调，调节方便可靠，适应性广。可采用直径0.6、0.8、1.0、1.2和1.5 mm孔径的筛片，与XSWF系列微细分级机配套使用，物料细度在60～200目之间可调。SFSP系列锤片微粉碎机的主要技术参数见表6-11。

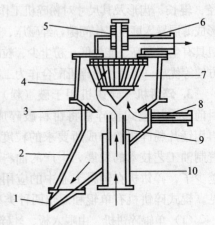

图6-48　微细分级机
1.粗粒物料出口　2.斜管　3.环形体
4.中部机体　5.轴　6.细粒物料出口
7.叶轮　8.气流入口　9.调节管　10.给料管
（徐斌等，1998）

表6-11　SFSP系列锤片微粉碎机主要技术参数

型号 项目	SFSP60×40	SFSP60×60	SFSP118×40a
产量（t/h）	1.0～2.5	1.3～3.5	2.0～5.0
转子直径（mm）	600	600	1 180
粉碎室宽度（mm）	450	600	400
主轴转速（r/min）	2 970	2 970	1 480
锤片线速度（m/s）	93	93	92
锤片数量（个）	64	112	132
配用动力（kW）	45	75	110
正常吸风量（m³/h）	2 400	3 900	6 300
质量（kg）	1 275	1 460	2 710

注：引自徐斌等，1998。

（3）DWWF2000型低温升微粉碎机组 该机由销棒式风选微粉碎机、供料装置、分级器、刹克龙、布袋过滤器、电控柜等组成（图6-49）。原料经螺旋供料器喂入微粉碎室内进行粉碎，粉碎物料风运至分级器分成粗细两级；粗粒自分级器回落至螺旋供料器中重新进入粉碎机内粉碎，细粒从分级器进入刹克龙沉降排出即为合格成品。该机粉碎时物料温升低，供料量、风量和成品粒度可调，调节方便可靠，适应性广，分级准确。

（4）球磨机 球磨机主要工作部分为一个回转的圆筒，靠筒内研磨介质（如钢球）的冲击与研磨作用而使物料粉碎、研磨，其生产工艺流程见图6-50。球磨机适应性强，粉碎比可达300以上，产品粒度调整方便，结构简单坚固。但笨重、效率低、噪声大。在矿物饲料原料生产中，也采用小型球磨机，小型球磨机为分批式，称间磨，每次向磨机内加入一定数量的物料就开动磨机，约经1h研磨，停机并卸出磨好的物料，再重新开始下一批物料研磨，间歇球磨机设备投资少，操作维护简便，但产量低、能耗高、耗工费时，粉尘也较大。

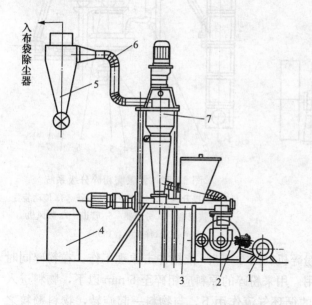

图6-49 低温升微粉碎机组
1. 主电动机 2. 微粉碎机 3. 供料装置
4. 电控柜 5. 刹克龙 6. 输送管 7. 分级器
（饶应昌等，1996）

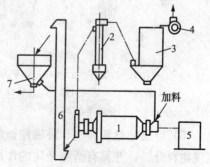

图6-50 球磨机生产工艺流程
1. 球磨机 2. 旋风除尘器 3. 袋式除尘器
4. 风机 5. 燃烧室 6. 斗式提升机 7. 存粉仓
（徐斌等，1998）

（5）雷蒙磨 雷蒙磨又称辊磨（图6-51）。物料从机体侧面由给料器、溜槽喂入机内，在辊子与磨环之间受到碾磨。气流从返回风箱、固定磨盘下部以切线方向吹入，经辊子与磨盘间的研磨区，夹杂粉尘及粗粒向上吹动，排入置于雷蒙磨上的分级器中。分级使用叶轮型分级机（选粉机），叶轮可使上升气流作旋转运动，将粗粒甩至外层，而后落至研磨区重新磨碎，整个系统在负压下工作。雷蒙磨粉碎分级系统（图6-52）不仅具有粉碎作用，对于密度、硬度不同的矿物杂质还有一定的分选作用。雷蒙磨具有性能稳定、操作方便、能耗较低、产品粒度调节范围大等优点。

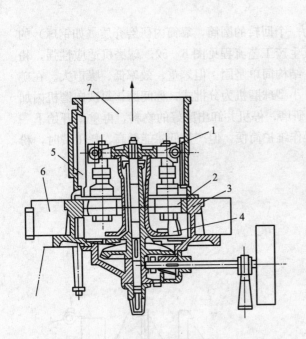

图 6 - 51 雷蒙磨

1. 梅花架 2. 辊子 3. 磨环 4. 铲刀
5. 给料部 6. 返回风箱 7. 排料口

（徐斌等，1998）

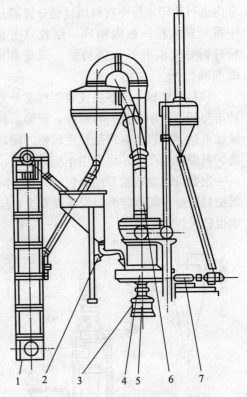

图 6 - 52 雷蒙磨粉碎分级系统

1. 斗式提升机 2. 电磁振动给料器 3. 传动装置
4. 雷蒙磨 5. 分级器 6. 管道 7. 鼓风机

（徐斌等，1998）

（6）卧轴超微粉碎机 卧轴超微粉碎机（图 6 - 53）依据冲击原理工作，在粉碎同时实现物料分级，并具有清除杂质的作用。用来粉碎的原料应粗碎至 5 mm 以下，物料进入粉碎室后，在粉碎 I 室形成风压产生的循环气流作用下，与物料一起旋转，物料颗粒之间、物料与机体内壁产生冲击、碰撞，并伴随有剪切、摩擦；而粉碎 II 室由于有气流阻力，使旋转的物气混合体发生变化，物料在继续细化的同时伴有分级；最有效的粉碎出现在两个粉碎室之间的滞流区。超微粉碎机广泛用于颜料、涂料、农药、非金属矿及化工原料等的微粉碎。

（7）循环管式气流磨 循环管式气流磨是依据冲击原理、利用高速气流进行物料粉碎及自动分级的一种粉碎装置（图 6 - 54），其下部是粉碎区，上部为分级区。粉碎区内的气流喷嘴保证气流轴线与粉碎室中心线相切，工作时，物料经给料斗进入粉碎区，气流经喷嘴高速射入粉碎室，使物料颗粒加速，形成相互间的冲击、碰撞；气流旋流夹带被粉碎的颗粒沿上升循环区进入分级区，使颗粒料流分层，内层的细颗粒经排料口排出，外层的粗颗粒重新返回粉碎区，与新进入的物料一起参与下一循环的微粉碎。循环管式气流磨粉碎效率高，产品粒度细，可以自动分级，广泛应用于颜料、填料、化妆品、药品、食品、饲料以及具有热敏性和爆炸性化学物品的粉碎，其粉碎粒度可达 $0.2\sim3\ \mu m$。

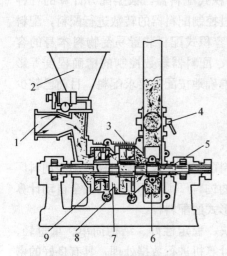

图 6-53 卧式超微粉碎机

1. 进风口 2. 喂入斗 3. 固定磨环
4. 产品排出口（粒度调节蝶阀）
5. 主轴 6. 风机叶片 7. 锥形套管
8. 螺旋卸料器 9. 转子叶片

（饶应昌等，1996）

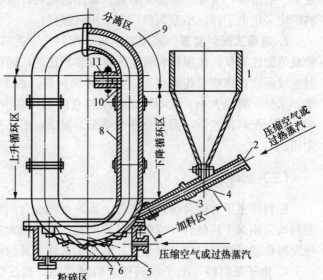

图 6-54 循环管式气流磨结构示意

1. 给料斗 2. 给料喷嘴 3. 文丘里管
4. 三通管 5. 风包 6. 喷嘴（共10个）
7. 下弯管 8. 变径直管 9. 上弯管
10. 叶片出料口 11. 排料管

（徐斌等，1998）

第四节 配 料

配料是采用特定的装置，按照配合饲料配方的要求，对多种不同品种原料进行准确称量的过程。配料是饲料生产的关键性环节，核心设备是配料秤，其性能优劣直接影响配料质量，衡量配料秤性能的指标有：正确性、灵敏性、稳定性和不变性，在使用时常用配料精度来评定配料秤的性能。

一、配料设备

配料系统由入仓设备、配料仓、给料器、配料秤等组成，配料工艺可分为连续式配料和间歇式配料。

（一）配料装置分类

配料装置按其工作原理可分为容积式配料和重量式配料。连续式配料主要采用容积式配料装置，间歇式配料采用重量式配料装置。

1. 重量式配料装置 重量式配料装置以各种配料秤为核心，按照物料的重量进行称量配料，其配料精度及自动化程度都比较高，对不同的物料具有较好的适应性，但其结构复杂、造价高，管理、维修要求高。常用的配料秤有机械秤、电子秤等，一般大、中型饲料厂均采用电子秤，小型饲料厂则采用机械秤。

2. 容积式配料装置 采用装在每个配料仓下的容积式配料器，根据配方计算的各种物料的配比重量，按照物料容重换算为容积比例，通过控制配料器的转数进行配料，配料器连续运转，将物料连续送出，实现连续配料。由于容积式配料装置易受物料本身的容重、水分、颗粒大小、流动性以及配料仓内物料多少、配料器转数控制的精确程度等影响，因而配料精度低，而且更换调整配方复杂，不易准确地按配方要求配料，目前已较少采用。

(二) 配料秤

配料秤主要有配合饲料配料秤、添加剂预混合饲料配料秤和液体配料秤。小型饲料厂配料均采用人工机械台秤或电子台秤配料，规模较大的饲料厂则采用半自动或全自动计算机配料称量系统，以电子秤为主，基本上取代了其他形式的配料秤。

1. 电子配料秤 电子配料秤配料精度高、速度快、稳定性好、结构简单、重量轻、容易操作、安装调试方便，可远距离传输，并可应用计算机进行数据处理，具有良好的密封性，较机械秤或机电秤更能适合恶劣的工作环境。

电子配料秤主要由秤斗、称重传感器、重量显示仪表和电子线路等组成（图 6 - 55）。称重传感器和数显表是电子配料秤的核心部分，它们的性能直接影响电子配料秤的优劣。

（1）秤斗　秤斗是用来承受物料重量并将其传递给传感器的机械部件，由秤体和秤门组成，秤体的形状可以是圆形或矩形（含方形）。圆形秤体具有结构刚性好、节省材料、重量轻、传感器易于布置、给料器布置方便等特点。通常将其上半部做成圆柱体，下半部做成圆锥体，并在圆柱体部分设置吊耳，用于连接传感器。矩形秤体的结构刚性不如圆形秤体，为保证秤体具有足够的刚性需采用较厚的钢板或设加强筋，在容积相等的情况下，用料比圆形秤体多，因而重量大。秤门用于控制向混合机排料，可采用电

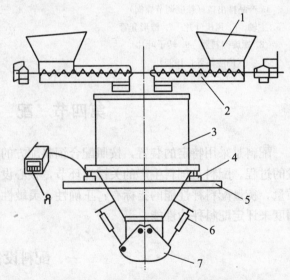

图 6 - 55　电子配料秤系统
1. 料仓　2. 螺旋给料器　3. 秤斗
4. 称重传感器　5. 框架　6. 气缸
7. 料门　8. 测重显示仪表
（饶应昌等，1996）

动或气动开门机构，目前常用的有水平插板式和垂直翻板式。气动水平插板式秤门由连接

法兰、插板、滑道、气缸、推杆（活塞杆）、电磁阀和行程开关所组成。当称量结束时，由计算机发出开门信号，打开秤门，秤斗中的物料全部放入混合机里以后，计算机立即发出关门信号，执行元件将秤门关闭。

（2）称重传感器　称重传感器是一种将重量转换成电量的转换元件。它可以把秤斗中的物料重量变换成容易计量和控制的电压、电流、电阻或电容等电量，是电子配料秤中的关键部件。按工作原理可将称重传感器分为电阻应变片式、电容式、压磁式和谐振式，应用较多的是电阻应变片式传感器。电阻应变片式传感器的基础是弹性体，其核心是应变片。电阻应变片式传感器弹性体的结构形式很多，有柱式（筒式）传感器、轮辐式传感器、剪切梁式传感器、S形称重传感器等。剪切梁式传感器普遍应用于各种电子秤中。称重传感器的性能通常由非线性误差、滞后、重复性误差、额定载荷下的输出灵敏度、抗侧向力大小、耐过载能力大小、温度变化对输出灵敏度的影响和对零点的影响、蠕变等多项指标来衡量。电子配料秤传感器的数量一般为 3～4 只。圆形秤斗一般在圆周上等分地布置 3 只传感器，矩形秤斗可选用 4 只传感器。为了保证秤斗的平稳，连接传感器的秤斗吊耳的垂直布置位置应略高于秤斗的重心水平面。在电子配料秤中将多个传感器组合使用的方式有串联、并联和串并联工作方式 3 种，其中以串联和并联工作方式居多。

2. 其他配料秤　配料除使用电子秤外，还应用机械式字盘秤和机电秤。

（1）字盘秤　字盘秤是最早应用于我国饲料生产中的一种配料秤，主要由给料机构、秤斗、杠杆系统、计量表头和电器控制系统等组成（图 6-56）。称量时，首先将物料快速输送入秤斗，秤斗中的物料重量通过杠杆机构传送给计量表头上的指针，当指针接近给定值时，控制电路发出信号，使给料电机点动运转，实现慢给料动作，并在达到给定值时，自动切换给料器电机运转，进行下一种物料的给料。当按给定值完成配料后，控制电

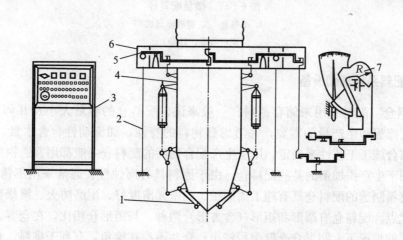

图 6-56　PGZ 型字盘字值配料秤

1. 秤斗门　2. 支撑框架　3. 电器控制柜　4. 秤斗

5. 承重杠杆系　6. 密封箱　7. 计量表头

（门伟刚，1998）

路发出开门信号，打开秤斗门卸料，计量表头指针随之回转。当指针回到零时，控制电路发出关门信号，秤斗门关闭，进行下一秤配料，从而实现配料过程的自动循环。字盘秤精度低、稳定性较差、操作不方便、劳动强度较大。

（2）机电秤　机电秤是一种机电结合式的电子秤，由上述字盘秤改造而成，在其杠杆系统的末级连杆上串接一只拉式电阻应变片式传感器，既保留了原字盘秤字盘指针的示值功能，又可将重量信号通过传感器转换成电信号输出，并传送给称重显示仪表进行数字显示，因而具有电子秤的优点。机电秤的主要缺陷是精度、稳定性不如电子秤。

（3）微量配料秤　预混合饲料生产可采用专用微量配料秤配料（图6-57）。

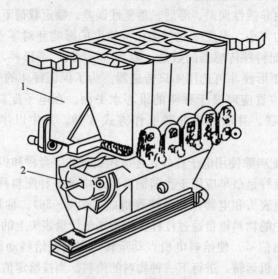

图6-57　微量配料秤
1. 小料仓　2. 螺旋输送机
（庞声海等，1989）

（三）配料系统辅助设备

1. 配料仓　配料仓用来储存原料。一般来讲，配料仓的容量大小及几何形状尺寸，应根据工艺流程和生产量的需要，并考虑到物料的特性，如流动性、含水量、容重等因素，同时结合施工工艺性来确定。用于生产配合饲料的配料仓一般都用普通钢板焊接或装配而成，用于生产添加剂的某些配料仓，由于原料具有腐蚀性，通常采用不锈钢板制造。采用金属材料制造的配料仓具有施工周期短、内壁光滑度好、耐磨防火、维修费用低、易于改装等优点。配料仓有圆形和矩形（含方形）两种。与矩形仓相比，在仓容、高度和仓斗倾角相同的情况下，圆形仓仓壁面积较小；仓斗不存在棱角，有利于排料，仓体结构刚性好，因此采用的钢板可以比制造矩形仓用的薄，减轻结构重量。圆形配料仓的缺点是仓群空间利用程度差，仓壁不能互相借用。

2. 分配绞龙　在仓顶分配绞龙下面对应于各个仓的入口处开孔并安装插板（图6-58），分配绞龙最尾端的入口处不能安装插板，如在分配绞龙尾端也安装插板，则在输送物料时易发生堵塞，造成绞龙堵转超载。当需要将原料分入某一仓时，可将该仓上面的插板打开，关闭其他各仓插板，物料进入该仓。其优点是对厂房高度要求较低，可减少土建投资。缺点是由于绞龙带料和插板处存料，易造成原料交叉污染，能耗高，配料仓只能直线排列，给设计工作带来一定局限性。

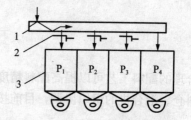

图 6-58　分配绞龙及配料仓入口插板

1. 分配绞龙　2. 入口插板　3. 配料仓

（门伟刚，1998）

3. 分配器　分配器是利用物料自流的输送设备。它具有无物料污染、节省电能、定位准确、自动化程度高等优点，是目前较理想的入仓分料设备。

4. 螺旋给料器　螺旋给料器与螺旋输送机一样，利用螺旋叶片的旋转运动推动物料，从而将配料仓中的物料输送到配料秤里（图 6-59）。螺旋给料器的给料能力主要取决于螺径、螺距、转速和物料容重，螺径、螺距越大，转速越高，容重越大，则输送量越大。

5. 叶轮给料器　当配料仓出口与配料秤入口之间的距离较小、螺旋给料器不能使用时，叶轮给料器就显示出了它特有的优越

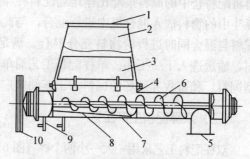

图 6-59　螺旋给料器

1. 进料口　2. 连接管　3. 减压板　4. 机壳

5. 出料口　6. 螺旋体　7. 检查门　8. 衬板

9. 电动机机架　10. 皮带轮

（饶应昌等，1996）

性，它具有体积小、重量轻、安装方便、可实现短距离输送等特点。叶轮给料器主要由机体、叶轮、控制机构和传动机构等部分组成（图 6-60）。

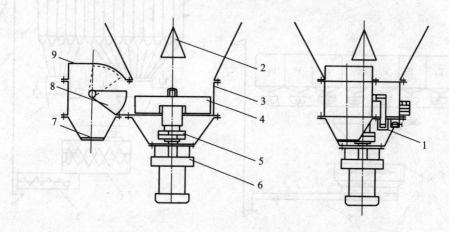

图 6-60　叶轮给料器

1. 给料调节机构　2. 匀料锥　3. 机壳　4. 叶轮　5. 联轴器

6. 电动机　7. 出料口　8. 扇形料门　9. 观察孔盖

（庞声海等，1989）

二、配料工艺

合理的配料工艺可以提高配料精度，改善生产管理。配料工艺流程的关键是配料装置与配料仓、混合机的组织协调，目前按配料秤的多少可分为单秤、双秤和多秤配料工艺。

（一）单秤配料生产工艺

单秤配料生产工艺见图6-61。饲料原料经仓顶输送设备分配进入各配料仓，由给料器将配料仓中的原料按配比输送到配料秤斗里。当称够规定重量时，秤斗门打开，将配料秤斗中的物料放入混合机中进行混合。与此同时，给料器继续按配比往配料秤斗里配料。配料与混合同时进行，物料充分混合、满足混合均匀度要求时，混合机门打开，将料放出，输送进入下一工序。单秤配料工艺简单、设备布局方便、操作简便、投资少，在中小型饲料厂和畜牧养殖场的饲料加工车间中广泛应用。

（二）双秤配料生产工艺

双秤配料工艺采用一大一小两个秤（图6-62）。一般来说，量大的原料用大秤称量，20%以下的原料用小秤称量。由于采用了双秤，设备布局比较方便，可以增加配料仓的数量，一般都在12个仓以上，缩短了配料时间，从而提高了产量；由于小比例的原料用小秤来称量，提高了配料精度，因此双秤配料工艺在大中型饲料厂得到了越来越广泛的应用。

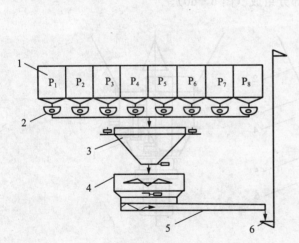

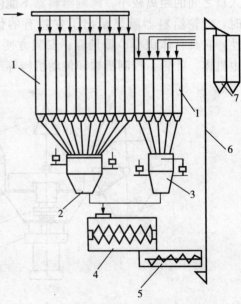

图6-61　单秤配料生产工艺

1. 配料仓　2. 给料器　3. 配料秤斗　4. 混合机

5. 成品绞龙　6. 成品提升机

（门伟刚，1998）

图6-62　双秤配料生产工艺

1. 配料仓　2. 大配料秤　3. 小配料秤　4. 混合机

5. 水平输送机　6. 斗式提升机　7. 成品仓

（饶应昌等，1996）

（三）一仓一秤配料生产工艺

一仓一秤配料生产工艺见图 6-63。一仓一秤配料生产工艺是在每个配料仓下配置一台秤，秤的称量范围根据物料配比和生产规模而定。各台秤同时独立完成进料、称量、卸料的顺序动作。具有配料速度快、精度高的特点。但配料设备数量多，投资大，维修保养相对复杂，目前已极少采用。

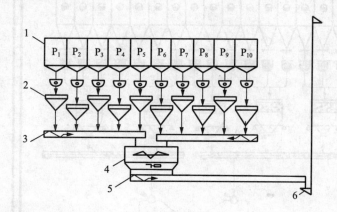

图 6-63　一仓一秤配料生产工艺
1. 配料仓　2. 配料秤斗　3. 输送绞龙
4. 混合机　5. 成品绞龙　6. 成品提升机
（门伟刚，1998）

（四）多仓数秤配料生产工艺

多仓数秤配料生产工艺如图 6-64 所示。这种配料工艺的特点是将原料按特性和配比进行分组，每组仓数为 1~4 个。电子秤在计算机控制下同时完成进料、称量、卸料，配料时间仅需不到 2 min。由计算机控制位于输送绞龙下的两个气动三通阀，交替将物料输送入两台混合机进行混合。当第一批料配好后，首先送入左面的混合机进行混合；同时继续配第二批料，配好后送入右面的混合机进行混合；第三批料配好后，再送入左面的混合机。这样，一方面可减少因配料时间短，混合时间长而形成的等待时间，另一方面缩短了混合机下面成品输送设备的空运转时间，提高了设备效率。

在单混合机生产工艺中，混合机下面的成品输送设备只能在混合机卸料的一段时间内才满负荷运转，其余大部分时间处于空运转状态。而双混合机配料工艺则大大减少了成品输送设备的空运转时间，使设备利用更趋合理，在不增大成品输送设备容量的前提下，产量可有较大的提高。由于采用计算机控制，工作稳定可靠，排除了人为控制时可能造成的误操作现象。多仓数秤配料生产工艺既克服了单秤称重配料工艺配料精度低，配料仓数受限制的缺陷，又减缓了一仓一秤称重配料工艺投资负担过重的矛盾，是一种性能价格比比较合理的称重配料工艺。

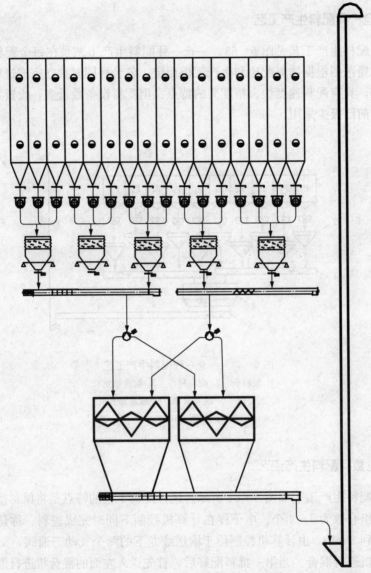

图 6 - 64　多仓数秤配料生产工艺

(曹康等，2003)

第五节　混　合

混合是饲料生产中将配合后的各种物料混合均匀的一道工序，是确保饲料质量和饲养效果的重要环节。

一、混合机理

所谓混合是在外力作用下，各种物料互相掺和，在任何容积里每种组分的微粒均匀分布的过程。

（一）混合类型

在不同的外力作用下，物料的混合方式主要有以下几类：

（1）对流混合 许多成团的物料颗粒从混合物的一处移向另一处作相对流动。

（2）扩散混合 混合物料的颗粒，以单个粒子为单元向四周移动，类似气体、液体中的分子扩散过程。是无规律运动，特别是微粒物料（粉尘）在震动下或成流化状态时，扩散作用极为明显。

（3）剪切混合 在物料中彼此形成剪切面，使物料发生混合作用。

（4）粉碎混合 物料颗粒变形和搓碎而混合。

（5）冲击混合 在物料与壁壳碰击作用下，造成单个物料颗粒分散。

在实际混合过程中，上述 5 种形式是同时存在的，但起主要作用的是前 3 种。一般来说，混合开始时，发生对流混合，随后进行扩散和剪切混合，最后在自重和离心力的作用下，形状、大小、密度近似的颗粒将集聚于混合机的不同部位，称为颗粒集聚。前两个作用阶段是有助于混合的，后者则是一种有碍颗粒均匀分布的分离作用。

（二）混合状态

假设有物理性能相同的两种黑白物料颗粒，经混合后，在理想的状况下，黑白颗粒混合均匀，排列整齐，互相接触面积最大（图 6 - 65a），是理想的完全混合。但实际上，物料颗粒在混合机混合过程中，并非单个颗粒单独的个别运动，而是以颗粒群的形式作无定向运动。因此混合后的物料只能达到一定数量的容积均一，称之为统计完全混合（图 6 - 65b）。

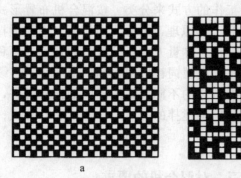

a   b

图 6 - 65 两种组分物料充分混合状态

a. 理想完全混合（排列整齐） b. 统计完全混合（排列不整齐）

（饶应昌等，1996）

物料各组分所占的比例、粒度、黏附性、形状、容重、含水量和静电效应等特性对混合有较大的影响。粉料密实度和颗粒大小对混合质量有很大影响，重颗粒或小颗粒会在轻的、大的颗粒间滑动，集中在混合机底部；粒径越趋于一致，则越容易混合，所需混合时间越短，越容易达到混合均匀度的要求；当粉料相对湿度在 15％ 以下时，有助于达到均匀度的要求；此外，某些微量成分会产生静电效应，附着在机壳上，破坏混合作用。

（三）混合效果

研究表明，在许多混合过程中，混合程度随混合时间的延长而迅速增加，一直达到最高均匀状态，通常称为动力学均衡。当物料已充分混合时，若再延长混合过程，则有分离倾向，混合均匀度反而下降，这种现象称为过度混合。混合越充分，分离的可能性越大。所以应该在达到最佳混合程度之前将混合物从混合机内排出，否则将会在以后的输送过程中出现分离现象。图6-66是混合过程动力学曲线，它表示在理想混合过程中，物料的混合均匀度 Q 与混合时间 t 的关系曲线。

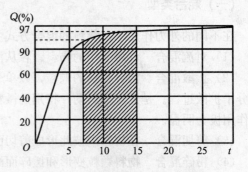

图6-66　混合过程动力学曲线

（庞声海等，1989）

二、混合及混合机分类

饲料加工中有两道混合工序，即预混合和最后混合。预混合是将动物所需的各种微量元素、维生素、氨基酸及其他饲料添加剂与载体和稀释剂预先进行混合；最后混合是将各种饲料组分按原料配比要求，由配料系统称量后进入混合机，制成配合饲料。

用于实现物料混合过程的设备称为混合机，混合机可以根据其布置形式、用途、结构、工作原理以及与给料器配合工作的方式来分类。按混合机布置形式，可分为立式混合机和卧式混合机；按其结构和工作原理，可分为回转筒（内无搅拌部件）式和固定腔室（内配搅拌部件）式两类；根据称量方式有分批式和连续式两种，分批式混合机混合质量较好，且易于控制，在大中型饲料厂中得到广泛应用，连续式混合机多用于小型饲料工厂。根据被混合物料状态的不同，采用不同的搅拌部件，用于粉料混合的有螺旋、叶片和环带式；用于稀饲料搅拌的有螺旋、桨叶和叶片式；对于湿拌料则用螺旋和叶片式。

三、对混合机的要求

（1）混合均匀度高，物料残留少。

（2）结构简单坚固，操作方便，便于检测、取样和清理。

（3）应有足够大的生产容量，以便和整个饲料生产机组的生产率配套。

（4）混合周期应小于配料周期，混合周期包括进料时间、混合时间和卸料时间。

（5）应有足够的配套动力，以便在重载荷时可以启动。在保证混合质量的前提下，应尽量节约能耗。

四、混 合 机

（一）叶带卧式螺旋混合机

叶带卧式螺旋混合机是目前饲料厂应用最多的一种分批式混合机，具有混合效率高、混合质量好、卸料时间短、残留量少等优点；并具有多种规格，可以满足不同生产量的需要。混合机主要由机体、转子、卸料门、传动部分和控制部分组成。机体为槽形，其截面形状有 O 形和 U 型。O 形适用于小型工厂，特别是预混合饲料生产应用更为普遍，U 型应用最为广泛。机体多采用普通钢板或不锈钢板制造。机体容积大小取决于每批混合量的多少，同时还要考虑物料的容重及充满程度，现有混合机每批容量最少为 50 kg，容量最大可达 6 000 kg。进料口在机体的顶部，分圆形和矩形两种，数目为 1～4 个不等，机体上盖板还设有微量添加进口、出气口和观察门。转子由轴、支撑杆和带状螺旋叶片组成。小型混合机采用单层螺旋，为了加强混合能力，多数混合机采用双层螺旋，内外圈叶片分别为左右螺旋，内外叶片的排料能力应该相等。内外叶片的排列有两种方案：一种是外螺旋将物料从两端往中间搅拌，内螺旋从中间往两端搅拌，或外螺旋将物料从中间往两端搅拌，内螺旋从两端往中间搅拌；另一种是外螺旋将物料从一端向另一端搅拌，而内螺旋的搅拌方向则与之相反。外圈叶片与机壳之间的间隙为 5～10 mm，有的混合机为 2 mm。如果每次搅拌物料 2 t，其残留量只有 50 g，仅为总重量的 1/40 000，这对减少各种饲料的互相污染，提高混合质量十分有利。卸料门在机体的下部，大多采用电动或气动控制。为了配合混合机的迅速排空，应在混合机下面设置与混合机容量相当的缓冲仓。图 6‑67 是 SLHY 叶带卧式螺旋混合机的主要结构。

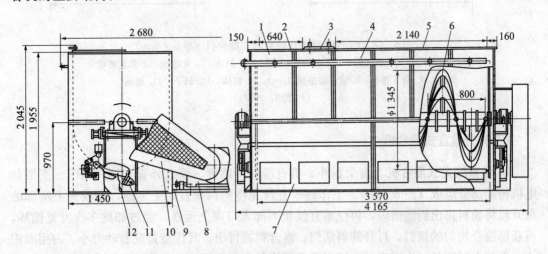

图 6‑67　SLHY 叶带卧式螺旋混合机（单位：mm）
1. 上机体　2. 添加剂进口盖板　3. 观察门　4. 液体添加管道　5. 主料进口盖板　6. 转子
7. 下机体　8. 减速电机　9. 滑轨　10. 链罩　11. 气缸　12. 出料门
（门伟刚，1998）

（二）双轴桨叶式高效混合机

SLHSJ 系列双轴桨叶式高效混合机（图 6-68）由两个旋转方向相反的转子组成，转子上焊有多个特殊角度的桨叶，桨叶一方面带动物料沿着机槽内壁作逆时针旋转，另一方面带动物料左右翻动。在两个转子的交叉重叠处，形成了一个失重区，在此区域内，不管物料的形状、大小和密度如何，都能上浮，处于瞬间失重状态，以此使物料在机槽内形成全方位连续循环翻动，相互交错剪切，从而达到快速柔和混合均匀的效果。该机的突出特点是混合周期短，每批物料一般在 15～16 s 内就能混合均匀，可以提高生产量；其每批混合量可变范围大，为额定混合量的 40%～140%，且混合效果均很理想，从而便于灵活调节生产。出料机构采用混合机底部全长双开门结构，排料迅速，无残留。出料门采用密封结构，无漏料现象；还配有液体添加管道，可用于各种液体的添加。

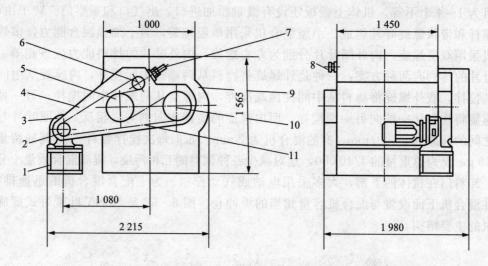

图 6-68　SLHSJ 卧式双轴桨叶式混合机（单位：mm）

1. 电机架　2. 小链轮　3. 摆线针轮减速机　4. 护罩　5. 大链轮　6. 张紧链轮
7. 调节螺母　8. 液体添加接口法兰　9. 机体　10. 转子　11. 链条

（门伟刚，1998）

（三）分批立式混合机

1. 垂直绞龙式混合机　由受料斗、垂直绞龙、圆筒、绞龙外壳、卸料活门、支架和电机传动部分组成（图 6-69）。工作时垂直绞龙将物料垂直向上运送，到绞龙上端部的敞开口将物料排出到圆筒内，再经垂直绞龙下部入口向上运送，经过如此多次反复循环，可获得混合均匀的饲料，打开卸料活门，混合料被排出。其优点是配套动力小、占用面积小，但混合时间长、生产率低，卸料后残留物料多。多用于小型养殖场饲料加工车间粉料混合生产。

2. 圆锥形行星混合机　由圆锥形壳体、螺旋工作部件、悬臂、公转电机、自转电机和变速器组成（图 6-70），悬臂带动螺旋轴使其在围绕锥形壳体转动时又进行自转，使壳体内物料既有上下混合，又有水平方向的混合，其混合作用强，时间短，且混合质量好，能在较短的时间内达到满意的效果，被混合物无死角、沉积、离析、偏析等现象，残留量小，混合效果好，适用于预混合饲料的加工。

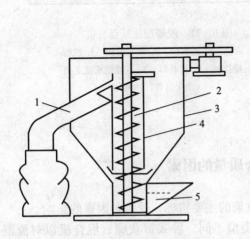

图 6-69　垂直绞龙式混合机

1. 卸料门　2. 垂直绞龙　3. 圆筒

4. 绞龙外壳　5. 受料斗

（饶应昌等，1996）

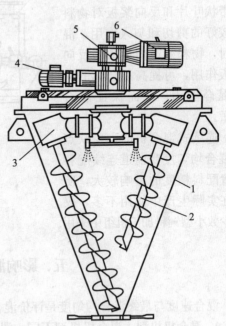

图 6-70　圆锥形行星混合机

1. 壳体　2. 螺旋轴　3. 悬臂　4. 自转电机

5. 变速器　6. 公转电机

（谷文英等，1999）

（四）连续式混合机

连续式饲料混合机工作时，物料除了要完成扩散和对流运动外，还保持一定的流动方向和流动速度。在连续混合时，由于连续计量器不能保证在每一瞬间均能按配方规定的数量精确、均匀地进行配料，存在不完全稳定给料的现象，所以要求所选用的连续式混合机不但能把每一瞬间配入的物料混合均匀，而且也要能使这一瞬间的物料与下一瞬间的物料进行适当的混合。因此，连续式混合机工作时应同时发生横向混合和纵向混合作用，横向混合是垂直于料流前进方向的混合，它是把流入混合机的各种物料，变成均匀混合料的瞬间混合。常见的连续式混合机有以下几种：

1. 桨叶连续式混合机　桨叶连续式混合机的工作特点是由螺旋桨叶板一边推进物料，一边进行混合，物料推进到出料口时，混合结束。在混合机转轴上，安装有 3 段形状、结构不同的叶片，分别用来完成物料的进料、混合和卸料过程。

2. 滚筒式连续混合机　其混合方式是靠滚筒的转动使物料上升，当物料上升高度超过其休止角时，靠自自身重力自由降落，机械对物料的剪切作用甚微，工作比较缓和。这种混合机的混合质量受物料的物理性能影响大，波动较大，流动性较好的物料混合效果较好。目前国内较少使用这种混合机。

3. 绞带型连续混合机 绞带型连续混合机（图6-71）的带状叶片和反向桨板对物料有较好的剪切和契入作用，混合时，物料受逆向运动的反向桨板作用，可提高混合机的纵向混合能力，从而保证混合质量。

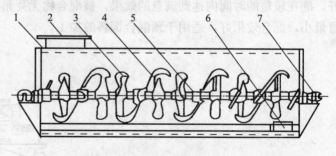

图6-71　绞带型连续混合机
1. 机体　2. 进料口　3. 反向桨板　4. 绞带
5. 搅拌轴　6. 排料口　7. 支撑轴承及支架
（饶应昌等，1996）

连续式混合机的主要缺点是混合均匀度受前道连续配料装置配料精度的影响较大，所以在实际生产中使用不多，仅在少数小型饲料加工机组中采用。

五、影响混合质量的因素

混合速度与最终混合均匀度是评价混合效果的主要指标，受多种因素的影响。

1. 混合机机型 混合机机型不同，混合类型不同。卧式带状螺旋混合机以对流混合为主，扩散和剪切混合作用不太强，混合速度较快，但均匀度不够高。以扩散为主的机型，如滚筒型混合机等，混合作用较慢，要求混合时间较长，物料的物理性质（如粒度、粒形、比重及表面粗糙度等）的差异对混合效果影响较大，但混合均匀。

2. 混合机转速 混合机转速过快，混合均匀度并非最佳，因此，要兼顾混合均匀度和混合速度来确定混合机转速。

3. 充满系数 混合机内装入的物料体积 $V_物$ 与混合机容积 $V_机$ 的比值称为充满系数。物料料面高度平于混合机转子的顶部时可获得良好的混合效果，当物料的充满系数低于0.45时混合效果下降。

4. 物料的物理特性 影响混合质量的物料物理特性有比重、粒度、颗粒表面粗糙程度、水分、散落性、结团情况和团粒组分等，这些物理特性差异越小，混合效果就越好，混合后就越不易再度分离；组分在混合物中所占的比例越小，即稀释的比例越大，越不容易混合。为了减少混合后的再度分离，可在接近完成时添入黏性的液体成分。

5. 操作 操作过程中对混合质量影响较大的是进料顺序，应待配比量大的组分先进入机内或大部分进入机内后再将少量及微量组分置于上面，即置于易于分散之处。否则，微量组分团聚在一处不易迅速分散，影响进一步混合。

六、混合质量的评价

1. 评价原理 把各种组分完全混合均匀，意味着在混合物的任何一个部位截取一个很小容积的样品，在其中也应按比例包含每一个组分，实际上，这种理想的完全混合状态是不存在的。处在混合物整体中不同部位的各个小容积中所含各组分的比例不可能绝对相等，往往与规定的标准量有一定差异。因此，对混合物均匀度的评定只能是基于统计学分析方法。

多组分混合是一个多变量的概率系统。为方便起见，把多组分的混合简化为两种组分的混合，即将混合的物料中某一有代表性的物质（示踪物）作为检测组分，这一物质在整体中的分布为总体，从混合物中抽取有限个样品，各样品中检测组分的含量为样本，各样本可表示为 $X_i(i=1、2、3、4\cdots)$。这些样本的分布形式服从泊松分布规律，当总体中粒子平均数超过 20 时，接近正态分布。这样，混合均匀度的评价指标可采用统计学的变异系数 CV 表示，变异系数表示的是样本的标准差相对于平均值的偏离程度。

2. 混合质量的表示方法和计算　一般评定混合均匀度的方法是：在混合机内若干指定的位置或是在混合机的出口（或成品仓进口）以一定的时间间隔截取若干个一定数量的样品，分别测得每个样品所含检测成分的含量，然后，以统计学上的变异系数 CV 作为表示混合均匀度的一种指标，具体计算方法如下：

$$M=\frac{X_1+X_2+\cdots X_n}{n}=\frac{\sum X_i}{n}$$

式中　M——平均值；

　　　X_i——测得第 i 个样品中检测成分的含量；

　　　n——测定的样品数。

$$S=\sqrt{\frac{(X_1-M)^2+(X_2-M)^2+\cdots(X_n-M)^2}{n-1}}$$
$$=\sqrt{\frac{\sum(X_i-M)^2}{n-1}}$$

式中　S——标准差。

变异系数 CV 由下式计算

$$CV=\frac{S}{M}\times100\%$$

变异系数是一个相对值，是正态分布函数两个特征值方差和平均值的综合反映，变异系数越小，则混合均匀度越高，理想混合状态下，CV 趋近于 0，因此，变异系数表示的是物料的不均匀程度。

我国规定混合均匀度变异系数对配合饲料不大于 10%，预混合饲料不大于 5% 即为合格。

混合均匀度的测定方法有甲基紫法、沉淀法等。甲基紫法是在混合机中投入甲基紫作为示踪物，经混合后，以其作为被检测成分来计算变异系数。沉淀法是通过以配合饲料中某一组分的沉淀物含量作为被检测物，由此计算变异系数。

七、液体添加设备

为了适应动物的营养需要，在饲料混合时要加入油脂等液体营养成分。因此，液体添加工艺在饲料加工工艺中得到越来越广泛的应用。常用的液体添加方法有以下几种：

1. 定压添加法　液体由泵输送到高位液槽后，利用高位液槽与喷液口所保持的液面差，促使液体自动添加。但由于液体的黏度随温度等因素变化，即使液位差保持恒定不变，流量也不甚稳定；同时，由于液位差产生的压力不大，喷出的液体难于形成雾状，容易使粉料成团。

2. 批量计量添加法　采用重量计量或定时计量的方法加入批量混合机内与粉状物料进行混合。此种方法的设备简单，适用于中小型饲料加工厂。

3. 定量添加法　采用智能型定量流量控制仪控制喷液泵工作，可实现喷液延时和添加量的自动控制，是目前比较理想的液体添加设备。图 6-72 是 SYTZ 间歇式液体添加系统示意图。该系统由供液和电气控制两部分组成。供液系统由加热储液罐、齿轮泵、压力表、溢流阀、电磁阀、流量计及管道组件组成。

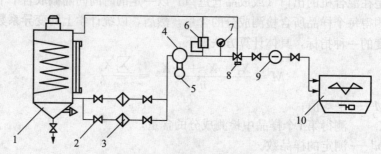

图 6-72　SYTZ 间歇式液体添加系统

1. 自控加热油罐　2. 内螺纹填料旋塞　3. 过滤器　4. 齿轮泵　5. 电机
6. 溢流阀　7. 压力表　8. 电磁阀　9. 流量计　10. 混合机

（门伟刚，1998）

第六节　制　　粒

利用机械将粉状配合饲料挤压成粒状饲料的过程称为制粒，与粉状饲料相比，颗粒饲料具有营养全面、易消化吸收、动物不易挑食、采食时间短、便于贮存和运输、不会自动分级、改善适口性等显著优点，并可减少饲料中的抗营养因子和杀灭饲料中的有害微生物；但制粒湿热高温过程也会使饲料中的热敏性物质（如酶制剂、维生素等）活性部分丧失。一个完整的制粒成型工序包括粉料调质、制粒、制粒后产品稳定熟化、冷却（有时需要干燥）、破碎、分级、液体后喷涂等。实际生产中，应根据饲料品种、加工要求进行不同的组合，设计出合理的加工工艺和选用相应的设备，使颗粒饲料的外观品质和产品质量均符合要求。

一、制粒原理及分类

（一）制粒原理

1. 型压式　型压式制粒机是依靠一对回转方向相反、转速相同、带型孔（穴）的压辊对物料进行压缩而成型。

2. 挤压式　这种制粒机是用通孔的压模或模板、压辊（或螺杆）将调质后的物料挤出模孔，依靠模、辊间和模孔壁的挤压力和摩擦力而使物料压制成型。目前应用最广泛的环模、平模和螺杆式制粒机都是依据此原理进行设计的。

3. 自凝式　主要利用液体的媒介作用，颗粒自行凝聚而成。常用于加工鱼虾饲料微粒产品。

4. 冲压式　利用往复直线运动的冲头（活塞）将粉料在密闭的槽内压实而成型。适用于牛、羊用的块状饲料。

（二）颗粒饲料分类

根据加工方法与加工设备的不同，颗粒饲料可以分为以下几类：

1. 硬颗粒　应用最为广泛，饲料大多为圆柱体或不规则体，用挤压方法加工，由于配方和压制条件的不同，硬颗粒饲料的比重在 1.1～1.4 内变化。

2. 软颗粒　指水分含量在 20%～30% 的颗粒料，需要用特殊的方法才能保存。目前主要用于养殖场的现场加工后直接投喂。

3. 块状物　用挤压方法将纤维含量较高的牧草制成块状物，或者用特定的模型将一些物质制成块状物，如用于反刍动物的食盐舔砖。

4. 团状物　用混合均匀的粉末饲料加液体进行调制而成的团状物，含水率在 30% 左右，一般现场加工后直接使用，主要用于特种水产饲料。

5. 微颗粒　颗粒饲料粒度在 1.0 mm 以下，在水产养殖业中应用较多。一般是通过破碎方法来获得，但生产效率极低，产品营养成分与配方产生差异，同时粒度不规则。开发营养均一的微细颗粒生产技术，是现代水产饲料加工技术发展的一个新热点。

（三）制粒机分类

制粒机根据压模形式可分为环模制粒机和平模制粒机，环模制粒机的粉状物料不受制粒机结构限制，理论上制粒机产量和环模可以无限大；而平模制粒机的粉状物料受离心力的影响，压模的直径不能过大，产量受到限制。从设备的主轴设置方式可分为立式制粒机和卧式制粒机，平模制粒机大部分为立式，而环模制粒机大部分为卧式。从辊模运动特性可分为动辊式和动模式制粒机，环模制粒机大部分为动模式，而立式制粒机多为动辊式。

二、颗粒饲料生产工艺

颗粒饲料生产工艺由预处理、制粒及后处理三部分组成。其工艺流程见图 6-73。粉料经过调质后进入制粒机成型，饲料颗粒经冷却器冷却；若不需要破碎，则直接进入分级筛，分级后合格的成品进行液体喷涂、打包，而粉料部分则重新回到制粒机再进行制粒；如需要破碎，则经破碎机破碎后再进行分级，分级后合格成品和粉料处理方法与上述相同，粗大颗粒则再进行破碎处理。在设计制粒工艺时，必须注意配置磁选设备，以保护制粒机。待制粒粉料仓至少应设置 2 个,以免换料时停机。

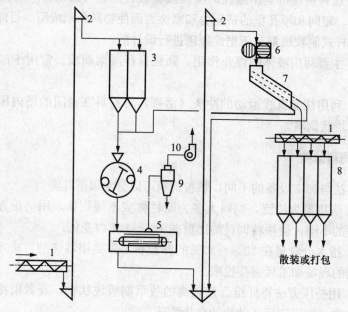

图 6-73　制粒流程

1. 绞龙输送机　2. 提升机　3. 待制粒料仓　4. 制粒机　5. 冷却器
6. 颗粒破碎机　7. 分级筛　8. 成品仓　9. 旋风除尘器　10. 风机

(谷文英等,1999)

三、制粒设备

制粒设备系统包括喂料器、调质器和制粒机。

(一) 喂料器

喂料器的作用是将从料仓来的粉料均匀地供入调质器,其结构为螺旋式。在一定的范围内,螺旋喂料器可进行无级调速,以调节粉料的输入量,调速范围为 17～150 r/min,一般为 100 r/min 左右。

(二) 调质器

调质有制粒前调质和制粒后调质(稳定化)两种,调质设备有多道调质器、熟化罐、差速双轴桨叶式调质器、膨胀调质器、颗粒稳定器(颗粒熟化器,是一种制粒后熟化调质)等。

1. 调质的作用　制粒前对粉状饲料进行水热处理称为调质。调质具有以下作用:使原料中的淀粉熟化,蛋白质受热变性,提高饲料可消化性,提高颗粒耐水性,破坏原料中的抗营养因子和杀灭致病菌,降低制粒能耗,延长模、辊寿命。

2. 调质要求　调质是饲料制粒前后进行水热处理的一个过程,它综合应用了水、热和时间关系，是一个组合效应，其关键是蒸汽质量和调质时间。为提高调质粉料的温度，加入的蒸汽最好是饱和蒸汽；调质时间根据颗粒加工要求确定，要达到充分调质，必须选择相应的调质设备。

3. 调质设备　调质器的作用是将待制粒粉料进行水热处理和添加液体原料，同时具有混合和输送作用。目前，已研发了多种新型调质器，简介如下：

（1）单轴桨叶式调质器　是国内外饲料加工中使用最早、最广的调质器。粉料在调质器内吸收蒸汽，并在桨叶搅动下进行绕轴转动和沿轴向前推移两种运动。目前，单轴桨叶式调质器有效调质长度一般为 2～3 米，物料调质时间 10～30 秒，调质作用力相对较弱。

（2）多道调质　这种调质方法主要是通过延长调质时间来提高调质效果，即采用二个或三个双层夹套调质器有序组合（图 6-74），使粉料在调质器内的调质时间延长，同时在夹套内通入蒸汽，对粉料进行加热，提高粉料的温度，使粉料的淀粉糊化率和蛋白变性程度提高，颗粒内部的黏结力加强，既提高了颗粒在水中的稳定性，又提高了饲料的消化率。大多数水产饲料厂采用这种方法。

（3）双轴桨叶式调质器　是一种新型调质器，其结构形式有三种类型，即不同直径上下布置调质器、同直径水平布置调质器和不同直径水平布置差速调质器。在调质过程中物料可以大部分相互渗透混合，从而延长调质时间，提高液体、油脂的吸收量和淀粉糊化程度，平均滞留时间可达 45 s，淀粉糊化度为 20%～25%。搅拌桨叶反向旋转、同向推进，转速相同（转速＞100 r/min），其主要结构见图 6-75。

图 6-74　三道桨叶式调质器
（牧羊产品资料样本）

图 6-75　双轴差式桨叶式调质器
（牧羊产品资料样本）

（4）熟化调质器　原料进入熟化调质器后，在里面停留 20～30 min，一般情况下，蒸汽和液体在前道桨叶式调质器中添加，由于物料在熟化调质器内停留的时间较长，因此，液体成分能有充足的时间渗透到物料中去，在这种系统中可添加糖蜜最高达 25%、脂肪最高达 12%，最高调质温度可达 100 ℃。同时在调质器的底部通入冷水或热空气，可起到冷却和干燥的作用。

（5）颗粒稳定器　颗粒饲料后熟化调质器是置于颗粒制粒机成型后的一种后熟化设备（图 6-76），又被称为滞留器、后熟器、颗粒稳定器等。其主要功能是：在生产特种水产颗粒饲料时（尤其是虾饲料），为了延长颗粒饲料在水中的稳定性和提高饲料的消化率，利用颗粒饲料出模时的热量，再通过添加有限量的雾化蒸汽增湿，将颗粒在容器内保温稳定一定的时间，使颗粒饲料中的淀粉进一步糊化，达到热量渗透和平衡，使颗粒的毛细孔缩小，表面更为光洁，从而达到熟化调质的目的。主要结构是带蒸汽盘管加热夹套保温的方形料仓，仓内顶部设有蒸汽喷雾环。

（三）环模制粒机

环模制粒机应用最为广泛。不同类型的环模制粒机，尽管其传动方式和压辊数量不同，但成型的工作原理是一样的。粉料在温度、水分、作用时间、摩擦力和挤压力等综合因素的作用下，使粉粒体之间的空隙缩小，形成具有一定密度和强度的颗粒。

1. 结构　环模制粒机由料斗、喂料器、保安磁铁、调质器、斜槽、门盖、压制室、主传动系统、过载保护装置及电器控制系统等几个部分所组成（图 6 - 77 和图 6 - 78）。

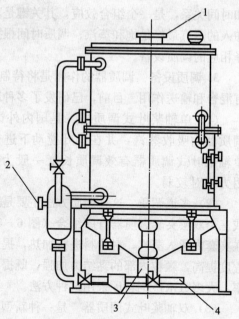

图 6 - 76　SWDF 颗粒稳定器
1. 进料门　2. 进气口　3. 出料口　4. 排水口
（谷文英等，1999）

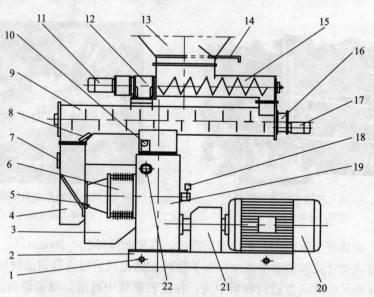

图 6 - 77　制粒机结构
1. 起吊襻　2. 机座　3. 门盖　4. 下料斜槽　5. 斜槽　6. 压制室　7. 观察窗
8. 保安磁铁　9. 搅拌器　10. 起吊器　11. 调速电机　12、16. 减速器
13. 存料斗　14. 下料门　15. 喂料绞龙　17. 搅拌电机　18. 行程开关
19. 主传动箱　20. 主电动机　21. 联轴器　22. 切刀调节手轮
（郝波等，1998）

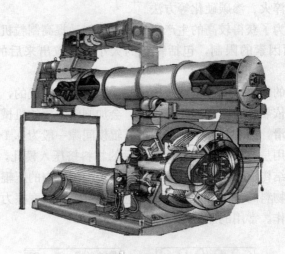

图 6-78 CPM 环模制粒机部分剖切

（CPM 公司产品样本）

2. 压模 压模是制粒机将粉状物料压制成型的主要部件之一（图 6-79），其作用是将粉料强烈挤压通过模孔而成为颗粒，压模必须具有较高的强度与耐磨性。

（1）模孔直径 典型的制粒机压模的模孔直径范围为 1.5～19.0 mm，模孔直径的选择应根据养殖动物对饲料的粒径要求而定。模孔直径大，产品成型容易，质地较软，产量大而动力单耗小；反之，模孔直径越小，挤压产品越困难，颗粒硬度与动力消耗就越大。由于机械加工技术因素的限制，目前用于水产颗粒饲料生产的压模最小孔径为 1.0 mm，考虑生产成本和产量，低于 1.5 mm 的颗粒通常用破碎方式或特殊生产工艺来完成。

图 6-79 压模与压辊

（VAN AARSEN 公司产品样本）

（2）压模厚度和有效工作长度 颗粒饲料加工中对饲料起实际作用的压模厚度和有效工作长度越长，则物料在模孔中受恒压作用时间越长，物料压实紧密，产品物理质量好，但生产量会变小，生产耗电量增加；厚度大的压模，其强度高、刚性大，同时，压模厚度又与压模的孔径有关。模孔有效工作长度与模孔直径之比称为长径比，成型时需选择最佳的长径比。长径比确定根据饲料配方和原料品质不同有所不同，尤其应注意饲料中添加油脂的含量，一般比值范围为 8～22：1，常用值 10：1、14：1、16：1、18：1、22：1等。

（3）压模开孔率 压模的开孔率是压模的关键指标，开孔面积越大，颗粒机的生产率越高，压模的开孔率与压模的材质和强度、模孔直径大小、开孔技术等密切相关。为了使压模有更高的强度，开孔率应适度。

（4）压模材料 压模材料与使用寿命、生产量、产品质量和生产成本密切相关，压模材料选择主要考虑耐磨性、耐腐蚀性和韧性。环模材料分中碳合金钢和不锈钢两大类，中碳合金钢刚度和韧性都比较好，具有良好的耐磨性，使用寿命较长。合金钢压模较不锈钢和高铬钢压模便宜，节约生产成本。压模的质量除了材质之外，还与热处理的方法有关，其热处理方法有真空淬火、渗碳硬化等方法。

（5）压模转速　为了获得较高的生产率，应尽可能地提高制粒机的压模速度。制粒机压模转速受多个方面因素的限制，包括颗粒的大小、颗粒出来后的冲击速度和产品品种等。

（6）压模与压辊的间隙　制粒是通过压模与压辊的配合完成的，辊模间隙是很重要的参数，可由操作人员依靠经验完成。间隙过小，会加剧辊、模的机械磨损；间隙过大，易造成物料在辊模间打滑，影响制粒产量与质量。辊模间隙一般为 0.1～0.3 mm。

（7）压辊　其作用是与压模配合，将调质后的物料挤压入模孔，在模孔中受压成型。压辊应有适当的密封结构，防止外物进入轴承；环模压粒机内的压辊大多数是被动的，其传动是压模与压辊间物料的摩擦力，压辊表面应能提供最大的摩擦力，才能防止压辊"打滑"和进行有效的工作。常用的压辊摩擦表面见图 6-80。

 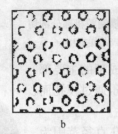  

a　　　　　　　b　　　　　　　c　　　　　　　d

图 6-80　压辊表面的基本形式

a. 拉丝辊面　b. 凹穴辊面　c. 槽沟辊面　d. 碳化钨辊面

（谷文英等，1999）

（8）切刀　可将模孔挤出的颗粒截割成所要求的长度。每个压辊配备一把切刀，固定的方法有两种：小型制粒机多固定在压模罩壳上，大型制粒机多固定在机座上，方便切刀的调整。切刀与压模外表面的间距，可根据产品要求的长度进行调节。

（9）安全装置　制粒机属于价值较高的设备，为保护操作人员和设备运行的安全，在制粒机设计时应考虑安全装置，主要有保护性磁铁、过载保护和压制室门盖限位开关。当粉料中混有磁性金属时，会对制粒机的压辊和压模造成损害，在调质室与下料槽之间安装保护性磁铁，可减少磁性杂质的破坏。安全销固定在原静止的主轴与机座上，当压辊与压模之间有异物进入时，压模在外界的动力作用下带动压辊旋转，从而折断安全销，触动行程开关切断主电机电源。摩擦式安全离合器的工作原理是当环模与压辊间进入异物出现超负荷状态时，则主轴带动内摩擦片，克服其额定摩擦力转动，同时与主轴连接的压盖径向凹槽触动行程开关，切断主电机电源。上述两种装置的应用能保证制粒机其他零部件不受损坏，起到了过载保护作用。制粒机压模在旋转时，如打开压制室门盖，有可能发人身伤亡事故，为保证制粒工的安全或维修工维修时不发生事故，在支座与门盖的结合处装上限位行程开关，当门盖打开时，则制粒机的全部控制线路断开，制粒机无法启动，保证工作人员人身安全。

（10）传动装置　制粒机的主传动采用电动机连接齿轮的单速传动，或采用皮带传动（表 6-12）。

表 6 – 12 几种典型的国内环模制粒机技术参数

项目 \ 型号	SZLH420	SZLH508	DPBA	MUZL600 - Ⅱ	MUZL1200 - Ⅱ
生产能力（t/h）	3～12	1.5～6	/	4～16	4～27
主机功率（kW）	110	110/132/160	110～160	75×2	110×2
压模内径（直径，mm）	420	508	520	550	650
压辊数	2	2	2	3	3
调质器功率（kW）	5.5	7.5×2	7.5/11	15	22
喂料器功率（kW）	1.5	1.5	2.5	1.5	1.5
颗粒规格（直径，mm）	2～18	1.5～6	/	2～12	2～12
传动方式	齿轮	齿轮	三角带	同步齿轮带	同步齿轮带

资料来源：根据国内饲料机械厂家产品样本资料整理。

（四）平模制粒机

平模制粒机与环模制粒机挤压成型的原理相似，其区别是：平模制粒机的主轴为立式、压模形式为平模，压辊个数较多（4～5 个）。受结构限制，单台制粒机的生产量不大。平模制粒机的类型有动辊式、动模式以及动辊动模式（辊模的转速不一样），目前生产上主要应用动辊式平模制粒机（图 6-81 和图 6-82）。

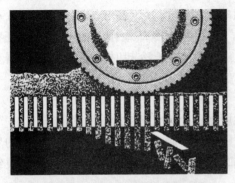

图 6-81 平模制粒机颗粒压制过程
（阿曼都斯·卡尔·纳赫夫公司产品样本）

图 6-82 平模制粒机剖切
（阿曼都斯·卡尔·纳赫夫公司产品样本）

平模制粒机结构简单、设备投资低，压辊个数多，调节压辊方便，可以采用大直径压辊，压模的强度与刚性较好，有利于挤压成型，挤压过程中具有碾磨性，原料粒度适用范围广，压模的利用程度高，可以双面使用。但物料容易产生"走边"的现象，造成物料在压模上均匀分布较为困难，目前主要在小型饲料厂应用。

(五) 微小颗粒加工系统

低温挤压过程是用低剪切力（挤压温度 40～60 ℃）将粉状混合物调质（水分 28%～32%、油脂添加量可达 18%）、挤压成股状物，然后这些股状物进入球形化机（一个可精确剪切的同轴波纹旋转盘）(图 6 - 83)，将其破碎为大小合适的凝聚物，通过流化干燥、冷却、过筛为成品（成品率达 95%）。用这种方法可制成 500～1 500 μm 高质量水产开食饵料。

图 6 - 83　球化凝聚系统™低温挤压机与球化机

(Clayton Gill. Feed International，1999)

四、制粒后处理设备

刚制粒成型的颗粒饲料温度高、水分高、含有部分粉料，需经后熟化、冷却、破碎、分级、后喷涂等一系列后处理工序才能成为合格产品。

(一) 冷却器

为保证颗粒饲料的后续输送和贮存，必须对热颗粒进行冷却，去除颗粒中部分水分和热量，对于水分含量较大的颗粒饲料，有时还需要进行干燥处理。颗粒冷却器是保证颗粒质量的重要设备，与颗粒冷却效果相关的有原料配方、颗粒直径、冷却器的结构、环境条件和冷却器运行参数的选择等因素，尤其是冷却器参数的选择更为重要。目前在颗粒饲料生产中应用的冷却器主要为立式逆流冷却器和卧式冷却器。

1. 颗粒冷却要求　将颗粒温度降至比室温略高的程度（不高于室温 6 ℃），水分降至 12%～12.5%，应正确地掌握冷却速度，不能急速冷却颗粒表面，而要保证整个颗粒均匀冷却。如颗粒饲料中油脂含量高，应相应延长冷却时间或加大冷却器生产量。

2. 影响颗粒饲料冷却效果的因素

(1) 环境温度　颗粒从冷却器出来的最终温度受到冷却空气初始温度的限制。

(2) 颗粒中的脂肪含量　颗粒中的脂肪含量越高，越难冷却，包在颗粒表面的脂肪会使颗粒中的液体难于排出，冷却时间需加长。若将颗粒急速冷却，会造成裂纹或碎裂。

(3) 空气湿度　干燥、凉爽的空气比潮湿的空气能从颗粒中带走更多的水分。

3. 立式逆流式冷却器　逆流式冷却器冷却过程中，物料与空气逆向流动进行湿热交换，有较好的冷却效果（图6-84）。从制粒机出来的湿热颗粒进入冷却器箱体，并在匀料器作用下均布于整个冷却箱体的截面上，冷却空气从栅格底部吸入，首先接触经过冷却的颗粒，当冷空气穿过热颗粒时，空气逐渐被加热，承载的水分增加，而热颗粒向下移动时，也逐渐被空气冷却，失去部分水分。空气与颗粒间温差比较小，不会使热颗粒产生急速冷却，保证了冷却的均匀性，颗粒冷却质量明显提高。当颗粒堆积至上料位器位置时，振动卸料斗开始工作，开启卸料门排料；当冷却箱体内颗粒下降到下料位器位置时，卸料门关闭，停止排料。

4. 卧式冷却器　卧式冷却器有翻板型和履带型两种，其中履带型冷却器适应性强，能冷却不同直径和形状的颗粒料和膨化料，而且产量高、冷却效果好，目前主要在特种水产生产中应用较多。CPM履带式卧式冷却器，是传统双层卧式网板式冷却器的改进型，将传统侧面进风改为底部进风，确保进风冷却更均匀，避免风量的短路问题，同时将网板式改为履带型，降低了加工成本。高温、高湿的颗粒料从冷却器的进料口进入，经进料匀料装置使颗粒料均匀地平铺在传动链装置的链板上，传动链装置共有上、下两层，运动方向相反，下层速度快。颗粒料在上层格板上由机头输送到机尾，再落入下层格板上，经下层格板再由机尾输送到机头下部出料口。当颗粒料进入冷却器由上层至下层输送的同时，自然空气由冷却器底部格板缝隙进入，并通过格板经料层由顶部吸风道及吸风管排出，同时带走物料的热量与水分，起到对物料进行冷却和减低水分的作用。图6-85为典型双层卧式冷却器。

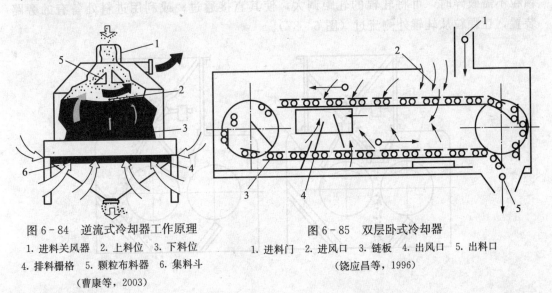

图6-84　逆流式冷却器工作原理
1. 进料关风器　2. 上料位　3. 下料位
4. 排料栅格　5. 颗粒布料器　6. 集料斗
（曹康等，2003）

图6-85　双层卧式冷却器
1. 进料门　2. 进风口　3. 链板　4. 出风口　5. 出料口
（饶应昌等，1996）

5. 颗粒饲料干燥器　水产颗粒饲料水分含量较高时，必须进行干燥处理。颗粒饲料干燥器是在普通冷却器的基础上，提供干热空气介质，使干燥空气介质与湿热颗粒中热量和水分充分交换，起到均衡降水目的。干燥可降低水分含量，提高饲料的稳定性、延长产品保质期，改善物理性能，降低物料黏性，防止微生物生长和产生毒素。传统的颗粒饲料干燥器大多是卧式干燥器，分为单层和多层的结构形式，水产与宠物饲料加工中最常用的干燥器为双层结构。也有将干燥与冷却组合器用于水产颗粒饲料生产，SGLB 系列是干燥冷却组合机（图 6-86），其主要特点是：集干燥、冷却于一体，结构紧凑、自动化程度高，操作维护方便。

图 6-86　SGLB 系列干燥冷却组合机
（江苏正昌集团产品样本）

6. 颗粒破碎机　颗粒破碎是加工幼小畜禽颗粒饲料常用的方法，在水产饲料生产中，也常采用破碎方法来解决小颗粒生产问题。颗粒破碎机是用来将大直径颗粒饲料破碎成小碎粒，以满足动物的饲养需要。采用破碎方法，既可以节省能量消耗，同时避免了生产细小颗粒饲料的难度。畜禽饲料生产中，进行破碎加工颗粒饲料时，最为常用、最经济的颗粒直径为 4.5～6.0 mm。水产颗粒饲料的破碎应选用水产饲料专用破碎机。颗粒破碎机主要工作部件是一对轧辊，在轧辊上进行拉丝处理，快辊表面为纵向拉丝，慢辊表面为周向拉丝，快、慢辊的速比为 1.5∶1 或 1.25∶1。拉丝目的是增加纵向与周向的剪切作用，减少挤压，使产品粒径更均匀，提高碎粒的成品率，减少细粉。调节轧距的间隙大小可获得所需要的产品粒径，当颗粒不需破碎时，可将轧辊的轧距调大，使其直接通过；或利用进料处备有的旁路装置，让颗粒从轧辊外侧流过（图 6-87）。

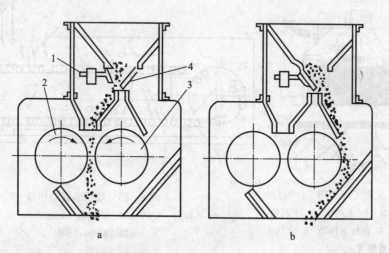

图 6-87　颗粒破碎机
a. 破碎状态　b. 旁流状态
1. 压力门　2. 快辊　3. 慢辊　4. 翻板
（饶应昌等，1996）

7. 颗粒分级筛　颗粒分级是将冷却和破碎后的颗粒物料分级，筛出粒度合格的产品送入后道作业工序，不合格的大颗粒和细粉回流加工。常用的颗粒分级筛有适用于颗粒饲料直径大于 1.0 mm 的颗粒饲料和破碎饲料分级以及适用于颗粒饲料直径小于 1.0 mm 的破碎颗粒饲料分级两种。

8. 液体外涂机 制粒对酶制剂、维生素及生物制品等热敏性原料破坏很大，为保证这些热敏性原料不受制粒的影响，通常的方法是在制粒后进行液体后喷涂，从而最大限度保证热敏原料的活性不受破坏。同时，为保证粉料在制粒机的压模内成型，制粒之前的油脂添加量不应超过 3%，但配方中油脂添加量较大时，超过 3% 的部分油脂需要在制粒后采用喷涂技术添加，以保证颗粒的物理质量。喷涂时要使液体尽量雾化，雾化的液滴越小，液体在颗粒中的分布越均匀。液体的雾化方式有压力雾化、气流雾化和离心雾化三种，常用的是压力雾化，主要利用油泵产生的液压来提供雾化能量，从喷头喷出高压液流与大气进行撞击而破碎，形成雾滴。液体喷涂有两种形式，一种是直接在制粒机上进行喷涂，另一种是在颗粒分级后进行喷涂，活性组分的喷涂最好在颗粒分级后进行，以保护其活性。

油脂喷涂机有卧式滚动式、转盘式和真空式（图 6-88 和图 6-89），卧式滚动式油脂喷涂机的工作过程如下：颗粒料经流量平衡器和导流管进入倾斜滚筒，由于滚筒的转动，在颗粒料翻转并前移的同时喷嘴向颗粒料喷油，涂油的颗粒料从出料口排出，喷油量根据颗粒料流量按比例自动添加。转盘式油脂喷涂机是颗粒饲料进入喷涂室内的转动圆盘上，在离心力的作用下，饲料向四周散布落下，同时油脂也在离心力的作用下，向四周喷洒，与撒落的颗粒饲料接触。刚与油脂接触时，颗粒表面的油脂并不均匀，在混合输送机内，颗粒表面互相接触、摩擦，有利于油脂在颗粒饲料表面的分散。

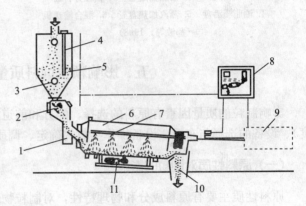

图 6-88 滚筒式油脂喷涂机
1. 导流管 2. 流量平衡器 3. 料位器
4. 料位连续显示器 5. 缓冲仓 6. 滚筒 7. 喷管和喷嘴
8. 电控柜 9. 供油系统 10. 出料口 11. 电机
（饶应昌等，1996）

真空喷涂能使颗粒对油脂有较快的吸收，同时能在颗粒饲料中添加更多的油脂，是液体添加的一项新技术。该技术保证了液体喷涂的准确性和均匀性，在不影响产品质量的前提下，液体的添加量可达到 10%～15%。颗粒进入真空喷涂机后，颗粒内部的空气亦排出，使颗粒内部留有空隙，使液体添加量增加。

SYPM 酶制剂添加机是目前广泛应用的微量液体添加外涂系统（图 6-90）。液体酶的添加比例广，适应不同添加比例的酶添加，SYPM 型酶制剂添加机的添加比例为0.02～1 L/t，喷涂均匀率为 80%，计量精确，精度达到 0.8%，颗粒料的计量精度达到0.5%；稳定可靠，便于维修，可同时添加三种不同类型的液体组分。

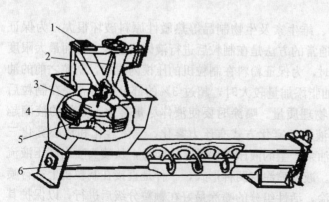

图 6-89　转盘式油脂喷涂机

1. 饲料入口　2. 油脂输送管　3. 颗粒分料盘

4. 油脂喷洒盘　5. 蒸汽加热盘管　6. 混合输送机

（郝波等，1998）

图 6-90　SYPM 酶制剂添加机

（江苏正昌集团产品样本）

五、影响颗粒饲料质量的因素

影响制粒的质量因素有原料的选择、配方和前道加工处理（原料粉碎粒度和混合均匀度）、设备的选择与布置、设备操作参数的确定、调质与蒸汽的品质和冷却等。

（一）原料性质对制粒的影响

原料性质主要有原料成分和物理特性，对制粒物理质量有较大的影响。

1. 原料成分

（1）蛋白质　蛋白质在制粒过程中受热后容易变性塑化，产生黏性，有利于制粒。

（2）脂肪　脂肪有利于提高制粒产量，减少压模磨损，但当脂肪含量超过 5%～6% 时，则不利于颗粒成型。

（3）纤维　饲料原料中有两类纤维：一类是多筋类，如紫苜蓿、甜菜茎和柑橘茎等；另一类是带壳类，如燕麦壳、花生壳和棉子壳等。少量多筋类纤维有利于颗粒的粘连，但两种类型的纤维都不利于制粒，会降低产量，加快压模磨损。比较而言，多筋类纤维能吸收较多的蒸汽并软化，能起一定的黏结作用而提高颗粒硬度；而带壳类纤维不能吸收蒸汽，在颗粒中起离散作用，会严重降低颗粒产量和质量。

（4）淀粉　淀粉在成型前通过蒸汽调质能够糊化，起到很好的黏结作用，有利于成型，小麦、大麦淀粉的黏结性优于玉米和高粱。但淀粉比例太多时也会影响产量，如配方中小麦添加量较高时，制粒就较困难。

（5）其他　贝壳粉等无机质不利于制粒，还会加快压模的磨损，降低产量，并会造成模孔堵塞；饲料中添加糖蜜时，添加比例在 3% 以下时有利于制粒，能降低粉化率；但添加量过大时反而使颗粒松散。原料水分含量对颗粒的产量和质量都有明显的影响，压制过程中，水分可在物料微粒表面形成水膜，使之容易通过模孔，延长压模的使用寿命；另外它能水化天然黏结剂，改善颗粒质量。水分太低，颗粒易破碎，易产生较多的细粉；水分太多反而难于制粒。脱脂奶粉、蔗糖及葡萄糖等，通过加热调质，可明显提高颗粒的黏性和硬度，添加比例过大时也易造成模孔堵塞。

2. 原料物理特性

（1）密度　制粒效率与原料密度有很大的关系。通常密度大的饲料制粒产量高，而密度小的饲料则产量低。例如，用制粒机压制密度为 270 kg/m³ 的苜蓿粉每小时产量为4 000 kg，而在同样条件下压制密度为 640 kg/m³ 的棉粕时产量可达 16 000 kg。但对于高密度的矿物质则是例外，它不同于一般的饲料原料，因为它既无黏性，又对模孔具有严重的磨损性。

（2）粒度　原料粒度与颗粒成品的硬度和粉化率也有一定关系，粒度越粗，颗粒成品的硬度越小，颗粒就容易开裂，粉化率也越大，不同粒度的物料通过模孔的能力也不同。细粒有较好的通过能力，能减少压辊与模孔之间的磨损，同时也能提高制粒产量和质量，降低能耗，延长压模寿命。

（3）原料制粒特性因数　原料的制粒特性可用品质因数、能耗因数、摩擦因数 3 个参数来表示，在进行饲料配方设计时可事先对某一配方的制粒特性有一个大致的了解，当然，计算结果仅是一个参考值。

品质因数：此因数数值越大，表示用该原料制造出来的颗粒品质越好。

能耗因数：此因数数值越高，表示用该原料的生产能耗越高。

摩擦因数：表示原料的摩擦特性，摩擦因数越高，对压模的磨损越厉害，压模使用寿命短。

（4）杂质　原料中含沙石、金属类杂质时会加大阻力，降低产量，影响设备使用寿命。

（二）调质对制粒的影响

蒸汽的品质与添加量、调质时间都是影响制粒的重要因素。进入调质器的蒸汽不应带有冷凝水，应是干饱和蒸汽，蒸汽压力要保持基本稳定，不同的原料和配方应选择不同的蒸汽压力；在选定合适的蒸汽压力和保证经过有效冷却后成品水分不超标的前提下，调质时加大蒸汽添加量有利于提高产量和质量。合适的调质时间可使淀粉达到合适的糊化程度，但又不致过多地损害维生素等成分。一般来说，因为虾饲料要求有较长的耐水时间，要求淀粉能充分糊化，因此，调质时间最长，鱼饲料次之，畜禽饲料则较短。制粒后利用颗粒本身的温度与水分，进行一段时间保温，可提高颗粒质量，这一过程称为后熟化（或后调质），鱼虾饲料生产中常应用这一工艺。

（三）压模及压辊的影响

1. 压模　压模模孔的有效长度越长，挤压阻力越大，压制出的颗粒越坚硬，同时产量也越低。模孔粗糙度越低，生产率越高，且成型颗粒表面越光滑，颗粒质量越好。压模孔径确定后，模孔间的间距越小，则开孔率越大，越有利于提高生产率。均匀的模孔间距对颗粒质量和产量都有利。压模的耐磨性不仅影响压模本身的寿命，也影响颗粒的质量和产量。

2. 压辊　压辊转速过高，可能使物料形成断层，不能连续制粒。

六、制粒对饲料养分的影响

在饲料制粒过程中因调质、压制产生的湿热、高温及摩擦作用，将导致物料温度迅速升高，从而引起饲料的物理性状和养分化学特性发生变化。

（一）制粒过程对饲料养分影响的因素

饲料在制粒过程中，需经调质、压辊及压模的挤压后才能成型。在调质过程中，一般采用 0.2～0.4 MPa 的蒸汽进行加工处理，蒸汽的温度可达 120～142 ℃，在蒸汽的作用下，使饲料温度升高至 80～93 ℃，水分达 16%～18%，从而导致饲料中的养分在高温湿热条件下发生变化。此外，新型膨胀调质器虽作用时间短，但升温更迅速，可使物料在数秒钟内达到 100～200 ℃，对饲料养分的影响更大。

制粒机是依靠压模与压辊将调质好的饲料挤压出模孔而制成颗粒产品，这一过程中存在着模孔对物料的摩擦阻力，需要较大的压力以克服阻力挤出模孔，摩擦使物料温度进一步升高，对养分产生影响。此外，巨大的压力对饲料成分也有影响。

（二）制粒过程中养分的变化

1. 淀粉的变化　在水分和温度作用下，淀粉颗粒吸水膨胀直至破裂，成为黏性很大的糊状物，这种现象称为淀粉糊化。淀粉糊化后有利于颗粒内部的相互黏结，改善了制粒加工质量。制粒后饲料中淀粉的糊化度约为 20%～50%。对水产饲料来说，通过制粒前的多道调质，使加热时间延长，可使淀粉糊化度达 45%～65%，制粒后熟化处理可使淀粉糊化度达 50%～70%。一般，淀粉糊化度随热处理时间延长而提高，提高淀粉糊化度，可改善动物对淀粉的消化吸收率。

2. 蛋白质变性　受热使蛋白质的氢键和其他次级键遭到破坏，引起蛋白质空间构象发生变化，使蛋白质变性。蛋白质的热变性与温度和时间成正相关。

3. 对脂肪的影响　饲料制粒过程对脂肪产生的影响方面的研究甚少，一般认为，适度的热处理可使饲料中存在的解脂酶和氧化酶失活，从而提高脂肪的稳定性，但过度的热处理易造成脂肪酸败，降低脂肪的营养价值。

4. 对纤维素的影响　制粒处理对纤维素的影响甚微，加热和摩擦作用可使饲料纤维素的结构部分破坏而提高其利用率。

5. 对维生素的影响　部分维生素因热稳定性较差，在制粒过程中极易损失。增加调质时间和提高温度对维生素的存留极为不利，特别是维生素 A、维生素 E、盐酸硫胺素、维生素 C 等，随温度的升高和时间的延长活性显著下降。因此，颗粒饲料中应选用稳定化处理的维生素产品，尤其是对需经后熟化处理的水产饲料更为关键。

6. 对饲料添加剂的影响　酶制剂、益菌剂及其他的生物活性物质均对高温敏感，制粒过程为高温、高湿和压力的综合作用，对生物制剂的活性影响较大。

（1）对饲用酶制剂的影响　在饲料中应用的酶主要有淀粉酶、蛋白酶、β-葡聚糖酶、木聚糖酶和植酸酶等。当制粒温度低于 80 ℃时，纤维素酶、淀粉酶和戊聚糖酶活性损失不大，但当温度达 90 ℃时，纤维素酶、真菌类淀粉酶和戊聚糖酶活性损失率达 90％以上，细菌类淀粉酶损失为 20％左右。当制粒温度超过 80 ℃，植酸酶活性损失率达 87.5％。摩擦力增加，使植酸酶活性损失率提高，模孔孔径为 2 mm 的压模制粒时，植酸酶的损失率大于孔径为 4 mm 的压模。由此可见，高温对酶制剂活性的影响极大，为提高颗粒饲料中酶制剂的活性，现多采用制粒后喷涂液体酶制剂的方法添加，固体酶制剂也多采用包被等稳定化处理。

（2）对益菌剂的影响　饲料中应用的益菌剂主要有乳酸杆菌、芽孢杆菌和酵母等，除芽孢杆菌外，其他的微生物对高温较敏感，当制粒温度为 85 ℃时，可使酵母菌等大部分微生物全部失活。提高益菌剂的耐热性是在饲料中推广应用的关键所在。

7. 对饲料中有害物质的影响　制粒湿热处理可使饲料中的抗营养因子和有害微生物失活，经制粒处理后，大豆中的胰蛋白酶抑制因子由 27.36 mg/g 降至 14.30 mg/g，失活率达 47.7％。制粒过程的湿热作用可有效灭活饲料中的各种有害微生物，采用巴氏灭菌调质处理后制粒可使大肠杆菌、非乳酸发酵菌全部失活。

第七节　挤压膨化原理与主要设备

饲料挤压膨化技术发展十分迅速，特别是在饲料原料加工处理、宠物饲料和水产饲料生产中应用十分广泛，可用来生产挤压膨化大豆、玉米、羽毛粉等饲料原料，浮性、慢沉性、沉性水产饲料等饲料产品。

一、挤压膨化的原理和特点

（一）原理

饲料挤压膨化是将粉状饲料置于螺旋挤压腔内，挤压腔从进口到出口的有效空间越来越小，形成一定的体积递减梯度，在螺杆的向前推力和挤压作用下，物料通过挤压腔，受到强烈的挤压力和剪切力，并发生混合、搅拌、摩擦，部分机械能在此期间转换为热能，再辅以必要的外源热能，使物料迅速升温，达到较高的温度，当从特定形状的模孔中被很大的压力挤出进入大气时，突然释放至常温、常压，温度和压力骤然降低，使物料中的水分迅速蒸发，饲料体积迅速膨胀，形成多孔结构，然后用切刀切断，使物料成为所需的形状。在此过程中饲料的理化性质发生了较大的变化，淀粉糊化、蛋白质变性，并具有杀菌作用。设计特定的模孔可获得所需的形状，以达到成品的设定要求。挤压腔内的温度一般为 120～200 ℃，压力 0.5～1.0 MPa。

（二）特点

膨化饲料除具有颗粒饲料的一般优点外，还具有以下显著优点：

1. 消化率更高　原料经过膨化过程中的高温、高压处理，使其中淀粉糊化、蛋白质组织化，有利于动物消化吸收，提高了饲料的消化率和利用率，如鱼类膨化料可提高消化率 10％～35％。

2. 形状多样　膨化料可得到质地疏松、多孔的水浮颗粒料，适合上层鱼类采食；模板可制成不同形状的模孔，因此可压制出不同形状、动物所喜爱的膨化颗粒料。

3. 更加卫生　原料经高温、高压膨化后可杀死多种病原菌，能预防动物消化道疾病，可更有效地脱除饲料中的毒素和抗营养因子。

4. 适口性更好　膨化饲料松脆、香味浓。

挤压膨化对维生素和氨基酸等有一定破坏作用，且电耗大、产量低，但一般可以提高饲料报酬中得到回报。

二、挤压膨化工艺

物料经清理、粉碎、配料和混合后进入膨化机的调质器中，调质至水分 20%～30%，进入挤压机挤压，经切刀切割，烘干冷却后即为成品；也可根据需要再经破碎、喷涂油脂等处理后生产出成品。图 6-91 为典型的挤压膨化工艺流程。

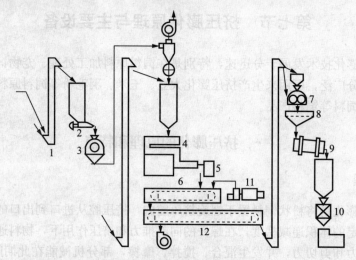

图 6-91　挤压膨化饲料工艺流程

1. 斗式提升机　2. 给料器　3. 粉碎机　4. 挤压膨化机　5. 切割机　6. 干燥机
7. 破碎机　8. 分级机　9. 外涂机　10. 打包秤　11. 热风机　12. 冷却器

(谷文英等，1999)

三、挤压膨化机

挤压机是目前使用最广泛的膨化设备。技术种类很多，但主要有以下两种方法。

(一) 挤压膨化机分类

1. 挤压加工方法分类

（1）干法挤压　指不用外源加热也不添加水分，单纯依靠物料与挤压机筒壁及螺杆之间相互摩擦产热而进行挤压的方式。操作简单，设备成本低，但挤压温度不易控制，营养成分破坏大，动力消耗大。

（2）湿法挤压 指在挤压过程中添加水分（水或蒸汽），并辅以外源加热（蒸汽或电）而进行挤压的方式。湿法挤压由于含水分较高，因此挤压温度比干法低，也较容易控制，可确保物料成分不受损失或少受损失，但设备相对复杂，成本也较高。

2. 按螺杆数量分类

（1）单螺杆挤压机 在挤压腔内只安装一根螺杆的挤压机，物料向前输送主要依靠摩擦力。单螺杆挤压机的形式较多，可根据其适应物料的干湿度、结构上的可分离装配性、剪切力的大小、热量的来源再进行分类。

（2）双螺杆挤压机 在其挤压腔内平行安装两根螺杆，机膛横截面呈8字形，物料向前输送主要靠两根螺杆的啮合作用。双螺杆挤压机根据螺杆旋转方向和啮合状况可再分类。

（二）挤压膨化过程

挤压膨化的工作过程是将饲料粉状原料置于膨化挤压腔内，从喂料区向压缩糅合区、最终熟化区不断推进，物料温度和压力不断升高，当达到一定温度和压力后，从模孔突然释放至常温、常压，并被切刀切成所需形状和长度的产品。

（三）挤压膨化机的结构

挤压膨化机主要由喂料器、调质器、传动、挤压、加热与冷却、成型、切割、控制等部件组成，其结构见图6-92。

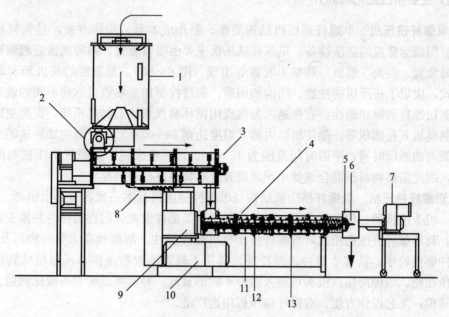

图6-92 螺旋挤压成型设备结构

1. 料斗 2. 减重式称量喂料器 3. 调质器 4. 螺旋、螺杆挤压装置
5. 成型模 6. 切割装置 7. 切刀传动装置 8. 蒸汽及液体添加
9. 主机传动系统 10. 主电机 11. 机镗 12. 螺杆 13. 剪切锁

（wenger产品样本）

1. 喂料装置 常用的喂料装置为螺旋喂料器，由一根或两根以上螺旋组成，把配制混合好的物料均匀而连续地喂入螺旋挤压机的喂料段，通过控制螺旋的转速，即可对物料进行容积计量，也可在喂料器上方配置减重式称量装置计量。

2. 调质器 与制粒调质器基本相同。

3. 传动装置 传动方法一般采用电机齿轮减速箱和电机皮带轮组合两种传动方式。

4. 螺旋挤压装置 螺旋挤压装置由螺杆和机镗组成，它是挤压机的核心。

5. 加热与冷却 为使饲料原料始终能在其加工工艺所要求的温度范围内挤压，通常采用蒸汽夹套加热或电感应加热和水冷却装置来调节机镗的温度。

6. 成型装置 成型装置又称挤压成型模板，它配有能使物料从挤压机流出时成型的模孔。模孔的形状可根据产品形状要求而改变，最简单的是一个或多个孔眼，环行孔、十字孔、窄槽孔也经常使用。为了改进所挤压产品的均匀性，常把模板进料端做成流线型开口。

7. 切割装置 常用的切割装置为端面切割器，切割刀具旋转平面与模板端面平行。通过调整切割刀具的旋转速度和模板端面之间的间隙大小来获得所需挤压产品的长度。

8. 控制装置 挤压加工系统控制装置主要有：手动控制、单回路控制、整合自动控制、带物料和能量控制的整合自动控制，通过建立工艺过程模型进行准封闭回路控制和封闭回路控制等。其主要作用是：保证各部分协调地运行；控制主机转速、挤压温度及压力和产品质量等；实现整个挤压加工系统的自动控制。

(四) 主要挤压膨化机简介

1. 单螺杆挤压机 单螺杆挤压机结构简单、制作成本低、操作方便，是饲料和食品工业中应用最为普遍的挤压设备。单螺杆挤压机主要由喂料装置、调质或预处理装置、挤压机机筒装置、模头（模板）和切刀装置等组成（图 6-92）。最重要的是机筒和螺杆的布置形式，决定了挤压机的性能、结构和用途。通过控制加工参数可达到不同的效果，如装配高剪切螺杆和剪切螺栓，直接通入蒸汽或用循环蒸汽或热油加热机筒，提高主轴转速以及限制模板开孔面积等，能使机筒内蒸煮温度达到 80~200 ℃；控制主轴转速能改变物料在机筒内的滞留时间，滞留时间范围为 15~300s。一般来说，单螺杆挤压机的混合能力较低，因此需要物料预混合或使用预调质装置对物料进行适当混合。

2. 双螺杆挤压机 双螺杆挤压机结构与单螺杆挤压机基本一致，也是由机镗、螺杆、加热器、机头连接器、传动装置、加料装置和机座等部件组成，但在机镗内并排安装了两根螺杆。与单螺杆挤压机相比，双螺杆挤压机可处理黏性、油滑和高水分的物料及产品，设备部件磨损较小，具有非脉冲进料特征，适用于较宽的颗粒范围（从细粉状到粒状）；具有自净功能，清理简便；机头可通入两种不同的蒸汽；容易将试验设备按比例放大，扩大生产规模；工艺操作方便。双螺杆挤压机用途广泛。

四、挤压膨化对饲料营养成分的影响

挤压膨化是一种高温、短时（HTST）加工过程，其温度高、压力大，对物料的作用强。

（一）挤压膨化过程中饲料成分的变化

饲料中的各种成分在挤压膨化过程中将发生一系列的物理化学变化。

1. 蛋白质的变化　挤压膨化过程中，在高温和剪切力的作用下，蛋白质稳定的三级和四级结构被破坏，使蛋白质变性，蛋白质分子伸展，包藏的氨基酸残基暴露出来，可与糖类和其他成分发生反应；同时，疏水基团的暴露，降低了蛋白质在水中的溶解性。这样，有利于酶对蛋白质的作用，从而提高蛋白质的消化率。但在挤压过程中蛋白质的变性常伴随着某些氨基酸的变化，如赖氨酸与糖类发生褐变反应而降低其利用率。此外，氨基酸之间也存在交联反应，如赖氨酸和谷氨酸之间的交联反应等，都将降低氨基酸的利用率。挤压温度越高，美拉德反应速度越快，这种影响可通过提高挤压物料的水分含量而抵消。

2. 淀粉的变化　挤压膨化的高温湿热条件有利于淀粉的糊化，通过膨化，淀粉的糊化度可达 60%～80%。淀粉糊化后增加了与消化酶的接触机会，因此，糊化可提高淀粉的消化率。

3. 对纤维素的影响　挤压膨化可破坏纤维素的大颗粒结构，使水溶性纤维含量提高，从而提高纤维素的消化率。但膨化操作条件不同，对纤维素的影响亦不相同，温度低于 120 ℃时则难以改善纤维素的利用率，高温、高水分膨化将有利于改善纤维素的利用率。

4. 对脂肪的影响　在挤压膨化过程中，随温度的升高，脂类的稳定性下降，随挤压时间的延长和水分的增加，脂肪氧化程度升高。但在挤压过程中，脂肪能与淀粉和蛋白质形成复合物，脂肪复合物的形成使其氧化的敏感性下降，在适宜的温度范围内，升高温度，复合物生成量有所上升，而在高温条件下，则随温度升高，复合物生成量反而明显下降。一般来说，谷物经挤压后，游离脂肪的含量有所下降，而使膨化产品发生氧化酸败的主要是游离脂肪。此外，经膨化后可使饲料中的脂肪酶类完全失活，有利于提高饲料的贮藏稳定性。

5. 维生素的损失　维生素在挤压膨化过程中所受的温度、压力、水分和摩擦等作用比制粒过程更高、更大、更强，维生素损失量随上述因素作用的加强而增加。维生素 A、维生素 K_3、维生素 B_1 和维生素 C 在 149 ℃挤压 0.5 min 时，分别损失 12%、50%、13% 和 43%；当挤压温度为 200 ℃时，维生素 A 的损失达 62%，维生素 E 的损失高达近 90%。物料水分的增加，亦会提高维生素的损失。因此，采用挤压膨化加工时，必须采取有效的措施，减少维生素的损失，如微胶囊化维生素 D、维生素 E 醋酸酯、维生素 C 磷酸酯较稳定，损失较少，膨化后可存留 85%。此外，可采用后喷涂添加等方法。

6. 对饲料添加剂的影响　挤压对抗生素、酶制剂、益菌剂等饲料添加剂的影响报道甚少。由于其操作条件比制粒更为强烈，因而对这类饲料添加剂的影响远大于制粒。目前，许多饲料添加剂均采用膨化后喷涂的方法添加。

7. 饲料的物理性状变化　饲料经挤压膨化后，除养分发生一系列的化学变化外，通过改变挤压机的模板，可生产出各种形状和特性要求的产品，产品特性主要由密度、水分含量、强度、质地、色泽、大小和感官性状等物理指标构成，最主要的是密度、水分和质地。改变挤压机操作条件，可分别生产出密度为 0.32～0.40 kg/m³ 的浮性水产饲料和

$0.45\sim0.55$ kg/m³ 的沉性水产饲料。一般而言，经挤压膨化后的饲料，由于膨胀失水作用，多具有多孔性的结构，质地较为松脆。此外，对一些宠物饲料可根据要求生产出骨头形状、波纹状、条状和棒状等外形。最终产品的大小亦可衡量膨化率：

$$膨化率=\frac{产品直径}{膜孔直径}\times100\%$$

不同的配方和养分含量可产生不同的膨化率。

（二）挤压膨化对饲料中有害物质的影响

许多研究表明，膨化能有效地消除饲料中的有害物质。

1. 有害物质的消除 膨化能显著地消除大豆中的各种抗营养因子和有害物质。水分为20%、149 ℃下膨化1.25 min，可使98%的大豆胰蛋白酶抑制因子失活；湿法膨化可使大豆中的抗营养因子含量大幅度下降，使抗原活性全部丧失；膨化能全部破坏豆类中的血球凝集素活性。原料大豆中存在的不良风味成分，经挤压后可使它们脱除。

膨化能显著地降低棉仁及棉粕中的游离棉酚含量，可使菜粕中的芥子酶失活，使芥子苷不易分解为有毒的噁唑烷硫酮（OZT）和异硫氰酸酯（ITC）；将蓖麻子饼（粕）与化学试剂混合均匀后再进行膨化处理，经高温、高剪切力作用，能充分破坏蓖麻中的毒蛋白和常规方法不易失活的抗营养因子。

2. 对有害微生物的影响 有关挤压膨化加工对饲料中有害微生物的影响鲜见报道，但一般认为，膨化可杀死全部有害微生物，如大肠杆菌、沙门氏菌和霉菌，饲料经125 ℃的膨化处理即可完全杀死所有有害菌。

第八节 包装和饲料生产环境控制

一、包装设备

饲料厂生产的配合饲料包装主要采用成套设备，预混合饲料则以人工包装为主。常用的配合饲料包装工艺流程见图6-93。

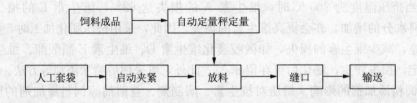

图6-93 配合饲料包装工艺流程

（冯定远等，2003）

手工包装劳动强度大、效率低，机械包装大大降低了劳动强度，提高了生产效率，图6-94为典型的包装机械结构。该设备由自动定量秤、夹袋机构、缝口机、输送机组成，其中最关键的为自动定量秤，它决定了包装重量的准确性。

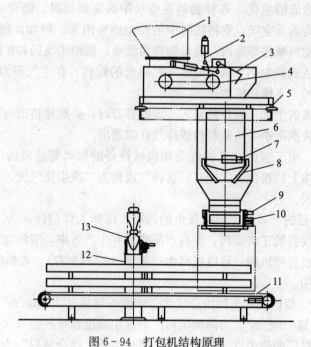

图 6-94 打包机结构原理

1. 成品仓 2. 微加料闸门 3. 断料斗 4. 双速皮带供料机
5. 避震器 6. 计量斗 7. 排料门气缸 8. 排料门 9. 计数器
10. 夹袋机构 11. 送包机 12. 可升降缝包机架 13. 缝口机

(饶应昌等，1996)

　　称量时由螺旋输送机给料，先大给料 85% 左右，后改为小给料，最后给足料。夹袋机构将包装夹住，并承受物料落入袋中时的冲力及重量。装袋结束后，夹袋机构松开，在输送机上的输送过程中完成缝口。其主要技术参数为：打包速度 240～280 包/h，量程 20～60 kg/包，精度 0.2%。

二、通风除尘设备

　　能在空气中悬浮一定时间的固体粒子叫做粉尘。饲料生产过程中不可避免地会产生大量粉尘，污染环境，影响人的健康，损害设备，甚至发生恶性爆炸事故。有些粉尘为可以回收利用的原料，不加以回收将造成浪费。为减少污染、降低损耗，必须采取有效措施对粉尘进行控制。

（一）概述

　　1. 粉尘的性质及产生　按理化性质可分为矿物性的无机粉尘、动植物性的有机粉尘和两者同时悬浮于空气中的混合粉尘三类，按卫生要求可分为有毒粉尘、无毒粉尘和放射性粉尘等。饲料厂的粉尘大多数是有机、无毒、可燃粉尘，具有一定的爆炸危险性。矿物盐预混料生产车间的粉尘有一定的毒性。在饲料生产过程中，产生粉尘的尘化作用有以下几种：

（1）**诱导空气造成的尘化** 各种物料在空气中高速运动时，能带动周围空气随其运动，这部分空气称为诱导空气，它将物料中的粉尘诱导出来。例如，物料沿溜管下滑时，周围的空气由于同物料摩擦等原因，随着物料而流动，使粉尘飞扬和扩散。

（2）**剪切作用造成的尘化** 从高处落入贮料仓的粉料，在空气阻力下引起剪切作用，使粉尘悬浮，引起粉尘飞扬和扩散。

（3）**排出空气流的尘化** 将物料装入一定的容器时，必然排挤出与装入物料同体积的空气量，这些空气将携带粉尘从装料口或排气孔隙逸出。

（4）**二次尘化** 由于室内空气的流动和机械设备的振动等造成的气流，把沉落在设备、地面和建筑结构上的粉尘再次扬起，这种气流称为二次尘化气流。二次气流是粉尘大面积扩散的重要原因。

2. 通风除尘的目的 减少和消除灰尘的污染，保障人体健康，为工人创造良好的工作环境，维护机器设备的正常运转，提高产品质量和生产效率，节约能耗，降低粉碎物料的温度。如粉碎机设置吸风网，可以提高生产效率（20%左右）。收集的粉尘有些是有用饲料，必须回收利用。

3. 粉尘的防治 我国规定车间内空气含尘浓度不得超过 10 mg/m³，排出室外的空气含尘浓度不得超过 150 mg/m³。为降低饲料厂的含尘浓度和排放空气含尘量，必须采取除尘、防尘措施。饲料厂的防尘以"密闭为主，吸尘为辅，结合清扫"为原则，以局部通风为主，即在粉尘产生处直接将其收集起来，经除尘器分离粉尘与空气，空气净化后排出。除尘设备主要有离心除尘器和脉冲布袋除尘器。防尘除尘措施包括：设计、选择、安装合理的吸尘系统和除尘装置，加强管理和维修（如及时清除积尘、防止堵塞和漏风、定期监测袋式除尘器风压变化等）；密闭尘源设备和设施，防止粉尘外溢；减少物料自由落入料仓或其他容器的次数和落差，以减少粉尘形成机会；在满足物料粒度要求的前提下，避免物料过度粉碎，以达到降低饲料尘化之目的；提高除尘设备的效率，及时排除沉积的粉尘，以免诱导空气使已收集的粉尘二次尘化；用吸尘器等设备经常清理已沉积在地面、机器上的粉尘，防止二次尘化。

4. 通风除尘风网 饲料厂的通风除尘系统有单独风网和集中风网两种形式（图6-95），主要由吸风（尘）装置、风管、除尘器、风机以及管接头、插板和蝶阀等组成。单独风网一般应用于机器设备自带风机的场合；集中风网由多台机器的吸风管组成。集中风网维护管理方便，粉尘处理和回收比较简单，设备造价和维修费用也较低；但集中风网运行调节困难，其中某一吸风罩的风量发生变化会影响整个网络的效果，吸风支管容易被粉尘堵塞。布置集中风网时应注意：吸风沉降物的品质应该相似，组合在

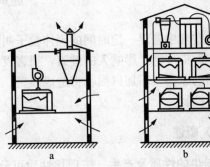

图6-95 通风除尘网络的组成
a. 单独通风除尘网络 b. 集中通风除尘网络
（饶应昌等，1996）

同一风网中的各机器设备工作时间相同，风管布置简单合理，风机应布置在除尘器之后，

以减轻粉尘对风机的磨损；风网总风量不宜太大，吸风点也不宜太多。

饲料厂除尘风网的确定包括吸尘点的选定、各吸尘点的吸风量及有关参数的计算确定。粒料卸料坑所需吸风量是以单位时间通过单位投料面积的吸风量来选取的，一般为 $2\,700\sim3\,200\ \mathrm{m^3/(h\cdot m^2)}$，扁平吸风罩吸口处风速以 $3\sim8\ \mathrm{m/s}$ 为宜；粉料副料卸料坑吸风量 $1\,500\sim18\,000\ \mathrm{m^3/(h\cdot m^2)}$，风速 $0.5\sim2.5\ \mathrm{m/s}$，其他设备可参阅相关手册。

5. 除尘设备　主要有吸尘罩、离心除尘器和袋式除尘器等。

（1）吸风罩　吸风罩是通风除尘系统的重要部件，有封闭式和敞开式两种形式，其性能优劣直接影响通风除尘系统的除尘效果。吸尘装置应尽可能使尘源密闭，并缩小尘源的范围；应正对或靠近粉尘产生最多的地方，吸风方向尽可能与含尘空气运动方向一致，吸风口面积应有足够尺寸，降低吸风速度，吸风口风速：粒料 $3\sim8\ \mathrm{m/s}$，粉料 $0.5\sim2.5\ \mathrm{m/s}$。

（2）离心除尘器　也叫离心分离器或刹克龙，是饲料厂广泛使用的一种固体颗粒与气体分离装置。离心除尘器由进口、排管、外筒、排尘装置等组成（图6-96），物料及空气两相流从分离器上部进气口沿切向进入，由于离心力的作用，固体颗粒将被甩到四周与筒壁发生摩擦，速度降低，在重力作用下，固体颗粒向下作螺旋运动，最后滑落到锥体下部出口。旋转向下的气流达到锥体下部后，沿分离器轴心部位转而向上从内筒排出。离心除尘器有内旋型、下旋型和外旋型三种（图6-97），适于除去较粗尘粒、除尘率要求不高、含尘浓度高及其他除尘器串联使用等情况，具体型号有 38 型、45 型、50 型、55 型和 60 型等。

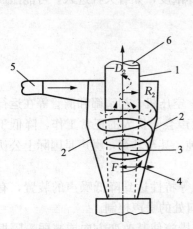

图 6-96　离心除尘器结构

1. 内筒　2. 外筒　3. 假想圆筒

4. 粒子　5. 入口　6. 排气口

（饶应昌等，1996）

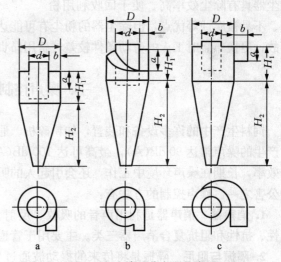

图 6-97　旋风分离器的类型

a. 内旋型　b. 下旋型　c. 外旋型

（饶应昌等，1996）

（3）袋式除尘器　袋式除尘器依靠布袋和黏附于布袋的粉尘的过滤作用将含尘空气中的尘粒分离出来。饲料厂常用的有脉冲布袋除尘器，由上箱体、中箱体（包括进风口、花板、滤袋和检修门等）、下箱体（包括灰斗和支架等）、排灰系统（包括刮灰机构和关风器）和喷吹系统（包括电子脉冲控制仪、气包和电磁脉冲阀等）组成（图6-98），采用压缩空气脉冲喷吹布袋实现清灰。当含尘空气从进气口进入中箱体后，一部分较大尘粒由于空气速度突然降低而沉降，沿器壁或滤袋外表面落入灰斗（圆筒形除尘器中，气流沿切向进入，尘粒随气流旋转，所产生的离心力有利于尘粒从气流中分离），起到初级除尘作用；余下的较细尘粒由气流携至滤袋外表面，并被截留在袋外，净化后的空气则穿过滤袋。随着时间的延长，滤袋外表面的积尘逐渐增多，气流穿过滤袋的阻力增加，达到一定程度时，按预先设定的顺序，脉冲喷吹系统依次将压缩空气喷入各个滤袋，使滤袋迅速膨胀，在滤袋中产生一短暂的反向气流（与过滤气体流向相反），反向气流速度很高，足以使滤袋外表面的积尘脱落掉入灰斗中，落入灰斗中的尘粒由刮灰机构刮至关风器进口，并由关风器排出机体。袋式除尘器具有除尘效率高、便于回收利用粉

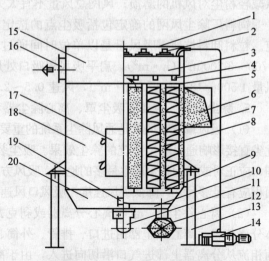

图 6-98　脉冲布袋除尘器
1. 上掀盖护罩　2. 电磁脉冲阀　3. 气包　4. 喷嘴　5. 花板
6. 含尘空气入口　7. 弹簧袋架　8. 滤袋　9. 滤袋固定架
10. 平刮灰板　11. 刮板电机　12. 关风器　13. 支架
14. 气泵　15. 上箱体　16. 出风口　17. 检修门
18. 中箱体　19. 灰斗检修孔　20. 灰斗
（徐斌等，1998）

尘、不易被腐蚀等优点，但除尘器的粉尘有可能达到爆炸浓度，如有火种进入，可能酿成事故；更换布袋时工人的劳动条件较差，费用昂贵。

三、噪声控制措施

饲料生产中的许多设备和装置，如粉碎机、通风机、空压机、初清筛和溜管等在运行时产生的噪声常达 90 dB(A)，最高可达 100 dB(A)。噪声会干扰人的正常工作，降低工作效率，长期在噪声环境中工作，还会引起人的听觉迟钝，甚至耳聋，噪声是国际上公认的公害之一。噪声控制的方法有：

1. 消声器　消声器是利用声音的吸收、反射、干扰等特性达到降低噪声的装置，有阻性、抗性和阻抗复合消声器三类。主要用于管道及出口处的噪声控制。

2. 隔振与阻尼　隔振是将传来的振动波通过反射等措施使其改变方向或减弱。隔振装置有橡胶、弹簧、空气垫等，主要用于易振动的设备。阻尼是将振动产生的机械能转化为热能而消耗掉，使振动受到控制，常采用沥青、橡胶等内摩擦、内损耗大的各种材料，适于风机、气力输送管道等辐射出的固定噪声控制。

3. 吸声　吸声处理是依靠吸声材料或吸声结构来吸收混响声。常用的吸声材料有多孔性吸声材料以及板状、膜状材料等，吸声材料一般布置在车间（或房间）的内表面。吸声结构主要采用在建筑板上开孔，并在其背后加一空气层。

4. 隔声　利用墙壁把声波遮住和反射回去，将噪声源与接收者分隔开来。隔声是依

靠材料的密实性，隔声结构种类较多，有单层墙、双层空气墙或充填吸声材料的双层墙。对于饲料厂的粉碎机、空压机等噪声源，采用隔声措施能较好地控制噪声。

第九节 预混合饲料生产工艺

预混合饲料由各种营养及非营养性饲料添加剂等微量成分组成，是一种属于饲料原料的中间产品，通常以百分之几的比例添加，其中有些成分的含量极少。与配合饲料相比，预混合饲料原料品种多，成分复杂，用量相差悬殊，物理性质差异较大。因此，要求预混合饲料加工工艺及设备必须做到配料准确、混合均匀、包装严格、工艺路线简短、设备少而性能优、污染少。图6-99和图6-100为预混合饲料加工工艺基本流程和工艺流程。

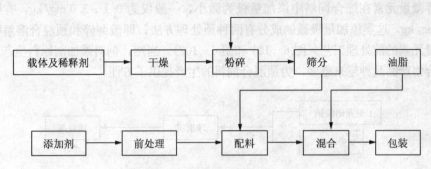

图6-99 预混料加工工艺基本流程

(冯定远等，2003)

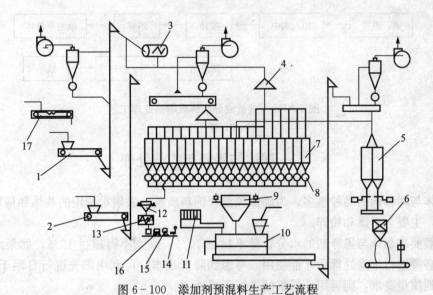

图6-100 添加剂预混料生产工艺流程

1、2.刮板输送机 3.初清筛 4.分配器 5.成品仓 6.计量打包机 7.配料仓
8.螺旋喂料器 9.自动配料秤 10.2 t混合机 11.微量配料秤 12.200 kg计量秤
13.100 kg混合机 14.计量台秤 15.预混合机 16.秤车 17.烘干机

(谷文英等，1999)

一、添加剂活性成分的前处理

添加剂预混合饲料的原料品种繁多，各种原料的物理和化学特性不一，因此，必须进行必要的前处理，前处理技术水平的高低直接影响产品质量的好坏。用于预混合饲料生产的大部分添加剂成分已由原料生产厂家进行了前处理，如维生素、氯化胆碱、酶制剂、色素等通常进行包膜稳定化处理或吸附赋形处理。所以，许多添加剂类活性成分无需再经专门的前处理即可直接与其他原料混合加工成预混合饲料。但用于补充微量元素的原料，特别是硫酸盐类，因其含有结晶水，极易吸湿返潮，这类原料必须进行干燥处理，去除其中的游离水和部分结晶水。对颗粒太大、达不到粒度标准的部分原料，还需进行粉碎、研磨等处理。硒、钴、碘等微量元素在配合饲料中添加量极为微小，一般仅为 $0.1\sim2.0$ mg/kg，有些甚至低于 0.1 mg/kg，这类添加量极微的成分有两种预处理方法，即微磨碎和预混合溶解吸附，以下为微量元素的前处理工艺（图 6-101 和图 6-102）。当然，饲料添加剂原料生产厂进行前处理的合格产品品种越来越多，为预混合饲料的生产提供了方便。

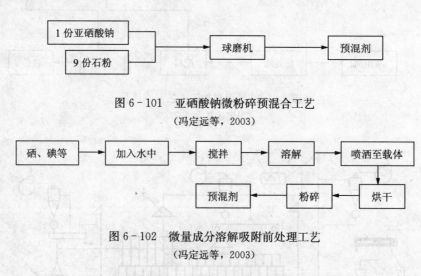

图 6-101　亚硒酸钠微粉碎预混合工艺
（冯定远等，2003）

图 6-102　微量成分溶解吸附前处理工艺
（冯定远等，2003）

二、载体与稀释剂的前处理

载体与稀释剂的品种很多，为确保预混合饲料质量，必须对选用的载体和稀释剂进行前处理，主要为干燥和粉碎。

一般要求载体与稀释剂的水分含量不超过 10%，最大不得超过 12%，如果水分高于 12%，必须进行干燥处理后才能使用。考虑到降低成本，可利用阳光进行日晒干燥处理，若达不到质量要求，则再用干燥机械进行干燥处理。

载体与稀释剂的粒度将影响承载添加剂活性成分的能力和混合质量，载体粒度应控制在 30~80 目之间。稀释剂的粒度一般要求比载体更细些，约为 30~200 目之间，但粒度太细，易产生更多的粉尘。因此，应根据添加剂的粒度要求进行合理选择。

第七章

饲料检测技术

第一节　饲料样品的采集与制备

一、样品采集方法

样品采集与制备是饲料分析与检验的基础，采集的样品是否具有代表性是准确评价饲料产品和原材料品质的基础。样品的采集与制备是任何饲料生产厂家与质检机构必须重视的两大步骤。

（一）样品的定义与分类

1. 定义

（1）饲料样品　饲料样品是饲料产品或原料的一部分，分为原始样品、平均样品与分析样品。原始样品是从采样现场一批饲料中集中采集的样品，数量一般不少于平均样品的8倍。平均样品也叫送检样品，是在原始样品的基础上，用四分法缩减而成，数量不少于1 kg。分析样品也叫试验样品，在平均样品的基础上经过粉碎和混合等制备处理后，从中取出用作试验分析的那部分样品，一般为50～150 g。

（2）采样　从待检测的饲料产品或原料中用标准的采样方法，按规定采取一定数量的、具有代表性饲料样品的过程称为采样，采样主要是指原始样的采集。

2. 分类　样品根据不同的用途可分为标准样品、核对比较样品和分析样品三大类。标准样品是由权威实验室仔细多次分析化验后的样品，具有良好的重复性与稳定性。这类样品多为纯品，用量较少但价格较高，可用来校正某些仪器和分析方法的准确性，或用于对其他样品中所含此类物质进行定量分析。核对比较样品用途较广，可用在饲料商品交易、试验方法评价、各实验室之间分析差异比较等。分析样品是送交实验室进行具体测试的样品，根据来源分为混合样品和单一样品。

（二）采样目的与要求

1. 采样的目的　采样的根本目的是根据所采样品的各项理化指标进行科学的分析，以达到对所验饲料原料或产品的质量与效价进行客观、科学评价的目的，并以此为依据，来指导饲料工业与饲料商品交易中的各项决策。

2. 采样的要求　由于样品采集直接关系到对饲料质量与效价的评价和分析工作是否有意义。为了避免由采样错误而带来的不必要的浪费与饲料交易中的各种麻烦，要求采样必须遵守下列要求，以保证样品分析结果的科学性、公正性和实用性：①采样要有充分的代表性；②采样要使用正确的方法和工具；③采样必须维护待检样品的真实性；④采样必须有一定的数量；⑤保留每一批饲料原料或产品的样品，以备复查；⑥采样人员要有高度的责任心和熟练的采样技能；⑦采样要规范化，必须严格遵守相关制度。

（三）采样的工具

1. 采样工具的要求 采样工具种类繁多，样式多变，但不管哪种采样工具，都必须符合以下要求。

（1）可以采集任何粒度的样品。

（2）采样器不能污染样品，不能增加样品中微量金属元素的含量或引入霉菌毒素。

（3）需要检验细菌的样品，其采样工具、容器必须经高压灭菌处理，并按无菌操作进行采样。

2. 采样工具的种类

（1）探针采样器 探针采样器也叫做探管，见图7-1，前端为实心锥形，较锋利，可刺破饲料包装袋。后为一空心金属管，管壁一侧开有采样槽或由小室间隔分出采样室。

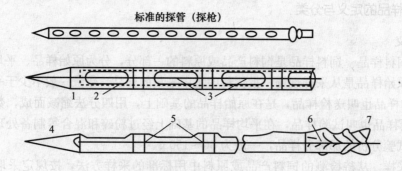

图7-1 探针采样器

1. 外层套管 2. 内层套管 3. 分割小室 4. 尖顶端 5. 小室间隔 6. 锁扣 7. 固定木柄

（2）锥形袋式取样器 见图7-2。

（3）液体取样器 液体取样器根据使用环境可分为空心探针取样器和区层式取样器。

① 空心探针取样器 由一个金属空心长管制成，材料可选不锈钢、镀镍金属或玻璃管，直径25 mm，长750 mm。常用于桶或较小容器取样用。

② 区层式取样器 由于其外形像炸弹也叫炸弹式取样器（图7-3），为密封金属圆柱体，用于罐车、液体池等大型容器。它能取任意深度的液样，使用

图7-2 锥形袋式取样器

图7-3 炸弹式取样器

时将采样器用绳索悬于所需深度，将阀门提起使液体流入取样器内，关闭阀门将取液器提出液面。

（4）自动取样器 自动取样器通常安装在传送带、运输管道、分级筛等机械上，适合仓库、工厂等大型企业。自动采样器种类较多，根据安装部位和物料性质来进行选择。

（5）其他采样器 除上述几种采样工具外，还有大量简便实用的器具可以用来采样。例如铲子、药勺、烧杯、量桶、量杯等。

（四）采样方法

1. 基本采样法

（1）几何法 在待检样数量较大时使用此法。将待检饲料堆看作为一种有规则的几何体，如锥体、圆柱体、长方体等。在取样过程中可虚拟地将饲料堆分为若干等份，要求在待检饲料堆中分布均匀，不能只在表面或一侧。取出对称的几等份饲料混合均匀，即得原始样品。

（2）四分法 在待检饲料量不大时，或从原始样中取次级样时可用此法。样品量较少时，将原样放在一块干净的塑料布（或油布）上，提起一角使样品滑到另一端，再提起对角使样品滑回，依次提起四角，重复上述动作3～5次，使样品充分混匀。然后将样品集中在塑料布的中间自然形成锥体，或人工做成圆台，然后用铲子等工具在上面画十字，将其分为四等份，将保留任意对角的两份混匀。按上述方法继续混合，直到剩余的量与需要量相近。

样品量较多时，将样品倒在一块干净平滑的地面上，用铲子将饲料转移到另一块地面，要求每一铲都要倒在前一铲的上面，使饲料自然滑下，形成锥体堆。按此方法将料堆转移3～5次即可混匀。然后用铲子在上面画十字将其分为4等份，保留任意对角的两份混匀。按上述方法继续混合，直到剩余的量与需要量相近为止。

2. 不同堆放方法的采样方法

（1）仓装 仓装分为两种，一种是散堆在仓库内，另一种是装在圆仓内。

散堆料采样需分层选点，料堆厚度在0.75 m以下时，分两层取样，从距料层表面10～15 cm深处的上层或靠近地面的下层选取。取样位点为层面的对角线交点和四角。料堆厚度超过0.75 m时，分三层以梅花状取样。

圆仓可按高度分层，每层分内、中、外三圈，内圈为中心，中圈为半径一半处，外圈为距仓壁30～50 cm处。圆仓直径在8 m以下时，每层按内、中、外分别采1、2、4个点，共7个点；圆仓直径在8 m以上时，每层按内、中、外分别采1、4、8个点，共13个点。将各点样品混匀即为原始样。

（2）袋装 在取样时用探针从袋的上下两部位采样，或沿对角线用探针取样。取样时先用刷子刷净取样位置，探针槽口向下插入袋中，旋转180°取出探针。将各位点取得的样品混合均匀，即得原始样。

（3）桶装 通常液体或黏性料用桶装，根据容积的大小采用不同的方法采样。容积较小时可用搅棒将桶内液体搅匀或密闭容器旋转振荡，然后用采样器从中部取样。容积较大时，可用采样器分上、中、下三层采样。

（4）运输带上的样品采集　待检样在传送带、滑道等流水线上用长柄勺，自动检样器等工具，每间隔相同一段时间，截落饲料流采取所需数量的样品，混合后为原始样品。

（5）车厢、罐车中取样　见图7-4和图7-5。

 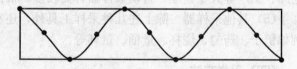

图7-4　装载15 t以下货车，7点取样　　　　图7-5　装载15 t以上货车，11点取样

（6）青贮窖　青贮窖（壕、塔）视其长度分成均匀的若干段，每段分层取样。青贮包的取样方法可参照袋装饲料取样法中的倒袋法。见图7-6和图7-7。

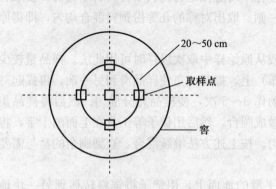 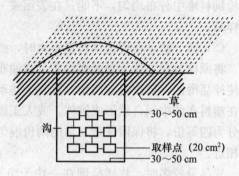

图7-6　青贮塔采样部位　　　　　　图7-7　青贮壕采样部位

（7）田间取样　由于田间采样区域大小差异较大，从几百平方米到几千或几万平方米不等，因此在采样时要根据区域面积按比例划分出若干等份，设每个等份中心为取样点，每个取样点为0.5～1 m^2。将此范围内的牧草、秸秆和秧蔓等青饲料距地面3～4 cm处收割。去掉不能食用的部分后轧碎混合得原始样，用四分法取平均样。见图7-8。

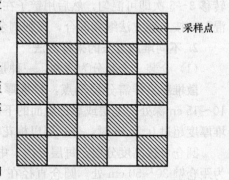

图7-8　田间采样

3. 不同饲料的采样方法

（1）粉状料、颗粒料　颗粒料有天然颗粒料和人工颗粒料两大类。天然颗粒料有玉米、大豆、高粱等；人工颗粒料有草颗粒、全混合日粮（total mixed rations，TMR）等。

颗粒料根据颗粒大小可分为大颗粒（直径10 mm、长30 mm左右，如牛饲料颗粒）和小颗粒（直径3 mm、长10 mm左右，如鸡颗粒饲料）。

粉状料为子实经过粗加工后，粒度小于25目的颗粒，如玉米粉、血粉、鱼粉、骨粉等。

用探针采样器、锥形袋式取样器、长柄勺、自动采样器等取样工具，按待测饲料存放的方法，从取样点采集一定数量的原始样品，再按四分法经多次缩减得平均样品。

（2）饼（粕）料　饼（粕）料多为榨油工业的副产品，形状为饼块状。采样时可根据大小整块采集，或取部分。小块饼（粕）取 20～30 块，大块饼（粕）取 5～10 块。取样时，可将饼（粕）沿对角线切成三角形，留对角的两块。采集位点由包装方式决定。将采到的饼（粕）敲碎混合均匀，即得原始样品，再按四分法经多次缩减得平均样品。

（3）黏性料　糖蜜等富含固形物的黏性料，在取样时需使用特殊的方法。一般在装料卸料过程中使用抓勺等工具，每间隔固定时间截取料样；或在槽车、仓口、料桶中分上、中、下三层用特制工具取样。将卸料时不同间隔时间或不同位点抓取得到的样品搅拌混合均匀，即为原始样品。

（4）油料　取样时根据不同的包装单位采用不同的取样方法，每个包装单位至少选择 3 个取样位点。桶装或瓶装时，采样前要先摇匀，后采样。可用移液管、空心探针等工具，将取样器插入桶底，等管中液面不再上升时，封住上端开口，缓缓将移液管提出，再将管中液体注入样品瓶中保存。

有些油料在常温下呈固体状，可用铲子或长柄勺等工具在不同采样位点挖取所需原始样品。但在取次级样时必须先加热融化，混匀后再用移液管取次级样。

（5）块根料　马铃薯、胡萝卜等块状饲料，根据待测样的数量决定采样数量，并用完整个体采集法，采集多个样品以消除个体间的差异。将块状饲料沿对角线纵向切成小块，混合均匀测出水分、胡萝卜素后，风干备用。

（6）青贮料　青贮料通常由苜蓿、玉米、花生秧等粗饲料压制发酵而成，表层易腐败变质，采样时要去掉表层，从不同层面中取样。将样品切碎，混匀后取 100 g，浸在100 mL无菌水中振荡 30 min，取上清液测 pH、挥发性脂肪酸、总菌数等。剩余的原始样品用四分法缩减至平均样品的需要量后风干粉碎。

（7）粗饲料　粗饲料包括秸秆、干草、秧蔓等。对整株的秸秆、秧蔓类饲料在采样时要注意：去掉个体较大的和个体偏小的；保留各部分植物组织；取多个株体为原始样，切碎成 10～20 mm，混匀后再按四分法进行缩样得次级样。

（8）微生物饲料　微生物饲料由于其特殊性，在采样时需要使用灭过菌的工具和容器，采样人员必须严格遵循无菌操作程序。采样时根据饲料状态（液态、粉状、胶状）用灭过菌的移液管、注射器、药勺等工具在酒精灯的保护下快速取样。

4. 采样数量　有容器（桶、袋、缸、箱）包装的饲料，采样由总包装数决定，一般为总包装数的 10%，也可以按 $\sqrt{\dfrac{n}{2}}$ 计算得出，n 为总袋数。粉状取样数为总袋数的 3%，小颗粒取样为总袋数的 5%。总袋数在 10 袋以下，每袋取样。总袋数在 10～100 袋取样袋数为 10 袋。总袋数在 100 袋以上，每增加 100 袋以内，取样袋数增加 3 袋。也可以按总质量的 5%～10%取样。仓装的饲料每仓取样点为 8～10 个。

固体饲料每个取样单位取 0.5～1.0 kg 的小样，混合均匀制成原始样。液体饲料每个采样单位取 500～1 000 g 或每吨采样不少于 1 000 mL，混合均匀为原始样品。糖蜜每吨取样不少于 1 L。

二、样品的制备

（一）定义

样品的制备指将原始样品或次级样品经过一定的处理成为分析样品的过程。样品制备方法包括烘干、粉碎和混匀，制备成的样品可分为半干样品和风干样品。

（二）样品制备工具

旋风磨：适合粉碎添加剂类样品。

植物样品粉碎机：适合粉碎秸秆、稻草等纤维类样品。

咖啡磨：适合粉碎谷物颗粒、饼（粕）样品（图7-9）。

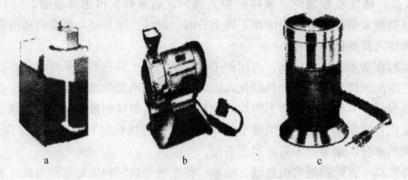

图 7-9　样品制备工具
a. 旋风磨　b. 植物样品粉碎机　c. 咖啡磨

（三）样品制备的基本步骤

1. 风干　饲料中的水分以游离态、结合态（与糖、盐类结合）和束缚态（吸附在蛋白质、淀粉及细胞膜上的水）三种形式存在，风干样指饲料中不含有游离态水分，且束缚水分在15%以下。青贮料、鲜草等一些多汁的饲料，不易粉碎，因此在粉碎前应先制备风干样。方法如下：秸秆类原始样先用铡刀或剪子剪成长度不超过5 cm的小段，放入干燥托盘中，在60~65 ℃的烘箱内烘6~12 h，然后在空气中回潮使饲料中的水分与空气湿度平衡。含水量较多的青贮料可延长烘干时间，且每2 h翻样一次，注意在翻样过程中要将掉落在盘外的饲料收集起来倒回托盘中，不要将其他杂物落入盘中，以尽量减少操作过程中带来的误差。

2. 初水分测定　初水分含量是测定饲料中干物质量的基础，只有准确测定初水分含量和干物质的含量，才能对采自不同时间，不同地域的同种或异种饲料进行营养含量的分析和对比。

在精度为百分之一的天平上准确称取托盘重量记为 m_0，取200 g左右的样品置于托盘上称重记为 m_1，将托盘放入温度为120 ℃的烘箱10~15 min，以使饲料中含有的各种酶灭活，以避免在饲料烘干过程中由于酶的活动而造成损失。再将托盘置于65 ℃的烘箱中，根据饲料的含水量，烘干 6～12 h，取出饲料托盘在空气中冷却 24 h，使饲料中的水分与空气湿度平衡，称重记做 m_2，再将饲料托盘放入 65 ℃的烘箱烘 2 h，取出后空气冷却 24 h 称重记为 m_3，两次称重质量差不应超过 0.5 g，如果超过此标准，应重复上述操作，直至误差在规定范围内。初水分含量 ω 计算公式：

$$\omega(初水分) = \frac{(m_1 - m_2) - \dfrac{m_2 + m_3}{3}}{m_1 - m_0}$$

3. 粉碎过筛　风干样经四分法得次级样后，要用剪子、铡刀、研钵、植物组织粉碎机等粉碎工具，根据分析指标的需要，过不同孔径的筛网。见表 7-1。

表 7-1　主要分析指标样品粉碎颗粒度

分析指标	分析筛规格（目）	筛口直径（mm）
粗纤维、体外胃蛋白酶消化率	18	1.00
水、粗蛋白、粗脂肪、粗灰分、钙、磷、盐	40	0.45
氨基酸、微量元素、维生素	60	0.25

三、样品的登记与保管

（一）样品登记

样品登记分为标签登记与记录本登记。标签要贴在样品包装瓶（袋）上，详细注明样品名、样品编号、采样地点、制备时间、制备人和样品粒度。标签要明显，使用不褪色的记号笔记录。样品记录登记本由专人负责填写，详细记录样品所有信息，具体内容包括样品学名，俗名，样品编号，生长期、收获期、茬次，采样地点与采样部位，包装堆积形式、运输方式，加工方式贮存条件，外观性状（青贮料要注明颜色、气味、霉变度）及混杂度，样品质量，样品粒度，采样人、分析人、保存人姓名。

标准样的登记除以上内容外还应详细记录样品各项指标的检测结果，如干物质、灰分、粗蛋白、钙、磷、粗脂肪、pH、脂肪酸和氨基酸等指标。

（二）样品保管

样品应根据保存时间、样品种类、批次等分类保存。制备好的风干样应装在干净的磨口广口瓶中，瓶外贴样品标签。样品存放应有独立的房间，并放在专用的样品柜中或样品架上。房间要保持稳定的湿度与温度。短期保存的样品可以装在封口样品袋中，长期保存（1～2 年）的样品应装在锡、铝袋中充氮气密封保存。通常样品保存时间由饲料的更换周期决定，一般原料样品保留两周，成品样品保留 1 个月，质量监督部门样品保留 3～6 个月。在特殊情况下，可根据需要延长或缩短保留时间，如根据合同规定、饲料或成品保质期（样品保留时间与对客户的保险期一致）确定保留时间。

第二节 饲料中常规成分的测定

一、饲料中粗蛋白测定方法

(一) 原理

凯氏法测定试样中的含氮量，即在催化剂作用下，用硫酸破坏有机物，使含氮物转化成硫酸铵。加入强碱进行蒸馏使氨逸出，用硼酸吸收后，再用酸滴定，测出氮含量，将结果乘以换算系数 6.25，计算出粗蛋白含量。

(二) 试剂

1. 硫酸（GB 625） 化学纯，含量为 98%，无氮。

2. 混合催化剂 0.4 g 硫酸铜，5 个结晶水（GB 665），6 g 硫酸钾（HG 3—920）或硫酸钠（HG 3—908），均为化学纯，磨碎混匀。

3. 氢氧化钠（GB 629） 化学纯，40% 水溶液（m/V）。

4. 硼酸（GB 628） 化学纯，2% 水溶液（m/V）。

5. 混合指示剂 甲基红（HG 3—958）0.1% 乙醇溶液，溴甲酚绿（HG 3—1220）0.5% 乙醇溶液，两溶液等体积混合，在阴凉处保存期为三个月。

6. 盐酸标准溶液 邻苯二甲酸氢钾法标定，按 GB 601 制备。

（1）盐酸标准溶液 C_{HCl}＝0.1 mol/L。8.3 mL 盐酸（GB 622），分析纯，注入 1 000 mL 蒸馏水中。

（2）盐酸标准溶液 C_{HCl}＝0.02 mol/L。1.67 mL 盐酸（GB 622），分析纯，注入 1 000 mL 蒸馏水中。

7. 蔗糖（HG 3—1001） 分析纯。

8. 硫酸铵（GB 1396） 分析纯，干燥。

9. 硼酸吸收液 1% 硼酸水溶液 1 000 mL，加入 0.1% 溴甲酚绿乙醇溶液 10 mL，0.1% 甲基红乙醇溶液 7 mL，4% 氢氧化钠水溶液 0.5 mL，混合，置阴凉处保存期为一个月（全自动程序用）。

(三) 仪器设备

1. 实验室用样品粉碎机或研钵。

2. 分样筛 孔径 0.45 mm(40 目)。

3. 分析天平 感量 0.0001 g。

4. 消煮炉或电炉。

5. 滴定管 酸式，10.25 mL。

6. 凯氏烧瓶 250 mL。

7. 凯氏蒸馏装置 常量直接蒸馏式或半微量水蒸气蒸馏式。

8. 锥形瓶 150、250 mL。

9. 容量瓶　100 mL。

10. 消煮管　250 mL。

11. 定氮仪　以凯氏原理制造的各类型半自动、全自动蛋白质测定仪。

(四) 试样的选取和制备

选取具有代表性的试样用四分法缩减至 200 g，粉碎后全部通过 40 目筛，装于密封容器中，防止试样成分的变化。

(五) 分析步骤

1. 试样的消煮　称取试样 0.5～1 g（含氮量 5～80 mg）准确至 0.000 2 g，放入凯氏烧瓶中，加入 6.4 g 混合催化剂，与试样混合均匀，再加入 12 mL 硫酸和 2 粒玻璃珠，将凯氏烧瓶置于电炉上加热，开始小火，待样品焦化，泡沫消失后，再加强火力 360～410 ℃直至呈透明的蓝绿色，然后再继续加热，至少 2 h。

2. 氨的蒸馏

（1）常量蒸馏法　将试样消煮液 1 冷却，加入 60～100 mL 蒸馏水，摇匀，冷却。将蒸馏装置的冷凝管末端浸入装有 25 mL 硼酸吸收液和 2 滴混合指示剂的锥形瓶内。然后小心地向凯氏烧瓶中加入 50 mL 氢氧化钠溶液，轻轻摇动凯氏烧瓶，使溶液混匀后再加热蒸馏，直至流出液体积为 100 mL。降下锥形瓶，使冷凝管末端离开液面，继续蒸馏 1～2 min，并用蒸馏水冲洗冷凝管末端，洗液均需流入锥形瓶内，然后停止蒸馏。

（2）半微量蒸馏法　将试样消煮液 1 冷却，加入 20 mL 蒸馏水，转入 100 mL 容量瓶中，冷却后用水稀释至刻度，摇匀，作为试样分解液。将半微量蒸馏装置的冷凝管末端浸入装有 20 mL 硼酸吸收液和 2 滴混合指示剂的锥形瓶内。蒸汽发生器的水中应加入甲基红指示剂数滴，硫酸数滴，在蒸馏过程中保持此液为橙红色，否则需补加硫酸。准确移取试样分解液 10～20 mL 注入蒸馏装置的反应室中，用少量蒸馏水冲洗进样入口，塞好入口玻璃塞，再加 10 mL 氢氧化钠溶液，小心提起玻璃塞使之流入反应室，将玻璃塞塞好，且在入口处加水密封，防止漏气。蒸馏 4 min 降下锥形瓶使冷凝管末端离开吸收液面，再蒸馏 1 min，用蒸馏水冲洗冷凝管末端，洗液均流入锥形瓶内，然后停止蒸馏。

注：（1）和（2）蒸馏法测定结果相近，可任选一种。

（3）蒸馏步骤的检验　精确称取 0.2 g 硫酸铵，代替试样，按（1）和（2）步骤进行操作，测得硫酸铵含氮量为（21.19±0.2）%，否则应检查加碱、蒸馏和滴定各步骤是否正确。

3. 滴定　用（1）或（2）法蒸馏后的吸收液立即用 0.1 mol/L 或 0.02 mol/L 盐酸标准溶液滴定，溶液由蓝绿色变成灰红色为终点。

(六) 空白测定

称取蔗糖 0.5 g，代替试样，按（五）进行空白测定，消耗 0.1 mol/L 盐酸标准溶液的体积不得超过 0.2 mL。消耗 0.02 mol/L 盐酸标准溶液体积不得超过 0.3 mL。

（七）分析结果的表述

1. 计算　见下式：

$$粗蛋白（\%）=\frac{(V_2-V_1)\times C\times 0.014\times 100}{m\times\dfrac{V'}{V}}$$

式中　V_2——滴定试样时所需标准酸溶液体积，mL；

$\quad\quad V_1$——滴定空白时所需标准酸溶液体积，mL；

$\quad\quad C$——盐酸标准溶液浓度，mol/L；

$\quad\quad m$——试样质量，g；

$\quad\quad V$——试样分解液总体积，mL；

$\quad\quad V'$——试样分解液蒸馏用体积，mL；

$\quad$0.014 0——与 1.00 mL 盐酸标准溶液 $\{C_{HCl}=1.000$ mol/L$\}$ 相当的，以克表示氮的质量；

$\quad\quad$6.25——氮换算成蛋白质的平均系数。

2. 重复性　每个试样取两个平行样进行测定，以其算术平均值为结果。

（1）当粗蛋白质含量在 25% 以上时，允许相对偏差为 1%。

（2）当粗蛋白质含量在 10%～25% 之间时，允许相对偏差为 2%。

（3）粗蛋白含量在 10% 以下时，允许相对偏差为 3%。

二、饲料中粗脂肪测定方法

（一）原理

1. 脂肪含量较高的样品（至少 200 g/kg）预先用石油醚提取。

2. B 类样品用盐酸加热水解，水解溶液冷却、过滤、洗涤残渣并干燥后用石油醚提取，蒸馏、干燥除去溶剂，残渣称量。

3. A 类样品用石油醚提取，通过蒸馏和干燥去溶剂，残渣称量。

（二）试剂和材料

本标准所用试剂，未注明要求时，均指分析纯试剂。

1. 水　至少应为 GB/T 6682 规定的三级水。

2. 硫酸钠　无水。

3. 石油醚　主要由具有 6 个碳原子的碳氢化合物组成，沸点范围为 40～60 ℃。溴值应低于 1，挥发残渣应小于 20 mg/L。也可使用挥发残渣低于 20 mg/L 的工业乙烷。

4. 金刚砂或玻璃细珠。

5. 丙酮。

6. 盐酸　$C_{HCl}=3$ mol/L。

7. 滤器辅料　例如硅藻土（kieselguhr），在盐酸 $[C_{HCl}=6$ mol/L$]$ 中消煮 30 min，

用水洗至中性，然后在 130 ℃下干燥。

（三）仪器设备

实验室常用仪器设备，特别是下列条件：

1. 提取套管，无脂肪和油，用乙醚洗涤。

2. 索氏提取器，虹吸容积约 100 mL，或用其他循环提取器。

3. 加热装置，有温度控制装置，不作为火源。

4. 干燥箱，温度能保持在 103±2 ℃。

5. 电热真空箱，温度能保持在 80±2 ℃，并减压至 13.3 kPa 以下，配有引入干燥空气的装置，或内盛干燥剂，例如氧化钙。

6. 干燥器，内装有效的干燥剂。

（四）分析步骤

1. 分析步骤的选择　如果试样不易粉碎，或因脂肪含量高（超过 200 g/kg）而不易获得均质的缩减的试样，按 2 处理。

在所有其他情况下，则按 3 处理。

2. 预先提取

（1）称取至少 20 g 制备的试样（m_0），准确至 1 mg，与 10 g 无水硫酸钠混合，转移至一提取套管并用一小块脱脂棉覆盖。

将一些金刚砂转移至一干燥烧瓶，如果随后将对脂肪定性，则使用玻璃细珠取代金刚砂。将烧瓶与提取器连接，收集石油醚提取物。

将套管置于提取器中，用石油醚提取 2 h。如果使用索氏提取器，则调节加热装置使每小时至少循环 10 次，如果使用一个相当设备，则控制回流速度每秒至少 5 滴（约 10 mL/min）。

用 500 mL 石油醚稀释烧瓶中的石油醚提取物，充分混合。对一个盛有金刚砂或玻璃细珠的干燥烧瓶进行称量（m_1）准确至 1 mg，吸取 50 mL 石油醚溶液移入此烧瓶中。

（2）蒸馏除去溶剂，直至烧瓶中几无溶剂，加 2 mL 丙酮至烧瓶中，转动烧瓶并在加热装置上缓慢加漫无边际以除去丙酮。残渣在 103 ℃干燥箱内干燥 10±0.1 min，在干燥器中冷却，称量（m_2），准确至 0.1 mg。也可采取下列步骤。

蒸馏除去溶剂，烧瓶中残渣在 80 ℃电热真空箱中干燥 1.5 h，在干燥器中冷却，称量（m_2），准确至 0.1 mg。

（3）取出套管中提取的残渣在空气中干燥，除去残余的溶剂，干燥残渣称量（m_3），准确至 0.1 mg。将残渣粉碎成 1 mm 大小的颗粒，按 3 处理。

3. 试料　称取 5 g（m_4）制备的试样（预先提取好的），准确至 1 mg。

对 B 类样品按 4 处理。

对 A 类样品，将试料移至提取套管并用一小块脱脂棉覆盖，按 5 处理。

4. 水解　将试料转移至一个 400 mL 烧杯或一个 300 mL 锥形瓶中，加 100 mL 盐酸和金刚砂，用表面皿覆盖，或将锥形瓶与回流冷凝器连接，在火焰上或电热板上加热混合物至微沸，保持 1 h，每 10 min 旋转摇动一次，防止产物黏附于容器壁上。

在环境温度下冷却，加一定量的滤器辅料，防止过滤时脂肪丢失，在布氏漏斗中通过湿润的无脂的双层滤纸抽吸过滤，残渣用冷水洗涤至中性。

注：如果在滤液表面出现油或脂，则可能得出错误结果，一种可能的解决办法是减少测定试料或提高酸的浓度重复进行水解。

小心取出滤器并将含有残渣的双层滤纸放入一个提取套管中，在 80 ℃电热真空箱中于真空条件下干燥 60 min，从电热真空箱中取出套管并用一小块脱脂棉覆盖。

5. 提取

(1) 将一些金刚砂转移至一干燥烧瓶，称量（m_5），准确至 1 mg。如果随后将要对脂肪定性，则使用玻璃细珠取代金刚砂。将烧瓶与提取器连接，收集石油醚提取物。

将套管置于提取器中，用石油醚提取 6 h。如果使用索氏提取器，则调节加热装置使每小时至少循环 10 次，如果使用一个相当设备，则控制回流速度每秒至少 5 滴（约 10 mL/min）。使每小时至少循环 10 次（约 10 mL/min）。

(2) 蒸馏除去溶剂，直至烧瓶中几无溶剂，加 2 mL 丙酮至烧瓶中，转动烧瓶并在加热装置上缓慢加温以除去丙酮。残渣在 103 ℃干燥箱内干燥 10±0.1 min，在干燥器中冷却，称量（m_6），准确至 0.1 mg。也可采取下列步骤：

蒸馏除去溶剂，烧瓶中残渣在 80 ℃电热真空箱中真空干燥 1.5 h，在干燥器中冷却，称量（m_6），准确至 0.1 mg。

（五）计算

1. 预先提取测定法　试样的脂肪含量 W_1 按下式计算，以克每千克表示：

$$W_1 = \left[\frac{10(m_2-m_1)}{m_0} + \frac{(m_6+m_5)}{m_4} \times \frac{m_3}{m_0} \times f \right]$$

式中　m_0——在 2 中称取的试样质量，单位为克（g）；

m_1——在 2 中装有金刚砂的烧瓶的质量，单位为克（g）；

m_2——在 2 中带有金刚砂的烧瓶和干燥的石油醚提取物残渣的质量，单位为克（g）；

m_3——在 2 中获得的干燥提取残渣的质量，单位为克（g）；

m_4——试料的质量，单位为克（g）；

m_5——在 5 中使用的盛有金刚砂的烧瓶的质量，单位为克（g）；

m_6——在 5 中盛有金刚砂的烧瓶和获得的干燥石油醚提取残渣的质量，单位为克（g）；

f——校正因子单位，单位为克每千克（g/kg）（$f=1\,000$ g/kg）。

结果表示准确至 1 g/kg。

2. 无预先提取的测定法　试样的脂肪含量 W_2 按下式计算，以 g/kg 表示：

$$W_2 = \frac{(m_6-m_5)}{m_4} \times f$$

式中　m_4——试料的质量，单位为克（g）；

m_5——在 5 中使用的带有金刚砂的烧瓶的质量，单位为克（g）；

m_6——在 5 中盛有金刚砂的烧瓶和获得的石油醚提取干燥残渣的质量，单位为克（g）。

f——校正因子单位，单位为克每千克（g/kg）（f＝1 000 g/kg）。

结果表示准确至 1 g/kg。

（六）精密度

1. 重复性 用同一方法，对一相同的实验材料，在同一实验室内，由同一操作人员使用同一设备，在短时间内获得的两个独立的实验结果之间的绝对差值超过表 7-2 中列出的或由表 7-2 得出的重复性限 r 的情况不大于 5％。

表 7-2 重复性限（r）和再现性限（R）

样品	重复性限（r）/(g/kg)	再现性限（R）/(g/kg)
B 类（需要水解）	5.0	12.0[a]
A 类（不需要水解）	2.5	7.7[b]

[a]：鱼粉和肉粉除外。

[b]：椰子粉除外。

2. 再现性 用同一方法，对相同的实验材料，在不同实验室，由不同操作人员使用不同设备获得的两个独立实验结果之间的绝对差值超过表 7-2 中列出的或从表 7-2 得出的再现性限 R 的情况不大于 5％。

三、饲料中粗纤维的含量测定（过滤法）

（一）原理

用固定量的酸和碱，在特定条件下消煮样品，再用醚、丙酮除去醚溶物，经高温灼燃扣除矿物质的量，所余量和为粗纤维。（试样用沸腾的稀释硫酸处理，过滤分离残渣，洗涤，然后用沸腾的氢氧化钾溶液处理，过滤分离残渣，洗涤，干燥，称量，然后灰化。因灰化而失去的质量相当于试料中粗纤维质量。）它不是一个确切的化学实体，只是在公认强制规定的条件下，测出的概略养分。其中以纤维素为主，还有少量半纤维素和木质素。

（二）试剂和材料

除非另有规定，只有分析纯试剂。

1. 水至少应为 GB/T 6682 规定的三级水。

2. 盐酸溶液 C_{HCl}＝0.5 mol/L。

3. 硫酸溶液 $C_{H_2SO_4}$＝0.13±0.005 mol/L。

4. 氢氧化钾溶液 C_{KOH}＝0.23±0.005 mol/L。

5. 丙酮。

6. 滤器辅料 海沙，或硅藻土，或质量相当的其他材料。使用前，海沙用沸腾盐酸

（C_{HCl}=4 mol/L）处理，用水洗至中性，在 500±25 ℃下至少加热 1 h。

7. 防泡剂 如正辛醇。

8. 石油醚 沸点范围为 40～60 ℃。

（三）仪器设备

实验室常用设备，特别是下列条件。

1. 粉碎设备 能将样品粉碎，使其能完全通过筛孔为 1 mm 的筛。

2. 分析天平 感量 0.1 mg。

3. 滤坩 石英的、陶瓷的或硬质玻璃的，带有烧结的滤板，滤板孔径 40～100 μm。在初次使用前，将新滤坩小心地逐步加温，温度不超过 525 ℃，并在 500±25 ℃下保持数分钟。也可使用具有同样性能特性的不锈钢坩埚，其不锈钢筛板的孔径为 90 μm。

4. 陶瓷筛板。

5. 灰化皿。

6. 烧杯或锥形瓶 容量 500 mL，带有一个适当的冷却装置，如冷凝器或一个盘。

7. 干燥箱 用电加热，能通风，能保持温度 130±2 ℃。

8. 干燥器 盛有蓝色硅胶干燥剂，内有厚度为 2～3 mm 的多孔板，最好由铝或不锈钢制成。

9. 马福炉 用电加热，可以通风，温度可调控，在 475～525 ℃条件下，保持滤坩周围温度准至±25 ℃。马福炉的高温表读数不总是可信的，可能发生误差，因此对高温炉中的温度要定期检查。因高温炉的大小及类型不同，炉内不同位置的温度可能不同。当炉同关闭时，必须有充足的空气供应。空气体积流速不宜过大，以免带走滤坩中物质。

10. 冷提取装置 附有：

（1）一个滤坩支架。

（2）一个装有至真空和液体排出孔旋塞的排放管。

（3）连接滤坩的连接环。

11. 加热装置（手工操作方法） 带有一个适当的冷却装置，在沸腾时能保持体积恒定。

12. 加热装置（半自动操作方法） 用于酸和碱消煮，附有：

（1）一个滤坩支架。

（2）一个装有至真空和液体排出孔旋塞的排放管。

（3）一个容积至少 270 mL 的圆筒，供消煮用，带有回流冷凝器。

（4）将加热装置与滤坩及消煮圆筒连接的连接环。

（5）可选择性地提供压缩空气。

（6）使用前，设备用沸水预热 5 min。

（四）手工操作方法分析步骤

1. 试料 称取约 1 g 制备的试样，准确至 0.1 mg（m_1）。

如果试样脂肪含量超过 100 g/kg，或试样中脂肪不能用石油醚直接提取，则将试样装移至一滤埚，并按步骤 2 处理。

如果试样脂肪含量不超过 100 g/kg，或试样装移至一烧杯。如果其碳酸盐（碳酸钙形式）超过 50 g/kg，按步骤 3 处理，如果碳酸盐不超过 50 g/kg，则按步骤 4 处理。

2. 预先脱脂　在冷提取装置中，在真空条件下，试样用石油醚脱脂 3 次，每次用石油醚 30 mL，每次洗涤后抽吸干燥残渣，将残渣装移至一烧杯。

3. 除去碳酸盐　将 100 mL 盐酸倾注在试样上，连续振摇 5 min，小心将此混合物倾入滤埚，滤埚底部覆盖薄层滤器辅料。

用水洗涤两次，每次用水 100 mL，细心操作最终使尽可能少的物质留在滤器上。

将滤埚内容物转移至原来的烧杯中并按步骤 4 处理。

4. 酸消煮　将 150 mL 硫酸倾注在试样上。尽快使其沸腾，并保持沸腾状态 30±1 min。

在沸腾开始时，转动烧杯一段时间。如果产生泡沫，则加数滴防泡剂。在沸腾期间使用一个适当的冷却装置保持体积恒定。

5. 第一次过滤　在滤埚中铺一层滤器辅料，其厚度约为滤埚高度的 1/5，滤器辅料上面可盖一筛板以防溅起。

当消煮结束时，将液体通过一个搅拌棒滤至滤埚中，用弱真空抽滤，使 150 mL 几乎全部通过。如果滤器堵塞，则用一个搅拌棒小心地移去覆盖在滤器辅料上的粗纤维。

残渣用热水洗涤 5 次，每次约用 10 mL 水，要注意使滤埚的过滤板始终有滤器辅料覆盖，使粗纤维不接触滤板。

停止抽真空，加一定体积的丙酮，刚好能覆盖残渣，静置数分钟后，慢慢抽滤排出丙酮，继续抽真空，使空气通过残渣，使之干燥。

6. 脱脂　在冷提取装置中，在真空条件下，试样用石油醚脱脂 3 次，每次用石油醚 30 mL，每次洗涤后抽吸干燥。

7. 碱消煮　将残渣定量转移至酸消煮用的同一烧杯中。

加 150 mL 氢氧化钾溶液，尽快使其沸腾，保持沸腾状态 30±1 min，在沸腾期间用一适当的冷却装置使溶液体积保持恒定。

8. 第二次过滤　烧杯内容物通过滤埚过滤，滤埚内铺有一层滤器辅料，其厚度约为滤埚高度的 1/5，上盖一筛板以防溅起。

残渣用热水洗至中性。

残渣在真空条件下用丙酮洗涤 3 次，每次用丙酮 30 mL，每次洗涤后抽吸干燥残渣。

9. 干燥　将滤埚置于灰化皿中，灰化皿及其内容物在 130 ℃干燥箱中至少干燥 2 h。

在灰化或冷却过程中，滤埚和灰化皿在干燥器中冷却，从干燥器中取出后，立即对滤埚和灰化皿进行称量（m_2），准确至 0.1 mg。

10. 灰化　将滤埚和灰化皿置于马福炉中，其内容物在 500±25 ℃下灰化，直至冷却后连续两次称量的差值不超过 2 mg。

每次灰化后，让滤埚和灰化皿初步冷却，在尚温热时置于干燥器中，使其完全冷却，然后称量（m_3），准确至 0.1 mg。

11. 空白测定　用大约相同数量的滤器辅料，按步骤 4 至 10 进行空白测定，但不加试样。

灰化引起的质量损失不应超过 2 mg。

（五）计算

试样中粗纤维的含量（X）以克每千克（g/kg）表示，按下式计算：

$$X=\frac{m_2-m_3}{m_1}$$

式中　m_1——试料的质量，单位为克（g）；

　　　　m_2——灰化盘、滤埚以及在 130 ℃干燥后获得的残渣的质量，单位为毫克（mg）；

　　　　m_3——灰化盘、滤埚以及在 500±25 ℃灰化后获得的残渣的质量，单位为毫克（mg）。

结果四舍五入，准确至 1 g/kg。

注：结果亦可用质量分数（%）表示。

（六）精密度

1. 重复性　用同一方法，对相同的试验材料，在同一实验室内，由同一操作人员使用同一设备，在短时间内获得的两个独立试验结果之间的绝对差值超过表 7-3 中列出的或由表 7-3 得出重复性限 r 的情况不大于 5%。

表 7-3　重复性限（r）和再现性限（R）

样品	粗纤维含量/(g/kg)	重复性限（r）/(g/kg)	再现性限（r）/ (g/kg)
向日葵饼（粕）粉	223.3	8.4	16.1
棕榈仁饼（粕）	190.3	19.4	42.5
牛颗粒饲料	115.8	5.3	13.8
玉米谷蛋白饲料	73.3	5.8	9.1
木薯	60.2	5.6	8.8
狗粮	30	3.2	8.9
猫粮	22.8	2.7	6.4

2. 再现性　使用同一方法，对相同的试验材料，在不同实验室，由不同操作人员使用不同设备获得的两个独立试验结果之间的绝对差值超过表 7-3 中列出的或从表 7-3 得出的再现性限 R 的情况不大于 5%。

四、饲料中粗灰分的测定

（一）原理

试样中的有机质经灼燃分解，对所得的灰分称量。

（二）仪器设备

除常用实验室设备外，其他仪器设备如下。

1. 分析天平 感量为 0.001 g。

2. 马福炉 电加热，可控制温度，带高温计。马福炉中摆放煅烧盘的地方，在 550 ℃ 时温差不超过 20 ℃。

3. 干燥箱 温度控制在 103±2 ℃。

4. 电热板或煤气喷灯。

5. 煅烧盘 铂或铂合金（如 10%铂，90%金）或在实验条件下不受影响的其他物质（如瓷质材料），最好是表面积约为 20 cm² 、高约为 2.5 cm 的长方形容器，对易于膨胀的碳水化合物样品，灰化盘的表面积约为 30 cm² 、高为 3.0 cm 的容器。

6. 干燥器 盛有有效的干燥剂。

（三）分析步骤

1. 试样制备 试样制备按 GB/T 20195 执行。

2. 试验步骤 将煅烧盘放入马福炉中，于 550 ℃，灼烧至少 30 min，移入干燥器中冷却至室温，称量，准确至 0.001 g。称取约 5 g 试样（精确至 0.001 g）于煅烧盘中。

3. 测定 将盛有试样的煅烧盘放在电热板或煤气喷灯上小心加热至试样炭化，转入预先加热到 550 ℃的马福炉中灼烧 3 h，观察是否有炭粒，继续于马福炉中灼烧 1 h，如果有炭粒或怀疑有炭粒，将煅烧盘冷却并用蒸馏水润湿，在 103±2 ℃的干燥箱中仔细蒸发至干，再将煅烧盘置于马福炉中灼烧 1 h，取出于干燥器中，冷至室温迅速称量，准确至 0.001 g。

注：由上述步骤得到的粗灰分可用于测定盐酸不溶性灰分。

对同一试样取两份试料进行平行测定。

（四）结果表示

粗灰分 W，用质量分数（%）表示，按下式计算：

$$W = \frac{m_2 - m_0}{m_1 - m_0} \times 100$$

式中 m_2——灰化后粗灰分加煅烧盘的质量，单位为克（g）；

m_0——为空煅烧盘的质量，单位为克（g）；

m_1——装有试样的煅烧盘质量，单位为克（g）。

取两次测定的算术平均值作为测定结果，重复性限满足要求，结果表示至 0.1%（质量分数）。

（五）精密度

1. 重复性 用同一方法，对相同试验材料，在同一实验室内，由同一操作人员使用同一设备获得的两个独立试验结果之间的绝对差值超过表 7-4 中列出的或由表 7-4 得出的重复性限 r 的情况不大于 5％。

表 7-4　重复性限（r）和再现性限（R）

单位：g/kg

样　品	粗灰分	r	R
鱼粉	179.8	2.7	4.4
木薯	59.1	2.4	3.6
肉粉	175.6	2.4	5.6
仔猪饲料	50.2	2.1	3.3
仔鸡饲料	42.7	0.9	2.2
大麦	20	1	1.9
糖浆	119.9	3.6	9.1
挤压棕榈粕	35.8	0.7	1.6

2. 再现性　用相同的方法，对同一试样，在不同的实验室内，由不同的操作人员，用不同的设备得到的两个独立的试验结果之差的对值超过表 7-4 列出的或由表 7-4 导出的再现性限 R 的情况不大于 5％。

五、饲料中钙的测定（高锰酸钾法-仲裁法）

（一）原理

将试样中有机物破坏，钙变成溶于水的离子，用草酸铵定量沉淀，用高锰酸钾法间接测定钙含量。

（二）试剂和溶液

实验用水应符合 GB/T 6682 中三级用水规格，使用试剂除特殊规定外均为分析纯。

1. 硝酸。

2. 高氯酸　70％～72％。

3. 盐酸溶液　1+3。

4. 硫酸溶液　1+3。

5. 氨水溶液　1+1。

6. 草酸铵水溶液（42 g/L）　称取 4.2 g 草酸铵溶于 100 mL 水中。

7. 高锰酸钾标准溶液$\left[\left(\frac{1}{5}KMnO_4\right)=0.05\ mol/L\right]$的配制按 GB/T 601 规定。

8. 甲基红指示剂（1 g/L）　称取 0.1 g 甲基红溶于 100 mL 95％乙醇中。

（三）仪器和设备

1. 实验室用样品粉碎机或研钵。

2. 分析筛 孔径 0.42 mm(40 目)。

3. 分析天平 感量 0.000 1 g。

4. 高温炉 电加热，可控温度在 550±20 ℃

5. 坩埚 瓷质。

6. 容量瓶 100 mL。

7. 滴定管 酸式，25 mL 或 50 mL。

8. 玻璃漏斗 直径 6 cm。

9. 定量滤纸 中速，7～9 cm。

10. 移液管 10,20 mL。

11. 烧杯 200 mL。

12. 凯氏烧瓶 250 mL 或 500 mL。

(四) 试样制备

取具有代表性试样至少 2 kg，用四分法缩分至 250 g，粉碎过 0.42 mm 孔筛，混匀，装入样品瓶中。密闭，保存备用。

(五) 测定步骤

1. 试样的分解

(1) 干法　称取试样 2～5 g 于坩埚中，精确至 0.000 2 g，在电炉上小心碳化，再放入高温炉于 550 ℃ 以下灼烧 3 h（或测定粗灰分后连续进行），在盛灰坩埚中加入盐酸溶液 10 mL 和浓硝酸数滴，小心煮沸，将此溶液转入 100 mL 容量瓶中，冷却至室温，用蒸馏水稀释至刻度，摇匀，为试样分解液。

(2) 湿法　称取试样 2～5 g 于 250 mL 凯氏烧瓶中，精确至 0.002 g，加入硝酸 10 mL，加热煮沸，至二氧化氮黄烟逸尽，冷却后加入高氯酸 10 mL，小心煮沸至溶液无色，不得蒸干（危险），冷却后加蒸馏水 50 mL，且煮沸驱逐二氧化氮，冷却后移入 100 mL，容量瓶中，用蒸馏水稀释至刻度，摇匀，为试样分解液。

2. 试样的测定
准确移取试样液 10～20 mL（含钙量 20 mg 左右）于 200 mL 烧杯中，加馏水 100 mL，甲基红指示剂 2 滴，滴加氨水溶液至溶液呈橙色，若滴加过量，可加盐酸溶液调至橙色，再多加 2 滴使其呈粉红色（pH 为 2.5～3.0），小心煮沸，慢慢滴加热草酸铵溶液 10 mL，且不断搅拌，如溶液变橙色，则应补加盐酸溶液使其呈红色，煮沸数分钟，放置过夜使沉淀陈化（或在水浴上加热 2 h）。

用定量滤纸过滤，用 1+50 的氨水溶液洗沉淀 6～8 次，至无草酸根离子（接滤液数毫升加硫酸溶液数滴，加热至 80 ℃，再加高锰酸钾溶液 1 滴，呈微红色，且半分钟不褪色）。

将沉淀和滤纸转入原烧杯中，加硫酸溶液 10 mL，蒸馏水 50 mL，加热至 75～80 ℃，用高锰酸钾标准溶液滴定，溶液呈粉红色且半分钟不褪色为终点。同时进行空白溶液的测定。

(六) 测定结果的计算与表述

1. 结果计算
测定结果按下式计算：

$$X(\%)=\frac{(V-V_0)\times C\times 0.02}{m\times\frac{V'}{100}}\times 100=\frac{(V-V_0)\times C\times 200}{m\times V'}$$

式中　X——以质量分数表示的钙含量，%；

　　　V——试样消耗高锰酸钾标准溶液的体积，mL；

　　　V_0——空白消耗高锰酸钾标准溶液的体积，mL；

　　　C——高锰酸钾标准溶液的浓度，mol/L；

　　　V'——滴定时移取试样分解液体积，mL；

　　　m——试样质量，g；

　　0.02——与 1.00 mL 高锰酸钾标准溶液 $[C_{\frac{1}{5}KMnO_4}=1.000\ mol/L]$ 相当的以克表示的钙的质量。

2. 结果表示　每个试样取两个平行样进行测定，以其算术平均值为结果，所得结果应表示至小数点后两位。

（七）允许差

含钙量 10% 以上，允许相对偏差 2%；含钙量在 5%～10% 时，允许相对偏差 3%；含钙量 1%～5% 时，允许相对偏差 5%，含钙量 1% 以下，允许相对偏差 10%。

六、饲料中总磷的测定（分光光度法）

（一）原理

将试样中的有机物破坏，使磷元素游离出来，在酸性溶液中，用钒钼酸铵处理，生成黄色的 $[(NH_4)_3PO_4NH_4VO_3\cdot MoO_3]$ 络合物，在波长 400 nm 下进行比色测定。

（二）试剂

实验室用水应符合 GB/T 6682 中三级水的规格，本标准中所用试剂，除特殊说明外，均为分析纯。

1. 盐酸溶液　1+1。

2. 硝酸。

3. 高氯酸。

4. 钒钼酸铵显色剂　称取偏钒酸铵 1.25 g，加入 200 mL 加热溶解，冷却后再加入 250 mL 硝酸，另称取钼酸铵 25 g，加水 400 mL 加热溶解，在冷却的条件下，将两种溶液混合，用水定容至 1 000 mL，避光保存，若生成沉淀，则不能继续使用。

5. 磷标准液　将磷酸二氢钾在 105 ℃ 干燥 1 h，在干燥器中冷却后称取 0.219 5 g 溶解于水，定量转入 1 000 mL 容量瓶中，加硝酸 3 mL，用水稀释至刻度，摇匀，即为 50 $\mu g/mL$ 的磷标准液。

（三）仪器和设备

1. 实验室用样品粉碎机或研钵。

2. 分样筛 孔径 0.42 mm(40 目)。

3. 分析天平 感量 0.000 1 g。

4. 分光光度计 可在 400 nm 下测定吸光度。

5. 比色皿 1 cm。

6. 高温炉 可控温度在 550±20 ℃。

7. 瓷坩埚 50 mL。

8. 容量瓶 50、100、1 000 mL。

9. 移液管 1.0、2.0、5.0、10.0 mL。

10. 三角瓶 250 mL。

11. 凯氏烧瓶 125、250 mL。

12. 可调温电炉 1 000 W。

(四) 试样制备

取有代表性试样 2 kg，用四分法将试样缩分至 250 g，粉碎过 0.42 mm 孔筛，装入样品瓶中，密封保存备用。

(五) 测定步骤

1. 试样的分解

(1) 干法〔不适用于含磷酸氢钙 [$Ca(H_2PO_4)_2$] 的饲料〕 称取试样 2～5 g（精确至 0.000 2 g）于坩埚中，在电炉上小心碳化，再放入高温炉，在 550 ℃ 灼烧 3 h（或测粗灰分后继续进行），取出冷却，加入 10 mL 盐酸和硝酸数滴，小心煮沸约 10 min，冷却后转入 100 mL 容量瓶中，用水稀释至刻度，为试样分解液。

(2) 湿法 称取试样 0.5～5 g（精确至 0.000 2 g）于凯氏烧瓶中，加入硝酸 30 mL，小心加热煮沸至黄烟逸尽，稍冷，加入高氯酸 10 mL，继续加热至高氯酸冒白烟（不得蒸干），溶液基本无色，冷却，加水 30 mL，加热煮沸，冷却后，用水转移入 100 mL 容量瓶中并稀释至刻度，摇匀，为试样分解液。

(3) 盐酸溶解法（适用于微量元素预混料） 称取试样 0.2～1 g（精确至 0.000 2 g）于 100 mL 烧杯中，缓缓加入盐酸 10 mL，使其全部溶解，冷却后转入 100 mL 容量瓶中，用水稀释至刻度，摇匀，为试样分解液。

2. 工作曲线的绘制 准确移取磷标准液 0.0、1.0、2.0、4.0、8.0、16.0 mL 于 50 mL 容量瓶中，各加钒钼酸铵显色剂 10 mL，用水稀释到刻度，摇匀，常温下放置 10 min 以上，以 0.0 mL 溶液为参比，用 1 cm 比色皿，在 400 nm 波长下用分光光度计测各溶液的吸光度。以磷含量为横坐标，吸光度为纵坐标，绘制工作曲线。

3. 试样的测定 准确移取试样分解液 1.0～10.0 mL（含磷量 50～750 μg）于 50 mL 容量瓶中，加入钒钼酸铵显色剂 10 mL，用水稀释到刻度，摇匀，常温下放置 10 min 以上，用 1 cm 比色皿在 400 nm 波长下测定试样分解液的吸光度，在工作曲线上查得试样分解液的磷含量。

（六）测定结果的计算及表述

1. 结果计算　测定结果按下式计算：

$$X=\frac{m_1\times V}{m\times V_1\times 10^6}\times 100=\frac{m_1\times V}{m\times V_1\times 10^4}$$

式中　X——以质量分数表示的磷含量，%；

　　　m_1——由工作曲线查得试样分解液磷含量，μg；

　　　V——试样分解液的总体积，mL；

　　　m——试样的质量，g；

　　　V_1——试样测定时移取试样分解液体积，mL。

2. 结果表示　每个试样称取两个平行样进行测定，以其算术平均值为测定结果，所得到的结果应表示至小数点后两位。

（七）允许差

含磷量 0.5% 以下，允许相对偏差 10%；含磷量 0.5% 以上，允许相对偏差 3%。

七、饲料中水分和其他挥发性物质含量的测定

（一）原理

根据样品性质的不同，在特定条件下对试样进行干燥所损失的质量在试样中所占的比例。

（二）仪器和材料

1. 分析天平　感量 1 mg。

2. 称量瓶　由耐腐蚀金属或玻璃制成，带盖。其表面积能使样品铺开约 0.3 g/cm²。

3. 电热鼓风干燥箱　温度可控制在 103±2 ℃。

4. 电热真空干燥箱　温度可控制在 80±2 ℃，真空度可达 13 kPa；应备有通入干燥空气导入装置或以氧化钙（CaO）为干燥剂的装置（20 个样品需 300 g 氧化钙）。

5. 干燥器　具有干燥剂。

6. 砂　经酸洗。

（三）采样

按 GB/T 14699.1 采样。

样品应具有代表性，在运输和贮存过程中避免发生损坏和变质。

（四）分析步骤

1. 试样

（1）液体、黏稠饲料和以油脂为主要成分的饲料　称量瓶内放一薄层砂和一根玻璃

棒。将称量瓶及内容物和盖一并放入 103 ℃的干燥箱内干燥 30±1 min。盖好称量瓶盖，从干燥箱中取出，放在干燥器中冷却至室温。称量其质量，准确至 1 mg。

称取 10 g 试样于称量瓶中，准确至 1 mg。用玻璃棒将试样与砂充分混合，玻璃棒留在称量瓶中，按 2 操作。

（2）其他饲料　将称量瓶放入 103 ℃干燥箱中干燥 30±1 min 后取出，放在干燥器中冷却至室温，称量其质量，准确至 1 mg。称取 5 g 试样于称量瓶中，准确至 1 mg，并摊匀。

2. 测定　将称量瓶盖放在下面或边上与称量瓶一同放入 103 ℃干燥箱中，建议平均每升干燥箱空间最多放一个称量瓶。

当干燥箱温度达 103 ℃后，干燥 4±0.1 h。将盖盖上，从干燥箱中取出，在干燥器中冷却至室温称量，准确至 1 mg。

以油脂为主要成分的饲料应在 103 ℃干燥箱中再干燥 30±1 min。两次称量的结果相差不应大于试样质量的 0.1%，如果大于 0.1%，按 3 操作。

3. 检查试验　为了检查在干燥过程中是否有因化学反应〔如美拉德（Mallard）反应〕而造成不可接受的质量变化，作如下检查。

在干燥箱中于 103 ℃再次干燥称量瓶和试样，时间为 2±0.1 h。在干燥器中冷却至室温。称量，准确至 1 mg。如果经第二次干燥后质量变化大于试样质量的 0.2%，就可能发生了化学反应。在这种情况下按 4 所述步骤操作。

4. 发生不可接受质量变化的样品　按 1 取试样。将称量瓶盖放在下面或边上与称量瓶一同放入 80 ℃的真空干燥箱中，减压至 13 kPa。通入干燥空气或放置干燥剂干燥试样。在放置干燥剂的情况下，当达到设定的压力后断开真空泵。在干燥过程中保持所设定的压力。当干燥箱温度达到 80 ℃后，加热 4±0.1 h。小心地将干燥箱恢复至常压。打开干燥箱，立即将称量瓶盖盖上，从干燥箱中取出，放入干燥器中冷却至室温称量，准确至 1 mg。

将试样再次放入 80 ℃的真空干燥箱中干燥 30±1 min，直至连续两次干燥质量变化之差小于其质量的 0.2%。

5. 测定次数　同一试验进行两个平行测定。

（五）计算

1. 未作预处理的样品　未作预处理的样品，其水分和其他挥发性物质的含量 w_1 以质量分数表示，数值以%计，按式①计算：

$$w_1 = \frac{m_3 - (m_5 - m_4)}{m_3} \times 100$$

式中　m_3——试样的质量，单位为克（g）；

m_4——称量瓶（包括盖）的质量，如使用砂和玻璃棒，也包括砂和玻璃棒的质量，单位为克（g）；

m_5——称量瓶（包括盖）和干燥后试样的质量，如使用砂和玻璃棒，也包括砂和玻璃棒的质量，单位为克（g）。

2. 经过预处理的样品　注：对于难以粉碎的样品见 GB/T 20195。

（1）样品水分含量高于 17%，脂肪含量低于 120 g/kg，只需预干燥的样品，其不分和其他挥发性物质的含量 w_2 以质量分数表示，数值以％计，按下式计算：

$$w_2 = \left(\frac{m_0 - m_1}{m_0} + \left[\frac{m_3 - (m_5 - m_4)}{m_3} \times \frac{m_3}{m_0} \right] \right) \times 100$$

式中　m_0——试样经提取和/或空气风干前的质量，单位为克（g）；

m_1——试样经提取和/或空气风干后的质量，单位为克（g）；

m_3——试样的质量，单位为克（g）；

m_4——称量瓶（包括盖）的质量，如使用砂和玻璃棒，也包括砂和玻璃棒的质量，单位为克（g）；

m_5——称量瓶（包括盖）和干燥后试样的质量，如使用砂和玻璃棒，也包括砂和玻璃棒的质量，单位为克（g）。

（2）经脱脂的高脂肪低水分试样及经脱脂和预干燥的高脂肪高水分试样，其水分和其他挥发性物质的含量 w_3，以质量分数表示，数值以％计，按下式计算：

$$w_3 = \left(\frac{m_0 - m_1 - m_2}{m_0} + \left[\frac{m_3 - (m_5 - m_4)}{m_3} \times \frac{m_1}{m_0} \right] \right) \times 100$$

式中　m_2——从试样中提取脂肪的质量（见 GB/T 20195），单位为克（g）；

m_0——试样经提取和/或空气风干前的质量，单位为克（g）；

m_1——试样经提取和/或空气风干后的质量，单位为克（g）；

m_3——试样的质量，单位为克（g）；

m_4——称量瓶（包括盖）的质量，如使用砂和玻璃棒，也包括砂和玻璃棒的质量，单位为克（g）；

m_5——称量瓶（包括盖）和干燥后试样的质量，如使用砂和玻璃棒，也包括砂和玻璃棒的质量，单位为克（g）。

3. 结果表示　取两次平行测定的算术平均值作为结果，两个平行测定结果的绝对差值不大于 0.2％。超过 0.2％，重新测定。结果精确至 0.1％。

（六）精密度

1. 重复性　在同一实验室，由同一操作者使用相同设备，按相同的测定方法，在短时间内，对同一被测试样相互独立进行测定获得的两个测定结果的绝对差值，超过表 7-5 所给出的重复性限 r 值的情况不大于 5％。

表 7-5　重复性限（r）和再现性限（R）

样　品	水分和其他挥发性物质的含量（％）	重复性限（％）	再现性限（％）
配合饲料	11.43	0.71	1.99
浓缩饲料	10.20	0.55	1.57
糖蜜饲料	7.92	1.49	2.46
干牧草	11.77	0.78	3.00
甜菜渣	86.05	0.95	3.50
苜蓿（紫花苜蓿）	80.30	1.27	2.91

2. 再现性　在不同实验室，由不同的操作者使用不同的设备，按相同的测定方法，对同一被测试样相互独立进行测定获得的两个测试结果的绝对差值，超过表 7-5 所给出的再现性限 R 的情况不大于 5%。

第三节　饲料中热能的测定

测定饲料和粪、尿、畜产品的燃烧热是研究家畜能量代谢的基本方法，无论是评定饲料的能量价值还是测定家畜对能量的需要量，都将应用这一测定。

饲料的燃烧热即饲料所含总能（GE），是饲料在燃烧过程中完全氧化成最终的尾产物（CO_2，H_2O 及其他气体）所释放的热能。单位质量物质的燃烧热为该物质的热价值，单位为 kJ/g。

饲料的消化能（DE）＝食入饲料的燃烧热－粪的燃烧热

饲料的代谢能（ME）＝食入饲料的燃烧热－粪的燃烧热－尿的燃烧热

因此，通过测定家畜摄入饲料和排出粪、尿的燃烧热，可得到饲料的消化能（DE）和代谢能（ME）。

（一）方法原理

在绝热条件下 1 mol 有机物完全燃烧所产生的热量，称为该物质的燃烧热（H）。任何一个热化学反应的初始态与终末态一定，则反应放出的热效应也是一定的。将饲料在氧弹内通入氧气使其完全燃烧，测定该氧化反应放出的热量，从而计算单位质量物质放出的热能，称为该物质的热价值或总能（GE）。

（二）仪器设备

植物样品粉碎机、压片机、分度值 0.000 1 g 分析天平、绝热型氧弹热量计、碱式滴定管、干燥器、铂坩埚和孔径 0.28 mm 试验筛。

（三）试剂

除非另有说明，本试验所用试剂均为分析纯，所用水为蒸馏水。

苯甲酸（GR，标准品热值 26.46 MJ/g）、镍铬燃烧丝（0.954 kJ/cm）、氧气、氢氧化钠、1% 酚酞指示剂和 0.100 0 mol/L 氢氧化钠溶液。

氢氧化钠溶液配制方法：称取 4.00 g 氢氧化钠溶于 1 000 mL 水中。其浓度按下列方法标定：准确称取 0.600 0 g 邻苯二甲酸氢钾（110 ℃烘干）于三角瓶中，加入 50 mL 无二氧化碳的水，加两滴 1% 酚酞指示剂，用配好的氢氧化钠溶液滴定至粉红色为终点。氢氧化钠溶液的量浓度 C_{NaOH} 为：

$$C_{NaOH} = \frac{m}{(V_1 - V_2) \times 0.204\ 2}$$

式中　C_{NaOH}——氢氧化钠溶液的量浓度，mol/L；

　　　　m——邻苯二甲酸氢钾的质量，g；

V_1——滴定时所消耗氢氧化钠溶液体积，mL；

V_2——滴定空白时所消耗氢氧化钠溶液体积，mL；

0.2042——邻苯二甲酸氢钾（$C_8H_5O_4K$）的摩尔质量，kg/mol。

(四) 测定步骤

1. 采集的饲料样品用四分法缩分至 200 g，经粉碎，过 0.28 mm 筛，用压片机压成 1.0~1.5 g 的小片，放入干燥器，备用。

2. 氧弹的准备 将压好的样品片于 105 ℃烘干 4 h，冷却，称量 (m)，放入铂坩埚内。把铂坩埚移至氧弹电极支架上，将连接在两根电极柱上的 10 cm 长镍铬燃烧丝的中部接近样品。然后向氧弹底部加 5 mL 水，把电极装入氧弹内，套上垫圈，旋转弹帽，经减压阀慢慢向氧弹内充氧气至 0.5 MPa，使空气排尽，再充压至 3.0 MPa。

3. 内外水套的准备 将自动容量筒中准备好的 2 000 g 纯水（室温）注入内套筒中，主机的外套应充满水，调节外套温度并控制到适当位置，使其温度高于内套水温 0.5~0.7 ℃。一般情况下冬季设定室温 18~19 ℃，夏季设定室温 20~25 ℃。

4. 开主机 将主机工作开关（Run/Purge）推向 Purge 位置，此时外套水温将自动调节到预定温度，维持至外套温度恒定。将已装水的内套放入主机腔内，用氧弹夹将装好样品的氧弹放入内套水中，再将两根电极插入氧弹电极孔中。小心关闭内套腔盖，降下温度计支架。将工作开关（Run/Purge）推向 Run 位置。此时冷热水自动调节，使外套水温接近内套水温，趋于平衡时，指示灯亮。

5. 测定 按程序控制器上的 Reset 钮，自动控制程序测定开始，打印机每 30~35 s 打印记录内套水温一次，5 min 后内套与外套水温平衡 (ta)，自动点火，Ignite 灯闪亮。点火后 20 s，显示的温度迅速升高。主机高热水迅速补给外套，使外套水温紧跟内套水温的变化，最后达到点火后新的平衡温度 (ts)。此时打印记录的温度稳定，再记录 10 次（约 6 min）。程序完成一个周期运行约 15 min。

6. 关机 将主机的开关（Run/Purge）推向 Purge 位置，小心将温度计支架提起，打开内套腔盖，拨下电极，提出内套，夹出氧弹，将内套水倒回灌水容量筒，擦干内套。把取出的氧弹排气阀打开，慢慢放出废气。旋开氧弹帽，取出电极头。从弹头电极上小心取下未燃烧完的镍铬燃烧丝，拉直测量其剩余长度（cm）。用洗瓶冲洗氧弹体内壁、弹盖内面、电极柱和铂坩埚 2~3 次。冲洗液并入烧杯中，在电炉上煮沸 3~5 min。冷却后，加入 1 滴 1‰酚酞指示剂，用 0.100 0 mol/L 氢氧化钠标准溶液滴定反应生成的硝酸至微红色，记录消耗氢氧化钠溶液体积（mL）。用水冲洗氧弹各内壁，擦干，准备测定下一个样品。

7. 测量热量计的热容量 热量计的热容量又称水当量，它是用标准热值物质（如苯甲酸，热价值为 26.46 MJ/g）来测定的，测定的步骤同样品测定步骤，用苯甲酸代替样品。热量计的热容（C）按下式计算

$$C = \frac{H \times m + e_1 + e_3}{t}$$

式中 C——热量计的热容，MJ/℃；

H——苯甲酸标准热值 26.46，MJ/g；

m——苯甲酸质量，g；

t——升温度数（ts～ta），精确到 0.001 ℃；

e_1——硝酸生成热校正值（以滴定时消耗的 0.100 0 mol/L 氢氧化钠标准溶液
体积计量，每毫升 0.100 0 mol/L 氢氧化钠溶液相当于 5.98 kJ）；

e_3——点燃镍铬燃烧的校正值（每厘米校正值为 0.954 kJ）。

（五）结果计算

饲料样品的燃烧值或总能 E 按下式计算：

$$E=\frac{t\times C-e_1-e_2-e_3}{m}$$

式中 E——饲料样品的总能，MJ/g；

m——试样质量，g；

e_2——硫酸生成热的校正值（通常可略去）。

其余项含义同热容的计算公式。

每试样取两个平行样测定，取平均值，允许相对偏差≤5%。

（六）注意事项

1. 氧弹和内水套均系金属铸造，注意保护各抛光面，防止划痕变形，否则影响测定结果的准确度。

2. 平衡电位器用于补偿内、外水套热敏探头的任何微小差异，在通常情况下不要改变其位置。如果确要进行微小调节，则必须由精通仪器的技术人员进行细微的调节，当内、外套温度达到平衡后，锁紧表盘顶端的小钮。

3. 仪器一旦调试后，使用人员应严格遵守上述操作步骤，未经实验室指导教师许可不得擅自调试或旋动其他阀门或开关。

4. 温度的测定要使用贝克曼温度计，属于精密测温仪器，最小刻度为 0.01 ℃，用放大镜可读至 0.001 ℃。

第四节 饲料中氨基酸的测定

一、饲料中氨基酸的测定

（一）方法原理

1. 酸水解法 常规（直接）水解法是使饲料蛋白在 110 ℃、6.0 mol/L 盐酸作用下，水解成单一氨基酸，再经离子交换色谱法分离并以茚三酮做柱后衍生测定。水解中，色氨酸全部破坏，不能测量。胱氨酸和蛋氨酸部分氧化，不能测准。氧化水解法是将饲料蛋白中的含硫氨基酸（胱氨酸、半胱氨酸和蛋氨酸告示）用过甲酸氧化，然后进行酸解，再经离子交换色谱分离、测定（详见 GB/T 15399）。水解中色氨酸破坏，不能测定。酪氨酸在以偏重亚硫酸钠做氧化终止剂时，被氧化，不能测准。酪氨酸、苯丙氨酸和组氨酸则在以氢溴酸作终止剂时被氧化，不能测准。

2. 碱水解法　饲料蛋白在 110 ℃、碱的作用下水解，水解出的色氨酸可用离子交换色谱或高效反相色谱分离、测定。

3. 酸提取法　饲料中添加的氨基酸以稀盐酸提取，再经离子交换色谱分离、测定。

（二）试剂和材料

除特别注明者外，所有试剂均为分析纯，水为去离子水，电导率小于 1 MS。

1. 酸水解法

（1）常规水解

① 酸解剂-盐酸溶液，$C_{HCl} = 6$ mol/L　将优级纯盐酸与水等体积混合。

② 液氨或干冰-乙醇（丙酮）。

③ 稀释上机用柠檬酸钠缓冲液，pH 2.2，$C_{Na^+} = 0.2$ mol/L　称取柠檬酸三钠 19.6 g，用水溶解后加入优级纯盐酸 16.5 mL，硫二甘醇 5.0 mL，苯酚 1 g，加水定容至 1 000 mL，摇匀，用 G4 垂熔玻璃砂芯漏斗过滤，备用。

④ 不同 pH 和离子强度的洗脱用柠檬酸钠缓冲液　按仪器说明书配制。

⑤ 茚三酮溶液　按仪器说明书配制。

⑥ 氨基酸混合标准储备液　含 L-天门冬氨酸、L-苏氨酸等 17 种常规蛋白水解液分析用层析纯氨基酸，各组分浓度 $C_{氨基酸} = 2.50$（或 2.00）μmol/mL。

⑦ 混合氨基酸标准工作液　吸取一定量的氨基酸混合标准储备液置于 50 mL 容量瓶中，以稀释上机用柠檬酸钠缓冲液定容，混匀，使各氨基酸组分浓度 $C_{氨基酸} = 100$ nmol/mL。

（2）氧化水解　按 GB/T 15399—1994 中氧化水解步骤操作。

2. 碱水解法

（1）碱解剂-氢氧化锂溶液 $C_{LiOH} = 4$ mol/L　称取一水合氢氧化锂 167.8 g，用水溶解并稀释至 1 000 mL，使用前取适量超声或通氮脱气。

（2）液氨或干冰-乙醇（丙酮）。

（3）盐酸溶液，6 mol/L。

（4）稀释上机用柠檬酸钠冲液，pH 4.3，$C(Na^+) = 0.2$ mol/L　称取柠檬酸三钠 14.71 g、氯化钠 2.92 g 和柠檬酸 10.50 g，溶于 500 mL 水，加入硫二甘醇 5 mL 和辛酸 0.1 mL，最后定容至 1 000 mL。

（5）不同 pH 和离子强度的洗脱用柠檬酸钠缓冲液与茚三酮溶液　按仪器说明书配制。

（6）L-色氨酸标准储备液　准确称取层析纯 L-色氨酸 102.0 mg，加少许水和数滴 0.1 mol/L 氢氧化钠，使之溶解，定量地转移至 100 mL 容量瓶中，加水至刻度。$C_{色氨酸} = 5.00$ μmol/mL。

（7）氨基酸混合标准储备液　同酸水解法中的氨基酸混合标准储备液。

（8）混合氨基酸标准工作液　准确吸取 2.00 mL L-色氨酸标准储备液和适量的氨基酸混合标准储备液，置于 50 mL 容量瓶中并用 pH 4.3 稀释后用柠檬酸钠缓冲液定容。该液色氨酸浓度为 200 nmol/mL，而其他氨基酸浓度为 100 nmol/mL。

3. 酸提取法

(1) 提取剂-盐酸溶液，C_{HCl}＝0.1 mol/L　取 8.3 mL 优级纯盐酸，用水定容至 1 000 mL，混匀。

(2) 不同 pH 和离子强度的洗脱用柠檬酸钠缓冲液　按仪器说明书配制。

(3) 茚三酮溶液　按仪器说明书配制。

(4) 蛋氨酸、赖氨酸和苏氨酸标准储备液　于三只 100 mL 烧杯中，分别称取蛋氨酸 93.3 mg、赖氨酸盐酸盐 114.2 mg 和苏氨酸 74.4 mg，加水约 50 mL 和数滴盐酸溶解，定量地转移至各自的 250 mL 容量瓶中，并用水定容。该液各氨基酸浓度 $C_{氨基酸}$＝2.50 $\mu mol/mL$。

(5) 混合氨基酸标准工作液　分别吸取蛋氨酸、赖氨酸和苏氨酸标准储备液各 1.00 mL 于同一 25 mL 容量瓶中，用水稀释至刻度。该液各氨基酸的浓度 $C_{氨基酸}$＝100 nmol/mL。

(三) 仪器设备

1. 实验室用样品粉碎机。

2. 样品筛　孔径 0.25 mm。

3. 分析天平　感量 0.000 1 g。

4. 真空泵与真空规。

5. 喷灯或熔焊机。

6. 恒温箱或水解炉。

7. 旋转蒸发器或浓缩器，可在室温至 65 ℃间调温，控温精度±1 ℃，真空度可低至 3.3×10^3 Pa。

8. 氨基酸自动分析仪　茚三酮柱后衍生离子交换色谱仪，要求各氨基酸的分辨率大于 90％。

(四) 样品

取具代表性的饲料样品，用四分法缩减分取 25 g 左右，粉碎并过 0.25 mm 孔径（60 目）筛，充分混匀后装入磨口瓶中备用。

酸水解样品按 GB/T 6432 测定蛋白质含量。

碱水解样品，按 GB/T 6433 测定粗脂肪含量。对于粗脂肪含量大于，等于 5％的样品，需将脱脂后的样品风干，混匀，装入密闭容器中备用。而对粗脂肪小于 5％的样品，则可直接称用未脱脂样品。

(五) 分析步骤

1. 样品前处理

(1) 酸水解法

① 常规水解法　称取含蛋白 7.5～25 mg 的试样（50～100 mg，准确至 0.1 mg）于 20 mL 安瓿中，加 10.00 mL 酸解剂，置液氮或干冰（丙酮）中冷冻，然后，抽真空至

7 Pa后封口。将水解管放在 110 ± 1 ℃恒温干燥箱中，水解 $22\sim24$ h。冷却，混匀，开管，过滤，用移液管吸取适量的滤液，置旋转蒸发器或浓缩器中、60 ℃，抽真空，蒸发至干，必要时，加少许水，重复蒸干 $1\sim2$ 次。加入 $3\sim5$ mL pH 2.2 稀释上机用柠檬酸钠缓冲液，使样液中氨基酸浓度达 $50\sim250$ nmol/mL，摇匀，过滤或离心，取上清液上机测定。

② 氧化水解法　按 GB/T 15399—1994 中 7.1 规定操作。

(2) 碱水解法　称取 $50\sim100$ mg 的饲料试样（准确至 0.1 mg），置于聚四氟乙烯衬管中，加 1.50 mL 碱解剂，于液氮或干冰乙醇（丙酮）中冷冻，而后将衬管插入水解玻管，抽真空至 7 Pa，或充氮（至少 5 min），封管。然后，将水解管放入 110 ± 1 ℃恒温干燥箱，水解 20 h。取出水解管，冷至室温，开管，用稀释上机用柠檬酸钠缓冲液将水解液定量地转移到 10 mL 或 25 mL 容量瓶中，加入盐酸溶液约 1.00 mL 中和，并用上述缓冲液定容。离心或用 0.45 μm 滤膜过滤后，取清液贮于冰箱中，供上机测定使用。

(3) 酸提取法　称取 $1\sim2$ g 饲料试样（蛋氨酸含量≤4 mg，赖氨酸可略高），加 0.1 mol/L 盐酸提取剂 30 mL，搅拌提取 15 min，沉放片刻，将上清液过滤到 100 mL 容量瓶中，残渣加水 25 mL，搅拌 3 min，重复提取两次，再将上清液过滤到上述容量瓶中，用水冲洗提取瓶和滤纸上的残渣，并定容。摇匀，清液供上机测定。若试样提取过程中，过滤太慢，也可离心 10 min(4 000 r/min)。测定赖氨酸时，预混料和浓缩饲料基质会有较大干扰，应针对待测试样同时做添加回收率实验，以校准测定结果。

2. 测定　用相应的混合氨基酸标准工作液按仪器说明书，调整仪器操作参数和（或）洗脱用柠檬酸钠缓冲液的 pH，使各氨基酸分辨率≥85%，注入制备好的试样水解液和相应的氨基酸混合标准工作液，进行分析测定。酸解液每 10 个单样为一组，碱解液和酸提取液每 6 个单样为一组，组间插入混合氨基酸标准工作液进行校准。

(六) 分析结果的表述

分别用式①或式②，计算氨基酸在试样中的质量百分比：

$$\omega_{1i}\ (\%)=\frac{A_{1i}}{m}\times10^{-6}\times D\times100 \qquad ①$$

$$\omega_2\ (\%)=\frac{A_2}{m}\times(1-F)\times10^{-6}\times D\times100 \qquad ②$$

式中　ω_{1i}——用未脱脂试样测定的某氨基酸的含量，%；

　　　ω_2——用脱脂试样测定的色氨基酸的含量，%；

　　　A_{1i}——每毫升上机水解液中氨基酸的含量，ng；

　　　A_2——每毫升上机液中色氨酸的含量，ng；

　　　m——试样质量，mg；

　　　D——试样稀释倍数；

　　　F——样品中的脂肪含量，%。

以两个平行试样测定结果的算术平均值报告结果，保留两位小数。

（七）允许差

对于酸解或酸提取液测定的氨基酸，当含量小于或等于 0.5％时，两个平行试样测定值的相对偏差不大于 5％；含量大于 0.5％时，不大于 4％。对于色氨酸，当含量小于 0.2％时，两个平行试样测定值相差不大于 0.03％；含量大于、等于 0.2％时，相对偏差不大于 5％。

二、饲料中含硫氨基酸测定方法（离子交换色谱法）

（一）原理

饲料中的含硫氨基酸（胱氨酸、半胱氨酸和蛋氨酸）用过甲酸氧化并经盐酸水解生成磺基丙氨酸和蛋氨酸砜，此二产物可用离子交换色谱法分离测定。

（二）试剂

除特别注明者外，所有试剂均为分析纯，水为去离子水，电导率小于 1 MS。

1. 过甲酸溶液

（1）常规过甲酸溶液 将 30％过氧化氢（GB 6684）与 88％甲酸（HG 3—1296）按 1∶9(V/V) 混合，于室温下放置 1 h，置冰水浴中冷却 30 min，临用前配制。

（2）浓缩料用过甲酸溶液 将常规过甲酸溶液中按 3 mg/mL 加入硝酸银（GB 670）即可。此溶液适用氯化钠含量小于 3％的浓缩料。

当浓缩料中氯化钠含量大于 3％时，氧化剂中硝酸银浓度可用下式计算：

$$C_R \geqslant 1.454 \times m \times C_N$$

式中 C_R——过甲酸中硝酸银的浓度，mg/mL；

C_N——样品中氯化钠含量，mg/mL；

m——样品质量，mg。

2. 氧化终止剂

（1）48％氢溴酸。

（2）偏重亚硫酸钠溶液 33.6 g 偏重亚硫酸钠加水定容至 100 mL。

3. 酸解剂

（1）6.0 mol/L 盐酸溶液 将优级纯盐酸与水按 1∶1(V/V) 混合。

（2）6.0 mol/L 盐酸溶液 将优级纯盐酸 1 133 mL 加水稀释重 2 000 mL。

4. 7.5 mol/L 氢氧化钠溶液 取优级纯氢氧化钠 30 g，加水溶解并定容至 100 mL。

5. 稀释上机用柠檬酸钠缓冲液，pH 2.2，0.2 mol/L Na 称取柠檬酸三钠 19.6 g，用水溶解后加入优级纯盐酸 16.5 mL，硫二甘醇 5.0 mL，苯酚 1 g，最后加水定容至 1 000 mL，用 G4 垂熔玻璃砂芯漏斗过滤。

6. 不同 pH 及离子强度的洗脱用柠檬酸钠缓冲液 按仪器说明书配制。

7. 茚三酮溶液 取茚三酮适量，按仪器说明书配制。

8. 磺基丙氨酸-蛋氨酸砜标准贮备液，2.50 μmol/mL 准确称取磺基丙氨酸 105.7 mg 和蛋氨酸砜 113.3 mg，加水溶解并定容至 250 mL。

9. 氨基酸混合标准贮备液 含有 L-天门冬氨酸、L-苏氨酸等 17 种常规蛋白质水解分析用 L-氨基酸，各组分浓度为 2.50 μmol/mL。

10. 混合氨基酸标准工作液 吸取磺基丙氨酸-蛋氨酸砜标准贮备液和氨基酸混合标准贮备液各 1.00 mL，置于 50 mL 容量瓶中，加稀释上机用柠檬酸钠缓冲液定容，混匀。有关各组分浓度为 50 nmol/mL。

(三) 仪器设备

1. 实验室用样品粉碎机。

2. 样品筛 孔径 0.45 mm(40 目)。

3. 分析天平 感量 0.000 1 g。

4. 喷灯。

5. 旋转蒸发器或浓缩器 可在室温至 65 ℃间调温，控温精度±1 ℃，真空度可低至 3.3×10³ Pa。

6. 恒温箱或水解炉。

7. 氨基酸自动分析仪 要求蛋氨酸峰的分辨率大于 90%。

(四) 样品

取具代表性的饲料样品，用四分法缩减分取 25 g 左右，粉碎并过 0.45 mm 孔径（40 目）筛，充分混匀后装入磨口瓶中备用。

(五) 分析步骤

1. 氧化和水解

（1）称取含蛋白质 7.5～25 mg 的试样双份（精确至 0.000 1 g，样品量不超过 75 mg），置于旋转蒸发器 20 mL 浓缩瓶或浓缩管中，于冰水浴中冷却 30 min 后加入已经冷却的过甲酸溶液 2 mL，加液时需将样品全部润湿，但不要摇动，盖好瓶塞，连同冰浴一道置于 0 ℃冰箱中，反应 16 h。

以下步骤依使用不同的氧化终止剂而不同：

（2）若以氢溴酸为终止剂，于各管中加入氢溴酸 0.3 mL，振摇，放回冰浴，静置 30 min，然后移到旋转蒸发器或浓缩器上，在 60 ℃、低于 3.3×10³ Pa 下浓缩至干。用盐酸溶液约 15 mL 将残渣定量转移到 20 mL 安瓿中，封口，置恒温箱中、110±1 ℃下水解 22～24 h。也可用 6.0 mol/L 盐酸溶液约 25 mL 将残渣转移到 50 mL 消煮管中，于水解炉中 110±3 ℃下回流水解 22～24 h。

取出安瓿或水解管，冷却，用水将内容物定量地转移至 50 mL 容量瓶中，定容。充分混匀，过滤，取 1～2 mL 滤液，置旋转蒸发器或浓缩器中，在低于 50 ℃的条件下，减压蒸发至干。加少许水重复蒸干 2～3 次。准确加入一定体积（2～5 mL）的稀释上机用柠檬酸钠缓冲液振摇，充分溶解后离心，取上清液供仪器测定用。

（3）若以偏重亚硫酸钠为终止剂，则于样品氧化液中加入偏重亚硫酸钠溶液 0.5 mL，充分摇匀后，直接加入盐酸溶液 17.5 mL，置于 110±3 ℃水解 22～24 h。

取出水解管，冷却，用水将内容物转移到 50 mL 容量瓶中，用氢氧化钠溶液中和至 pH 约 2.2，并用稀释上机用缓冲定容、离心，取上清液供仪器测定用。

如氨基酸分析受上机样品液中 Na⁺ 浓度影响，色谱峰出峰时间漂移过大，则需先将水解液定容过滤，而后取 2～5 mL 滤液，于 50 ℃下，减压蒸发至约 0.5 mL（切勿蒸干），用稀释上机用缓冲液将其转移至 10 mL 容量瓶中，加氢氧化钠溶液调至 pH 2.2，并用稀释上机用缓冲液定容。混匀，离心，取上清液供仪器测定用。

浓缩料测定首先按 GB 6439 测定其 NaCl 含量。样品处理步骤同上，只是氧化剂使用偏重亚硫酸钠溶液。

2. 测定　用混合氨基酸标准工作液，按仪器说明书，调整仪器的操作参数和（或）洗脱用柠檬酸缓冲液的 pH，使蛋氨酸砜分辨率达最佳状态（大于或等于 90%），注入制备好的样品和氨基酸标准工作液，进行分析测定。每 5 个样品（即 10 个单样）为一组，组间间插入混合氨基酸标准工作液进行校准。

（六）分析结果的表述

分析结果表示为胱氨酸和蛋氨酸在样品中的质量百分率，计算公式如下：

$$胱（蛋）氨酸（\%）=\frac{A}{m}\times10^{-6}\times D\times100$$

式中　A——每毫升上机样品液中胱（蛋）氨酸的含量，ng；

　　　m——样品质量，mg；

　　　D——样品稀释倍数。

以两个平行样品测定结果的算术平均值报告结果，保留两位小数。

（七）重复性

两个平行样品测定值的相对偏差，当胱（蛋）氨酸的含量小于 0.50% 时，不大于 5%；大于 0.50% 时，不大于 4%。

三、饲料中色氨酸测定方法（分光光度法）

（一）原理

饲料中蛋白质经碱水解后，降解成多肽和游离的氨基酸，在酸性介质中，氧化剂存在下，色氨酸吲哚环对二甲氨基苯甲醛反应生成蓝色化合物，在一定范围内颜色深浅与色氨酸含量成正比。

（二）试剂

除注明者外均为分析纯。水为蒸馏水。

1. 硫酸溶液　$C(1/2H_2SO_4)=21.2$ mol/L，量取 589 mL 硫酸徐徐加入约 350 mL 水中，冷却后用水稀释至 1 L。

2. 1%对二甲氨基苯甲醛溶液 1.0 g 对二甲氨基苯甲醛溶液于 21.2 mol/L 硫酸中并定容 100 mL。

3. 0.2%亚硝酸钠溶液（m/V）。

4. 10%氢氧化钾溶液（m/V）。

5. L-色氨酸，色谱纯。

6. L-色氨酸标准溶液 准确称取 25.0 mg L-色氨酸于小烧杯中，加少量 0.1 mol/L 氢氧化钾溶液使之溶解，定量地转移到 250 mL 棕色容量瓶中，用水定容，浓度为 100 μg/mL。注：本标准溶液 4 ℃冰箱中保存，一个月内使用，浓度不变。

（三）仪器设备

1. 分析天平 感量 0.1 mg。

2. 分光光度计。

3. 离心机 转速 4 000 r/min。

4. 实验室用粉碎机。

5. 培养箱。

6. 容量瓶 25、50、250 mL。

7. 10 mL 具塞试管。

8. 刻度吸管 0.5、2、5、25 mL。

（四）试样的制备

1. 选取有代表性的试样，按四分法缩分至 200 g，粉碎，全部通过 0.25 mm 孔径筛（60 目）。

2. 按 GB 6433 脱脂并测定脂肪含量。脱脂样品风干后，混匀，装入密封容器内备用。

（五）分析步骤

1. 工作曲线的绘制

（1）吸取色氨酸浓度为 100 μg/mL 的标准溶液 5.00、7.50、10.00、12.50、15.00、17.50 mL 分别置于 25 mL 棕色容量瓶中用水定容，摇匀。溶液浓度分别为 20、30、40、50、60、700 μg/mL。

（2）吸取各浓度溶液 1 mL，分置具塞试管中，空白管加 1 mL 水。向每支试管内加入氢氧化钾溶液 1 mL，混匀，将试管放入冷水管中，加 5 mL 对二甲氨基苯甲醛溶液，从冷水盆中取出试管，摇匀，在室温（20～30 ℃，下同）放置 30 min。

（3）向上述每支试管内加 0.2 mL 亚硝酸钠溶液，摇匀，室温放置 25 min。

（4）以空白管调零，在 590 nm 波长下，以 1 cm 光径测定各溶液吸光度值。

（5）以色氨酸浓度为横坐标，吸光度值为纵坐标，绘制工作曲线，或列出回归方程式。

2. 样品测定

（1）称样 按附表 7-6 建议的称样量称取脱脂试样两份，精确至 0.1 mg。

表 7 - 6　称样量（参考）

蛋白质含量（%）	10 以下	11～20	21～30	31～40	41～50	50 以上
称样量（mg）	650～700	450～500	350～400	200～250	180～200	160～180

（2）水解　将试样置于 40±1 ℃培养箱中水解 16～18 h。

（3）离心　取出水解液冷却至室温后，用水定容，摇匀，取部分水解液以 4 000 r/min 转速离心 15 min。

（4）显色　取 2 mL 上清液置具塞试管中，并将试管放入冷水盆中，加入 5 mL 对二甲氨基苯甲醛溶液，摇匀。每个试样另取 2 mL 上清液于具塞试管中，加 5 mL 硫酸溶液作为样品空白，摇匀，室温放置 30 min。然后向每支试管内加入 0.2 mL 亚硝酸钠溶液，摇匀，室温放置 25 min。

（5）比色　以样品空白调零，在 590 nm 波长处 1 cm 光径测定样品溶液的吸光度值。

（六）分析结果的表述

1. 计算　公式如下：

$$色氨酸（脱脂样）＝\frac{A\times25}{m\times10^3}\times100\%$$

$$色氨酸（原样）＝\frac{A\times25\times（1-F）}{m\times10^3}\times100\%$$

式中　m——脱脂试样质量，mg；

A——从工作曲线上查得色氨酸含量，μg；

F——脂肪分率。

2. 结果的表示　两个平行样品的测定结果用算术平均值表示，保留 2 位小数。

试样脂肪含量小于 4% 时，式①和②所得结果在允许偏差之内。

3. 重复性　两个平行样品测定值的相对偏差，当色氨酸含量小于 0.1% 时，不大于 4%；0.10%～0.50% 时，不大于 3%；大于 0.50% 时，不大于 2%。

第五节　饲料中矿物元素的测定

一、饲料中钙、镁、钾、钠、铜、铁、锰和锌含量的测定（原子吸收光谱法）

（一）原理

将试料放在马福炉 550±15 ℃温度下灰化之后，用盐酸溶解残渣并稀释定容，然后导入原子吸收分光光度计的空气—乙炔火焰中。测量每个元素的吸光度，并与同一元素校正溶液的吸光度比较定量。

（二）试剂和溶液

除非另有规定，仅使用分析纯试剂。

1. 水　应符合 GB/T 6682 三级用水。

2. 盐酸　$C_{HCL}=12\ mol/L(\rho=1.19\ g/L)$。

3. 盐酸溶液　$C_{HCL}=6\ mol/L$。

4. 盐酸溶液　$C_{HCL}=0.6\ mol/L$。

5. 硝酸镧溶液　溶解 133 g 的 $La(NO_3)_3 \cdot 6H_2O$ 于 1 L 水中。如果配制的溶液镧含量相同，可以使用其他的铈盐。

6. 氯化铯溶液　溶解 100 g 氯化铯（CsCl）于 1 L 水中。如果配制的溶液铯含量相同，可以使用其他的铯盐。

7. Cu、Fe、Mn、Zn 的标准储备溶液　取 100 mL 水，125 mL 盐酸于 1 L 容量瓶中，混匀；称取下列试剂：

（1）392.9 mg 硫酸铜（$CuSO_4 \cdot 5H_2O$）。

（2）702.2 mg 硫酸亚铁铵 $[(NH_4)_2SO_4 \cdot FeSO_4 \cdot 6H_2O]$。

（3）307.7 mg 硫酸锰（$MnSO_4 \cdot H_2O$）。

（4）439.8 mg 硫酸锌（$ZnSO_4 \cdot 7H_2O$）。

将上述试剂加入容量瓶中，用水溶解并定容。

8. Ca、Fe、Mn、Zn 的标准溶液　取 20.0 mL 的储备溶液加入 100 mL 容量瓶中，用水稀释定容。该标准液当天使用当天配制。

9. Ca、K、Mg、Na 的标准储备溶液　称取下列试样。

（1）1.907 g 氯化钾（KCl）。

（2）2.028 g 氯化镁（$MgSO_4 \cdot H_2O$）。

（3）2.542 g 氯化钠（NaCl）。

将上述试剂加入 1 L 容量瓶中。

称取 2.497 g 碳酸钙（$CaCO_3$）放入烧杯中，加入 50 mL 盐酸。

注意：当心产生二氧化碳。

在电热板上加热 5 min，冷却后将溶液转移到含有 Ca、K、Mg、Na 盐的容量瓶中，用盐酸定容。此储备液中 Ca、K、Na 的含量均为 1 mg/mL，Mg 的含量为 200 $\mu g/mL$。

注：可以使用市售配制好的适合溶液。

10. Ca、K、Mg、Na 的标准溶液　取 25.0 mL 储备溶液加入 250 mL 容量瓶中，用盐酸定容。此标准液中 Ca、K、Na 的含量均为 100 mg/mL，Mg 的含量为 20 $\mu g/mL$。

配制的标准液贮存在聚乙烯瓶中，可以在一周内使用。

11. 镧/铯空白溶液　取 5 mL 硝酸镧溶液、5 mL 氯化铯溶液和 5 mL 盐酸加入 100 mL 容量瓶中，用水定容。

（三）仪器设备

所有的容器，包括配制校正溶液的吸管，在使用前用盐酸溶液冲洗。如果使用专用的灰化皿和玻璃器皿，每次使用前不需要用盐酸煮。

实验室常用设备和专用设备如下：

1. 分析天平，称量精度为 0.1 mg。

2. 坩埚 铂金、石英或瓷质，不含钾、钠，内层光滑没有被腐蚀，上部直径为 4～6 cm，下部直径 2～2.5 cm，高 5 cm 左右，使用前用盐酸煮。

3. 硬质玻璃器皿 使用前用盐酸煮沸，并用水冲洗净。

4. 电热板或煤气炉。

5. 水浴锅。

6. 马福炉 温度能控制在 550±15 ℃。

7. 原子吸收分光光度计 带有空气 乙炔火焰和一个校正设备或测量背景吸收装置。

8. 测定 Ca、Cu、Fe、K、Mg、Mn、Na、Zn 所用的空心阴极灯或无极放电灯。

9. 定量滤纸。

(四) 采样

本标准未规定采样方法，建议采样方法按照 ISO 6497。

实验室收到有代表性的样品是十分重要的，样品在运输、贮存中不能损坏变质。

保存的样品要防止变质及其他变化。

(五) 检测有机物的存在

1. 检测有机物的存在 用平勺取一些试料在火焰上加热。

如果试料融化没有烟，即不存在有机物。

如果试料颜色有变化，并且不融化，即试料含有机物。

2. 试料 根据估计含量称取 1～5 g 制备好的试样，精确到 1 mg，放进坩埚中。

如果试样含有机物，按 3 操作。

如果试样不含有机物，按 4 操作。

3. 干灰化 将坩埚放在电热板或煤气灶上加热，直到试料完全炭化（要避免试料燃烧）。将坩埚转到已在 550 ℃ 温度下预热 15 min 的马福炉中灰化 3 h，冷却后用 2 mL 水浸润坩埚中内容物。如果有许多炭粒，则将坩埚放在水浴上干燥，然后再放到马福炉中灰化 2 h，让其冷却再加 2 mL 水。

4. 溶解 取 10 mL 盐酸，开始慢慢一滴一滴加入，边加边旋动坩埚，直到不冒泡为止（可能产生二氧化碳），然后再快速加入，旋动坩埚并加热直到内容物近乎干燥，在加热期间务必避免内容物溅出。用 5 mL 盐酸加热溶解残渣后，分次用 5 mL 左右的水将试料溶液转移到 50 mL 容量瓶。待其冷却后，然后用水稀释定容并用滤纸过滤。

5. 空白溶液 每次测量，均按照 2、3 和 4 步骤制备空白溶液。

6. 铜、铁、锰、锌的测定

(1) 测量条件 按照仪器说明要求调节原子吸收分光光度计的仪器条件，使在空气-乙炔火焰测量时的仪器灵敏度为最佳状态。Cu、Fe、Mn、Zn 的测量波长如下。

Cu：324.8 nm。

Fe：248.3 nm。

Mn：279.5 nm。

Zn：213.8 nm。

（2）校正曲线制备　用盐酸稀释标准溶液，配制一组适宜的校正溶液。

测量盐酸吸光度、校正溶液的吸光度。

用校正溶液的吸光度减去盐酸的吸光度以吸光度修正值分别对 Cu、Fe、Mn、Zn 的含量绘制校正曲线。

7. 钙、镁、钾、钠的测定

（1）测定条件　按照仪器说明要求调节原子吸收分光光度计的仪器条件，使在空气-乙炔火焰测量时的仪器灵敏度为最佳状态。Ca、K、Mg、Na 的测量波长如下。

Ca：422.6 nm。

K：766.5 nm。

Mg：285.2 nm。

Na：589.6 nm。

（2）校正曲线制备　用水稀释标准溶液，每 100 mL 标准稀释溶液加 5 mL 的硝酸镧溶液，5 mL 氯化铯溶液和 5 mL 盐酸。配制一组适宜的校正溶液。

测量镧/铯空白溶液吸光度。测量校正溶液吸光度并减去镧/铯空白溶液的吸光度。以修正的吸光度分别对 Ca、K、Mg、Na 的含量绘制校正曲线。

（3）试料溶液的测量　用水稀释试料溶液和空白溶液，每 100 mL 的稀释溶液，加 5 mL 的硝酸镧，5 mL 的氯化铯和 5 mL 盐酸。

在相同条件下，测量试料溶液和空白溶液的吸光度。用试料溶液的吸光度减去空白溶液的吸光度。

如果必要的话，用镧/铯空白溶液稀释试料溶液和空白溶液，使其吸光度在校正曲线线性范围之内。

（六）结果表示

由校正曲线、试料的质量和稀释度分别计算出 Ca、Cu、Fe、K、Mg、Mn、Na、Zn 各元素的含量。

按照表 7-7 修约，并以 mg/kg 或 g/kg 表示。

表 7-7　结果计算的修约

含　量	修约到
5～10 mg/kg	0.1 mg/kg
10～100 mg/kg	1 mg/kg
100～1 g/kg	10 mg/kg
1～10 g/kg	100 mg/kg
10～100 g/kg	1 g/kg

（七）精密度

1. 重复性　同一操作人员在同一实验室，用同一方法使用同样设备对同一试料在短时期内所做的两个平行样结果之间的差值，超过表 7-8 或表 7-9 重复性限 r 的情况，不大于 5%。

表 7-8　预混料的重复性限（r）和再现性限（R）

元　素	含量（mg/kg）	r	R
Ca	3 000～300 000	0.07×W	0.20×W
Cu	200～20 000	0.07×W	0.13×W
Fe	500～30 000	0.06×W	0.21×W
K	2 500～30 000	0.09×W	0.26×W
Mg	1 000～100 000	0.06×W	0.14×W
Mn	150～15 000	0.08×W	0.28×W
Na	2 000～250 000	0.09×W	0.26×W
Zn	3 500～15 000	0.08×W	0.20×W

注：该结果为平均值。

表 7-9　动物饲料的重复限（r）和再现性限（R）

元　素	含量（mg/kg）	r	R
Ca	5 000～50 000	0.07×W	0.28×W
Cu	10～100	0.27×W	0.57×W
Cu	100～200	0.09×W	0.16×W
Fe	50～1 500	0.08×W	0.32×W
K	5 000～30 000	0.09×W	0.28×W
Mg	1 000～10 000	0.06×W	0.16×W
Mn	15～150	0.06×W	0.40×W
Na	1 000～6 000	0.15×W	0.23×W
Zn	25～500	011×W	0.19×W

注：W 为两结果的平均值（mg/kg）。

2. 再现性　不同分析人员在不同实验室，用不同设备使用同一方法对同一试料所得到的两个单独试验结果之间的绝对差值，超过表 7-8 或表 7-9 再现性限 R 的情况，不大于 5%。

二、饲料中钴的测定（原子吸收光谱法）

（一）原理

用干法灰化饲料原料、配合饲料、浓缩饲料样品，在酸性条件下溶解残渣，定容制成试样溶液；用酸浸提法处理添加剂预混合饲料样品，定容制成试样溶液；将试样溶液导入原子吸收分光光度计中，测定其在 240.7 nm 处的吸光度。

（二）试剂和材料

实验用水应符合二级用水的规格，使用试剂除特殊规定外，均为分析纯。

1. 盐酸 优级纯。

2. 硝酸 优级纯。

3. 盐酸溶液 (V_1+V_2) 1+10。

4. 盐酸溶液 (V_1+V_2) 1+100。

5. 硝酸溶液 (V_1+V_2) 1+1。

6. 硝酸溶液 (V_1+V_2) 1+10。

7. 钴标准溶液

（1）钴标准贮备溶液　准确称取 1.000 0 g 钴（光谱纯）于高型烧杯中，加 40 mL 硝酸，加热溶解，放冷后移入 1 000 mL 容量瓶中，用水稀释定容，摇匀。此液 1 mL 相当于 1.00 mg 的钴。

（2）钴标准中间溶液　取钴标准贮备溶液 2.00 mL 于 100 mL 容量瓶中，用盐酸稀释定容，摇匀，此液 1 mL 相当于 20 μg 的钴。

（3）钴标准工作溶液　取钴标准中间溶液 0.00，1.00，2.00，2.50，5.00，10.00 mL 分别置于 100 mL 容量瓶中，用盐酸稀释定容配成 0.00，0.20，0.40，0.50，1.00，2.00 μg/mL 的标准系列。

（三）仪器和设备

1. 原子吸收分光光度计，波长范围 190～900 nm。

2. 离心机　约 1 000 g。

3. 磁力搅拌器。

4. 瓷坩埚　50 mL。

5. 具塞锥形烧瓶。

（四）试样制备

取有代表性的样品至少 2 kg，用四分法缩减至约 250 g，粉碎过 0.42 mm 孔筛，混匀，装入样品瓶内密闭，保存，备用。

（五）分析步骤

1. 饲料原料、配合饲料、浓缩饲料试样的处理　称取约 5 g 试样（精确至 0.000 2 g）于 50 mL 瓷坩埚中，于调温电炉上小火炭化，然后于 600 ℃ 高温炉中灰化 2 h，若仍有少量炭粒，可滴入硝酸使残渣润湿，继续于 600 ℃ 高温炉中灰化至无炭粒，取出冷却，向残渣中滴入少量水，润湿，再加入 5 mL 盐酸，并加水至 15 mL，煮沸数分钟后放冷，定容，过滤，得试样测定液，备用。同时制备试样空白溶液。

2. 添加剂预混料试样处理　称取 2～5 g 试样（精确至 0.000 2 g）于 250 mL 具塞锥形瓶中，加入 100.0 mL 盐酸，用磁力搅拌器搅拌提取 30 min，再用离心机以 1 000 g 离心分离 5 min，取其上层清液为样品测定液；或于搅拌提取后，取干过滤所得溶液作为试样测定液，同时制备试样空白溶液。

3. 工作曲线绘制　将钴标准工作溶液标准系列导入原子吸收分光光度计，在波长

240.7 nm 处测定其吸光度，绘制工作曲线。

4. 样品测定 将试样测定液导入原子吸收分光光度计，在波长 240.7 nm 处测定其吸光度，同时测定试样空白溶液吸光度，并由工作曲线求出试样测定液的浓度。

（六）结果计算

分析结果按下式计算：

$$X = \frac{(m_2 - m_1)V_2}{m_0 V_1}$$

式中　X——试样中钴的含量，单位为毫克每千克（mg/kg）；

　　　m_2——标准曲线上查得的测定试样溶液中钴含量，单位为微克（μg）；

　　　m_1——标准曲线上查得的试样空白溶液中钴含量，单位为微克（μg）；

　　　m_0——试样质量，单位为克（g）

　　　V_1——试样溶液总体积，单位为毫升（mL）；

　　　V_2——测定时分取试液体积，单位为毫升（mL）。

计算结果表示到小数点后两位。每个试样取两位试料进行平行试验，以算术平均值为测定结果。

（七）重复性

在重复性条件下获得的两次独立测试结果的绝对差值不大于这两个测定值的算术平均值的 10%，以大于这两个测定值的算术平均值的 10% 情况不超过 5% 为前提。

三、饲料中硒的测定方法（2,3 二氨基萘荧光法）

（一）方法原理

先将试样中有机物破坏，使硒游离出来，在微酸性溶液中硒（Ⅳ）和 2,3-二氨基萘（DAN）生成 4,5-苯基苯并硒二唑，用环己烷直接在生成络合物的同一酸度溶液中萃取，用荧光光度计测定其荧光强度。

（二）试剂

1. 高氯酸 优级纯（$\rho = 1.67$ g/mL）。

2. 硝酸 优级纯（$\rho = 1.42$ g/mL）。

3. 环己烷 $\rho = 0.778 \sim 0.80$ g/mL。

4. 盐酸 优级纯（1+3）。

5. 盐酸 $C_{HCL} = 0.1$ mol/L。

6. 氨水 $\rho = 0.90$ g/mL。

7. 盐酸羟胺-乙二胺四乙酸二钠（EDTA）溶液 称取 10 g EDTA 溶于 500 mL 水中，加入 25 g 盐酸羟胺使其溶解，用水稀至 1 000 mL。

8. 2,3-二氨基萘（DAN）溶液 称取 DAN 0.1 g 于 150 mL 烧杯中，加入 100 mL

0.1 mol/L 盐酸使其溶解，转移到 250 mL 分液漏斗，加入 20 mL 环己烷振荡 1 min，待分层后弃去环己烷，水相重复用环己烷处理 2～3 次。水相放入棕色瓶中上面加盖 3 mm 厚的环己烷，于暗处保存，此液可使用数周。

9. 硒标准贮备溶液　称取硒粉（纯度 99% 以上）25 mg（精确至 0.01 mg），入 100 mL 烧杯中，加入 10 mL 硝酸加热溶解，冷至室温，用水转移至 1 000 mL 容量瓶中并稀至刻度，摇匀，此液 1 mL 含 25.00 μg 的硒。

10. 硒标准工作溶液　吸取溶液 1.00 mL、加至 50 mL 高型烧杯中按分析步骤消化至高氯酸冒烟 5 min，取下稍冷，加 1 mL 水和 1 mL 盐酸摇匀，放置 10 min 用盐酸转移至 250 mL 容量瓶中并稀至刻度摇匀，此液 1.00 mL 含硒 0.1 μg。

11. 甲酚红　0.4 g/L 水溶液，称取 0.1 g 甲酚红入 400 mL 烧杯中，加少许水加氨水使其溶解用水稀至 250 mL 摇匀。

（三）仪器设备

1. 荧光光度计　激发波长 365～385 nm，荧光发射波长 520～525 nm，1 cm 石英比色杯。

2. 实验室用样品粉碎机　标准分析筛孔径（0.42、0.25 mm）。

3. 分析天平均　分度值 0.000 1 g。

4. 可调温电炉（600 W）或电热板（3 000 W）。

5. 高型烧杯　50 mL 和相应大小的表面皿。

6. 具塞比色管　50 mL。

7. 刻度吸量管　2 mL、10 mL。

（四）试样的制备

取已粉碎至 0.42 mm 的试样 40～50 g 入 250 mL 烧杯中加水至能搅动的糊状，在搅拌器上搅 10～15 min，倒在小搪瓷盘中铺平，放入烘箱 70 ℃烘干，粉碎机上磨至 0.25 mm，混匀装入密封容器中备用，防止试样成分变化。

（五）分析步骤

1. 试样测定（配合饲料、浓缩料、单一饲料）　称取已制备好的试样约 1 g，精确至 0.000 1 g（≤0.4 μg Se），放入 50 mL 高型烧杯中，用少量水润湿试样加硝酸 10 mL，轻摇烧杯使试样散开，加盖表面皿放到电热板上低温加热见反应开始（泡沫开始上冒），切断电源或取下待剧烈反应缓解（气泡不上涌）后再放到电热板上煮沸至硝酸体积减少至 5 mL 左右，取下稍冷加入 5 mL 高氯酸继续加热至剧烈小气泡冒完，高氯酸冒烟；取下稍冷，用水吹洗表面皿和杯壁，去掉表面皿，将烧杯置电热板上先低温蒸发水分，再升温至高氯酸冒烟并保持 5～10 min，取下稍冷，加入 1 mL 水和 1 mL 盐酸，摇匀，放置 10 min，水稀至 30 mL 左右，加 2 滴甲酚红，用氨水中和至黄色，再用盐酸中和至橙色（pH 1.5～2），加入 3 mL 盐酸羟胺溶液摇匀，用盐酸转移至 50 mL 比色管中，加 2 mL DAN 溶液，盖好塞子，摇匀，松动塞子，置于 100 ℃水中保持 5 min。取出放入冷水中迅速冷却至室温，用盐酸稀至 50 mL。加 5 mL 环己烷振荡 1 min，静置分层后，用吸管小心吸取上部环己烷入 1 cm 石英杯中，置入荧光光度计内于激发波长 375～380 nm，发射波长 520～525 nm 测其荧光强度，在标准曲线上查得试料中硒的含量。同时做空白试验（消化时应戴防护眼镜）。

2. 高含量硒样品（预混合料）的测定　对于每千克含硒在 1 mg 以上含有机物的样品，按 1 进行至加入 1 mL 水和 1 mL 盐酸摇匀，放置 10 min 后将消化液稀释至足够体积，然后取部分溶液（Se≤0.4 μg）进行测定，对于以石粉为载体的预混料，称取 1～5 g 样品（精确到 0.0001 g），于 250 mL 烧杯中，加入 20 mL 水和 25 mL 硝酸（逐滴加入硝酸至气泡不发生后再全部加入），盖表面皿，置电热板上煮沸，低温沸腾 30 min，取下冷却，用水转移到 100～500 mL 容量瓶中稀释至刻度，摇匀，取部分澄清液（Se≤0.4 μg）入 50 mL 高型烧杯中，加入 5 mL 高氯酸，以下按 1 加高氯酸后程序进行。

3. 工作曲线的绘制　取 0.00，0.50，1.00，1.50，2.00，3.00 mL 硒标准溶液，分别入 50 mL 具塞比色管中，加入 3 mL 盐酸羟胺溶液，2 滴甲酚红指示剂，以下按 1 用氨水中和起操作进行，以硒量为横坐标，荧光强度为纵坐标，绘制工作曲线。

(六) 分析结果计算和表述

硒的含量（mg/kg）按下式计算：

$$Se(mg/kg) = \frac{m_1 V_0}{m_0 V_1}$$

式中　m_1——自工作曲线上查得的硒量，μg；

　　　V_0——试液的总体积，mL；

　　　V_1——分取试液的体积，mL；

　　　m_0——试料的质量，g。

所得结果应表示至三位小数：0.001 mg/kg。

(七) 允许差

室内每个试样应称两份试料进行测定，以其算术平均值为分析结果，其间分析结果的相对偏差应不大于下表所列允许差。

硒含量（mg/kg）	允许偏差（%）
≤0.100	40
>0.100～0.200	30
>0.200～0.400	20
>0.400	15

四、饲料中碘的测定（硫氰酸铁-亚硝酸催化动力学法）

(一) 方法原理

将试样中有机物破坏，使碘游离出来。碘离子在有适量亚硝酸存在的稀硝酸溶液中，能催化硫氰酸铁褪色。在一定范围内，硫氰酸铁的褪色速度与碘离子浓度呈线性关系，可用分光光度法测定。

（二）试剂和溶液

除非另有说明，本标准仅使用确认为分析纯的试剂和蒸馏水，蒸馏水符合三级用水或相当纯度的水。

1. 硝酸溶液（$V_1 + V_2$） 1+1。

2. 碳酸钾溶液

（1）碳酸钾溶液 300 g/L。

（2）碳酸钾溶液 30 g/L。

3. 硫酸锌溶液 称取 10 g 硫酸锌（$ZnSO_4 \cdot 7H_2O$）溶于 1 000 mL 水中。

4. 硫氰酸钾溶液（$C_{HCNS} = 0.1 \text{ mol/L}$） 称取 0.97 g 硫氰酸钾溶于水，移入 100 mL 容量瓶，稀释至刻度。

5. 硫酸铁铵-硝酸溶液 $\{C[NH_4Fe(SO_4)_2 \cdot 12H_2O] = 0.124 \text{ mol/L}\}$ 称取 6.0 g 硫酸铁铵 $[NH_4Fe(SO_4)_2 \cdot 12H_2O]$ 溶于水，慢慢加入硝酸 47 mL，移入 100 mL 容量瓶中，稀释至刻度。此溶液当天配制。

6. 硫氰酸钾-亚硝酸钠溶液 称取 0.048 3 g 亚硝酸钠溶于水，加入硫氰酸钾溶液 5 mL，稀至 100 mL，此溶液当天配制。

7. 颜色固定剂 在 300 mL 水中，依次加入硫酸 50 mL，氯化钠 25 g，盐酸羟胺 5 g，氯化亚锡 10 g，溶解后用水稀释 500 mL，备用。此溶液可在 4 ℃冰箱中存放 3 年有效。

8. 碘标准贮备溶液（1 mg/mL） 称取 0.130 8 g 经 120 ℃干燥 2 h、于干燥器中冷却的碘化钾溶于水，移入 100 mL 容量瓶中，稀释至刻度，贮存于棕色瓶中备用，三个月内有效。

9. 碘标准中间溶液（10 μg/mL） 吸取 4.8 溶液 5 mL，移入 500 mL 棕色容量瓶中，稀释至刻度。

10. 碘标准工作溶液（1 μg/mL） 吸取 4.9 溶液 10 mL，移入 100 mL 棕色容量瓶中，稀释至刻度，备用，一周内有效。

（三）仪器设备

1. 实验室用样品粉碎机或研钵。

2. 分析筛 孔径 0.42 mm(40 目)。

3. 分析天平 感量 0.000 1 g。

4. 高温炉 电加热，可控温度在 500±20 ℃。

5. 烘箱 电加热，可控温度在 95±5 ℃。

6. 坩埚 镍质 30 mL。

7. 容量瓶 10 mL、50 mL。

8. 移液管 0.5、1、2、5 mL。

9. 玻璃漏斗 6 cm 直径。

10. 定量滤纸　中速，7～9 cm。

11. 秒表。

12. 分光光度计。

（四）试样制备

取具有代表性试样至少 2 kg，用四分法缩分至 250 g，粉碎过 0.42 mm 孔筛（40 目），混匀装入样品瓶中密闭，保存备用。

（五）分析步骤

1. 试样溶液的制备

（1）干灰化法　称取试样 0.5～2 g（当碘含量少于 3 mg/kg，称取试样 2 g）（精确至 0.001 g）置于镍坩埚中，加碳酸钾溶液 1 mL 和硫酸锌溶液 1 mL，用小玻璃棒将试样搅成糊状（务必使试样充分湿润，如液体不够，可加少量水），玻璃棒上残留物用蒸馏水洗入坩埚。将坩埚置于 95 ℃烘箱中烘干，再在电炉上慢慢炭化，在炭化充分完全以后，加盖放入高温炉中，升温至 500 ℃，保持 1.5 h 后，取出坩埚，冷却后加少量水，将灼烧残渣研碎，移至电炉上加热至微沸，过滤，多次用热水洗涤滤渣，将滤液和洗涤液收集到 50 mL 容量瓶中，冷却后用水定容至刻度，摇匀，为试样溶液，待测。

（2）湿法（用于添加剂预混合饲料）　称取试样 0.1～0.15 g（精确至 0.000 g）置于镍坩埚中，加硝酸溶液 2 mL，反应完成后，加水少许，将此溶液过滤转入 100 mL 容量瓶中，用水定容至刻度，摇匀，为试样溶液，待测。

2. 测定

（1）碘标准工作曲线的绘制　准确移取碘标准工作液 0.00、0.10、0.20、0.40、0.80、1.20 mL 于 10 mL 容量瓶中，各加碳酸钾溶液 0.8 mL，用蒸馏水补足至 5 mL，加硫氰酸钾-亚硝酸钠溶液 0.5 mL，摇匀，然后在每只容量瓶中加入 0.124 mol/L 硫酸铁铵-硝酸溶液 1.0 mL，用秒表计时，充分摇匀，放置于 30 ℃水浴中恒温 20 min 后依次取出，然后分别加入颜色固定剂 0.5 mL（加入颜色固定剂的间隔时间与加入硫酸铁铵-硝酸溶液的间隔时间严格控制一致），摇匀，放置 20 min 后用 1 cm 比色皿，在 460 nm 处，以蒸馏水为参比测定各吸光度值，绘制碘含量与吸光度值的标准工作曲线。

（2）试样溶液的测定　准确移取试样溶液 1.00 mL（含碘少于 1.2 μg）于 10 mL 容量瓶中，加碳酸钾溶液 0.7 mL，或准确称取试样溶液 0.5 mL（含碘少于 1.2 μg）于 10 mL 容量瓶中，加碳酸钾溶液作进行，测得试样溶液吸光度值，在标准工作曲线上查得试样溶液中的碘含量。

（六）测定结果的计算和表示

1. 计算

以质量分数表示试样中碘的含量（X），数值以毫克每千克（mg/kg）表示，按下式计算：

$$X = \frac{V_0 \times m_1}{V \times m}$$

式中　V_0——试样溶液总体积，单位为毫升（mL）；

　　　　V——测定时移取试样溶液的体积，单位为毫升（mL）；

　　　　m_1——由标准工作曲线上查得的碘含量，单位为微克（μg）；

　　　　m——试样质量，单位为克（g）。

2. 结果表示　每个试样取两个平行样进行测定，以其算术平均值为结果，所得结果应表示至小数点后两位。

（七）允许差

试样中碘含量大于 3.00 mg/kg，允许相对偏差为 30%；碘含量小于或等于 3.00 mg/kg，允许相对偏差为 50%。

五、饲料中铬的测定（原子吸收光谱法）

（一）原理

样品经高温灰化，用酸溶解后，注入原子吸收光谱检测器中，在一定浓度范围，其吸收值与铬含量成正比，与标准系列比较定量。

（二）试剂和溶液

除非另有说明，本方法所用试剂均为优级纯，水为超纯水或相应纯度的水，符合一级水的规定。

1. 浓硝酸。

2. 硝酸溶液　V（硝酸）$+V$（水）$=2+98$。

3. 硝酸溶液　V（硝酸）$+V$（水）$=20+80$。

4. 铬标准溶液

（1）铬标准储备液（100 mg/L）　称取 0.283 0 g 经 100～110 ℃烘至恒量的重铬酸钾，用水溶解，移入 1 000 mL 容量瓶中，稀释至刻度，此溶液每毫升相当于 0.1 mg 铬。

（2）铬标准液 1（20 mg/L）　量取 10.0 mL 铬标准储备液于 50 mL 容量瓶中，加硝酸溶液稀释至刻度，此溶液每毫升相当于 20 μg 铬。

（3）铬标准液 2（2 mg/L）　量取 1.0 mL 铬标准储备液于 50 mL 容量瓶中，加硝酸溶液稀释至刻度，此溶液每毫升相当于 2 μg 铬。

（4）铬标准液 3（0.2 mg/L）　量取 10.0 mL 铬标准储备液 2 于 100 mL 容量瓶中，加硝酸溶液稀释至刻度，此溶液每毫升相当于 0.2 μg 铬。

（三）仪器与设备

所有玻璃器具及坩埚均用硝酸溶液浸泡 24 h 或更长时间后，用纯净水冲洗，晾干。

1. 实验用样品粉碎机或研钵（无铬）。

2. 超纯水装置（Millipore）。

3. 分析天平　感量为 0.000 1 g。

4. 瓷坩埚 60 mL。

5. 可控温电炉 600 W。

6. 高温电炉（马福炉）。

7. 容量瓶 20、50、100、1 000 mL。

8. 移液管 0.5、1.0、2.0、3.0、5.0、10.0、25.0 mL。

9. 短颈漏斗 直径 6 cm。

10. 滤纸 11 cm、定量、快速。

11. 原子吸收光谱仪。

（四）试样制备

根据 GB/T 14699.1，采集具有代表性的饲料原料（包括饲料用皮革粉、水解皮革粉）、矿物元素预混料、复合预混料、浓缩料和配合饲料样品约 2 kg，用四分法缩减至 250 g 左右，磨碎过 1 mm 孔筛，混匀，装入密闭容器，为防止试样变质，应低温保存备用。

（五）分析步骤

1. 称取 0.1～10.0 g 试样（精确到 0.000 1 g），置于 60 mL 瓷坩埚中，在电炉上炭化完全后，置于马福炉内，由室温开始，徐徐升温，至 600 ℃灼烧 5 h，直至试样呈白色或灰白色、无炭粒为止。

冷却后取出，用硝酸 5 mL 溶解，过滤至 50 mL 容量瓶，并用纯净水反复洗涤坩埚和滤纸洗涤液并入容量瓶中，然后用纯净水定容，混匀，作为试样溶液。同时配制试剂空白液。

2. 测定

（1）测定条件 根据各自仪器性能调至最佳状态。

① 火焰法

光源：Cr 空心阴极灯。

波长：359.3 nm。

灯电流：7.5 mA。

狭缝宽度：1.30 nm。

燃烧头高度：7.5 mm。

火焰：空气-乙炔。

助燃气压力：160 kPa（流速 15.0 L/min）。

燃气压力：35 kPa（流速 2.3 L/min）。

氘灯背景校正。

② 石墨炉法

波长：359.3 nm。

狭缝宽度：1.30 nm。

灯电流：7.5 mA。

干燥温度：100 ℃，30 s。

灰化温度：900 ℃，20 s。

原子化温度：2 600 ℃，6 s。

清洗温度：2 700 ℃，4 s。

背景校正为塞曼效应。

（2）标准曲线绘制

① 火焰法　吸取 0.00、1.25、2.50、5.00、10.00、20.00 mL 铬标准溶液 1，分别置于 20 mL 容量瓶中，加硝酸溶液稀释至刻度，混匀，制成标准工作液。容量瓶中每毫升溶液分别相当于 0.00、1.25、2.50、5.00、10.00、20.00 μg 铬。

② 石墨炉法　吸取 0.00、1.25、2.50、5.00、10.00、20.00 mL 铬标准溶液 3 于 50 mL容量瓶中，加硝酸溶液稀释至刻度，混匀，制成标准工作液。容量瓶中每毫升溶液分别相当于 0.0、5.0、10.0、20.0、40.0、80.0 ng 铬。

③ 试样测定　将各铬标准工作液、试剂空白液和试样溶液分别导入调至最佳条件的原子化器中进行测定，测得其吸光值，代入标准系列的一元线性回归方程求得试样溶液中的铬含量。石墨炉法自动注入 20 μL。

（六）结果计算

1. 火焰法　饲料中铬的含量 X_1，以质量分数微克每克（μg/g）表示，按下式计算：

$$X_1 = \frac{(A_1 - A_2) \times V_1 \times 1\,000}{m_1 \times 1\,000}$$

式中　A_1——测定用试样溶液中铬的含量，单位为微克每毫升（μg/mL）；

　　　A_2——试剂空白液中铬的含量，单位为微克每毫升（μg/mL）；

　　　V_1——试样溶液的总体积，单位为毫升（mL）；

　　　m_1——试样质量，单位为克（g）。

计算结果为同一试样两个平行样的算术平均值，精确到小数点后两位。

2. 石墨炉法　饲料中铬的含量 X_2，以质量分数纳克每克（nm/g）表示，按下式计算：

$$X_2 = \frac{(m_2 - m_3) \times 1\,000}{m_4 \times (V_3/V_2) \times 1\,000}$$

式中　m_2——用于测定时的试样溶液中铬的质量，单位为纳克（ng）；

　　　m_3——用于测定时的试剂空白液中铬的质量，单位为纳克（ng）；

　　　m_4——试样质量，单位为克（g）；

　　　V_2——试样溶液的总体积，单位为毫升（mL）；

　　　V_3——用于测定时的试样溶液体积，单位为毫升（mL）。

计算结果为同一试样两个平行样的算术平均值，精确到小数点后两位。

（七）重复性

同一分析者对同一试样同时或快速连续地进行两次测定，所得结果相对偏差：

1. 在铬含量小于 10 mg/kg 时，相对偏差不得超过 20%。

2. 在铬含量大于或等于 10 mg/kg 时，相对偏差不得超过 10%。

第六节　饲料中维生素的测定

一、饲料中维生素 A 的测定（高效液相色谱法）

(一) 方法原理

用碱溶液皂化试验样品，乙醚提取未皂化的化合物，蒸发乙醚并将残渣溶解于正己烷中，将正己烷提取物注入用硅胶填充的高效液相色谱柱，用紫外检测器测定，外标法计算维生素 A 含量。

(二) 试剂和材料

除特殊注明外，本标准所用试剂均为分析纯，水为蒸馏水，色谱用水为去离子水，符合 GB/T 6682 中用水规定。

1. 无水乙醚　无过氧化物：

（1）过氧化物检查方法　用 5 mL 乙醚加 1 mL 10% 碘化钾溶液，振摇 1 min，如有过氧化物则放出游离碘，水层呈黄色。若加 0.5% 淀粉指示液，水层呈蓝色。该乙醚须处理后使用。

（2）去除过氧化物的方法　乙醚用 5% 硫代硫酸钠溶液振摇，静置，分取乙醚层，再用蒸馏水振摇，洗涤两次，重蒸，弃去首尾 5% 部分，收集馏出的乙醚，再检查过氧化物，应符合规定。

2. 乙醇。

3. 正己烷　重蒸馏（或光谱纯）。

4. 异丙醇　重蒸馏。

5. 甲醇，优级纯。

6. 2,6 二叔丁基对甲酚（BHT）。

7. 无水硫酸钠。

8. 氢氧化钾溶液　500 g/L。

9. 抗坏血酸乙醇溶液 5 g/L　取 0.5 g 抗坏血酸结晶纯品溶解于 4 mL 温热的蒸馏水中，用乙醇稀释至 100 mL，临用前配制。

10. 维生素 A 标准溶液

（1）维生素 A 标准贮备液　准确称取维生素 A 乙酸酯油剂（每克含 1.00×10^6 IU）0.100 0 g 或结晶纯品 0.034 4 g（符合中国药典）于皂化瓶中，按分析步骤皂化和提取，将乙醚提取液全部浓缩蒸发至干，用正己烷溶液残渣置入 100 mL 棕色容量瓶中并稀释至刻度，混匀，4 ℃保存。该贮备液浓度每毫升含 1 000 IU 维生素 A。

（2）维生素 A 标准工作液　准确吸取 1.00 mL 维生素 A 标准贮备液，用正己烷稀释100 倍；若用反相色谱测定，将 1.00 mL 维生素 A 标准贮备液置入 10 mL 棕色小溶量瓶中，用氮气吹干，用甲醇溶液并稀释至刻度，混匀，再按 1∶10 比例稀释。该标准工作液浓度为每毫升含 10 IU 维生素 A。

11. 酚酞指示剂乙醇溶液 10 g/L。

12. 氮气 99.9%。

（三）仪器设备

1. 实验室常用仪器设备。
2. 圆底烧瓶，带回流冷凝器。
3. 恒温水浴或电热套。
4. 旋转蒸发器。
5. 超纯水器（或全磨口玻璃蒸馏器）。
6. 高效液相色谱仪，带紫外检测器。

（四）试样的制备

选取有代表性的饲料样品至少 500 g，四分法缩减至 100 g，磨碎，全部通过 0.28 mm 孔筛，混匀，装入密闭容器中，避光低温保存备用。

（五）分析步骤

1. 试样溶液的制备

（1）皂化 称取配合饲料或浓缩饲料 10 g，精确至 0.001 g，维生素预混料和复合预混料 1～5 g，精确至 0.000 1 g，置于 250 mL 圆底烧瓶中，加 50 mL 抗坏血酸乙醇液，使试样完全分散、浸湿，加 10 mL 氢氧化钾溶液，混匀，置于沸水浴上回流 30 min，不时振荡防止试样黏附在瓶壁上，皂化结束，分别用 5 mL 乙醇、5 mL 水自冷凝管顶端冲洗其内部，取出烧瓶冷却至约 40 ℃。

（2）提取 定量的转移全部皂化液于盛有 100 mL 乙醚的 500 mL 分液漏斗中，用 30～50 mL 蒸馏水分 2～3 次冲洗圆底烧瓶并入分液漏斗，加盖、放气，随后混合，激烈振荡 2 min 静置分层。转移水相于第二个分液漏斗中，分次用 100、60 mL 乙醚重复提取两次，弃去水相，合并三次乙醚相。用蒸馏水每次 100 mL 洗涤乙醚提取液至中性，初次水洗时轻轻旋摇，防止乳化。乙醚提取液通过无水硫酸钠脱水，转移到 250 mL 棕色容量瓶中，加 100 mg BHT 使之溶液，用乙醚定容至刻度（V_{ex}）。以上操作均在避光通风柜内进行。

（3）浓缩 从乙醚提取液（V_{ex}）中分取一定体积（V_{ri}）（依据样品标示量、称样量和提取液量确定分取量）置于旋转蒸发器烧瓶中，在水浴温度约 50 ℃，部分真空条件下蒸发至干或用氮气吹，残渣用正己烷溶解（反相色谱用甲醇溶解），并稀释 10 mL（V_{en}）使其维生素 A 最后浓度为每毫升 5～10 μg，离心或通过 0.4 μm 过滤膜过滤，收集清液移入 2 mL 小试管中，用于高效液相色谱仪分析。

2. 测定

（1）高效液相色谱条件

① 正相色谱

柱长：12.5 cm，内径 4 mm，不锈钢柱。

固定相：硅胶 Lichrosorb si60，粒度 5 μm。

移动相：正己烷＋异丙醇（92＋2），恒量流动。

流速：1 mL/min。

温度：室温。

进样体积：20 μL。

检测器：紫外检测器，使用波长 326 nm。

保留时间：3.75 min。

② 反相色谱

柱长：12.5 cm，内径 4 mm，不锈钢柱。

固定相：ODS（或 C18），粒度 5 μm。

移动相：甲醇＋水（95＋5）。

流速：1 mL/min。

温度：室温。

进样体积：20 μL。

检测器：紫外检测器，使用波长 326 nm。

保留时间：4.57 min。

（2）定量测定　按高效液相色谱仪说明书调整仪器操作参数和灵敏度（AUFS）。色谱峰分离度符合要求（$R \geqslant 1.5$）（中国药典 1995 版附录）。向色谱柱注入相应的维生素 A 标准工作液（V_{st}）和试验溶液（V_i）得到色谱峰面积的响应值（P_{st}、P_i），得到色谱峰面积的响应值（P_{st}、P_i）用外标法定量测定。

（六）结果计算与表述

1. 计算　结果按下式计算：

$$\omega_A = \frac{P_1 \times V_{ex} \times V_{en} \times \rho_i \times V_{st}}{P_{st} \times m \times V_{ri} \times V_i \times f_i}$$

式中　ω_A——每克或每千克样品含维生素 A 的量，IU；

$\qquad m$——样品质量，g；

$\qquad V_{ex}$——提取液的总体积，mL；

$\qquad V_{ri}$——从提取液（V_{ex}）中分取的溶液体积，mL；

$\qquad \rho_i$——标准溶液浓度，μg/mL

$\qquad V_{st}$——从提取液（V_{ex}）中分取的溶液体积，μL；

$\qquad V_i$——从试验溶液中分取的进样体积，μL；

$\qquad P_{st}$——与标准溶液进样体积（V_{st}）相应的峰面积响应值；

$\qquad P_i$——与从试验溶液中分取的进样体积（V_i）相应的峰面积响应值；

$\qquad f_i$——转换系数，1 IU 相当于 0.344 μg 维生素 A 乙酸酯，或 0.300 μg 视黄醇活性。

2. 平行测定结果用算术平均值表示，保留有效数字 3 位。

（七）允许差

同一分析者对同一试样同时两次测定（或重复测定）所得结果的相对偏差：

每千克试样中含维生素 A 的量（IU）	相对偏差（%）
$1.00 \times 10^3 \sim 1.00 \times 10^4$	± 20
$>1.00 \times 10^4 \sim 1.00 \times 10^5$	± 15
$>1.00 \times 10^5 \sim 1.00 \times 10^6$	± 10
$>1.00 \times 10^6$	± 5

二、饲料中维生素 E 的测定（高效液相色谱法）

（一）方法原理

用碱溶液皂化试验样品，去除脂肪，使试样中天然生育酚释放出来并水解，添加的生育酚乙酸酯为游离的生育酚。乙醚提取未皂化的物质，蒸发乙醚，用正己烷溶解残渣。提取物注入高效液相色谱柱，用紫外检测器在 280 nm 处测定，外标法计算维生素 E(DL-α-生育酚 1 mg) 含量。

（二）试剂和材料

除特殊注明外，本标准所用试剂均为分析纯，水为蒸馏水，色谱用水为去离子水。

1. 无水乙醚 无过氧化物。

（1）过氧化物检查方法 用 5 mL 乙醚加 1 mL 10%碘化钾溶液，振摇 1 min，如有过氧化物则放出游离碘，水层呈黄色，或加 0.5%淀粉指示液，水层呈蓝色。该乙醚须处理后使用。

（2）去除过氧化物的方法 乙醚用 5%硫代硫酸钠溶液振摇，静置，分取乙醚层，再用蒸馏水振摇，洗涤两次，重蒸，弃去首尾 5%部分，收集馏出的乙醚，再检查过氧化物，应符合规定。

2. 乙醇。

3. 正己烷 重蒸馏（或光谱纯）。

4. 1,4-二氧六环。

5. 甲醇，优级纯。

6. 2,6 二叔丁基对甲酚（BHT）。

7. 无水硫酸钠。

8. 氢氧化钾溶液 500 g/L。

9. 抗坏血酸乙醇溶液 5 g/L 取 0.5 g 抗坏血酸结晶纯品溶解于 4 mL 温热的蒸馏水中，用乙醇稀释至 100 mL，临用前配制。

10. 维生素 E（DL－α－生育酚）**标准溶液**

（1）DL－α－生育酚标准贮备液　准确称取 DL－α－生育酚纯品测剂（USP）100.0 mg 于 100 mL 棕色容量瓶中，用正己烷溶解并稀释至刻度，混匀，4 ℃保存。该贮备液浓度每毫升含维生素 E1.0 mg。

（2）DL－α－生育酚标准工作液　准确吸取 5.00 mL DL－α－生育酚贮备液，用正己烷按 1∶20 比例稀释。若用反相色谱测定，将 1.00 mL DL－α－生育酚标准工作液置入 10 mL 棕色小溶量瓶中，用氮气吹干，用甲醇稀释至刻度，混匀，再按比例稀释。配制工作液浓度为每毫升含维生素 E50 μg。

11. 酚酞指示剂乙醇溶液　10 g/L。

（三）仪器设备

1. 实验室常用设备。
2. 圆底烧瓶，带回流冷凝器。
3. 恒温水浴或电热套。
4. 超纯水器（或全磨口玻璃蒸馏器）。
5. 高效液相色谱仪，带紫外检测器。

（四）试样的制备

按 GB/T 14699.1 采样，选取具有代表性的样品至少 500 g，四分法缩减至 100 g，磨碎，全部通过 0.28 mm 孔筛，混匀，装入密闭容器中，避光低温保存备用。

（五）分析步骤

以下操作避光进行。

1. 试样溶液的制备

（1）皂化　称取试样配合饲料和浓缩饲料 10 g，精确至 0.001 g，维生素预混料和复合预混料 1～5 g，精确至 0.000 1 g，置于 250 mL 圆底烧瓶中，加 50 mL 抗坏甲酸乙醇液，使试样完全分散、浸湿，置于水浴上加热，混合直到沸点，用氮气吹洗稍冷却，加 10 mL 氢氧化钾溶液，混合均匀，在氮气流下沸腾皂化回流 30 min，不时振荡防止试样黏附在瓶壁上，皂化结束，分别用 5 mL 乙醇、5 mL 水自冷凝管顶端冲洗其内部，取出烧瓶冷却至约 40 ℃。

（2）提取　定量的转移全部皂化液于盛有 100 mL 乙醚的 500 mL 分液漏斗中，用 30～50 mL 蒸馏水分 2～3 次冲洗圆底烧瓶并入分液漏斗，加盖、放气，随后混合，激烈振荡 2 min 静置、分层。转移水相于第二个分液漏斗中，分次用 100、60 mL 乙醚重复提取两次，弃去水相，合并三次乙醚相。用蒸馏水每次 100 mL 洗涤乙醚提取液至中性，初次水洗时轻轻旋摇，防止乳化。乙醚提取液通过无水硫酸钠脱水，转移到 250 mL 棕色容量瓶中，加 100 mg BHT 使之溶液，用乙醚定容至刻度（V_{ex}）。以上操作均在避光通风柜内进行。

（3）浓缩　从乙醚提取液（V_{ex}）中分取一定体积（V_{ri}）（依据样品标示量、称样量和提取液量确定分取量）置于旋转蒸发器烧瓶中，在部分真空，水浴温度约 50 ℃ 的条件下蒸发至干或用氮气吹干。残渣用正己烷溶解（反相色谱用甲醇溶解），并稀释 10 mL(V_{en}) 使其获得的溶液中每毫升含维生素 E(DL-α-生育酚) 50～100 μg，离心或通过 0.4 μm 过滤膜过滤，收集清液移入 2 mL 小试管中，用于高效液相色谱仪分析。

2. 测定

（1）高效液相色谱条件

① 正相色谱

柱长：12.5 cm，内径 4 mm，不锈钢柱。

固定相：硅胶 Lichrosorb si60，粒度 5 μm。

流速：1 mL/min。

温度：室温。

进样体积：10 μL。

检测器：紫外检测器，使用波长 280 nm。

保留时间：4.3 min。

② 反相色谱

柱长：12.5 cm，内径 4 mm，不锈钢柱。

固定相：ODS（或 C18），粒度 5 μm。

流速：1 mL/min。

温度：室温。

进样体积：20 μL。

检测器：紫外检测器，使用波长 280 nm。

保留时间：11.17 min。

（2）定量测定　按高效液相色谱仪说明书调整仪器操作参数和灵敏度（AUFS）。色谱峰分离度符合要求（$R \geqslant 1.5$）（中国药典 1995 版附录）。向色谱柱注入相应的维生素 E(DL-α-生育酚) 标准工作液（V_{st}）和试验溶液（V_i）得到色谱峰面积的响应值（P_{st}、P_i），用外标法定量测定。

（六）结果计算与表述

1. 计算　结果按下式计算：

$$\omega_1 = \frac{P_1 \times V_{ex} \times V_{en} \times \rho_i \times V_{st}}{P_{st} \times m \times V_{ri} \times V_i \times f_i}$$

式中　ω_1——每千克样品含维生素 E 的量，IU（或 kg）；

　　　m——样品质量，g；

　　　V_{ex}——提取液的总体积，mL；

　　　V_{ri}——从提取液（V_{ex}）中分取的溶液体积，mL；

　　　　ρ_i——标准溶液浓度，μg/mL

　　　V_{st}——从提取液（V_{ex}）中分取的溶液体积，μL；

V_i——从试验溶液中分取的进样体积，μL；

P_{st}——与标准溶液进样体积（V_{st}）相应的峰面积响应值；

P_i——与从试验溶液中分取的进样体积（V_i）相应的峰面积响应值；

f_i——转换系数，1 IU 维生素 E 相当于 0.909 mg DL-α-生育酚，或 1.0 mg DL-α-生育酚乙酸酯。

2. 平行测定结果用算术平均值表示，保留有效数字 3 位。

（七）允许差

同一分析者对同一试样同时两次测定（或重复测定）所得结果的相对偏差：

每千克试样中 DL-α-生育酚（mg）	相对偏差（%）
1.0～10	±20
≥10	±10

三、饲料中总抗坏血酸（维生素 C）的测定（邻苯二胺荧光法）

（一）方法原理

先将试样中抗坏血酸在弱酸性条件下提取出来，提取液中还原型抗坏血酸经活性炭氧化为脱氢抗坏血酸，与邻苯二胺（OPDA）反应生成有荧光的喹喔啉（quinoxaline），其荧光强度与脱氢抗坏血酸的浓度在一定条件下成正比，另外，根据脱氢抗坏血酸与硼酸可形成硼酸-脱氢抗坏血酸络合物而不与邻苯二胺反应，以此作为"空白"排除试样中荧光杂质的干扰。

（二）试剂

本标准所用试剂，除特殊说明外，均为分析纯。

实验室用水应符合 GB/T 6682 中三级水的规格。

1. 偏磷酸-乙酸溶液　称取 15 g 偏磷酸，加入 40 mL 冰乙酸及 250 mL 水，加温，搅拌，使之逐渐溶解，冷却后加水至 500 mol/L。于 4 ℃冰箱可保存 7～10 天。

2. 0.15 mol/L 硫酸溶液　取 10 mL 硫酸，小心加入水中，再加水稀释至 1 200 mL。

3. 偏磷酸-乙酸-硫酸溶液　以 0.15 mol/L 硫酸溶液为稀释液代替水，其余同步骤 1 配制。

4. 50%乙酸钠溶液　称取 500 g 乙酸钠（$CH_3COONa \cdot 3H_2O$），加水至 1 000 mL。

5. 硼酸-乙酸钠溶液　称取 3 g 硼酸，溶于 100 mL 乙酸钠溶液中。临用前配制。

6. 邻苯二胺溶液　称取 20 mg 邻苯二胺，于临用前用水稀释至 100 mL。

7. 抗坏血酸标准溶液（1 mg/mL）　准确称取 50 mg 抗坏血酸，用溶液溶于 50 mL 容量瓶中，并稀释至刻度。临用前配制。

8. 抗坏血酸标准工作溶液（100 μg/mL）　取 10 mL 抗坏血酸标准溶液，用溶液稀释至 100 mL。稀释前测试 pH，如其 pH 大于 2.2 时，则应用溶液稀释。

9. 0.04%百里酚蓝指示剂溶液 称取 0.1 g 百里酚蓝，加 0.02 mol/L 氢氧化钠溶液，在玻璃研钵中研磨至溶解，氢氧化钠的用量为 10.75 mL，磨溶后用水稀释至 250 mL。

变色范围：pH 等于 1.2 为红色，pH 等于 2.8 为黄色，pH 大于 4.0 为蓝色。

10. 活性炭的活化 加 200 g 炭粉于 1 L 盐酸（1＋9）中，加热回流 1～2 h，过滤，用水洗至无铁离子（Fe^{3+}）为止。置于 110～120 ℃烘箱中干燥，备用。

检验铁离子方法：利用普鲁士蓝反应。将 2%亚铁氰化钾与 1%盐酸等量混合，将上述洗出滤液滴入，如有铁离子则产生蓝色沉淀。

（三）仪器设备

1. 荧光分光光度计 激发波长 350 nm，发射波长 430 nm，1 cm 石英比色皿。

2. 实验室用样品粉碎机。

3. 实验室常用仪器、设备。

（四）试样制备

取具有代表性样品，用四分法缩分至 200 g，然后粉碎至过 0.45 mm（40 目）筛，混匀后装入密封容器，保存备用。

（五）测定步骤

1. 试样中碱性物质量的预检 称取试样 1 g 于烧杯中，加 10 mL 偏磷酸-乙酸溶液，用百里酚蓝指示剂检查 pH，如呈红色，即可用偏磷酸-乙酸溶液作样品提取稀释液。若呈黄色或蓝色，则滴加偏磷酸-乙酸-硫酸溶液，使其变红，并记录所用量。

2. 试样溶液的制备 称取试样若干克精确至（0.000 1 g，含抗坏血酸 2.5～10 mg）于 100 mL 容量瓶中，按 1 预检碱量，加偏磷酸-乙酸-硫酸溶液调至 pH 为 1.2，或者直接用偏磷酸-乙酸溶液定容，摇匀。如样品含大量悬浮物，则需进行过滤，滤液为试样溶液。

3. 测定步骤

（1）氧化处理 分别取上述试样溶液及标准工作溶液 100 mL 于 200 mL 带盖三角瓶中，加 2 g 活性炭，用力振摇 1 min，干法过滤，弃去最初数毫升，收集其余全部滤液，即为样品氧化液和标准氧化液。

（2）各取 10 mL 标准氧化液于两个 100 mL 容量瓶中分别标明"标准"及"标准空白"。

（3）各取 10 mL 样品氧化液于两个 100 mL 容量瓶中分别标明"样品"及"样品空白"。

（4）于"标准空白"及"样品空白"溶液中各加 5 mL 硼酸-乙酸钠溶液，混合摇动 15 min，用水稀释至 100 mL。

（5）于"标准"及"样品"溶液中各加 5 mL 乙酸钠溶液，用水稀释至 100 mL。

（6）荧光反应 取"标准空白"、"样品空白"溶液、"样品"溶液 2.0 mL，分别置于 10 mL 带盖试管中。在暗室迅速向各管中加入 5 mL 邻苯二胺溶液，振摇混合，在室温下反应 35 min，于激发波长 350 nm，发射波长 430 nm 处测定荧光强度。

（7）标准曲线的绘制　取上述"标准"溶液（抗坏血酸含量 10 μg/mL)0.5,1.0,1.5 和 2.0 mL 标准系列，各双份分别置于 10 mL 带盖试管中，再用水补充至 2.0 mL。以标准系列荧光强度分别减去标准空白荧光强度为纵坐标，对应抗坏血酸含量（μg）为横坐标，绘制标准曲线。

（六）分析结果的计算及表示

分析结果按下式计算：

$$X=\frac{nC}{m}$$

式中　X——每千克试样中含抗坏血酸及脱氢抗坏血酸总量，mg；

C——从标准曲线上查得的试样液中抗坏血酸的含量，μg；

m——试样质量，g；

n——试样溶液的稀释倍数。

所得结果表示到小数点后一位。

（七）允许差

每个试样称取两份试料进行平行测定，以其算术平均值为测定结果。

在每千克饲料中抗坏血酸的含量小于或等于 1 000 mg 时，测定结果的相对偏差不大于 10%。

在每千克饲料中抗坏血酸的含量大于 1 000 mg 时，测定结果的相对偏差不大于 5%。

四、饲料中维生素 K₃ 的测定（高效液相色谱法）

（一）原理

用三氯甲烷氨溶液提取维生素 K₃，并转化成游离甲萘醌，蒸发三氯甲烷，残渣溶解于甲醇中。用高效液相色谱测定，维生素 K₃（甲萘醌）经反相 C18 柱得到分离，紫外检测器检测，外标法计算。若以亚硫酸氢钠甲萘醌计需乘以校正系数。

（二）试剂和材料

除非另有规定，仅使用分析纯试剂。

1. 水，GB/T 6682 一级用水或相当纯度的超纯水。

2. 三氯甲烷。

3. 甲醇，色谱纯。

4. 氢氧化氨 25%。

5. 硅藻土（寅式盐）和无水硫酸钠混合物　3＋20（按质量）混合。

6. 甲萘醌，纯度 99.9%（作校准用）。

7. 标准溶液

（1）标准贮备液　准确称取 50 mg 甲萘醌纯品准确至±0.1 mg，溶于 50 mL 甲醇中，其贮备液浓度为每毫升含甲萘醌 1 mg，贮于棕色容量瓶中，在≤4 ℃冰箱中保存一周是稳定的。

（2）标准工作液　精确吸取甲萘醌标准贮备液，用甲醇稀释 200 倍，使该标准工作液浓度为每毫升含甲萘醌 5 μg。标准工作液当日配制。

8. 氮气，99.9%。

（三）仪器设备

1. 实验室常用仪器设备。
2. 超纯水装置（Milipore 或全磨口玻璃蒸馏器）。
3. 旋转振荡器。
4. 离心机，3 000 r/min。
5. 高效液相色谱仪，带紫外检测器、积分仪、记录仪。

（四）试样制备

选取有代表性的饲料样品至少 500 g，四分法缩减至 100 g，磨碎，全部通过 0.28 mm 孔筛，混匀，装入密闭容器中，避光低温保存备用。

（五）分析步骤

1. 总则　因维生素 K₃ 对空气和紫外光具敏感性，而且所用提取剂二氯甲烷氨溶液有异臭，所以全部操作均应避光并在通风橱内进行。

2. 试样溶液的制备

（1）称取试样　维生素预混料 0.25～0.5 g（精确至 0.1 g）或复合预混合饲料 1 g 或浓缩饲料、配合饲料 5 g（精确至 1 mg），置于 100 mL 具塞锥形瓶中，准确加入 50 mL 三氯甲烷放在旋转振荡器上旋转振荡 2 min。加 6 mL 25% 氢氧化氨旋转振荡 3 min。再加 10 g 硅藻土和无水硫酸钠混合物，于旋转振荡器上振荡 30 min，然后，用中速滤纸过滤（或移入离心管，离心 10 min）。

（2）根据三氯甲烷提取液中甲萘醌的预计浓度（依据样品标示量、称样量和提取液量确定分取量），吸取一定量的提取液移入蒸发瓶中，连接旋转蒸发器真空减压浓缩，水浴温度不超过 40 ℃，小心蒸发至体积约为 0.5 mL，解除真空时通入氮气避免氧化。（或定量吸取三氯甲烷提取液置入小容量瓶内用氮气流吹干）。用甲醇或移动相溶解残渣，稀释定容，使其最后溶液浓度为每毫升含甲萘醌 1～5 μg，如果需要可通过 0.45 μm 滤膜过滤，供注入 HPLC 测定。

3. 测定

（1）高效液相色谱条件

色谱柱：NoVa - pak C18，粒度 5 μm，长 15 cm，内径 3.9 mm，或相当的 C18 柱。

流动相：甲醇（4.3）＋水（4.1）为 750 mL＋250 mL。

流速：1 mL/min。

温度：室温。

检测器：紫外检测器，使用波长 251 nm。

（2）定量测定 按高效液相色谱仪说明书调整仪器操作参数和灵敏度（AUFS）。色谱峰分离（$R \geqslant 1.5$）。用两次以上相应的标准工作液对系统进行校正，向色谱柱交替注入相应的甲萘醌标准工作液和试样溶液得到色谱峰面积的响应值（P_{st}、P_i），用外标法定量测定。

（六）结果计算

1. 计算公式 饲料维生素 K_3 的含量，按下式计算：

$$\omega_i = \frac{P_1 \times V \times n \times \rho_i \times V_{st} \times f}{P_{st} \times m \times V_i}$$

式中 ω_i——每千克样品含维生素 K_3 的含量，单位为毫克（mg）；

m——样品质量，单位为克（g）；

V——提取液的总体积，单位为毫升 mL；

n——提取液稀释倍数；

ρ_i——维生素 K_3（甲萘醌）标准溶液浓度，单位为微克每毫升（μg/mL）；

V_{st}——维生素 K_3（甲萘醌）标准溶液进样体积，单位为微升 μL；

V_i——从试验溶液中分取的进样体积，单位为微升 μL；

P_{st}——与标准溶液进样体积（V_{st}）相应的峰面积响应值；

P——与从试验溶液中分取的进样体积（V_i）相应的峰面积响应值；

f——校正系数，结果按甲萘醌计量，系数为1；以亚硫酸氢钠甲萘醌计时系数 1.918 2。

2. 平行测定结果用算术平均值表示，保留小数后一位。

（七）重复性

同一分析者对同一试样同时两次测定所得结果的相对偏差：

每千克试样中含维生素 K_3 的含量（mg）	相对偏差（%）
<100	$\leqslant \pm 20$
100~1 000	$\leqslant \pm 15$
>1 000	$\leqslant \pm 10$

五、饲料中维生素 B_1 的测定（高效液相色谱法）

（一）原理

试样中维生素 B_1 经酸性提取液超声提取后，将过滤离心后的试样溶液注入高效液相色谱仪反相色谱系统中进行分离，用紫外（或二极管矩阵检测器）检测，外标法计算维生素 B_1 的含量。

（二）试剂和溶液

除特殊说明外，所用试剂均为分析纯，水为蒸馏水，色谱用水为去离子水，符合 GB/T 6682 中 1 级用水规定。

1. 乙二胺四乙酸二钠（EDTA） 优级纯。

2. 庚烷磺酸钠（PICB7） 优级纯。

3. 冰乙酸 优级纯。

4. 三乙胺 色谱纯。

5. 甲醇 色谱纯。

6. 乙醇溶液 25%（$V_1 \rightarrow V_2$）。

7. 提取液 在已装入约 700 mL 去离子水的 1 000 mL 容量瓶中，加入 50 mg EDTA 待全部溶解后，加入 25 mL 冰乙酸、5 mL 三乙胺，用去离子水定容至刻度摇匀。取 860 mL 上述溶液与 140 mL 甲醇混合即得。

8. 流动相 在已装入约 700 mL 去离子水的 1 000 mL 容量瓶中，加入 50 mg ED-TA 精确至 0.001 g，1.1 g 庚烷磺酸钠精确至 0.001 g，待全部溶解后加入 25 mL 冰乙酸、5 mL 三乙胺，用去离子水定容至刻度摇匀。用冰乙酸、三乙胺调节该溶液 pH 至 3.40±0.02，过 0.45 μm 滤膜。取该溶液 860 mL 与 140 mL 甲醇混合，超声脱气，待用。

9. 维生素 B_1 标准溶液

（1）维生素 B_1 标准贮备液 准确称取维生素 B_1 0.050 0 g 于 100 mL 棕色容量瓶中，加乙醇溶液超声 15 min，待全部溶解后，用乙醇溶液定容至刻度。此溶液浓度为 500 μg/mL，置 4 ℃冰箱保存，保存期 3 个月。

（2）维生素 B_1 标准工作液 A 准确吸取 2.00 mL 维生素 B_1 标准贮备液 A 于 50 mL 棕色容量瓶中，用流动相定容至刻度，该标准工作液浓度为 20 μg/mL。

（3）维生素 B_1 标准工作液 B 准确吸取 5.00 mL 维生素 B_1 标准贮备液 A 于 50 mL 棕色容量瓶中，用流动相定容至刻度，该标准工作液浓度为 2.0 μg/mL。

注：维生素 B_1 标准工作液 A 和 B 液单独配制时在 4 ℃冰箱中可保存一周；与其他维生素配制混合标准时在 4 ℃冰箱中最多保存两天。

（三）仪器设备

1. 实验室常用玻璃器皿。
2. pH 计（带温控，精确至 0.01）。
3. 超声波提取器。
4. 针头过滤器，备 0.45 μm（或 0.2 μm）滤膜。
5. 高效液相色谱仪，带紫外或二极管矩阵检测器。

（四）试样的制备

选取有代表性的饲料样品至少 500 g，四分法缩减至 100 g 磨碎，全部通过 0.28 mm

孔筛，混匀，装入密闭容器中，避光低温保存备用。

（五）分析步骤

注意：以下操作避光进行。

1. 试样溶液的制备　称取维生素预混合饲料 0.25～0.50 g，精确至 0.000 1 g；复合预混合饲料 1～3 g，精确至 0.001 g，置于 100 mL 棕色容量瓶中，加入 2/3 体积的提取液，在超声波提取器中超声提取 20 min（中间旋摇一次以防样品附着瓶底），待温度降至室温后用提取液定容至刻度，过滤，滤液过 0.45 μm（或 0.2 μm）滤膜，待上机。

2. 测定

（1）高效液相色谱条件

色谱柱：长 150 mm，内径 3.9 mm，不锈钢柱。

固定相：NoVa - pak C18，粒度 4 μm，或相当的 C18 柱。

流动相流速：0.80 mL/min。

温度：25～28 ℃。

进样体积：10 μL。

检测器：紫外或二极管矩阵检测器，使用波长：多种维生素联检为 280 nm，单检维生素 B_1 为 246 nm。

保留时间：7～8 min。

（2）定量测定　按高效液相色谱仪说明书调整仪器操作参数。根据所测样品维生素 B_1 的含量向色谱柱注入标准工作液 A 或 B 及试样溶液，得到色谱峰面积的响应值，取标准溶液峰面积的平均值定量计算。

标准工作液应在分析始末分别进行，在样品多时，分析中间应插入标准工作液校正出峰时间。

（六）结果计算

1. 计算　试样中维生素 B_1 含量按下式计算：

$$\omega_1 = \frac{P_i \times V \times C_i \times V_{st}}{P_{sti} \times m \times V_i}$$

式中　ω_1——试样中维生素 B_1 的含量，单位为毫克每千克（mg/kg）；

m——试样质量，单位为克（g）；

V_i——试样溶液进样体积，单位为微升（μL）；

P_i——试样溶液峰面积值；

C_i——标准溶液浓度，单位为微克每毫升（μg/mL）；

V_{st}——标准溶液进样体积，单位为微升（μL）；

P_{sti}——标准溶液峰面积平均值。

2. 平行测定结果用算术平均值表示，保留有效数字 3 位。

（七）重复性

同一分析者对同一试样同时两次测定所得结果的相对偏差：

维生素 B_1 含量（mg/kg）	相对偏差（%）
$\geqslant 5.00 \times 10^2$	$\leqslant \pm 5.0$
$< 5.00 \times 10^2$	$\leqslant \pm 10.0$

六、饲料中维生素 B_2 的测定（高效液相色谱法）

（一）原理

试样中维生素 B_2 经酸性提取液在 80～100 ℃水浴煮沸提取后，经过滤离心后的试样溶液注入高效液相色谱仪反相色谱系统中进行分离，用紫外（或二极管矩阵检测器）检测，外标法计算维生素 B_2 的含量。

（二）试剂和溶液

除特殊说明外，所用试剂均为分析纯，水为蒸馏水，色谱用水为去离子水，符合 GB/T 6682 中 1 级用水规定。

1. 乙二胺四乙酸二钠（EDTA）。

2. 庚烷磺酸钠（PICB7） 优级纯。

3. 冰乙酸 优级纯。

4. 三乙胺 色谱纯。

5. 甲醇 色谱纯。

6. 提取液 在已装入约 700 mL 去离子水的 1 000 mL 容量瓶中，加入 50 mg EDTA 待全部溶解后，加入 25 mL 冰乙酸、5 mL 三乙胺，用去离子水定容至刻度摇匀。

7. 流动相 在已装入约 700 mL 去离子水的 1 000 mL 容量瓶中，称入 50 mg（精确至 0.001 g）EDTA，1.1 g（精确至 0.001 g）庚烷磺酸钠，待全部溶解后加入 25 mL 冰乙酸、5 mL 三乙胺，用去离子水定容至刻度摇匀。用冰乙酸、三乙胺调节该溶液 pH 至 3.40± 0.02，过 0.45 μm 滤膜。取该溶液 860 mL 与 140 mL 甲醇混合，超声脱气，待用。

8. 维生素 B_2 标准溶液

（1）维生素 B_2 标准贮备液 准确称取维生素 B_2 0.0100 g 于 200 mL 棕色容量瓶中，加 1 mL 冰乙酸在沸水浴 80～100 ℃煮沸 30 min，待冷至室温后，用去离子水定容至刻度。此溶液浓度为 50 μg/mL，置 4 ℃冰箱保存，保存期 6 个月。

（2）维生素 B_2 标准工作液 准确吸取 5.00 mL 维生素 B_2 标准贮备液于 50 mL 棕色容量瓶中，用流动相定容至刻度，该标准工作液浓度为 5 μg/mL，待上机。

（三）仪器设备

1. 实验室常用玻璃器皿。

2. pH 计（带温控，精确至 0.01）。

3. 恒温水浴，0～100 ℃。

4. 针头过滤器，备 0.45 μm（或 0.2 μm）滤膜。

5. 高效液相色谱仪，带紫外或二极管矩阵检测器。

（四）试样的制备

选取有代表性的饲料样品至少 500 g，四分法缩减至 100 g 磨碎，全部通过 0.28 mm 孔筛，混匀，装入密闭容器中，避光低温保存备用。

（五）分析步骤

注意：以下操作避光进行。

1. 试样溶液的制备　称取维生素预混合饲料 0.25～0.50 g，精确至 0.000 1 g；复合预混合饲料 1～5 g，精确至 0.001 g，于 100 mL 棕色容量瓶中，加入 2/3 体积的提取液于 80～100 ℃水浴中煮沸 30 min，待冷却后，加 14 mL 甲醇，用提取液定容至刻度，混匀，过滤。维生素预混合饲料样液需由提取液进一步稀释 5～10 倍，取部分滤液过 0.45 μm（或 0.2 μm）滤膜，待上机。

2. 测定

（1）高效液相色谱条件

色谱柱：长 150 mm，内径 3.9 mm，不锈钢柱。

固定相：NoVa‑pak C18，粒度 4 μm，或相当的 C18 柱。

流动相流速：0.80 mL/min。

温度：25～28 ℃。

进样体积：10 μL。

检测器：紫外或二极管矩阵检测器，使用波长：多种维生素联检为 280 nm，单项维生素 B_2 为 267 nm。

保留时间：约 10 min。

（2）定量测定　按高效液相色谱仪说明书调整仪器操作参数。根据所测样品维生素 B_2 的含量向色谱柱注入标准工作液及试样溶液，得到色谱峰面积的响应值，取标准溶液峰面积的平均值定量计算。

标准工作液应在分析始末分别进行，在样品多时，分析中间应插入标准工作液校正出峰时间。

（六）结果计算

1. 计算　试样中维生素 B_2 含量按下式计算：

$$\omega_1 = \frac{P_i \times V \times C_i \times V_{st}}{P_{sti} \times m \times V_i}$$

式中　ω_1——试样中维生素 B_2 的含量，单位为毫克每千克（mg/kg）；

m——试样质量，单位为克（g）；

V_i——试样溶液进样体积，单位为微升（μL）；

P_i——试样溶液峰面积值；

C_i——标准溶液浓度，单位为微克每毫升（μg/mL）；

V_{st}——标准溶液进样体积，单位为微升（μL）；

P_{sti}——标准溶液峰面积平均值。

2. 平行测定结果用算术平均值表示，保留有效数字 3 位。

（七）重复性

同一分析者对同一试样同时两次测定所得结果的相对偏差：

维生素 B_2 含量（mg/kg）	相对偏差（%）
$\geqslant 5.00 \times 10^3$	$\leqslant \pm 5.0$
$< 5.00 \times 10^3$	$\leqslant \pm 10.0$

七、饲料中维生素 B_6 的测定（高效液相色谱法）

（一）原理

试样中的维生素 B_6 经酸性提取液超声提取后，注入高效相色谱仪反相色谱系统中进行分离，用紫外检测器（或二极管矩阵检测器）检测，外标法计算维生素 B_6 的含量。

（二）试剂和溶液

除非另有说明，所有试剂均为分析纯的试剂，水为蒸馏水，色谱用水为去离子水。

1. 乙二胺四乙酸二钠（EDTA）。

2. 庚烷磺酸钠（PICB7）　优级纯。

3. 冰乙酸　优级纯。

4. 三乙胺　色谱纯。

5. 甲醇　色谱纯。

6. 盐酸溶液　$C_{HCl} = 0.1 \, mol/L$。

7. 提取液　在已装入约 700 mL/L 去离子水的 1 000 mL 容量瓶中，加入 50 mg EDTA 待全部溶解后，加入 25 mL 冰乙酸、5 mL 三乙胺，用去离子水定容至刻度摇匀。取 860 mL 上述溶液与 140 mL 甲醇混合，即得。

8. 流动相　在已装入约 700 mL/L 去离子水的 1 000 mL 容量瓶中，称入 50 mg（精确至 0.001 g）EDTA、1.1 g（精确至 0.001 g）庚烷磺酸钠，待全部溶解后加入 25 mL 冰乙酸、5 mL 三乙胺，用去离子水定容至刻度摇匀。用冰乙酸、三乙胺调节该溶液 pH 至 3.40 ± 0.02，过 0.45 μm 滤膜。取该溶液 860 mL 与 140 mL 甲醇混合，超声脱气，待用。

9. 维生素 B_6 标准溶液

（1）维生素 B_6 标准贮备液　准确称取维生素 B_6 0.050 0 g 于 100 mL 棕色容量瓶中，加盐酸溶液约 2/3 体积，超声 15 min，待全部溶解后，用盐酸溶液定容至刻度。此溶液浓度为 500 μg/mL，冰箱 4 ℃避光保存，可使用 3 个月。

（2）维生素 B$_6$ 标准工作液 A　准确称吸取 2.00 mL 维生素 B$_6$ 标准贮备液于 50 mL 棕色容量瓶中，用流动相定容至刻度。该标准工作液浓度为 20 μg/mL。

（3）维生素 B$_6$ 标准工作液 B　准确称吸取 5.00 mL 维生素 B$_6$ 标准贮备液于 50 mL 棕色容量瓶中，用流动相定容至刻度。该标准工作液浓度为 2.0 μg/mL。

（三）仪器设备

1. 实验室常用玻璃器皿。
2. pH 计（带温控，精确至 0.01）。
3. 超声波提取器。
4. 针头过滤器，备 0.45 μm（或 0.2 μm）滤膜。
5. 高效液相色谱仪，带紫外或二极管矩阵检测器。

（四）试样的制备

选取具有代表性的样品至少 500 g，四分法缩减至 100 g，磨碎，全部通过 0.28 mm 孔筛，混匀，装入密闭容器中，避光低温保存备用。

（五）分析步骤

以下操作避光进行。

1. 试样溶液的制备　称取维生素预混合饲料称取 0.25～0.50 g，精确至 0.001 g 复合预混合饲料 2～3 g，精确至 0.000 1 g，于 100 mL 棕色容量瓶中，加入 2/3 体积的提取液在超声波提取器中超声提取 20 min（中间旋摇一次以防样品附着瓶底），待温度降至室温后用提取液定容至刻度，过滤（若滤液浑浊则需离心）。取部分清澈的溶液过 0.45 μm（或 0.2 μm）滤膜，浓度为 2.0～20 μg/mL 待上机。

2. 测定

（1）高效液相色谱条件

色谱柱：长 150 mm，内径 3.9 mm，不锈钢柱。

固定相：NoVa‐pak C18，粒度 4 μm，或相当的 C18 柱。

流动相流速：0.80 mL/min。

温度：25～28 ℃。

进样体积：10 μL。

检测器：紫外或二极管矩阵检测器，使用波长 280 nm。

保留时间：4～5 min。

（2）定量测定　按高效液相色谱仪说明书调整仪器操作参数。根据所测样品维生素 B$_6$ 的含量向色谱柱注入标准工作液（A 或 B）及试样溶液，得到色谱峰面积的响应值，取标准溶液峰面积的平均值定量计算。

标准工作液应在分析始末分别进行，在样品多时，分析中间应插入标准工作液校正出峰时间。

（六）结果计算

1. 计算　试样中维生素 B_6 含量按下式计算：

$$\omega_1 = \frac{P_i \times V \times C_i \times V_{st}}{P_{sti} \times m \times V_i}$$

式中　ω_1——试样中维生素 B_6 的含量，单位为毫克每千克（mg/kg）；

$\quad\quad m$——试样质量，单位为克（g）；

$\quad\quad V_i$——试样溶液进样体积，单位为微升（μL）；

$\quad\quad P_i$——试样溶液峰面积值；

$\quad\quad C_i$——标准溶液浓度，单位为微克每毫升（μg/mL）；

$\quad\quad V_{st}$——标准溶液进样体积，单位为微升（μL）；

$\quad\quad P_{sti}$——标准溶液峰面积平均值。

2. 平行测定结果用算术平均值表示，保留有效数字 3 位。

（七）重复性

同一分析者对同一试样同时两次测定所得结果的相对偏差：

维生素 B_6 含量（mg/kg）	相对偏差（%）
$>1.00 \times 10^3$	$\leqslant \pm 5.0$
$<10 \sim 1.00 \times 10^3$	$\leqslant \pm 10.0$

八、饲料中维生素 D_3 的测定（高效液相色谱法）

（一）方法原理

用碱溶液皂化试验样品，乙醚提取未皂化的化合物，蒸发乙醚，残渣溶解于甲醇并将部分溶液注入高效液相色谱净化柱中除去干扰物，收集含维生素 D_3 淋洗液馏分，蒸发至干，溶解于正己烷中，注入高效液相色谱分析柱，用紫外检测器在 264 nm 处测定，通过外标法计算维生素 D_3 的含量。

（二）试剂和材料

除特殊注明外，本标准所用试剂均为分析纯，水为蒸馏水，色谱用水为去离子水。

1. 无水乙醚　无过氧化物。

（1）过氧化物检查方法　用 5 mL 乙醚加 1 mL 10% 碘化钾溶液，振摇 1 min，如有过氧化物则放出游离碘，水层呈黄色。若加 0.5% 淀粉指示液，水层呈蓝色。该乙醚须处理后使用。

（2）去除过氧化物的方法　乙醚用 5% 硫代硫酸钠溶液振摇，静置，分取乙醚层，再用蒸馏水振摇，洗涤两次，重蒸，弃去首尾 5% 部分，收集馏出的乙醚，再检查过氧化物，应符合规定。

2. 乙醇。

3. 正己烷　重蒸馏（或光谱纯）。

4. 1,4-二氧六环。

5. 甲醇，优级纯。

6. 2,6 二叔丁基对甲酚（BHT）。

7. 无水硫酸钠。

8. 氢氧化钾溶液　500 g/L。

9. 抗坏血酸乙醇溶液 5 g/L　取 0.5 g 抗坏血酸结晶纯品溶解于 4 mL 温热的蒸馏水中，用乙醇稀释至 100 mL，临用前配制。

10. 氯化钠溶液 100 g/L。

11. 维生素 D_3 标准溶液

（1）维生素 D_3 标准贮备液　准确称取 50.0 mg 维生素 D_3（胆钙化醇）USP 结晶纯品，于 50 mL 棕色容量瓶中，用正己烷溶解并稀释至刻度，4 ℃保存。该贮备液浓度每毫升含 1 mg 维生素 D_3。

（2）维生素 D_3 标准工作液　准确吸取维生素 D_3 标准贮备液，用正己烷按 1∶100 比例稀释，该标准溶液浓度为每毫升含 10 μg(400 IU) 维生素 D_3。

12. 酚酞指示剂乙醇溶液　10 g/L。

13. 氮气，99.9%。

（三）仪器设备

1. 实验室常用仪器设备。
2. 圆底烧瓶，带回流冷凝器。
3. 恒温水浴或电热套。
4. 旋转蒸发器。
5. 超纯水器（或全磨口玻璃蒸馏器）。
6. 高效液相色谱仪（两套），带紫外检测器。

（四）试样的制备

选取有代表性的饲料样品至少 500 g，四分法缩减至 100 g，磨碎，全部通过 0.28 mm 孔筛，混匀，装入密闭容器中，避光低温保存备用。

（五）分析步骤

1. 试样溶液的制备

（1）皂化　称取试样，配合饲料 10～20 g，浓缩饲料 10 g，精确至 0.001 g，维生素预混料和复合预混料 1～5 g，精确至 0.0001 g，置于 250 mL 圆底烧瓶中，加 50～60 mL 抗坏甲酸乙醇液，使试样完全分散、浸湿，加 10 mL 氢氧化钾溶液，混匀，置于沸水浴上回流 30 min，不时振荡防止试样黏附在瓶壁上，皂化结束，分别用 5 mL 乙醇、5 mL 水自冷凝管顶端冲洗其内部，取出烧瓶冷却至约 40 ℃。

（2）提取　定量的转移全部皂化液于盛有 100 mL 乙醚的 500 mL 分液漏斗中，用 30～50 mL 蒸馏水分 2～3 次冲洗圆底烧瓶并入分液漏斗，加盖、放气，随后混合，激烈振荡 2 min 静置分层。转移水相于第二个分液漏斗中，分次用 100、60 mL 乙醚重复提取两次，弃去水相，合并三次乙醚相。用氯化钠溶液 100 mL 洗涤一次，再用蒸馏水每次 100 mL 洗涤乙醚提取液至中性，初次水洗时轻轻旋摇，防止乳化。乙醚提取液通过无水硫酸钠脱水，转移到 250 mL 棕色容量瓶中，加 100 mg BHT 使之溶液，用乙醚定容至刻度（V_{ex}）。以上操作均在避光通风柜内进行。

（3）浓缩　从乙醚提取液（V_{ex}）中分取一定体积（V_{ri}）（依据样品标示量、称样量和提取液量确定分取量）置于旋转蒸发器烧瓶中，在部分真空水浴温度约 50 ℃，部分真空条件下蒸发至干或用氮气吹，残渣用正己烷溶解［需净化时用甲醇溶解，按（4）进行］，并稀释 10 mL（V_{en}）使其获得的溶液中每毫升含维生素 D_3 2～10 μg（80～400 IU），离心或通过 0.4 μm 过滤膜过滤，收集清液移入 2 mL 小试管中，用于高效液相色谱仪分析。

（4）使用高效液相色谱净化柱提取　用 5 mL 甲醇溶解圆底烧瓶中的残渣，向高效液相色谱净化柱中注射 0.5 mL 甲醇溶液（按下面测定步骤中所述色谱条件，以维生素 D_3 标准甲醇溶液流出时间）收集含维生素 D_3 的馏分于 50 mL 小容量瓶中，蒸发至干（或用氮气吹干），溶解于正己烷中。所测样品的维生素 D_3 标示量在每千克超过 10 000 IU 范围时，可以不使用高效液相色谱净化柱，直接用分析柱分析。

2. 测定

（1）高效液相色谱净化条件

柱长和固定相：LichrosorbRP - 8，粒度 10 μm，25 cm×10 mm（内径）。

移动相：甲醇＋水（90＋10）。

流速：2.0 mL/min。

温度：室温。

检测器：紫外检测器，使用波长 264 nm。

（2）高效液相色谱分析条件

① 正相色谱

柱长：25 cm，内径 4 mm，不锈钢柱。

固定相：硅胶 Lichrosorb si60，粒度 5 μm。

移动相：正己烷＋1,4 -二氧六环（93＋7），恒量流动。

流速：1 mL/min。

温度：室温。

进样体积：20 μL。

检测器：紫外检测器，使用波长 264 nm。

保留时间：14.88 min。

② 反相色谱

柱长：12.5 cm，内径 4 mm，不锈钢柱。

固定相：ODS（或 C18），粒度 5 μm。

移动相：甲醇＋水（95＋5），恒量流动。

流速：1 mL/min。

温度：室温。

进样体积：20 μL。

检测器：紫外检测器，使用波长 264 nm。

保留时间：6.88 min。

（3）定量测定　按高效液相色谱仪说明书调整仪器操作参数和灵敏度（AUFS）。为准确测量按要求对分析柱进行系统适应性试验，使维生素 D_3 与维生素 D_3 原或其他峰之间有较好分离度，其 $R \geqslant 1.0$。向色谱柱注入相应的维生素 D_3 标准工作液（V_{st}）和试验溶液（V_i）得到色谱峰面积的响应值（P_{st}、P_i），得到色谱峰面积的响应值（P_{st}、P_i）用外标法定量测定。

（六）结果计算与表述

1. 计算　结果按下式计算：

$$\omega_D = \frac{P_i \times V_{ex} \times V_{en} \times V_{st} \times \rho_i \times 1.25}{P_{st} \times m \times V_{ri} \times V_i \times f_i}$$

式中　ω_D——每克或每千克样品含维生素 D_3 的量，IU；

$\quad\quad m$——样品质量，g；

$\quad\quad V_{ex}$——提取液的总体积，mL；

$\quad\quad V_{ri}$——从提取液（V_{ex}）中分取的溶液体积，mL；

$\quad\quad \rho_i$——标准溶液浓度，μg/mL

$\quad\quad V_{st}$——维生素 D_3 标准溶液进样体积，μL；

$\quad\quad V_i$——从试验溶液中分取的进样体积，μL；

$\quad\quad P_{st}$——与标准溶液进样体积（V_{st}）相应的峰面积响应值；

$\quad\quad P_i$——与从试验溶液中分取的进样体积（V_i）相应的峰面积响应值；

$\quad\quad f_i$——转换系数，1 国际单位（IU）维生素 D_3 相当于 0.025 μg 胆钙化醇；

$\quad\quad 1.25$——为回流皂化时生成维生素 D 原的校正因子。

注：标准维生素 D_3 结晶纯品与试样同样皂化处理后，所得标准溶液注入高效液相色谱分析以维生素 D_3 峰面积计算时可不乘1.25。

2. 平行测定结果用算术平均值表示，保留有效数字 3 位。

（七）允许差

同一分析者对同一试样同时两次测定（或重复测定）所得结果的相对偏差：

每千克试样中含维生素 D_3 的量（IU）	相对偏差（%）
$1.00 \times 10^3 \sim 1.00 \times 10^5$	±20
$>1.00 \times 10^5 \sim 1.00 \times 10^6$	±15
$>1.00 \times 10^6$	±10

第七节　饲料中有毒有害物质的检测

一、饲料中总砷的测定（银盐法-仲裁法）

（一）原理

样品经酸消解或干灰化破坏有机物，使砷呈离子状态存在，经碘化钾、氯化亚锡将高价砷还原为三价砷，然后被锌粒和酸产生的新生态氢还原为砷化氢。在密封装置中，被二乙氨基二硫代甲酸银（Ag-DDTC）的三氯甲烷溶液吸收，形成黄色或棕红色银溶胶，其颜色深浅与砷含量成正比，用分光光度计比色测定。

（二）试剂和溶液

以下试剂除特别注明外，均为分析纯，水应符合 GB/T 6682 二级水要求。

1. 硝酸、硫酸、高氯酸、盐酸、乙酸、碘化钾、L-抗坏血酸。

2. 无砷锌料，粒径 3.0±0.2 mm。

3. 混合酸溶液（A）　$HNO_3＋H_2SO_4＋HCl＝23＋3＋4$。

4. 盐酸溶液　$C_{HCl}＝1$ mol/L，量取 84.0 mL 盐酸，倒入适量水中，用水稀释到 1 L。

5. 盐酸溶液　$C_{HCl}＝3$ mol/L，量取 250.0 mL 盐酸，倒入适量水中，用水稀释到 1 L。

6. 乙酸铅溶液　200 g/L。

7. 硝酸镁溶液　150 g/L，称取 30 g 硝酸镁 $[Mg(NO_3)_2·6H_2O]$ 溶于水中，并稀释至 200 mL。

8. 碘化钾溶液　150 g/L，称取 75 g 碘化钾溶于水中，定容至 500 mL，贮存于棕色瓶中。

9. 酸性氯化亚锡溶液　400 g/L，称取 20 g 氯化亚锡（$SnCl_2·2H_2O$）溶于 50 mL 盐酸中，加入数颗金属锡粒，可用一周。

10. 二乙氨基二硫代甲酸银（Ag-DDTC）-三乙胺三氯甲烷吸收溶液　2.5 g/L，称取 2.5 g（精确到 0.001 g）Ag-DDTC 于干燥的烧杯中，加适量三氯甲烷待完全溶解后，转入 1 000 mL 容量瓶中，加入 20 mL 三乙胺，用三氯甲烷定容，于棕色瓶中存放在冷暗处。若有沉淀应过滤后使用。

11. 乙酸铅棉花　将医用脱脂棉在乙酸铅溶液（100 g/L）浸泡约 1 h，压除多余溶液，自然晾干，或在 90～100 ℃烘干，保存于密闭瓶中。

12. 砷标准储备溶液　1.0 mg/mL，精确称取 0.660 g 三氧化二砷（110 ℃，干燥 2 h），加 5 mL 氢氧化钠溶液使之溶解，然后加入 25 mL 硫酸溶液中和，定容至 500 mL。此溶液每毫升含 1.00 mg 砷，于塑料瓶中冷贮。

13. 砷标准工作溶液　1.0 μg/mL，准确吸取 5.00 mL 砷标准储备溶液于 100 mL 容量瓶中，加水定容，此溶液含砷 50 μg/mL。准确吸取 50 μg/mL 砷标准溶液 2.00 mL，于 100 mL 容量瓶中，加 1 mL 盐酸，加水定容，摇匀，此溶液每毫升相当于 1.0 μg 砷。

14. 硫酸溶液　60 mL/L，吸取 6.0 mL 硫酸，缓慢加入到约 80 mL 水中，冷却后用水稀释至 100 mL。

15. 氢氧化钠溶液　200 g/L。

(三)仪器

1. 砷化氢发生器　100 mL 带 30、40、50 mL 刻度线和侧管的锥形瓶。

2. 导气管　管径 Φ 为 8.0～8.5 mm；尖端孔 Φ 为 2.5～3.0 mm。

3. 吸收瓶　下部带 5 mL 刻度线。

4. 分光光光度计,波长范围　360～800 nm。

5. 分析天平　感量 0.000 1 g。

6. 可调式电炉。

7. 瓷坩埚　30 mL。

8. 高温炉　温控 0～950 ℃。

(四)分析步骤

1. 试料的处理

(1) 混合酸消解法　配合饲料及单一饲料,宜采用硝酸-硫酸-高氯酸消解法。称取试料 3～4 g(精确到 0.000 1 g),置于 250 mL 凯氏瓶中,加水少许湿润试样,加 30 mL 混合酸溶液(A),放置 4 h 以上或过夜,置电炉上从室温开始消解。待棕色气体消失后,提高消解温度,至冒白烟(SO₃)数分钟(务必赶尽硝酸),此时溶液应清亮无色或淡黄色,瓶内溶液体积近似硫酸用量,残渣为白色。若瓶内溶液呈棕色,冷却后添加适量硝酸和高氯酸,直到消解完全。冷却,加 10 mL 盐酸溶液煮沸,稍冷,转移到 50 mL 容量瓶中,用水洗涤凯氏瓶 3～5 次,洗液并入容量瓶中,然后用水定容,摇匀,待测。

试样消解液含砷小于 10 μg 时,可直接转移到砷化氢发生器中,补加 7 mL 盐酸,加水使瓶内溶液体积为 40 mL,从加 2 mL 碘化钾起以下按 3 操作步骤进行。

同时于相同条件下,做试剂空白实验。

(2) 盐酸溶样法

① 矿物元素饲料添加剂不宜加硫酸,应用盐酸溶样。称取试样 1～3 g(精确到 0.000 1 g)于 100 mL 高型烧杯中,加水少许湿润试样,慢慢加 10 mL 盐酸溶液,待激烈反应过后,再缓慢加入 8 mL 盐酸,用水稀释至约 30 mL 煮沸。转移到 50 mL 容量瓶中,洗涤烧杯 3 次～4 次,洗液并入容量瓶中,用水定容,摇匀,待测。

试样消解液含砷小于 10 μg 时,可直接转移到发生器中,用水稀释到 40 mL 并煮沸,从加 2 mL 碘化钾起以下按 3 操作步骤进行。

另外,少数矿物质饲料富含硫,严重干扰砷的测定,可用盐酸溶解样品中,往高型杯中加入 5 mL 乙酸铅溶液并煮沸,静置 20 min,形成的硫化铅沉淀过滤除之,滤液定容至 50 mL,以下按 3 规定步骤进行。

同时于相同条件下,做试剂空白实验。

② 硫酸铜、碱式氯化铜溶样　称取试样 0.1～0.5 g(精确到 0.000 1 g)于砷化氢发生器中(若遇砷含量高的样品时,应先定容,适当分取试样,使试液中砷含量在工作曲线

之内），加 5 mL 水溶解，加 2 mL 乙酸及 1.5 g 碘化钾，放置 5 min 后，加 0.2 g L-抗坏血酸使之溶解，加 10 mL 盐酸，然后用水稀释至 40 mL，摇匀，按照 3 规定步骤操作。

同时于相同条件下，做试剂空白实验。

（3）干灰化法 添加剂预混合饲料、浓缩饲料、配合饲料、单一饲料及饲料添加剂可选择干灰化法。

称取试样 2～3 g（精确到 0.000 1 g）于 30 mL 瓷坩埚中，加入 5 mL 硝酸镁溶液，混匀，于低温或沸水浴中蒸干，低温碳化至无烟后，然后转入高温炉于 550 ℃ 恒温灰化 3.5～4 h。取出冷却，缓慢加入 10 mL 盐酸溶液，待激烈反应过后，煮沸并转移到 50 mL 容量瓶中，用水洗涤坩埚 3～5 次，洗液并入容量瓶中，定容，摇匀，待测。

所称试样含砷小于 10 μg 时，可直接转移到发生器中，补加 8 mL 盐酸，加水至 40 mL 左右，加入 1 g 抗坏血酸溶解后，按 3 规定步骤操作。

同时于相同条件下，做试剂空白实验。

2. 标准曲线绘制 准确吸取砷标准工作溶液 (1.0 μg/mL)0.00、1.00、2.00、4.00、6.00、8.00、10.00 mL 于发生瓶中，加 10 mL 盐酸，加水稀释至 40 mL，从加入 2 mL 碘化钾起，以下按 3 规定步骤操作，测其吸光度，求出回归方程各参数或绘制出标准曲线。当更换锌粒批号或新配制 Ag-DDTC 吸收液、碘化钾溶液和氯化亚锡溶液，均应重新绘制标准曲线。

3. 还原反应与比色测定 从 （1）、（2）、（3） 处理好的待测液中，准确吸取适量溶液（含砷量应 ≥1.0 μg）于砷化氢发生器中，补加盐酸至总量为 10 mL，并用水稀释到 40 mL，使溶液盐酸浓度为 3 mol/L，然后向试样溶液、试剂空白溶液、标准系列溶液各发生器中，加入 2 mL 碘化钾溶液，摇匀，加入 1 mL 氯化亚锡溶液，摇匀，静置 15 min。

准确吸取 5.00 mL Ag-DDTC 吸收液于吸收瓶中，连接好发生吸收装置（勿漏气，导管塞有蓬松的乙酸铅棉花）。从发生器侧管迅速加入 4 g 无砷锌粒，反应 45 min，当室温低于 15 ℃ 时，反应延长至 1 h。反应中轻摇发生瓶 2 次，反应结束后，取下吸收瓶，用三氯甲烷定容至 5 mL，摇匀，测定。以原吸收液为参比，在 520 nm 处，用 1 cm 比色池测定。

（五）分析结果的计算与表达

1. 结果计算 试样中总砷含量 X，以质量分数（mg/kg）表示，按下式计算：

$$X = \frac{(A_1 - A_3) \times V_1 \times 1\,000}{m \times V_2 \times 1\,000}$$

式中 V_1——试样消解液定容总体积，单位为毫升（mL）；

V_2——分取试液体积，单位为毫升（mL）；

A_1——测试液中含砷量，单位为微克（μg）；

A_3——试剂空白液中含砷量，单位为微克（μg）；

m——试样质量，单位为克（g）。

若样品中砷含量很高，可用下式计算：

$$X = \frac{(A_2 - A_3) \times V_1 \times V_3 \times 1\,000}{m \times V_2 \times V_4 \times 1\,000}$$

式中 V_1——试样消解液定容总体积，单位为毫升（mL）；

V_2——分取试液体积，单位为毫升（mL）；

V_3——分取液再定容体积，单位为毫升（mL）；

V_4——测定时分取 V_3 的体积，单位为毫升（mL）；

A_2——测定用试液中含砷量，单位为微克（μg）；

A_3——试剂空白液中含砷量，单位为微克（μg）；

m——试样质量，单位为克（g）。

2. 结果表示 每个样品应做平行样，以其算术平均值为分析结果，结果表示到 0.001 mg/kg。当每千克试样中含砷量≥1.0 mg 时，结果取三位有效数字。

3. 允许差 分析结果的相对偏差，应不大于表所列允许差。

饲料中含砷量（mg/kg）	允许相对偏差（%）
≤1.00	≤20%
1.00～5.00	≤10%
5.00～10.00	≤5%
≥10.00	≤3%

二、饲料中汞的测定（原子荧光光谱分析法-仲裁法）

（一）原理

试样经酸加热消解后，在酸性介质中，试样中汞被硼氢化钾（KBH_4）或硼氢化钠（$NaBH_4$）还原成原子态汞，由载气（氩气）带入原子化器中，在特制汞空心阴极灯照射下，基态汞原子被激发至高能态，在去活化回到基态时，发射出特征波长的荧光，其荧光强度与汞含量成正比，与标准列比较定量。

（二）试剂

除非另有说明，在分析中仅使用确认为分析纯的试剂，水为去离子水或相当纯度的水。

1. 硝酸（优级纯）。

2. 30%过氧化氢。

3. 硫酸（优级纯）。

4. 混合酸液 硫酸＋硝酸＋水（1＋1＋8）：量取 10 mL 硝酸和 10 mL 硫酸，缓缓倒入 80 mL 水中，冷却后小心混匀。

5. 硝酸溶液 量取 50 mL 硝酸氢氧化钾，溶于水中，稀释至 1 000 mL 混匀。

6. 氢氧化钾溶液（5 g/L） 称取 5.0 g 氢氧化钾，溶于水中，稀释至 1 000 mL，混匀。

7. 硼氢化钾溶液（5 g/L） 称取 5.0 g 硼氢化钾，溶于 5.0 g/L 的氢氧化钾溶液中，并稀释至 1 000 mL，混匀，现用现配。

8. 汞标准储备溶液 按 GB/T 602—2002 中规定进行配制，或者选用国家标准物质—汞标准溶液（GBW 08617），此溶液每毫升相当于 1 000 μg 汞。

9. 汞标准工作溶液 吸取汞标准储备液 1 mL 于 100 mL 容量瓶中，用硝酸溶液稀释至刻度，混匀，此溶液浓度为 10 μg/mL。再分别吸取 10 μg/mL 汞标准溶液 1 mL 和气 5 mL 于两个 100 mL 容量瓶中，用硝酸溶液稀释于刻度，混匀，溶液浓度分别为 100 ng/mL 和 500 ng/mL，分别用于测定低浓度试样和高浓度试样，制作标准曲线，现用现配。

（三）仪器设备

1. 分析天平 感量 0.000 1 g。

2. 高压消解罐 100 mL。

3. 微波消解炉。

4. 实验用样品粉碎机或研钵。

5. 消化装置。

6. 原子荧光光度计。

7. 容量瓶 50 mL。

（四）分析步骤

1. 试样消解

（1）高压消解法 称取 0.5～2.00 g 试样，精确到 0.000 1 g，置于聚四氟乙烯塑料内罐中，加 10 mL 硝酸，混匀后放置过夜，再加 15 mL 过氧化氢，盖上内盖放入不锈钢外套中，旋紧密封。然后将消解罐放入普通干燥箱（烘箱）中加热，升温至 120 ℃后保持恒温 2～3 h，至消解完全，冷至室温，将消解液用硝酸溶液洗涤消解罐并定容至 50 mL 容量瓶中，摇匀。同时做试剂空白试验。待测。

（2）微波消解法 称取 0.20～1.0 g 试样，精确到 0.000 1 g，置于消解罐中加入 2～10 mL 硝酸，2～4 mL 过氧化氢，盖好安全阀后，将消解罐放入微波炉消解系统中，根据不同种类的试样设置微波炉消解系统的最佳分析条件（表 7-10 和表 7-11），至消解完全，冷却后用硝酸溶液洗涤消解罐并定容至 50 mL 容量瓶中（低含量试样可定容至 25 mL 容量瓶）混匀待测。同时做试剂空白试验。

表 7-10　饲料试样微波消解条件

步骤	1	2	3
功率（%）	50	75	90
压力（kPa）	343	686	1 096
升压时间（min）	30	30	30
保压时间（min）	5	7	5
排风量（%）	100	100	100

表 7 - 11　鱼油、鱼粉试样微波消解条件

步骤	1	2	3	4	5
功率（%）	50	70	80	100	100
压力（kPa）	343	514	686	959	1 234
升压时间（min）	30	30	30	30	30
保压时间（min）	5	5	5	7	5
排风量（%）	100	100	100	100	100

2. 标准系列配制

（1）低浓度标准系列　分别吸取 100 ng/mL 汞标准使用液 0.50、1.00、2.00、4.00、5.00 mL 于 50 mL 容量瓶中，用硝酸溶液稀释至刻度，混匀。各自相当于汞浓度 1.0、2.00、4.00、8.00、10.00 ng/mL。此标准系列适用于一般试样测定。

（2）高浓度标准系列　分别吸取 500 ng/mL 汞标准使用液 0.5、1.00、2.00、4.00、5.00 mL 于 50 mL 容量瓶中，用硝酸溶液稀释至刻度，混匀。各自相当于汞浓度 5.0、10.00、20.00、30.00、40.00 ng/mL。此标准系列适用鱼粉及含汞量偏高的试样测定。

3. 测定步骤

（1）仪器参考条件

光电倍增管负高压：260 V。

汞空心阴极灯电流：30 mA。

原子化器：温度 300 ℃，高度 8.0 mm。

氩气流速：载气 500 mL/min，屏蔽气 1 000 mL/min。

测量方法：标准曲线法。

读数方式：峰面积。

读数延迟时间：1.0 s。

读数时间：10.0 s。

硼氢化钾溶液加液时间：8.0 s。

标准或样液加液体积：2 mL。

仪器稳定后，测标准系列，至标准曲线的相关系数 $r>0.999$ 后测试样。

（2）测定方式

① 浓度测定方式　设定好仪器最佳条件，逐步将炉温升至所需温度后，稳定 10～20 min 后开始测量。连续用硝酸溶液进样，待读数稳定之后，转入标准系列测量，绘制标准曲线。转入试样测量，先用硝酸溶液进样，使读数基本回零，再分别测定试样空白和试样消化液，每测不同的试样前都应清洗进样器。

② 仪器自动计算结果方式　设定好仪器最佳条件，在试样参数画面输入以下参数：试样质量（g），稀释体积（mL），并选择结果的浓度单位，逐步将炉温升至所需温度，稳定后测量。连续用硝酸溶液进样，待读数稳定之后，转入标准系列测量，绘制标准曲线。在转入试样测定之前，再进入空白值测量状态，用试样空白消化液进样，让仪器取其均值作为空白值。随后即可依法测定试样。测定完毕后，选择"打印报告"即可将测定结果自

动打印。

(五) 测定结果

1. 计算　试样中汞的含量按下式进行计算：

$$\omega = \frac{(C-C_0) \times V \times 1\,000}{m \times 1\,000 \times 1\,000}$$

式中　ω——试样中汞的含量，单位为毫克每千克（mg/kg）；

　　　　C——试样消化液中汞的含量，单位为纳克每毫升（nm/mL）；

　　　　C_0——试剂空白液中汞的含量，单位为纳克每毫升（nm/mL）；

　　　　V——试样消化液总体积，单位为毫升（mL）；

　　　　m——试样质量，单位为克（g）。

2. 分析结果表示　每个试样平行测定 2 次，以其算术平均值为结果。
分析计算结果表示到 0.001 mg/kg。

3. 重复性　同一分析者对同一试样同时或快速连续地进行两次测定，所得结果之间的差值：

(1) 在汞含量小于或等于 0.020 mg/kg 时，不得超过平均值的 100%。

(2) 在汞含量大于 0.020 mg/kg 而小于 0.100 mg/kg 时，不得超过平均值的 50%。

(3) 在汞含量大于 0.100 mg/kg 时，不得超过平均值的 20%。

三、饲料中氰化物的测定（比色法-仲裁法）

(一) 原理

以氰苷形式存在于植物体内的氰化物经水浸泡水解后，在酸性溶液中进行水蒸气蒸馏，蒸出的氢氰酸被碱液吸收。在 pH 7.0 溶液中，用氯胺 T 将氰化物转变为氯化氰，再与异烟酸-吡唑酮作用，生成蓝色染料，与标准系列比较定量。

比色测定方法的最终蒸馏收集液中氢氰酸检出限为 0.01 μg/mL。

(二) 试剂和材料

1. 氢氧化钠溶液（20 g/L）。

2. 乙酸锌溶液（100 g/L）。

3. 酒石酸。

4. 氢氧化钠溶液（10 g/L）。

5. 氢氧化钠溶液（1 g/L）。

6. 酚酞-乙醇指示液（10 g/L）。

7. 乙酸溶液　乙酸＋水＝1+24。

8. 磷酸盐缓冲溶液（pH 7.0）　称取 34.0 g 无水磷酸二氢钾和 35.5 g 无水磷酸氢二钠，溶于水并稀释至 1 000 mL。

9. 氯胺 T 溶液　称取 1 g 氯胺 T（有效氯含量应在 11% 以上），溶于 100 mL 水中，临用时现配。

10. 异烟酸-吡唑酮溶液　称取 1.5 g 异烟酸溶于 24 mL 氢氧化钠溶液中，加水至 100 mL，另称取 0.25 g 吡唑酮溶液，溶于 20 mL N，N-二甲酰胺中，合并上述两种溶液，混匀。

11. 试银灵（对二甲氨基亚苄基罗丹宁）**溶液**　称取 0.02 g 试银灵，溶于 100 mL 丙酮中。

12. 硝酸银标准滴定溶液　$C_{AgNO_3} = 0.020$ mol/L，按 GB/T 601 规定配制和标定。

13. 氰化钾标准贮备溶液　称取 0.25 g 氰化钾，溶于水中，并稀释至 1 000 mL，此溶液每毫升约相当于 0.1 mg 氰化物，其准确度可在使用前用下法标定。

取上述溶液 10.0 mL，置于锥形瓶中，加 1 mL 氢氧化钠溶液，使溶液 pH 大于 11，加 0.1 mL 试银灵溶液，用硝酸银标准溶液滴定至橙红色。

14. 氰化钾标准工作液　根据氰化钾标准溶液的浓度吸取适量，用氢氧化钠溶液稀释成每毫升相当于 1 μg 氢氰酸。

警告：氰化钾属剧毒危险物，配制和使用该试剂时，请戴上保护眼镜和乳胶手套，实验时一旦皮肤或眼睛接触了氰化钾，应及时用大量的水冲洗。接触过氰化钾的容器和废液可用碱液调至 pH＞10，再加入 200 g/L 的硫酸亚铁溶液 50 mL，搅拌，充分反应后排放。

（三）仪器设备

1. 250 mL 玻璃水蒸气蒸馏装置。

2. 分光光度计。

（四）分析步骤

选取饲料样品至少 500 g，四分法缩减至 100 g，磨碎，通过 1 mm 孔筛，混匀，装入密闭容器中，保存备用。

1. 称取 10～20 g 试样于 250 mL 蒸馏瓶中，精确到 0.001 g，加水约 200 mL，塞严瓶口，在室温下放置 2～4 h，使其水解。加 20 mL 乙酸锌溶液，加 1～2 g 酒石酸，迅速连接好全部蒸馏装置，将冷凝管下端插入盛有 5 mL 氢氧化钠溶液的 100 mL 容量瓶的液面下，缓缓加热，通水蒸气进行蒸馏，收集蒸馏液近 100 mL，取下容量瓶，加水至刻度（V_1），混匀，取 10 mL 蒸馏液（V_2）置于 25 mL 比色管中。

2. 吸收取 0、0.30、0.6、0.9、1.2、1.5 mL 氰化钾标准工作液，（相当于 0、0.3、0.6、0.9、1.2、1.5 μg 氢氰酸），分别置于 25 mL 比色管中，各加水至 10 mL。于试样溶液及标准溶液中各加 1 mL 氢氧化钠溶液和 1 滴酚酞指示液，用乙酸调至红色刚刚消失，加 5 mL 磷酸盐缓冲溶液，加温至 37 ℃左右，再加入 0.25 mL 氯胺 T 溶液，加塞混合，放置 5 min，然后加入 5 mL 异烟酸-吡唑酮溶液，加水至 25 mL，混匀，于 25～40 ℃放置 40 min，用 2 cm 比色杯，以零管调节零点，于波长 638 nm 处测吸光度。

（五）结果计算

试样中氰化物（以氢氰酸计）的含量 X，以质量分数（mg/kg）表示，按下式进行计算：

$$X=\frac{A\times 1\,000}{m\times V_2/V_1\times 1\,000}$$

式中　A——测定试样溶液氢氰酸的质量，单位为微克（μg）（1 mL C_{AgNO_3}=0.020 mol/L
　　　　　硝酸银标准溶液相当于 1.08 mg 氢氰酸）；

　　　　m——试样质量，单位为克（g）；

　　　　V_1——试样蒸馏液总体积，单位为毫升（mL）；

　　　　V_2——测定用蒸馏液体积，单位为毫升（mL）。

（六）结果表示

每个试样取两份试料进行平行测定，以其算术平均值为测定结果，结果表示到三位有效数。

（七）重复性

同一分析者，同一实验室，使用同一台仪器，对同一试样同时或快速连续地进行两次测定，所得结果之间的差值：

在氰化物含量小于或等于 50 mg/kg 时，不得超过平均值的 20%。

在氰化物含量大于 50 mg/kg 时，不得超过平均值的 10%。

四、饲料中亚硝酸盐的测定（比色法）

（一）原理

样品在弱碱性条件下除去蛋白质，在弱酸性条件下试样中的亚硝酸盐与对氨基苯磺酸反应，生成重氮化合物，再与 N-1-萘基乙二胺耦合形成紫红色化合物，进行比色测定。

（二）试剂

试剂不加说明者，均为分析纯试剂，水应符合 GB/T 6682 三级用水。

1. 氯化铵缓冲液　1 000 mL 容量瓶中加入 500 mL 水，加入 20 mL 盐酸，混匀，加入 50 mL 氢氧化铵，用水稀释至刻度。用稀盐酸和稀氢氧化铵调节 pH 至 9.6～9.7。

2. 硫酸锌溶液（0.42 mol/L）　称取 120 g 硫酸锌（$ZnSO_4 \cdot 7H_2O$），用水溶解，并稀释至 1 000 mL。

3. 氢氧化钠溶液（20 g/L）　称取 20 g 氢氧化钠，用水溶解，并稀释至 1 000 mL。

4. 60%乙酸溶液　量取 600 mL 乙酸于 1 000 mL 容量瓶中，用水稀释至刻度。

5. 对氨基苯磺酸溶液　称取 5 g 对氨基苯磺酸，溶于 700 mL 水和 300 mL 冰乙酸中，置棕色瓶保存，1 周内有效。

6. N-1-萘基乙二胺溶液（1 g/L）　称取 0.1 g N-1-萘基乙二胺，加乙酸溶解并稀释至 100 mL，混匀后置棕色瓶中，在冰箱内保存，1 周内有效。

7. 显色剂　临用前将 N-1-萘基乙二胺溶液和对氨基苯磺酸溶液等体积混合。

8. 亚硝酸钠标准溶液 称取 250.0 mg 经 115±5 ℃烘至恒重的亚硝酸钠，加水溶解，移入 500 mL 容量瓶中，加 100 mL 氯化铵缓冲液，加水稀释至刻度，混匀，在 4 ℃避光保存。此溶液每毫升相当于 500 μg 亚硝酸钠。

9. 亚硝酸钠标准工作液 临用前，吸取亚硝酸钠标准溶液 1.00 mL，置于 100 mL 容量瓶中，加水稀释至刻度，此溶液每毫升相当于 5.0 μg 亚硝酸钠。

(三) 仪器与设备

1. 分光光度计 有 1 cm 比色杯，可在 550 nm 处测量。

2. 小型粉碎机。

3. 分析天平 感量 0.000 1 g。

4. 恒温水浴锅。

5. 容量瓶 100,200,500,1 000 mL。

6. 烧杯 100,200,500 mL。

7. 吸量管 1,2,5,10 mL。

8. 移液管 10 mL。

9. 容量瓶 25 mL。

10. 长颈漏斗 直径 75～90 mm。

(四) 试样的制备

采集有代表性的样品，四分法缩分至约 250 g，粉碎，过 1 mm 孔筛，混匀，装入密闭容器中，低温保存备用。

(五) 测定步骤

1. 试液制备 称取约 5 g 试样，精确到 0.001 g，置于 200 mL 烧杯中，加 70 mL 水和 1.2 mL 氢氧化钠溶液，混匀，用氢氧化钠溶液调至 pH 为 8～9，全部转移至 200 mL 容量瓶中，加 10 mL 硫酸锌溶液，混匀，如不产生白色沉淀，再补滴氢氧化钠溶液，直至产生沉淀为止，混匀，置 60 ℃水浴中加热 10 min，取出后冷却至室温，加水至刻度，混匀。放置 0.5 h，用滤纸过滤，弃去初滤液 20 mL，收集滤液备用。

2. 亚硝酸盐标准曲线的制备 吸取 0,0.5,1.0,2.0,3.0,4.0,5.0 mL 亚硝酸钠标准工作液（相当于 0,2.5,5,10,15,20,25 μg 亚硝酸钠），分别置于 25 mL 容量瓶中，于各瓶中分别加入 4.5 mL 氯化铵缓冲液，加 2.5 mL 乙酸后立即加入 5.0 mL 显色剂，加水至刻度，混匀，在避光处静置 25 min，用 1 cm 比色杯（灵敏度低时可换 2 cm 比色杯），以零管调节管点，于波长 538 nm 处测吸光度，以吸光度为纵坐标，各溶液中所含亚硝酸钠质量为横坐标，绘制标准曲线或计算回归方程。

含亚硝酸盐低的试样以制备低含量标准曲线计算，标准系列为：吸取 0,0.4,0.8,1.2,1.6,2.0 mL 亚硝酸钠标准工作液（相当于 0,2,4,6,8,10 μg 亚硝酸钠）。

3. 测定 吸取 10.0 mL 上述试液于 25 mL 容量瓶中，按 2 "分别加入 4.5 mL 氯化铵缓冲液" 起，进行显色和测量试液的吸光度（A_1）。

另取 10.0 mL 试液于 25 mL 容量瓶中，用水定容至刻度，以水调节零点，测定其吸光度（A_0）。从试液吸光度值 A_1 中扣除吸光度值 A_0 后得吸光度值 A，即 $A=A_1-A_0$，再将 A 代入回归方程进行计算。

（六）测定结果

1. 计算 公式如下：

$$X=\frac{m_2 \times V_1 \times 1\,000}{m_1 \times V_2 \times 1\,000}$$

式中　X——试样中亚硝酸盐（以亚硝酸钠计）的含量，单位为毫克每千克（mg/kg）；

m_1——试样质量，单位为克（g）；

m_2——测定用样液中亚硝酸盐（以亚硝酸钠计）的质量，单位为微克（μg）；

V_1——试样处理液总体积，单位为毫升（mL）；

V_2——测定用样液体积，单位为毫升（mL）；

1 000——单位换算系数。

2. 结果表示 每个试样取 2 个平行样进行测定，以其算术平均值为结果，表示到 0.1 mg/kg。

3. 重复性 同一分析者对同一试样同时或快速连续地进行两次测定，所得结果之间的相对偏差：

在亚硝酸盐（以亚硝酸钠计）含量小于或等于 20 mg/kg 时，不得大于 10%；

在亚硝酸盐（以亚硝酸钠计）含量大于 20 mg/kg 时，不得大于 5%。

五、饲料中游离棉酚的测定方法

（一）原理

在 3-氨基-1-丙醇存在下用异丙醇与正己烷的混合溶剂提取游离棉酚，用苯胺使棉酚转化为苯胺棉酚，在最大吸收波长 440 nm 处进行比色测定。

（二）试剂和溶液

除特殊规定外，本标准所用试剂均为分析纯，水为蒸馏水或相应纯度的水。

1. 异丙醇 [$(CH_3)_2CHOH$，HG 3—1167]。

2. 正己烷。

3. 冰乙酸（GB 676）。

4. 苯胺（$C_6H_5NH_2$，GB 691） 如果测定的空白试验吸收值超过 0.022 时，在苯胺中加入锌粉进行蒸馏，弃去开始和最后的 10% 蒸馏部分，放入棕色的玻璃瓶内贮存在（0~4 ℃）冰箱中，该试剂可稳定几个月。

5. 3-氨基本-1-丙醇（$H_2NCH_2CH_2CH_2OH$）。

6. 异丙醇-正己烷混合溶剂 6：4(V/V)。

7. 溶剂 A 量取约 500 mL 异丙醇、正己烷混合溶剂、2 mL 3-氨基-1 丙醇、8 mL

冰乙酸和 50 mL 水于 1 000 mL 的容量瓶中，再用异丙醇-正己烷混合溶剂定容至刻度。

(三) 仪器设备

1. 分光光度计 有 10 mm 比色池，可在 440 nm 处测量吸光度。

2. 振荡器 振荡频率 120~130 次/min（往复）。

3. 恒温水浴。

4. 具塞三角烧瓶 100、250 mL。

5. 容量瓶 25 mL（棕色）。

6. 吸量管 1、3、10 mL。

7. 移液管 10、50 mL。

8. 漏斗 直径 50 mm。

9. 表玻璃 直径 60 mm。

(四) 试样制备

采集具有代表性的棉子饼样品，至少 2 kg，四分法缩分至约 250 g，磨碎，过 2.8 mm 孔筛，混匀，装入密闭容器，防止试样变质，低温保存备用。

(五) 测定步骤

1. 称取 1~2 g 试样（精确到 0.001 g），置于 250 mL 具塞三角烧瓶中，加入 20 粒玻璃珠，用移液管准确加入 50 mL 溶剂 A，塞紧瓶塞，放入振荡器内振荡 1 h（每分钟 120 次左右）。用干燥的定量滤纸过滤，过滤时在漏斗上加盖一表玻璃以减少溶剂挥发，弃去最初几滴滤液，收集滤液于 100 mL 具塞三角烧瓶中。

2. 用吸量管吸取等量双份滤液 5~10 mL（每份含 50~100 μg 的棉酚）分别至两个 25 mL 棕色容量瓶 a 和 b 中，如果需要，用溶剂 A 补充至 10 mL。

3. 用异丙醇-正己烷混合溶剂稀释瓶 a 至刻度，摇匀，该溶液用作试样测定液的参比溶液。

4. 用移液管吸取 2 份 10 mL 的溶剂 A 分别至两个 25 mL 棕色容量瓶 a_0 和 b_0 中。

5. 用异丙醇-正己烷混合溶剂补充瓶 a_0 至刻度，摇匀，该溶液用作空白测定液的参比溶液。

6. 加 2.0 mL 苯胺于容量瓶 b 和 b_0 中，在沸水浴上加热 30 min 显色。

7. 冷却至室温，用异丙醇-正己烷混合溶剂定容，摇匀并静置 1 h。

8. 用 10 mm 比色池，在波长 440 nm 处，用分光光度计以 a_0 为参比溶液测定空白测定液 b_0 的吸光度，从试样测定液的吸光度值中减去空白测定液的吸光度值，得到校正吸光度 A。

(六) 测定结果

1. 计算 公式如下：

$$X=\frac{A\times1\ 250\times1\ 000}{m\times a\times V}=\frac{A\times1.25}{m\times a\times V}\times10^6$$

式中 X——游离棉酚含量，mg/kg；

A——校正吸光度；

V——测定用滤液的体积，mL；

α——质量吸收系数，游离棉酚为 62.5 cm^{-1} · g^{-1} · L。

2. 结果表示 每个试样取 2 个平行样进行测定，以其算术平均值为结果，表示到20 mg/kg。

3. 重复性 同一分析者对同一试样同时或快速连续地进行两次测定，所得结果之间的差值：

在游离棉酚含量小于 500 mg/kg 时，不得超过平均值的 15%；

在游离棉酚含量大于 500 mg/kg 而小于 750 mg/kg 时，不得超过 75 mg/kg；

在游离棉酚含量超过 750 mg/kg 时，不得超过平均值的 10%。

六、饲料中异硫氰酸酯的测定方法（气相色谱法）

（一）原理

配合饲料中存在的硫葡萄糖苷，在芥子酶的作用下生成相应的异硫氰酸酯，用二氯甲烷提取后再用气象色谱进行分析。

（二）试剂和溶液

除特殊规定外，本标准所用试剂均为分析纯，水为蒸馏水或相应纯度的水。

1. 二氯甲烷或氯仿（GB 682）。

2. 丙酮（GB 686）。

3. pH 7 缓冲液 市售或按下法配制。量取 35.3 mL 0.1 mol/L 柠檬酸（C$_6$H$_8$O$_7$ · H$_2$O）溶液，置入 200 mL 定容瓶中，用 0.2 mol/L 磷酸氢二钠（Na$_2$HPO$_4$ · 12H$_2$O，GB 1263）稀释至刻度，配制后检查 pH。

4. 无水硫酸钠。

5. 酶制剂 将白芥（Sinapis alba L.）种子（72 h 内发芽率必须大于 85%，保存期不超过两年）粉碎后，称取 100 g，用 300 mL 丙酮分 10 次脱脂，滤纸过滤，真空干燥脱脂白芥子粉，然后用 400 mL 水分两次提取脱脂粉中的芥子酶，离心，取上层混悬液体，合并，于合并混悬液中加入 400 mL 丙酮沉淀芥子酶，弃去上清液，用丙酮洗沉淀 5 次，离心，真空干燥下层沉淀物，研磨成粉状，装入密闭容器中，低温保存备用，此制剂应不含异硫氰酸酯。

6. 丁基异硫氰酯内标溶液 配制 0.100 mg/mL 丁基异硫氰酸酯 [CH$_3$（CH$_2$）$_3$NCS] 二氯甲烷或氯仿溶液，贮于 4 ℃，如试样中异硫氰酸酯含量较低，可将上述溶液稀释，使内标丁基异硫氰酸酯峰面积和试样中异硫氰酸酯峰面积相接近。

（三）仪器设备

1. 气相色谱仪　具有氢焰检测器。

2. 氮气钢瓶　其中氮气纯度为 99.99%。

3. 微量注射器　5 μL。

4. 分析天平　感量 0.000 1 g。

5. 实验室用样品粉碎机。

6. 振荡器（往复，200 次/min）。

7. 具塞锥形瓶　25 mL。

8. 离心机。

9. 离心试管　10 mL。

（四）试样制备

采集具有代表性的配合饲料样品，至少 2 kg，四分法缩分至约 250 g，磨碎，过 1 mm 孔筛，混匀，装入密封容器，防止试样变质，低温保存备用。

（五）测定步骤

1. 试样的酶解　称取约 2.2 g 试样于具塞锥形瓶中，精确到 0.001 g，加入 5 mL pH 7 缓冲液，30 mg 酶制剂，10 mL 丁基异硫氰酸酯内标溶液，振荡器振荡 2 h，将具塞锥形瓶中内容物转入离心试管中，离心机离心，用滴管吸取少量离心试管下层有机相溶液，通过铺有少量无水硫酸钠层和脱脂棉的漏斗过滤，得澄清滤液备用。

2. 色谱条件

（1）色谱柱　玻璃，内径 3 mm，长 2 m。

（2）固定液　20% FFAP（或其他效果相同的固定液）。

（3）载体　Chromosorb，W，HP，80～100 目（或其他效果相同的载体）。

（4）柱温　100 ℃。

（5）进样口及检测器温度　150 ℃。

（6）载气（氮气）流速　65 mL/min。

3. 测定　用微量注射器吸取 1～2 μL 上述澄清滤液，注入色谱仪，测量各异硫氰酸酯峰面积。

（六）测定结果

1. 计算　公式如下：

$$X = \frac{m_e}{115.19 \times S_e \times m} [(4/3 \times 99.15 \times S_a) + (4/4 \times 113.18 \times S_b) + (4/5 \times 127.21 \times S_p)] \times 1\,000$$

$$= \frac{m_e}{S_e \times m} (1.15S_a + 0.98S_p + 0.88S_p) \times 1\,000$$

式中　X——试样中异硫氰酸酯的含量，mg/kg；

m——试样质量，g；

m_e——10 mL 丁基异硫氰酸酯内标溶液中丁基异硫氰酸酯的质量，mg；

S_e——丁基异硫氰酸酯的峰面积；

S_a——丙烯基异硫氰酸酯的峰面积；

S_b——丁烯基异硫氰酸酯的峰面积；

S_p——戊烯基异硫氰酸酯的峰面积。

2. 结果表示　每个试样取 2 个平行样进行测定，以其算术平均值为结果。结果表示到 1 mg/kg。

3. 重复性　同一分析者对同一试样同时或快速连续地进行两次测定，所得结果之间的差值：

在异硫氰酸酯含量小于或等于 100 mg/kg 时，不超过平均值的 15%。

在异硫氰酸酯含量大于 100 mg/kg 时，不超过平均值的 10%。

七、饲料中噁唑烷硫酮的测定方法

(一) 原理

饲料中的硫葡萄糖苷被硫葡萄糖苷酶（芥子酶）水解，再用乙醚萃取生成的噁唑烷硫酮，用紫外分光光度计测定。

(二) 试剂和溶液

除特殊规定外，本标准所用试剂均为分析纯，水为蒸馏水或相应纯度的水。

1. 乙醚　光谱纯或分析纯。

2. 去泡剂　正辛醇（$C_6H_{17}OH$）。

3. pH 7.0 缓冲液　取 35.3 mL 0.1 mol/L 柠檬酸（$C_6H_8O_7 \cdot H_2O$，HG 3—1108）溶液（21.01 g/L）于一个 200 mL 容量瓶中，再用 0.2 mol/L 磷酸氢二钠溶液调节 pH 至 7.0。

4. 酶源　用白芥（*Sinapis alba* L.）种子（72 h 内发芽率必须大于 85%，保存期不得超过两年）制备，白芥籽磨细，使 80% 通过 0.28 mm 孔径筛子，用正己烷或石油醚（沸程 40～60 ℃）提取其中脂肪，使残油不大于 2%，操作温度保持 30 ℃ 以下，放通风橱于室温下使溶剂挥发。此酶源置具塞玻璃瓶中 4 ℃ 下保存，可用 5 周。

(三) 仪器设备

1. 分析天平　感量 0.001 g。

2. 样品筛　孔径 0.28 mm。

3. 样品磨。

4. 玻璃干燥器。

5. 恒温干燥箱　103±2 ℃。

6. 三角烧瓶　25、100、250 mL。

7. 容量瓶 25、100 mL。

8. 烧杯 50 mL。

9. 分液漏斗 50 mL。

10. 移液管 2 mL。

11. 振荡器 振荡器频率 100 次/min（往复）。

12. 分光光度计 有 10 mm 石英比色池，可在 200～300 nm 处测量吸光度。

(四) 试样制备

采集具有代表性的样品至少 500 g，四分法缩分至 50 g，再磨细，使其 80% 能通过 0.28 mm 筛。

(五) 测定步骤

1. 称取试样 ［菜子饼（粕）1.1 g，配合饲料 5.5 g］于事先干燥称重（精确到 0.001 g）的烧杯中，放入恒温干燥箱，在 103±2 ℃下烘烤至少 8 h，取出置干燥器中冷至室温，再称重，精确到 0.001 g。

2. 试样的酶解 将干燥称重的试样全倒入一 250 mL 三角烧瓶中，加入 70 mL 沸缓冲液，并用少许冲洗烧杯，使冷却至 30 ℃，然后加入 0.5 g 酶原和几滴去泡剂，于室温下振荡 2 h。立即将内容物定量转移至 100 mL 容量瓶中，用水洗涤三角烧瓶，并稀释至刻度，过滤至 100 mL 三角烧瓶中，滤液备用。

3. 试样测定 取上述滤液［菜子饼（粕）1.0 mL，配合饲料 2.0 mL］，至 50 mL 分液漏斗中，每次用 10 mL 乙醚提取两次，每次小心从上面取出上层乙醚。合并乙醚层于 25 mL 容量瓶中，用乙醚定容至刻度。从 200 nm 至 280 nm 测定其吸光度值，用最大吸光度值减去 280 nm 处的吸光度值得试样测定吸光度值 A_E。

4. 试样空白测定 ［菜子饼（粕）此项免去，A_B 为零］ 按 1、2、3 同样操作，只加试样不加酶源，测得值为试样空白吸光度值 A_B。

5. 酶原空白测定 按 1、2、3 同样操作，只加试样不加酶源，测得值为试样空白吸光度值 A_C。

(六) 测定结果

1. 计算 公式如下：

$$X = (A_E - A_B - A_C) \times C_P \times 25 \times 100 \times 10^{-3} \times \frac{1}{m} = \frac{A_E - A_B - A_C}{m} \times 20.5$$

式中 X——试样中噁唑烷硫酮的含量，以每克绝干样中噁唑烷硫酮的毫克数表示；

A_E——试样测定吸光度值；

A_B——试样空白吸光度值；

A_C——酶源空白吸光度值；

C_P——转换因素，吸光度为 1 时，每升溶液中噁唑烷硫酮的毫克数，其值为 8.2；

m——试样绝干质量，g。

若试样测定液经过稀释，计算时应予考虑。

2. 结果表示 每个试样取 2 个平行样进行测定，以其算术平均值为结果。结果表示到 0.01 mg/g。

3. 重复性 同一分析者对同一试样同时或快速连续地进行两次测定，所得结果之间的差值：

(1) 在噁唑烷硫酮含量小于或等于 0.20 mg/g 时，不得超过平均值的 20%；

(2) 在噁唑烷硫酮含量大于 0.2 mg/g 而小于 0.5 mg/g 时，不得超过平均值的 15%；

(3) 在噁唑烷硫酮含量等于或大于 0.50 mg/g 时，不得超过平均值的 10%；

八、饲料中黄曲霉素 B₁ 的测定方法

(一) 原理

样品中黄曲霉素 B₁ 经提取、柱层析、洗脱、浓缩、薄层分离后，在波长 365 nm 紫外光下产生蓝紫色荧光，根据其在薄层上显示荧光的最低检出量来测量含量。

(二) 试剂

1. 三氯甲烷 （GB 682—78）。

2. 正己烷 （HG 3—1003—76）。

3. 甲醇 （GB 683—79）。

4. 苯 （GB 690—77）。

5. 乙腈 （HGB 3329—60）。

6. 无水乙醚或乙醚经无水硫酸钠脱水 （HGB 1002—76）。

7. 丙酮 （GB 686—78）。

以上试剂于试验时先进行一次试剂空白试验，如不干扰测定即可使用。否则需逐一检查进行重蒸。

8. 苯-乙腈混合液 量取 98 mL 苯，加 2 mL 乙腈混匀。

9. 三氯甲烷-甲醇混合液 取 97 mL 三氯甲烷，3 mL 甲醇混匀。

10. 硅胶 柱层析用 80～200 目。

11. 硅胶 G 薄层色谱用。

12. 三氟乙酸。

13. 无水硫酸钠 （HG 3—123—76）。

14. 硅藻土。

15. 黄曲霉毒素 B₁ 标准溶液。

(1) 仪器校正 测定重铬酸钾溶液的摩尔消光系数，以求出使用仪器的校正因素：精密称取 25 mg 经干燥的重铬酸钾（基准级）。用 0.009 mol/L 硫酸溶解后准确稀释至 200 mL（相当于 0.000 4 mol/L 的溶解）。再吸取 25 mL 此稀释液于 50 mL 容量瓶中，加工厂

0.009 mol/L 硫酸稀释至刻度（相当于 0.000 2 mol/L 溶液）。再吸取 25 mL 此稀释液于 50 mL 容量瓶中，加 0.009 mol/L 硫酸稀释至刻度（相当于 0.000 1 mol/L 溶液）。用 1 cm 石英杯，在最大吸收峰的波长处（接近 350 nm）用 0.009 mol/L 硫酸作空白，测得以上三种不同浓度的摩尔溶液的吸光度。并按下式计算出以上三种浓度的摩尔消光系数的平均值：

$$E_1 = \frac{A}{m}$$

式中　E_1——重铬酸钾溶液的摩尔消光系数；

　　　A——测得重铬酸钾溶液的吸光度；

　　　m——重铬酸钾溶液的摩尔浓度。

再以此平均值与重铬酸钾的摩尔消光系数值 3 160 比较，按下式求出使用仪器的校正因素：

$$f = \frac{3\ 160}{M}$$

式中　f——使用仪器的校正因素；

　　　M——测得重铬酸钾摩尔消光系数平均值。

　　　若 f 大于 0.95 或小于 1.05，则使用仪器的校正因素的可略而不计。

（2）10 μg/mL 黄曲霉毒素 B_1 标准溶液的制备　精密称取 1～1.2 mg 黄曲霉毒素 B_1 标准品，先加入 2 mL 的乙腈溶解后，再用苯稀释至 100 mL，置于 4 ℃冰箱保存。

用紫外分光光度计测此标准溶液的最大吸收峰的波长及该波长的吸光度值，并按下式计算该标准溶液的浓度：

$$X_1 = \frac{A \times M \times 1\ 000 \times f}{E_2}$$

式中　X_1——黄曲霉毒素 B_1 标准溶液的浓度，μg/mL；

　　　A——测得的吸光度值；

　　　M——黄曲霉毒素 B_1 的相对分子质量，312；

　　　E_2——黄曲霉毒素 B_1 在苯-乙腈混合液中的摩尔消光系数，19 800。

根据计算，用苯-乙腈混合液调到标准液浓度恰为 10 μg/mL，并用分光光度计核对其浓度。

（3）纯度的测定　取 5 μL 10 μg/mL 黄曲霉毒素 B_1 标准溶液滴加于涂层厚度 0.25 mm 的硅胶 G 薄层板上。用甲醇-氯仿（4∶96）与丙酮∶氯仿（8∶92）展开剂展开，在紫外光灯下观察荧光的产生，必须符合以下条件：

① 在展开后，只有单一的荧光点，无其他杂质荧光点。

② 原点上没有任何残留的荧光物质。

16. 黄曲霉毒素 B_1 标准使用液　精密吸收 1 mL 10 μg/mL 标准溶液于 10 mL 容量瓶中，加苯-乙腈混合液至刻度，混匀，此溶液每毫升相当于 1 μg 黄曲霉毒素 B_1。吸取 1.0 mL 此稀释液置于 5 mL 容量瓶中，加苯-乙腈混合液稀释至刻度，此溶液每毫升相当于 0.2 μg 黄曲霉毒素 B_1。另吸收 1.0 mL 此液置于 5 mL 容量瓶中，加苯-乙腈混合液稀释至刻度。此溶液每毫升相当于 0.04 μg 黄曲霉毒素 B_1。

17. 次氯酸钠溶液（消毒用）　取 100 g 漂白粉，加入 500 mL 水，搅拌均匀。另将 80 g 工业用碳酸钠（$Na_2CO_3 \cdot 10H_2O$）溶于 500 mL 温水中，再将两液混合，搅拌、澄清后过滤。此滤液含次氯酸钠浓度约为 2.5%。若用漂白粉精制备则碳酸钠的量可以加倍。所得溶液的浓度约为 5%，污染的玻璃仪器用 1% 次氯酸钠溶液浸泡半天或用 5% 次氯酸钠溶液浸泡片刻后即可达到去毒效果。

（三）仪器

1. 小型粉碎机。

2. 分样筛一套。

3. 电动振荡器。

4. 层析管内径 22 mm，长 300 mm，下带活塞，上有贮液器。

5. 玻璃板：5 cm×20 cm。

6. 薄层板涂布器。

7. 展开槽　内长 25 cm、宽 6 cm、高难度 4 cm。

8. 紫外光灯　波长 365 nm。

9. 天平。

10. 具塞刻度试管 10.0 mL，2.0 mL。

11. 旋转蒸发器或蒸发皿。

12. 微量注射器或血色素吸管。

（四）操作方法

1. 取样　样品中污染黄曲霉毒素高的毒粒可以左右测定结果。而且有毒霉粒的比例小，同时分布不均匀。为避免取样带来的误差必须大量取样，并将该大量粉碎样品混合均匀，才有可能得到确能代表一批样品的相对可靠的结果，因此采样必须注意。

（1）根据规定检取有代表性样品。

（2）对局部发霉变质的样品要检验时，应单独取样检验。

（3）每份分析测定用的样品应用大样经粗碎与连续多次四分法缩减至 0.5～1 kg，全部粉碎。样品全部通过 20 目筛，混匀，取样时应搅拌均匀。必要时，每批样品可采取三份大样作样品制备及分析测定用。以观察所采样品是否具有一定的代表性。

2. 样品的制备　如果样品脂肪含量超过 5%，粉碎前应脱脂。如果经脱脂，分析结果以未脱脂样品计。

3. 提取　取 20 g 制备样品，置于磨口锥形烧瓶中，加硅藻土 10 g，水 10 mL，三氯甲烷 100 mL，加塞，在振荡器上振荡 30 min，用滤纸过滤，滤液至少 50 mL。

4. 柱层析纯化

（1）柱的制备　加三氯甲烷约 2/3，加无水硫酸钠 5 g，使表面平整，小量慢加柱层析硅胶 10 g，小心排除气泡，静置 15 min，现慢慢加入 10 g 无水硫酸钠，打开活塞，让液体流下，直至液体到达硫酸钠层上表面，关闭活塞。

（2）纯化　用移液管取 50 mL 滤液，放入烧杯中，加正己烷 100 mL，混合均匀，把混合液定量转移至层析柱中，用正己烷洗涤烧杯倒入柱中。打开活塞，使液体以 8～12 mL/min 流下，直至到达硫酸钠层上表面，再把 100 mL 乙醚倒入柱子，使液体再流至硫酸钠层上表面，弃去以上收集液体。整个过程保证柱不干。

用三氯甲烷-甲醇液 150 mL 洗脱柱子，用旋转蒸发器烧瓶收集全部洗脱液。在 50 ℃以下减压蒸馏，用苯-乙腈混合液定量转移残留物到刻度试管中，经 50 ℃以下水浴气流挥发，使液体体积到 2.0 mL 为止。洗脱液也可在蒸发皿中经 50 ℃以下水浴气流挥发干，再用苯-乙腈转移至具塞刻度试管中。

如用小口径层析管进行层析，则全部试剂按层析管内径平方之比缩小。

5. 单向展开法测定

(1) 薄层板的制备　称取约 3 g 硅胶 G，加相当于硅胶量 2～3 倍左右的水，用力研磨 1～2 min 至成糊状后立即倒入涂布器内，推成 5 cm×20 cm，厚度约 0.25 mm 的薄层板三块。在空气中干燥约 15 min，在 100 ℃活化 2 h，取出放干，于干燥器中保存。一般可保存 2～3 天，若放置时间较长，可再活化后使用。

(2) 点样　将薄层板边缘附着的吸附剂刮净，在距薄层板下端 3 cm 的基线上用微量注射器或血色素吸管滴加样液。一块板可滴加四个点，点距边缘和点间距约为 1 cm，点直径约 3 mm。在同一块上滴加点的大小应一致，滴加时可用吹风机用冷风边吹边加。滴加样式如下：

① 10 μL 0.04 μg/mL 黄曲霉毒素 B_1 标准使用液。

② 16 μL 样液。

③ 16 μL 样液＋10 μL 0.04 μg/mL 黄曲霉毒素 B_1 标准使用液。

④ 16 μL 样液＋10 μL 0.2 μg/mL 黄曲霉毒素 B_1 标准使用液。

(3) 展开与观察　在展开槽内加 10 mL 无水乙醚预展 12 cm，取出挥干，再于另一展开槽内加 10 mL 丙酮-三氯甲烷（8∶92），展开 10～12 cm，取出，在紫外光灯下观察结果，方法如下：

① 由于样液点上加滴黄曲霉毒素 B_1 标准使用液，可使黄曲霉毒素 B_1 标准点与样液中的黄曲霉毒素 B_1 荧光点重叠。如样液为阴性，薄层板上的第三点中黄曲霉毒素 B_1 为 0.000 4 μg，可用作检查在样液内黄曲霉毒素 B_1 最低检出量是否正常出现；如为阳性，则起定位作用。薄层板上的第四点中黄曲霉毒素 B_1 为 0.002 μg，主要起定位作用。

② 若第二点在与黄曲霉毒素 B_1 标准点的相应位置上无蓝紫色荧光点，表示样品中黄曲霉毒素 B_1 含量在 5 μg/kg 以下；如在相应位置上有蓝紫色荧光点，则需进行确证试验。

(4) 确证试验　为了证实薄层板上样液荧光系由黄曲霉毒素 B_1 产生的，加滴三氟乙酸，产生黄曲霉毒素 B_1 的衍生物，展开后此衍生物的比移值约在 0.1 左右。

方法：于薄层板左右依次滴加两个点。

① 16 μg 样液。

② 10 μL 0.04 μg/mL 黄曲霉毒素 B_1 标准使用液。

于以上两点各加 1 小滴三氟乙酸钙于样点上，反应 5 min 后，用吹风机吹热风 2 min，使热风吹到薄层板上的温度不高于 40 ℃。再于薄层板上滴加以下两个点：

③ 16 μg 样液。

④ 10 μL 0.04 μg/mL 黄曲霉毒素 B_1 标准使用液。

再展开同前。在紫外光灯下观察样液是否产生与黄曲霉毒素 B_1 标准点相同的衍生物。未加三氟乙酸的三、四两点，可依次作为样液与标准的衍生物空白对照。

（5）稀释定量　样液中的黄曲霉毒素 B_1 荧光点的荧光强度如与黄曲霉毒素 B_1 标准点的最低检出量（0.004 μg）的荧光强度一致，则样品中黄曲霉毒素 B_1 含量即为 5 μg/kg。如样液中荧光强度比最低检出量强，则根据其强度估计减少滴加微升数或将样液稀释后再滴加不同的微升数，直至样液点的荧光强度与最低检出量的荧光强度一致为止。滴加式样如下：

① 10 μL 0.04 μg/mL 黄曲霉毒素 B_1 标准使用液。

② 根据情况滴加 10 μL 样液。

③ 根据情况滴加 15 μL 样液。

④ 根据情况滴加 20 μL 样液。

（6）计算和结果的表示

$$X_2 = 0.000\,4 \times \frac{V_1 \times D}{V_2} \times \frac{1\,000}{m}$$

式中　X_2——样品中黄曲霉毒素 B_1 含量，μg/kg；

　　　V_1——加入苯-乙腈混合液的体积，mL；

　　　V_2——出现最低荧光时滴加样液的体积，mL；

　　　D——样液的总稀释倍数；

　　　m——加苯-乙腈混合液溶解时相当样品的质量，g；

　　0.000 4——黄曲霉毒素 B_1 的最低检出量，μg。

6. 双向展开法测定　如果单向展开法展开后，薄层色谱由于杂质扰掩盖了黄曲霉毒素 B_1 的荧光强度，需采用双向展开法。薄层板先用无水乙醚作横向展开，将干扰的杂质展至样液点的一边而黄曲霉毒素 B_1 不动，然后再用丙酮-三氯甲烷（8∶92）作纵向展开，样品在黄曲霉毒素 B_1 相应处的杂质底色大量减少。因而提高了方法灵敏度，如用双向展开法中滴加两点法，展开仍有杂质干扰时则可改用滴加一点法。

（1）滴加两点法

① 点样　取薄层板三块，在距下端 3 cm 基线上滴加黄曲霉毒素 B_1 标准溶液与样液。即在三块板的距左边缘 0.8～1 cm 处各滴加 10 μL 0.04 μg/mL 黄曲霉毒素 B_1 标准使用液。在第三块板的样液点上加滴 10 μL 0.2 μg/mL 黄曲霉毒素 B_1 标准使用液。

② 展开

Ⅰ 横向展开：在展开槽内的长边置一玻璃支架，加入 10 mL 无水乙醚。将上述点好的薄层板靠标准点的长边置于展开槽内展开，展至板端后，取出挥干，或根据情况需要时可再重复展开 1～2 次。

Ⅱ 纵向展开：挥干的薄层板以丙酮∶三氯甲烷（8∶92）展开至 10～12 cm 为止。丙酮与三氯甲烷的比例根据不同条件自行调节。

③ 观察及评定结果 在紫外灯下观察第一、二板。若第二板的第二点在黄曲霉毒素 B_1 标准点的相应处出现荧光点，而第一板在与二板的相同位置上未出现荧光点，则样品中黄曲霉毒素 B_1 含量在 5 $\mu g/kg$ 以下。

若第一板在与第二板的相同位置上出现荧光点，则将第二块板与第三块板比较，看第三块板上第二点与第一板上第二点的相同位置上的荧光点是否与黄曲霉毒素 B_1 标准点重叠，再进行确证试验。在具体测定中，第一、二、三板可以同时作，也可按照顺序作。如果按顺序作，当在第一板出现阴性时，第三板可以省略。如第一板为阳性，则第二板可以省略，直接作第三板。

④ 确证试验 另取两块薄层板。于第四、第五两板距边缘 0.8～1 cm 处各滴加 10 μL 0.04 $\mu g/mL$ 黄曲霉毒素 B_1 标准使用液及一小滴三氟乙酸；距左边缘 2.8～3 cm 处，第四板滴加 16 μL 样液及 1 小滴三氟乙酸。第五板滴加 16 μL 样液，10 μL 0.04 $\mu g/mL$ 黄曲霉毒素 B_1 标准使用液及 1 小滴三氟乙酸，产生衍生物的步骤同单向展开法，再用双向展开法展开后，观察样液是否产生与黄曲霉毒素 B_1 标准点重叠的衍生物。观察时，可将第一板作为样液的衍生物空白板。

如样液黄曲霉毒素 B_1 含量高时，则将样液稀释后，按④作确证试验。

⑤ 稀释定量 如样液黄曲霉毒素 B_1 含量高时，按④稀释定量操作，如黄曲霉毒素 B_1 含量低稀释倍数小，在定量的纵向展开板上仍有杂质干扰，影响结果的判断，可将样液作双向展开测定，以确定含量。

⑥ 计算 同步骤 5 的 (6)。

(2) 滴加一点法

① 点样 取薄层板三块，在距下端 3 cm 基线上滴加黄曲霉毒素 B_1 标准使用液与样液。即在三块板距左边缘 0.8～1 cm 处各滴加 16 μL 样液，在第二板的点上加滴 10 μL 0.04 $\mu g/mL$ 黄曲霉毒素 B_1 标准使用液，在第三板的点上加滴 10 μL 0.2 $\mu g/mL$ 黄曲霉毒素 B_1 标准使用液。

② 展开 同 (1) 的②的横向展开与纵向展开。

③ 观察及评定结果 在紫外灯下观察第一、第二板，如第二板出现最低检出量的黄曲霉毒素 B_1 标准点，而第一板与其相同位置上未出现荧光点，样品中黄曲霉毒素 B_1 在 5 $\mu g/kg$ 以下。如第一块板在与第二块板黄曲霉毒素 B_1 标准点相同位置上出现荧光点，将则第一板与第三板比较，第第三板上与第一板相同位置上的荧光点是否与黄曲霉毒素 B_1 标准点重叠，如果重叠，再进行以下确证试验。

④ 确证试验 于距左边缘 0.8～1 cm 处，第四板滴加 16 μL 样液，10 μL 0.04 $\mu g/mL$ 黄曲霉毒素 B_1 标准使用液及一小滴三氟乙酸。产生衍生物及展开方式同上。再将以上二板在紫外光灯下观察以确定样液点是否产生与黄曲霉毒素 B_1 标准点重叠的衍生物，观察时可将第一板作为样液的衍生物的空白板。

经过以上确证试验定为阳性后，再进行稀释定量，如含黄曲霉毒素 B_1 低，不需稀释或稀释倍数小，杂质荧光仍有严重干扰时，可根据样液中黄曲霉毒素 B_1 荧光的强弱，直接用双向展开法定量，或与单向展开法结合，方法同上。

⑤ 计算 同步骤 5 的 (6)。

九、饲料中镉的测定方法

（一）原理

以干灰化法分解样品，在酸性条件下，有碘化钾存在时，镉离子与碘离子形成络合物，被甲基异丁酮萃取分离，将有机相喷入空气-乙炔火焰，使镉原子化，测定其对特征共振线 228.8 nm 的吸光度，与标准系列比较而求得镉的含量。

（二）试剂和溶液

除特殊规定外，本标准所用试剂均为分析纯，水为重蒸馏水。

1. 硝酸（GB 626）优级纯。

2. 盐酸（GB 622）优级纯。

3. 2 mol/L 碘化钾溶液　称取 322 g 碘化钾（GB 1272），溶于水，加水稀释至 1 000 mL。

4. 5% 抗坏血酸液　称取 5 g 抗坏血酸（$C_6H_8O_6$），溶于水，加水稀释至 100 mL（临用时配制）。

5. 1 mol/L 盐酸溶液　取 10 mL 盐酸，加入 110 mL 水，摇匀。

6. 甲基异丁酮 [$CH_3COCH_2CH(CH_3)_2$，HG 3—1118]。

7. 镉标准贮备液　称取高纯金属镉（Cd，99.99%）0.100 0 g 于 250 mL 三角烧瓶中，加入 10 mL 1 : 1 硝酸，在电热板上加热溶解完全后，蒸干，取下冷却，加入 20 mL 1 : 1 盐酸及 20 mL 水，继续加热溶解取下冷却后，移入 1 000 mL 容量瓶中，用水稀释至刻度，摇匀，此溶液每毫升相当于 100 μg 镉。

8. 镉标准中间液　吸取 10 mL 镉标准贮备液于 100 mL 容量瓶中，以 1 mol/L 盐酸稀释至刻度，摇匀，此溶液每毫升相当于 10 μg 镉。

9. 镉标准工作液　吸取 10 mL 镉标准贮备液于 100 mL 容量瓶中，以 1 mol/L 盐酸稀释至刻度，摇匀，此溶液每毫升相当于 1 μg 镉。

（三）仪器设备

1. 分析天平　感量 0.000 1 g。

2. 马福炉。

3. 原子吸收分光光度计。

4. 硬质烧杯　100 mL。

5. 容量瓶　50 mL。

6. 具塞比色管　25 mL。

7. 吸量管　1、2、5、10 mL。

8. 移液管　5、10、15、20 mL。

（四）试样制备

采集具有代表性的饲料样品，至少 2 kg，四分法缩分至约 250 g，磨碎，过 1 mm

筛，混匀，装入密封广口试样瓶中，防止试样变质，低温保存备用。

（五）测定步骤

1. 试样处理 准确称取 5～10 g 试样于 100 mL 硬质烧杯中，置于马福炉内，微开炉门，由低温开始，先升至 200 ℃保持 1 h，再升至 300 ℃保持 1 h，最后升温至 500 ℃灼烧 16 h，直至试样成白色或灰白色，无碳粒为止。

取出冷却，加水润湿，加 10 mL 硝酸，在电热板或砂浴上加热分解试样至近干，冷后加 10 mL 1 mol/L 盐酸溶液反复洗涤烧杯，洗液并入容量瓶中，以 1 mol/L 盐酸溶液稀释至刻度，摇匀备用。

若为石粉、磷酸盐等矿物试样，可不用干灰化法，称样后，加 10～15 mL 硝酸（或盐酸），在电热板或沙浴上加热分解试样至近干，其余同上处理。

2. 标准曲线绘制 精确分取镉标准工作液 0、1.25、2.50、5.00、7.50、10.00 mL，分别置于 25 mL 具塞比色管中，以 1 mol/L 盐酸溶液稀释至 15 mL，依次加入 2 mL 碘化钾溶液，摇匀，加 1 mL 抗坏血酸溶液，摇匀，准确加入 5 mL 甲基异丁酮，振动萃取 3～5 min，静置分层后，有机相导入原子吸收分光光度计，在波长 228.8 nm 处测其吸光度，以吸光度为纵坐标，浓度为横坐标，绘制标准曲线。

3. 测定 准确分取 15～20 mL 待测试样溶液及同量试剂空白溶液于 25 mL 具塞比色管中，依资助加入 2 mL 碘化钾溶液，其余同标准曲线绘制测定步骤。

（六）测定结果

1. 计算 公式如下：

$$X = \frac{A_1 - A_2}{mV_2/V_1} = \frac{V_1(A_1 - A_2)}{mV_2}$$

式中 X——试样中镉的含量，mg；kg；

A_1——待测试样溶液中镉的质量，μg；

A_2——试剂空白溶液中镉的质量，μg；

m——试样质量，g；

V_2——待测试样溶液体积，mL；

V_1——试样处理液总体积，mL。

2. 结果表示 每个试样取 2 个平行样进行测定，以其算术平均值为结果。结果表示到 0.01 mg/kg。

3. 重复性 同一分析者对同一试样同时或快速连续地进行两次测定，所得结果之间的差值：

在镉的含量大于或等于 0.5 mg/kg 时，不得超过平均值的 50%；

在镉的含量大于 0.5 mg/kg 而小于 1 mg/kg 时，不得超过平均值的 30%；

在镉的含量大于或等于 1 mg/kg 时，不得超过平均值的 20%。

十、饲料中氟的测定（离子选择性电极法）

（一）原理

氟离子选择电极的氟化镧单晶膜对氟离子产生选择性的对数响应，氟电极和饱和甘汞电极在被测试液中，电位差可随溶液中氟离子的活度的变化而改变，电位变化规律符合能斯特方程式。

E 与 $\lg C_F$ 呈线性关系。$2.303RT/F$ 为该直线的斜率（25 ℃时为 59.16）。

在水溶液中，易与氟离子形成络合物的三价铁（Fe^{3+}）、三价铝（Al^{3+}）及硅酸根（SiO_3^{2-}）等离子干扰氟离子测定，其他常见离子对氟离子测定无影响。在测量溶液的酸度为 pH5～6，用总离子强度缓冲液消除干扰离子及酸度的影响。

（二）试剂和溶液

本标准所用试剂，除特殊说明外，均为分析纯。实验室用水应符合 GB/T 6682 中三级用水的规格。

1. 乙酸钠溶液 称取 204 g 乙酸钠（$CH_3COONa \cdot 3H_2O$），溶于约 300 mL 水中，待溶液温度恢复到室温后，以 1 mol/L 乙酸（GB/T 676）调节至 pH 7.0，移入 500 mL 容量瓶，加水至刻度。

2. $C_{Na_3C_6H_5O_7 \cdot 3H_2O} = 0.75$ mol/L 柠檬酸钠溶液 称取 110 g 柠檬酸钠（$Na_3C_6H_5O_7 \cdot 2H_2O$），溶于约 300 mL 水中，加高氯酸（$HClO_4$）14 mL，移入 500 mL 容量瓶，加水至刻度。

3. 总离子强度缓冲液 乙酸钠溶液与柠檬酸钠溶液等量混合，临用时配制。

4. $C_{HCl} = 1$ mol/L 盐酸溶液 量取 10 mL 盐酸（GB/T 622），加水稀释至 120 mL。

5. 氟标准溶液

（1）氟标准贮备液 称取经 100 ℃干燥 4 h 冷却的氟化钠（GB/T 1264）0.221 0 g，溶于水，移入 100 mL 容量瓶中，加水至刻度，混匀，贮备于塑料瓶中，置冰箱内保存，此液每毫升相当于 1.0 mg 氟。

（2）氟标准溶液 临用时准确吸取氟贮备液 10.00 mL 于 100 mL 容量瓶中，加水至刻度，混匀。此液每毫升相当于 100.0 μg 氟。

（3）氟标准稀溶液 准确吸取氟标准溶液 10.00 mL 于 100 mL 容量瓶中，加水至刻度，混匀。此液每毫升相当于 10.0 μg 氟。即配即用。

（三）仪器设备

1. 氟离子选择电极 测量范围 10^{-1}～5×10^{-7} mol/L，pF-1 型或与之相当的电极。

2. 甘汞电极 232 型或与之相当的电极。

3. 磁力搅拌器

4. 酸度计 测量范围 0.0～−1 400 mV，pH S-3 型或与之相当的酸度计或电位计。

5. 分析天平 感量 0.000 1 g。

6. 纳氏比色管 50 mL。

7. 容量瓶 50,100 mL。

8. 超声波提取器。

(四)试样制备

取具有代表性的样品 2 kg,以四分法缩分至约 250 g,粉碎,过 0.42 mm 孔筛,混匀,装入样品瓶,密封保存,备用。

(五)分析步骤

1. 氟标准工作液的制备 吸收氟标准稀溶液 0.50、1.00、2.00、5.00、10.00 mL,再吸取氟标准溶液 2.00、5.00 mL,分别置于 50 mL 容量瓶中,于各容量瓶中分别加入盐酸溶液 5.00 mL,总离子强度缓冲液 25 mL,加水至刻度,混匀。上述标准工作液的浓度分别为 0.1、0.2、0.4、1.0、2.0、4.0、10.0 μg/mL。

2. 试液制备

(1)饲料试液制备(除饲料级磷酸盐外) 精确称取 0.5~1 g 试样(精确至 0.000 2 g),置于 50 mL 纳氏比色管中,加入盐酸液 5.0 mL,密闭提取 1 h(不时轻轻摇动比色管),应尽量避免样品粘于管壁上,或置于超声波提取器中密闭提取 20 min。提取后加总离子强度缓冲液 25 mL,加水至刻度,混匀,干过滤。滤液供测定用。

(2)磷酸盐试液制备 准确称取约含 2 000 μg 氟的试样(精确至 0.000 2 g)置于 100 mL 容量瓶中,用盐酸溶液溶解并定容至刻度,混匀。取 5.00 mL 溶解液至 50 mL 容量瓶中,加入 25 mL 总离子强度缓冲液加水至刻度,混匀。供测定用。

3. 测定 将氟电极和甘汞电极与测定仪器的负端和正端连接,将电极插入盛有水的 50 mL 聚乙烯塑料烧杯中,并预热仪器,在磁力搅拌器上以恒速搅拌,读取平衡电位值,更换 2~3 次水,待电位值平衡后,即可进行标准液和试样液的电位测定。

由低到高浓度分别测定氟标准工作液的平衡电位。同法测定试液的平衡电位。

以平衡电位为纵坐标,氟标准工作液的氟离子浓度为横坐标,用回归方程计算或在半对数坐标纸上绘制标准曲线。每次测定均应同时绘制标准曲线。从标准曲线上读取试液的氟离子浓度。

(六)分析结果计算和表述

1. 饲料中氟含量计算

(1)饲料(饲料添加剂级磷酸盐外) 按下式计算出试样中氟的含量:

$$X = \frac{\rho \times 50 \times 1\,000}{m \times 1\,000} = \frac{\rho}{m} \times 50$$

式中 X——试料中氟的含量,mg/kg;

ρ——试液中氟的浓度,μg/mL;

m——试样质量,g;

50——测试液体积,mL。

（2）磷酸盐按下式计算出试样中氟的含量：

$$X=\frac{\rho\times 50\times 1\,000}{m\times 1\,000}\times\frac{1\,000}{5}=\frac{\rho}{m}\times 1\,000$$

2. 结果表示 每个试样取两个平行样进行测定，以其算术平均值为结果，结果表示到 0.1 mg/kg。

（七）允许差

同一分析者对同一饲料同时或快速连续地进行两次测定，所得结果之间的相对偏差：

在试样中氟含量小于或等于 50 mg/kg 时，不超过 10%；

在试样中氟含量大于 50 mg/kg 时，不超过 5%。

十一、饲料中铅的测定（原子吸收光谱法）

（一）原理

1. 干灰化法 将试料在马福炉 550±15 ℃温度下灰化之后，酸性条件下溶解残渣，沉淀和过滤，定容制成试样溶液，用火焰原子吸收光谱法，测量其在 283.3 nm 处的吸光度，与标准系列比较定量。

2. 湿消化法 试料中的铅在酸的作用下变成铅离子，沉淀和过滤去除沉淀物，稀释定容，用原子吸收光谱法测定。

（二）试剂和材料

除特殊规定外，本方法所用试剂均为分析纯。实验用水符合 GB/T 6682 中二级水的规定。

警告：各种强酸应小心操作，稀释和取用均在通风橱中进行，使用高氯酸时注意不要烧干，小心爆炸。

1. 稀盐酸溶液 $C_{HCl}=0.6$ mol/L。

2. 盐酸溶液 $C_{HCl}=6$ mol/L。

3. 硝酸溶液 $C_{HCl}=6$ mol/L；吸取 43 mL 硝酸，用水定容至 100 mL。

4. 铅标准储备液 准确称取 1.598 g 硝酸铅 [Pb(NO$_3$)$_2$]，加硝酸溶液 10 mL，全部溶解后，转入 1 000 mL 容量瓶中，加水至刻度，该溶液含铅为 1 mg/mL。标准储备液贮存在聚乙烯瓶中，4 ℃保存。

5. 铅标准工作工作液 吸取 1.0 mL 铅标准储备液，加入不敷出 100 mL 容量瓶中，加水至刻度，此溶液含铅为 10 μg/mL。工作液当天使用当天配制。

6. 乙炔 符合 GB 6819 的规定。

（三）仪器设备

注：所用的容器在使用前用稀盐酸煮。如果使用专用的灰化皿和玻璃器皿，每次使用前不需要用盐酸煮。

1. 马福炉，温度能控制在 $550\pm15\ ℃$。

2. 分析天平　称量精度以 $0.000\,1\ g$。

3. 实验室用样品粉碎机。

4. 原子吸收分光光度计附测定铅的空心阴极灯。

5. 无灰（不释放矿物质的）滤纸。

6. 瓷坩埚（内层光滑没有被腐蚀），使用前用盐酸煮。

7. 可调电炉。

8. 平底柱型聚四氟乙烯坩埚（ $60\ cm^2$ ）。

（四）试样的制备

选取有代表性的样品，至少 $500\ g$ ，四分法缩分至 $100\ g$ ，粉碎，过 $1\ mm$ 尼龙筛，混匀装入密闭容器中，低温保存备用。

（五）分析步骤

1. 试样溶解

（1）干灰化法　称取约 $5\ g$ 制备好的试样，精确到 $0.001\ g$ ，置于瓷坩埚中。将瓷坩埚置于可调电炉 $100\sim300\ ℃$ 缓慢加热炭化至无烟，要避免试料燃烧。然后放入已在 $550\ ℃$ 下预热 $15\ min$ 的马福炉，灰化 $2\sim4\ h$ ，冷却后用 $2\ mL$ 水将炭化物润湿。如果仍有少量炭粒，可滴入硝酸使残渣润湿，将坩埚放在水浴上干燥，然后再放到马福炉中灰化 $2\ h$ ，冷却后加 $2\ mL$ 水。

取 $5\ mL$ 盐酸，开始慢慢一滴一滴加入到坩埚中，边加边转动坩埚，直到不冒泡，然后再快速放入，再加入 $5\ mL$ 硝酸，转动坩埚并用水浴加热直到消化液 $2\sim3\ mL$ 时取下（注意防止溅出），分次用 $5\ mL$ 左右的水转移到 $50\ mL$ 容量瓶。冷却后，用水定容至刻度，用无灰滤纸过滤，摇匀，待用。同时制备试样空白溶液。

（2）湿消化法

① 盐酸消化法　依据预期含量，称取 $1\sim5\ g$ 制备好的试样，精确到 $0.001\ g$ ，置于瓷坩埚中。用 $2\ mL$ 水将试样润湿，取 $5\ mL$ 盐酸，开始慢慢一滴一滴加入到坩埚中，边加边转动坩埚，直到不冒泡，然后再快速放入，再加入 $5\ mL$ 盐酸，转动坩埚并用水浴加热直到消化液 $2\sim3\ mL$ 时取下（注意防止溅出），分次用 $5\ mL$ 左右的水转移到 $50\ mL$ 容量瓶。冷却后，用水定容至刻度，用无灰滤纸过滤，摇匀，待用。同时制备试样空白溶液。

② 高氯酸消化法　称取 $1\ g$ 试样（精确至 $0.001\ g$ ），置于聚四氟乙烯坩埚中，加水湿润样品，加入 $10\ mL$ 硝酸（含硅酸盐较多的样品需再加入 $5\ mL$ 氢氟酸），放在通风柜里静置 $2\ h$ 后，加入 $5\ mL$ 高氯酸，在可调电炉上垫瓷砖小火加热，温度低于 $250\ ℃$ ，待消化液冒白烟为止。冷却后，用无灰滤纸过滤到 $50\ mL$ 的容量瓶中，用水冲洗坩埚和滤纸多次，加水定容至刻度，摇匀，待用。同时制备试样空白溶液。

2. 标准曲线绘制　分别吸取 0 、 1.0 、 2.0 、 4.0 、 $8.0\ mL$ 铅标准工作液，置于 $50\ mL$ 容量瓶中，加入盐酸溶液 $1\ mL$ ，加水定容至刻度，摇匀，导入原子吸收分光光度计，用水调零，在 $283.3\ nm$ 波长处测定吸光度，以吸光度为纵坐标，浓度为横坐标，绘制标准曲线。

3. 测定 试样溶液和试剂空白，按绘制标准曲线步骤进行测定，测出相应吸光值与标准曲线比较定量。

（六）结果计算

1. 测定结果按下式计算：

$$X=\frac{(\rho_1-\rho_2)\times V_1\times 1\,000}{m\times 1\,000}=\frac{(\rho_1-\rho_2)\times V_1}{m}$$

式中 X——试料中铅含量的数值，单位为毫克每千克（mg/kg）；

m——试料的质量的数值，单位为克（g）；

V_1——试料消化液总体积的数值，单位为毫升（mL）；

ρ_1——测定用试料消化液铅含量的数值，单位为微克每毫升（μg/mL）；

ρ_2——空白试液中铅含量的数值，单位为微克每毫升（μg/mL）。

2. 每个试样取两个平行样进行测定，以其算术平均值为结果，表示到 0.01 mg/kg。

3. 重复性 同一分析者对同一试样同时或快速连续地进行两次测定，所得结果与允许相对偏差见下表：

铅含量范围（mg/kg）	分析允许相对偏差（%）
≤5	≤20
>5~15	≤15
>15~20	≤10
>30	≤5

第八节 饲料中违禁添加剂的检测

一、饲料中玉米赤霉烯酮的测定（薄层色谱法-仲裁法）

（一）原理

试样中 ZEN 用三氯甲烷提取，提取液经液-液萃取、浓缩，然后进行薄层色谱分离，限量定量，或用薄层扫描仪测定荧光斑点的吸收值，外标法定量。

（二）试剂与材料

所用试剂除另有规定，均使用分析纯试剂。水符合 GB/T 6682 中一级水的规定。

1. 三氯甲烷。

2. 40 g/L 氢氧化钠溶液 称取 4 g 氢氧化钠，加水适量溶解，用水稀释至 1 000 mL。

3. 磷酸溶液（1+10）。

4. 磷酸溶液（1+19）。

5. 无水硫酸钠 650 ℃灼烧 4 h，冷却后贮于干燥器中备。

6. 展开剂 三氯甲烷-丙酮-苯-乙酸（18+2+8+1）。

7. 显色剂 20 g 氯化铝（$AlCl_3 \cdot 6H_2O$）溶于 100 mL 乙醇中。

8. 薄层板 称取 4 g 硅胶 G，置于乳钵中加 10 mL 0.5%羧甲基纤维素钠水溶液研磨至糊状。立即倒入薄层板涂布器内制备成 10 cm×20 cm、厚度 0.3 mm 的薄层板，在空气中干燥后，用甲醇预展薄层板至前沿，吹干，标记方向，在 105～110 ℃活化 1 h，置于干燥器内保存备用。

9. ZEN 标准储备溶液。

警告：

（1）凡接触 ZEN 的容器，需浸入 4%次氯酸钠（NaClO）溶液，半天后清洗备用。

（2）为了安全，分析人员操作时要带上医用乳胶手套。

称取适量的 ZEN 标准品，用甲醇配制成约 100 μg/mL ZEN 标准储备溶液。避光，于 5 ℃以下储存。

标准储备液的浓度，用 1 cm 石英比色杯，以甲醇以参比，在 ZEN 的最大吸收峰波长 314 nm 处，测定吸光度值 A。储备液中 ZEN 的含量（X_1）以微克每毫升（1 μg/mL）表示，按下式计算：

$$X_1 = \frac{A \times M \times 100}{\varepsilon \times \delta}$$

式中 A——测定的吸光度值；

M——ZEN 的摩尔质量（M=318 g/mol）；

ε——ZEN 在甲醇中的分子吸收系数（ε=600 m^2/mol）；

δ——比色杯的光径长度，单位为厘米（cm）。

10. ZEN 标准工作溶液 根据计算的标准储备液的浓度，精密吸取标准储备液适量，用三氯甲烷稀释成浓度为 20 μg/mL 的标准工作溶液。

（三）仪器与设备

1. 小型粉碎机。

2. 电动振荡器。

3. 薄层板涂布器。

4. 玻璃器皿 分液漏斗、漏斗。所有玻璃器皿均用稀盐酸浸泡，依次用自来水、蒸馏水冲洗。

5. 旋转蒸发器 配有 200 mL 心形瓶。

6. 慢速滤纸。

7. 展开槽 250 mm×150 mm×50 mm（立式，具磨口）。

8. 点样器 1～99 μL。

9. 紫外光灯 波长 254、365 nm。

10. 薄层色谱扫描仪 配有汞灯光源。

（四）试样制备

按 GB/T 14699.1 饲料采样方法取得试样，四分法浓缩减取约 200 g，经粉碎，混匀，装入磨口瓶中备用。

（五）分析步骤

1. 试样处理 称取 20 g 试样（精确至 0.01 g），置于具塞锥形瓶中，加入 8 mL 水和 100 mL 三氯甲烷，盖紧瓶塞，在振荡器上振荡 1 h，加入 10 g 无水硫酸钠，混匀，过滤，量取 50 mL 滤液于分液漏斗中，沿管壁慢慢地加入氢氧化钠溶液 10 mL，并轻轻转动 1 min，静置使分层，将三氯甲烷相转移至第二个分液漏斗中，用氢氧化钠溶液 10 mL，重复提取 1 次，并轻轻转动 1 min，弃去三氯甲烷层，氢氧化钠溶液层并入原分液漏斗中，用少量蒸馏水淋洗第二个分液漏斗，洗液倒入原分液漏斗中，再用 5 mL 三氯甲烷重复洗 2 次，弃去三氯甲烷层。向氢氧化钠溶液层中加入 6 mL 磷酸溶液后，再用磷酸溶液调节 pH 至 9.5 左右，于分液漏斗中加入 15 mL 三氯甲烷，振摇，将三氯甲烷层经盛有约 5 g 无水硫酸钠的慢速滤纸的漏斗中，滤于浓缩瓶中，再用 15 mL 三氯甲烷重复提取 2 次，三氯甲烷层一并滤于浓缩瓶中，最后用少量三氯甲烷淋洗滤器，洗液全部并于浓缩瓶中，真空浓缩至小体积，将其全部转移至具塞试管中，在氮气流下蒸发至干，用 2 mL 三氯甲烷溶解残渣。摇匀，供薄层色谱点样用。

2. 点样 在距薄层板下端 1.5～2 cm 的基线上，以 1 cm 的间距，用点样器依次点标准工作溶液 2.5、5、10、20 μL（相当于 50、100、200、400 ng）和试样液 20 μL。

3. 展开 将薄层板放入有展开剂的展开槽中，展开离原点 13～15 cm 处，取出，吹干。

4. 观察与确证 将展开后的薄层板置于波长 254 nm 紫外光灯下，观察与 ZEN（50 ng）标准点比移值相同处的试样的蓝绿色荧光点。若相同位置上未出现荧光点，则试样中的 ZEN 含量在本测定方法的最低检验测量 300 μg/kg 以下。如果相同位置上出现荧光点，用显色剂对准各荧光点进行喷雾，130 ℃加热 5 min，然后在 365 nm 紫外光灯下，观察荧光点由蓝绿色变为蓝紫色，且荧光强度明显加强，可确证试样中含有 ZEN。于荧光点下方用铅笔标记，待扫描定量测定。

5. 定量测定

（1）薄层扫描工作条件

光源：高压汞灯。

激发波长：313 nm。

发射波长：400 nm。

检测方式：反射。

狭缝：可根据斑点大小进行调节。

扫描方式：锯齿扫描。

（2）标准曲线绘制 以 ZEN 标准工作溶液质量（ng）为横坐标，以峰面积积分值为纵坐标，绘制标准曲线。

（六）结果计算和表述

根据试样液荧光斑点峰面积积分值从标准曲线上查出对应的 ZEN 质量（ng），试样中 ZEN 的含量（X）以微克每千克（$\mu g/kg$）表示，按②式计算。

$$X = \frac{m_1 \times V_1}{m_0 - V_2}$$

式中　V_1——试样液最后定容体积，单位为微升（μL）；

V_2——试样液点样体积，单位为微升（μL）；

m_1——从标准曲线上查得试样液点上对应的 ZEN 质量，单位为纳克（ng）；

m_0——最后提取液相当试样的质量，单位为克（g）。

计算结果表示到小数点后一位有效数字。

（七）重复性

在重复性条件下获得的两次独立测试结果的相对差值不大于 10%。

二、饲料中莱克多巴胺的测定（高效液相色谱法）

（一）方法原理

用酸性甲醇水提取试样中莱克多巴胺，二氯甲烷和正己烷萃取净化，以 2% 冰乙酸-乙腈-水作为流动相，用高效液相色谱-荧光检测法分离测定。

（二）试剂和溶液

除非另有说明，所有试剂均为分析纯的试剂，水为去离子水，符合 GB/T 6682—1992 二级水的规定。

1. 乙腈　色谱纯。

2. 甲醇　色谱纯。

3. 甲醇。

4. 二氯甲烷。

5. 正己烷。

6. 乙酸溶液　取 5 mL 冰乙酸加水至 250 mL。

7. 提取液　取 500 mL 甲醇加水至 1 000 mL，再加 2 mL 浓盐酸，混匀。

8. 流动相　取 320 mL 乙腈加水到 1 000 mL，再加 20 mL 冰乙酸和 0.87 g 戊烷磺酸钠（$C_5H_{11}O_3SNa \cdot H_2O$），混匀。

9. 莱克多巴胺标准贮备液　准确称取莱克多巴胺标准品（纯度≥99%）0.100 0 g，置于 100 mL 容量瓶中，用甲醇溶解，定容，其浓度为 1 000 $\mu g/mL$ 的储备液，置 4 ℃冰箱中，可保存 3 个月。

10. 莱克多巴胺标准工作液　分别准确吸取一定量的标准贮备液，置于 10 mL 容量瓶中，用 2% 冰乙酸稀释、定容，配制成浓度为 0.01、0.1、0.2、0.5、1.0、2.0 $\mu g/mL$ 的标准溶液，分别进行 HPLC 检测。

（三）仪器设备

实验室常用仪器、设备及以下设备。

1. 离效液相色谱仪 配荧光检测器。

2. 离心机。

3. 振荡器。

4. 玻璃具塞三角瓶 250 mL。

5. 微孔滤膜 0.45 μm。

6. 漩涡混合器。

(四) 试样的制备

选取具有代表性的样品，四分法缩减至 200 g，经磨碎，全部通过 1 mm 孔筛，混匀装入磨口瓶中备用。

(五) 分析步骤

1. 试样提取 称取一定量的试样 (10.0 g 配合饲料，或 5.0 g 浓缩饲料，或 1.0 g 添加剂预混合饲料)，置于 250 mL 玻璃具塞三角瓶中，加入 100 mL 提取液，振荡 30 min。静止 20 min，取上清液 1 mL 于离心管中，于 45 ℃下氮气吹干，加入 4 mL 乙酸溶液溶解，涡动 30~60 s，加 2 mL 二氯甲烷，涡动 20 s，1 000 r/min 离心 5 min，弃去上层，用 0.45 μm 微孔有机滤膜过滤作为试样制备液，供高效液相色谱分析。

2. HPLC 色谱条件

色谱柱：C18 柱，长 250 mm，内径 4.6 mm，5 μm 粒度，或相当者。

柱温：室温。

流动相：取 320 mL 乙腈加水到 1 000 mL，再加 20 mL 冰乙酸和 0.87 g 戊烷磺酸钠，混匀。

流动相流速：1.0 mL/min。

激发波长：226 nm。

发射波长：305 nm。

进样量：50 μL。

3. HPLC 测定 取适量试样制备液和相应浓度的标准工作液，作单点或多点校准，以色谱峰面积积分值定量。当分析物浓度不在线性范围内时，应将分析物稀释或浓缩后再进行检测。

(六) 结果计算与表述

1. 试样中莱克多巴胺的含量 X，以质量分数 (μg/g) 表示，按式①计算：

$$X = \frac{m_1}{m} \times n$$

式中 m_1——HPLC 试样色谱峰对应的莱克多巴胺的质量，单位为微克 (μg)

$\quad\quad m$——试样质量，单位为克 (g)；

$\quad\quad n$——稀释倍数。

2. 平行测定结果用算术平均值表示，保留有效数字 1 位。

（七）精密度

1. 重复性 实验室内平行测定间的变异系数不大于 10%。

2. 再现性 实验室间测定间的变异系数不大于 20%。

三、饲料中盐酸多巴胺的测定（高效液相色谱法）

（一）方法原理

用盐酸溶液/甲醇提取饲料中的盐酸多巴胺，经离心除去固体物及部分杂质后，用酸性氧化铝固相萃取柱净化，洗脱液经滤膜过滤后用效液相色谱荧光检测器检测。

（二）试剂和材料

除非另有说明，本方法所用试剂均为分析纯，水为去离子水，符合 GB/T 6682 二级用水规定。

1. 甲醇 色谱纯。

2. 乙酸乙酯 色谱纯。

3. 硫化钠溶液 浓度为 325 mg/L，称取 0.1 g 硫化钠（$Na_2S \cdot 9H_2O$）用水溶液，并定容至 100 mL。

4. 盐酸溶液 浓度为 0.1 mol/L，取 8.6 mL 浓盐酸于 1 L 容量瓶中，用水定容至刻度，混匀。

5. 提取液 取 50 mL 盐酸溶液与 450 mL 浓盐酸于 1 L 容量瓶中，用水定容至刻度，混匀。

6. 固相萃取柱活化液 称取 4.5 g 氯化钠溶于 90 mL 水中，再加入 10 mL 甲醇混匀。

7. 洗脱液 取 450 mL 盐酸溶液与 50 mL 甲醇混匀。

8. 酸性甲醇溶液 取 250 μL 甲酸溶于 500 mL 甲醇中，混匀。

9. 0.02%甲酸溶液 取 200 μL 甲酸溶于 1 000 mL 水中，混匀。

10. 盐酸多巴胺标准贮备液 准确称取盐酸多巴胺标准品（含量大于 98%）0.100 0 g 于 100 mL 容量瓶中，用酸性甲醇溶液溶解定容，配制成浓度为 1 mg/mL 的盐酸多巴胺贮备液。4 ℃条件下贮藏，有效期三个月。

11. 盐酸多巴胺标准中间液 移取 10 mL 标准贮备液置于 100 mL 容量瓶中，用酸性甲醇稀释并定容，配制成浓度为 100 μg/mL 的盐酸多巴胺标准中间液。4 ℃条件下贮藏，有效期一个月。

12. 盐酸多巴胺标准工作液 分别移取盐酸多巴胺标准中间液 0.025、0.050、0.125、0.250、1.25 和 2.50 mL 于 25 mL 容量瓶中，用水稀释定容配制成 0.1、0.2、0.5、1.0、5.0 和 10.0 μg/mL 标准工作液。

（三）仪器和设备

1. 实验室常用仪器、设备。

2. 高效液相色谱仪（配有荧光检测器）。

3. 分析天平。

4. 旋涡混合器。

5. 离心机。

6. 酸性氧化铝固相萃取柱 500 mg/根。

(四) 试样制备

取有代表性的样品 1 kg，四分法缩减取约 200 g，经粉碎，全部过 0.45 mm 孔筛，混匀装入磨口瓶中备用。

(五) 分析步骤

1. 提取 称取一定量的试样（配合饲料 2 g，浓缩饲料 1 g，预混合饲料 1 g，准确至 0.001 g）置于 50 mL 离心管中，加入 10 mL 试样提取液，涡动 1 min，3 500 r/min 离心 5 min。将上清液转入另一个 50 mL 离心管中，再分别用 5 mL 试样提取液重复提取两次，合并三次试样提取液。

2. 配合饲料和浓缩饲料的净化 提取后立即将试样提取液置 4 ℃冰箱中冷却。将酸性氧化铝固相萃取柱用 5 mL 固相萃取柱活化液活化。从 4 ℃冰箱中取出试样提取液，全部加入固相萃取柱上，自然流过小柱。用 10 mL 乙酸乙酯洗涤小柱，吹干。最后用 20 mL 洗脱液洗脱，保持流速不超过 1 mL/min，收集洗脱液，并尽可能吹干小柱。洗脱液经 0.45 μm 滤膜过滤后用高效液相色谱分析。

3. 测定

（1）液相色谱条件

色谱柱：C18 柱，长 250 mm，内径 4.6 mm，粒径 5 μm，或相当者。

柱温：室温。

流动相：0.02%甲酸溶液与甲醇进行梯度洗脱，梯度洗脱条件详见表 7 - 12。

激发波长：290 nm。

发射波长：330 nm。

进样量：10 μL。

表 7 - 12　梯度洗脱条件

时间（min）	流速（mL/min）	0.02%甲酸（%）	甲醇（%）
0	0.6	95	5
9	0.6	95	5
11	1	10	90
22	1	10	90
25	0.6	95	5
30	0.6	95	5

（2）液相色谱测定　分别取适量的标准工作液和试样溶液，按列出的条件进行液相色

谱分析测定。以标准工作液作单点或多点校准，并用色谱峰面积积分值定量。测定中应注意调整试样溶液的浓度，使盐酸多巴胺的积分值落在标准曲线的相应范围内，并在试样溶液分析间适当穿插标准工作液，以确保定量的准确性。

(六) 结果计算与表述

饲料中盐酸多巴胺的含量 X，以质量分数（mg/kg）表示，按式①计算：

$$X = \frac{C \cdot V \cdot n}{m}$$

式中　C——试样中对应的盐酸多巴胺的浓度，单位为微克每毫升（$\mu g/mL$）；

　　　V——试样液总体积，单位为毫升（mL）；

　　　n——稀释倍数。

　　　m——饲料样品质量，单位为克（g）；

(七) 精密度

同一实验室由同一操作人员使用同一台仪器完成的两个平行测定结果的相对偏差不大于15%。

第八章

配合饲料加工质量检测

生产一个质优价廉的饲料产品，仅仅靠选用优质稳定的原料，并根据原料的实际蛋白质、氨基酸和主要矿物元素等养分的含量设计一个科学合理的配方是不够的，还必须通过合理的加工工艺，才能达到预期的目标。衡量饲料加工质量的主要指标通常包括配合饲料粉碎粒度、混合均匀度、颗粒硬度、颗粒粉化率、颗粒料的淀粉糊化度和水中稳定性等。目前，在我国颁布的猪、鸡配合饲料产品质量标准中规定的加工指标主要包括混合均匀度和粉碎粒度。本章就衡量配合饲料加工质量的主要标志、营养效应及影响加工质量的主要因素等进行叙述。

第一节　配合饲料粉碎粒度

粉碎是饲料加工中的必要工序，也是能耗最高的工序之一。粉碎的质量不仅影响产品的感官质量及饲喂效果，而且还影响到后续工序的加工质量和最终成品质量。粉碎粒度是衡量饲料粉碎质量即颗粒大小和颗粒数量多少的技术指标。不同动物以及同一动物在不同生产时期对配合饲料粉碎粒度有不同的要求。近年来，许多研究表明，日粮中谷物的粉碎粒度与动物的生产性能密切相关。因此，检测饲料粉碎粒度具有重要价值。

一、粉碎粒度的概念及测定

（一）相关概念

1. 粉碎　指通过撞击、剪切、研磨或其他方法，使物料颗粒变小。

2. 饲料粉碎粒度　指粉状饲料产品的粒度；或在混合之后，制粒、膨化之前的混合粉料的粒度；或经粉碎的饲料原料的粒度。一般表示方法有筛上残留物百分数法、锤片粉碎机筛片筛孔直径法、算术平均粒径法、几何平均粒径法（GMD）、粒度模数（MF）与均匀度模数（MU）法、几何平均粒度与对数正态几何标准偏差法（S_{gw}）等，其中几何平均粒度与对数正态几何标准偏差法最科学。

3. 饲料的最佳粉碎粒度　指使饲养动物对饲料具有最大利用率或获得最佳生产性能且不影响动物健康，经济上又合算的重量几何平均粒径。

4. 重量几何平均粒径　该法是采用筛号为 4、6、8、12、20、30、40、50、70、100、140、200、270 的 14 层标准筛，筛分 100 克样品，然后分别称量各层筛上物和底筛筛上物质量，并依此计算出重量几何平均粒径和重量几何标准差。该法的优点是既可以准确反映饲料粒度，又可以反映饲料粒度的变异情况。

（二）粉碎粒度主要测定方法

鉴于饲料粒度显著影响饲料加工成本、饲料消化率、饲料的混合性能和颗粒料的质量等，饲料粒度分析应该是饲料质量控制方案的组成部分。目前，饲料粒度测定方法主要包括以下两类：

1. 国标法　GB/T5917—86 配合饲料粉碎粒度测定方法，该方法测定饲料粒度较为科学，但比较复杂，耗时长，饲料企业推广应用此法有困难，需要寻找快速而准确的替代方法。

2. 改良筛测定法　Cheong 提出了改良五层筛法，周孟清等（2006）提出了改良四层筛法。改良筛法计算饲料样品几何平均粒度与国标法相比测定方法简单，分析速度快，成本低，精度在可接受的范围，可以替代十四层筛法。

二、粉碎对成本的影响

饲料粉碎费用很大程度上反映在两个方面：一是粉碎一定量谷物所需的能量；二是粉碎时每千瓦小时的生产率。在美国堪萨斯州立大学进行的一项研究发现，在用锤片粉碎机将玉米粉碎到平均粒度为 1 000 μm、800 μm、600 μm 和 400 μm 过程中，当粒度从 1 000 μm，降到 600 μm 时，粉碎能量略增（从 2.7 kW·h/t 增到 3.8 kW·h/t），但是粒度再降低 200 μm，达到几何学平均粒度 400 μm，所需能量比粉碎到 600 μm 的能量要大两倍多（即 8.1 kW·h/t）。粒度从 1 000 μm 降到 600 μm，生产率略有下降，粉碎到 400 μm，则生产率明显下降。这些数据清楚地证明，玉米粉碎到更小粒度时，能量消耗加大且生产率下降。另一个试验也发现，将玉米和两种高粱（一种硬质胚乳，另一种软质胚乳）粉碎到平均粒度为 900 μm、700 μm 和 500 μm 时，由于不同的谷物有不同的碾磨特性，与两种高粱相比，玉米粉碎耗能较大，生产率较低；高粱粉碎到 500 μm 所需能量比玉米粉碎到 900 μm 要少。进一步应用 McEllhiney 的费用分析法来分析粉碎数据发现，粉碎总费用高低不等，从硬质高粱粉碎至平均粒度 900 μm 的总费用 0.64 美元/t，到玉米粉碎至平均粒度 500 μm 的总费用 5.98 美元/t。两种高粱粉碎至 500 μm 的费用均低于玉米粉碎至 900 μm 的费用。为了确定谷物粉碎可能造成的营养价值变化，以重量/重量比将粉碎的谷物掺进哺乳期仔猪的日粮中，用这日粮饲喂 240 头猪进行 35 天生长分析。试验的费用分析表明，当粒度从 900 μm 降到 500 μm 时，日粮费用因粉碎费用加大而增加，但是，日粮费用的这点增加被提高的谷物利用率抵消有余，结果是三种谷物在降低粒度之后每 100 kg 增重的费用都有所下降。可见，在决定如何在一种谷物的粉碎上取得最大效益的时候，应当把粉碎费用与预期改善家畜生产表现之间的差额考虑进去。

三、饲料粉碎的效应及适宜粉碎粒度

合适的饲料粒度会影响饲料效率、消化道健康和加工成本。饲料颗粒的尺寸及均匀度非常重要，这取决于饲料类型、动物的预期生产性能和饲料厂的加工能力。过去 20 年间，美国堪萨斯州立大学的科研工作者做了系列有关饲料粉碎粒度与畜禽生产性能关系间的研究。其主要研究表明，玉米型饲粮对猪来说，当平均粒度在 400～1 200 μm 范围内，粒度每降低 100 μm，饲料效率提高 1%～1.5%。

（一）粉碎粒度对猪生产性能的影响

1. 仔猪　国外仔猪饲料的粉碎粒度研究结果主要集中在谷物。综合各项研究结果，仔猪谷物的粉碎粒度以 300～500 μm 为最适合。其中，断奶仔猪在断奶后 0～14 天，以 300 μm 为宜，断奶后 15 天以后以 500 μm 为宜。仔猪饲料的适合粒度随谷物种类的不同而变化。Goodband 等报道，大麦需粉碎为较大的粒度（600～700 μm）更合适。Hale 等则报道，小麦粗粉碎比细粉碎的饲料效率和动物生产性能要好，而玉米在细粉碎时饲料效率与动物生产性能更佳。

2. 母猪　有关母猪饲料的粉碎粒度的研究报道较少。但适宜的粉碎粒度同样可提高母猪的采食量和营养成分的消化率，减少母猪粪便的排出量。将玉米粉碎为四种粒度（1 200 μm、900 μm、600 μm 和 400 μm）配制成日粮饲喂 100 头初产母猪，结果表明，粒度由 1 200 μm 降低到 400 μm 时，平均日采食量由 4.19 kg/d 增加到 4.43 kg/d，能量消化率由 83.8% 增加到 90%，消化能摄入量由 57.54 MJ/d 增加到 65.52 MJ/d，窝增重由 34.9 kg 增加到 38.6 kg。由于降低粒度提高了养分消化率，粪便的干物质排出量减少了 21%，粪便中氮的排出量减少了 31%，这对降低粪便处理负担产生了明显影响。适宜碾磨的好处也同样适用于经产母猪，这一点相当重要。在哺乳母猪上的试验发现，38 头第二胎临产母猪饲喂以玉米-豆粕为主的日粮，玉米分别粉碎至 1 200 μm、900 μm、600 μm 和 400 μm，随着玉米粒度从 1 200 μm 降到 400 μm，饲粮干物质和氮的消化率以及消化能均得以提高。

3. 生长育肥猪　家畜生产表现的提高虽然不是先进加工技术唯一的好处，但却是最为直观、最易测量、也最受日粮产品最终使用者（即家畜饲养者）青睐之处。有少数试验表现降低饲料粒度可提高增重速度，但更为典型的是提高增重效率。Mahan 等和 Lawrenc 的试验结果表明，随着谷物的粉碎粒度由粗到细，增重饲料比加大。Giesemann 等也报道，用玉米或一种青铜色高粱品种饲喂育肥猪，降低饲料粒度可提高增重效率。用粒度范围在 400～1 200 μm 的玉米饲喂育肥猪，使增重饲料比提高了 8%。综合分析所有试验所得数据，可以发现用粒度范围在 400～1 200 μm 之间的玉米饲喂处于生长期的猪，平均粒度每降低 100 μm 可使增重饲料比提高 1.3%。可见，掌握适宜的碾磨是取得养猪最佳生产表现的一个有效途径。美国堪萨斯州立大学建议生长育肥猪饲料最佳颗粒大小为 700 μm。

4. 猪消化器官　饲料的粒度对猪的胃肠道形态学有影响。饲料粉碎过细会引起猪胃不良反应，导致胃肠角质化和损害。过细粉碎导致胃肠内容物流动性增加，使内容物的混合度增加，引起酸分泌和胃蛋白酶活性增加，最终导致食管、胃的溃疡增加。然而，最近研究指出，溃疡的发生与多种因素有关，而不仅仅是由细小饲料颗粒引发的。例如巴西学者发现，猪患严重溃疡是由胃螺杆菌引起的，相关的细菌还包括幽门螺杆菌，它会导致人类出现溃疡。

（二）粉碎粒度对鸡生产性能的影响

1. 肉鸡　Douglas 等将锤片粉碎机与辊式粉碎机加工的玉米、低单宁高粱和高单宁高粱分别加入到饲粮中饲喂 21 日龄的肉鸡。锤片粉碎机加工的饲料的对数几何平均粒度为 874 μm，辊式粉碎机加工的饲料的对数几何平均粒度为 1 681 μm。结果表明，食入粒度小的饲料的鸡的增重显著高于采食大粒度饲料的鸡的增重。Lot 等用锤片粉碎机将玉米粉碎成不同粒度，配入饲料，并用其制成碎粒饲料。在第一个试验中，粉碎筛片孔径为 3.18 mm 和 9.59 mm，得到的粉碎物对数几何平均粒度为 716 μm 和 1 196 μm。饲喂结果显示，采食 716 μm 粒度饲料的鸡的个体增重和饲料转化率有明显提高。但在第二个试验中，玉米被粉碎成 690～974 μm 的粒度，并被制成碎粒饲料饲喂肉鸡，结果在体增重和饲料利用率上无差异。综合上述研究结果，肉鸡的饲料谷物的粉碎粒度在 700～900 μm 为宜。对肉鸡日粮中不同粉碎粒度豆粕的研究发现，449 μm 的豆粕对肉鸡生产性能和养分消化率的改善效应优于 334 μm 和 529 μm 的豆粕。

2. 蛋鸡　苏联的资料认为：蛋鸡饲料的最佳粒度为 0.2～1.0 mm。但是对于选择多大粒度以及粒度对蛋鸡的生产性能有何实际影响，还没有一个可供参考的结果。我国蛋鸡配合饲料的国家标准中规定产蛋鸡产蛋期配合饲料的粒度要求为：全部通过 4.00 mm 编制筛筛孔，但不得有整粒谷物，2.00 mm 编制筛筛上物不得大于 15%。但这一标准对指导实际生产还有较大距离。王卫国等针对国内饲料生产厂家在产蛋鸡饲料的加工中通常采用 5～8 mm 筛孔直径的情况，进行粒度比较试验，粉碎后物料的几何平均粒度对玉米为 447 μm、532 μm 和 541 μm，豆粕粒度为 646 μm、703 μm 和 780 μm，配合饲料的粒度为 397 μm、466 μm 和 479 μm。综合各方面的指标来看，三种粉碎粒度对试验蛋鸡的生产性能无显影响。对于干物质、粗蛋白的消化吸收有一定的影响，但也不显著。综合干物质和粗蛋白质的消化率以及加工成本考虑，选择 7 mm 直径的筛孔作为产蛋鸡饲料粉碎粒度的控制标准为佳。

虽然生产实践中都试图按最佳颗粒大小进行粉碎，但有很多因素可引起颗粒大小发生改变。例如，加拿大学者指出，简单到玉米水分含量这样的因素，就可以解释为什么使用孔径相同的粉碎机筛网的农场，颗粒尺寸会产生 300～400 μm 的变化。其他学者指出，用来生产相同粒度饲料的筛网孔径也并不一致。任何情况下，随着粉碎机锤片和筛网的磨损，所产颗粒尺寸的变化范围将加大。饲料厂的操作人员每天都会使用粉碎机，他们更便于对粉碎机进行检查和维护。

四、饲料粒度的整齐度

饲料粒度的整齐度也会影响畜禽的生产性能。对育肥猪的研究发现，当饲料中玉米平均粒度都在 850 μm 左右，而粒度标准差（S_{gw}）从大变小时（2.7→2.3→2.0）时，饲粮干物质和氮的消化率不断提高，但生产表现没有差别。另外一个试验，分别用锤片粉碎机或辊磨将玉米磨至 800 μm 和 400 μm，锤片粉碎机磨碎的玉米，在 800 μm 和 400 μm 粒度的 S_{gw} 分别是 2.5 和 1.7；辊磨磨碎的玉米，在上述粒度的 S_{gw} 分别是 2.0 和 1.9。用辊磨磨碎的玉米喂猪，猪的养分消化率比用锤片粉碎机粉碎的玉米喂猪要大，同时使粪便中的干物质和氮排泄量分别减少 19％和 12％。用辊磨将玉米磨碎至 400 μm，喂猪的消化率较大，即使锤片粉碎机粉碎的玉米的 S_{gw} 略低也是如此。这说明磨碎机类型具有一种单独的影响（尽管不大明显），与 S_{gw} 的影响不相关联。研究发现，锤片粉碎机加工的玉米颗粒形状更近球形，边缘也比辊磨加工的玉米颗粒更为整齐，圆球形状会降低对消化道酶系的敏感性，从而使锤片粉碎机加工的玉米的养分消化率下降。这种解释很难加以证实，但颗粒形状会影响谷物养分价值这种可能性是令人感兴趣的。另有研究发现，辊磨加工的饲料似乎可（轻微地）减少对肠道可能发生的损害。

总之，提高粒度的整齐度（即采用辊磨）增强了养分消化率，但是并不同时出现生产表现方面预期的改善。试验数据表明，辊磨主要的一些长处都是在降低碾磨费用上，而不是对猪的生产表现有什么明显而稳定的影响。因此，把注意力放在降低平均粒度所取得的稳定提高生产表现方面，而不放在与提高颗粒整齐度有联系的些微变化上，看来是明智的。

第二节 配合饲料混合均匀度

混合均匀度，即饲料混合的均匀一致性，是饲料混合工艺质量的一项重要指标。成品饲料均匀与否，是饲料产品质量的关键所在，直接影响动物能否从饲料中获得充足、全面的养分。常用混合均匀度变异系数（CV）来衡量混合物中各种组分均匀分布的程度。目前国家或行业对混合均匀度变异系数的要求一般为：配合饲料≤10％，浓缩饲料≤7％，添加剂预混合饲料≤5％。但是对于特殊的水产配合饲料，有的要求≤8％，如牙鲆稚鱼、青鱼、黑仔鳗鲡、稚鳖和蟹苗等的配合饲料。变异系数越大，则表明饲料的成分在产品中的分布越不均匀。特别是添加到饲料中的微量添加剂成分，如果不能比较均匀分布在产品中，一方面会降低产品的使用效果，另一方面可导致一部分动物食入不足或食入过量，严重时可能导致动物的中毒。因此，保证饲料产品的混合均匀度，对确保饲料产品的质量至关重要。

一、混合均匀度对畜禽生产性能的影响

（一）混合均匀度对猪生长性能的影响

Holden 指出，仅仅一批饲料搅拌不当很少会引起生长猪的严重问题，因为一批饲料在极短时间内就会被吃完。一个在断奶猪上进行的为期 21 天的生长试验发现，用双螺带搅拌机进行饲料搅拌，设置四个不同的搅拌时间处理：0 min、0.5 min、2 min 和 4 min。搅拌时间从 0 min 增加到 0.5 min，使铬浓度分布均匀度的变异系数（试验中以氧化铬作为标记物）从 107％降低到了 28％（表 8-1）。当搅拌时间延长到 4 min 时，日粮均匀度得到了进一步提高（变异系数达到 12％）。增重和肉料比随搅拌时间从 0 min 增加到 0.5 min 而明显提高，但对于搅拌时间进一步延长到 4 min 则没有多大反应。用同样的搅拌时间长度处理来搅拌育肥猪的日粮，结果表明（表 8-2）生长性能没有因日粮变异系

数从 54％（0 min 搅拌）降低到低于 10％（4 min 搅拌）而受影响。饲喂不同处理日粮的猪之间，骨骼强度也没有差别，表明最低程度的日粮搅拌并未对猪的钙或磷的状态造成问题。至少，从数值上看，饲喂 0 min 搅拌（即变异系数 54％）的日粮，猪的平均日增重和肉料比最低，胴体最肥。这两个试验表明，生长猪对于日粮均匀度可能不像以往认为的那么敏感，因而变异系数达到比 10％稍高一些的程度（也许是 15％~20％）就足够。

表 8-1　搅拌时间对日粮均匀和保育期仔猪生长性能的影响

项　目	搅拌时间（min）				标准误	概率（P<）		
	0	0.5	2	4		线性	二次	三次
铬的变异系数（％）	106.5	28.4	16.1	12.3	N/A	N/A	N/A	N/A
平均日增重（g）	267	379	383	402	18	0.01	0.02	0.01
平均日采食量（g）	598	711	701	720	22	0.01	0.08	0.02
增重/耗料比	0.446	0.533	0.546	0.558	0.017	0.01	0.03	0.02

注：Traylor 等（1994）。

表 8-2　搅拌时间对日粮均匀度和育肥猪生长性能的影响

项　目	搅拌时间（min）				标准误	概率（P<）		
	0	0.5	2	4		线性	二次	三次
铬的变异系数（％）	53.8	14.8	12.5	9.6	N/A	N/A	N/A	N/A
平均日增重（g）	777	807	793	787	15	—	—	—
平均日采食量（g）	2 950	2 900	2 890	2 880	50	—	—	—
增重/耗料比	0.263	0.278	0.274	0.273	0.005	—	—	0.13
屠宰率（％）	73.7	73.3	73.1	73.0	0.2	0.04	—	—
背膘厚（mm）	30.5	27.6	28.9	29.9	0.5	—	0.04	0.01
骨骼强度（N）	2 256.3	2 315.2	2 344.6	2 138.6	10	—	—	—

注：Traylor 等（1994）。

（二）混合均匀度对肉鸡生长性能的影响

基于几项混合工艺研究的结果，Behnke 指出，混合不均匀的肉鸡饲料影响肉鸡的生长发育，并影响肉鸡的肌肉化学成分。McCoy 等进行了两个试验，研究饲料混合均匀度对肉鸡生产性能的影响：试验用饲料有两种，一种为满足 NRC 标准的全价饲料，另一种为主要养分（粗蛋白、赖氨酸、蛋氨酸、钙和磷）仅满足 NRC 标准 80％的饲料，采用不同的转子转数来达到设定的混合均匀度，以盐和染色铁粒法测定混合均匀度。结果表明，饲料 CV 值随混合机转子转数的增加而下降。当采用不同混合均匀度的全价饲料饲喂 0 日龄的肉用雏鸡时，混合均匀度对肉鸡的日增重、日采食量、骨骼强度、灰分、胴体粗蛋白、脂肪、灰分含量影响不大，各组之间差异不显著，但饲料效率随均匀度提高而呈线性提高趋势。CV 值从 43％下降至 10.8％（盐法）时，肉鸡增重从 31.5 g 提高至 33.4 g，提高 6％左右，饲料转化率约提高 3％。当 CV 值在 15％（取决于 CV 值测定方法）以下时，肉鸡即可获得良好的生产性能。当采用不同混合均匀度的非全价饲料试验时，混合均匀度对肉鸡生产性能产生的影响较大：当 CV 值从 40.5％下降至 12.1％（盐法）时，肉鸡日增重由 23.6 g 提高至 30.0 g，提高了 27％，饲料转化率提高了 6％。但进一步延长混合时间，提高饲料混合均匀度，日增重及饲料转化率变化甚微。当饲料混合不均匀时，试验肉鸡的死亡率达 12％，改善混合质量后，死亡率下降至 0。在 28 日龄的生长肉鸡上的试验发现，生长鸡对饲料混合质量的敏感性较差。

二、保证混合均匀度的措施

要保证配合饲料的混合均匀度，一般可以采取以下措施：①必须根据饲料产品对混合均匀度变异系数的要求选择适当的混合机，并依据混合机本身的性能确定混合时间和装料量，不得随意更改。搅拌机的类型有多种多样，最常用的立式螺旋式搅拌机、卧式桨叶式搅拌机和卧式螺带式搅拌机。对于这三类搅拌机来说，建议的搅拌时间分别为 15 min 左右、6～7 min 以及 3～4 min。经验表明，这些类型搅拌机中的任何一种，只要有足够的搅拌时间，都能达到令人满意的搅拌均匀度。②规定合理的物料添加顺序，一般是配比量大的、粒度大的、比重小的物料先加入。③注意混合机的日常维护保养，定期对混合机进行检查，对混合均匀度进行测定，确保混合机的正常运行。④经常清理机内杂物，清除门周围的残留物料，使门开关灵活，杜绝漏料的现象。⑤尽量缩短混合到调质制粒（或粉料成品仓）的输送距离。⑥采用螺旋溜槽或导流板等缓冲装置尽量减小落差，避免使用气力输送。⑦水平输送尽可能选用自清式圆弧刮板输送机等，以防止混合好的饲料离析分级。

三、混合均匀度的测定

饲料混合均匀度的测定方法，常用的有 GB/T5918—1997 甲基紫法、沉淀法和氯离子选择电极法。

1. 甲基紫法　甲基紫法是采用甲基紫示踪物与饲料混合，用比色法测定甲基紫含量，作为反映饲料混合均匀度的依据。此方法的主要缺点在于：①甲基紫需要充分研磨，使其全部通过 100 目标准筛，需要研磨较长时间。②研磨时，不管研磨者怎样"武装"，甲基紫都能进入研磨者的口、鼻、衣服内，且很难清洗。③配合饲料中若添加苜蓿粉、槐叶粉等含有色素的组分时，则不能用甲基紫法。

2. 沉淀法　沉淀法是利用饲料中有机物与无机物在四氯化碳中比重不同，将沉积在底部的无机物回收，比较各样品中无机物含量的差异来反映饲料的混合均匀度。该方法的主要缺点是人为因素影响大，测定精度不高。

3. 氯离子选择电极法　氯离子选择电极法是根据饲料中许多物质能电离，产生不同的离子活度，从而具有一定的电位，利用各样品的电位差来计算变异系数作为混合均匀度指标。该方法方法需要氯离子选择电极、双盐桥甘汞电极以及酸度计等仪器，还需要绘制标准曲线等，测定步骤较繁琐。

鉴于上述方法的操作都较繁琐，且需要化学试剂和仪器设备，饲料厂很少对这一重要指标进行测定。因此生产中需要一种快速的判定方法。严永忠和覃红燕分别提出的含磷量吸光光度法不失为一种快速、便捷测定饲料混合度的方法。王海东等用近红外光谱技术判别饲料混合均匀度的可能性，结果发现准确率可达99.98%。苏兰利等用甲基紫法、氯离子选择电极法、钙测定法、磷测定法、氯化物测定法、粗蛋白测定法比较测定了蛋鸡高峰期全价料和生长猪浓缩料混合均匀度变异系数。结果表明，除了磷测定法求出的变异系数较小外，其他测定方法变异系数都较大，特别是氯化物测定法计算出的变异系数最大，推测可能原因是磷测定法过程较简单，误差较小；钙测定法和粗蛋白测定法操作复杂，容易产生误差，但其含量高，相对误差较小；氯化物测定法操作复杂，且氯化物含量低，误差较大。因此，磷测定法、钙测定法、粗蛋白测定法可以作为配合饲料混合均匀度的参考方法，若饲料中加入药物添加剂等含量低的成分时，为了准确测定饲料中各组分的均匀程度，应该用甲基紫法或氯离子选择电极法。

第三节　颗粒饲料加工质量

由于我国的颗粒饲料工业起步晚，基础研究比较薄弱，发展不完善，至今仍没有一套用于颗粒饲料加工质量标准的测试装置、方法和检测标准，长期以来一直是各个企业根据自身的工艺条件和市场的需求，依据国家的《颗粒饲料通用技术条件》进行自主控制，国家无颗粒饲料加工质量指标的强制检测要求。赵雅欣在对饲料生产企业的调查研究基础上，提出了以水分含量、水分活度、硬度、含粉率、粉化率和淀粉糊化度共六项指标作为颗粒饲料重要的加工质量标志。

一、水分含量

水分含量这一质量指标是确保饲料产品安全贮存的关键。水分含量的高低直接影响着成品的感官指标、卫生指标及储藏的货架期等，还直接影响到饲料的品质及生产厂家的经济效益。水分高了，不但降低饲料的能量，而且不利于保存，存放时间稍长，很容易诱发饲料氧化变质，甚至发霉，从而影响饲料的质量和使用的安全。水分太低，对生产者又造成了不必要的损失，而且忽高忽低的水分含量还造成产品质量的不稳定，影响产品的品牌声誉。为保证颗粒料品质达到质量指标，除选好适用的冷却器以外，还必须注意其他会影响颗粒饲料水分的因素。其中主要因素是原料的水分控制与制粒过程中的蒸汽质量的控制。

（一）影响颗粒饲料水分含量的因素及控制措施

1. 原料水分含量　饲料原料中的水分含量对颗粒饲料质量的影响较大，要确保颗粒料的水分达到质量指标，首先要控制原料的水分。水分含量高的饲料很难制粒，因为原料含水量太高会减少制粒时的蒸汽添加量，影响制粒温度的提高，从而降低了淀粉的糊化程度，降低了饲料的黏结性，提高了颗粒饲料的粉化率。相反，原料水分含量过低也对饲料的制粒不利，因为原料含水量过低会使物料在调质过程中需要吸收更多的蒸汽，从而使物料超出正常制粒温度，淀粉过于糊化，物料的黏结性提高，不但降低了颗粒饲料的营养价值，而且还易使颗粒硬度过大。饲料原料的含水率以 12％～13％为宜。作为饲料之王的玉米，在配合饲料中占有很大的比例，而它的标准水分又高于配合饲料的标准水分，所以要重点控制原料中玉米的含水量。因此饲料厂在组织采购原料时，不但要检测主要的营养指标，而且更要注意检测水分的含量。

2. 蒸汽质量 蒸汽的品质和添加量是影响颗粒料成品水分的重要因素，但被许多饲料厂所忽视。制粒适用的是干饱和蒸汽，不应带有冷凝水；有合适的蒸汽压力，一般应为 0.2～0.4 MPa；蒸汽压力保持基本稳定，压力波动幅度一般不应大于 0.05 MPa。为了保证没有冷凝水进入调质系统，锅炉房应尽量靠近主车间，锅炉房和主车间内均设缓冲分汽缸，蒸汽应采用高压输送，并在输送途中及分汽缸底部设置自动疏水装置；主车间汽水分离器与制粒机相距不宜太远；回水管道应垂直布置，下接疏水器和放水截止阀，这样能有效地排除冷凝水。蒸汽质量的控制对颗粒水分的影响是很大的，符合要求的蒸汽系统，能起到事半功倍的效果。

（二）适宜的水分含量

国家及行业标准对水分含量有硬性规定，一般在北方要求配合饲料、精料补充料水分含量≤14％，浓缩饲料水分含量≤12％；在南方，配合饲料、精料补充料水分含量≤12.5％，浓缩饲料水分含量≤10％。符合下列情况之一时可允许增加 0.5％的含水量：①平均温度在 10 ℃以下的季节；②从出厂到饲喂期不超过 10 天者。赵雅欣通过研究，推荐统一采用≤12.5％的水分含量作为新的畜禽料国家标准，水产料的水分含量标准≤10％。

二、水分活度

饲料中的水分因其存在状态的不同分为两类：束缚水和自由水，但只有后者可被微生物利用，因此用总水含量来评价对饲料发霉的影响不够确切。水分活度是衡量游离水或有效水的尺度，与物质中的含水量有所区别。一般来讲，水分含量越高，水分活度就越高，但是两者之间并不是简单的正比关系，它们对温度非常敏感。水分活度是水分在食物中的重要特性，是决定食物质量和安全性的主要因素之一。水分活度会影响饲料中微生物的繁殖、代谢、抗性和生存，是饲料质量控制体系中的一个重要指标。

（一）概念

饲料水分活度（符号为 Aw），是指在相同温度下的密闭容器中，饲料的水蒸气压与纯水蒸气压之比：

$$Aw = P/P_0 = ERH/100$$

式中　Aw——水分活度；

P——在一定温度下基质（饲料）水分所产生的蒸汽压；

P_0——在与 P 相同温度下纯水的蒸汽压；

ERH——基质（饲料）的相对湿度。

（二）水分活度对微生物生长繁殖及代谢活性的影响

不同的微生物生长繁殖都需一定的适宜水分活度范围，即使是同属不同种的微生物对水分活度要求也不完全相同，细菌最敏感，其次是酵母和霉菌。一般情况下，水分活度低于 0.90 时，细菌不能生长；水分活度低于 0.87 时，大多数酵母受到抑制；水分活度低于 0.80 时。大多数霉菌不能生长。降低水分活度值可以使微生物的生长速度降低，进而降低微生物的代谢活性。庞彦芳等研究发现，饲料水分活度在 0.648～0.717 之间（密封性好，阻止了外界水分进入），储存前后变化较小，饲料外观改变较小，只是个别颜色变暗，无发霉、异味和结块现象，微生物含量变化较小；水分活度在 0.704～0.756 之间（密封性较好，有效阻止了外界水分的进入），储存前后变化较大，外观改变较大，个别发霉、结块、变色，有霉味，微生物含量增加较多，但其在装入带有内袋的饲料袋后，水分活度前后变化较小；而水分活度在 0.683～0.778 之间（去掉内袋、密封性不好、易从外界高湿环境中吸取水分），储存前后变化较大，全部出现发霉、变色、结块现象，有不同程度霉味，微生物含量大大增加。李琳和万素英研究表明，霉菌形成孢子的水分活度值比其生长所需的水分活度值要高。一般认为，产毒霉菌生长所需的水分活度值要比其毒素形成所需的水分活度值低。

（三）适宜的水分活度

赵雅欣提出水分活度在 0.65～0.70 作为颗粒饲料的微生物生长下限，保证饲料的卫生标准。

三、硬　度

颗粒饲料的颗粒硬度是其外观质量的重要指标。在一些猪场的饲养过程中发现，颗粒饲料的颗粒硬度对畜禽生产性能有一定的影响。因此，颗粒硬度也是反映颗粒饲料加工质量的重要指标之一。

纵观颗粒饲料加工工艺的全过程，影响颗粒硬度的因素除饲料配方外，还包括原料的粉碎工艺，原料的膨化和膨胀工艺，原料的混合、加水、喷油工艺，蒸汽预调质工艺，制粒过程中模具的选择，后熟化、后喷涂工艺和干燥冷却等加工工艺。

1. 原料粉碎粒度　原料的粉碎粒度对颗粒硬度起着决定性作用。一般来说，原料粉碎粒度越细，在调质过程中淀粉越容易糊化。在颗粒料中的黏结作用越强，颗粒越不容易破碎，硬度越大。在禽用饲料中一般要求颗粒饲料的颗粒硬度要大，粉化率要低，减少饲料的浪费。可以通过调控原料粉碎粒度的粗、中、细比例来达到提高颗粒硬度的目的。细粒度部分中的淀粉在调质时能够充分糊化，在制粒过程中起着重要的黏结作用，将粗、中、细粒径的颗粒黏结在一起成为大颗粒，提高颗粒的硬度和降低产品粉化率。在猪料生产中一般要求颗粒的硬度要适中，太硬会降低产品的适口性和生产性能，太脆会提高产品粉化率，降低生产性能，增加浪费。在猪料的生产中一般要求粉碎粒径在 $700 \sim 500\,\mu m$ 之间的超过 70%，$250\,\mu m$ 以下细粉要超过 20%。这样的粒度分布有利于颗粒制粒成型和改善颗粒外观质量，又能保证产品的适当硬度和较低的粉化率。在鱼料的生产中，一方面鱼类动物的生理特点要求原料粉碎粒径在 $250\mu m$ 以下的不少于 85%；另一方面，粒度小有利于颗粒的成型和在水中的稳定性。鱼料的颗粒硬度都比较大，这是由于鱼料在水中稳定性要好，颗粒要致密。

2. 原料的膨化和膨胀工艺 通过对原料的膨化和膨胀处理可使淀粉充分糊化。糊化后的淀粉对颗粒硬度影响是显著的。目前膨化原料主要用于高档乳猪料和特种水产料的生产。对于特种水产料来说，原料通过膨化后，淀粉糊化度增加，成型后颗粒的硬度也增加，有利于提高颗粒在水中的稳定性。对于乳猪料来说，要求颗粒比较酥脆，不能太硬，有利于乳猪的采食。但膨化乳猪颗粒料因为淀粉的糊化度较大，因此制粒颗粒的硬度也较大，应该通过其他途径降低颗粒的硬度。

3. 原料的混合、加水、喷油工艺 原料的混合能提高各种粒度组分的均匀度，有利于保持颗粒硬度基本一致，提高产品质量。混合机内加水工艺还是一个正在积极探索的问题，在硬颗粒饲料生产中，在混合机内添加 $1\%\sim2\%$ 的水分，有利于提高颗粒饲料的颗粒的稳定性和硬度。但是由于水分的增加，给颗粒的干燥和冷却带来负效应，也不利于产品的贮存。在湿颗粒饲料的生产中，粉料中可以添加高达 $20\%\sim30\%$ 的水分，在混合过程添加 10% 左右的水分，比在调质过程中添加更容易。高水分物料成型后的颗粒硬度小，湿软，适口性好，能够提高畜禽的生产性能。但湿颗粒一般不能贮存，要求即生产即饲喂。在混合过程中添加油脂是目前饲料生产车间普遍采用的一种油脂添加工艺，添加 $1\%\sim2\%$ 的油脂不显著降低颗粒的硬度，添加 $3\%\sim4\%$ 的油脂时能够显著降低颗粒的硬度。

4. 蒸汽调质工艺 蒸汽调质是颗粒饲料加工工艺过程中的关键工艺，调质效果直接影响颗粒的内部结构和外观质量。蒸汽质量和调质时间是影响调质效果的两个重要因素。高质量干燥饱和的蒸汽能够提供较多的热量来提高物料的温度，使淀粉糊化，调质时间越长淀粉糊化度越高，成型后的颗粒结构越致密，稳定性越好，硬度也越大。对一般的畜禽来说，通过调节蒸汽的添加量，使调质温度保持在 $70\sim80$ ℃；通过改变调质器的长度、桨叶角度和转速来控制调质时间在 30 秒左右。对于鱼料来说，一般采用双层或多层夹套调质，以提高调质温度和延长调质时间，更有利于提高鱼料颗粒在水中的稳定性，颗粒的硬度也相应增加。

5. 制粒模具 制粒机环模的孔径和压缩比等技术参数能够显著影响颗粒的硬度，采用相同孔径而压缩比不同的环模成型的颗粒，其硬度随着压缩比的增大而明显增大。选择合适的压缩比环模，能够生产适宜硬度的颗粒。颗粒的长度对颗粒的承压能力有明显的影响，相同直径的颗粒，在颗粒没有缺陷情况下，颗粒长度越长，测定的硬度越大。调整切刀的位置，保持合适的颗粒长度，能使颗粒的硬度保持基本一致。颗粒直径截面形状对颗粒硬度也有一定的影响，8 字形截面比圆形截面承压能力更强，测定的硬度值也越大。另外，环模的材质对颗粒的外观质量和硬度也有一定的影响。普通钢环模和不锈钢环模生产出来的颗粒料有较显著的区别。

6. 干燥冷却工艺 为了延长饲料产品的贮存时间，保证一定时间内的产品质量，对饲料颗粒须进行必要的干燥和冷却处理。在测定颗粒硬度的试验中，通过对同一个产品多次分别冷却 5 min、13 min、10 min 后测定颗粒的硬度发现，硬度低的颗粒的硬度受冷却时间影响不明显，而硬度较大的颗粒随着冷却时间加长而颗粒硬度减小。这可能是因为随着颗粒内部水分的散失，颗粒的脆性增加，影响颗粒硬度。同时对颗粒进行大风量（风门全开）快速冷却（冷却时间 3 min）和小风量（风门关至 1/3）缓慢冷却（冷却时间 20 min）后，进行比较发现，前者较后者硬度有所降低，颗粒的表面裂纹有所增加。

四、含 粉 率

颗粒饲料含粉率是指成品颗粒饲料中粉末（0.6 倍颗粒直径以下的）质量占其总质量的百分比，是颗粒饲料中现有含粉情况的说明，该指标主要是为了限制颗粒饲料中实际含粉量。

（一）含粉率对畜禽生产性能的影响

为确定颗粒饲料含粉率对猪生产性能的影响，Stark 等开展了系列乳仔猪、育肥猪试验。在其中两个乳仔猪试验中，以粉状饲料和含粉率高达 30% 的颗粒饲料相比，结果表明颗粒饲料改善了增重/饲料 12%～15%；与筛出粉状饲料后的颗粒饲料相比，含粉率25%～30% 的颗粒饲料增重/饲料降低 3%～4%。育肥猪试验中，与粉状饲料相比，饲喂筛过的颗粒饲料的猪日增重（ADG）提高了 4.3%，饲料/增重改善了 5.5%（表 8 - 3）。颗粒饲料含粉率不影响 ADG，但随含粉率提高，增重/饲料有降低的趋势。饲喂含粉率较高的颗粒饲料（20%～40%）的猪生产性能与粉料没有区别，这比较难以解释。类似的育肥猪试验中，Amornthewaphat 等报道，随含粉率从 0（增重/饲料比对照的粉料提高7%）提高到 50%（增重/饲料比对照的粉料提高 2%），增重效率线性降低。因此，如果制粒过程不合适，生产了含粉料较高的颗粒饲料（20%～40% 以上），则颗粒饲料的促生长作用也就荡然无存。

表 8 - 3　颗粒饲料含粉率对育肥猪生长性能的影响

试验		粉料	含粉率						SE
			0	20%	25%	40%	50%	60%	
试验一	ADG（kg）	0.93	0.97	0.97	—	0.96	—	0.94	0.02
	增重/饲料	0.36	0.38	0.36	—	0.36	—	0.36	0.01
试验二	ADG（kg）	0.89	0.96	—	0.93	—	0.90	—	0.01
	增重/饲料	0.36	0.38	—	0.38	—	0.37	—	0.01

注：试验一引自 Stark 等（1994），试验二引自 Amornthewaphat 等（1999）。

（二）适宜的含粉率

国家标准"颗粒饲料通用技术条件"对肉鸡、蛋鸭、仔猪、兔颗粒饲料的含粉率做出了规定，要求含粉率≤4%。水产行业标准"渔用配合饲料通用技术要求"对渔用颗粒饲料和膨化颗粒饲料只提出了粉化率要求，没有对含粉率提出要求。赵雅欣通过研究提出，含粉率在≤1.0％为一等品（A），1.0％＜B≤2.5％为二等品（B），2.5％＜C≤4.0％为标准品（C），合格值定为4.0％。

五、粉 化 率

颗粒饲料粉化率指颗粒饲料在规定条件下产生的粉末重量占其总重量的百分比，是对颗粒在运输过程中经受震动、撞击、压迫、摩擦等外力后可能出现的破散量的预测，是对颗粒本身质量的说明，可以用来对各种颗粒进行比较。颗粒饲料粉化率过高会降低饲料的利用效率，增加饲料成本，破坏饲料的外观质量。尤其是水产硬颗粒饲料的粉化率过高会造成饲料饵料系数过高，污染水环境，养殖效益下降；猪、禽颗粒饲料粉化率过高易引起畜禽上呼吸道疾病，造成饲料浪费。

（一）影响粉化率的因素

影响颗粒饲料粉化率的因素很多，主要包括以下几个方面：

1. 压模因素 压模的几何参数对颗粒饲料质量的影响，主要表现为模孔的有效长度、孔径、模孔的粗糙度、模孔间距、模孔形状等的影响。如模孔的有效长度越大，物料在模孔内受挤压的时间就越长，颗粒也就越坚硬，强度越高；反之，则颗粒松散，粉化率高，颗粒质量降低。

2. 蒸汽与调质 蒸气质量的好坏及进汽量的大小对颗粒质量有较大的影响。饲料在压制前需进行调质，调质过程中物料温度升高，淀粉糊化，蛋白质及糖分塑化，水分增加，这些都有利于制粒过程的进行和颗粒质量的提高。调质的效果通过调节进汽量和提高蒸汽的质量来保证。蒸汽必须具有足够的压力和温度，同时应该确保供给干蒸汽（饱和蒸汽）。一般来说，蒸汽压力应为0.18～0.4 MPa。温度视产品品种的不同而确定，如糖或乳清粉等热敏性成分容易焦化，则不宜太高。蒸汽的用量以物料量的5％～6％为宜。

3. 操作条件 操作条件包括模辊间隙、环模转速、切刀性状以及进料流量。

4. 原料因素 原料因素是以上因素中的最关键因素。因为颗粒饲料质量的好坏，生产能耗的高低，除了与制粒机的性能等有关外，更取决于原料特性。原料特性主要包括密度、粒度、含水量、各种营养成分含量（主要是脂肪、蛋白质、纤维和淀粉的含量）、摩擦特性和腐蚀性等，这些因素都直接影响颗粒饲料的质量、生产能耗以及机器寿命。

（二）适宜的粉化率

国家标准"颗粒饲料通用技术条件"对肉鸡、蛋鸭、仔猪、兔颗粒饲料的粉化率做出了规定，要求粉化率≤10％。水产行业标准"渔用配合饲料通用技术要求"规定颗粒饲料的粉化率应小于10％，膨化饲料的粉化率应小于1％。赵雅欣通过研究提出，粉化率在≤4.0％为一等品（A），4.0％＜B≤7.5％为二等品（B），7.5％＜C≤10.0％为标准品（C），合格值定为10.0％。

六、淀粉糊化度

淀粉糊化度是评价颗粒饲料加工质量的重要指标，直接影响畜禽吸收利用饲料中能量物质的效率，进而影响饲料的转化效率和畜禽生长状态。一般膨化浮性饲料淀粉的糊化度≥90％，膨化沉性饲料淀粉的糊化度≥70％，而硬颗粒水产饲料的糊化度在30％左右。

（一）概念

淀粉糊化度是指淀粉中糊化淀粉量与全部淀粉量之比的百分数。动物特别是幼龄动物如仔猪对淀粉的消化率与原料中淀粉的糊化度有密切关系。淀粉糊化后，其结晶态和折射消失，淀粉粒膨胀，溶剂和反应物因而得以进入淀粉分子。

（二）影响淀粉糊化度的因素

影响颗粒饲料淀粉糊化度的因素较多，主要包括淀粉含量与来源、脂肪含量与类型、加工过程中的粉碎、调质、制粒和稳定化等。

1. 淀粉含量及来源　原料中淀粉含量的高低是影响淀粉糊化程度的基本因素。淀粉含量高，则水热作用充分，淀粉糊化度高。然而，淀粉含量过高，将会影响其他成分的含量及营养平衡性。原料中直链淀粉和支链淀粉的比例不同，淀粉颗粒的大小不同，也会影响淀粉糊化的温度范围。一般而言，小粒淀粉内部颗粒紧密，糊化温度比大粒淀粉高；直链淀粉分子间结合力比支链淀粉强，直链淀粉含量越高，淀粉糊化温度也越高。在水产饲料加工中，小麦和小麦副产品是最普遍的淀粉来源。

2. 脂肪含量及类型　脂类与直链淀粉能形成稳定的螺旋复合物，抑制淀粉糊化。谷类的含脂量比马铃薯高，因此前者的糊化温度比后者高。虽然脂类有抑制淀粉膨胀的作用，但磷脂中卵磷脂的作用是特异的，它能显著促进小麦淀粉的糊化。

3. 调质　调质是影响淀粉糊化的一个关键的加工工艺过程。在此过程中，对物料进行水热处理，淀粉糊化，提高淀粉糊化度。淀粉由生淀粉变为糊化淀粉必须具备水分、时间和温度三个条件。调质过程中通入热蒸汽，使物料水分和温度增加，同时又经一定时间，满足了淀粉糊化所需要的条件。淀粉糊化是三个条件的综合作用，任何一个条件的改变都会影响淀粉糊化。

4. 制粒　制粒是将经水热处理后的粉状饲料通过机械压缩并强制通过模孔聚合成形的过程。制粒过程利用压模与压辊的挤压及与物料的摩擦作用，使粉料空隙缩小，形成一定密度和强度的颗粒。在制粒过程中，压力和温度升高，有利于淀粉糊化。

5. 后熟化　后熟化是将颗粒置于高温高湿的密闭箱体中，停留一定时间后，颗粒内部结构得以稳定，淀粉熟化程度增加的过程。在水产饲料生产过程中，常通过稳定器（又称后熟化器）来提高淀粉糊化度。饲料经稳定后，淀粉糊化得到明显提高。

（三）淀粉糊化度对动物生产性能的影响

研究发现淀粉糊化度与动物生长相关。Hongtrakul等发现，在18天试验中，断奶仔猪（6.8 kg，21 日龄）的日粮分别含糊化玉米 14.5%、38.7%、52.7%、64.4%、89.3%，其平均日增重和料肉比分别为 0.35、0.32、0.31、0.30、0.34 kg 和 1.35、1.37、1.41、1.35、1.37。该试验表明淀粉糊化度对断奶仔猪生长的影响是不规则的，但干物质、氮和总能的表观消化率在淀粉糊化度为 64.4% 时最佳。

（四）淀粉糊化度的测定方法

淀粉糊化作用是饲料加工过程中重要的物理化学特性变化过程，而快速准确检测和实时监控饲料加工中原料淀粉糊化特性的变化，对提高饲料加工及产品质量，降低生产成本具有十分重要的意义。

淀粉糊化作用将导致双折射现象消失、颗粒膨胀、透光率和黏度上升，借助检测分析这些变化，逐渐发展产生了多种检测淀粉糊化度的方法，如双折射法、酶水解法、膨胀法和黏度测量法等。针对畜禽机体降解利用淀粉类营养物质的生理模式，饲料行业通常采用与动物机体消化功能较为接近的酶水解法，作为淀粉糊化度测定方法。但此种方法操作繁琐、耗时费力，同时需要多种化学试剂，在实时质量监控领域中推广应用有明显的局限性，并给饲料产品实际生产质量管理带来了很大不便。而加快研究推广淀粉糊化度的快速检测方法，已成为制约中国提高饲料行业生产管理水平和饲料产品质量安全水平的行业共性问题。

王海东等通过研究，建立了颗粒饲料淀粉糊化度的快速检测方法，其中近红外光谱分析方法的定标模型决定系数为 0.875 9，相对标准差 RSD 小于 10%，相对分析误差 RPD 大于 3，定标结果较好。同时通过对未知样品的验证，验证模型的决定系数为 0.960 8。结果表明，他们所建立淀粉糊化度的近红外光谱分析方法具有良好的分析能力和检测精度。此外，通过探讨分析淀粉糊化度与物料黏度之间的内在关系，研究建立了淀粉糊化度和黏度指标之间的回归关系，决定系数达 0.8 以上，对验证样品的预测结果也较好。上述两种淀粉糊化度的快速检测方法在一定程度上能够满足饲料工业提高加工质量管理水平和确保饲料产品的质量安全的应用需求，而近红外光谱分析方法在饲料质量实时控制领域展示了良好的应用前景。

七、水中稳定性

水中稳定性是水产饲料特有的、衡量其加工质量的一项重要指标，一般以"溶失率"表示。水产饲料投入水中后不可能一下子全部被吃完，这就需要饲料在水中能维持一段时间，在这段时间中不溃散、不溶解，即有一定的水中稳定性。如果稳定性差，则饲料不能被水产动物完全食入，不仅降低饲料的利用率，更会引起水质恶化，危及养殖动物健康并污染环境。水产行业标准"渔用配合饲料通用技术要求"规定了渔用粉状配合饲料、颗粒配合饲料和膨化配合饲料溶失率的基本要求（表 8-4）。鲤鱼、草鱼、罗非鱼、鲫鱼、对虾等配合饲料的水产行业标准也分别对溶失率提出了不同的要求，见表 8-5。由表可以看出，单个产品的溶失率指标并不完全与"渔用配合饲料通用技术要求"规定的指标相符，这可能给渔用饲料水中稳定性质量指标的判断带来困扰。

表 8-4　各类渔用配合饲料水中稳定性（溶失率）基本要求

项目	饲养对象	溶失率（%）	备注
粉状饲料（面团）	鱼类	≤5	浸泡时间 60 min，适用于鳗鲡
颗粒饲料	鱼类	≤10	浸泡时间 5 min
膨化饲料	鱼类	≤10	浸泡时间 20 min
颗粒饲料	虾类	≤12	浸泡时间 120 min
颗粒饲料	蟹类	≤10	浸泡时间 30 min
粉状饲料（面团）	龟鳖类	≤5	浸泡时间 60 min
膨化饲料	蛙类		浸泡时间 60 min，颗粒不开裂，表面不开裂，不脱皮

表 8-5　水产饲料行业标准规定的饲料产品水中稳定性（溶失率）指标

项目	浸泡时间（min）	浸网筛孔尺寸（μm）	溶失率（%）
鲤鱼饲料	颗粒饲料：5；膨化饲料：20	850	≤10
草鱼饲料	5	比颗粒直径小一级	鱼苗饲料≤20；鱼种饲料≤10；食用鱼饲料≤10
罗非鱼饲料	颗粒饲料：5；膨化饲料：20；破碎饲料：5	小于颗粒直径	≤10
青鱼饲料	10	略小于颗粒直径	颗粒饲料≤10；破碎饲料≤5
团头鲂饲料	10	小于颗粒直径	≤12
鲫鱼饲料	颗粒饲料：5；膨化饲料：20；破碎饲料：5	小于颗粒直径	≤10
虹鳟饲料	10		≤20
大菱鲆饲料	20	1 000	≤5
对虾饲料	120	450（粒径<1.5 mm）850（粒径≥1.5 mm）	≤10
罗氏沼虾饲料	120	850	≤12
真鲷饲料	30	同粉碎粒度限制	≤4
牙鲆饲料	30	同粉碎粒度限制	≤4
中华鳖饲料	60		≤4

　　水产饲料的耐水性与饲料的配方组成、粉碎粒度、调质强度、后熟化等密切相关，水产饲料原料组成与配比对饲料耐水性的影响较大。水中稳定性好的原料在配方中占的比例大，产品的耐水性就好；条件相反，产品耐水性就有可能变差。小麦面筋是一种天然的黏合剂，含有面筋的饲料，颗粒持久力明显提高。程宗佳通过比较几种含不同原料的虾颗粒饲料的水稳定度指标，即分别含有全麦粉、面粉、小麦淀粉加小麦面筋、小麦淀粉、小麦

面筋、麦麸和麦胚，发现含小麦面筋的虾饲料水稳定性最强。粉碎粒度决定着饲料组分的表面积，粒度越细，表面积越大，吸收蒸汽越快，有利于调质，颗粒黏结性好，硬度高，水中稳定性强。调质能够使原料中淀粉糊化，蛋白质变性，增加其可塑性，有利于提高颗粒的耐水性，调质效果的好坏与调质时间、温度、压力和水分有关，调质时蒸汽压力越大、调质时间越长、调质温度越高，原料中淀粉的糊化度越高，黏结性越好，耐水性就越好；但温度太高，热敏感饲料（脱脂奶粉、白糖等）黏度增大，易导致模孔堵塞，而且影响产品的外观。调质后混合粉料的水分含量对饲料水中稳定性影响极显著，在允许范围内，原料水分越大，产品耐水性越好；但水分太大，易引起模孔堵塞，一般原料入模水分含量应控制在 15%～18%。

常规养分测定

饲料中的常规养分又叫概略养分，主要包括水分（初水分、总水）、干物质（风干样品、绝干样品）、粗灰分、粗脂肪、粗蛋白质、粗纤维和无氮浸出物。目前这些常规养分分析仍然沿用着 100 多年前德国 Weende 试验站所发展起来的常规分析法。随着科学技术和生产的发展，一些新的饲料成分分析方法也在不断发展和改进。

第一节　饲料样品的采集、制备及保存

从待测饲料原料或产品中获取一定数量、具有代表性的部分作为样品的过程叫做采样。将样品经过干燥、磨碎和混合处理，以便进行理化分析的过程叫样品的制备。制备好的样品进行适当的保存，以便进行后续的分析。正确进行样品的采集、制备和保存是评定饲料营养价值的关键第一步，比后续的分析更为重要。如果采样方法和制备技术不正确，没能按照要求进行保存，则即使拥有非常精密的仪器和熟练而又准确的技术，其分析化验的结果也毫无价值，甚至会由此得出错误的结论。

一、样品的采集

（一）目的

采样的根本目的是通过对样品理化指标的分析，客观反映受检饲料原料或产品的品质。

1. 样品必须具有足够的代表性　一般情况下，我们需要了解的饲料原料的容积和质量往往很大，而分析时所用样品仅为其中的很小一部分，所以采集到的样品是否具有足够的代表性直接影响分析结果的准确性。因此，在采样时，应根据分析要求，遵循正确的采样技术，并详细注明饲料样品的情况，使采集的样品具有足够的代表性，使采样引起的误差减至最低限度，从而使所得分析结果能为生产实际所参考和应用。

2. 必须采用正确的采样方法　正确的采样应该从具有不同代表性的区域取几个样点，然后把这些样品充分混合成为整个饲料的代表样品，然后再从中分出一小部分作为分析样品用。采样过程中，做到随机、客观，避免人为和主观因素的影响。

3. 样品必须有一定的数量　不同的饲料原料和产品要求采集的样品数量不同，主要取决于以下几个因素。

（1）饲料原料和产品的水分含量　水分含量高，则采集的样品应多，以便干燥后的样品数量能够满足各项分析测定的要求；反之，水分含量少，则采集的样品可相应减少。

（2）原料或产品的颗粒大小和均匀度　原料颗粒大，均匀度差，则采集的样品应多。

（3）平行样品的数量　同一样品的平行样品数量越多，则采集的样品数量就越多。

（二）采样工具

采样工具种类很多，但必须符合以下两点：能够采集饲料中的任何粒度的颗粒，无选择性；对饲料样品无污染（不增加样品中微量金属元素的含量或引入外来生物或霉菌毒素）。目前使用的采样工具主要有以下几种：

1. 探针采样器　探针采样器也叫探管或探枪，是最常用的干物料采样工具。其规格有多种，有带槽的单管或双管，具有锐利的尖端（图试验一—1）。

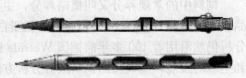

图试验一—1　开放式带柄谷物探针

2. 锥形袋式取样器　该种取样器是用不锈钢制作的，具有一个尖头、锥形体和一个开启的进料口。

3. 液体取样器

（1）空心探针　实际上是一个镀镍或不锈钢的金属管，直径为 25 mm，长度为750 mm，管壁有长度为 715 mm、宽度为 18 mm 的孔，孔边缘圆滑，管下端为圆锥形，与内壁成 15°角，管上端装有把柄。常用做桶和小型容器的采样。

（2）炸弹式或区层式采样器　为密闭的圆柱体，可用做散装罐的液体采样，能从储存罐的任何特定区域采样。当到达储罐底部时，提起阀门；如果从中间的深度取样时，可由一根连在该阀的柱塞上的绳子手动提起图（图试验一—2）。

图试验一—2　液体弹式取样器

4. 自动取样器　自动取样器可安装在饲料厂的输送管道、分级筛或打包机等处，能够定时、定量采集样品。自动取样器适合于大型饲料企业，其种类很多，可根据物料类型和特性、输送设备等进行选择。

5. 其他取样器　剪刀（或切草机）、刀、铲、短柄或长柄勺等也是常用的采样器具。

（三）样品采集的步骤和基本方法

1. 采样的步骤

（1）采样前记录　采样前，必须记录与原料或产品相关的资料，如生产厂家、生产日期、批号、种类、总量、包装堆积形式、运输情况、储备条件和时间、有关单据和证明、包装是否完整、有无变形、破损和霉变等。

（2）原始样品采集　原始样品也叫初级样品，是从生产现场如田间、牧场、仓库、青贮窖、试验场等的一批饲料原料中最初采集的样品。原始样品应尽量从大数量饲料或大面积牧场上，按照不同部位、不同深度和广度，分别采集一部分，然后混合在一起。原始样品一般不少于 2 kg。

（3）次级样品　次级样品也叫平均样品，是将原始样品混合均匀或简单地剪碎混匀，从中取出的样品。次级样品一般不少于 1kg。

（4）分析样品 分析样品也叫试验样品。次级样品经过粉碎、混匀等制备处理后，从中取出的一部分即为分析样品，用作样品分析用。分析样品的数量根据分析指标和测定方法的要求而定。

2. 采样的基本方法 虽然采样的方法随不同的物料而不同，但一般来说，采样的基本方法有两种：几何法和四分法。

（1）几何法 量大而不规则的物料，可视为几何体，如把整个一堆物品（如一仓、一垛、一堆、一车或一船）看成一种具有规则的几何立体，如立方体、圆柱体或圆锥体等。取样时首先把这个立体分成若干体积相等的部分（虽然实际不便去做，但至少可以在想象中将其分开），这些部分必须在全体中分布均匀，即不只是在表面或只是在一面。从这些部分中取出体积相等的样品，这些部分的样品称为支样，再把这些支样混合即得样品，这个样品叫原始样品。

几何法常用于采集原始样品和大批量的原料。

（2）四分法 是指将样品（主要针对均匀性的物料，如子粒、粉料或配合饲料等）置于一大张纸或塑料布、帆布、漆布（大小视样品的多少而定）上，提起一角，使饲料样品流向对角，随即提起对角使其流回，如此从四角反复轮流提起使饲料反复移动混合均匀，然后将饲料堆成圆锥体（或圆形或方形），用药铲、刀子或其他适当器具，在饲料样品方体上划一十字形，将样品分成 4 等份，任意弃去对角的 2 份，将剩余的 2 份混合，继续按前述方法混合均匀、缩分，直至剩余样品数量与分析时所需要的用量相接近为止。

对粉末状、均匀度高的样品，可直接通过四分法采集分析样品，一般在 500 g 左右。对颗粒大、均匀度不好的底料如子实饲料，通过四分法可从原始样品中采集次级样品。次级样品至少在 1 kg（图试验一-3）。

3. 不同饲料样品的采集 不同饲料样品的采集因饲料原料或产品的性质、状态、颗粒大小或包装方式不同而异。

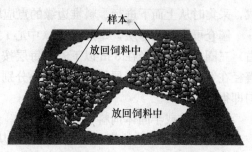

图试验一-3 四分法采样

（1）粉状和颗粒饲料 这类饲料包括各种谷物类和糠麸、配合饲料或混合饲料、预混料等。根据其贮存方式分为散装和袋装两种。

① 散装 散装的原料应在机械运输过程中的不同场所（如滑运道、传送带等处）取样。如果在机械运输过程中未能取样，则可用探管取样，但应避免因饲料原料不匀而造成的错误取样。

取样时，用探针从距边缘 0.5 米的不同部位分别取样，然后混合即得原始样品。取样点的分布和数目取决于装载的数量。也可在卸车时用长柄勺、自动选样器或机器选样器等，间隔相等时间，截取落下的物料取样，然后混合，得原始样品。

② 袋装 应从多个袋中分别取样，然后混合，得到原始样品。采样的袋数取决于总袋数、颗粒大小和均匀度。一般，中小颗粒饲料如玉米、大麦等取样袋数不少于总袋数的

5%，粉状饲料取样袋数不少于总袋数的 3%。总袋数在 100 袋以下，取样不少于 10 袋；总量每增加 100 袋，采样数需增加 1 袋。

取样时，用探针从口袋的上下两个部位采样，或将袋平放，将探针的槽口向下，从袋口的一角按对角线方向插入袋中，然后转动采样器柄使槽口向上，抽出探针，取出样品。大袋的颗粒饲料在采样时，可采取倒袋和拆袋相结合的方法取样，倒袋和拆袋的比例为 1∶4。倒袋时，先将取样袋放在洁净的样布或地面上，拆去袋口缝线，缓慢放倒，双手紧握袋底两角，提起约 50 cm 高，边拖边倒，至 1.5 m 远全部倒出，用取样铲从相当于袋的中部和底部取样，每袋各点取样数量应一致，然后混匀。拆袋时，将袋口缝线拆开 3～5 针，用取样铲从上部取出所需样品，每袋取样数量一致。将倒袋和拆袋采集的样品混合即得原始样品。

③ 仓装　一种方法是当原始样品在饲料进入包装车间或成品库的流水线或传送带上、储塔下、料斗下、秤上或工艺设备上时采集。具体方法是：用长柄勺、自动或机械式选样器，每相同间隔时间截断落下的饲料流。间隔时间应根据产品移动的速度来确定，同时要考虑每批选取的原始样品的总量。对于饲料级磷酸盐、动物性饲料和鱼粉应不少于 2 kg，其他饲料产品则不低于 4 kg。另一种方法是针对储藏在饲料库中的散装产品的原始样品。具体方法是：按高度分层采样，即采样前将料层表面划分为 6 个等份，在每一部分的四方形对角线的四角和交叉点 5 个不同地方采样。料层厚度在 0.75 m 以下时，从两层中选取，即从距料层表面 10～15 cm 深处的上层和靠近地面的下层选取；当料层厚度在 0.75 m 以上时，从三层中选取，即从距料层表面 10～15 cm 深处的上层、中层和靠近地面的下层选取，采集时从上而下进行。料堆边缘的点应距边缘 50 cm，底层距底部 20 cm。

圆仓可按高度分层，每层分内（中心）、中（半径的一半处）、外（距仓边 30 cm 左右）三圈。圆仓直径在 8 m 以下时，每层按内、中、外分别采 1、2、4 个点，共 7 个点；直径在 8 m 以上时，每层按内、中、外分别采 1、4、8 个点，共 13 个点。将各点样品混匀即得原始样品。

（2）液体或半固体饲料

① 液体饲料　液体饲料如植物油等应从不同的包装单位（桶或瓶）中分别取样，然后混合。取样的桶数如下：7 桶以下，取样桶数不少于 5 桶；10 桶以下，取样桶数不少于 7 桶；10～50 桶，取样桶数不少于 10 桶；51～100 桶，取样桶数不少于 15 桶；101 桶及以上，按不少于总桶数 15% 抽取。

取样时，将桶内饲料搅拌均匀（或摇匀），然后将空心探针缓慢地自桶口插至桶底，然后堵压上口提出探针，将液体饲料注入样品瓶内混匀。

对散装（大池或大桶）的液体饲料按散装液体高度分上、中、下 3 层分层布点取样。上层距液面约 40 cm 处，中层设在液体中间，下层距池底 40 cm 处，3 层采样数量的比例为 1∶3∶1（卧式液池），车槽为 1∶8∶1。采样时，用液体取样器在不同部位采样，并将各部位采集的样品进行混合，即得原始样品。原始样品的数量取决于总量，总量在 500 t 以下，应不少于 1.5 kg；总量为 501～1 000 t，应不少于 2.0 kg；总量在 1 000 t 以上，应不少于 4.0 kg。原样品混匀后，再采集 1 kg 做次级样品备用。

② 固体油脂　对常温下呈固体的动物性油脂的采样，可参照固体饲料采样方法，但

原始样品应通过加热溶化混匀后，才能采集次级样品。

③ 黏性液体　黏性浓稠饲料如糖蜜，可在卸料过程中采用抓取法，即定时用勺等器具随机采样。原始样品数量应为总量 1 t 至少采集 1 L。原始样品充分混匀后，即可采集次级样品。

（3）块饼类　块饼类饲料的采样依块饼的大小而异。

大块状饲料，从不同的堆积部位选取，不少于 5 大块，然后从每块中切取对角的小三角形，将全部小三角形块捶碎混合后得原始样品，然后再用四分法取分析样品 200 g 左右。

小块的油粕，要选取具有代表性者数十片（25～30 片），粉碎后充分混合得原始样品，再用四分法取分析样品 200 g 左右。

（4）副食及酿造加工副产品　此类饲料包括酒糟、醋糟、粉渣和豆渣等。取样方法是：在储藏池、木桶或贮堆中分上、中、下三层取样。视池、桶或堆的大小每层取 5～10 个点，每点取 100 g 放入瓷桶内充分混合得原始样品，然后从中随机取分析样品约 1 500 g，用 200 g 测定其初水分，其余放入大瓷盘中，在 60～65 ℃恒温干燥箱中干燥供制风干样品用。

对豆渣和粉渣等含水较多的样品，在采样过程中应避免汁液损失。

（5）块根、块茎和瓜类　这类饲料的特点是含水量大，由不均匀的大体积单位组成。采样时，通过采集多个单独样品来消除每个个体间的差异。样品个数的多少，根据样品的种类和成熟的均匀度以及所需测定的营养成分而定。

采样时，从田间或储藏窖内随机分点采取原始样品 15 kg，按大、中、小分堆称重求出比例，按比例取 5 kg 次级样品。先用水洗干净，洗涤时注意勿损伤样品的外皮，洗涤后用布拭去表面的水分。然后，从各个块根的顶端至根部纵切具有代表性的对角 1/4，1/8 或 1/16 等，直至适量的分析样品。迅速切碎后混合均匀，取 300 g 左右测定初水分，其余样品平铺于洁净的瓷盘内或用线串联，置于阴凉通风处风干 2～3 天，然后在 60～65 ℃的恒温干燥箱中烘干备用。

（6）新鲜青绿饲料及水生饲料　新鲜青绿饲料包括天然牧草、蔬菜类、作物的茎叶和藤蔓等。一般取样是在天然牧地或田间，在大面积的牧地上应根据牧地类型划区分点采样。每区选 5 个以上的点，每点为 1 m 的范围，在此范围内离地面 3～4 cm 处割取牧草，除去不可食草，将各点原始样品剪碎，混合均匀得原始样品。然后，按四分法取分析样品 500～1 000 g，取 300～500 g 用于测定初水，一部分立即用于测定胡萝卜素等，其余在 60～65 ℃的恒温干燥箱中烘干备用。

栽培的青绿饲料应视田块的大小，按上述方法等距离分点，每点采数株（≥1），切碎混合后取分析样品。该方法也适用于水生饲料，但注意采样后应晾干样品外表游离水分，然后切碎取分析样品。

（7）青贮饲料　青贮饲料的样品一般在圆形窖、青贮塔或长形壕内采样。取样前应除去覆盖的泥土、秸秆以及发霉变质的青饲料。原始样品质量为 500～1 000 g，长形青贮壕的采样点视青贮壕长度大小分为若干段，每段设采样点分层取样。

（8）粗饲料　这类饲料包括秸秆及干草类。取样方法：在存放秸秆或干草的堆垛中选取 5 个以上不同部位的点采样（即采用几何法取样），每点采样 200 g 左右。由于干草的叶子极易脱落，影响其营养成分的含量，故采样时应尽量避免叶子的脱落，采取完整或具有代表性的样品，保持原料中茎叶的比例。然后将采取的原始样品放在纸或塑料布上，剪成1~2 cm长度，充分混合后取分析样品约300 g，粉碎过筛。少量难粉碎的秸秆渣应尽量捶碎弄细，并混入全部分析样品中，充分混合均匀后装入样品瓶中，切记不能丢弃。

二、样品的制备

样品的制备包括烘干、粉碎和混匀。样品制备时要注意不应造成待测成分的损失及污染，不应带来干扰物质。制备成的样品可分为半干样品和风干样品。

(一) 目的

制备样品的目的是保证样品的均匀性，使分析样品时取任何部分都能代表被测定组分的全部品质，确保分析结果的准确性。

(二) 风干样品的制备

风干饲料是指自然含水量（不含游离水，仅含有结合于样品中蛋白质、淀粉等成分上的束缚水）在15%以下的饲料，如玉米、小麦等作物子实、糠麸、青干草、稿秕和配合饲料等。风干样品的制备过程包括三个步骤：

1. 原始样品的采集　按照几何法和四分法采集。

2. 次级样品的采集　对不均匀的原始样品如干草、秸秆等，可经一定处理如剪碎或捶碎等，混匀后再按四分法采集次级样品。对均匀的样品如玉米、粉料等，可直接用四分法采集次级样品。

3. 分析样品的制备

（1）制备设备　常用样品制备的粉碎设备有植物样本粉碎机、旋风磨、咖啡磨和滚筒式样品粉碎机。其中最常用的有植物样本粉碎机和旋风磨。植物样本粉碎机易清洗，不会过热及使水分发生明显变化，能使样本经研磨后完全通过适当筛孔的筛。旋风磨粉碎效率较高，但在粉碎过程中水分有损失，需注意校正。磨的筛网的孔径大小一定要与检验用的大小相同。粉碎粒度的大小直接影响分析结果的准确性。

（2）制备过程　次级样品用饲料样品粉碎机粉碎，通过孔径为0.25~1.00 mm孔筛后即得分析样品。主要分析指标，即样本粉碎粒度的要求见表试验一- 1。注意：不易粉碎的粗饲料如秸秆渣等，在粉碎机中会剩留极少量，难以通过筛孔，这部分不应抛弃，应尽力弄碎，如用剪刀仔细剪碎后一并均匀混入样品中，避免引起分析误差。将粉碎完毕的样品200~500 g装入磨口广口瓶内保存备用，并注明样品名称、制样日期和制样人等。

表试验一- 1　样品粉碎粒度的要求

指　标	分析筛规格（目）	筛孔直径（mm）
水、粗蛋白、粗脂肪、粗灰分、钙、磷、盐	40	0.45
粗纤维、体外胃蛋白酶消化率	18	1
氨基酸、微量元素、维生素、脲酶活性、蛋白质溶解度	60	0.25

（三）半干样本的制备

新鲜样本含有大量的水分不易保存，这类饲料包括青饲料、多汁饲料、水生饲料、青贮饲料以及鲜肉、鲜蛋、鲜奶，畜禽粪便等。按四分法或几何法取得的新鲜分析样品，除必须用新鲜样本测定的成分外，可处理加工制备成半干样品，即将样品置于60～65℃干燥箱除去游离水分，取出后于室温下冷却，测定初水分含量（或半干样品含量），然后按风干样品制样方法制样保存。

（四）样品的登记与保存

1. 样品的登记 制备好的风干样品或半干样品均应装在洁净、干燥的磨口广口瓶内，作为分析样品备用。瓶外贴有标签，标明样品名称、采样和制样时间、采样和制样人等。此外，分析实验室应有专门的样品登记本，系统、详细地记录与样品相关的资料。要求登记的内容如下：①样品名称（一般名称、学名和俗名）和种类（必要时须注明品种、质量等级），②生长期（成熟程度）、收获期、茬次，③调制和加工方法及储存条件，④外观性状及混杂度，⑤采样地点和采集部位，⑥生产厂家、批次和出厂日期，⑦质量，⑧采样和制样人姓名，⑨采样日期。

2. 样品的保存

（1）保存条件 样品一般需避光、密封保存，并尽可能低温保存，做好防虫、防霉措施。因此，采样后应立即称重，并尽快测定干物质和水分含量。

（2）保存时间 一般条件下原料样品应保留2周，成品样品应保留1个月。有时为了特殊目的，饲料样品需保管1～2年。对需长期保存的样品可用锡铝纸软包装，经抽真空充氮气后（高纯氮气）密封，在冷库中保存备用。专门从事饲料质量检验监督机构的样品保存期一般为3～6个月。

（3）饲料样品应由专人采集、登记、制备与保管。

（五）思考题

1. 采样的目的是什么？如何才能获得有代表性的样品？对于不同的原样及不同形状、形态的原料应如何采样？

2. 如何制备风干样品和半干样品？

3. 对于制备好的样品，应如何登记和保存？

第二节 常规养分测定

一、饲料中初水分的测定（半干样本的制备）

（一）目的

掌握饲料中初水分测定的方法，测定饲料鲜样中初水分的含量。

（二）原理

新鲜饲料即水分多的饲料（如青绿多汁饲料、青贮饲料）或鲜粪、鲜肉等不能被粉碎，也不宜保存。因此，新鲜样本必须先测定其中的初水分，得到半干样本，再将半干样本（与风干样本同样）制备成分析用的样本。将新鲜样本置于 65 ± 5 ℃的恒温干燥箱中烘 $8\sim12$ h，然后回潮使其与周围环境条件的空气湿度保持平衡。在这种条件下失去的水分称为初水分。

（三）仪器与设备

搪瓷盘：规格为 20 cm×15 cm×3 cm；

鼓风烘箱：可控温度为 60～65 ℃；

坩埚钳；

普通天平：1/100 g 感量。

（四）操作步骤

1. 瓷盘称重　洗净瓷盘，放入 120 ℃烘箱烘 30 min，用坩埚钳取出，置室内冷却、回潮 12～24 h，在普通天平上称取瓷盘的质量。

2. 样品称重　取新鲜样品 200～300 g，迅速切碎成 1～2 cm 长，放入已知质量的瓷盘中，在普通天平上称重。

3. 灭酶　将装有新鲜样品的瓷盘放入 120 ℃烘箱中烘 10～15 min。目的是使新鲜饲料中存在的各种酶失活，以减少对饲料养分分解造成的损失。

4. 烘干　将装有新鲜样品的瓷盘迅速放入 60～70 ℃烘箱中烘 6～8 h（含水低、数量少的样品也可能只需 5～6 h 即可烘干），目的是使样品干燥容易磨碎为止。

5. 回潮和称重　从烘箱中取出瓷盘，放置在室内空气中冷却 12～48 h 后用普通天平称重。

6. 再烘干　再将瓷盘放入 60～70 ℃烘箱中烘 2 h。

7. 再回潮和称重　取出瓷盘，同样在室内空气条件下冷却 24 h，然后用普通天平称重。如果两次质量之差超过 0.5 g，则将瓷盘再放入烘箱。重复步骤 7，直至两次称重之差不超过 0.5 g 为止。多次称量中取最低的质量为半干样品的质量。

（五）结果计算

计算公式：

$$初水分=\frac{新鲜样品重（g）-半干样品重（g）}{新鲜样品重（g）}\times100\%$$

$$=\frac{W_1-W_2}{W_1-W_0}\times100\%$$

式中　W_1——烘之前新鲜样品和搪瓷盘的质量；

　　　　W_2——60～70 ℃烘干回潮后样品和搪瓷盘的质量；

W_0——搪瓷盘的质量。

(六) 注意事项

在 60～70 ℃烘干后失去的初水分为饲料中的游离水分。

每个试样，应取两个平行样进行测定，以其算术平均值为结果。两个平行测定值相差不得超过 0.2%，否则应重做。

(七) 思考题

为什么进行初水分的测定？主要对哪些饲料而言？

二、饲料中干物质（束缚水）的测定

(一) 目的

掌握饲料中束缚水的测定方法及饲料总水分的计算。

(二) 原理

饲料中的营养物质，包括有机物质和无机物质，均存在于饲料的干物质中。饲料中干物质含量的多少与饲料的营养价值及动物的采食量均有密切的关系。风干饲料即各种子实饲料、饼粕类、糠麸类、青干草、鱼粉等可以直接在 105±2 ℃的烘箱中烘干，烘去饲料中蛋白质、淀粉及细胞膜上的束缚水，得到风干饲料中的干物质。含水分多的新鲜饲料则先测定初水分后制成半干样品，再在 105±2 ℃的烘箱中烘干，测得半干样品中的干物质含量，而后计算新鲜饲料中的干物质量。

测定尿中干物质法，是将定量的尿液吸收到已知重量的滤纸上，烘干滤纸，再吸收一定量的尿，再烘干，重复多次。然后用烘干后吸收了尿液的滤纸重减去原滤纸重即为吸收尿液总量中的干物质量。

(三) 仪器设备

感量 0.000 1 g 分析天平。

电热恒温可控温度烘箱：可控温度 105±2 ℃。

称量皿：玻璃或铝质（带盖），直径在 4.0 cm 以上，高在 2.5 cm 以下。

干燥器：无水氯化钙或变色硅胶作为干燥剂。

坩埚钳和角匙。

小毛刷。

(四) 操作步骤

1. 称重 洗净称量皿，开盖放入 105±2 ℃烘箱中烘 1～2 h。用坩埚钳取出称量皿，放入干燥器中冷却 30 min 称重（冷却和称重时须将盖子盖上）；再烘 30 min，同样冷却、称重。直至两次称重差小于 0.000 5 g 为恒重。

2. 样品称重　在已恒重的称量皿中准确称量（准确至 0.000 2 g）2 g 左右的风干样品或半干样品，在 105±2 ℃烘箱中打开称量皿盖烘 3 h，用坩埚钳盖好称量皿盖取出，放入干燥器中冷却 30 min，称重，再按上述方法烘 1～2 h，冷却、称重。直至两次称重差小于 0.002 g 即为恒重。计算时采用数次称重中的最低值。

测定尿中干物质时可将定量的尿液吸收到已知重量的滤纸上，滤纸和尿一并烘干，直至恒重为止。

（五）结果计算

1. 风干样本（或半干样本）**的水分含量**

$$水分 = \frac{风干样品重（g）- 烘干样品重（g）}{风干样品重（g）} \times 100\%$$

$$= \frac{W_1 - W_2}{W_1 - W_0} \times 100\%$$

式中　W_1——105 ℃烘干前试样及称样皿质量；

W_2——105 ℃烘干后试样及称样皿质量；

W_0——已恒重的称样皿质量。

2. 新鲜样品的总水分含量　新鲜样品测定初水分和束缚水后，即可计算出以新鲜样品为基础的水分含量，其计算公式为

$$总水分 = 初水分 + （100\% - 初水分）\times 束缚水$$

例如，某新鲜饲料含初水分为 70%，用半干样本测得束缚水为 14%，则：

$$新鲜饲料总水分 = 70\% + （100\% - 70\%）\times 14\% = 74.2\%$$

（六）注意事项

1. 对某些含脂肪高的样本，在加热时可能因脂肪的氧化而使样本重量增加，所以应以增重前的质量为准。或者在真空烘箱或装有二氧化碳的特殊烘箱中进行。

2. 含糖分高或易焦化样本，应使用低温减压干燥法（70 ℃，33 MPa，烘干 5 h）测水分。

3. 含挥发性物质高的样本，采用冷冻干燥法可防止很多挥发性物质在加热过程中的损失。

4. 在某些情况下急需知道饲料的含水量，也可用水分快速测定仪进行测定。

5. 每个试样应取两个平行样进行测定，以其算术平均值为测定结果。两个平行样测定结果的数值相差不得超过 0.2%，否则重做。

6. **精确度**　含水量在 10% 以上，允许相对偏差为 1%；含水量在 5%～10%，允许相对偏差为 3%；含水量在 5% 以下时，允许相对偏差为 5%。

（七）思考题

1. 什么是半干样品、风干样品，如何制备半干样品及风干样品？

2. 测定水分时应注意哪些问题？

3. 新鲜饲料总水分的含量为何不是初水分及束缚水之和？

4. 某些饲料半干样本的 105 ℃干物质为 90％，该饲料 70 ℃干物质为 32％，计算该种饲料新鲜时干物质的含量？

附：红外线快速水分测定仪

红外线快速水分测定仪（图试验一- 4），采用热解重量原理设计，是一种新型快速水分检测仪器。水分测定仪在测量样品重量的同时，红外加热单元和水分蒸发通道快速干燥样品，在干燥过程中，水分仪持续测量并即时显示样品丢失的水分含量（％），干燥程序完成后，最终测定的水分含量值被锁定显示。与传统的烘箱加热法相比，红外加热可以最短时间内达到最大加热功率，在高温下样品快速被干燥，大大加快了测量速度，一般样品只需几分钟即可完成测定。

图试验一- 4　红外线快速
水分测定仪

三、饲料中粗蛋白质的测定

饲料中含氮物质包括纯蛋白质和氨化物（氨基酸、酰胺、硝酸盐及铵盐），两者总称为粗蛋白质。

饲料中粗蛋白质含量的测定最常用的方法是凯氏定氮法，是 19 世纪初（1833 年）由丹麦人凯达尔（J. Kjeldahl）建立的经典方法。由于设备比较简单，测定结果可靠，为一般实验室所采用。长期以来人们在经典方法的基础上不断改进，一是选择催化剂，更有效地缩短消化时间加快分析速度；二是改进了氨的蒸馏和测定方法，以提高测定效率；三是当今许多国家包括我国都已研制出蛋白质测定仪、自动定氮仪等。

（一）目的

掌握应用凯氏定氮法测定饲料和其他动物性产品样本中粗蛋白的含量。

（二）原理

各种生物样品的有机物质在有还原性催化剂（如硫酸铜）的参与下，在用浓硫酸消煮的过程中，各种蛋白质和含氮有机物，经过复杂的高温分解反应，转化为氨，氨与浓硫酸结合成硫酸铵；而非含氮物质，则以二氧化碳、水、二氧化硫等气体状态逸出。消化液经碱化后蒸馏，重新释放出氨，氨被硼酸吸收结合成硼酸铵，以标准酸溶液滴定，甲基红-溴甲酚绿作为混合指示剂，求出饲料全氮的含量，再乘以一定的换算系数（通常用 6.25 系数计算），得出样品中粗蛋白质的含量。其主要化学反应如下：

$$2CH_3CHNH_2COOH + 13H_2SO_4 = (NH_4)_2SO_4 + 6CO_2 \uparrow + 12SO_2 \uparrow + 16H_2O$$

$$(NH_4)_2SO_4 + 2NaOH = 2NH_3 \uparrow + 2H_2O + Na_2SO_4$$

$$H_3BO_3 + NH_3 = NH_4H_2BO_3$$

$$NH_4H_2BO_3 + HCl = H_3BO_3 + NH_4Cl$$

(三) 仪器设备

实验室用样品粉碎机：分析筛孔径为 0.45 mm（40 目）。

分析天平：感量 0.000 1 g。

消煮炉或电炉：温度可调。

酸式滴定管：25 mL 或 50 mL 或微量。

凯氏烧瓶：100 mL 或 250 mL。

凯氏蒸馏装置：半微量蒸馏式或常量直接蒸馏式。

锥形瓶：150 mL。

容量瓶：100 mL。

移液管：10 mL。

毒气柜。

漏斗：4~6 cm 直径。

量筒：10 mL 或 50 mL。

玻璃珠。

(四) 试剂及配制

化学纯浓硫酸（GB625），化学纯硫酸铜（GB665），无水硫酸钠（HG3-908），化学纯或分析纯硫酸钾（HG3-920），400 g/L 氢氧化钠溶液［40 g 化学纯氢氧化钠（GB629）溶于 100 mL 蒸馏水中］，20 g/L 硼酸溶液［2 g 化学纯硼酸（GB628）溶于 100 mL 蒸馏水中］，分析纯干燥硫酸铵（GB1396）。

盐酸标准溶液配制：

0.2 mol/L 盐酸标准溶液：17 mL 盐酸（GB622，分析纯），注入 1 000 mL 蒸馏水中。

0.5 mol/L 盐酸标准溶液：45 mL 盐酸（GB622，分析纯），注入 1 000 mL 蒸馏水中。

无水碳酸钠法标定；

混合指示剂：甲基红（HG3-958）1 g/L 乙醇溶液与溴甲酚绿（HG3-220）5 g/L 乙醇溶液等体积混合，阴凉处保存 3 个月以内。

(五) 测定步骤

1. 样品的消化　称取 0.5~1 g 风干试样，准确称至 0.000 1 g，将样品无损地送入干燥的凯氏烧瓶或消化管底部。加入硫酸铜（$CuSO_4 \cdot 5H_2O$）0.2 g，无水硫酸钾（或无水硫酸钠）3 g，与试样轻轻混合均匀，加入浓硫酸 10 mL 和玻璃珠 2 粒（防止消化时液体溅失），摇动凯氏烧瓶或消化管使硫酸和样品混匀。将凯氏烧瓶或消化管放在通风柜里的变温电炉或消煮炉上小火加热，待瓶内样品泡沫消失、反应缓和时，加强火力，使温度保持在 360~410 ℃。消化时经常转动烧瓶，使全部样品全部浸入硫酸内。消煮的温度以硫酸蒸气在瓶颈上部 1/3 处冷凝回流为宜。如瓶颈溅有黑色固体，小心拿起烧瓶待冷却后，轻轻摇进消煮液中或加少量的蒸馏水冲洗，再继续加热。直至溶液澄清后，再继续消煮

30 min。

一般饲料需要 2～3 h，消化过程中产生 SO₂ 气体，有刺鼻味，故需要在毒气柜中进行。

试剂空白测定：另取凯氏烧瓶或消化管一个，加入硫酸铜（$CuSO_4 \cdot 5H_2O$）0.2 g，无水硫酸钠（或硫酸钾）3 g，浓硫酸 10 mL，加热消化至溶液澄清。

2. 氨的蒸馏

（1）半微量水蒸气蒸馏法　蒸馏前先检查蒸馏装置是否漏气，先用蒸汽洗涤一次。蒸汽发生器的水中应加入甲基红指示剂数滴，硫酸数滴，在蒸馏过程中保持此溶液为橙红色，否则需补加硫酸。将试样消煮液冷却，加蒸馏水 10～20 mL，摇匀移入 100 mL 容量瓶中，反复三次，冷却后用蒸馏水稀释至刻度，摇匀，为试样分解液。用量筒量取10 mL 2％的硼酸溶液加入 150 mL 洗净的三角瓶中，再加入混合指示剂 2～3 滴，置于蒸馏装置的冷凝管下，使管口浸入硼酸溶液中。用移液管准确吸取消煮液 10 mL（使含氮 1 mg 左右），准确注入蒸馏装置的反应室中，用少量蒸馏水（20 mL 左右）冲洗进样入口，塞紧入口玻璃塞。然后注入 10 mL 400 g/L 氢氧化钠溶液，小心提起玻璃塞使之缓缓流入，将玻璃塞塞好，且加蒸馏水封住入口，防止漏气。蒸馏约 3～4 min，待反应完全（用红色石蕊试纸置于冷凝管末端，颜色不变蓝，否则表示反应不完全）。移动三角瓶，使冷凝管末端离开吸收液面，继续蒸馏 1 min，然后，用蒸馏水冲洗冷凝管末端，洗液均流入三角瓶内，然后停止蒸馏，取下三角瓶。

蒸馏完毕后，利用气压差原理，立即关紧冷凝器提起玻璃塞，使反应室中的残液倒流入反应室外层，然后在进样口边加蒸馏水，边进行以上操作，反复操作四次，即可洗净反应室，供下次使用（图试验一-5）。

（2）常量直接蒸馏法　将试样消煮液冷却，用少量蒸馏水将消煮液全部定量转入蒸馏器内，并用水洗涤凯氏瓶 4 或 5 次（总用水量不超过 35 mL），或直接向冷却的试样消煮液中加水 60～100 mL 摇匀、冷却，将凯氏烧瓶或消煮管连在蒸馏装置上，于冷凝管的末端浸入 35 mL 硼酸吸收液和加混合指示剂 2 滴的 250 mL 锥形瓶中，然后小心地向凯氏烧瓶或消化管内，加入氢氧化钠溶液至溶液颜色变黑，再稍加少许。待溶液混匀后，加热蒸馏，直至流出液体积约 150 mL。移动锥形瓶，使冷凝管末端离开液面，继续蒸馏 1～2 min，并用水冲洗末端，洗液均需流入锥形瓶内，然后停止蒸馏。

3. 滴定　先将滴定管准备妥当，装入标准浓度的盐酸溶液。吸收氨后的吸收液立即用盐酸标准溶液滴定，至瓶中颜色由蓝绿色变为灰红色为终点。记录所用盐酸标准溶液的体积

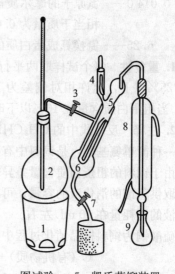

图试验一-5　凯氏蒸馏装置

1. 电炉　2. 蒸汽发生器　3. 螺丝夹
4. 小玻棒及棒状玻塞　5. 反应室
6. 反应室外层　7. 橡皮管及螺丝夹
8. 冷凝管　9. 蒸馏液接收三角瓶

（张丽英，2003）

（mL）。

4. 空白测定　按上述步骤进行空白测定，记录盐酸标准溶液的空白滴定量。所用酸标准溶液的体积一般不得超过 0.4 mL。

5. 测定步骤的检验　精确称取 0.2 g 硫酸铵，代替试样，用蒸馏水溶解，移入 100 mL 容量瓶定容。按 2 和 3 测定步骤操作，测得硫酸铵含氮量应为（21.19±0.2）％。否则需检查加碱、蒸馏和滴定各步骤是否正确。

（六）结果计算

试样中粗蛋白质含量计算公式：

$$粗蛋白质含量 = \frac{(v-v_0) \times C \times 0.014\,0 \times 6.25}{m \times \frac{v_2}{v_1}} \times 100\%$$

式中　C——酸标准滴定溶液浓度，mol/L；

$\quad\quad m$——试样质量，g；

$\quad\quad v$——滴定试样时所用酸标准溶液体积，mL；

$\quad\quad v_0$——滴定空白时所用酸标准溶液体积，mL；

$\quad\quad v_1$——试样消化液定容体积，mL；

$\quad\quad v_2$——试样消化液蒸馏用体积，mL；

$\quad$0.014 0——氮原子的摩尔质量（g/mol），即 1.00 mL 标准酸滴定溶液（1.000 mol/L）

$\quad\quad\quad\quad$相当于质量为 0.014 0 g 的氮；

$\quad$6.25——氮换算成蛋白质的平均系数。

1. 重复性　每个试样取两平行样进行测定，以其算术平均值为结果。当粗蛋白质含量在 25％以上，允许相对偏差为 1％；当蛋白质含量在 10％～25％，允许相对偏差为 2％；当粗蛋白质含量在 10％以下时，允许相对偏差为 3％。

2. 注释　反应式中的 CH_3CHNH_2COOH 为 α-氨基丙酸，代表饲料中粗蛋白质分解后的一种简单氨基酸，是饲料中有机态氮物质的来源之一。

由于饲料的粗蛋白质含量差异较大，因此，饲料样品的称取量、稀释消化液的容量以及吸取供蒸馏的消化液的容量，可根据样本中粗蛋白质含量的多少而适当调整，使标准盐酸溶液的消耗量在 10 mL 左右。

硫酸铜为饲料样品消化过程中的催化剂。反应如下：

$$C（有机物质）+2CuSO_4 = Cu_2SO_4 + SO_2\uparrow + CO_2\uparrow$$

$$Cu_2SO_4 + 2H_2SO_4 = 2CuSO_4 + 2H_2O + SO_2\uparrow$$

硫酸铜在强热下不仅起催化作用，而且在有机物全部消化后，使溶液呈清澈的蓝绿色。并可在下一步蒸馏过程的碱性反应中又还原为红褐色，所以又可作为指示剂。

硫酸钠可提高浓硫酸的沸点。消化时的温度要求控制在 360～410 ℃，低于 360 ℃，消化不容易完全，高于 410 ℃ 容易引起氨的损失。温度的高低受加入硫酸钠的量控制，如加入硫酸钠较少，消化时间较长；过多虽可大大缩短消化时间，但当盐的质量浓度超过 0.8 g/mL，消化内容物冷却后易结块。所以，消煮过程中盐的浓度应控制在 0.35～

0.45 g/mL。

$$Na_2SO_4 + H_2SO_4 = 2NaHSO_4$$
$$2NaHSO_4 = Na_2SO_4 + H_2O + SO_3$$

在消化过程中，随着硫酸的不断分解、水分的不断蒸发，硫酸钠的浓度逐渐增大，结果沸点升高，加速了对有机物的分解作用。

无水硫酸钾的作用同无水硫酸钠。一般 Na_2SO_4 和 $CuSO_4$ 的比例为 10∶1。

浓硫酸在样品消化时作为分解剂，以其强酸性和强氧化性使有机物分解。消化时的用量以淹没样品为度，但对脂肪含量较高的样品，应适量增加用量。在消煮过程中如果硫酸消耗过多，将影响盐的浓度，一般在凯氏瓶口插入一小漏斗，以减少硫酸的损失。

现在多采用凯氏半微量定氮法测定饲料中的粗蛋白含量，此法称取样本量不多，耗用试剂量少，一次消化可用于多次蒸馏。而常量直接蒸馏法可省去定量及再吸取稀释液等步骤，适用于测定鲜肉，鲜粪和羊毛中的粗蛋白质。

样品放入定氮瓶内时，不要黏附颈上。万一黏附可用少量水冲下，以免被检样消化不完全，结果偏低。

消化时如不容易呈透明溶液，可将定氮瓶放冷后，慢慢加入 30% 过氧化氢（H_2O_2）2～3 mL，促使氧化。

如硫酸缺少，过多的硫酸钾会引起氨的损失，这样会形成硫酸氢钾，而不与氨作用。因此，当硫酸过多地被消耗或样品中脂肪含量过高时，要增加硫酸的量。

混合指示剂在碱性溶液中呈绿色，在中性溶液中呈灰色，在酸性溶液中呈红色。如果没有溴甲酚绿，可单独使用 0.1% 甲基红乙醇溶液。

向蒸馏瓶中加入浓碱时，往往出现褐色沉淀物，这是由于分解促进碱与加入的硫酸铜反应，生成氢氧化铜，经加热后又分解生成氧化铜的沉淀。有时铜离子与氨作用，生成深蓝色的结合物 $[Cu(NH_3)_4]^{2+}$。

附1：饲料中纯蛋白质的测定

纯蛋白质又叫真蛋白质，它是由许多种氨基酸合成的一类高分子化合物。

目的：掌握饲料中纯蛋白质的测定方法，区分饲料中蛋白氮和非蛋白氮。

原理：用水消化饲料样品，再用氢氧化铜沉淀蛋白质，而非蛋白含氮物仍留于溶液中。过滤后，用凯氏定氮法测定沉淀物中的含氮量，可以计算纯蛋白质的含量。

仪器设备：500 mL 烧杯、定量滤纸、其他仪器设备同粗蛋白质的测定。

试剂及配制：6% 硫酸铜溶液、1.25% 氢氧化钠溶液、其他同粗蛋白质测定法。

测定步骤：

1. 准确称取饲料样品 1 g 左右（精确至 0.000 1 g），置于 500 mL 烧杯中，加 50 mL 蒸馏水，加热至沸，并保持微沸 30 min。

2. 在搅拌下缓缓加入 6% 硫酸铜溶液 25 mL 和 20 mL1.25% 的氢氧化钠溶液，用玻璃棒充分搅拌，冷却静置 2 h。

3. 用双层定量滤纸过滤，然后用 60～80 ℃热水洗涤沉淀 5～6 次。

4. 将沉淀和滤纸放在 65 ℃烘箱干燥 2 h，然后全部转移到凯氏烧瓶中，按半微量凯氏定氮法进行氮的测定。

结果计算同粗蛋白质测定。

附 2：氮—蛋白质自动分析仪

（一）原理和试剂：与传统的凯氏定氮法相同。

（二）仪器：世界各国不少厂家都生产不同型号的氮—蛋白质自动分析仪，由以下部分装置组成。

1. 加热消化装置 用于样品的消化。装置带有酸雾排气管，可排出消化产生的酸雾，使消化不必在通风柜中进行。

2. 自动水蒸气蒸馏装置 消化瓶同时用作蒸馏瓶，因此只需从消化器上取下装到蒸馏装置上，然后仪器自动注入一定量的碱量，蒸馏自动进行，蒸馏完后，蒸馏残留液自动排出。

3. 自动滴定装置 按时间程序指令，自动地向滴定池内供给一定量的氨吸收液，通常使用硼酸液，用于吸收蒸馏装置溜出的氨气。用标准酸进行自动滴定，到达终点，滴定自动停止，滴定废液自动排出。

4. 显示和打印装置 样品的质量输入后，可以显示和打印滴定量、含氮量（％）、蛋白质含量（％）及试验参数。具体操作步骤参考有关仪器说明书。

 思 考 题

1. 简述凯氏定氮法的基本原理？
2. 在样品消煮前为什么要加入硫酸钠和硫酸铜？
3. 怎样避免样品消煮后结块？

四、饲料中粗脂肪的测定

（一）目的

掌握饲料中粗脂肪的测定方法，并测定各种饲料中粗脂肪的含量。

（二）原理

索氏浸提法（仲裁法）：饲料的油脂均可溶解于乙醚中，用无水乙醚反复浸提饲料中的脂肪，并使溶有脂肪的乙醚流集于盛醚瓶中，而后将乙醚蒸发，瓶中所剩残渣即为饲料中的粗脂肪。

饲料被乙醚所溶解的物质，除真脂肪外，还有麦角固醇、胆固醇、脂溶性维生素、叶绿素等。由于所得的脂肪残渣不纯，故称为粗脂肪。

测定脂肪所用饲料样品必须烘干，因样品中水分可影响乙醚的浸提和蒸发过程。此外，样品中的水分能溶解其中的糖类和其他物质，因而影响测定结果。

鲁氏残留法：在索氏脂肪提取器中用乙醚反复提取试样后，从抽提管中取出装有试样的滤纸包，然后称重，则滤纸包所失去的重量即为该样本的脂肪量。

（三）仪器与试剂

仪器：索氏脂肪提取器，中速、脱脂滤纸，干燥器（无水氯化钙或变色硅胶作为干燥剂），感量 0.000 1 g 分析天平，电热恒温水浴锅（调温范围 30～100 ℃），烘箱和长柄镊子。

试剂：化学纯无水乙醚，氯化钙和凡士林。

（四）操作步骤

1. 索氏脂肪提取器由三部分组成：下部为盛醚瓶，中间为浸提管，上部为冷凝管。冷凝管上端加棉花塞，以防乙醚逸出。将整套索氏抽提器洗净烘干。

2. 将盛醚瓶洗净于 105±2 ℃烘箱中烘 30 min，放入干燥器中冷却 30 min，在天平上称重。再烘 30 min，同样冷却称重，两次称重之差小于 0.000 8 g 为恒重。

3. 准确称取风干样品（或用测定束缚水后的样品）2 g 左右（准确至 0.000 2 g），用脱脂滤纸和棉线包扎好滤纸包（滤纸长度以虹吸管高度的 2/3 为宜），用铅笔在包上写上样品名称、编号等，将滤纸包放于 105 ℃烘箱中，烘干 2 h，置干燥器中冷却，然后用长柄镊子将滤纸包转入浸提管内，加入乙醚至虹吸管顶端，使其流入盛醚瓶中，再加乙醚将样品包淹没。严密结合冷凝管和浸提管。

4. 将水浴锅加热，使温度保持在 60～75 ℃，乙醚在盛醚瓶中蒸发，乙醚蒸气至冷凝管处冷凝为液体，仍流回浸提管中，样品受醚的浸渍，其中所含脂肪即被溶解。当浸提管中乙醚积聚相当高度时，即由虹吸管回流入盛醚瓶。控制乙醚回流速度每小时约 10 次，一般提取时间为 5～6 h，样品所含脂肪可全部浸提出而积存于盛醚瓶中。然后检查样品中脂肪是否提净，方法是：用洁净的玻璃板或表面皿接取少量（1～2 滴）由浸提管流出的乙醚液体，当乙醚挥发后不留痕迹，即为浸提干净。

5. 提取完毕后，移去上部的冷凝管，取出样品包，将冷凝管仍装妥，再蒸馏，使管中乙醚再回流一次，以冲洗浸提管中余留的脂肪，然后继续蒸馏，当乙醚积聚至虹吸管 2/3 高度处，取下装置，将管中乙醚倒入收醚瓶中，继续进行，直至盛醚瓶中乙醚全部收完为止，此时瓶中只有粗脂肪和极少量的乙醚存留。

6. 将盛醚瓶取下，用蒸馏水洗净盛醚瓶底壁（注意勿使水溅入瓶内）。将盛粗脂肪的盛醚瓶置于 105±2 ℃烘箱中烘干（在初烘时烘箱门需半开，以免醚燃烧起火），需 1～2 h。烘干时间因样本粗脂肪含量的多少而变化，不易固定，以达到恒重为止。将盛醚瓶移入干燥器中，冷却 30 min 后称重，直至恒重为止。盛醚瓶增加的重量即为样本的粗脂肪量。同时测定试剂空白试验，以作校正。

（五）结果计算

试样中粗蛋白质含量计算公式：

$$样本中粗脂肪的含量 = \frac{粗脂肪重（g）}{样品重（g）} \times 100\% = \frac{W_2 - W_1}{W} \times 100\%$$

式中　W——样本重，g；

　　　W_1——盛醚瓶重量，g；

　　　W_2——盛醚瓶与粗脂肪的重量，g。

重复性：每个试样应取两个平行样进行测定，以其算术平均值为测定结果。粗脂肪含量在 10% 以上，允许相对偏差为 3%；粗脂肪含量在 10% 以下时，允许相对偏差为 5%。

样本中粗脂肪含量也可根据样本滤纸包经乙醚提取前后的失重来计算。方法如下：

$$粗脂肪的含量 = \frac{样本滤纸包乙醚提取前重 - 样本滤纸包乙醚提取后重}{样品重} \times 100\%$$

样本滤纸包经乙醚提取后放入一个干净的已知重量的称量瓶（盒）中。在 $105 \pm 2\,℃$ 烘箱中烘 $1 \sim 2\,h$，在干燥器中冷却、称重，直至恒重。经乙醚提取后的滤纸包在称重时容易吸取空气中的水分，影响包重，因此操作时宜盖好称量瓶（盒）盖，并迅速称量。

（六）注意事项

1. 乙醚的沸点为 35 ℃，易燃烧，在用乙醚提取时，实验室内严禁点酒精灯、擦火柴、吸烟等明火操作，保持室内通风良好，以防着火。

2. 盛醚瓶称重前后的取放，宜用坩埚钳或垫纸张或戴棉手套，不宜用手直接接触，以免将手上的皮脂、汗污染盛醚瓶，影响测定结果。

3. 包扎样本时，应先将手洗净，以免影响结果。

4. 滤纸和棉线或特制纸筒仍可继续使用，但应保持清洁，防止污染，以免影响测定结果。

5. 肉类（猪肉、鸡肉、鱼肉等）中脂肪测定前须先烘干肉中的水分。具体方法如下：称取磨碎鲜肉 10 g 放在铺有少量石棉的滤纸筒或滤纸上，用小棒混匀，将滤纸筒或滤纸移入瓷盘或铝匣中，在 $100 \sim 120\,℃$ 烘箱中烘 6 h，取出瓷盘或铝匣冷却后，用棉线包扎滤纸包。以下步骤按照饲料中脂肪测定法进行。

6. 估计样本中所含脂肪在 20% 以上时，浸提时间需用 16 h；5% ~ 20% 时，需 12 h；5% 以下时需 8 h。

7. 如果该样品还需测定粗纤维指标，则保存好测定过脂肪的样品，留作粗纤维测定用。

（七）思考题

1. 粗脂肪的盛醚瓶在 $105 \pm 2\,℃$ 烘箱中的时间为什么不能过长，过长是否会影响测定结果？

2. 脂肪包的长度为什么不能超过虹吸管的高度？

3. 水浴的温度为什么要控制在 $60 \sim 75\,℃$ 之间，过高或过低对脂肪的抽提有什么影响？

五、饲料中粗纤维的测定

(一) 目的

掌握饲料中粗纤维的测定方法，并测定各类饲料中的粗纤维含量。

(二) 原理

粗纤维的常规测定方法是在公认的强制规定条件下，将试样用一定容量和一定浓度的预热硫酸和氢氧化钠煮沸一定时间，饲料中全部淀粉、果胶物质和大部分蛋白质被水解，并除去脂肪，再用乙醇、乙醚除去醚溶物，经高温灼烧扣除矿物质的量，所余量为粗纤维。其中以纤维素为主，还有少量半纤维素和木质素。

在用此法处理饲料时，硫酸可分解饲料中某些不溶解的碳水化合物（如淀粉和部分半纤维素）成单糖，并可溶解饲料中的氨化物、部分矿物质及植物碱；碱处理可分解饲料中的蛋白质，去除其中脂肪，并溶解酸不能溶解的部分半纤维素；乙醇和乙醚处理饲料可溶解饲料中的树脂、单宁和色素以及剩余的脂肪和蜡。

(三) 仪器设备与试剂

1. 仪器设备 感量 0.000 1 g 分析天平、电热恒温干燥箱（可控制温度在 130 ℃）、高温电阻炉（电加热，有高温计且可控制炉温在 550～600 ℃）、消煮器（有冷凝球的 500 mL 高型烧杯或有冷凝管的 500 mL 锥形瓶）、500 mL 抽滤瓶、滤布 [100 支纱府绸或 0.08～0.074 mm 孔隙的尼龙绢（180～200 目）]、直径 6 cm 布氏漏斗、古氏坩埚（30 mL，预先加入 30 mL 酸洗石棉悬浮液，再抽干，以石棉厚度均匀，不透光为宜；或选用 50 mLG₂ 玻璃砂芯坩埚）、橡胶质古氏坩埚垫、50 mL 烧杯、200 mL 量筒、电炉或电热板、真空抽气机、玻璃棒、小匙勺、干燥器（以氯化钙或变色硅胶为干燥剂）。

2. 试剂与配制 硫酸（分析纯，0.127 5±0.005 mol/L，每 100 mL 含硫酸 1.25 g，用氢氧化钠标准液标定）、氢氧化钠（分析纯，0.313±0.005 mol/L，每 100 mL 含氢氧化钠 1.25 g，用基准邻苯二甲酸氢钾法标定）、95% 化学纯乙醇、化学纯乙醚、分析纯正辛醇（防泡剂）、石蕊试纸（红色、蓝色）。

酸洗石棉悬浮液：市售或自制中等长度酸洗石棉置于 600 ℃ 灼烧 16 h，用 0.127 5±0.005 mol/L，硫酸溶液浸泡且煮沸 30 min，过滤，用水洗净酸；同样用 0.313±0.005 mol/L 氢氧化钠溶液煮沸 30 min，过滤，并用少量硫酸溶液洗 1 次，再用水洗净、烘干后于 600 ℃ 灼烧 2 h，其空白试验结果为每克石棉含粗纤维值小于 1 mg。将制备的石棉放入盛蒸馏水的玻璃瓶内，加水振荡玻璃瓶，便可得稀薄的酸洗石棉悬浮液。

(四) 操作步骤

1. 称取 1～2 g 通过 0.45 mm（40 目）筛的脱脂样品（或者是测定脂肪后的样品），准确至 0.000 2 g，放入 500 mL 锥形瓶中。

2. 锥形瓶中加入 200 mL 煮沸的 0.127 5 mol/L 硫酸溶液和 1 滴正辛醇，连接冷凝装置（如果没有冷凝装置，可以通过补加热蒸馏水的方法使锥形瓶内液面保持不变，从而保持硫酸浓度不变）。立即加热（电热板、电炉等），应使其在 1 min 内沸腾，并保持微沸 30 min，每 5 min 摇动 1 次锥形瓶，将黏附于瓶壁上的样品冲入溶液。

3. 微沸 30 min 后从电热板上取下锥形瓶，立即用铺有滤布的布氏漏斗抽滤，要求在 10 min 内全部抽净，然后用热水反复冲洗残渣，直至滤液不呈酸性反应为止（用蓝色石蕊试纸检查不变红）。

4. 用煮沸的 0.313 mol/L 氢氧化钠溶液 200 mL 冲洗滤布上的残渣至原锥形瓶中，立即放于电热板上加热，在 1 min 内煮沸，同样保持微沸 30 min，趁热过滤，以沸水洗涤残渣，直至滤液不呈碱性反应为止（红色石蕊试纸不变蓝）。

5. 将滤布上的残渣全部转入铺好石棉的古氏坩埚中，或直接倒入玻璃砂芯坩埚中，用 20 mL 95％乙醇洗涤坩埚中残渣，滤尽后再用 20 mL 乙醚洗涤（脱脂样品可不用乙醚淋洗），抽滤。

6. 将坩埚移入 100～105 ℃烘箱中干燥 4 h，转入干燥器中冷却 30 min，称重，直至恒重。

7. 再将坩埚（坩埚盖半开）置于电炉上炭化，然后移入 500～600 ℃高温炉中灼烧 1 h，取出空气中冷却 1 min，干燥器中冷却 30 min 后称重。

（五）结果计算

计算公式：

$$粗纤维=\frac{W_1-W_2}{W}\times100\%$$

式中　W_1——烘干的坩埚和残渣重量，g；

　　　W_2——灼烧后的坩埚和灰分重量，g；

　　　W——样品重量，g。

（六）注意事项

1. 样品应粉碎过 0.45 mm(40 目) 筛，颗粒过粗会影响酸碱处理。

2. 样品脂肪含量大于1％时应先脱脂。其方法为：取1～2 g 样品，加入 20 mL 石油醚，搅匀后放置，倾出上层液体，重复 2 次或更多次，风干后即可用于测定。

3. 选用古氏坩埚时，石棉应搅成稀薄悬浮液倒入坩埚中，并使之自动漏去水分，再用抽滤瓶抽干。石棉应铺匀整，不可露空隙，也不可太厚。

4. 在冲洗过程中应避免残渣损失。

5. 重复性　每个样品应取两平行进行测定，以其算术平均值为结果。粗纤维含量在 5％以下，允许相对偏差为 10％；粗纤维含量在 5％～10％，允许相对偏差为 5％；粗纤维含量在 10％以上，允许相对偏差为 1％。

附1：饲料中性洗涤纤维（NDF）和酸性洗涤纤维（ADF）的测定

（一）目的

掌握饲料中中性洗涤纤维和酸性洗涤纤维的测定方法，并用以测定各类饲料中中性洗涤纤维和酸性洗涤纤维含量。

(二) 原理

植物性样品经中性洗涤剂（3％的十二烷基硫酸钠）处理，溶解于洗涤剂中的为细胞内容物，其中包括脂肪、蛋白质、淀粉和糖，总称为中性洗涤可容物。不溶解的残渣为中性洗涤纤维，主要为细胞壁成分，其中包括半纤维素、纤维素、木质素和硅酸盐。

中性洗涤纤维经酸性洗涤剂（1％的十六烷基三甲基溴化铵）处理，溶于酸性洗涤剂的部分称为酸性洗涤可溶物，其中包括中性洗涤可溶物和半纤维素。剩余的残渣为酸性洗涤纤维，主要成分为纤维素、木质素和少量矿物质。

(三) 仪器与试剂

感量 0.000 1 g 分析天平、回流装置（500 mL 三角瓶或 600 mL 直筒烧杯、冷凝球或冷凝管）、500～1 000 mL 抽滤瓶、真空抽气机、50 mL G_2 号玻璃砂芯坩埚、电热恒温干燥箱、干燥器（用氯化钙或变色硅胶作干燥剂）。

中性洗涤剂：将 18.61 g 化学纯乙二胺四醋酸二钠（EDTA）和 6.81 g 化学纯十水硼酸钠和 10 mL 化学纯乙二醇乙醚；再称取 4.56 g 化学纯无水磷酸氢二钠放入另一个烧杯中，加入少量蒸馏水微微加热溶解后，倒入前一个烧杯中，然后转入 1 000 mL 容量瓶中，加水至刻度，摇匀，其 pH 为 6.9～7.1，一般无须调整。

酸性洗涤剂：将 20 g 十六烷基三甲基溴化铵溶于标定过的 2 000 mL 0.500 mol/L 硫酸溶液中（充分搅拌使之全部溶解）。

化学纯无水亚硫酸钠、化学纯丙酮、化学纯十氢萘。

(四) 操作步骤

1. 中性洗涤纤维测定

（1）准确称取通过 0.45 mm(40 目) 筛的样品 1 g 左右倒入三角瓶中，加入 100 mL 中性洗涤剂、2 mL 十氢萘和 0.5 g 亚硫酸钠。

（2）装上冷凝管后置电路上加热，在 5～10 min 内煮沸，从沸腾时计时，在沸腾状态下回流 60 min。

（3）煮沸完毕后，取下三角瓶，将溶液倒入安装在抽滤瓶上的已知重量的玻璃砂芯坩埚中过滤，将残渣无损地全部转入坩埚中，用沸水冲洗玻璃坩埚和残渣，直至滤液呈中性为止，再用 20 mL 丙酮洗涤两次。

（4）将玻璃砂芯坩埚取下，置于 100～105 ℃烘箱中烘 3 h，然后取出放入干燥器中冷却 30 min，称重，直至恒重。

2. 酸性洗涤纤维测定

（1）准确称取通过 40 目筛的样品 1 g 左右倒入三角瓶中，加入 100 mL 酸性洗涤剂和 2 mL 十氢萘。

（2）装上冷凝管后置于电路上加热，在 5～10 min 内煮沸，从沸腾时计时，在微沸状态下回流 60 min。在此期间内应不时摇动三角瓶以充分混合内容物。

（3）煮沸完毕后，取下三角瓶。将溶液倒入安装在抽滤瓶上的已知重量的玻璃砂芯坩埚中过滤，将残渣无损地全部转入坩埚中，用沸水冲洗坩埚和残渣，直至滤纸呈中性为止，再用丙酮洗涤至滤液无色。洗涤时应打碎团块，使溶剂能浸透纤维。

（4）将玻璃砂芯坩埚取下，置于 100～105 ℃烘箱中烘 3 h，然后取出放入干燥器中冷却 30 min，称重，直至恒重。

（五）结果与数据处理

中性洗涤纤维（NDF）含量的计算公式为：

$$\text{NDF 含量} = \frac{W_1 - W_2}{W} \times 100\%$$

式中　W_1——玻璃砂芯坩埚和中性洗涤纤维重，g；

　　　W_2——玻璃砂芯坩埚重，g；

　　　W——样品重，g。

酸性洗涤纤维（ADF）含量的计算公式为

$$\text{ADF 含量} = \frac{G_1 - G_2}{G} \times 100\%$$

式中　G_1——玻璃砂芯坩埚和酸性洗涤纤维重，g；

　　　G_2——玻璃砂芯坩埚重，g；

　　　G——样品重，g。

（六）注意事项

洗涤坩埚时，每次倒入坩埚内 90～100 ℃的热水不能太满，水量约占坩埚体积的2/3，用玻璃棒搅碎滤饼，浸泡 15～30 s 后开始轻轻抽气过滤。

附 2：粗纤维测定仪简单介绍

（一）概述

国产粗纤维测定仪是一种适用于新旧测定纤维方法的半自动化仪器。使用方便，既适用于实验室的常规工作，又可用于科研与开发方面。

（二）试验前的准备

1. 将仪器放置于工作台上，工作台就近应有水池和水咀。将三个烧瓶放置于仪器顶部和电加热板上，并将顶部伸出的写明酸、碱、蒸馏水的橡胶管套在相应的烧瓶底部的水口上。三个烧瓶的位置从左到右相应为酸、碱、蒸馏水。然后将进水口分别套上橡胶管，五个水口分别为：靠前的两个为进水口，靠后的上两个为出水口，靠后的下面一个为抽滤出水口，应用橡胶管引入水池。

2. 样品磨成粗粉（18 目筛），脂肪含量大于 10% 必须脱脂。

（三）操作步骤

1. 在仪器顶部的酸、碱、蒸馏水烧瓶中分别加入已配置好的酸、碱和蒸馏水（不少于 2 000 mL），将瓶盖盖上。

2. 在坩埚内放入 1～2 g 试样，并将装好试样的坩埚分别放入六个抽滤座中，注意应放置于抽滤座中央红色的硅橡胶圈上，并使其与上面的消煮管下套中的红色硅橡胶圈对齐，不要将坩埚放偏或放斜，否则将会漏液。当六个坩埚均放置准确后稍压下操纵杆柄不要松手（但不要锁紧），再一次观察六个坩埚与消煮管下套的硅橡胶圈是否对准。在确信完全对准后再进一步压下操纵杆并锁紧。

3. 打开进水开关，注意进水量适中，将面板上预热调钮和消煮调压旋钮逆时针旋到底，打开电源开关，调整定时器的设定时间为 30 min。

4. 开启酸、碱、蒸馏水预热开关，调节预热调压旋钮，将其调到顺时针最大，这时左边电压表显示电压为 220V 左右。

5. 等酸、碱、蒸馏水沸腾时，将预热电压调小至酸、碱、蒸馏水微沸。

6. 打开加酸开关，分别按 1～6 号加液按钮在消煮管中加入已沸的酸液 200 mL（到消煮管中间刻度线），再在每个消煮管内加 2 滴正辛醇。关闭酸预热开关，开启消煮加热开关（消煮加热开关有 3 个，其中 1 号加热开关对应控制 1 号消煮管的加热，2 号加热开关对应控制 3 号和 4 号消煮管的加热，3 号加热开关对应控制 5 号和 6 号消煮管的加热，可视实际需做样品的数量来选择开启不同的加热开关），将消煮调压旋钮调至最大，此时右边电压表显示为 220 V 左右，待消煮管内酸液再次微沸后再将电压调至 150～170 V，使酸液保持微沸，向上打开消煮定时开关，保持酸微沸 30 min。30 min 消煮时间后，蜂鸣器鸣叫，自动切断消煮加热电源。

7. 将消煮加热开关关闭，将消煮定时开关向下关闭，将消煮调压旋钮逆时针旋到底，打开 1～6 号抽滤开关（可以一个个打开，也可将 1～6 号全部打开后一起抽滤），打开抽滤泵开关，将酸液抽掉。抽完酸液后，先关闭抽滤泵开关，再关闭抽滤开关。打开蒸馏水开关，再按下 1～6 号加液按钮，在消煮管中加入蒸馏水后再抽干，连续 2～3 次，直至用试纸测试显中性后关闭加蒸馏水开关。在抽滤过程中若发现坩埚堵塞时，可关闭抽滤泵，开启反冲泵用气流反冲，直至出现气泡后关闭反冲泵，打开抽滤泵继续抽滤。洗涤完毕后关闭所有抽滤开关和泵开关。

8. 打开加碱开关，分别在消煮管中加入微沸的碱溶液 200 mL 后关闭加碱开关，再在每个消煮管中加 2 滴正辛醇后重复（6）后半部分和（7）的操作，进行碱消煮、抽滤和洗涤。

9. 以上工作完成后，用吸管分别在消煮管上口加入 25 mL 左右 95% 乙醇，浸泡十几秒后抽干。

10. 将操作杆手柄稍用力压下后拉出定位装置，使升降架上升复位，戴上手套后将坩埚取出，移入恒温箱。

思 考 题

1. 饲料中粗纤维是在哪些公认的规定条件下测定的？如果这些规定的条件有变动，则所得结果可否作为粗纤维含量，试说明原因。

2. 粗纤维中含有哪三种主要组成成分？这三种组成成分是否全部在粗纤维内？

3. 中性洗涤纤维和酸性洗涤纤维各含有哪些成分？酸性洗涤纤维与粗纤维及真纤维有何不同？

六、饲料中粗灰分的测定

(一) 目的

掌握饲料中粗灰分的测定方法，并测定各类饲料中粗灰分的含量。

(二) 原理

饲料在高温（550 ℃）条件下，将有机物质（主要元素包括碳、氢、氧、氮等）灼烧氧化后所得的残留物称为灰分。其主要成分为饲料中的矿物质元素经灼烧后生成的无机盐和氧化物，也包括混入饲料中的少量泥土、砂石等，故称粗灰分。

(三) 仪器和设备

实验室用样品粉碎机。

分样筛：孔径 0.45 mm（40 目）。

分析天平：感量 0.000 1 g。

坩埚：瓷质，容积 30 mL 或 50 mL。

高温电阻炉：可控炉温 550±20 ℃。

干燥器：用无水氯化钙或变色硅胶为干燥剂。

电炉。

坩埚钳。

(四) 操作步骤

1. 将带盖的瓷坩埚洗净烘干后，用钢笔蘸氯化铁墨水溶液在坩埚和坩埚盖上编写号码（号码一律在坩埚和坩埚盖的厂牌旁，便于寻找）。

2. 将洗净的坩埚和坩埚盖（不能盖严）置于高温电阻炉中，逐渐升温至550～600 ℃，恒温后灼烧 30 min，用烧热的坩埚钳取出坩埚（盖严），放于铺有石棉网的瓷盘中冷却 1 min，后移入干燥器中冷却 30 min，称重；再重复灼烧，冷却、称重，直至恒重（两次重量之差小于 0.000 5 g）。

3. 准确称取适量样品（风干样品 1～2 g，鲜样 2～5 g）于已经恒重的坩埚中，坩埚盖半开，在电炉上小心炭化（鲜样在炭化前先置于烘箱中干燥）至无烟。

4. 用烧热的坩埚钳把经过炭化后的坩埚移入高温电阻炉中，坩埚盖打开少许，逐渐升温至 550±20 ℃，直至样品全部为灰白色为止（需 4~5 h）。若灰化不完全，可取出冷却，加几滴蒸馏水或 3% 过氧化氢溶液，蒸干水分，继续灰化至白色。

5. 灼烧完毕，用烧热的坩埚钳取出坩埚（盖严），放于铺有石棉网的瓷盘中冷却 1 min，后移入干燥器中冷却 30 min，称重；再重复灼烧 1 h，同样冷却、第二次称重，直至恒重（两次重量之差小于 0.000 5 g）。

（五）结果计算

$$粗灰分 = \frac{粗灰分重（g）}{样品重（g）} \times 100\% = \frac{W_3 - W_1}{W_2 - W_1} \times 100\%$$

式中　W_1——恒重后空坩埚重，g；
W_2——坩埚加样品重，g；
W_3——灰化后坩埚和灰分重，g。

（六）注意事项

1. 坩埚在使用前应充分洗涤。一般情况下用水或稀酸煮沸清洗。
2. 用电炉炭化时应小心，以防炭化过快，造成样品飞溅而导致部分样品颗粒被逸出的气体带走。
3. 用水湿润残灰时，不要直接洒在灰上，以免残灰飞扬，应从容器边缘注入。
4. 灰化后样品应呈白灰色，但颜色与样品中各元素含量有关。如含铁高时为红棕色；含锰高时为淡蓝色。如有明显黑色炭粒时，则灰化不完全，应延长灼烧时间直至呈灰白色。
5. 重复性　每个样品取两个平行样进行测定，以其算术平均值为结果。粗灰分含量在 5% 以上，允许相对偏差为 1%；粗灰分含量在 5% 以下，允许相对偏差为 5%。

（七）思考题

1. 坩埚加高热后，为什么坩埚钳需烧热后才可夹取？
2. 如何计算饲料中有机物质含量？
3. 盛有样本的坩埚为何需要先在电炉上炭化？
4. 你的饲料样品经灼烧后的残渣是什么颜色？为什么？

七、饲料中无氮浸出物的计算

（一）目的

根据饲料分析结果，学习计算饲料中无氮浸出物的含量。

（二）原理

饲料中无氮浸出物主要包括淀粉、双糖、单糖、有机酸和不属于纤维素的其他碳水化合物。由于无氮浸出物的成分比较复杂，一般不进行分析，仅根据饲料中其他营养成分的分析结果计算而得。饲料中各种营养成分都包括在干物质中，因此饲料中无氮浸出物含量可按下列公式计算：

无氮浸出物（％）＝100％－（水分＋粗蛋白质＋粗脂肪＋粗纤维＋粗灰分）％

＝干物质％－（蛋白质＋粗脂肪＋粗纤维＋粗灰分）％

（三）计算方法

1. 根据风干样品中各种营养成分的分析结果，计算风干样品中无氮浸出物的含量。

2. 如果样品是鲜样，首先计算总水分，得出鲜样的干物质含量，再将测得风干样品中各种营养成分含量的结果换算成鲜样中各种营养成分含量（计算原理为：干物质中同一营养素的含量不变）。例如，已知风干样品中干物质含量为80％，粗蛋白质含量为12％；鲜样中干物质含量为30％，则鲜样中的粗蛋白含量可用下式计算：

$$鲜样中的粗蛋白（％）＝\frac{风干样品中的粗蛋白（％）×鲜样中的干物质（％）}{风干样品中的干物质（％）}$$

$$＝\frac{12％×30％}{80％}×100％＝4.5％$$

鲜样中干物质、粗蛋白质、粗脂肪、粗纤维和粗灰分的百分数换算完毕后，才能计算鲜样中的无氮浸出物含量。

（四）思考题

1. 计算无氮浸出物时，为什么饲料中钙、磷含量不计算在内？

2. 无氮浸出物包括哪些成分？

试验二 □□□□□□□□□□□□□□

饲料原料质量检测

　　饲料是一种十分复杂的混合物。因此，一种看起来似乎营养价值高、质量好的饲料，如果不通过系统地分析，不通过物理学、化学或生物学手段进行检测，就无法确保这种饲料对动物有真正价值。所谓质量，指一种物质本身固有品质的优劣程度。"饲料质量"一般是用来阐明饲料和饲料加工的优劣程度。

　　饲料原料的质量，直接关系到配合饲料的质量以及饲养动物的效果和产品品质，因此，严格控制饲料原料的质量并做好饲料原料的各项检测工作，是配合饲料工业以及整个畜牧业健康发展的基础前提。饲料原料的检定包括感官检定、物理学检测、化学分析和动物试验四个方面，本试验主要就饲料原料的感官检定、物理学检测、化学分析中的部分指标，即部分质量指标的检测以及各种有毒有害物质的检测进行阐述。通过本试验的锻炼，应逐步掌握饲料原料质量控制的方法。

第一节　样品的采集与制备

一、试验目的

　　样品的采集与制备是评定饲料营养价值关键的第一步骤，采样比分析更为重要。采样的目的就是使样品具有代表性。

二、试验要求

　　1. 具有足够的代表性　样品的代表性直接影响分析结果的正确性，由生产现场和试验场等大量的分析对象中采集的部分样品，其组成成分必须能代表整个分析对象的平均组分，如果样品不能代表整批分析物料，那么无论分析多少个样品的数据，其意义都不大。

　　2. 分类采样　评定饲料营养价值需采集的样品较多，有来自饲料原料、配合饲料、畜禽粪尿、畜产品和微生物等方面。因分析的目的不同又可分为不同样品，分析对象的均匀性质不同，也应分类采样。

　　3. 保证样品的稳定性　分析前样品的前处理操作，应保持样品的稳定性。严防样品变质、水分含量的变化及强烈光照等影响。避免样品受虫蛀，霉菌或细菌的污染，新鲜饲料的自身呼吸等影响。因此，采样后应立即称重，置于密闭的容器里或塑料袋中，并尽快测定干物质和水分含量。

　　4. 均匀性　样品要保证性质均匀一致，以防部分损失。例如，采集干草类饲料，应避免叶子的脱落。

5. 新鲜性 测定维生素、氨基酸的样品应用新鲜样，即鲜草是刚刈割采样的；青贮饲料用刚出窖的；谷实糠麸类用未经加工处理的样品。

6. 时间性 在进行常规成分分析时，一般应在两周之内分析完毕。否则，样品会因吸水或失水、霉变等影响分析结果。

7. 采样记录 采样后要及时记录样品名称、采样地点、规格型号、批号、产地、采样部位、采样人、采样日期、生产厂家名称及详细通讯地址等内容。

8. 采样人员 采样人员责任心要强，业务熟练，能按照国家标准进行采样，采样人员要严格按操作程序进行采样。

9. 采样工具 采样工具包括手动或自动，要正确地设计和安装，制作工具的原料要耐磨损而且应是不易损坏的材料。

三、样品的分类

（一）按采样、分析和检验过程分类

按照采样、分析和检验过程通常将样品分为以下三类：

1. 原始样品 在生产现场如田间、牧地、仓库、车间、青贮窖、试验场等大量的分析对象中采集的样本。数量一般不少于平均样品的 8 倍。

2. 平均样品 从原始样品中平均地分出一部分样品，供实验室全面地分析品质之用的样品。其数量一般不少于 1.0 kg。

3. 试验样品 从平均样品中分出一小部分样品，供实验室分析一项或某几项品质之用的样品，简称试样亦称分析样品，其数量根据检验项目和分析方法而定。

（二）按样品的不同用途分类

按照样品的不同用途，在实践中把各类样品分类如下：

1. 核对样品 是指把同一个样品分为若干份样品后，再分别送往各个实验室分析测定，根据化验结果的方差来核对某一测定方法的准确性。

2. 混合样品 把来自同一个批货物（如一船、一车皮等）的多个样品混合以后，用来测定这批货物的平均组成成分。

3. 单一样品 采自一小批物料的物品，用于分析该批物料的成分变异或混合均匀度等。

4. 平行样品 将同一个样品一分为二，分别送往两个不同的实验室进行分析测定。常用来比较两个实验室之间分析结果的差异。

5. 官方样品 指由政府采取的样品。常用于制定规格。

6. 商业样品 是指由卖方发货时，一同送往买方的样品。

7. 仲裁样品 指由公正方采样员采取的样品，然后送往仲裁实验室分析化验，以有助于买卖双方在商业贸易工作中达成协议。

8. 参考样品 指具有特定性质的样本，在购买原料时可作参考比较，或用于鉴定成品与之有关的颜色、结构及其他表观特征上的区别。

9. 备用样品 指在发货后留下的样品，供急需时取用。

10. 标准样品 是由权威实验室仔细分析化验后的样品。如再有其他实验室急需分析化验，可用标准样品来校正或确定某一测定方法或某种样品的准确性。

11. 化验样品 亦称"工作样品"，指送往化验室或检验站分析的样品。

四、采样的方法

（一）基本方法

采样的基本方法有两种：几何法和四分法。几何法是指把整个一堆物品看成一种有规则的几何形状（立方体、圆柱体、圆锥体），取样时首先把这个主体分为若干体积相等的部分，从总样部分中取出体积相等的样品，这部分样品称为支样，再把支样混合，即得原始样品。四分法原理见下图。

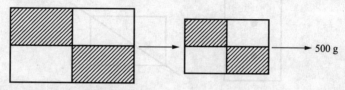

1. 散装颗粒、粉状饲料或原料的采样（仓装） 按面积分区，按高度分层，每区不超过 50 m²，分为 5 点。料层＞0.75 m，取三层：上（10～15 cm）、中、下（20 cm）；料层＜0.75 米，取两层：上、下。

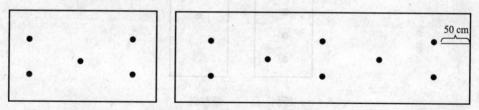

2. 圆仓 按高度分层，每层按仓直径分内（中心）、中（半径的一半处）、外（距仓边 30 cm）三圈。直径＜8 米，每层分别设 1、2、4 共 7 点采样；直径＞8 米，每层分别设 1、4、8 共 13 点采样。

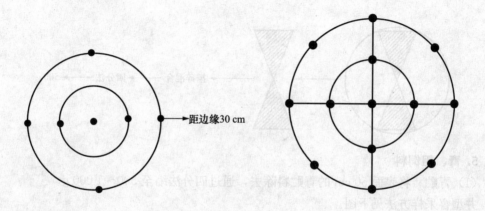

3. 袋装 中小颗粒料如玉米、大麦抽样的袋数不少于总袋数的 5%，粉状饲料抽样的袋数不少于 3%，也可以根据 $\sqrt{\dfrac{总袋数}{2}}$ 计算得出（表试验二-1）。

表试验二-1 袋装饲料采集方案

饲料包装单位	取样包装单位（袋）
10 个以下	每袋取样
10~100	10 袋
100 以上	10 袋为基础，每增加 100 个，多取 3 个包装单位

编织袋采样方法见下图。

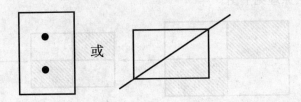

内衬塑料袋或纺织袋采用拆线法见下图。

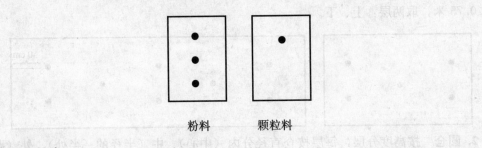

粉料　　　　颗粒料

4. 饼粕类

大块：1 t 至少取 5 块；

小块：10 块→捶碎混合→四分法→500 g。

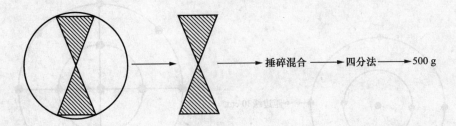

捶碎混合 ⟶ 四分法 ⟶ 500 g

5. 青、粗饲料

（1）青贮 将表面 50 cm 的青贮料除去，通过四分法缩至 500~1 000 g。

井型窖采样方法见下图。

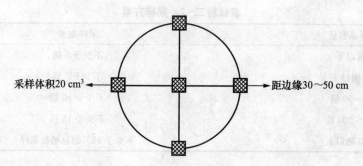

沟式窖采样方法见下图。

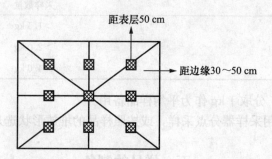

（2）干草和秸秆　至少5个部位采样点，每点取200 g左右，由于叶子易脱落，应尽量避免，将原始样放在纸或塑料上剪成1～2 cm长，充分混合取分析样品300 g，粉碎过筛，切不可随意丢弃某部分。

（3）牧草

天然牧草：划区分点采样，每区取5点以上，每点1 m² 范围，离地面3～4 cm割草，除去不可食部分，将原始样品剪碎，混合取样500～1 500 g（图试验二-1）。

栽培牧草：每点采1至数株、切碎后取样分析。

6. 块根、块茎瓜果类　各部位随机抽取样品15 kg，按大、中、小分别称重求出比例，按比例取5千克→水洗（不损伤外皮）→拭去表面水→每个块根纵切至1/4、1/8、1/16，直至适量的分析样品（500 g左右）。

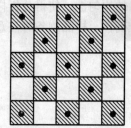

图试验二-1　草地及田间采样

7. 糟渣类　采取多点分层取样，与颗粒或粉状饲料相同（分三层，每层取5～10点），每点100 g，水分含量高的样品如豆腐渣、粉渣等要特别注意汁液的流失。将各点随机抽取的样品充分混合后，随机取分析样品约1 500 g，并将其制成风干样。

8. 液体或半固体饲料

（1）桶装采样　见表试验二-2。

每桶应取3点，取样前应混均。

（2）散装物料采样　分三层，上层距液面40～50 cm，下层距池底40～50 cm处，三层采样数的比例为1：3：1（卧式液池），车槽为1：8：1，采样数量规定如下（表试验二-3）：

表试验二-2 采样方案

样品数量	采样数量
7 桶以下	不少于 5 桶
10 桶以下	不少于 7 桶
10～50 桶	不少于 10 桶
51～100 桶	不少于 15 桶
100 桶以上	不少于 15％的总桶数采样

表试验二-3 采样方案

样品数量	采样数量
500 t 以下	>1.5 kg
5 000～1 000 t	>2.0 kg
>1 000 t	>4.0 kg

将原始样品混合，分取 1 kg 作为平均样品备用。

9. 动物性饲料 用采样器分点采样，或按照样品的堆放形状选几何点采样。

五、样品的制备

样品的制备是对采集到的样品分取、粉碎、混合、装瓶等过程。制样的目的是保证样品的均匀性，使得分析样品时取任何部分都能代表被测组分的全部性质，确保分析结果的准确性。样品制备时注意不应造成待测成分的损失或污染，不应带来干扰物质。

第二节　饲料的显微镜检测

一、试验目的

掌握饲料显微镜检测的原理与方法。

二、试验内容

（一）原理

借助显微镜扩展人眼功能，依据各种饲料原料的色泽、硬度、组织形态、细胞形态及其不同的染色特性等，对样品的种类、品质进行检测。检测方法有两种，最常用的一种是用立体显微镜（5～40 倍），通过观察样品外部特征进行检测，另一种是使用生物显微镜（50～500 倍），通过观察样品的组织结构和细胞形态进行检测。

（二）操作步骤

1. 立体显微镜检查 首先将饲料样品均匀地铺撒在培养皿或玻璃平台上，置于立体显微镜下，调节显微镜然后观察。观察镜下样品时，先看粗，再看细，从一边开始逐渐向另一边仔细观察。将样品中各组分按照不同的颜色和结构特征分开，多余和相似的样品组分各扒到一边。再将各种不同的组分分别置于显微镜下，调到适当的放大倍数，根据各自的特点，如颜色、硬度、柔性、透明度和外部形态等进行鉴别。

2. 生物显微镜检查　一般将立体显微镜下不容易确切判断的微粒样品移至生物显微镜下观察，由于主要是对其样品的内部结构进行观察，所以样品必须先制片再进行检查。一般采用涂布法制片，有时也用压片法，但基本上不用切片法。

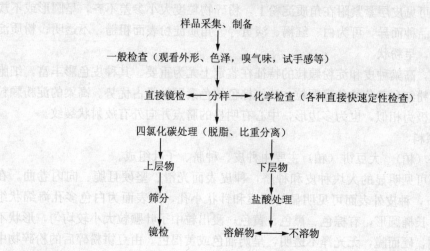

```
                样品采集、制备

        一般检查（观看外形、色泽，嗅气味，试手感等）

        直接镜检 ←── 分样 ──→ 化学检查（各种直接快速定性检查）

            四氯化碳处理（脱脂、比重分离）

        上层物                    下层物

        筛分                      盐酸处理

        镜检            溶解物 ←── 不溶物
```

（三）几种常用饲料立体显微镜检特征

1. 谷物类原料

（1）玉米及其制品　整粒玉米形似牙齿，黄色或白色，主要由玉米皮、胚乳、胚芽三部分组成，胚乳包括糊粉层、角质淀粉和粉质淀粉。

玉米粉碎后各部分特征明显，体视显微镜下玉米表皮薄而半透明，略有光泽不规则片状纹理、较硬，其上有较细的条纹。角质淀粉为黄色（白玉米为白色），多边、有棱、有光泽、较硬；粉质淀粉为疏松、不定型颗粒，白色、易破裂，许多粉质淀粉颗粒和糊粉层的小粉末常黏于角质淀粉颗粒和玉米皮表面，另外还可见漏斗状帽盖和质轻而薄的红色片状颖花。

生物镜下可见玉米表皮细胞呈长形、壁厚，相互连接排列紧密，如念珠状。角质淀粉的淀粉粒为多角形；粉质淀粉的淀粉粒为圆形，多成对排列。每个淀粉中央有一个清晰的脐点，脐点中心向外有放射性裂纹。

（2）小麦及其制品　整粒小麦为椭圆形，浅黄色至黄褐色，略有光泽。在其腹面有一条较深的腹沟，背部有许多细微的波状皱纹。主要由种皮、胚乳、胚芽三部分组成。

小麦麸皮多为片状结构，其片大小、形状依制粉程度不同而不同，通常可以分为大片麸皮和小片麸皮。大片麸皮片状结构大，表面上保留有小麦粒的光泽和细微纵纹，略有卷曲，麸皮内表面附有许多淀粉颗粒。小片麸皮片状结构小，淀粉含量高。小麦的胚芽扁平，浅黄色，含有油脂，粉碎时易分离出来。

高倍镜下可见小麦麸皮由多层组成，具有链珠状的细胞壁，除一层管状细胞外，在管细胞上整齐地排列一层横纹细胞。链珠状的细胞壁清晰可见。小麦淀粉颗粒较大，直径达 $30\sim40\ \mu m$，圆形，有时可见双凸透镜状，没有明显的脐点。

(3) 高粱及其制品　整粒高粱为卵圆形，端部不尖锐，在胚芽端有一颜色加深的小点，从小点向四周颜色由深至浅，同时有向外的放射状细条纹。高粱外观色彩斑驳，由棕、浅红棕及黄白等多色混杂，外壳有较强的光泽。

在体视镜下可见皮层紧紧附在角质淀粉上，粉碎物粒度大小参差不齐，呈圆形或不规则形状，颜色因品种而异，可为白、红褐、淡黄等。角质淀粉表面粗糙，不透明；粉质淀粉色白、有光泽，呈粉状。

在高倍镜下，高粱种皮和淀粉颗粒的特征在鉴定上尤为重要。其种皮色彩丰富，细胞内充满了红色、粉红和黄色的色素颗粒，淡红棕色的色素颗粒常占优势。高粱的淀粉颗粒与玉米淀粉颗粒极为相似，也为多边形，中心有明显的脐点并向外有放射状裂纹。

2. 饼粕类原料

(1) 大豆饼（粕）　大豆饼（粕）主要由种皮、种脐、子叶组成。

在体视镜下可见明显的大块种皮和种脐，种皮表面光滑、坚硬且脆、向内卷曲。在20 倍放大条件下，种皮外表面可见明显的凹痕和针状小孔，内表面为白色多孔海绵状组织；种脐明显，长椭圆形，有棕色、黑色、黄色；浸出粒中子叶颗粒大小较均匀，形状不规则，边缘锋利，硬而脆，无光泽不透明，呈奶油色或黄褐色。由豆饼粉碎后的粉碎物中时因挤压而成团，近圆形、边缘浑圆、质地粗糙，颜色外深内浅。

高倍镜下大豆种皮是大豆饼（粕）的主要鉴定特征。在处理后的大豆种皮表面可见多个凹陷的小点及向四周呈现辐射状的裂纹，犹如一朵朵小花，同时还可看见表面的工字形细胞。

(2) 花生饼（粕）　花生饼（粕）以碎花生仁为主，但仍有不少花生种皮、果皮存在，体视镜下能找到破碎外壳上的成束纤维脊，或粗糙的网络状纤维，还能看见白色柔软有光泽的小块，种皮非常薄，呈粉红色、红色或深紫色，并有纹理，常附着子仁的碎块上。

生物镜下，花生壳上交错排列的纤维更加明显，内果皮带有小孔，中果皮为薄壁组织，种皮的表皮细胞有四至五个边的厚壁，壁上有孔，由正面可看到细胞壁上有许多指状突起物。子仁的细胞大，壁多孔，含油脂高。

(3) 棉子饼（粕）　棉子饼（粕）主要由棉子仁、少量的棉子壳及棉纤维构成，在体视显微镜下，可见棉子壳和短绒毛黏附在棉子仁颗粒中，棉纤维中空、扁平、卷曲；棉子壳为略凹陷的块状物，呈弧形弯曲，壳厚，棕色、红棕色。棉仁碎粒为黄色或黄褐色，含有许多黑色或红褐色的棉酚色素腺。棉子压榨时将棉仁碎片和外壳都压在一起了，看起来颜色较暗，每一碎片的结构难以看清。生物镜下可见棉子种皮细胞壁厚，似纤维，带状，呈不规则的弯曲，细胞空腔较小，多个相邻的细胞排列成花瓣状。

(4) 菜子饼（粕）　在体视镜下，菜子饼（粕）中的种皮仍为主要的鉴定特征。一般为很薄的小块状，扁平，单一层，黄褐色至红棕色，表面有油光泽，可见凹陷刻窝。种皮和子仁碎片不连在一起，易碎；种皮内表面有柔软的半透明白色薄片附着，子叶为不规则小碎片，黄色无光泽，质脆。

生物镜下，菜子饼最典型的特征是种皮上的栅栏细胞，有褐色色素，为4~5边形，细胞壁深褐色，壁厚，有宽大的细腻内腔，其直径超过细胞壁宽度。表面观察，这些栅栏细胞在形状，大小上都较近似，相邻两细胞间总以较长的一边相对排列，细胞间连接紧密。

（5）向日葵粕　其中存在着未除净的葵花子壳是主要的鉴别特征。向日葵粕为灰白色，壳为白色，其上有黑色条纹，由于壳中含有较高的纤维素、木质素，通常较坚韧，呈长条形，断面也呈锯齿状。子仁的粒度小，开头不规则，黄褐色或灰褐，无光泽。高倍镜下可见种皮表皮细胞长，有工字形细胞壁，而且可见双毛，即两根毛从同一细胞长出。

3. 常见动物性原料的显微特征

（1）鱼粉　一般将鱼加压、蒸煮、干燥、粉碎加工而成。多为棕黄色或黄褐色，粉状或颗粒状，有烤鱼香味。在体视显微镜下，鱼肉颗粒较大，表面粗糙，用小镊子触之有纤维状破裂，有的鱼肌纤维呈短断片状。鱼骨是鱼粉鉴定中的重要依据，多为半透明或不透明的碎片，仔细观察可找到鱼体各部位的鱼骨如鱼刺、鱼脊、鱼头等。鱼眼球为乳白色玻璃状物，较硬；鱼鳞是一种薄平而卷曲的片状物，半透明，有圆心环纹（图试验二-2）。

图试验二-2　显微镜下的鱼粉

（2）虾壳粉　虾壳粉是对虾或小虾脱水干燥加工而成的，在显微镜下的主要特征是触角、虾壳及复眼。虾触须以片断存在，呈长管状，常有4个环节相连。虾壳薄而透明，头部的壳片则厚不透明，壳表面有平行线，中间有横纹，部分壳有十字形线或玫瑰花形线纹。虾眼为复眼，多为皱缩的小片，深紫色或黑色，表面上有横影线。

（3）蟹壳粉　蟹壳粉的鉴别主要依据蟹壳在体视镜下的特征。蟹壳为无规则的、小的几丁质壳，壳外表多为橘红色，而且多孔；有时蟹壳可破裂成薄层，边缘较卷曲，褐色如麦皮，在蟹壳粉中常可见到的断裂的蟹螯肢头部。

（4）贝壳粉　体视镜下贝壳粉多为小的颗粒状物，质硬，表面光滑，多为白色至灰色，光泽暗淡，有些颗粒的外表面具有同心或平行的线纹。

（5）骨粉及肉骨粉　肉骨粉中肉的含量一般较少，颗粒具油腻感，浅黄至深褐色，粗糙，可见肌纤维；骨为不定型块状，一般较鱼骨、禽骨大，边缘浑圆，灰白色，具有明显的松质骨，不透明。肉骨粉及骨粉中还常有动物毛发，长而卷曲，黑色或白色。

（6）血粉　喷雾干燥的血粉多为红色小珠状，晶亮；滚筒干燥的血粉为边缘锐利的块状，深红色，厚的地方为黑色，薄的地方为血色，透明，其上可见小血细胞亮点。

（7）水解羽毛粉　其多为碎玻璃状或松香状的小块。透明易碎，浅灰、黄褐至黑色，断裂时常形成扇状边缘。在水解羽毛粉中仍可找到未完全水解的羽毛残枝（图试验二-3）。

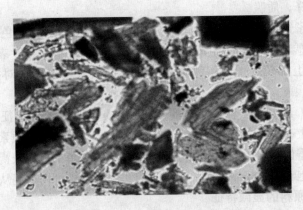

图试验二-3　显微镜下水解羽毛粉

三、试验仪器设备

立体显微镜、生物显微镜、培养皿、毛刷、小镊子、探针、小剪刀、载玻片、盖玻片、擦镜纸和定性滤纸等。

第三节　饲料原料的掺假检测

一、氨基酸掺假检测

蛋氨酸和赖氨酸作为第一或第二限制性氨基酸，对提高各种动物的生产性能起着非常重要的作用。因此，饲料企业为提高产品质量，大多在预混料或全价配合饲料中添加适量蛋氨酸和赖氨酸。但目前市场上出现了许多假冒伪劣产品，氨基酸含量不足或掺假掺杂，甚至完全不含氨基酸，给饲料企业和养殖场造成了很大的经济损失。

(一) 试验目的

掌握氨基酸掺假检测的原理与方法。

(二) 试验内容

1. 原理　利用氨基酸产品的物理和化学性质，通过感官鉴定和化学反应中的显色反应，对氨基酸的品质进行鉴别。

2. 操作步骤

(1) DL-蛋氨酸的鉴别方法

① 外观鉴别　蛋氨酸一般呈白色或淡黄色的结晶性粉末或片状，在正常光线下有反射光发出，手感滑腻，气味难闻。镜检呈均一的混晶状态，晶粒透明，无其他特殊杂质和杂色。市场上假蛋氨酸多呈粉末状，颜色多为淡白或纯白色，正常光线下没有反射光或只有零星反射光发出，手感粗糙，无光泽，也无特殊气味。

② 溶解性　取 1 g 蛋氨酸产品于 250 mL 三角瓶中，加入 50 mL 水，并轻轻搅拌。纯品几乎完全溶解（在 100 mL 20 ℃ 水中溶解度为 3.3 g），且溶液澄清。如溶液浑浊或有沉淀多为掺假产品。

③ 灼烧　取瓷坩埚一个，加入约 1 g 蛋氨酸，在电炉上炭化至无烟，然后在 550 ℃ 高温电炉中灼烧 1 h，纯品蛋氨酸灼烧残渣不超过原质量的 0.5%，掺有滑石粉等的伪劣产品则往往高出此值。

④ 分别取 1 g 蛋氨酸产品置于两个 250 mL 三角瓶中，分别加入 1∶3（$V_{盐酸}∶V_{水}$）的盐酸溶液和 400 g/L 的氢氧化钠溶液各 50 mL。假冒蛋氨酸不溶或部分溶于上述溶液，下部有白色沉淀，上部溶液浑浊，而真蛋氨酸应溶于上述溶液，且溶液澄清。

⑤ 取 30 mg 的蛋氨酸产品于 50 mL 的小烧杯中，加入饱和硫酸铜溶液 1 mL，假冒蛋氨酸不变色，呈饱和硫酸铜溶液的浅蓝色，而真蛋氨酸呈蓝色。

⑥ 氨基酸特征反应呈阳性　称取蛋氨酸样品 0.1 g，溶于 100 mL 水中。取此溶液 5 mL，加 1 g/L 茚三酮溶液 1 mL，加热 3 min 后，加水 20 mL，静置 15 min，溶液呈红紫色。

⑦ 取约 5 mg 的蛋氨酸于 150 mL 的具塞碘量瓶中，加入 50 mL 水溶解，然后加入 400 g/L 的氢氧化钠溶液 2 mL，振荡混合，加入 0.1 mol/L 硝酸银溶液 8～10 滴，再振荡混合，然后在 35～40 ℃ 下水浴 10 min，随即冷却 2 min，加入 1∶3（$V_{盐酸}∶V_{水}$）的盐酸溶液 2 mL，振荡混合。假冒蛋氨酸不变色，且静置几分钟后底部有沉淀，上部溶液浑浊；而真蛋氨酸应呈红色。

⑧ 蛋氨酸的理论含氮量为 9.4%，蛋白质当量 58.6%。

⑨ 在有条件情况下，可以测定其蛋氨酸含量，即也可鉴别真伪。

对于上述集中方法，饲料企业和养殖生产者可根据化验室条件，任选一种或几种进行鉴别。但为了更准确无误，建议采用上述方法逐项全面进行鉴别。

（2）L-赖氨酸盐酸盐的鉴别方法　L-赖氨酸盐酸盐也是掺假掺杂较严重的一种原料，其掺假物基本同蛋氨酸，鉴别方法如下：

① 颜色　正品为白色、浅黄色或浅褐色结晶粉末，较均匀，无味或稍有特殊气味。镜检时可见颗粒均匀，呈晶粒状，由白色晶粒和乳白色晶粒相混合，无其他杂质和杂色。伪品或掺杂者颜色较暗，呈灰白色粉末。掺杂掺假多用石粉、石膏或淀粉等。

② 溶解性　正品易溶于水，在 100 mL 20 ℃ 水中溶解度为 64.2 g。取约 0.5 g 样品，加入 10 mL 水，摇动，溶液是澄清的。伪品则不溶或少量溶解，且溶液浑浊。

③ 灼烧　正品产生的气体呈碱性，可使湿的 pH 试纸变为蓝色。如掺入淀粉则试纸变红，如果是矿物质则无烟。

正品的灰分含量不超过 0.3%，假的则不论是淀粉或矿物质，都远大于 0.3%。

④ 茚三酮反应　取少量样品置于试管中，加入 1 mL 10 g/L 茚三酮丙酮溶液，加水 2 mL，摇匀，加热至沸腾，静置，溶液呈现紫红色为正品，不产生紫红色为伪品。

⑤ 亚硝基亚铁氰化钠检测　取 5 mg 样品于试管中，加入 5 mL 水溶解，再加入 2 mL 1 mol/L 的氢氧化钠溶液，0.3 mL 0.05% 的亚硝基亚铁氰化钠溶液，放在 35～40 ℃ 水浴中保持 10 min，取出冷却后，加 2 mL 10% 的盐酸，摇匀，溶液呈现红色为真品，假冒产

品则无红色产生。

⑥ 定氮　L-赖氨酸盐酸盐的纯度最低为 98.0%，相应含 L-赖氨酸 78%，理论含氮量为 15.3%，蛋白质当量为 95.8%。

在有条件的情况下，可以测定其赖氨酸含量，即也可鉴别真伪。

赖氨酸真伪的鉴别还可以用灼烧炭化观察其有无残渣来进行，要准确鉴别其真伪最好是将上述各方法结合使用。

(三) 试验仪器与试剂

1. 试验仪器　水浴锅、玻璃器皿

2. 试验试剂　茚三酮、亚硝基亚铁氰化钠、盐酸

二、鱼粉掺假检测

鱼粉是优质的蛋白质补充饲料，粗蛋白质含量高达 50~70%，并且氨基酸种类齐全，赖氨酸含量丰富，磷、钙含量高，铁和碘的含量也高，并且含丰富的维生素 A、维生素 D、维生素 B_{12} 和未知生长因子。但是，目前有些供应商为了赚钱，常常在鱼粉中掺入砂土、稻糠、贝壳粉、尿素、虾壳粉、蟹壳粉、棉子饼、菜子饼、羽毛粉、血粉等。这些鱼粉通过常规化学分析，粗蛋白质含量仍很高，但由于掺假成分的影响，其消化利用率及饲料营养价值很低。因此，如何判断鱼粉是否掺假是饲料生产单位和动物养殖单位极为关注的问题。

鉴别鱼粉是否掺假，一般采用感官鉴定、物理检验和化学分析三种方法。

(一) 试验目的

掌握鱼粉掺假检测的原理与方法。

(二) 试验内容

1. 感官鉴定　优质鱼粉多为棕黄色或黄褐色，粉状或颗粒状，细度均匀，表面干燥无油腻，用手捻，感觉到质地柔软，呈肉松状。优质鱼粉可见细长的肌肉束、鱼骨、鱼肉块等，具有较浓烤鱼香味，略带鱼腥味。而掺假鱼粉多为灰白色或灰黄色，极细，均匀度差，手捻感到粗糙，纤维状物较多，粗看似灰渣，鱼味不香，腥味较浓。掺假的原料不同就带有不同的异味，如掺入尿素就略有氨味，掺入油脂就略有油脂味。

2. 物理检验

(1) 体视显微镜鉴别　优质鱼粉在体视显微镜下明显可见鱼肌肉束、鱼骨、鱼鳞片和鱼眼等。鱼肉在显微镜下表面粗糙，具有纤维结构，类似肉粉，只是颜色浅。鱼骨为半透明至不透明的银色体，一些鱼骨块呈琥珀色，其空隙呈深色的流线型波状线段，似鞭状葡萄枝，从根部沿着整个边缘向上伸出。鱼鳞为平坦或弯曲的透明物，有同心圆，以深色和浅色交替排布。鱼鳞表面有轻微的十字架纹，鱼眼多已破裂，形成乳白色玻璃珠的破碎物状。在鱼粉中有和以上特征相差较远的其他颗粒或粉状物多为掺假物，可根据掺假物的显

微特征进行鉴别。

(2) 水浸泡法鉴别　此法用于对鱼粉中掺麦麸、花生壳粉、稻壳粉及砂分的鉴别。其方法是将样品 2~4 g 加水 100 mL 左右，搅拌后静置数分钟。麦麸、花生壳粉、稻壳粉一般浮在上方，鱼粉则沉入水底；如有砂分时鱼粉和砂分都沉于底部，轻轻搅拌后鱼粉稍浮起旋转，而砂分在底部也有旋转。

(3) 容重法鉴别　粒度为 1.5 mm 的纯鱼粉，容重 550~600 g/L。如果容重偏大或偏小，均不是纯鱼粉。

3. 化学分析

(1) 鱼粉粗蛋白质和纯蛋白质含量的分析　有分析表明，国产鱼粉正常的粗蛋白质含量为 49.0%~61.9%，纯蛋白质 40.7%~55.4%，纯蛋白质/粗蛋白质 79.4%~91.9%。初步认为纯蛋白质/粗蛋白质 80% 可作为判断鱼粉是否掺有高氮化合物的依据之一。高于该值即没有掺入高氮化合物。粗蛋白质测定采用凯氏定氮法，纯蛋白质测定采用硫酸铜沉淀法。

(2) 鱼粉中粗灰分和钙、磷比例的分析　全鱼鱼粉的粗灰分含量为 16%~20%，如果鱼粉中掺入贝壳粉、骨粉、细砂等，则鱼粉粗灰分含量明显增加。

优质鱼粉的钙、磷比例一般为 1.5~2 : 1（多在 1.5 : 1 左右）。若鱼粉中掺入石粉、细砂、泥土、贝壳粉等的比例较大时，则鱼粉中钙、磷比例增大。

(3) 鱼粉中粗纤维和淀粉的分析　鱼粉中粗纤维含量极少，优质鱼粉一般不超过0.5%，并且鱼粉中不含淀粉。如果鱼粉中混入稻壳粉、棉子饼（粕）等物质，则粗纤维含量势必大幅度增加。若混入玉米粉等富含淀粉物质，则无氮浸出物含量大大增加。

如果怀疑鱼粉中掺有纤维类物质，可用以下检验方法：取样品 2~5 g，分别用1.25% 硫酸和 12.5 g/L 氢氧化钠溶液煮沸过滤，干燥后称重。

如果怀疑掺有淀粉可用碘蓝反应来鉴定，其方法是：取样品 2~3 g 置于烧杯中，加入 2~3 倍水后，加热 1 min，冷却后滴加碘—碘化钾溶液（取碘化钾 5 g，溶于 100 mL 水中，再加碘 2 g）。若鱼粉中掺有淀粉类物质，则颜色变蓝，随掺入量的增加，颜色由蓝变紫。

(4) 鱼粉中掺杂锯末（木质素）的鉴别　可用两种方法鉴别

方法一：将少量鱼粉置于培养皿中，加入 95% 的乙醇浸泡样品，再滴入几滴浓盐酸，若出现深红色，加水后该物质浮在水面，说明鱼粉中掺有锯末类物质。

方法二：木质素与间苯三酚在强酸条件下反应，产生红色的化合物，利用这一特征可检查鱼粉是否含有木质素。称取鱼粉 1~2 g 置于试管中，再加入 20 g/L 的间苯三酚 95% 乙醇溶液 10 mL，滴入数滴浓盐酸，观察样品的颜色变化。如其中有红色颗粒产生，则含木质素，说明鱼粉中掺有锯末类物质。

(5) 鱼粉中掺入碳酸钙粉、石粉、贝壳粉和蛋壳粉的鉴别　可利用盐酸对碳酸盐反应产生二氧化碳来判断。取试样 10 g，放在烧杯中，加入 2 mL 的盐酸，立即产生大量气泡，说明鱼粉中掺入了上述物质。

(6) 鱼粉中掺入皮革粉的鉴别

方法一：利用钼酸铵溶液浸泡鱼粉观察有无颜色变化来分析，无色为皮革粉，呈绿色为鱼粉。

钼酸铵溶液的配制方法是：称取 5 g 钼酸铵，溶解于 100 mL 蒸馏水中，再加入 35 mL 的浓硝酸即可。

方法二：用铬鞣制的皮革中均含有铬，将鱼粉灰化，铬与二苯基卡巴腙反应产生铬—二硫代卡巴腙的紫红色水溶性化合物，该反应能检验出微量铬。称取 2 g 鱼粉样置于坩埚中，经高温灰化，冷却后用水浸润，加入 1 mol/L 硫酸溶液 10 mL，使之呈酸性。滴加数滴二苯基卡巴腙溶液，如有紫红色物质产生，则有铬存在，说明鱼粉中有皮革粉。

1 mol/L 硫酸溶液的配制：量取 55 mL 浓硫酸，慢慢倒入有 200 mL 左右蒸馏水的玻璃烧杯中，再转入 1 000 mL 容量瓶中，定容。

二苯基卡巴腙溶液的配制：称取 0.2 g 二苯基卡巴腙，溶解于 100 mL 90％的乙醇中。

(7) 鱼粉中掺入羽毛粉的鉴别　称取约 1 g 试样于两个 500 mL 三角烧杯中，一个加入 1.25％硫酸溶液 100 mL，另一个加入 50 g/L 氢氧化钠溶液 100 mL，煮沸 30 min 后静置，吸去上清液，将残渣放在 50～100 倍显微镜下观察。如果有羽毛粉，用 1.25％硫酸处理的残渣在显微镜下会有一种特殊形状，而 50 g/L 氢氧化钠溶液处理后的残渣没有这种特殊形状。

(8) 鱼粉中掺入血粉的鉴别　血粉中铁质有类似过氧化酶的作用，可分解过氧化氢，放出新生态氧，使联苯胺氧化为联苯胺蓝，呈绿色或蓝色。

取 1～2 g 鱼粉置于试管中，加入 5 mL 蒸馏水，搅拌，静置数 min。另取一支试管，先加联苯胺粉末少许，然后加入 2 mL 冰醋酸，振荡溶解，再加入 1～2 mL 过氧化氢溶液，将被检鱼粉的滤液徐徐注入其中，如两液接触面出现绿色或蓝色的环或点，表明鱼粉中含有血粉。

如不用滤液，而用被检鱼粉直接徐徐注入溶液面上，在液面上及液面以下可见绿色或蓝色的环或柱，表明有血粉掺入。

(9) 鱼粉中掺入尿素的鉴别

方法一：尿素在尿素酶作用下，分解为氨态氮，遇甲酚显红色反应，该反应生成的红色与尿素含量成正比，尿素含量越高生成的红色越深。利用这一特征，比较标准尿素溶液与试样溶液产生的颜色深浅，可以粗略的判断尿素的含量。

方法二：取两份 1.5 g 鱼粉于两支试管中，其中一支加入少许黄豆粉，两管各加入 5 mL 蒸馏水，振荡，置于 60～70 ℃恒温水浴中 3 min，滴 6～7 滴甲基红指示剂。若加黄豆粉的试管中出现深紫红色，则说明鱼粉中有尿素。

方法三：称取 10 g 鱼粉样品，置于 150 mL 三角瓶中，加入 50 mL 蒸馏水，加塞用力振荡 2～3 min，静置，过滤，取滤液 5 mL 于 20 mL 的试管中，将试管放在酒精灯上加热灼烧，当溶液蒸干时，可嗅到强烈的氨臭味。同时把湿润的 pH 试纸放在管口处，试剂立即变成红色，此时 pH 高达近 14。如果是纯鱼粉就没有强烈的氨臭味，置于管口处的 pH 试纸稍有碱性反应，显微蓝色，离开管口处则慢慢褪去。

(10) 鱼粉中掺入双缩脲的鉴别　称取鱼粉样品 2 g，加 20 mL 蒸馏水，充分搅拌，静置 10 min，干燥滤纸过滤，取滤液 4 mL 于试管中，加 6 mol/L 氢氧化钠溶液 1 mL，再加入 15 g/L 硫酸铜溶液 1 mL，摇匀，立即观察，溶液呈蓝色的鱼粉没有掺入双缩脲，若是紫红色则掺有双缩脲，颜色越深，掺入的双缩脲越多。

（11）根据鱼粉常规分析结果鉴别掺假　通过常规分析各项指标可以准确鉴别鱼粉的真伪。如掺有尿素的鱼粉，测定的粗蛋白质值很高，但真蛋白质却很低；掺入植物蛋白质后，真蛋白质虽然很高，但脂肪和淀粉含量又相对增加；掺入砂土，灰分就会增加。

选以上介绍的 3 种鉴别方法，紧密结合，可以较准确地鉴别鱼粉是否掺假。

（三）试验仪器与试剂

1. 试验仪器　天平、烘箱、高温炉、消煮管、消煮炉、凯氏定氮仪、酸式滴定管和玻璃器皿。

2. 试验试剂　硫酸、盐酸、硼酸、氢氧化钠、碘化钾、间苯三酚、奈斯勒试剂、甲酚红指示剂和二苯基卡巴腙等。

第四节　饲料中水溶性氯化物的测定

一、试验目的

用莫尔法测定配合饲料及鱼粉等单一饲料中的食盐。

二、试验内容

（一）原理（莫尔法）

提取饲料中水溶性氯化物，使溶液澄清，用铬酸钾（K_2CrO_4）作指示剂，以标准硝酸银（$AgNO_3$）直接滴定溶液中氯离子 Cl^-，形成氯化银沉淀，利用分极沉淀原理，当 Ag^+ 与 Cl^- 沉淀完全后（达到等当点），过量的 Ag^+ 与 K_2CrO_4 作用形成砖红色沉淀 Ag_2CrO_4，指示达到终点。

达到等电点前：

$$NaCl + AgNO_3 = NaNO_3 + AgCl \downarrow 白色（KSP = 1.6 \times 10^{-10}）$$

等电点时：

$$2AgNO_3 + K_2CrO_4 = 2KNO_3 + Ag_2CrO_4 \downarrow 砖红色（KSP = 9 \times 10^{-12}）$$

根据消耗的标准硝酸银溶液用量计算饲料中氯化物含量。

（二）操作步骤

准确称取样品 3～4 g，准确至 0.001 g，放入 500 mL 三角瓶中，准确加蒸馏水 250 mL，充分混合搅拌，每隔 5 min 搅拌一次，30 min 后静置。将上清液用中速滤纸过滤，准确取滤液 25.00 mL 于锥形瓶中，加 100 g/L 铬酸钾指示剂 1 mL，用标准硝酸银溶液滴定用力摇动，滴定至溶液出现砖红色，1 min 内不褪色为终点。另取一锥形三角瓶，按上法不加饲料测定空白值。

（三）计算和结果表示

计算公式：

$$W(\mathrm{NaCl}) = \frac{(V_1 - V_0) \times N \times 0.058\,45}{W} \times \frac{V_2}{V_3} \times 100\%$$

式中　V_1——硝酸银滴定样品耗用体积，mL；

$\quad\quad\ V_0$——空白液耗用体积，mL；

$\quad\quad\ N$——硝酸银标准液浓度，mol/L；

$\quad\quad\ W$——样品重，g；

$\quad\quad\ V_2$——样品稀释体积，mL；

$\quad\quad\ V_3$——滴定时取用量，mL；

0.058 44——每毫升硝酸银相当于氯化钠的质量（单位为毫克）。

要求：每个样品应取两份平行样进行测定，以其算数平均值为分析结果。

氯含量在 3% 以下（含 3%），允许绝对差 0.05；氯含量在 3% 以上，允许相对偏差 3%。

三、试验仪器与试剂

1. 试验仪器　三角瓶、漏斗、容量瓶和移液管及滴定管。

2. 试验试剂　铬酸钾指示剂和标准硝酸银溶液。

第五节　饲料中 β-胡萝卜素的测定

在维生素 A 原中，以 β-胡萝卜素效力最显著。此外，还有 α-胡萝卜素、隐黄素等，但生理效力稍低，而且含量也低，故通常仅为 β-胡萝卜素进行定量测定，作为饲料中胡萝卜含量。

一、试验目的

掌握饲料中 β-胡萝卜素测定的原理与方法。

二、试验内容

（一）原理

饲料中除胡萝卜素外，还有叶黄素、叶绿素等植物色素。测定时，先用石油醚及丙酮等有机溶剂提取，然后进行柱层析分离，由于胡萝卜素对吸附剂的吸附能力最差而处于色带前沿，然后用洗脱剂将胡萝卜素洗下，比色测定其浓度。

（二）操作步骤

1. 提取 将试样切碎或粉碎后，称取 2～5 g（若不能及时分析，可用蒸气处理 5 min，冷冻贮存）放入研钵中，加 0.5 g 对苯二酚，1 勺玻璃粉或海砂、10 mL 1∶1 丙酮—石油醚混合液，充分研磨，静置。将上层清液移入盛蒸馏水的 100 mL 分液漏斗中。残渣再加 10 mL 1∶1 丙酮—石油醚研磨，如此反复提取，直至提取液无色为止（一般需8～10次）。摇动分液漏斗 1～2 min，静置，待分层后将水放入另一分液漏斗中，提取液再用 100 mL 水洗涤 3～4 次，以除去丙酮。在洗涤水的分液漏斗中加 5～10 mL 石油醚，充分摇动，静置，将水放出，所余石油醚与原提取液合并，准备入层析管。

2. 层析分离 在层析管底部先垫一层玻璃纤维或脱脂棉，边将活性氧化镁与硅藻土按 1∶1 混合装于管中边用手指轻轻弹动管壁，使其均匀，并用玻璃棒轻压表面，使之均匀松散而无空隙，直装至 10 cm 高。然后将层析管接在抽滤管上，开动真空泵抽气，必要时可用带有长柄的软木塞压紧氧化镁。这样制成的氧化镁层析柱高应在 8 cm 左右，如低于 7 cm，应先将层析管上表面的氧化镁用药勺拨松，再继续加氧化镁，以免前后所加的氧化镁不能很好地连接，使吸附柱内形成断面。最后在表层装 1 cm 高的无水硫酸钠。

在层析管内先加 10 mL 石油醚抽气，使氧化镁湿透并赶走其中的空气。待无水硫酸钠层尚留有少量石油醚时，立即加入经水洗涤的提取液。分液漏斗用 5 mL 石油醚冲洗，待提取液流至无水硫酸钠层时，将洗涤液放入管中。最后用 5％丙酮—石油醚洗脱液（5 mL 丙酮加 95 mL 石油醚）淋洗，胡萝卜素遂随洗脱液流入抽滤管内的试管中，当试管内洗脱液积满时，取出倒入 25 mL 或 50 mL 棕色量瓶中，直至洗脱液由黄色变为无色为止。将全部洗脱液转入量瓶中，用石油醚冲洗试管并并入洗脱液中，以石油醚定容。

3. 工作曲线的绘制 于一组 10 mL 量瓶或刻度试管中，分别注入 0.00、1.00 mL、2.00 mL、3.00 mL、4.00 mL、5.00 mL β-胡萝卜素 2 μg/mL 的标准溶液，用石油醚定容至刻度，在 440 nm 波长下分别测定其吸光度，并绘制工作曲线。

4. 样品测定 准确吸收上述提取液于 1 cm 比色皿中，以石油醚作空白参比，在 440 nm 波长下测其吸光度，从工作曲线上查得相应浓度数。

（三）计算和结果表示

$$\beta\text{-胡萝卜素（mg/kg）}=\frac{\dfrac{C}{1\,000}\times V}{\dfrac{W}{1\,000}}=\frac{C\times V}{W}$$

式中　C——从工作曲线上查出的样品提取液含胡萝卜素浓度，μg/mL；

　　　V——样品提取液体积，mL；

　　　W——称取的样品重量，g。

三、试验仪器与试剂

（一）试验仪器

分光光度计；

研钵；

分液漏斗：250 mL；

层析柱：内径 15～20 mm，容积 150～200 mL；

试管：1.5 cm×15 cm；

抽滤管或抽滤瓶（图试验二- 4）。

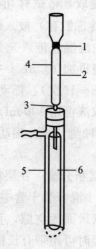

图试验二- 4　胡萝卜素测定
层离装置
1. 无水硫酸钠　2. 吸附剂
3. 脱脂棉　4. 层离管
5. 抽滤管　6. 承接管

（二）试验试剂

不含水分和醇类的丙酮、石油醚（测定鲜样用 40～70 ℃ 馏分；测定风干样用 80～100 ℃馏分，亦可用正己烷）、吸附剂〔先将 80～100 目的氧化镁置于 800～900 ℃高温电炉中灼烧 3 h，再与等体积的硅藻土（作助滤剂）混合〕和抗氧化剂（对苯二酚或联苯三酚）。

胡萝卜素标准溶液：准确称取纯净的 β -胡萝卜素 0.050 0 g，溶于氯仿或己烷中，加 0.5 g 对苯二酚以石油醚稀释，制成含 2 μg/mL 的溶液，存于棕色试剂瓶中。亦可用 0.02%重铬酸钾溶液代替，该溶液在 450 nm 波长下的吸光度与 β -胡萝卜素 1.12 μg/mL 的石油醚溶液相当。

四、试验相关说明

（一）市售丙酮需用无水硫酸钠除去水分后，加 10 目锌粉重蒸馏。

（二）若样品为动物性饲料或含油脂较多时，应先按维生素 A 测定步骤所述方法进行皂化，然后用石油醚提取皂化液，再将提取液作层析分离、测定。

（三）亦可用氧化铝作吸附剂，代替活性氧化镁，其过滤速度可提高 1 倍。但使用前需将氧化铝置于 105 ℃高温电炉中灼烧 3 h，冷却后放入小烧杯中，加石油醚淹没，转入层析柱中。

（四）洗脱液中，丙酮比例愈大，洗脱能力愈强。

第六节　大豆制品中脲酶活性的测定（滴定法和酚红法）

大豆制品是营养价值很高的蛋白质饲料。饲料中常用的大豆制品主要有大豆饼、粕及膨化大豆粉。但大豆制品中含有对动物有害的胰蛋白酶抑制因子、凝集素、皂角苷、甲状腺肿素以及抗凝固因子等抗营养因子，从而导致其蛋白质适口性下降、生物学价值降低、引起动物腹泻、胰腺肿大，并影响动物的正常生长发育，其中最主要的抗营养因子是胰蛋白酶抑制因子。这些有害因子来源于生大豆子实，大都不耐热，在生产过程中，只要经适当的加热就可被灭活，使其在大豆制品中的残留量大大减少。因此残留于大豆制品中的抗营养因子含量与生产加工工艺密切相关。一般利用冷压工艺和萃取工艺生产的大豆饼、粕中残留的抗营养因子含量较高，而利用热压工艺生产的则较少。但是，在生产加工过程中，过度的加热在灭活抗营养因子的同时，导致某些蛋白质变性，特别是赖氨酸、精氨酸和胱氨酸等严重变性，大大降低了大豆制品的消化率及生物学价值。为此，在大豆制品的生产加工过程中，保证适宜的加热程度，既可使大部分抗营养因子灭活，又不致使蛋白质变性是非常重要的。目前，可采用多种指标评价大豆制品的受热处理程度及其抗营养因子的灭活程度，如抗胰蛋白酶活性、水溶性氮指数和脲酶活性指标等。抗胰蛋白酶活性是直接反映大豆制品中抗营养因子水平及加热程度的可靠指标，但由于该法费时，试剂昂贵，因此在生产上不适用。大豆制品中脲酶对单胃动物并非抗营养因子，但其活性与抗胰蛋白酶活性呈高度正相关，而且脲酶活性的测定方法与测定其他抗营养因子相比较有简便、快速和经济的优点，国内外常用脲酶活性作为检验大豆制品加热程度和抗营养因子水平的判断指标。因此，在饲料工艺和动物养殖业中，为了合理利用大豆制品，提高其饲用价值，严格检测其脲酶活性是非常重要的。

脲酶的测定有定性法和定量法。定性法简单、快速，可迅速地检测大豆制品的脲酶活性，从而判断大豆制品的加热程度和抗营养因子的水平，因此易于在生产中应用，但不宜用做仲裁法，其中，酚红法是目前常用的定性测定方法。定量法又包括比色法、滴定法和 pH 增值法。比色法简单、快速，干扰较小，也是常用的测定方法；滴定法原理严谨，对酶活性的表示方式直观、准确，操作容易，是国际标准法，也是我国规定的标准方法（GB8622—1988）。

一、滴　定　法

（一）试验目的

掌握大豆制品中脲酶活性测定的原理与方法。

（二）试验内容

（1）原理　大豆制品中的脲酶在一定条件下（pH、温度），可以将尿素水解为氨，用过量的已知浓度的盐酸吸收后生成氯化铵，再用氢氧化钠标准液滴定剩余的盐酸，根据消耗的氢氧化钠标准溶液数量，即可计算出由脲酶水解放出的氨氮含量，从而计算得出脲酶活性。等当点时，pH 为 4.7 左右。其反应如下：

$$CO(NH_2)_2 + H_2O \xrightarrow{30\ ℃} 2NH_3 \uparrow + CO_2 \uparrow$$

$$NH_3 + HCl = NH_4Cl$$

$$HCl + NaOH = NaCl + H_2O$$

（2）测定步骤

① 试样选取和制备　用粉碎机将 10 g 试样粉碎，使之全部通过 60 目样品筛。对特殊试样（水分或挥发物含量较高而无法粉碎的产品）应先在实验室温度下进行预干燥，再进行粉碎，当计算结果时，干燥失重计算在内。

② 样品中脲酶活性的测定　准确称取已粉碎的试样约 0.2 g（精确至 0.000 1 g），置于刻度试管中（如活性很高，只称 0.05 g）。加入 10 mL 尿素缓冲液，立即盖好试管并剧烈摇动，马上置于 30±0.5 ℃恒温水浴中，准确计时保持 30 min。取下后立即加入 10 mL 0.1 mol/L 盐酸溶液，并迅速冷却至 20 ℃。将试管中内容物无损移入 50 mL 烧杯中，用 5 mL 蒸馏水冲洗试管两次，立即用 0.1 mol/L 氢氧化钠标准溶液滴定至 pH 为 4.70。记录氢氧化钠标准溶液消耗量。

③ 空白测定　另取试管作空白试验，加入 10 mL 尿素缓冲溶液、10 mL 0.1 mol/L 盐酸溶液。准确称取与上述试样量相当的试样（精确至 0.000 1 g），迅速加入此试管中。立即盖好试管并剧烈摇动。将试样置于 30±0.5 ℃恒温水浴中，同样精确保持 30 min 取下后，冷却至 20 ℃，将试管内容物无损失转移至 50 mL 烧杯中，用 5 mL 蒸馏水冲洗试管两次，立即用 0.1 mol/L 氢氧化钠标准溶液滴定至 pH 为 4.70。记录氢氧化钠标准溶液消耗量。

（三）计算和结果表示

1. 计算公式　测定结果以每分钟每克大豆制品在 30±0.5 ℃和 pH 7.0 的条件下释放出的氨态氮的质量（单位为毫克）表示。

$$UA = \frac{(V_0 - V) \times C \times 0.014 \times 1\,000}{m \times 30}$$

式中　UA——试样的脲酶活性，mg N/(g·min)；

$\quad C$——氢氧化钠标准溶液的浓度，mol/L；

$\quad V$——滴定空白反应液消耗的氢氧化钠溶液体积，mL；

$\quad V_0$——滴定试样反应液消耗的氢氧化钠溶液体积，mL；

$\quad m$——试样质量，g；

$\quad$ 0.014——1 摩尔质量氢氧化钠相当于 0.014 g 氮；

$\quad$ 30——反应时间，min。

如果试样在粉碎前经预干燥处理时，则：

$$UA = \frac{(V_0 - V) \times C \times 0.014 \times 1\,000}{m \times 30} \times (1 - S)$$

式中　S——预干燥时试样失重的百分率。

2. 重复性　同一分析者对同一试样同时或快速连续地进行两次测定，所得结果之间的差值不超过平均值的 10%。

（四）注意事项

（1）若试样粗脂肪含量高于 10%，则应先进行不加热的脱脂处理后，再测定脲酶活性。

（2）若测得试样的脲酶活性大于 1 mg N/(g·min)，则样品称量应减少到 0.05 g。

二、定性法（酚红法）

（一）原理

酚红指示剂在 pH 6.4～8.2 时由黄变红，大豆制品中所含的脲酶，在室温下可将尿素水解产生氨。释放的氨可使酚红指示剂变红，根据变红的时间长短来判断脲酶活性的大小。

（二）测定步骤

用粉碎机将试样粉碎。对特殊试样（水分或挥发物含量较高而无法粉碎的产品）应先在实验室温度下进行预干燥，再进行粉碎。

称取 0.02 g 试样（准确至 0.01 g），转入试管中。加入 0.02 g 结晶尿素及两滴酚红指示剂，加 20～30 mL 蒸馏水，摇动 10 s。观察溶液颜色，并记下呈粉红色的时间。

（三）计算和结果表示

1 min 呈粉红色，活性很强；1～5 min 呈粉红色，活性强；5～15 min 呈粉红色，有点活性；15～30 min 呈粉红色，没有活性。

一般认为，10 min 以上不显粉红色或红色的大豆制品，其脲酶活性即认为合格，生熟度适中。脲酶活性与呈色时间对照表如下（表试验二-4）：

表试验二-4　脲酶活性与呈色时间对照

时间（min）	脲酶活性 [mg N/(g·min)]	时间（min）	脲酶活性 [mg N/(g·min)]
0～1	0.9 以上	5～6	0.2～0.15
1～2	0.9～0.7	6～7	0.15～0.1
2～3	0.7～0.5	7～9	0.1～0.05
3～4	0.5～0.3	>15 无色	0
4～5	0.3～0.2		

三、pH 增值法

（一）原理

大豆制品与中性尿素缓冲液混合，脲酶催化尿素水解产生的氨是碱性的，可使溶液 pH 升高。试样反应 30 min 后与空白溶液的 pH 之差值，可间接表示氨量的多少。

（二）测定步骤

1. 准确称取 0.200±0.001 g 试样于试管中，加入 10 mL 尿素缓冲液，立即盖好试管并剧烈摇动，马上置于 30±0.5 ℃恒温水浴中。

2. 空白试验需准确称取 0.200±0.001 g 试样于试管中，加入 10 mL 磷酸缓冲液，立即盖好试管并剧烈摇动，马上置于 30±0.5 ℃恒温水浴中。

以上每项试验须间隔 5 min，每 5 min 搅拌试管内容物一次。

3. 准确保持 30 min 后，相间 5 min 将试管从水浴中取出，将上层液体移入 5 mL 烧杯，自水浴中取出刚达 5 min 时，分别测定其 pH。

试样与空白试验的 pH 之差，即为脲酶活性（UA）的指数。

（三）试验仪器与试剂

1. 试验仪器 孔径 200 μm 样品筛、酸度计（精度 0.02 mV，附有磁力搅拌器和滴定装置）、恒温水浴（可控温 30±0.5 ℃）、具塞刻度试管（直径 18 mm，长 150 mm）、精密计时器、粉碎机［粉碎时应不生强热（如球磨机）］、感量 0.000 1 g 分析天平和 10 mL 移液管。

2. 试验试剂 尿素（GB 696）、十二水磷酸氢二钠（GB 1263）、无水磷酸二氢钾（GB1274）、pH 6.9～7.0 尿素缓冲溶液（准确称取 3.40 g 经 110 ℃烘干的磷酸二氢钾和 4.45 g 磷酸氢二钠，用蒸馏水溶解后定容至 1 000 mL，再将 30.0 g 尿素溶解在此缓冲液中，可保存一个月）、0.1 mol/L 盐酸溶液［用量筒量取 8.4 mL 浓盐酸（GB 622），注入 1 000 mL 容量瓶中，用蒸馏水定容至刻度（边稀释边摇匀）］、0.1 mol/L 氢氧化钠（GB 629）标准溶液（按 GB 601 的规定配制）、酚红指示剂（HG B-959）和 1 g/L 乙醇（20%）溶液。

第七节　饲料中有毒有害物质的检测

一、饲料中亚硝酸盐的测定

（一）概述

青绿饲料（包括叶菜类、牧草、野菜等）及树叶类饲料，都不同程度地含有硝酸盐，其中尤以叶菜类饲料，如小白菜、青菜等含量较高，在新鲜的叶菜类饲料中硝酸盐的含量可高达数千毫克/千克，但一般不含亚硝酸盐或含量甚微，通常多低于 1 mg/kg。

对动物来说，硝酸盐是低毒的，而亚硝酸盐则是高毒的，临床上多见的畜禽中毒都是由硝酸盐转化为亚硝酸盐而引起的。

1. 硝酸盐转化为亚硝酸盐的条件 自然界很多细菌和真菌都含有硝酸盐还原酶，能将硝酸盐还原成亚硝酸盐（通常将这些微生物称为硝酸盐还原菌）。硝酸盐还原菌的种类很多，广泛存在于土壤、水等外界环境以及动物的胃肠道和口腔等中。体内外的硝酸盐还原菌如遇到适宜的条件，可大量繁殖，将硝酸盐还原为亚硝酸盐。

饲料中的硝酸盐转化为亚硝酸盐，可发生于动物摄食硝酸盐以前（体外转化），也可发生在摄入体内之后（体内转化）。

（1）体外转化　体外转化在生产实践中常见于如下两种场合：

① 青绿饲料长时间高温堆放　青绿饲料，尤其是经虫害、踏过的青绿饲料，堆放于潮湿闷热的环境中，混杂于饲料中的某些硝酸盐还原菌得到适宜的温度、水分，大量繁殖，迅速将硝酸盐还原成亚硝酸盐。

② 青绿饲料用小火焖煮或煮后久置　青绿饲料用小火焖煮时，煮成半生半熟，混杂于饲料中的细菌不但大多未被杀死，反而得到适宜的温度和水分。因此，与潮湿高温堆放一样，极易促使硝酸盐转化为亚硝酸盐。此外，煮熟的青绿饲料放在不清洁的容器中，如果温度较高，存放时间过久，亚硝酸盐的含量也可增加。

（2）体内转化　即饲料中的硝酸盐被家畜采食后，经胃肠道中微生物的作用而转化为亚硝酸盐。反刍动物（有时也见于单胃动物）在采食新鲜的青绿饲料后，有时发生亚硝酸盐中毒，其原因就在于此。

反刍动物在日粮搭配正常或富含碳水化合物的情况下，摄入的硝酸盐在瘤胃微生物的作用下还原成亚硝酸盐，并进一步还原成氨而被利用。所以，只要摄入的硝酸盐的量同瘤胃还原能力保持平衡，则不会引起中毒。但是当反刍动物瘤胃的 pH、还原所需的氢供给及微生物群发生变化，亚硝酸盐还原氨的速度受到限制时，摄入过多的硝酸盐，就极易引起亚硝酸盐的积累而导致中毒。

2. 亚硝酸盐中毒机理和临床症状 亚硝酸盐毒性程度主要取决于其数量。食欲越好，吃得越多的动物，中毒机会也越多。不同动物对亚硝酸盐的敏感性有很大的差异，其中猪最敏感，牛、羊次之。亚硝酸盐中毒机理：①亚硝酸盐是一种血液毒，其进入血液后，与血红蛋白相互作用，使血红蛋白中的二价铁氧化为三价铁而形成高铁血红蛋白（met he-moglobin, MHb），又称变性血红蛋白，使血液失去携氧能力，造成组织细胞缺氧。②亚硝酸盐可直接作用于血管平滑肌，松弛血管平滑肌，导致血管扩张，外周循环衰竭。

中毒家畜表现为一系列缺氧症状：高度呼吸困难，肌肉震颤，皮肤呈乌青色，黏膜发绀，血液暗红色、凝固不良。

3. 饲料中亚硝酸盐的卫生标准 饲料中亚硝酸盐允许含量（以亚硝酸钠计），在我国国家饲料卫生标准中作了规定（表试验二-5）：

表试验二-5 饲料中亚硝酸盐允许含量

饲料名称	亚硝酸盐允许量（mg/kg）
鱼粉	≤60
鸡配合饲料，猪配合、混合饲料	≤15

（二）试验目的

掌握饲料中亚硝酸盐测定的原理与方法。

（三）试验内容

1. 样品处理 亚硝酸盐是一种水溶性毒物，所以样品处理比较简单。

取样品 5～10 g，研碎，加水至 100 mL，振荡数分钟，过滤，取中间滤液 10 mL 作为供试液。如果滤液中色素含量较高，可用活性炭脱色。

2. 亚硝酸盐定量分析 亚硝酸盐的定量分析常采用重氮耦合比色法。依据使用试剂不同分为盐酸萘乙二胺法和 α-萘胺比色法。两种方法均具有较好的准确度和精密度，可随意选择。

（1）α-萘胺法（格利斯法，Griess 法）

① 原理 亚硝酸盐在弱酸性条件下与对氨基苯磺酸反应，生成重氮盐后，再与 α-萘胺耦合形成紫红色染料，与标准系列比较定量。

② 操作步骤 取供试液 2 mL，标准液 0.0 mL、0.5 mL、1.0 mL、1.5 mL、2.0 mL、2.5 mL，分别加入 50 mL 大试管中，加水稀释至 25 mL。

于标准管和样品管中分别加入 0.5 mL 醋酸钠缓冲液，1 mL 对氨基苯磺酸溶液和

1 mL盐酸α-萘胺溶液，摇匀放置 10 min，以零管作参比，1 cm 比色皿，于波长 525 nm 处测定吸光度。根据标准管各种浓度所测定的吸收度绘出标准曲线。根据供试液所测的吸收度从标准曲线上查出供试液的含量（A），再算出样品中亚硝酸盐的含量。

③ 计算和解雇表示

$$亚硝酸盐含量（mg/kg）=\frac{A\times100}{2}\times\frac{100}{m}\div1\,000$$

$$=\frac{50A}{m}$$

式中　A——样品管测得的含量，μg；

　　　m——称取样品质量，g。

（2）盐酸萘乙二胺法（国家标准法）

① 原理　在弱酸性条件下，亚硝酸盐与对氨基苯磺酸反应，生成重氮化合物，再与盐酸萘乙二胺耦合形成紫红色染料，与标准系列比色定量。

② 操作步骤　取 7 只 50 mL 容量瓶按表操作（表试验二-6）。

表试验二-6　盐酸萘乙二胺法测定亚硝酸盐操作表

管　号	0	1	2	3	4	5	6
标准液（mL）	0.0	0.5	1.0	1.5	2.0	2.5	
样液（mL）							2.0
0.4%对氨基苯磺酸溶液（mL）				2.0			
			混匀，静置 3~5 min				
0.2%盐酸萘乙二胺盐溶液（mL）				1.0			
蒸馏水（mL）				至 50 mL			

混匀，静置 15 min。以零管调零，于波长 538 nm 处测定吸光度，以吸光度为纵坐标，各标准液中所含 NO_2^- 质量为横坐标，绘制标准曲线或计算回归方程，根据样液的吸光度，求样液中亚硝酸盐的含量。

③ 计算和结果表示

$$亚硝酸盐含量（mg/kg）=\frac{A\times100}{2}\times\frac{1\,000}{m}\div1\,000$$

$$=\frac{50A}{m}$$

式中　A——样品管测得的含量，μg；

　　　m——称取样品质量，g。

3. 亚硝酸盐的定性分析　亚硝酸盐的定性分析方法，常用格利斯法和联苯胺—冰醋酸法，有时也用安替比林法。

（1）对氨基苯磺酸重氮法（格利斯法，Griess 法）

① 原理　亚硝酸盐在弱酸性条件下与对氨基苯磺酸反应，生成重氮化盐后，再与α-萘耦合形成紫红色染料。

② 操作步骤　取供试液 1 滴于白瓷板上，加入 1~2 滴格利斯试液，如含亚硝酸盐，

则出现紫红色。

（2）联苯胺-冰醋酸法

① 原理　在酸性溶液中，亚硝酸盐能将联苯胺重氮化，然后水解并氧化成棕色的联苯醌，用以鉴定有无亚硝酸盐存在。

② 操作步骤　取供试液1滴于白瓷板上加联苯胺—冰醋酸溶液1滴，如含亚硝酸盐，则出现棕红色。

（3）安替比林法

① 原理　在酸性条件下，亚硝酸盐使安替比林亚硝酸基化，溶液呈绿色。

② 操作步骤　取供试液2滴于滴板上，加安替比林液2滴。如出现绿色，表示有亚硝酸盐存在。

（四）试验仪器与试剂

1. 试验仪器　分光光度计，比色管。

2. 试验试剂

（1）亚硝酸钠标准液　精密称取经 115 ± 5 ℃干燥至恒重的分析纯亚硝酸钠 0.149 5 g，用水溶解，移入 100 mL 容量瓶中，加水稀释至刻度，此液每毫升相当于 1 mg NO_2^-（α-萘胺法）。精确称取 0.100 0 g 于硅胶干燥器中干燥 24 h 的亚硝酸钠，加水溶解，置于 500 mL 容量瓶中，加水稀释至刻度，此液每毫升相当于 200 μg NO_2^-（盐酸萘乙二胺法）。

（2）亚硝酸钠标准使用液　吸取亚硝酸钠标准贮备液 1 mL，置于 100 mL 容量瓶中，加水稀释至刻度，此标准液每毫升相当于 10 μg NO_2^-（α-萘胺法）。吸取亚硝酸钠标准液 5.00 mL，置于 200 mL 容量瓶中，加水稀释至刻度。此液每毫升相当于 5 μg NO_2^-（盐酸萘乙二胺法）。

（3）对氨基苯磺酸溶液　取 0.3 g 对氨基苯磺酸溶于 150 mL 12％醋酸溶液中。贮存于棕色瓶中。如溶液有颜色，临用时加入少许活性炭加热至 80 ℃并进行过滤，即可脱色。

（4）盐酸 α-萘胺溶液　取 0.2 g 盐酸 α-萘胺溶于 20 mL 水中，加浓盐酸 0.5 mL，微热溶解，加水稀释至 100 mL。贮存于棕色瓶中。如有颜色，可用活性炭脱色。

（5）醋酸钠缓冲液　取 16.4 g 无水醋酸钠，溶于 100 mL 水中。

（6）0.4％对氨基苯磺酸溶液　取 0.4 g 对氨基苯磺酸溶于 100 mL 20％盐酸中，贮存于棕色瓶中。如溶液有颜色，临用时加入少许活性炭加热至 80 ℃并进行过滤，备用。一周内使用。

（7）0.2％盐酸萘乙二胺盐溶液　取 0.2 g 盐酸萘乙二胺溶于 100 mL 水中。贮存于棕色瓶中，一日内使用。

（8）对氨基苯磺酸溶液　取 0.5 g 对氨基苯磺酸溶于 150 mL 30％醋酸中。

（9）α-萘胺溶液　取 0.1 g α-萘胺溶于 20 mL 水中，过滤，滤液加入 150 mL 30％醋酸，混匀。

（10）格利斯试液　将（8）和（9）等量混合。

（11）0.1％联苯胺—冰醋酸溶液　取 0.1 g 联苯胺溶于 10 mL 冰醋酸中，加水稀释至 100 mL。

（12）安替比林溶液　取 5 g 安替比林，溶于 100 mL 1 mol/L 硫酸中。

二、饲料中氰化物的测定

（一）概述

氰化物系指含氰基（CN^-）的化合物。植物中的氰化物是以苷（配糖体）形式存在的氢氰酸有机衍生物（即氰苷）。如苦杏仁中的苦杏仁苷；高粱和玉米新鲜幼苗中的蜀黍苷。氰苷本身无毒性，但当其水解释放出游离的 HCN 后，就会引起动物中毒。

1. 氰苷水解产生氢氰酸的途径　氰苷水解产生氢氰酸的途径有两条：

（1）酶解　含氰苷的植物中都存在水解酶。在完整的植物体内，由于氰苷与其水解酶存于同一器官的不同细胞中，氰苷不会受到水解酶的作用，故植物中不存在游离的氢氰酸。只有当植物完整的细胞受到破坏，氰苷与其水解酶接触，水解反应才会迅速进行。

氰苷首先在 β-葡萄糖苷酶的作用下，其糖苷键水解产生 α-羟腈和葡萄糖。α-羟腈在羟腈裂解酶作用下裂解，释放出氢氰酸和相应的羰基化合物。

（2）稀酸水解　氰苷的 β-糖苷键对酸不稳定，可被稀酸破坏，产生糖和 α-羟腈，后者由于性质不稳定，可进一步分解产生氢氰酸和相应的羰基化合物。

酶解与稀酸水解两者产物相同。

2. 富含氰苷的植物和青饲料　木薯、高粱和玉米的幼苗、亚麻、络麻、海南刀豆、狗爪豆以及蔷薇科植物（如桃、梨、梅、杏、枇杷、樱桃等）的叶子和种子。

3. 氰苷中毒机理　氰基是一种非特异性的酶抑制剂，能抑制细胞内多种含金属离子的酶系统，如细胞色素氧化酶、过氧化氢酶、琥珀酸脱氢酶、乳酸脱氢酶等共 40 多种酶，其中最显著的是细胞色素氧化酶。

氰基抑制细胞色素氧化酶的机制是氰基能迅速地同氧化型细胞色素氧化酶的辅基三价铁离子结合，使其不能转变为具有二价铁离子辅基的还原型细胞色素氧化酶，从而丧失传递电子、激活分子氧的作用，阻止组织对氧的吸收，破坏组织内的氧化过程，导致机体内缺氧。

以每千克体重 2.3 mg 的剂量口服氢氰酸即可致死。对牛、马来说，采食含氰苷 59.4％的木薯块根皮 1～1.5 kg 即可引起死亡。空气中氢氰酸浓度超过 0.2 mg/L 也可致死，所以，在做氰化物分析时应予以注意。

氢氰酸中毒发病迅速，当动物过食含氰苷的饲料 15～20 min，即可发生中毒现象。中毒家畜表现为呼吸困难、呕吐、流涎、肌肉痉挛，可视黏膜鲜红色。剖检血液鲜红色，胃肠有出血性炎症（亚硝酸盐中毒表现为高度呼吸困难，肌肉震颤，皮肤呈乌青色，黏膜发绀，血液暗红色、凝固不良）。

4. 饲料中氰化物的卫生标准　饲料中氰化物允许含量，在我国国家饲料卫生标准中作了规定（表试验二-7）。

表试验二-7 饲料中氰化物允许含量

饲料名称	氰化物允许量（mg/kg）
木薯干	≤100
胡麻饼（粕）	≤350
鸡配合饲料	≤50
猪配合、混合饲料	≤50

（二）试验目的

掌握饲料中氰化物测定的原理与方法。

（三）试验内容

1. 样品处理 由于干扰氰化物测定的物质很多，如金属离子、脂肪酸、硫化物、硫氰酸盐、甘氨酸、尿素、氧化剂和还原剂等。因此，一般样品都用蒸馏法处理以除去干扰物质后再进行测定。一些干扰物如用蒸馏法未能除去时，可在蒸馏前加入专门试剂消除干扰，如脂肪酸可在 pH 6～7 时，用异辛烷（己烷或氯仿）萃取；氧化剂用亚硫酸钠还原等，然后再蒸馏处理。

操作方法：取样品 12 g 于 500 mL 蒸馏瓶中，加水 100 mL，加酒石酸 2 g，然后进行水蒸气蒸馏，以装有 5 mL 0.1 mol/L 氢氧化钠的 100 mL 容量瓶作接受瓶，蒸馏至刻度，馏液供分析。

注意：氢氰酸是剧毒的挥发性毒物，因此，整个蒸馏装置应密闭，接受瓶最好放在冰浴中，瓶中预先加适量碳酸钠或氢氧化钠溶液，以使氢氰酸形成氰化钠而减少挥发损失。另外，氰化物性质不稳定，易反应生成氢氰酸而挥发，故样品应及时采集，尽快分析。

2. 定性分析 氰化物的定性方法，常用普鲁士蓝法和苦味酸试纸法。

（1）普鲁士蓝法 本法灵敏度较高，常作为氰化物的确证试验。

① 原理 氰化物在酸性条件下水解产生氢氰酸，氢氰酸在碱性溶液中，与亚铁离子作用生成亚铁氰化钠，用盐酸酸化，进一步与三氯化铁反应，生成蓝色的亚铁氰化铁，即普鲁士蓝，借以鉴定氰化物的存在。

② 操作步骤 取样品 5～10 g 于 150 mL 锥形瓶中，加蒸馏水 20～30 mL 调成糊状，再加入 5 mL 10%酒石酸使呈酸性，立即于瓶口盖一滤纸，并迅速于滤纸中央滴加 1～2 滴新配制的 20%硫酸亚铁溶液，稍干后，再加 1～2 滴 10%氢氧化钠溶液，然后将锥形瓶置于 60 ℃的热水中，加热 20～30 min，取下滤纸，在滤纸上滴加 10%盐酸 2 滴、1%三氯化铁溶液 1 滴。如有氰化物存在，滤纸出现蓝色斑点。

（2）苦味酸试纸法

① 原理 氰化钠在酸性条件下，水解生成氢氰酸气体，与苦味酸试纸作用，生成红色的异氰紫酸钠，可作定性鉴定。

② 操作步骤

苦味酸试纸制备：将滤纸在 1%苦味酸溶液中浸泡一段时间，取出，在室温下阴干。剪成 5 cm×0.8 cm 的纸条，备用。临用时再滴加 10%碳酸钠溶液使之湿润。

取样品 10 g 于 150 mL 锥形瓶中，加蒸馏水 20～30 mL 调成糊状，再加入 5 mL 10% 酒石酸使呈酸性，立即塞上挂有苦味酸试纸的塞子，使试纸条悬垂于瓶中（勿接触瓶壁及溶液）。将锥形瓶置于 40～50 ℃水浴中，加热 30 min。如有氰化物存在，少量时试纸呈橙红色，量多时呈红色。

③ 注意事项　本反应非氢氰酸特有反应，亚硫酸盐、硫代硫酸盐、硫化物均能还原苦味酸试纸，使之呈红色或橙色，干扰本反应。醛、酮类亦有干扰。因此，如结果为阴性，说明没有氰化物。如为阳性，则需进行其他试验，以便确证。

加热温度不宜过高，否则大量水蒸气将试剂淋洗下来，结果难于观察。

3. 定量分析　测定氰化物的常用方法有硝酸银滴定法、氰离子选择电极法和比色法。

硝酸银滴定法为国家标准法，原理为以氰苷形式存在于植物体内的氰化物经水浸泡水解后，进行水蒸气蒸馏，蒸馏出的氢氰酸被碱液吸收，在碱性条件下，以碘化钾为指示剂，用硝酸银标准溶液滴定定量。滴定法适用于分析液浓度在 1 mg/L 以上。

氰离子选择电极法的原理为在 pH 12、0.1 mol/L 硝酸钾介质中，氰离子浓度在 10^{-6}～10^{-1} mol/L，电位值与氰离子浓度负对数呈直线关系，可以求出样品中氰化物的含量。本法分析浓度范围为 0.05～10 mg/L。

比色法的灵敏度较高，其分析液浓度下限 0.02 mg/L。高浓度时，取部分分析液稀释之。

比色法又分苦味酸比色法和吡啶—巴比妥酸比色法。

（1）苦味酸比色法

① 原理　氰化钠在酸性条件下，水解生成氢氰酸，遇碳酸钠生成氰化钠，再与苦味酸反应生成异氰紫酸钠，呈玫瑰红色。

② 操作步骤　取 6 支大试管按下表操作（表试验二-8）：

表试验二-8　苦味酸比色法测定氰化物操作表

管　号	0	1	2	3	4	5
标准液（mL）	0	1.0	2.0	4.0	8.0	
样液（mL）						5.0
1%苦味酸溶液（mL）			10.0			
1 mol/L 碳酸钠溶液（mL）			1.0			
			混匀，沸水浴加热 1～2 min，冷却			
蒸馏水（mL）	14.0	13.0	12.0	10.0	6.0	9.0

混匀，以零管调零，于波长 538 nm 处测定吸光度，以吸光度为纵坐标，氰离子浓度为横坐标，绘制标准曲线或计算回归方程，根据样液的吸光度，求样液中氰离子的含量。

③ 计算与结果表示

$$氰离子含量（mg/mL）＝2A$$

式中　A——样品管测得的含量，mg/mL。

（2）吡啶—巴比妥酸比色法

① 原理　氰化钠在酸性条件下，可与溴反应，生成溴化氰，再与吡啶作用生成 5-羟

基戊二烯醛，后者与巴比妥酸反应生成紫红色化合物。

② 操作步骤 取 7 支 10 mL 磨口刻度比色管，按下表操作（表试验二-9）：

表试验二-9 吡啶-巴比妥酸比色法测定氰化物操作表

管 号	0	1	2	3	4	5	6
标准液（mL）	0.0	0.4	0.8	1.2	1.6	2.0	
样液（mL）							5.0
蒸馏水				加至 5 mL			
10%乙酸（mL）				0.2			
溴水（mL）				0.2			
				混匀，放置 2 min			
吡啶-巴比妥酸溶液（mL）				1.0			

混匀，放置 30 min，以零管调零，于波长 580 nm 处测定吸光度，以吸光度为纵坐标，氰离子浓度为横坐标，绘制标准曲线或计算回归方程，根据样液的吸光度，求样液中氰离子的含量。

（四）试验仪器与试剂

1. 试验仪器 分光光度计，比色管，锥形瓶和试管。

2. 试验试剂 10%酒石酸溶液、20%硫酸亚铁溶液（需临时配制）、10%氢氧化钠溶液、10%盐酸、1%三氯化铁溶液、1%苦味酸溶液、10%碳酸钠溶液、1 mol/L 碳酸钠溶液、溴水（取 0.2 mL 溴液和 1 g 溴化钾溶于 100 mL 水中，摇匀，在暗处保存）。

氰离子标准液：精密称取氰化钾 0.25 g，用少量水溶解，移入 100 mL 容量瓶中，加水稀释至刻度，此为 1.0 mg/mL 氰离子溶液。将此液稀释 10 倍制成 0.1 mg/mL 的贮备液。临用时取贮备液 1.0 mL 置于 100 mL 容量瓶中，加水稀释至刻度作为标准液使用，含氰离子 1.0 μg/mL。

吡啶-巴比妥酸溶液：a 液，取吡啶 6 mL，加水 4 mL、浓盐酸 1 mL，混匀；b 液，取巴比妥酸 0.1 g 溶于 10 mL 水中；将 a 液和 b 液等量混合即成。

三、棉子饼（粕）中棉酚的测定

（一）概述

棉子榨油后的副产品棉子饼，不但含有大量的磷、维生素和丰富的蛋白质（30%以上），而且其蛋白质的氨基酸组成比较全面，接近于大豆蛋白质的组分，是一种很好的蛋白质饲料。因此，合理地利用棉子饼作蛋白质饲料对促进畜牧业生产有重要意义。

但由于棉子饼含棉酚（Gossypol）等有毒物质，因而在动物饲养中的应用受到了限制。目前，国内外采用的棉子饼（粕）去毒的方法是在棉子饼（粕）中按其游离棉酚的含量多少来决定加入 $FeSO_4$ 的用量。其比例规定为游离棉酚：$FeSO_4=1:1$。因此，检测棉子饼中游离棉酚的含量是合理利用棉子饼这一蛋白质饲料的一个必要技术指标。

1. 棉酚的理化性质 棉酚俗称棉毒素，是棉花植株在生长过程中自身合成的，用于防御病虫害的防御性物质。它是一种多酚二萘衍生物，其分子式为 $C_{30}H_{30}O_8$，相对分子质量为 518.5，化学名称为 $2,2'$-双 $1,6,7$-三羟基-3-甲-5-异丙基-8-甲醛基萘酚。棉酚存在三种异构体，即酚醛型（醇醛型）、半缩醛型（内酯型）和环状羰基型（烯醇型）。这三种异构体可发生互变。

棉酚按其存在形式可分为游离棉酚和结合棉酚。游离棉酚或称自由棉酚（Free gossypol，FG），是指具有活性基团，即羟基和醛基未被取代的棉酚。它对动物的毒性较大，因此，人们将它作为棉子饼（粕）含毒素量的检测对象。结合棉酚（Bound gossypol，BG），是游离棉酚与蛋白质、氨基酸、磷脂等物质结合的复合物，它丧失了活性，也难以被消化道吸收、分解，故不呈毒性作用。两者结合在一起称总棉酚。

2. 毒性 游离棉酚仅属低毒物质，大白鼠的 LD_{50} 为每千克体重 $2\,000\sim3\,000$ mg，小白鼠为每千克体重 315 mg。据报道，成年牛每天饲喂 $1.75\sim3$ kg 棉子饼，猪每天饲喂 0.5 kg，$48\sim60$ 天后可出现中毒现象，猪每天随饲料食入 150 mg 游离棉酚可在 28 天左右死亡。因此，棉酚一般不会引起动物急性中毒，只有在连续过量食入，并在体内蓄积达到一定量后才产生对动物的毒害，即动物急性棉酚中毒并不多，主要是蓄积性毒害。

不同动物对棉酚的敏感性不同，以猪和禽最为敏感，犊牛对棉酚也有一定的敏感性，但成年牛和羊对棉酚有相当的耐受性。

另外，饲料中的蛋白质和维生素 A 的含量对动物的敏感性也有很大影响。

目前，棉酚对动物的毒作用还不十分清楚。一般认为，它是一种细胞毒和血液毒，能损害肝细胞、心肌细胞和肾脏，引起呼吸和循环系统障碍，同时棉酚还可以结合铁离子而干扰血红蛋白合成中铁离子的正常利用而引起贫血。

猪棉酚中毒时主要表现为食欲降低、体重减少，严重者表现为兴奋不安，呼吸急促，尿量减少或有血尿。剖检可见胃肠炎、中毒性肝炎、肾炎，心内外有出血点、心肌变性。

3. 饲料中棉酚的卫生标准 饲料中游离棉酚的允许含量，在我国国家饲料卫生标准中作了规定（表试验二-10）：

表试验二-10 饲料中游离棉酚的允许含量

饲料名称	游离棉酚允许量（mg/kg）
棉子饼、粕	$\leqslant 1\,200$
肉用鸡、生长鸡配合饲料	$\leqslant 100$
产蛋鸡配合饲料	$\leqslant 20$
生长育肥猪配合饲料	$\leqslant 60$

（二）试验目的

掌握棉子饼（粕）中棉酚测定的原理与方法。

（三）试验内容

1. 棉酚的提取

（1）游离棉酚的提取 游离棉酚的提取方法很多，最早的提取方法是用乙醚浸泡提取

2～3 h。后来有人改用乙醇—水（60∶40）、乙醇—水—乙醚（57∶27∶17）、丙酮—水（70∶30）提取。其中，用丙酮—水（70∶30）提取 1 h 能使脂肪的含量和结合棉酚的水解降到很低的程度，因而被美国油料化学家协会（AOCS）作为官方分析方法所采用。

但在混合饲料中，在以上提取过程中，饲料中的营养成分可能会与棉酚发生反应，导致回收率较低。为此，有人推荐，在提取溶剂中加入少量的稳定剂 3-氨基丙醇，即在 940 mL 异丙醇—正乙烷（60∶40）混合液中加 2 mL 3-氨基丙醇，8 mL 冰乙酸和 50 mL 水。另外，丁酮—水共沸混合物—苯胺溶液也适合于混合饲料中游离棉酚的提取，此液的配制方法是：2-丁酮—水（10∶1）混合液蒸馏，收集 73 ℃ 的共沸混合物，取 5 mL 苯胺溶解于共沸混合物中，并稀释至 1 000 mL。

（2）总棉酚的提取　总棉酚的提取方法有两种：一种是用热的苯胺—乙醇混合液或者用 3-氨基丙醇-二甲酰胺直接提取，另一种是用草酸将结合棉酚水解，再用丁酮—水共沸混合物提取。其中，3-氨基丙醇-二甲酰胺提取法还用于混合饲料中总棉酚的提取。

2. 棉酚的测定　棉酚的测定分总棉酚和游离棉酚的测定。

棉酚测定主要用比色法，比色法有苯胺法、三氯化锑（$SbCl_3$）法、甲氧基苯胺法、间苯三酚法和紫外分光光度法等。苯胺法和甲氧苯胺法精密度和准确度均好，是常用的被认为是准确定量的方法。三氯化锑法是利用棉酚与 $SbCl_3$ 的氯仿溶液显鲜红色而定量，它是以往常用的方法，但因 $SbCl_3$ 遇水易生成浑浊沉淀，操作需严格细致，稍不注意比色液易浑浊，导致分析失败。间苯三酚法是利用样液中的棉酚和间苯三酚在弱酸性溶液中（6 mol 以上盐酸溶液）生成有色络合物，络合物的最大吸收峰在 550 nm，颜色深浅与含量成正比而进行比色测定。其快速、简便、灵敏度高，但精密度比苯胺法稍差，是目前常用的快速分析方法。UV 分光光度法利用棉酚的环己烷在 236 nm、258 nm、286 nm 处均有吸收峰这一性质而进行含量测定，其简便、快速，但干扰物太多，准确度和重现性较差。本试验采用国家标准方法（苯胺法），现介绍如下。

（1）原理　在 3-氨基-1-丙醇存在下，用异丙醇与正己烷的混合溶剂提取游离棉酚和用二甲酰胺提取总棉酚，苯胺与棉酚结合，生成黄色化合物，在最大吸收波长 440 nm 处进行比色测定。

（2）操作步骤

① 游离棉酚的测定

标准曲线制备：取标准液 A 2 mL、4 mL、6 mL、8 mL、10 mL 于两组 25 mL 的容量瓶中，另用 10 mL 溶剂于一对 25 mL 的容量瓶中作为试剂空白。于其中一组容量瓶中加入异丙醇-己烷混合液至 25 mL，作为参比溶液；另一组容量瓶中加入 2 mL 苯胺，100 ℃ 水浴 30 min，然后用混合液稀释至刻度，静置 1 h；一对试剂空白容量瓶作相同处理（表试验二-11）。

表试验二-11　游离棉酚测定操作表

试　剂	甲组（参比溶液）						乙　组					
标准液（mL）	0.0	2.0	4.0	6.0	8.0	10.0	0.0	2.0	4.0	6.0	8.0	10.0
苯胺（mL）	—						2					
							100 ℃水浴 30 min					
异丙醇—己烷混合液	加至 25 mL，然后用混合液稀释至刻度											

静置 1 h，在 440 nm 波长下，以参比溶液调零，测定相应的容量瓶标准液和试剂空白的光密度，减去试剂空白的光密度，以棉酚含量为横坐标，光密度为纵坐标绘制标准曲线。

样品分析：称取经粉碎、过筛的样品适量（一般为 5～10 g），置于 250 mL 的具塞锥形瓶中，用直径约为 6 mm 的玻璃珠将瓶底全部覆盖，然后加入 50 mL 的溶剂 A，加塞，室温下震摇 2 h，过滤，收集滤液于具塞烧瓶中作为供试液。

取适量供试液（使棉酚含量在 0.05～0.1 mg 之间，一般为 5～10 mL）两份于一对 25 mL 容量瓶中，另取约 10 mL 溶剂于另一对 25 mL 容量瓶中，作为试剂空白，其中一瓶供试液和试剂空白用混合液稀释至刻度作为参比溶液，另一瓶供试液和试剂空白中加 2 mL 苯胺，100 ℃水浴 30 min，冷却后用混合液稀释至刻度，室温下静置 1 h。根据上述方法进行比色，并从标准上查得供试液中棉酚的含量，以此推算出棉酚的含量：

$$游离棉酚 = \frac{5 \times 试液中棉酚的含量（mg）}{试液的体积（mL）\times 样品的重量（g）} \times 100\%$$

② 总棉酚的测定

标准曲线制备：取标准液 B 2 mL、4 mL、6 mL、8 mL、10 mL 于一组 50 mL 的容量瓶中，加溶剂 B 至 10 mL，另用一 50 mL 的容量瓶加 10 mL 溶剂 B 作为试剂空白，100 ℃水浴 30 min，冷却后用混合液稀释定容。

分别吸取上液 2 mL 两份于两组 25 mL 的容量瓶中，其中一份用混合液稀释至 25 mL 作为参比液，另一份加苯胺 2 mL，100 ℃水浴 30 min，冷却后定容，静置 1 h，按前述方法比色，并绘制标准曲线。

样品的测定：称取粉碎、过筛，含总棉酚 5～10 mg 的样品（一般为 1～5 g），于 50 mL 的容量瓶内，加 10 mL 溶剂 B，另取一 50 mL 的容量瓶加 10 mL 溶剂 B 以作试剂空白，100 ℃水浴 30 min，冷却后用混合液稀释至 50 mL，放置 15 min 后过滤，收集滤液于一具塞烧瓶中作为供试液。

取 2 mL 试液和试剂空白液两份于两组 25 mL 的容量瓶中，其中一份用异丙醇—己烷混合液定容作为参比液，另一份加苯胺 2 mL 100 ℃水浴 30 min，冷却后定容，放置 1 h 后比色，从标准曲线上查得试液中棉酚的含量，以此推算出试液中棉酚的含量：

$$样品总棉酚 = \frac{5 \times 试液中棉酚的含量（mg）}{试液的体积（mL）\times 样品的重量（g）} \times 100\%$$

（四）试验试剂

（1）异丙醇—正己烷混合溶剂（60∶40，V/V）。

（2）苯胺　如果测定的空白试验吸收值超过 0.022 时，在苯胺中加入锌粒进行蒸馏，弃去开始和最后的 10%蒸馏部分，放入棕色的玻璃瓶内贮存在 0～4 ℃冰箱中，该试剂可放置几个月。

（3）试剂 A，在约 500 mL 的异丙醇—正己烷的混合溶剂中加入 2.0 mL 3-氨基-1-丙醇、8.0 mL 冰乙酸和 50 mL 水，于 100 mL 容量瓶中，再异丙醇—正己烷混合溶剂稀释定量至刻度；溶剂 B，取 2.0 mL 3-氨基丙醇和 10 mL 冰乙酸于 100 mL 容量瓶中，用二甲酰胺定容至刻度。

（4）棉酚标准液 A，取 25 mg 纯棉酚溶于溶剂 A 中，并定容至 250 mL(0.10 mg/mL)，取此液 50.0 mL 再用溶剂 A 定容至 250 mL(0.02 mg/mL) 作为应用液，静置 1 h 后使用；棉酚标准液 B，取 25 mg 纯棉酚溶于溶剂 B 中，并定容至 50 mL(0.5 mg/mL)。

四、菜子饼（粕）中硫苷的测定

（一）概述

油菜系十字花科芸薹属植物，是我国主要油料作物之一。油菜子榨油后的饼（粕）是一种优质的蛋白质饲料。但由于油菜子中含有硫葡萄糖苷等有毒成分，故其应用受到很大限制。对菜子饼（粕）进行有效的去毒与合理的利用，如同棉子饼（粕）的开发利用一样，对于解决我国蛋白质饲料资源不足的问题有着重要的意义。

1. 硫葡萄糖苷的降解 硫葡萄糖苷（thioglucoside, glucosinolate），简称硫苷，广泛分布于十字花科、白花菜科等植物中。其种类繁多，现已发现超过 100 种。在十字花科中现已发现约有 15 种。硫葡萄糖苷的一般结构式是：

$$R-C\begin{matrix} S-C_6H_{11}O_5 \\ N-O-SO_3^- \end{matrix}$$

硫苷分子结构是由非糖部分（苷元）和葡萄糖部分通过硫苷键联结而成。其中 R 基团是硫葡萄糖苷的可变部分，随着 R 基团的不同，硫葡萄糖苷的种类和性质也不同。

（1）酶解 在含硫葡萄糖苷的植物中，都含有与该糖苷伴存的酶，称为硫葡萄糖苷酶，或称芥子苷酶。

在油菜种子发芽、受潮或压碎等情况下，硫葡萄糖苷可被硫葡萄糖苷酶水解。硫葡萄糖苷在酶的催化下水解为葡萄糖和不稳定的非糖配基部分，后者随水解而进行分子内重排，并随 pH 的不同形成不同的降解产物。

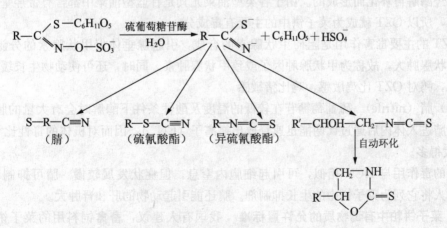

在 pH 7.0 的条件下，硫葡萄糖苷经酶催化水解后一般生成稳定的异硫氰酸酯。例如，丙烯基硫葡萄糖苷生成丙烯基异硫氰酸酯。

有些 R 基团上带有 β-羟基的硫葡萄糖苷,所产生的异硫氰酸酯不稳定,在极性溶剂中可通过环化作用生成相应的噁唑烷硫酮。如 2-羟基-3-丁烯基硫葡萄糖苷可生成 5-乙烯基-噁唑烷-2-硫酮。

某些 R 基团上带有苯基或杂环的硫葡萄糖苷,它们形成的异硫氰酸酯也不稳定,在中性或碱性条件下可转化为硫氰酸酯。

在 pH 3~4 条件下或有 Fe^{3+} 存在时,硫葡萄糖苷在酶的作用下,可水解生成腈和硫。

硫葡萄糖苷的非糖配基部分随着硫葡萄糖苷的结构和反应条件的不同,其降解产物有所差异。

(2)非酶水解 硫葡萄糖苷不仅可以被硫葡萄糖苷酶所水解,而且也可在酸或碱的作用下水解,它是一种比酶水解更为剧烈的水解反应。在酸性溶液中,硫葡萄糖苷的水解产物是相应的羧酸、羟胺、硫酸氢根离子和葡萄糖。

2. 硫葡萄糖苷降解产物的毒性 硫葡萄糖苷本身无毒,只是其水解产物才具有毒性。硫葡萄糖苷的降解产物主要有异硫氰酸酯、噁唑烷硫酮、硫氰酸酯和腈四类。

(1)异硫氰酸酯(isothiocyanate,ITC) ITC 有辛辣味,严重影响菜子饼的适口性。高浓度的 ITC 对黏膜有强烈的刺激作用,长期或大量饲喂菜子饼可引起胃肠炎、肾炎及支气管炎,甚至肺水肿。

ITC 中的硫氰离子(SCN^-)是与碘离子的空间结构和大小相似的单价阴离子,在血液中含量高时,可与碘离子竞争而富集到甲状腺中,抑制甲状腺滤泡细胞富集碘的能力,从而导致甲状腺肿大,使动物生长速度降低。

ITC 多数不溶于水,故不能用水洗法除去。由于其具有挥发性,可用加热、日晒等方法清除。

(2)硫氰酸酯(thiocyanate) 异硫氰酸酯的 SCN^- 也可引起甲状腺肿大。其作用机理与异硫氰酸酯相同。

(3)噁唑烷硫酮(oxazolidine thione,OZT) OZT 是由 R 基团上带有 β-羟基的硫葡萄糖苷经酶解再环化而形成的。由于各类型油菜尤其是甘蓝型油菜中都含有带羟基的硫葡萄糖苷,所以 OZT 就成为菜子饼中的主要有毒成分。

OZT 的主要毒害作用是阻碍甲状腺素的合成,引起腺垂体促甲状腺素的分泌增加,导致甲状腺肿大,故称为甲状腺肿因子或致甲状腺肿素。同时,还可使动物生长缓慢。一般来说,鸭对 OZT 比鸡敏感,鸡比猪敏感。

(4)腈(nitrile) 硫葡萄糖苷在较低的温度及酸性条件下酶解时会有大量的腈形成。大多数腈进入体内后通过代谢能迅速释放出氰离子(CN^-),因而对机体的毒性比 ITC 和 OZT 大得多。

腈的毒作用与 HCN 相似,可引起细胞内窒息,但症状发展较慢。腈可抑制动物生长,有人将它列为菜子饼中的生长抑制剂。腈还能引起动物的肝和肾肿大。

3. 菜子饼粕中有毒物质的允许量标准 我国有人建议,畜禽饲料用的菜子饼(粕)中,异硫氰酸酯(以异硫氰酸烯丙酯计)的允许量≤4 000 mg/kg。欧盟对菜子饼(粕)及配合饲料中异硫氰酸酯和噁唑烷硫酮的最高允许含量作了规定(表试验二-12)。

表试验二-12　菜子饼（粕）及饲料中异硫氰酸酯和噁唑烷硫酮的最高允许含量

单位：mg/kg

饲　料	异硫氰酸酯	噁唑烷硫酮
菜子饼（粕）	4 000	—
混合饲料中其他部分	100	—
小牛、小羊全价饲料	150	—
牛、羊全价饲料	1 000	—
小猪全价饲料	150	—
猪全价饲料	500	—
产蛋家禽全价饲料	—	500
家禽全价饲料	500	1 000
其他全价饲料	150	—

（二）试验目的

掌握菜子饼（粕）中硫苷测定的原理与方法。

（三）试验内容

菜子饼（粕）中的硫葡萄糖苷在酶、酸、碱的作用下，会水解产生不同的产物。在菜子饼（粕）中的内源芥子酶作用下，pH 为 7 时，链状烯烃或链状脂肪烃类和部分带硫原子的硫苷水解后一般生成异硫氰酸酯，而带羟基的硫苷在极性溶剂中易转化为噁唑烷硫酮。

利用异硫氰酸酯在高温下易挥发的特点，采用气相色谱法测定，方法的准确性和精密度均好，可分别测定不同种类的异硫氰酸酯。噁唑烷硫酮不易挥发，但在 245 nm 处有最大吸收，故一般采用紫外分光光度法。

1. 原理　本法在 pH 7 条件下，提取菜子饼（粕）中的硫苷，在芥子酶存在下，降解为异硫氰酸酯，采用气相色谱测定 3-丁烯基异硫氰酸酯和 4-戊烯基异硫氰酸酯等。带有羟基的硫苷产物在极性溶剂中，自动环化成不具挥发性的噁唑烷硫酮。最大吸收在 245 nm，直接进行光度测定。

2. 操作步骤

（1）异硫氰酸盐的气相色谱分析

① 称取 0.5 g 脱脂菜子饼（粕）和 0.3 g 芥子酶于带塞锥形瓶中，加入 50 mL pH 7 的 40%乙醇缓冲液（pH 7 缓冲液 30 mL，无水乙醇 20 mL），振荡片刻，置 35～38 ℃下放置过夜。

② 3 000～4 000 r/min 离心去渣，并将清液倾入另一具塞锥形瓶中，加入 12.5 mL 内标溶液，强烈振荡 10 min。

③ 待静置分层后，在分液漏斗中分液，将上层石油醚层放在刻度离心管中，并在热水浴上适当浓缩后，注入气相色谱测定异硫氰酸盐。

④ 分得下层溶液　保存待测噁唑烷硫酮。

⑤ 气相色谱条件

色谱柱：不锈钢 $\varphi 3 \times 3\,000$ mm，8%EGS 固定液，101 白色酸洗担体、100～120 目。

检测器：氢火焰离子化检测器。

柱温 100 ℃；汽化温度 220 ℃；检测温度 200 ℃。

⑥ 含量测定

$$3\text{-丁烯基异硫氰酸盐} = \frac{3\text{-丁烯基异硫氰酸盐峰面积}}{\text{正丁基异硫氰酸盐峰面积}} \times 0.039$$

$$4\text{-戊烯基异硫氰酸盐} = \frac{4\text{-戊烯基异硫氰酸盐峰面积}}{\text{正丁基异硫氰酸盐峰面积}} \times 0.035$$

（2）噁唑烷硫酮的紫外吸收定量测定

① 将异硫氰酸盐测定步骤中所得④的下层溶液置于沸水浴中煮沸 5 min。

② 冷却后，倾入 50 mL 具塞比色管内，用 pH 7 缓冲液定容至 50 mL，过滤。

③ 吸取滤液 2.5 mL 于另一 50 mL 比色管内，再加 25 mL 无水乙醚，强烈振荡 5 min，静置。

④ 于紫外分光光度计在 230 nm、248 nm、266 nm 处测定吸光度。以空白管作参比液。

⑤ 含量计算

$$\mathrm{OZT} = \left(A_{246} - \frac{A_{230} - A_{260}}{2} \right) \times 1.2$$

式中　A——是指右下方数字的波长处测得的吸光度；

　　　　1.2——换算因素，%。

（四）试验仪器与试剂

1. 试验仪器　气相色谱仪（带氢火焰离子化检测器）、紫外分光光度计、离心机、振荡器、玻璃试管。

2. 试验试剂

（1）芥子酶　称 400 g 白芥子粉于 2 000 mL 烧杯中，加 4 ℃的水 1 200 mL，在 4 ℃冰箱中静置 1 h，倾出上层清液，加等体积的 4 ℃的乙醇，在 140 r/min 离心机中离心 15 min，用 70%乙醇（4 ℃）冲洗沉淀，在 1 400 r/min 下离心 15 min。沉淀溶于 400 mL 水中，再离心，冻干，一般可获得无定形白色粉末。

（2）pH 7 缓冲溶液　以 0.1 mL 柠檬酸 35 mL 与 0.2 mol 磷酸二氢钠溶液 165 mL 混合，调至 pH 7。

（3）内标试剂　用石油醚配制 80 μL/L 的内标物正丁基异硫氰酸盐待用。

（4）无水乙醚、石油醚、二氯甲烷、95%乙醇、无水乙醇。

五、饲料中黄曲霉毒素的测定

（一）概述

黄曲霉素（Aflatoxin，AFT）为黄曲霉（*Aspergillus flavus* Link.）和寄生曲霉

（*Aspergillus parasiticus* Speave）产毒菌株的代谢产物。此外，在热带地区，温特曲霉（*Aspergillus wentii* Wehmer）和软毛青霉（*Penicillium puberulum* Biourge）也能产生少量的黄曲霉毒素。

1. 黄曲霉毒素的结构　黄曲霉毒素是一类二呋喃环和香豆素（氧杂萘邻酮）的衍生物，目前已明确分子结构的约有 17 种，饲料在自然条件下污染的 AFT 主要有四种，即 $AFTB_1$、$AFTB_2$、$AFTG_1$、$AFTG_2$，其中以 $AFTB_1$ 最多，$AFTG_1$ 其次，$AFTB_2$ 和 $AFTG_2$ 很少。其结构如下：

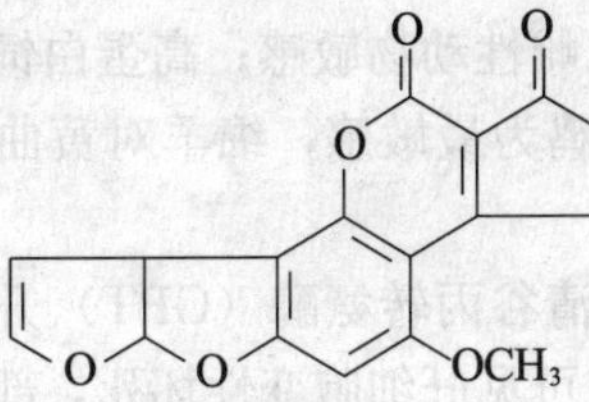

AFTB₁

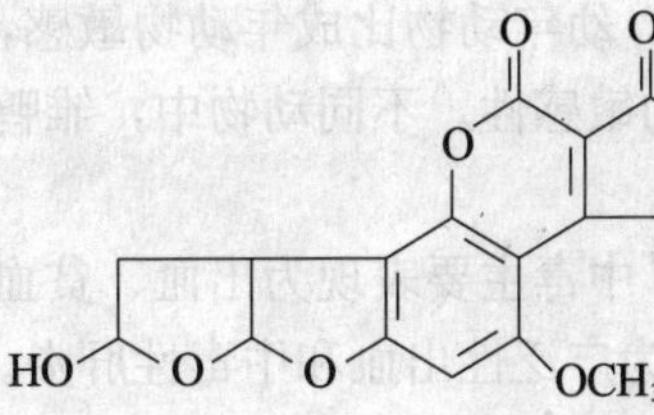

AFTB₂

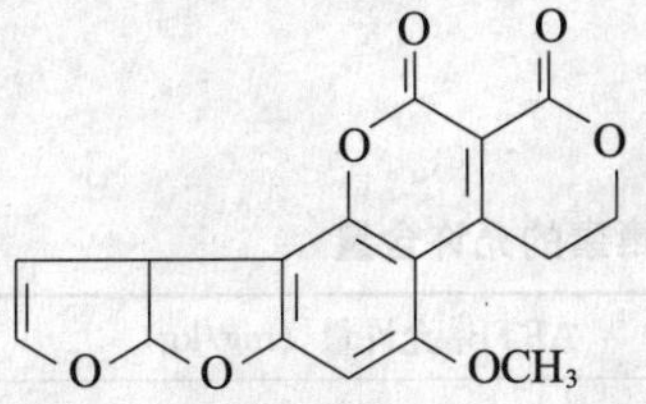

AFTG₁

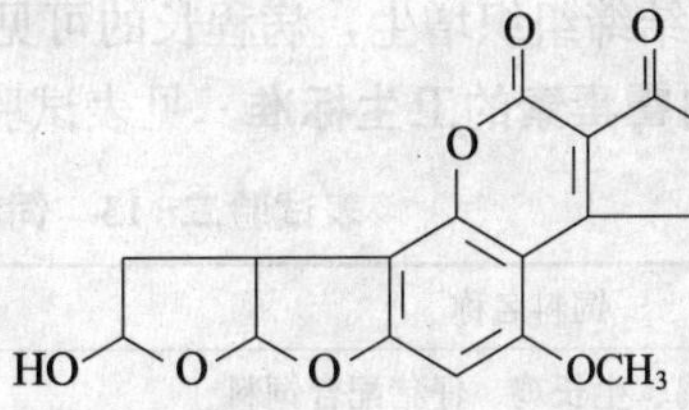

AFTG₂

2. 黄曲霉毒素的理化性质

（1）溶解性　黄曲霉毒素溶于多种极性有机溶剂，如氯仿、甲醇、乙醇、丙酮、乙二甲基酰胺，难溶于水（在水中最大溶解度为 10 mg/L），不溶于石油醚、乙醚和己烷，这是提取和溶解黄曲霉毒素的依据。

（2）荧光　在 365 nm 波长的紫外灯下，B 族黄曲霉毒素呈蓝色荧光，G 族呈黄绿色荧光。它们的命名分别取自"blue"和"green"之首字母。

（3）稳定性　黄曲霉毒素对光、热、酸较稳定，但对强酸、强碱和氧化剂不稳定。

黄曲霉毒素能耐高温，一般的蒸煮不易破坏，只有加热到 280～300 ℃时才裂解，高压灭菌 2 h，毒力降低 1/4～1/3，4 h 降低 1/2。对紫外光也相对稳定，但在强紫外光照射下可破坏。在酸性和中性介质中稳定，但 pH＜3 时分解。黄曲霉毒素对碱不稳定，当 pH 9～10 时，其内酯环开裂生成几乎无毒的盐，荧光也随之消失，但此反应是可逆的，在酸性条件下又复原。

黄曲霉毒素对氧化剂也不稳定，很多氧化剂如次氯酸钠、氯、过氧化氢、臭氧和高硼酸钠等均可使毒素破坏，荧光消失，且氧化剂浓度越高，黄曲霉毒素分解越快。其中，5％次氯酸钠常作为试验室里黄曲霉毒素的消除剂。

3. 黄曲霉毒素毒性　黄曲霉毒素属剧毒物质，是目前发现最强的化学致癌物质，在世界卫生组织（WHO）确定重点研究的毒物中被列为首位。不同黄曲霉毒素之间毒性差异很大，根据雏鸭的口服 LD_{50}（mg/kg），$AFTB_1$ 的毒性最大（LD_{50} 为 $0.24 \sim 0.56$ mg/kg），$AFTG_1$ 次之（LD_{50} 为 $0.78 \sim 1.20$ mg/kg）；$AFTB_2$ 的 LD_{50} 为 1.68 mg/kg；$AFTG_2$ 的 LD_{50} 为 3.45 mg/kg。

由于自然界黄曲霉产毒菌株产生的毒素以 $AFTB_1$ 的比例为高，加之其毒性和致癌性最大，因此在检验饲料中黄曲霉毒素含量和对其进行卫生评价时，一般只以 $AFTB_1$ 作为分析指标。

几乎所有的动物对 AFT 都很敏感，但不同的品种、性别、营养状况对 AFT 的敏感性不同。一般，幼年动物比成年动物敏感，雄性动物比雌性动物敏感；高蛋白饲料可降低动物对 AFT 的敏感性。不同动物中，雏鸭、仔猪、火鸡为最敏感，绵羊对黄曲霉毒素有较高的耐受性。

急性 AFT 中毒主要表现为出血、贫血、黄疸和血清谷丙转氨酶（GPT）升高。剖解主要病理变化为广泛性出血和中毒性肝炎。组织学检查可见肝细胞变性坏死，部分肝小叶增生，胆小管增粗。

慢性 AFT 中毒主要表现为贫血和消瘦。剖解可见肝萎缩硬化和胸腹腔积液；组织学检查可见肝结缔组织增生，病程长的可见肝癌结节。

4. 黄曲霉毒素的卫生标准　见表试验二-13。

表试验二-13　饲料中黄曲霉毒素的允许含量

饲料名称	$AFTB_1$ 允许量（mg/kg）
肉用仔鸡、生长鸡、仔猪配合饲料	≤0.01
产蛋鸡配合饲料	≤0.02
生长育肥猪配合、混合饲料	≤0.02

（二）试验目的

掌握饲料中黄曲霉毒素测定的原理与方法。

（三）试验内容

1. 一般分析方法　黄曲霉毒素的分析方法很多，有微柱法（与柱层析相似，常用作筛选）、高效液相色谱法（HPLC）、气相色谱法（GC）和薄层色谱法（TLC）。

薄层色谱法分析黄曲霉毒素一般要经过以下步骤：毒素的提取和纯化，定量测定和理化鉴定。

（1）黄曲霉毒素的提取和纯化　黄曲霉毒素提取常用的有机溶剂有甲醇、氯仿和丙酮。根据样品的性质不同，通常在这几种有机溶剂中加入一定比例的水。如花生中黄曲霉毒素分析的 BF 法是用甲醇—水（55：45，V/V）提取的，而棉子中黄曲霉毒素分析的 Pons 法是用丙酮—水（85：15，V/V）提取的。

常用的提取方法是振荡提取法和匀浆提取法。提取液用萃取法纯化或在提取过程中用液固提取法纯化，纯化后的提取液浓缩至干，再用苯—乙腈（98：2）溶解定容，供薄层色谱分析。

（2）定量分析　黄曲霉毒素分析常用的展开剂有氯仿—丙酮（92∶8）、苯—甲醛—醋酸（90∶5∶5）和乙醚—甲醇—水（96∶3∶1）等。

将上述样液和标准液点于薄层板上，用适合的有机溶剂展开，然后于 365 nm 的紫外灯下观察，用下述方法定量：将提取液稀释，直至薄层板刚好能看到蓝紫色荧光，通过荧光的黄曲霉毒素的最低量（一般情况下是 0.000 4 μg）推知提取液中黄曲霉毒素的浓度，或将不同量标准黄曲霉毒素和提取液在同一薄层板上展开，通过肉眼比较或薄层扫描仪扫描，求出待测样品的含量。

有时将点好样的薄层板先用无水乙醚预展，目的是消除一些杂质的干扰，预展后，黄曲霉毒素应在原点不动。

（3）理化鉴定　为了区别其他可能产生荧光并与黄曲霉毒素 Rf 值相似的物质，必须对黄曲霉毒素进行鉴定。常用鉴定方法有两种：

① 光谱分析法　将薄层板上的荧光斑点（或带）剥离下来，用氯仿—甲醇（2∶1）洗脱，洗脱液蒸发至干，再用氯仿溶解，测定其紫外吸收光谱，并和标准液比较。

② 衍生物法　黄曲霉毒素能与三氟醋酸（Trifluoroacetic acid，TFA）反应形成黄曲霉毒素的衍生物，通过标准黄曲霉毒素形成的衍生物与待测样品形成的衍生物的 Rf 值的比较，即可对待测样品进行鉴定。

2. 饲料中 AFTB$_1$ 的薄层色谱分析

（1）原理　样品中的 AFTB$_1$ 经提取、纯化、浓缩和薄层色谱分析后，在波长 365 nm 紫外灯下产生蓝色荧光，根据其在薄层上显示荧光的最低检出量来测定含量。

（2）操作步骤

① 提取和纯化

甲法：适用于玉米、大米、麦类、薯干、豆类和花生等。

称取粉碎并通过 20 目筛的样品 20 g 于 250 mL 具塞锥形瓶中，加 30 mL 石油醚和 100 mL 甲醇—水（55∶45），盖严，振荡提取 30 min［此时饲料中的油脂、色素等杂质进入石油醚（可弃去），AFTB$_1$ 和一些水溶性杂质存在于甲醇—水层］。过滤，取 20 mL 甲醇—水（相当于原样品 4 g），加 20 mL 氯仿和少量氯化钠（防止乳化，同时有盐析作用，促进甲醇—水中的 AFTB$_1$ 进入氯仿层），振摇 2 min，静置分层（由于 AFTB$_1$ 更易溶于氯仿，所以几乎全部 AFTB$_1$ 转入氯仿层，而水溶性杂质则留在甲醇—水中），氯仿洗涤液一并过滤到蒸发皿中，最后用少量氯仿洗涤滤器，洗液并入蒸发皿中（防止操作过程中AFTB$_1$ 的损失），将蒸发皿置于通风柜中，65 ℃水浴蒸干，然后在冰浴上冷却 2～3 min 后，准确加入 1 mL 苯—乙腈溶液，用滴管的尖端混匀，然后从冰浴上取出，继续混匀至无苯结晶，再用滴管吸取上清液于 2 mL 具塞试管中，冷藏（防止苯—乙腈蒸发引起试液浓缩），此时 1 mL 点样液相当于 4 g 原样品。

乙法：适用于玉米、大米、小麦及其制品。

称取过 20 目筛的样品 20 g 于 250 mL 具塞锥形瓶中，用滴管加 6 mL 水，使样品湿润，准确加入 60 mL 氯仿，振荡 30 min，加 12 g 无水硫酸钠，振荡后静置 30 min，过滤，取滤液 12 mL，于蒸发皿中，在 65 ℃水浴上挥干，置冰盒上冷却，用 1 mL 苯—乙腈定容至 2 mL 具塞试管中备用。

② 制板　称取 3 g 硅胶 G，加 8 mL 水，用力研磨 1～2 min，调成糊状后，立即倒于玻板上，制成 5 cm×20 cm、厚度 0.25 mm 的薄层板三块，在空气中晾干，100 ℃活化 2 h。取出，于干燥器中保存备用。一般可保存三天左右，若放置时间过长，应重新活化后使用。

③ 点样　将薄层板边缘附着的吸附剂刮净，在距离板下端 3 cm 的基线上用微量注射器滴加样液。一块板可滴加四个点，点距边缘和点间距离约为 1 cm，原点直径约 3 mm，在同一块上滴加点的大小应一致，点样时，可用吹风机边吹边点样。滴加样式如下：

第一点，10 μL 0.04 μg/mL 的 $AFTB_1$ 标准使用液；

第二点，20 μL 样品液；

第三点，20 μL 样品液加 10 μL 0.04 μg/mL $AFTB_1$ 标准使用液；

第四点，20 μL 样品液加 10 μL 0.2 μg/mL $AFTB_1$ 标准使用液。

④ 展开和观察

展开：薄层板先于展开槽内用无水乙醚预展 12 cm（薄层层析纯化，部分杂质可被推至薄层板的另一端，$AFTB_1$ 则留在原点不动）。取出，挥干后再放于另一展开槽中，用氯仿—丙酮（92：8）展开 12 cm，取出吹干，在 365 nm 波长的紫外灯下观察。

观察：第二点（样液）在第一、三、四点相应 Rf 的位置上不显蓝紫色荧光，则表示样品中 $AFTB_1$ 含量在 5 μg/kg 以下，此时，第一、三点荧光强度相同，可用以检查在该试验条件下最低检出量是否正常出现荧光。第四点主要起定位作用。如第二点（样液）在第一、三、四点相应 Rf 的位置上显示蓝紫色荧光，则需进行确证试验。

⑤ 确证试验　为了证实样液斑点荧光系由 $AFTB_1$ 所产生的，可利用 $AFTB_1$ 在三氟醋酸作用下产生的衍生物 $AFTB_{2a}$ 在上述展开条件下 Rf 仅为 0.1 左右的特点，进一步确定。

由于 TFA 酸性较强，能使 $AFTB_1$ 水解成 $AFTB_{2a}$，反应式如下：

AFTB₁　　　　　　　　　　　　　　AFTB₂ₐ

由于在 $AFTB_{2a}$ 分子中比 $AFTB_1$ 增加了羟基，增强了极性，故 Rf 值下降，由原来的 0.6 变成 0.1 左右。

确证方法是，于薄层板左边依次滴加四个点：

第一点，20 μL 样品液；

第二点，10 μL 0.04 μg/mL 的黄曲霉毒素 B_1 标准使用液；

第三点，20 μL 样品液；

第四点，10 μL 0.04 μg/mL 的黄曲霉毒素 B_1 标准使用液。

然后，在第一点和第二点上各加 TFA 一小滴，反应 5 min 后，用电吹风吹热风 2 min（热风吹到薄层板上的温度不高于 40 ℃）。用氯仿—丙酮（92：8）展开，在紫外灯下观察。如果第一、二点荧光斑点的 Rf 值相同（衍生物对照），第三、四点荧光斑点的 Rf 值也相同（衍生物空对照），则说明样液斑点的荧光系由 $AFTB_1$ 产生。

⑥ 稀释定量　样液中的 $AFTB_1$ 斑点的荧光强度如与其标准点的最低检出量（0.000 4 μg）的荧光一致，则样品中 $AFTB_1$ 含量为 5 μg/kg。如果样液中荧光强度比最低检出量强，则需根据其强度估计减少滴加微升数或将样液稀释后再点加不同微升数，直至样液点的荧光强度与最低检出量的荧光强度一致。滴加式样如下：

第一点，10 μL 0.04 μg/mL 的黄曲霉毒素 B_1 标准使用液；

第二点，根据情况滴加 10 μL 样品液；

第三点，根据情况滴加 15 μL 样品液；

第四点，根据情况滴加 20 μL 样品液。

（3）计算和结果表示

$$AFTB_1 = 0.000\ 4 \times \frac{V_1}{V_2} \times D \times \frac{1\ 000}{m}$$

式中　V_1——加入苯—乙腈混合液的体积，mL；

V_2——出现最低检出量荧光时点加样液的体积，mL；

D——样液的总稀释倍数；

m——用苯—乙腈混合液溶解时相当样品的质量，g；

0.000 4——$AFTB_1$ 的最低检出量，μg。

（四）试验仪器与试剂

1. 试验仪器　小型粉碎器、20 目样筛、电动振荡器、5 cm×20 cm 干洁玻璃板、层析缸（长 25 cm×宽 6 cm×高 4 cm）、波长 365 nm 紫外分光光度计和微量注射器。

2. 试验试剂　氯仿（溶解标准毒素）、石油醚（固液提取法，除去油脂和色素）、甲醇（提取用）、乙腈、苯（定容用）、丙酮（供配制展开剂）和无水乙醚（预展用）。以上试剂需先进行空白试验，如不干扰测定，才能使用，否则逐一检查，进行重蒸馏。

甲醇—水（55：45），即 55 mL 甲醇加 45 mL 水混匀；苯—乙腈（98：2），取 98 mL 苯，加 2 mL 乙腈混匀，作定容用；三氟醋酸，供理化鉴定；硅胶 G，薄层层析用；无水硫酸钠，脱水；氯仿—丙酮（92：8），展开剂；次氯酸钠溶液，消除 AFT 之用。

$AFTB_1$ 标准液为含 $AFTB_1$ 10 μg/mL 的苯—乙腈溶液。必要时可用紫外分光光度计测定其含量，并用 TLC 进行纯度检定。即在硅胶 G 上用氯仿—甲醇（96：4）或氯仿—丙酮（92：8）展开后应只有单一荧光点，无其他杂质荧光点，原点上没有残留的荧光物质。

黄曲霉毒素标准使用液，通常有两种，即含 $AFTB_1$ 分别为 0.2 μg/mL 和 0.04 μg/mL 的苯—乙腈溶液。

（五）预防危害的措施

1. 饲料的防霉与去毒　防霉是预防饲料被黄曲霉毒素污染的最根本的措施。如果饲料已被黄曲霉污染并产生毒素，则应设法将毒素破坏或除去。

加碱去毒法对去除油或饲料中的黄曲霉毒素均有效果，其机理是黄曲霉毒素在碱性条件下，结构中的内酯环被破坏，形成香豆素钠盐而溶于水，再用水洗可将毒素去除。

AFTB₁　　　　　　　　　　　　　　AFTB₂

2. 防止毒素危害的营养性措施　目前的去毒方法尚难彻底地将黄曲霉毒素从已被污染的饲料中除去，为了防止摄入的毒素被吸收，或减轻已吸收毒素的毒性作用，可采取一些营养性措施：

（1）在饲料中添加吸附剂，如活性炭、沸石等，可稳定地吸附黄曲霉毒素，从而阻止其被胃肠道吸收。

（2）在鸡的饲粮中添加蛋氨酸、硒、胡萝卜素以及提高饲粮的蛋白水平，均可降低黄曲霉毒素对鸡的毒性作用。

（3）用苯巴比妥等作为酶诱导剂给予畜禽，可诱导肝脏线粒体酶的代谢作用，增强机体对已吸收的黄曲霉毒素的解毒作用。

3. 严格执行食品和饲料中黄曲霉毒素最高允许量标准，禁止高毒饲料的生产、销售等。

六、饲料中重金属元素的检测

（一）饲料中砷的检测

1. 概述　砷是一种广泛存在于自然界的类金属元素。多以重金属的砷化合物和硫砷化合物的形式混存于金属矿石中。自然界中的砷多为五价，而污染环境的砷多为三价的无机化合物。虽然元素砷的毒性极低，而其化合物绝大部分具有很强的毒性，一般认为无机砷的毒性大于有机砷，无机砷中三价砷的毒性又远大于五价砷，尤以三氧化二砷毒性最大。

常见的无机砷化合物有三氧化二砷（习称砒霜或信石）、砷酸钠、亚砷酸钠和砷酸铅等，主要用于冶金、玻璃、木材防腐、医药、驱虫和饲料添加剂等；有机砷化合物主要有甲基硫砷（苏化911）、稻脚青（甲基砷酸锌）、稻宁（甲基砷酸钙）、田安（甲基砷酸铁铵）和退菌特等，主要用于农田杀虫剂。

2. 砷中毒的病因

（1）砷化合物用于畜禽的药浴、驱虫或饲料添加剂时用量过大或使用不当。

（2）误食以含砷农药处理过的种子、喷洒过含砷农药的农作物或饮用被砷化物污染的饮水。

（3）误食含砷的灭鼠毒饵。

（4）摄入或饮用被含砷农药厂、硫酸厂、氮肥厂及金属冶炼厂等排出的工业三废污染的作物和饮水。

3. 砷毒性及其机理 砷及其化合物可以通过呼吸道、消化道及皮肤进入机体。吸收后的砷化物首先聚于肝脏，然后分布到各个组织中；慢性中毒时，主要各积聚于骨骼、皮肤和角质组织。

砷化物主要通过和体内酶蛋白的分子结构中的—SH 结合，使酶失去活性而产生毒性作用（其中以丙酮酸氧化酶最敏感），因而干扰正常代谢，导致细胞死亡。砷化物首先影响神经细胞，导致周围神经炎。砷还可以直接损害毛细血管和血管舒缩中枢，引起毛细血管扩张，血管通透性增加。

急性中毒先出现消化道症状：流涎、口腔黏膜肿胀、溃疡等，呕吐（呕吐物有蒜臭味）、腹泻、腹痛、粪便混有血液和黏膜脱落物，继而出现神经症状，最后因循环衰竭而死亡。慢性中毒主要表现为消化道症状、局部脱毛、后期精神沉郁和皮肤感觉减退。

4. 饲料中砷的卫生标准 由于砷化合物毒性较大，不但危害动物，而且还会影响到人的健康。因此，国家对饲料中的砷含量作了强制性规定：鱼粉≤10 mg/kg；石粉≤2 mg/kg；磷酸盐≤10 mg/kg；鸡配合饲料，猪配合、混合饲料≤2 mg/kg。

（二）试验目的

掌握饲料中砷测定的原理与方法。

（三）试验内容

1. 样品处理 处理方法有消化法或灰化法两种。

（1）灰化法 灰化法时要加氧化镁或硝酸镁作助灰化剂。具体操作如下：

5.0 g 样品加 1 g 氧化镁、10 mL 15％硝酸镁溶液混匀，浸泡 4 h，于水浴上蒸干，用小火炭化至无烟后转入高温炉内，550 ℃灼烧 3～4 h。冷却后加水 5 mL 湿润，水浴蒸干。550 ℃灼烧 2 h，冷却后再加 5 mL 水湿润，加 10 mL 6 mol/L 盐酸，转入容量瓶中，坩埚先用 6 mol/L 盐酸再用水各洗三次，每次 5 mL，并入容量瓶中，定容至 50 mL。

（2）消化法 5～10 g 样品加 10～15 mL 硝酸—高氯酸（4∶1）混合液，小心加热，待作用缓和后放冷，慢慢加入 5～10 mL 硫酸，再加热，当瓶中液体开始变棕色时，不断沿壁慢慢加入硝酸—高氯酸混合液至有机质完全分解，加大火力至产生白烟，放冷，加水 20 mL 除去残余硝酸及氮氧化物。如此处理两次，放冷，转入 50 mL 或 100 mL 容量瓶中，用水定容备用。

2. 定量分析 砷的测定方法有二乙基二硫代氨基甲酸银法（银盐法）、砷斑法、示波极谱法和原子吸收分光光度法。目前简单而常用的方法是银盐法和砷斑法。二乙基二硫代氨基甲酸银法中又分锌粒还原比色法和测砷器发生比色法。砷斑法是半定量方法，可测定痕量砷。

（1）砷斑法　是半定量方法，可测定痕量砷。

① 原理　样品经消化后，在酸性条件下，以碘化钾、氯化亚锡将五价砷还原成三价砷，然后与锌粒和酸反应产生的新生态氢作用生成砷化氢（AsH$_3$），再与溴化汞试纸生成黄色至橙色的色斑，与标准砷斑比较进行定量。HAs 气体有类似反应，可用醋酸铅除去干扰。

② 操作方法

吸取 20 mL 消化后样品液（2 g）及同量试剂空白液于测砷瓶中，加 5 mL 15％碘化钾溶液、5 滴酸性氯化亚锡溶液和 5 mL 盐酸，再加适当水至 35 mL。

吸取砷标准使用液 0.0、0.5 mL、1.0 mL、2.0 mL（相当于 0、0.5 μg、1.0 μg、2.0 μg 砷），分别置于测砷瓶中，加 5 mL 15％碘化钾溶液，5 滴酸性氯化亚锡溶液和 5 mL 盐酸，再加适当水至 35 mL。

于样品、试剂空白和标准液的测砷管中各加 3 g 锌粒。立即塞上预先装有醋酸铅和溴化汞试纸的测砷管，于 25 ℃放置 1 h。取出样品、空白的溴化汞试纸与标准砷斑比较。

③ 结果计算

$$AS = \frac{A_1 - A_0}{m} \div \frac{V_2}{V_1}$$

式中　A_1——测定用样品消化液中砷的含量，μg；

A_0——试剂空白液中砷的含量，μg；

m——样品质量，g；

V_1——样品消化液总体积，mL；

V_2——测定用样品消化液体积，mL。

（2）二乙基二硫代氨基甲酸银法（银盐法）　样品经消化后，经碘化钾、氯化亚锡将五价还原为三价砷，然后与锌和酸反应生成的新生态氢作用生成砷化氢，砷化氢再与二乙基二硫代氨基甲酸银（AgDDC）作用，生成红色胶态银，与标准系列比较定量。

反应所生成的酸需中和掉，才有利于反应的进行，常用的碱有吡啶、三乙醇胺、三乙胺、麻黄碱和马钱子碱等，其中以吡啶的效果最好，但吡啶的毒性大，且奇臭难闻，故常用三乙醇胺。

硫化氢、锑化氢也能与 AgDDC 作用而干扰测定，须预先除去。硫化氢可用醋酸铅棉花吸收；锑的干扰可通过加入足量的碘化钾和氯化亚锡将锑还原成元素状态，从而防止其生成锑化氢干扰测定。该法为国家标准法，但灵敏度不高。

（四）试验仪器与试剂

1. 试验仪器　100 mL 锥形瓶和橡皮塞。

测砷管：全长 18 cm，自管口向下至 14 cm 一段的内径约为 6.5 mm，自此以下逐渐变细，末端内径约为 1～3 mm，近末端 1 cm 处有一孔，直径 2 mm。上部较粗部分装入醋酸铅棉花，长约 6 cm，距离管口至少 3 cm。管口为圆形平管口，上面磨平，平面两侧各有一钩，为固定玻璃帽用。

玻璃帽：下面磨平，与侧管口相配。中央有圆孔，孔径为 6.5 mm，上面有弯月形凹槽以便能用橡皮圈与测砷管的小钩固定和易于取走玻璃帽。玻璃帽与测砷管之间夹一溴化滤纸。

2. 试验试剂 5％溴化汞—乙醇溶液、6 mol/L 盐酸、硝酸、10％醋酸铅溶液、硫酸、硝酸—高氯酸混合液（4∶1）、氧化镁、盐酸、20％氢氧化钠溶液、无砷锌粒、硝酸镁及硝酸镁溶液〔称取 15 g 硝酸镁［$Mg(NO_3)_2 \cdot 6H_2O$］溶于 100 mL 水中〕、15％碘化钾溶液（贮存于棕色瓶中）、氯化亚锡溶液［称取 40 g 氯化亚锡（$SnCl_2 \cdot 2H_2O$），加盐酸溶解并稀释至 100 mL，加入数颗金属锡粒］、溴化汞试纸（将剪成直径 2 cm 的圆形滤纸片，在 5％溴化汞乙醇溶液上浸渍 1 h，保存于冰箱中，临用前置暗处阴干备用）、醋酸铅棉（用 10％醋酸铅溶液浸透脱脂棉后，压除多余溶液，并使用权疏松，在 100 ℃ 以下干燥后，贮存于玻璃瓶中）、10％硫酸溶液（量取 5.7 mL 硫酸于 80 mL 水中，冷却后加水至 100 mL）。

砷标准溶液：精确称取 0.132 0 g 已在 105 ℃ 干燥 2 h 的三氧化二砷于 250 mL 烧杯中，加 5 mL 20％氢氧化钠溶液，溶解后加 25 mL 10％硫酸，移入 1 000 mL 容量瓶中，加刚煮沸并冷却的水至刻度，贮于棕色瓶中。此溶液相当于 0.1 mg/mL 砷。

砷标准使用液：吸取 1.0 mL 砷标准溶液于 100 mL 容量瓶中，加 1 mL 10％硫酸，加水稀释至刻度。此液每毫升相当于 1 μg 砷。

（五）饲料中铅的测定（原子吸收分光光度法）

铅是对动物有毒害作用的无机类金属元素之一。其毒性作用主要表现在对神经系统、造血器官和肾脏的损害；铅也损害机体的免疫系统，使机体的免疫机能降低；铅还可导致动物畸变、突变和癌变。一般情况下，植物性饲料中的铅含量都较低，在 0.2～3.0 mg/kg 范围内，不会超出国家饲料卫生标准规定的允许量。但植物性饲料的含铅量变异很大，与土壤中铅的水平和工业污染情况有关。在富铅土壤上生长的饲料植物含铅量较高。工业污染是造成植物性饲料含铅量增加的重要原因。如正常牧草中的铅含量为 3.0～7.0 mg/kg，而冶炼厂附近的牧草铅含量可高达 325 mg/kg，而且多积累在叶片和叶片茂盛的叶菜类中，如甘蓝、莴笋等的铅含量可达 45～1 200 mg/kg。石粉、磷酸盐等矿物质饲料的铅含量因产地不同而变异很大，某些地区的矿物饲料因含有铅杂质，致使铅含量较高。铅在动物体内主要沉积于骨骼，因此骨粉、肉骨粉和含鱼骨较多的鱼粉含铅量较高。据报道骨粉中铅含量高达 61.7 mg/kg。工业污染严重的海水水域生产的鱼粉其铅含量也较高。因此，在饲料工业和动物养殖业中，严格检测饲料原料和配合饲料中的铅含量是非常必要的。

饲料中铅含量的测定可采用原子吸收分光光度法、双硫腙比色法和阳极溶出伏安法。双硫腙比色法是经典的方法，虽然结果准确，但操作复杂，干扰因素多，要求严格。阳极溶出伏安法虽可实现铜、锌、镉的同时测定，但操作繁琐，干扰因素多，灵敏度较低。原子吸收分光光度法快速、准确，干扰因素少，是测定饲料中铅含量的常用方法，也是国家规定的标准方法（GB 13080—91）。

1. 试验目的　掌握饲料中铅测定的原理与方法。

2. 试验内容

(1) 原理　样品经消解处理后，再经萃取分离，然后导入原子吸收分光光度计中，原子化后测量其在 283.3 nm 处的吸光度，与标准系列比较定量。

(2) 操作步骤

① 试样处理

配合饲料及鱼粉试样处理：称取 4 g 试样，精确到 0.001 g，置于瓷坩埚中缓慢加热至炭化，在 500 ℃ 高温下加热 18 h，直至试样呈灰白色。冷却，用少量水将炭化物湿润加入 5 mL 硝酸、5 mL 高氯酸，将坩埚内的溶液无损地移入烧杯内，用表面皿盖住，在沙浴或加热装置上加热，待消解完全后，去掉表面皿，至近干涸。加 1 mol/L 盐酸溶液 10 mL，使盐类溶解，把溶液转入 50 mL 容量瓶中，用水冲洗烧杯多次，加水至刻度。用中速滤纸过滤，待用。

磷酸盐、石粉试样处理：称取 5 g 试样，精确到 0.001 g，放入消化管中，加入 5 mL 水，使试样润湿，依次加入 20 mL 硝酸，5 mL 硫酸，放置 4 h 后加入 5 mL 高氯酸，放在消化装置上加热消化。在 150 ℃ 温度恒温消化 2 h，然后将温度缓缓升到 300 ℃，在 300 ℃下恒温消化，直至试样发白近干为止，取下消化管，冷却。加入 1 mol/L 盐酸溶液 10 mL，在 150 ℃ 温度下加热，使试样中盐类溶解后将溶液转入 50 mL 容量瓶中，用水冲洗消化管，将冲洗液并入容量瓶中，加水至刻度。用中速滤纸过滤，备作原子吸收用。同时于相同条件下，做试剂空白液。

② 标准曲线绘制　精确吸取 1 μg/mL 的铅标准工作液 0，4 mL，8 mL，16 mL，20 mL，分别加到 25 mL 容量瓶中，加水至 20 mL。准确加入 1 mol/L 的碘化钾溶液 2 mL，振动摇匀；加入 1 mL 抗坏血酸溶液，振动摇匀；准确加入 2 mL 甲基异丁酮溶液，激烈振动 3 min，静置萃取后，将有机相导入原子吸收分光光度计。在 283.3 nm 波长处测定吸光度，以吸光度为纵坐标，浓度为横坐标绘制标准曲线。

③ 测定　精确吸取 5～10 mL 试样溶液和试剂空白液分别加入到 25 mL 容量瓶中，按绘制标准曲线的步骤进行测定，测出相应吸光值和标准曲线比较量。

(3) 计算和结果表示

① 试样中铅的质量分数按下式计算：

$$\omega(\text{Pb}) = \frac{V_1(m_1 - m_2)}{m \times V_2}$$

式中　m——试样质量，g；

　　　V_1——试样消化液的总体积，mL；

　　　V_2——测定用试样消化液体积，mL；

　　　m_1——测定用试样消化液铅含量，μg；

　　　m_2——空白试液中铅含量，μg。

② 结果表示　每个试样取 2 个平行样进行测定，以其算数平均值为结果。结果表示到 0.01 mg/kg。

③ 重复性　同一分析者对同一试样同时或快速连续地进行两次测定，所得结果之间

的差值如下：在铅含量≤5 mg/kg 时，不得超过平均值的 20％；在铅含量为 5～15 mg/kg 时，不得超过平均值的 15％；在铅含量为 15～30 mg/kg 时，不得超过平均值的 10％；在铅含量≥30 mg/kg 时，不得超过平均值的 5％。

3. 试验仪器与试剂

（1）试验仪器　消化设备（两平行样所在位置的温度差小于或等于 5 ℃），高温炉，感量 0.000 1 g 分析天平，实验室用样品粉碎机，振荡器，原子吸收分光光度计，25 mL、50 mL、100 mL、1 000 mL 容量瓶，1 mL、2 mL、5 mL、15 mL 吸液管，瓷坩埚。

（2）试验试剂　优纯级硝酸盐（GB626）、优纯级硫酸（GB625）、优纯级高氯酸（GB623）、优纯级盐酸（GB622）、甲基异丁酮（HG3－1118）、6 mol/L 硝酸盐溶液（量取 38 mL 硝酸，加水至 100 mL）、1 mol/L 碘化钾溶液［称取 166 g 碘化钾（GB1272），溶于 1 000 mL 水中，贮存于棕色瓶中］、1 mol/L 盐酸溶液（量取 84 mL 盐酸，加水至 1 000 mL）、50 g/L 抗坏血酸溶液［称取 5.0 g 抗坏血酸（GB15347）溶于水中，稀释至 100 mL，贮存于棕色瓶中］、铅标准储备液［精确称取 0.159 8 g 硝酸铅（HG3－1070），加 6 mol/L 硝酸溶液 10 mL，全部溶解后，转入 1 000 mL 容量瓶中，加水定容至刻度，该溶液为每毫升 0.1 mg 铅］、铅标准工作液（精确吸收 1 mL 铅标准液，加入 100 mL 容量瓶中，加水至刻度，此溶液为每毫升 1 μg 铅）。

参 考 文 献

McDonald P，R A Edwards，J F D Greenhalgh，等．2007．王九峰，李同洲，译．动物营养学．北京：中国农业大学出版社．

Robert R McEllhiney．1996．沈再春，等，译．饲料制造工艺．北京：中国农业出版社．

白元生．1999．饲料原料学．北京：中国农业出版社．

毕云霞．2004．饲料作物种植及加工调制技术．北京：中国农业出版社．

曹康．2003．现代饲料加工技术．上海：上海科学技术文献出版社．

陈昌明，袁绍庆，程宗佳．2004．去皮膨化豆粕取代进口鱼粉对仔猪生产性能的影响．饲料广角 17：18‐19．

陈代文．2003．饲料添加剂学．北京：中国农业出版社．

陈国营，陈丽园，刘伟，等．2011．发酵菜粕对蛋鸡粪便和饲料微生物菌群数量及蛋品质的影响．家畜生态学报，32(1)：36‐41．

陈惠，胥兵，廖俊华，等．2008．内切葡聚糖酶基因在巨大芽孢杆菌中的表达及其酶学性质研究．遗传，30(5)：649‐654．

董宽虎，沈益新．2003．饲草生产学．北京：中国农业出版社．

方希修，尤明珍．2007．饲料加工工艺与设备．北京：中国农业大学出版社．

冯定远，左建军．2011．饲料酶制剂技术体系的研究与实践．北京：中国农业大学出版社．

冯定远．2003．配合饲料学．北京：中国农业出版社．

冯仰廉．2004．反刍动物营养学．北京：科学出版社．

龚利敏，王恬．2010．饲料加工工艺学．北京：中国农业大学出版社．

谷文英．1999．配合饲料工艺学．北京：中国轻工业出版社．

韩永芬，龙忠富，赵明坤．2000．不同处理串叶松香草营养动态的比较及相关性研究．兽药与饲料添加剂 (3)：36‐37．

郝波，庞声海．1998．饲料制粒技术．北京：中国农业出版社．

何余湧，陆伟，胡善辉，等．2008．贮存时间和方法对乳猪袋装流质饲料中维生素和微生物含量影响的研究初报．饲料工业，29(8)：37‐40．

候放亮．2003．饲料添加剂应用大全．北京：中国农业出版社．

计成．2008．动物营养学．北京：高等教育出版社．

贾玉山．2010．牧草饲料加工与贮藏．北京：中国农业大学出版社．

康玉凡，李德发，刑建军，等．2003．生长猪对去皮豆粕中氮和能量利用效率的研究．中国畜牧杂志 (2)：24‐26．

李德发，龚利敏．2003．配合饲料制造工艺与技术．北京：中国农业大学出版社．

李德发．1994．加工工艺对饲料营养价值的影响//许振英，张子仪．动物营养研究进展．北京：中国农业科学技术出版社．

李德发．2001．中国饲料大全．北京：中国农业出版社．

李德发．2003．猪的营养．北京：中国农业科学技术出版社．

李德发．2005．现代饲料生产．北京：中国农业大学出版社．

李复兴，李希沛.1994.配合饲料大全.青岛：青岛海洋大学出版社.

李玫.2007.美国 Feddstuffs 饲料成分分析表（2007 版）.饲料广角（12）：37-40.

李斯.2002.饲料质量检测验收标准与生产加工技术实用手册.北京：万方数据电子出版社.

李孝辉.2001.饲用微生物酶制剂及其研究应用概况.饲料工业，22(1)：40-43.

刘爱巧，陈朝江，王建华，等.2003.去皮豆粕对蛋种鸡生产性能及经济效益的影响.中国家禽，
　　25(22)：28-29.

刘春雨，李辉，王宇祥.2001.鸡的营养与免疫.黑龙江畜牧兽医学报（9）：43-44.

刘德芳.1998.配合饲料学.北京：中国农业大学出版社.

陆兆新.2002.现代食品生物技术.北京：中国农业出版社.

曼弗雷德·柯希克.1992.邹炳易，施昌彦，译.称重手册.北京：中国计量出版社.

门伟刚.1998.饲料厂自动控制技术.北京：中国农业出版社.

农业部.2004.中华人民共和国农业部公告第 318 号.中国饲料（3）：7-8.

农业部全国饲料工作办公室，中国饲料工业协会.2006.饲料工业标准汇编 2002—2006.北京：中国标准
　　出版社.

庞声海，郝波.2006.饲料加工设备与技术.北京：科学技术文献出版社.

庞声海，饶应昌.1989.配合饲料机械.北京：农业出版社.

彭健，陈喜斌.2008.饲料学.北京：科学出版社.

齐德生，刘凡，于言湖，等.2004.蒙脱石对黄曲霉毒素 B_1 的脱毒研究.中国粮油学报，19(6)：71-75.

屈彦纯，刘桂兰.2001.改变家禽营养利用的方法.广东饲料，10(3)：27-28.

饶应昌，等.1998.饲料加工工艺.北京：中国农业出版社.

饶应昌.1996.饲料加工工艺与设备.北京：中国农业出版社.

孙子羽，迟乃玉，王宇，等.2010.低温生淀粉糖化酶菌株 RS01 分离及其酶学性质.微生物学通报，
　　37(6)：798-802.

汤丽琳.2002.采用豆科鲜草青贮处理秸秆的新方法.草业科学，19(9)：28.

王安，张淑芳，钟一民，等.1997.纤维素复合酶作为青贮饲料添加剂的研究.东北农业大学学报，
　　28(4)：358-365.

王成章，王恬.2003.饲料学.北京：中国农业出版社.

王春维.2002.水产饲料加工工艺学.武汉：湖北科学技术出版社.

王红英，翟洪玲，徐英英.2004.维生素营养成分在配合饲料加工过程中的变化规律研究.粮食与饲料
　　工业（12）：31-33.

王建华，冯定远.2000.饲料卫生学.西安：西安地图出版社.

王建新，林松焱，施学仕.1999.商品肥育猪生产中对四种来源豆粕的比较.饲料博览，11(1)：3-5.

王中华，曾饶琼.2010.饲料加工工艺与设备.北京：化学工艺出版社.

王中华.2010.饲料加工工艺与设备.北京：化学工业出版社.

吴肖，刘通讯，林勉.2003.花生粕酶水解液中黄曲霉毒素脱毒定性研究.粮油食品科技，11(1)：
　　32-33.

伍先绍，贺稚非，刘琳，等.2008.碱性蛋白酶产生菌株的筛选及其酶学性质研究进展.中国食品添加
　　剂（3）：59-60.

肖蕊，赵祥，岳勇伟，等.2009.肉牛饲喂不同处理玉米秸秆日粮营养物质消化和生产效益的差异比较.
　　中国农学通报，25(3)：8-12.

邢廷铣.2008.农作物秸秆饲料加工与应用.北京：金盾出版社.

熊本海.2010.国内外畜禽饲养标准与饲料成分表.北京：中国农业科学技术出版社.

徐斌.1998.饲料粉碎技术.北京：中国农业出版社.

许梓荣.1992.畜禽矿物质营养.杭州：浙江大学出版社.

杨风.1999.动物营养学.北京：中国农业出版社.

杨在宾.1999.配合饲料工艺学.北京：中国农业出版社.

余斌，汪嘉燮，陈伟，等.2000.去皮豆粕与普通豆粕及不同能量水平对哺乳母猪生产表现的影响.养猪（3）：14-16.

余林，梁海英，程宗佳.2005.膨化豆粕部分或全部取代进口鱼粉对断奶仔猪生产性能的影响.饲料广角（1）：29-30.

玉柱，贾玉山.2010.牧草饲料加工与贮藏.北京：中国农业大学出版社.

张德玉，李忠秋，刘眷龙.2007.影响青贮饲料品质因素的研究进展.家畜生态学报，28(1)：109-112.

张丽英.2007.饲料分析与饲料质量检测技术.北京：中国农业大学出版社.

张乔.1998.饲料添加剂大全.北京：北京工业大学出版社.

张日俊.2009.现代饲料生物技术与应用.北京：化学工业出版社.

张树政.1984.酶制剂工业.北京：科学出版社.

张秀芬.1992.饲草饲料加工与贮藏学.北京：中国农业出版社.

张艳云，陆克文.1998.饲料添加剂.北京：中国农业出版社.

张勇，朱宝根.2001.二氧化氯对霉变玉米黄曲霉毒素脱毒效果的研究.食品科学，22(10)：68-70.

张元庆，马晓飞，孙长勉，等.2004.整粒或粉碎玉米和小麦对于生长肉牛的饲喂价值.畜牧兽医学报，35(6)：626-632.

张子仪.2000.中国饲料.北京：中国农业出版社.

郑穗平.2008.饲料工业酶技术.北京：化学工业出版社.

中国质检出版社第一编辑室.2009.中国饲料标准汇编（上册）.北京：中国标准出版社.

中国质检出版社第一编辑室.2011.中国饲料标准汇编（下册）.北京：中国标准出版社.

周安国.2002.饲料手册.北京：中国农业出版社.

周孟清，王卫国，于翠萍，等.2006.畜禽粉状饲料几何平均粒度的快速测定法研究.粮食与饲料工业（2）：41-42.

Amornthewaphat N，J D Hancock，K C Behnke，et al. 1999. Effects of feeder design and pellet quality on growth performance，nutrient digestibility，carcass characteristics，and water usage in finishing pigs. Journal of Animal Science，77(Suppl. 1)：55.

Bedford M R and Partridge G G. 2010. Enzymes in farm animal nutrition. CAB Press.

Behnke K C. 1994. Factors affecting pellet quality. Maryland Nutrition Conference. Dept of Poultry Science and Animal Science，College of Agriculture，University of Maryland，College Park.

Clarence B Ammerman，David H Baker，Austin J Lewis. 1995. Bioavailability of Nutrients for Animals. San Diego，California. Academic Press.

Douglas M W，C M Parsons and T Hymowitz. 1999. Nutritional evaluation of lectin-free soybeans for poultry. Poultry Science(78)：91-95.

Emmert J L and D H Baker. 1995. Protein quality assessment of soy products. Nutrition Research(15)：1647-1656.

Fall S. 1990. Improvement of nitrogen level in ruminant's diets based on cereal straws：the problem of dissemination of research results on utilization of urea and browse plants as nitrogen sources//Dzowela B H，Said A N，Wendem-Agenehu A，et al. Utilization of Research results on Forage and Agricultural Byproduct Materials as Animal Feed Resources in Africa. PANESA/ARNAB，Addis Ababa，Ethiopia.

Giesemann M A, A J Lewis, J D Hancock, et al. 1990. Effect of particle size of corn and grain sorghum on growth and digestibility of growing pigs. Journal of Animal Science, 68(Supple. 1): 104.

Goodband R D and R H Hines. 1988. An evaluation of barley in starter diets for swine. Journal of Animal Science(66): 3086 - 3093.

Holden P J. 1988. Diagnosing feed mixing problems in swine herds. Agricultural Practice, 9(4): 3.

Hongtrakul K, J R Bergstrom, R D Goodband, et al. 1996. The effect of ingredients processing and diet complexity on growth performance of the segregated early - weaned pig. Swine Day. Kansas State University. Agricultural Experiment Station and Cooperative Extension Service.

Huntington G B. 1997. Starch utilization by ruminants: from basics to the bunk. Journal of Animal Science (75): 852 - 867.

Irvin Mpofu. 2004. Applied animal feed science and technology. Upfront Press.

Jhung K K, Lee B D, Park H S. 1989. Effects of feeding dehulled soybean meal and full fat soybean on the performance and profitability of growing - finishing pigs. Korean Journal of Animal Sciences, 31(1): 26 - 31.

Lawrence T L J. 1983. The effects of cereal particle size and pelleting on the nutritive value of oat - bases diets for the growing pig. Animal Feed Science and Technology(8): 91.

Mahan D C, R A Pickett, T W Perry, et al. 1966. Influence of various nutritional factors and physical form of feed on esophagogastric ulcers in swine. Journal of Animal Science(25): 1019 - 1023.

Mark A Marsalis, G Robert Hagevoort, Leonard M Lauriault. 2009. Hay Quality, Sampling, and Testing. New Mexico State University Coop. Circular(641): 1 - 8.

McCoy R, K C Behnke, J D Hancock, et al. 1994. Effect of Mixing Uniformity on Broiler Chick Performance. Poultry Science(73): 443.

Mcdonough C M, B Janderson, L W Rooney. 1997. Structural characteristics of steam flaked sorghum. Cereal Chemistry, 74(5): 542 - 547.

McL Dryden G. 2008. Animal Nutrition Science. Cambridge, UK. Cambridge University Press.

McNab and Boorman K N. 2002. Poultry Feedstuffs: Supply, Composition and Nutritive Value. CABI Publishing.

National Research Council. 1998. Nutrient requirements of swine. Washington D C. National Academic Press.

Preston R L. 1995. Steam - flaking corn and its effect on starch, starch availability crude protein and mineral content. Texas Tech Agricultural Science Technology Report. Lubbock.

Preston R L. 1998. Changes in sorghum and corn grains during steps in the steam - flaking process. Journal of Animal Science, 76(Suppl. 1): 317.

Richard J Julian. 2005. Production and growth related disorders and other metabolic diseases of poultry - A review. The Veterinary Journal(169): 350 - 369.

Robert R McEllhiney. 1994. Feed Manufacturing Technology(Ⅳ). American Feed Industry Association, Inc.

Stark C R, K C Behnke, J D Hancock, et al. 1994. Effect of diet form and fines in pelleted diets on growth performance of nursery pigs, Journal of Animal Science, 72(Suppl. 1): 214.

Stevens C and V Westhusin. 1983. The effect of peripheral speed and screen type on efficiency and particle size in hammermill grinding// First International Symposium on Particle Size Reduction in the Feed Industry. Manhattan, Kansas: Kansas State University, Department of Grain Science and Industry.

Stresser D M, G S Bailey, D E Williams. 1994. Indole - 3 - carbinol and beta - naphthoflavone induction of aflatoxin B1 metabolism and cytochromes P – 450 associated with bioactivation and detoxication of aflatoxin B_1 in the rat. Drug Metab Dispos, 22(3): 383 – 391.

Swingle R S, T P Eck, C B Theurer, et al. 1999. Flake density of steam – processed sorghum grain alters performance and sites of digestibility by growing – finishing steers. Journal of Animal Science(77): 1055 – 1065.

Theurer C B, R S Swingie, R C Wanderley, et al. 1999. Sorghum grain flake density and source of roughage in feedlot cattle diets. Journal of Animal Science(77): 1066 – 1073.

Traylor S L, J D Hancock, K C Behnke, et al. 1994. Uniformity of mixed diets affects growth performance in nursery and finishing pigs. J Anim Sci, 72(Suppl. 2): 59.

Worley R R, Paterson J A, and Coffey K P, et al. 1986. The Effects of Corn Silage Dry Matter Content and Sodium Bicarbonate Addition on Nutrient Digestion and Growth by Lambs and Calves. Journal of Animal Science(63): 1728 – 1736.

Zinn R A and R Barrajas. 1997. Comparative ruminal and total tract digestion of a finishing diet containing fresh vs air – dry steam – flaked corn. Journal of Animal Science(75): 1704 – 1707.

Zinn R A, F N Owens, R A Ware. 2002. Flaking corn: Processing mechanics quality standards and impacts on energy availability and performance of feed lot cattle. Journal of Animal Science(80): 1145 – 1156.

Zinn R A. 1990. Influence of flake density on the comparative feeding value of steam – flaked corn for feedlot cattle. Journal of Animal Science(68): 767 – 775.